BKI Baukosten 2020 Altbau

Statistische Kostenkennwerte für Positionen

BKI Baukosten 2020 Altbau:
Statistische Kostenkennwerte für Positionen

BKI Baukosteninformationszentrum (Hrsg.)
Stuttgart: BKI, 2020

Mitarbeit:
Hannes Spielbauer (Geschäftsführer)
Klaus-Peter Ruland (Prokurist)
Brigitte Kleinmann (Prokuristin)
Heike Elsäßer
Wolfgang Mandl
Thomas Schmid
Jeannette Sturm

Fachautoren:
Robert Fetzer
Jörn Luther
Wolfgang Mandl
Thomas Schmid
Hans-Jürgen Schneider
Andreas Wagner

Layout, Satz:
Hans-Peter Freund
Thomas Fütterer

Fachliche Begleitung:
Beirat Baukosteninformationszentrum
Stephan Weber (Vorsitzender)
Markus Lehrmann (stellv. Vorsitzender)
Prof. Dr. Bert Bielefeld
Markus Fehrs
Andrea Geister-Herbolzheimer
Oliver Heiss
Prof. Dr. Wolfdietrich Kalusche
Martin Müller

Anschrift:
Seelbergstraße 4, 70372 Stuttgart
Kundenbetreuung: (0711) 954 854-0
Baukosten-Hotline: (0711) 954 854-41
Telefax: (0711) 954 854-54
info@bki.de, www.bki.de

Vorwort

Für eine exakte Kostenplanung im Altbau greifen Architektur- und Planungsbüros auf Baupreise und Positionsdaten zurück. Nur auf Basis eines Mengengerüstes zu den Altbau-Leistungen mit korrespondierenden Baupreisen lassen sich genaue Kostenpläne erstellen. Diesen Kostenermittlungen kommt zudem seitens der Bauherren und Auftraggeber eine entscheidende Bedeutung zu. Zudem gelten im Altbau durch die besonderen Rahmenbedingungen zusätzliche Einflüsse auf die Baukosten, z. B. Denkmalschutz-Anforderungen, beengter Bauraum und Kleinmengen.

Wertvolle Erfahrungswerte für Altbau-Positionen und -Baupreise liegen in Form von abgerechneten Bauleistungen (Abrechnungs-LVs) oder Kostenfeststellungen in den Architekturbüros vor. Oft fehlt jedoch die Zeit, diese qualifiziert zu dokumentieren, um sie für Folgeprojekte zu verwenden. Diese Dienstleistung erbringt das BKI mit der Bereitstellung aktueller Baukosten-Fachinformationen.

Im Dezember 2018 erschien mit der DIN 276:2018-12 die wichtigste Norm für Kostenplanung im Bauwesen in einer umfangreich überarbeiteten Fassung.
Durch Änderungen in über 300 Kostengruppen resultieren auch zahlreiche Neuerungen bei den Kostengruppennummern der BKI-Positionen. Über 2.200 Positionen aus dem Bereich Altbau haben aktuelle Kostengruppen-Zuordnungen erhalten. Das Fachbuch „Baukosten Altbau Positionen" erscheint jährlich und beinhaltet für 48 Altbau-Leistungsbereiche von Fachverbänden geprüfte Ausschreibungstexte für die regelkonforme Ausschreibung nach VOB/C. Die Leistungsbereiche umfassen typische Altbau-Leistungen aus den Bereichen Rohbau, Ausbau, Gebäudetechnik und Freianlagen. Der Band Positionen ist sehr gut geeignet für die nach HOAI 2013 geforderten „bepreisten Leistungsverzeichnisse", die nicht in den Kostenermittlungsstufen nach DIN 276:2018-12 enthalten sind.

Alle Kostenangaben wurden auf den Bundesdurchschnitt normiert, mit den integrierten BKI-Regionalfaktoren können die Anwender diese Werte an den jeweiligen Stadt- bzw. Landkreis anpassen.

Die Fachbuchreihe BKI Baukosten Altbau 2020 (Statistische Kostenkennwerte) besteht aus den zwei Teilen:
BKI Baukosten Gebäude Altbau 2020
BKI Baukosten Positionen Altbau 2020

Der Dank des BKI gilt allen Architektinnen und Architekten, die Daten und Unterlagen zur Verfügung stellen. Sie profitieren von der Dokumentationsarbeit des BKI und unterstützen nebenbei den eigenen Berufsstand. Die in Buchform veröffentlichten Architekten-Projekte bilden eine fundierte und anschauliche Dokumentation gebauter Architektur, die sich zur Kostenermittlung von Folgeobjekten und zu Akquisitionszwecken hervorragend eignet.

Zur Pflege der Baukostendatenbank sucht BKI weitere Altbau-Objekte aus allen Bundesländern. Bewerbungsbögen zur Objekt-Veröffentlichung werden im Internet unter www.bki.de/projekt-veroeffentlichung zur Verfügung gestellt. Auch die Bereitstellung von Leistungsverzeichnissen mit Positionen und Vergabepreisen ist jetzt möglich, weitere Informationen dazu finden Sie unter www.bki.de/lv-daten. BKI berät Sie gerne auch persönlich über alle Möglichkeiten, Objektdaten zu veröffentlichen. Für die Lieferung von Daten erhalten Sie eine Vergütung und weitere Vorteile.

Besonderer Dank gilt abschließend auch dem BKI-Beirat, der mit seinem Expertenwissen aus der Architektenpraxis, den Architekten- und Ingenieurkammern, Normausschüssen und Universitäten zum Gelingen der BKI-Fachinformationen beiträgt.

Wir wünschen allen Anwendern des Fachbuchs viel Erfolg in allen Phasen der Kostenplanung und vor allem eine große Übereinstimmung zwischen geplanten und realisierten Baukosten im Sinne zufriedener Bauherren.

Hannes Spielbauer - Geschäftsführer
Klaus-Peter Ruland - Prokurist
Brigitte Kleinmann - Prokuristin

Baukosteninformationszentrum
Deutscher Architektenkammern GmbH
Stuttgart, im September 2020

Inhalt — Seite

Benutzerhinweise

Kostenkennwerte für die Positionen der Leistungsbereiche (LB)

Bei der Prüfung der von BKI erstellten Mustertexte haben folgende Fachverbände mitgewirkt:

Bauwirtschaft Baden-Württemberg e.V.

Bauwirtschaft Baden-Württemberg e.V.
Geschäftsstelle: 70178 Stuttgart; Hohenzollernstraße 25;
www.bauwirtschaft-bw.de

Die Bauwirtschaft Baden-Württemberg e.V. ist ein gemeinsamer Verband von Baugewerbe und Bauindustrie in Baden-Württemberg mit rund 1.500 Mitgliedsbetrieben und etwa 40.000 Beschäftigten, die hauptsächlich in den Sparten Hochbau, Tief- und Straßenbau sowie Ausbau tätig sind. Der Verband vertritt die Interessen seiner Mitglieder gegenüber Politik, Verwaltung und Öffentlichkeit. Er setzt sich auf Landes- und Gemeindeebene für die notwendigen Rahmenbedingungen des Bauens ein und engagiert sich für eine bedarfsgerechte Investitionspolitik. Außerdem ist die Bauwirtschaft Baden-Württemberg Mitglied bei den Spitzenverbänden der Bauwirtschaft in Berlin. Dadurch hat unser Verband auch bundesweit Einfluss auf wichtige Entscheidungen in der Wirtschafts- und Tarifpolitik. Enge Vernetzungen gibt es zudem mit zahlreichen Partnerverbänden im In- und Ausland, etwa in der Schweiz und Frankreich.

Bundesverband Metall
Vereinigung Deutscher Metallhandwerke
45138 Essen; Huttropstraße 58
www.metallhandwerk.de

Rund 40.000 kleine und mittlere Unternehmen, 28.000 Lehrlinge, 500.000 Mitarbeiter und fast 60 Milliarden € Umsatz: Das ist Metallhandwerk in Deutschland. Nicht nur zahlenmäßig und als Arbeitgeber ist das Metallhandwerk unverzichtbar. Metallhandwerk steht für die ganze Vielfalt metallverarbeitender Unternehmen, die unser Industrieland braucht: Maschinenbau, Werkzeugbau, Metall- und Stahlkonstruktionen im Hoch- und Tiefbau, Klimaschutz und Mobilität, öffentliche Infrastruktur und modernes Wohnen. Metallbetriebe – vom Bronzegießer über den Metalldesigner bis zum Hightech-Unternehmen – finden wir überall, wo produziert, gebaut und gewohnt wird. Als Künstler und Konstrukteur, von der Planung bis zur Ausführung oder vernetzt mit Partnerbetrieben lösen Metallhandwerker die kleinen und großen Probleme ihrer Kunden. Exportweltmeister Deutschland? Nicht ohne das Metallhandwerk. Der Bundesverband Metall vertritt die berufsständischen Interessen seiner Landesverbände sowie deren Innungen mit den darin freiwillig organisierten Mitgliedsbetrieben.

Zentralverband des Deutschen Dachdeckerhandwerks
50968 Köln; Fritz-Reuter-Straße 1
www.dachdecker.de

Der Zentralverband des Deutschen Dachdeckerhandwerks e.V. ist der Arbeitgeberverband des Dachdeckerhandwerks in Deutschland. Er repräsentiert 16 Landesverbände mit 200 Innungen und ca. 7.055 Innungsbetrieben. Der Verband vertritt die Interessen des Dachdeckerhandwerks gegenüber Politik, Verwaltung und Öffentlichkeit und steht seinen Mitgliedern mit zahlreichen Beratungsleistungen zur Seite. Der Zentralverband ist Verfasser der Fachregeln des Deutschen Dachdeckerhandwerks, den anerkannten Regeln der Technik. Über die Spitzenverbände des Handwerks hat der ZVDH außerdem Einfluss auf wichtige Entscheidungen in der Wirtschafts- und Tarifpolitik.

BUNDESINNUNG
GERÜSTBAU

Bundesinnung für das Gerüstbauer-Handwerk
51107 Köln; Rösrather Straße 645
www.geruestbauhandwerk.de

Bundesinnung und Bundesverband Gerüstbau sind die Fachorganisationen des Gerüstbauerhandwerks mit drei Schwerpunktbereichen:
– Als Standesorganisation verbessern sie die Rahmenbedingungen für das Gerüstbauerhandwerk. Ergebnisse: 1978 Verordnung zum Geprüften Gerüstbau-Kolonnenführer, 1988 Aufnahme der DIN 18451 in Teil C der VOB, 1991 Ausbildungsberuf Gerüstbauer/Gerüstbauerin, 1998 Meisterberuf (Vollhandwerk), ab 2006 eigenes Fachregelwerk.
– Als Arbeitgebervertretung schließen sie Tarifverträge ab.
– Als Serviceorganisationen unterstützen Bundesverband und Bundesinnung jeden einzelnen Mitgliedsbetrieb in all seinen betrieblichen Belangen. Für Betriebsinhaber und Mitarbeiter werden Seminare vom Vertragsrecht bis zur Technik angeboten. Regelmäßige Verbandsmitteilungen informieren über rechtliche; fachliche und sonstige Neuerungen. Rahmenvereinbarungen verhelfen zu Preisvorteilen z. B. beim Kraftfahrzeugkauf und bieten exklusiv Berufskleidung.

Der Stuckateur
Ausbau & Fassade

Fachverband der Stuckateure für Ausbau und Fassade Baden-Württemberg
71277 Rutesheim; Siemensstraße 6-8
www.stuck-verband.de

Der Fachverband der Stuckateure für Ausbau und Fassade (SAF) ist Wirtschafts- und Arbeitsgeberverband der Stuckateure in Baden-Württemberg und vertritt auf Landes- und Kreisebene die Interessen der Mitgliedsinnungen und deren insgesamt über 1000 Mitglieder gegenüber Öffentlichkeit, Verwaltung und Politik. Der SAF leitet als Bildungsdienstleister das Kompetenzzentrum für Ausbau und Fassade in Verbindung mit dem Bundesverband. Der SAF verfasst die Branchenregeln für die Arbeitsfelder Wärmedämmung, Innen- und Außenputz, Trocken-bau, Schimmelsanierung, Restaurierung und Stuck z. B. mit den Richtlinien zu den Themen Sockel-, Fensteranschlüsse oder auch Luftdichtheit und berät seine Mitglieder in vielfältiger Weise. Architekten und Ausschreibende erhalten telefonische Auskünfte z. B. über die Branchenregelungen, Standards sowie Aufmaß und Abrechnungsbestimmungen.

HOLZBAU
DEUTSCHLAND
BUND DEUTSCHER
ZIMMERMEISTER
im Zentralverband
des Deutschen Baugewerbes

Holzbau Deutschland - Bund Deutscher Zimmermeister
im Zentralverband des Deutschen Baugewerbes
Kronenstraße 55-58
10117 Berlin
www.holzbau-deutschland.de

Als Berufsorganisation des Zimmererhandwerks setzt sich Holzbau Deutschland - Bund Deutscher Zimmermeister im Zentralverband des Deutschen Baugewerbes für einen leistungsstarken und wettbewerbsfähigen Holzbau in Deutschland ein. Holzbau Deutschland vertritt den Berufsstand zusammen mit seinen 17 Landesverbänden nach außen. Er fördert und unterstützt die Mitgliedsbetriebe in der Verbandsorganisation in ihrer fachlichen Praxis. Das erfolgt mit verschiedenen Aktivitäten in den vier Haupthandlungsfeldern „Marketing und Öffentlichkeitsarbeit", „Technik und Umwelt", „Betriebswirtschaft und Unternehmensführung" sowie „Aus- und Weiterbildung".

Landesinnung des Gebäudereiniger-Handwerks Baden-Württemberg
Fachverband Gebäudedienste Baden-Württemberg e.V.
Zettachring 8A
70567 Stuttgart
www.gebaeudereiniger-bw.de; info@gebaeudereiniger-bw.de

Die Landesinnung des Gebäudereiniger-Handwerks ist Ansprechpartner für Tarif- und Vergabefragen (Mustertexte etc.) und vermittelt ö.b.u.v. Sachverständige. Auf der Homepage filtert der Service "Suche Betrieb für..." spezialisierte Betriebe für die gewünschte/n Leistung/en.
Der Qualitätsverbund Gebäudedienste bescheinigt innungsgeprüfte Fachkompetenz: Seit das Gebäudereiniger-Handwerk zulassungsfrei ist, erleichtert das „QV-Zertifikat" das Auffinden qualifizierter Meisterbetriebe und garantiert die Meistereigenschaft, eine Eingangsschulung zum nachhaltigen Wirtschaften und die kontinuierliche Weiterbildung! Bundesweit sind ca. 890 qv-zertifizierte Betriebe registriert: www.qv-gebaeudedienste.de
Im Fachforum bei www.qv-gebaeudedienste.de sind die Teilnehmer der Wissensplattform für Fachfragen zu Gebäudereinigung/-diensten/-management vernetzt. Durch das automatische Informationssystem sind sie stets auf neuestem fachlichen Stand.
Die Fachakademie für Gebäudemanagement und Dienstleistungen organisiert neutrale Vergabeseminare und Weiterbildungen. Die innungsakkreditierten FA-Zertifikate sind weithin anerkannt: Zertifiziert werden: Gepr. Vorarbeiter (FA), Gepr. Objektleiter (FA), Gepr. Service-Manager (FA), Fachwirt Gebäudemanagement (FA). www.fachakademie.de

Zentralverband Sanitär Heizung Klima (ZVSHK)
Rathausallee 6
53757 St. Augustin

Der Zentralverband Sanitär Heizung Klima vertritt als Arbeitsgeber- und Wirtschaftsverband nach dem Gesetz zur Ordnung des Handwerks (HwO) 50.000 Unternehmen des Bauhandwerks mit rund 271.000 Beschäftigten und 37.000 Lehrverhältnissen. Dabei stützt er sich auf 17 Landesorganisationen mit 389 Innungen, in denen rund 3.000 Unternehmer ehrenamtlich tätig sind. Er ist damit der größte nationale Verband in der EU für die Planung, den Bau und die Unterhaltung gebäudetechnischer Anlagen. Als Rationalisierungsverband schließt er die Förderung, Prüfung und Durchführung von Normungs-, Typisierungs- und Spezialvorhaben ein. Insoweit ist er anhörungspflichtig und beim Deutschen Bundestag akkreditiert.

Deutsche Gesellschaft für Gartenkunst und Landschaftskultur e.V.

DGGL

Deutsche Gesellschaft für Garten- und Landschaftskultur
Landesverband Hamburg / Schleswig-Holstein e.V.
DGGL
Wartburgstraße 42
10823 Berlin
www.DGGL.org

Die Deutsche Gesellschaft für Gartenkunst und Landschaftskultur e.V. (DGGL) ist ein gemeinnütziger Verein der in allen Bundesländern aktiv ist, die Bundesgeschäftsstelle ist in Berlin.
Die DGGL wurde 1887 in Dresden gegründet, um die Belange der Freiraum- und Landschaftsgestaltung gegenüber Politik und Öffentlichkeit zu vertreten, die fachliche Weiterentwicklung von Ausbildung und Beruf zu fördern sowie die Planungs- und Ausführungstechniken und Methoden zu verbessern.
Die DGGL steht allen an der Freiraumentwicklung und an der Erhaltung von (historischen) Freiräumen interessierten Menschen offen, namentlich sind dieses Garten- und Landschaftsarchitekten, Ingenieure und Gutachter, öffentliche Grünverwaltungen, Garten- und Landschaftsbaubetriebe, Baumschulen und Gärtnereien, Produzenten von Baustoffen und Ausstattungen sowie Laien.
Gemeinsam mit Partnerorganisationen in an grenzenden Ländern ist die DGGL auch auf europäischer Ebene tätig.

DA
DEUTSCHER ABBRUCHVERBAND

Deutscher Abbruchverband e.V. (DA)
Oberländer Ufer 180-182
50968 Köln-Marienburg
www.deutscher-abbruchverband.de

Der Deutsche Abbruchverband e.V. (DA) ist seit 60 Jahren der Wirtschafts- und Arbeitgeberverband der Abbruchbranche. Der DA vertritt bundesweit mehr als 500 qualifizierte Fachbetriebe. Allein die Mitgliedsbetriebe des Deutschen Abbruchverbandes kommen auf ein geschätztes Abbruchvolumen von ungefähr 2 Mrd. € per anno. Die Gesamtbranche bewältigt ca. 250 Millionen Tonnen Baustellenabfälle pro Jahr. Der DA vertritt die Interessen der Abbruch-branche gegenüber Politik, Verwaltung und Öffentlichkeit.
Die Entwicklung der Abbruchbranche von einem eher gering geschätzten Gewerbe zu einem hochtechnisierten Industriezweig wurde vom DA maßgeblich mitgestaltet.
Im Jahre 2003 wurde ein 3-jähriger gewerblicher Ausbildungsberuf für den Abbruch geschaffen, der „Bauwerksmechaniker für Abbruch und Betontrenntechnik"; 2004 wurde das RAL-Gütezeichen Abbrucharbeiten etabliert, um besonders qualifizierte Abbruchbetriebe auch nach außen kennzeichnen zu können. Ein weiterer Meilenstein der Verbandsarbeit war die Aufnahme des Abbruchgewerks als technische Norm ATV DIN 18459 in die VOB/C im Jahre 2006.
Der DA ist Veranstalter der alljährlichen „Fachtagung Abbruch" in Berlin, Europas größter Fachtagung zu diesem Thema.

Deutscher Holz- und Bautenschutzverband e.V.
Hans-Willy-Mertens-Straße 2
50858 Köln
www.dhbv.de

Der Deutsche Holz- und Bautenschutzverband e.V. - DHBV - ist ein Zusammenschluss qualifizierter Fachleute, die in der Bauwerkserhaltung, der Denkmalpflege und im Neubau tätig sind.
Der Verband wurde im Jahr 1950 gegründet und vertritt seitdem bundesweit die im Holz- und Bautenschutz tätigen Berufsgruppen.
Der DHBV ist Mitglied in den Zentralverbänden des Deutschen Baugewerbes (ZDB) und des Deutschen Handwerks (ZDH) und ist in zahlreichen Normungsausschüssen und Gremien (DIN, WTA, GAEB) die Stimme der Branche.
Die Kernaufgaben des DHBV sind die Ausbildung des beruflichen Nachwuchses, die Weiterbildung von Fachkräften sowie die Qualifizierung seiner Mitglieder. Wichtige Ergebnisse der Arbeit des DHBV sind die Ausbildung „Handwerkskammergeprüfte(r) Holz- und Bautenschutztechniker/in (2000), der zweijährige Ausbildungsberuf „Fachkraft für Holz- und Bautenschutzarbeiten", der dreijährige „Ausbildungsberuf Holz- und Bautenschützer/in" (beide 2007) und der Meister für Holz- und Bautenschutz (2011).
Als Bundesverband repräsentiert der DHBV 10 Landesverbände. Deren Mitglieder bietet er praktische Unterstützung, fachliche Beratung und verbessert dadurch nachhaltig die Qualität in der Bauausführung. Durch die Verleihung von Qualitätszertifikaten, Präsentation geprüfter Fachfirmen und Sachverständige im Internet und Vermittlung von DHBV Fachfirmen und Sachverständigen unterstützt der Verband zudem Bauherren bei der Suche nach geprüfter Fachkompetenz.

Bundesverband Farbe Gestaltung Bautenschutz
Bundesinnungsverband des deutschen Maler- und Lackiererhandwerks
60486 Frankfurt a.M.; Gräfstraße 79
www.farbe.de

Der Bundesverband Farbe Gestaltung Bautenschutz vertritt als Arbeitgeber -, Wirtschafts- und Technischer Verband die Interessen des Maler-Lackiererhandwerks. Er stützt sich auf ein beachtliches Fundament: Rund 41.881 kleinere und mittlere Betriebe mit 196.500 Beschäftigten, davon 22.287 Lehrlinge arbeiten in der Branche. Zur Wahrnehmung der berufsständischen Interessen sind dem Verband 17 Landesverbände sowie deren 360 Innungen mit den darin freiwillig organisierten Mitgliedsbetrieben angeschlossen. Das Leistungsangebot des modernen Handwerksberufes Maler und Lackierer umfasst u. a. Tätigkeiten wie: Oberflächenbehandlung von mineralischen Untergründen, Metall, Holz und Kunststoffen mit Beschichtungsstoffen, WDVS-Arbeiten, Betonflächeninstandsetzung, Trockenbau, Innenraumgestaltung, Korrosionsschutz- und Brandschutzbeschichtungen. Der Bundesverband betreut u. a. den Bundesausschuss Farbe und Sachwertschutz, dem Herausgeber der Technischen Richtlinien für Maler- und Lackiererarbeiten.

Die Mitwirkung der Fachverbände beinhaltet ausschließlich die fachliche Prüfung der Mustertexte. Die veröffentlichten Positionspreise werden nicht von den Fachverbänden geprüft. Grundlage der Positionspreise ist die BKI-Baukostendatenbank.

BKI bedankt sich bei den Fachverbanden für die erfolgreiche Zusammenarbeit. Das Prüfen der Mustertexte stellt einen wertvollen Beitrag zur Verbesserung der fachlichen Kommunikation beim Bauablauf zwischen planenden und ausführenden Berufen dar.

Einführung

Dieses Fachbuch wendet sich an Architekten, Ingenieure, Sachverständige und sonstige Fachleute, die mit Kostenermittlungen von Hochbaumaßnahmen befasst sind. Es enthält statistische Kostenkennwerte für „Positionen", geordnet nach den Leistungsbereichen nach StLB. Neben den Mittelwerten sind auch Von-Bis-Werte und Minimal-Maximal-Werte angegeben. Bei den Von-Bis-Werten handelt es sich um mit der Standardabweichung berechnete Bandbreiten, wobei Werte über dem Mittelwerte und Werte unter dem Mittelwert getrennt betrachtet werden. Der Mittelwert muss deshalb nicht zwingend in der Mitte der Bandbreite liegen.

Durch Übernahme der BKI Regionalfaktoren in die Datenbanken wurde es möglich, die Objekte und damit auch deren Positionspreise auch hinsichtlich des Bauortes zu bewerten. Für statistische Auswertungen rechnet BKI so, als ob das Objekt nicht am Bauort, sondern in einer mit dem Bundesdurchschnitt identischen Region gebaut worden wäre.

Die regional bedingten Kosteneinflussfaktoren sind somit aus den hier veröffentlichten Positionspreisen herausgerechnet. Das soll aber nicht darüber hinwegtäuschen, dass Positionspreise vielfältigen Einflussfaktoren unterliegen, von denen die regionalen meist nicht die bestimmenden sind.

Alle Kennwerte basieren auf der Analyse vergebener und abgerechneter Bauleistungen.
In Teilbereichen, z. B. bei den Leistungen zur nachträglichen Dämmung, sind die Daten auch auf Basis einzelner statistisch belegten Positionen plausibel hergeleitet worden.

Dieses Fachbuch erscheint jährlich neu, so dass der Benutzer stets aktuelle Kostenkennwerte zur Hand hat.

Benutzerhinweise

1. Definitionen
Als Positionen werden in dieser Veröffentlichung Leistungsbeschreibungen für Bauleistungen mit den zugehörigen Texten, Mengen, Preisen und sonstigen Angaben bezeichnet. Positionstexte sind ausführliche Leistungsbeschreibungen von Bauleistungen (Langtexte) oder Kurzfassungen davon (Kurztexte). Einheitspreise sind die Preise für Bauleistungen pro definierter Einheit, Gesamtpreise sind die Preise für die Gesamtmenge einer einzelnen Bauleistung. BKI dokumentiert und veröffentlicht ausschließlich Preise abgerechneter Bauleistungen, die insofern endgültig und keinen weiteren Veränderungen durch Verhandlungen, Preisanpassungen etc. unterworfen sind.

2. Kostenstand und Mehrwertsteuer
Kostenstand aller Kennwerte ist das 2.Quartal 2020. Alle Kostenkennwerte werden in brutto und netto angegeben. Die Angabe aller Kostenkennwerte dieser Veröffentlichung erfolgt in Euro. Die vorliegenden Kostenkennwerte sind Orientierungswerte. Sie können nicht als Richtwerte im Sinne einer verpflichtenden Obergrenze angewendet werden.

3. Datengrundlage
Grundlage der Tabellen sind statistische Analysen vergebener und abgerechneter Bauvorhaben. Die Daten wurden mit größtmöglicher Sorgfalt vom BKI bzw. seinen Dokumentationsstellen erhoben. Dies entbindet den Benutzer aber nicht davon, angesichts der vielfältigen Kosteneinflussfaktoren die genannten Orientierungswerte eigenverantwortlich zu prüfen und entsprechend dem jeweiligen Verwendungszweck anzupassen. Für die Richtigkeit der im Rahmen einer Kostenermittlung eingesetzten Werte können daher weder Herausgeber noch Verlag eine Haftung übernehmen.

4. Anwendungsbereiche
Die Kostenkennwerte sind als Orientierungswerte konzipiert; sie können bei Kostenberechnungen und Kostenanschlägen angewendet werden. Die formalen Mindestanforderungen hinsichtlich der Darstellung der Ergebnisse einer Kostenermittlung sind in DIN 276:2018-12 unter Ziffer 3 Grundsätze der Kostenplanung festgelegt.

Die Anwendung des Positions-Verfahrens bei Kostenermittlungen setzt voraus, dass genügend Planungsinformationen vorhanden sind, um Qualitäten und Mengen von Positionen ermitteln zu können.

5. Geltungsbereiche
Die genannten Kostenkennwerte spiegeln in etwa das durchschnittliche Baukostenniveau in Deutschland wider. Die Geltungsbereiche der Tabellenwerte sind fließend. Die „von-/ bis-Werte" markieren weder nach oben noch nach unten absolute Grenzwerte. Auch die Minimal-Maximal-Werte sind nur als Minimum und Maximum der in der Stichprobe enthaltenen Werte zu verstehen. Das schließt nicht aus, dass diese Werte in der Praxis unter- oder überschritten werden können.

6. Preise
Die Preise wurden mit der Standardabweichung ermittelt, ein statistisches Verfahren, das aus dem kompletten Spektrum der Preisbeispiele einen wahrscheinlichen Mittel-bereich errechnet. Um dem Umstand Rechnung zu tragen, dass Abweichungen vom Mittelwert nach oben bei Baupreisen wahrscheinlicher sind als nach unten, wurde die Standardabweichung für Preise oberhalb des Mittelwertes getrennt von denen unterhalb des Mittelwertes ermittelt. Das Verfahren findet auch in anderen BKI Publikationen Anwendung und ist im Fachbuch „BKI Baukosten Gebäude, Statistische Kostenkennwerte (Teil 1)" näher beschrieben.

7. Kosteneinflüsse
In den Streubereichen (von-/bis-Werte) der Kostenkennwerte spiegeln sich die vielfältigen Kosteneinflüsse aus Nutzung, Markt, Gebäudegeometrie, Ausführungsstandard, Projektgröße etc. wider. Die Orientierungswerte können daher nicht schematisch übernommen werden, sondern müssen entsprechend den spezifischen Planungsbedingungen überprüft und ggf. angepasst werden. Mögliche Einflüsse, die eine Anpassung der Orientierungswerte erforderlich machen, können sein:

- besondere Nutzungsanforderungen,
- Standortbedingungen (Erschließung, Immission, Topographie, Bodenbeschaffenheit),
- Bauwerksgeometrie (Grundrissform, Geschosszahlen, Geschosshöhen, Dachform, Dachaufbauten),
- Bauwerksqualität (gestalterische, funktionale und konstruktive Besonderheiten),
- Quantität (Positionsmengen),
- Baumarkt (Zeit, regionaler Baumarkt, Vergabeart).

8. Mustertexte
BKI hat für die meisten Leistungsbereiche produktneutrale Positionsmustertexte verfasst. Die Mustertexte wurden auf der Grundlage der zahlreichen Positionstexte der BKI Baudatenbanken verfasst. Die Fachautoren haben die relevanten Textteile zusammengetragen und einen einheitlichen praxistauglichen Ausschreibungstext daraus gebildet. Viele Mustertexte wurden darüber hinaus von Fachverbänden der Bauberufe geprüft. Die prüfenden Fachverbände werden in den Fußzeilen der entsprechenden Seiten und zusammenfassend auf Seite 6-10 genannt.

Durch die Zusammenarbeit mit den Fachverbänden ist es gelungen, auch für ausführende Firmen eindeutig formulierte Positionsmustertexte herauszugeben.

Einheitliche und praxistaugliche Positionsmustertexte in Verbindung mit Kostenangaben aus fertig gestellten Projekten sind für alle am Bau Beteiligten eine sinnvolle Unterstützung bei der täglichen Arbeit.

Den kooperierenden Fachverbänden gilt unser Dank. Sie unterstützen durch diese Zusammenarbeit die Kommunikation im Baubereich zwischen planenden und ausführenden Berufen.

9. Ausführungsdauer
In dieser Veröffentlichung ist die Angabe der Ausführungsdauer pro Leistungsposition. Diese wurde aus Literatur recherchiert und dann über unsere Baupreisdokumentation fachkundig angepasst. Die Ausführungsdauer ist somit kein Wert welcher sich aus konkreter Dokumentation ergibt, sondern einer der über Plausibilität ermittelt wurde. Er soll eine Orientierung für die Dauer der Arbeitsleistung auf der Baustelle und in Verrechnung mit Ausführungsmengen die Grundlage für die Terminplanung schaffen.

10. Regionalisierung der Daten
Grundlage der BKI Regionalfaktoren sind Daten aus der amtlichen Bautätigkeitsstatistik der statistischen Landesämter, eigene Berechnungen auch unter Verwendung von Schwerpunktpositionen und regionale Umfragen.

Zusätzlich wurden von BKI Verfahren entwikkelt, um die Eingangsdaten auf Plausibilität prüfen und ggf. anpassen zu können. Auf der Grundlage dieser Berechnungen hat BKI einen bundesdeutschen Mittelwert gebildet. Anhand des Mittelwertes lassen sich die einzelnen Land- und Stadtkreise prozentual einordnen. Diese Prozentwerte wurden die Grundlage der BKI Deutschlandkarte mit „Regionalfaktoren für Deutschland und Europa".

Für die größeren Inseln Deutschlands wurden separate Regionalfaktoren ermittelt. Dazu wurde der zugehörige Landkreis in Festland und Inseln unterteilt. Alle Inseln eines Landkreises erhalten durch dieses Verfahren den gleichen Regionalfaktor. Der Regionalfaktor des Festlandes enthält keine Inseln mehr und ist daher gegenüber früheren Ausgaben verringert.

Die Kosten der Objekte der BKI Datenbanken wurden auf den Bundesdurchschnitt umgerechnet. Für den Anwender bedeutet die Umrechnung der Daten auf den Bundesdurch-schnitt, dass einzelne Kostenkennwerte oder das Ergebnis einer Kostenermittlung mit dem Regionalfaktor des Standorts des geplanten Objekts multipliziert werden können. Die BKI Stadt-/ Landkreisfaktoren befinden sich im Anhang des Buchs.

11. Urheberrechte

Alle Objektinformationen und die daraus abgeleiteten Auswertungen (Statistiken) sind urheberrechtlich geschützt. Die Urheberrechte liegen bei den jeweiligen Büros, Personen bzw. beim BKI.

Es ist ausschließlich eine Anwendung der Daten im Rahmen der praktischen Kostenplanung im Hochbau zugelassen. Für eine anderweitige Nutzung oder weiterführende Auswertungen behält sich das BKI alle Rechte vor.

Neue BKI Dokumentationen 2019-2020

Fotopräsentation der Objekte

1300-0243 Verwaltungsgebäude (8 AP)
Umbauten; Büro- und Verwaltungsgebäude
ZIEROLD.ARCHITEKTUR z.arch
Ballenstedt

1300-0245 Kontorhaus, Bürogeschoss
Umbauten; Büro- und Verwaltungsgebäude
güldenzopf rohrberg architektur + design
Hamburg

1300-0251 Verwaltungsgebäude (15 AP)
Umbauten; Büro- und Verwaltungsgebäude
Klaiber + Oettle Architekten und Ingenieure GbR
Schwäbisch Gmünd

3100-0022 Orthopädiepraxis (10 AP)
Umbauten; Ohne Gebäudeartenzuordnung
ADOBE Architekten + Ing. GmbH
Erfurt

4100-0201 Grundschule (8 Kl), Kindertagesstätte (5 Gr)
Erweiterungen; Schulen
bof architekten partnerschaft mbb bücking ostrop & flemming, Hamburg

4100-0203 Schule (2 Klassen, 47 Schüler)
Erweiterungen; Schulen
TW. Architekten Többen Woschek
Hannover

Fotopräsentation der Objekte

© Jens Lehmkühler

4400-0325 Kindertagesstätte (7 Gruppen, 100 Kinder)
Umbauten; Kindergärten
claudia gräfe, marion schonhoven, architekten BDA
in Partnerschaft mbB, Bremen

© Hauschild Architekten

4400-0327 Kindertagesstätte (7 Gr) - Effizienzhaus ~30%
Modernisierungen; Schulen und Kindergärten
Hauschild Architekten
Erfurt

© Robert Gommlich

5100-0129 Sporthalle (Einfeldhalle) - Effizienzhaus ~64%
Erweiterungen; Ohne Gebäudeartenzuordnung
ARGE: R.B.Z. AB Raum und GmbH +
AGZ Zimmermann GmbH, Dresden

© Bernhard Müller

6100-1262 Mehrfamilienhaus, Dachausbau (2 WE)
Umbauten; Mehrfamilienhäuser
Christian Brack, Architekturbüro Brack
Kempten

© Samuel Jenichen

6100-1306 Mehrfamilienhaus (5 WE)
Umbauten; Mehrfamilienhäuser
Architekturbüro Samuel Jenichen
Dresden

© Samuel Jenichen

6100-1307 Mehrfamilienhaus - Schwammsanierung
Instandsetzungen; Wohngebäude
Architekturbüro Samuel Jenichen
Dresden

© martinscherag.de

6100-1375 Mehrfamilienhaus, Aufstockung (1 WE)
Erweiterungen; Wohngebäude: Aufstockung
Jan Tenbücken Architekt
Köln

© sternberg werner architekten

6100-1404 Mehrfamilienhaus, Aufstockung (2 WE)
Erweiterungen; Wohngebäude: Aufstockung
sternberg werner architekten
Ahrensburg

© SCHNEEWEISS ARCHITEKTEN

6100-1405 Einfamilienhaus - Dachsanierung
Instandsetzungen; Wohngebäude
SCHNEEWEISS ARCHITEKTEN
Saarbrücken

© Tillmann Fuchs Architekt

6100-1462 Mehrfamilienhaus (3 WE), Wintergarten
Modernisierungen; Wohngebäude vor 1945
Tillmann Fuchs Dipl.-Ing. Architekt BDA
Göttingen

© CGG mbH

6100-1483 Mehrfamilienhaus (6 WE)
Instandsetzungen; Wohngebäude
CGG mbH
Cottbus

© Rongen Architekten PartG mbB

6400-0100 Ev. Pfarrhaus, Kindergarten - EnerPHit Passivhaus
Umbauten; Kindergärten
Rongen Architekten PartG mbB
Wassenberg

© Dornsbach Architekt

7200-0094 Geschäftshaus - Fassadensanierung
Instandsetzungen mit Restaurierungsarbeiten
Heiko Donsbach, Donsbach Architekt
Hamburg

© SEHW Architekten

7300-0098 Werkstatt für Behinderte (50 AP), Büro (20 AP)
Erweiterungen; Gebäude anderer Art
SEHW Architekten
Hamburg

© Marcus Ebener

7500-0027 Servicebereich Rechenzentrum
Umbauten; Ohne Gebäudeartenzuordnung
acollage. architektur urbanistik, Merten Kappelmann Harms Architekten PartG mbB, Hamburg

© Hüdepohl Ferner

7700-0085 Lager- und Versandhalle
Erweiterungen; Ohne Gebäudeartenzuordnung
Hüdepohl . Ferner Architektur und Ingenieurgesellschaft mbH, Osnabrück

Erläuterungen

(1) (2)

LB 308
Wasserhaltungs-arbeiten

Wasserhaltungsarbeiten **Preise €**

Nr.	Positionen	Einheit	▶	▷	ø brutto € / ø netto €	◁	◀
1	Pumpensumpf, Betonfertigteil	St	794	1.322	**1.491**	1.887	2.441
			667	1.111	**1.253**	1.586	2.051
2	Tauchpumpe, Fördermenge bis 10m³/h	St	184	359	**446**	477	716
			155	301	**375**	401	602
3	Betrieb, Pumpe bis 10m³/h	h	4	7	**9**	10	13
			4	6	**7**	8	11
4	Saugpumpe, Fördermenge bis 20m³/h	St	252	439	**530**	691	902
			212	369	**445**	581	758
5	Betrieb, Pumpe über 10m³/h	h	5	7	**9**	11	15
			4	6	**7**	9	12
6	Brunnenschacht, Grundwasserabsenkung	St	1.260	1.832	**2.214**	2.775	3.888
			1.059	1.539	**1.861**	2.332	3.268
7	Druckrohrleitung, DN100	m	28	45	**54**	70	87
			23	38	**45**	59	73
8	Saugleitungen, DN100	m	14	17	**18**	20	25
			12	14	**15**	17	21
9	Stromerzeuger, 10-20kW	St	1.517	1.977	**2.393**	2.708	3.520
			1.275	1.661	**2.011**	2.275	2.958
10	Absetzbecken, Wasserhaltung	St	1.324	1.603	**2.113**	2.466	2.857
			1.113	1.347	**1.776**	2.072	2.401
11	Messeinrichtung, Wassermenge	St	273	516	**615**	897	1.199
			230	433	**517**	754	1.008
12	Wasserhaltung, Betrieb 10-20l/s	h	13	19	**21**	27	34
			11	16	**18**	23	29
13	Stundensatz Facharbeiter, Wasserhaltung	h	47	47	**54**	59	63
			39	39	**46**	50	53

308

Kosten:
Stand 2.Quartal 2020
Bundesdurchschnitt

(3)

Nr. **Kurztext** / Langtext — Kostengruppe
▶ ▷ **ø netto €** ◁ ◀ [Einheit] Ausf.-Dauer Positionsnummer

(4)

1 Pumpensumpf, Betonfertigteil KG **313**

(5)

Pumpensumpf aus Betonfertigteilringen herstellen, während der gesamten Bauzeit vorhalten und wieder entfernen, inkl. erforderlichem Aushub, seitlicher Lagerung und Wiederverfüllung.
Lage: innerhalb der Baugrube
Tiefe: bis 3,00 m
Durchmesser: DN1.000
Boden: Homogenbereich ....., mit einer Bodengruppe, Bodengruppe: ..... DIN 18196
- Steinanteil: bis ..... % Massenanteil DIN EN ISO 14688-1
- Konsistenz DIN EN ISO 14688-1: .....
- Lagerungsdichte: .....

Aushubprofil: .....

667€ 1.111€ **1.253**€ 1.586€ 2.051€ [St] ⏱ 2,40 h/St 308.000.015

▶ min
▷ von
ø Mittel
◁ bis
◀ max

(6)

(7)

(8)

(9)

© **BKI** Baukosteninformationszentrum; Erläuterungen zu den Tabellen siehe Seite 22
Mustertexte geprüft: Bauwirtschaft Baden-Württemberg e.V.

Kostenstand: 2.Quartal 2020, Bundesdurchschnitt

Erläuterung nebenstehender Tabelle

Alle Kostenkennwerte werden mit und ohne Mehrwertsteuer dargestellt. Kostenstand: 2.Quartal 2020.
Kosten und Kostenkennwerte wurden umgerechnet auf den Bundesdurchschnitt.

①

Leistungsbereichs-Titel

②

Datentabelle mit Angabe:
- der Bauleistungen als Kurztext
- der Einheit
- Minimal-Wert, Von-Wert, Mittel-Wert, Bis-Wert und Maximal-Wert

Angaben jeweils mit MwSt. (1. Zeile) und ohne MwSt. (2. Zeile).
Gerundete Werte bis 10€ Nettosumme.
Die Ordnungsziffer verweist auf den zugehörigen Langtext.

③

Kostengruppen nach DIN 276:2018-12. Die Angaben sind bei der Anwendung zu prüfen, da diese teilweise auf Positionsebene nicht zweifelsfrei zugeordnet werden können.

④

Ordnungsziffer für den Bezug zur Datentabelle. Mit A bezifferte Positionen sind Beschreibungen für die entsprechende Folgeposition.

⑤

Mustertexte als produktneutraler Positionstext für die Ausschreibung. Die durch Fettdruck hervorgehobenen bzw. mit Punktierung gekennzeichneten Textpassagen müssen in der Ausschreibung ausgewählt bzw. eingetragen werden um eindeutig kalkulierbar zu sein.

⑥

Abrechnungseinheit der Leistungspositionen

⑦

Ausführungsdauer der Leistung pro Stunde für die Terminplanung

⑧

Positionsnummer als ID-Kennung für das Auffinden des Datensatzes in elektronischen Medien

⑨

Name des prüfenden Fachverbandes, Anschriften siehe Seite 6-10

Häufig gestellte Fragen

Fragen zur Flächenberechnung (DIN 277):

1. Wie wird die BGF berechnet?	Die Brutto-Grundfläche ist die Summe der Grundflächen aller Grundrissebenen. Nicht dazu gehören die Grundflächen von nicht nutzbaren Dachflächen (Kriechböden) und von konstruktiv bedingten Hohlräumen (z. B. über abgehängter Decke). (DIN 277-1 : 2016-01) Bei den Gebäudearten Dachausbau und Aufstockung nur bezogen auf die Grundrissebene des Dachs.
2. Gehört der Keller bzw. eine Tiefgarage mit zur BGF?	Ja, im Gegensatz zur Geschossfläche nach § 20 Baunutzungsverordnung (Bau NVo) gehört auch der Keller bzw. die Tiefgarage zur BGF.
3. Wie werden Luftgeschosse (z. B. Züblinhaus) nach DIN 277 berechnet?	Die Rauminhalte der Luftgeschosse zählen zum Regelfall der Raumumschließung (R) BRI (R). Die Grundflächen der untersten Ebene der Luftgeschosse und Stege, Treppen, Galerien etc. innerhalb der Luftgeschosse zählen zur Brutto-Grundfläche BGF (R). Vorsicht ist vor allem bei Kostenermittlungen mit Kostenkennwerten des Brutto-Rauminhalts geboten.
4. Welchen Flächen ist die Garage zuzurechnen?	Die Stellplatzflächen von Garagen werden zur Nutzungsfläche gezählt, die Fahrbahn ist Verkehrsfläche.
5. Wird die Diele oder ein Flur zur Nutzungsfläche gezählt?	Normalerweise nicht, da eine Diele oder ein Flur zur Verkehrsfläche gezählt wird. Wenn die Diele aber als Wohnraum genutzt werden kann, z. B. als Essplatz, wird sie zur Nutzungsfläche gezählt.
6. Zählt eine nicht umschlossene oder nicht überdeckte Terrasse einer Sporthalle, die als Eingang und Fluchtweg dient, zur Nutzungsfläche?	Die Terrasse ist nicht Bestandteil der Grundflächen des Bauwerks nach DIN 277. Sie bildet daher keine BGF und damit auch keine Nutzungsfläche. Die Funktion als Eingang oder Fluchtweg ändert daran nichts.

7. Zählt eine Außentreppe zum Keller zur BGF?	Wenn die Treppe allseitig umschlossen ist, z. B. mit einem Geländer, ist sie als Verkehrsfläche zu werten. Nach DIN 277-1 : 2016-01 gilt: Grundflächen und Rauminhalte sind nach ihrer Zugehörigkeit zu den folgenden Bereichen getrennt zu ermitteln: Regelfall der Raumumschließung (R): Räume und Grundflächen, die Nutzungen der Netto-Raumfläche entsprechend Tabelle 1 aufweisen und die bei allen Begrenzungsflächen des Raums (Boden, Decke, Wand) vollständig umschlossen sind. Dazu gehören nicht nur Innenräume, die von der Witterung geschützt sind, sondern auch solche allseitig umschlossenen Räume, die über Öffnungen mit dem Außenklima verbunden sind; Sonderfall der Raumumschließung (S): Räume und Grundflächen, die Nutzungen der Netto-Raumfläche entsprechend Tabelle 1 aufweisen und mit dem Bauwerk konstruktiv verbunden sind, jedoch nicht bei allen Begrenzungsflächen des Raums (Boden, Decke, Wand) vollständig umschlossen sind (z. B. Loggien, Balkone, Terrassen auf Flachdächern, unterbaute Innenhöfe, Eingangsbereiche, Außentreppen). Die Außentreppe stellt also demnach einen Sonderfall der Raumumschließung (S) dar. Wenn die Treppe allerdings über einen Tiefgarten ins UG führt, wird sie zu den Außenanlagen gezählt. Sie bildet dann keine BGF. Die Kosten für den Tiefgarten mit Treppe sind bei den Außenanlagen zu erfassen.
8. Ist eine Abstellkammer mit Heizung eine Technikfläche?	Es kommt auf die überwiegende Nutzung an. Wenn über 50% der Kammer zum Abstellen genutzt werden können, wird sie als Abstellraum gezählt. Es kann also Gebäude ohne Technikfläche geben.
9. Ist die NUF gleich der Wohnfläche?	Nein, die DIN 277 kennt den Begriff Wohnfläche nicht. Zur Nutzungsfläche gehören grundsätzlich keine Verkehrsflächen, während bei der Wohnfläche zumindest die Verkehrsflächen innerhalb der Wohnung hinzugerechnet werden. Die Abweichungen sind dadurch meistens nicht unerheblich.

Fragen zur Wohnflächenberechnung (WoFlV):

10. Wie wird die Wohnfläche (NE: Wohnfläche) bei Wohngebäuden bei BKI berechnet?	Die Berechnung der bei BKI auf der Startseite der Wohngebäude angegebenen "NE: Wohnfläche" erfolgt nach der Wohnflächenberechnung WoFlV.

11. Wird ein Hobbyraum im Keller zur Wohnfläche gezählt?	Wenn der Hobbyraum nicht innerhalb der Wohnung liegt, wird er nicht zur Wohnfläche gezählt. Beim Einfamilienhaus gilt: Das ganze Haus stellt die Wohnung dar. Der Hobbyraum liegt also innerhalb der Wohnung und wird mitgezählt, wenn er die Qualitäten eines Aufenthaltsraums nach LBO aufweist.
12. Wird eine Diele oder ein Flur zur Wohnfläche gezählt?	Wenn die Diele oder der Flur in der Wohnung liegt ja, ansonsten nicht.
13. In welchem Umfang sind Balkone oder Terrassen bei der Wohnfläche zu rechnen?	Balkone und Terrassen werden von BKI zu einem Viertel zur Wohnfläche gerechnet. Die Anrechnung zur Hälfte wird nicht verwendet, da sie in der WoFIV als Ausnahme definiert ist.
14. Zählt eine Empore/Galerie im Zimmer als eigene Wohnfläche oder Nutzungsfläche?	Wenn es sich um ein unlösbar mit dem Baukörper verbundenes Bauteil handelt, zählt die Empore mit. Anders beim nachträglich eingebauten Hochbett, das zählt zum Mobiliar. Für die verbleibende Höhe über der Empore ist die 1 bis 2m Regel nach WoFIV anzuwenden: „Die Grundflächen von Räumen und Raumteilen mit einer lichten Höhe von mindestens zwei Metern sind vollständig, von Räumen und Raumteilen mit einer lichten Höhe von mindestens einem Meter und weniger als zwei Metern sind zur Hälfte anzurechnen."

Fragen zur Kostengruppenzuordnung (DIN 276):

15. Wo werden Abbruchkosten zugeordnet?	Abbruchkosten ganzer Gebäude im Sinne von „Bebaubarkeit des Grundstücks herstellen" werden der KG 212 Abbruchmaßnahmen zugeordnet. Abbruchkosten einzelner Bauteile, insbesondere bei Sanierungen werden den jeweiligen Kostengruppen der 2. oder 3. Ebene (Wände, Decken, Dächer) zugeordnet. Wo diese Aufteilung nicht möglich ist, werden die Abbruchkosten der KG 394 Abbruchmaßnahmen zugeordnet, weil z. B. die Abbruchkosten verschiedenster Bauteile pauschal abgerechnet wurden. Analog gilt dies auch für die Kostengruppen 400 und 500.

16. Wo muss ich die Kosten des Aushubs für Abwasser- oder Wasserleitungen zuordnen?	Diese Kosten werden wie auch alle anderen Rohrgraben- und Schachtaushubskosten der KG 311 zugeordnet, sofern der Aushub unterhalb des Gebäudes anfällt. Die Kosten für Rohrgraben- und Schachtaushub zwischen Gebäudeaußenkante und Grundstücksgrenze gehören in die KG 511. Die Kosten des Rohrgraben- und Schachtaushubs innerhalb von Erschließungsflächen werden der KG 220 ff. oder KG 230 ff. zugeordnet.
17. Wie werden Eigenleistungen bewertet?	Nach DIN 276:2018-12, gilt: 4.2.11 Die Werte von unentgeltlich eingebrachten Gütern und Leistungen (z. B. Materialien, Eigenleistungen) sind den betreffenden Kostengruppen zuzurechnen, aber gesondert auszuweisen. Dafür sind die aktuellen Marktwerte dieser Güter und Leistungen zu ermitteln und einzusetzen. Nach HOAI §4 (2) gilt: Als anrechenbare Kosten nach Absatz 2 gelten ortsübliche Preise, wenn der Auftraggeber: • selbst Lieferungen oder Leistungen übernimmt • von bauausführenden Unternehmern oder von Lieferanten sonst nicht übliche Vergünstigungen erhält • Lieferungen oder Leistungen in Gegenrechnung ausführt oder • vorhandene oder vorbeschaffte Baustoffe oder Bauteile einbauen lässt.

Fragen zu Kosteneinflussfaktoren:

18. Welchen Einfluss hat die Konjunktur auf die Baukosten?	Der Einfluss der Konjunktur auf die Baukosten wird häufig überschätzt. Er ist meist geringer als der anderer Kosteneinflussfaktoren. BKI Untersuchungen haben ergeben, dass die Baukosten bei mittlerer Konjunktur manchmal höher sind als bei hoher Konjunktur.

19. Gibt es beim BKI Regionalfaktoren?

Der Anhang dieser Ausgabe enthält eine Liste der Regionalfaktoren aller deutschen Land- und Stadtkreise. Die Faktoren wurden auf Grundlage von Daten aus den statistischen Landesämtern gebildet, die wiederum aus den Angaben der Antragsteller von Bauanträgen entstammen. Die Regionalfaktoren werden von BKI zusätzlich als farbiges Poster im DIN A1 Format angeboten.
Die Faktoren geben Aufschluss darüber, inwiefern die Baukosten in einer bestimmten Region Deutschlands teurer oder günstiger liegen als im Bundesdurchschnitt. Sie können dazu verwendet werden, die BKI Baukosten an das besondere Baupreisniveau einer Region anzupassen.
Die Angaben wurden durch Untersuchungen des BKI weitgehend verifiziert. Dennoch können Abweichungen zu den angegebenen Werten entstehen. In Grenznähe zu einem Land-Stadtkreis mit anderen Baupreisfaktoren sollte dessen Baupreisniveau mit berücksichtigt werden, da die Übergänge zwischen den Land-Stadtkreisen fließend sind. Die Besonderheiten des Einzelfalls können ebenfalls zu Abweichungen führen.
Siehe auch Benutzerhinweise, 10. Regionalisierung der Daten (Seite 12).

Fragen zur Handhabung der von BKI herausgegebenen Bücher:

20. Ist die MwSt. in den Kostenkennwerten enthalten?

Bei allen Kostenkennwerten in „BKI Baukosten" ist die gültige MwSt. enthalten (zum Zeitpunkt der Herausgabe 19%). In „BKI Baukosten Positionen Neubau, Statistische Kostenkennwerte" und „BKI Baukosten Positionen Altbau, Statistische Kostenkennwerte" werden die Kostenkennwerte, wie bei Positionspreisen üblich, zusätzlich ohne MwSt. dargestellt. Kostenstand und MwSt. wird auf jeder Seite als Fußzeile angegeben.

21. Hat das Baujahr der Objekte einen Einfluss auf die angegebenen Kosten?

Nein, alle Kosten wurden über den Baupreisindex auf einen einheitlichen zum Zeitpunkt der Herausgabe aktuellen Kostenstand umgerechnet. Der Kostenstand wird auf jeder Seite als Fußzeile angegeben. Allenfalls sind Korrekturen zwischen dem Kostenstand zum Zeitpunkt der Herausgabe und dem aktuellen Kostenstand durchzuführen.

22. Wo finde ich weitere Informationen zu den einzelnen Objekten einer Gebäudeart?

Alle Objekte einer Gebäudeart sind einzeln mit Kurzbeschreibung, Angabe der BGF und anderer wichtiger Kostenfaktoren aufgeführt. Die Objektdokumentationen sind veröffentlicht in den Fachbüchern „Objektdaten" und können als PDF-Datei unter ihrer Objektnummer bei BKI bestellt werden, Telefon: 0711 954 854-41.

23. Was mache ich, wenn ich keine passende Gebäudeart finde?

In aller Regel findet man verwandte Gebäudearten, deren Kostenkennwerte der 2. Ebene (Grobelemente) wegen ähnlicher Konstruktionsart übernommen werden können.

24. Wo findet man Kostenkennwerte für Abbruch?

Im Fachbuch „BKI Baukosten Gebäude Altbau - Statistische Kostenkennwerte" gibt es Ausführungsarten zu Abbruch und Demontagearbeiten.
Der Abbruch ganzer Gebäude ist zu finden in der KG 212.
Im Fachbuch „BKI Baukosten Positionen Altbau - Statistische Kostenkennwerte" gibt es Mustertexte für Teilleistungen zu „LB 384 - Abbruch und Rückbauarbeiten".
Im Fachbuch „BKI Baupreise kompakt Altbau" gibt es Positionspreise und Kurztexte zu „LB 384 - Abbruch und Rückbauarbeiten".
Die Mustertexte für Teilleistungen zu „LB 384 - Abbruch und Rückbauarbeiten" und deren Positionspreise sind auch auf der CD BKI Positionen und im BKI Kostenplaner enthalten.

25. Warum ist die Summe der Kostenkennwerte in der Kostengruppen (KG) 310-390 nicht gleich dem Kostenkennwert der KG 300, aber bei der KG 400 ist eine Summenbildung möglich?

In den Kostengruppen 310-390 ändern sich die Einheiten (310 Baugrube/Erdbau gemessen in m^3, 320 Gründung, Unterbau gemessen in m^2); eine Addition der Kostenkennwerte ist nicht möglich. In den Kostengruppen 410-490 ist die Bezugsgröße immer BGF, dadurch ist eine Addition prinzipiell möglich.

26. Manchmal stimmt die Summe der Kostenkennwerte der 2. Ebene der Kostengruppe 400 trotzdem nicht mit dem Kostenkennwert der 1. Ebene überein; warum nicht?

Die Anzahl der Objekte, die auf der 1. Ebene dokumentiert werden, kann von der Anzahl der Objekte der 2. Ebene abweichen. Dann weichen auch die Kostenkennwerte voneinander ab, da es sich um unterschiedliche Stichproben handelt. Es fallen auch nicht bei allen Objekten Kosten in jeder Kostengruppe an (Beispiel KG 461 Aufzugsanlagen).

27. Baupreise im Ausland	BKI dokumentiert nur Objekte aus Deutschland. Anhand von Daten der Eurostat-Datenbank „New Cronos" lassen sich jedoch überschlägige Umrechnungen in die meisten Staaten des europäischen Auslandes vornehmen. Die Werte sind Bestandteil des Posters „BKI Regionalfaktoren 2020".
28. Nutzungskosten, Lebenszykluskosten	Seit 2010 bringt BKI in Zusammenarbeit mit dem Institut für Bauökonomie der Universität Stuttgart ein Fachbuch mit Nutzungskosten ausgewählter Objekte heraus. Die Reihe wird kontinuierlich erweitert. Das Fachbuch Nutzungskosten Gebäude 2020/2021 fasst einzelne Objekte zu statistischen Auswertungen zusammen.
29. Lohn und Materialkosten	BKI dokumentiert Baukosten nicht getrennt nach Lohn- und Materialanteil.
30. Gibt es Angaben zu Kostenflächenarten?	Nein, BKI hält die Grobelementmethode für geeigneter. Solange Grobelementmengen nicht vorliegen, besteht die Möglichkeit der Ableitung der Grobelementmengen aus den Verhältniszahlen von Vergleichsobjekten (siehe Planungskennwerte und Baukostensimulation).

Fragen zu weiteren BKI Produkten:

31. Sind die Inhalte von „BKI Baukosten Gebäude (Teil 1), Statistische Kostenkennwerte" und „BKI Baukosten Bauelemente (Teil 2), Statistische Kostenkennwerte" auch im Kostenplaner enthalten?	Ja, im BKI Kostenplaner Statistik sind alle Objekte mit den Kosten bis zur 3. Ebene nach DIN 276 enthalten. Im BKI Kostenplaner Statistik plus sind zudem die vom BKI gebildeten Ausführungsklassen und Ausführungsarten enthalten. Darüber hinaus ermöglicht der BKI Kostenplaner den Zugriff auf alle Einzeldokumentationen von tausenden Objekten.

32. Worin unterscheiden sich die Fachbuchreihen „BKI Baukosten" und „BKI Objektdaten"

In der Fachbuchreihe BKI Objektdaten erscheinen abgerechnete Einzelobjekte eines bestimmten Teilbereichs des Bauens (A=Altbau, N=Neubau, E=Energieeffizientes Bauen, IR=Innenräume, F=Freianlagen). In der Fachbuchreihe BKI Baukosten erscheinen hingegen statistische Kostenkennwerte von Gebäudearten, die aus den Einzelobjekten gebildet werden. Die Kostenplanung mit Einzelobjekten oder mit statistischen Kostenkennwerten haben spezifische Vor- und Nachteile:

Planung mit Objektdaten (BKI Objektdaten):

- Vorteil: Wenn es gelingt ein vergleichbares Einzelobjekt oder passende Bauausführungen zu finden ist die Genauigkeit besser als mit statistischen Kostenkennwerten. Die Unsicherheit, die der Streubereich (von-bis-Werte) mit sich bringt, entfällt.
- Nachteil: Passende Vergleichsobjekte oder Bauausführungen zu finden kann mühsam oder erfolglos sein.

Planung mit statistischen Kostenkennwerten (BKI Baukosten):

- Vorteil: Über die BKI Gebäudearten ist man recht schnell am Ziel, aufwändiges Suchen entfällt.
- Nachteil: Genauere Prüfung, ob die Mittelwerte übernommen werden können oder noch nach oben oder unten angepasst werden müssen, ist unerlässlich.

33. In welchen Produkten dokumentiert BKI Positionspreise?

Positionspreise mit statistischer Auswertung und Einzelbeispielen werden in „BKI Baukosten Positionen, Statistische Kostenkennwerte Neubau (Teil 3) und Altbau (Teil 5)" und „BKI Baupreise kompakt Neu- und Altbau" herausgegeben. Ausgewählte Positionspreise zu bestimmten Details enthalten die Fachbücher „Konstruktionsdetails K1, K2, K3 und K4". Außerdem gibt es Positionspreise in EDV-Form in der Version Kostenplaner 2020 - Statistik plus [Positionen] und die Software „BKI Positionen".

Im Sonderband Objektdaten S2 - Barrierefreies Bauen erscheint eine Auswahl von besonderen Positionen zum Barrierefreien Bauen.

34. Worin unterscheiden sich die Bände A1 bis A10 (N1 bis N16)	Die Bücher unterscheiden sich lediglich durch die Auswahl der dokumentierten Einzelobjekte. Der Aufbau der Bände ist gleich. In der BKI Fachbuchreihe Objektdaten erscheinen in unregelmäßigen Abständen Folgebände mit neu dokumentierten Einzelobjekten. Speziell bei den Altbaubänden A1 bis A10 ist es nützlich, alle Bände zu besitzen, da es im Bereich Altbau notwendig ist, mit passenden Vergleichsobjekten zu planen. Je mehr Vergleichsobjekte vorhanden sind, desto höher ist die „Trefferquote". Bände der Fachbuchreihe Objektdaten sollten deshalb langfristig aufbewahrt werden.

Diese Liste wird laufend erweitert und im Internet unter www.bki.de/faq-kostenplanung.html veröffentlicht.

Abkürzungsverzeichnis

Einheiten

µm	Mikrometer
m	Meter
m^2	Quadratmeter
m^3	Kubikmeter
cm	Zentimeter
cm^2	Quadratzentimeter
cm^3	Kubikzentimeter
dm	Dezimeter
dm^2	Quadratdezimeter
dm^3	Kubikdezimeter
d	Tage
dB	Dezibel
DPr	Proctordichte
h	Stunde
Hz	Hertz
kg	Kilogramm
kN	Kilonewton
kW	Kilowatt
kWel	elektrische Leistung in Kilowatt
kWth	thermische Leistung in Kilowatt
l	Liter
min	Minute
mm	Millimeter
mm^2	Quadratmillimeter
mm^3	Kubikmillimeter
MN	Meganewton
N	Newton
psch	Pauschal
s	Sekunde
St	Stück
t	Tonnen
W	Watt
°	Grad
%	Prozent
n.A.	nach Aufwand (Preis ist Projektbezogen)

Kombinierte Einheiten

h/[Einheit]	Stunde pro [Einheit] = Ausführungsdauer
mh	Meter pro Stunde
md	Meter pro Tag
mWo	Meter pro Woche
mMt	Meter pro Monat
ma	Meter pro Jahr
m^2d	Quadratmeter pro Tag
m^2Wo	Quadratmeter pro Woche
m^2Mt	Quadratmeter pro Monat
m^3d	Kubikmeter pro Tag
m^3Wo	Kubikmeter pro Woche
m^3Mt	Kubikmeter pro Monat
Sth	Stück pro Stunde
Std	Stück pro Tag
StWo	Stück pro Woche

Kombinierte Einheiten (Fortsetzung)

StMt	Stück pro Monat
td	Tonne pro Tag
tWo	Tonne pro Woche
tMt	Tonne pro Monat

Mengenangaben

A	Fläche
B	Breite
D	Durchmesser
d	Dicke
H	Höhe
k	k-Wert
L	Länge
lw	lichte Weite
T	Tiefe
U	u-Wert
V	Volumen

Rechenzeichen

<	kleiner
>	größer
<=	kleiner gleich
>=	größer gleich
-	bis

Abkürzungen

AN	Auftragnehmer
AG	Auftraggeber
AP	Arbeitsplätze
BB	BB-Schloss=Buntbartschloss
BSH	Brettschichtholz
CaSi	Calciumsilikat
CG	Schaumglas
Cu	Kupfer
DD	DD-Lack=Polyurethan-Lack
DN	Durchmesser, Nennweite (DN80)
DF	Dünnformat
DG	Dachgeschoss
DK	Dreh-/Kipp(-flügel)
DHH	Doppelhaushälfte
EG	Erdgeschoss
ELW	Einliegerwohnung
EnEV	Energieeinsparverordnung
ETW	Etagenwohnung
EPS	expandierter Polystyrolschaum
ESG	Einscheiben-Sicherheitsglas
FFB	Fertigfußboden
F90-A	Feuerwiderstandsklasse 90min
GK	Gipskarton
GKB	Gipskarton-Bauplatten
GKF	Gipskarton-Feuerschutz
GKI	Gipskarton - imprägniert
GKL	Güteklasse
GK1	Geotechnische Kategorie 1 DIN 4020

Abkürzungsverzeichnis

Gl	Glieder (Heizkörper)
Gl24h	Festigkeitsklasse
Hlz	Hochlochziegel
HDF	hochdichte Faserplatte
HT-Rohr	Hochtemperaturrohr
i.L.	im Lichten
i.M.	im Mittel
KG	Kellergeschoss
KG	Kunststoff Grundleitung
KFZ	Kraftfahrzeug
KITA	Kindertagesstätte
KMz	Klinkermaureziegel
KS	Kalksandstein
KSK	kaltselbstklebend
KSL	Kalksandstein-Lochstein
KSV	Kalksandstein-Vollstein
KSVm	Kalksandstein-Vormauerwerk
KVH	Konstruktionsvollholz
LAR	Leitungsanlagen-Richtlinie
LED	Leuchtdiode
LHlz	Leichthochlochziegel
LK	Lastklasse
LM	Leichtmetall / Leichtmörtel
LZR	Luftzwischenraum (Isolierglas)
MDS	mineralische Dichtschlämme
MF	Mineralfaser
MG	Mörtelgruppe
MLAR	Master-Leitungsanlagen-Richtlinie
MW	Mauerwerk / Mineralwolle / Maulweite (Zargen)
Mz	Mauerziegel
NF	Normalformat / Nut und Feder
NM	Normalmauermörtel
NH	Nadelholz
NUF	Nutzungsfläche
OK	Oberkante
OS	Oberflächenschutzschicht
OSB	Oriented Strand Board, Spanplatte
PC	Polycarbonat
PE	Polyethylen
PE-HD	Polyethylen, hohe Dichte
PES	Polyester
PIR	Polyisocyanurat
PMMA	Polymethylmetacrylat
PP	Polypropylen
PS	Polystyrol
PU / PUR	Polyurethan
PVC	Polyvinylchlorid
PVC-U	Polyvinylchlorid-Hart
PV	Polyestervlies
PYE	Elastomerbitumen
PYP	Plastomerbitumen
PZ	Profilzylinder
RCL	Recycling
RD	rauchdicht
RH	Reihenhaus
RRM	Rohbaurichtmaß
RS	Rauchschutz (Türen)
RW	Regenwasser
RWA	Rauch-Wärme-Abzug
SFK	Steindruckfestigkeitsklasse
SML	Gusseisen-Abwasserrohr
Stb	Stahlbeton
StD	Stammdurchmesser
STP	Stellplatz
Stg	Steigung
TG	Tiefgarage
T-RS	Rauchschutztür
TSD	Trittschalldämmung
T30	Tür mit Feuerwiderstand 30min
UK	Unterkante
UK	Unterkonstruktion
VK	Vorderkante
VMz	Vormauerziegel
VSG	Verbund-Sicherheitsglas
V2A	Edelstahl
V4A	Edelstahl
WD-Putz	Wärmedämmvputzsystem
WDVS	Wärmedämmverbundsystem
WE	Wohneinheit
WF	Holzweichfaser
WK	Einbruch-Widerstandsklasse
WLG	Wärmeleitgruppe
WLs	Wärmeleitstufe
WU	wasserundurchlässig (Beton)
XPS	extrudierter Polystyrol
Z	Zuschnitt
ZTV	zusätzl. techn. Vertragsbedingungen

Abkürzungen Pflanzqualitäten

Str	Strauch
Sol	Solitär
He	Heckenpflanze
Bu	Busch
H	Hochstamm
vStr	verpflanzter Strauch
v	verpflanzt
xv	x-mal verpflanzt (1, 2 usw.)
oB	ohne Ballen
mB	mit Ballen
mDb	mit Drahtballen
P (0,5-1,0)	mit Topf (Topfgröße)
C	mit Container
Tr	Triebe
StU	Stammumfang
Sth	Stammhöhe

Gliederung in Leistungsbereiche nach STLB-Bau

Als Beispiel für eine ausführungsorientierte Ergänzung der Kostengliederung werden im Folgenden die Leistungsbereiche des Standardleistungsbuches für das Bauwesen in einer Übersicht dargestellt.

000 Sicherheitseinrichtungen, Baustelleneinrichtungen
001 Gerüstarbeiten
002 Erdarbeiten
003 Landschaftsbauarbeiten
004 Landschaftsbauarbeiten -Pflanzen
005 Brunnenbauarbeiten und Aufschlussbohrungen
006 Spezialtiefbauarbeiten
007 Untertagebauarbeiten
008 Wasserhaltungsarbeiten
009 Entwässerungskanalarbeiten
010 Drän- und Versickerarbeiten
011 Abscheider- und Kleinkläranlagen
012 Mauerarbeiten
013 Betonarbeiten
014 Natur-, Betonwerksteinarbeiten
016 Zimmer- und Holzbauarbeiten
017 Stahlbauarbeiten
018 Abdichtungsarbeiten
020 Dachdeckungsarbeiten
021 Dachabdichtungsarbeiten
022 Klempnerarbeiten
023 Putz- und Stuckarbeiten, Wärmedämmsysteme
024 Fliesen- und Plattenarbeiten
025 Estricharbeiten
026 Fenster, Außentüren
027 Tischlerarbeiten
028 Parkett-, Holzpflasterarbeiten
029 Beschlagarbeiten
030 Rollladenarbeiten
031 Metallbauarbeiten
032 Verglasungsarbeiten
033 Baureinigungsarbeiten
034 Maler- und Lackierarbeiten - Beschichtungen
035 Korrosionsschutzarbeiten an Stahlbauten
036 Bodenbelagarbeiten
037 Tapezierarbeiten
038 Vorgehängte hinterlüftete Fassaden
039 Trockenbauarbeiten
040 Wärmeversorgungsanlagen - Betriebseinrichtungen
041 Wärmeversorgungsanlagen - Leitungen, Armaturen, Heizflächen
042 Gas- und Wasseranlagen - Leitungen, Armaturen
043 Druckrohrleitungen für Gas, Wasser und Abwasser
044 Abwasseranlagen - Leitungen, Abläufe, Armaturen
045 Gas-, Wasser- und Entwässerungsanlagen - Ausstattung, Elemente, Fertigbäder
046 Gas-, Wasser- und Entwässerungsanlagen - Betriebseinrichtungen
047 Dämm- und Brandschutzarbeiten an technischen Anlagen
049 Feuerlöschanlagen, Feuerlöschgeräte
050 Blitzschutz- / Erdungsanlagen, Überspannungsschutz
051 Kabelleitungstiefbauarbeiten
052 Mittelspannungsanlagen
053 Niederspannungsanlagen - Kabel/Leitungen, Verlegesysteme, Installationsgeräte
054 Niederspannungsanlagen - Verteilersysteme und Einbaugeräte
055 Ersatzstromversorgungsanlagen
057 Gebäudesystemtechnik
058 Leuchten und Lampen
059 Sicherheitsbeleuchtungsanlagen
060 Elektroakustische Anlagen, Sprechanlagen, Personenrufanlagen
061 Kommunikationsnetze
062 Kommunikationsanlagen
063 Gefahrenmeldeanlagen
064 Zutrittskontroll-, Zeiterfassungssysteme
069 Aufzüge
070 Gebäudeautomation
075 Raumlufttechnische Anlagen
078 Kälteanlagen für raumlufttechnische Anlagen
080 Straßen, Wege, Plätze
081 Betonerhaltungsarbeiten
082 Bekämpfender Holzschutz
083 Sanierungsarbeiten an schadstoffhaltigen Bauteilen
084 Abbruch- und Rückbauarbeiten
085 Rohrvortriebsarbeiten
087 Abfallentsorgung, Verwertung und Beseitigung
090 Baulogistik
091 Stundenlohnarbeiten
096 Bauarbeiten an Bahnübergängen
097 Bauarbeiten an Gleisen und Weichen
098 Witterungsschutzmaßnahmen

Die BKI-Gliederung des vorliegenden Fachbuchs orientiert sich am Standardleistungsbuch für das Bauwesen. Die Nummern der Leistungsbereiche werden jedoch beim Altbau mit 3xx gekennzeichnet.

A Rohbau

Kosten:
Stand 2.Quartal 2020
Bundesdurchschnitt

Nr.	Positionen	Einheit	▶	▷	ø brutto € ø netto €	◁	◀
1	Bauzaun, Höhe 2,00m	m	7	11	**12**	14	18
			6	9	**10**	12	15
2	Bauzaun umsetzen	m	3	6	**7**	8	10
			3	5	**6**	7	8
3	Tür, Bauzaun	St	130	148	**158**	165	191
			110	124	**132**	139	160
4	Baustraße	m²	11	14	**16**	19	24
			9	12	**13**	16	20
5	Hilfsüberfahrt, Stahlplatte	St	85	109	**163**	135	145
			71	91	**137**	114	122
6	Bauwasseranschluss, 3 Zapfstellen	St	218	411	**518**	656	924
			183	345	**436**	552	777
7	Bauwasseranschluss heranführen	m	22	30	**31**	40	53
			18	25	**26**	34	44
8	Baustromanschluss	St	583	749	**845**	922	1.145
			490	629	**710**	775	962
9	Baustrom, Zuleitung	m	8	11	**13**	14	17
			7	9	**11**	12	14
10	Baustromverteiler	St	190	330	**413**	491	627
			160	277	**347**	412	527
11	WC-Kabine	St	139	228	**265**	316	448
			117	191	**222**	265	377
12	Mobilkran	h	172	217	**224**	230	258
			144	182	**188**	193	217
13	Baustellenaufzug, bis 800kg Nutzlast	St	1.712	2.033	**2.244**	2.365	2.580
			1.439	1.709	**1.886**	1.987	2.168
14	Bautreppe, zweiläufig	St	210	484	**651**	787	1.103
			176	407	**547**	661	927
15	Seitenschutz, Treppe	m	10	16	**19**	21	26
			9	13	**16**	18	22
16	Absturzsicherung, Seitenschutz	m	15	20	**23**	27	38
			12	17	**19**	23	32
17	Bautür, Stahlblech	St	105	177	**207**	267	413
			89	148	**174**	224	347
18	Schutzabdeckung, Boden, Holzplatten	m²	9	15	**18**	19	25
			7	13	**15**	16	21
19	Schutzwand, Folienbespannung	m²	18	23	**26**	32	42
			15	20	**22**	27	35
20	Schutzwand, Holz beplankt	m²	42	50	**54**	57	69
			35	42	**46**	48	58
21	Witterungsschutz, Fensteröffnung	m²	7	11	**13**	16	23
			6	9	**11**	13	19
22	Schutzabdeckung, Bauplane	m²	4	7	**7**	8	10
			4	6	**6**	7	9
23	Bauschuttcontainer, gemischter Bauschutt	St	383	527	**575**	626	807
			322	442	**483**	526	678
24	Bauschuttcontainer, Holzabfälle	St	230	291	**325**	340	375
			193	244	**273**	286	315

▶ min
▷ von
ø Mittel
◁ bis
◀ max

Nr.	Positionen	Einheit	▶	▷ ø brutto € / ø netto €		◁	◀
25	Bauschuttcontainer, sortierter Bauschutt	St	228	352	**407**	459	721
			192	296	**342**	385	606
26	Deponiegebühr, gemischter Bauschutt	m³	53	83	**86**	102	128
			45	70	**73**	85	107
27	Schuttabwurfschacht, ca. 60cm	m	19	26	**28**	34	42
			16	22	**23**	28	36
28	Schuttabwurfschacht, bis 8,00m	St	155	277	**299**	318	546
			130	233	**251**	268	459

Nr. **Kurztext** / Langtext — Kostengruppe
▶ ▷ **ø netto €** ◁ ◀ [Einheit] Ausf.-Dauer Positionsnummer

1 Bauzaun, Höhe 2,00m — KG **391**

Bauzaun, als Schutzzaun auf unbefestigtem waagrechtem Untergrund, aufstellen, vorhalten und beseitigen; Ausführung als Umwehrung. Türen und Tore werden gesondert vergütet.
Bauart: .....
Zaunhöhe: 2,00 m
Vorhaltedauer: 4 Wochen

6€ 9€ **10**€ 12€ 15€ [m] ⏱ 0,18 h/m 300.000.076

2 Bauzaun umsetzen — KG **391**

Bauzaun inkl. Tore und Türen umsetzen.
Bauart: wie vor beschrieben
Türen / Tore: ..... St
Umsetzweg: bis ..... m

3€ 5€ **6**€ 7€ 8€ [m] ⏱ 0,10 h/m 300.000.077

3 Tür, Bauzaun — KG **391**

Behelfsmäßige Tür im Bauzaun abschließbar, einbauen, vorhalten und beseitigen.
Ausführung: .....
Bodenabstand: 20 cm
Türhöhe: 2,30 m
Öffnungsbreite: 1,20 m
Vorhaltedauer: ..... Wochen

110€ 124€ **132**€ 139€ 160€ [St] ⏱ 1,00 h/St 300.000.078

4 Baustraße — KG **391**

Verkehrsfläche, temporär, in Geländehöhe für nichtöffentlichen Baustellenverkehr herstellen, nach Aufforderung durch die Bauleitung wieder beseitigen.
Ausführung: hydraulisch gebunden, frostsicher
Bindemittel: nach Wahl des Auftragnehmers
Gesteinskörnung: aus RC-Baustoff
Verkehrslast: ..... kN/m²
Dicke: frostsichere Ausführung
Wegbreite: bis 2,50 m
Herstellung als: Baustraße

9€ 12€ **13**€ 16€ 20€ [m²] ⏱ 0,18 h/m² 300.000.079

300 301 302 308 309 310 312 313 314 316 317 318 320 321 322

Nr.	Kurztext / Langtext						Kostengruppe
▶	▷	**ø netto €**	◁	◀	[Einheit]	Ausf.-Dauer	Positionsnummer

5 Hilfsüberfahrt, Stahlplatte KG **391**

Überfahrt zur Baustelle über Aushubbereiche mit Stahlplatten für Baustellenverkehr. Überfahrt herstellen, vorhalten und restlos entfernen.
Ausführung: über Gräben
Verkehrslast: ..... kN/m^2
Grabenbreite: 2,50m
Spannweite: bis ..... m
Vorhaltedauer: ..... Wochen

71€ 91€ **137**€ 114€ 122€ [St] ⏱ 0,22 h/St 300.000.103

6 Bauwasseranschluss, 3 Zapfstellen KG **391**

Bauwasseranschluss herstellen und für die gesamte Bauzeit vorhalten, für die Verwendung von Dritten, inkl. Beantragung beim zuständigen Versorgungsunternehmen. Abbau auf Anweisung durch die Bauleitung. Die Abrechnung an die beteiligten Firmen erfolgt über Zwischenzähler.
Vorhaltedauer: ..... Wochen

183€ 345€ **436**€ 552€ 777€ [St] ⏱ 2,40 h/St 300.000.080

7 Bauwasseranschluss heranführen KG **391**

Provisorische Anschlussleitung für Bauwasser, vom öffentlichen Anschlusspunkt lt. Baustelleneinrichtungsplan bis zum bauseitigen Bauwasserverteiler heranführen, inkl. notwendiger Erdarbeiten und Abdeckung der Leitung im öffentlichen Bereich. Leistung bestehend aus Herstellung der Leitung, Vorhalten und Beseitigung; Vergütung einer evtl. erforderlichen Begleitheizung nach gesonderter Position.
Öffentlicher Bereich: **Fußgänger / Kraftverkehr / ohne Anforderung / .....**
Leitungsgröße: DN32
Boden: Homogenbereich 1, mit einer Bodengruppe, Bodengruppe: ..... DIN 18196
- Steinanteil: bis ..... % Massenanteil DIN EN ISO 14688-1
- Konsistenz DIN EN ISO 14688-1: .....
- Lagerungsdichte: .....

Vorhaltedauer: ..... Wochen

18€ 25€ **26**€ 34€ 44€ [m] ⏱ 2,20 h/m 300.000.081

8 Baustromanschluss KG **391**

Baustrom-Hauptanschluss herstellen, vor- und unterhalten; Anfangszählerstand mit der Bauleitung feststellen und schriftlich protokollieren, vor Abbau den Zähler-Endstand wie vor beschrieben festhalten.
Ausstattung: Zwischenzähler, Schuko- und Drehstromsteckdosen in ausreichender Anzahl, FI-Schutzschalter und Sicherungen
Zuleitung: bis 50 m
Vorhaltedauer: ..... Wochen

490€ 629€ **710**€ 775€ 962€ [St] ⏱ 5,00 h/St 300.000.082

9 Baustrom, Zuleitung KG **391**

Zuleitung zum Baustrom-Hauptanschluss, mit gummigeschützter Anschlussleitung, herstellen, vor- und unterhalten, auf Anordnung der Bauleitung abbauen.
Leistung: .... A (Ampere)
Zuleitung: bis 50 m
Vorhaltedauer: ..... Wochen

7€ 9€ **11**€ 12€ 14€ [m] ⏱ 0,10 h/m 300.000.083

Kosten:
Stand 2.Quartal 2020
Bundesdurchschnitt

▶ min
▷ von
ø Mittel
◁ bis
◀ max

Nr.	**Kurztext** / Langtext						Kostengruppe
▶	▷	**ø netto €**	◁	◀	[Einheit]	Ausf.-Dauer	Positionsnummer

10 Baustromverteiler KG **391**

Baustromverteiler für Baubetrieb, Bedienung durch Fremdhandwerker, liefern, aufstellen und über die gesamte Bauzeit vorhalten.
Ausstattung: .....
Vorhaltedauer: ..... Wochen

160€ 277€ **347**€ 412€ 527€ [St] ⏱ 7,00 h/St 300.000.084

11 WC-Kabine KG **391**

WC-Kabine liefern, vorhalten, wöchentlich reinigen. Toiletteneinheit für alle Gewerke mit je 1 WC-Sitz, inkl. aller Verbrauchsmaterialien etc.
Vorhaltedauer: ..... Wochen

117€ 191€ **222**€ 265€ 377€ [St] ⏱ 2,00 h/St 300.000.085

12 Mobilkran KG **391**

Mobilkran bereitstellen, betreiben und abbauen. Abrechnung nach festgestellten Betriebsstunden. Leistung inkl. An- und Abfahrt, sowie Betriebspersonal.
Hakenhöhe/Hubhöhe: .....
Max. Traglast: .....
Max. Ausladung: .....

144€ 182€ **188**€ 193€ 217€ [h] ⏱ 1,00 h/h 300.000.086

13 Baustellenaufzug, bis 800kg Nutzlast KG **391**

Baustellenaufzug für Personen und Material, bis 800kg Nutzlast, liefern, aufstellen und wieder räumen.
Förderhöhe: bis ca. 16,00 m
Befestigung: .....
Haltestellen: ..... Stück
Fahrkorbfläche: ca. 2,00 m^2
Vorhaltedauer: ..... Wochen

1.439€ 1.709€ **1.886**€ 1.987€ 2.168€ [St] ⏱ 14,00 h/St 300.000.087

14 Bautreppe, zweiläufig KG **391**

Bautreppe DGUV Regel 101-002 herstellen, vorhalten und wieder demontieren, zweiläufig, über mehrere Geschosse, mit Podesten.
Konstruktion: .....
Nutzung: **für den Bauverkehr / für öffentliche Nutzung**
Geschosshöhe: bis 3,00 m
Treppenbreite: mind. 0,90 m
Steigungen: .....
Geländer: zweiseitig an Treppe und dreiseitig an Podesten
Vorhaltedauer: ..... Wochen

176€ 407€ **547**€ 661€ 927€ [St] ⏱ 6,20 h/St 300.000.088

15 Seitenschutz, Treppe KG **391**

Behelfsmäßiger Seitenschutz BGR113, bestehend aus Geländer- und Zwischenholm, einschl. Vorhaltung und Rückbau, montiert an freiliegenden Treppenläufen und -podesten zur Absturzsicherung. Die Konstruktion ist so auszuführen, dass die im Bereich der Schutzeinrichtung tätigen Gewerke nicht behindert werden.
Vorhaltedauer: ..... Wochen

9€ 13€ **16**€ 18€ 22€ [m] ⏱ 0,10 h/m 300.000.089

Kosten:
Stand 2.Quartal 2020
Bundesdurchschnitt

Nr.	**Kurztext** / Langtext					Kostengruppe
▶	▷	**ø netto €**	◁	◀	[Einheit]	Ausf.-Dauer Positionsnummer

16 Absturzsicherung, Seitenschutz KG **391**

Behelfsmäßiger Seitenschutz entsprechend BGI 807, einschl. Vorhaltung und Rückbau, montiert an freiliegenden Treppenläufen und -podesten zur Absturzsicherung. Die Konstruktion ist so auszuführen, dass die im Bereich der Schutzeinrichtung tätigen Gewerke nicht behindert werden.
Vorhaltedauer: ..... Wochen

12€ 17€ **19**€ 23€ 32€ [m] ⏱ 0,10 h/m 300.000.074

17 Bautür, Stahlblech KG **391**

Bautür an bauseitigen Öffnungen, montieren und wieder demontieren, bestehend aus Stahlblechkonstruktion, abschließbar mit Schloss und Drückergarnitur und vorgerüstet für bauseitige Profilzylinder.
Abmessung: 1,26 x 2,26 m
Vorhaltedauer: ..... Wochen

89€ 148€ **174**€ 224€ 347€ [St] ⏱ 0,50 h/St 300.000.090

18 Schutzabdeckung, Boden, Holzplatten KG **397**

Böden vollflächig abdecken, mehrlagig, unterseitig mit Lage zur Verhinderung von Kondenswasser, oberseitig mit Lage aus Holzplatten mit Nut-Feder-Verbindung. Während der Vorhaltedauer verrutschsicher befestigen und nach Aufforderung durch die Bauleitung wieder entfernen.
Vorhaltedauer: ..... Wochen

7€ 13€ **15**€ 16€ 21€ [m²] ⏱ 0,16 h/m² 300.000.091

19 Schutzwand, Folienbespannung KG **397**

Staubschutzwand als Folienschutzwand im Gebäude, einschl. Vorhalten und wieder Beseitigen, diverse Raumhöhen, bestehend aus Trag- und Unterkonstruktion aus Holz, Bespannung mit verstärkter Gitterfolie, Anschlüsse an umfassende Massivbauteile zusätzlich abgeklebt.
Geschosshöhe: ..... (max. ..... m)
Einzelgröße: mind. ..... m²
Foliendicke: mind. 0,5 mm
Vorhaltedauer: ..... Wochen

15€ 20€ **22**€ 27€ 35€ [m²] ⏱ 0,30 h/m² 300.000.092

20 Schutzwand, Holz beplankt KG **397**

Bauschutzwand im Gebäude, als Einbruch-, Staub- und Sichtschutz, einschl. Vorhalten und wieder Beseitigen, für diverse Raumhöhen, bestehend aus Holzkonstruktion beidseitig beplankt mit Holzwerkstoffplatten, Anschlüsse an umfassende Bauteile zusätzlich abgeklebt.
Geschosshöhe: ..... (max. ..... m)
Plattendicke: mind. 15 mm
Vorhaltedauer: ..... Wochen

35€ 42€ **46**€ 48€ 58€ [m²] ⏱ 0,80 h/m² 300.000.093

21 Witterungsschutz, Fensteröffnung KG **397**

Öffnungen in Fassade behelfsmäßig schließen, als Witterungsschutz, mittels Holzunterkonstruktion mit PE-Folienbespannung. Die Konstruktion ist auf Anweisung der Bauleitung kurz vor Einbau der Fassaden- / Fensterelemente wieder zu demontieren und zu entsorgen.
Foliendicke: 0,5 mm
Vorhaltedauer: ..... Wochen

6€ 9€ **11**€ 13€ 19€ [m²] ⏱ 0,35 h/m² 300.000.094

▶ min
▷ von
ø Mittel
◁ bis
◀ max

22 Schutzabdeckung, Bauplane KG **397**

Schutzplanen als Wetterschutz für Bauteile, Schutzgerüste, offene Dächer u. dgl.; nach Bedarf sturmsicher anbringen. Aufmaß nach Fläche abgedeckter Bauteilfläche.
Planendicke: ..... mm
Vorhaltedauer: ..... Wochen

4€ 6€ **6**€ 7€ 9€ [m²] ⏱ 0,10 h/m² 300.000.095

23 Bauschuttcontainer, gemischter Bauschutt KG **391**

Bauschuttcontainer (bzw. Absetzmulde) für gemischten Bauschutt, aufstellen, vorhalten und abfahren, entsprechend den Vorschriften für Bauschutt- und Abfallbeseitigung. Abrechnung des Sortierschutts, nach Vorlage der Wiegescheine bzw. Rechnungen.
Bau- und Abbruchabfälle aus: .....
Abfallschlüssel nach AVV: .....
Material: nicht schadstoffbelastet, Zuordnung Z 0 (uneingeschränkte Deponierung)
Fahrtweg zur Deponie: ca. ..... km
Volumen: 7.00 m³

322€ 442€ **483**€ 526€ 678€ [St] – 300.000.096

24 Bauschuttcontainer, Holzabfälle KG **391**

Bauschuttcontainer (bzw. Absetzmulde) für Holzabfälle, aufstellen, vorhalten und abfahren. Sortiermulde entspr. Vorschriften für Bauschutt- und Abfallbeseitigung. Abrechnung des Sortierschutts, nach Vorlage der Wiegescheine bzw. Rechnungen.
Volumen: 7m³

193€ 244€ **273**€ 286€ 315€ [St] – 300.000.097

25 Bauschuttcontainer, sortierter Bauschutt KG **391**

Bauschuttcontainer (bzw. Absetzmulde) für sortierten Bauschutt, aufstellen, vorhalten und abfahren, entsprechend den Vorschriften für Bauschutt- und Abfallbeseitigung. Abrechnung des Sortierschutts, nach Vorlage der Wiegescheine bzw. Rechnungen.
Bau- und Abbruchabfälle aus: Beton, Ziegel, Fliesen und Keramik
Abfallschlüssel nach AVV: 170101 Beton/ -02 Ziegel /-03 .....
Material: nicht schadstoffbelastet, Zuordnung Z 0 (uneingeschränkter Deponierung)
Fahrtweg zur Deponie: ca. ...... km
Volumen: 7,00 m³

192€ 296€ **342**€ 385€ 606€ [St] – 300.000.098

26 Deponiegebühr, gemischter Bauschutt KG **391**

Deponiegebühren für Entsorgung durch AN, Abrechnung nach Wiegekarte. Entsorgung des Materials auf einer Deponie nach Wahl des Auftragnehmers.
Bau- und Abbruchabfälle aus: AVV .....
Material nicht schadstoffbelastet, Zuordnung Z 0 (uneingeschränkte Deponierung).

45€ 70€ **73**€ 85€ 107€ [m³] – 300.000.099

Kosten:
Stand 2.Quartal 2020
Bundesdurchschnitt

Nr.	**Kurztext** / Langtext						Kostengruppe
▶	▷	**ø netto €**	◁	◀	[Einheit]	Ausf.-Dauer	Positionsnummer

27 Schuttabwurfschacht, ca. 60cm KG **391**

Schuttrutsche, staubdicht über Schuttcontainer montieren und wieder demontieren. Abrechnung je Höhenmeter erstellter Schuttrohr-Anlage.
Durchmesser: ca. 60 cm
Einbauort: außerhalb des Gebäudes
Grundvorhaltedauer: ..... Wochen

▶	▷	ø	◁	◀	Einheit	Ausf.-Dauer	Positionsnummer
16€	22€	**23**€	28€	36€	[m]	⏱ 0,40 h/m	300.000.101

28 Schuttabwurfschacht, bis 8,00m KG **391**

Schuttrutsche, staubdicht über Schuttcontainer montieren und wieder demontieren. Abrechnung je Stück Schuttrohr-Anlage.
Durchmesser: ca. 60 cm
Einbauort: außerhalb des Gebäudes
Höhe der Anlage: 4,00 bis 8,00 m
Grundvorhaltedauer: ..... Wochen

▶	▷	ø	◁	◀	Einheit	Ausf.-Dauer	Positionsnummer
130€	233€	**251**€	268€	459€	[St]	⏱ 4,00 h/St	300.000.102

▶ min
▷ von
ø Mittel
◁ bis
◀ max

301

Kosten:
Stand 2.Quartal 2020
Bundesdurchschnitt

▶ min
▷ von
ø Mittel
◁ bis
◀ max

Gerüstarbeiten **Preise €**

Nr.	Positionen	Einheit	▶	▷	**ø brutto €** ø netto €	◁	◀
1	Fassadengerüst, LK3, SW06	m²	6,4	7,8	**8,2**	9,4	12
			5,3	6,5	**6,9**	7,9	10
2	Fassadengerüst, LK4, SW09	m²	7,2	9,1	**9,8**	12	17
			6,0	7,6	**8,3**	10	14
3	Fassadengerüst, LK5, SW09	m²	8,0	13	**17**	17	26
			6,8	11	**14**	15	22
4	Fassadengerüst, Gebrauchsüberlassung	m²Wo	0,2	0,3	**0,4**	0,5	0,9
			0,2	0,3	**0,3**	0,5	0,7
5	Gerüst umsetzen	m²	7	8	**9**	11	16
			6	7	**7**	9	13
6	Standfläche herstellen Hilfsgründung	m	5	9	**11**	13	17
			4	8	**10**	11	14
7	Abstützung, freistehendes Gerüst	m²	3	5	**5**	7	9
			3	4	**5**	6	7
8	Standgerüst, innen	m²	6	9	**10**	12	17
			5	7	**8**	10	14
9	Raumgerüst, LK3	m³	4	6	**8**	9	11
			3	5	**6**	8	9
10	Raumgerüst, Gebrauchsüberlassung	m³Wo	0,4	0,4	**0,5**	0,5	0,6
			0,3	0,4	**0,4**	0,4	0,5
11	Fahrgerüst, LK3	St	176	337	**381**	535	817
			148	283	**320**	449	686
12	Gerüstverbreiterung, bis 30cm	m	4,6	8,3	**10**	13	20
			3,9	7,0	**8,6**	11	17
13	Gerüstverbreiterung, bis 70cm	m	9,0	12	**13**	16	23
			7,6	10	**11**	14	19
14	Gebrauchsüberlassung Gerüstverbreiterung	mWo	0,2	1,1	**1,2**	2,2	3,4
			0,2	0,9	**1,0**	1,8	2,9
15	Arbeitsgerüst Erweiterung Dachfanggerüst	m	9	13	**15**	17	22
			8	11	**13**	15	19
16	Dachfanggerüst, Gebrauchsüberlassung	mWo	0,2	0,4	**0,4**	0,6	1,0
			0,2	0,3	**0,4**	0,5	0,8
17	Überbrückung, Gerüst	m	14	25	**29**	36	52
			12	21	**24**	30	44
18	Überbrückung, Gebrauchsüberlassung	mWo	0,3	0,9	**1,1**	1,3	2,5
			0,2	0,8	**0,9**	1,1	2,1
19	Seitenschutz, Arbeitsgerüst	m	3	6	**7**	12	22
			3	5	**6**	10	19
20	Materialaufzug, bis 200kg	St	470	1.231	**1.680**	2.039	2.580
			395	1.034	**1.412**	1.714	2.168
21	Materialaufzug, bis 500kg	St	–	1.567	**1.911**	2.388	–
			–	1.317	**1.606**	2.007	–
22	Gerüstanker	St	14	30	**32**	35	44
			12	25	**27**	29	37
23	Gerüstplane, Wetterschutzplane	m²	2	3	**4**	4	5
			2	3	**3**	4	4
24	Gerüstbekleidung, Staubschutznetz/Schutzgewebe	m²	1	2	**3**	3	4
			1	2	**2**	3	4

Nr.	Positionen	Einheit	▶	▷	ø brutto € / ø netto €	◁	◀
25	Auffangnetz	m^2	4	7	**8**	10	13
			3	6	**7**	8	11
26	Auffangnetz, Gebrauchsüberlassung	m^2Wo	0,1	0,1	**0,2**	0,2	0,3
			0,1	0,1	**0,1**	0,2	0,3
27	Stundensatz Facharbeiter, Gerüstbau	h	50	60	**61**	65	76
			42	50	**52**	54	64
28	Stundensatz Helfer, Gerüstbau	h	38	47	**50**	56	66
			32	40	**42**	47	56

Nr. **Kurztext** / Langtext — Kostengruppe

▶ ▷ **ø netto €** ◁ ◀ [Einheit] Ausf.-Dauer Positionsnummer

A 1 Fassadengerüst

Beschreibung für Pos. **1-3**

Arbeitsgerüst DIN EN 12811-1 als längenorientiertes Standgerüst aus vorgefertigten Bauteilen, Fassadengerüst DIN EN 12810, mit durchlaufenden Gerüstlagen und Verankerung am Gebäude, auf tragfähiger Standfläche, Nutzung aller Gerüstlagen. Grundeinsatzzeit 4 Wochen.

1 Fassadengerüst, LK3, SW06

KG **392**

Wie Ausführungsbeschreibung A 1
Einsatz für: .....
Lastklasse: 3 (2,0 kN/m^2)
Breitenklasse: SW06 (Mindestbelagbreite 0,60 m)
Höhenklasse: H1
Verankerungsgrund: .....
Standfläche: **eben / geneigt .....°**
Abstand Belag zum Bauwerk: .....
Gebäudeabmessung / Aufbauhöhe: .....

5€ 7€ **7€** 8€ 10€ [m^2] ⏱ 0,10 h/m^2 301.000.002

2 Fassadengerüst, LK4, SW09

KG **392**

Wie Ausführungsbeschreibung A 1
Einsatz für: .....
Lastklasse: 4 (3,0 kN/m^2)
Breitenklasse: SW09 (Mindestbelagbreite 0,90 m)
Höhenklasse: H1
Verankerungsgrund: .....
Standfläche: **eben / geneigt .....°**
Abstand Belag zum Bauwerk: .....
Gebäudeabmessung / Aufbauhöhe: .....

6€ 8€ **8€** 10€ 14€ [m^2] ⏱ 0,12 h/m^2 301.000.003

300
301
302
308
309
310
312
313
314
316
317
318
320
321
322

Nr. **Kurztext** / Langtext — Kostengruppe

▶ ▷ **ø netto €** ◁ ◀ [Einheit] Ausf.-Dauer Positionsnummer

3 Fassadengerüst, LK5, SW09 KG **392**

Wie Ausführungsbeschreibung A 1
Einsatz für: .....
Lastklasse: 5 (4,5 kN/m2)
Breitenklasse: SW09 (Mindestbelagbreite 0,90 m)
Höhenklasse: H1
Verankerungsgrund: .....
Standfläche: **eben / geneigt .....°**
Abstand Belag zum Bauwerk: .....
Gebäudeabmessung / Aufbauhöhe: .....

7€ 11€ **14**€ 15€ 22€ [m2] ⏱ 0,14 h/m2 301.000.004

Kosten:
Stand 2.Quartal 2020
Bundesdurchschnitt

4 Fassadengerüst, Gebrauchsüberlassung KG **392**

Gebrauchsüberlassung des Fassadengerüsts, längenorientiert, LK3, SW06, H1, Nutzung alle Gerüstlagen, über die Grundeinsatzzeit hinaus, für weitere ..... Woche(n).

0,2€ 0,3€ **0,3**€ 0,5€ 0,7€ [m2Wo] – 301.000.008

5 Gerüst umsetzen KG **392**

Arbeitsgerüst wie beschrieben umsetzen, längenorientiertes Standgerüst.
Umsetzarbeit: im Ganzen / in ..... Abschnitten
Transportweg: i.M. ..... m
Arbeitsgerüst umsetzen, längenorientiertes Standgerüst aus vorgefertigten Bauteilen.
Umsetzarbeit: **im Ganzen / in ..... Abschnitten**
Transportweg: i. M. ..... m
Beschreibung Gerüst: **abgetreppt / durchlaufend**
Lastklasse: 3 (2,0 kN/m2)
Breitenklasse: SW06 (Mindestbelagbreite 0,60 m)
Höhenklasse: H1
Verankerung: am Gebäude
Verankerungsgrund: .....
Abstand Belag zum Bauwerk: .....
Standfläche: **eben / geneigt .....°**
Gebäudeabmessung / Aufbauhöhe: .....

6€ 7€ **7**€ 9€ 13€ [m2] ⏱ 0,16 h/m2 301.000.032

6 Standfläche herstellen Hilfsgründung KG **392**

Unterbau für beschriebenes Gerüst, zur Herstellung einer belastbaren Standfläche.
Standfläche: .....
Neigung: eben
Breite Gerüst: .....

4€ 8€ **10**€ 11€ 14€ [m] ⏱ 0,05 h/m 301.000.042

▶ min
▷ von
ø Mittel
◁ bis
◀ max

7 **Abstützung, freistehendes Gerüst** KG **392**

Freistehendes Gerüst ohne Verankerung am Bauwerk, Ausführung mit Abstützung oder Stützgerüst, gem. statischer Berechnung, Freiraum für Abstützung oder Stützgerüste umlaufend vorhanden, Standfläche waagrecht auf Gelände über Lastverteiler belastbar. Der Tragfähigkeits- und Standsicherheitsnachweis wird gesondert vergütet.
Gerüstart: .....
Last- und Breitenklasse: .....
Grundeinsatzzeit: 4 Wochen
Stütze: **Abstützung / Stützgerüst**

3€ 4€ **5**€ 6€ 7€ [m2] ⏱ 0,07 h/m2 301.000.054

8 **Standgerüst, innen** KG **392**

Arbeitsgerüst als längenorientiertes Standgerüst aus vorgefertigten Bauteilen, im Innenraum, einschl. Demontage, auf tragfähiger, ebener Standfläche, Arbeitsfläche durchlaufend, mit Seitenschutz.
Grundeinsatzzeit: 4 Wochen
Einsatz für: .....
Lastklasse: 3 (2,0 kN/m2)
Breitenklasse: .....
Höhenklasse: H1
Anzahl der Gerüstlagen: .....
Verankerung: am Gebäude
Verankerungsgrund: .....
Abstand Belag zum Bauwerk: .....
Standfläche: **eben / geneigt .....°**
Gebäudeabmessung / Aufbauhöhe: .....
Angeb. System: .....

5€ 7€ **8**€ 10€ 14€ [m2] ⏱ 0,12 h/m2 301.000.005

9 **Raumgerüst, LK3** KG **392**

Arbeitsgerüst als flächenorientiertes Standgerüst, aus vorgefertigten Bauteilen, auf tragfähiger Standfläche, mit einer Arbeitslage durchlaufend, mit Seitenschutz.
Grundeinsatzzeit: 4 Wochen
Einsatzort: **innerhalb / außerhalb**
des Gebäudes
Lastklasse: 3 (2,0 kN/m2)
Höhenklasse: H1
Anzahl der Gerüstlagen: .....
Seitenschutz: **einseitig / zweiseitig / umlaufend**
Verankerung: am Gebäude
Verankerungsgrund: .....
Abstand Belag zum Bauwerk: .....
Standfläche: **eben / geneigt .....°**
Grundfläche / Aufbauhöhe: .....
Angeb. System: .....

3€ 5€ **6**€ 8€ 9€ [m3] ⏱ 0,13 h/m3 301.000.022

Nr.	Kurztext / Langtext						Kostengruppe
▶	▷	**ø netto €**	◁	◀	[Einheit]	Ausf.-Dauer	Positionsnummer

10 Raumgerüst, Gebrauchsüberlassung KG **392**

Gebrauchsüberlassung Raumgerüst, LK3, H1, wie beschrieben, über die Grundeinsatzzeit hinaus, für jede weitere Woche.
Anzahl Gerüstlagen: .....

▶	▷	ø	◁	◀	Einheit	Ausf.-Dauer	Positionsnummer
0,3€	0,4€	**0,4**€	0,4€	0,5€	[m^3Wo]	–	301.000.048

11 Fahrgerüst, LK3 KG **392**

Fahrbares Gerüst nach DIN 4420-3 als Arbeitsgerüst mit einer Arbeitslage, Seitenschutz und Zugang, Standflächen eben, einschl. Abbau.
Grundeinsatzzeit: 4 Wochen
Lastklasse: 3 (2,0 kN/m^2)
Abmessung: .....
Aufbauhöhe: ..... (geeignet für Arbeitshöhe bis ..... m)
Aufstellort: .....

▶	▷	ø	◁	◀	Einheit	Ausf.-Dauer	Positionsnummer
148€	283€	**320**€	449€	686€	[St]	⏱ 2,20 h/St	301.000.006

Kosten:
Stand 2.Quartal 2020
Bundesdurchschnitt

A 2 Gerüstverbreiterung Beschreibung für Pos. **12-13**

Gerüstverbreiterung des Arbeitsgerüsts, mit Systemteilen, einschl. der notwendigen Beläge, Seitenschutz, notwendigen Absteifungen, Zugänge und Sicherungen sowie Verstärkung der Anker.
Grundeinsatzzeit: 4 Wochen

12 Gerüstverbreiterung, bis 30cm KG **392**

Wie Ausführungsbeschreibung A 2
Gerüstart / Lastklasse: .....
Verbreiterung: bis 0,30 m
Einbauhöhe: .....

▶	▷	ø	◁	◀	Einheit	Ausf.-Dauer	Positionsnummer
4€	7€	**9**€	11€	17€	[m]	⏱ 0,12 h/m	301.000.046

13 Gerüstverbreiterung, bis 70cm KG **392**

Wie Ausführungsbeschreibung A 2
Gerüstart / Lastklasse: .....
Verbreiterung: bis 0,30 bis 0,70 m
Einbauhöhe: .....

▶	▷	ø	◁	◀	Einheit	Ausf.-Dauer	Positionsnummer
8€	10€	**11**€	14€	19€	[m]	⏱ 0,14 h/m	301.000.009

14 Gebrauchsüberlassung Gerüstverbreiterung KG **392**

Gebrauchsüberlassung der Gerüstverbreiterung, über die Grundeinsatzzeit hinaus, für weitere ..... Woche(n).
Auskragung: .....
Gerüstart / Lastklasse: .....

▶	▷	ø	◁	◀	Einheit	Ausf.-Dauer	Positionsnummer
0,2€	0,9€	**1,0**€	1,8€	2,9€	[mWo]	–	301.000.010

▶ min
▷ von
ø Mittel
◁ bis
◀ max

15 **Arbeitsgerüst Erweiterung Dachfanggerüst** KG **392**

Erweiterung des Fassadengerüsts zum Dachfanggerüst DIN 4420-1, Ausbau der obersten Gerüstlage mit Systemteilen.
Dachüberstand Breite: .....
Schutzwand mit Fanglage aus: **Geflecht / Schutznetz**
Grundeinsatzzeit: 4 Wochen
Gerüstart / Lastklasse: .....

8€ 11€ **13**€ 15€ 19€ [m] ⏱ 0,16 h/m 301.000.011

16 **Dachfanggerüst, Gebrauchsüberlassung** KG **392**

Gebrauchsüberlassung des Dachfanggerüsts, über die Grundeinsatzzeit hinaus, für weitere ..... Woche(n).
Ausführung: .....
Gerüstart / Lastklasse: .....

0,2€ 0,3€ **0,4**€ 0,5€ 0,8€ [mWo] – 301.000.021

17 **Überbrückung, Gerüst** KG **392**

Überbrückung in Gerüst, einschl. Gerüstbelag und Seitenschutz.
Grundeinsatzzeit: 4 Wochen
Gerüstart / Lastklasse: .....
überbrückter Zwischenraum: .....
Höhe über Standfläche: .....
Einbauort: über **Eingang / Durchfahrt**

12€ 21€ **24**€ 30€ 44€ [m] ⏱ 0,50 h/m 301.000.015

18 **Überbrückung, Gebrauchsüberlassung** KG **392**

Gebrauchsüberlassung der Gerüstüberbrückung, über die Grundeinsatzzeit hinaus, für weitere ..... Woche(n).
Gerüstart / Lastklasse: .....

0,2€ 0,8€ **0,9**€ 1,1€ 2,1€ [mWo] – 301.000.016

19 **Seitenschutz, Arbeitsgerüst** KG **392**

Zusätzlicher Seitenschutz im Arbeitsgerüst, aus Systemteilen, Einbau bei einem Abstand von mehr als 0,30m zwischen Belag und Bauwerk..
Einbau: **wandseitig / .....**
Grundeinsatzzeit: 4 Wochen
Ausführung: **mit Geländer, Zwischenholm und Bordbrett / ohne Bordbrett**
Lagenanzahl: .....

3€ 5€ **6**€ 10€ 19€ [m] ⏱ 0,05 h/m 301.000.055

20 **Materialaufzug, bis 200kg** KG **391**

Materialaufzug aufstellen, gebrauchsüberlassen und entfernen.
Grundeinsatzzeit 4 Wochen
Nutzlast: ..... (bis 200 kg)
Entladestellen: ..... m
Förderhöhe: .....

395€ 1.034€ **1.412**€ 1.714€ 2.168€ [St] ⏱ 12,00 h/St 301.000.056

Nr.	**Kurztext** / Langtext						Kostengruppe
▶	▷	**ø netto €**	◁	◀	[Einheit]	Ausf.-Dauer	Positionsnummer

21 Materialaufzug, bis 500kg KG **391**

Materialaufzug aufstellen, gebrauchsüberlassen und entfernen.
Grundeinsatzzeit 4 Wochen
Nutzlast: ..... (bis 500 kg)
Entladestellen: ..... m
Förderhöhe: .....

▶	▷	ø	◁	◀	Einheit	Ausf.-Dauer	Positionsnummer
–€	1.317€	**1.606**€	2.007€	–€	[St]	12,00 h/St	301.000.018

22 Gerüstanker KG **392**

Ein- und Ausbau von besonderen Verankerungselementen / Sondergerüstankern zur Verankerung des Gerüsts bei WDVS-Fassaden.
Verankerungsgrund: **einschaliges Mauerwerk (Vollstein) / .....**
Grundeinsatzzeit: ..... Wochen

▶	▷	ø	◁	◀	Einheit	Ausf.-Dauer	Positionsnummer
12€	25€	**27**€	29€	37€	[St]	0,10 h/St	301.000.027

Kosten:
Stand 2.Quartal 2020
Bundesdurchschnitt

23 Gerüstplane, Wetterschutzplane KG **392**

Bekleidung von Gerüsten mit Plane aus wetterfester, UV-stabilisierter, gitterverstärkter PE-Folie, als vollflächige Gerüstbekleidung, montieren, gebrauchsüberlassen, sowie wieder demontieren.
Grundeinsatzzeit: 4 Wochen
Nutzung: .....
Reißkraft: .....
Hinweis: Zu beachten ist, dass die ggf. notwendige zusätzliche statische Berechnung für das bekleidete Gerüst, zu den besondere Leistung gehört.

▶	▷	ø	◁	◀	Einheit	Ausf.-Dauer	Positionsnummer
2€	3€	**3**€	4€	4€	[m²]	0,08 h/m²	301.000.050

24 Gerüstbekleidung, Staubschutznetz/Schutzgewebe KG **392**

Bekleidung von Gerüsten als vollflächige Gerüstbekleidung montieren, gebrauchsüberlassen, sowie wieder demontieren.
Grundeinsatzzeit: 4 Wochen
Bekleidung: **Staubschutznetz / Schutzgewebe**
Funktion: .....

▶	▷	ø	◁	◀	Einheit	Ausf.-Dauer	Positionsnummer
1€	2€	**2**€	3€	4€	[m²]	0,04 h/m²	301.000.017

25 Auffangnetz KG **392**

Schutznetz als Auffangnetz, für horizontalen Gebrauch, montieren, gebrauchsüberlassen, sowie wieder demontieren.
Grundeinsatzzeit: 4 Wochen
Befestigung: .....
Spannweite: .....
Einbauhöhe: .....
Bruchlast: 30 kN
Maschenweite: ca. 100 x 100 mm
Klasse: A2

▶	▷	ø	◁	◀	Einheit	Ausf.-Dauer	Positionsnummer
3€	6€	**7**€	8€	11€	[m²]	0,10 h/m²	301.000.001

▶ min
▷ von
ø Mittel
◁ bis
◀ max

26 Auffangnetz, Gebrauchsüberlassung KG **392**

Gebrauchsüberlassung des Auffangnetzes, über die Grundeinsatzzeit hinaus, für weitere ..... Woche(n).
Art / Ausführung: .....

0,1€	0,1€	**0,1**€	0,2€	0,3€	[m2Wo]	–	301.000.051

27 Stundensatz Facharbeiter, Gerüstbau

Stundenlohnarbeiten für Vorarbeiter, Geselle, Facharbeiter und Gleichgestellte, sowie ähnliche Fachkräfte. Der Verrechnungssatz für die jeweilige Arbeitskraft umfasst sämtliche Aufwendungen wie Lohn- und Gehaltskosten, Lohn- und Gehaltsnebenkosten, lohngebundene und lohnabhängige Kosten, sonstige Sozialkosten, Gemeinkosten, Wagnis und Gewinn. Leistung nach besonderer Anordnung der Bauüberwachung. Anmeldung und Nachweis gem. VOB/B.

42€	50€	**52**€	54€	64€	[h]	⏱ 1,00 h/h	301.000.052

28 Stundensatz Helfer, Gerüstbau

Stundenlohnarbeiten für Werker, Helfer und Gleichgestellte (z.B. Baufachwerker, Helfer, Hilfsmonteure, Ungelernte, Angelernte). Der Verrechnungssatz für die jeweilige Arbeitskraft umfasst sämtliche Aufwendungen wie Lohn- und Gehaltskosten, Lohn- und Gehaltsnebenkosten, lohngebundene und lohnabhängige Kosten, sonstige Sozialkosten, Gemeinkosten, Wagnis und Gewinn. Leistung nach besonderer Anordnung der Bauüberwachung. Anmeldung und Nachweis gem. VOB/B.

32€	40€	**42**€	47€	56€	[h]	⏱ 1,00 h/h	301.000.053

302

Kosten:
Stand 2.Quartal 2020
Bundesdurchschnitt

▶ min
▷ von
ø Mittel
◁ bis
◀ max

Erdarbeiten — Preise €

Nr.	Positionen	Einheit	▶	▷	ø brutto € / ø netto €	◁	◀
1	Baugelände freimachen	m²	7	10	**11**	11	14
			6	8	**9**	9	12
2	Büsche, Kleingehölze roden	m²	7	8	**9**	10	13
			6	7	**8**	9	11
3	Wurzelstock roden, bis 50cm	St	62	83	**90**	99	117
			52	70	**75**	83	98
4	Oberboden abtragen, lagern, 30cm	m²	3	4	**5**	6	8
			2	3	**4**	5	7
5	Aushub Schlitzgraben/Suchgraben	m³	98	135	**154**	162	195
			82	114	**129**	136	164
6	Aufbruch, Schwarzdecken, entsorgen	m²	14	17	**17**	20	24
			11	15	**15**	17	20
7	Gehwegplatten ausbauen, lagern	m²	8	10	**11**	11	14
			7	9	**9**	10	12
8	Baugrubenaushub, bis 3,50m, lagern, GK1	m³	10	14	**16**	18	22
			9	12	**13**	15	18
9	Baugrubenaushub, bis 3,50m, entsorgen, GK1	m³	31	39	**44**	54	61
			26	33	**37**	46	51
10	Baugrubenaushub, Fels, bis 3,50m, lagern, GK1	m³	26	45	**49**	59	74
			22	38	**41**	49	62
11	Fundamentaushub, bis 1,75m, lagern, GK1	m³	26	33	**39**	41	44
			22	28	**33**	35	37
12	Fundamentaushub, bis 1,75m, entsorgen, GK1	m³	36	48	**45**	51	63
			30	40	**38**	43	53
13	Einzelfundamentaushub, bis 1,75m, lagern, GK1	m³	33	43	**41**	48	55
			28	36	**34**	40	47
14	Streifenfundamentaushub, bis 1,25m, lagern, GK1	m³	27	32	**37**	38	44
			23	27	**31**	32	37
15	Streifenfundamentaushub, bis 1,25m, entsorgen, GK1	m³	34	36	**41**	52	57
			28	30	**34**	44	48
16	Kabelgraben ausheben, bis 1,25m, lagern, GK1	m³	25	23	**32**	33	37
			21	19	**27**	28	31
17	Kabelgraben ausheben, bis 1,25m, entsorgen, GK1	m³	27	32	**36**	40	46
			23	27	**30**	34	39
18	Fundament-/Grabenaushub, Handaushub, bis 1,25m	m³	71	96	**111**	120	135
			60	81	**93**	101	113
19	Bodenaustausch, Liefermaterial	m³	36	48	**52**	58	73
			30	40	**43**	49	61
20	Tragschicht, Kies	m³	60	76	**83**	96	120
			50	64	**70**	81	101
21	Sichern von Leitungen/Kabeln	m	18	29	**33**	34	42
			15	24	**28**	29	35
22	Planum, Baugrube	m²	0,7	1,2	**1,5**	2,1	3,2
			0,6	1,1	**1,3**	1,7	2,7
23	Planum, Wege/Fahrstraßen, verdichten	m²	1,0	1,7	**1,8**	2,3	3,2
			0,8	1,4	**1,5**	2,0	2,7
24	Lastplattendruckversuch, Baugrube	St	183	269	**291**	315	366
			154	226	**245**	264	308

Nr.	Positionen	Einheit	►	▷	ø brutto € / ø netto €	◁	◄
25	Trennlage, Bodenplatte, Folie	m²	2	2	**2**	3	3
			1	2	**2**	2	3
26	Rohrgräben/Fundamente verfüllen, Lagermaterial	m³	32	40	**45**	48	58
			27	33	**38**	40	49
27	Rohrgräben/Fundamente verfüllen, Liefermaterial	m³	34	44	**49**	50	63
			28	37	**41**	42	53
28	Arbeitsräume verfüllen, verdichten, Liefermaterial	m³	33	41	**45**	50	63
			28	34	**38**	42	53
29	Aushub lagernd, entsorgen	m³	21	29	**33**	38	46
			17	24	**28**	32	39
30	Baugrube sichern, Folienabdeckung	m²	2	3	**3**	4	5
			2	3	**3**	3	4
31	Kabelschutzrohr	m	3	4	**5**	6	8
			3	4	**4**	5	7
32	Zugdraht für Kabelschutzrohr	m	1	1	**1**	1	2
			1	1	**1**	1	1
33	Warnband, Leitungsgräben	m	0,8	1,1	**1,2**	1,4	1,8
			0,7	0,9	**1,1**	1,2	1,5
34	Stundensatz Facharbeiter, Erdbau	h	53	64	**64**	67	73
			45	54	**54**	56	62
35	Stundensatz Helfer, Erdbau	h	45	50	**52**	55	60
			38	42	**44**	46	51

Nr. **Kurztext** / Langtext — Kostengruppe

► ▷ **ø netto €** ◁ ◄ [Einheit] Ausf.-Dauer Positionsnummer

1 Baugelände freimachen KG **214**

Freimachen des Baufeldes und sonstiger benötigter Flächen von Gestrüpp, Sträuchern und Bäumen bis 15cm mittleren Durchmessers, sowie Abbruch von Fundamenten und Betonresten bis 1,00m³, inkl. Abfuhr und vorschriftsmäßiger Entsorgung des anfallenden Materials auf Deponie nach Wahl des Auftragnehmers.

6€ 8€ **9**€ 9€ 12€ [m²] ⏱ 0,10 h/m² 302.000.003

2 Büsche, Kleingehölze roden KG **214**

Büsche und Kleingehölze roden, Holzteile häckseln und innerhalb des Baugeländes verteilen. Abrechnung nach m² bewachsener Fläche.
Bewuchs: Büsche und kleinwüchsige Bäume
Abmessung: Breite bis 1,00 m, Höhe bis ca. 1,50 m
Standort Pflanzen: direkte Zufahrt, ungehindertes Fällen möglich
Gelände: **eben / leicht geneigt / steil**

6€ 7€ **8**€ 9€ 11€ [m²] ⏱ 0,08 h/m² 302.001.083

3 Wurzelstock roden, bis 50cm KG **214**

Wurzelstöcke gefällter Bäume roden, Material wird Eigentum des Auftragnehmers und ist zu beseitigen.
Stammdurchmesser: bis 50 cm (an Schnittstelle)

52€ 70€ **75**€ 83€ 98€ [St] ⏱ 1,00 h/St 302.001.096

300 301 **302** 308 309 310 312 313 314 316 317 318 320 321 322

Nr.	**Kurztext** / Langtext						Kostengruppe
▶	▷	**ø netto €**	◁	◀	[Einheit]	Ausf.-Dauer	Positionsnummer

4 Oberboden abtragen, lagern, 30cm KG **311**

Oberboden, profilgerecht abtragen, laden, fördern und Bodengruppen getrennt lagern.
Bodenzuordnung lt. **Aufstellung / Bericht / gemeinsamer Feststellung**
Bodengruppen: ..... DIN 18196
Gesamtabtragstiefe: bis 30 cm
Förderweg: bis ..... km
Mengenermittlung nach Aufmaß an der Entnahmestelle.

▶	▷	ø	◁	◀	Einheit	Ausf.-Dauer	Positionsnummer
2€	3€	**4**€	5€	7€	[m2]	⏱ 0,06 h/m2	302.000.010

5 Aushub Schlitzgraben/Suchgraben KG **311**

Boden für Suchgraben ausheben, zur Freilegung von Kabeln und Rohrleitungen, einschl. Verbau, Handaushub ist einzukalkulieren, Aushub seitlich lagern, wieder verfüllen und verdichten. Laden und Abfuhr von überschüssigem Boden nach getrennter Position.
Aushubtiefe: bis 1,75 m
Sohlenbreite: bis 0,80 m
Sohlenlänge: bis 4,00 m
Bodeneigenschaften und Kennwerte: .....

▶	▷	ø	◁	◀	Einheit	Ausf.-Dauer	Positionsnummer
82€	114€	**129**€	136€	164€	[m3]	⏱ 1,20 h/m3	302.000.007

6 Aufbruch, Schwarzdecken, entsorgen KG **212**

Bituminös befestigte Flächen inkl. Unterbau aus Kies oder Schotter streifenförmig aufbrechen, anfallenden Schutt laden, abfahren und entsorgen; einschl. Deponiegebühren. Der Abfall ist nicht gefährlich, nicht schadstoffbelastet. Leistung inkl. exakter Schneidearbeiten des Belages.
Belagstärke: bis 15 cm
Streifenbreite: ca. 70-100 cm

▶	▷	ø	◁	◀	Einheit	Ausf.-Dauer	Positionsnummer
11€	15€	**15**€	17€	20€	[m2]	⏱ 0,20 h/m2	302.000.008

7 Gehwegplatten ausbauen, lagern KG **212**

Gehwegplatten aus Betonwerkstein im Sandbett ausbauen, Platten reinigen, laden, fördern und zur Wiederverwendung bauseitig lagern.
Format: bis 50 x 50 cm
Belagdicke: 8 cm
Förderweg: bis 50m

▶	▷	ø	◁	◀	Einheit	Ausf.-Dauer	Positionsnummer
7€	9€	**9**€	10€	12€	[m2]	⏱ 0,17 h/m2	302.001.112

Kosten:
Stand 2.Quartal 2020
Bundesdurchschnitt

▶ min
▷ von
ø Mittel
◁ bis
◀ max

8 Baugrubenaushub, bis 3,50m, lagern, GK1 KG **311**

Boden der Baugrube profilgerecht lösen, fördern und auf der Baustelle lagern.
Gesamtbreite: ..... m
Gesamtlänge: ..... m
Gesamtabtragstiefe: bis 3,50 m
Förderweg: ..... m
Baumaßnahmen der Geotechnischen Kategorie 1 DIN 4020
Homogenbereich: 1
Homogenbereich 1 oben: ..... m
Homogenbereich 1 unten: ..... m
Anzahl der Bodengruppen: ..... St
Bodengruppen DIN 18196: .....
Massenanteile der Steine DIN EN ISO 14688-1: über ..... % bis ..... %
Massenanteile der Blöcke DIN EN ISO 14688-1: über ..... % bis ..... %
Konsistenz DIN EN ISO 14688-1: .....
Lagerungsdichte: .....
Homogenbereiche lt.: .....
Mengenermittlung nach Aufmaß an der Entnahmestelle.

9€	12€	**13**€	15€	18€	[m³]	⏱ 0,12 h/m³	302.001.099

9 Baugrubenaushub, bis 3,50m, entsorgen, GK1 KG **311**

Boden der Baugrube profilgerecht ausheben.
Gesamtbreite: ..... m
Gesamtlänge: ..... m
Baumaßnahmen der Geotechnischen Kategorie 1 DIN 4020
Homogenbereich: 1
Homogenbereich 1 oben: ..... m
Homogenbereich 1 unten: ..... m
Anzahl der Bodengruppen: ..... St
Bodengruppen DIN 18196: .....
Massenanteile der Steine DIN EN ISO 14688-1: über ..... % bis ..... %
Massenanteile der Blöcke DIN EN ISO 14688-1: über ..... % bis ..... %
Konsistenz DIN EN ISO 14688-1: .....
Lagerungsdichte: .....
Homogenbereiche lt.: .....
Leistungsumfang: lösen, fördern, mit LKW des AN zur zugelassenen Lagerstelle abfahren, dort lagenweise einarbeiten
Gesamtabtragstiefe: bis 3,50 m
Aushub: nicht schadstoffbelastet
Zuordnung: Z 0
Lagerstätte (Bezeichnung/Ort) .....
Förderweg: bis ..... km
Mengenermittlung nach Aufmaß an der Entnahmestelle.

26€	33€	**37**€	46€	51€	[m³]	⏱ 0,14 h/m³	302.001.100

Nr.	Kurztext / Langtext						Kostengruppe
▶	▷	ø netto €	◁	◀	[Einheit]	Ausf.-Dauer	Positionsnummer

Kosten:
Stand 2.Quartal 2020
Bundesdurchschnitt

10 Baugrubenaushub, Fels, bis 3,50m, lagern, GK1 — KG 311

Felsigen Boden der Baugrube ausheben.
Aushubtiefe: bis ..... m
Gesamtbreite: ..... m
Gesamtlänge: ..... m
Baumaßnahmen der Geotechnischen Kategorie 1 DIN 4020
Homogenbereich: 1
Homogenbereich 1 oben: ..... m
Homogenbereich 1 unten: ..... m
Anzahl Gesteinsarten: .....
Gesteinsarten: .....
Veränderlichkeit DIN EN ISO 14689-1: .....
Geologische Struktur DIN EN ISO 14689-1: .....
Abstand Trennflächen DIN EN ISO 14689-1: .....
Trennflächen, Gesteinskörperform: ....
Fallrichtung Trennflächen: .....°
Fallwinkel Trennflächen: .....°
Homogenbereiche lt.: .....
Leistungsumfang: lösen, fördern, auf der Baustelle lagern
Abrechnung: nach dem gelösten Boden, auch außerhalb des Profils
Aushubtiefe: bis 3,00 m
Mengenermittlung nach Aufmaß an der Entnahmestelle.

▶	▷	ø	◁	◀	Einheit	Ausf.-Dauer	Positionsnummer
22€	38€	**41**€	49€	62€	[m³]	⏱ 0,45 h/m³	302.001.101

11 Fundamentaushub, bis 1,75m, lagern, GK1 — KG 322

Aushub Einzel- und Streifenfundament, Boden maschinell lösen, laden, fördern und auf Baustelle lagern, für Wiedereinbau; Fundamentsohle durch Handschachtung planieren.
Gesamtbreite: ..... m
Gesamtlänge: ..... m
Gesamtabtragstiefe: bis 1,75 m
Förderweg: ..... m
Baumaßnahmen der Geotechnischen Kategorie 1 DIN 4020
Homogenbereich: 1
Homogenbereich 1 oben: ..... m
Homogenbereich 1 unten: ..... m
Anzahl der Bodengruppen: ..... St
Bodengruppen DIN 18196: .....
Massenanteile der Steine DIN EN ISO 14688-1: über ..... % bis ..... %
Massenanteile der Blöcke DIN EN ISO 14688-1: über ..... % bis ..... %
Konsistenz DIN EN ISO 14688-1: .....
Lagerungsdichte: .....
Homogenbereiche lt.: .....
Mengenermittlung nach Aufmaß an der Entnahmestelle.

▶	▷	ø	◁	◀	Einheit	Ausf.-Dauer	Positionsnummer
22€	28€	**33**€	35€	37€	[m³]	⏱ 0,44 h/m³	302.001.102

▶ min
▷ von
ø Mittel
◁ bis
◀ max

12 Fundamentaushub, bis 1,75m, entsorgen, GK1 KG **322**

Boden Einzelfundament / Streifenfundament, lösen, fördern, laden und mit LKW des AN zur Verwertungsanlage abfahren.
Gesamtbreite: ..... m
Gesamtlänge: ..... m
Gesamtabtragstiefe: bis 1,75 m
Förderweg: ..... m
Baumaßnahmen der Geotechnischen Kategorie 1 DIN 4020
Homogenbereich: 1
Homogenbereich 1 oben: ..... m
Homogenbereich 1 unten: ..... m
Anzahl der Bodengruppen: ..... St
Bodengruppen DIN 18196: .....
Massenanteile der Steine DIN EN ISO 14688-1: über ..... % bis ..... %
Massenanteile der Blöcke DIN EN ISO 14688-1: über ..... % bis ..... %
Konsistenz DIN EN ISO 14688-1: .....
Lagerungsdichte: .....
Homogenbereiche lt.: .....
Abrechnung: **nach Verdrängung / auf Nachweisrapport / Wiegescheine der Deponie**

30€	40€	**38**€	43€	53€	[m³]	⏱ 0,42 h/m³	302.001.103

13 Einzelfundamentaushub, bis 1,75m, lagern, GK1 KG **322**

Aushub Einzelfundament, Boden maschinell lösen, laden, fördern und auf Baustelle lagern, für Wiedereinbau; Fundamentsohle durch Handschachtung planieren.
Gesamtbreite: ..... m
Gesamtlänge: ..... m
Gesamtabtragstiefe: bis 1,75 m
Förderweg: ..... m
Baumaßnahmen der Geotechnischen Kategorie 1 DIN 4020
Homogenbereich: 1
Homogenbereich 1 oben: ..... m
Homogenbereich 1 unten: ..... m
Anzahl der Bodengruppen: ..... St
Bodengruppen DIN 18196: .....
Massenanteile der Steine DIN EN ISO 14688-1: über ..... % bis ..... %
Massenanteile der Blöcke DIN EN ISO 14688-1: über ..... % bis ..... %
Konsistenz DIN EN ISO 14688-1: .....
Lagerungsdichte: .....
Homogenbereiche lt.: .....
Mengenermittlung nach Aufmaß an der Entnahmestelle.

28€	36€	**34**€	40€	47€	[m³]	⏱ 0,37 h/m³	302.001.104

Nr.	Kurztext / Langtext						Kostengruppe
▶	▷	ø netto €	◁	◀	[Einheit]	Ausf.-Dauer	Positionsnummer

14 Streifenfundamentaushub, bis 1,25m, lagern, GK1 KG **322**

Aushub Streifenfundament, Boden maschinell lösen, laden, fördern und auf Baustelle lagern, für Wiedereinbau; Fundamentsohle durch Handschachtung planieren.
Gesamtbreite: ..... m
Gesamtlänge: ..... m
Gesamtabtragstiefe: bis 1,25 m
Förderweg: ..... m
Baumaßnahmen der Geotechnischen Kategorie 1 DIN 4020
Homogenbereich: 1
Homogenbereich 1 oben: ..... m
Homogenbereich 1 unten: ..... m
Anzahl der Bodengruppen: ..... St
Bodengruppen DIN 18196: .....
Massenanteile der Steine DIN EN ISO 14688-1: über ..... % bis ..... %
Massenanteile der Blöcke DIN EN ISO 14688-1: über ..... % bis ..... %
Konsistenz DIN EN ISO 14688-1: .....
Lagerungsdichte: .....
Homogenbereiche lt.: .....
Mengenermittlung nach Aufmaß an der Entnahmestelle.

23€ 27€ **31**€ 32€ 37€ [m³] ⏱ 0,35 h/m³ 302.001.106

15 Streifenfundamentaushub, bis 1,25m, entsorgen, GK1 KG **322**

Boden für Streifenfundament, lösen, fördern, laden und mit LKW des AN zur Verwertungsanlage abfahren.
Gesamtbreite: ..... m
Gesamtlänge: ..... m
Gesamtabtragstiefe: bis 1,25 m
Förderweg: ..... m
Baumaßnahmen der Geotechnischen Kategorie 1 DIN 4020
Homogenbereich: 1
Homogenbereich 1 oben: ..... m
Homogenbereich 1 unten: ..... m
Anzahl der Bodengruppen: ..... St
Bodengruppen DIN 18196: .....
Massenanteile der Steine DIN EN ISO 14688-1: über ..... % bis ..... %
Massenanteile der Blöcke DIN EN ISO 14688-1: über ..... % bis ..... %
Konsistenz DIN EN ISO 14688-1: .....
Lagerungsdichte: .....
Homogenbereiche lt.: .....
Abrechnung: **nach Verdrängung / auf Nachweisrapport / Wiegescheine der Deponie**

28€ 30€ **34**€ 44€ 48€ [m³] ⏱ 0,35 h/m³ 302.001.107

Kosten:
Stand 2.Quartal 2020
Bundesdurchschnitt

▶ min
▷ von
ø Mittel
◁ bis
◀ max

16 Kabelgraben ausheben, bis 1,25m, lagern, GK1 KG **311**

Boden für Kabelgraben profilgerecht lösen, Aushub seitlich lagern, Gefälle gem. Entwässerungsplanung.
Gesamtabtragstiefe: bis 1,25 m
Sohlenbreite: bis 50 cm
Förderweg: ..... m
Baumaßnahmen der Geotechnischen Kategorie 1 DIN 4020
Homogenbereich: 1
Homogenbereich 1 oben: ..... m
Homogenbereich 1 unten: ..... m
Anzahl der Bodengruppen: ..... St
Bodengruppen DIN 18196: .....
Massenanteile der Steine DIN EN ISO 14688-1: über ..... % bis ..... %
Massenanteile der Blöcke DIN EN ISO 14688-1: über ..... % bis ..... %
Konsistenz DIN EN ISO 14688-1: .....
Lagerungsdichte: .....
Homogenbereiche lt.: .....
Mengenermittlung nach Aufmaß an der Entnahmestelle.

21€	19€	**27**€	28€	31€	[m³]	⏱ 0,32 h/m³	302.001.108

17 Kabelgraben ausheben, bis 1,25m, entsorgen, GK1 KG **311**

Boden für Kabelgraben profilgerecht lösen, Aushub ist zu entsorgen.
Gesamtabtragstiefe: bis 1,25 m
Sohlenbreite: bis 50 cm
Förderweg: ..... m
Baumaßnahmen der Geotechnischen Kategorie 1 DIN 4020
Homogenbereich: 1
Homogenbereich 1 oben: ..... m
Homogenbereich 1 unten: ..... m
Anzahl der Bodengruppen: ..... St
Bodengruppen DIN 18196: .....
Massenanteile der Steine DIN EN ISO 14688-1: über ..... % bis ..... %
Massenanteile der Blöcke DIN EN ISO 14688-1: über ..... % bis ..... %
Konsistenz DIN EN ISO 14688-1: .....
Lagerungsdichte: .....
Homogenbereiche lt.: .....
Abrechnung: **nach Verdrängung / auf Nachweisrapport / Wiegescheine der Deponie**

23€	27€	**30**€	34€	39€	[m³]	⏱ 0,32 h/m³	302.001.109

Nr.	Kurztext / Langtext						Kostengruppe
▶	▷	**ø netto €**	◁	◀	[Einheit]	Ausf.-Dauer	Positionsnummer

18 Fundament-/Grabenaushub, Handaushub, bis 1,25m KG **322**

Handaushub von Gräben/Fundamente, Aushubmaterial seitlich lagern, der Feinabtrag ist gem. Entwässerungs- / Fundamentplänen auszuführen, einschl. aller Nebenarbeiten.
Baumaßnahmen der Geotechnischen Kategorie 1 DIN 4020
Homogenbereich: 1
Homogenbereich 1 oben: 0 m
Homogenbereich 1 unten: 1,25 m
Anzahl der Bodengruppen: ..... St
Bodengruppen DIN 18196: .....
Massenanteile der Steine DIN EN ISO 14688-1: über ..... % bis ..... %
Massenanteile der Blöcke DIN EN ISO 14688-1: über ..... % bis ..... %
Konsistenz DIN EN ISO 14688-1: .....
Lagerungsdichte: .....
Gesamtabtragstiefe: bis 1,25 m
Aushubprofil: .....
Aushubbreite: .....
Förderweg: 50 m
Mengenermittlung nach Aufmaß an der Entnahmestelle.

60€ 81€ **93**€ 101€ 113€ [m³] ⏱ 1,60 h/m³ 302.000.017

Kosten:
Stand 2.Quartal 2020
Bundesdurchschnitt

19 Bodenaustausch, Liefermaterial KG **321**

Austauschen von nicht tragfähigem Boden im Aushubbereich:

- Aushub und Entsorgung des nicht brauchbaren Bodenmaterials, Deponiegebühren werden vom AN übernommen
- Lieferung und Einbau von tragfähigem, gut verdichtbarem Ersatzmaterial, inkl. Verdichtung in Lagen bis 30 cm

Neuboden: z.B. kornabgestufter Kiessand (Bodengruppe GW/GU) - natürliche Gesteinskörnung
Verdichtung: 103% Proctordichte
Aushubtiefe: .....
Austauschfläche: .....
Geländeprofil: .....

30€ 40€ **43**€ 49€ 61€ [m³] ⏱ 0,25 h/m³ 302.000.022

20 Tragschicht, Kies KG **325**

Tragschicht, kapillarbrechend, unter Bodenplatte oder Fundament, schichtweise einbringen und verdichten.
Material: .....
Schichtdicke i.M: .....
Körnung: .....
Sieblinie: .....
Proctordichte: 103%
Abweichung von Sollhöhe: +/-2 cm

50€ 64€ **70**€ 81€ 101€ [m³] ⏱ 0,30 h/m³ 302.001.090

▶ min
▷ von
ø Mittel
◁ bis
◀ max

21 Sichern von Leitungen/Kabeln KG **551**
Kabelbündel aus Elektrokabel / Entwässerungsleitung aus Steinzeugrohr / ....., sichern und spannungsfrei unterstützen.
Kabel- / Leitungsdurchmesser: ..... mm
Einzellängen: über 5 bis 10 m
Höhenlage der Kabel- / Leitungsachse unter Gelände: bis 1,25 m
15€ 24€ **28**€ 29€ 35€ [m] ⏱ 0,25 h/m 302.001.097

22 Planum, Baugrube KG **311**
Planum in Baugrube herstellen, Ausführung nach ZTVT-StB 95.
Zulässige Abweichung von Sollhöhe: +/-2 cm
0,6€ 1,1€ **1,3**€ 1,7€ 2,7€ [m²] ⏱ 0,02 h/m² 302.000.021

23 Planum, Wege/Fahrstraßen, verdichten KG **530**
Planum von Verkehrsflächen herstellen, einschl. Verdichten; Planum als einwandfreie Trassierung für den Belagsunterbau in den erforderlichen Gefällen nach Regelschnitten, Abrechnung nach Belagsfläche.
zulässige Abweichung von Sollhöhe: +/-2 cm
Elastizitätsmodul: mind. 45 MN/m²
0,8€ 1,4€ **1,5**€ 2,0€ 2,7€ [m²] ⏱ 0,02 h/m² 302.000.035

24 Lastplattendruckversuch, Baugrube KG **319**
Statischer Lastplattendruckversuch DIN 18134, Nachweis der geforderten Verdichtung des Bodens; Durchführung und Auswertung sowie Gerätestellung erfolgt durch ein neutrales Prüflabor nach Wahl des Auftragnehmers. Abrechnung je Versuch, inkl. aller Geräte, Honorare und Nebenkosten.
154€ 226€ **245**€ 264€ 308€ [St] ⏱ 2,20 h/St 302.000.027

25 Trennlage, Bodenplatte, Folie KG **329**
PE-Folie, in zwei Lagen, Überlappung 25cm, unter Bodenplatte.
Folien-Dicke: je 0,4 mm
1€ 2€ **2**€ 2€ 3€ [m²] ⏱ 0,03 h/m² 302.000.030

26 Rohrgräben/Fundamente verfüllen, Lagermaterial KG **311**
Verfüllen von Fundamenten und Leitungen, schichtweise, inkl. Verdichten.
Einbaumaterial: gelagerter Boden
Verdichtungsgrad DPr: mind. 97%
Einbauort: .....
Einbauhöhe: ..... m
Förderweg: bis 50 m
27€ 33€ **38**€ 40€ 49€ [m³] ⏱ 0,25 h/m³ 302.000.023

27 Rohrgräben/Fundamente verfüllen, Liefermaterial KG **311**
Verfüllen von Fundamenten und Leitungen, schichtweise, inkl. Verdichten.
Einbaumaterial: Lieferboden
Verdichtungsgrad DPr: mind. 97%
Einbauort: .....
Einbauhöhe: ..... m
Förderweg: bis 50 m
28€ 37€ **41**€ 42€ 53€ [m³] ⏱ 0,28 h/m³ 302.000.026

300
301
302
308
309
310
312
313
314
316
317
318
320
321
322

Kosten:
Stand 2.Quartal 2020
Bundesdurchschnitt

Nr.	**Kurztext** / Langtext						Kostengruppe
▶	▷	**ø netto €**	◁	◀	[Einheit]	Ausf.-Dauer	Positionsnummer

28 Arbeitsräume verfüllen, verdichten, Liefermaterial KG **311**

Verfüllen von Arbeitsräumen, mit anzulieferndem Bodenmaterial, schichtweise einbauen, einschl. Fördern des Lagermaterials und Verdichten.
Bodengruppe: **GU (Kies-Schluff-Gemisch) / .....** gem. Einzelbeschreibung
Verdichtungsgrad: DPr mind. 97%
Einbauhöhe: ..... m

28€ 34€ **38**€ 42€ 53€ [m³] ⏱ 0,30 h/m³ 302.000.024

29 Aushub lagernd, entsorgen KG **311**

Überschüssigen Aushub, bauseits gelagert, laden, abfahren und entsorgen, auf Deponie nach Wahl des Auftragnehmers, inkl. Deponiegebühren.
Bodengruppen: ..... DIN 18196
Aushub: nicht schadstoffbelastet
Zuordnung: Z 0
Verwertungsanlage (Bezeichnung/Ort) .....
Verwertungsgebühren werden vom AN übernommen
Abrechnung: **nach Verdrängung / auf Nachweisrapport / Wiegescheine der Deponie**

17€ 24€ **28**€ 32€ 39€ [m³] ⏱ 0,05 h/m³ 302.000.018

30 Baugrube sichern, Folienabdeckung KG **312**

Baugrubenwände (Böschungen) während der Bauzeit mit Planen abdecken, Planen gegen Witterung sichern und bis zum Auffüllen des Arbeitsraums bzw. Abschluss der Verbauarbeiten unterhalten und nach Aufforderung Folie aufnehmen und entsorgen, inkl. Entsorgungsgebühr.

2€ 3€ **3**€ 3€ 4€ [m²] ⏱ 0,05 h/m² 302.000.042

31 Kabelschutzrohr KG **444**

Kabelschutzrohr, in Graben, verbunden mit Doppelsteckmuffen.
Werkstoff: PVC
Rohrgröße: DN100
Verlegung in: Erdreich
Ausführung: ....
Muffen: .....
Überdeckung: ..... m

3€ 4€ **4**€ 5€ 7€ [m] ⏱ 0,22 h/m 302.001.087

32 Zugdraht für Kabelschutzrohr KG **444**

Zugdraht in verlegtes Kabelschutzrohr einlegen.
Kabelschutzrohr: .....

1€ 1€ **1**€ 1€ 1€ [m] ⏱ 0,02 h/m 302.001.088

33 Warnband, Leitungsgräben KG **444**

Trassen-Warnband aus Verbundfolie, alterungs- und kältebeständig, farbecht und mit dauerhaft lesbarer Beschriftung, im Zuge der Grabenverfüllung ca. 40cm über Leitung verlegen.
Farbe: .....
Art der Leitung: .....

0,7€ 0,9€ **1,1**€ 1,2€ 1,5€ [m] ⏱ 0,03 h/m 302.000.051

▶ min
▷ von
ø Mittel
◁ bis
◀ max

34 Stundensatz Facharbeiter, Erdbau

Stundenlohnarbeiten für Facharbeiter, Spezialfacharbeiter, Vorarbeiter und jeweils Gleichgestellte. Der Verrechnungssatz für die jeweilige Arbeitskraft umfasst sämtliche Aufwendungen wie Lohn- und Gehaltskosten, lohn- und gehaltsgebundene Kosten, Lohn- und Gehaltsnebenkosten, Gemeinkosten, Wagnis und Gewinn. Leistung nach besonderer Anordnung der Bauüberwachung. Anmeldung und Nachweis gem. VOB/B.

45€ 54€ **54**€ 56€ 62€ [h] ⏱ 1,00 h/h 302.001.110

35 Stundensatz Helfer, Erdbau

Stundenlohnarbeiten für Werker, Fachwerker und jeweils Gleichgestellte. Der Verrechnungssatz für die jeweilige Arbeitskraft umfasst sämtliche Aufwendungen wie Lohn- und Gehaltskosten, lohn- und gehaltsgebundene Kosten, Lohn- und Gehaltsnebenkosten, Gemeinkosten, Wagnis und Gewinn. Leistung nach besonderer Anordnung der Bauüberwachung. Anmeldung und Nachweis gem. VOB/B.

38€ 42€ **44**€ 46€ 51€ [h] ⏱ 1,00 h/h 302.001.111

Kosten:
Stand 2.Quartal 2020
Bundesdurchschnitt

Wasserhaltungsarbeiten							Preise €
Nr.	**Positionen**	**Einheit**	▶	▷	**ø brutto €** ø netto €	◁	◀
1	Pumpensumpf, Betonfertigteil	St	794	1.322	**1.491**	1.887	2.441
			667	1.111	**1.253**	1.586	2.051
2	Tauchpumpe, Fördermenge bis 10m³/h	St	184	359	**446**	477	716
			155	301	**375**	401	602
3	Betrieb, Pumpe bis 10m³/h	h	4	7	**9**	10	13
			4	6	**7**	8	11
4	Saugpumpe, Fördermenge bis 20m³/h	St	252	439	**530**	691	902
			212	369	**445**	581	758
5	Betrieb, Pumpe über 10m³/h	h	5	7	**9**	11	15
			4	6	**7**	9	12
6	Brunnenschacht, Grundwasserabsenkung	St	1.260	1.832	**2.214**	2.775	3.888
			1.059	1.539	**1.861**	2.332	3.268
7	Druckrohrleitung, DN100	m	28	45	**54**	70	87
			23	38	**45**	59	73
8	Saugleitungen, DN100	m	14	17	**18**	20	25
			12	14	**15**	17	21
9	Stromerzeuger, 10-20kW	St	1.517	1.977	**2.393**	2.708	3.520
			1.275	1.661	**2.011**	2.275	2.958
10	Absetzbecken, Wasserhaltung	St	1.324	1.603	**2.113**	2.466	2.857
			1.113	1.347	**1.776**	2.072	2.401
11	Messeinrichtung, Wassermenge	St	273	516	**615**	897	1.199
			230	433	**517**	754	1.008
12	Wasserhaltung, Betrieb 10-20l/s	h	13	19	**21**	27	34
			11	16	**18**	23	29
13	Stundensatz Facharbeiter, Wasserhaltung	h	47	47	**54**	59	63
			39	39	**46**	50	53

Nr. **Kurztext** / Langtext Kostengruppe
▶ ▷ **ø netto €** ◁ ◀ [Einheit] Ausf.-Dauer Positionsnummer

1 Pumpensumpf, Betonfertigteil KG **313**

Pumpensumpf aus Betonfertigteilringen herstellen, während der gesamten Bauzeit vorhalten und wieder entfernen, inkl. erforderlichem Aushub, seitlicher Lagerung und Wiederverfüllung.
Lage: innerhalb der Baugrube
Tiefe: bis 3,00 m
Durchmesser: DN1.000
Boden: Homogenbereich ....., mit einer Bodengruppe, Bodengruppe: ..... DIN 18196
- Steinanteil: bis ..... % Massenanteil DIN EN ISO 14688-1
- Konsistenz DIN EN ISO 14688-1: .....
- Lagerungsdichte: .....

Aushubprofil: .....

667€ 1.111€ **1.253€** 1.586€ 2.051€ [St] ⏱ 2,40 h/St 308.000.015

▶ min
▷ von
ø Mittel
◁ bis
◀ max

2 Tauchpumpe, Fördermenge bis 10m³/h KG **313**

Tauchpumpe mit Schwimmer an Druckrohrleitung anschließen, einbauen, vorhalten, betreiben und entfernen.
Fördermenge: 10 m³/h
Förderhöhe: bis 5,00 m
Einbauort: Pumpensumpf in Baugrube
Vorhaltedauer: ..... Wochen

155€ 301€ **375**€ 401€ 602€ [St] ⏱ 2,00 h/St 308.000.016

3 Betrieb, Pumpe bis 10m³/h KG **313**

Tauchpumpe betreiben, elektrischer Antrieb.
Förderhöhe: bis
Förderhöhe: bis 5,00 m
Fördermenge: bis 10 m³/h

4€ 6€ **7**€ 8€ 11€ [h] ⏱ 1,00 h/h 308.000.017

4 Saugpumpe, Fördermenge bis 20m³/h KG **313**

Tauchpumpe mit Schwimmer an Druckrohrleitung anschließen, einbauen, vorhalten, betreiben und entfernen.
Fördermenge: 20 m³/h
Förderhöhe: bis 10,0 m
Einbauort: Pumpensumpf in Baugrube
Vorhaltedauer: ..... Wochen

212€ 369€ **445**€ 581€ 758€ [St] ⏱ 2,00 h/St 308.000.018

5 Betrieb, Pumpe über 10m³/h KG **313**

Saugpumpe betreiben, elektrischer Antrieb.
Förderhöhe: bis 10,0 m
Fördermenge: bis 20 m³/h

4€ 6€ **7**€ 9€ 12€ [h] ⏱ 1,00 h/h 308.000.019

6 Brunnenschacht, Grundwasserabsenkung KG **313**

Absenkung des Grundwasserspiegels, mittels Bohrungen samt Brunneneinbauten:
- Abteufen der verrohrten Brunnenbohrung, einschl. Ziehen der Bohrrohre, das Bohrgut ist abzutransportieren
- anfallendes Bohrwasser ableiten und klären; Klarspülen der verrohrten Bohrlöcher
- Filterrohre mit Schlitzbrückenlochung und stufenloser Verbindung
- Filterkiespackung als Ummantelung und Sohlschichtung entsprechend dem vorhandenen Boden
- inkl. Grundvorhaltung; weitere Vorhaltung nach getrennter Position
- nach Vorhaltung gesamte Anlage wieder abbauen, inkl. Verfüllen der Bohrlöcher

Boden / Homogenbereich / Geländeprofil: siehe anliegendes Bodengutachten
Bohrlochlänge: ..... m
Bohrlochdurchmesser: ..... mm
Vorhaltedauer: ..... Wochen

1.059€ 1.539€ **1.861**€ 2.332€ 3.268€ [St] ⏱ 12,00 h/St 308.000.020

Nr.	Kurztext / Langtext					Kostengruppe
▶	▷	ø netto €	◁	◀	[Einheit]	Ausf.-Dauer Positionsnummer

7 Druckrohrleitung, DN100 KG **311**

Druckrohrleitung betriebsfertig herstellen, vorhalten und wieder entfernen, inkl. aller notwendigen Formstücke, Anschlüsse und Armaturen.
Vorhaltedauer: ..... Wochen
Nenngröße: DN100

23€ 38€ **45**€ 59€ 73€ [m] ⏱ 0,35 h/m 308.000.021

8 Saugleitungen, DN100 KG **313**

Saugschläuche betriebsfertig herstellen, vorhalten und wieder entfernen, inkl. aller notwendigen Formstücke, Anschlüsse und Armaturen.
Vorhaltedauer: ..... Wochen
Nenngröße: DN100

12€ 14€ **15**€ 17€ 21€ [m] ⏱ 0,12 h/m 308.000.022

Kosten:
Stand 2.Quartal 2020
Bundesdurchschnitt

9 Stromerzeuger, 10-20kW KG **313**

Stromaggregat für Betrieb von Wasserpumpen, aufstellen, anschließen und abbauen, inkl. Betriebsstoffe und Aufsichtspersonal; Betrieb nach gesonderter Abrechnung.
Leistung: 10-20 kW

1.275€ 1.661€ **2.011**€ 2.275€ 2.958€ [St] ⏱ 15,00 h/St 308.000.023

10 Absetzbecken, Wasserhaltung KG **313**

Absetzbecken für Reinigung von abgepumptem Grund- und Tagwassers, aufbauen und wieder abbauen; inkl. Messeinrichtung und Feststellen des geförderten Wassers. Beseitigung abgesetztes Material nach gesonderter Leistung.
Volumen: 5 m³
Durchflussmenge: ..... l/s

1.113€ 1.347€ **1.776**€ 2.072€ 2.401€ [St] ⏱ 12,00 h/St 308.000.024

11 Messeinrichtung, Wassermenge KG **313**

Messeinrichtung einbauen, vorhalten und ausbauen. Protokollierung des abgepumpten Wassers als gesonderte Leistung.
Einbauort: nach Absetzmulde und vor Einleitung ins öffentliche Entwässerungsnetz.
Vorhaltedauer: ..... Wochen

230€ 433€ **517**€ 754€ 1.008€ [St] – 308.000.025

12 Wasserhaltung, Betrieb 10-20l/s KG **313**

Wasserhaltung / Grundwasserabsenkung betreiben, inkl. Betriebs- und Energiekosten.
Durchflussmenge: 10-20 l/s

11€ 16€ **18**€ 23€ 29€ [h] ⏱ 1,00 h/h 308.000.026

▶ min
▷ von
ø Mittel
◁ bis
◀ max

13 Stundensatz Facharbeiter, Wasserhaltung

Stundenlohnarbeiten der Wasserhaltungsarbeiten, für Vorarbeiter, Facharbeiter und Gleichgestellte (z.B. Spezialbaufacharbeiter, Baufacharbeiter, Obermonteure, Monteure, Gesellen, Maschinenführer, Fahrer und ähnliche Fachkräfte). Der Verrechnungssatz für die jeweilige Arbeitskraft umfasst sämtliche Aufwendungen wie Lohn- und Gehaltskosten, lohn- und gehaltsgebundene Kosten, Lohn- und Gehaltsnebenkosten, Gemeinkosten, Wagnis und Gewinn. Leistung nach besonderer Anordnung der Bauüberwachung. Anmeldung und Nachweis gem. VOB/B.

39€ 39€ **46**€ 50€ 53€ [h] ⏱ 1,00 h/h 308.000.027

Kosten:
Stand 2.Quartal 2020
Bundesdurchschnitt

Nr.	Positionen	Einheit	▶	▷	ø brutto € / ø netto €	◁	◀
1	Aushub, Suchgraben	m	35	42	**44**	47	54
			30	35	**37**	40	46
2	Asphalt schneiden	m	10	12	**13**	13	15
			9	10	**11**	11	12
3	Aufbruch, Gehwegfläche	m²	16	23	**24**	28	35
			13	19	**20**	24	29
4	Aushub, Rohrgraben, lösen, wiederverfüllen	m³	30	32	**33**	34	38
			25	27	**28**	29	32
5	Abwasserleitung abbrechen, bis DN100	m	4	6	**6**	8	11
			3	5	**5**	7	9
6	Abwasserleitung abbrechen, bis DN150	m	6	10	**12**	14	16
			5	9	**10**	12	14
7	Gussrohrleitung abbrechen, bis DN100	m	5	12	**16**	21	34
			4	10	**14**	17	29
8	Verbau, Rohrgräben	m²	5	11	**12**	15	19
			4	9	**10**	12	16
9	Handaushub, Rohrgraben	m³	49	57	**59**	63	80
			41	48	**49**	53	67
10	Boden entsorgen	m³	23	42	**47**	58	72
			20	36	**40**	49	61
11	Rohrgrabenaushub, GK1, bis 1,00m, lagern	m³	30	37	**40**	43	49
			25	31	**33**	36	41
12	Rohrbettung, Sand 0/8mm	m³	35	45	**47**	53	71
			29	38	**39**	45	60
13	Rohrumfüllung, Kies 0/32mm	m³	35	47	**52**	62	78
			29	40	**44**	52	66
14	Grabenverfüllung, Liefermaterial	m³	44	50	**53**	56	61
			37	42	**45**	47	52
15	Anschluss, Abwasser, Kanalnetz	St	267	344	**371**	448	605
			224	289	**312**	376	508
16	Abwasserleitung, Steinzeugrohre, DN100	m	36	43	**44**	51	63
			31	36	**37**	43	53
17	Abwasserleitung, Steinzeugrohre, DN150	m	40	48	**52**	55	61
			34	40	**44**	47	51
18	Abwasserleitung, Steinzeugrohre, DN200	m	67	72	**73**	74	77
			57	60	**61**	62	65
19	Formstück, Steinzeugrohr, DN100, Bogen	St	26	29	**31**	33	38
			22	24	**26**	28	32
20	Formstück, Steinzeugrohr, DN150, Bogen	St	36	43	**47**	56	75
			30	36	**40**	47	63
21	Formstück, Steinzeugrohr, DN200, Bogen	St	73	84	**93**	97	106
			62	71	**78**	81	89
22	Formstück, Steinzeugrohr, DN100, Abzweige	St	38	48	**51**	54	62
			32	40	**42**	45	52
23	Formstück, Steinzeugrohr, DN150, Abzweige	St	42	56	**63**	73	93
			35	47	**53**	61	78
24	Formstück, Steinzeugrohr, DN200, Abzweige	St	75	85	**87**	95	104
			63	71	**73**	80	88

▶ min
▷ von
ø Mittel
◁ bis
◀ max

Nr.	Positionen	Einheit	▶	▷	ø brutto € / ø netto €	◁	◀
25	Übergangsstück, Steinzeug, bis 125/150	St	38	46	**48**	52	59
			32	38	**40**	44	50
26	Übergangsstück, Steinzeug, DN150/200	St	50	62	**72**	78	87
			42	52	**61**	66	73
27	Abwasserleitung, Steinzeug, DN100, inkl. Bettung	m	36	45	**49**	55	63
			30	38	**42**	46	53
28	Abwasserleitung, Steinzeug, DN150/200, inkl. Bettung	m	54	63	**66**	67	75
			46	53	**55**	56	63
29	Abwasserleitung, PVC-U, DN/ID100/125, inkl. Bettung	m	20	26	**29**	33	44
			17	22	**25**	28	37
30	Abwasserkanal, PVC-U, DN/ID150/200, inkl. Bettung	m	34	44	**46**	62	89
			29	37	**38**	52	75
31	Abwasserleitung, PVC-U, DN/ID100	m	15	20	**22**	24	30
			13	17	**19**	20	25
32	Abwasserleitung, PVC-U, DN/ID125	m	18	23	**25**	31	40
			15	20	**21**	26	34
33	Abwasserleitung, PVC-U, DN/ID150	m	19	27	**30**	38	52
			16	23	**25**	32	44
34	Abwasserleitung, PVC-U, DN/ID200	m	23	36	**41**	51	74
			19	30	**34**	43	62
35	Formstück, PVC-U, DN/ID100	St	7	13	**16**	19	29
			6	11	**13**	16	24
36	Formstück, PVC-U, DN/ID150	St	10	17	**20**	26	39
			9	15	**17**	22	33
37	Formstück, PVC-U, DN/ID100, Bogen	St	8,7	13	**14**	17	22
			7,3	11	**12**	14	19
38	Formstück, PVC-U, DN/ID125, Bogen	St	10	14	**15**	19	27
			8,8	11	**13**	16	22
39	Formstück, PVC-U, DN/ID150, Bogen	St	13	16	**18**	24	35
			11	14	**15**	20	29
40	Formstück, PVC-U, DN/ID200, Bogen	m	14	24	**28**	33	44
			11	21	**23**	27	37
41	Übergang, PVC-U auf Steinzeug/Beton	St	26	38	**42**	48	59
			22	32	**35**	40	49
42	Übergang, PE/PVC/Steinzeug auf Guss	St	31	37	**41**	47	56
			26	31	**34**	40	47
43	Abwasserleitung, SML-Rohre, DN100	m	36	49	**53**	66	94
			30	41	**44**	56	79
44	Abwasserleitung, SML-Rohre, DN125	m	37	55	**68**	80	97
			31	46	**57**	67	82
45	Abwasserleitung, SML-Rohre, DN150	m	44	72	**74**	83	102
			37	60	**62**	70	86
46	Formstück, SML, Bogen	St	20	24	**25**	27	30
			17	20	**21**	23	26
47	Formstück, SML, Abzweig	St	24	30	**32**	35	41
			20	25	**27**	29	34
48	Abwasserleitung, PP-Rohre, DN/OD100/125	m	22	23	**24**	25	28
			18	20	**20**	21	23

Kosten:
Stand 2.Quartal 2020
Bundesdurchschnitt

▶ min
▷ von
ø Mittel
◁ bis
◀ max

Nr.	Positionen	Einheit	▶	▷	ø brutto € / ø netto €	◁	◀
49	Abwasserleitung, HD-PE-Rohre, DN/OD125/DN150	m	21	25	**27**	28	34
			18	21	**23**	24	29
50	Abwasserleitung, HD-PE-Rohre, DN/OD150/DN200	m	24	31	**33**	38	49
			20	26	**28**	32	41
51	Dichtheitsprüfung, Grundleitung	m	3	6	**8**	10	13
			2	5	**7**	9	11
52	Straßenablauf, Polymerbeton	St	289	356	**378**	417	484
			243	299	**317**	350	406
53	Rohrdurchführung, Faserzementrohr	St	302	461	**534**	603	807
			254	387	**449**	506	678
54	Dichtsatz, Rohrdurchführung	St	230	368	**459**	543	692
			194	309	**386**	456	582
55	Bodenablauf, Gusseisen	St	289	377	**422**	521	687
			243	317	**354**	438	578
56	Reinigungsrohr, Putzstück, DN100	St	106	129	**142**	157	196
			89	109	**119**	132	165
57	Absperreinrichtung, Kanal, Gusseisen	St	319	427	**457**	593	787
			268	359	**384**	498	662
58	Rückstaudoppelverschluss, bis DN125, PVC-U	St	253	380	**407**	443	571
			213	320	**342**	372	480
59	Rückstaudoppelverschluss, DN150, PVC	St	353	412	**454**	489	568
			297	346	**382**	411	478
60	Schachtsohle, Kontrollschacht, Beton	St	387	515	**579**	649	776
			325	433	**487**	545	652
61	Schachtring, Kontrollschacht, 25cm	St	115	138	**145**	160	199
			97	116	**122**	135	167
62	Schachtringe, Kontrollschacht, 50cm	St	136	181	**201**	217	262
			114	152	**169**	182	220
63	Konus, Kontrollschacht	St	122	168	**180**	217	292
			102	141	**151**	182	246
64	Anschluss, Schacht, Steinzeug-/PVC-Kanal	St	153	245	**278**	319	550
			128	206	**234**	268	463
65	Schachtdeckel	St	196	250	**277**	365	525
			165	210	**233**	307	441
66	Schachtdeckel, Klasse C250	St	198	233	**253**	286	328
			167	196	**212**	240	276
67	Schachtdeckel, Klasse D400	St	225	319	**370**	407	483
			189	268	**311**	342	406
68	Schachtabdeckung anpassen	St	102	127	**140**	147	188
			86	107	**118**	123	158
69	Kontrollschacht komplett, 3,00m	St	822	1.178	**1.267**	1.525	2.144
			691	990	**1.065**	1.281	1.801
70	Entwässerungsrinne, Beton, DN100	m	149	194	**206**	242	343
			125	163	**173**	204	288
71	Entwässerungsrinne, Klasse A15/B125, Beton, DN100	m	118	144	**160**	182	225
			99	121	**135**	153	189

Nr.	Positionen	Einheit	▶	▷ ø brutto € / ø netto €		◁	◀
72	Entwässerungsrinne, Klasse C250, Beton	m	150	184	**201**	214	259
			126	154	**169**	180	218
73	Entwässerungsrinne, Klasse D400, Beton	m	154	217	**244**	306	506
			129	182	**205**	257	425
74	Entwässerungsrinne, Abdeckung Guss, D400	m	86	105	**111**	117	131
			72	88	**94**	98	110
75	Kanalreinigung, Hochdruckspülgerät	m	4	6	**6**	9	11
			3	5	**5**	7	10
76	Kanalprüfung, Kamera	m	4	6	**6**	7	9
			3	5	**5**	6	8
77	Stundensatz Facharbeiter, Kanalarbeiten	h	54	58	**60**	64	70
			45	49	**51**	54	59
78	Stundensatz Helfer, Kanalarbeiten	h	42	49	**53**	54	59
			36	41	**44**	46	50

Nr. **Kurztext** / Langtext Kostengruppe

▶ ▷ **ø netto €** ◁ ◀ [Einheit] Ausf.-Dauer Positionsnummer

1 Aushub, Suchgraben KG **551**

Boden für Suchgraben ausheben, zur Freilegung von Kabeln und Rohrleitungen, einschl. Verbau, Handaushub ist einzukalkulieren; Aushub seitlich lagern, wieder verfüllen und verdichten. Laden und Abfuhr von überschüssigem Boden nach getrennter Position.
Aushubtiefe: bis 1,75 m
Sohlenbreite: bis 0,80 m
Sohlenlänge: bis 4,00 m
Boden: Homogenbereich 1, mit einer Bodengruppe, Bodengruppe: ..... DIN 18196
- Steinanteil: bis ..... % Massenanteil DIN EN ISO 14688-1
- Konsistenz DIN EN ISO 14688-1: .....
- Lagerungsdichte: .....

30€ 35€ **37**€ 40€ 46€ [m] ⏱ 0,80 h/m 309.001.086

2 Asphalt schneiden KG **221**

Befestigte Asphalt-Flächen streifenförmig schneiden.
Belagstärke: ca. 150 mm

9€ 10€ **11**€ 11€ 12€ [m] ⏱ 0,16 h/m 309.000.002

3 Aufbruch, Gehwegfläche KG **221**

Bituminös befestigte Flächen streifenförmig aufbrechen, anfallendes Material laden, abfahren und entsorgen, inkl. Deponiegebühren.
Belagstärke: bis 15 cm
Streifenbreite: ca. 70-100 cm
Abfallschlüssel AVV: 170302
Deponie: nach Wahl des AN

13€ 19€ **20**€ 24€ 29€ [m²] ⏱ 0,40 h/m² 309.000.003

Nr.	Kurztext / Langtext						Kostengruppe
▶	▷	ø netto €	◁	◀	[Einheit]	Ausf.-Dauer	Positionsnummer

4 Aushub, Rohrgraben, lösen, wiederverfüllen KG **551**

Boden für Rohrgräben, Entwässerungskanäle DIN EN 1610 profilgerecht lösen, laden, fördern und lagern, seitlich gelagerten Aushub nach Verlegen der Rohrleitung wieder aufnehmen und lagenweise verfüllen, inkl. verdichten.
Aushubtiefe / Einbauhöhe: bis 1,00 m
Boden: Homogenbereich 1, mit einer Bodengruppe, Bodengruppe: ..... DIN 18196
- Steinanteil: bis .... % Massenanteil DIN EN ISO 14688-1
- Konsistenz DIN EN ISO 14688-1: .....
- Lagerungsdichte: .....

Aushubprofil: .....
Sohlenbreite: .....
Verfüllen Verdichtungsgrad: .....
Förderweg: bis 50 m

25€ 27€ **28**€ 29€ 32€ [m³] 0,35 h/m³ 309.000.004

Kosten:
Stand 2.Quartal 2020
Bundesdurchschnitt

5 Abwasserleitung abbrechen, bis DN100 KG **594**

Abbruch von **Kunststoff-/ Keramikrohrleitungen** einschl. Befestigungen, lösen, laden, fördern und auf der Baustelle lagern sammeln in Container, vorbereitet zur Abfuhr auf Deponie. Abzubrechende Bauteile entspr. Ortsbegehung und beiliegenden Plänen. Abbruch von Hand oder mit Gerät, abgebrochene Stoffe aufnehmen und im Behälter des AN lagern, Schuttrutsche wird bauseits gestellt. Leistung inkl. Transport und Deponiekosten. Die Entsorgung sämtlicher Abfälle hat unter Erfüllung der abfallrechtlichen Deklarations-, Nachweis- und Dokumentationspflicht zu erfolgen.
Abfallschlüssel nach AVV: 170107 Keramik
Abfallschlüssel nach AVV: 170203 Kunststoff
Ausbauort: .....-geschoss
Förderweg: bis 50 m
Anmerkung: Die Regelungen der VOB, Teil C insbesondere der DIN 18299 und der DIN 18459 sind bei der Leistungsbeschreibung zu beachten.

3€ 5€ **5**€ 7€ 9€ [m] 0,16 h/m 309.001.083

6 Abwasserleitung abbrechen, bis DN150 KG **594**

Abbruch **Kunststoff-/ Keramikrohr**, über DN100 bis DN150, lösen, laden, fördern und auf der Baustelle lagern, vorbereitet zur Abfuhr auf Deponie. Abzubrechende Bauteile entspr. Ortsbegehung und beiliegenden Plänen. Abbruch von Hand oder mit geeignetem Gerät, abgebrochene Stoffe aufnehmen und im Behälter des AN lagern, Schuttrutsche wird bauseits gestellt. Leistung inkl. Transport und Deponiekosten. Die Entsorgung sämtlicher Abfälle hat unter Erfüllung der abfallrechtlichen Deklarations-, Nachweis- und Dokumentationspflicht zu erfolgen.
Abfallschlüssel nach AVV: 170107 Keramik
Abfallschlüssel nach AVV: 170203 Kunststoff
Ausbauort: .....-geschoss
Förderweg: bis 50 m
Ausbauort: .....-geschoss
Anmerkung: Die Regelungen der VOB, Teil C insbesondere der DIN 18299 und der DIN 18459 sind bei der Leistungsbeschreibung zu beachten.

5€ 9€ **10**€ 12€ 14€ [m] 0,18 h/m 309.001.084

▶ min
▷ von
ø Mittel
◁ bis
◀ max

7 **Gussrohrleitung abbrechen, bis DN100** KG **594**

Abbruch Gussrohrleitung bis DN100, inkl. Befestigung und Formstücke, lösen, laden, fördern und im Behälter des AN lagern, vorbereitet zur Abfuhr. Abzubrechende Bauteile entspr. Ortsbegehung und beiliegenden Plänen. Abbruch von Hand oder mit geeignetem Gerät. Leistung inkl. Transport und Deponiekosten. Die Entsorgung sämtlicher Abfälle hat unter Erfüllung der abfallrechtlichen Deklarations-, Nachweis- und Dokumentationspflicht zu erfolgen.
Ausbauort: .....-geschoss
Abfallschlüssel nach AVV: .....
Förderweg: bis 50 m
Anmerkung: Die Regelungen der VOB, Teil C insbesondere der DIN 18299 und der DIN 18459 sind bei der Leistungsbeschreibung zu beachten.

4€ 10€ **14**€ 17€ 29€ [m] ⏱ 0,18 h/m 309.001.085

8 **Verbau, Rohrgräben** KG **551**

Verbau für Rohrgräben herstellen, vorhalten und wieder entfernen.
Grabentiefe: bis 3,50 m
Lichte Breite: ..... m
Vorhaltezeit: ..... Wochen

4€ 9€ **10**€ 12€ 16€ [m²] ⏱ 0,20 h/m² 309.000.005

9 **Handaushub, Rohrgraben** KG **551**

Handaushub von **Rohrgräben / Fundamenten / Vertiefungen**, Aushubmaterial seitlich lagern, Feinabtrag profilgerecht gem. Entwässerungs- oder Fundamentplänen, einschl. aller Nebenarbeiten.
Aushubtiefe: bis 1,25 m
Lichte Breite: ..... m
Boden: Homogenbereich 1, mit einer Bodengruppe, Bodengruppe: ..... DIN 18196

- Steinanteil: bis ..... % Massenanteil DIN EN ISO 14688-1
- Konsistenz DIN EN ISO 14688-1: .....
- Lagerungsdichte: .....

Bauteil: .....

41€ 48€ **49**€ 53€ 67€ [m³] ⏱ 1,20 h/m³ 309.000.006

10 **Boden entsorgen** KG **551**

Überschüssigen, seitlich gelagerten Boden laden, abfahren und entsorgen, inkl. Deponiegebühren.
Abrechnung: **nach Verdrängung / auf Nachweisrapport / Wiegescheine**
Bodengruppen: ..... DIN 18196
Zuordnung Aushub: Z 0, nicht schadstoffbelastet

20€ 36€ **40**€ 49€ 61€ [m³] ⏱ 0,15 h/m³ 309.000.008

300 301 302 308 **309** 310 312 313 314 316 317 318 320 321 322

Nr.	Kurztext / Langtext						Kostengruppe
▶	▷	ø netto €	◁	◀	[Einheit]	Ausf.-Dauer	Positionsnummer

11 Rohrgrabenaushub, GK1, bis 1,00m, lagern KG **311**

Boden für Rohrgraben- und Schachtaushub profilgerecht lösen, laden, fördern und lagern, Gefälle gem. Entwässerungsplanung.
Gesamtabtragstiefe: bis 1,00 m
Sohlenbreite: .....
Förderweg: ..... m
Baumaßnahmen der Geotechnischen Kategorie 1 DIN 4020
Homogenbereich: 1
Homogenbereich 1 oben: ..... m
Homogenbereich 1 unten: ..... m
Anzahl der Bodengruppen: ..... St
Bodengruppen DIN 18196: .....
Massenanteile der Steine DIN EN ISO 14688-1: über ..... % bis ..... %
Massenanteile der Blöcke DIN EN ISO 14688-1: über ..... % bis ..... %
Konsistenz DIN EN ISO 14688-1: .....
Lagerungsdichte: .....
Homogenbereiche lt.: .....
Zuordnung Aushub: Z 0, nicht schadstoffbelastet
Mengenermittlung nach Aufmaß an der Entnahmestelle.

25€ 31€ **33**€ 36€ 41€ [m³] ⏱ 0,32 h/m³ 302.000.069

12 Rohrbettung, Sand 0/8mm KG **551**

Bettungsschicht in Rohrgraben liefern, profilgerecht einbauen und verdichten, Einbettung Rohrleitungen gem. DIN EN 1610.
Bettungsmaterial: Sand 0/2 mm, natürliche Gesteinskörnung
Dicke Rohrbettung:
- unten: mind. 15cm
- oben: gem. beiliegender stat. Berechnung

Verdichtungsgrad: DPr mind. 97%

29€ 38€ **39**€ 45€ 60€ [m³] ⏱ 0,30 h/m³ 309.000.010

13 Rohrumfüllung, Kies 0/32mm KG **551**

Arbeitsräume in Rohrgraben profilgerecht einbauen und verdichten.
Füllmaterial: Kies 8/16 mm
Verdichtungsgrad: DPr mind. 97%
Einbauhöhe: bis 1,00 m

29€ 40€ **44**€ 52€ 66€ [m³] ⏱ 0,30 h/m³ 309.000.011

14 Grabenverfüllung, Liefermaterial KG **551**

Verfüllen von Gräben oder Arbeitsräumen von Rohrleitungen, mit Liefermaterial.
Einbaumaterial: Boden
Verdichtungsgrad DPr: mind. 97%
Einbauhöhe: .....

37€ 42€ **45**€ 47€ 52€ [m³] ⏱ 0,30 h/m³ 309.000.012

Kosten:
Stand 2.Quartal 2020
Bundesdurchschnitt

▶ min
▷ von
ø Mittel
◁ bis
◀ max

15 **Anschluss, Abwasser, Kanalnetz** KG **551**

Abwasseranschluss an den vorhandenen Anschlusskanal, mit erforderlichen Dichtungs- und Anschlussmaterialien, einschl. Anschlussöffnung herstellen. Freilegen Kanal, Erd- und Verfüllarbeiten in gesonderter Position.
Kanalnennweite: DN150
Anschluss: DN .....
Kanallage / Tiefe: .....

224€ 289€ **312**€ 376€ 508€ [St] ⏱ 2,40 h/St 309.000.013

A 1 **Abwasserleitung, Steinzeugrohre** Beschreibung für Pos. **16-18**

Abwasserkanal aus Steinzeugrohren, Rohrverbindung mit Steckmuffe nach Verbindungssystem F, in vorhandenen Graben mit Verbau und Aussteifungen; Rohrbettung, Form- und Verbindungsstücke werden gesondert vergütet.
Scheiteldruckkraft: FN 34
Grabentiefe: bis 4,00 m

16 **Abwasserleitung, Steinzeugrohre, DN100** KG **551**

Wie Ausführungsbeschreibung A 1
Nennweite: DN100

31€ 36€ **37**€ 43€ 53€ [m] ⏱ 0,30 h/m 309.000.015

17 **Abwasserleitung, Steinzeugrohre, DN150** KG **551**

Wie Ausführungsbeschreibung A 1
Nennweite: DN150

34€ 40€ **44**€ 47€ 51€ [m] ⏱ 0,40 h/m 309.000.016

18 **Abwasserleitung, Steinzeugrohre, DN200** KG **551**

Wie Ausführungsbeschreibung A 1
Nennweite: DN200

57€ 60€ **61**€ 62€ 65€ [m] ⏱ 0,50 h/m 309.000.017

A 2 **Formstück, Steinzeugrohr, Bogen** Beschreibung für Pos. **19-21**

Form- und Verbindungsstücke von Steinzeugrohren der Abwasserleitungen.
Formteil: Bogen mit Steckmuffe

19 **Formstück, Steinzeugrohr, DN100, Bogen** KG **551**

Wie Ausführungsbeschreibung A 2
Nennweite: DN100
Bogenwinkel: 45°

22€ 24€ **26**€ 28€ 32€ [St] ⏱ 0,30 h/St 309.000.066

20 **Formstück, Steinzeugrohr, DN150, Bogen** KG **551**

Wie Ausführungsbeschreibung A 2
Nennweite: DN150
Bogenwinkel: 45°

30€ 36€ **40**€ 47€ 63€ [St] ⏱ 0,40 h/St 309.000.068

300 301 302 308 **309** 310 312 313 314 316 317 318 320 321 322

Kosten:
Stand 2.Quartal 2020
Bundesdurchschnitt

Nr.	Kurztext / Langtext						Kostengruppe
▶	▷	ø netto €	◁	◀	[Einheit]	Ausf.-Dauer	Positionsnummer

21 Formstück, Steinzeugrohr, DN200, Bogen — KG **551**

Wie Ausführungsbeschreibung A 2
Nennweite: DN200
Bogenwinkel: 45°

62€ | 71€ | **78**€ | 81€ | 89€ | [St] | 0,50 h/St | 309.000.069

A 3 Formstück, Steinzeugrohr, Abzweige — Beschreibung für Pos. **22-24**

Form- und Verbindungsstücke von Steinzeugrohren der Abwasserleitungen.
Formteil: Abzweig mit Steckmuffe

22 Formstück, Steinzeugrohr, DN100, Abzweige — KG **551**

Wie Ausführungsbeschreibung A 3
Nennweite: DN100

32€ | 40€ | **42**€ | 45€ | 52€ | [St] | 0,30 h/St | 309.000.070

23 Formstück, Steinzeugrohr, DN150, Abzweige — KG **551**

Wie Ausführungsbeschreibung A 3
Nennweite: DN150

35€ | 47€ | **53**€ | 61€ | 78€ | [St] | 0,35 h/St | 309.000.072

24 Formstück, Steinzeugrohr, DN200, Abzweige — KG **551**

Wie Ausführungsbeschreibung A 3
Nennweite: DN200

63€ | 71€ | **73**€ | 80€ | 88€ | [St] | 0,40 h/St | 309.000.073

25 Übergangsstück, Steinzeug, bis 125/150 — KG **551**

Übergangsstück für Steinzeugrohre von Abwasserleitungen, mit Steckmuffe.
Übergang: DN125 nach DN150

32€ | 38€ | **40**€ | 44€ | 50€ | [St] | 0,25 h/St | 309.000.021

26 Übergangsstück, Steinzeug, DN150/200 — KG **551**

Übergangsstück für Steinzeugrohre von Abwasserleitungen, mit Steckmuffe.
Übergang: DN150 nach DN200

42€ | 52€ | **61**€ | 66€ | 73€ | [St] | 0,30 h/St | 309.000.022

27 Abwasserleitung, Steinzeug, DN100, inkl. Bettung — KG **551**

Abwasserkanal aus Steinzeugrohren, Rohrverbindung mit Steckmuffe, auf vorhandener Sohle, inkl. Bettung Typ 1, untere Rohrbettung aus gebrochenen Stoffen, oberer Rohrbettung aus Sand.
Bettungsschicht unten: mind. 15 cm
Nenngröße: DN100
Scheiteldruckkraft: **FN 34 / FN28**
Rohrverbinder: **Typ F / E / .....**
Grabentiefe: 1,00 bis 1,25 m

30€ | 38€ | **42**€ | 46€ | 53€ | [m] | 0,30 h/m | 309.000.074

▶ min
▷ von
ø Mittel
◁ bis
◀ max

28 Abwasserleitung, Steinzeug, DN150/200, inkl. Bettung KG **551**

Abwasserkanal aus Steinzeugrohren, Rohrverbindung mit Steckmuffe, auf vorhandener Sohle, inkl. Bettung Typ 1, untere Rohrbettung aus gebrochenen Stoffen, oberer Rohrbettung aus Sand.
Bettungsschicht unten: mind. 15 cm
Nenngröße: **DN150 / DN200**
Scheiteldruckkraft: **FN 34 / FN28**
Rohrverbinder: **Typ F / E / .....**
Grabentiefe: 1,00 bis 1,25 m

46€ 53€ **55**€ 56€ 63€ [m] ⏱ 0,35 h/m 309.000.075

29 Abwasserleitung, PVC-U, DN/ID100/125, inkl. Bettung KG **551**

Abwasserleitung aus PVC-U-Rohren, 100% recycelbar, mit Mehrlippendichtung, Rohrverbindung mit Steckmuffe, einschl. Schweiß- oder Klebe- sowie Dichtungsmaterial, auf vorhandener Sohle, inkl. unterer Rohrbettung aus gebrochenen Stoffen und oberer Rohrbettung aus Sand.
Nennweite: DN/ID **100 / 125**
Steifigkeitsklasse: SN 8 kN/m²
Bettungsschicht unten: mind. 15 cm
Grabentiefe: 1,00 bis 1,25 m

17€ 22€ **25**€ 28€ 37€ [m] ⏱ 0,25 h/m 309.000.052

30 Abwasserkanal, PVC-U, DN/ID150/200, inkl. Bettung KG **551**

Abwasserleitung aus PVC-U-Rohren, 100% recycelbar, mit Mehrlippendichtung, Rohrverbindung mit Steckmuffe, einschl. Schweiß- oder Klebe- sowie Dichtungsmaterial, auf vorhandener Sohle, inkl. unterer Rohrbettung aus gebrochenen Stoffen und oberer Rohrbettung aus Sand.
Nennweite: DN/ID **150 / 200**
Steifigkeitsklasse: SN 8 kN/m²
Bettungsschicht unten: mind. 15 cm
Grabentiefe: 1,00 bis 1,25 m

29€ 37€ **38**€ 52€ 75€ [m] ⏱ 0,30 h/m 309.000.076

A 4 Abwasserleitung, PVC-U, Tiefe bis 2m Beschreibung für Pos. **31-34**

Abwasserleitung aus PVC-U-Rohren, 100% recycelbar, mit Mehrlippendichtung, Rohrverbindung mit Steckmuffe, einschl. Schweiß- oder Klebe- sowie Dichtungsmaterial, in vorhandenem Graben auf bauseitig eingebrachtem Sand oder Feinkies.
Steifigkeitsklasse: SN 8 kN/m²
Grabentiefe: bis 2,00 m

31 Abwasserleitung, PVC-U, DN/ID100 KG **551**

Wie Ausführungsbeschreibung A 4
Nennweite: DN/ID 100

13€ 17€ **19**€ 20€ 25€ [m] ⏱ 0,25 h/m 309.000.024

32 Abwasserleitung, PVC-U, DN/ID125 KG **551**

Wie Ausführungsbeschreibung A 4
Nennweite:DN/ID 125

15€ 20€ **21**€ 26€ 34€ [m] ⏱ 0,27 h/m 309.000.064

300
301
302
308
309
310
312
313
314
316
317
318
320
321
322

Kosten:
Stand 2.Quartal 2020
Bundesdurchschnitt

Nr.	**Kurztext** / Langtext						Kostengruppe
▶	▷	**ø netto €**	◁	◀	[Einheit]	Ausf.-Dauer	Positionsnummer

33 Abwasserleitung, PVC-U, DN/ID150 — KG **551**

Wie Ausführungsbeschreibung A 4
Nennweite: DN/ID 150

16€	23€	**25**€	32€	44€	[m]	⏱ 0,30 h/m	309.000.025

34 Abwasserleitung, PVC-U, DN/ID200 — KG **551**

Wie Ausführungsbeschreibung A 4
Nennweite: DN/ID 200

19€	30€	**34**€	43€	62€	[m]	⏱ 0,35 h/m	309.000.065

35 Formstück, PVC-U, DN/ID100 — KG **551**

Form- und Verbindungsstück von PVC-U-Rohren der Abwasserleitungen, mit Steckmuffe.
Formteil: .....
Nennweite: DN/ID 100

6€	11€	**13**€	16€	24€	[St]	⏱ 0,20 h/St	309.000.026

36 Formstück, PVC-U, DN/ID150 — KG **551**

Form- und Verbindungsstücke von PVC-U-Rohren der Abwasserleitungen, mit Steckmuffe.
Formteil: .....
Nennweite: DN/ID 150

9€	15€	**17**€	22€	33€	[St]	⏱ 0,22 h/St	309.000.027

A 5 Formstück, PVC-U, Bogen — Beschreibung für Pos. **37-40**

Form- und Verbindungsstücke von PVC-U-Rohren der Abwasserleitungen, mit Steckmuffe.
Formteil: Bogen

37 Formstück, PVC-U, DN/ID100, Bogen — KG **551**

Wie Ausführungsbeschreibung A 5
Nennweite:DN/ID 100
Bogenwinkel: 45°

7€	11€	**12**€	14€	19€	[St]	⏱ 0,20 h/St	309.000.077

38 Formstück, PVC-U, DN/ID125, Bogen — KG **551**

Wie Ausführungsbeschreibung A 5
Nennweite: DN/ID 125
Bogenwinkel: 45°

9€	11€	**13**€	16€	22€	[St]	⏱ 0,23 h/St	309.000.078

39 Formstück, PVC-U, DN/ID150, Bogen — KG **551**

Wie Ausführungsbeschreibung A 5
Nennweite: DN/ID 150
Bogenwinkel: 45°

11€	14€	**15**€	20€	29€	[St]	⏱ 0,26 h/St	309.000.079

▶ min
▷ von
ø Mittel
◁ bis
◀ max

40 Formstück, PVC-U, DN/ID200, Bogen KG **551**

Wie Ausführungsbeschreibung A 5
Nennweite: DN/ID 200
Bogenwinkel: 45°

11€	21€	**23**€	27€	37€	[m]	⏱ 0,30 h/m	309.000.080

41 Übergang, PVC-U auf Steinzeug/Beton KG **551**

Übergangsstücke von PVC-U-Rohren der Abwasserleitungen auf Steinzeug- oder Betonrohre.
Nennweite: DN/ID..... nach DN/ID.....
Anschlussrohre: .....

22€	32€	**35**€	40€	49€	[St]	⏱ 0,30 h/St	309.000.028

42 Übergang, PE/PVC/Steinzeug auf Guss KG **551**

Übergangsstück von Abwasserleitungen auf Gussrohre.
Übergang von: .....
Nennweite: DN/ID100 nach DN/ID100

26€	31€	**34**€	40€	47€	[St]	⏱ 0,30 h/St	309.000.029

A 6 Abwasserleitung, SML-Rohre Beschreibung für Pos. **43-45**

Entwässerungskanalleitung aus muffenlosen Rohren aus duktilem Gusseisen (SML), inkl. Pass-, Form- und Verbindungsstücken, innen mit Teer-Epoxidharzbeschichtung, außen grundiert; Verbindung mit Gummimanschette und Spannhülse aus nichtrostendem Stahl. Auflager in nichtbindigem Boden, in vorhandenem Graben mit Verbau und Aussteifungen.
Baulänge: 6,00 m
Rohrauskleidung: Mörtel MG III
Rohraußenschutz: mit Zementmörtelumhüllung
Auflagerwinkel: 90°
Grabentiefe: bis 1,75 m

43 Abwasserleitung, SML-Rohre, DN100 KG **551**

Wie Ausführungsbeschreibung A 6
Nennweite: DN100

30€	41€	**44**€	56€	79€	[m]	⏱ 0,32 h/m	309.000.030

44 Abwasserleitung, SML-Rohre, DN125 KG **551**

Wie Ausführungsbeschreibung A 6
Nennweite: DN125

31€	46€	**57**€	67€	82€	[m]	⏱ 0,42 h/m	309.000.081

45 Abwasserleitung, SML-Rohre, DN150 KG **551**

Wie Ausführungsbeschreibung A 6
Nennweite: DN150

37€	60€	**62**€	70€	86€	[m]	⏱ 0,50 h/m	309.000.031

300
301
302
308
309
310
312
313
314
316
317
318
320
321
322

Nr. **Kurztext** / Langtext — Kostengruppe
▶ ▷ **ø netto €** ◁ ◀ [Einheit] Ausf.-Dauer Positionsnummer

46 Formstück, SML, Bogen KG **551**
Form- und Verbindungsstücke von SML-Rohren der Abwasserleitungen.
Formteil: Bogen
Bogenwinkel: 45°
Nennweite: .....
17€ 20€ **21**€ 23€ 26€ [St] ⏱ 0,20 h/St 309.000.032

47 Formstück, SML, Abzweig KG **551**
Abzweig von SML-Rohren der Abwasserleitungen.
Nennweite: .....
20€ 25€ **27**€ 29€ 34€ [St] ⏱ 0,25 h/St 309.000.084

48 Abwasserleitung, PP-Rohre, DN/OD100/125 KG **551**
Abwasserleitung aus PP-Rohren, mit Mehrlippendichtung, Rohrverbindung mit Steckmuffe, einschl. Schweiß- oder Klebe- sowie Dichtungsmaterial, in vorhandenem Graben auf bauseitig eingebrachtem Sand oder Feinkies; Form- und Verbindungsstücke werden gesondert vergütet.
Nennweite: **DN/OD 110 / 125**
Grabentiefe: bis 2,00 m
18€ 20€ **20**€ 21€ 23€ [m] ⏱ 0,23 h/m 309.000.062

49 Abwasserleitung, HD-PE-Rohre, DN/OD125/DN150 KG **551**
Abwasserleitung aus HD-PE-Rohren, mit Mehrlippendichtung, Rohrverbindung mit Steckmuffe, einschl. Schweiß- oder Klebe- sowie Dichtungsmaterial, in vorhandenem Graben auf bauseitig eingebrachtem Sand oder Feinkies; Form- und Verbindungsstücke werden gesondert vergütet.
Nennweite: **DN/OD 125 / 150**
Grabentiefe: bis 2,00 m
18€ 21€ **23**€ 24€ 29€ [m] ⏱ 0,25 h/m 309.000.049

50 Abwasserleitung, HD-PE-Rohre, DN/OD150/DN200 KG **551**
Abwasserleitung aus HD-PE-Rohren, mit Mehrlippendichtung, Rohrverbindung mit Steckmuffe, einschl. Schweiß- oder Klebe- sowie Dichtungsmaterial, in vorhandenem Graben auf bauseitig eingebrachtem Sand oder Feinkies; Form- und Verbindungsstücke werden gesondert vergütet.
Nennweite: **DN/OD 150 / 200**
Grabentiefe: bis 2,00 m
20€ 26€ **28**€ 32€ 41€ [m] ⏱ 0,35 h/m 309.000.085

51 Dichtheitsprüfung, Grundleitung KG **551**
Dichtheitsprüfung von neu verlegten Grundleitungen, einschl. aller notwendigen Gerätschaften, Aufstellung eines Protokolls der Prüfung, sowie schadlose Entfernung aller Gerätschaften nach der Prüfung; Dokumentation der Prüfung per Prüfprotokoll.
Nennweite Grundleitungen: DN.....
Prüfung: .....
2€ 5€ **7**€ 9€ 11€ [m] ⏱ 6,00 h/m 309.000.063

52 Straßenablauf, Polymerbeton KG **551**
Straßenablauf als Einlaufkastenkombination, mit Wasserspiegelgefälle, bestehend aus:
- Oberteil aus Polymerbeton P, anthrazitschwarz
- Abdeckrost und Kantenschutz aus GFK
- Unterteil aus Polymerbeton P, mit Schlammeimer aus Kunststoff

Kosten:
Stand 2.Quartal 2020
Bundesdurchschnitt

▶ min
▷ von
ø Mittel
◁ bis
◀ max

Nennweite: DN100
Abmessungen (L x B): 50 x 15 cm
Belastungsklasse: .....
Bettungsdicke: ..... cm

243€ 299€ **317**€ 350€ 406€ [St] ⏱ 0,30 h/St 309.000.036

53 Rohrdurchführung, Faserzementrohr KG **411**

Außenwand-Durchführung als Futterrohr aus Faserzement, gegen drückendes Wasser, für Medienrohr, mit Los- und Festflansch einseitig zum Einklemmen der Abdichtung.
Wandaufbau: Beton
Wanddicke: **25 / 30** cm
Baulänge: über 200 bis 300 mm
Nennweite: DN.....

254€ 387€ **449**€ 506€ 678€ [St] ⏱ 1,00 h/St 309.000.034

54 Dichtsatz, Rohrdurchführung KG **411**

Abdichten des Ringraums durch Dichtring aus Elastomeren (EPDM).
Werkstoff: Stahl verzinkt
Bauteil: .....

194€ 309€ **386**€ 456€ 582€ [St] ⏱ 0,35 h/St 309.000.035

55 Bodenablauf, Gusseisen KG **311**

Bodenablauf mit Rückstauverschluss, mit handverriegelbarem Notverschluss, für fäkalienfreies Abwasser, dreh- und höhenverstellbar, mit Schlammeimer, Geruchsverschluss und Gitterrost.
Material Gehäuse: Gusseisen
Abflussleistung: 1,6 l/s
Rohranschluss: DN/ID 100
Durchmesser: 110 mm
Aufsatzstück: 197x197 mm
Höhe: ..... mm
Länge: ..... mm
Material Rost: nicht rostender Stahl - Werkstoff 1.4301 - Klasse K3

243€ 317€ **354**€ 438€ 578€ [St] ⏱ 0,30 h/St 309.000.037

56 Reinigungsrohr, Putzstück, DN100 KG **551**

Putzstück für Steinzeugleitungen, aus Guss, in Kontrollschacht, inkl. Eindichten und Betonbettung mit Zementglattstrich.
Nennweite: DN100

89€ 109€ **119**€ 132€ 165€ [St] ⏱ 0,30 h/St 309.000.023

57 Absperreinrichtung, Kanal, Gusseisen KG **551**

Absperreinrichtung aus Gusseisen für Grundleitungsrohr, manuell nutzbar, einschl. Einbau aller Komponenten.
Nennweite: DN100

268€ 359€ **384**€ 498€ 662€ [St] ⏱ 0,70 h/St 309.000.058

Nr. **Kurztext** / Langtext Kostengruppe
▶ ▷ **ø netto €** ◁ ◀ [Einheit] Ausf.-Dauer Positionsnummer

58 **Rückstaudoppelverschluss, bis DN125, PVC-U** KG **551**
Rückstau-Doppelverschluss für fäkalienfreies Abwasser, mit automatischen Rückstauklappen und Handbetätigung, mit Reinigungsöffnung, für den Einsatz in horizontaler, abwasserführender Leitung, einschl. Anschluss.
Werkstoff: PVC-U
Nennweite: DN125
Einsatzbereich: Typ .....
213€ 320€ **342**€ 372€ 480€ [St] ⏱ 0,60 h/St 309.000.060

59 **Rückstaudoppelverschluss, DN150, PVC** KG **551**
Rückstau-Doppelverschluss für fäkalienfreies Abwasser, mit automatischen Rückstauklappen und Handbetätigung, mit Reinigungsöffnung, für den Einsatz in horizontaler, abwasserführender Leitung, einschl. Anschluss.
Werkstoff: PVC-U
Nennweite: DN150
Einsatzbereich: Typ .....
297€ 346€ **382**€ 411€ 478€ [St] ⏱ 1,50 h/St 309.000.088

Kosten:
Stand 2.Quartal 2020
Bundesdurchschnitt

60 **Schachtsohle, Kontrollschacht, Beton** KG **551**
Schachtunterteile für Kontrollschächte und Durchlaufschächte, aus wasserdichtem Beton:
- Erstellen eines Schachtfutters, Schachtsohle geglättet
- Sohle und Sohlgerinne mit Steinzeughalbschalen ohne Muffe auskleiden, in Mörtel MG III mit Trasszusatz
- Verfugen beim Herstellen der Auskleidung
- einschl. aller erforderlichen Baustoffe, sowie Schalung
- Ecken und Kanten abrunden und glätten

Nennweite: DN1.000
Anschlüsse: DN.....
325€ 433€ **487**€ 545€ 652€ [St] ⏱ 1,80 h/St 309.000.039

61 **Schachtring, Kontrollschacht, 25cm** KG **551**
Schachtring als Betonfertigteil, mit Steigeisen.
Bauhöhe: 25 cm
Nennweite: DN1.000
Form: E, mit beidseitigem Steg
Steigmaß: 250 mm
97€ 116€ **122**€ 135€ 167€ [St] ⏱ 0,60 h/St 309.000.040

62 **Schachtringe, Kontrollschacht, 50cm** KG **551**
Schachtring als Betonfertigteil, mit Steigeisen.
Bauhöhe: 50 cm
Nennweite: DN1000
Form: E, mit beidseitigem Steg
Steigmaß: 250 mm
114€ 152€ **169**€ 182€ 220€ [St] ⏱ 0,70 h/St 309.000.041

▶ min
▷ von
ø Mittel
◁ bis
◀ max

63 Konus, Kontrollschacht KG **551**
Schachthals (Konus) für Kontrollschacht, als Betonfertigteil mit verstärkter Wand, für Gleitringdichtung, inkl. Steigeisen.
Wanddicke: 120 mm
Nennweite: DN1000/625
102€ 141€ **151**€ 182€ 246€ [St] ⏱ 1,90 h/St 309.000.042

64 Anschluss, Schacht, Steinzeug-/PVC-Kanal KG **551**
Anschluss der Abwasserkanalleitung an Abwasser-Sammelschacht aus Beton.
Kanalleitung: .....
Nennweite: DN .....
128€ 206€ **234**€ 268€ 463€ [St] ⏱ 1,95 h/St 309.000.033

65 Schachtdeckel KG **551**
Schachtabdeckung mit rundem Rahmen, höhengerecht in Mörtel (MG III) versetzen.
Deckel: mit Lüftungsöffnungen
Klasse: .....
Form: DN500
165€ 210€ **233**€ 307€ 441€ [St] ⏱ 0,20 h/St 309.000.043

66 Schachtdeckel, Klasse C250 KG **551**
Schachtabdeckung mit rundem Rahmen, Deckel aus Gusseisen mit Lüftungsöffnungen und Betonfüllung, mit dämpfender Einlage, verschließbar, mit Schmutzfänger F, höhengerecht in Mörtel MG III versetzen.
Klasse: C250
Form: DN600
167€ 196€ **212**€ 240€ 276€ [St] ⏱ 0,25 h/St 309.000.044

67 Schachtdeckel, Klasse D400 KG **551**
Schachtabdeckung mit rundem Rahmen, Deckel aus Gusseisen mit Lüftungsöffnungen und Betonfüllung, mit dämpfender Einlage, verschließbar, mit Schmutzfänger F, höhengerecht in Mörtel MG III versetzen.
Klasse: D400
Form: DN600
189€ 268€ **311**€ 342€ 406€ [St] ⏱ 0,35 h/St 309.000.045

68 Schachtabdeckung anpassen KG **551**
Bestehende Schachtabdeckung von Revisions- und Kontrollschächten an neue Höhe anpassen.
Anpassungshöhe: bis 0,50 m
86€ 107€ **118**€ 123€ 158€ [St] ⏱ 2,40 h/St 309.000.046

Nr.	Kurztext / Langtext					Kostengruppe
▶	▷	**ø netto €**	◁	◀	[Einheit]	Ausf.-Dauer Positionsnummer

Kosten:
Stand 2.Quartal 2020
Bundesdurchschnitt

69 Kontrollschacht komplett, 3,00m KG **551**

Kontrollschacht als komplette Leistung, rund, aus Fertigteilen, ohne Deckel:
- Schachtbettung aus Ortbeton
- Schachtunterteil für Kontrollschacht und Durchlaufschacht, aus wasserdichtem Beton mit hohem Wassereindringwiderstand, mind. 25 cm hoch (über Rohrscheitel)
- Auftritt in Höhe des Rohrscheitels
- Schachtoberteil aus Betonfertigteilen, bestehend aus Schachtringen, Schachthals und Auflagerring
- Bauteilverbindung als Kompressionsdichtung mit Dichtringen aus Elastomeren, Dichtringe werkseitig fest eingebaut
- Außenwände beschichtet mit: ...., für Wassereinwirkungsklasse: .....
- Anschlüsse mit Muffe, für gelenkige Anbindung Zu- und Abläufe DN/ID ......
- Schachtkörper mit Steigeisen
- Schachtsohle mit Gerinne gerade, Auskleidung Gerinne und Auftritt mit Halbschalen und Klinkerriemchen

Beton: Festigkeitsklasse C20/25
Dicke Bodenplatte: mind. 20 cm
Wanddicke: .....
Steigmaß Steigeisen: 333 mm
Schachttiefe: ..... m

691€ 990€ **1.065**€ 1.281€ 1.801€ [St] ⏱ 12,00 h/St 309.000.047

70 Entwässerungsrinne, Beton, DN100 KG **551**

Entwässerungsrinne für Regenwasser als Kastenrinne, mit Kantenschutz aus verzinktem Stahl sowie End- und Anfangsteil, inkl. Abgang und Abdeckung mit schraublos arretiertem Stegrost aus verzinktem Stahl, verlegt auf bauseitiges Betonauflager, mit seitlicher Verfüllung.
Rinne: Beton
Nennweite: DN100
Klasse: .....
Verfüllung: .....
Rinnensohle: mit Eigengefälle
Abgang: .....
Schlitzweite Rost: 8 bis 18 mm

125€ 163€ **173**€ 204€ 288€ [m] ⏱ 0,50 h/m 309.000.048

71 Entwässerungsrinne, Klasse A15/B125, Beton, DN100 KG **551**

Entwässerungsrinne für Regenwasser als Kastenrinne, mit Kantenschutz aus verzinktem Stahl sowie End- und Anfangsteil, inkl. Abgang und Abdeckung mit schraublos arretiertem Stegrost aus verzinktem Stahl; verlegt auf bauseitiges Betonauflager, mit seitlicher Verfüllung.
Rinne: Beton
Nennweite: DN100
Klasse: **A15 / B125**
Verfüllung: .....
Rinnensohle: mit Eigengefälle
Abgang: .....
Schlitzweite Rost: 8 bis 18 mm

99€ 121€ **135**€ 153€ 189€ [m] ⏱ 0,50 h/m 309.000.050

▶ min
▷ von
ø Mittel
◁ bis
◀ max

72 Entwässerungsrinne, Klasse C250, Beton KG **551**

Entwässerungsrinne für Regenwasser als Kastenrinne, mit Kantenschutz aus verzinktem Stahl sowie End- und Anfangsteil, inkl. Abgang und Abdeckung mit schraublos arretiertem Stegrost aus verzinktem Stahl; verlegt auf bauseitiges Betonauflager, mit seitlicher Verfüllung.
Rinne: Beton
Nennweite: DN100
Klasse: C250
Verfüllung: .....
Rinnensohle: mit Eigengefälle
Abgang: .....
Schlitzweite Rost: 8 bis 18 mm

126€ 154€ **169**€ 180€ 218€ [m] ⏱ 0,50 h/m 309.000.053

73 Entwässerungsrinne, Klasse D400, Beton KG **551**

Entwässerungsrinne für Regenwasser als Kastenrinne, mit Kantenschutz aus verzinktem Stahl sowie End- und Anfangsteil, inkl. Abgang und Abdeckung mit schraublos arretiertem Stegrost aus verzinktem Stahl; verlegt auf bauseitiges Betonauflager, mit seitlicher Verfüllung.
Rinne: Beton
Rinnengröße: .....
Klasse: D 400
Verfüllung: .....
Rinnensohle: mit Eigengefälle
Abgang: .....
Schlitzweite Rost: 8 bis 18 mm

129€ 182€ **205**€ 257€ 425€ [m] ⏱ 0,60 h/m 309.000.054

74 Entwässerungsrinne, Abdeckung Guss, D400 KG **551**

Abdeckung für Entwässerungsrinne, schraublos arretiert. Passend zu System.
Material: Gusseisen
Nennweite: .....
Klasse: D400
Ausführung: Stegrost

72€ 88€ **94**€ 98€ 110€ [m] ⏱ 0,18 h/m 309.000.051

75 Kanalreinigung, Hochdruckspülgerät KG **551**

Hindernis in Abwasser-Grundleitung beseitigen und Grundleitung zwischen zwei Prüfpunkten mit Hochdruckspülgerät durchspülen, einschl. aller erforderlichen Gerätschaften, Aufstellung eines Protokolls über Beseitigung und Spülung, sowie schadloses Entfernen der Gerätschaften nach der Prüfung.

3€ 5€ **5**€ 7€ 10€ [m] ⏱ 0,10 h/m 309.000.057

76 Kanalprüfung, Kamera KG **551**

Kameraprüfung der neu verlegten Grundleitungen, mit Video-Aufzeichnung, inkl. Dokumentieren und Einmessen der Beschädigungen (Muffenversätze, Durchwurzelung, Einmündungen, Verstopfungen, Risse, Brüche, u.dgl.) der Grundleitungen und Aufstellen eines Video- und Prüfprotokolls, sowie Übergeben der Unterlagen in einfacher Ausführung. Leistung einschl. aller erforderlichen Gerätschaften, Aufstellung eines Prüfprotokolls, sowie schadloses Entfernen der Gerätschaften nach der Prüfung.
Nennweite der Grundleitungen: **bis DN/ID 200 / über DN/ID 200 bis .....**

3€ 5€ **5**€ 6€ 8€ [m] ⏱ 0,10 h/m 309.000.059

Nr.	Kurztext / Langtext						Kostengruppe
▶	▷	ø netto €	◁	◀	[Einheit]	Ausf.-Dauer	Positionsnummer

77 Stundensatz Facharbeiter, Kanalarbeiten

Stundenlohnarbeiten für Facharbeiter, Spezialfacharbeiter, Vorarbeiter und jeweils Gleichgestellte. Der Verrechnungssatz für die jeweilige Arbeitskraft umfasst sämtliche Aufwendungen wie Lohn- und Gehaltskosten, lohn- und gehaltsgebundene Kosten, Lohn- und Gehaltsnebenkosten, Gemeinkosten, Wagnis und Gewinn. Leistung nach besonderer Anordnung der Bauüberwachung. Anmeldung und Nachweis gem. VOB/B.

45€	49€	**51**€	54€	59€	[h]	⏱ 1,00 h/h	309.000.089

78 Stundensatz Helfer, Kanalarbeiten

Stundenlohnarbeiten für Werker, Fachwerker und jeweils Gleichgestellte. Der Verrechnungssatz für die jeweilige Arbeitskraft umfasst sämtliche Aufwendungen wie Lohn- und Gehaltskosten, lohn- und gehaltsgebundene Kosten, Lohn- und Gehaltsnebenkosten, Gemeinkosten, Wagnis und Gewinn. Leistung nach besonderer Anordnung der Bauüberwachung. Anmeldung und Nachweis gem. VOB/B.

36€	41€	**44**€	46€	50€	[h]	⏱ 1,00 h/h	309.000.090

Kosten:
Stand 2.Quartal 2020
Bundesdurchschnitt

▶ min
▷ von
ø Mittel
◁ bis
◀ max

310

Kosten:
Stand 2.Quartal 2020
Bundesdurchschnitt

Nr.	Positionen	Einheit	▶	▷	ø brutto € / ø netto €	◁	◀
1	Handaushub Drängraben 0,40/0,50	m³	66	73	**78**	81	87
			55	61	**65**	68	73
2	Dränleitung, PVC-U, DN100	m	6,3	10,0	**11**	14	17
			5,3	8,4	**9,6**	11	15
3	Dränleitung, PVC-U, DN125	m	7,4	11	**13**	16	19
			6,3	8,9	**11**	13	16
4	Dränleitung, PVC-U, DN150	m	9,0	13	**15**	20	21
			7,6	11	**13**	17	18
5	Formstück, Dränleitung, Bogen	St	12	16	**18**	21	27
			10	14	**15**	18	23
6	Formstück, Dränleitung, Abzweig	St	17	21	**23**	25	32
			14	17	**20**	21	27
7	Formstück, Dränleitung, Verschlussstück	St	8	14	**16**	18	24
			6	12	**14**	15	20
8	Anschluss, Dränleitung/Schacht	St	191	298	**322**	385	483
			160	250	**270**	324	406
9	Spülschacht PP, DN315	St	218	238	**248**	255	270
			183	200	**208**	214	227
10	Schachtaufsetzrohr, PP, DN315	St	78	117	**148**	154	193
			66	99	**125**	129	162
11	Sickerpackung, Kiessand, Leitungen	m³	46	56	**60**	68	86
			39	47	**50**	57	72
12	Sickerpackung, Kies, Leitungen	m³	41	53	**63**	69	79
			35	45	**53**	58	67
13	Filterschicht, Geotextil, Leitungen	m	4	6	**6**	7	9
			4	5	**5**	6	7
14	Filter-/Dränageschicht, Vlies/Noppenbahn, Wand	m²	13	18	**19**	21	28
			11	15	**16**	18	24
15	Sickerschicht, Perimeter-Dämmplatte, vlieskaschiert, Wand	m²	15	17	**17**	18	20
			13	14	**14**	15	17

Nr. **Kurztext** / Langtext Kostengruppe
▶ ▷ **ø netto €** ◁ ◀ [Einheit] Ausf.-Dauer Positionsnummer

▶ min
▷ von
ø Mittel
◁ bis
◀ max

1 Handaushub Drängraben 0,40/0,50 KG **326**

Handaushub Boden für Drängraben, Boden laden, fördern und seitlich lagern, Material anschließend wieder verfüllen und verdichten.
Entfernung zur Entnahmestelle: bis 1,00 m
Aushubtiefe: bis 0,40 m
Breite: bis 0,50 m
Boden: Homogenbereich 1, mit einer Bodengruppe, Bodengruppe: ..... DIN 18196
- Steinanteil: bis ..... % Massenanteil DIN EN ISO 14688-1
- Konsistenz DIN EN ISO 14688-1: .....
- Lagerungsdichte: .....

55€ 61€ **65€** 68€ 73€ [m³] ⏱ 1,40 h/m³ 310.000.030

A 1 Dränleitung, PVC-U Beschreibung für Pos. **2-4**

Dränleitung aus PVC-Stangenrohren für Gebäudedränage mit Doppelsteckmuffen.
Dränrohr: PVC-U
Wassereintrittsfläche: mind. 80 cm²/m
Einbauort: **Arbeitsraum / Graben / Baugrube**

2 Dränleitung, PVC-U, DN100 KG **326**

Wie Ausführungsbeschreibung A 1
Nenngröße: DN100

5€ 8€ **10**€ 11€ 15€ [m] ⏱ 0,10 h/m 310.000.035

3 Dränleitung, PVC-U, DN125 KG **326**

Wie Ausführungsbeschreibung A 1
Nennweite: DN125

6€ 9€ **11**€ 13€ 16€ [m] ⏱ 0,11 h/m 310.000.036

4 Dränleitung, PVC-U, DN150 KG **326**

Wie Ausführungsbeschreibung A 1
Nennweite: DN150

8€ 11€ **13**€ 17€ 18€ [m] ⏱ 0,12 h/m 310.000.037

5 Formstück, Dränleitung, Bogen KG **326**

Form- und Verbindungsstücke für Dränageleitung, aus PVC-U Stangendränrohren, mit Steckmuffe.
Formteil: Bogen.....°
Nennweite: DN.....
Rohrtyp: .....

10€ 14€ **15**€ 18€ 23€ [St] ⏱ 0,20 h/St 310.000.038

6 Formstück, Dränleitung, Abzweig KG **326**

Form- und Verbindungsstücke für Dränageleitung, aus PVC-U Stangendränrohren, mit Steckmuffe.
Formteil: Abzweig
Nennweite: DN.....
Winkel: .....°
Rohrtyp: .....

14€ 17€ **20**€ 21€ 27€ [St] ⏱ 0,20 h/St 310.000.039

7 Formstück, Dränleitung, Verschlussstück KG **326**

Form- und Verbindungsstücke für Dränageleitung, aus PVC-U Stangendränrohren.
Formteil: Verschlussstück
Nennweite: DN.....
Rohrtyp: .....

6€ 12€ **14**€ 15€ 20€ [St] ⏱ 0,14 h/St 310.000.040

Kosten:
Stand 2.Quartal 2020
Bundesdurchschnitt

Nr.	**Kurztext** / Langtext						Kostengruppe
▶	▷	**ø netto €**	◁	◀	[Einheit]	Ausf.-Dauer	Positionsnummer

8 Anschluss, Dränleitung/Schacht KG **326**

Anschluss von Dränleitung aus PVC-U an vorhandenen Sickerschacht aus Betonringen, einschl. aller erforderlichen Dichtungs- und Anschlussmaterialien. Aushub- und Verfüllarbeiten in gesonderter Position.
Nennweite: DN.....
Schachtgröße: DN1500

160€	250€	**270**€	324€	406€	[St]	⏱ 1,50 h/St	310.000.019

9 Spülschacht PP, DN315 KG **326**

Spül- und Kontrollschacht aus Polypropylen, aufgehend, für Dränage, mit 3 Anschlüssen für Dränleitung, 1 PP-Abdeckung mit Arretierung, 1 Blindstopfen, sowie mit Sandfang.
Einbauort: an Richtungswechsel / Tiefpunkt der Dränage-Ringleitung
Nutzhöhe: ca. 0,80 m
Spülschachtgröße: DN315
Anschlüsse: **DN100 / ..... / DN200**
Blindstopfen: **DN100 / ..... / DN200**

183€	200€	**208**€	214€	227€	[St]	⏱ 0,30 h/St	310.000.011

10 Schachtaufsetzrohr, PP, DN315 KG **326**

Schachtaufsetzrohr oder Schachtverlängerung aus Polypropylen, zur Verlängerung des Kontrollschachts DN315.
Aufstockhöhe: ..... m

66€	99€	**125**€	129€	162€	[St]	⏱ 0,30 h/St	310.000.012

11 Sickerpackung, Kiessand, Leitungen KG **326**

Sickerpackung aus Kiessand für Ummantelung der Dränleitung, zwischen Fundamenten, inkl. Verdichten.
Nennweite: DN.....
Sieblinie: .....
Vergütung: nach m^3 / Lieferschein

39€	47€	**50**€	57€	72€	[m^3]	⏱ 0,30 h/m^3	310.000.005

12 Sickerpackung, Kies, Leitungen KG **326**

Sickerpackung für Ummantelung der Dränleitung.
Abmessung (H x B): ..... x ..... m
Körnung: 8/16 nach DIN 4095
Material: Kies aus natürlicher Gesteinskörnung

35€	45€	**53**€	58€	67€	[m^3]	⏱ 0,30 h/m^3	310.000.033

13 Filterschicht, Geotextil, Leitungen KG **326**

Filterschicht aus Geotextil für Dränleitungen.
Material: Geotextil
Öffnungsweite: .....
Leitung: DN.....

4€	5€	**5**€	6€	7€	[m]	⏱ 0,02 h/m	310.000.034

▶ min
▷ von
ø Mittel
◁ bis
◀ max

14 **Filter-/Dränageschicht, Vlies/Noppenbahn, Wand** KG **335**

Dränage-, Schutz- und Filterschicht aus Kunststoffnoppenbahn mit Vlies und Gleitfolie, auf Bauwerksabdichtung.
Einbauort: erdberührte Wand
Arbeitshöhe: bis ..... m

11€ 15€ **16**€ 18€ 24€ [m2] ⏱ 0,12 h/m2 310.000.041

15 **Sickerschicht, Perimeter-Dämmplatte, vlieskaschiert, Wand** KG **335**

Sickerschicht vor Außenwand, aus druckstabilen Polystyrol-Platten, profiliert, mit Vlieskaschierung, Einbau dicht gestoßen, punktförmig auf senkrechte Bauwerksabdichtung kleben, Einstand in Kiesfilterschicht mind. 30cm.
Plattenmaterial: EPS
Nennwert Wärmeleitfähigkeit: 0,034 W/mK
Dränleistung: <0,3 l/(s x m)
Kante: umlaufend Stufenfalz
Anwendung: PW und Dränge DIN 4095
Für Einbauhöhe: **bis 4,00** m **/ über 4,00** m
Plattendicke: **50 / 60 / 80 /** ..... mm

13€ 14€ **14**€ 15€ 17€ [m2] ⏱ 0,10 h/m2 310.000.042

300
301
302
308
309
310
312
313
314
316
317
318
320
321
322

312

Kosten:
Stand 2.Quartal 2020
Bundesdurchschnitt

▶ min
▷ von
ø Mittel
◁ bis
◀ max

Nr.	Positionen	Einheit	▶	▷	ø brutto € / ø netto €	◁	◀
1	Fundamentmauerwerk abbrechen, entsorgen	m³	140	162	**208**	250	269
			117	136	**175**	210	226
2	Streifenfundamente abbrechen, entsorgen	m	44	52	**64**	77	83
			37	44	**53**	65	69
3	Kellerboden abbrechen, Ziegel	m²	19	24	**29**	35	45
			16	20	**24**	30	38
4	Verblendmauerwerk, abbrechen	m²	43	53	**57**	68	72
			36	45	**48**	58	61
5	Außenmauerwerk abbrechen, Ziegel 36,5cm	m³	111	235	**253**	306	205
			93	198	**212**	257	173
6	Ziegelpflaster abbrechen, Außenbereich	m²	17	21	**24**	28	31
			14	18	**20**	24	26
7	Innenwand abbrechen, Gipswandbauplatte, 10cm	m²	33	38	**45**	53	59
			27	32	**38**	45	49
8	Innenmauerwerk abbrechen, Porenbeton, 17,5cm	m²	23	42	**49**	60	69
			19	35	**42**	51	58
9	Innenmauerwerk abbrechen, 11,5cm	m²	23	28	**35**	42	56
			19	24	**29**	35	47
10	Innenmauerwerk abbrechen, 24cm	m²	24	48	**55**	68	68
			20	40	**46**	57	57
11	Fachwerksausfachung abbrechen, Mauerwerk	m²	25	42	**47**	58	65
			21	35	**40**	49	55
12	Deckengewölbe abbrechen, Steine	m²	63	81	**90**	112	118
			53	68	**76**	94	99
13	Sandfüllung ausbauen, Gewölbedecke	m²	12	16	**20**	24	25
			10	14	**17**	20	21
14	Decke abbrechen, Kappendecke	m²	61	74	**88**	106	114
			51	62	**74**	89	96
15	Decke abbrechen, Ziegelhohlkörper	m²	39	50	**56**	68	74
			33	42	**47**	57	62
16	Decke abbrechen, Stb-Hohldielen	m²	42	52	**59**	70	76
			36	44	**50**	59	64
17	Ziegelboden reinigen, Besen	m²	10	13	**15**	18	19
			8	11	**13**	15	16
18	Ziegelfassade reinigen, Wasser	m²	3	5	**6**	7	10
			2	4	**5**	6	8
19	Klinkerfassade reinigen, absäuern	m²	9	10	**13**	15	16
			7	9	**11**	13	14
20	Klinkermauerwerk reinigen, Dampfstrahlen	m²	10	14	**18**	22	22
			9	12	**15**	18	19
21	Verblendmauerwerk reinigen, Rotationsverfahren	m²	6	8	**10**	12	13
			5	7	**9**	10	11
22	Verblendmauerwerk imprägnieren	m²	5	8	**9**	11	14
			4	7	**8**	10	12
23	Verblendmauerwerk hydrophobieren	m²	7	10	**12**	15	22
			6	8	**10**	12	18
24	Mauerwerk hydrophobieren, außen	m²	10	14	**17**	21	22
			9	12	**15**	18	19

Nr.	Positionen	Einheit	▶	▷	**ø brutto €** ø netto €	◁	◀
25	Mauerwerk vorbehandeln, Steinverfestiger	m²	10	14	**17**	20	23
			8	11	**14**	17	20
26	Algenbeseitigung, Mauerwerk	m²	9	10	**12**	15	16
			8	8	**10**	12	13
27	Graffiti-Schutz, Mauerwerk	m²	17	26	**32**	40	50
			15	22	**27**	34	42
28	Kellerfußboden, Rollschicht überarbeiten	m²	26	30	**37**	44	48
			22	25	**31**	37	40
29	Kellerfußboden, Klinkerbelag überarbeiten	m²	19	23	**28**	34	35
			16	19	**24**	28	30
30	Mauerwerksfugen erneuern, außen	m²	19	26	**34**	42	55
			16	22	**29**	36	46
31	Außenmauerwerk ausbessern, bis 25cm	m²	67	81	**98**	119	127
			56	68	**82**	100	106
32	Außenmauerwerk ausbessern, bis 50cm	m²	117	150	**177**	209	221
			98	126	**149**	175	186
33	Außenmauerwerk, Fehlstellen reparieren	m²	135	164	**195**	242	258
			113	138	**164**	204	217
34	Schlitz herstellen, Mauerwerk, 5x3cm	m	4,5	7,6	**9,4**	11	12
			3,8	6,4	**7,9**	9,6	10
35	Schlitz herstellen, Mauerwerk, 10x5cm	m	5,7	11	**12**	15	15
			4,8	8,9	**10**	12	13
36	Schlitz herstellen, Mauerwerk, 30x10cm	m	12	23	**28**	33	39
			9,8	19	**23**	28	33
37	Schlitz herstellen, Mauerwerk, 30x15cm	m	13	35	**41**	49	53
			11	29	**34**	41	45
38	Schlitz schließen, Mauerwerk, 5x3cm	m	4,0	6,0	**7,2**	8,8	12
			3,4	5,0	**6,1**	7,4	10
39	Schlitz schließen, Mauerwerk, 10x5cm	m	6,2	9,4	**12**	14	20
			5,2	7,9	**9,8**	12	17
40	Schlitz schließen, Mauerwerk, 30x10cm	m	9,7	14	**17**	21	35
			8,1	12	**15**	18	29
41	Schlitz schließen, gedämmt, Mauerwerk, 10x5cm	m	11	15	**18**	22	24
			9,5	13	**16**	18	20
42	Schlitz schließen, gedämmt, Mauerwerk, 30x15cm	m	24	31	**35**	43	52
			21	26	**30**	36	44
43	Putzträger, Schlitz, Metall verzinkt	m²	26	31	**36**	43	55
			22	26	**30**	36	46
44	Sturzauflager stemmen, bis 15cm	St	29	39	**46**	57	61
			25	33	**39**	48	52
45	Sturzauflager stemmen, bis 30cm	St	52	61	**71**	90	94
			43	51	**59**	75	79
46	Fensteröffnung ausbrechen, bis 40cm	m²	89	100	**118**	144	151
			75	84	**99**	121	127
47	Fensteröffnung ausbrechen, bis 60cm	m²	109	146	**169**	210	220
			92	122	**142**	176	185
48	Türöffnung ausbrechen, Mauerwerk bis 15cm	m²	47	67	**76**	94	134
			39	57	**64**	79	113

Kosten:
Stand 2.Quartal 2020
Bundesdurchschnitt

Nr.	Positionen	Einheit	▶	▷	ø brutto € / ø netto €	◁	◀
49	Türöffnung ausbrechen, Mauerwerk bis 30cm	m²	56	100	**120**	148	181
			47	84	**101**	124	152
50	Türöffnung ausbrechen, Mauerwerk bis 60cm	m²	126	145	**173**	211	250
			105	122	**145**	177	210
51	Fensteröffnung schließen, AW bis 30cm	m²	94	112	**134**	163	182
			79	94	**112**	137	153
52	Fensteröffnung schließen, AW bis 60cm	m²	134	166	**191**	231	275
			112	139	**160**	194	231
53	Türöffnung schließen, IW bis 15cm	m²	66	83	**92**	106	123
			56	70	**77**	89	103
54	Türöffnung schließen, IW bis 30cm	m²	84	98	**120**	143	170
			71	83	**101**	120	143
55	Wanddurchbruch, bis 100cm², 20cm	St	12	17	**21**	25	36
			10	14	**17**	21	31
56	Wanddurchbruch, bis 500cm², 20cm	St	19	26	**32**	39	44
			16	22	**27**	33	37
57	Wanddurchbruch, bis 1.000cm², 20cm	St	22	36	**43**	52	63
			18	30	**36**	44	53
58	Wanddurchbruch, bis 2.500cm², 20cm	St	28	50	**62**	74	86
			23	42	**52**	62	72
59	Wanddurchbruch, bis 100cm², 40cm	St	23	27	**32**	58	82
			19	23	**27**	49	69
60	Wanddurchbruch, bis 500cm², 40cm	St	29	39	**46**	57	94
			25	33	**39**	48	79
61	Wanddurchbruch, bis 1.000cm², 40cm	St	31	53	**63**	77	114
			26	44	**53**	64	96
62	Wanddurchbruch, bis 2.500cm², 40cm	St	58	70	**88**	103	130
			48	59	**74**	86	109
63	Wanddurchbruch schließen, bis 100cm², 20cm	St	13	20	**24**	30	37
			11	17	**21**	25	31
64	Wanddurchbruch schließen, bis 500cm², 20cm	St	23	29	**34**	42	50
			19	24	**29**	35	42
65	Wanddurchbruch schließen, bis 1.000cm², 20cm	St	316	410	**494**	607	88
			266	344	**415**	510	74
66	Wanddurchbruch schließen, bis 2.500cm², 20cm	St	46	62	**71**	86	101
			38	52	**60**	72	85
67	Wanddurchbruch schließen, bis 100cm², 40cm	St	23	33	**41**	50	63
			20	28	**34**	42	53
68	Wanddurchbruch schließen, bis 500cm², 40cm	St	32	49	**58**	71	80
			27	41	**49**	60	67
69	Wanddurchbruch schließen, bis 1.000cm², 40cm	St	43	53	**65**	78	110
			36	45	**54**	66	92
70	Wanddurchbruch schließen, bis 2.500cm², 40cm	St	53	75	**90**	108	122
			45	63	**75**	91	102
71	Deckendurchbruch, bis 100cm², 20cm	St	25	36	**42**	51	62
			21	31	**35**	43	52
72	Deckendurchbruch, bis 500cm², 20cm	St	27	39	**46**	57	70
			23	33	**39**	48	59

▶ min
▷ von
ø Mittel
◁ bis
◀ max

Nr.	Positionen	Einheit	►	▷	ø brutto € / ø netto €	◁	◄
73	Deckendurchbruch, bis 1.000cm², 20cm	St	36	44	**55**	66	73
			30	37	**46**	56	61
74	Deckendurchbruch, bis 500cm², 30cm	St	34	48	**58**	71	75
			28	40	**49**	59	63
75	Deckendurchbruch schließen, bis 100cm², 20cm	St	19	25	**30**	36	39
			16	21	**25**	30	33
76	Deckendurchbruch schließen, bis 500cm², 20cm	St	35	43	**52**	61	66
			29	36	**44**	51	55
77	Deckendurchbruch schließen, bis 1.000cm², 20cm	St	56	64	**77**	94	100
			47	54	**65**	79	84
78	Deckendurchbruch schließen, bis 500cm², 30cm	St	48	63	**74**	90	99
			40	53	**62**	76	83
79	Baustelleneinrichtung, Bohren/Sägen	psch	–	133	**154**	190	–
			–	112	**130**	159	–
80	Bohreinrichtung umsetzen	psch	–	56	**66**	80	–
			–	47	**55**	67	–
81	Mauerwerk schneiden, Wand, Mz bis 36cm	m	31	97	**110**	134	92
			26	81	**92**	113	77
82	Mauerwerk schneiden, Wand, KS bis 17,5cm	m	24	30	**37**	45	47
			20	25	**31**	38	40
83	Mauerwerk schneiden, Wand, KS bis 24cm	m	50	59	**69**	85	91
			42	50	**58**	71	77
84	Kernbohrung, Mauerwerk, 10-50mm	m	88	120	**145**	176	190
			74	101	**122**	148	160
85	Kernbohrung, Mauerwerk, 55-80mm	m	112	138	**173**	207	231
			95	116	**145**	174	194
86	Kernbohrung, Mauerwerk, 85-110mm	m	121	152	**186**	225	252
			102	128	**156**	189	212
87	Kernbohrung, Mauerwerk, 115-130mm	m	141	178	**219**	261	284
			118	149	**184**	219	239
88	Kernbohrung, Mauerwerk, 130-150mm	m	151	194	**231**	282	297
			127	163	**195**	237	250
89	Kernbohrung, Mauerwerk, 150-200mm	m	198	235	**280**	338	363
			167	197	**235**	284	305
90	Innenwand, Hlz 11,5cm, nichttragend	m²	53	61	**66**	71	85
			44	51	**55**	59	71
91	Innenwand, KS 11,5cm, nichttragend	m²	62	70	**74**	82	104
			52	59	**62**	69	87
92	Innenwand, KS 17,5cm, tragend	m²	72	80	**83**	95	112
			61	67	**70**	80	94
93	Innenwand, KS 24cm, tragend	m²	79	96	**105**	120	154
			66	81	**88**	101	129
94	Innenwand, PP 11,5cm, nichttragend	m²	46	54	**58**	64	75
			39	46	**49**	53	63
95	Innenwand, PP 24cm, tragend	m²	70	79	**84**	86	94
			59	67	**70**	72	79
96	Ausmauerung, Fachwerk 11,5cm	m²	77	98	**109**	133	178
			64	82	**91**	112	150

Kosten:
Stand 2.Quartal 2020
Bundesdurchschnitt

Nr.	Positionen	Einheit	▶	▷	ø brutto € / ø netto €	◁	◀
97	Außenwand, LHlz 36,5cm, tragend	m²	116	141	**152**	171	197
			97	119	**127**	144	165
98	Außenwand, KS L-R 17,5cm, tragend	m²	63	75	**79**	89	109
			53	63	**67**	75	92
99	Außenwand, KS L-R 24cm, tragend	m²	70	89	**97**	105	127
			59	75	**81**	88	106
100	Öffnung überdecken, Ziegelsturz	m	25	37	**43**	44	59
			21	31	**36**	37	49
101	Öffnung überdecken; KS-Sturz, 17,5cm	m	31	44	**45**	59	76
			26	37	**38**	49	64
102	Öffnung überdecken, Betonsturz, 24cm	m	–	47	**68**	78	108
			–	39	**57**	65	91
103	Stundensatz Facharbeiter, Mauerarbeiten	h	55	61	**64**	67	75
			46	51	**54**	57	63
104	Stundensatz Werker / Helfer, Mauerarbeiten	h	54	57	**59**	61	65
			45	48	**49**	51	54

Nr. **Kurztext** / Langtext — Kostengruppe
▶ ▷ **ø netto €** ◁ ◀ [Einheit] Ausf.-Dauer Positionsnummer

1 Fundamentmauerwerk abbrechen, entsorgen KG **394**

Fundamentmauerwerk aus Mauerziegeln mit Mörtel abbrechen und Bauschutt entsorgen.
Mauerwerk: .....
Abmessungen: ..... mm
Ziegelart: .....

117€ 136€ **175**€ 210€ 226€ [m³] ⏱ 1,80 h/m³ 312.000.133

2 Streifenfundamente abbrechen, entsorgen KG **394**

Streifenfundamente aus Mauerwerk und Mörtel abbrechen und Bauschutt entsorgen.
Mauerwerk: .....
Mörtel: .....
Fundamentdicke: ..... m
Fundamenthöhe: ..... m

37€ 44€ **53**€ 65€ 69€ [m] ⏱ 0,90 h/m 312.000.134

3 Kellerboden abbrechen, Ziegel KG **394**

Kellerboden aus Ziegelsteinen abbrechen und Bauschutt entsorgen.
Ziegelsteine: .....
Dicke: ..... cm
Bettung: ..... cm

16€ 20€ **24**€ 30€ 38€ [m²] ⏱ 0,35 h/m² 312.000.135

▶ min
▷ von
ø Mittel
◁ bis
◀ max

4 Verblendmauerwerk, abbrechen KG **394**

Verblendmauerwerk aus Mauerwerkssteinen abbrechen und Bauschutt entsorgen.
Mauerwerk: .....
Dicke: ..... cm
Verankerung: .....
Höhe über Standfläche bis: ..... m

36€ 45€ **48**€ 58€ 61€ [m²] ⏱ 0,85 h/m² 312.000.136

5 Außenmauerwerk abbrechen, Ziegel 36,5cm KG **394**

Außenwand aus verputztem Ziegelmauerwerk abbrechen und Bauschutt entsorgen.
Wanddicke: 36,5 cm, mit beidseitigem Putz
Format: .....
Verfugung: .....
Höhe über Standfläche bis: ..... m

93€ 198€ **212**€ 257€ 173€ [m³] ⏱ 2,15 h/m³ 312.000.137

6 Ziegelpflaster abbrechen, Außenbereich KG **394**

Ziegelpflaster im Außenbereich abbrechen und Bauschutt entsorgen.
Einbauort: .....
Verlegeart: .....
Bettung: ..... cm

14€ 18€ **20**€ 24€ 26€ [m²] ⏱ 0,30 h/m² 312.000.138

7 Innenwand abbrechen, Gipswandbauplatte, 10cm KG **394**

Innenwand aus Gipsdiele, abbrechen und Bauschutt entsorgen.
Wanddicke: 10 cm
Wandhöhe: ..... m

27€ 32€ **38**€ 45€ 49€ [m²] ⏱ 0,25 h/m² 312.000.139

8 Innenmauerwerk abbrechen, Porenbeton, 17,5cm KG **394**

Innenwand aus Porenbeton abbrechen und Bauschutt entsorgen.
Wanddicke: bis 17,5 cm
Wandhöhe: ..... m

19€ 35€ **42**€ 51€ 58€ [m²] ⏱ 0,50 h/m² 312.000.140

9 Innenmauerwerk abbrechen, 11,5cm KG **394**

Innenwand aus beidseitig verputztem Mauerwerk abbrechen und Bauschutt entsorgen.
Mauerwerk: 11,5 cm
Mauerwerk aus: .....
Wandhöhe: ..... m

19€ 24€ **29**€ 35€ 47€ [m²] ⏱ 0,50 h/m² 312.000.141

Nr. **Kurztext** / Langtext — Kostengruppe
▶ ▷ **ø netto €** ◁ ◀ [Einheit] Ausf.-Dauer Positionsnummer

10 Innenmauerwerk abbrechen, 24cm KG **394**

Innenwand aus beidseitig verputztem Mauerwerk abbrechen und Bauschutt entsorgen. Leistung einschl. örtlicher Abfangung mit Stütze und Träger.
Wanddicke: bis 24 cm
Mauerwerk aus: .....
Wandhöhe: ..... m

20€ 40€ **46**€ 57€ 57€ [m²] ⏱ 0,50 h/m² 312.000.142

11 Fachwerksausfachung abbrechen, Mauerwerk KG **394**

Fachwerkausfachung aus Mauerwerk abbrechen, Fachwerkbalken reinigen und Bauschutt entsorgen.
Abbruchort: .....
Wanddicke: ..... cm
Bekleidung: .....
Fachwerkausfachung aus: .....
Wandhöhe: ..... m

21€ 35€ **40**€ 49€ 55€ [m²] ⏱ 0,55 h/m² 312.000.144

Kosten:
Stand 2.Quartal 2020
Bundesdurchschnitt

12 Deckengewölbe abbrechen, Steine KG **394**

Deckengewölbe aus Steinen abbrechen und wieder verwendungsfähige Steine aussortieren, reinigen und gekennzeichnet lagern. Nicht verwendungsfähige Steine und Bauschutt entsorgen.
Konstruktionsart: .....
Deckenstärke: bis 0,25 m
Steine: .....
Raumhöhe: .....
Spannweite: .....
Lagerweg: ..... m

53€ 68€ **76**€ 94€ 99€ [m²] ⏱ 1,70 h/m² 312.000.145

13 Sandfüllung ausbauen, Gewölbedecke KG **394**

Sandfüllung über Gewölbedecke ausbauen und Bauschutt entsorgen.
Schichtdicke: i. M. 8 cm

10€ 14€ **17**€ 20€ 21€ [m²] ⏱ 0,20 h/m² 312.000.146

14 Decke abbrechen, Kappendecke KG **394**

Preußische Kappendecke abbrechen und Bauschutt entsorgen.
Deckenstärke: bis 0,25 m
Steine: .....
Raumhöhe: .....
Spannweite: .....

51€ 62€ **74**€ 89€ 96€ [m²] ⏱ 1,70 h/m² 312.000.147

15 Decke abbrechen, Ziegelhohlkörper KG **394**

Ziegelhohlkörperdecke einschl. Aufbeton abbrechen und Bauschutt entsorgen.
Deckenstärke: 21 cm

33€ 42€ **47**€ 57€ 62€ [m²] ⏱ 0,70 h/m² 312.000.148

▶ min
▷ von
ø Mittel
◁ bis
◀ max

Nr.	Kurztext / Langtext							Kostengruppe
▶	▷	**ø netto €**	◁	◀	[Einheit]		Ausf.-Dauer	Positionsnummer

16 Decke abbrechen, Stb-Hohldielen KG **394**

Stahlbeton-Hohldielen-Decke einschl. Aufbeton abbrechen und Bauschutt entsorgen.
Deckenstärke: 15 cm
Raumhöhe: .....
Spannweite: .....

▶	▷	ø netto €	◁	◀	[Einheit]	Ausf.-Dauer	Positionsnummer
36€	44€	**50**€	59€	64€	[m^2]	⏱ 0,70 h/m^2	312.000.149

17 Ziegelboden reinigen, Besen KG **395**

Bodenflächen aus Ziegelsteinen mit Stahlbesen reinigen und Entsorgung der Reinigungsrückstände.
Fugenausbildung: .....
Höhe über Standfläche bis: .....

▶	▷	ø netto €	◁	◀	[Einheit]	Ausf.-Dauer	Positionsnummer
8€	11€	**13**€	15€	16€	[m^2]	⏱ 0,25 h/m^2	312.000.151

18 Ziegelfassade reinigen, Wasser KG **395**

Fassade aus gebrannten Ziegeln mit Wasser ohne Zusätze reinigen.
Höhe über Standfläche bis: .....

▶	▷	ø netto €	◁	◀	[Einheit]	Ausf.-Dauer	Positionsnummer
2€	4€	**5**€	6€	8€	[m^2]	⏱ 0,08 h/m^2	312.000.152

19 Klinkerfassade reinigen, absäuern KG **395**

Klinkerfassade absäuern und abschließend nachwaschen.
Höhe über Standfläche bis: .....

▶	▷	ø netto €	◁	◀	[Einheit]	Ausf.-Dauer	Positionsnummer
7€	9€	**11**€	13€	14€	[m^2]	⏱ 0,20 h/m^2	312.000.153

20 Klinkermauerwerk reinigen, Dampfstrahlen KG **395**

Klinkermauerwerk durch Dampfstrahlen reinigen, einschl. Entsorgung des Reinigungs- und Restmaterials.
Höhe über Standfläche bis: .....
Hinweis: Das Sammeln von Reinigungs- und Restmaterial, Behandeln oder Trennen sowie Einleitung oder die Entsorgung von Sonderabfall ist gesondert auszuschreiben. Lokale Vorgaben sind vor der Ausschreibung abzuklären.

▶	▷	ø netto €	◁	◀	[Einheit]	Ausf.-Dauer	Positionsnummer
9€	12€	**15**€	18€	19€	[m^2]	⏱ 0,15 h/m^2	312.000.154

21 Verblendmauerwerk reinigen, Rotationsverfahren KG **395**

Verblendmauerwerk durch Wirbelrotationsverfahren reinigen, einschl. der Reinigungs- und Reststoffe entsorgen.
Höhe über Standfläche bis: .....
Hinweis: Das Sammeln von Reinigungs- und Restmaterial, Behandeln oder Trennen sowie Einleitung oder die Entsorgung von Sonderabfall ist gesondert auszuschreiben. Lokale Vorgaben sind vor der Ausschreibung abzuklären.

▶	▷	ø netto €	◁	◀	[Einheit]	Ausf.-Dauer	Positionsnummer
5€	7€	**9**€	10€	11€	[m^2]	⏱ 0,12 h/m^2	312.000.156

22 Verblendmauerwerk imprägnieren KG **395**

Verblendmauerwerk im Sprühverfahren zur Reduzierung der Wasseraufnahme imprägnieren.
Auftragsmenge: ..... l/m^2
Format: .....
Verfugung: .....
Höhe über Standfläche bis: .....

▶	▷	ø netto €	◁	◀	[Einheit]	Ausf.-Dauer	Positionsnummer
4€	7€	**8**€	10€	12€	[m^2]	⏱ 0,10 h/m^2	312.000.159

Nr.	Kurztext / Langtext						Kostengruppe
▶	▷	ø netto €	◁	◀	[Einheit]	Ausf.-Dauer	Positionsnummer

23 Verblendmauerwerk hydrophobieren KG **395**

Hydrophobierung von Verblendmauerwerk mit Verfugung als Oberflächenschutz.
Auftragsmenge: ..... l/m²
Format: .....
Verfugung: .....

▶	▷	ø	◁	◀	Einheit	Ausf.-Dauer	Positionsnummer
6€	8€	**10**€	12€	18€	[m²]	0,15 h/m²	312.000.160

24 Mauerwerk hydrophobieren, außen KG **395**

Hydrophobierung von Außenmauerwerk mit Verfugung als Oberflächenschutz.
Auftragsmenge: ..... l/m²
Format: .....
Verfugung: .....
Höhe über Standfläche bis: .....

▶	▷	ø	◁	◀	Einheit	Ausf.-Dauer	Positionsnummer
9€	12€	**15**€	18€	19€	[m²]	0,15 h/m²	312.000.161

Kosten:
Stand 2.Quartal 2020
Bundesdurchschnitt

25 Mauerwerk vorbehandeln, Steinverfestiger KG **395**

Mauerwerk mit Steinverfestiger, ohne hydrophobierende Zusätze, vorbehandeln.
Auftragsmenge: ..... g/m²
Höhe über Standfläche bis: .....

▶	▷	ø	◁	◀	Einheit	Ausf.-Dauer	Positionsnummer
8€	11€	**14**€	17€	20€	[m²]	0,15 h/m²	312.000.162

26 Algenbeseitigung, Mauerwerk KG **395**

Schimmel- und Algenbehandlung durch chemische Behandlung und abbürsten, einschl. nachreinigen.
Verbrauch: ..... l/m²

▶	▷	ø	◁	◀	Einheit	Ausf.-Dauer	Positionsnummer
8€	8€	**10**€	12€	13€	[m²]	0,18 h/m²	312.000.163

27 Graffiti-Schutz, Mauerwerk KG **395**

Graffiti-Schutz auf Mauerwerk in mehreren Arbeitsgängen.
Mauerwerksart: .....
Beschichtungsart: **temporär / permanent**
Beschichtungssystem: .....
Verbrauchsmengen: .....
Höhe über Standfläche bis: .....

▶	▷	ø	◁	◀	Einheit	Ausf.-Dauer	Positionsnummer
15€	22€	**27**€	34€	42€	[m²]	0,18 h/m²	312.000.164

28 Kellerfußboden, Rollschicht überarbeiten KG **395**

Kellerfußboden aus Ziegelsteinen als Rollschicht ausbauen, reinigen, lagern und wieder einbauen. Unebenheiten der Bettung ausgleichen und Fugen verfüllen.
Ziegelformat: ..... cm
Bettung: ..... cm
Lagerweg: ..... m

▶	▷	ø	◁	◀	Einheit	Ausf.-Dauer	Positionsnummer
22€	25€	**31**€	37€	40€	[m²]	0,50 h/m²	312.000.165

▶ min
▷ von
ø Mittel
◁ bis
◀ max

29 Kellerfußboden, Klinkerbelag überarbeiten KG **395**

Kellerfußboden aus Klinkern ausbauen, reinigen, seitlich lagern und wieder einbauen. Unebenheiten der Bettung ausgleichen und Fugen verfüllen.
Ziegelformat: ..... cm
Bettung: ..... cm
Lagerweg: ..... m

16€ 19€ **24**€ 28€ 30€ [m2] ⏱ 0,50 h/m2 312.000.166

30 Mauerwerksfugen erneuern, außen KG **395**

Außenmauerwerksfugen in Teilbereichen erneuern und Bauschutt entsorgen. Lose Teile entfernen, Fugen reinigen und verfüllen sowie Flächen reinigen.
Mauerwerksart: .....
Fugenmörtel: .....
Höhe über Gelände bis: ..... m
Flächenanteil: ..... %

16€ 22€ **29**€ 36€ 46€ [m2] ⏱ 0,45 h/m2 312.000.168

31 Außenmauerwerk ausbessern, bis 25cm KG **395**

Außenmauerwerk aus Ziegel durch Austausch einzelner Steine ausbessern. Die neuen Ziegel passend zum bestehenden Mauerwerk. Leistung einschl. Vorspritzen der ausgebesserten Fläche mit Zementmörtel.
Wanddicke: bis 25 cm
Höhe über Standfläche bis: .....
Fehlstellenanteil: .....

56€ 68€ **82**€ 100€ 106€ [m2] ⏱ 1,20 h/m2 312.000.169

32 Außenmauerwerk ausbessern, bis 50cm KG **395**

Außenmauerwerk aus Ziegel durch Austausch einzelner Steine ausbessern. Die neuen Ziegel passend zum bestehenden Mauerwerk. Leistung einschl. Vorspritzen der ausgebesserten Fläche mit Zementmörtel.
Wanddicke: bis 50 cm
Höhe über Standfläche bis: .....
Fehlstellenanteil: .....

98€ 126€ **149**€ 175€ 186€ [m2] ⏱ 1,20 h/m2 312.000.170

33 Außenmauerwerk, Fehlstellen reparieren KG **395**

Ausbrüche und Fehlstellen in Mauerwerk aus Mauerziegeln mit Trasskalkmörtel vermauern und verfugen.
Ausbruchtief: bis 30 cm
Mauerziegel: Mz 12-2,0
Fugenausbildung: .....
Fehlstellenanteil: ..... %
Einbauort: .....

113€ 138€ **164**€ 204€ 217€ [m2] ⏱ 3,00 h/m2 312.000.172

Nr.	Kurztext / Langtext						Kostengruppe
▶	▷	ø netto €	◁	◀	[Einheit]	Ausf.-Dauer	Positionsnummer

A 1 Schlitz herstellen, Mauerwerk — Beschreibung für Pos. **34-37**

Schlitz in verputztem Mauerwerk nachträglich herstellen und Bauschutt entsorgen.
Druckfestigkeitsklasse: bis Mz 12 N/mm²
Wanddicke: .....
Lage: .....

34 Schlitz herstellen, Mauerwerk, 5x3cm — KG **394**

Wie Ausführungsbeschreibung A 1
Breite: bis 5 cm
Tiefe: bis 3 cm

▶	▷	ø	◁	◀	Einheit	Ausf.-Dauer	Positionsnummer
4€	6€	**8**€	10€	10€	[m]	0,15 h/m	312.000.173

35 Schlitz herstellen, Mauerwerk, 10x5cm — KG **394**

Wie Ausführungsbeschreibung A 1
Breite: bis 10 cm
Tiefe: bis 5 cm

▶	▷	ø	◁	◀	Einheit	Ausf.-Dauer	Positionsnummer
5€	9€	**10**€	12€	13€	[m]	0,15 h/m	312.000.174

36 Schlitz herstellen, Mauerwerk, 30x10cm — KG **394**

Wie Ausführungsbeschreibung A 1
Breite: bis 30 cm
Tiefe: bis 10 cm

▶	▷	ø	◁	◀	Einheit	Ausf.-Dauer	Positionsnummer
10€	19€	**23**€	28€	33€	[m]	0,20 h/m	312.000.175

37 Schlitz herstellen, Mauerwerk, 30x15cm — KG **394**

Wie Ausführungsbeschreibung A 1
Breite: bis 30 cm
Tiefe: bis 15 cm

▶	▷	ø	◁	◀	Einheit	Ausf.-Dauer	Positionsnummer
11€	29€	**34**€	41€	45€	[m]	0,20 h/m	312.000.176

A 2 Schlitz schließen, Mauerwerk — Beschreibung für Pos. **38-42**

Schlitz in verputztem Mauerwerk schließen und Wandfläche mit bündigem Anschluss verputzen. Der Bauschutt ist zu entsorgen und die Oberfläche ist an den Putzbestand anzugleichen.
Lage: .....
Bestandsputz: ....

38 Schlitz schließen, Mauerwerk, 5x3cm — KG **395**

Wie Ausführungsbeschreibung A 2
Breite: bis 5 cm
Tiefe: bis 3 cm

▶	▷	ø	◁	◀	Einheit	Ausf.-Dauer	Positionsnummer
3€	5€	**6**€	7€	10€	[m]	0,08 h/m	312.000.177

39 Schlitz schließen, Mauerwerk, 10x5cm — KG **395**

Wie Ausführungsbeschreibung A 2
Breite: bis 10 cm
Tiefe: bis 5 cm

▶	▷	ø	◁	◀	Einheit	Ausf.-Dauer	Positionsnummer
5€	8€	**10**€	12€	17€	[m]	0,08 h/m	312.000.178

Kosten:
Stand 2.Quartal 2020
Bundesdurchschnitt

▶ min
▷ von
ø Mittel
◁ bis
◀ max

40 Schlitz schließen, Mauerwerk, 30x10cm KG **395**

Wie Ausführungsbeschreibung A 2
Breite: bis 30 cm
Tiefe: bis 10 cm

8€ 12€ **15**€ 18€ 29€ [m] ⏱ 0,08 h/m 312.000.179

41 Schlitz schließen, gedämmt, Mauerwerk, 10x5cm KG **395**

Wie Ausführungsbeschreibung A 2
Dämmung: .....
Breite: bis 10 cm
Tiefe: bis 5 cm

9€ 13€ **16**€ 18€ 20€ [m] ⏱ 0,08 h/m 312.000.180

42 Schlitz schließen, gedämmt, Mauerwerk, 30x15cm KG **395**

Wie Ausführungsbeschreibung A 2
Dämmung: .....
Breite: bis 30 cm
Tiefe: bis 15 cm

21€ 26€ **30**€ 36€ 44€ [m] ⏱ 0,08 h/m 312.000.181

43 Putzträger, Schlitz, Metall verzinkt KG **395**

Putzträger über Schlitz in Mauerwerk aus verzinktem Rippenstreckmetall.
Breite: .....
Lage: .....

22€ 26€ **30**€ 36€ 46€ [m²] ⏱ 0,15 h/m² 312.000.182

A 3 Sturzauflager stemmen Beschreibung für Pos. **44-45**

Sturzauflager für Träger oder Sturz stemmen, Auflagerflächen mit Mörtel abgleichen und Bauschutt entsorgen.

44 Sturzauflager stemmen, bis 15cm KG **395**

Wie Ausführungsbeschreibung A 3
Auflagerlänge: bis 240 mm
Auflagerhöhe: bis 220 mm
Wanddicke: bis 15 cm
Abstützung: .....
Sicherung: .....
Hinweis: Abstütz- und Sicherungsmaßnahmen sind gesondert auszuschreiben.

25€ 33€ **39**€ 48€ 52€ [St] ⏱ 0,45 h/St 312.000.183

45 Sturzauflager stemmen, bis 30cm KG **395**

Wie Ausführungsbeschreibung A 3
Auflagerlänge: bis 240 mm
Auflagerhöhe: bis 220 mm
Wanddicke: bis 30 cm
Abstützung: .....
Sicherung: .....
Hinweis: Abstütz- und Sicherungsmaßnahmen sind gesondert auszuschreiben.

43€ 51€ **59**€ 75€ 79€ [St] ⏱ 0,55 h/St 312.000.184

300 301 302 308 309 310 **312** 313 314 316 317 318 320 321 322

Nr.	Kurztext / Langtext							Kostengruppe
▶	▷	**ø netto €**	◁	◀		[Einheit]	Ausf.-Dauer	Positionsnummer

46 Fensteröffnung ausbrechen, bis 40cm KG **394**

Fensteröffnung im Ziegelaußenmauerwerk ausbrechen Bauschutt entsorgen. Leistung einschl. Einschneiden des vorhandenen Wandputzes vor Abbruch.
Größe: bis 1,0 m^2
Wanddicke: bis 40 cm
Abstützung: .....
Sicherung: .....
Hinweis: Abstütz- und Sicherungsmaßnahmen sind gesondert auszuschreiben.

75€ 84€ **99**€ 121€ 127€ [m^2] ⏱ 2,00 h/m^2 312.000.186

47 Fensteröffnung ausbrechen, bis 60cm KG **394**

Fensteröffnung im Ziegelaußenmauerwerk ausbrechen Bauschutt entsorgen. Leistung einschl. Einschneiden des vorhandenen Wandputzes vor Abbruch.
Größe: bis 1,5 m^2
Wanddicke: bis 60 cm
Abstützung: .....
Sicherung: .....
Hinweis: Abstütz- und Sicherungsmaßnahmen sind gesondert auszuschreiben.

92€ 122€ **142**€ 176€ 185€ [m^2] ⏱ 2,00 h/m^2 312.000.187

48 Türöffnung ausbrechen, Mauerwerk bis 15cm KG **394**

Türöffnung in Wänden aus Ziegelmauerwerk, beidseitig geputzt, ausbrechen und Bauschutt entsorgen. Leistung einschl. Einschneiden des vorhandenen Wandputzes vor Abbruch.
Durchbruchsgröße: bis 2,5 m^2
Wanddicke: bis 15 cm
Abstützung: .....
Sicherung: .....
Hinweis: Abstütz- und Sicherungsmaßnahmen sind gesondert auszuschreiben.

39€ 57€ **64**€ 79€ 113€ [m^2] ⏱ 0,85 h/m^2 312.000.188

49 Türöffnung ausbrechen, Mauerwerk bis 30cm KG **394**

Türöffnung in Wänden aus Ziegelmauerwerk, beidseitig geputzt, ausbrechen und Bauschutt entsorgen. Leistung einschl. Einschneiden des vorhandenen Wandputzes vor Abbruch.
Durchbruchsgröße: bis 2,5 m^2
Wanddicke: bis 30 cm
Abstützung: .....
Sicherung: .....
Hinweis: Abstütz- und Sicherungsmaßnahmen sind gesondert auszuschreiben.

47€ 84€ **101**€ 124€ 152€ [m^2] ⏱ 0,85 h/m^2 312.000.189

Kosten:
Stand 2.Quartal 2020
Bundesdurchschnitt

▶ min
▷ von
ø Mittel
◁ bis
◀ max

50 Türöffnung ausbrechen, Mauerwerk bis 60cm KG **394**

Türöffnung in Wänden aus Ziegelmauerwerk, beidseitig geputzt, ausbrechen und Bauschutt entsorgen. Leistung einschl. Einschneiden des vorhandenen Wandputzes vor Abbruch.
Durchbruchsgröße: bis 2,5 m^2
Wanddicke: bis 60 cm
Abstützung: .....
Sicherung: .....
Hinweis: Abstütz- und Sicherungsmaßnahmen sind gesondert auszuschreiben.
105€ 122€ **145**€ 177€ 210€ [m^2] ⏱ 1,50 h/m^2 312.000.190

51 Fensteröffnung schließen, AW bis 30cm KG **395**

Fensteröffnung mit Mauerziegeln schließen, inkl. Verzahnung mit dem vorhandenen Mauerwerk.
Steinart: .....
Wärmedurchgangskoeffizient: .....
Format: .....
Mörtelklasse: .....
Größe: bis 1,0 m^2
Wanddicke: bis 30 cm
79€ 94€ **112**€ 137€ 153€ [m^2] ⏱ 2,30 h/m^2 312.000.191

52 Fensteröffnung schließen, AW bis 60cm KG **395**

Fensteröffnung mit Mauerziegeln schließen, inkl. Verzahnung mit dem vorhandenen Mauerwerk.
Steinart: .....
Wärmedurchgangskoeffizient: .....
Format: .....
Mörtelklasse: .....
Größe: bis 1,0 m^2
Wanddicke: bis 60 cm
112€ 139€ **160**€ 194€ 231€ [m^2] ⏱ 2,50 h/m^2 312.000.192

53 Türöffnung schließen, IW bis 15cm KG **395**

Türöffnung in Innenwand mit Hochlochziegeln schließen, inkl. Verzahnung mit dem vorhandenen Mauerwerk.
Steinart: .....
Format: .....
Mörtelklasse: .....
Größe: bis 1,00 x 2,10 m
Wanddicke: bis 15 cm
56€ 70€ **77**€ 89€ 103€ [m^2] ⏱ 1,00 h/m^2 312.000.193

54 Türöffnung schließen, IW bis 30cm KG **395**

Türöffnung in Innenwand mit Hochlochziegeln schließen, inkl. Verzahnung mit dem vorhandenen Mauerwerk.
Steinart: .....
Format: .....
Mörtelklasse: .....
Größe: bis 1,00 x 2,10 m
Wanddicke: bis 30 cm
71€ 83€ **101**€ 120€ 143€ [m^2] ⏱ 1,00 h/m^2 312.000.194

Nr.	Kurztext / Langtext						Kostengruppe
▶	▷	ø netto €	◁	◀	[Einheit]	Ausf.-Dauer	Positionsnummer

A 4 Wanddurchbruch, Dicke 20cm Beschreibung für Pos. **55-58**

Wanddurchbruch im Mauerwerk nachträglich herstellen und Bauschutt entsorgen. Vorhandenen Putz vorher durch Einschneiden trennen.
Druckfestigkeitsklasse: Mz bis 12 N/mm²
Wanddicke: bis 20 cm

55 Wanddurchbruch, bis 100cm², 20cm KG **394**

Wie Ausführungsbeschreibung A 4
Lochquerschnitt: bis 100 cm²

10€ 14€ **17**€ 21€ 31€ [St] 0,35 h/St 312.000.195

56 Wanddurchbruch, bis 500cm², 20cm KG **394**

Wie Ausführungsbeschreibung A 4
Lochquerschnitt: 100 bis 500 cm²

16€ 22€ **27**€ 33€ 37€ [St] 0,50 h/St 312.000.196

57 Wanddurchbruch, bis 1.000cm², 20cm KG **394**

Wie Ausführungsbeschreibung A 4
Lochquerschnitt: 500 bis 1.000 cm²

18€ 30€ **36**€ 44€ 53€ [St] 0,75 h/St 312.000.197

58 Wanddurchbruch, bis 2.500cm², 20cm KG **394**

Wie Ausführungsbeschreibung A 4
Lochquerschnitt: 1.000 bis 2.500 cm²

23€ 42€ **52**€ 62€ 72€ [St] 0,90 h/St 312.000.198

A 5 Wanddurchbruch, Dicke 40cm Beschreibung für Pos. **59-62**

Wanddurchbruch im Mauerwerk nachträglich herstellen und Bauschutt entsorgen. Vorhandenen Putz vorher durch Einschneiden trennen.
Druckfestigkeitsklasse: Mz bis 12 N/mm²
Wanddicke: bis 40 cm

59 Wanddurchbruch, bis 100cm², 40cm KG **394**

Wie Ausführungsbeschreibung A 5
Lochquerschnitt: bis 100 cm²

19€ 23€ **27**€ 49€ 69€ [St] 0,50 h/St 312.000.199

60 Wanddurchbruch, bis 500cm², 40cm KG **394**

Wie Ausführungsbeschreibung A 5
Lochquerschnitt: 100 bis 500 cm²

25€ 33€ **39**€ 48€ 79€ [St] 0,75 h/St 312.000.200

61 Wanddurchbruch, bis 1.000cm², 40cm KG **394**

Wie Ausführungsbeschreibung A 5
Lochquerschnitt: 500 bis 1.000 cm²

26€ 44€ **53**€ 64€ 96€ [St] 1,10 h/St 312.000.201

Kosten:
Stand 2.Quartal 2020
Bundesdurchschnitt

▶ min
▷ von
ø Mittel
◁ bis
◀ max

62 **Wanddurchbruch, bis 2.500cm², 40cm** KG **394**
Wie Ausführungsbeschreibung A 5
Lochquerschnitt: 1.000 bis 2.500 cm²
48€ 59€ **74**€ 86€ 109€ [St] ⏱ 1,40 h/St 312.000.202

A 6 **Wanddurchbruch schließen, Dicke 20cm** Beschreibung für Pos. **63-66**
Wanddurchbruch im Mauerwerk mit Mörtel und Steinmaterial schließen. Flächen bündig mit dem Mauerwerk abgleichen und Bauschutt entsorgen.
Wanddicke: bis 20 cm
Ziegelart: .....

63 **Wanddurchbruch schließen, bis 100cm², 20cm** KG **395**
Wie Ausführungsbeschreibung A 6
Lochquerschnitt: bis 100 cm²
11€ 17€ **21**€ 25€ 31€ [St] ⏱ 0,25 h/St 312.000.203

64 **Wanddurchbruch schließen, bis 500cm², 20cm** KG **395**
Wie Ausführungsbeschreibung A 6
Lochquerschnitt: 100 bis 500 cm²
19€ 24€ **29**€ 35€ 42€ [St] ⏱ 0,50 h/St 312.000.204

65 **Wanddurchbruch schließen, bis 1.000cm², 20cm** KG **395**
Wie Ausführungsbeschreibung A 6
Lochquerschnitt: 500 bis 1.000 cm²
266€ 344€ **415**€ 510€ 74€ [St] ⏱ 0,75 h/St 312.000.205

66 **Wanddurchbruch schließen, bis 2.500cm², 20cm** KG **395**
Wie Ausführungsbeschreibung A 6
Lochquerschnitt: 1.000 bis 2.500 cm²
38€ 52€ **60**€ 72€ 85€ [St] ⏱ 1,00 h/St 312.000.206

A 7 **Wanddurchbruch schließen, Dicke 40cm** Beschreibung für Pos. **67-70**
Wanddurchbruch im Mauerwerk mit Mörtel und Steinmaterial schließen. Flächen bündig mit dem Mauerwerk abgleichen und Bauschutt entsorgen.
Wanddicke: bis 40 cm
Ziegelart: .....

67 **Wanddurchbruch schließen, bis 100cm², 40cm** KG **395**
Wie Ausführungsbeschreibung A 7
Lochquerschnitt: bis 100 cm²
20€ 28€ **34**€ 42€ 53€ [St] ⏱ 0,30 h/St 312.000.207

68 **Wanddurchbruch schließen, bis 500cm², 40cm** KG **395**
Wie Ausführungsbeschreibung A 7
Lochquerschnitt: 100 bis 500 cm²
27€ 41€ **49**€ 60€ 67€ [St] ⏱ 0,70 h/St 312.000.208

300
301
302
308
309
310
312
313
314
316
317
318
320
321
322

Nr.	Kurztext / Langtext						Kostengruppe
▶	▷	ø netto €	◁	◀	[Einheit]	Ausf.-Dauer	Positionsnummer

69 Wanddurchbruch schließen, bis 1.000cm², 40cm KG **395**

Wie Ausführungsbeschreibung A 7
Lochquerschnitt: 500 bis 1.000 cm²

36€ 45€ **54**€ 66€ 92€ [St] ⏱ 0,90 h/St 312.000.209

70 Wanddurchbruch schließen, bis 2.500cm², 40cm KG **395**

Wie Ausführungsbeschreibung A 7
Lochquerschnitt: 1.000 bis 2.500 cm²

45€ 63€ **75**€ 91€ 102€ [St] ⏱ 1,20 h/St 312.000.210

A 8 Deckendurchbruch, Dicke 20cm Beschreibung für Pos. **71-73**

Deckendurchbruch in Ziegeldecke nachträglich im statisch nicht tragenden Bereich herstellen und Bauschutt entsorgen.
Deckenmaterial: Ziegelhohlkörper
Deckendicke: bis 20 cm

Kosten:
Stand 2.Quartal 2020
Bundesdurchschnitt

71 Deckendurchbruch, bis 100cm², 20cm KG **394**

Wie Ausführungsbeschreibung A 8
Lochquerschnitt: bis 100 cm²

21€ 31€ **35**€ 43€ 52€ [St] ⏱ 0,45 h/St 312.000.211

72 Deckendurchbruch, bis 500cm², 20cm KG **394**

Wie Ausführungsbeschreibung A 8
Lochquerschnitt: 100 bis 500 cm²

23€ 33€ **39**€ 48€ 59€ [St] ⏱ 0,60 h/St 312.000.212

73 Deckendurchbruch, bis 1.000cm², 20cm KG **394**

Wie Ausführungsbeschreibung A 8
Lochquerschnitt: 500 bis 1.000 cm²

30€ 37€ **46**€ 56€ 61€ [St] ⏱ 0,90 h/St 312.000.213

74 Deckendurchbruch, bis 500cm², 30cm KG **394**

Deckendurchbruch in Ziegeldecke nachträglich im statisch nicht tragenden Bereich herstellen und Bauschutt entsorgen.
Deckenmaterial: Ziegelhohlkörper
Lochquerschnitt: 100 bis 500 cm²
Deckendicke: bis 30 cm

28€ 40€ **49**€ 59€ 63€ [St] ⏱ 0,75 h/St 312.000.214

A 9 Deckendurchbruch schließen, Dicke 20cm Beschreibung für Pos. **75-77**

Deckendurchbruch in Ziegeldecke mit Mörtel und Schalung schließen.
Lochquerschnitt: bis 100 cm²
Deckendicke: bis 20 cm

75 Deckendurchbruch schließen, bis 100cm², 20cm KG **395**

Wie Ausführungsbeschreibung A 9
Lochquerschnitt: bis 100 cm²

16€ 21€ **25**€ 30€ 33€ [St] ⏱ 0,35 h/St 312.000.215

▶ min
▷ von
ø Mittel
◁ bis
◀ max

76 Deckendurchbruch schließen, bis 500cm², 20cm KG **395**

Wie Ausführungsbeschreibung A 9
Lochquerschnitt: 100 bis 500 cm²

29€ 36€ **44**€ 51€ 55€ [St] ⏱ 0,60 h/St 312.000.216

77 Deckendurchbruch schließen, bis 1.000cm², 20cm KG **395**

Wie Ausführungsbeschreibung A 9
Lochquerschnitt: 500 bis 1.000 cm²

47€ 54€ **65**€ 79€ 84€ [St] ⏱ 0,90 h/St 312.000.217

78 Deckendurchbruch schließen, bis 500cm², 30cm KG **395**

Deckendurchbruch in Ziegeldecke mit Mörtel und Schalung schließen.
Lochquerschnitt: 100 bis 500 cm²
Deckendicke: bis 30 cm

40€ 53€ **62**€ 76€ 83€ [St] ⏱ 0,80 h/St 312.000.218

79 Baustelleneinrichtung, Bohren/Sägen KG **391**

Baustelle für Bohr- und Sägearbeiten einrichten, vorhalten und abschließend wieder räumen.
Vorhaltezeit: .....

–€ 112€ **130**€ 159€ –€ [psch] ⏱ 1,50 h/psch 312.000.219

80 Bohreinrichtung umsetzen KG **391**

Bohreinrichtung geschossweise umsetzen.

–€ 47€ **55**€ 67€ –€ [psch] ⏱ 1,25 h/psch 312.000.220

81 Mauerwerk schneiden, Wand, Mz bis 36cm KG **394**

Mauerwerksschnitte in Ziegelwänden herstellen und Bauschutt entsorgen.
Ausführung: einseitig
Schnitttiefe: bis 36,0 cm

26€ 81€ **92**€ 113€ 77€ [m] ⏱ 1,30 h/m 312.000.221

82 Mauerwerk schneiden, Wand, KS bis 17,5cm KG **394**

Mauerwerkschnitt in Innenwänden aus Kalksandstein mit Bekleidungen einschl. Entsorgung des Bauschutts.
Baustoff: Kalksandstein, bis 20-1,8
Bekleidung: .....
Ausführung: zweiseitig
Durchbruchsgröße: .....
Wanddicke/Schnitttiefe: bis 17,5 cm
Überschneidungen an den Ecken **zulässig / nicht zulässig** (siehe ATV DIN 18459, Abs. 0.2.14)

20€ 25€ **31**€ 38€ 40€ [m] ⏱ 0,85 h/m 312.000.222

300
301
302
308
309
310
312
313
314
316
317
318
320
321
322

Kosten:
Stand 2.Quartal 2020
Bundesdurchschnitt

Nr.	**Kurztext** / Langtext						Kostengruppe
▶	▷	**ø netto €**	◁	◀	[Einheit]	Ausf.-Dauer	Positionsnummer

83 **Mauerwerk schneiden, Wand, KS bis 24cm** KG **394**

Mauerwerkschnitt in Innenwänden aus Kalksandstein mit Bekleidungen einschl. Entsorgung des Bauschutts.
Baustoff: Kalksandstein, bis 20-1,8
Bekleidung: .....
Ausführung: zweiseitig
Durchbruchsgröße: .....
Wanddicke/Schnitttiefe: bis 24,0 cm
Überschneidungen an den Ecken **zulässig / nicht zulässig** (siehe ATV DIN 18459, Abs. 0.2.14)

42€ 50€ **58**€ 71€ 77€ [m] ⏱ 1,00 h/m 312.000.223

A 10 **Kernbohrung, Mauerwerk** Beschreibung für Pos. **84-89**

Kernbohrung mit Diamantbohrkronen in Ziegelwand herstellen und Bauschutt entsorgen.
Bohrrichtung: .....

84 **Kernbohrung, Mauerwerk, 10-50mm** KG **394**

Wie Ausführungsbeschreibung A 10
Durchmesser: 10-50 mm

74€ 101€ **122**€ 148€ 160€ [m] ⏱ 0,90 h/m 312.000.224

85 **Kernbohrung, Mauerwerk, 55-80mm** KG **394**

Wie Ausführungsbeschreibung A 10
Durchmesser: 55-80 mm

95€ 116€ **145**€ 174€ 194€ [m] ⏱ 1,40 h/m 312.000.225

86 **Kernbohrung, Mauerwerk, 85-110mm** KG **394**

Wie Ausführungsbeschreibung A 10
Durchmesser: 85-110 mm

102€ 128€ **156**€ 189€ 212€ [m] ⏱ 2,00 h/m 312.000.226

87 **Kernbohrung, Mauerwerk, 115-130mm** KG **394**

Wie Ausführungsbeschreibung A 10
Durchmesser: 115-130 mm

118€ 149€ **184**€ 219€ 239€ [m] ⏱ 2,40 h/m 312.000.227

88 **Kernbohrung, Mauerwerk, 130-150mm** KG **394**

Wie Ausführungsbeschreibung A 10
Durchmesser: 130-150 mm

127€ 163€ **195**€ 237€ 250€ [m] ⏱ 2,80 h/m 312.000.228

89 **Kernbohrung, Mauerwerk, 150-200mm** KG **394**

Wie Ausführungsbeschreibung A 10
Durchmesser: 150-200 mm

167€ 197€ **235**€ 284€ 305€ [m] ⏱ 3,30 h/m 312.000.229

▶ min
▷ von
ø Mittel
◁ bis
◀ max

90 Innenwand, Hlz 11,5cm, nichttragend KG **342**

Mauerwerk der nichttragenden Innenwand nach Normenreihe DIN EN 1996 aus Mauerziegel mit Stoßfugenvermörtelung, späteren Putzauftrag.
Einbauort: in allen Geschossen
Wandhöhe: bis ..... m
Wanddicke: 11,5 cm
Wandfunktion: nichttragend
Steinart: Hlz
Festigkeitsklasse: .....
Rohdichteklasse: .....
Format: .....
Mörtelgruppe: NM II

44€ 51€ **55**€ 59€ 71€ [m2] ⏱ 0,40 h/m2 312.000.241

91 Innenwand, KS 11,5cm, nichttragend KG **342**

Mauerwerk der Innenwand nach Normenreihe DIN EN 1996, aus Kalksandstein für Putzauftrag mit Nut und Feder, ohne Stoßfugenvermörtelung.
Einbauort: in allen Geschossen
Wandhöhe: bis ..... m
Wanddicke: 11,50 cm
Wandfunktion: nichttragend
Steinart: .....
Festigkeitsklasse: .....
Rohdichteklasse: .....
Format: .....
Mörtelgruppe: NM II

52€ 59€ **62**€ 69€ 87€ [m2] ⏱ 0,40 h/m2 312.000.242

92 Innenwand, KS 17,5cm, tragend KG **341**

Mauerwerk der Innenwand nach Normenreihe DIN EN 1996 aus Kalksandstein für Putzauftrag mit Nut und Feder, ohne Stoßfugenvermörtelung.
Einbauort: in allen Geschossen
Wandhöhe: bis ..... m
Wanddicke: 17,5 cm
Wandhöhe: bis ..... m
Steinart: .....
Festigkeitsklasse: .....
Rohdichteklasse: .....
Format: .....
Mörtelgruppe: NM II

61€ 67€ **70**€ 80€ 94€ [m2] ⏱ 0,30 h/m2 312.000.243

Nr.	Kurztext / Langtext						Kostengruppe
▶	▷	**ø netto €**	◁	◀	[Einheit]	Ausf.-Dauer	Positionsnummer

93 Innenwand, KS 24cm, tragend KG **341**

Mauerwerk der Innenwand, aus Kalksandstein für Putzauftrag mit Nut und Feder, ohne Stoßfugenvermörtelung.
Einbauort: in allen Geschossen
Wanddicke: 24,0 cm
Wandhöhe: bis ..... m
Wandfunktion: tragend
Steinart: .....
Festigkeitsklasse: .....
Rohdichteklasse: .....
Format: .....
Mörtelgruppe: NM II

66€ 81€ **88**€ 101€ 129€ [m²] ⏱ 0,37 h/m² 312.000.244

Kosten:
Stand 2.Quartal 2020
Bundesdurchschnitt

94 Innenwand, PP 11,5cm, nichttragend KG **342**

Mauerwerk der nichttragenden Innenwand nach Normenreihe DIN EN 1996 aus Porenbeton-Planelementen mit Dünnbettmörtel, für Dünnputzauftrag.
Einbauort: in allen Geschossen
Wandhöhe: bis ..... m
Wanddicke: 11,5 cm
Wandfunktion: .....
Steinart: .....
Stoßfugen: .....
Festigkeitsklasse: .....
Rohdichteklasse: .....
Format: .....

39€ 46€ **49**€ 53€ 63€ [m²] ⏱ 0,30 h/m² 312.000.245

95 Innenwand, PP 24cm, tragend KG **341**

Mauerwerk der nichttragenden Innenwand nach Normenreihe DIN EN 1996 aus Porenbeton-Planelementen mit Dünnbettmörtel, für Dünnputzauftrag.
Einbauort: in allen Geschossen
Wandhöhe: bis ..... m
Wanddicke: 24,0 cm
Wandfunktion: .....
Steinart: .....
Stoßfugen: .....
Festigkeitsklasse: .....
Rohdichteklasse: .....
Format: .....

59€ 67€ **70**€ 72€ 79€ [m²] ⏱ 0,35 h/m² 312.000.246

▶ min
▷ von
ø Mittel
◁ bis
◀ max

96 **Ausmauerung, Fachwerk 11,5cm** KG **342**

Mauerwerk als Ausmauerung von Holzfachwerk, aus Hochlochziegeln, mit Stoßfugenvermörtelung, inkl. Maueranker und Anschließen an Gebälk (in jeder 4. Lagerfuge).
Einbauort: in allen Geschossen
Arbeitshöhe: bis ..... m
Wanddicke: 11,5 cm
Steinart: Hlz
Festigkeitsklasse: .....
Rohdichteklasse: .....
Format: .....
Mörtelgruppe: NM III
Nennwert der Wärmeleitfähigkeit: .....
Bemessungswert der Wärmeleitfähigkeit: .....
Verband: .....
Fugenausbildung: .....
Feldbreite: 600 bis 800 mm

64€ 82€ **91**€ 112€ 150€ [m²] ⏱ 0,85 h/m² 312.000.247

97 **Außenwand, LHlz 36,5cm, tragend** KG **331**

Außenwand als Mauerwerk aus Hochlochziegel mit Nut und Feder für Putzauftrag mit Dünnbettmörtel und ohne Stoßfugenvermörtelung.
Wanddicke: 36,5 cm
Stein: LHlz 8/0,8
Format: 12DF
Mörtel: LM 21
Wärmeleitrechenwert: 0,18 W/(mK)
Einbauort: .....
Arbeitshöhe: ..... m

97€ 119€ **127**€ 144€ 165€ [m²] ⏱ 0,90 h/m² 312.000.248

98 **Außenwand, KS L-R 17,5cm, tragend** KG **331**

Mauerwerk der tragenden Außenwand aus Kalksandstein KS L-R, für zweischaliges, hinterlüftetes Mauerwerk, für einseitigen Putzauftrag, ohne Stoßfugenvermörtelung, Steine mit Nut und Feder. Drahtanker in gesonderter Position.
Wandfunktion: **Hintermauerung / Tragschale**
Wanddicke: 17,5 cm
Steinart: KS L-R
Festigkeitsklasse: 12 N/mm²
Rohdichteklasse: 1,6 kg/dm³
Format: 12 DF (373 x 175 x 248 mm)
Mörtelgruppe: Dünnbettmörtel DM
Einbauort: in allen Geschossen
Arbeitshöhe: ..... m

53€ 63€ **67**€ 75€ 92€ [m²] ⏱ 0,50 h/m² 312.000.236

Nr.	**Kurztext** / Langtext						Kostengruppe
▶	▷	**ø netto €**	◁	◀	[Einheit]	Ausf.-Dauer	Positionsnummer

99 Außenwand, KS L-R 24cm, tragend KG **331**

Mauerwerk der tragenden Außenwand aus Kalksandstein KS L-R, für zweischaliges, hinterlüftetes Mauerwerk, für einseitigen Putzauftrag, ohne Stoßfugenvermörtelung, Steine mit Nut- und Feder. Drahtanker in gesonderter Position.
Wandfunktion: **Hintermauerung / Tragschale**
Wanddicke: 24 cm
Steinart: KS L-R
Festigkeitsklasse: 12 N/mm^2
Rohdichteklasse: 1,8 kg/dm^3
Format: 4 DF (240 x 240 x 248 mm)
Mörtelgruppe: Dünnbettmörtel DM
Einbauort: in allen Geschossen
Arbeitshöhe: ..... m

59€ 75€ **81**€ 88€ 106€ [m^2] ⏱ 0,60 h/m^2 312.000.237

Kosten:
Stand 2.Quartal 2020
Bundesdurchschnitt

100 Öffnung überdecken, Ziegelsturz KG **342**

Öffnung in Ziegelmauerwerk mit Ziegelflachstürzen überdecken, 2 Stürze nebeneinander, gem. Statik.
Sturzquerschnitt: Dicke 115 mm, Höhe 113 mm
Lichte Öffnungsweite: .....

21€ 31€ **36**€ 37€ 49€ [m] ⏱ 0,25 h/m 312.000.238

101 Öffnung überdecken; KS-Sturz, 17,5cm KG **341**

Öffnung mit Kalksandsteinsturz überdecken, tragend, gem. Statik.
Wanddicke: 17,5 cm
Sturzquerschnitt: .....
Lichte Öffnungsweite: .....

26€ 37€ **38**€ 49€ 64€ [m] ⏱ 0,30 h/m 312.000.239

102 Öffnung überdecken, Betonsturz, 24cm KG **341**

Fertigteilsturz aus Stahlbeton, bewehrt, über Öffnung in Mauerwerkswand, gem. Statik.
Wanddicke: .....
Sturzquerschnitt: Dicke 240 mm, Höhe 238 mm
Lichte Öffnungsweite: .....
Oberfläche: für bauseitiges Verputzen
Kanten: scharfkantig

–€ 39€ **57**€ 65€ 91€ [m] ⏱ 0,35 h/m 312.000.240

103 Stundensatz Facharbeiter, Mauerarbeiten

Stundenlohnarbeiten für Facharbeiter, Spezialfacharbeiter, Vorarbeiter und jeweils Gleichgestellte. Der Verrechnungssatz für die jeweilige Arbeitskraft umfasst sämtliche Aufwendungen wie Lohn- und Gehaltskosten, lohn- und gehaltsgebundene Kosten, Lohn- und Gehaltsnebenkosten, Gemeinkosten, Wagnis und Gewinn. Leistung nach besonderer Anordnung des Auftraggebers. Nachweis und Anmeldung gem. VOB/B.

46€ 51€ **54**€ 57€ 63€ [h] ⏱ 1,00 h/h 312.000.249

▶ min
▷ von
ø Mittel
◁ bis
◀ max

104 Stundensatz Werker / Helfer, Mauerarbeiten

Stundenlohnarbeiten für Werker, Fachwerker und jeweils Gleichgestellte. Der Verrechnungssatz für die jeweilige Arbeitskraft umfasst sämtliche Aufwendungen wie Lohn- und Gehaltskosten, lohn- und gehaltsgebundene Kosten, Lohn- und Gehaltsnebenkosten, Gemeinkosten, Wagnis und Gewinn. Leistung nach besonderer Anordnung des Auftraggebers. Nachweis und Anmeldung gem. VOB/B.

45€ 48€ **49**€ 51€ 54€ [h] ⏱ 1,00 h/h 312.000.250

313

Kosten:
Stand 2.Quartal 2020
Bundesdurchschnitt

▶ min
▷ von
ø Mittel
◁ bis
◀ max

Betonarbeiten **Preise €**

Nr.	Positionen	Einheit	▶	▷	ø brutto € / ø netto €	◁	◀
1	Fundament abbrechen, Stahlbeton	m³	89	127	**169**	203	229
			75	107	**142**	171	192
2	Bodenplatte abbrechen, Beton	m³	95	130	**173**	208	255
			80	109	**146**	175	214
3	Bodenplatte abbrechen, Stahlbeton	m³	124	195	**240**	293	319
			104	163	**202**	246	268
4	Außentreppenstufen abbrechen, Beton	St	159	193	**210**	243	264
			134	162	**176**	204	222
5	Kelleraußenwände abbrechen, Beton	m³	198	238	**267**	304	328
			166	200	**224**	256	276
6	Kelleraußenwände abbrechen, Stahlbeton	m³	226	279	**297**	353	371
			190	234	**249**	297	312
7	Balkon abbrechen, Stb, bis 3,00x1,50m	St	351	424	**487**	546	599
			295	356	**409**	459	504
8	Außenwände abbrechen, Stahlbeton	m³	202	245	**281**	315	346
			170	205	**236**	265	291
9	Innenwände abbrechen, Stb, bis 15cm	m³	189	230	**259**	297	318
			159	193	**217**	250	267
10	Innenwände abbrechen, Stb, bis 25cm	m³	213	256	**287**	328	356
			179	215	**242**	275	300
11	Türöffnung ausbrechen, Stb, 1,00x2,10m	St	166	200	**230**	258	283
			139	168	**193**	216	238
12	Stahlbetonstützen abbrechen	m³	276	333	**383**	429	471
			232	280	**322**	361	396
13	Geschossdecke abbrechen, Stahlbeton 25cm	m³	226	260	**292**	345	385
			190	218	**245**	290	324
14	Geschossdecke abbrechen, Stahlbeton 25cm	m²	75	98	**115**	128	152
			63	82	**97**	107	128
15	Geschossdecke abbrechen, Hohldielen 25cm	m²	39	50	**56**	64	75
			33	42	**47**	54	63
16	Stahlbetontreppe abbrechen	St	554	693	**770**	878	955
			466	582	**647**	738	802
17	Wandschlitze, Beton, 10x5cm	m	406	501	**556**	662	690
			341	421	**467**	556	580
18	Wanddurchbrüche, Stb, 20x20cm, 24cm	St	67	81	**93**	104	114
			56	68	**78**	87	96
19	Deckendurchbruch, Stb, herstellen 30x10, 20cm	St	42	51	**59**	66	73
			35	43	**49**	55	62
20	Deckendurchbruch, Stb, herstellen 20x20, 20cm	St	45	54	**62**	70	78
			38	45	**52**	59	65
21	Deckendurchbruch, Stb, herstellen 50x20, 20cm	St	70	84	**97**	109	121
			59	71	**82**	91	102
22	Deckendurchbruch, Stb, schließen 30x10, 20cm	St	20	24	**27**	31	35
			16	20	**23**	26	29
23	Deckendurchbruch, Stb, schließen 20x20, 20cm	St	21	25	**28**	33	37
			17	21	**24**	28	31
24	Deckendurchbruch, Stb, schließen 50x20, 20cm	St	35	42	**47**	54	62
			29	35	**40**	46	52

Nr.	Positionen	Einheit	►	▷	ø brutto € / ø netto €	◁	◄
25	Deckendurchbruch, Stb, schließen 50x50, 24cm	St	58	68	**78**	89	99
			48	57	**65**	74	83
26	Kernbohrung, Stb, Durchmesser 10-50mm	m	109	132	**151**	169	186
			92	111	**127**	142	156
27	Kernbohrung, Stb, Durchmesser 55-80mm	m	139	167	**188**	214	231
			117	141	**158**	180	194
28	Kernbohrung, Stb, Durchmesser 115-130mm	m	154	186	**214**	242	263
			129	156	**180**	203	221
29	Kernbohrung, Stb, Durchmesser 140-160mm	m	184	199	**248**	286	310
			154	167	**209**	240	261
30	Kernbohrung, Stb, Durchmesser 170-180mm	m	194	235	**270**	302	332
			163	197	**227**	254	279
31	Kernbohrung, Stb, Durchmesser 200-220mm	m	224	270	**311**	354	382
			188	227	**261**	298	321
32	Kernbohrung, Stb, Durchmesser 230-250mm	m	254	306	**348**	400	428
			213	257	**292**	336	359
33	Kernbohrung, Stb, Durchmesser 280-300mm	m	285	345	**396**	444	487
			240	290	**333**	373	409
34	Kernbohrung, schräg, Mehrpreis	St	18	21	**25**	28	31
			15	18	**21**	23	26
35	Kernbohrung, Stahlschnitte, 16-28mm	St	3	4	**5**	5	6
			3	3	**4**	4	5
36	Kernbohrung, Stahlschnitte	cm²	4	5	**5**	6	7
			3	4	**5**	5	6
37	Betonschneidearbeiten, bis 43cm	m	117	139	**160**	184	198
			98	117	**134**	154	166
38	Betonschneidearbeiten, bis 90cm	m	252	303	**340**	391	429
			212	255	**286**	329	360
39	Baustelleneinrichtung Bohr-/Sägearbeiten	psch	219	264	**304**	340	410
			184	222	**255**	286	344
40	Bohreinrichtung geschossweise umsetzen	psch	56	67	**78**	87	105
			47	57	**65**	73	88
41	Bohreinrichtung gebäudeweise umsetzen	psch	80	96	**107**	123	152
			67	80	**90**	103	127
42	Unterzug C20/25, Stb, 20x40cm	m	25	30	**34**	39	45
			21	25	**28**	32	38
43	Überzug C20/25, Stb, 24x40cm	m	29	34	**39**	44	51
			24	29	**33**	37	43
44	Kniestock C20/25, Stb, 24x35cm	m	32	38	**42**	49	56
			27	32	**35**	41	47
45	Ringanker C20/25, Stb, 24x24cm	m	34	40	**46**	52	60
			28	34	**38**	44	50
46	Deckendämmung, Mehrschichtplatte, MW 50	m²	47	55	**62**	70	76
			39	47	**52**	59	64
47	Deckendämmung, Mehrschichtplatte, MW 100	m²	57	66	**76**	86	96
			48	56	**64**	72	81
48	Deckendämmung, PS 60, geklebt	m²	24	28	**31**	36	41
			20	23	**26**	30	34

300
301
302
308
309
310
312
313
314
316
317
318
320
321
322

Nr.	Positionen	Einheit	▶	▷	ø brutto € / ø netto €	◁	◀
49	Deckendämmung, PS 100, geklebt	m²	29	33	**38**	43	50
			25	28	**32**	36	42
50	Deckendämmung, PS 140, geklebt	m²	33	37	**43**	48	55
			28	31	**36**	40	46
51	Deckendämmung, PS 180, geklebt	m²	36	40	**46**	52	60
			30	34	**39**	44	51
52	Deckendämmung, PS 200, geklebt	m²	39	44	**50**	56	65
			33	37	**42**	47	55
53	Deckendämmung, GF+PIR 50	m²	59	68	**75**	86	95
			50	57	**63**	73	80
54	Deckendämmung, GF+PIR 70	m²	66	76	**84**	97	105
			56	64	**71**	81	88
55	Deckendämmung, GF+PIR 90	m²	77	86	**97**	112	121
			64	73	**82**	94	102
56	Deckendämmung, PIR 60, Vlies	m²	38	43	**49**	56	54
			32	36	**41**	47	45
57	Deckendämmung, PIR 100, Vlies	m²	50	57	**64**	74	84
			42	48	**54**	62	70
58	Wanddämmung, Mineralplatten 10mm	m²	30	33	**38**	42	50
			25	28	**32**	36	42
59	Wanddämmung, Mineralplatten 30mm	m²	39	45	**50**	58	66
			33	38	**42**	48	56
60	Wanddämmung, Mineralplatten 50mm	m²	42	47	**53**	61	69
			35	39	**44**	51	58
61	Wanddämmung, Mineralplatten 80mm	m²	47	53	**60**	69	79
			40	45	**50**	58	66
62	Wanddämmung, Mineralplatten 100mm	m²	50	57	**64**	73	83
			42	48	**53**	61	70
63	Laibungen, Mineralplatten	m	21	25	**29**	33	38
			18	21	**24**	27	32
64	Wanddämmung, GK-Bekleidung, MW 80	m²	39	44	**50**	57	65
			33	37	**42**	47	55
65	Wanddämmung, GK-Bekleidung, MW 100	m²	46	52	**57**	66	76
			39	44	**48**	56	64
66	Wanddämmung, WD-Putzsystem, 50mm	m²	52	58	**66**	75	85
			44	49	**55**	63	72
67	Wanddämmung, WD-Putzsystem, 75mm	m²	59	68	**75**	86	98
			50	57	**63**	73	82
68	Laibungen, WD-Putz 50mm	m	23	26	**28**	34	37
			19	22	**24**	28	31
69	Laibungen, WD-Putz 75mm	m	30	33	**37**	43	49
			25	28	**31**	36	41
70	Dachbodendämmung, MW 035, 100mm	m²	15	17	**20**	22	27
			13	15	**17**	19	23
71	Dachbodendämmung, MW 035, 200mm	m²	29	32	**36**	42	47
			24	27	**30**	35	40
72	Dachbodendämmung, MW 035, 100mm, kaschiert	m²	34	39	**43**	50	56
			29	33	**36**	42	47

Kosten:
Stand 2.Quartal 2020
Bundesdurchschnitt

- ▶ min
- ▷ von
- ø Mittel
- ◁ bis
- ◀ max

Nr.	Positionen	Einheit	▶	▷	ø brutto € / ø netto €	◁	◀
73	Dachbodendämmung, MW 035, 200mm, kaschiert	m²	62	72	**77**	92	99
			52	60	**65**	77	83
74	Dachbodendämmung, WF 045, 80mm	m²	30	34	**39**	45	51
			25	29	**33**	38	43
75	Dachbodendämmung, EPS 040, 180mm	m²	24	27	**31**	35	40
			20	23	**26**	29	34
76	Dachbodendämmung, PUR 024, 80mm, kaschiert	m²	45	51	**58**	65	76
			38	42	**49**	55	63
77	Dachbodendämmung, MW 040, 180mm, Spanplatte	m²	64	72	**83**	92	107
			53	60	**69**	78	90
78	Dachbodendämmung, EPS 040, 80mm, Spanplatte	m²	43	49	**56**	63	73
			36	41	**47**	53	61
79	Dachbodendämmung, EPS 035, 100mm, Spanplatte	m²	48	55	**62**	70	81
			41	46	**52**	59	68
80	Dachbodendämmung, EPS 032, 200mm, Spanplatte	m²	57	64	**74**	83	91
			48	54	**62**	69	76
81	Dachbodendämmung, EPS 032, 240mm, Spanplatte	m²	64	72	**81**	93	101
			54	60	**68**	78	85
82	Dachbodendämmung, EPS 032, 260mm, Spanplatte	m²	68	78	**88**	102	110
			57	65	**74**	85	93
83	Dachbodendämmung, PUR 024, 80mm, Spanplatte	m²	65	75	**83**	97	103
			55	63	**70**	81	87
84	Dachbodendämmung, EPS 032,160mm, OSB-Platte	m²	54	61	**68**	78	88
			46	51	**57**	65	74
85	Dachbodendämmung, WF 045, 100mm, OSB-Platte	m²	47	53	**60**	68	77
			39	44	**51**	57	65
86	Balkonflächen untersuchen	m²	3	4	**4**	5	5
			3	3	**4**	4	5
87	Fugendichtmasse entfernen	m	10	13	**14**	16	19
			9	11	**12**	14	16
88	Fugenbänder, komprimiert, entfernen	m	4	5	**6**	7	8
			4	4	**5**	6	6
89	Betonflächen reinigen	m²	0,9	1,1	**1,2**	1,4	1,7
			0,7	0,9	**1,0**	1,2	1,4
90	Fugenflanken säubern	m	3	4	**5**	5	6
			3	3	**4**	4	5
91	Fugen aufschneiden	m	11	13	**15**	16	20
			9	11	**12**	14	17
92	Fugen, Kanten als Fase	m	4	5	**6**	7	8
			4	4	**5**	6	6
93	Fugenflanken spachteln	m	12	15	**16**	19	22
			10	12	**14**	16	18
94	Fugenrand spachteln	m	5	6	**7**	8	9
			4	5	**6**	6	8
95	Fugenflanken, Korrosionsschutz	m	2	2	**2**	2	3
			1	1	**2**	2	2
96	Fugen, elast. Abdichtung, verkleinern	m	6	8	**9**	10	12
			5	7	**8**	9	10

Kosten:
Stand 2.Quartal 2020
Bundesdurchschnitt

Nr.	Positionen	Einheit	▶	▷	ø brutto € / ø netto €	◁	◀
97	Fugen, verkleinern	m	24	28	**32**	37	43
			20	24	**27**	31	36
98	Fugenflanken vorbereiten	m	3	4	**4**	5	6
			3	3	**4**	4	5
99	Fugenflanken vorstreichen	m	3	4	**4**	5	6
			3	3	**4**	4	5
100	Fugen hinterfüllen	m	3	4	**4**	5	6
			3	3	**4**	4	5
101	Fugen, Folie einlegen	m	1	1	**2**	2	2
			1	1	**1**	2	2
102	Fugenabdichtung, elastisch PUR, 20x10, 1K	m	9,3	11	**13**	14	17
			7,8	9,5	**11**	12	14
103	Fugenabdichtung, elastisch PUR, 20x10, 2K	m	10	13	**15**	17	20
			8,6	11	**12**	14	17
104	Fugenabdichtung, elastisch PUR, 35x15, 2K	m	14	17	**19**	22	26
			12	14	**16**	19	22
105	Fugenabdichtung, Komprimierband, 20mm	m	20	25	**28**	32	37
			17	21	**23**	27	31
106	Fugenabdichtung abdecken, Alu, 30x50mm	m	29	35	**40**	45	52
			24	29	**33**	38	44
107	Fugenabdichtung abdecken, Alu, 40x70mm	m	30	36	**42**	47	54
			25	31	**35**	39	46
108	Unterfangung, Fundament	m³	376	517	**563**	866	1.277
			316	434	**473**	728	1.073
109	Schalung, Fundament, verloren	m²	42	52	**55**	63	82
			35	44	**47**	53	69
110	Schalung, Fundament, rau	m²	29	44	**49**	57	72
			24	37	**41**	48	61
111	Fundament, Ortbeton, bewehrt	m³	163	210	**225**	286	440
			137	176	**189**	240	370
112	Fundament, Ortbeton, unbewehrt	m³	147	173	**181**	201	243
			124	145	**152**	169	204
113	Fundament, Ortbeton, unbewehrt, Schalung	m³	191	279	**313**	361	484
			161	234	**263**	303	407
114	Trennlage, PE-Folie	m²	1	2	**3**	4	6
			1	2	**2**	3	5
115	Bodenplatte, Stahlbeton C25/30, bis 35cm	m³	162	209	**229**	252	310
			137	175	**193**	212	260
116	Wand, Stahlbeton C25/30, bis 30cm, Schalung	m²	149	164	**170**	176	191
			125	138	**143**	148	161
117	Decke, Beton C25/30, bis 24cm, Schalung	m²	83	97	**103**	110	124
			70	81	**87**	92	104
118	Betonstahlmatten, B500	t	1.441	1.958	**2.200**	2.508	3.165
			1.211	1.646	**1.849**	2.107	2.660
119	Betonstabstahl, B500B	t	1.684	2.142	**2.402**	2.901	3.713
			1.415	1.800	**2.019**	2.438	3.120
120	Kleineisenteile, Baustahl S235JR	kg	4	7	**9**	11	16
			3	6	**7**	9	14

▶ min
▷ von
ø Mittel
◁ bis
◀ max

Nr.	Positionen	Einheit	▶	▷ ø brutto € / ø netto €		◁	◀
121	Stundensatz Facharbeiter, Betonbau	h	56	62	**63**	63	66
			47	52	**53**	53	56

Nr.	**Kurztext** / Langtext						Kostengruppe
▶	▷	**ø netto €**	◁	◀	[Einheit]	Ausf.-Dauer	Positionsnummer

1 Fundament abbrechen, Stahlbeton KG **394**

Fundamente aus Stahlbeton innerhalb von Gebäuden abbrechen und entsorgen. Abbruch teilweise in Handarbeit und verschiedenen Abmessungen.
Abmessungen: .....
Hinweis: Abstütz- und Sicherungsmaßnahmen sind gesondert auszuschreiben.

75€ 107€ **142**€ 171€ 192€ [m³] ⏱ 2,80 h/m³ 313.000.163

2 Bodenplatte abbrechen, Beton KG **394**

Bodenplatte aus Beton, unbewehrt, abbrechen und entsorgen.
Bauteildicke: .....

80€ 109€ **146**€ 175€ 214€ [m³] ⏱ 2,60 h/m³ 313.000.164

3 Bodenplatte abbrechen, Stahlbeton KG **394**

Bodenplatte aus Stahlbeton, abbrechen und entsorgen.
Bauteildicke: .....

104€ 163€ **202**€ 246€ 268€ [m³] ⏱ 3,00 h/m³ 313.000.165

4 Außentreppenstufen abbrechen, Beton KG **594**

Außentreppenstufen aus Beton einschl. Unterbau abbrechen und Bauschutt entsorgen.
Treppenbreite: bis 2,0 m
Stufenabmessung: .....
Stufenanzahl: .....

134€ 162€ **176**€ 204€ 222€ [St] ⏱ 4,00 h/St 313.000.166

5 Kelleraußenwände abbrechen, Beton KG **394**

Kelleraußenwände aus unbewehrtem Beton, in verschiedenen Dicken abbrechen und Bauschutt entsorgen.
Wanddicke 1: ..... cm
Fläche ca. ..... m²
Wanddicke 2: ...... cm
Fläche: ca. ..... m²
Hinweis: Abstütz- und Sicherungsmaßnahmen sind gesondert auszuschreiben.

166€ 200€ **224**€ 256€ 276€ [m³] ⏱ 4,00 h/m³ 313.000.167

Nr.	Kurztext / Langtext						Kostengruppe
▶	▷	ø netto €	◁	◀	[Einheit]	Ausf.-Dauer	Positionsnummer

6 Kelleraußenwände abbrechen, Stahlbeton KG **394**

Kelleraußenwände aus Stahlbeton, in verschiedenen Dicken abbrechen, Bauschutt entsorgen.
Wanddicke 1: ..... cm
Fläche ca. ..... m²
Wanddicke 2: ...... cm
Fläche: ca. ..... m²
Hinweis: Abstütz- und Sicherungsmaßnahmen sind gesondert auszuschreiben.

190€ 234€ **249**€ 297€ 312€ [m³] ⏱ 4,50 h/m³ 313.000.168

7 Balkon abbrechen, Stb, bis 3,00x1,50m KG **394**

Balkon aus Stahlbetonplatte mit Brüstungswänden aus Stahlbeton abbrechen und Bauschutt entsorgen.
Größe: 3,00 x 1,50 m
Brüstungshöhe: ..... m
Höhe über Gelände: ..... m
Hinweis: Abstütz- und Sicherungsmaßnahmen sind gesondert auszuschreiben.

295€ 356€ **409**€ 459€ 504€ [St] ⏱ 5,80 h/St 313.000.169

Kosten:
Stand 2.Quartal 2020
Bundesdurchschnitt

8 Außenwände abbrechen, Stahlbeton KG **394**

Außenwände aus Stahlbeton, in verschiedenen Dicken abbrechen und Bauschutt entsorgen.
Wanddicke: ..... cm
Höhe über Gelände: ..... m
Hinweis: Abstütz- und Sicherungsmaßnahmen sind gesondert auszuschreiben.

170€ 205€ **236**€ 265€ 291€ [m³] ⏱ 4,20 h/m³ 313.000.170

9 Innenwände abbrechen, Stb, bis 15cm KG **394**

Innenwände aus Stahlbeton, nicht tragend, abbrechen und Bauschutt entsorgen.
Wanddicke: bis 15 cm
Hinweis: Abstütz- und Sicherungsmaßnahmen sind gesondert auszuschreiben.

159€ 193€ **217**€ 250€ 267€ [m³] ⏱ 4,80 h/m³ 313.000.171

10 Innenwände abbrechen, Stb, bis 25cm KG **394**

Innenwände aus Stahlbeton, tragend, abbrechen und Bauschutt entsorgen.
Wanddicke: 16 bis 25 cm
Hinweis: Abstütz- und Sicherungsmaßnahmen sind gesondert auszuschreiben.

179€ 215€ **242**€ 275€ 300€ [m³] ⏱ 4,60 h/m³ 313.000.172

11 Türöffnung ausbrechen, Stb, 1,00x2,10m KG **394**

Türöffnung in Wänden aus Stahlbeton ausbrechen und Bauschutt entsorgen.
Durchbruchsgröße: 1,00 x 2,10 m
Wanddicke: bis 40 cm
Betongüte: .....
Hinweis: Abstütz- und Sicherungsmaßnahmen sind gesondert auszuschreiben.

139€ 168€ **193**€ 216€ 238€ [St] ⏱ 2,50 h/St 313.000.173

▶ min
▷ von
ø Mittel
◁ bis
◀ max

12 Stahlbetonstützen abbrechen KG **394**

Stahlbetonstützen verschiedener Querschnitte abbrechen und Bauschutt entsorgen.
Abbruchort: .....
Querschnitte: ....
Hinweis: Abstütz- und Sicherungsmaßnahmen sind gesondert auszuschreiben.
232€ 280€ **322**€ 361€ 396€ [m3] ⏱ 5,80 h/m3 313.000.174

13 Geschossdecke abbrechen, Stahlbeton 25cm KG **394**

Geschossdecken aus Stahlbeton abbrechen und Bauschutt entsorgen.
Deckendicke: bis 25 cm
Abbruchort: .....
Hinweis: Abstütz- und Sicherungsmaßnahmen sind gesondert auszuschreiben.
190€ 218€ **245**€ 290€ 324€ [m3] ⏱ 3,80 h/m3 313.000.175

14 Geschossdecke abbrechen, Stahlbeton 25cm KG **394**

Geschossdecken aus Stahlbeton abbrechen und Bauschutt entsorgen.
Deckendicke: bis 25 cm
Abbruchort: .....
Hinweis: Abstütz- und Sicherungsmaßnahmen sind gesondert auszuschreiben.
63€ 82€ **97**€ 107€ 128€ [m2] ⏱ 3,80 h/m2 313.000.275

15 Geschossdecke abbrechen, Hohldielen 25cm KG **394**

Geschossdecken aus Stahlbeton-Hohldielen abbrechen und Bauschutt entsorgen.
Deckendicke: bis 25 cm
Abbruchort: .....
Hinweis: Abstütz- und Sicherungsmaßnahmen sind gesondert auszuschreiben.
33€ 42€ **47**€ 54€ 63€ [m2] ⏱ 3,80 h/m2 313.000.176

16 Stahlbetontreppe abbrechen KG **394**

Stahlbetontreppen, eingeschossig, je Geschoss 1 bis 2 Läufe, ohne Podestabbruch, abbrechen und Bauschutt entsorgen.
Stufenanzahl: ..... St
Steigungsverhältnis: 27/18 cm
Läufe: **1 / 2** St, mit Stahlbeton-Podest
Podest: Größe ..... x ..... m
Dicke: ca. ..... m
Laufbreite: ..... m
Abbruchort: .....
Hinweis: Abstütz- und Sicherungsmaßnahmen sind gesondert auszuschreiben.
466€ 582€ **647**€ 738€ 802€ [St] ⏱ 12,00 h/St 313.000.178

17 Wandschlitze, Beton, 10x5cm KG **395**

Wandschlitze in unbewehrtem Beton herstellen, verschiedene Längen, nach Leitungsverlegung mit Beton schließen. Leistung mit Entsorgung des Bauschutts.
Schlitzgröße: bis 10 x 5 cm
341€ 421€ **467**€ 556€ 580€ [m] ⏱ 0,40 h/m 313.000.179

300 301 302 308 309 310 312 **313** 314 316 317 318 320 321 322

Nr.	Kurztext / Langtext						Kostengruppe
▶	▷	ø netto €	◁	◀	[Einheit]	Ausf.-Dauer	Positionsnummer

18 Wanddurchbrüche, Stb, 20x20cm, 24cm KG **395**

Wanddurchbrüche in Stahlbeton herstellen, nach Leitungsverlegung mit Beton verschließen. Leistung mit Entsorgung des Bauschutts.
Öffnung: 20 x 20 cm
Wanddicke: bis 24 cm

56€ | 68€ | **78**€ | 87€ | 96€ | [St] | ⏱ 1,20 h/St | 313.000.180

A 1 Deckendurchbruch, Stb, herstellen Beschreibung für Pos. **19-21**

Deckendurchbruch in Stahlbetondecke nachträglich herstellen und Bauschutt entsorgen.
Deckendicke: bis 20 cm
Hinweis: Abstütz- und Sicherungsmaßnahmen sind gesondert auszuschreiben.

Kosten:
Stand 2.Quartal 2020
Bundesdurchschnitt

19 Deckendurchbruch, Stb, herstellen 30x10, 20cm KG **395**

Wie Ausführungsbeschreibung A 1
Größe: bis 30 x 10 cm

35€ | 43€ | **49**€ | 55€ | 62€ | [St] | ⏱ 0,90 h/St | 313.000.181

20 Deckendurchbruch, Stb, herstellen 20x20, 20cm KG **395**

Wie Ausführungsbeschreibung A 1
Größe: bis 20 x 20 cm

38€ | 45€ | **52**€ | 59€ | 65€ | [St] | ⏱ 0,90 h/St | 313.000.182

21 Deckendurchbruch, Stb, herstellen 50x20, 20cm KG **395**

Wie Ausführungsbeschreibung A 1
Größe: bis 50 x 20 cm

59€ | 71€ | **82**€ | 91€ | 102€ | [St] | ⏱ 1,50 h/St | 313.000.183

A 2 Deckendurchbruch, Stb, schließen Beschreibung für Pos. **22-25**

Deckendurchbruch in Stahlbetondecke nach Leitungsverlegung mit Beton schließen. Leistung einschl. der erforderlichen Schalung und Angleichen der Oberflächen und Ränder.
Deckendicke: bis 20 cm

22 Deckendurchbruch, Stb, schließen 30x10, 20cm KG **395**

Wie Ausführungsbeschreibung A 2
Größe: bis 30 x 10 cm

16€ | 20€ | **23**€ | 26€ | 29€ | [St] | ⏱ 0,25 h/St | 313.000.184

23 Deckendurchbruch, Stb, schließen 20x20, 20cm KG **395**

Wie Ausführungsbeschreibung A 2
Größe: bis 20 x 20 cm

17€ | 21€ | **24**€ | 28€ | 31€ | [St] | ⏱ 0,25 h/St | 313.000.185

24 Deckendurchbruch, Stb, schließen 50x20, 20cm KG **395**

Wie Ausführungsbeschreibung A 2
Größe: bis 50 x 20 cm

29€ | 35€ | **40**€ | 46€ | 52€ | [St] | ⏱ 0,50 h/St | 313.000.186

▶ min
▷ von
ø Mittel
◁ bis
◀ max

Nr.	Kurztext / Langtext						Kostengruppe
▶	▷	**ø netto €**	◁	◀	[Einheit]	Ausf.-Dauer	Positionsnummer

25 Deckendurchbruch, Stb, schließen 50x50, 24cm KG **395**

Wie Ausführungsbeschreibung A 2
Größe: bis 50 x 50 cm

48€	57€	**65**€	74€	83€	[St]	⏱ 0,70 h/St	313.000.187

A 3 Kernbohrung, Stahlbeton Beschreibung für Pos. **26-33**

Kernbohrung in Stahlbetonbauteilen inkl. Bauschuttentsorgung.
Bauteil: .....
Lage: .....

26 Kernbohrung, Stb, Durchmesser 10-50mm KG **399**

Wie Ausführungsbeschreibung A 3
Durchmesser: 10-50 mm

92€	111€	**127**€	142€	156€	[m]	⏱ 1,70 h/m	313.000.188

27 Kernbohrung, Stb, Durchmesser 55-80mm KG **399**

Wie Ausführungsbeschreibung A 3
Durchmesser: 55-80 mm

117€	141€	**158**€	180€	194€	[m]	⏱ 2,10 h/m	313.000.189

28 Kernbohrung, Stb, Durchmesser 115-130mm KG **399**

Wie Ausführungsbeschreibung A 3
Durchmesser: 115-130 mm

129€	156€	**180**€	203€	221€	[m]	⏱ 2,50 h/m	313.000.190

29 Kernbohrung, Stb, Durchmesser 140-160mm KG **399**

Wie Ausführungsbeschreibung A 3
Durchmesser: 140-160 mm

154€	167€	**209**€	240€	261€	[m]	⏱ 2,90 h/m	313.000.191

30 Kernbohrung, Stb, Durchmesser 170-180mm KG **399**

Wie Ausführungsbeschreibung A 3
Durchmesser: 170-180 mm

163€	197€	**227**€	254€	279€	[m]	⏱ 3,30 h/m	313.000.192

31 Kernbohrung, Stb, Durchmesser 200-220mm KG **399**

Wie Ausführungsbeschreibung A 3
Durchmesser: 200-220 mm

188€	227€	**261**€	298€	321€	[m]	⏱ 3,70 h/m	313.000.193

32 Kernbohrung, Stb, Durchmesser 230-250mm KG **399**

Wie Ausführungsbeschreibung A 3
Durchmesser: 230-250 mm

213€	257€	**292**€	336€	359€	[m]	⏱ 4,20 h/m	313.000.194

Nr.	Kurztext / Langtext						Kostengruppe
▶	▷	ø netto €	◁	◀	[Einheit]	Ausf.-Dauer	Positionsnummer

33 Kernbohrung, Stb, Durchmesser 280-300mm KG **399**

Wie Ausführungsbeschreibung A 3
Durchmesser: 280-300 mm

240€	290€	**333**€	373€	409€	[m]	⏱ 4,70 h/m	313.000.195

34 Kernbohrung, schräg, Mehrpreis KG **399**

Mehrpreis für Kernbohrungen in schräger Richtung.

15€	18€	**21**€	23€	26€	[St]	⏱ 0,20 h/St	313.000.196

35 Kernbohrung, Stahlschnitte, 16-28mm KG **399**

Schnitte des Stabstahls als Mehrpreis zu Kernbohrungen.
Stahldurchmesser: 20-28 mm

3€	3€	**4**€	4€	5€	[St]	⏱ 0,05 h/St	313.000.197

36 Kernbohrung, Stahlschnitte KG **399**

Stahlschnitte als Mehrpreis zu Kernbohrungen.
Stahldurchmesser: .....

3€	4€	**5**€	5€	6€	[cm^2]	⏱ 0,07 h/cm^2	313.000.198

37 Betonschneidearbeiten, bis 43cm KG **399**

Betonschnitte in Stahlbetonbauteilen.
Ausführung: einseitig
Schnitttiefe: bis 43 cm
Bauteil: .....
Lage: .....

98€	117€	**134**€	154€	166€	[m]	⏱ 1,70 h/m	313.000.199

38 Betonschneidearbeiten, bis 90cm KG **399**

Betonschnitte in Stahlbetonbauteilen.
Ausführung: einseitig
Schnitttiefe: bis 90 cm
Bauteil: .....
Lage: .....

212€	255€	**286**€	329€	360€	[m]	⏱ 4,20 h/m	313.000.200

39 Baustelleneinrichtung Bohr-/Sägearbeiten KG **399**

Einrichten und Räumen der Baustelle für Betonbohr- und -sägearbeiten.
Vorhaltezeit: .....

184€	222€	**255**€	286€	344€	[psch]	⏱ 1,50 h/psch	313.000.201

40 Bohreinrichtung geschossweise umsetzen KG **399**

Geschossweises Umsetzen der Bohreinrichtung.

47€	57€	**65**€	73€	88€	[psch]	⏱ 1,25 h/psch	313.000.202

Kosten:
Stand 2.Quartal 2020
Bundesdurchschnitt

▶ min
▷ von
ø Mittel
◁ bis
◀ max

41 Bohreinrichtung gebäudeweise umsetzen KG **399**

Umsetzen der Bohreinrichtung in anderes Gebäude.
Entfernung: .....
Ausführungsort: .....

67€ 80€ **90**€ 103€ 127€ [psch] ⏱ 1,35 h/psch 313.000.203

42 Unterzug C20/25, Stb, 20x40cm KG **395**

Unterzug aus Stahlbeton im Innenbereich von Gebäuden nachträglich herstellen, auf vorhandene Auflager. Schalung und Bewehrung in gesonderter Position.
Beton: C20/25
Querschnitt: 20 x 40 cm
Einbauort: .....

21€ 25€ **28**€ 32€ 38€ [m] ⏱ 0,20 h/m 313.000.204

43 Überzug C20/25, Stb, 24x40cm KG **395**

Überzug aus Stahlbeton im Innenbereich von Gebäuden nachträglich herstellen, auf vorhandene Auflager. Schalung und Bewehrung in gesonderter Position.
Beton: C20/25
Querschnitt: bis 24 x 40 cm
Einbauort: .....

24€ 29€ **33**€ 37€ 43€ [m] ⏱ 0,25 h/m 313.000.205

44 Kniestock C20/25, Stb, 24x35cm KG **395**

Kniestock aus Stahlbeton im Innenbereich von Gebäuden nachträglich herstellen, als Widerlager für den Dachstuhl, inkl. Verankerung und Abschrägung der Oberseite. Schalung und Bewehrung in gesonderter Position.
Beton: C20/25
Querschnitt: bis 24 x 35 cm
Einbauort: .....

27€ 32€ **35**€ 41€ 47€ [m] ⏱ 0,30 h/m 313.000.206

45 Ringanker C20/25, Stb, 24x24cm KG **395**

Ringanker aus Stahlbeton, nachträglich einbauen. Schalung und Bewehrung in gesonderter Position.
Beton: C20/25
Querschnitt: 24 x 24 cm
Bewehrung: .....
Einbauort: .....

28€ 34€ **38**€ 44€ 50€ [m] ⏱ 0,25 h/m 313.000.207

A 4 Deckendämmung, Mehrschichtplatte, MW Beschreibung für Pos. **46-47**

Deckendämmung von Stahlbetondecken, nachträglich auf Unterseite, dreischichtige Mehrschichtplatten. Platten aus magnesitgebundenen Holzwolle-Leichtbauplatten mit Mineralwollkern.
Befestigung: Schrauben und Dübel
Anzahl: 6 St/m^2
Nennwert der Wärmeleitfähigkeit: ..... W/(mK)
Bemessungswert der Wärmeleitfähigkeit: 0,085 W/(mK)
Ausführung Kante: .....
Brandverhalten: Klasse A2

300 301 302 308 309 310 312 **313** 314 316 317 318 320 321 322

Kosten:
Stand 2.Quartal 2020
Bundesdurchschnitt

Nr.	Kurztext / Langtext						Kostengruppe
▶	▷	**ø netto €**	◁	◀	[Einheit]	Ausf.-Dauer	Positionsnummer

46 Deckendämmung, Mehrschichtplatte, MW 50 KG **354**

Wie Ausführungsbeschreibung A 4
Plattendicke: 50 mm

39€ | 47€ | **52**€ | 59€ | 64€ | [m²] | ⏱ 0,40 h/m² | 313.000.208

47 Deckendämmung, Mehrschichtplatte, MW 100 KG **354**

Wie Ausführungsbeschreibung A 4
Plattendicke: 100 mm

48€ | 56€ | **64**€ | 72€ | 81€ | [m²] | ⏱ 0,45 h/m² | 313.000.209

A 5 Deckendämmung, PS, geklebt Beschreibung für Pos. **48-52**

Deckendämmung von Stahlbetondecken, nachträglich auf Unterseite geklebt, mit extrudierten Polystyrol-Hartschaumplatten.
Unterkonstruktion: .....
Dämmstoff: XPS
Nennwert der Wärmeleitfähigkeit: ..... W/(mK)
Bemessungswert der Wärmeleitfähigkeit: 0,085 W/(mK)

48 Deckendämmung, PS 60, geklebt KG **354**

Wie Ausführungsbeschreibung A 5
Plattendicke: 60 mm

20€ | 23€ | **26**€ | 30€ | 34€ | [m²] | ⏱ 0,35 h/m² | 313.000.210

49 Deckendämmung, PS 100, geklebt KG **354**

Wie Ausführungsbeschreibung A 5
Plattendicke: 100 mm

25€ | 28€ | **32**€ | 36€ | 42€ | [m²] | ⏱ 0,35 h/m² | 313.000.211

50 Deckendämmung, PS 140, geklebt KG **354**

Wie Ausführungsbeschreibung A 5
Plattendicke: 140 mm

28€ | 31€ | **36**€ | 40€ | 46€ | [m²] | ⏱ 0,35 h/m² | 313.000.212

51 Deckendämmung, PS 180, geklebt KG **354**

Wie Ausführungsbeschreibung A 5
Plattendicke: 180 mm

30€ | 34€ | **39**€ | 44€ | 51€ | [m²] | ⏱ 0,35 h/m² | 313.000.213

52 Deckendämmung, PS 200, geklebt KG **354**

Wie Ausführungsbeschreibung A 5
Plattendicke: 200 mm

33€ | 37€ | **42**€ | 47€ | 55€ | [m²] | ⏱ 0,35 h/m² | 313.000.214

▶ min
▷ von
ø Mittel
◁ bis
◀ max

A 6 **Deckendämmung, GF+PIR** Beschreibung für Pos. **53-55**

Deckendämmung von Stahlbetondecken, nachträglich auf Unterseite geklebt, Mehrschichtplatten mit Kern aus Polyurethan und Gipsfaserplattenbekleidung. Befestigung: Schrauben und Dübel
Anzahl: ..... St/m²
Beplankung: Gipsfaserplatte Typ .....
Dicke: ..... mm
Dämmkern: PIR
Nennwert der Wärmeleitfähigkeit: ..... W/(mK)
Bemessungswert der Wärmeleitfähigkeit: 0,025 W/(mK)
Ausführung Kante: umlaufend Nut- und Feder

53 **Deckendämmung, GF+PIR 50** KG **354**

Wie Ausführungsbeschreibung A 6
Dicke: 50 mm
50€ 57€ **63**€ 73€ 80€ [m²] ⏱ 0,45 h/m² 313.000.215

54 **Deckendämmung, GF+PIR 70** KG **354**

Wie Ausführungsbeschreibung A 6
Dicke: 70 mm
56€ 64€ **71**€ 81€ 88€ [m²] ⏱ 0,45 h/m² 313.000.216

55 **Deckendämmung, GF+PIR 90** KG **354**

Wie Ausführungsbeschreibung A 6
Dicke: 90 mm
64€ 73€ **82**€ 94€ 102€ [m²] ⏱ 0,45 h/m² 313.000.217

56 **Deckendämmung, PIR 60, Vlies** KG **354**

Deckendämmung von Stahlbetondecken, nachträglich auf Unterseite geklebt und punktuell befestigt mit Kralle in Nut, aus Polyurethanplatten mit Vliesoberfläche, Platten mit Nut und Feder.
Dämmstoff: PIR
Dicke: 60 mm
Nennwert der Wärmeleitfähigkeit: ..... W/(mK)
Bemessungswert der Wärmeleitfähigkeit: 0,025 W/(mK)
Anzahl Krallen: ..... St/m²
32€ 36€ **41**€ 47€ 45€ [m²] ⏱ 0,45 h/m² 313.000.218

57 **Deckendämmung, PIR 100, Vlies** KG **354**

Deckendämmung von Stahlbetondecken, nachträglich auf Unterseite geklebt und punktuell befestigt mit Kralle in Nut, aus Polyurethanplatten mit Vliesoberfläche, Platten mit Nut und Feder.
Dämmstoff: PIR
Dicke: 100 mm
Nennwert der Wärmeleitfähigkeit: ..... W/(mK)
Bemessungswert der Wärmeleitfähigkeit: 0,025 W/(mK)
Anzahl Krallen: ..... St/m²
42€ 48€ **54**€ 62€ 70€ [m²] ⏱ 0,45 h/m² 313.000.219

300
301
302
308
309
310
312
313
314
316
317
318
320
321
322

Nr.	**Kurztext** / Langtext					Kostengruppe
▶	▷	**ø netto €**	◁	◀	[Einheit]	Ausf.-Dauer Positionsnummer

A 7 Wanddämmung, Mineralplatten Beschreibung für Pos. **58-62**

Innenwandbekleidung aus Mineraldämmplatten mit Kleber aus Leichtmörtel auf Betonwänden.
Nennwert der Wärmeleitfähigkeit: ..... W/(mK)
Bemessungswert der Wärmeleitfähigkeit: 0,045 W/(mK)
Brandverhalten: Klasse A
Rohdichte: 115 kg/m³
Sorbtionsfeuchte: .....
Wasserdampfdiffusion: .....
Wasseraufnahme: .....

Kosten:
Stand 2.Quartal 2020
Bundesdurchschnitt

58 Wanddämmung, Mineralplatten 10mm KG **336**

Wie Ausführungsbeschreibung A 7
Plattendicke: 10 mm

▶	▷	ø	◁	◀	Einheit	Ausf.-Dauer	Positionsnummer
25€	28€	**32**€	36€	42€	[m²]	⏱ 0,25 h/m²	313.000.220

59 Wanddämmung, Mineralplatten 30mm KG **336**

Wie Ausführungsbeschreibung A 7
Plattendicke: 30 mm

▶	▷	ø	◁	◀	Einheit	Ausf.-Dauer	Positionsnummer
33€	38€	**42**€	48€	56€	[m²]	⏱ 0,25 h/m²	313.000.221

60 Wanddämmung, Mineralplatten 50mm KG **336**

Wie Ausführungsbeschreibung A 7
Plattendicke: 50 mm

▶	▷	ø	◁	◀	Einheit	Ausf.-Dauer	Positionsnummer
35€	39€	**44**€	51€	58€	[m²]	⏱ 0,25 h/m²	313.000.222

61 Wanddämmung, Mineralplatten 80mm KG **336**

Wie Ausführungsbeschreibung A 7
Plattendicke: 80 mm

▶	▷	ø	◁	◀	Einheit	Ausf.-Dauer	Positionsnummer
40€	45€	**50**€	58€	66€	[m²]	⏱ 0,30 h/m²	313.000.223

62 Wanddämmung, Mineralplatten 100mm KG **336**

Wie Ausführungsbeschreibung A 7
Plattendicke: 100 mm

▶	▷	ø	◁	◀	Einheit	Ausf.-Dauer	Positionsnummer
42€	48€	**53**€	61€	70€	[m²]	⏱ 0,30 h/m²	313.000.224

63 Laibungen, Mineralplatten KG **336**

Laibungsflächen von Betonwänden an Fenster und Türen aus Mineraldämmplatten.
Dämmung: 20 mm
Laibungstiefe: bis 250 mm

▶	▷	ø	◁	◀	Einheit	Ausf.-Dauer	Positionsnummer
18€	21€	**24**€	27€	32€	[m]	⏱ 0,20 h/m	313.000.225

▶ min
▷ von
ø Mittel
◁ bis
◀ max

64 Wanddämmung, GK-Bekleidung, MW 80 KG **336**

Gipsplattenbekleidung mit Wärmedämmlage und Dampfsperre einschl. Unterkonstruktion aus Metallprofilen auf Betonwänden einschl. Randanschlüsse an Bauteile.
Metallprofile: CW/UW 100/50(40)/06
Dämmung: Mineralwolle MW
Typ: WI-zk/zg
Dicke: 80 mm
Nennwert der Wärmeleitfähigkeit: 0,032 W/(mK)
Bemessungswert der Wärmeleitfähigkeit: .....
Dampfsperre: .....
Beplankung: Gipsplatte Typ A, einlagig
Dicke: 12,5 mm
Oberflächenqualität: Q2
Kantenausbildung: .....

33€ 37€ **42**€ 47€ 55€ [m2] ⏱ 0,40 h/m2 313.000.226

65 Wanddämmung, GK-Bekleidung, MW 100 KG **336**

Gipsplattenbekleidung mit Wärmedämmlage und Dampfsperre einschl. Unterkonstruktion aus Metallprofilen auf Betonwänden einschl. Randanschlüsse an Bauteile.
Metallprofile: CW/UW 100/50(40)/06
Dämmung: Mineralwolle MW
Typ: WI-zk/zg
Dicke: 100 mm
Nennwert der Wärmeleitfähigkeit: 0,032 W/(mK)
Bemessungswert der Wärmeleitfähigkeit: .....
Dampfsperre: .....
Beplankung: Gipsplatte Typ A, einlagig
Dicke: 12,5 mm
Oberflächenqualität: Q2
Kantenausbildung: .....

39€ 44€ **48**€ 56€ 64€ [m2] ⏱ 0,40 h/m2 313.000.227

66 Wanddämmung, WD-Putzsystem, 50mm KG **336**

Wärmedämmputzsystem aus Unterputz und Kratzputz an Betonwänden im Innenbereich auf Außenwänden.
Putzgrund: Spritzbewurf, voll deckend
Unterputz: T (Wärmedämmputzmörtel)
Nennwert der Wärmeleitfähigkeit: T1 (070)
Bemessungswert der Wärmeleitfähigkeit: .....
Dämmputz 30 mm, glatt abgezogen
Oberputz: .....
Struktur: Kratzputz
Gesamtdicke: 50 mm
Farbton: weiß

44€ 49€ **55**€ 63€ 72€ [m2] ⏱ 0,60 h/m2 313.000.228

300 301 302 308 309 310 312 **313** 314 316 317 318 320 321 322

Nr. **Kurztext** / Langtext — Kostengruppe
▶ ▷ **ø netto €** ◁ ◀ [Einheit] Ausf.-Dauer Positionsnummer

67 Wanddämmung, WD-Putzsystem, 75mm KG **336**

Wärmedämmputzsystem aus Unterputz mit Gewebe und Kratzputz an Betonwänden im Innenbereich auf Außenwänden.
Putzgrund: Spritzbewurf, voll deckend
Unterputz: T (Wärmedämmputzmörtel)
Nennwert der Wärmeleitfähigkeit: T1 (070)
Bemessungswert der Wärmeleitfähigkeit: .....
Dämmputz 50 mm, glatt abgezogen
Oberputz: .....
Struktur: Kratzputz
Gesamtdicke: 75 mm
Farbton: weiß

50€ 57€ **63**€ 73€ 82€ [m²] ⏱ 0,65 h/m² 313.000.229

Kosten:
Stand 2.Quartal 2020
Bundesdurchschnitt

68 Laibungen, WD-Putz 50mm KG **336**

Wärmedämmputzsystem aus Unterputz und Kratzputz an Laibungen im Innenbereich auf Betonwänden
Gesamtdicke: 50 mm
Laibungstiefe: bis 250 mm

19€ 22€ **24**€ 28€ 31€ [m] ⏱ 0,35 h/m 313.000.230

69 Laibungen, WD-Putz 75mm KG **336**

Wärmedämmputzsystem aus Unterputz und Kratzputz mit Gewebe an Laibungen im Innenbereich auf Betonwänden.
Gesamtdicke: 75 mm
Laibungstiefe: bis 250 mm

25€ 28€ **31**€ 36€ 41€ [m] ⏱ 0,40 h/m 313.000.231

70 Dachbodendämmung, MW 035, 100mm KG **363**

Dachbodendämmung aus Mineralfaserplatten, als nachträgliche Dämmung auf Massivdecke.
Untergrund: Stahlbetondecke
Dämmstoff: Mineralwolle MW
Anwendungsgebiet: DEO
Druckbelastbarkeit: .....
Nennwert der Wärmeleitfähigkeit: 0,035 W/(mK)
Bemessungswert der Wärmeleitfähigkeit: .....
Brandverhalten: .....
Dämmschichtdicke: 100 mm
Ausführung Stoß: .....

13€ 15€ **17**€ 19€ 23€ [m²] ⏱ 0,15 h/m² 313.000.232

▶ min
▷ von
ø Mittel
◁ bis
◀ max

71 **Dachbodendämmung, MW 035, 200mm** KG **363**

Dachbodendämmung aus Mineralfaserplatten, als nachträgliche Dämmung auf Massivdecke.
Untergrund: Stahlbetondecke
Dämmstoff: Mineralwolle MW
Anwendungsgebiet: DEO
Druckbelastbarkeit: .....
Nennwert der Wärmeleitfähigkeit: 0,035 W/(mK)
Bemessungswert der Wärmeleitfähigkeit: .....
Brandverhalten: .....
Dämmschichtdicke: 200 mm
Ausführung Stoß: .....

24€ 27€ **30**€ 35€ 40€ [m2] ⏱ 0,15 h/m2 313.000.233

72 **Dachbodendämmung, MW 035, 100mm, kaschiert** KG **363**

Dachbodendämmung aus Mineralwolle mit kaschierter Oberfläche aus fadenverstärktem Glasvlies, als Unterlage für begehbare Platten, zur nachträglichen Dämmung auf Massivdecke.
Untergrund: Stahlbetondecke
Dämmstoff: Mineralwolle MW
Anwendungsgebiet: DAD
Druckbelastbarkeit: .....
Nennwert der Wärmeleitfähigkeit: 0,035 W/(mK)
Bemessungswert der Wärmeleitfähigkeit: .....
Brandverhalten: .....
Dämmschichtdicke: 100 mm
Ausführung Stoß: .....

29€ 33€ **36**€ 42€ 47€ [m2] ⏱ 0,15 h/m2 313.000.234

73 **Dachbodendämmung, MW 035, 200mm, kaschiert** KG **363**

Dachbodendämmung aus Mineralwolle mit kaschierter Oberfläche aus fadenverstärktem Glasvlies, als Unterlage für begehbare Platten, zur nachträglichen Dämmung auf Massivdecke.
Untergrund: Stahlbetondecke
Dämmstoff: Mineralwolle MW
Anwendungsgebiet: DAD
Druckbelastbarkeit: .....
Nennwert der Wärmeleitfähigkeit: 0,035 W/(mK)
Bemessungswert der Wärmeleitfähigkeit: .....
Brandverhalten: .....
Dämmschichtdicke: 200 mm
Verlegung: zweilagig, versetzt

52€ 60€ **65**€ 77€ 83€ [m2] ⏱ 0,15 h/m2 313.000.235

300
301
302
308
309
310
312
313
314
316
317
318
320
321
322

Nr.	Kurztext / Langtext							Kostengruppe
▶	▷	ø netto €	◁	◀		[Einheit]	Ausf.-Dauer	Positionsnummer

74 Dachbodendämmung, WF 045, 80mm KG **363**

Dachbodendämmung aus Holzweichfaserelementen, als nachträgliche Dämmung auf Massivdecke.
Untergrund: Stahlbetondecke
Dämmstoff: WF
Anwendungsgebiet: DEO
Druckbelastbarkeit: .....
Nennwert der Wärmeleitfähigkeit: 0,045 W/(mK)
Bemessungswert der Wärmeleitfähigkeit: .....
Brandverhalten: .....
Dämmschichtdicke: 80 mm
Ausführung Stoß: .....

25€ 29€ **33**€ 38€ 43€ [m2] ⏱ 0,15 h/m2 313.000.236

Kosten:
Stand 2.Quartal 2020
Bundesdurchschnitt

75 Dachbodendämmung, EPS 040, 180mm KG **363**

Dachbodendämmung aus Polystyrol-Hartschaum, als nachträgliche Dämmung auf Massivdecke.
Untergrund: Stahlbetondecke
Dämmstoff: EPS
Anwendungsgebiet: DEO
Druckbelastbarkeit: .....
Nennwert der Wärmeleitfähigkeit: 0,040 W/(mK)
Bemessungswert der Wärmeleitfähigkeit: .....
Brandverhalten: .....
Dämmschichtdicke: 180 mm
Ausführung Stoß: .....

20€ 23€ **26**€ 29€ 34€ [m2] ⏱ 0,12 h/m2 313.000.237

76 Dachbodendämmung, PUR 024, 80mm, kaschiert KG **363**

Dachbodendämmung aus Polyurethan-Hartschaum kaschiert mit Aluminiumfolie, als nachträgliche Dämmung auf Massivdecke.
Untergrund: Stahlbetondecke
Dämmstoff: PUR, Nut und Feder
Anwendungsgebiet: DEO
Druckbelastbarkeit: .....
Nennwert der Wärmeleitfähigkeit: 0,024 W/(mK)
Bemessungswert der Wärmeleitfähigkeit: .....
Brandverhalten: .....
Anzahl der Lagen: einlagig
Anwendung: DZ
Dämmschichtdicke: 80 mm

38€ 42€ **49**€ 55€ 63€ [m2] ⏱ 0,15 h/m2 313.000.238

▶ min
▷ von
ø Mittel
◁ bis
◀ max

77 **Dachbodendämmung, MW 040, 180mm, Spanplatte** KG **363**

Dachbodendämmung mit begehbaren Verbundelementen aus Mineralwolle und Spanplatten, an Stößen verleimt, als nachträgliche Dämmung auf Massivdecke.
Decke: Stahlbetondecke
Dämmstoff: Mineralwolle MW
Anwendungsgebiet: **DAD / DEO**
Druckfestigkeit: .....
Nennwert der Wärmeleitfähigkeit: 0,040 W/(mK)
Bemessungswert der Wärmeleitfähigkeit: .....
Anzahl der Lagen: einlagig
Dämmschichtdicke: 180 mm
Beplankung: Holz-Spanplatte P3
Verwendung: innen
Feuchtbereich, Emission: E1
Dicke: 19 mm
Ausführung Stoß: .....
Elementdicke: 200 mm

53€ 60€ **69**€ 78€ 90€ [m²] ⏱ 0,20 h/m² 313.000.239

78 **Dachbodendämmung, EPS 040, 80mm, Spanplatte** KG **363**

Dachbodendämmung mit Verbundelementen aus Polystyrol-Hartschaum und Spanplatte, als nachträgliche Dämmung auf Massivdecke.
Untergrund: Stahlbetondecke
Material: EPS
Anwendungsgebiet: **DAD / DEO**
Druckfestigkeit: .....
Nennwert der Wärmeleitfähigkeit: 0,040 W/(mK)
Bemessungswert der Wärmeleitfähigkeit: .....
Dämmschichtdicke: 80 mm
Beplankung: Holz-Spanplatte P3
Verwendung: innen,
Feuchtbereich, Emission: E1
Dicke: 19 mm
Ausführung Stoß: Nut und Feder
Gesamtaufbau: 99 mm

36€ 41€ **47**€ 53€ 61€ [m²] ⏱ 0,15 h/m² 313.000.240

Nr.	Kurztext / Langtext						Kostengruppe
▶	▷	ø netto €	◁	◀	[Einheit]	Ausf.-Dauer	Positionsnummer

79 Dachbodendämmung, EPS 035, 100mm, Spanplatte KG **363**

Dachbodendämmung mit Verbundelementen aus Polystyrol-Hartschaum mit Spanplatte, als nachträgliche Dämmung auf Massivdecke.
Untergrund: Stahlbetondecke
Anwendungsgebiet: DAD
Druckbelastbarkeit: .....
Material: EPS, Nut und Feder
Nennwert der Wärmeleitfähigkeit: 0,035 W/(mK)
Bemessungswert der Wärmeleitfähigkeit: .....
Brandverhalten: Klasse B1
Anzahl der Lagen: einlagig
Dämmschichtdicke: 100 mm
Emission Spanplatte: E1
Dicke: 19 mm
Elementdicke: 119 mm

41€ 46€ **52**€ 59€ 68€ [m²] ⏱ 0,15 h/m² 313.000.241

Kosten:
Stand 2.Quartal 2020
Bundesdurchschnitt

A 8 Dachbodendämmung, EPS 032, Spanplatte Beschreibung für Pos. **80-82**

Dachbodendämmung mit Verbundelementen aus Polystyrol-Hartschaum mit Spanplatte, als nachträgliche Dämmung auf Massivdecke.
Untergrund: Stahlbetondecke
Anwendungsgebiet: DAD
Druckbelastbarkeit: .....
Material: EPS, Nut und Feder
Wärmeleitstufe: 0,032 W/(mK)
Brandverhalten: .....
Emission Spanplatte: E1
Plattenformat: .....

80 Dachbodendämmung, EPS 032, 200mm, Spanplatte KG **363**

Wie Ausführungsbeschreibung A 8
Dämmschichtdicke: 200 mm
Dicke: 19 mm
Gesamtaufbau: 219 mm

48€ 54€ **62**€ 69€ 76€ [m²] ⏱ 0,20 h/m² 313.000.242

81 Dachbodendämmung, EPS 032, 240mm, Spanplatte KG **363**

Wie Ausführungsbeschreibung A 8
Dämmschichtdicke: 240 mm
Dicke: 19 mm
Gesamtaufbau: 259 mm

54€ 60€ **68**€ 78€ 85€ [m²] ⏱ 0,22 h/m² 313.000.243

82 Dachbodendämmung, EPS 032, 260mm, Spanplatte KG **363**

Wie Ausführungsbeschreibung A 8
Dämmschichtdicke: 260 mm
Dicke: 21 mm
Elementdicke: 279 mm

57€ 65€ **74**€ 85€ 93€ [m²] ⏱ 0,22 h/m² 313.000.244

▶ min
▷ von
ø Mittel
◁ bis
◀ max

83 **Dachbodendämmung, PUR 024, 80mm, Spanplatte** KG **363**

Dachbodendämmung mit Verbundelementen aus Polyurethanhartschaum mit verleimter Holzspanplatte und integrierter Dampfsperre, als nachträgliche Dämmung auf Massivdecke.
Untergrund: Stahlbetondecke
Anwendungsgebiet: DAD
Druckbelastbarkeit: .....
Dämmstoff: PUR, Nut und Feder
Wärmeleitstufe: 0,024 W/(mK)
Brandverhalten: .....
Anzahl der Lagen: einlagig
Dämmschichtdicke: 80 mm
Spanplatte: V100 E1
Dicke: 16 mm
Elementdicke: 136 mm

55€ 63€ **70**€ 81€ 87€ [m2] ⏱ 0,17 h/m2 313.000.245

84 **Dachbodendämmung, EPS 032,160mm, OSB-Platte** KG **363**

Dachbodendämmung mit Verbundelementen aus Polyurethanhartschaum mit OSB-Platte, als nachträgliche Dämmung auf Massivdecke.
Untergrund: Stahlbetondecke
Anwendungsgebiet: DAD
Druckbelastbarkeit: .....
Material: EPS, Nut und Feder
Wärmeleitstufe: 0,032 W/(mK)
Brandverhalten: .....
Dämmschichtdicke: 160 mm
Emission Spanplatte: E1
Dicke: 15 mm
Gesamtaufbau: 175 mm
Plattenformat: .....

46€ 51€ **57**€ 65€ 74€ [m2] ⏱ 0,20 h/m2 313.000.246

85 **Dachbodendämmung, WF 045, 100mm, OSB-Platte** KG **363**

Dachbodendämmung mit Verbundelementen aus Holzweichfaser mit OSB-Holzwerkstoffplatte, als nachträgliche Dämmung auf Massivdecke.
Untergrund: Stahlbetondecke
Anwendungsgebiet: DAD
Druckbelastbarkeit: .....
Dämmstoff: WF
Nennwert der Wärmeleitfähigkeit: 0,040 W/(mK)
Bemessungswert der Wärmeleitfähigkeit: .....
Brandverhalten: .....
Dämmschichtdicke: 100 mm
Dicke OSB: 15 mm
Elementdicke: 115 mm

39€ 44€ **51**€ 57€ 65€ [m2] ⏱ 0,17 h/m2 313.000.247

Nr.	Kurztext / Langtext						Kostengruppe
▶	▷	**ø netto €**	◁	◀	[Einheit]	Ausf.-Dauer	Positionsnummer

86 Balkonflächen untersuchen KG **395**

Balkonflächen durch Abklopfen nach Schad- und Hohlstellen untersuchen und Schadstellen markieren.

3€ 3€ **4**€ 4€ 5€ [m²] ⏱ 0,07 h/m² 313.000.274

87 Fugendichtmasse entfernen KG **395**

Fugendichtmasse in Betonbauteilfuge einschl. Hinterfüllung entfernen und Fugen reinigen sowie Baurestmassen und Schutt entsorgen.
Fugenbreite: bis 35 mm
Bauteil: .....
Material: .....

9€ 11€ **12**€ 14€ 16€ [m] ⏱ 0,15 h/m 313.000.248

Kosten:
Stand 2.Quartal 2020
Bundesdurchschnitt

88 Fugenbänder, komprimiert, entfernen KG **395**

Fugenbänder in Betonbauteilfuge, vorkomprimiert, entfernen und entsorgen.
Fugenbreite: bis 20 mm
Bauteil: .....
Material: .....

4€ 4€ **5**€ 6€ 6€ [m] ⏱ 0,05 h/m 313.000.249

89 Betonflächen reinigen KG **395**

Betonflächen von grobem Schmutz für Verfugung reinigen, inkl. Entsorgung des anfallenden Bauschutts.
Bauteil: .....
Verschmutzung: .....

0,7€ 0,9€ **1,0**€ 1,2€ 1,4€ [m²] ⏱ 0,01 h/m² 313.000.250

90 Fugenflanken säubern KG **395**

Fugenflanken zur restlosen Entfernung der vorherigen Füllmasse mit Trennschleifer und Lösungsmittel bearbeiten.
Bauteil: .....
Art des alten Dichtstoffes: .....
Fugenbreite: .....
Fugentiefe: .....

3€ 3€ **4**€ 4€ 5€ [m] ⏱ 0,03 h/m 313.000.251

91 Fugen aufschneiden KG **395**

Fugenquerschnitt zum Abdichten mit Dichtungsmassen aufschneiden.
Bauteil: .....
Schnittbreite: 10 mm pro Seite
Schnitttiefe: .....

9€ 11€ **12**€ 14€ 17€ [m] ⏱ 0,18 h/m 313.000.252

92 Fugen, Kanten als Fase KG **395**

Kantenausbildung der Fugen als Fase beidseitig mit mind. 10mm Schenkellänge.
Bauteil: .....
Untergrund: Beton

4€ 4€ **5**€ 6€ 6€ [m] ⏱ 0,07 h/m 313.000.253

▶ min
▷ von
ø Mittel
◁ bis
◀ max

93 Fugenflanken spachteln KG **395**

Fugenflanken säubern und beidseitig mit kunststoffmodifiziertem Zementmörtel spachteln und glätten.
Fugentiefe: bis 12 cm
Untergrund: .....
Spachtelung Dicke bis: ..... cm

10€	12€	**14**€	16€	18€	[m]	⏱ 0,12 h/m	313.000.254

94 Fugenrand spachteln KG **395**

Fugenrand säubern und beidseitig mit kunststoffmodifiziertem Zementmörtel spachteln und glätten.
Breite: bis 10 cm
Untergrund: .....
Spachtelung Dicke bis: ..... cm

4€	5€	**6**€	6€	8€	[m]	⏱ 0,05 h/m	313.000.255

95 Fugenflanken, Korrosionsschutz KG **395**

Beschichtung der Fugenflanken zum Korrosionsschutz der Bewehrung.
Bauteil: .....
Beschichtung: .....
Tiefe am Bauteilrand: 20-30 mm

1€	1€	**2**€	2€	2€	[m]	⏱ 0,02 h/m	313.000.256

96 Fugen, elast. Abdichtung, verkleinern KG **395**

Fugenflanken mit Reparaturmörtel auf den erforderlichen Querschnitt für elastische Dichtungsmassen reprofilieren. Leistung einschl. Schalung.
Altes Fugenmaß: .....
Neues Fugenmaß: .....
Reparaturmörtel: .....
Bauteil: .....
Reprofilierungsdicke bis: ..... cm

5€	7€	**8**€	9€	10€	[m]	⏱ 0,13 h/m	313.000.257

97 Fugen, verkleinern KG **395**

Fugenflanken mit Reparaturmörtel auf erforderlichen Querschnitt für elastische Dichtungsmassen in Teilflächen reprofilieren. Leistung einschl. Schalung.
Altes Fugenmaß: .....
Neues Fugenmaß: .....
Reparaturmörtel: .....
Bauteil: .....
Reprofilierungsdicke bis: ..... cm

20€	24€	**27**€	31€	36€	[m]	⏱ 0,23 h/m	313.000.258

98 Fugenflanken vorbereiten KG **395**

Fugenflanken restlos von Verunreinigungen, Anstrichen, Versiegelungen bzw. Imprägnierungen befreien, inkl. Prüfung des Untergrunds auf ausreichende Festigkeit.
Bauteil: .....
Bearbeitungsart: .....

3€	3€	**4**€	4€	5€	[m]	⏱ 0,06 h/m	313.000.259

300
301
302
308
309
310
312
313
314
316
317
318
320
321
322

Nr.	Kurztext / Langtext						Kostengruppe
▶	▷	ø netto €	◁	◀	[Einheit]	Ausf.-Dauer	Positionsnummer

99 Fugenflanken vorstreichen KG **395**

Voranstrich der Fugenflanken für Fugenabdichtung.
Bauteil: .....
Untergrund: Beton
Abdichtung: .....
Fabrikat: .....

3€ | 3€ | **4**€ | 4€ | 5€ | [m] | ⏱ 0,04 h/m | 313.000.260

100 Fugen hinterfüllen KG **395**

Fugen mit rundem, geschlossenzelligem Schaumstoff hinterfüllen.
Bauteil: .....
Fugenbreite: bis 35 mm

3€ | 3€ | **4**€ | 4€ | 5€ | [m] | ⏱ 0,04 h/m | 313.000.261

101 Fugen, Folie einlegen KG **395**

Polyethylenfolie zur Verhinderung der Dreipunktehaftung, einlegen.
Bauteil: .....
Fugenbreite: .....

1€ | 1€ | **1**€ | 2€ | 2€ | [m] | ⏱ 0,02 h/m | 313.000.262

A 9 Fugenabdichtung, elastisch PUR Beschreibung für Pos. **102-104**

Fugenabdichtung mit elastischen Dichtstoffen inkl. Abglätten.
Bauteil: .....
Fugenart: .....
Farbe: .....

102 Fugenabdichtung, elastisch PUR, 20x10, 1K KG **395**

Wie Ausführungsbeschreibung A 9
Dichtstoff: PUR, einkomponentig
Querschnitt: bis 20 x 10 mm

8€ | 9€ | **11**€ | 12€ | 14€ | [m] | ⏱ 0,08 h/m | 313.000.263

103 Fugenabdichtung, elastisch PUR, 20x10, 2K KG **395**

Wie Ausführungsbeschreibung A 9
Dichtstoff: PUR, zweikomponentig
Querschnitt: bis 20 x 10 mm

9€ | 11€ | **12**€ | 14€ | 17€ | [m] | ⏱ 0,09 h/m | 313.000.265

104 Fugenabdichtung, elastisch PUR, 35x15, 2K KG **395**

Wie Ausführungsbeschreibung A 9
Dichtstoff: PUR, zweikomponentig
Querschnitt: bis 35 x 15 mm

12€ | 14€ | **16**€ | 19€ | 22€ | [m] | ⏱ 0,13 h/m | 313.000.266

Kosten:
Stand 2.Quartal 2020
Bundesdurchschnitt

▶ min
▷ von
ø Mittel
◁ bis
◀ max

105 Fugenabdichtung, Komprimierband, 20mm KG **395**

Fugenabdichtung mit vorkomprimierten Bändern zwischen Betonbauteilen.
Raumgewicht: .....
Fugenbreite: bis 20 mm
Bauteil: .....
Fugenart: .....

17€ 21€ **23**€ 27€ 31€ [m] ⏱ 0,10 h/m 313.000.267

106 Fugenabdichtung abdecken, Alu, 30x50mm KG **395**

Fugenabdeckung aus Aluminiumhohlprofil zum Schutz vor Beschädigung, inkl. Unterkonstruktion mit Haltern.
Fugenbreite: 30 mm
Breite Abdeckung: 50 mm
Oberfläche: eloxiert
Farbe: .....
Bauteil: .....

24€ 29€ **33**€ 38€ 44€ [m] ⏱ 0,40 h/m 313.000.268

107 Fugenabdichtung abdecken, Alu, 40x70mm KG **395**

Fugenabdeckung aus Aluminiumhohlprofil zum Schutz vor Beschädigung, inkl. Unterkonstruktion mit Haltern.
Fugenbreite: 40 mm
Breite Abdeckung: 70 mm
Oberfläche: eloxiert
Farbe: .....
Bauteil: .....

25€ 31€ **35**€ 39€ 46€ [m] ⏱ 0,40 h/m 313.000.269

108 Unterfangung, Fundament KG **393**

Unterfangung von Fundamenten aus Stahlbeton gem. beigelegten bautechnischen Unterlagen / siehe DIN4123 Abs. 4/, abschnittsweise, inkl. Mehraufwand beim Erdaushub durch das Anlegen von Stichgräben oder Schächten (Menge ist beim Baugrubenaushub erfasst), einschl. Arbeitsraumsicherung und Schalung, Bewehrung in gesonderter Position.
Festigkeitsklasse: C16/20
Expositionsklasse: XC2 / XF1
Zuschlagstoff: natürliche Gesteinskörnung
Unterfangungsdicke: bis 0,50 m
Unterfangungshöhe: bis 1,50 m
Breite Stichgräben: ca. 1,25 m
Hinweis: Nach der VOB müssen Beton, Schalung und Bewehrung getrennt ausgeschrieben werden.

316€ 434€ **473**€ 728€ 1.073€ [m^3] ⏱ 6,60 h/m^3 313.000.276

109 Schalung, Fundament, verloren KG **322**

Schalung, rau, für Einzel- und Streifenfundamente, Fundamentplatten und sonstige Abschalungen im Gründungsbereich, als verlorene Schalung. Ausführung nach Wahl des AN.
Bauteil: .....
Gewählte Schalung: .....

35€ 44€ **47**€ 53€ 69€ [m^2] ⏱ 0,60 h/m^2 313.000.277

Nr. **Kurztext** / Langtext — Kostengruppe
▶ ▷ **ø netto €** ◁ ◀ [Einheit] Ausf.-Dauer Positionsnummer

110 Schalung, Fundament, rau KG **322**
Schalung, rau, für Einzel- und Streifenfundamente, Fundamentplatten und sonstige Abschalungen im Gründungsbereich, Ausführung nach Wahl des AN.
Bauteil: .....
Gewählte Schalung: .....
24€ 37€ **41**€ 48€ 61€ [m2] ⏱ 0,60 h/m2 313.000.278

111 Fundament, Ortbeton, bewehrt KG **322**
Bewehrtes Fundament aus Ortbeton, unter GOK, auf Sauberkeitsschicht bzw. Unterbeton betoniert, Schalung und Bewehrung in gesonderten Positionen.
Festigkeitsklasse: C25/30
Expositionsklasse: XC2/XA1
Feuchtigkeitsklasse: WF
Zuschlagstoff: natürliche Gesteinskörnung
Fundamentabmessung: .....
Tiefe: bis 1,00 m
Hinweis: Nach der VOB müssen Beton, Schalung und Bewehrung getrennt ausgeschrieben werden.
137€ 176€ **189**€ 240€ 370€ [m3] ⏱ 0,80 h/m3 313.000.279

Kosten:
Stand 2.Quartal 2020
Bundesdurchschnitt

112 Fundament, Ortbeton, unbewehrt KG **322**
Unbewehrtes Fundament aus Ortbeton, unter GOK, ohne Anforderung an Frostsicherheit, als Auffüllbeton bei Abtreppungen, Unterbeton, Tiefengründungen, Vertiefungen etc., Schalung in gesonderter Position.
Festigkeitsklasse: C8/10
Expositionsklasse: X0
Feuchtigkeitsklasse: WF
Zuschlagstoff: natürliche Gesteinskörnung
124€ 145€ **152**€ 169€ 204€ [m3] ⏱ 0,75 h/m3 313.000.280

113 Fundament, Ortbeton, unbewehrt, Schalung KG **322**
Fundament aus Stahlbeton, unter GOK, aus Ortbeton einschl. Schalung, Schalung rau, für Einzel- und Streifenfundamente, Fundamentplatte und Abschalungen im Gründungsbereich, nach Wahl des AN, Bewehrung in gesonderter Position.
Festigkeitsklasse: C25/30
Expositionsklasse: XC2/XA1
Feuchtigkeitsklasse: WF
Fundamentabmessung: .....
Hinweis: Nach der VOB müssen Beton, Schalung und Bewehrung getrennt ausgeschrieben werden.
161€ 234€ **263**€ 303€ 407€ [m3] ⏱ 2,10 h/m3 313.000.281

114 Trennlage, PE-Folie KG **325**
Trennlage aus PE-Folie, Stoßüberlappung ca. 15cm, Stöße gegen Verschieben sichern.
Foliendicke: 0,2 mm
Untergrund: .....
1€ 2€ **2**€ 3€ 5€ [m2] ⏱ 0,02 h/m2 313.000.282

▶ min
▷ von
ø Mittel
◁ bis
◀ max

115 **Bodenplatte, Stahlbeton C25/30, bis 35cm** KG **322**

Bodenplatte bewehrt, Ortbeton, unter GOK, ohne Frost, schwacher chem. Angriff; Schalung und Bewehrung in gesonderter Position.
Festigkeitsklasse: C25/30
Expositionsklasse: XC2/XA1
Feuchtigkeitsklasse: WF
Zuschlagstoff: natürliche Gesteinskörnung
Plattendicke: ..... cm
Untergrund: waagrecht
Oberfläche: waagrecht

137€ 175€ **193**€ 212€ 260€ [m³] ⏱ 0,80 h/m³ 313.000.283

116 **Wand, Stahlbeton C25/30, bis 30cm, Schalung** KG **331**

Außenwand aus Stahlbeton, aus Ortbeton und Schalung, Betonfläche nicht sichtbar bleibend; Bewehrung in gesonderter Position.
Festigkeitsklasse: C25/30
Expositionsklasse: XC4 / XF1
Feuchtigkeitsklasse: WF
Zuschlagstoff: natürliche Gesteinskörnung
Wanddicke: 25-30 cm
Wandhöhe: bis 3,00 m
Oberfläche, Schalhaut: rau
Hinweis: Nach VOB, Teil C müssen Beton, Schalung und Bewehrung getrennt ausgeschrieben werden.

125€ 138€ **143**€ 148€ 161€ [m²] ⏱ 0,85 h/m² 313.000.284

117 **Decke, Beton C25/30, bis 24cm, Schalung** KG **351**

Decke aus Stahlbeton, Ortbeton und Schalung. Bewehrung in gesonderten Positionen.
Festigkeitsklasse: C25/30
Expositionsklasse: XC1
Zuschlagstoff: natürliche Gesteinskörnung
Betonoberfläche: .....
Deckenaufsicht: ohne Gefälle
Deckenstärke: 18-24 cm
Hinweis: Nach VOB, Teil C müssen Beton, Schalung und Bewehrung getrennt ausgeschrieben werden.

70€ 81€ **87**€ 92€ 104€ [m²] ⏱ 0,80 h/m² 313.000.285

118 **Betonstahlmatten, B500** KG **351**

Bewehrung aus Betonstahlmatten, in unterschiedlichen Mattenabmessungen, einschl. Zwischenlagerung auf der Baustelle, Zuschnitt nach Schneideskizzen und Schneiden von Aussparungen.
Bauteil: .....
Betonstahl: **B500A / B500B**
Lieferform: **Lagermatte / Listenmatte**

1.211€ 1.646€ **1.849**€ 2.107€ 2.660€ [t] ⏱ 0,02 h/t 313.000.292

300 301 302 308 309 310 312 **313** 314 316 317 318 320 321 322

Nr. **Kurztext** / Langtext — Kostengruppe
▶ ▷ **ø netto €** ◁ ◀ [Einheit] Ausf.-Dauer Positionsnummer

119 Betonstabstahl, B500B KG **351**

Bewehrung aus Betonstabstahl, in unterschiedlichen Durchmessern, gem. Bewehrungsplänen, Biege- und Stahllisten der Tragwerksplanung, einschl. aller erforderlichen Anpassungsarbeiten.
Bauteil: .....
Betonstabstahl: B500B

1.415€ 1.800€ **2.019**€ 2.438€ 3.120€ [t] ⏱ 0,03 h/t 313.000.291

120 Kleineisenteile, Baustahl S235JR KG **351**

Kleineisenteile, inkl. Montage, Einzelteile bis 30kg, gem. beiliegender Stahlliste; einschl. Rostschutzgrundierung und Verschweißung.
Baustahl: S 235 JR
Bauteil: .....
Abmessungen: .....

3€ 6€ **7**€ 9€ 14€ [kg] ⏱ 0,03 h/kg 313.000.288

121 Stundensatz Facharbeiter, Betonbau

Stundenlohnarbeiten für Facharbeiter, Spezialfacharbeiter, Vorarbeiter und jeweils Gleichgestellte. Der Verrechnungssatz für die jeweilige Arbeitskraft umfasst sämtliche Aufwendungen wie Lohn- und Gehaltskosten, lohn- und gehaltsgebundene Kosten, Lohn- und Gehaltsnebenkosten, Gemeinkosten, Wagnis und Gewinn. Leistung nach besonderer Anordnung des Auftraggebers. Nachweis und Anmeldung gem. VOB/B.

47€ 52€ **53**€ 53€ 56€ [h] ⏱ 1,00 h/h 313.000.289

Kosten:
Stand 2.Quartal 2020
Bundesdurchschnitt

▶ min
▷ von
ø Mittel
◁ bis
◀ max

Kosten:
Stand 2.Quartal 2020
Bundesdurchschnitt

▶ min
▷ von
ø Mittel
◁ bis
◀ max

Nr.	Positionen	Einheit	▶	▷	ø brutto € / ø netto €	◁	◀
1	Natursteinbelag abbrechen, Mörtelbett	m²	13	18	**22**	26	39
			11	15	**18**	22	33
2	Natursteinbelag abbrechen, Unterbeton	m²	26	36	**43**	53	57
			22	31	**36**	45	48
3	Natursteinbelag aufnehmen/lagern	m²	30	37	**43**	54	56
			25	31	**36**	45	47
4	Naturstein-Treppenbelag abbrechen	m	25	30	**36**	43	47
			21	25	**30**	36	40
5	Trittstufe abbrechen, Naturstein	St	58	77	**83**	105	110
			49	65	**70**	88	92
6	Sockelleiste ausbauen/lagern, Naturstein	m	9	10	**12**	14	15
			7	8	**10**	12	13
7	Sockelleiste abbrechen, Naturstein	m	6	7	**8**	10	11
			5	6	**7**	9	9
8	Natursteinbekleidung abbrechen	m²	34	43	**50**	61	65
			29	36	**42**	51	55
9	Fensterbank abbrechen, Naturstein außen	m	18	22	**24**	30	31
			15	19	**20**	25	26
10	Fensterbank abbrechen, Naturstein, innen	St	13	20	**24**	28	43
			11	17	**20**	23	36
11	Natursteinblockstufen, ausbauen/lagern	St	44	53	**64**	78	83
			37	44	**54**	66	70
12	Betonwerksteinplatten abbrechen	m²	14	17	**20**	25	26
			12	14	**17**	21	22
13	Betonwerksteinbelag abbrechen	m²	21	25	**29**	35	37
			18	21	**24**	29	31
14	Betonwerksteinplatten aufnehmen, lagern	m²	10	18	**22**	26	27
			9	15	**18**	22	23
15	Sockelbekleidung abbrechen, Betonwerkstein	m²	71	83	**98**	120	126
			60	70	**82**	101	106
16	Treppenbelag abbrechen, Betonwerkstein	m	37	47	**54**	67	71
			31	39	**45**	56	60
17	Außenbelag, Naturstein, kleinteiliges Pflaster	m²	144	190	**209**	233	282
			121	159	**176**	195	237
18	Terrassenbelag aufnehmen, Betonwerksein	m²	15	21	**26**	31	33
			12	18	**22**	26	28
19	Podestbelag abbrechen, Betonwerkstein	m²	28	34	**40**	49	52
			23	29	**34**	42	44
20	Fensterbank abbrechen, Betonwerkstein, innen	m	16	18	**22**	26	20
			13	15	**18**	22	17
21	Natursteinbelag reinigen	m²	10	12	**14**	17	18
			8	10	**12**	14	15
22	Natursteinflächen ausbessern	m²	28	34	**37**	47	50
			23	29	**31**	39	42
23	Natursteinoberflächen schleifen	m²	52	60	**72**	88	95
			44	51	**60**	74	79
24	Natursteinflächen festigen	m²	12	14	**18**	21	23
			10	12	**15**	18	19

Nr.	Positionen	Einheit	▶	▷	ø brutto € / ø netto €	◁	◀
25	Sandsteinoberfläche scharrieren	m²	93	110	**125**	153	166
			79	92	**105**	129	139
26	Betonwerkstein schleifen	m²	25	31	**35**	44	47
			21	26	**30**	37	39
27	Außenbelag, Betonwerksteinplatten	m²	72	91	**100**	104	117
			61	76	**84**	87	99
28	Außenbelag, Naturstein, Pflaster	m²	98	129	**148**	157	178
			83	109	**124**	132	150
29	Außenbelag, Pflasterstreifen	m	30	41	**43**	50	61
			26	34	**36**	42	51
30	Mauerabdeckung, Natursteinplatten	m	123	134	**136**	140	148
			103	112	**114**	117	124
31	Fensterbank, Betonwerkstein, innen	m	48	57	**60**	70	96
			40	48	**51**	59	81
32	Treppe, Blockstufe, Naturstein	m	152	191	**211**	251	336
			128	160	**177**	211	282
33	Treppe, Blockstufe, Betonwerkstein	m	125	163	**183**	190	210
			105	137	**154**	160	177
34	Treppe, Winkelstufe, 1,00m	St	167	193	**202**	215	241
			140	162	**170**	181	202
35	Treppenbelag, Tritt-/Setzstufe	m	125	154	**156**	176	198
			105	130	**131**	148	167
36	Aufmerksamkeitsstreifen, Stufenkante	m	–	53	**59**	75	–
			–	44	**50**	63	–
37	Sockel, Natursteinplatten	m	24	30	**32**	37	43
			20	25	**27**	31	36
38	Innenbelag, Naturstein	m²	147	202	**222**	246	298
			123	170	**186**	207	251
39	Innenbelag, Betonwerkstein	m²	90	109	**115**	143	186
			75	92	**97**	120	157
40	Oberfläche, laserstrukturiert, Mehrpreis	m²	–	37	**43**	60	–
			–	31	**36**	51	–
41	Ausklinkung, Plattenbelag	St	15	19	**20**	21	24
			13	16	**16**	18	20
42	Schrägschnitte, Plattenbelag	m	20	22	**23**	23	26
			17	19	**20**	20	22
43	Fries, Plattenbelag	m	36	57	**60**	61	91
			31	47	**50**	51	77
44	Trenn-/Anschlagschiene, Messing	m	43	47	**47**	50	55
			36	39	**40**	42	46
45	Fugenabdichtung, elastisch, Silikon	m	7	8	**9**	10	12
			6	7	**7**	8	10
46	Trittschalldämmung, Randstreifen, MW	m²	10	13	**15**	17	20
			8	11	**13**	14	17
47	Erstreinigung, Bodenbelag	m²	4	6	**7**	8	10
			4	5	**6**	7	9

300 301 302 308 309 310 312 313 314 316 317 318 320 321 322

Nr.	Positionen	Einheit	▶	▷ ø brutto € / ø netto €		◁	◀
48	Leitsystem, Rippenfliese/Begleitstreifen, Edelstahl, 200mm	m	–	160	**184**	232	–
			–	135	**155**	195	–
49	Leitsystem, Rippenfliese/Begleitstreifen, Edelstahl, 400mm	m	–	205	**228**	294	–
			–	172	**192**	247	–
50	Aufmerksamkeitsfeld, 600/600, Noppenfliesen, Edelstahl	St	–	256	**291**	366	–
			–	215	**244**	308	–
51	Aufmerksamkeitsfeld, 1.200/1.200, Noppenfliesen, Edelstahl	St	–	699	**794**	1.008	–
			–	587	**667**	847	–
52	Stundensatz Facharbeiter, Natursteinarbeiten	h	55	64	**67**	70	77
			47	54	**56**	59	64
53	Stundensatz Helfer, Natursteinarbeiten	h	50	57	**57**	61	69
			42	48	**48**	52	58

Kosten:
Stand 2.Quartal 2020
Bundesdurchschnitt

Nr. **Kurztext** / Langtext | Kostengruppe
▶ ▷ **ø netto €** ◁ ◀ [Einheit] Ausf.-Dauer Positionsnummer

1 Natursteinbelag abbrechen, Mörtelbett — KG **394**

Plattenbelag aus Naturwerkstein, einschl. Mörtelbett abbrechen und entsorgen.
Gesamtaufbau: ca. 6 cm

11€ 15€ **18**€ 22€ 33€ [m²] ⏱ 0,20 h/m² 314.000.055

2 Natursteinbelag abbrechen, Unterbeton — KG **394**

Plattenbelag aus Naturwerkstein, einschl. Unterbeton abbrechen und entsorgen.
Gesamtaufbau: ca. 15 cm

22€ 31€ **36**€ 45€ 48€ [m²] ⏱ 1,00 h/m² 314.000.056

3 Natursteinbelag aufnehmen/lagern — KG **395**

Bodenbelag aus Naturwerksteinplatten ausbauen, reinigen und zur Wiederverwendung lagern. Leistung einschl. Entfernen der Mörtelreste und Reinigen der Rückseiten.
Material: .....
Format: .....
Plattendicke: .....
Ausbauort: .....
Lagerweg: ..... m

25€ 31€ **36**€ 45€ 47€ [m²] ⏱ 0,60 h/m² 314.000.057

4 Naturstein-Treppenbelag abbrechen — KG **394**

Treppenbelag auf Tritt- und Setzstufen mit ganzen Platten aus Naturwerkstein mit Mörtelbett bis auf den Rohbetonkern abbrechen und entsorgen. Der Untergrund ist von Mörtelresten zu reinigen.
Konstruktionsdicke: ca. 6 cm
Steigungsverhältnis: ..... cm
Laufbreite: bis 1,30 m

21€ 25€ **30**€ 36€ 40€ [m] ⏱ 0,75 h/m 314.000.058

▶ min
▷ von
ø Mittel
◁ bis
◀ max

5 **Trittstufe abbrechen, Naturstein** KG **394**

Trittstufe aus Naturwerkstein abbrechen und entsorgen. Die Auflagerfläche ist zu reinigen.
Stufenlänge: bis 1,30 m
Stufenbreite: bis 30 cm
Plattendicke: .....

49€ 65€ **70**€ 88€ 92€ [St] ⏱ 1,20 h/St 314.000.059

6 **Sockelleiste ausbauen/lagern, Naturstein** KG **394**

Natursteinsockelleisten an Innen- und Außentreppen ausbauen und zur Wiederverwendung lagern. Leistung einschl. Entfernen der Mörtelreste und Reinigen der Rückseiten.
Ausbauort: .....
Höhe: .....
Lagerweg: ..... m

7€ 8€ **10**€ 12€ 13€ [m] ⏱ 0,15 h/m 314.000.060

7 **Sockelleiste abbrechen, Naturstein** KG **394**

Natursteinsockelleisten an Innen- und Außentreppen entfernen und entsorgen.
Ausbauort: .....
Höhe: .....

5€ 6€ **7**€ 9€ 9€ [m] ⏱ 0,12 h/m 314.000.061

8 **Natursteinbekleidung abbrechen** KG **394**

Fassadenbekleidung aus Natursteinplatten abbrechen und entsorgen.
Bekleidung: .....
Plattendicke: bis 50 mm
Befestigung: .....

29€ 36€ **42**€ 51€ 55€ [m^2] ⏱ 0,70 h/m^2 314.000.062

9 **Fensterbank abbrechen, Naturstein außen** KG **394**

Fensterbank aus Naturwerkstein im Außenbereich abbrechen und entsorgen. Auflagefläche für neue Fensterbank vorbereiten.
Material: .....
Dicke: 3 cm
Breite: bis 30 cm
Länge: ..... m

15€ 19€ **20**€ 25€ 26€ [m] ⏱ 0,25 h/m 314.000.063

10 **Fensterbank abbrechen, Naturstein, innen** KG **394**

Fensterbank aus Naturwerkstein im Innenbereich ausbauen und entsorgen. Auflagefläche für neue Fensterbank vorbereiten.
Material: .....
Dicke: ..... cm
Breite: ..... cm
Länge: ..... m

11€ 17€ **20**€ 23€ 36€ [St] ⏱ 0,30 h/St 314.000.064

300 301 302 308 309 310 312 313 **314** 316 317 318 320 321 322

Kosten:
Stand 2.Quartal 2020
Bundesdurchschnitt

▶ min
▷ von
ø Mittel
◁ bis
◀ max

Nr.	**Kurztext** / Langtext					Kostengruppe
▶	▷	**ø netto €**	◁	◀	[Einheit]	Ausf.-Dauer Positionsnummer

11 Natursteinblockstufen, ausbauen/lagern KG **394**

Natursteinblockstufen von Innen- und Außentreppen ausbauen und zur Wiederverwendung lagern. Leistung einschl. Entfernen der Mörtelreste und Reinigen der Rückseiten.
Länge: bis 1,20 m
Breite: .....
Höhe: .....
Ausbauort: .....
Lagerweg: ..... m

37€ 44€ **54**€ 66€ 70€ [St] ⏱ 1,05 h/St 314.000.065

12 Betonwerksteinplatten abbrechen KG **394**

Betonwerksteinplatten, im Sand- oder Splittbett, abbrechen und entsorgen.
Plattengröße: bis 50 x 50 x 5 cm

12€ 14€ **17**€ 21€ 22€ [m²] ⏱ 0,20 h/m² 314.000.066

13 Betonwerksteinbelag abbrechen KG **394**

Bodenbelag aus Betonwerksteinplatten mit Mörtelbett, einschl. Estrich bis auf Rohdecke abbrechen. Untergrund reinigen und Bauschutt entsorgen.
Konstruktionsdicke: bis 12 cm
Ausbauort: ......

18€ 21€ **24**€ 29€ 31€ [m²] ⏱ 0,30 h/m² 314.000.070

14 Betonwerksteinplatten aufnehmen, lagern KG **394**

Betonwerksteinplatten, Bettung in Sand, aufnehmen, Rückseiten reinigen und zur Wiederverwendung lagern.
Plattengröße (L x B x D): 40 x 40 x 5 cm
Lagerweg: ..... m

9€ 15€ **18**€ 22€ 23€ [m²] ⏱ 0,25 h/m² 314.000.067

15 Sockelbekleidung abbrechen, Betonwerkstein KG **394**

Sockelbekleidung aus Betonwerkstein, im Mörtelbett verlegt, abbrechen. Untergrund reinigen und Bauschutt entsorgen.
Gesamtaufbau: bis 60 mm
Ausbauort: ......

60€ 70€ **82**€ 101€ 106€ [m²] ⏱ 0,12 h/m² 314.000.071

16 Treppenbelag abbrechen, Betonwerkstein KG **394**

Betonwerkstein Treppenbelag aus Tritt- und Setzstufen komplett bis OK Rohdecke abbrechen. Belag im Mörtelbett verlegt, einschl. Estrich, TSD und Trennlagen. Untergrund reinigen und Bauschutt entsorgen.
Gesamtaufbau: bis 8 cm
Steigungsverhältnis: **17,5 / 28** cm
Laufbreite: ..... m

31€ 39€ **45**€ 56€ 60€ [m] ⏱ 0,60 h/m 314.000.068

17 Außenbelag, Naturstein, kleinteiliges Pflaster KG **531**

Pflasterbelag aus Naturstein-Pflaster, im Außenbereich, in Zementmörtel, in Reihen verlegt, Fugen versetzt, inkl. Anpassarbeit an begrenzende Bauteile.
Untergrund: **eben / geneigt**
Steinmaterial: **Basalt / Granit**
Nennabmessung: 50 x 50 mm
Fugenbreite: ca. 10 mm
Fugenfüllung: .....
Oberfläche: trittsicher rau
Einbauort: Bereich Gehweg
Angebotener Stein: .....

121€ 159€ **176**€ 195€ 237€ [m2] ⏱ 1,60 h/m2 314.000.085

18 Terrassenbelag aufnehmen, Betonwerksein KG **394**

Terrassenbelag aus Betonwerksteinplatten in Splitt verlegt, ausbauen, lagern. Platten reinigen und Bauschutt entsorgen.
Plattengröße: **40 x 40** cm **/ 40 x 80** cm
Plattendicke: 50 mm
Ausbauort: .....
Lagerweg: ..... m

12€ 18€ **22**€ 26€ 28€ [m2] ⏱ 0,20 h/m2 314.000.072

19 Podestbelag abbrechen, Betonwerkstein KG **394**

Podestbelag aus Betonwerksteinplatten mit Mörtelbett, bis auf Rohdecke abbrechen. Untergrund reinigen und Bauschutt entsorgen.
Konstruktionsdicke: bis 5 cm

23€ 29€ **34**€ 42€ 44€ [m2] ⏱ 0,30 h/m2 314.000.069

20 Fensterbank abbrechen, Betonwerkstein, innen KG **394**

Fensterbank aus Betonwerkstein im Innenbereich ausbauen und Bauschutt entsorgen.

13€ 15€ **18**€ 22€ 17€ [m] ⏱ 0,20 h/m 314.000.073

21 Natursteinbelag reinigen KG **395**

Vorhandene Wachs- und Schmutzschichten von Natursteinbelägen entfernen.
Belag: ......
Reinigungsart: .....

8€ 10€ **12**€ 14€ 15€ [m2] ⏱ 0,20 h/m2 314.000.075

22 Natursteinflächen ausbessern KG **395**

Sandsteinflächen mit Restaurationsgrund unterlegen.
Fehlstellentiefe: größer 20 mm
Flächengrößen: .....

23€ 29€ **31**€ 39€ 42€ [m2] ⏱ 0,32 h/m2 314.000.076

300
301
302
308
309
310
312
313
314
316
317
318
320
321
322

Nr.	**Kurztext** / Langtext						Kostengruppe
▶	▷	**ø netto €**	◁	◀	[Einheit]	Ausf.-Dauer	Positionsnummer

23 Natursteinoberflächen schleifen KG **395**

Ausgebesserte Naturwerksteinoberflächen schleifen und den bestehenden Oberflächen angleichen.
Art des Werkstücks: .....
Material: .....

▶	▷	ø	◁	◀	[Einheit]	Ausf.-Dauer	Positionsnummer
44€	51€	**60**€	74€	79€	[m²]	⏱ 0,84 h/m²	314.000.077

24 Natursteinflächen festigen KG **395**

Steinfestigung trockener Natursteinflächen.
Bauteil: .....
Natursteinart: .....
Flächengröße: .....
Festiger: Kieselsäureester

▶	▷	ø	◁	◀	[Einheit]	Ausf.-Dauer	Positionsnummer
10€	12€	**15**€	18€	19€	[m²]	⏱ 0,19 h/m²	314.000.078

Kosten:
Stand 2.Quartal 2020
Bundesdurchschnitt

25 Sandsteinoberfläche scharrieren KG **395**

Sandsteinoberflächen durch Scharrieren bearbeiten und an Bestandsflächen anpassen.

▶	▷	ø	◁	◀	[Einheit]	Ausf.-Dauer	Positionsnummer
79€	92€	**105**€	129€	139€	[m²]	⏱ 2,00 h/m²	314.000.079

26 Betonwerkstein schleifen KG **395**

Betonwerksteinfläche zum Glätten schleifen.
Bauteil: .....

▶	▷	ø	◁	◀	[Einheit]	Ausf.-Dauer	Positionsnummer
21€	26€	**30**€	37€	39€	[m²]	⏱ 0,30 h/m²	314.000.081

27 Außenbelag, Betonwerksteinplatten KG **530**

Plattenbelag aus Betonwerkstein, im Außenbereich, inkl. Unterbau auf bauseitiger Abdichtung, mit Kreuzfuge.
Untergrund: eben
Unterbau: Splittbett
Plattenmaterial: Betonwerkstein
Vorsatzschale: ......
Plattenabmessung: 300 x 300 mm
Plattendicke: .....
Fugenbreite: ca. 15 mm
Fuge: mit Splitt gefüllt
Oberfläche: .....
Angeb. Werkstein/Lieferant: .....

▶	▷	ø	◁	◀	[Einheit]	Ausf.-Dauer	Positionsnummer
61€	76€	**84**€	87€	99€	[m²]	⏱ 0,70 h/m²	314.000.098

▶ min
▷ von
ø Mittel
◁ bis
◀ max

28 **Außenbelag, Naturstein, Pflaster** KG **530**

Bodenbelag aus kleinformatigen Natursteinpflaster im Außenbereich, in ungebundener Bauweise auf Brechsand-Spitt-Gemisch und Fugenfüllung aus Splitt.
Einbauort: Stellplätze
Gefälle: .....
Steinmaterial: Granit
Verlegeart: in Reihen
Fugenanordnung: versetzt
Maße: bis 220/160 mm
Nenndickenabweichung: Klasse .....
Oberfläche: trittsicher rau
Bettung: Körnung 0/5 - natürliche Gesteinskörnung
TL-Pflaster StB Kategorie: GN
Angeb. Stein/ Lieferant: .....

83€ 109€ **124**€ 132€ 150€ [m²] ⏱ 0,80 h/m² 314.000.086

29 **Außenbelag, Pflasterstreifen** KG **530**

Pflasterstreifen aus Naturstein-Pflaster, im Außenbereich, in Beton, mit einseitiger Rückenstütze, streifenförmig verlegt, Fugen versetzt, inkl. Anpassarbeit an begrenzende Bauteile.
Untergrund: **eben / geneigt**
Steinmaterial: **Basalt / Granit**
Nennabmessung: 160 x 160-220 mm
Steindicke: ca. 160 mm
Fugenbreite: ca. 20 mm
Fugenfüllung: Zementmörtel
Oberfläche: trittsicher rau
Einbauort: **Rasenpflaster-Einfassung / Kraftfahrzeug-Nutzung**
Angeb. Stein/ Lieferant: .....

26€ 34€ **36**€ 42€ 51€ [m] ⏱ 0,35 h/m 314.000.087

30 **Mauerabdeckung, Natursteinplatten** KG **543**

Mauerabdeckung aus Natursteinplatten mit Tropfkante, im Außenbereich auf gescheibter Mauerkrone, Platten im Zementmörtel, inkl. Verfugung und Anpassarbeiten an begrenzende Bauteile.
Einbauort: Stahlbetonwand, 24 cm
Untergrund: eben
Plattenmaterial: .....
Plattenabmessung (L x B): ..... x ..... mm
Plattendicke: ca. 30 mm
Kantenausbildung: scharfkantig
Fugenbreite: ca. 5 mm
Oberfläche: .....

103€ 112€ **114**€ 117€ 124€ [m] ⏱ 0,20 h/m 314.000.099

300 301 302 308 309 310 312 313 **314** 316 317 318 320 321 322

Nr.	Kurztext / Langtext						Kostengruppe
▶	▷	ø netto €	◁	◀	[Einheit]	Ausf.-Dauer	Positionsnummer

31 Fensterbank, Betonwerkstein, innen KG **334**

Fensterbank aus Betonwerkstein, innen, in Mörtelbett mit Toleranzausgleich, Fensterbank über Rohwand auskragend, mit stumpfem Anschluss an bauseitigen Fensterrahmen. Verfugung in gesonderter Position.
Betonsteindicke: 50 mm
Breite: bis 250 mm
Auskragung: ca. 50 mm
Steinausführung: .....
Oberfläche: .....
Kantenausbildung: .....

40€	48€	**51**€	59€	81€	[m]	⏱ 0,42 h/m	314.000.100

32 Treppe, Blockstufe, Naturstein KG **544**

Blockstufe aus Naturwerkstein, im Außenbereich, auf Untergrund aus Stahlbeton in Zementmörtel.
Einbauort: .....
Steinart: .....
Farbe/Textur: .....
Stufenabmessung: 1.200 x 350 mm
Stufenhöhe: 160 mm
Oberfläche: .....
Rutschgefahr: R9
Kantenausbildung: .....
Angeb. Stein/Lieferant: .....
Steinbruch: .....

128€	160€	**177**€	211€	282€	[m]	⏱ 0,60 h/m	314.000.089

33 Treppe, Blockstufe, Betonwerkstein KG **544**

Blockstufe aus Betonwerkstein, 2-schichtig, im Außenbereich, auf Untergrund aus Stahlbeton in Zementmörtel.
Einbauort: .....
Steinart: .....
Farbe/Textur: .....
Stufenabmessung: 1.200 x 350 x 160 mm
Oberfläche: .....
Rutschgefahr: R9
Kantenausbildung: .....
Angeb. Stein/Lieferant: .....
Ausführung nach Muster des AG

105€	137€	**154**€	160€	177€	[m]	⏱ 0,60 h/m	314.000.090

Kosten:
Stand 2.Quartal 2020
Bundesdurchschnitt

▶ min
▷ von
ø Mittel
◁ bis
◀ max

34 Treppe, Winkelstufe, 1,00m KG **544**

Treppenstufe als Winkelstufe, auf bauseitigen, ebenen und gescheibten Stahlbetonuntergrund, in Zementmörtel, inkl. Verfugung und Toleranzausgleich.
Steinart: **Naturwerkstein aus ..... / Betonwerkstein, einschichtig** bzw. **mit Natursteinvorlage**
Farbe / Textur: .....
Steinbruch / Lieferant: .....
Stufenabmessung: 1.000 x 290 x 175 mm
Materialdicke: 40 mm
Oberfläche: .....
Kantenausbildung: **gefast / scharfkantig**
Einbauort: **Außen- / Innenbereich**
Angeb. Stein/Lieferant: .....
Steinbruch des angebotenen Materials: .....

140€ 162€ **170**€ 181€ 202€ [St] ⏱ 0,55 h/St 314.000.091

35 Treppenbelag, Tritt-/Setzstufe KG **353**

Treppenstufe als Tritt- und Setzstufe, auf bauseitigen, ebenen und gescheibten Stahlbetonuntergrund, Stufen vollflächig verlegt in Zementmörtel, Trittstufe ca. 20mm überkragend, Setzstufe stumpf gestoßen, inkl. Verfugung und Toleranzausgleich.
Einbauort: .....
Steinart: **Naturwerkstein aus ..... / Betonwerkstein, einschichtig**
Stufenabmessung (L x T x H): 1.000 x 290 x 175 mm
Materialdicke: Trittstufe 30 mm, Setzstufe 20 mm
Oberfläche / Farbe: .....
Kantenausbildung: .....
Angeb. Werkstein/Stein Lieferant: .....

105€ 130€ **131**€ 148€ 167€ [m] ⏱ 0,60 h/m 314.000.101

36 Aufmerksamkeitsstreifen, Stufenkante KG **353**

Rutschsicherer Aufmerksamkeitsstreifen als taktiles Erkennungsmerkmal gem. DIN 18025 auf Natursteinbelag mit geklebten Einzelrippen, im Kontrast zu Belag.
Anwendungsbereich: Treppen
Ausführungsort: .....
Ausführung: dreireihig
Untergrund: .....
Material: Kunststoffrippen, Polyurethan
Höhe: ..... mm
Format: ..... mm
Abstand von Vorderkante: ..... mm
Farbe: .....

–€ 44€ **50**€ 63€ –€ [m] ⏱ 0,35 h/m 314.000.092

300
301
302
308
309
310
312
313
314
316
317
318
320
321
322

Kosten:
Stand 2.Quartal 2020
Bundesdurchschnitt

Nr.	**Kurztext** / Langtext						Kostengruppe
▶	▷	**ø netto €**	◁	◀	[Einheit]	Ausf.-Dauer	Positionsnummer

37 Sockel, Natursteinplatten KG **353**

Sockelleiste aus Naturwerkstein, vorstehend an Wänden im Innenbereich, auf Dünnbett, mit Verfugung auf Flächenbelag abgestimmt.
Querschnitt: 80/15 mm
Plattendicke: bis 15 mm
Steinart: Magmatisches Gestein - .....
Oberfläche: feingeschliffen
Kanten: .....
Angeb. Stein/Lieferant: .....

20€ | 25€ | **27**€ | 31€ | 36€ | [m] | ⏱ 0,25 h/m | 314.000.102

38 Innenbelag, Naturstein KG **353**

Plattenbelag aus Naturstein, im Innenbereich, auf Mörtel im Verband, mit auf den Belag abgestimmter Verfugung.
Untergrund: Estrich
Plattenmaterial: .....
Plattenabmessung: 400 x 150 mm
Plattendicke: 15-20 mm
Fugenbreite: ca. 5 mm
Mörtel: .....
Verband: .....
Oberfläche: .....
Kanten: scharfkantig
Steinbruch: .....
Angeb. Stein/Lieferant: .....

123€ | 170€ | **186**€ | 207€ | 251€ | [m²] | ⏱ 1,10 h/m² | 314.000.103

39 Innenbelag, Betonwerkstein KG **353**

Bodenbelag aus Betonwerksteinplatten im Innenbereich, einschichtig, als kalibrierte Platte, im Verband auf Dickbett mit Verfugung mit Fugenmörtel.
Einbauort: .....
Untergrund: .....
Mörtel: 30 mm
Verlegeart: .....
Fugenanordnung: .....
Fugenbreite: 3 mm
Plattenabmessung: ..... mm
Plattendicke: ..... mm
Farbe/Textur: .....
Oberfläche: feingeschliffen
Angeb. Stein/ Lieferant: .....

75€ | 92€ | **97**€ | 120€ | 157€ | [m²] | ⏱ 1,10 h/m² | 314.000.104

40 Oberfläche, laserstrukturiert, Mehrpreis KG **353**

Mehrkosten bei Natursteinbelägen für Oberflächenstrukturgestaltung mit Laser.
Anforderung: R10

–€ | 31€ | **36**€ | 51€ | –€ | [m²] | ⏱ 0,10 h/m² | 314.000.093

▶ min
▷ von
ø Mittel
◁ bis
◀ max

41 Ausklinkung, Plattenbelag KG **353**

Ausklinkung in Naturstein- oder Betonwerksteinbelag.
Größe Ausklinkung: .....
Steinart: .....
Belagdicke: .....

13€ 16€ **16**€ 18€ 20€ [St] ⏱ 0,18 h/St 314.000.105

42 Schrägschnitte, Plattenbelag KG **353**

Gehrungsschnitte an Platte mit Bearbeitung.
Plattenbelag: **Boden / Wand**
Steinart: .....
Plattendicke: .....
Schnittwinkel: .....

17€ 19€ **20**€ 20€ 22€ [m] ⏱ 0,40 h/m 314.000.106

43 Fries, Plattenbelag KG **353**

Fries in Bodenbelag aus Naturstein, im Innenbereich, im Dünnbettmörtel verlegt, inkl. Verfugung.
Platten: Breite 280 mm, Länge 500 mm
Plattendicke: 20 mm
Steinart: .....
Oberfläche: .....
Einbauort: .....
Angeb. Stein: .....
Steinbruch: .....

31€ 47€ **50**€ 51€ 77€ [m] ⏱ 0,40 h/m 314.000.107

44 Trenn-/Anschlagschiene, Messing KG **353**

Trennschiene aus Metall in Werkstein-Bodenbelag, im Innenbereich.
Einbauort: .....
Untergrund: .....
Material: Messing
Oberfläche: .....

36€ 39€ **40**€ 42€ 46€ [m] ⏱ 0,12 h/m 314.000.108

45 Fugenabdichtung, elastisch, Silikon KG **353**

Fuge†in Bodenbelag mit elastischem Fugendichtstoff schließen.
Volumenschwund: kleiner gleich 15%
Zulässige Gesamtverformung: 12,5%
Fugenbreite: über 5 bis 10 mm
Fugentiefe bis 10 mm

6€ 7€ **7**€ 8€ 10€ [m] ⏱ 0,05 h/m 314.000.109

Nr.	Kurztext / Langtext						Kostengruppe
▶	▷	**ø netto €**	◁	◀	[Einheit]	Ausf.-Dauer	Positionsnummer

46 Trittschalldämmung, Randstreifen, MW KG **353**

Trittschalldämmung aus Mineralwolle, einlagig, dicht gestoßen, mit Randdämmstreifen und Abdeckung mit Trennlage aus PE-Folie.
Untergrund: Betonrohboden
Dämmstoff: MW-TSD
Anwendung: DES-sh
Bemessungsdicke: 25 mm
Steifigkeit: 13 MN/m²
Brandverhalten: nicht brennbar, A1 DIN EN 13501-1
Randstreifen: 12 x 150 mm
Trennlage: PE, 0,4 mm

8€ 11€ **13**€ 14€ 17€ [m²] ⏱ 0,60 h/m² 314.000.110

Kosten:
Stand 2.Quartal 2020
Bundesdurchschnitt

47 Erstreinigung, Bodenbelag KG **353**

Erstreinigung und Erstpflege des Naturwerksteinbelags, abgestimmt auf benötigte Oberflächeneigenschaften, die Arbeiten sind innerhalb einer Woche auszuführen, nach Aufforderung durch die Bauleitung des Architekten.
Steinart: .....
Rutschsicherheit: **R9 / R11**
Belastung: **Zementschleier / Bauschmutz**

4€ 5€ **6**€ 7€ 9€ [m²] ⏱ 0,25 h/m² 314.000.111

A 1 Leitsystem, Rippenfliese/Begleitstreifen, Edelstahl Beschreibung für Pos. **48-49**

Bodenindikatoren als taktiles Blindenleitsystem aus Rippenfliesen mit abgeschrägten Begleitstreifen aus Noppenfliesen, in Edelstahl, im Innenbereich, auf Natursteinbelag.
Einbauort: .....
Untergrund: ....
Natursteinbelag: .....
Dicke: bis 12 mm

48 Leitsystem, Rippenfliese/Begleitstreifen, Edelstahl, 200mm KG **353**

Wie Ausführungsbeschreibung A 1
Fliesenabmessung: ca. 200 x 600 mm
Rippenanzahl: 3

–€ 135€ **155**€ 195€ –€ [m] ⏱ 0,27 h/m 314.000.094

49 Leitsystem, Rippenfliese/Begleitstreifen, Edelstahl, 400mm KG **353**

Wie Ausführungsbeschreibung A 1
Fliesenabmessung: ca. 400 x 600 mm
Rippenanzahl: 3

–€ 172€ **192**€ 247€ –€ [m] ⏱ 0,30 h/m 314.000.095

▶ min
▷ von
ø Mittel
◁ bis
◀ max

A 2 Aufmerksamkeitsfeld, Noppenfliesen, Edelstahl Beschreibung für Pos. **50-51**

Bodenindikatoren als taktiles Aufmerksamkeitsfeld aus Noppenfliesen mit abgeschrägten Begleitsteifen, in Edelstahl, im Innenbereich, auf Natursteinbelag.
Einbauort: .....
Untergrund: ....
Natursteinbelag: .....
Dicke: bis 12 mm

50 Aufmerksamkeitsfeld, 600/600, Noppenfliesen, Edelstahl KG **353**

Wie Ausführungsbeschreibung A 2
Fliesenabmessung: 4 St, ca. 300 x 300 mm
Feldfläche: 600 x 600 mm

–€	215€	**244**€	308€	–€	[St]	⏱ 0,35 h/St	314.000.096

51 Aufmerksamkeitsfeld, 1.200/1.200, Noppenfliesen, Edelstahl KG **353**

Wie Ausführungsbeschreibung A 2
Fliesenabmessung: 16 St, ca. 300 x 300 mm
Feldfläche: 1.200 x 1.200 mm

–€	587€	**667**€	847€	–€	[St]	⏱ 1,20 h/St	314.000.097

52 Stundensatz Facharbeiter, Natursteinarbeiten

Stundenlohnarbeiten für Vorarbeiter, Facharbeiter und Gleichgestellte (z.B. Spezialbaufacharbeiter, Baufacharbeiter, Obermonteure, Monteure, Gesellen, Maschinenführer, Fahrer und ähnliche Fachkräfte). Der Verrechnungssatz für die jeweilige Arbeitskraft umfasst sämtliche Aufwendungen wie Lohn- und Gehaltskosten, Lohn- und Gehaltsnebenkosten, Zuschläge, lohngebundene und lohnabhängige Kosten, sonstige Sozialkosten, Gemeinkosten, Wagnis und Gewinn. Leistung nach besonderer Anordnung der Bauüberwachung. Anmeldung und Nachweis gem. VOB/B.

47€	54€	**56**€	59€	64€	[h]	⏱ 1,00 h/h	314.000.112

53 Stundensatz Helfer, Natursteinarbeiten

Stundenlohnarbeiten für Werker, Helfer und Gleichgestellte (z.B. Baufachwerker, Helfer, Hilfsmonteure, Ungelernte, Angelernte). Der Verrechnungssatz für die jeweilige Arbeitskraft umfasst sämtliche Aufwendungen wie Lohn- und Gehaltskosten, Lohn- und Gehaltsnebenkosten, Zuschläge, lohngebundene und lohnabhängige Kosten, sonstige Sozialkosten, Gemeinkosten, Wagnis und Gewinn. Leistung nach besonderer Anordnung der Bauüberwachung. Anmeldung und Nachweis gem. VOB/B.

42€	48€	**48**€	52€	58€	[h]	⏱ 1,00 h/h	314.000.113

316

Kosten:
Stand 2.Quartal 2020
Bundesdurchschnitt

Nr.	Positionen	Einheit	▶	▷	ø brutto € / ø netto €	◁	◀
1	Schutzabdeckung, armierte Baufolie	m²	6	7	**7**	8	10
			5	6	**6**	6	9
2	Wandbekleidung entfernen, Holz	m²	10	13	**15**	19	32
			8	11	**12**	16	27
3	Deckenbekleidung entfernen, Holz	m²	14	18	**22**	28	56
			12	15	**18**	24	47
4	Außenwandbekleidung entfernen, Holz	m²	17	20	**24**	30	32
			15	17	**20**	25	26
5	Wanddämmung entfernen, MW	m²	6	8	**10**	13	17
			5	7	**9**	11	14
6	Zwischensparrendämmung entfernen, MW	m²	4	8	**10**	12	16
			4	7	**9**	10	14
7	Lattentrennwand demontieren	m²	8	13	**16**	20	29
			7	11	**14**	17	24
8	Dachflächenfenster entfernen	St	30	60	**73**	85	116
			25	51	**62**	72	98
9	Holzständerwand abbauen	m²	19	22	**26**	32	34
			16	19	**22**	27	29
10	Holztreppe abbauen	St	128	184	**216**	270	377
			108	154	**182**	227	317
11	Bodeneinschubtreppe ausbauen	St	51	59	**69**	89	113
			42	49	**58**	75	95
12	Holztrittstufe entfernen	m²	20	24	**28**	35	37
			17	20	**23**	29	31
13	Holzleiter abbauen	St	10	12	**15**	18	18
			9	10	**12**	15	16
14	Holzhandlauf entfernen	m	10	11	**14**	17	18
			8	10	**12**	15	16
15	Holzfußboden entfernen, Bodenbretter	m²	9	10	**12**	14	26
			7	8	**10**	12	22
16	Holzfußboden entfernen, Bretter/Lagerhölzer	m²	9	12	**15**	18	31
			8	10	**12**	15	26
17	Fußbodenbretter aufnehmen/lagern	m²	10	13	**16**	19	29
			8	11	**13**	16	24
18	Spanplattenboden ausbauen	m²	21	26	**29**	29	34
			18	22	**24**	25	28
19	Schüttung entfernen, Lagerhölzer	m²	9	11	**13**	15	16
			8	9	**11**	13	14
20	Schüttung entfernen, Holzbalkendecke	m²	10	18	**22**	27	32
			8	15	**19**	22	27
21	Fehlboden entfernen	m²	14	17	**19**	24	30
			12	14	**16**	20	25
22	Deckenbalken ausbauen	m	9	12	**14**	17	25
			7	10	**12**	14	21
23	Unterzug ausbauen, Holz	m	12	14	**17**	21	27
			10	12	**14**	17	23
24	Holzbalkendecke ausbauen	m²	33	57	**69**	77	111
			27	48	**58**	65	94

▶ min
▷ von
ø Mittel
◁ bis
◀ max

Nr.	Positionen	Einheit	▶	▷	ø brutto € / ø netto €	◁	◀
25	Dachstuhlhölzer ausbauen	m	9	16	**19**	23	30
			7	13	**16**	19	26
26	Dachlattung entfernen	m²	3	6	**6**	8	12
			3	5	**5**	7	10
27	Dachschalung/Dachpappe entfernen	m²	8	11	**13**	17	28
			7	9	**11**	14	23
28	Giebelgesims entfernen	m	7	8	**10**	12	13
			6	7	**8**	10	11
29	Sparren aufdoppeln	m	6	10	**12**	14	20
			5	8	**10**	12	17
30	Zwischensparrendämmung, MW 035, 100mm	m²	16	19	**23**	27	29
			13	16	**19**	23	24
31	Zwischensparrendämmung, MW 035, 120mm	m²	21	23	**29**	35	38
			17	20	**24**	29	32
32	Zwischensparrendämmung, MW 035, 140mm	m²	21	25	**30**	36	40
			18	21	**25**	30	34
33	Zwischensparrendämmung, MW 032, 100mm	m²	21	24	**29**	35	38
			17	20	**24**	29	32
34	Zwischensparrendämmung, MW 032, 120mm	m²	22	25	**31**	37	41
			18	21	**26**	31	35
35	Zwischensparrendämmung, MW 032, 140mm	m²	26	30	**35**	44	48
			22	25	**30**	37	41
36	Einblasdämmung, Zellulose 040, bis 140mm	m²	14	17	**19**	24	32
			12	14	**16**	20	27
37	Einblasdämmung, Zellulose 040, bis 200mm	m²	18	23	**24**	29	37
			16	19	**20**	24	31
38	Einblasdämmung, Zellulose 040, bis 240mm	m²	25	29	**30**	31	35
			21	24	**25**	26	30
39	MW-Dämmung, Spitzboden, 160mm	m²	18	20	**23**	28	30
			15	16	**19**	23	25
40	MW-Dämmung, Holzbalkendecke, 120mm	m²	18	22	**25**	30	32
			16	19	**21**	25	27
41	MW/Spanplatte, Holzdecke, 240mm	m²	86	106	**115**	141	145
			72	89	**96**	119	122
42	Bauschnittholz C24, Nadelholz, trocken	m³	422	519	**564**	646	855
			354	436	**474**	543	718
43	Konstruktionsvollholz KVH®, MH®, Nadelholz, sichtbar	m³	516	631	**678**	824	1.057
			434	530	**570**	692	888
44	Brettschichtholz, GL24h, Nadelholz, gehobelt	m³	804	956	**1.025**	1.118	1.283
			676	803	**861**	940	1.078
45	Abbinden, Bauschnittholz, Dach	m	9	13	**15**	18	25
			7	11	**13**	15	21
46	Abbinden, Konstruktionsvollholz, Decken	m	12	16	**17**	21	32
			10	14	**14**	18	27
47	Abbund, Kehl-/Gratsparren	m	11	17	**19**	23	28
			9	14	**16**	19	24

Nr.	Positionen	Einheit	►	▷	ø brutto € / ø netto €	◁	◄
48	Hobeln, Bauschnittholz	m	4	5	**5**	7	11
			3	4	**5**	6	9
49	Schrägschnitte, Bauschnittholz	m	4	7	**8**	9	12
			3	6	**7**	8	10
50	Holzschutz, Flächen, farblos	m²	3	5	**6**	8	12
			2	4	**5**	6	10
51	Schalung, Nadelholz, gefast, gehobelt	m²	26	40	**44**	53	73
			22	34	**37**	44	61
52	Schalung, Rauspund, genagelt	m²	20	28	**31**	35	48
			17	24	**26**	29	40
53	Schalung, OSB/4, Flachpressplatten	m²	29	31	**33**	35	39
			24	26	**28**	30	32
54	Schalung, Sperrholz, Feuchtebereich	m²	40	52	**57**	63	74
			34	44	**48**	53	62
55	Schalung, Massivholzplatte	m²	73	83	**90**	92	98
			61	70	**75**	77	82
56	Blindboden, Nadelholz, einseitig gehobelt	m²	32	39	**43**	47	52
			27	33	**36**	39	43
57	Kantholz, Nadelholz, S13	m	6	8	**9**	10	13
			5	7	**7**	8	11
58	Dampfbremse, feuchteadaptiv, sd-variabel	m²	8	11	**12**	15	22
			7	9	**10**	13	18
59	Abdichtungsanschluss verkleben, Dampfsperrbahn	m	6	8	**8**	9	11
			5	7	**7**	8	9
60	Traglattung, Nadelholz, 30x50mm, Dachdeckung	m	3	4	**4**	5	7
			2	3	**3**	4	6
61	Traglattung, Nadelholz, 40x60mm, Dachdeckung	m	3	5	**5**	5	7
			2	4	**4**	4	6
62	Dachlattung, Nadelholz, 30x50mm, Dachdeckung	m²	4	6	**7**	8	10
			3	5	**6**	6	8
63	Dachlattung, Nadelholz, 40x60mm, Dachdeckung	m²	5	8	**8**	10	14
			4	6	**7**	8	11
64	Wohndachfenster, Holz, bis 1,00m², U_W 1,4	St	735	1.081	**1.261**	1.344	1.666
			617	908	**1.060**	1.130	1.400
65	Holztreppe, Wangentreppe	St	4.434	6.277	**6.800**	7.290	8.965
			3.726	5.275	**5.714**	6.126	7.534
66	Holztreppe, Einschubtreppe	St	810	962	**1.027**	1.216	1.493
			681	809	**863**	1.022	1.255
67	Windrispenband, 40x2mm	m	3	5	**6**	7	9
			3	4	**5**	6	8
68	Windrispenband, 60x3mm	m	6	8	**8**	8	10
			5	6	**7**	7	8
69	Verankerung, Profilanker, Schwelle	St	4	7	**8**	11	16
			3	6	**7**	9	14
70	Befestigung, Stabdübel, Edelstahl	St	13	15	**15**	17	19
			11	13	**13**	14	16
71	Befestigung, Klebeanker, Edelstahl	St	13	17	**18**	19	21
			11	14	**15**	16	18

Kosten:
Stand 2.Quartal 2020
Bundesdurchschnitt

► min
▷ von
ø Mittel
◁ bis
◄ max

Nr.	Positionen	Einheit	▶	▷ ø brutto € / ø netto €	◁	◀
72	Befestigung, Gewindestange	St	4	6	**7**	9	11
			4	5	**6**	7	9
73	Stundensatz Facharbeiter, Holzbau	h	54	60	**63**	67	75
			45	51	**53**	56	63
74	Stundensatz Helfer, Holzbau	h	37	46	**50**	52	58
			31	38	**42**	44	49

Nr. **Kurztext** / Langtext Kostengruppe

▶ ▷ **ø netto €** ◁ ◀ [Einheit] Ausf.-Dauer Positionsnummer

1 Schutzabdeckung, armierte Baufolie KG **397**

Schutzplanen als Wetterschutz auf Anweisung der Bauüberwachung sturmsicher anbringen.
Schutzfunktion für: **Bauteile / Schutzgerüste / offene Dächer**
Aufmaß: nach m² abgedeckter Bauteilfläche
Vorhaltedauer: .....
Planenmaterial: .....

5€ 6€ **6**€ 6€ 9€ [m²] ⏱ 0,05 h/m² 316.001.136

2 Wandbekleidung entfernen, Holz KG **394**

Wandbekleidung aus Holz einschl. der Unterkonstruktion aus Holzwerkstoff entfernen und anfallenden Bauschutt entsorgen.
Bekleidung: .....
Befestigung: .....
Unterkonstruktion: .....
Ausbauort: .....

8€ 11€ **12**€ 16€ 27€ [m²] ⏱ 0,18 h/m² 316.001.095

3 Deckenbekleidung entfernen, Holz KG **394**

Deckenbekleidung aus Holz und Holzwerkstoff einschl. Unterkonstruktion entfernen und anfallenden Bauschutt entsorgen.
Bekleidung: .....
Unterkonstruktion: .....
Ausbauort: .....

12€ 15€ **18**€ 24€ 47€ [m²] ⏱ 0,30 h/m² 316.001.096

4 Außenwandbekleidung entfernen, Holz KG **394**

Bekleidung auf Außenwand aus Holz einschl. Unterkonstruktion entfernen und anfallenden Bauschutt entsorgen.
Bekleidung: .....
Unterkonstruktion: .....

15€ 17€ **20**€ 25€ 26€ [m²] ⏱ 0,25 h/m² 316.001.137

Nr. **Kurztext** / Langtext — Kostengruppe

▶ ▷ **ø netto €** ◁ ◀ [Einheit] Ausf.-Dauer Positionsnummer

5 Wanddämmung entfernen, MW — KG **394**

Wärmedämmung an Außenwand entfernen und auf Baustelle sammeln. Der Abfall ist nicht gefährlich und nicht schadstoffbelastet. Die Entsorgung wird gesondert vergütet.
Einbauart: .....
Dämmung: Mineralwolle
Dämmdicke: .....

5€ 7€ **9**€ 11€ 14€ [m2] ⏱ 0,10 h/m2 316.001.138

6 Zwischensparrendämmung entfernen, MW — KG **394**

Dämmung zwischen Sparren entfernen und auf Baustelle sammeln. Der Abfall ist nicht gefährlich und nicht schadstoffbelastet. Die Entsorgung wird gesondert vergütet.
Dämmmaterial: Mineralwolle
Dämmdicke: bis 100 mm

4€ 7€ **9**€ 10€ 14€ [m2] ⏱ 0,15 h/m2 316.001.099

7 Lattentrennwand demontieren — KG **394**

Lattentrennwand aus Holz in Keller / Speicher demontieren und anfallenden Bauschutt entsorgen.
Ausbauort: .....

7€ 11€ **14**€ 17€ 24€ [m2] ⏱ 0,20 h/m2 316.001.101

8 Dachflächenfenster entfernen — KG **394**

Dachflächenfenster mit Rahmen ausbauen und anfallenden Bauschutt entsorgen.
Material: .....
Größe: bis 2 m2

25€ 51€ **62**€ 72€ 98€ [St] ⏱ 1,40 h/St 316.001.100

9 Holzständerwand abbauen — KG **394**

Holzständerwand ohne Beplankung abbauen und anfallenden Bauschutt entsorgen.
Ausbauort: .....
Wanddicke: ....

16€ 19€ **22**€ 27€ 29€ [m2] ⏱ 0,38 h/m2 316.001.102

10 Holztreppe abbauen — KG **394**

Holztreppe einschl. Geländer und Handlauf abbauen und anfallenden Bauschutt entsorgen.
Geschosshöhe: bis 3,00 m
Laufbreite: bis 1,20 m
Steigung: ....
Treppenlänge: .....
Form: **einläufig / zweiläufig mit Podest**

108€ 154€ **182**€ 227€ 317€ [St] ⏱ 3,30 h/St 316.001.103

11 Bodeneinschubtreppe ausbauen — KG **394**

Bodeneinschubtreppe einschl. Deckenklappe und Zarge aus Holz ausbauen und anfallenden Bauschutt entsorgen.
Treppenlänge: .....

42€ 49€ **58**€ 75€ 95€ [St] ⏱ 1,20 h/St 316.001.104

Kosten:
Stand 2.Quartal 2020
Bundesdurchschnitt

▶ min
▷ von
ø Mittel
◁ bis
◀ max

12 Holztrittstufe entfernen KG **394**

Trittstufe aus Holz entfernen und anfallenden Bauschutt entsorgen.
Ausbauort: .....
Unterkonstruktion: .....
Stufenbreite: .....

▶	▷	ø	◁	◀	Einheit	Ausf.-Dauer	Positionsnummer
17€	20€	**23**€	29€	31€	[m2]	⏱ 0,25 h/m2	316.001.105

13 Holzleiter abbauen KG **394**

Holzleiter im Dachraum abbauen und anfallenden Bauschutt entsorgen.
Bauart: .....
Befestigung: .....
Länge: .....

▶	▷	ø	◁	◀	Einheit	Ausf.-Dauer	Positionsnummer
9€	10€	**12**€	15€	16€	[St]	⏱ 0,15 h/St	316.001.106

14 Holzhandlauf entfernen KG **394**

Handlauf aus Holz einschl. Halterung und Befestigung entfernen und anfallenden Bauschutt entsorgen.
Befestigung: .....

▶	▷	ø	◁	◀	Einheit	Ausf.-Dauer	Positionsnummer
8€	10€	**12**€	15€	16€	[m]	⏱ 0,18 h/m	316.001.107

15 Holzfußboden entfernen, Bodenbretter KG **394**

Fußbodenbretter als Dielen, einschl. Sockelleisten entfernen und anfallenden Bauschutt entsorgen.
Ausbauort: .....
Belagsdicke: .....

▶	▷	ø	◁	◀	Einheit	Ausf.-Dauer	Positionsnummer
7€	8€	**10**€	12€	22€	[m2]	⏱ 0,18 h/m2	316.001.108

16 Holzfußboden entfernen, Bretter/Lagerhölzer KG **394**

Fußbodenbretter auf Lagerhölzer einschl. Sockelleisten ausbauen und anfallenden Bauschutt entsorgen.
Ausbauort: .....
Belagsdicke: .....
Befestigungsart: .....

▶	▷	ø	◁	◀	Einheit	Ausf.-Dauer	Positionsnummer
8€	10€	**12**€	15€	26€	[m2]	⏱ 0,22 h/m2	316.001.109

17 Fußbodenbretter aufnehmen/lagern KG **394**

Fußbodenbretter aufnehmen und zur Wiederverwendung seitlich lagern, einschl. entnageln und reinigen.
Ausbauort: ....
Belagsdicke: .....
Befestigungsart: .....

▶	▷	ø	◁	◀	Einheit	Ausf.-Dauer	Positionsnummer
8€	11€	**13**€	16€	21€	[m2]	⏱ 0,30 h/m2	316.001.11

18 Spanplattenboden ausbauen KG 3

Spanplattenboden einschl. Unterkonstruktion ausbauen, Untergrund reinigen und anfallenden Bauschutt entsorgen.
Ausbauort: .....
Plattenboden: bis 25 mm
Unterkonstruktion: .....

▶	▷	ø	◁	◀	Einheit	Ausf.-Dauer	Positionsnummer
18€	22€	**24**€	25€	28€	[m2]	⏱ 0,30 h/m2	316.001.111

Kosten:
Stand 2.Quartal 2020
Bundesdurchschnitt

Nr.	**Kurztext** / Langtext						Kostengruppe
▶	▷	**ø netto €**	◁	◀	[Einheit]	Ausf.-Dauer	Positionsnummer

19 Schüttung entfernen, Lagerhölzer KG **394**

Schüttung zwischen Lagerhölzern entfernen und anfallenden Bauschutt entsorgen.
Ausbauort: .....
Schütthöhe: bis 7 cm
Material: .....

▶	▷	ø	◁	◀	Einheit	Ausf.-Dauer	Positionsnummer
8€	9€	**11**€	13€	14€	[m2]	0,10 h/m2	316.001.112

20 Schüttung entfernen, Holzbalkendecke KG **394**

Schüttung aus Holzbalkendecke entfernen und anfallenden Bauschutt entsorgen.
Ausbauort: .....
Schütthöhe: bis 15 cm
Material: .....

▶	▷	ø	◁	◀	Einheit	Ausf.-Dauer	Positionsnummer
8€	15€	**19**€	22€	27€	[m2]	0,35 h/m2	316.001.113

21 Fehlboden entfernen KG **394**

Fehlboden entfernen und anfallenden Bauschutt entsorgen.
Ausbauort: .....
Belagsdicke: .....
Balkenabstand: .....

▶	▷	ø	◁	◀	Einheit	Ausf.-Dauer	Positionsnummer
12€	14€	**16**€	20€	25€	[m2]	0,22 h/m2	316.001.114

22 Deckenbalken ausbauen KG **394**

Deckenbalken ausbauen und anfallenden Bauschutt entsorgen.
Ausbauort: .....
Material: **Eiche / Nadelholz / .....**
Abmessungen: .....
Hinweis: Abstütz- und Sicherungsmaßnahmen sind gesondert auszuschreiben.

▶	▷	ø	◁	◀	Einheit	Ausf.-Dauer	Positionsnummer
7€	10€	**12**€	14€	21€	[m]	0,15 h/m	316.001.115

23 Unterzug ausbauen, Holz KG **394**

Unterzug aus Holz ausbauen und anfallenden Bauschutt entsorgen.
Ausbauort: .....
Material: **Eiche / Nadelholz / .....**
Abmessungen: .....
Hinweis: Abstütz- und Sicherungsmaßnahmen sind gesondert auszuschreiben.

▶	▷	ø	◁	◀	Einheit	Ausf.-Dauer	Positionsnummer
10€	12€	**14**€	17€	23€	[m]	0,17 h/m	316.001.116

24 Holzbalkendecke ausbauen KG **394**

Holzbalkendecke in allen Teilen ausbauen und anfallenden Bauschutt entsorgen.
Ausbauort: .....
Material: **Eiche / Nadelholz / .....**
Balkenquerschnitt: .....
Balkenabstand: .....
Deckenaufbau: .....
Deckendicke: .....
Hinweis: Abstütz- und Sicherungsmaßnahmen sind gesondert auszuschreiben.

▶	▷	ø	◁	◀	Einheit	Ausf.-Dauer	Positionsnummer
27€	48€	**58**€	65€	94€	[m2]	0,90 h/m2	316.001.117

▶ min
▷ von
ø Mittel
◁ bis
◀ max

25 Dachstuhlhölzer ausbauen KG **394**

Dachstuhlhölzer ausbauen und anfallenden Bauschutt entsorgen.
Bauteil: .....
Firsthöhe: .....
Dachform: .....
Dachneigung: .....
Material: **Eiche / Nadelholz / .....**
Abmessungen: .....
Hinweis: Abstütz- und Sicherungsmaßnahmen sind gesondert auszuschreiben.

7€ 13€ **16**€ 19€ 26€ [m] ⏱ 0,50 h/m 316.001.118

26 Dachlattung entfernen KG **394**

Dachlattung entfernen und anfallenden Bauschutt entsorgen.
Lattenabstand: 320-340 mm
Querschnitte: .....

3€ 5€ **5**€ 7€ 10€ [m2] ⏱ 0,08 h/m2 316.001.119

27 Dachschalung/Dachpappe entfernen KG **394**

Dachschalung und Dachpappe auf Sparren entfernen und anfallenden Bauschutt entsorgen.
Dachschalung: .....
Dachpappe: .....
Befestigung: .....

7€ 9€ **11**€ 14€ 23€ [m2] ⏱ 0,20 h/m2 316.001.120

28 Giebelgesims entfernen KG **394**

Giebelgesims einschl. Ortgangbrett und Blechabdeckung entfernen und anfallenden Bauschutt entsorgen.
Form / Ausführung: .....

6€ 7€ **8**€ 10€ 11€ [m] ⏱ 0,10 h/m 316.001.121

29 Sparren aufdoppeln KG **395**

Sparren aufdoppeln mit Latte/Bohle.
Querschnitt: bis 5 x 14 cm
Holzart: .....
Sanierungsort: .....

5€ 8€ **10**€ 12€ 17€ [m] ⏱ 0,10 h/m 316.001.122

A 1 Zwischensparrendämmung, MW 035 Beschreibung für Pos. **30-32**

Wärmedämmung zwischen Holzbalken / Sparren, aus Mineralwolle, als nachträgliche Dämmmaßnahme von außen einbauen.
Dämmstoff: Mineralwolle, MW
Anwendungsgebiet: DZ
Nennwert der Wärmeleitfähigkeit: 0,035 W/(mK)
Bemessungswert der Wärmeleitfähigkeit: .....
Brandverhalten: nicht brennbar, A1-DIN EN13501-1

300 301 302 308 309 310 312 313 314 **316** 317 318 320 321 322

Nr. **Kurztext** / Langtext — Kostengruppe
▶ ▷ **ø netto €** ◁ ◀ [Einheit] Ausf.-Dauer Positionsnummer

30 **Zwischensparrendämmung, MW 035, 100mm** KG **363**
Wie Ausführungsbeschreibung A 1
Sparrenabstand: ..... mm
Lagen: einlagig
Dämmschichtdicke: 100 mm
13€ 16€ **19**€ 23€ 24€ [m2] ⏱ 0,20 h/m2 316.001.123

31 **Zwischensparrendämmung, MW 035, 120mm** KG **363**
Wie Ausführungsbeschreibung A 1
Sparrenabstand: ..... mm
Lagen: einlagig
Dämmschichtdicke: 120 mm
17€ 20€ **24**€ 29€ 32€ [m2] ⏱ 0,20 h/m2 316.001.124

Kosten:
Stand 2.Quartal 2020
Bundesdurchschnitt

32 **Zwischensparrendämmung, MW 035, 140mm** KG **363**
Wie Ausführungsbeschreibung A 1
Sparrenabstand: ..... mm
Lagen: einlagig
Dämmschichtdicke: 140 mm
18€ 21€ **25**€ 30€ 34€ [m2] ⏱ 0,22 h/m2 316.001.125

A 2 **Zwischensparrendämmung, MW 032** Beschreibung für Pos. **33-35**
Wärmedämmung zwischen Holzbalken / Sparren, aus Mineralwolle, als nachträgliche Dämmmaßnahme von außen einbauen.
Dämmstoff: Mineralwolle, MW
Anwendungsgebiet: DZ
Nennwert der Wärmeleitfähigkeit: 0,032 W/(mK)
Bemessungswert der Wärmeleitfähigkeit: .....
Brandverhalten: nicht brennbar, A1-DIN EN13501-1

33 **Zwischensparrendämmung, MW 032, 100mm** KG **363**
Wie Ausführungsbeschreibung A 2
Sparrenabstand: ..... mm
Lagen: einlagig
Dämmschichtdicke: 100 mm
17€ 20€ **24**€ 29€ 32€ [m2] ⏱ 0,20 h/m2 316.001.126

34 **Zwischensparrendämmung, MW 032, 120mm** KG **363**
Wie Ausführungsbeschreibung A 2
Sparrenabstand: ..... mm
Lagen: einlagig
Dämmschichtdicke: 120 mm
18€ 21€ **26**€ 31€ 35€ [m2] ⏱ 0,20 h/m2 316.001.127

▶ min
▷ von
ø Mittel
◁ bis
◀ max

35 Zwischensparrendämmung, MW 032, 140mm KG **363**

Wie Ausführungsbeschreibung A 2
Sparrenabstand: ..... mm
Lagen: einlagig
Dämmschichtdicke: 140 mm

22€ 25€ **30**€ 37€ 41€ [m²] ⏱ 0,22 h/m² 316.001.128

A 3 Einblasdämmung, Zellulose 040 Beschreibung für Pos. **36-38**

Wärmedämmung zwischen Sparren und Konstruktionshölzern, aus Zellulose, als Einblasdämmung, einschl. Verdichten.
Dämmung: Zellulosefasern
Anwendung: DZ
Nennwert der Wärmeleitfähigkeit: 0,040 W/(mK)
Bemessungswert der Wärmeleitfähigkeit: .....
Brandverhalten: normal entflammbar, E-d2 DIN EN 1301-1
Ständer-/Sparrenabstand: 60-90 cm

36 Einblasdämmung, Zellulose 040, bis 140mm KG **363**

Wie Ausführungsbeschreibung A 3
Dämmschichtdicke: bis 140 mm

12€ 14€ **16**€ 20€ 27€ [m²] ⏱ 0,10 h/m² 316.001.139

37 Einblasdämmung, Zellulose 040, bis 200mm KG **363**

Wie Ausführungsbeschreibung A 3
Dämmschichtdicke: bis 200 mm

16€ 19€ **20**€ 24€ 31€ [m²] ⏱ 0,14 h/m² 316.001.140

38 Einblasdämmung, Zellulose 040, bis 240mm KG **363**

Wie Ausführungsbeschreibung A 3
Dämmschichtdicke: bis 240 mm

21€ 24€ **25**€ 26€ 30€ [m²] ⏱ 0,16 h/m² 316.001.141

39 MW-Dämmung, Spitzboden, 160mm KG **363**

Wärmedämmung aus Mineralwolle, nicht begehbar, auf der Spitzbodenfläche einbauen.
Dämmstoff: Mineralwolle, MW
Anwendungsgebiet: DZ
Brandverhalten: nicht brennbar, A1-DIN EN 13501-1
Nennwert der Wärmeleitfähigkeit: 0,035 W/(mK)
Bemessungswert der Wärmeleitfähigkeit: .....
Dämmschichtdicke: 160 mm

15€ 16€ **19**€ 23€ 25€ [m²] ⏱ 0,10 h/m² 316.001.129

300
301
302
308
309
310
312
313
314
316
317
318
320
321
322

Nr.	Kurztext / Langtext						Kostengruppe
▶	▷	ø netto €	◁	◀	[Einheit]	Ausf.-Dauer	Positionsnummer

40 MW-Dämmung, Holzbalkendecke, 120mm KG **363**

Wärmedämmung aus Mineralwolle zwischen Balken der Holzbalkendecke einbauen.
Balkenabstand: .....
Dämmstoff: Mineralwolle, MW
Anwendungsgebiet: DI
Brandverhalten: nicht brennbar, A1-DIN EN 13501-1
Nennwert der Wärmeleitfähigkeit: 0,035 W/(mK)
Bemessungswert der Wärmeleitfähigkeit: .....
Dämmschichtdicke: 120 mm

16€ 19€ **21**€ 25€ 27€ [m2] ⏱ 0,10 h/m2 316.001.130

41 MW/Spanplatte, Holzdecke, 240mm KG **363**

Wärmedämmung aus Mineralwolle und Abdeckung aus Holzspanplatten auf Holzbalkendecke einbauen.
Dämmstoff: Mineralwolle, MW
Anwendungsgebiet: DEO-dh (hohe Druckbelastbarkeit)
Brandverhalten: nicht brennbar, A1-DIN EN 13501-1
Nennwert der Wärmeleitfähigkeit: 0,035 W/(mK)
Bemessungswert der Wärmeleitfähigkeit: .....
Dämmschichtdicke: 240 mm
Abdeckung: Holzspanplatte P3
Dicke: 21 mm
Emission: E1
Gesamtaufbau: 261 mm

72€ 89€ **96**€ 119€ 122€ [m2] ⏱ 0,22 h/m2 316.001.131

42 Bauschnittholz C24, Nadelholz, trocken KG **361**

Liefern von Bauschnittholz, Nadelholz, Holzfeuchte bis 20%.
Verwendungsbereich: .....
Festigkeitsklasse: C24
Sortierklasse: S10
Güteklasse: 2, scharfkantig .....
Oberfläche: .....
Querschnitt: 6 x 12 cm
Einzellänge: bis 8,00 m, gem. Holzliste des AG

354€ 436€ **474**€ 543€ 718€ [m3] – 316.001.142

43 Konstruktionsvollholz KVH®, MH®, Nadelholz, sichtbar KG **361**

Liefern von Konstruktionsvollholz, Nadelholz, sichtbar.
Festigkeitsklasse: C24
Sortierklasse: S10
Qualität: herzfrei, scharfkantig, Ästigkeit bis 2/5, Rissbreite bis 3% der Querschnittsseite, Harzgallen bis 5 mm, Verfärbungen und Insektenbefall nicht zulässig
Maßtoleranz: Klasse 2
Holzfeuchte: 15% +/-3%
Oberfläche: .....
Breite: 6-10 cm
Höhe: 6-30 cm
Einzellänge: bis 6,00 m, gem. Holzliste des AG

434€ 530€ **570**€ 692€ 888€ [m3] – 316.001.143

Kosten:
Stand 2.Quartal 2020
Bundesdurchschnitt

▶ min
▷ von
ø Mittel
◁ bis
◀ max

44 **Brettschichtholz, GL24h, Nadelholz, gehobelt** KG **361**

Liefern von Brettschichtholz aus Nadelholz, gehobelt, Bläue und Rotstreifigkeit auf 10% der Oberfläche und fest verwachsene Äste zulässig, ohne extreme klimatische Wechselbeanspruchung.
Verklebung: Resorcinharz
Festigkeitsklasse: GL 24h
Lamellendicke: max. 42 mm
Nutzungsklasse DIN EN 1995-1-1: NK .....
Gebrauchsklasse DIN EN 355: GK .....
Breite: 6-20 cm
Höhe: 16-40 cm
Einzellänge: bis 12,00 m, gem. Holzliste des AG

676€ 803€ **861**€ 940€ 1.078€ [m³] – 316.001.144

45 **Abbinden, Bauschnittholz, Dach** KG **361**

Abbinden und Aufstellen von Bauschnittholz, für Dachkonstruktionen, Anschlüsse lt. statischer Berechnung und Konstruktionszeichnungen / zimmermannsmäßig.
Querschnitt: .....
Einzellängen: bis 8,00 m

7€ 11€ **13**€ 15€ 21€ [m] ⏱ 0,22 h/m 316.001.145

46 **Abbinden, Konstruktionsvollholz, Decken** KG **361**

Abbinden und Aufstellen von Konstruktionsvollholz, für Deckenkonstruktionen, Anschlüsse lt. statischer Berechnung und Konstruktionszeichnungen / zimmermannsmäßig.
Querschnitt: bis 14 x 24 cm
Einzellänge: bis 8,00 m

10€ 14€ **14**€ 18€ 27€ [m] ⏱ 0,20 h/m 316.001.146

47 **Abbund, Kehl-/Gratsparren** KG **361**

Abbinden und Aufstellen von Bauschnittholz als Kehl- und Gratsparren, Anschlüsse lt. statischer Berechnung und Konstruktionszeichnung / zimmermannsmäßig.
Funktion: **Kehl- / Gratsparren**
Querschnitt: 10 x 20 bis 16 x 34 cm
Einzellänge: bis 6,00 m

9€ 14€ **16**€ 19€ 24€ [m] ⏱ 0,30 h/m 316.001.147

48 **Hobeln, Bauschnittholz** KG **361**

Hobeln von Bauschnittholz, allseitig.
Abmessung: .....
Maßtoleranzklasse: 2
Bauteil: .....

3€ 4€ **5**€ 6€ 9€ [m] ⏱ 0,08 h/m 316.001.148

49 **Schrägschnitte, Bauschnittholz** KG **361**

Schrägschnitte von Bauschnittholz.
Schnitttiefe: .....

3€ 6€ **7**€ 8€ 10€ [m] ⏱ 0,20 h/m 316.001.149

Nr.	**Kurztext** / Langtext						Kostengruppe
▶	▷	**ø netto €**	◁	◀	[Einheit]	Ausf.-Dauer	Positionsnummer

50 Holzschutz, Flächen, farblos KG **361**

Vorbeugender chemischer Holzschutz für konstruktive Bauteile, Anwendung durch Streichen, farblos.
Gebrauchsklasse DIN EN 355: **1 / 2 / 3.1 / 3.2 / 4 / 5**

2€ | 4€ | **5**€ | 6€ | 10€ | [m²] | ⏱ 0,10 h/m² | 316.001.150

51 Schalung, Nadelholz, gefast, gehobelt KG **361**

Schalung aus gefasten Brettern, Nadelholz, Befestigung mit Nägeln.
Oberfläche: einseitig gehobelt
Sortierklasse: S10
Profil: Nut-Feder
Brettdicke: .....
Breite: bis 160 mm
Einbauort: unter Dachdeckung

22€ | 34€ | **37**€ | 44€ | 61€ | [m²] | ⏱ 0,28 h/m² | 316.001.151

52 Schalung, Rauspund, genagelt KG **363**

Dachschalung aus Rauspund, Nadelholz, Unterseite sichtbar, Befestigung mit Nägeln.
Sortierklasse: S10
Brettdicke: 20-27 mm
Einbauort: unter Dachdeckung

17€ | 24€ | **26**€ | 29€ | 40€ | [m²] | ⏱ 0,25 h/m² | 316.001.152

53 Schalung, OSB/4, Flachpressplatten KG **353**

Schalung für Innenausbau, tragende Anwendung im Feuchtebereich, aus OSB-Platten, mit feuerverzinkten Nägeln auf Holzuntergrund nach statischer Berechnung und Konstruktionszeichnungen befestigen.
Plattentyp: OSB/4
Dicke: .....
Oberfläche: ungeschliffen
Einbauort: .....

24€ | 26€ | **28**€ | 30€ | 32€ | [m²] | ⏱ 0,25 h/m² | 316.001.153

54 Schalung, Sperrholz, Feuchtebereich KG **364**

Schalung für tragende Zwecke im Feuchtebereich, aus Sperrholzplatten.
Dicke: ......
Nutzungsklasse: 2
Oberflächengüte: .....
Erscheinungsklasse: .....
Befestigung: mit Schrauben
Untergrund: .....
Einbauort: .....

34€ | 44€ | **48**€ | 53€ | 62€ | [m²] | ⏱ 0,25 h/m² | 316.001.154

Kosten:
Stand 2.Quartal 2020
Bundesdurchschnitt

▶ min
▷ von
ø Mittel
◁ bis
◀ max

55 Schalung, Massivholzplatte KG **335**

Schalung oder Bekleidung, innen, aus Massivholzplatte SWP.
Holzart: .....
Einbau: .....
Verwendungsbereich: .....
Nutzungsklasse: .....
Dicke: ..... mm
Qualität: .....
Oberflächengüte: .....
Erscheinungsklasse: .....
Befestigung: mit Schrauben
Untergrund: .....

61€ | 70€ | **75**€ | 77€ | 82€ | [m²] | ⏱ 0,38 h/m² | 316.001.156

56 Blindboden, Nadelholz, einseitig gehobelt KG **353**

Blindboden, eingebaut zwischen Deckenbalken, aus gespundeter Schalung aus Nadelholz, einseitig gehobelt, von unten sichtbar bleibend, Befestigung mit gehobelten Leisten 30x50mm, an Deckenbalken genagelt, chem. Holzschutz in gesonderter Position.
Holzart: **Fichte / Kiefer**
Sortierklasse: S10TS
Schalungsdicke 19 mm
Breite: 100 mm
Gebrauchsklasse: .....

27€ | 33€ | **36**€ | 39€ | 43€ | [m²] | ⏱ 0,40 h/m² | 316.001.157

57 Kantholz, Nadelholz, S13 KG **335**

Liefern von Kantholz.
Holzart: **Fichte / Kiefer**
Sortierklasse: S13 K, scharfkantig
Oberfläche: gehobelt
Querschnitt: 40 x 120 mm
Einzellänge: bis ..... m, gem. Holzliste des AG
Holzfeuchte: trocken

5€ | 7€ | **7**€ | 8€ | 11€ | [m] | ⏱ 0,10 h/m | 316.001.158

58 Dampfbremse, feuchteadaptiv, sd-variabel KG **364**

Dampfbremsbahn, feuchteadaptiv, Seitenüberdeckung und Überlappungen nach Herstellervorgabe. Herstellen der wind- und luftdichten Anschlüsse an aufgehende und begrenzende Bauteile in gesonderter Position.
Dampfsperrbahn: .....
Sd-Wert: variabel
Brandverhalten: Klasse E

7€ | 9€ | **10**€ | 13€ | 18€ | [m²] | ⏱ 0,08 h/m² | 316.001.159

59 Abdichtungsanschluss verkleben, Dampfsperrbahn KG **363**

Anschluss der Dampfsperrbahn durch Verklebung mit auf die Dampf-Sperrbahn abgestimmtem Klebeband.
Anschluss an: .....
Klebeband: .....

5€ | 7€ | **7**€ | 8€ | 9€ | [m] | ⏱ 0,10 h/m | 316.001.160

Nr.	Kurztext / Langtext						Kostengruppe
▶	▷	ø netto €	◁	◀	[Einheit]	Ausf.-Dauer	Positionsnummer

60 Traglattung, Nadelholz, 30x50mm, Dachdeckung KG **363**

Trag-/Konterlattung aus Nadelholz, für Dachziegel- oder Betondachsteindeckung, auf Holzunterkonstruktion, Befestigung mit korrosionsgeschützten Klammern, Nägeln oder Schrauben.
Sortierklasse: S10TS
Oberfläche: sägerau
Lattenabstand: ca. 330 mm
Sparrenabstand: ..... mm
Dachdeckung: .....
Dachfläche: eben
Dachneigung: .....°
Lattenquerschnitt: 30 x 50 mm
Holzfeuchte: trocken

Kosten:
Stand 2.Quartal 2020
Bundesdurchschnitt

2€ 3€ **3**€ 4€ 6€ [m] ⏱ 0,10 h/m 316.001.161

61 Traglattung, Nadelholz, 40x60mm, Dachdeckung KG **363**

Trag-/Konterlattung aus Nadelholz, für Dachziegel- oder Betondachsteindeckung, auf Holzunterkonstruktion, Befestigung mit korrosionsgeschützten Klammern, Nägeln oder Schrauben.
Sortierklasse: S10TS
Oberfläche: sägerau
Lattenabstand: ca. 330 mm
Sparrenabstand: .... mm
Dachdeckung: .....
Dachfläche: eben
Dachneigung: .....°
Lattenquerschnitt: 40 x 60 mm
Holzfeuchte: trocken

2€ 4€ **4**€ 4€ 6€ [m] ⏱ 0,10 h/m 316.001.162

62 Dachlattung, Nadelholz, 30x50mm, Dachdeckung KG **363**

Dachlattung aus Nadelholz, für Dachziegel- oder Betondachsteindeckung, auf Holzunterkonstruktion, Befestigung mit korrosionsgeschützten Klammern, Nägeln oder Schrauben.
Sortierklasse: S10TS
Oberfläche: sägerau
Lattenabstand: ca. 330 mm
Sparrenabstand: ..... mm
Dachdeckung: .....
Dachfläche: ..... eben
Dachneigung: .....°
Lattenquerschnitt: 30 x 50 mm
Holzfeuchte: trocken

3€ 5€ **6**€ 6€ 8€ [m²] ⏱ 0,10 h/m² 316.001.163

▶ min
▷ von
ø Mittel
◁ bis
◀ max

63 Dachlattung, Nadelholz, 40x60mm, Dachdeckung KG **363**

Dachlattung aus Nadelholz, für Dachziegel- oder Betondachsteindeckung, auf Holzunterkonstruktion, Befestigung mit korrosionsgeschützten Klammern, Nägeln oder Schrauben.
Sortierklasse: S10TS
Oberfläche: sägerau
Lattenabstand: ca. 330 mm
Sparrenabstand: ..... mm
Dachdeckung: .....
Dachfläche: eben
Dachneigung: .....°
Lattenquerschnitt: 40 x 60 mm
Holzfeuchte: trocken

4€ 6€ **7**€ 8€ 11€ [m²] ⏱ 0,10 h/m² 316.001.164

64 Wohndachfenster, Holz, bis 1,00m², U_w 1,4 KG **362**

Dachflächenfenster aus Nadelholz, beschichtet, als Klapp-Schwing-Fenster, inkl. Eindeck- und Dämmrahmen, in ziegelgedeckte Dachfläche. Fenster mit stufenlosem 45°-Öffnungswinkel und stufenloser Schwingfunktion, unten angeordneten Öffnungsgriff, mit Lüftungsklappe und Luftfilter. Verglasung bestehend aus Außenscheibe mit selbstreinigender Beschichtung, innenseitig mit Edelmetallbeschichtung. Außenabdeckung aus Aluminium, einbrennlackiert; Eindeckrahmen für Ziegeldeckung, aus Aluminium; Dämmrahmen aus Polyethylen mit integrierter Stahlleiste, zum Anschluss an Dachdämmung; Anschlussschürze aus diffusionsoffenem Polypropylen mit Wasserableitrinne.
Wärmeschutz: U_w = 1,4 W/(m²K)
Verglasung: 4 mm ESG außen, SZR 14 mm, 2x 3 mm VSG innen
Schalldämmung: R_w, R = 35 dB
Blendrahmen-Außenmaß: 780 x 1.180 mm
Farbe Eindeckrahmen: .....
Angeb. Fabrikat: .....

617€ 908€ **1.060**€ 1.130€ 1.400€ [St] ⏱ 6,25 h/St 316.001.165

65 Holztreppe, Wangentreppe KG **351**

Wangentreppe zwischen vorhandene Konstruktion, in bauseitige Auflager, Holztreppe gerade, einläufig, ohne Podest, mit eingestemmten Stufen.
Setzstufen: .....
Material (Wangen und Stufen): .....
Stufen: ..... St
Steigungsverhältnis: 175 x 280 mm
Laufbreite: 800 mm
Untersicht: vorgerichtet für bauseitige Bekleidung
Beschichtung: .....
Einbauort: .....
Eingebaut in: **Gebälk / Betondecke**

3.726€ 5.275€ **5.714**€ 6.126€ 7.534€ [St] ⏱ 20,00 h/St 316.001.166

Nr.	**Kurztext** / Langtext							Kostengruppe
▶	▷	**ø netto €**	◁	◀	[Einheit]		Ausf.-Dauer	Positionsnummer

66 Holztreppe, Einschubtreppe KG **351**

Einschubtreppe, zwischen bauseitige Konstruktion, zweiteilig, einschiebbar, von oben und unten zu öffnen, Stufen aus Hartholz, mit einseitigem Handlauf, Deckel wärmegedämmt, vorgerichtet für bauseitige Bekleidung von unten.
Einbauort: .....
Raumhöhe: .....
Treppen-Öffnung (B x L): 700 x 1.400 mm
Kastenhöhe: .....
Oberfläche: .....
Feuerwiderstand: .....
Vorhandene Konstruktion: .....

681€ | 809€ | **863**€ | 1.022€ | 1.255€ | [St] | ⏱ 5,00 h/St | 316.001.167

Kosten:
Stand 2.Quartal 2020
Bundesdurchschnitt

67 Windrispenband, 40x2mm KG **361**

Windrispenband zur Diagonalaussteifung, auf Dachschalung bzw. Holzsparren, inkl. Befestigungsmittel.
Dimension: 40 x 2 mm

3€ | 4€ | **5**€ | 6€ | 8€ | [m] | ⏱ 0,05 h/m | 316.001.168

68 Windrispenband, 60x3mm KG **361**

Windrispenband zur Diagonalaussteifung, auf Dachschalung bzw. Holzsparren, inkl. Befestigungsmittel.
Dimension: 60 x 3 mm

5€ | 6€ | **7**€ | 7€ | 8€ | [m] | ⏱ 0,05 h/m | 316.001.169

69 Verankerung, Profilanker, Schwelle KG **361**

Verankerung von Holzschwellen an Ankerschiene mit Profilanker.
Mindestlastaufnahme der Verbindung: ..... kN
Ankerschienenprofil: ..... mm
Befestigung an Holz mit: ..... Ankernägeln
Ankernägel: 4 x 40 mm

3€ | 6€ | **7**€ | 9€ | 14€ | [St] | ⏱ 0,12 h/St | 316.001.170

70 Befestigung, Stabdübel, Edelstahl KG **361**

Stabdübel, Oberfläche an den Enden gefast, einschl. mehrschnittige Bohrung im Bauteil.
Material: Edelstahl
Werkstoffnummer: .....
Länge: .....
Durchmesser: ..... mm

11€ | 13€ | **13**€ | 14€ | 16€ | [St] | ⏱ 0,05 h/St | 316.001.171

71 Befestigung, Klebeanker, Edelstahl KG **361**

Klebedübel-Set, bestehend aus Dübel, Gewindestange, Schraube und Unterlegscheibe.
Material: nichtrostender Stahl
Durchmesser: M.....

11€ | 14€ | **15**€ | 16€ | 18€ | [St] | ⏱ 0,10 h/St | 316.001.172

▶ min
▷ von
ø Mittel
◁ bis
◀ max

72 Befestigung, Gewindestange KG **361**

Gewindestange, in Holzbauteil, einschl. Bohrung im Bauteil, zwei Unterlegscheiben und Muttern.
Oberfläche: feuerverzinkt
Größe: M12
Länge: .....

▶	▷	ø netto €	◁	◀	[Einheit]	Ausf.-Dauer	Positionsnummer
4€	5€	**6**€	7€	9€	[St]	⏱ 0,10 h/St	316.001.173

73 Stundensatz Facharbeiter, Holzbau

Stundenlohnarbeiten für Vorarbeiter, Facharbeiter und Gleichgestellte (z.B. Spezialbaufacharbeiter, Baufacharbeiter, Obermonteure, Monteure, Gesellen, Maschinenführer, Fahrer und ähnliche Fachkräfte). Verrechnungssatz für die jeweilige Arbeitskraft inkl. aller Aufwendungen wie Lohn- und Gehaltskosten, Lohn- und Gehaltsnebenkosten, Zuschläge, lohngebundene und lohnabhängige Kosten, sonstige Sozialkosten, Gemeinkosten, Wagnis und Gewinn. Leistung nach besonderer Anordnung der Bauüberwachung. Anmeldung und Nachweis gem. VOB/B.

▶	▷	ø netto €	◁	◀	[Einheit]	Ausf.-Dauer	Positionsnummer
45€	51€	**53**€	56€	63€	[h]	⏱ 1,00 h/h	316.001.174

74 Stundensatz Helfer, Holzbau

Stundenlohnarbeiten für Werker, Fachwerker und jeweils Gleichgestellte. Der Verrechnungssatz für die jeweilige Arbeitskraft umfasst sämtliche Aufwendungen wie Lohn- und Gehaltskosten, lohn- und gehaltsgebundene Kosten, Lohn- und Gehaltsnebenkosten, Gemeinkosten, Wagnis und Gewinn. Leistung nach besonderer Anordnung der Bauüberwachung. Nachweis und Anmeldung gem. VOB/B.

▶	▷	ø netto €	◁	◀	[Einheit]	Ausf.-Dauer	Positionsnummer
31€	38€	**42**€	44€	49€	[h]	⏱ 1,00 h/h	316.001.175

300
301
302
308
309
310
312
313
314
316
317
318
320
321
322

Kosten:
Stand 2.Quartal 2020
Bundesdurchschnitt

Nr.	Positionen	Einheit	▶	▷	ø brutto € / ø netto €	◁	◀
1	Abbruch Treppe, Stahl	St	72	121	**160**	190	233
			61	102	**135**	159	196
2	Abbruch Handlauf Stahl	m	3	7	**8**	10	14
			3	6	**6**	9	12
3	Abbruch Stahlkonstruktion Doppel -T-Träger	St	–	31	**35**	38	–
			–	26	**30**	32	–
4	Handlauf, Rohrprofil, beschichtet	m	50	70	**80**	93	114
			42	59	**67**	78	96
5	Profilstahl-Konstruktion, Profile HEA 160, feuerverzinkt	kg	2	3	**4**	4	6
			2	3	**3**	4	5
6	Profilstahl-Konstruktion, Profile IPE, feuerverzinkt	kg	3	4	**5**	6	8
			2	4	**4**	5	7
7	Profilstahl-Konstruktion, Profile UNP/UPE, feuerverzinkt	kg	3	4	**5**	6	8
			2	4	**4**	5	7
8	Stahlstütze, Rundrohrprofil	kg	3	5	**6**	8	10
			3	5	**5**	6	8
9	Fußplatte, Stahlblech	kg	4	6	**6**	7	8
			4	5	**5**	6	7
10	Kopfplatte, Stahlblech	kg	3	5	**6**	9	15
			2	4	**5**	8	13
11	Trapezblechdach, Stahlblech	m2	27	36	**40**	41	58
			23	30	**33**	35	48
12	Trapezblechdach, gewölbt	m2	–	63	**69**	82	–
			–	53	**58**	69	–
13	Trapezblechdach, Randverstärkung, Übergangsblech	m	24	31	**33**	37	46
			20	26	**28**	31	39
14	Trapezblechdach, Dachausschnitt	St	78	96	**108**	111	130
			65	81	**91**	94	109
15	Bohrungen, Stahl bis 16mm	St	3	12	**13**	21	33
			3	10	**11**	18	27
16	Ramm-/Anfahrschutz	St	193	374	**420**	662	1.038
			162	314	**353**	557	872
17	Gitterroste, verzinkt, rutschhemmend, verankert	m2	90	97	**100**	104	115
			75	81	**84**	88	97
18	Verzinken, Stahlprofile	kg	0,4	0,6	**0,7**	0,9	1,5
			0,3	0,5	**0,6**	0,7	1,2
19	Brandschutzbeschichtung, R 30, Stahlbauteile	m2	48	67	**73**	94	147
			40	57	**61**	79	124
20	Brandschutzbeschichtung, Stahlbauteile, Decklack	m2	12	24	**26**	37	50
			10	21	**22**	31	42
21	Stundensatz Facharbeiter, Stahlbau	h	59	65	**68**	73	85
			49	55	**57**	61	71
22	Stundensatz Helfer, Stahlbau	h	37	49	**55**	60	73
			31	41	**46**	51	61

- ▶ min
- ▷ von
- ø Mittel
- ◁ bis
- ◀ max

1 Abbruch Treppe, Stahl KG **394**

Abbruch der Treppe, aus Stahl. Ausführung innerhalb des Bauwerks, Ausführung in allen Geschossen. Geräteeinsatz ist möglich, aufgenommene Stoffe sammeln, auf LKW des AN laden. Abfall ist nicht gefährlich, nicht schadstoffbelastet, die Entsorgung wird gesondert vergütet.
Gesamtgewicht: max. bis 5 t
Steigungen: 16 St
Höhe Steigung: 17,5 cm
Tiefe Treppenauftritt: 28 cm
Breite Treppenlauf: 100 cm

61€ 102€ **135**€ 159€ 196€ [St] ⏱ 3,00 h/St 317.000.024

2 Abbruch Handlauf Stahl KG **394**

Abbruch Handlauf, aus Stahl, Ausführung innerhalb des Bauwerks, Ausführung in allen Geschossen, aufgenommene Stoffe sammeln, auf LKW des AN laden, Abfall ist nicht gefährlich, nicht schadstoffbelastet, die Entsorgung wird gesondert vergütet.
Abbruch: **von Hand / mit handgeführten Kleingeräte**n
Arbeitshöhe: 2,00 m

3€ 6€ **6**€ 9€ 12€ [m] ⏱ 0,09 h/m 317.000.025

3 Abbruch Stahlkonstruktion Doppel -T-Träger KG **394**

Abbruch der Stahlkonstruktion, aus Formstahl, Doppel-T-Träger I. Abbruch von Hand/mit handgeführten Kleingeräten, Ausführung innerhalb des Bauwerks, Ausführung in allen Geschossen, aufgenommene Stoffe sammeln, auf LKW des AN laden, Abfall ist nicht gefährlich, nicht schadstoffbelastet, die Entsorgung wird gesondert vergütet.
Abbruch: **von Hand / mit handgeführten Kleingeräten**
Profilhöhe: 180 mm,
Einzellänge: über 2,75 bis 3,00 m
Arbeitshöhe: bis 2,0 m

–€ 26€ **30**€ 32€ –€ [St] ⏱ 0,60 h/St 317.000.026

4 Handlauf, Rohrprofil, beschichtet KG **359**

Stahl-Handlauf aus Rohrprofil, mit Wandhalterung, Handlauf steigend, mit Konsolen befestigt an aufgehenden Bauteile, Handlaufrohr von unten angeschweißt.
Einbauort: Außenraum
Stahlgüte: S235JR - Werkstoff-Nr. 1.0038
Durchmesser Handlauf: 42,4 mm
Wanddicke: 2,0 mm
Form: Rundrohr
Durchmesser Konsole: .....mm
Abstand zw. Konsolen: ..... mm
Abstand aufgehendes Bauteil: ..... mm
Oberfläche: feuerverzinkt
- Korrosionsbelastung DIN EN 12944: Klasse **C1 / C2**
- Korrosionsschutz für Zeitraum Klasse: **L = 2-5 Jahre / M = 5-15 Jahre / H = über 15 Jahre**

Für die Ausführung werden vom AG folgende Unterlagen zur Verfügung gestellt:
- Entwurfszeichnungen, Plannr.: .....
- Übersichtszeichnungen, Plannr.: .....
- statische Berechnung mit Positionsplänen, Plannr.: .....

42€ 59€ **67**€ 78€ 96€ [m] ⏱ 0,30 h/m 317.000.027

Nr.	Kurztext / Langtext						Kostengruppe
▶	▷	ø netto €	◁	◀	[Einheit]	Ausf.-Dauer	Positionsnummer

5 Profilstahl-Konstruktion, Profile HEA 160, feuerverzinkt KG **351**

Stahlträger aus Walzprofil nach DIN EN 10034, als Träger der Deckenkonstruktion, einschl. aller Kopfplatten, Steifen, Bohrungen, Verbindungsmittel und Schweißnähte, sowie einschl. Bohrungen für die Verschraubung mit den bauseitigen Anschlüssen.
Einbauort: ..... / Einbauhöhe: .....
Profil: HEA 160
Konstruktion der Ausführungsklasse DIN EN 1090: EXC .....
Material: Stahl nach DIN EN 10027-1
Güte: S235JR - Werkstoff-Nr. 1.0038
Masse Stahlprofil: 30,4 kg/m
Korrosionsbelastung DIN EN 12944: Klasse **C1 / C2 / .....**
Korrosionsschutz für Zeitraum Klasse: **L = 2-5 Jahre / M = 5-15 Jahre / H = über 15 Jahre**
Oberfläche: feuerverzinkt
Baustellenverbindungen: geschraubt
Für die Ausführung werden vom AG folgende Unterlagen zur Verfügung gestellt:

- Entwurfszeichnungen, Plannr.: .....
- Übersichtszeichnungen, Plannr.: .....
- statische Berechnung mit Positionsplänen, Plannr.: .....

2€ 3€ **3€** 4€ 5€ [kg] ⏱ 0,02 h/kg 317.000.028

6 Profilstahl-Konstruktion, Profile IPE, feuerverzinkt KG **351**

Stahlträger aus Walzprofil nach DIN EN 10279, als Träger der Deckenkonstruktion, einschl. aller Kopfplatten, Steifen, Bohrungen, Verbindungsmittel und Schweißnähte, sowie einschl. Bohrungen für die Verschraubung mit den bauseitigen Anschlüssen.
Einbauort: Decke / Einbauhöhe: .....
Profil: IPE
Konstruktion der Ausführungsklasse DIN EN 1090: EXC .....
Material: Stahl nach DIN EN 10025
Güte: S235JR - Werkstoff-Nr. 1.0038
Masse Stahlprofil: ..... kg/m
Korrosionsbelastung DIN EN 12944: Klasse **C1 / C2 / .....**
Korrosionsschutz für Zeitraum Klasse: **L = 2-5 Jahre / M = 5-15 Jahre / H = über 15 Jahre**
Oberfläche: feuerverzinkt
Baustellenverbindungen: geschraubt
Für die Ausführung werden vom AG folgende Unterlagen zur Verfügung gestellt:

- Entwurfszeichnungen, Plannr.: .....
- Übersichtszeichnungen, Plannr.: .....
- statische Berechnung mit Positionsplänen, Plannr.: .....

2€ 4€ **4€** 5€ 7€ [kg] ⏱ 0,02 h/kg 317.000.029

Kosten:
Stand 2.Quartal 2020
Bundesdurchschnitt

▶ min
▷ von
ø Mittel
◁ bis
◀ max

7 Profilstahl-Konstruktion, Profile UNP/UPE, feuerverzinkt KG **351**

Stahlträger aus Walzprofil U nach DIN EN 10279, als Träger der Deckenkonstruktion, einschl. aller Kopfplatten, Steifen, Bohrungen, Verbindungsmittel und Schweißnähte, sowie einschl. Bohrungen für die Verschraubung mit den bauseitigen Anschlüssen.
Einbauort: ..... / Einbauhöhe: .....
Profile: UNP/UPE
Konstruktion der Ausführungsklasse DIN EN 1090: EXC .....
Material: Stahl nach DIN EN 10025-2
Güte: S235JR - Werkstoff Nr. 1.0038
Masse Stahlprofil: ..... kg/m
Korrosionsbelastung DIN EN 12944: Klasse **C1 / C2 / .....**
Korrosionsschutz für Zeitraum Klasse: **L = 2-5 Jahre / M = 5-15 Jahre / H = über 15 Jahre**
Oberflächenbeschichtung: wird gesondert vergütet
Baustellenverbindungen: geschraubt
Für die Ausführung werden vom AG folgende Unterlagen zur Verfügung gestellt:
- Entwurfszeichnungen, Plannr.: .....
- Übersichtszeichnungen, Plannr.: .....
- statische Berechnung mit Positionsplänen, Plannr.: .....

2€ 4€ **4**€ 5€ 7€ [kg] ⏱ 0,02 h/kg 317.000.030

8 Stahlstütze, Rundrohrprofil KG **333**

Rundrohrprofil nach DIN EN 10210 / DIN EN 10219, als Stahlstütze der Deckenkonstruktion, einschl. aller Anschlussbleche, Steifen, Bohrungen, Verbindungsmittel, Schweißnähte, sowie einschl. Bohrungen für die Verschraubung mit den bauseitigen Anschlüssen.
Einbauort: ..... / Einbauhöhe: .....
Durchmesser: 114,3 mm
Wandungsdicke: 6,3 mm
Einzellänge: .....
Konstruktion der Ausführungsklasse DIN EN 1090: EXC .....
Material: Stahl DIN 10025-2
Güte: S235 J2 (+N .....) - Werkstoff-Nr. 1.0117
Masse Stahlprofil: 15,0 kg/m
Korrosionsbelastung DIN EN 12944: Klasse **C1 / C2 / .....**
Korrosionsschutz für Zeitraum Klasse: **L = 2-5 Jahre / M = 5-15 Jahre / H = über 15 Jahre**
Oberfläche: **verzinkt / grundiert**
Baustellenverbindungen: geschraubt und geschweißt

3€ 5€ **5**€ 6€ 8€ [kg] ⏱ 0,35 h/kg 317.000.031

9 Fußplatte, Stahlblech KG **351**

Fußplatte aus Stahlblech, einschl. aller Bohrungen, Verbindungsmittel, Schweißnähte, sowie einschl. Bohrungen für die Verschraubung mit den bauseitigen Anschlüssen.
Bauteil: .....
Einbauort: .....
Einbauhöhe: .....
Material: Stahl S235JR DIN EN 10025-2, Werkstoff-Nr 1.0038
Dicke: ..... mm
Oberflächenbehandlung und Korrosionsschutz werden gesondert vergütet.

4€ 5€ **5**€ 6€ 7€ [kg] ⏱ 0,02 h/kg 317.000.032

300 301 302 308 309 310 312 313 314 316 **317** 318 320 321 322

Nr.	**Kurztext** / Langtext						Kostengruppe
▶	▷	**ø netto €**	◁	◀	[Einheit]	Ausf.-Dauer	Positionsnummer

10 Kopfplatte, Stahlblech KG **351**

Kopfplatte aus Stahlblech, einschl. aller Bohrungen, Verbindungsmittel, Schweißnähte, sowie einschl. Bohrungen für die Verschraubung mit den bauseitigen Anschlüssen.
Bauteil: .....
Einbauort: Deckenebene
Einbauhöhe: .....
Material: Stahl S235JR DIN EN 10025-2, Werkstoff-Nr 1.0038
Dicke: ..... mm
Oberflächenbehandlung und Korrosionsschutz werden gesondert vergütet.

▶	▷	ø	◁	◀	Einheit	Ausf.-Dauer	Positionsnummer
2€	4€	**5**€	8€	13€	[kg]	⏱ 0,02 h/kg	317.000.033

Kosten:
Stand 2.Quartal 2020
Bundesdurchschnitt

11 Trapezblechdach, Stahlblech KG **363**

Stahltrapezblech für einschaliges, ebenes Flachdach, befestigt auf bauseitigem Untergrund, in den Längsstößen verbunden, mit eingelassenem Flachstahl; einschl. aller Verbindungsmittel sowie Ausbildung der Längs- und Querstöße.
Einbauort: .....
Einbauhöhe: bis 6,00 m
Stat. System: **Einfeld- / Zweifeld-/ Dreifeld- / Fünffeldträger** (mit biegesteifem Stoß) in Positivlage
Stützweite: 3,0 bis 4,0 m
Ständige Last ohne Blecheigengewicht: ..... kN/m²
Verkehrslast: ..... kN/m²
Schneelast: ..... kN/m²
Horizontallast: ..... kN/m²
Durchbiegung: max. l/300
Material: Stahlblech DIN EN 10346 S320GD
Blechstärke: 0,88 mm
Profil: 161,5/250 mm (Höhe/Rippenbreite)
Korrosionsschutz: Klasse II
Oberfläche: **sendzimirverzinkt, beidseitig / Bandbeschichtung, beidseitig, RAL .....**
Dachneigung: bis 10°
Für die Ausführung werden vom AG folgende Unterlagen zur Verfügung gestellt:
- Entwurfszeichnungen, Plannr.: .....
- Übersichtszeichnungen, Plannr.: .....
- statische Berechnung mit Positionsplänen, Plannr.: .....

▶	▷	ø	◁	◀	Einheit	Ausf.-Dauer	Positionsnummer
23€	30€	**33**€	35€	48€	[m²]	⏱ 0,15 h/m²	317.000.034

▶ min
▷ von
ø Mittel
◁ bis
◀ max

12 Trapezblechdach, gewölbt KG **363**

Stahltrapezblech, bombiert, für einschaliges, gewölbtes Bogendach, befestigt auf bauseitigem Untergrund, in den Längsstößen verbunden, mit eingelassenem Flachstahl; einschl. aller Verbindungsmittel sowie Ausbildung der Längs- und Querstöße.
Einbauort: .....
Einbauhöhe: bis 6,00 m
Stat. System: Einfeldträger in Positivlage
Stützweite: bis ca. 5,50 m
Ständige Last ohne Blecheigengewicht: kN/m2
Verkehrslast: kN/m2
Schneelast: kN/m2
Horizontallast: kN/m2
Durchbiegung: max. l/300
Material: Stahlblech DIN EN 10346 S320GD
Blechstärke: 1,0 mm
Profil: 135/310 mm (Höhe/Rippenbreite)
Korrosionsschutz: Klasse II
Oberfläche: **sendzimirverzinkt, beidseitig / Bandbeschichtung, beidseitig, RAL .....**
Für die Ausführung werden vom AG folgende Unterlagen zur Verfügung gestellt:
- Entwurfszeichnungen, Plannr.: .....
- Übersichtszeichnungen, Plannr.: .....
- statische Berechnung mit Positionsplänen, Plannr.: .....

–€ 53€ **58**€ 69€ –€ [m2] ⏱ 0,25 h/m2 317.000.035

13 Trapezblechdach, Randverstärkung, Übergangsblech KG **363**

Randverstärkung der Trapezblechdeckung an Attika, aus bandverzinkten Formblechen nach DIN EN 10327, inkl. Verbindung mit Trapezblechdeckung mit nichtrostenden Befestigungsmitteln sowie Ausbildung der Längs- und Querstöße. Sonderteile und Ecken in getrennter Position.
Untergrund: Stahlbeton
Material: Stahl-Blech
Blechstärke: 0,88 mm
Zuschnitt: 333 mm
Kantungen: dreifach
Oberfläche: **sendzimirverzinkt, beidseitig / Bandbeschichtung, beidseitig, RAL .....**
Querneigung: **mit / ohne**
Traufhöhe: bis 6,00 m

20€ 26€ **28**€ 31€ 39€ [m] ⏱ 0,20 h/m 317.000.036

14 Trapezblechdach, Dachausschnitt KG **363**

Dachausschnitt herstellen in Trapezprofil, Werkstoff und Korrosionsschutz wie vor beschriebene Tragschale, oberseitig mit Verstärkungsblech, Ausführung DIN 18807-3.
Blechdicke: bis 1 mm
Form: rechteckig
Ausschnitt-Abmessung: ..... mm

65€ 81€ **91**€ 94€ 109€ [St] ⏱ 0,15 h/St 317.000.037

Nr.	Kurztext / Langtext					Kostengruppe
▶	▷	**ø netto €**	◁	◀	[Einheit]	Ausf.-Dauer Positionsnummer

15 Bohrungen, Stahl bis 16mm KG **359**

Bohrungen in Stahlblechen, Stegen oder Flanschen von Stahlträgern oder -stützen, für Installationsleitungen.
Ausführung: **in der Werkstatt / auf der Baustelle**
Durchmesser: bis 30 mm
Materialstärke: ..... mm

3€ | 10€ | **11**€ | 18€ | 27€ | [St] | ⏱ 0,20 h/St | 317.000.038

16 Ramm-/Anfahrschutz KG **569**

Anfahrschutz im Außenbereich, aus Rundrohr, geschweißt auf Stahlplatte und auf bauseitiges Betonfundament mit Schwerlastdübeln montiert.
Höhe: 1.000 mm
Breite: 600 mm
Abmessung: .....
Rundrohr-Konstruktion aus Stahl S235JR - Werkstoff-Nr. 1.0038
Gestaltung: gem. DGUV Vorschrift 9 und DIN 4844 - gelb kunststoffbeschichtet mit schwarzen Streifen
Oberflächen: nasslackbeschichtet
Korrosionsbelastung DIN EN 12944: Klasse **C1 / C2 / .....**
Korrosionsschutz für Zeitraum Klasse: **L = 2-5 Jahre / M = 5-15 Jahre / H = über 15 Jahre**
Für die Ausführung werden vom AG folgende Unterlagen zur Verfügung gestellt:
- Entwurfszeichnungen, Plannr.: .....
- Übersichtszeichnungen, Plannr.: .....
- statische Berechnung mit Positionsplänen, Plannr.: .....

162€ | 314€ | **353**€ | 557€ | 872€ | [St] | ⏱ 1,70 h/St | 317.000.039

Kosten:
Stand 2.Quartal 2020
Bundesdurchschnitt

17 Gitterroste, verzinkt, rutschhemmend, verankert KG **339**

Gitterrostbelag als Treppenpodestabdeckung, rutschhemmend und abhebesicher, auf bauseitiger Stahlkonstruktion; einschl. Bohrungen und Verbindungsmitteln für die Verschraubung mit den herzustellenden Anschlüssen.
Einbauort: .....
Gitterrost-Außenmaß (B x L): 500 x 1.000 mm
Maschenteilung: 30 x 10 mm
Tragstab: 30 x 3 mm
Randstab / Einfassung: umlaufend, Profil 30 x 3 mm
Oberfläche: verzinkt
Anforderung: R9
Für die Ausführung werden vom AG folgende Unterlagen zur Verfügung gestellt:
- Entwurfszeichnungen, Plannr.: .....
- Übersichtszeichnungen, Plannr.: .....
- statische Berechnung mit Positionsplänen, Plannr.: .....

75€ | 81€ | **84**€ | 88€ | 97€ | [m²] | ⏱ 0,45 h/m² | 317.000.040

18 Verzinken, Stahlprofile KG **333**

Korrosionsschutz für Stahlkonstruktion, inkl. Entrostung; bei der Montage beschädigte Stellen sind vom AN auszubessern.
Bauteil: IPE-Träger
Ausführungsart: Stückverzinkung nach **DASt-Richtlinie 022 (mit DIN EN ISO 1461) / DIN EN ISO 12944**
Korrosivitätskategorie: C5
Schutzdauer: Klasse H (hoch = 15-25 J.)

0,3€ | 0,5€ | **0,6**€ | 0,7€ | 1,2€ | [kg] | ⏱ 0,01 h/kg | 317.000.041

▶ min
▷ von
ø Mittel
◁ bis
◀ max

19 **Brandschutzbeschichtung, R30, Stahlbauteile** KG **333**

Brandschutzbeschichtung von Stahlbauteilen, wasserbasierende Beschichtung, gem. Zulassung aufbringen, inkl. Vorbehandlung, Grundierung und Deckbeschichtung. Zulassung gem. DIN 4102/DIN EN 13381.
Einbauort: Innenraum / Arbeitshöhe: .....
Vorbehandlung: Vorbereitungsgrad Sa 2 1/2
Stahlkonstruktion: **Stahlträger / Fachwerkbinder / Stützen**
Beschichtungsverfahren: **Pinsel / Rolle / Spritzverfahren**
Farbton: **RAL / NCS**
Herstellerfarbkarte: .....
Gef. Feuerwiderstand: R30

40€ 57€ **61**€ 79€ 124€ [m²] ⏱ 0,30 h/m² 317.000.042

20 **Brandschutzbeschichtung, Stahlbauteile, Decklack** KG **333**

Brandschutzbeschichtung auf Stahl, als Decklack.
Einbauort: .....
Stahlkonstruktion: **Stahlträger / Fachwerkbinder / Stützen**
Profile und Abmessungen: .....
Beschichtungsverfahren: **Pinsel / Rolle / Spritzverfahren**
Farbton: **RAL / NCS**
Herstellerfarbkarte: .....
Gef. Feuerwiderstand: **R30 / R60 / R90**
Beschichtungsstoff: .....
Arbeitshöhe: .....
Anwendung: Innenbereich

10€ 21€ **22**€ 31€ 42€ [m²] ⏱ 0,20 h/m² 317.000.043

21 **Stundensatz Facharbeiter, Stahlbau**

Stundenlohnarbeiten für Vorarbeiter, Facharbeiter und Gleichgestellte (z.B. Spezialbaufacharbeiter, Baufacharbeiter, Obermonteure, Monteure, Gesellen, Maschinenführer, Fahrer und ähnliche Fachkräfte). Leistung nach besonderer Anordnung der Bauüberwachung. Der Verrechnungssatz für die jeweilige Arbeitskraft umfasst sämtliche Aufwendungen wie Lohn- und Gehaltskosten, Lohn- und Gehaltsnebenkosten, Zuschläge, lohngebundene und lohnabhängige Kosten, sonstige Sozialkosten, Gemeinkosten, Wagnis und Gewinn.

49€ 55€ **57**€ 61€ 71€ [h] ⏱ 1,00 h/h 317.000.044

22 **Stundensatz Helfer, Stahlbau**

Stundenlohnarbeiten für Werker, Helfer und Gleichgestellte (z.B. Baufachwerker, Helfer, Hilfsmonteure, Ungelernte, Angelernte). Leistung nach besonderer Anordnung der Bauüberwachung. Der Verrechnungssatz für die jeweilige Arbeitskraft umfasst sämtliche Aufwendungen wie Lohn- und Gehaltskosten, Lohn- und Gehaltsnebenkosten, Zuschläge, lohngebundene und lohnabhängige Kosten, sonstige Sozialkosten, Gemeinkosten, Wagnis und Gewinn.

31€ 41€ **46**€ 51€ 61€ [h] ⏱ 1,00 h/h 317.000.045

318

Kosten:
Stand 2.Quartal 2020
Bundesdurchschnitt

▶ min
▷ von
ø Mittel
◁ bis
◀ max

Nr.	Positionen	Einheit	▶	▷	ø brutto € / ø netto €	◁	◀
1	Bodenflächen reinigen	m²	3	4	**4**	5	6
			3	3	**3**	4	5
2	Bodenabdichtung entfernen, Bitumen, 1-lagig	m²	19	21	**25**	30	32
			16	17	**21**	25	27
3	Bodenabdichtung entfernen, Bitumen, 2-lagig	m²	20	22	**27**	32	35
			17	18	**23**	27	30
4	Bitumenbeschichtung entfernen, Wand	m²	17	18	**22**	27	27
			14	15	**19**	22	23
5	Bitumenbahnen entfernen, Wand	m²	19	24	**30**	35	39
			16	20	**25**	29	33
6	Schutzbahn entfernen, Wand	m²	14	15	**18**	21	23
			11	13	**15**	18	19
7	Egalisierung, 5mm, Boden	m²	18	20	**23**	27	28
			16	16	**20**	23	23
8	Egalisierung, 10mm, Boden	m²	21	25	**30**	36	38
			17	21	**25**	30	32
9	Bodenflächen schleifen/kugelstrahlen	m²	8	8	**9**	11	12
			7	7	**8**	10	10
10	Voranstrich, Bodenabdichtung	m²	5	6	**7**	8	9
			4	5	**6**	7	7
11	Kontaktschicht, Bodenabdichtung	m²	14	16	**18**	21	23
			12	13	**15**	18	19
12	Verstärkung, Gewebe/Vlies, Bodenfläche	St	7	8	**9**	11	12
			6	7	**8**	10	11
13	Innenecke, Verstärkung, Gewebe/Vlies	St	5	5	**6**	7	8
			4	4	**5**	6	7
14	Innenecke, Verstärkung, Dichtband	St	6	6	**7**	9	10
			5	5	**6**	7	8
15	Abdichtung, Bodenplatte, W1.1-E, PMBC	m²	29	31	**33**	36	40
			25	26	**28**	31	34
16	Abdichtung, Bodenplatte, W1.1-E, MDS, starr	m²	26	27	**29**	32	36
			22	23	**24**	27	30
17	Abdichtung, Bodenplatte, W1.1-E, MDS flexibel	m²	36	37	**40**	44	49
			30	32	**34**	37	41
18	Abdichtung, Bodenplatte, W1.1-E, PV200 DD	m²	27	29	**30**	34	37
			23	24	**26**	28	31
19	Abdichtung, Bodenplatte, W1.1-E, PYE G200S4	m²	29	30	**32**	36	40
			24	25	**27**	30	33
20	Abdichtung, Bodenplatte, W1.2-E, PMBC	m²	38	41	**43**	49	53
			32	34	**36**	42	45
21	Abdichtung, Bodenplatte, W1.2-E, MDS starr	m²	40	43	**45**	50	56
			33	36	**38**	42	47
22	Abdichtung, Bodenplatte, W1.2-E, MDS flexibel	m²	45	48	**51**	58	63
			38	40	**43**	49	53
23	Wandflächen reinigen, lose Bestandteile	m²	6	8	**9**	11	13
			5	6	**8**	10	11
24	Wandflächen reinigen, haftungsmind. Stoffe	m²	7	10	**12**	15	20
			6	8	**10**	13	17

Nr.	Positionen	Einheit	▶	▷	ø brutto € / ø netto €	◁	◀
25	Druckwasserstrahlen, Kelleraußenwand	m²	15	17	**20**	24	26
			13	14	**16**	21	22
26	Untergrund egalisieren, Kellerwand	m²	17	18	**21**	25	27
			14	15	**18**	21	22
27	Ausgleichsputz, Außenabdichtung	m²	24	25	**29**	35	30
			20	21	**25**	30	25
28	Zwischenschicht, Übergang, MDS	m	15	16	**18**	22	24
			12	14	**15**	19	20
29	Hohlkehle, vorgefertigt	m	16	17	**22**	26	28
			13	15	**18**	22	24
30	Hohlkehle, Mörtel	m	15	17	**21**	23	25
			13	14	**18**	19	21
31	Hohlkehle abdichten, MDS	m	14	16	**17**	20	22
			12	14	**15**	17	19
32	Hohlkehle abdichten, PMBC	m	14	16	**18**	21	22
			12	13	**15**	18	19
33	Kanten fasen, Abdichtung	m	3	3	**4**	4	5
			2	3	**3**	4	4
34	Wandflächen verfestigen	m²	10	11	**14**	17	18
			8	10	**12**	14	15
35	Voranstrich, Wandabdichtung	m²	3	4	**5**	5	6
			3	3	**4**	5	5
36	Spritzbewurf, Haftvermittler	m²	13	15	**19**	22	24
			11	13	**16**	19	20
37	Sperrputz, Zementmörtel	m²	34	38	**44**	52	60
			28	32	**37**	44	50
38	Zwischenschicht, Rückdurchfeuchtung, MDS	m²	27	29	**31**	38	40
			23	25	**26**	32	34
39	Wandabdichtung, W1.1-E, MDS flexibel	m²	35	37	**39**	45	49
			29	31	**33**	38	41
40	Wandabdichtung, W1.1-E, PMBC	m²	36	39	**42**	46	51
			30	33	**35**	39	43
41	Wandabdichtung, W1.2-E, PYE KTG KSP 2,8	m²	29	31	**32**	37	41
			24	26	**27**	31	34
42	Wandabdichtung, W1.2-E, KSK HDPE	m²	30	31	**33**	39	42
			25	26	**28**	33	35
43	Wandabdichtung, W2.1-E, PMBC	m²	41	44	**47**	52	58
			34	37	**40**	44	49
44	Wandabdichtung, W2.1-E, PV200S5	m²	35	38	**40**	45	49
			29	32	**34**	38	41
45	Wandflächen reinigen, abbürsten	m²	8	10	**12**	14	16
			6	8	**10**	12	13
46	Wandabdichtung, W2.2-E, 2xPV200S5	m²	45	48	**52**	58	63
			38	41	**43**	49	53
47	Wandabdichtung, W2.2-E, 2xR500N Me	m²	47	51	**54**	62	68
			40	43	**46**	52	57
48	Sockelabdichtung, W4-E, MDS flexibel	m²	39	42	**45**	49	55
			33	35	**37**	42	46

300
301
302
308
309
310
312
313
314
316
317
318
320
321
322

Nr.	Positionen	Einheit	▶	▷	ø brutto € / ø netto €	◁	◀
49	Sockelabdichtung, W4-E, FLK	m²	47	52	**54**	62	67
			40	43	**45**	52	56
50	Innenabdichtung, Wand, Schlämme	m²	32	35	**37**	41	46
			27	29	**31**	35	38
51	Fugenabdichtung, W1.1-E, Dichtband	m	13	15	**17**	19	21
			11	12	**14**	16	17
52	Fugenabdichtung, W1.1-E, Fugenband	m	26	29	**34**	37	41
			22	25	**28**	31	35
53	Fugenabdichtung, W1.1-E, Kunststoffbahn	m	23	26	**29**	33	36
			20	22	**24**	28	30
54	Fugenabdichtung, W1.1-E, Schweißbahn	m	26	29	**34**	37	41
			22	25	**28**	31	35
55	Bewegungsfuge, W1.1-E, KSP-Streifen	m	25	28	**32**	36	39
			21	23	**27**	30	33
56	Fugenabdichtung, W2.1-E, Schweißbahn	m	25	28	**31**	36	39
			21	23	**26**	30	32
57	Bewegungsfuge, W2.1-E, Kupferband	m	25	28	**32**	35	39
			21	23	**27**	30	33
58	Bewegungsfuge, W2.1-E, Kunststoffbahn	m	22	25	**28**	33	35
			19	21	**24**	27	29
59	Bewegungsfuge, W2.1-E, Kupferband/Bitumen	m	28	32	**36**	40	45
			24	27	**31**	34	38
60	Bewegungsfuge, W2.1-E, 4-stegiges Fugenband	m	34	38	**44**	49	54
			29	32	**37**	41	45
61	Bewegungsfuge, W2.2-E, Los-Festflansch	m	41	45	**52**	58	64
			34	38	**44**	48	54
62	Durchdringung andichten, bituminös	m	27	30	**35**	39	43
			23	25	**29**	32	37
63	Rückläufiger Stoß, drückendes Wasser	m	27	30	**34**	38	42
			22	25	**29**	32	35
64	Abschluss Klebeflansch, Schutzblech	m	15	17	**19**	22	23
			13	14	**16**	18	20
65	Abschluss, Klemmprofil	m	22	25	**28**	31	34
			19	21	**23**	26	29
66	Abschluss Kunststoffbahn, Schutzblech	m	18	20	**23**	26	28
			15	17	**19**	22	24
67	Perimeterdämmung, XPS 120mm	m²	38	40	**42**	48	53
			32	34	**36**	40	44
68	Perimeterdämmung, XPS 140mm	m²	44	48	**51**	56	62
			37	40	**43**	47	53
69	Perimeterdämmung, XPS 180mm	m²	55	59	**63**	70	78
			46	50	**53**	59	65
70	Perimeterdämmung, XPS 220mm	m²	70	74	**78**	89	97
			58	62	**66**	75	81
71	Perimeterdämmung, CG, 120mm	m²	80	86	**92**	102	115
			67	73	**77**	86	97
72	Perimeterdämmung, CG, 140mm	m²	85	94	**98**	114	123
			72	79	**82**	96	103

Kosten:
Stand 2.Quartal 2020
Bundesdurchschnitt

▶ min
▷ von
ø Mittel
◁ bis
◀ max

Nr.	Positionen	Einheit	▶	▷	ø brutto € / ø netto €	◁	◀
73	Perimeterdämmung, CG, 160mm	m²	94	101	**108**	125	134
			79	85	**90**	105	113
74	Perimeterdämmung, CG, 200mm	m²	105	113	**121**	134	151
			88	95	**101**	113	127
75	Sickerschicht, Kunststoffnoppenbahn	m²	13	15	**16**	19	21
			11	12	**14**	16	18
76	Sickerplatten, Kelleraußenwände	m²	25	28	**30**	35	37
			21	23	**25**	29	31
77	Filtervlies, Schutzschicht	m²	5	6	**7**	8	9
			4	5	**6**	6	7
78	Sickerschicht, Kunststoffnoppenbahn/Vlies	m²	18	19	**22**	26	29
			15	16	**18**	22	24
79	Stundensatz Facharbeiter, Abdichtungsarbeit	h	50	56	**58**	59	66
			42	47	**49**	50	55
80	Stundensatz Helfer, Abdichtungsarbeiten	h	42	49	**53**	55	61
			36	41	**44**	47	51

Nr. **Kurztext** / Langtext Kostengruppe
▶ ▷ **ø netto €** ◁ ◀ [Einheit] Ausf.-Dauer Positionsnummer

1 Bodenflächen reinigen KG **395**

Bodenflächen als Untergrund für Abdichtungen von haftungsmindernder Verunreinigung bzw. Beschichtung entfernen und reinigen, einschl. Absaugung gegen Staubentwicklung.
Untergrund: Beton
Verfahren: .....

3€ 3€ **3**€ 4€ 5€ [m²] ⏱ 0,02 h/m² 318.000.054

2 Bodenabdichtung entfernen, Bitumen, 1-lagig KG **394**

Bodenabdichtung aus Bitumenbahnen, einlagig, mechanisch lösen und entsorgen.Der Abfall ist nicht gefährlich, nicht schadstoffbelastet. Leistung inkl. Entfernung haftungsmindernder Schichten und Reinigung der Bodenfläche.
Untergrund: .....
Transportweg: .....
Anlage (Bezeichnung/Ort): .....
Abfallschlüssel nach AVV: 170302 Bitumengemische
Hinweis: Teerhaltige Abdichtungsbahnen sind Sondermüll.

16€ 17€ **21**€ 25€ 27€ [m²] ⏱ 0,10 h/m² 318.000.046

300 301 302 308 309 310 312 313 314 316 317 **318** 320 321 322

Kosten:
Stand 2.Quartal 2020
Bundesdurchschnitt

▶ min
▷ von
ø Mittel
◁ bis
◀ max

Nr.	**Kurztext** / Langtext						Kostengruppe
▶	▷	**ø netto €**	◁	◀	[Einheit]	Ausf.-Dauer	Positionsnummer

3 Bodenabdichtung entfernen, Bitumen, 2-lagig KG **394**

Bodenabdichtung aus Bitumenbahnen, zweilagig, mechanisch lösen und entsorgen. Der Abfall ist nicht gefährlich, nicht schadstoffbelastet. Leistung inkl. Entfernung haftungsmindernder Schichten und Reinigung der Bodenfläche.
Untergrund: .....
Transportweg: .....
Anlage (Bezeichnung/Ort): .....
Abfallschlüssel nach AVV: 170302 Bitumengemische
Hinweis: Teerhaltige Abdichtungsbahnen sind Sondermüll.

17€ 18€ **23**€ 27€ 30€ [m²] ⏱ 0,15 h/m² 318.000.047

4 Bitumenbeschichtung entfernen, Wand KG **394**

Wandabdichtung aus Bitumenbeschichtung mechanisch lösen und entsorgen. Abfall ist nicht gefährlich, nicht schadstoffbelastet. Leistung inkl. Entfernung haftungsmindernder Bestandteile, der Bitumenrückstände, Reinigung der Wandoberfläche.
Untergrund: Kelleraußenmauerwerk
Transportweg: .....
Anlage (Bezeichnung/Ort): .....
Abfallschlüssel nach AVV: 170302 Bitumengemische

14€ 15€ **19**€ 22€ 23€ [m²] ⏱ 0,20 h/m² 318.000.049

5 Bitumenbahnen entfernen, Wand KG **394**

Wandabdichtung aus Bitumenbahnen mechanisch lösen und entsorgen. Abfall ist nicht gefährlich, nicht schadstoffbelastet. Leistung inkl. Entfernung haftungsmindernder Bestandteile, der Bitumenrückstände, Reinigung der Wandoberfläche.
Untergrund: Kelleraußenmauerwerk
Bitumenbahn: .....
Transportweg: .....
Anlage (Bezeichnung/Ort): .....
Abfallschlüssel nach AVV: 170302 Bitumengemische
Hinweis: Teerhaltige Abdichtungsbahnen sind Sondermüll.

16€ 20€ **25**€ 29€ 33€ [m²] ⏱ 0,20 h/m² 318.000.050

6 Schutzbahn entfernen, Wand KG **394**

Schutzbahn auf den erdberührenden Wandflächen, aus Kunststoff entfernen, Wandoberflächen reinigen.
Schutzbahn: .....
Transportweg: .....
Anlage (Bezeichnung/Ort): .....
Abfallschlüssel nach AVV: 170904 gemischte Bau- und Abbruchabfälle

11€ 13€ **15**€ 18€ 19€ [m²] ⏱ 0,18 h/m² 318.000.051

7 Egalisierung, 5mm, Boden KG **395**

Untergrund durch Auftrag einem **Ausgleichsmörtel/ Verlaufmörtel** egalisieren.
Dicke: **bis / i.M** 5,0 mm

16€ 16€ **20**€ 23€ 23€ [m²] ⏱ 0,07 h/m² 318.000.052

8 Egalisierung, 10mm, Boden KG **395**

Untergrund durch Auftrag einem **Ausgleichsmörtel/ Verlaufmörtel** egalisieren.
Dicke: **bis / i.M** 10 mm

17€	21€	**25**€	30€	32€	[m2]	0,15 h/m2	318.000.053

9 Bodenflächen schleifen/kugelstrahlen KG **395**

Bodenflächen als Untergrund für Abdichtungen von haftungsmindernder Verunreinigung bzw. Beschichtung, mechanisch durch schleifen mit Staubabsaugung reinigen.
Untergrund: Beton

7€	7€	**8**€	10€	10€	[m2]	0,10 h/m2	318.000.055

10 Voranstrich, Bodenabdichtung KG **325**

Voranstrich / Grundierung für Abdichtung auf Bodenflächen.
Abdichtungsmaterial: .....
Untergrund: Beton

4€	5€	**6**€	7€	7€	[m2]	0,03 h/m2	318.000.056

11 Kontaktschicht, Bodenabdichtung KG **325**

Kunststoffmodifizierte Kontaktschicht auf Zementbasis für Abdichtung, zwischen Alt- und Neuabdichtung.
Bauteil: Bodenfläche
Abdichtung, Bestand: .....

12€	13€	**15**€	18€	19€	[m2]	0,03 h/m2	318.000.140

12 Verstärkung, Gewebe/Vlies, Bodenfläche KG **325**

Verstärkung der Abdichtung für Bodenflächen, mit Einlage aus **Gewebe/Vlies**.
Bauteil: **Nasszelle / Balkon**

6€	7€	**8**€	10€	11€	[St]	0,07 h/St	318.000.150

13 Innenecke, Verstärkung, Gewebe/Vlies KG **325**

Verstärkung der Abdichtung im Bereich der Innenecke für Wand-/Bodenanschluss, mit Einlage aus **Gewebe/ Vlies**.
Bauteil: **Nasszelle / Balkon**

4€	4€	**5**€	6€	7€	[St]	0,07 h/St	318.000.057

14 Innenecke, Verstärkung, Dichtband KG **325**

Verstärkung der Abdichtung im Bereich der Innenecke für Wand-/Bodenanschluss, mit dehnfähigen Dichtband.
Bauteil: **Nasszelle / Balkon**

5€	5€	**6**€	7€	8€	[St]	0,07 h/St	318.000.144

300
301
302
308
309
310
312
313
314
316
317
318
320
321
322

Kosten:
Stand 2.Quartal 2020
Bundesdurchschnitt

Nr.	Kurztext / Langtext					Kostengruppe
▶	▷	**ø netto €**	◁	◀	[Einheit]	Ausf.-Dauer Positionsnummer

15 Abdichtung, Bodenplatte, W1.1-E, PMBC KG **325**

Abdichtung von Bodenflächen gegen Bodenfeuchte mit kunststoffmodifizierter Bitumendickbeschichtung als Spachtelmasse in zwei Arbeitsgängen, mit Gewebeeinlage.
Untergrund: Beton
Bauteil: Kellersohle
Wassereinwirkungsklasse: W1.1-E
Rissklasse: R1-E (geringe Anforderung)
Rissüberbrückungsklasse: RÜ1-E (<=0,2 mm)
Raumnutzungsklasse: **RN1-E / RN2-E**
Trockenschichtdicke: mind. 3 mm

25€ 26€ **28**€ 31€ 34€ [m2] ⏱ 0,16 h/m2 318.000.058

16 Abdichtung, Bodenplatte, W1.1-E, MDS, starr KG **325**

Abdichtung von Bodenflächen gegen Bodenfeuchte mit starrer mineralischer Dichtungsschlämme in zwei Arbeitsgängen, mit Gewebe.
Untergrund: Beton
Bauteil: Kellersohle
Wassereinwirkungsklasse: W1.1-E
Rissklasse: R1-E (geringe Anforderung)
Rissüberbrückungsklasse: RÜ1-E (<=0,2 mm)
Raumnutzungsklasse: **RN1-E / RN2-E**
Trockenschichtdicke: mind. 3 mm

22€ 23€ **24**€ 27€ 30€ [m2] ⏱ 0,16 h/m2 318.000.059

17 Abdichtung, Bodenplatte, W1.1-E, MDS flexibel KG **325**

Abdichtung von Bodenflächen gegen Bodenfeuchte mit flexibler mineralischer Dichtungsschlämme in zwei Arbeitsgängen, mit Gewebe.
Untergrund: Beton
Bauteil: Kellersohle
Wassereinwirkungsklasse: W1.1-E
Rissklasse: R1-E (geringe Anforderung)
Rissüberbrückungsklasse: RÜ1-E (<=0,2 mm)
Raumnutzungsklasse: **RN1-E / RN2-E**
Trockenschichtdicke: mind. 3 mm

30€ 32€ **34**€ 37€ 41€ [m2] ⏱ 0,16 h/m2 318.000.060

18 Abdichtung, Bodenplatte, W1.1-E, PV200 DD KG **325**

Abdichtung von Bodenflächen gegen Bodenfeuchte mit Bitumen-Dachdichtungsbahn.
Untergrund: Beton
Bauteil: Kellersohle
Wassereinwirkungsklasse: W1.1-E
Rissklasse: R1-E (geringe Anforderung)
Rissüberbrückungsklasse: RÜ1-E (<=0,2 mm)
Raumnutzungsklasse: **RN1-E / RN2-E**
Dichtungsbahn: PV 200 DD, einlagig

23€ 24€ **26**€ 28€ 31€ [m2] ⏱ 0,17 h/m2 318.000.062

▶ min
▷ von
ø Mittel
◁ bis
◀ max

19 **Abdichtung, Bodenplatte, W1.1-E, PYE G200S4** KG **325**

Abdichtung von Bodenflächen gegen Bodenfeuchte mit Elastomerbitumen-Schweißbahn.
Untergrund: Beton
Bauteil: Kellersohle
Wassereinwirkungsklasse: W1.1-E
Rissklasse: R1-E (geringe Anforderung)
Rissüberbrückungsklasse: RÜ1-E (<=0,2 mm)
Raumnutzungsklasse: **RN1-E / RN2-E**
Dichtungsbahn: PYE G 200 S4, einlagig

24€ 25€ **27**€ 30€ 33€ [m²] ⏱ 0,17 h/m² 318.000.063

20 **Abdichtung, Bodenplatte, W1.2-E, PMBC** KG **325**

Abdichtung von Bodenflächen gegen nicht drückendes Wasser, mäßige Beanspruchung, mit kunststoffmodifizierter Bitumendickbeschichtung als Spachtelmasse in zwei Arbeitsgängen mit Gewebe.
Untergrund: Beton
Bauteil: Boden, Nassraum
Wassereinwirkungsklasse: W1.2-E
Rissklasse: R1-E (geringe Anforderung)
Rissüberbrückungsklasse: RÜ1-E (<=0,2 mm)
Raumnutzungsklasse: **RN1-E / RN2-E**
Trockenschichtdicke: mind. 3 mm

32€ 34€ **36**€ 42€ 45€ [m²] ⏱ 0,22 h/m² 318.000.067

21 **Abdichtung, Bodenplatte, W1.2-E, MDS starr** KG **325**

Abdichtung von Bodenflächen gegen nicht drückendes Wasser, mäßige Beanspruchung, mit starrer mineralischer Dichtungsschlämme in zwei Arbeitsgängen mit Gewebe.
Untergrund: Beton
Bauteil: Boden, Nassraum
Wassereinwirkungsklasse: W1.2-E
Rissklasse: R1-E (geringe Anforderung)
Rissüberbrückungsklasse: RÜ1-E (<=0,2 mm)
Raumnutzungsklasse: **RN1-E / RN2-E**
Trockenschichtdicke: mind. 4 mm

33€ 36€ **38**€ 42€ 47€ [m²] ⏱ 0,17 h/m² 318.000.068

22 **Abdichtung, Bodenplatte, W1.2-E, MDS flexibel** KG **325**

Abdichtung von Bodenflächen gegen nicht drückendes Wasser, mäßige Beanspruchung, mit flexibler mineralischer Dichtungsschlämme in zwei Arbeitsgängen mit Gewebe.
Untergrund: Beton
Bauteil: Boden, Nassraum
Wassereinwirkungsklasse: W1.2-E
Rissklasse: R1-E (geringe Anforderung)
Rissüberbrückungsklasse: RÜ1-E (<=0,2 mm)
Raumnutzungsklasse: **RN1-E / RN2-E**
Trockenschichtdicke: mind. 4 mm

38€ 40€ **43**€ 49€ 53€ [m²] ⏱ 0,17 h/m² 318.000.069

300 301 302 308 309 310 312 313 314 316 317 **318** 320 321 322

Kosten:
Stand 2.Quartal 2020
Bundesdurchschnitt

▶ min
▷ von
ø Mittel
◁ bis
◀ max

Nr.	Kurztext / Langtext						Kostengruppe
▶	▷	**ø netto €**	◁	◀	[Einheit]	Ausf.-Dauer	Positionsnummer

23 Wandflächen reinigen, lose Bestandteile KG **395**

Entfernen loser Bestandteile und hohlliegenden Schichten auf Wandflächen aus Mauerwerk.
Bestandteile: .....

5€ | 6€ | **8**€ | 10€ | 11€ | [m²] | ⏱ 0,22 h/m² | 318.000.074

24 Wandflächen reinigen, haftungsmind. Stoffe KG **395**

Entfernen von haftungsmindernden Stoffen auf Wandflächen.
Stoffart: **Fette / Salze / Trennmittel**

6€ | 8€ | **10**€ | 13€ | 17€ | [m²] | ⏱ 0,22 h/m² | 318.000.075

25 Druckwasserstrahlen, Kelleraußenwand KG **395**

Strahlen mit Druckwasser zum Abtragen und Entfernen loser Teile, sowie leicht ablösender Schichten. Das auffangen und entsorgen wird gesondert abgerechnet.
Bauteil: Kelleraußenwand
Arbeitsdruck: bis 300 bar

13€ | 14€ | **16**€ | 21€ | 22€ | [m²] | ⏱ 0,13 h/m² | 318.000.077

26 Untergrund egalisieren, Kellerwand KG **395**

Verschließen von Fehlstellen in Wandflächen mit schwindkompensierendem Zementmörtel.
Ausbruchtiefe: bis 10 mm
Bauteil: Kelleraußenwand
Mauerwerksart: .....

14€ | 15€ | **18**€ | 21€ | 22€ | [m²] | ⏱ 0,75 h/m² | 318.000.078

27 Ausgleichsputz, Außenabdichtung KG **395**

Ausgleichsputz aus Zementmörtel auf Kelleraußenwänden, als Tragschicht für Abdichtungen.
Ausbruchtiefe: bis 15 mm
Putzdicke: 1,5 cm

20€ | 21€ | **25**€ | 30€ | 25€ | [m²] | ⏱ 0,40 h/m² | 318.000.079

28 Zwischenschicht, Übergang, MDS KG **325**

Zwischenschicht gegen Rückdurchfeuchtung mit mineralischer Dichtungsschlämme im Übergangsbereich Wand/Sohle und Fundamentbereich.
Breite: jeweils 30 cm für Wand- und Bodenfläche

12€ | 14€ | **15**€ | 19€ | 20€ | [m] | ⏱ 0,45 h/m | 318.000.080

29 Hohlkehle, vorgefertigt KG **325**

Vorgefertigte Hohlkehle aus expandiertem Polystyrol mit Ausrundung zwischen Fundament und Kellerwand.
Untergrund: .....
Lage: .....
Schenkellänge: ca. 5 cm

13€ | 15€ | **18**€ | 22€ | 24€ | [m] | ⏱ 0,08 h/m | 318.000.081

30 Hohlkehle, Mörtel KG **325**

Hohlkehle aus Mörtel zwischen Fundament und Kellerwand, inkl. Haftbrücke.
Mörtel: **wasserabweisender Zementputzmörtel / kunststoffmodifiziertem Mörtel**
Schenkellänge: ca. 5 cm

13€ | 14€ | **18**€ | 19€ | 21€ | [m] | ⏱ 0,10 h/m | 318.000.082

Nr.	**Kurztext** / Langtext						Kostengruppe
▶	▷	**ø netto €**	◁	◀	[Einheit]	Ausf.-Dauer	Positionsnummer

31 Hohlkehle abdichten, MDS KG **325**

Abdichtung der Hohlkehle mit zementgebundener Dichtungsschlämme. Schlämme über Ausrundung ausbilden und in die zugehörige Flächenabdichtung einbinden.

12€ 14€ **15**€ 17€ 19€ [m] ⏱ 0,13 h/m 318.000.083

32 Hohlkehle abdichten, PMBC KG **325**

Abdichtung der Hohlkehle mit bituminöser Dickbeschichtung. Abdichtung über Ausrundung ausbilden und in die zugehörige Flächenabdichtung einbinden.

12€ 13€ **15**€ 18€ 19€ [m] ⏱ 0,11 h/m 318.000.084

33 Kanten fasen, Abdichtung KG **325**

Kanten für Abdichtung als Fase ausbilden.
Bauteil: .....
Lage: **horizontal / vertikal**

2€ 3€ **3**€ 4€ 4€ [m] ⏱ 0,07 h/m 318.000.085

34 Wandflächen verfestigen KG **335**

Verfestigen von Wandflächen nass in nass in mindestens zwei Arbeitsgängen.
Untergrund: .....
Verbrauch: .....

8€ 10€ **12**€ 14€ 15€ [m²] ⏱ 0,13 h/m² 318.000.087

35 Voranstrich, Wandabdichtung KG **335**

Voranstrich für Abdichtung auf Kellerwänden.
Untergrund: .....

3€ 3€ **4**€ 5€ 5€ [m²] ⏱ 0,03 h/m² 318.000.088

36 Spritzbewurf, Haftvermittler KG **335**

Spritzbewurf mit Zementmörtel auf Wandflächen als Haftvermittler.
Untergrund: .....

11€ 13€ **16**€ 19€ 20€ [m²] ⏱ 0,20 h/m² 318.000.089

37 Sperrputz, Zementmörtel KG **335**

Sperrputz mit Zementmörtel auf die vorbereiteten Wandflächen auftragen und oberflächenglatt abreiben.
Untergrund: .....

28€ 32€ **37**€ 44€ 50€ [m²] ⏱ 0,45 h/m² 318.000.090

38 Zwischenschicht, Rückdurchfeuchtung, MDS KG **335**

Zwischenschicht gegen Rückdurchfeuchtung mit mineralischer Dichtungsschlämme, starr, auf Wandflächen.
Untergrund: .....

23€ 25€ **26**€ 32€ 34€ [m²] ⏱ 0,45 h/m² 318.000.091

Nr.	Kurztext / Langtext					Kostengruppe
▶	▷	**ø netto €**	◁	◀	[Einheit]	Ausf.-Dauer Positionsnummer

39 Wandabdichtung, W1.1-E, MDS flexibel KG **335**

Außenabdichtung erdberührter Außenwände gegen Bodenfeuchte mit zementgebundener flexibler Dichtungsschlämme in zwei Arbeitsgängen.
Bauteil: Kellerwand
Untergrund: Mauerwerk
Wassereinwirkungsklasse: W1.1-E
Rissklasse: R1-E (geringe Anforderung)
Rissüberbrückungsklasse: RÜ1-E (bis 0,2 mm)
Raumnutzungsklasse: **RN1-E / RN2-E**
Trockenschichtdicke: mind. 2 mm

29€ 31€ **33**€ 38€ 41€ [m2] ⏱ 0,17 h/m2 318.000.093

Kosten:
Stand 2.Quartal 2020
Bundesdurchschnitt

40 Wandabdichtung, W1.1-E, PMBC KG **335**

Außenabdichtung erdberührter Außenwände gegen Bodenfeuchte mit kunststoffmodifizierter Bitumendickbeschichtung als Spachtelmasse in zwei Arbeitsgängen.
Bauteil: Kellerwand
Untergrund: Mauerwerk
Wassereinwirkungsklasse: W1.1-E
Rissklasse: R2-E (mäßige Anforderung)
Rissüberbrückungsklasse: RÜ2-E (bis 0,5 mm)
Raumnutzungsklasse: **RN1-E / RN2-E**
Trockenschichtdicke: mind. 3 mm

30€ 33€ **35**€ 39€ 43€ [m2] ⏱ 0,15 h/m2 318.000.094

41 Wandabdichtung, W1.2-E, PYE KTG KSP 2,8 KG **335**

Außenabdichtung erdberührter Außenwände mit Dränung gegen nicht drückendes Wasser mit kaltselbstklebender Polymerbitumenbahnen mit Trägereinlage.
Bauteil: Kellerwand
Untergrund: Beton
Wassereinwirkungsklasse: W1.1-E
Rissklasse: R2-E (mäßige Anforderung)
Rissüberbrückungsklasse: RÜ3-E (hohe Rissüberbrückung)
Raumnutzungsklasse: **RN1-E / RN2-E**
Ausführung: PYE KTG KSP 2,8

24€ 26€ **27**€ 31€ 34€ [m2] ⏱ 0,16 h/m2 318.000.098

▶ min
▷ von
ø Mittel
◁ bis
◀ max

42 Wandabdichtung, W1.2-E, KSK HDPE KG **335**

Außenabdichtung erdberührter Außenwände mit Dränung gegen nicht drückendes Wasser mit kaltselbstklebender Bitumen-Dichtungsbahnen mit HDPE-Trägerfolie.
Bauteil: Kellerwand
Untergrund: Beton
Wassereinwirkungsklasse: W1.2-E
Rissklasse: R2-E (mäßige Anforderung)
Rissüberbrückungsklasse: RÜ3-E (hohe Rissüberbrückung)
Raumnutzungsklasse: **RN1-E / RN2-E**
Ausführung: KSK

25€ 26€ **28**€ 33€ 35€ [m2] ⏱ 0,16 h/m2 318.000.151

43 **Wandabdichtung, W2.1-E, PMBC** KG **335**

Außenabdichtung erdberührter Außenwände gegen drückendes Wasser bis 3m Eintauchtiefe, mit kunststoffmodifizierter Bitumendickbeschichtung als Spachtelmasse in zwei Arbeitsgängen mit Gewebeeinlage.
Bauteil: Kellerwand
Untergrund: Mauerwerk
Wassereinwirkungsklasse: W2.1-E bis 3m
Rissklasse: R2-E (mäßige Anforderung)
Rissüberbrückungsklasse: RÜ3-E (bis 1 mm)
Raumnutzungsklasse: **RN1-E / RN2-E**
Trockenschichtdicke: mind. 4 mm

34€ 37€ **40**€ 44€ 49€ [m²] ⏱ 0,18 h/m² 318.000.097

44 **Wandabdichtung, W2.1-E, PV200S5** KG **335**

Außenabdichtung erdberührter Außenwände gegen von drückendem Wasser bis 3m Eintauchtiefe, mit Bitumen-Schweißbahnen.
Bauteil: Kellerwand
Untergrund: Mauerwerk
Wassereinwirkungsklasse: W2.1-E
Rissklasse: R1-E (geringe Anforderung)
Rissüberbrückungsklasse: RÜ4-E (sehr hohe Rissüberbrückung)
Raumnutzungsklasse: **RN1-E /RN2-E**
Ausführung: PV 200 S5, einlagig
Abdichtungstyp: BA

29€ 32€ **34**€ 38€ 41€ [m²] ⏱ 0,28 h/m² 318.000.147

45 **Wandflächen reinigen, abbürsten** KG **395**

Mauerwerkswände durch kräftiges Abbürsten mit einem Stahlbesen bei gleichzeitiger Absaugung reinigen.

6€ 8€ **10**€ 12€ 13€ [m²] ⏱ 0,22 h/m² 318.000.138

46 **Wandabdichtung, W2.2-E, 2xPV200S5** KG **335**

Außenabdichtung erdberührter Außenwände gegen von außen drückendes Wasser über 3m Eintauchtiefe, mit zwei Lagen Bitumen-Schweißbahnen.
Bauteil: Kellerwand
Untergrund: Mauerwerk
Wassereinwirkungsklasse: W2.2-E über 3 m
Rissklasse: R1-E (geringe Anforderung)
Rissüberbrückungsklasse: RÜ4-E (sehr hohe Rissüberbrückung)
Raumnutzungsklasse: RN1-E
Ausführung: 2x PV 200 S5
Abdichtungstyp: BA

38€ 41€ **43**€ 49€ 53€ [m²] ⏱ 0,28 h/m² 318.000.102

Nr.	Kurztext / Langtext						Kostengruppe
▶	▷	**ø netto €**	◁	◀	[Einheit]	Ausf.-Dauer	Positionsnummer

47 Wandabdichtung, W2.2-E, 2xR500N Me KG **335**

Außenabdichtung erdberührter Außenwände gegen von außen drückendes Wasser über 3m Eintauchtiefe, mit zwei Lagen nackten Bitumenbahnen und Metallband aus Kupfer, kalottengeriffelt, Dicke 0,1mm.
Bauteil: Kellerwand
Untergrund: Mauerwerk
Wassereinwirkungsklasse: W2.2-E, über 3 m
Rissklasse: R1-E (geringe Anforderung)
Rissüberbrückungsklasse: RÜ4-E (sehr hohe Rissüberbrückung)
Raumnutzungsklasse: RN1-E
Ausführung: R 500 N, 2-lagig, Metallband
Abdichtungstyp: BA

40€ 43€ **46**€ 52€ 57€ [m²] ⏱ 0,34 h/m² 318.000.148

Kosten:
Stand 2.Quartal 2020
Bundesdurchschnitt

48 Sockelabdichtung, W4-E, MDS flexibel KG **335**

Abdichtung des Wandsockels gegen Spritzwasser und Bodenfeuchte am Wandsockel mit zementgebundener flexibler Dichtungsschlämme in zwei Arbeitsgängen.
Bauteil: Kellerwand
Untergrund: Beton
Wassereinwirkungsklasse: W4-E
Rissklasse: R1-E (geringe Anforderung)
Rissüberbrückungsklasse: RÜ1-E (bis 0,2 mm)
Raumnutzungsklasse: **RN1-E / RN2-**E
Trockenschichtdicke: mind. 3 mm

33€ 35€ **37**€ 42€ 46€ [m²] ⏱ 0,17 h/m² 318.000.096

49 Sockelabdichtung, W4-E, FLK KG **335**

Abdichtung des Wandsockels gegen Spritzwasser und Bodenfeuchte am Wandsockel mit Flüssigkunststoff im Spritzverfahren, mit Verstärkung aus Kunststoffvlies, mind. 110g/m².
Bauteil: Kellerwand
Untergrund: Beton
Wassereinwirkungsklasse: W4-E
Rissklasse: R1-E (geringe Anforderung)
Rissüberbrückungsklasse: RÜ1-E (bis 0,2 mm)
Raumnutzungsklasse: **RN1-E / RN2-**E
Trockenschichtdicke: mind. 2 mm

40€ 43€ **45**€ 52€ 56€ [m²] ⏱ 0,17 h/m² 318.000.149

▶ min
▷ von
ø Mittel
◁ bis
◀ max

50 Innenabdichtung, Wand, Schlämme KG **336**

Abdichtung nach WTA-Merkblatt auf der Innenseite von Kellerwänden gegen von außen angreifende Wasserbeanspruchung mit mineralisch gebundener Dichtungsschlämme.
Untergrund: **Beton / Mauerwerk**
Rissüberbrückung: bis 0,2 mm
Raumnutzung: ....
Trockenschichtdicke: 3 mm

27€ 29€ **31**€ 35€ 38€ [m²] ⏱ 0,27 h/m² 318.000.105

51 Fugenabdichtung, W1.1-E, Dichtband KG **325**

Abdichtung von Fugen in erdberührten Wänden gegen Bodenfeuchte und nicht drückendes Wasser, mit elastischer Dichtungsmasse, MDS flexibel und Gewebeband. Leistung mit Fugenvorbereitung und Hinterfüllprofil, sowie Einbindung in Flächenabdichtung.
Wassereinwirkungsklasse: W1-E
Fugenbreite: 15 mm

11€ 12€ **14**€ 16€ 17€ [m] ⏱ 0,13 h/m 318.000.106

52 Fugenabdichtung, W1.1-E, Fugenband KG **325**

Abdichtung über Fugen auf erdberührten Wänden gegen Bodenfeuchte und nicht drückendes Wasser, mit elastischem Fugenband, sowie Einbindung in Flächenabdichtung.
Wassereinwirkungsklasse: W1-E
Fugenbreite: .....

22€ 25€ **28**€ 31€ 35€ [m] ⏱ 0,17 h/m 318.000.107

53 Fugenabdichtung, W1.1-E, Kunststoffbahn KG **325**

Abdichtung über Fugen auf erdberührten Außenwänden gegen Bodenfeuchte und nicht drückendes Wasser, mit bitumenverträglichen Streifen aus Kunststoff-Dichtungsbahnen. Dichtungsbahn mit Vlies-/Gewebekaschierung zum Einbetten in Bitumendickbeschichtung.
Wassereinwirkungsklasse: W1-E
Fugenbreite: .....
Bewegung: bis 5 mm

20€ 22€ **24**€ 28€ 30€ [m] ⏱ 0,20 h/m 318.000.108

54 Fugenabdichtung, W1.1-E, Schweißbahn KG **325**

Abdichtung über Fugen auf Bodenplatten gegen Bodenfeuchte und nicht drückendes Wasser, mit Polymerbitumen-Schweißbahn. Flächenabdichtung an beiden Seiten der Abdichtung mit Bitumen-Schweißbahnen über der Fuge verstärken.
Wassereinwirkungsklasse: W1-E
Fugenbreite: .....
Fugenbewegung: .....
Schweißbahn: PYE-PV 200 S4
Bahnenbreite: 300 mm

22€ 25€ **28**€ 31€ 35€ [m] ⏱ 0,30 h/m 318.000.109

55 Bewegungsfuge, W1.1-E, KSP-Streifen KG **325**

Abdichtung über Bewegungsfugen auf Bodenplatten gegen Bodenfeuchte und nicht drückendes Wasser, mit kaltselbstklebender Polymerbitumenbahn. Flächenabdichtung an beiden Seiten der Abdichtung mit Streifen über der Fuge verstärken.
Wassereinwirkungsklasse: W1-E
Fugenbreite: .....
Bahnenbreite: 300 mm

21€ 23€ **27**€ 30€ 33€ [m] ⏱ 0,20 h/m 318.000.110

Kosten:
Stand 2.Quartal 2020
Bundesdurchschnitt

Nr.	**Kurztext** / Langtext					Kostengruppe
▶	▷	**ø netto €**	◁	◀	[Einheit]	Ausf.-Dauer Positionsnummer

56 Fugenabdichtung, W2.1-E, Schweißbahn KG **325**

Abdichtung über Fugen, gegen drückendes Wasser bis 3m Eintauchtiefe, mit Schweißbahn. Flächenabdichtung an beiden Seiten der Abdichtung mit Bitumen-Schweißbahnen über der Fuge verstärken.
Wassereinwirkungsklasse: W2.1-E bis 3 m
Fugenbreite: .....
Schweißbahn: PYE-PV 200 S5
Bahnenbreite: 300 mm

21€ 23€ **26**€ 30€ 32€ [m] ⏱ 0,30 h/m 318.000.111

57 Bewegungsfuge, W2.1-E, Kupferband KG **325**

Abdichtung über Bewegungsfugen, gegen drückendes Wasser bis 3m Eintauchtiefe, mit geriffeltem Kupferband. Flächenabdichtung an beiden Seiten der Abdichtung mit Streifen über der Fuge verstärken.
Wassereinwirkungsklasse: W2.1-E bis 3 m
Fugentyp: I
Fugenbreite: .....
Kupferband: 0,2 m, CU-DHP
Bahnenbreite: 300 mm

21€ 23€ **27**€ 30€ 33€ [m] ⏱ 0,30 h/m 318.000.112

58 Bewegungsfuge, W2.1-E, Kunststoffbahn KG **325**

Abdichtung über Bewegungsfugen, gegen drückendes Wasser bis 3m Eintauchtiefe, mit Kunststoffbahn. Flächenabdichtung an beiden Seiten der Abdichtung mit Streifen über der Fuge verstärken.
Wassereinwirkungsklasse: W2.1-E bis 3 m
Fugentyp: I
Fugenbreite: .....
Kunststoffbahn: .....
Bahnendicke: 2,0 mm
Bahnenbreite: 300 mm

19€ 21€ **24**€ 27€ 29€ [m] ⏱ 0,30 h/m 318.000.113

59 Bewegungsfuge, W2.1-E, Kupferband/Bitumen KG **325**

Abdichtung über Bewegungsfugen, gegen drückendes Wasser bis 3m Eintauchtiefe, mit geriffeltem Kupferband und Schutzlage aus aufgeschweißter Bitumenbahn.
Wassereinwirkungsklasse: W2.1-E bis 3 m
Fugentyp: I
Fugenbreite: .....
Kunststoffbahn: .....
Kupferband: CU-DHP, 0,1 mm
Bitumenbahn: G 200 S4
Bahnenbreite: 300 mm

24€ 27€ **31**€ 34€ 38€ [m] ⏱ 0,30 h/m 318.000.114

▶ min
▷ von
ø Mittel
◁ bis
◀ max

60 Bewegungsfuge, W2.1-E, 4-stegiges Fugenband KG **325**

Abdichtung über Bewegungsfugen, gegen drückendes Wasser bis 3m Eintauchtiefe, mit 4-stegigen, verschweißten Fugenbändern. Flächenabdichtung mit lose verlegten Kunststoffbahnen auf Terrasse bzw. Tiefgarage.
Wassereinwirkungsklasse: W2.1-E bis 3 m
Fugentyp: I
Fugenbreite: .....
Breite Fugenband: .....
29€ 32€ **37**€ 41€ 45€ [m] ⏱ 0,30 h/m 318.000.115

61 Bewegungsfuge, W2.2-E, Los-Festflansch KG **325**

Abdichtung über Bewegungsfugen, gegen drückendes Wasser bis 3m Eintauchtiefe, mit Los-Festflansch in doppelter Ausführung.
Wassereinwirkungsklasse: W2.2-E über 3 m
Bauteil: .....
Fugentyp: II
Fugenbreite: .....
Flanschbreite: .....
34€ 38€ **44**€ 48€ 54€ [m] ⏱ 0,50 h/m 318.000.116

62 Durchdringung andichten, bituminös KG **325**

Flächenabdichtung mit Bitumendickbeschichtung hohlkehlenartig an Durchdringungen anarbeiten. Untergrund durch **anrauen / Grundierung mit EP Harz und Einstreuung** vorbereiten.
Wassereinwirkungsklasse: W1-E
Bauteil: .....
Untergrund: .....
23€ 25€ **29**€ 32€ 37€ [m] ⏱ 0,17 h/m 318.000.117

63 Rückläufiger Stoß, drückendes Wasser KG **325**

Rückläufiger Stoß der Abdichtung gegen drückendes Wasser auf Sohlenflächen mit 15% Neigung zur Wand. Abdichtungsenden mit einer Schutzkappe aus Metallriffelband versehen.
Bauteil: Außenwand/Sohlanschluss
Abdichtung: .....
22€ 25€ **29**€ 32€ 35€ [m] ⏱ 0,45 h/m 318.000.118

64 Abschluss Klebeflansch, Schutzblech KG **325**

Abschluss für Bitumenbahnabdichtung mit Schutzblech als Winkelkonstruktion mit Klebeflansch und Kappstreifen herstellen und Oberkante abdichten.
Einbauort: .....
Einbauhöhe: mind. 15 cm
Klebeflansch: .....
13€ 14€ **16**€ 18€ 20€ [m] ⏱ 0,14 h/m 318.000.119

65 Abschluss, Klemmprofil KG **325**

Abschluss für Bahnenabdichtung mit Klemmprofil herstellen und Oberkante abdichten.
Einbauort: .....
Einbauhöhe: mind. 15 cm
19€ 21€ **23**€ 26€ 29€ [m] ⏱ 0,15 h/m 318.000.120

300 301 302 308 309 310 312 313 314 316 317 **318** 320 321 322

Nr.	Kurztext / Langtext						Kostengruppe
▶	▷	**ø netto €**	◁	◀	[Einheit]	Ausf.-Dauer	Positionsnummer

66 Abschluss Kunststoffbahn, Schutzblech KG **325**

Abschluss der Kunststoffbahnabdichtung, mit Schutzblech oder Profilblech, kunststoffbeschichtet.
Einbauort: .....
Höhe ü. Boden: mind. 15 cm

15€	17€	**19**€	22€	24€	[m]	⏱ 0,13 h/m	318.000.121

A 1 Perimeterdämmung, XPS Beschreibung für Pos. **67-70**

Perimeterdämmung aus extrudierten Polystyrolplatten mit umlaufendem Stufenfalz, dicht gestoßen, vollflächig geklebt, als Schutz und Wärmedämmung auf Wänden im Erdreich.
Untergrund: .....
Anwendungstyp: PW
Druckbelastbarkeit: .....
Dämmstoff: XPS
Brandverhalten: Klasse E
Nennwert der Wärmeleitfähigkeit: ..... W/(mK)
Bemessungswert der Wärmeleitfähigkeit: .....

Kosten:
Stand 2.Quartal 2020
Bundesdurchschnitt

67 Perimeterdämmung, XPS 120mm KG **335**

Wie Ausführungsbeschreibung A 1
Dämmschichtdicke: 120 mm

32€	34€	**36**€	40€	44€	[m^2]	⏱ 0,30 h/m^2	318.000.124

68 Perimeterdämmung, XPS 140mm KG **335**

Wie Ausführungsbeschreibung A 1
Dämmschichtdicke: 140 mm

37€	40€	**43**€	47€	53€	[m^2]	⏱ 0,30 h/m^2	318.000.125

69 Perimeterdämmung, XPS 180mm KG **335**

Wie Ausführungsbeschreibung A 1
Dämmschichtdicke: 180 mm

46€	50€	**53**€	59€	65€	[m^2]	⏱ 0,35 h/m^2	318.000.126

70 Perimeterdämmung, XPS 220mm KG **335**

Wie Ausführungsbeschreibung A 1
Dämmschichtdicke: 220 mm

58€	62€	**66**€	75€	81€	[m^2]	⏱ 0,35 h/m^2	318.000.127

▶ min
▷ von
ø Mittel
◁ bis
◀ max

A 2 Perimeterdämmung, CG Beschreibung für Pos. **71-74**

Perimeterdämmung aus Schaumglas, mit umlaufendem Stufenfalz, vollflächig geklebt, dicht gestoßen, als Schutz und Wärmedämmung vor Wänden im Erdreich.
Untergrund: ......
Dämmstoff: CG
Anwendungstyp: PW
Druckbelastbarkeit: ......
Brandverhalten: Klasse A
Nennwert der Wärmeleitfähigkeit: ..... W/(mK)
Bemessungswert der Wärmeleitfähigkeit: .....

71 Perimeterdämmung, CG, 120mm KG **335**
Wie Ausführungsbeschreibung A 2
Dämmschichtdicke: 120 mm
67€ 73€ **77**€ 86€ 97€ [m²] 0,25 h/m² 318.000.128

72 Perimeterdämmung, CG, 140mm KG **335**
Wie Ausführungsbeschreibung A 2
Dämmschichtdicke: 140 mm
72€ 79€ **82**€ 96€ 103€ [m²] 0,25 h/m² 318.000.129

73 Perimeterdämmung, CG, 160mm KG **335**
Wie Ausführungsbeschreibung A 2
Dämmschichtdicke: 160 mm
79€ 85€ **90**€ 105€ 113€ [m²] 0,25 h/m² 318.000.130

74 Perimeterdämmung, CG, 200mm KG **335**
Wie Ausführungsbeschreibung A 2
Dämmschichtdicke: 200 mm
88€ 95€ **101**€ 113€ 127€ [m²] 0,25 h/m² 318.000.131

75 Sickerschicht, Kunststoffnoppenbahn KG **335**
Sickerschicht mit Noppenbahnen auf erdberührten Bauteilen. Leistung einschl. Eckausbildung und Herstellen von Randabschlüssen und Durchdringungen.
11€ 12€ **14**€ 16€ 18€ [m²] 0,12 h/m² 318.000.132

76 Sickerplatten, Kelleraußenwände KG **335**
Sickerplatten aus bitumengebundene EPS-Kugeln an erdberührten Bauteilen. Leistung einschl. Eckausbildung und Herstellen von Randabschlüssen und Durchdringungen.
Plattendicke: ..... mm
21€ 23€ **25**€ 29€ 31€ [m²] 0,18 h/m² 318.000.133

77 Filtervlies, Schutzschicht KG **335**
Filtervliesmatten, als senkrechte Schutzschicht vor Dämmplatten, Schutzplatten und Sickerplatten. Die Matten oben bis über OK/Erdreich führen.
4€ 5€ **6**€ 6€ 7€ [m²] 0,10 h/m² 318.000.134

78 Sickerschicht, Kunststoffnoppenbahn/Vlies KG **335**
Sickerschicht mit Wurzelschutz mit Noppenbahnen und Vlies auf erdberührten Bauteilen. Leistung einschl. Eckausbildung und Herstellen von Randabschlüssen und Durchdringungen.
15€ 16€ **18**€ 22€ 24€ [m²] 0,12 h/m² 318.000.139

79 Stundensatz Facharbeiter, Abdichtungsarbeit
Stundenlohnarbeiten für Vorarbeiter, Facharbeiter und Gleichgestellte (z.B. Spezialbaufacharbeiter, Baufacharbeiter, Obermonteure, Monteure, Gesellen, Maschinenführer, Fahrer und ähnliche Fachkräfte). Der Verrechnungssatz für die jeweilige Arbeitskraft umfasst sämtliche Aufwendungen wie Lohn- und Gehaltskosten, lohn- und gehaltsgebundene Kosten, Lohn- und Gehaltsnebenkosten, Gemeinkosten, Wagnis und Gewinn. Leistung nach besonderer Anordnung der Bauüberwachung. Anmeldung und Nachweis gem. VOB/B.
42€ 47€ **49**€ 50€ 55€ [h] 1,00 h/h 318.000.146

300 301 302 308 309 310 312 313 314 316 317 **318** 320 321 322

Nr.	Kurztext / Langtext						Kostengruppe
▶	▷	**ø netto €**	◁	◀	[Einheit]	Ausf.-Dauer	Positionsnummer

80 Stundensatz Helfer, Abdichtungsarbeiten

Stundenlohnarbeiten für Arbeitnehmer ohne Facharbeiterqualifikation (Helfer, Hilfsarbeiter, Ungelernte, Angelernte). Der Verrechnungssatz für die jeweilige Arbeitskraft umfasst sämtliche Aufwendungen wie Lohn- und Gehaltskosten, lohn- und gehaltsgebundene Kosten, Lohn- und Gehaltsnebenkosten, Gemeinkosten, Wagnis und Gewinn. Leistung nach besonderer Anordnung der Bauüberwachung. Anmeldung und Nachweis gem. VOB/B.

36€	41€	**44**€	47€	51€	[h]	⏱ 1,00 h/h	318.000.142

Kosten:
Stand 2.Quartal 2020
Bundesdurchschnitt

▶ min
▷ von
ø Mittel
◁ bis
◀ max

Kosten:
Stand 2.Quartal 2020
Bundesdurchschnitt

Nr.	Positionen	Einheit	▶	▷	ø brutto € / ø netto €	◁	◀
1	Dachdeckung entfernen	m²	8	11	**12**	14	18
			6	9	**10**	12	15
2	Dachdeckung entfernen, lagern	m²	10	4	**5**	6	7
			8	4	**4**	5	6
3	Schieferdeckung, entfernen, lagern	m²	17	21	**25**	30	32
			15	17	**21**	25	27
4	Faserzement-Wellplattendeckung entfernen	m²	8	11	**12**	15	20
			7	9	**10**	13	17
5	Asbestzementdeckung entfernen	m²	15	19	**20**	22	27
			13	16	**17**	19	23
6	Asbestzementdeckung, entsorgen	t	133	200	**200**	222	271
			112	168	**168**	187	228
7	Formziegel abbrechen, gemörtelt	m	4	7	**9**	11	19
			3	6	**7**	9	16
8	Dachlattung entfernen	m²	3	3	**4**	4	5
			2	3	**3**	3	4
9	Bitumenbahn abbrechen, 1-lagig	m²	5	10	**11**	14	20
			4	8	**10**	12	17
10	Bitumenbahn entfernen, 2-lagig	m²	6	12	**14**	18	23
			5	10	**12**	15	19
11	Dachschalung abbrechen	m²	10	15	**18**	22	29
			8	13	**15**	19	25
12	Ortgangbrett abbrechen	m²	5	9	**11**	14	16
			4	8	**9**	11	14
13	Blechteile abbrechen, bis Z 600	m	2	4	**5**	6	8
			2	3	**4**	5	7
14	Schneefanggitter abbrechen	m	1	3	**3**	4	8
			0,9	2,3	**2,9**	3,1	6,6
15	Blitzableiter abbrechen	m	1,0	1,5	**1,9**	2,2	2,7
			0,8	1,3	**1,6**	1,9	2,3
16	Lüftungsrohr abbrechen	St	4	9	**10**	13	22
			3	7	**9**	11	18
17	Laufrost abbrechen	m	2	5	**7**	8	11
			2	4	**6**	7	9
18	Dachfenster abbrechen	St	39	66	**77**	96	108
			32	55	**65**	81	90
19	Dachluke abbrechen	St	14	23	**28**	34	45
			12	19	**24**	29	38
20	Unterspannbahn abbrechen	m²	2	5	**6**	6	7
			2	4	**5**	5	6
21	Betondachsteine umdecken	m²	15	25	**30**	36	40
			12	21	**25**	30	34
22	Biberschwanzdeckung ausbessern	m²	24	29	**35**	41	44
			20	24	**29**	35	37
23	Biberschwanzdeckung umdecken	m²	28	44	**52**	64	63
			23	37	**44**	54	53
24	Flachdachpfannendeckung ausbessern	m²	23	28	**33**	40	42
			19	24	**28**	33	35

▶ min
▷ von
ø Mittel
◁ bis
◀ max

Nr.	Positionen	Einheit	▶	▷	ø brutto € / ø netto €	◁	◀
25	Flachdachpfannendeckung umdecken	m²	14	24	**29**	36	43
			12	20	**24**	30	36
26	Betondachsteindeckung ausbessern	m²	19	22	**25**	31	34
			16	18	**21**	26	28
27	Dachziegelaustausch, einzeln	St	4	5	**5**	7	10
			3	4	**5**	6	8
28	Dachsteinaustausch, einzeln	St	4	4	**5**	6	7
			3	3	**4**	5	6
29	Zwischensparrendämmung, MW 035, 100mm	m²	17	19	**24**	28	32
			14	16	**20**	24	27
30	Zwischensparrendämmung, MW 035, 120mm	m²	19	22	**27**	33	36
			16	19	**23**	28	31
31	Zwischensparrendämmung, MW 035, 140mm	m²	19	22	**27**	32	36
			16	18	**22**	27	30
32	Zwischensparrendämmung, MW 032, 100mm	m²	19	22	**27**	33	36
			16	19	**22**	27	30
33	Zwischensparrendämmung, MW 032, 120mm	m²	23	27	**31**	39	41
			19	22	**26**	32	34
34	Zwischensparrendämmung, MW 032, 140mm	m²	24	28	**34**	41	45
			20	23	**28**	34	38
35	Aufdachdämmung, MW 035, 60mm, kaschiert	m²	31	35	**41**	47	51
			26	29	**34**	40	43
36	Aufdachdämmung, MW 035, 80mm, kaschiert	m²	40	35	**47**	55	59
			34	30	**39**	46	49
37	Aufdachdämmung, MW 035, 100mm, kaschiert	m²	43	38	**49**	58	64
			37	32	**41**	49	54
38	Aufdachdämmung, MW 035, 120mm, kaschiert	m²	46	41	**53**	63	67
			39	35	**45**	53	56
39	Aufdachdämmung, MW 035, 140mm, kaschiert	m²	52	47	**61**	71	77
			44	40	**52**	59	65
40	Aufdachdämmung, MW 035, 160mm, kaschiert	m²	58	53	**68**	79	86
			49	44	**58**	66	72
41	Aufdachdämmung, MW 035, 180mm, kaschiert	m²	64	55	**72**	85	90
			54	46	**60**	72	75
42	Aufdachdämmung, MW 035, 200mm, kaschiert	m²	68	62	**81**	93	99
			58	52	**68**	78	83
43	Aufsparrendämmung PUR 028, 80mm, Vlies kaschiert	m²	39	35	**46**	53	57
			33	30	**39**	44	48
44	Aufsparrendämmung PUR 028, 100mm, Vlies kaschiert	m²	43	38	**50**	59	62
			36	32	**42**	49	52
45	Aufsparrendämmung PUR 027, 120mm, Vlies kaschiert	m²	59	55	**70**	82	87
			50	46	**59**	69	73
46	Aufsparrendämmung PUR 027, 140mm, Vlies kaschiert	m²	59	64	**75**	88	93
			49	54	**63**	74	78

Kosten:
Stand 2.Quartal 2020
Bundesdurchschnitt

Nr.	Positionen	Einheit	▶	▷	ø brutto € / ø netto €	◁	◀
47	Aufsparrendämmung PUR 027, 160mm, Vlies kaschiert	m²	61	69	**79**	90	98
			51	58	**66**	76	83
48	Aufsparrendämmung PUR 027, 180mm, Vlies kaschiert	m²	66	73	**85**	98	107
			56	61	**71**	83	90
49	Aufsparrendämmung PIR 024, 120mm, Alu kaschiert	m²	55	61	**71**	82	89
			46	51	**60**	69	75
50	Aufsparrendämmung PIR 024, 140mm, Alu kaschiert	m²	64	71	**83**	97	104
			54	59	**70**	82	87
51	Aufsparrendämmung PIR 024, 160mm, Alu kaschiert	m²	75	84	**95**	109	120
			63	71	**80**	92	101
52	Aufdachdämmung, EPS 032, 100mm, kaschiert	m²	33	36	**43**	49	53
			28	30	**36**	41	45
53	Aufdachdämmung, EPS 032, 120mm, kaschiert	m²	35	39	**44**	52	56
			29	32	**37**	44	47
54	Aufdachdämmung, EPS 032, 140mm, kaschiert	m²	37	41	**47**	56	60
			31	35	**40**	47	50
55	Aufdachdämmung, EPS 032, 160mm, kaschiert	m²	41	46	**54**	62	67
			35	38	**45**	52	56
56	Aufdachdämmung, EPS 032, 180mm, kaschiert	m²	44	51	**57**	67	72
			37	43	**48**	57	61
57	Aufdachdämmung, EPS 032, 200mm, kaschiert	m²	49	57	**62**	71	77
			41	48	**52**	60	65
58	Aufdachdämmung, WF 043, 60mm, kaschiert	m²	28	31	**35**	42	44
			23	26	**30**	35	37
59	Aufdachdämmung, WF 043, 80mm, kaschiert	m²	31	35	**41**	47	51
			26	29	**34**	39	43
60	Aufdachdämmung, WF 043, 100mm, kaschiert	m²	36	40	**47**	54	58
			30	33	**39**	45	49
61	Aufdachdämmung, WF 043, 120mm, kaschiert	m²	39	43	**50**	58	63
			33	36	**42**	49	53
62	Vordeckung, Bitumenbahn V13	m²	5	7	**7**	7	8
			4	6	**6**	6	7
63	Vordeckung, Stehfalzdeckung	m²	5	6	**7**	7	8
			4	5	**6**	6	7
64	Dampfbremse, Unterspannbahn, feuchtevariabel	m²	5	7	**8**	9	12
			4	6	**7**	8	10
65	Anschluss, Unterspannbahn, Klebeband	m	2	5	**7**	7	9
			2	4	**6**	6	7
66	Dampfbremse, sd bis 2,3m	m²	6	7	**8**	9	11
			5	6	**7**	7	9
67	Unterdach, WF, regensicher, 18mm	m²	18	24	**26**	28	33
			15	20	**22**	23	28
68	Unterspannbahn, belüftetes Dach	m²	7	8	**9**	10	12
			6	7	**8**	8	10
69	Anschluss, Dampfsperre/-bremse, Klebeband	m	6	8	**9**	12	16
			5	7	**7**	10	13

▶ min
▷ von
ø Mittel
◁ bis
◀ max

Nr.	Positionen	Einheit	▶	▷	**ø brutto €** ø netto €	◁	◀
70	Konterlattung, trocken, 30x50mm, Dach	m	2	3	**3**	5	7
			2	2	**3**	4	6
71	Konterlattung, trocken, 40x60mm, Dach	m	3	5	**6**	7	9
			2	4	**5**	6	8
72	Konterlattung, trocken, 30x50mm, Dach	m²	3	5	**5**	6	11
			2	4	**4**	5	9
73	Konterlattung, trocken, 40x60mm, Dach	m²	4	7	**8**	9	11
			3	6	**7**	8	9
74	Dachlattung, trocken, 30x50mm, Falzziegel/Beton	m²	5	7	**8**	9	11
			4	6	**6**	7	9
75	Dachlattung, trocken, 40x60mm, Falzziegel/Beton	m²	7	8	**9**	10	13
			6	7	**7**	9	11
76	Dachlattung, trocken, 30x50mm, Biberschwanzdeckung	m²	6	11	**12**	14	17
			5	9	**10**	12	14
77	Dachlattung, trocken, 40x60mm, Biberschwanzdeckung	m²	10	13	**15**	16	18
			8	11	**13**	14	15
78	Nagelabdichtung, Konterlattung	m	2	3	**4**	5	7
			2	3	**3**	4	5
79	Dachschalung, Nadelholz, Rauspund 24mm	m²	19	25	**27**	30	36
			16	21	**22**	25	30
80	Dachschalung, Nadelholz, Rauspund 28mm	m²	20	27	**30**	33	43
			17	22	**25**	28	36
81	Dachschalung, Holzspanplatte P5, 25mm	m²	25	31	**33**	39	50
			21	26	**28**	33	42
82	Schalung, OSB/3 Feuchtebereich, 25mm	m²	22	27	**31**	32	35
			18	22	**26**	27	30
83	Traufbohle, Nadelholz, bis 60x240mm	m	7	10	**11**	13	18
			6	8	**9**	11	15
84	Kantholz, Nadelholz S10 trocken, 60x120mm, scharfkantig	m	9	11	**13**	14	16
			8	10	**11**	12	13
85	Trauf-/Ortgangschalung, NF-Profil, 24mm, gehobelt	m²	26	34	**37**	43	53
			22	29	**31**	36	44
86	Ortgangbrett, Windbrett, bis 28mm, gehobelt	m	12	18	**20**	25	32
			10	15	**17**	21	27
87	Zuluft-/Insektenschutzgitter, Traufe	m	5	8	**9**	11	18
			4	6	**7**	9	15
88	Zahnleiste, Nadelholz, gehobelt	m	25	37	**40**	48	60
			21	31	**33**	40	50
89	Dachdeckung, Falzziegel, Ton	m²	28	32	**35**	38	44
			24	27	**30**	32	37
90	Dachdeckung, Biberschwanz-/Flachziegel	m²	43	52	**58**	63	73
			36	44	**48**	53	61
91	Dachdeckung, Dachsteine	m²	23	29	**31**	35	42
			20	24	**26**	29	35

Dachdeckungsarbeiten Preise €

Nr.	Positionen	Einheit	▶	▷ ø brutto € / ø netto €		◁	◀
92	Dachdeckung, Faserzement, Wellplatte	m²	29	46	**53**	63	84
			24	39	**44**	53	71
93	Dachdeckung, Schiefer	m²	80	91	**93**	95	106
			67	77	**78**	80	89
94	Ortgang, Ziegeldeckung, Formziegel	m	31	42	**46**	53	68
			26	35	**39**	45	57
95	Ortgang, Biberschwanzdeckung, Formziegel	m	30	38	**45**	47	51
			26	32	**37**	39	43
96	Ortgang, Dachsteindeckung, Formziegel	m	35	47	**53**	57	67
			29	39	**45**	48	56
97	Firstanschluss, Ziegeldeckung, Formziegel	m	18	25	**26**	31	38
			15	21	**22**	26	32
98	First, Firstziegel, mörtellos, inkl. Lüfter	m	38	53	**59**	65	79
			32	44	**49**	55	67
99	First, Firstziegel, vermörtelt, inkl. Lüfter	m	50	61	**63**	71	86
			42	51	**53**	60	73
100	First, Firststein, geklammert, Dachstein	m	49	60	**64**	71	81
			41	50	**54**	59	68
101	Pultdachabschluss, Abschlussziegel	m	54	71	**76**	83	114
			45	60	**64**	69	96
102	Pultdachanschluss, Metallblech Z333	m	36	46	**55**	58	66
			31	39	**46**	49	56
103	Grateindeckung, Ziegel, mörtellos	m	49	61	**67**	78	106
			41	51	**56**	65	89
104	Grateindeckung, Ziegel, vermörtelt	m	44	65	**75**	98	135
			37	54	**63**	83	114
105	Dunstrohr-Durchgangsziegel, DN100	St	113	153	**171**	189	235
			95	129	**143**	159	197
106	Dunstrohr-Durchgangsformstück, DN100	St	66	85	**93**	109	136
			56	72	**79**	92	114
107	Lüfterziegel, trocken verlegt	St	16	20	**22**	26	33
			13	17	**19**	22	28
108	Leitungsdurchgang, Formziegel	St	68	99	**112**	146	205
			58	83	**94**	123	172
109	Tonziegel, Reserve	St	6	8	**8**	10	12
			5	6	**7**	8	10
110	Ziegel beidecken, Dachdeckung	m	8	15	**16**	20	29
			7	12	**14**	17	25
111	Verklammerung, Dachdeckung	m²	2	4	**5**	6	8
			2	4	**5**	5	7
112	Schornstein-Einfassung, Blech	St	140	195	**220**	280	373
			118	164	**185**	235	313
113	Dachfenster/Dachausstieg, ESG, 490x760mm	St	352	432	**457**	527	680
			296	363	**384**	443	571
114	Wohndachfenster, bis 1,50m²	St	686	1.014	**1.116**	1.283	1.770
			577	852	**937**	1.078	1.487
115	Stundensatz Facharbeiter, Dachdeckung	h	56	64	**67**	72	82
			47	53	**56**	60	69

Kosten:
Stand 2.Quartal 2020
Bundesdurchschnitt

▶ min
▷ von
ø Mittel
◁ bis
◀ max

1 Dachdeckung entfernen KG **394**

Dachbelag aus Ziegel- oder Betonsteindeckung entfernen und anfallenden Bauschutt entsorgen.
Dachdeckung: .....
Dachneigung: .....
Material: .....
Deckungsart: .....

6€ | 9€ | **10**€ | 12€ | 15€ | [m²] | ⏱ 0,12 h/m² | 320.001.097

2 Dachdeckung entfernen, lagern KG **395**

Dachdeckung zur Wiederverwendung aufnehmen und seitlich lagern.
Dachdeckung: .....
Dachneigung: .....
Material: .....
Deckungsart: .....
Lagerweg: .....

8€ | 4€ | **4**€ | 5€ | 6€ | [m²] | ⏱ 0,50 h/m² | 320.001.098

3 Schieferdeckung, entfernen, lagern KG **395**

Schieferdeckung zur Wiederverwendung aufnehmen und seitlich lagern.
Dachneigung: .....
Format: .....
Lagerweg: .....

15€ | 17€ | **21**€ | 25€ | 27€ | [m²] | ⏱ 0,40 h/m² | 320.001.100

4 Faserzement-Wellplattendeckung entfernen KG **394**

Dachdeckung aus nicht asbesthaltigen Faserzementwellplatten abbrechen und anfallenden Bauschutt entsorgen.
Plattenart: ....
Unterkonstruktion: .....
Dachneigung: .....

7€ | 9€ | **10**€ | 13€ | 17€ | [m²] | ⏱ 0,20 h/m² | 320.001.101

5 Asbestzementdeckung entfernen KG **394**

Dachdeckung aus asbesthaltigen Faserzementplatten abbrechen und anfallenden Bauschutt sammeln.
Plattenart: ....
Unterkonstruktion: .....
Dachneigung: .....

13€ | 16€ | **17**€ | 19€ | 23€ | [m²] | ⏱ 0,30 h/m² | 320.001.157

6 Asbestzementdeckung, entsorgen KG **394**

Asbesthaltigen Faserzementplatten nach Vorschrift entsorgen.
Verpackung: ....
Deponie: .....

112€ | 168€ | **168**€ | 187€ | 228€ | [t] | ⏱ 0,15 h/t | 320.001.158

7 Formziegel abbrechen, gemörtelt KG **394**

First- und Grateindeckung aus eingemörtelten Formziegeln abbrechen und anfallenden Bauschutt entsorgen.
Ziegelformat: .....

3€ | 6€ | **7**€ | 9€ | 16€ | [m] | ⏱ 0,12 h/m | 320.001.102

300
301
302
308
309
310
312
313
314
316
317
318
320
321
322

Kosten:
Stand 2.Quartal 2020
Bundesdurchschnitt

Nr.	**Kurztext** / Langtext						Kostengruppe
▶	▷	**ø netto €**	◁	◀	[Einheit]	Ausf.-Dauer	Positionsnummer

8 Dachlattung entfernen KG **394**

Dachlattung entfernen und anfallenden Bauschutt entsorgen.
Lattenweite: 320-340 mm
Lattenquerschnitt: .....

2€	3€	**3**€	3€	4€	[m2]	⏱ 0,06 h/m2	320.001.103

9 Bitumenbahn abbrechen, 1-lagig KG **394**

Einlagige Bitumenbahn auf Holzschalung abbrechen und anfallenden Bauschutt entsorgen.
Bitumenbahn: ......

4€	8€	**10**€	12€	17€	[m2]	⏱ 0,20 h/m2	320.001.104

10 Bitumenbahn entfernen, 2-lagig KG **394**

Zweilagige Bitumenbahn auf Holzschalung entfernen und anfallenden Bauschutt entsorgen.
Bitumenbahnen: ......

5€	10€	**12**€	15€	19€	[m2]	⏱ 0,24 h/m2	320.001.105

11 Dachschalung abbrechen KG **394**

Dachschalung abbrechen und anfallenden Bauschutt entsorgen.
Schalung: .....

8€	13€	**15**€	19€	25€	[m2]	⏱ 0,35 h/m2	320.001.106

12 Ortgangbrett abbrechen KG **394**

Ortgangbrett abbrechen und anfallenden Bauschutt entsorgen.
Abmessung: .....
Befestigung: .....
Oberflächenbeschichtung/Holzschutz: ....

4€	8€	**9**€	11€	14€	[m2]	⏱ 0,20 h/m2	320.001.107

13 Blechteile abbrechen, bis Z 600 KG **394**

Blechteile an Dachdeckung abbrechen und anfallenden Bauschutt entsorgen.
Blechteil: .....
Material: .....
Zuschnitt: .....

2€	3€	**4**€	5€	7€	[m]	⏱ 0,05 h/m	320.001.108

14 Schneefanggitter abbrechen KG **394**

Schneefanggitter abbrechen und anfallenden Bauschutt entsorgen.
Material: .....

0,9€	2,3€	**2,9**€	3,1€	6,6€	[m]	⏱ 0,08 h/m	320.001.109

15 Blitzableiter abbrechen KG **394**

Blitzableiter einschl. Befestigung abbrechen und anfallenden Bauschutt entsorgen.

0,8€	1,3€	**1,6**€	1,9€	2,3€	[m]	⏱ 0,01 h/m	320.001.110

▶ min
▷ von
ø Mittel
◁ bis
◀ max

16 Lüftungsrohr abbrechen KG **394**

Be- oder Entlüftungsrohr in Dachdeckung abbrechen und anfallenden Bauschutt entsorgen.
Art der Deckung: .....
Material: .....

▶	▷	ø netto €	◁	◀	[Einheit]	Ausf.-Dauer	Positionsnummer
3€	7€	**9**€	11€	18€	[St]	0,25 h/St	320.001.111

17 Laufrost abbrechen KG **394**

Laufrost auf Dach einschl. Stützen abbrechen und anfallenden Bauschutt entsorgen.
Material: .....
Ausführung: .....
Größe: .....

▶	▷	ø netto €	◁	◀	[Einheit]	Ausf.-Dauer	Positionsnummer
2€	4€	**6**€	7€	9€	[m]	0,15 h/m	320.001.112

18 Dachfenster abbrechen KG **394**

Dachfenster einschl. Blechrahmen und Flügel abbrechen und anfallenden Bauschutt entsorgen.
Größe: ..... mm

▶	▷	ø netto €	◁	◀	[Einheit]	Ausf.-Dauer	Positionsnummer
32€	55€	**65**€	81€	90€	[St]	0,95 h/St	320.001.113

19 Dachluke abbrechen KG **394**

Dachluke als Dachausstiegsfenster abbrechen und anfallenden Bauschutt entsorgen.
Größe: ..... mm
Material: .....

▶	▷	ø netto €	◁	◀	[Einheit]	Ausf.-Dauer	Positionsnummer
12€	19€	**24**€	29€	38€	[St]	0,50 h/St	320.001.114

20 Unterspannbahn abbrechen KG **394**

Unterspannbahn abbrechen und anfallenden Bauschutt entsorgen.
Art der Bahn: .....
Dachneigung: ....

▶	▷	ø netto €	◁	◀	[Einheit]	Ausf.-Dauer	Positionsnummer
2€	4€	**5**€	5€	6€	[m²]	0,07 h/m²	320.001.115

21 Betondachsteine umdecken KG **395**

Betondachsteindeckung aufnehmen, zwischenlagern und wieder eindecken. Beschädigte und nicht verwendbare Dachsteine sind zu entsorgen und in gleicher Form und Farbe zu ergänzen.
Ersatzanteil: bis 20%
Form: .....
Farbe: .....
Lagerweg: .....

▶	▷	ø netto €	◁	◀	[Einheit]	Ausf.-Dauer	Positionsnummer
12€	21€	**25**€	30€	34€	[m²]	0,40 h/m²	320.001.117

22 Biberschwanzdeckung ausbessern KG **395**

Biberschwanzdeckung in Teilflächen mit neuem Material ausbessern und schadhafte Ziegel entsorgen.
Deckung: Doppeldeckung
Flächen: bis 1,00 m²
Form: .....
Farbe: .....

▶	▷	ø netto €	◁	◀	[Einheit]	Ausf.-Dauer	Positionsnummer
20€	24€	**29**€	35€	37€	[m²]	0,27 h/m²	320.001.118

300
301
302
308
309
310
312
313
314
316
317
318
320
321
322

Kosten:
Stand 2.Quartal 2020
Bundesdurchschnitt

Nr.	Kurztext / Langtext						Kostengruppe
▶	▷	**ø netto €**	◁	◀	[Einheit]	Ausf.-Dauer	Positionsnummer

23 Biberschwanzdeckung umdecken KG **395**

Biberschwanzdeckung aufnehmen und wieder eindecken. Beschädigte und nicht verwendbare Dachziegel sind zu entsorgen und in gleicher Form und Farbe zu ergänzen.
Deckung: Doppeldeckung
Ersatzanteil: bis 20%
Form: .....
Farbe: .....
Lagerweg: .....

23€ 37€ **44**€ 54€ 53€ [m²] ⏱ 0,80 h/m² 320.001.119

24 Flachdachpfannendeckung ausbessern KG **395**

Flachdachpfannendeckung in Teilflächen mit neuem Material in gleicher Farbe und Form ausbessern und schadhafte Ziegel entsorgen.
Flächen: bis 1,00 m²
Form: .....
Farbe: .....

19€ 24€ **28**€ 33€ 35€ [m²] ⏱ 0,32 h/m² 320.001.120

25 Flachdachpfannendeckung umdecken KG **395**

Flachdachpfannendeckung aufnehmen, zwischenlagern und wieder eindecken. Beschädigte und nicht verwendbare Dachsteine sind zu entsorgen und in gleicher Form und Farbe zu ergänzen.
Ersatzanteil: bis 20%
Form: .....
Farbe: .....
Lagerweg: .....

12€ 20€ **24**€ 30€ 36€ [m²] ⏱ 0,50 h/m² 320.001.121

26 Betondachsteindeckung ausbessern KG **395**

Betondachsteindeckung in Teilflächen mit neuem Material ausbessern und schadhafte Steine entsorgen.
Flächen: bis 1,00 m²
Form: .....
Farbe: .....

16€ 18€ **21**€ 26€ 28€ [m²] ⏱ 0,32 h/m² 320.001.116

27 Dachziegelaustausch, einzeln KG **395**

Austausch einzelner Dachziegel mit neuem Material in gleicher Art und Farbe, einschl. Entsorgung schadhafter Steine.
Form: .....
Farbe: .....

3€ 4€ **5**€ 6€ 8€ [St] ⏱ 0,06 h/St 320.001.122

28 Dachsteinaustausch, einzeln KG **395**

Austausch einzelner Dachsteine mit neuem Material in gleicher Art und Farbe, einschl. Entsorgung schadhafter Steine.
Form: .....
Farbe: .....

3€ 3€ **4**€ 5€ 6€ [St] ⏱ 0,06 h/St 320.001.123

▶ min
▷ von
ø Mittel
◁ bis
◀ max

A 1 Zwischensparrendämmung, Mineralwolle 035 Beschreibung für Pos. **29-31**

Wärmedämmung aus Mineralwolle zwischen den Sparren als nachträgliche Dämmmaßnahme von außen einbauen.
Dämmstoff: Mineralwolle, MW
Anwendungsgebiet: DZ

29 Zwischensparrendämmung, MW 035, 100mm KG **363**

Wie Ausführungsbeschreibung A 1
Sparrenabstand: ..... mm
Anzahl der Lagen: einlagig
Dämmschichtdicke: 100 mm
Nennwert der Wärmeleitfähigkeit: 0,035 W/(mK)
Bemessungswert der Wärmeleitfähigkeit: .....
Brandverhalten: Klasse A1

14€ 16€ **20**€ 24€ 27€ [m2] ⏱ 0,20 h/m2 320.001.151

30 Zwischensparrendämmung, MW 035, 120mm KG **363**

Wie Ausführungsbeschreibung A 1
Sparrenabstand: ..... mm
Anzahl der Lagen: einlagig
Dämmschichtdicke: 120 mm
Nennwert der Wärmeleitfähigkeit: 0,035 W/(mK)
Bemessungswert der Wärmeleitfähigkeit: .....
Brandverhalten: Klasse A1

16€ 19€ **23**€ 28€ 31€ [m2] ⏱ 0,20 h/m2 320.001.152

31 Zwischensparrendämmung, MW 035, 140mm KG **363**

Wie Ausführungsbeschreibung A 1
Sparrenabstand: ..... mm
Anzahl der Lagen: einlagig
Dämmschichtdicke: 140 mm
Nennwert der Wärmeleitfähigkeit: 0,035 W/(mK)
Bemessungswert der Wärmeleitfähigkeit: .....
Brandverhalten: Klasse A1

16€ 18€ **22**€ 27€ 30€ [m2] ⏱ 0,22 h/m2 320.001.153

A 2 Zwischensparrendämmung, Mineralwolle 032 Beschreibung für Pos. **32-34**

Wärmedämmung aus Mineralwolle zwischen den Sparren als nachträgliche Dämmmaßnahme von außen einbauen.
Dämmstoff: Mineralwolle, MW
Anwendungsgebiet: DZ

300
301
302
308
309
310
312
313
314
316
317
318
320
321
322

Nr.	Kurztext / Langtext						Kostengruppe
▶	▷	ø netto €	◁	◀	[Einheit]	Ausf.-Dauer	Positionsnummer

32 Zwischensparrendämmung, MW 032, 100mm KG **363**

Wie Ausführungsbeschreibung A 2
Sparrenabstand: ..... mm
Anzahl der Lagen: einlagig
Dämmschichtdicke: 100 mm
Nennwert der Wärmeleitfähigkeit: 0,032 W/(mK)
Bemessungswert der Wärmeleitfähigkeit: .....
Brandverhalten: Klasse A1

16€ 19€ **22**€ 27€ 30€ [m²] ⏱ 0,20 h/m² 320.001.154

33 Zwischensparrendämmung, MW 032, 120mm KG **363**

Wie Ausführungsbeschreibung A 2
Sparrenabstand: ..... mm
Anzahl der Lagen: einlagig
Dämmschichtdicke: 120 mm
Nennwert der Wärmeleitfähigkeit: 0,032 W/(mK)
Bemessungswert der Wärmeleitfähigkeit: .....
Brandverhalten: Klasse A1

19€ 22€ **26**€ 32€ 34€ [m²] ⏱ 0,20 h/m² 320.001.155

34 Zwischensparrendämmung, MW 032, 140mm KG **363**

Wie Ausführungsbeschreibung A 2
Sparrenabstand: ..... mm
Anzahl der Lagen: einlagig
Dämmschichtdicke: 140 mm
Nennwert der Wärmeleitfähigkeit: 0,032 W/(mK)
Bemessungswert der Wärmeleitfähigkeit: .....
Brandverhalten: Klasse A1

20€ 23€ **28**€ 34€ 38€ [m²] ⏱ 0,22 h/m² 320.001.156

A 3 Aufdachdämmung, Mineralwolle 035, kaschiert Beschreibung für Pos. **35-42**

Aufdachdämmung aus Mineralwolle-Platten, kaschiert mit diffusionsoffener Unterdeckbahn, als nachträgliche Dämmmaßnahme auf Dachschalung. Verklebung der Unterdeckbahn mit Selbstklebestreifen. Konterlattung, mit selbstklebendem Nageldichtband, über Sparrenlage gegen Schub- und Windsoglasten.

35 Aufdachdämmung, MW 035, 60mm, kaschiert KG **363**

Wie Ausführungsbeschreibung A 3
Sparrenabstand: .....
Dachneigung: .....
Dämmstoff: Mineralwolle, MW
Anwendungsgebiet: DAD
Druckbelastbarkeit: dk
Dämmschichtdicke: 60 mm
Brandverhalten: Klasse A1
Nennwert der Wärmeleitfähigkeit: 0,035 W/(mK)
Bemessungswert der Wärmeleitfähigkeit: .....
sd-Wert Unterdeckbahn: .....

26€ 29€ **34**€ 40€ 43€ [m²] ⏱ 0,22 h/m² 320.001.124

Kosten:
Stand 2.Quartal 2020
Bundesdurchschnitt

▶ min
▷ von
ø Mittel
◁ bis
◀ max

36 **Aufdachdämmung, MW 035, 80mm, kaschiert** KG **363**

Wie Ausführungsbeschreibung A 3
Sparrenabstand: .....
Dachneigung: .....
Dämmstoff: Mineralwolle, MW
Anwendungsgebiet: DAD
Druckbelastbarkeit: dk
Dämmschichtdicke: 80 mm
Brandverhalten: Klasse A1
Nennwert der Wärmeleitfähigkeit: 0,035 W/(mK)
Bemessungswert der Wärmeleitfähigkeit: .....
sd-Wert Unterdeckbahn: .....

34€ 30€ **39**€ 46€ 49€ [m2] ⏱ 0,22 h/m2 320.001.125

37 **Aufdachdämmung, MW 035, 100mm, kaschiert** KG **363**

Wie Ausführungsbeschreibung A 3
Sparrenabstand: .....
Dachneigung: .....
Dämmstoff: Mineralwolle, MW
Anwendungsgebiet: DAD
Druckbelastbarkeit: dk
Dämmschichtdicke: 100 mm
Brandverhalten: Klasse A1
Nennwert der Wärmeleitfähigkeit: 0,035 W/(mK)
Bemessungswert der Wärmeleitfähigkeit: .....
sd-Wert Unterdeckbahn: .....

37€ 32€ **41**€ 49€ 54€ [m2] ⏱ 0,22 h/m2 320.001.126

38 **Aufdachdämmung, MW 035, 120mm, kaschiert** KG **363**

Wie Ausführungsbeschreibung A 3
Sparrenabstand: .....
Dachneigung: .....
Dämmstoff: Mineralwolle, MW
Anwendungsgebiet: DAD
Druckbelastbarkeit: dk
Dämmschichtdicke: 120 mm
Brandverhalten: Klasse A1
Nennwert der Wärmeleitfähigkeit: 0,035 W/(mK)
Bemessungswert der Wärmeleitfähigkeit: .....
sd-Wert Unterdeckbahn: .....

39€ 35€ **45**€ 53€ 56€ [m2] ⏱ 0,22 h/m2 320.001.127

Nr.	Kurztext / Langtext						Kostengruppe
▶	▷	ø netto €	◁	◀	[Einheit]	Ausf.-Dauer	Positionsnummer

39 **Aufdachdämmung, MW 035, 140mm, kaschiert** KG **363**

Wie Ausführungsbeschreibung A 3
Sparrenabstand: .....
Dachneigung: .....
Dämmstoff: Mineralwolle, MW
Anwendungsgebiet: DAD
Druckbelastbarkeit: dk
Dämmschichtdicke: 140 mm
Brandverhalten: Klasse A1
Nennwert der Wärmeleitfähigkeit: 0,035 W/(mK)
Bemessungswert der Wärmeleitfähigkeit: .....
sd-Wert Unterdeckbahn: .....

44€ 40€ **52**€ 59€ 65€ [m²] ⏱ 0,22 h/m² 320.001.128

Kosten:
Stand 2.Quartal 2020
Bundesdurchschnitt

40 **Aufdachdämmung, MW 035, 160mm, kaschiert** KG **363**

Wie Ausführungsbeschreibung A 3
Sparrenabstand: .....
Dachneigung: .....
Dämmstoff: Mineralwolle, MW
Anwendungsgebiet: DAD
Druckbelastbarkeit: dk
Dämmschichtdicke: 160 mm
Brandverhalten: Klasse A1
Nennwert der Wärmeleitfähigkeit: 0,035 W/(mK)
Bemessungswert der Wärmeleitfähigkeit: .....
sd-Wert Unterdeckbahn: .....

49€ 44€ **58**€ 66€ 72€ [m²] ⏱ 0,23 h/m² 320.001.129

41 **Aufdachdämmung, MW 035, 180mm, kaschiert** KG **363**

Wie Ausführungsbeschreibung A 3
Sparrenabstand: .....
Dachneigung: .....
Dämmstoff: Mineralwolle, MW
Anwendungsgebiet: DAD
Druckbelastbarkeit: dk
Dämmschichtdicke: 180 mm
Brandverhalten: Klasse A1
Nennwert der Wärmeleitfähigkeit: 0,035 W/(mK)
Bemessungswert der Wärmeleitfähigkeit: .....
sd-Wert Unterdeckbahn: .....

54€ 46€ **60**€ 72€ 75€ [m²] ⏱ 0,23 h/m² 320.001.130

▶ min
▷ von
ø Mittel
◁ bis
◀ max

42 **Aufdachdämmung, MW 035, 200mm, kaschiert** KG **363**

Wie Ausführungsbeschreibung A 3
Sparrenabstand: .....
Dachneigung: .....
Dämmstoff: Mineralwolle, MW
Anwendungsgebiet: DAD
Druckbelastbarkeit: dk
Dämmschichtdicke: 200 mm
Brandverhalten: Klasse A1
Nennwert der Wärmeleitfähigkeit: 0,035 W/(mK)
Bemessungswert der Wärmeleitfähigkeit: .....
sd-Wert Unterdeckbahn: .....

58€ 52€ **68**€ 78€ 83€ [m2] ⏱ 0,23 h/m2 320.001.131

A 4 **Aufsparrendämmung PUR 028, Vlies kaschiert** Beschreibung für Pos. **43-44**

Aufdachdämmung aus PUR-Hartschaumplatten, beidseitiger Kaschierung mit Mineralvlies, einschl. Unterdeckbahn, als nachträgliche Dämmmaßnahme auf Dach. Verklebung der Unterdeckbahn mit Selbstklebestreifen. Konterlattung, mit selbstklebendem Nageldichtband, über Sparrenlage gegen Schub- und Windsoglasten.

43 **Aufsparrendämmung PUR 028, 80mm, Vlies kaschiert** KG **363**

Wie Ausführungsbeschreibung A 4
Unterkonstruktion: .....
Dachneigung: .....
Ausführung Stöße: Nut-Feder
Dämmstoff: PUR-Hartschaum
Anwendungsgebiet: DAD
Druckbelastbarkeit: .....
Dämmschichtdicke: 80 mm
Nennwert der Wärmeleitfähigkeit: 0,028 W/(mK)
Bemessungswert der Wärmeleitfähigkeit: .....
Brandverhalten: Klasse E
Plattengröße: .....

33€ 30€ **39**€ 44€ 48€ [m2] ⏱ 0,20 h/m2 320.001.132

44 **Aufsparrendämmung PUR 028, 100mm, Vlies kaschiert** KG **363**

Wie Ausführungsbeschreibung A 4
Unterkonstruktion: .....
Dachneigung: .....
Ausführung Stöße: Nut-Feder
Dämmstoff: PUR-Hartschaum
Anwendungsgebiet: DAD
Druckbelastbarkeit: .....
Dämmschichtdicke: 100 mm
Nennwert der Wärmeleitfähigkeit: 0,028 W/(mK)
Bemessungswert der Wärmeleitfähigkeit: .....
Brandverhalten: Klasse E
Plattengröße: .....

36€ 32€ **42**€ 49€ 52€ [m2] ⏱ 0,20 h/m2 320.001.133

Nr.	Kurztext / Langtext						Kostengruppe
▶	▷	ø netto €	◁	◀	[Einheit]	Ausf.-Dauer	Positionsnummer

A 5 Aufsparrendämmung PUR 027, Vlies kaschiert Beschreibung für Pos. **45-48**

Aufdachdämmung aus PUR-Hartschaumplatten, beidseitiger Kaschierung mit Mineralvlies, einschl. Unterdeckbahn, als nachträgliche Dämmmaßnahme auf Dach. Verklebung der Unterdeckbahn mit Selbstklebestreifen. Konterlattung, mit selbstklebendem Nageldichtband, über Sparrenlage gegen Schub- und Windsoglasten.

45 Aufsparrendämmung PUR 027, 120mm, Vlies kaschiert KG **363**

Wie Ausführungsbeschreibung A 5
Unterkonstruktion: .....
Dachneigung: .....
Ausführung Stöße: Nut-Feder
Dämmstoff: PUR-Hartschaum
Anwendungsgebiet: DAD
Druckbelastbarkeit: .....
Dämmschichtdicke: 120 mm
Nennwert der Wärmeleitfähigkeit: 0,027 W/(mK)
Bemessungswert der Wärmeleitfähigkeit: .....
Brandverhalten: Klasse E
Plattengröße: .....

50€	46€	**59**€	69€	73€	[m²]	⏱ 0,20 h/m²	320.001.134

46 Aufsparrendämmung PUR 027, 140mm, Vlies kaschiert KG **363**

Wie Ausführungsbeschreibung A 5
Unterkonstruktion: .....
Dachneigung: .....
Ausführung Stöße: Nut-Feder
Dämmstoff: PUR-Hartschaum
Anwendungsgebiet: DAD
Druckbelastbarkeit: .....
Dämmschichtdicke: 140 mm
Nennwert der Wärmeleitfähigkeit: 0,027 W/(mK)
Bemessungswert der Wärmeleitfähigkeit: .....
Brandverhalten: Klasse E
Plattengröße: .....

49€	54€	**63**€	74€	78€	[m²]	⏱ 0,20 h/m²	320.001.135

Kosten:
Stand 2.Quartal 2020
Bundesdurchschnitt

▶ min
▷ von
ø Mittel
◁ bis
◀ max

47 Aufsparrendämmung PUR 027, 160mm, Vlies kaschiert KG **363**

Wie Ausführungsbeschreibung A 5
Unterkonstruktion: .....
Dachneigung: .....
Ausführung Stöße: Nut-Feder
Dämmstoff: PUR-Hartschaum
Anwendungsgebiet: DAD
Druckbelastbarkeit: .....
Dämmschichtdicke: 160 mm
Nennwert der Wärmeleitfähigkeit: 0,027 W/(mK)
Bemessungswert der Wärmeleitfähigkeit: .....
Brandverhalten: Klasse E
Plattengröße: .....

▶	▷	ø netto €	◁	◀	[Einheit]	Ausf.-Dauer	Positionsnummer
51€	58€	**66**€	76€	83€	[m2]	0,20 h/m2	320.001.136

48 Aufsparrendämmung PUR 027, 180mm, Vlies kaschiert KG **363**

Wie Ausführungsbeschreibung A 5
Unterkonstruktion: .....
Dachneigung: .....
Ausführung Stöße: Nut-Feder
Dämmstoff: PUR-Hartschaum
Anwendungsgebiet: DAD
Druckbelastbarkeit: .....
Dämmschichtdicke: 180 mm
Nennwert der Wärmeleitfähigkeit: 0,027 W/(mK)
Bemessungswert der Wärmeleitfähigkeit: .....
Brandverhalten: Klasse E
Plattengröße: .....

▶	▷	ø netto €	◁	◀	[Einheit]	Ausf.-Dauer	Positionsnummer
56€	61€	**71**€	83€	90€	[m2]	0,20 h/m2	320.001.137

A 6 Aufsparrendämmung PIR 024, Alu kaschiert Beschreibung für Pos. **49-51**

Aufdachdämmung aus PUR-Hartschaumplatten, beidseitiger Kaschierung mit Mineralvlies, einschl. Unterdeckbahn, als nachträgliche Dämmmaßnahme auf Dach. Verklebung der Unterdeckbahn mit Selbstklebestreifen. Konterlattung, mit selbstklebendem Nageldichtband, über Sparrenlage gegen Schub- und Windsoglasten.

Nr. **Kurztext** / Langtext Kostengruppe
▶ ▷ **ø netto €** ◁ ◀ [Einheit] Ausf.-Dauer Positionsnummer

49 Aufsparrendämmung PIR 024, 120mm, Alu kaschiert KG **363**

Wie Ausführungsbeschreibung A 6
Unterkonstruktion: .....
Dachneigung: .....
Ausführung Stöße: Nut-Feder
Dämmstoff: PIR-Hartschaum
Anwendungsgebiet: DAD
Druckbelastbarkeit: .....
Dämmschichtdicke: 180 mm
Nennwert der Wärmeleitfähigkeit: 0,024 W/(mK)
Bemessungswert der Wärmeleitfähigkeit: .....
Brandverhalten: Klasse E
Plattengröße: .....

46€ 51€ **60**€ 69€ 75€ [m²] ⏱ 0,20 h/m² 320.001.138

Kosten:
Stand 2.Quartal 2020
Bundesdurchschnitt

50 Aufsparrendämmung PIR 024, 140mm, Alu kaschiert KG **363**

Wie Ausführungsbeschreibung A 6
Unterkonstruktion: .....
Dachneigung: .....
Ausführung Stöße: Nut-Feder
Dämmstoff: PIR-Hartschaum
Anwendungsgebiet: DAD
Druckbelastbarkeit: .....
Dämmschichtdicke: 140 mm
Nennwert der Wärmeleitfähigkeit: 0,024 W/(mK)
Bemessungswert der Wärmeleitfähigkeit: .....
Brandverhalten: Klasse E
Plattengröße: .....

54€ 59€ **70**€ 82€ 87€ [m²] ⏱ 0,20 h/m² 320.001.139

51 Aufsparrendämmung PIR 024, 160mm, Alu kaschiert KG **363**

Wie Ausführungsbeschreibung A 6
Unterkonstruktion: .....
Dachneigung: .....
Ausführung Stöße: Nut-Feder
Dämmstoff: PIR-Hartschaum
Anwendungsgebiet: DAD
Druckbelastbarkeit: .....
Dämmschichtdicke: 160 mm
Nennwert der Wärmeleitfähigkeit: 0,024 W/(mK)
Bemessungswert der Wärmeleitfähigkeit: .....
Brandverhalten: Klasse E
Plattengröße: .....

63€ 71€ **80**€ 92€ 101€ [m²] ⏱ 0,20 h/m² 320.001.140

▶ min
▷ von
ø Mittel
◁ bis
◀ max

A 7 Aufdachdämmung, EPS 032, kaschiert Beschreibung für Pos. **52-57**

Aufdachdämmung aus Polystyrol-Hartschaumplatten, kaschiert mit diffusionsoffener Unterdeckbahn, als nachträgliche Dämmmaßnahme auf Dach. Verklebung der Unterdeckbahn mit Selbstklebestreifen. Konterlattung, mit selbstklebendem Nageldichtband, über Sparrenlage gegen Schub- und Windsoglasten.
Ausführung Stöße: Nut und Feder
Befestigung Dämmlage: Spezialschrauben
Unterkonstruktion: Dachschalung

52 Aufdachdämmung, EPS 032, 100mm, kaschiert KG **363**

Wie Ausführungsbeschreibung A 7
Dachneigung: .....
Sparrenabstand: .....
Dämmstoff: Polystyrol-Hartschaum, EPS
Anwendungsgebiet: DAD
Druckbelastbarkeit: .....
Nennwert der Wärmeleitfähigkeit: 0,032 W/(mK)
Bemessungswert der Wärmeleitfähigkeit: .....
Dämmschichtdicke: 100 mm
Lagen: einlagig
Brandverhalten: Klasse .....
sd-Wert Unterdeckbahn: .....
Zulassungsnummer: .....
Plattengröße: .....

28€ 30€ **36**€ 41€ 45€ [m²] ⏱ 0,20 h/m² 320.001.141

53 Aufdachdämmung, EPS 032, 120mm, kaschiert KG **363**

Wie Ausführungsbeschreibung A 7
Dachneigung: .....
Sparrenabstand: .....
Dämmstoff: Polystyrol-Hartschaum, EPS
Anwendungsgebiet: DAD
Druckbelastbarkeit: .....
Nennwert der Wärmeleitfähigkeit: 0,032 W/(mK)
Bemessungswert der Wärmeleitfähigkeit: .....
Dämmschichtdicke: 120 mm
Lagen: einlagig
Brandverhalten: Klasse .....
sd-Wert Unterdeckbahn: .....
Zulassungsnummer: ....
Plattengröße: .....

29€ 32€ **37**€ 44€ 47€ [m²] ⏱ 0,20 h/m² 320.001.142

300
301
302
308
309
310
312
313
314
316
317
318
320
321
322

Nr.	Kurztext / Langtext						Kostengruppe
▶	▷	**ø netto €**	◁	◀	[Einheit]	Ausf.-Dauer	Positionsnummer

54 Aufdachdämmung, EPS 032, 140mm, kaschiert KG **363**

Wie Ausführungsbeschreibung A 7
Dachneigung: .....
Sparrenabstand: .....
Dämmstoff: Polystyrol-Hartschaum, EPS
Anwendungsgebiet: DAD
Druckbelastbarkeit: .....
Nennwert der Wärmeleitfähigkeit: 0,032 W/(mK)
Bemessungswert der Wärmeleitfähigkeit: .....
Dämmschichtdicke: 140 mm
Lagen: einlagig
Brandverhalten: Klasse .....
sd-Wert Unterdeckbahn: .....
Zulassungsnummer: .....
Plattengröße: .....

31€	35€	**40**€	47€	50€	[m²]	⏱ 0,20 h/m²	320.001.143

55 Aufdachdämmung, EPS 032, 160mm, kaschiert KG **363**

Wie Ausführungsbeschreibung A 7
Dachneigung: .....
Sparrenabstand: .....
Dämmstoff: Polystyrol-Hartschaum, EPS
Anwendungsgebiet: DAD
Druckbelastbarkeit: .....
Nennwert der Wärmeleitfähigkeit: 0,032 W/(mK)
Bemessungswert der Wärmeleitfähigkeit: .....
Dämmschichtdicke: 160 mm
Lagen: einlagig
Brandverhalten: Klasse .....
sd-Wert Unterdeckbahn: .....
Zulassungsnummer: .....
Plattengröße: .....

35€	38€	**45**€	52€	56€	[m²]	⏱ 0,20 h/m²	320.001.144

Kosten:
Stand 2.Quartal 2020
Bundesdurchschnitt

▶ min
▷ von
ø Mittel
◁ bis
◀ max

56 Aufdachdämmung, EPS 032, 180mm, kaschiert KG **363**

Wie Ausführungsbeschreibung A 7
Dachneigung: .....
Sparrenabstand: .....
Dämmstoff: Polystyrol-Hartschaum, EPS
Anwendungsgebiet: DAD
Druckbelastbarkeit: .....
Nennwert der Wärmeleitfähigkeit: 0,032 W/(mK)
Bemessungswert der Wärmeleitfähigkeit: .....
Dämmschichtdicke: 180 mm
Lagen: einlagig
Brandverhalten: Klasse .....
sd-Wert Unterdeckbahn: .....
Zulassungsnummer: .....
Plattengröße: .....

37€ 43€ **48**€ 57€ 61€ [m2] ⏱ 0,20 h/m2 320.001.145

57 Aufdachdämmung, EPS 032, 200mm, kaschiert KG **363**

Wie Ausführungsbeschreibung A 7
Dachneigung: .....
Sparrenabstand: .....
Dämmstoff: Polystyrol-Hartschaum, EPS
Anwendungsgebiet: DAD
Druckbelastbarkeit: .....
Nennwert der Wärmeleitfähigkeit: 0,032 W/(mK)
Bemessungswert der Wärmeleitfähigkeit: .....
Dämmschichtdicke: 200 mm
Lagen: einlagig
Brandverhalten: Klasse .....
sd-Wert Unterdeckbahn: .....
Zulassungsnummer: .....
Plattengröße: .....

41€ 48€ **52**€ 60€ 65€ [m2] ⏱ 0,20 h/m2 320.001.146

A 8 Aufdachdämmung, WF 043, kaschiert Beschreibung für Pos. **58-61**

Aufsparrendämmung aus Holzfaserplatten mit integrierter Unterdeckplatte, als nachträgliche Dämmmaßnahme. Verklebung der versetzten Stöße, sowie Befestigung auf Untergrund.
Ausführung Stoße: Nut und Feder
Unterkonstruktion: Dachschalung

Nr.	Kurztext / Langtext						Kostengruppe
▶	▷	ø netto €	◁	◀	[Einheit]	Ausf.-Dauer	Positionsnummer

58 **Aufdachdämmung, WF 043, 60mm, kaschiert** KG **363**

Wie Ausführungsbeschreibung A 8
Dachneigung: .....
Sparrenabstand: .....
Dämmstoff: Holzfaserdämmplatte, WF
Anwendungsgebiet: DAD
Druckbelastbarkeit: .....
Nennwert der Wärmeleitfähigkeit: 0,043 W/(mK)
Bemessungswert der Wärmeleitfähigkeit: .....
Dämmschichtdicke: 60 mm
Lagen: einlagig
Brandverhalten: Klasse .....
sd-Wert Unterdeckbahn: .....
Zulassungsnummer: .....

23€	26€	**30**€	35€	37€	[m²]	⏱ 0,26 h/m²	320.001.147

Kosten:
Stand 2.Quartal 2020
Bundesdurchschnitt

59 **Aufdachdämmung, WF 043, 80mm, kaschiert** KG **363**

Wie Ausführungsbeschreibung A 8
Dachneigung: .....
Sparrenabstand: .....
Dämmstoff: Holzfaserdämmplatte, WF
Anwendungsgebiet: DAD
Druckbelastbarkeit: .....
Nennwert der Wärmeleitfähigkeit: 0,043 W/(mK)
Bemessungswert der Wärmeleitfähigkeit: .....
Dämmschichtdicke: 80 mm
Lagen: einlagig
Brandverhalten: Klasse .....
sd-Wert Unterdeckbahn: .....
Zulassungsnummer: .....

26€	29€	**34**€	39€	43€	[m²]	⏱ 0,26 h/m²	320.001.148

60 **Aufdachdämmung, WF 043, 100mm, kaschiert** KG **363**

Wie Ausführungsbeschreibung A 8
Dachneigung: .....
Sparrenabstand: .....
Dämmstoff: Holzfaserdämmplatte, WF
Anwendungsgebiet: DAD
Druckbelastbarkeit: .....
Nennwert der Wärmeleitfähigkeit: 0,043 W/(mK)
Bemessungswert der Wärmeleitfähigkeit: .....
Dämmschichtdicke: 100 mm
Lagen: .....lagig
Brandverhalten: Klasse .....
sd-Wert Unterdeckbahn: .....
Zulassungsnummer: .....

30€	33€	**39**€	45€	49€	[m²]	⏱ 0,27 h/m²	320.001.149

▶ min
▷ von
ø Mittel
◁ bis
◀ max

61 Aufdachdämmung, WF 043, 120mm, kaschiert KG **363**

Wie Ausführungsbeschreibung A 8
Dachneigung: .....
Sparrenabstand: .....
Dämmstoff: Holzfaserdämmplatte, WF
Anwendungsgebiet: DAD
Druckbelastbarkeit: .....
Nennwert der Wärmeleitfähigkeit: 0,043 W/(mK)
Bemessungswert der Wärmeleitfähigkeit: .....
Dämmschichtdicke: 120 mm
Lagen: .....lagig
Brandverhalten: Klasse .....
sd-Wert Unterdeckbahn: .....
Zulassungsnummer: .....

33€ 36€ **42**€ 49€ 53€ [m2] ⏱ 0,27 h/m2 320.001.150

62 Vordeckung, Bitumenbahn V13 KG **363**

Unterdeckung für belüftete, überdeckte Dächer, als Behelfsdeckung, Bitumenbahn mit Glasvlieseinlage.
Bahnenart: V13
Überdeckung: mind. 80 mm (Dachfläche)
Anschlüsse an Durchdringungen und Bauteile als gesonderte Position.

4€ 6€ **6**€ 6€ 7€ [m2] ⏱ 0,08 h/m2 320.001.159

63 Vordeckung, Stehfalzdeckung KG **363**

Vordeckung aus Bitumenbahn mit Glasvlieseinlage, unter Stehfalzdeckungen.
Bahnenart: V13
Verlegung: horizontal
Überdeckung: mind. 80 mm (Dachfläche)

4€ 5€ **6**€ 6€ 7€ [m2] ⏱ 0,08 h/m2 320.001.160

64 Dampfbremse, Unterspannbahn, feuchtevariabel KG **363**

Luftdichtungs- und Dampfbremsbahn, mit variablem sd-Wert, für belüftete Dächer, Nähte und Stöße luftdicht verbinden.
Werkstoff: .....
sd-Wert: .....
Anwendungsbereich: .....
Untergrund: Holzsparren, Montage von unten

4€ 6€ **7**€ 8€ 10€ [m2] ⏱ 0,08 h/m2 320.001.161

65 Anschluss, Unterspannbahn, Klebeband KG **363**

Anschlüsse der Unterspannbahn, Verklebung mit auf die Unterspannbahn abgestimmtem Klebeband, inkl. Nebenarbeiten.
Anschluss an:
- aufgehende Bauteile
- Durchdringungen

Unterspannbahn: .....
Dichtband: .....
Untergrund: .....

2€ 4€ **6**€ 6€ 7€ [m] ⏱ 0,06 h/m 320.001.162

300
301
302
308
309
310
312
313
314
316
317
318
320
321
322

Kosten:
Stand 2.Quartal 2020
Bundesdurchschnitt

Nr.	**Kurztext** / Langtext					Kostengruppe
▶	▷	**ø netto €**	◁	◀	[Einheit]	Ausf.-Dauer Positionsnummer

66 Dampfbremse, sd bis 2,3m KG **363**

Luftdichtungs- und Dampfbremsbahn, überlappend verlegt, Nähte und Stöße luftdicht mit geeignetem Material gesichert.
Dampfbremsbahn: Polyethylenfolie, 0,2 mm
sd-Wert: 2,3 m
Untergrund: Holzsparren, Montage von unten

5€ 6€ **7**€ 7€ 9€ [m2] 0,08 h/m2 320.001.163

67 Unterdach, WF, regensicher, 18mm KG **363**

Unterdach aus Holzfaserplatten, regensicher, als äußere, bewitterbare Schicht der Dachkonstruktion, Platten dicht stoßen, Kreuzfugen vermeiden.
Plattenart: WF
Anwendung: DAD - ds
Brandverhalten: Klasse E
Nennwert der Wärmeleitfähigkeit: 0,045 W/(mK)
Bemessungswert der Wärmeleitfähigkeit: .....
Ausführung: .....
Ausbildung Stöße: .....
Plattendicke: 18 mm
Dachneigung: .....°

15€ 20€ **22**€ 23€ 28€ [m2] 0,16 h/m2 320.001.164

68 Unterspannbahn, belüftetes Dach KG **363**

Unterspannbahn für belüftete Dächer, frei hinterlüftet, überlappend verlegt.
Unterspannbahn Typ: .....
Überlappung: ..... mm
Dachneigung: .....°

6€ 7€ **8**€ 8€ 10€ [m2] 0,08 h/m2 320.001.165

69 Anschluss, Dampfsperre/-bremse, Klebeband KG **363**

Anschluss der Dampfsperr- und Luftdichtheitsschicht an Durchdringungen und Einbauten, mit geeignetem Klebe-/Dichtmittel, inkl. Nebenarbeiten.
Anschluss an: .....
Dampfsperrbahn: .....
Dichtband: .....
Untergrund: Beton

5€ 7€ **7**€ 10€ 13€ [m] 0,08 h/m 320.001.166

70 Konterlattung, trocken, 30x50mm, Dach KG **363**

Hinterlüftungsschicht der Dachfläche, aus Nadelholz, Befestigung mit korrosionsgeschützten Schrauben oder Nägeln.
Sortierklasse: S10
Querschnitt: 30 x 50 mm
Abstand: 600 mm
Untergrund: Holz

2€ 2€ **3**€ 4€ 6€ [m] 0,04 h/m 320.001.167

▶ min
▷ von
ø Mittel
◁ bis
◀ max

71 Konterlattung, trocken, 40x60mm, Dach KG **363**

Konterlattung aus Nadelholz, statisch tragend bei Aufsparrendämmung, Befestigung mit korrosionsgeschützten Schrauben oder Nägeln.
Sortierklasse: S10
Querschnitt: 40 x 60 mm
Abstand: 600 mm
Untergrund: .....

2€ 4€ **5**€ 6€ 8€ [m] ⏱ 0,05 h/m 320.001.168

72 Konterlattung, trocken, 30x50mm, Dach KG **363**

Konterlattung als Hinterlüftungsschicht der Dachfläche, aus Nadelholz, Befestigung mit korrosionsgeschützten Schrauben oder Nägeln.
Sortierklasse: S10
Oberfläche: .....
Sparrenabstand: .....
Holzquerschnitt: 30 x 50 mm
Holzfeuchte: trocken

2€ 4€ **4**€ 5€ 9€ [m2] ⏱ 0,05 h/m2 320.001.169

73 Konterlattung, trocken, 40x60mm, Dach KG **363**

Konterlattung als Hinterlüftungsschicht der Dachfläche, aus Nadelholz, Befestigung mit korrosionsgeschützten Schrauben oder Nägeln.
Sortierklasse: S10
Oberfläche: .....
Sparrenabstand: .....
Holzquerschnitt: 40 x 60 mm
Holzfeuchte: trocken

3€ 6€ **7**€ 8€ 9€ [m2] ⏱ 0,08 h/m2 320.001.170

74 Dachlattung, trocken, 30x50mm, Falzziegel/Beton KG **363**

Dachlattung aus Nadelholz, für Dachziegel- oder Betondachsteindeckung, auf Holzunterkonstruktion, Befestigung mit korrosionsgeschützten Schrauben bzw. Nägeln.
Sortierklasse: S10
Oberfläche: sägerau
Lattenabstand: ca. 330 mm
Sparrenabstand: ..... mm
Dachdeckung: .....
Dachfläche: eben
Dachneigung: .....°
Lattenquerschnitt: 30 x 50 mm
Holzfeuchte: trocken
Untergrund: Holz

4€ 6€ **6**€ 7€ 9€ [m2] ⏱ 0,06 h/m2 320.001.171

300 301 302 308 309 310 312 313 314 316 317 318 **320** 321 322

Kosten:
Stand 2.Quartal 2020
Bundesdurchschnitt

Nr.	**Kurztext** / Langtext					Kostengruppe
▶	▷	**ø netto €**	◁	◀	[Einheit]	Ausf.-Dauer Positionsnummer

75 Dachlattung, trocken, 40x60mm, Falzziegel/Beton KG **363**

Dachlattung aus Nadelholz, für Dachziegel- oder Betondachsteindeckung, auf Holzunterkonstruktion, Befestigung mit korrosionsgeschützten Schrauben bzw. Nägeln.
Sortierklasse: S10
Oberfläche: sägerau
Lattenabstand: ca. 330 mm
Sparrenabstand: ..... mm
Dachdeckung: .....
Dachfläche: eben
Dachneigung: .....°
Lattenquerschnitt: 40 x 60 mm
Holzfeuchte: trocken
Untergrund: Holz

6€ 7€ **7**€ 9€ 11€ [m²] ⏱ 0,08 h/m² 320.001.172

76 Dachlattung, trocken, 30x50mm, Biberschwanzdeckung KG **363**

Dachlattung aus Nadelholz, für Biberschwanz-Doppeldeckung, auf Holzunterkonstruktion, Befestigung mit korrosionsgeschützten Schrauben bzw. Nägeln.
Sortierklasse: S10
Oberfläche: sägerau
Lattenabstand: ca. 150 mm
Sparrenabstand: ..... mm
Dachfläche: eben
Dachneigung: .....°
Lattenquerschnitt: 30 x 50 mm
Holzfeuchte: trocken
Untergrund: Holz

5€ 9€ **10**€ 12€ 14€ [m²] ⏱ 0,10 h/m² 320.001.173

77 Dachlattung, trocken, 40x60mm, Biberschwanzdeckung KG **363**

Dachlattung aus Nadelholz, für Biberschwanz-Doppeldeckung/-Kronendeckung, auf Holzunterkonstruktion, Befestigung mit korrosionsgeschützten Schrauben bzw. Nägeln.
Sortierklasse: S10
Oberfläche: sägerau
Lattenabstand: ca. 150 mm
Sparrenabstand: ..... mm
Dachfläche: eben
Dachneigung: .....°
Lattenquerschnitt: 40 x 60 mm
Holzfeuchte: trocken
Untergrund: Holz

8€ 11€ **13**€ 14€ 15€ [m²] ⏱ 0,12 h/m² 320.001.174

78 Nagelabdichtung, Konterlattung KG **363**

Konterlattung mit zusätzlichem Nageldichtstreifen, auf Unterdeckung bzw. Unterspannung.
Lattenquerschnitt: 40 x 60 mm
Dichtmaterial: selbstklebender, elastischer Dichtstreifen, Unterdeckung: .....

2€ 3€ **3**€ 4€ 5€ [m] ⏱ 0,01 h/m 320.001.175

▶ min
▷ von
ø Mittel
◁ bis
◀ max

79 **Dachschalung, Nadelholz, Rauspund 24mm** KG **363**

Dachschalung als Rauspund, Unterlage für Deckung, mechanisch befestigt mit korrosionsgeschützten Schrauben bzw. Nägeln.
Holzart: Nadelholz, Sortierklasse: S10
Schalungsdicke: 24 mm
Brettbreite: 80-160 mm
Chem. Holzschutz: **ohne / mit**
Gebrauchsklasse: .....
Untergrund: Holz

16€ 21€ **22**€ 25€ 30€ [m2] ⏱ 0,25 h/m2 320.001.176

80 **Dachschalung, Nadelholz, Rauspund 28mm** KG **363**

Dachschalung als Rauspund, Unterlage für Deckung, mechanisch befestigt mit korrosionsgeschützten Schrauben bzw. Nägeln.
Holzart: Nadelholz, Sortierklasse: S10
Schalungsdicke: 28 mm
Brettbreite: 80-160 mm
Chem. Holzschutz: **ohne / mit**
Gebrauchsklasse: .....
Untergrund: Holz

17€ 22€ **25**€ 28€ 36€ [m2] ⏱ 0,27 h/m2 320.001.177

81 **Dachschalung, Holzspanplatte P5, 25mm** KG **363**

Dachschalung aus kunstharzgebundenen Spanplatten, Unterlage für Deckung, mechanisch befestigt.
Einsatzbereich: tragende Anwendung im Feuchtbereich
Plattentyp: P5
Plattendicke: 25 mm
Kante: .....
Untergrund: Holz

21€ 26€ **28**€ 33€ 42€ [m2] ⏱ 0,20 h/m2 320.001.178

82 **Schalung, OSB/3 Feuchtebereich, 25mm** KG **354**

Dachschalung aus OSB-Platten Spanplatten, Unterlage für Deckung, mechanisch befestigt.
Einsatzbereich: tragende Anwendung im Feuchtbereich
Plattentyp: OSB/3
Plattendicke: 25 mm
Oberfläche: .....
Kante: .....
Untergrund: Holz

18€ 22€ **26**€ 27€ 30€ [m2] ⏱ 0,20 h/m2 320.001.179

300 301 302 308 309 310 312 313 314 316 317 318 **320** 321 322

Kosten:
Stand 2.Quartal 2020
Bundesdurchschnitt

Nr. **Kurztext** / Langtext — Kostengruppe
▶ ▷ **ø netto €** ◁ ◀ [Einheit] Ausf.-Dauer Positionsnummer

83 **Traufbohle, Nadelholz, bis 60x240mm** KG **363**

Traufbohle, trapezförmig, auf Holzkonstruktion, einschl. Höhenausgleich bis 30mm, Befestigung mit korrosionsgeschützten Nägeln.
Holzart: Nadelholz
Sortierklasse: S10
Abmessung: Höhe= 20-60 mm, Breite= 160-240 mm
Oberfläche: .....

6€ 8€ **9**€ 11€ 15€ [m] ⏱ 0,10 h/m 320.001.180

84 **Kantholz, Nadelholz S10 trocken, 60x120mm, scharfkantig** KG **361**

Kantholz aus Nadelholz.
Holzart: **Fichte / Tanne / Kiefer**
Holzgüte: S10
Oberfläche: scharfkantig, allseitig gehobelt
Querschnitt: 60 x 120 mm
Einzellänge: ....., gem. Holzliste des AG
Einbauort: .....
Holzfeuchte: trocken

8€ 10€ **11**€ 12€ 13€ [m] ⏱ 0,10 h/m 320.001.181

85 **Trauf-/Ortgangschalung, NF-Profil, 24mm, gehobelt** KG **363**

Dachschalung an Traufe, Nadelholz, gespundet, sichtbar bleibend, mit chem. Holzschutz, Vergütung nach gesonderter Position.
Schalungsdicke: 24 mm
Oberfläche: einseitig gehobelt
Gebrauchsklasse: 2
Untergrund: Holz

22€ 29€ **31**€ 36€ 44€ [m²] ⏱ 0,30 h/m² 320.001.182

86 **Ortgangbrett, Windbrett, bis 28mm, gehobelt** KG **363**

Ortgangbrett aus Nadelholz, Unterseite mit schrägem Anschnitt als Tropfkante.
Holzart: Kiefer,
Sortierklasse: S10
Güteklasse: 1
Brettdicke: 28 mm
Breite: ca. 120 mm
Oberfläche: parallel besäumt, gehobelt
Chem. Holzschutz: ohne
Gebrauchsklasse: .....
Untergrund: Holz

10€ 15€ **17**€ 21€ 27€ [m] ⏱ 0,20 h/m 320.001.183

▶ min
▷ von
ø Mittel
◁ bis
◀ max

87 **Zuluft-/Insektenschutzgitter, Traufe** KG **363**

Insektenschutz und Zuluftöffnungen der Traufe, geeignet als Auflager für die erste Ziegelreihe und passend zur Deckung, inkl. erforderliche Befestigungsmittel.
Breite: ca. 150 mm
Kantung: .....
Material: .....
Deckung: Biberschwanz-Dachziegel.

4€	6€	**7**€	9€	15€	[m]	⏱ 0,05 h/m	320.001.184

88 **Zahnleiste, Nadelholz, gehobelt** KG **363**

Zahnleiste aus Nadelholz, am Ortgang passgenau zur Dachdeckung, Unterseite mit schrägem Anschnitt als Tropfkante, Oberseite profiliert.
Holzart: Fichte
Sortierklasse: S10
Güteklasse: 1
Dicke: 30 mm
Breite: 120 mm
Oberfläche: parallel besäumt, gehobelt
Chem. Holzschutz: ohne
Gebrauchsklasse: .....
Dachdeckung: .....
Deckweite: .....

21€	31€	**33**€	40€	50€	[m]	⏱ 0,30 h/m	320.001.185

89 **Dachdeckung, Falzziegel, Ton** KG **363**

Dachdeckung mit Strangfalzziegeln, auf vorhandene Lattung.
Falzziegel-Form: .....
Oberfläche: .....
Farbton: naturfarben, rot
Verlegung: versetzte Fuge
Dachneigung: über 40 bis 45°
Dachform: .....
Frostwiderstand: B
Hagelwiderstand: Klasse .....

24€	27€	**30**€	32€	37€	[m²]	⏱ 0,30 h/m²	320.001.186

90 **Dachdeckung, Biberschwanz-/Flachziegel** KG **363**

Dachdeckung mit Biberschwanzziegeln, auf vorhandene Lattung.
Deckungsart: Doppeldeckung
Form: gerader Schnitt
Format: 180 x 380 mm
Oberfläche: .....
Farbton: naturfarben, rot
Verlegung: .....
Dachneigung: über 40 bis 45°
Dachform: .....
Frostwiderstand: B
Hagelwiderstand: Klasse .....

36€	44€	**48**€	53€	61€	[m²]	⏱ 0,35 h/m²	320.001.187

Kosten:
Stand 2.Quartal 2020
Bundesdurchschnitt

Nr.	**Kurztext** / Langtext						Kostengruppe
▶	▷	**ø netto €**	◁	◀	[Einheit]	Ausf.-Dauer	Positionsnummer

91 Dachdeckung, Dachsteine KG **363**

Dachdeckung mit Betondachsteinen, auf vorhandene Lattung.
Dachstein-Form: eben
Format: 330 x 420 mm..... St/m²
Oberfläche: matt
Farbe: .....
Vorderkante: glatte Schnittkante, abgerundete Schnittkante
Profilhöhe: .....
Verlegung: .....
Dachneigung: über 35 bis 40°
Dachform: .....
Hagelwiderstand: Klasse .....

▶	▷	ø	◁	◀	Einheit	Ausf.-Dauer	Positionsnummer
20€	24€	**26**€	29€	35€	[m²]	⏱ 0,25 h/m²	320.001.188

92 Dachdeckung, Faserzement, Wellplatte KG **363**

Dachdeckung mit Faserzement-Wellplatten, auf vorhandene Pfetten, Stöße mit Dichtband hinterlegt, dauerplastischem Kitt in der Höhenüberdeckung, mechanisch befestigt mit verzinkten Schrauben, mind. 50mym.
Untergrund: Holz
Pfettenabstand: .....
Profil: 177/51
Zahl der Wellen: .....
Produkttyp: .....
Profilhöhe: 51 mm
Bruchlast / Biegemoment: .....
Brandverhalten: A1
Hagelwiderstand: Klasse .....
Farbe: .....
Dachneigung: 10 bis kleiner 15°
Sparrenlänge: 10,0 m

▶	▷	ø	◁	◀	Einheit	Ausf.-Dauer	Positionsnummer
24€	39€	**44**€	53€	71€	[m²]	⏱ 0,20 h/m²	320.001.189

93 Dachdeckung, Schiefer KG **363**

Dachdeckung mit Schiefer, auf vorhandene Schalung mit Vordeckung, mit korrosionsgeschützten Befestigungsmitteln.
Deckung als: Rechteck-Doppeldeckung,
Format / Hieb: 40 x 40 cm
Ursprung Schiefer: .....
Karbonatgehalt: >5% Masseanteil
Frost-Tau-Wechsel-Beständigkeit: W1
Temperatur-Wechsel-Beständigkeit: T1
Säurebeständigkeit: S2
Verlegung: geschraubt
Dachneigung: >50-55°
Dachform: .....

▶	▷	ø	◁	◀	Einheit	Ausf.-Dauer	Positionsnummer
67€	77€	**78**€	80€	89€	[m²]	⏱ 0,80 h/m²	320.001.190

▶ min
▷ von
ø Mittel
◁ bis
◀ max

94 **Ortgang, Ziegeldeckung, Formziegel** KG **363**

Ortgang der Dachfläche mit Form-Ziegel, passend zur vorhandener Dachdeckung.
Dachdeckung: .....
Deckung der Ortgangkanten: Doppelwulstziegel
Oberfläche: .....
Farbe: .....
Verlegung: .....
Dachneigung: .....°

26€ 35€ **39**€ 45€ 57€ [m] ⏱ 0,10 h/m 320.001.191

95 **Ortgang, Biberschwanzdeckung, Formziegel** KG **363**

Ortgang der Dachfläche mit Form-Ziegel, passend zur vorhandener Biberschwanz-Dachdeckung.
Dachdeckung: .....
Deckung der Ortgangkanten: Beidecken mit halben und ganzen Biberschwanzziegeln
Oberfläche / Form: .....
Verlegung: trocken verlegt
Dachneigung: .....°

26€ 32€ **37**€ 39€ 43€ [m] ⏱ 0,16 h/m 320.001.192

96 **Ortgang, Dachsteindeckung, Formziegel** KG **363**

Ortgang der Dachfläche mit Formsteinen, passend zur vorhandener Betondachsteindeckung.
Dachdeckung: .....
Oberfläche: .....
Verlegung: trocken verlegt
Dachneigung: .....°

29€ 39€ **45**€ 48€ 56€ [m] ⏱ 0,18 h/m 320.001.193

97 **Firstanschluss, Ziegeldeckung, Formziegel** KG **363**

First-Anschluss der Dachdeckung, mit Anschluss-Formziegeln, bei Anschlüssen an First und aufgehenden Bauteilen (Kamin, Gaube, Wohnraumfenster und sonstigen Dachdurchbrüchen), inkl. Firstanschluss-Ortgang-ziegel.
Dachdeckung: .....
Firstanschlussortgangziegel: .....
Farbe/Oberfläche: wie Flächendeckung
Verlegung: mit korrosionsgeschützten Klammern
Dachneigung: .....°
Art des Anschlusses: .....

15€ 21€ **22**€ 26€ 32€ [m] ⏱ 0,10 h/m 320.001.194

98 **First, Firstziegel, mörtellos, inkl. Lüfter** KG **363**

Firstdeckung mit konischen Formziegeln, passend zur Deckung, einschl. Anfängerziegel, Lüfterelement, Firstlatte und Lattenhalter.
Dachdeckung: .....
Dachneigung: .....°

32€ 44€ **49**€ 55€ 67€ [m] ⏱ 0,35 h/m 320.001.195

300
301
302
308
309
310
312
313
314
316
317
318
320
321
322

Nr.	Kurztext / Langtext					Kostengruppe
▶	▷	ø netto €	◁	◀	[Einheit]	Ausf.-Dauer Positionsnummer

99 First, Firstziegel, vermörtelt, inkl. Lüfter KG **363**

Firstdeckung mit Formziegeln, passend zur Deckung, einschl. Anfängerziegel, Lüfterelement, Firstlatte und Lattenhalter.
Dachdeckung: .....
Dachneigung: .....°

▶	▷	ø	◁	◀	Einheit	Ausf.-Dauer	Positionsnummer
42€	51€	**53**€	60€	73€	[m]	⏱ 0,32 h/m	320.001.196

100 First, Firststein, geklammert, Dachstein KG **363**

Firstdeckung mit konischen Formsteinen, passend zur Deckung, einschl. Anfängerstein, Lüfterelement, Firstlatte und Lattenhalter.
Dachdeckung: .....
Dachneigung: .....°

▶	▷	ø	◁	◀	Einheit	Ausf.-Dauer	Positionsnummer
41€	50€	**54**€	59€	68€	[m]	⏱ 0,36 h/m	320.001.197

Kosten:
Stand 2.Quartal 2020
Bundesdurchschnitt

101 Pultdachabschluss, Abschlussziegel KG **363**

Pultfirstdeckung mit Pultfirstziegeln, bei oberen Abschlüssen von Pultdächern, ohne Verblechung, passend zur Deckung, einschl. Pult-Ortgangziegel, Lüfterelement, Firstlatte und Lattenhalter.
Dachdeckung: .....
Dachneigung: .....°

▶	▷	ø	◁	◀	Einheit	Ausf.-Dauer	Positionsnummer
45€	60€	**64**€	69€	96€	[m]	⏱ 0,15 h/m	320.001.198

102 Pultdachanschluss, Metallblech Z333 KG **363**

Firstdeckung mit Abdeckblech, passend zur Dachdeckung, mechanisch befestigt, einschl. Holzleiste S10, 60x60mm.
Metallblech: Titanzink
Blechdicke: 0,7 mm
Zuschnitt: ca. 333 mm
Kantungen: 4-fach
Oberfläche: .....

▶	▷	ø	◁	◀	Einheit	Ausf.-Dauer	Positionsnummer
31€	39€	**46**€	49€	56€	[m]	⏱ 0,25 h/m	320.001.199

103 Grateindeckung, Ziegel, mörtellos KG **363**

Gratdeckung mit konischen Formziegeln, passend zur Dachdeckung, mit Gratlatte und Gratlattenhalter, einschl. Anfängerziegel und Lüfterelementen.
Gratneigung: .....°

▶	▷	ø	◁	◀	Einheit	Ausf.-Dauer	Positionsnummer
41€	51€	**56**€	65€	89€	[m]	⏱ 0,35 h/m	320.001.200

104 Grateindeckung, Ziegel, vermörtelt KG **363**

Gratdeckung mit Formziegeln, passend zur Dachdeckung, vermörtelt, einschl. Anfängerziegel und Mörtel in Ziegelfarbe.
Gratneigung: .....°

▶	▷	ø	◁	◀	Einheit	Ausf.-Dauer	Positionsnummer
37€	54€	**63**€	83€	114€	[m]	⏱ 0,32 h/m	320.001.201

▶ min
▷ von
ø Mittel
◁ bis
◀ max

Nr.	**Kurztext** / Langtext						Kostengruppe
▶	▷	**ø netto €**	◁	◀	[Einheit]	Ausf.-Dauer	Positionsnummer

105 Dunstrohr-Durchgangsziegel, DN100 — KG **363**

Dunstrohr-Formziegel, passend zur Dachdeckung, mit schlagregensicherem Dunstrohraufsatz.
Material: Ton
Dunstrohr: DN100
Farbe / Oberfläche: passend zur Dacheindeckung

▶	▷	ø netto €	◁	◀	[Einheit]	Ausf.-Dauer	Positionsnummer
95€	129€	**143**€	159€	197€	[St]	⏱ 0,45 h/St	320.001.202

106 Dunstrohr-Durchgangsformstück, DN100 — KG **363**

Dunstrohr-Durchgangsformstück, einstellbar auf Dachneigung, mit schlagregensicherer Abdeckhaube.
Material: Kunststoff
Dunstrohr: DN100
Farbe: passend zur Dachziegel-Deckung

▶	▷	ø netto €	◁	◀	[Einheit]	Ausf.-Dauer	Positionsnummer
56€	72€	**79**€	92€	114€	[St]	⏱ 0,30 h/St	320.001.203

107 Lüfterziegel, trocken verlegt — KG **363**

Lüfterziegel, passend zur Ziegel-Dachdeckung, inkl. Lüftungsprofil (Insektenschutz) aus korrosionsgeschütztem Material.
Freier Lüftungsquerschnitt: .....
Baustoff: .....

▶	▷	ø netto €	◁	◀	[Einheit]	Ausf.-Dauer	Positionsnummer
13€	17€	**19**€	22€	28€	[St]	⏱ 0,01 h/St	320.001.204

108 Leitungsdurchgang, Formziegel — KG **363**

Formziegel für Leitungsdurchgang, in Dachaufbau, geeignet für Durchgang eines Antennenfußes.
Material: Ton, mit Aufsatz aus PVC
Farbe/Oberfläche: wie Flächendeckung

▶	▷	ø netto €	◁	◀	[Einheit]	Ausf.-Dauer	Positionsnummer
58€	83€	**94**€	123€	172€	[St]	⏱ 0,40 h/St	320.001.205

109 Tonziegel, Reserve — KG **363**

Reserveziegel, liefern und nach Vorgabe durch den Auftraggeber lagern.
Dachdeckung: ....

▶	▷	ø netto €	◁	◀	[Einheit]	Ausf.-Dauer	Positionsnummer
5€	6€	**7**€	8€	10€	[St]	–	320.001.206

110 Ziegel beidecken, Dachdeckung — KG **363**

Beidecken der Ziegel-Dachdeckung, im Bereich von Anschlüssen an Dachflächenfenster und Kehlen, Schornsteine, Dachgauben, etc., einschl. erforderlicher Zuschneide- oder Fräsarbeiten. Abrechnung nach zugeschnittener Länge.
Dachdeckung: .....
Bearbeitung: .....

▶	▷	ø netto €	◁	◀	[Einheit]	Ausf.-Dauer	Positionsnummer
7€	12€	**14**€	17€	25€	[m]	⏱ 0,20 h/m	320.001.207

Kosten:
Stand 2.Quartal 2020
Bundesdurchschnitt

Nr.	**Kurztext** / Langtext					Kostengruppe
▶	▷	**ø netto €**	◁	◀	[Einheit]	Ausf.-Dauer Positionsnummer

111 Verklammerung, Dachdeckung KG **363**

Dachdeckung im Flächenbereich zusätzlich sturmsicher verklammern. Klammeranzahl gem. Regelwerk des Deutschen Dachdeckerhandwerks DDH.
Windzone: .....
Gebäudehöhe: .....
Gebäudelage: .....
Verklammerung: .....
Befestigung: .....

2€ 4€ **5**€ 5€ 7€ [m²] ⏱ 0,06 h/m² 320.001.208

112 Schornstein-Einfassung, Blech KG **429**

Anarbeiten der Dachdeckung an Kamin, dreiseitige Blecheinfassung mit fünffach gekantetem Blech als tiefliegende Rinnen, einseitig Brustblech mit angearbeitetem Walzbleistreifen, allseitig umlaufender, in die Mauerfuge eingelassener Überhangstreifen, oberseitig elastisch verfugt. Leistung mit anpassen der Dachlattung, Schneide- und Passarbeiten der Flächendeckung, sowie regensicherer Anschluss der Unterspann- oder Unterdeckbahn.
Schornstein-Abmessung: 400 x 600 mm
Metallblech: .....

118€ 164€ **185**€ 235€ 313€ [St] ⏱ 1,00 h/St 320.001.209

113 Dachfenster/Dachausstieg, ESG, 490x760mm KG **362**

Dachausstiegs-Fenster mit stufenlosem 180°-Öffnungswinkel und Schwingfunktion bis zum Anschlag, mit untenliegenden Öffnungsgriff, Sicherheitsöffnung und Teleskop-Montageschienen einschl. Eindeckrahmen, in ziegelgedeckte Dachfläche. Blend- und Eindeckrahmen aus Polyurethan, wärmegedämmt, einschl. dichtem Anschluss an Fensterrahmen und innenseitiger Luft-/Dampfsperre.
Blendrahmen-Außenmaß: ca. 490 x 760 mm
Verglasung: .....
Eindeckrahmen: .....
Angeb. Fabrikat: .....

296€ 363€ **384**€ 443€ 571€ [St] ⏱ 1,80 h/St 320.001.210

114 Wohndachfenster, bis 1,50m² KG **362**

Dachflächenfenster aus Nadelholz, lasiert, als Klapp-Schwing-Fenster, Fenster mit stufenlosem 45°-Öffnungswinkel und stufenloser Schwingfunktion, Öffnungsgriff unten, mit Lüftungsklappe und Luftfilter, einschl. Eindeck- und Dämmrahmen, in ziegelgedeckte Dachfläche. Verglasung mit Spezialgasfüllung, Außenscheibe mit selbstreinigender Beschichtung, innenseitig mit Edelmetallbeschichtung. Außenabdeckung aus Aluminium, einbrennlackiert, Eindeckrahmen für entsprechende Dachdeckung aus Aluminium, Dämmrahmen aus Polyethylen mit integrierter Stahlleiste, zum Anschluss an Dachdämmung. Anschlussschürze aus diffusionsoffenem Polypropylen mit Wasserableitrinne.
Wärmeschutz: U_W .....
Verglasung: 4mm ESG außen, SZR 14mm, 2x 3 mm VSG innen
Schalldämmung: R_W,R ......
Blendrahmen-Außenmaß: **1.340 x 1.400 / 1.140 x 1.600** mm
Farbe Eindeckrahmen: .....
Angeb. Fabrikat: .....

577€ 852€ **937**€ 1.078€ 1.487€ [St] ⏱ 6,25 h/St 320.001.211

▶ min
▷ von
ø Mittel
◁ bis
◀ max

115 Stundensatz Facharbeiter, Dachdeckung

Stundenlohnarbeiten für Vorarbeiter, Geselle, Facharbeiter und Gleichgestellte, sowie ähnliche Fachkräfte. Der Verrechnungssatz für die jeweilige Arbeitskraft umfasst sämtliche Aufwendungen wie Lohn- und Gehaltskosten, lohn- und gehaltsgebundene Kosten, Lohn- und Gehaltsnebenkosten, Gemeinkosten, Wagnis und Gewinn. Leistung nach besonderer Anordnung der Bauüberwachung. Anmeldung und Nachweis gem. VOB/B.

47€ 53€ **56**€ 60€ 69€ [h] ⏱ 1,00 h/h 320.001.212

321

Kosten:
Stand 2.Quartal 2020
Bundesdurchschnitt

Dachabdichtungsarbeiten — Preise €

Nr.	Positionen	Einheit	▶	▷	ø brutto € / ø netto €	◁	◀
1	Lüftungsrohr entfernen	St	8	13	**15**	18	32
			6	11	**12**	15	27
2	Kiesschüttung entfernen	m²	8	9	**10**	13	19
			6	7	**9**	11	16
3	Kiesschicht säubern	m²	28	33	**41**	49	52
			23	27	**34**	41	44
4	Kiesschüttung entfernen, wiederaufbringen	m²	40	46	**51**	61	65
			34	38	**43**	51	54
5	Dachplattenbelag entfernen	m²	13	15	**18**	22	23
			11	13	**15**	18	19
6	Bitumenabdichtung abbrechen, 1-lagig	m²	6	13	**15**	18	15
			5	11	**13**	15	13
7	Bitumenabdichtung abbrechen, 2-lagig	m²	8	16	**20**	24	25
			7	14	**17**	20	21
8	Bitumenabdichtung/Dämmung abbrechen	m²	12	22	**26**	32	36
			10	19	**22**	27	30
9	Trennlage entfernen	m²	3	3	**4**	5	5
			2	3	**3**	4	4
10	Rieselschutzmatte abbrechen	m²	7	9	**10**	12	13
			6	7	**9**	10	11
11	Dachablauf abbrechen	St	12	18	**22**	27	35
			10	15	**18**	22	29
12	Dachrandabschluss entfernen	m	4	7	**9**	11	14
			4	6	**7**	9	12
13	Lichtkuppel entfernen, Flachdach	St	87	93	**107**	128	133
			73	78	**90**	107	112
14	Antennenhalterung entfernen	St	11	12	**14**	17	19
			9	10	**12**	15	16
15	Blitzableiter entfernen	m	0,9	2,5	**3,1**	3,9	5,2
			0,8	2,1	**2,6**	3,2	4,4
16	Dachabdichtung ausbessern	m²	14	21	**25**	30	31
			11	17	**21**	26	26
17	Dachfläche reinigen	m²	0,8	1,2	**1,4**	1,7	2,6
			0,7	1,1	**1,2**	1,5	2,2
18	Voranstrich, Dampfsperre, inkl. Reinigung	m²	2	3	**4**	4	6
			1	3	**3**	4	5
19	Voranstrich, Dampfsperre	m²	1	2	**3**	4	6
			1	2	**2**	3	5
20	Vordeckung, V13, auf Holzschalung	m²	3	5	**6**	9	13
			3	4	**5**	7	11
21	Trenn-/Ausgleichsschicht, G200 DD, auf Holz	m²	8	11	**12**	12	14
			7	9	**10**	10	12
22	Dampfsperre, V60 S4 Al, auf Beton	m²	10	13	**14**	18	24
			8	11	**12**	15	20
23	Dampfsperre hochführen, aufgehende Bauteile	m	3	5	**6**	6	7
			3	4	**5**	5	6

▶ min
▷ von
ø Mittel
◁ bis
◀ max

Nr.	Positionen	Einheit	▶	▷	ø brutto € / ø netto €	◁	◀
24	Wärmedämmung, DAA, PUR 025, bis 120mm, Alu kaschiert	m²	34	44	**50**	63	67
			29	37	**42**	53	56
25	Wärmedämmung, DAA, PUR 025, bis 120mm	m²	19	28	**31**	34	41
			16	24	**26**	28	34
26	Wärmedämmung, DAA, EPS 035, bis 140mm	m²	23	29	**32**	36	46
			20	24	**27**	30	38
27	Wärmedämmung, DAA, CG, bis 140mm	m²	41	70	**82**	94	115
			34	59	**69**	79	97
28	Gefälledämmung DAA, EPS, i.M. bis 160mm	m²	37	41	**43**	47	53
			31	34	**36**	39	45
29	Gefälledämmung DAA, PUR, i.M. bis 160mm	m²	42	53	**56**	59	68
			36	45	**47**	50	57
30	Übergang, Dämmkeile, Hartschaum, 60x60mm	m	2	4	**5**	7	11
			2	3	**4**	6	9
31	Unterkonstruktion, Kanthölzer, bis 100x60mm	m	9	10	**11**	11	13
			7	9	**9**	9	11
32	Unterkonstruktion, Holzbohlen, 40x120mm	m	13	18	**20**	24	31
			11	15	**16**	20	26
33	Fugenabdichtung, Silikon	m	5	7	**8**	9	11
			4	6	**7**	8	9
34	Bewegungsfuge, Typ I	m	31	37	**40**	43	60
			26	31	**34**	36	50
35	Dachabdichtung PYE PV250 S5, obere Lage	m²	13	15	**17**	20	28
			11	13	**14**	17	23
36	Dachabdichtung PYE PV 200 S5 Cu01, obere Lage, Wurzelschutz	m²	21	28	**33**	35	38
			17	24	**28**	29	32
37	Dachabdichtung zweilagig, Polymerbitumen-Schweißbahnen	m²	24	30	**31**	38	44
			20	25	**26**	32	37
38	Wandanschluss, gedämmt, zweilagige Abdichtung	m	25	32	**34**	39	48
			21	26	**29**	33	40
39	Dachabdichtung, Kunststoffbahn, einlagig, Wurzelschutz	m²	25	31	**34**	38	47
			21	26	**28**	32	40
40	Dachabdichtung, Flüssigkunststoff 2K-PUR BROOF, Einlage	m²	82	95	**116**	140	152
			69	80	**97**	117	128
41	Wandanschluss, Flüssigkunststoff 2K-PUR BROOF, Einlage	m	33	39	**44**	46	51
			27	33	**37**	39	43
42	Stundensatz Facharbeiter, Dachdichtung	h	53	63	**66**	69	74
			45	53	**55**	58	62
43	Stundensatz Helfer, Dachdichtung	h	43	51	**54**	58	66
			36	43	**46**	49	55

Nr.	Kurztext / Langtext						Kostengruppe
▶	▷	ø netto €	◁	◀	[Einheit]	Ausf.-Dauer	Positionsnummer

1 Lüftungsrohr entfernen KG **394**

Be- oder Entlüftungs-Dachaufsatz entfernen und anfallenden Bauschutt entsorgen.
Material: .....

6€	11€	**12**€	15€	27€	[St]	⏱ 0,20 h/St	321.000.095

2 Kiesschüttung entfernen KG **394**

Kiesschüttung auf Dachabdichtung entfernen und anfallenden Bauschutt entsorgen.
Schüttungshöhe: bis 30 cm
Gebäudehöhe: .....

6€	7€	**9**€	11€	16€	[m²]	⏱ 0,12 h/m²	321.000.084

3 Kiesschicht säubern KG **394**

Kiesschicht auf Dachfläche von Fremdstoffen säubern.
Schichtstärke: bis 30 cm
Fremdstoffe: .....

23€	27€	**34**€	41€	44€	[m²]	⏱ 1,80 h/m²	321.000.085

4 Kiesschüttung entfernen, wiederaufbringen KG **394**

Kiesschüttung abschnittsweise von der Dachfläche aufnehmen, seitlich lagern und nach Beendigung der Abdichtungsarbeiten wieder aufbringen.
Schütthöhe: bis 30 cm
Lagerweg: .....

34€	38€	**43**€	51€	54€	[m²]	⏱ 2,30 h/m²	321.000.086

5 Dachplattenbelag entfernen KG **394**

Dachbelag aus Platten, im Splittbett verlegt, entfernen und anfallenden Bauschutt entsorgen.
Material: .....
Plattengröße: .....

11€	13€	**15**€	18€	19€	[m²]	⏱ 0,20 h/m²	321.000.087

6 Bitumenabdichtung abbrechen, 1-lagig KG **394**

Einlagige Dachabdichtung aus Bitumenbahn rückstandsfrei von Massivdecke abbrechen und anfallenden Bauschutt entsorgen.
Abdichtung: .....
Gebäudehöhe: .....

5€	11€	**13**€	15€	13€	[m²]	⏱ 0,10 h/m²	321.000.088

7 Bitumenabdichtung abbrechen, 2-lagig KG **394**

Zweilagige Dachabdichtung aus Bitumenbahn rückstandsfrei von Massivdecke abbrechen und anfallenden Bauschutt entsorgen.
Abdichtung: .....
Gebäudehöhe: .....

7€	14€	**17**€	20€	21€	[m²]	⏱ 0,15 h/m²	321.000.089

Kosten:
Stand 2.Quartal 2020
Bundesdurchschnitt

▶ min
▷ von
ø Mittel
◁ bis
◀ max

8 Bitumenabdichtung/Dämmung abbrechen KG **394**

Zweilagige Dachabdichtung aus Bitumenbahn und Wärmedämmung rückstandsfrei von Massivdecke abbrechen und anfallenden Bauschutt entsorgen.
Abdichtung: .....
Dämmung: .....
Dicke: .....
Gebäudehöhe: .....

10€ 19€ **22**€ 27€ 30€ [m2] ⏱ 0,18 h/m2 321.000.090

9 Trennlage entfernen KG **394**

Trennlage entfernen und anfallenden Bauschutt entsorgen.
Material: .....

2€ 3€ **3**€ 4€ 4€ [m2] ⏱ 0,06 h/m2 321.000.091

10 Rieselschutzmatte abbrechen KG **394**

Rieselschutzmatte abbrechen und anfallenden Bauschutt entsorgen.
Mattenart: .....

6€ 7€ **9**€ 10€ 11€ [m2] ⏱ 0,12 h/m2 321.000.093

11 Dachablauf abbrechen KG **394**

Dachablauf abbrechen und anfallenden Bauschutt entsorgen.
Größe: bis DN120

10€ 15€ **18**€ 22€ 29€ [St] ⏱ 0,25 h/St 321.000.094

12 Dachrandabschluss entfernen KG **394**

Dachrandabschluss oder Attikaabdeckung aus Metall entfernen und anfallenden Bauschutt entsorgen.
Größe: bis Zuschnitt 700 mm

4€ 6€ **7**€ 9€ 12€ [m] ⏱ 0,10 h/m 321.000.096

13 Lichtkuppel entfernen, Flachdach KG **394**

Lichtkuppel einschl. Bohlenkranz entfernen und anfallenden Bauschutt entsorgen.
Abmessung: bis 150 x 150 cm
Einbauort: Flachdach
Material: .....

73€ 78€ **90**€ 107€ 112€ [St] ⏱ 2,20 h/St 321.000.097

14 Antennenhalterung entfernen KG **494**

Antennenhalterung einschl. Befestigung entfernen und anfallenden Bauschutt entsorgen.

9€ 10€ **12**€ 15€ 16€ [St] ⏱ 0,22 h/St 321.000.098

15 Blitzableiter entfernen KG **494**

Blitzableiter einschl. Befestigungen entfernen und anfallenden Bauschutt entsorgen.

0,8€ 2,1€ **2,6**€ 3,2€ 4,4€ [m] ⏱ 0,06 h/m 321.000.099

300 301 302 308 309 310 312 313 314 316 317 318 320 **321** 322

Nr. **Kurztext** / Langtext — Kostengruppe
▶ ▷ **ø netto €** ◁ ◀ [Einheit] Ausf.-Dauer Positionsnummer

16 Dachabdichtung ausbessern — KG **395**

Dachabdichtung aus Bitumenbahn in Teilflächen ausbessern. Schadhafte Stellen reinigen, Beulen und Falten öffnen, Überstände entfernen, Risse mit Schleppstreifen abdecken.
Gebäudehöhe: .....

11€ 17€ **21**€ 26€ 26€ [m²] ⏱ 0,22 h/m² 321.000.100

17 Dachfläche reinigen — KG **395**

Dachfläche von groben Verschmutzungen, festsitzenden Mörtelresten, etc. reinigen und anfallenden Bauschutt in Container sammeln.
Untergrund: Beton
Schichtdicke Schmutz: ca. 10 mm
Verschmutzte Fläche: ca. .....% der Grundfläche

0,7€ 1,1€ **1,2**€ 1,5€ 2,2€ [m²] ⏱ 0,02 h/m² 321.000.001

Kosten:
Stand 2.Quartal 2020
Bundesdurchschnitt

18 Voranstrich, Dampfsperre, inkl. Reinigung — KG **363**

Voranstrich bzw. Haftgrund für Dampfsperre aus Bitumenbahnen, vollflächig auf oberflächentrockene Flächen, einschl. Reinigung der grob verschmutzten Bodenflächen.
Ausführung: .....
Untergrund: Beton
Fläche: eben

1€ 3€ **3**€ 4€ 5€ [m²] ⏱ 0,04 h/m² 321.000.002

19 Voranstrich, Dampfsperre — KG **363**

Voranstrich bzw. Haftgrund für Dampfsperre aus Bitumenbahnen, vollflächig auf oberflächentrockene Flächen.
Ausführung: .....
Untergrund: Beton
Fläche: eben

1€ 2€ **2**€ 3€ 5€ [m²] ⏱ 0,04 h/m² 321.000.003

20 Vordeckung, V13, auf Holzschalung — KG **363**

Vordeckung, aus Bitumenbahn mit Glasvlieseinlage, auf Holzschalung.
Untergrund: Holzwerkstoff .....
Bitumendachbahnen: V13
Einbauort: Dach
Neigung: .....°

3€ 4€ **5**€ 7€ 11€ [m²] ⏱ 0,10 h/m² 321.000.004

▶ min
▷ von
ø Mittel
◁ bis
◀ max

21 Trenn-/Ausgleichsschicht, G200 DD, auf Holz — KG **363**

Trenn-/Ausgleichsschicht aus Bitumenbahn, Bitumen-Dachdichtungsbahn mit Glasgewebeeinlage, lose verlegen, mechanisch befestigen, Untergrund Holz.
Bitumendachbahnen: G 200 DD
Einbauort: Dach
Neigung: .....

7€ 9€ **10**€ 10€ 12€ [m²] ⏱ 0,10 h/m² 321.000.054

22 Dampfsperre, V60 S4 Al, auf Beton KG **363**

Dampfsperre als Luftdichtheits- und diffusionsdichte Schicht, für nicht belüftetes Dach, aus Bitumen-Schweißbahnen mit Aluminiumbandeinlage und Glasvlieseinlage, punkt- oder streifenweise verschweißen, Nähte und Stöße verschweißen.
Untergrund: Betonboden mit Bitumenvoranstrich
Bitumenbahnen: V60S4+Al
sd-Wert: mind. 1.500 m

8€	11€	**12**€	15€	20€	[m²]	⏱ 0,10 h/m²	321.000.005

23 Dampfsperre hochführen, aufgehende Bauteile KG **363**

Hochführen der Dampfsperre an aufgehenden Bauteilen, bis OK Wärmedämmung, starr anschließen.
Bauteil: .....
Untergrund: .....

3€	4€	**5**€	5€	6€	[m]	⏱ 0,10 h/m	321.000.055

24 Wärmedämmung, DAA, PUR 025, bis 120mm, Alu kaschiert KG **363**

Wärmedämmung aus Polyurethan-Hartschaumplatten mit beidseitiger Kaschierung aus Aluminium, für nicht-belüftetes Flachdach, einlagig und dicht gestoßen verlegen, streifenweise geklebt, Stöße der Kaschierung überlappend und verklebt.
Untergrund: Dampfsperre
Dämmstoff: PUR
Plattenrand: umlaufend gefalzt
Anwendungstyp: DAA - dh
Nennwert der Wärmeleitfähigkeit: 0,025 W/(mK)
Bemessungswert der Wärmeleitfähigkeit: .....
Brandverhalten: Klasse E
Dämmstoffdicke: bis 120 mm

29€	37€	**42**€	53€	56€	[m²]	⏱ 0,14 h/m²	321.000.104

25 Wärmedämmung, DAA, PUR 025, bis 120mm KG **363**

Wärmedämmung aus Polyurethan-Hartschaumplatten mit beidseitiger Kaschierung aus Aluminium, für nicht belüftetes Flachdach, einlagig und dicht gestoßen verlegen, streifenweise geklebt, Stöße der Kaschierung überlappend und verklebt.
Untergrund: Dampfsperre
Dämmstoff: PUR
Plattenrand: umlaufend gefalzt
Anwendungstyp: DAA - dh
Nennwert der Wärmeleitfähigkeit: 0,025 W/(mK)
Bemessungswert der Wärmeleitfähigkeit: .....
Brandverhalten: E
Dämmstoffdicke: bis 120 mm

16€	24€	**26**€	28€	34€	[m²]	⏱ 0,14 h/m²	321.000.105

Nr.	Kurztext / Langtext						Kostengruppe
▶	▷	**ø netto €**	◁	◀	[Einheit]	Ausf.-Dauer	Positionsnummer

26 **Wärmedämmung, DAA, EPS 035, bis 140mm** KG **363**

Wärmedämmung aus Polystyrol-Hartschaumplatten, für nicht belüftetes Flachdach, einlagig und dicht gestoßen verlegen, streifenweise geklebt.
Untergrund: Dampfsperre
Dämmstoff: EPS
Plattenrand: umlaufend gefalzt
Anwendungstyp: DAA - dm
Nennwert der Wärmeleitfähigkeit: 0,035 W/(mK)
Bemessungswert der Wärmeleitfähigkeit: .....
Brandverhalten: Klasse E
Dämmstoffdicke: bis 140 mm

▶	▷	ø	◁	◀	Einheit	Ausf.-Dauer	Positionsnummer
20€	24€	**27**€	30€	38€	[m²]	⏱ 0,14 h/m²	321.000.106

Kosten:
Stand 2.Quartal 2020
Bundesdurchschnitt

27 **Wärmedämmung, DAA, CG, bis 140mm** KG **363**

Wärmedämmung aus Schaumglas-Dämmplatten, hoch druckbelastbar, einlagig dicht stoßen und mit Heißbitumen vollflächig verkleben, Platten mit versetzten, pressgestoßenen und bitumengefüllten Fugen, einschl. Deckaufstrich aus Heißbitumen.
Untergrund: Rohbetondecke
Dämmstoff: CG
Plattenrand: .....
Anwendungstyp: DAA - ds
Nennwert der Wärmeleitfähigkeit: 0,045 W/(mK)
Bemessungswert der Wärmeleitfähigkeit: .....
Brandverhalten: Klasse A1
Dämmstoffdicke: 140 mm

▶	▷	ø	◁	◀	Einheit	Ausf.-Dauer	Positionsnummer
34€	59€	**69**€	79€	97€	[m²]	⏱ 0,25 h/m²	321.000.107

28 **Gefälledämmung DAA, EPS, i.M. bis 160mm** KG **363**

Gefälledämmung aus Polystyrol-Hartschaumplatten, für nicht belüftetes Flachdach, aus vorgefertigten Dämmplatten, einlagig und dicht gestoßen gem. Verlegeplan verkleben.
Untergrund: Dampfsperre
Dämmstoff: EPS
Plattenrand: .....
Anwendungstyp: DAA - dm
Nennwert der Wärmeleitfähigkeit: 0,035 W/(mK)
Bemessungswert der Wärmeleitfähigkeit: .....
Brandverhalten: Klasse E
Dämmstoffdicke: i.M. bis 160 mm
Gefälle: .....

▶	▷	ø	◁	◀	Einheit	Ausf.-Dauer	Positionsnummer
31€	34€	**36**€	39€	45€	[m²]	⏱ 0,20 h/m²	321.000.108

▶ min
▷ von
ø Mittel
◁ bis
◀ max

29 Gefälledämmung DAA, PUR, i.M. bis 160mm KG **363**

Gefälledämmung aus Polyurethan-Hartschaumplatten, für nicht belüftetes Flachdach, aus vorgefertigten Dämmplatten, einlagig und dicht gestoßen gem. Verlegeplan verkleben.
Untergrund: Dampfsperre
Dämmstoff: PUR
Plattenrand: .....
Anwendungstyp: DAA - ds
Nennwert der Wärmeleitfähigkeit: 0,025 W/(mK)
Bemessungswert der Wärmeleitfähigkeit: .....
Brandverhalten: Klasse E
Dämmstoffdicke: i.M. 160 mm
Gefälle: .....

36€ 45€ **47**€ 50€ 57€ [m²] ⏱ 0,20 h/m² 321.000.109

30 Übergang, Dämmkeile, Hartschaum, 60x60mm KG **363**

Dämmkeil aus Hartschaum, am Anschluss der Flachdachdämmung an aufgehenden Bauteilen, Ecken mit Gehrungsschnitt.
Dämmstoff: .....
Zuschnittwinkel: 45°
Abmessung: 60 x 60 mm

2€ 3€ **4**€ 6€ 9€ [m] ⏱ 0,04 h/m 321.000.014

31 Unterkonstruktion, Kanthölzer, bis 100x60mm KG **363**

Unterkonstruktion aus Kanthölzern, für Flachdachbauteile, zur Befestigung von Blechen oder Einbauteilen, mit korrosionsgeschützten Befestigungsmitteln, Dicke der Kanthölzer entsprechend der Wärmedämmung, inkl. Holzschutz.
Holzart: Nadelholz
Sortierklasse: S10
Bauteil: .....
Funktion: .....
Querschnitt: 60 x 60 bis 100 x 60 mm
Oberfläche: .....
Holzfeuchte: trocken
Holzschutz: Iv, P, W, ST sichtbar imprägniert

7€ 9€ **9**€ 9€ 11€ [m] ⏱ 0,10 h/m 321.000.015

32 Unterkonstruktion, Holzbohlen, 40x120mm KG **363**

Unterkonstruktion aus Holzbohlen, für Flachdachbauteile, zur Befestigung der Dachabdichtung, mit korrosionsgeschützten Befestigungsmitteln, Bohlendicke entsprechend der Wärmedämmung, inkl. Holzschutz.
Holzart: Nadelholz
Sortierklasse: S10
Bauteil: .....
Funktion: .....
Querschnitt: ..... mm
Oberfläche: .....
Holzfeuchte: trocken
Holzschutz: Iv, P, W, St - sichtbar imprägniert

11€ 15€ **16**€ 20€ 26€ [m] ⏱ 0,20 h/m 321.000.016

300 301 302 308 309 310 312 313 314 316 317 318 320 **321** 322

Nr.	Kurztext / Langtext						Kostengruppe
▶	▷	ø netto €	◁	◀	[Einheit]	Ausf.-Dauer	Positionsnummer

33 Fugenabdichtung, Silikon KG **363**

Elastische Verfugung mit Silikon, inkl. notwendiger Flankenvorbehandlung an den Anschlussflächen und Hinterlegen der Fugenhohlräume mit geeignetem Hinterstopfmaterial.
Fuge: .....
Fugendicke: .....

▶	▷	ø	◁	◀	Einheit	Ausf.-Dauer	Positionsnummer
4€	6€	**7**€	8€	9€	[m]	0,05 h/m	321.000.017

34 Bewegungsfuge, Typ I KG **363**

Bewegungsfuge für Flachdachaufbau.
Fugentyp: I
Aufbau Flachdach: .....
Angebotene Lösung: .....

▶	▷	ø	◁	◀	Einheit	Ausf.-Dauer	Positionsnummer
26€	31€	**34**€	36€	50€	[m]	0,40 h/m	321.000.018

35 Dachabdichtung PYE PV250 S5, obere Lage KG **363**

Obere Lage der Dachabdichtung, für **nicht genutzte / genutzte** Dächer, aus Polymerbitumen-Schweißbahn, Stöße überlappend, vollflächig verschweißen.
Untergrund: Bitumenbahn
Bahnenart: PYE-PV 250 S5
Eigenschaftsklasse: E1
Anwendungstyp: DO
Brandverhalten: Klasse E
Flachdachgefälle: über 2°

▶	▷	ø	◁	◀	Einheit	Ausf.-Dauer	Positionsnummer
11€	13€	**14**€	17€	23€	[m²]	0,14 h/m²	321.000.110

36 Dachabdichtung PYE PV 200 S5 Cu01, obere Lage, Wurzelschutz KG **363**

Obere Lage der Dachabdichtung als Wurzelschutzbahn, aus Polymerbitumen-Schweißbahn, Stöße überlappend, vollflächig verschweißen.
Untergrund: PYE-Schweißbahn
Bahnenart: PYE-PV 200 S5+Cu01
Eigenschaftsklasse: E1
Anwendungstyp: DO
Beanspruchungsklasse: .....
Brandverhalten: Klasse E
Flachdachgefälle: über 2°

▶	▷	ø	◁	◀	Einheit	Ausf.-Dauer	Positionsnummer
17€	24€	**28**€	29€	32€	[m²]	0,20 h/m²	321.000.111

Kosten:
Stand 2.Quartal 2020
Bundesdurchschnitt

▶ min
▷ von
ø Mittel
◁ bis
◀ max

37 **Dachabdichtung zweilagig, Polymerbitumen-Schweißbahnen** KG **363**

Dachabdichtung auf Flachdach mit Dämmschicht und Dachneigung über 2° Gefälle, zweilagig, mit Anwendungskategorie K1, Beanspruchungsklasse I A, Anforderungen hinsichtlich Widerstandsfähigkeit gegen Flugfeuer und strahlende Wärme B ROOF.
1. Lage
Bitumenbahnen: Polymerbitumen-Schweißbahn PYE - G 200 S4
Anwendungstyp: DIN SPEC 20000-201 DU
Eigenschaftsklasse: E1, punkt- oder streifenweise schweißen
2. Lage
Bitumenbahnen: Polymerbitumen-Schweißbahn PYE - PV 200 S5
Anwendungstyp: DIN SPEC 20000-201 DO
Eigenschaftsklasse: E1, vollflächig schweißen

20€ 25€ **26**€ 32€ 37€ [m²] ⏱ 0,25 h/m² 321.000.112

38 **Wandanschluss, gedämmt, zweilagige Abdichtung** KG **363**

Anschluss der Dachabdichtung aus Polymerbitumenbahnen an aufgehende Bauteile, zweilagige Bahnenausführung wie Flächenabdichtung. Hochführen der Wärmedämmung aus Polystyrol mit Dämmstoffkeilen im Übergang, Kantholz als oberer Abschluss der Dämmung und Abdichtungsanschluss mind. 150mm über Oberkante Abdichtung/Belag. Oberer Abdichtungsabschluss durch mechanische Befestigung mit Klemmschiene aus Aluminium, Schutz aus Überhangstreifen/Abdeckprofil, inkl. elastischer Versiegelung der Anschlussfuge
Aufgehendes Bauteil: .....
Untergrund: .....
Wärmedämmung: EPS, 80 mm
Nennwert der Wärmeleitfähigkeit: 0,035 W/(mK)
Bemessungswert der Wärmeleitfähigkeit: .....
Dämmkeil: EPS 60 x 60 mm
Kantholz: S10, 80 x 60 mm
Attikahöhe: .....

21€ 26€ **29**€ 33€ 40€ [m] ⏱ 0,40 h/m 321.000.113

39 **Dachabdichtung, Kunststoffbahn, einlagig, Wurzelschutz** KG **363**

Dachabdichtung auf Flachdach mit Dämmung und Dachneigung über 2°, aus Kunststoffbahnen, Anwendungskategorie K1, Beanspruchungsklasse I A, Anforderungen hinsichtlich Widerstandsfähigkeit gegen Flugfeuer und strahlende Wärme B ROOF, lose verlegen und mechanisch befestigen.
Bahnenart: PVC-P (PVC-P-NB-V-GV)
Bahnendicke: 1,5 mm
Eigenschaftsklasse: .....
Dachneigung: .....°

21€ 26€ **28**€ 32€ 40€ [m²] ⏱ 0,14 h/m² 321.000.114

Nr.	Kurztext / Langtext						Kostengruppe
▶	▷	**ø netto €**	◁	◀	[Einheit]	Ausf.-Dauer	Positionsnummer

40 Dachabdichtung, Flüssigkunststoff 2K-PUR BROOF, Einlage KG **363**

Dachabdichtung auf Flachdach mit Dachneigung größer gleich 2%, mit Flüssigkunststoff mit Europäischer Technischer Zulassung ETAG 005, 2-komponentig auf PUR-Basis mit Einlage nach Zulassung, mind. 110g/m², Anwendungskategorie K1, Beanspruchungsklasse I A, Anforderungen hinsichtlich Widerstandsfähigkeit gegen Flugfeuer und strahlende Wärme B ROOF, durchwurzelungsfest nach FLL-Verfahren.
Eigenschaftsklasse: E1
Dauerhaftigkeit: W3, Nutzlastklasse P4
Temperaturbeständigkeit: **TL4 / TH4**
Mindestdicke: 2,1 mm

69€	80€	**97**€	117€	128€	[m²]	⏱ 0,20 h/m²	321.000.103

41 Wandanschluss, Flüssigkunststoff 2K-PUR BROOF, Einlage KG **363**

Anschluss der beschriebenen Dachabdichtung aus Flüssigkunststoff 2K-PUR BROOF mit Einlage.
Wandanschluss: ......

27€	33€	**37**€	39€	43€	[m]	⏱ 0,20 h/m	321.000.115

42 Stundensatz Facharbeiter, Dachdichtung

Stundenlohnarbeiten für Vorarbeiter, Facharbeiter und Gleichgestellte (z.B. Spezialbaufacharbeiter, Baufacharbeiter, Obermonteure, Monteure, Gesellen, Maschinenführer, Fahrer und ähnliche Fachkräfte). Leistung nach besonderer Anordnung der Bauüberwachung. Anmeldung und Nachweis gem. VOB/B.

45€	53€	**55**€	58€	62€	[h]	⏱ 1,00 h/h	321.000.116

43 Stundensatz Helfer, Dachdichtung

Stundenlohnarbeiten für Werker, Helfer und Gleichgestellte (z.B. Baufachwerker, Helfer, Hilfsmonteure, Ungelernte, Angelernte). Leistung nach besonderer Anordnung der Bauüberwachung. Anmeldung und Nachweis gem. VOB/B

36€	43€	**46**€	49€	55€	[h]	⏱ 1,00 h/h	321.000.079

Kosten:
Stand 2.Quartal 2020
Bundesdurchschnitt

▶ min
▷ von
ø Mittel
◁ bis
◀ max

322

Kosten:
Stand 2.Quartal 2020
Bundesdurchschnitt

Nr.	Positionen	Einheit	▶	▷	ø brutto € / ø netto €	◁	◀
1	Schneefanggitter entfernen	m	3	5	**6**	7	11
			3	4	**5**	6	10
2	Dachrinne vorgehängt, entfernen	m	2	3	**4**	6	8
			2	3	**3**	5	7
3	Kastenrinne entfernen	m	4	5	**7**	8	10
			3	5	**6**	7	9
4	Rinneneinhangstutzen entfernen	St	1	2	**2**	3	3
			1	1	**2**	2	2
5	Fallrohr entfernen	m	2	4	**4**	5	8
			1	3	**4**	5	6
6	Standrohr abschneiden	St	4	10	**13**	15	21
			4	9	**11**	13	17
7	Traufblech entfernen	m	2	3	**4**	5	7
			2	3	**3**	4	6
8	Winkelkehle entfernen	m	3	4	**5**	7	8
			2	4	**5**	6	7
9	Verwahrung entfernen	m	3	6	**7**	8	12
			2	5	**6**	7	10
10	Ortgangverblechung entfernen	m	4	5	**6**	8	13
			3	4	**5**	6	11
11	Wandanschlussprofil entfernen	m	5	9	**11**	14	18
			4	8	**9**	12	15
12	Fensterblech entfernen	m	3	5	**6**	7	10
			2	4	**5**	6	9
13	Blechabdeckung entfernen	m	3	6	**7**	9	13
			3	5	**6**	8	11
14	Schornsteinverblechung entfernen	m^2	12	20	**24**	30	41
			10	17	**20**	26	34
15	Schornsteinabdeckung entfernen	St	10	13	**15**	18	20
			9	11	**12**	15	16
16	Gaubenverblechung entfernen	m^2	7	12	**14**	18	25
			6	10	**12**	15	21
17	Blech-Dachdeckung entfernen	m^2	8	18	**21**	26	35
			7	15	**18**	22	29
18	Blechbekleidung entfernen	m^2	17	21	**25**	30	34
			15	18	**21**	26	29
19	Trennlage entfernen	m^2	3	3	**4**	5	6
			2	3	**4**	4	5
20	Antenne demontieren	St	17	21	**26**	31	34
			14	18	**22**	26	28
21	Blitzableiter entfernen	m	1	2	**2**	3	4
			1	2	**2**	2	4
22	Schneefanggitter, Kupfer	m	53	66	**73**	83	105
			44	55	**61**	69	89
23	Schneefanggitter, Metall	m	31	40	**45**	63	94
			26	34	**37**	53	79
24	Schneefangrohr, Rundprofil	m	38	43	**46**	47	50
			32	36	**39**	40	42

▶ min
▷ von
ø Mittel
◁ bis
◀ max

Nr.	Positionen	Einheit	▶	▷	ø brutto € / ø netto €	◁	◀
25	Schneefangrohr, Stehfalzdeckung	m	27	37	**45**	45	55
			23	31	**37**	38	46
26	Dachdeckung, Doppelstehfalz, Kupfer	m²	100	140	**152**	160	191
			84	118	**128**	135	160
27	Dachdeckung, Doppelstehfalz, Titanzink	m²	69	103	**119**	136	172
			58	86	**100**	115	145
28	Trennlage, Blechflächen, V13	m²	5	7	**8**	10	13
			4	6	**7**	8	11
29	Walzbleianschluss, Blechstreifen	m²	28	42	**48**	52	70
			24	35	**40**	44	59
30	Schornsteinbekleidung, Winkel-/Stehfalzdeckung	m²	92	184	**229**	266	360
			77	155	**192**	223	302
31	Schornsteineinfassung, Titanzink	m	55	70	**77**	87	103
			46	59	**65**	73	87
32	Wandanschlussblech, Kupfer	m	26	38	**38**	40	47
			21	32	**32**	34	39
33	Wandanschlussblech, Titanzink	m	23	29	**32**	35	42
			20	25	**27**	29	35
34	Überhangblech, bis Z 150	m	13	20	**23**	25	37
			11	17	**19**	21	31
35	Überhangblech, bis Z 330	m	21	25	**27**	30	39
			17	21	**23**	26	33
36	Firstanschlussblech, Titanzink, bis Z 500	m	37	59	**63**	73	116
			31	49	**53**	61	98
37	Attika/Mauerabdeckung, Kupfer, bis Z 500	m	41	59	**70**	85	123
			34	50	**58**	72	103
38	Attika/Mauerabdeckung, Titanzink, bis Z 500	m	38	58	**67**	77	99
			32	49	**56**	65	83
39	Ortgangblech, Kupfer, Z 333	m	24	35	**36**	54	82
			20	29	**30**	45	69
40	Ortgangblech, Titanzink, Z 333	m	24	36	**41**	51	78
			20	30	**35**	43	65
41	Blechkehle, Kupfer, bis Z 667	m	37	46	**51**	57	66
			31	38	**43**	48	55
42	Blechkehle, Titanzink, bis Z 667	m	28	36	**40**	49	66
			23	31	**34**	41	56
43	Kiesfangleiste, Lochblech	m	29	32	**33**	35	39
			25	27	**28**	30	33
44	Traufstreifen, Kupfer, Z 333	m	17	19	**20**	21	24
			14	16	**17**	18	20
45	Traufstreifen, Titanzink, Z 333	m	15	19	**21**	21	26
			12	16	**17**	18	22
46	Notüberlauf, Flachdach	St	105	156	**177**	246	356
			88	131	**149**	207	299
47	Standrohr; Stahl-/Kupferblech	St	66	89	**94**	106	134
			55	75	**79**	89	113
48	Standrohr, Guss/SML	St	47	76	**88**	107	142
			40	64	**74**	90	119

Kosten:
Stand 2.Quartal 2020
Bundesdurchschnitt

▶ min
▷ von
ø Mittel
◁ bis
◀ max

Nr.	Positionen	Einheit	▶	▷	ø brutto € / ø netto €	◁	◀
49	Laubfangkorb, Dachrinnenablauf	St	7	10	**11**	13	18
			6	8	**9**	11	15
50	Regenwasserklappe, Titanzink, DN100	St	35	45	**50**	56	73
			30	38	**42**	47	61
51	Standrohrkappen, Titanzink/Kupfer	St	5	8	**10**	12	17
			4	7	**8**	10	15
52	Fallrohrbogen, Kupfer, DN100	St	24	26	**27**	29	32
			20	22	**23**	24	26
53	Fallrohrbogen, Titanzink, DN100	St	13	18	**19**	23	31
			11	15	**16**	20	26
54	Fallrohr, Kupfer, DN100	m	26	34	**36**	47	61
			22	29	**31**	39	51
55	Fallrohr, Titanzink, bis DN100	m	25	30	**33**	36	45
			21	25	**28**	30	38
56	Fallrohr, Titanzink, bis DN150	m	28	34	**37**	43	54
			23	28	**31**	36	46
57	Rinnenendstück, Rinnenboden, Kupfer	St	6	15	**15**	17	26
			5	12	**13**	14	21
58	Rinnenendstück, Rinnenboden, Titanzink	St	5	10	**12**	15	24
			4	8	**10**	12	20
59	Rinnenstutzen, Kupfer	St	27	32	**34**	36	42
			23	27	**28**	30	35
60	Rinnenstutzen, Titanzink	St	15	24	**27**	32	44
			13	20	**22**	27	37
61	Dachrinne, Kupfer, Z 250	m	28	41	**45**	48	56
			24	34	**37**	40	47
62	Dachrinne, Titanzink, bis Z 250	m	26	33	**36**	40	55
			22	28	**30**	34	46
63	Dachrinne, Titanzink, Kastenrinne, Z 280	m	26	40	**45**	56	85
			22	34	**38**	47	72
64	Traufblech, Kupfer, Z 333	m	21	27	**29**	33	48
			17	23	**25**	28	41
65	Traufblech, Titanzink, Z 333	m	16	22	**23**	30	41
			14	18	**20**	25	34
66	Lüftungsblech, Insektenschutz	m	10	11	**12**	12	14
			8	9	**10**	10	12
67	Sicherheitsdachhaken, verzinkt	St	16	21	**23**	27	29
			14	18	**19**	22	25
68	Sicherheitsdachhaken, Kupfer	St	18	23	**27**	33	35
			15	19	**23**	28	29
69	Sicherheitstritt, Standziegel	St	70	91	**101**	113	125
			59	77	**85**	95	105
70	Stundensatz Facharbeiter, Flaschnerarbeiten	h	55	59	**63**	64	66
			46	50	**53**	54	56

Nr.	**Kurztext** / Langtext					Kostengruppe
▶	▷	**ø netto €**	◁	◀	[Einheit]	Ausf.-Dauer Positionsnummer

1 Schneefanggitter entfernen KG **394**

Schneefanggitter einschl. Befestigung entfernen und anfallenden Bauschutt entsorgen.
Material: .....

▶	▷	ø netto €	◁	◀	Einheit	Ausf.-Dauer	Positionsnummer
3€	4€	**5**€	6€	10€	[m]	0,05 h/m	322.000.087

2 Dachrinne vorgehängt, entfernen KG **394**

Vorgehängte Dachrinne einschl. Rinnenhaken demontieren und anfallenden Bauschutt entsorgen.
Material: .....

▶	▷	ø netto €	◁	◀	Einheit	Ausf.-Dauer	Positionsnummer
2€	3€	**3**€	5€	7€	[m]	0,07 h/m	322.000.084

3 Kastenrinne entfernen KG **394**

Innenliegende Kastenrinne einschl. Rinnenhaken demontieren und anfallenden Bauschutt entsorgen.
Material: .....

▶	▷	ø netto €	◁	◀	Einheit	Ausf.-Dauer	Positionsnummer
3€	5€	**6**€	7€	9€	[m]	0,07 h/m	322.000.085

4 Rinneneinhangstutzen entfernen KG **394**

Rinneneinhangstutzen, bzw. Rinnenablauf entfernen und anfallenden Bauschutt entsorgen.
Rinnengröße: .....
Material: .....

▶	▷	ø netto €	◁	◀	Einheit	Ausf.-Dauer	Positionsnummer
1€	1€	**2**€	2€	2€	[St]	0,02 h/St	322.000.086

5 Fallrohr entfernen KG **394**

Fallrohr der Dachentwässerung einschl. Befestigung und Verbindung zu Dachrinne entfernen und anfallenden Bauschutt entsorgen.
Material: .....
Nennweite: bis DN100

▶	▷	ø netto €	◁	◀	Einheit	Ausf.-Dauer	Positionsnummer
1€	3€	**4**€	5€	6€	[m]	0,06 h/m	322.000.088

6 Standrohr abschneiden KG **394**

Standrohr der Dachentwässerung abschneiden und anfallenden Bauschutt entsorgen.
Material: Gusseisen
Nennweite: bis DN100
Schnitthöhe: .....

▶	▷	ø netto €	◁	◀	Einheit	Ausf.-Dauer	Positionsnummer
4€	9€	**11**€	13€	17€	[St]	0,12 h/St	322.000.089

7 Traufblech entfernen KG **394**

Traufblech entfernen und anfallenden Bauschutt entsorgen.
Material: .....
Zuschnitt: bis 500 mm

▶	▷	ø netto €	◁	◀	Einheit	Ausf.-Dauer	Positionsnummer
2€	3€	**3**€	4€	6€	[m]	0,05 h/m	322.000.090

8 Winkelkehle entfernen KG **394**

Winkelkehle aus Blech entfernen und anfallenden Bauschutt entsorgen.
Material: .....
Zuschnitt: .....

▶	▷	ø netto €	◁	◀	Einheit	Ausf.-Dauer	Positionsnummer
2€	4€	**5**€	6€	7€	[m]	0,06 h/m	322.000.091

Kosten:
Stand 2.Quartal 2020
Bundesdurchschnitt

Nr.	**Kurztext** / Langtext						Kostengruppe
▶	▷	**ø netto €**	◁	◀	[Einheit]	Ausf.-Dauer	Positionsnummer

9 Verwahrung entfernen KG **394**

Verwahrung entfernen und anfallenden Bauschutt entsorgen.
Material: .....
Abwicklung: .....

2€ | 5€ | **6€** | 7€ | 10€ | [m] | 0,08 h/m | 322.000.092

10 Ortgangverblechung entfernen KG **394**

Ortgangverblechung einschl. Windleiste und Blechabdeckung entfernen und anfallenden Bauschutt entsorgen.
Material: .....
Abwicklung: .....

3€ | 4€ | **5€** | 6€ | 11€ | [m] | 0,07 h/m | 322.000.093

11 Wandanschlussprofil entfernen KG **394**

Wandanschlussprofil einschl. Befestigungsmaterial entfernen und anfallenden Bauschutt entsorgen.
Material: .....
Befestigung: .....

4€ | 8€ | **9€** | 12€ | 15€ | [m] | 0,20 h/m | 322.000.094

12 Fensterblech entfernen KG **394**

Fensterblech einschl. Befestigungsmittel entfernen und anfallenden Bauschutt entsorgen.
Material: .....
Breite: .....

2€ | 4€ | **5€** | 6€ | 9€ | [m] | 0,07 h/m | 322.000.095

13 Blechabdeckung entfernen KG **394**

Blechabdeckung entfernen und anfallenden Bauschutt entsorgen.
Material: .....
Zuschnitt: ca. 600 mm

3€ | 5€ | **6€** | 8€ | 11€ | [m] | 0,12 h/m | 322.000.096

14 Schornsteinverblechung entfernen KG **394**

Schornsteinverblechung entfernen und anfallenden Bauschutt entsorgen.
Material: .....
Schornsteingröße: .....
Abwicklung: .....

10€ | 17€ | **20€** | 26€ | 34€ | [m²] | 0,35 h/m² | 322.000.097

15 Schornsteinabdeckung entfernen KG **394**

Schornsteinabdeckung aus Blech entfernen und anfallenden Bauschutt entsorgen.
Material: .....
Befestigung: .....

9€ | 11€ | **12€** | 15€ | 16€ | [St] | 0,20 h/St | 322.000.098

16 Gaubenverblechung entfernen KG **394**

Gaubenverblechung einschl. Anschlüsse entfernen und anfallenden Bauschutt entsorgen.
Material: .....

6€ | 10€ | **12€** | 15€ | 21€ | [m²] | 0,23 h/m² | 322.000.099

▶ min
▷ von
ø Mittel
◁ bis
◀ max

Nr.	Kurztext / Langtext						Kostengruppe
▶	▷	**ø netto €**	◁	◀	[Einheit]	Ausf.-Dauer	Positionsnummer

17 Blech-Dachdeckung entfernen — KG **394**

Dacheindeckung aus Metallblech auf Holzschalung entfernen und anfallenden Bauschutt entsorgen.
Material: .....
Deckungsart: .....

7€	15€	**18**€	22€	29€	[m2]	⏱ 0,25 h/m2	322.000.100

18 Blechbekleidung entfernen — KG **394**

Blechbekleidung an Außenwänden entfernen und anfallenden Bauschutt entsorgen.
Material: .....
Bekleidungsart: .....

15€	18€	**21**€	26€	29€	[m2]	⏱ 0,30 h/m2	322.000.101

19 Trennlage entfernen — KG **394**

Trennlage des Blechdachs entfernen und anfallenden Bauschutt entsorgen.
Material: .....

2€	3€	**4**€	4€	5€	[m2]	⏱ 0,06 h/m2	322.000.102

20 Antenne demontieren — KG **394**

Antenne einschl. Halterung und Befestigungsmittel demontieren und bauseits lagern.

14€	18€	**22**€	26€	28€	[St]	⏱ 0,27 h/St	322.000.103

21 Blitzableiter entfernen — KG **394**

Blitzableiter, inkl. Befestigungen auf Dach- und Wandflächen entfernen und anfallenden Bauschutt entsorgen.

1€	2€	**2**€	2€	4€	[m]	⏱ 0,03 h/m	322.000.104

22 Schneefanggitter, Kupfer — KG **369**

Schneefanggitter in Steildachfläche, mit verstärkten Stützen, in Holz-Dachkonstruktion befestigen.
Material: Kupfer
Gitterhöhe: bis 200 mm
Dachdeckung: .....
Schneelastzone: .....

44€	55€	**61**€	69€	89€	[m]	⏱ 0,25 h/m	322.000.004

23 Schneefanggitter, Metall — KG **369**

Schneefanggitter in Steildachfläche, mit verstärkten Stützen, in Holz-Dachkonstruktion befestigen.
Material: verzinkter Stahl
Gitterhöhe: bis 200 mm
Dachdeckung: .....
Schneelastzone: .....

26€	34€	**37**€	53€	79€	[m]	⏱ 0,25 h/m	322.000.003

24 Schneefangrohr, Rundprofil — KG **369**

Schneefangrohr einschl. Halteprofilen in Holz-Dachkonstruktion befestigen und mit Walzblei abdichten.
Material: ..... mm
Befestigungsabstand: ca. 80 cm
Schneelastzone: .....

32€	36€	**39**€	40€	42€	[m]	⏱ 0,25 h/m	322.000.002

Nr.	Kurztext / Langtext						Kostengruppe
▶	▷	**ø netto €**	◁	◀	[Einheit]	Ausf.-Dauer	Positionsnummer

25 Schneefangrohr, Stehfalzdeckung KG **369**

Schneefangrohr für Stehfalzdeckung einschl. Halteprofilen, geklemmt, einschl. Anpassen der Dachdeckung.
Material: ..... mm
Schneelastzone: .....

23€ 31€ **37**€ 38€ 46€ [m] ⏱ 0,25 h/m 322.000.068

26 Dachdeckung, Doppelstehfalz, Kupfer KG **363**

Blechdachdeckung als Doppel-Stehfalzdeckung. Falze mit Dichtbändern für flach geneigte Dächer.
Anschlüsse an aufgehende Bauteile, First-, Trauf-, Ortgang- und Kehlausbildungen in gesonderten Positionen.
Untergrund: Holzschalung mit Trennlage
Material: Kupferblech
Blechdicke: 0,6 mm
Bandbreite: .....
Oberfläche: .....
Dachneigung: .....°

84€ 118€ **128**€ 135€ 160€ [m²] ⏱ 0,80 h/m² 322.000.046

27 Dachdeckung, Doppelstehfalz, Titanzink KG **363**

Blechdachdeckung als Doppel-Stehfalzdeckung. Falze mit Dichtbändern. Anschlüsse an aufgehende Bauteile, First-, Trauf-, Ortgang- und Kehlausbildungen in gesonderten Positionen.
Untergrund: Holzschalung mit Trennlage
Material: Titanzinkblech
Blechdicke: 0,7 mm
Bandbreite: .....
Oberfläche: .....
Oberfläche: .....
Dachneigung: .....°

58€ 86€ **100**€ 115€ 145€ [m²] ⏱ 0,85 h/m² 322.000.045

28 Trennlage, Blechflächen, V13 KG **363**

Trennlage für Blechdach aus Bitumen-Dachbahn mit Glasvlieseinlage, auch als Vor- und Notdeckung geeignet, Bahnenstöße überlappend auf Holzschalung genagelt.
Dachdeckung: Stehfalzdeckung
Dachneigung: .....°
Trennlage: V13
Angeb. Fabrikat: .....
Anmerkung: Bei Titanzinkdeckung bis 15° ist eine Dränagebahn einzubauen.

4€ 6€ **7**€ 8€ 11€ [m²] ⏱ 0,06 h/m² 322.000.047

29 Walzbleianschluss, Blechstreifen KG **363**

Anschluss an aufgehendes Bauteil mit Walzbleistreifen, einschl. verzinktem Überhangstreifen.
Material: Walzblei
Blechdicke: 1-2 mm
Zuschnitt: .....
Überhangstreifen: .....
Dachneigung: .....°
Anschlusshöhe: mind. 150 mm

24€ 35€ **40**€ 44€ 59€ [m²] ⏱ 0,40 h/m² 322.000.056

Kosten:
Stand 2.Quartal 2020
Bundesdurchschnitt

▶ min
▷ von
ø Mittel
◁ bis
◀ max

30 Schornsteinbekleidung, Winkel-/Stehfalzdeckung KG **363**

Metallblechbekleidung des Schornsteins, mit Winkel-Stehfalzdeckung als hinterlüftete Konstruktion, mit UK aus Metallprofilen und Mineralwolle-Dämmung, inkl. sämtlicher Befestigungsmittel.
Schornsteinhöhe: .....
Material: .....
Blechdicke: 0,7 mm
Bandbreite: .....
Oberfläche: .....
Dachneigung: .....°

77€ 155€ **192**€ 223€ 302€ [m2] ⏱ 1,00 h/m2 322.000.044

31 Schornsteineinfassung, Titanzink KG **363**

Einfassung von Dacheinbauten, aus Metallblech, traufseitig mit Brustblech, seitlich mit Winkelblechen, first-seitig mit Nackenblechen, überlappend, inkl. Befestigungsmittel, Überhangblech und elastischer Fugenabdichtung.
Abmessungen: .....
Untergrund: Holzkonstruktion
Material: Titanzink
Blechdicke: 0,7 mm
Zuschnitt: .....
Oberfläche: .....
Dachneigung: .....°

46€ 59€ **65**€ 73€ 87€ [m] ⏱ 0,80 h/m 322.000.043

32 Wandanschlussblech, Kupfer KG **363**

Wandanschluss aus Metallblech, an den Stößen verbunden, einschl. elastischer Fugendichtung. Endausbildungen und Ecken in gesonderter Position.
Untergrund: .....
Material: Kupfer-Blech
Blechdicke: 0,6 mm
Zuschnitt: 500 mm
Kantungen: .....
Oberfläche: .....
Farbton: .....
Überhangblech:

21€ 32€ **32**€ 34€ 39€ [m] ⏱ 0,35 h/m 322.000.039

33 Wandanschlussblech, Titanzink KG **363**

Wandanschluss aus Metallblech, an den Stößen verbunden, einschl. elastischer Fugendichtung. Endausbildungen und Ecken in gesonderter Position.
Untergrund: .....
Material: Titanzink-Blech
Blechdicke: 0,7-0,8 mm
Zuschnitt: bis 333 mm
Kantungen: .....
Oberfläche: .....
Farbton: .....
Überhangblech: .....

20€ 25€ **27**€ 29€ 35€ [m] ⏱ 0,35 h/m 322.000.038

Nr.	Kurztext / Langtext						Kostengruppe
▶	▷	ø netto €	◁	◀	[Einheit]	Ausf.-Dauer	Positionsnummer

34 Überhangblech, bis Z 150 KG **363**

Überhangblech aus Metallblech, mit Tropfkante, an den Stößen verbunden, ggf. mit Schiebenähten, einschl. elastischer Fugendichtung. Endausbildungen und Ecken in gesonderter Position.
Untergrund: .....
Material: .....
Blechdicke: 0,7 mm
Zuschnitt: bis 150
Kantungen: .....
Oberfläche: .....
Farbton: .....
Anschluss an: .....

11€ | 17€ | **19**€ | 21€ | 31€ | [m] | ⏱ 0,15 h/m | 322.000.036

Kosten:
Stand 2.Quartal 2020
Bundesdurchschnitt

35 Überhangblech, bis Z 330 KG **363**

Überhangblech aus Metallblech, mit Tropfkante, an den Stößen verbunden, ggf. mit Schiebenähten, einschl. elastischer Fugendichtung. Endausbildungen und Ecken in gesonderter Position.
Untergrund: .....
Material: .....
Blechdicke: 0,7 mm
Zuschnitt: bis 330 mm
Kantungen: .....
Oberfläche: .....
Farbton: .....
Anschluss an:

17€ | 21€ | **23**€ | 26€ | 33€ | [m] | ⏱ 0,20 h/m | 322.000.037

36 Firstanschlussblech, Titanzink, bis Z 500 KG **363**

Firstanschlussblech, auf Holzunterkonstruktion, einschl. Befestigungsmittel. Endausbildungen und Ecken in gesonderter Position.
Material: Titanzink-Blech
Blechdicke: 0,6 mm
Zuschnitt: ..... mm
Kantungen: .....
Oberfläche: .....
Farbton: .....
Dachneigung: .....°

31€ | 49€ | **53**€ | 61€ | 98€ | [m] | ⏱ 0,30 h/m | 322.000.073

▶ min
▷ von
ø Mittel
◁ bis
◀ max

37 Attika/Mauerabdeckung, Kupfer, bis Z 500 KG **363**

Attika- oder Mauerabdeckung aus Metallblech, einschl. Haftstreifen und Befestigungsmittel, an den Längenstößen verbunden, ggf. mittels Schiebenähten.
Untergrund: .....
Bauteil: .....
Material: Kupfer-Blech
Blechdicke: 0,7 mm
Attika/Mauerlänge: .....
Attika-/Mauerbreite: .....
Zuschnitt: ..... mm
Kantungen: .....
Oberfläche: .....
Farbton: .....
Querneigung: .....°

34€ 50€ **58**€ 72€ 103€ [m] ⏱ 0,45 h/m 322.000.035

38 Attika/Mauerabdeckung, Titanzink, bis Z 500 KG **363**

Attika- oder Mauerabdeckung aus Metallblech, einschl. Haftstreifen und Befestigungsmittel, an den Längenstößen verbunden, ggf. mittels Schiebenähten.
Untergrund: .....
Bauteil: .....
Material: Titanzink-Blech
Blechdicke: 0,7 mm
Attika/Mauerlänge: .....
Attika-/Mauerbreite: .....
Zuschnitt: ..... mm
Kantungen: .....
Oberfläche: .....
Farbton: .....
Querneigung: .....°

32€ 49€ **56**€ 65€ 83€ [m] ⏱ 0,40 h/m 322.000.034

39 Ortgangblech, Kupfer, Z 333 KG **363**

Ortgangverblechung (Windleiste), auf Holzunterkonstruktion, einschl. Befestigungsmittel.
Material: Kupfer-Blech
Blechdicke: 0,6 mm
Ausführung: .....
Zuschnitt: 333 mm
Kantungen: .....
Oberfläche: .....
Farbton: .....
Dachneigung: .....°

20€ 29€ **30**€ 45€ 69€ [m] ⏱ 0,20 h/m 322.000.033

300
301
302
308
309
310
312
313
314
316
317
318
320
321
322

Nr.	Kurztext / Langtext						Kostengruppe
▶	▷	**ø netto €**	◁	◀	[Einheit]	Ausf.-Dauer	Positionsnummer

40 Ortgangblech, Titanzink, Z 333 KG **363**

Ortgangverblechung (Windleiste), auf Holzunterkonstruktion, einschl. Befestigungsmittel.
Material: Titanzink-Blech
Blechdicke: 0,7 mm
Ausführung:
Zuschnitt: 333 mm
Kantungen: .....
Oberfläche: .....
Farbton: .....
Dachneigung: .....°

20€ 30€ **35**€ 43€ 65€ [m] ⏱ 0,20 h/m 322.000.032

Kosten:
Stand 2.Quartal 2020
Bundesdurchschnitt

41 Blechkehle, Kupfer, bis Z 667 KG **363**

Kehlblech, auf Holzunterkonstruktion, einschl. Befestigungsmittel.
Material: Kupfer-Blech
Blechdicke: 0,6 mm
Ausführung: .....
Zuschnitt: ..... mm
Kantungen: .....
Oberfläche: .....
Farbton: .....
Dachneigung: .....°

31€ 38€ **43**€ 48€ 55€ [m] ⏱ 0,20 h/m 322.000.031

42 Blechkehle, Titanzink, bis Z 667 KG **363**

Kehlblech, auf Holzunterkonstruktion, einschl. Befestigungsmittel.
Material: Titanzink-Blech
Blechdicke: 0,7 mm
Ausführung: .....
Zuschnitt: ..... mm
Kantungen: .....
Oberfläche: .....
Farbton: .....
Dachneigung: .....°

23€ 31€ **34**€ 41€ 56€ [m] ⏱ 0,20 h/m 322.000.030

▶ min
▷ von
ø Mittel
◁ bis
◀ max

43 Kiesfangleiste, Lochblech KG **363**

Kiesfangleiste aus Metall, als Abschluss im Randbereich der Kiesschüttung, mit Montagehaltern fixiert, einschl. Anschluss an die Dachabdichtung.
Material: .....
Abmessung: .....
Einbauort: Gründach

25€ 27€ **28**€ 30€ 33€ [m] ⏱ 0,10 h/m 322.000.053

44 **Traufstreifen, Kupfer, Z 333** KG **363**

Traufstreifen mit Tropfkante, auf Holzunterkonstruktion, an den Stößen lose überlappt, einschl. Haftstreifen und Befestigungsmittel. Ecken in gesonderter Position.
Material: Kupfer-Blech
Blechdicke: 0,6 mm
Zuschnitt: 333 mm
Kantungen: dreifach
Oberfläche: .....
Farbton: .....

14€ 16€ **17**€ 18€ 20€ [m] ⏱ 0,15 h/m 322.000.029

45 **Traufstreifen, Titanzink, Z 333** KG **363**

Traufstreifen mit Tropfkante, auf Holzunterkonstruktion, an den Stößen lose überlappt, einschl. Haftstreifen und Befestigungsmittel. Ecken in gesonderter Position.
Material: Titanzink-Blech
Blechdicke: 0,7 mm
Zuschnitt: 333 mm
Kantungen: dreifach
Oberfläche:.....
Farbton: .....

12€ 16€ **17**€ 18€ 22€ [m] ⏱ 0,15 h/m 322.000.028

46 **Notüberlauf, Flachdach** KG **363**

Notüberlauf in Attika, außenseitig mit Tropfnase, einschl. Anschluss an bestehende Dachdichtung.
Material: .....
Blechdicke: ....
Zuschnitt: ca. 500 mm
Nennweite: DN100
Oberfläche: .....
Anschlussart / Eindichtung: .....
Abdichtung Dachfläche: .....

88€ 131€ **149**€ 207€ 299€ [St] ⏱ 0,80 h/St 322.000.069

47 **Standrohr; Stahl-/Kupferblech** KG **363**

Standrohr, rund, abgestimmt auf Fallrohr, vor Gebäudesockel einbauen, Standrohr mit Revisionsöffnung mit runder Öffnung einschl. Deckel und Schrauben mit Muffe, wasserdicht verbunden mit Fallrohr.
Material: .....
Nennweite: DN80-DN100
Materialstärke: 0,8 mm
Oberfläche: **..... / vorpatiniert grün**

55€ 75€ **79**€ 89€ 113€ [St] ⏱ 0,36 h/St 322.000.024

300
301
302
308
309
310
312
313
314
316
317
318
320
321
322

Nr.	Kurztext / Langtext						Kostengruppe
▶	▷	ø netto €	◁	◀	[Einheit]	Ausf.-Dauer	Positionsnummer

48 **Standrohr, Guss/SML** KG **363**

Standrohr, rund, im Sockelbereich der Dachentwässerung, als Übergang zur Grundleitung, Standrohr mit Rohrschellen am Gebäude befestigt, einschl. Anschluss an Rohrleitungsnetz.
Material: .....
Nennweite: DN100
Oberfläche: .....

40€ 64€ **74**€ 90€ 119€ [St] ⏱ 0,36 h/St 322.000.023

49 **Laubfangkorb, Dachrinnenablauf** KG **363**

Laubfangkorb, für Dachrinnenablauf.
Material: **Stahldraht verzinkt / Kupfer / Edelstahl**
Ablaufgröße: .....

6€ 8€ **9**€ 11€ 15€ [St] ⏱ 0,06 h/St 322.000.027

Kosten:
Stand 2.Quartal 2020
Bundesdurchschnitt

50 **Regenwasserklappe, Titanzink, DN100** KG **363**

Regenwasserklappe, aus Metallblech, wasserdicht verbunden mit Fallrohr.
Material: Titanzink
Blechdicke: .....
Nennweite: DN100
Ausführung: innen verlötet
Oberfläche: .....
Farbton: .....

30€ 38€ **42**€ 47€ 61€ [St] ⏱ 0,15 h/St 322.000.026

51 **Standrohrkappen, Titanzink/Kupfer** KG **363**

Standrohrkappe für Standrohre, passend zum angeschlossenen Fallrohr.
Material: **Titanzink / Kupfer**
Oberfläche: .....
Farbton: .....
Nennweite: DN100
Ausführung: **mit / ohne Muffe**

4€ 7€ **8**€ 10€ 15€ [St] ⏱ 0,10 h/St 322.000.025

52 **Fallrohrbogen, Kupfer, DN100** KG **363**

Fallrohrbogen, rund, aus Metallblech, wasserdicht verbunden mit Fallrohr.
Material: Kupfer-Blech
Blechdicke: .....
Nennweite: DN100
Bogenwinkel: .....°
Ausführung: gelötet
Oberfläche: .....
Farbton: .....

20€ 22€ **23**€ 24€ 26€ [St] ⏱ 0,10 h/St 322.000.022

▶ min
▷ von
ø Mittel
◁ bis
◀ max

53 **Fallrohrbogen, Titanzink, DN100** KG **363**

Fallrohrbogen, rund, aus Metallblech, wasserdicht verbunden mit Fallrohr.
Material: Titanzink-Blech
Blechdicke: 0,7 mm
Nennweite: DN100
Bogenwinkel: .....°
Ausführung: gelötet
Oberfläche: .....
Farbton: .....

11€ 15€ **16**€ 20€ 26€ [St] ⏱ 0,10 h/St 322.000.021

54 **Fallrohr, Kupfer, DN100** KG **363**

Regenfallrohr, rund, aus Metallblech, befestigt mittels Rohrschellen und Schraubstift. Abrechnung der Befestigung in WDVS nach gesonderter Position.
Untergrund: .....
Material: Kupfer-Blech
Blechdicke: 0,6 mm
Nennweite: DN100
Oberfläche: .....
Farbton: .....
Verankerungstiefe: .....

22€ 29€ **31**€ 39€ 51€ [m] ⏱ 0,20 h/m 322.000.020

55 **Fallrohr, Titanzink, bis DN100** KG **363**

Regenfallrohr, rund, aus Metallblech, befestigt mittels Rohrschellen und Schraubstift. Abrechnung der Befestigung in WDVS nach gesonderter Position.
Untergrund: **..... / Wärmedämmverbundsystem**
Material: Titanzink-Blech
Blechdicke: 0,7 mm
Nennweite: DN.....
Oberfläche: .....
Farbton: .....
Verankerungstiefe: .....

21€ 25€ **28**€ 30€ 38€ [m] ⏱ 0,21 h/m 322.000.018

56 **Fallrohr, Titanzink, bis DN150** KG **363**

Regenfallrohr, rund, aus Metallblech, befestigt mittels Rohrschellen und Schraubstift. Abrechnung der Befestigung in WDVS nach gesonderter Position.
Untergrund: .....
Material: Titanzink-Blech
Blechdicke: 0,7 mm
Nennweite: DN....
Oberfläche: .....
Farbton: .....
Verankerungstiefe: .....

23€ 28€ **31**€ 36€ 46€ [m] ⏱ 0,24 h/m 322.000.019

Nr.	Kurztext / Langtext					Kostengruppe
▶	▷	ø netto €	◁	◀	[Einheit]	Ausf.-Dauer Positionsnummer

57 Rinnenendstück, Rinnenboden, Kupfer KG **363**

Rinnenendstück für Dachrinne, passend zur Dachrinne, In Rinnenquerschnitt eingepasst und gefügt.
Material: Kupfer-Blech
Blechdicke: 0,6 mm
Oberfläche: .....
Farbton: .....
Dachrinne: .....
Nennweite Rinne: .....

5€ 12€ **13**€ 14€ 21€ [St] ⏱ 0,10 h/St 322.000.017

58 Rinnenendstück, Rinnenboden, Titanzink KG **363**

Rinnenendstück für Dachrinne, passend zur Dachrinne, In Rinnenquerschnitt eingepasst und gefügt.
Material: Kupfer-Blech
Blechdicke: 0,7 mm
Oberfläche: .....
Farbton: .....
Dachrinne: .....
Nennweite Rinne: .....

4€ 8€ **10**€ 12€ 20€ [St] ⏱ 0,10 h/St 322.000.016

59 Rinnenstutzen, Kupfer KG **363**

Rinnnenstutzen, in Dachrinne und Fallrohr eingepasst, einschl. aller notwendigen Anpass- und Fügearbeiten.
Material: Kupfer-Blech
Blechdicke: 0,6 mm
Form: .....
Nennweite: .....
Oberfläche: .....
Farbton: .....
Fallrohr: .....

23€ 27€ **28**€ 30€ 35€ [St] ⏱ 0,15 h/St 322.000.014

60 Rinnenstutzen, Titanzink KG **363**

Rinnnenstutzen, in Dachrinne und Fallrohr eingepasst, einschl. aller notwendigen Anpass- und Fügearbeiten.
Material: Titanzink-Blech
Blechdicke: .....
Form: .....
Nennweite: .....
Oberfläche: .....
Farbton: .....
Fallrohr: .....

13€ 20€ **22**€ 27€ 37€ [St] ⏱ 0,15 h/St 322.000.013

Kosten:
Stand 2.Quartal 2020
Bundesdurchschnitt

▶ min
▷ von
ø Mittel
◁ bis
◀ max

Nr.	**Kurztext** / Langtext					Kostengruppe
▶	▷	**ø netto €**	◁	◀	[Einheit]	Ausf.-Dauer Positionsnummer

61 Dachrinne, Kupfer, Z 250 KG **363**

Dachrinne als Halbrundrinne, vorgehängt, mit Wulst und Falz sowie Stoßverbindung, Rinne verlegt im Gefälle, einschl. Rinnenhalter und Befestigungsmittel.
Material: Kupfer-Blech
Blechdicke: 0,6 mm
Zuschnitt: bis 250 mm
Oberfläche: .....
Farbton: .....
Eingehängt in: .....
Befestigung in UK: .....

24€ 34€ **37**€ 40€ 47€ [m] ⏱ 0,30 h/m 322.000.012

62 Dachrinne, Titanzink, bis Z 250 KG **363**

Dachrinne als Halbrundrinne, vorgehängt, mit Wulst und Falz, sowie Stoßverbindung, Rinne verlegt im Gefälle, einschl. Rinnenhalter und Befestigungsmittel.
Material: Titanzink-Blech
Blechdicke: .....
Zuschnitt: bis 250 mm
Oberfläche: .....
Eingehängt in: .....
Befestigung in UK: .....

22€ 28€ **30**€ 34€ 46€ [m] ⏱ 0,30 h/m 322.000.009

63 Dachrinne, Titanzink, Kastenrinne, Z 280 KG **363**

Dachrinne als Kastenrinne, vorgehängt, mit Wulst und Falz sowie Stoßverbindung, Rinne verlegt im Gefälle, einschl. Rinnenhalter und Befestigungsmittel.
Material: Titanzink-Blech
Blechdicke: 0,7 mm
Zuschnitt: 280 mm
Oberfläche: .....
Farbton: .....
Eingehängt in:
Befestigung in UK: .....

22€ 34€ **38**€ 47€ 72€ [m] ⏱ 0,34 h/m 322.000.011

64 Traufblech, Kupfer, Z 333 KG **363**

Traufblech als Einhängeblech, am Übergang von Dachfläche zu Dachrinne, mit Tropfkante, an den Stößen lose überlappt, einschl. Haftstreifen und Befestigungsmittel.
Untergrund: Holzkonstruktion
Material: Kupferblech
Blechdicke: 0,6 mm
Zuschnitt: 333 mm
Kantungen: dreifach
Oberfläche:.....
Farbton: .....

17€ 23€ **25**€ 28€ 41€ [m] ⏱ 0,25 h/m 322.000.008

Nr.	Kurztext / Langtext					Kostengruppe
▶	▷	ø netto €	◁	◀	[Einheit]	Ausf.-Dauer Positionsnummer

Kosten:
Stand 2.Quartal 2020
Bundesdurchschnitt

65 Traufblech, Titanzink, Z 333 KG **363**

Traufblech als Einhängeblech, am Übergang von Dachfläche zu Dachrinne, mit Tropfkante, an den Stößen lose überlappt, einschl. Haftstreifen und Befestigungsmittel.
Untergrund: Holzkonstruktion
Material: Titanzinkblech
Blechdicke: 0,7 mm
Zuschnitt: 333 mm
Kantungen: dreifach
Oberfläche: .....
Farbton: .....

14€ 18€ **20**€ 25€ 34€ [m] ⏱ 0,20 h/m 322.000.007

66 Lüftungsblech, Insektenschutz KG **363**

Insektenschutzstreifen aus Lochblech, in Zuluftöffnungen der Dachkonstruktion, einschl. korrosionsgeschützter Befestigungsmittel.
Untergrund: Holzunterkonstruktion
Metallblech: .....
Blechdicke: .....
Zuschnitt: 167 mm
Kantungen: zweifach
Freier Querschnitt: .....

8€ 9€ **10**€ 10€ 12€ [m] ⏱ 0,10 h/m 322.000.006

67 Sicherheitsdachhaken, verzinkt KG **369**

Sicherheits-Dachhaken, in Holz-Dachkonstruktion, inkl. Anpassarbeiten der Dachdeckung, Haken mit Einhängelasche.
Material: verzinkter Stahl
Ausführung: Typ B
Abmessung: 25 x 6 mm

14€ 18€ **19**€ 22€ 25€ [St] ⏱ 0,15 h/St 322.000.106

68 Sicherheitsdachhaken, Kupfer KG **369**

Sicherheits-Dachhaken, in Holz-Dachkonstruktion, inkl. Anpassarbeiten der Dachdeckung, Haken mit Einhängelasche.
Material: Hartkupfer
Ausführung: Typ B
Abmessung: 25 x 6 mm

15€ 19€ **23**€ 28€ 29€ [St] ⏱ 0,15 h/St 322.000.108

69 Sicherheitstritt, Standziegel KG **369**

Sicherheitstritt für Schornsteinfeger, aus Standgitter oder -ziegel und Auflagerbügeln, an Dachlattung mit zusätzlicher Unterstützung befestigen.
Trittlänge: ca. 41 cm
Dachdeckung: .....

59€ 77€ **85**€ 95€ 105€ [St] ⏱ 0,35 h/St 322.000.107

▶ min
▷ von
ø Mittel
◁ bis
◀ max

70 Stundensatz Facharbeiter, Flaschnerarbeiten

Stundenlohnarbeiten für Vorarbeiter, Facharbeiter und Gleichgestellte (z.B. Spezialbaufacharbeiter, Baufacharbeiter, Obermonteure, Monteure, Gesellen, Maschinenführer, Fahrer und ähnliche Fachkräfte). Leistung nach besonderer Anordnung der Bauüberwachung. Anmeldung und Nachweis gem. VOB/B.

46€ 50€ **53**€ 54€ 56€ [h] ⏱ 1,00 h/h 322.000.077

B Ausbau

Kosten:
Stand 2.Quartal 2020
Bundesdurchschnitt

▶ min
▷ von
ø Mittel
◁ bis
◀ max

Nr.	Positionen	Einheit	▶	▷	ø brutto € / ø netto €	◁	◀
1	Außenputz abschlagen, Mauerwerk	m²	10	14	**16**	19	27
			8	12	**13**	16	23
2	Außenputz abschlagen, Teilflächen	m²	18	24	**26**	26	35
			15	20	**22**	22	29
3	Sockelputz abschlagen	m²	9	12	**14**	16	24
			7	10	**12**	14	20
4	Deckenputz abschlagen	m²	13	23	**26**	30	36
			11	19	**22**	25	30
5	Deckenputz abschlagen, Teilflächen	m²	13	23	**27**	32	45
			11	19	**23**	27	38
6	Putzträger entfernen, Wand	m²	8	13	**14**	17	25
			7	11	**12**	14	21
7	Putzträger entfernen, Decke	m²	9	17	**19**	22	28
			7	14	**16**	18	23
8	Eckschutzschiene abbrechen	m	5	6	**7**	8	15
			4	5	**6**	7	12
9	Ziegelwand/Fugen reinigen	m²	3	4	**5**	10	15
			2	3	**4**	9	13
10	Sandstrahlen, Altputz	m²	6	11	**13**	15	18
			5	9	**11**	12	15
11	Feuchtestrahlen, Putzuntergrund	m²	8	13	**15**	18	22
			7	11	**12**	15	19
12	Druckreinigung, Rotordüse, Putzuntergrund	m²	5	8	**9**	11	15
			4	7	**8**	9	12
13	Fassadenreinigung, Dampfstrahlen	m²	3	6	**7**	8	13
			3	5	**6**	7	11
14	Hohlstellen prüfen, Innenputz	m²	1	2	**2**	2	4
			1	1	**2**	2	4
15	Hohlstellen abschlagen, Innenputz	St	8	12	**14**	16	21
			7	11	**12**	14	17
16	Pilz-/Algenbefall entfernen, Außenputz	m²	6	6	**7**	9	14
			5	5	**6**	7	12
17	Mauerbewuchs entfernen, Putzflächen	m²	3	6	**7**	8	10
			3	5	**6**	7	9
18	Ausblühungen entfernen, Putzuntergrund	m²	3	5	**5**	6	10
			3	4	**4**	5	8
19	Mauerwerksfugen verfüllen	m²	13	8	**16**	19	29
			11	6	**14**	16	24
20	Putzträger, verzinkt, Innenwand	m²	7	13	**15**	17	21
			6	11	**12**	14	18
21	Putzträger, Drahtziegelgewebe, innen	m²	10	13	**15**	18	22
			8	11	**13**	15	19
22	Spritzbewurf, Innenmauerwerk	m²	8	9	**10**	12	16
			7	8	**9**	10	13
23	Untergrund verfestigen, Tiefengrund	m²	2	2	**2**	3	4
			2	2	**2**	2	4
24	Haftputz, mineralisch, Beton	m²	6	6	**7**	8	12
			5	5	**6**	7	10

Nr.	Positionen	Einheit	▶	▷	**ø brutto €** / ø netto €	◁	◀
25	Außenputz ausbessern	m²	29	40	**46**	53	73
			24	34	**38**	44	62
26	Außenputz ausbessern, Teilflächen	m²	28	43	**49**	56	83
			23	36	**41**	47	70
27	Öffnungen beiputzen, außen	m	9	10	**11**	13	16
			8	8	**9**	11	14
28	Fensterbrett beiputzen, außen	St	14	16	**18**	21	25
			12	13	**15**	18	21
29	Putzträger, Streckmetall, außen	m²	12	15	**18**	20	23
			10	13	**15**	17	19
30	Putzarmierung, Glasfasergewebe, außen	m²	9	9	**11**	12	15
			7	8	**9**	10	13
31	Putzarmierung, Edelstahl, außen	m²	34	38	**43**	49	55
			29	32	**36**	42	46
32	Eckschutzprofil, verzinkt, Außenputz	m	7	8	**9**	10	12
			6	7	**7**	9	10
33	Kantenprofil, Edelstahl, Außenputz	m	10	11	**12**	14	17
			8	9	**10**	12	14
34	Abschlussprofil, PVC/Stahl, Außenputz	m	6	6	**7**	8	11
			5	5	**6**	7	9
35	Einzelriss starr, Verschlämmen	m	5	6	**7**	8	9
			4	5	**6**	7	7
36	Einzelriss starr, Mörtelverschluss	m	4	7	**8**	10	10
			3	5	**7**	8	9
37	Einzelriss flexibel, Dichtstoff	m	6	9	**10**	11	14
			5	7	**8**	10	12
38	Einzelriss 0,2mm, Trennlage/Putzträger	m	14	17	**20**	24	26
			11	14	**17**	20	22
39	Einzelriss flexibel, Dehnfuge gerade	m	8	14	**16**	18	20
			7	12	**13**	15	17
40	Einzelriss flexibel, Bewegungsprofil	m	32	41	**46**	54	59
			27	35	**39**	46	50
41	Fugenschnitt, Wandputz	m	7	8	**9**	10	12
			6	7	**7**	9	10
42	Putzschäden ausbessern, Teilflächen	m²	23	26	**29**	34	40
			20	22	**25**	29	33
43	Fehlstellen verputzen, bis 0,1m²	St	2,6	3,2	**3,6**	4,2	5,1
			2,2	2,7	**3,1**	3,6	4,3
44	Fehlstellen verputzen, bis 0,2m²	St	4,6	5,8	**6,6**	7,6	9,2
			3,9	4,9	**5,5**	6,4	7,7
45	Fehlstellen verputzen, bis 0,3m²	St	5,6	7,0	**8,0**	9,3	11
			4,7	5,9	**6,7**	7,8	9,4
46	Putzflächen spachteln, Fehlstellen innen	m²	8	10	**12**	14	17
			7	9	**10**	12	14
47	Ausgleichsputz, Innenwand	m²	12	18	**20**	25	34
			10	15	**17**	21	29
48	Öffnungen beiputzen, innen	m	12	14	**15**	18	21
			10	11	**13**	15	18

Kosten:
Stand 2.Quartal 2020
Bundesdurchschnitt

Nr.	Positionen	Einheit	►	▷	ø brutto € / ø netto €	◁	◄
49	Fensterbrett beiputzen, innen	St	16	20	**22**	26	31
			13	17	**19**	22	26
50	Kellenschnitt, Innenputz	m	3	4	**5**	6	7
			3	4	**4**	5	6
51	Putzträger, Rippenstreckmetall, innen	m²	10	12	**14**	16	20
			8	10	**12**	14	17
52	Putzträger, Rabitzgewebe, innen	m²	10	13	**14**	17	20
			8	11	**12**	14	17
53	Eckschutzwinkel, verzinkt, innen	m	5	6	**7**	8	9
			4	5	**6**	7	8
54	Putzanschlussleiste, verzinkt, Türen, innen	m	5	6	**6**	7	9
			4	5	**5**	6	7
55	WD-Putz, Innendämmung, 50mm	m²	62	70	**79**	92	111
			52	59	**67**	77	94
56	WD-Putz, Innendämmung, 75mm	m²	71	80	**90**	105	127
			59	67	**76**	88	106
57	WD-Putz, Unter- und Oberputz, 50mm, Laibungen	m	22	25	**28**	32	39
			18	21	**24**	27	33
58	WD-Putz, Unter- und Oberputz, 75mm, Laibungen	m	28	32	**36**	42	50
			24	27	**30**	35	42
59	Putzträger, Rippenstreckmetall, Decken	m²	13	15	**17**	19	23
			11	12	**14**	16	20
60	Putzträger, Rabitzgewebe, Decken	m²	12	14	**15**	18	22
			10	11	**13**	15	19
61	Fugenschnitt, Deckenputz	m²	7	9	**9**	11	14
			6	7	**8**	9	12
62	Kalk-Gipsputz, Innenwand, einlagig, Q2-geglättet	m²	16	20	**22**	23	26
			13	17	**18**	19	22
63	Kalk-Zementputz, Innenwand, einlagig, Q3-geglättet	m²	18	22	**24**	25	28
			16	18	**20**	21	24
64	Gipsputz, Innenwand, einlagig, Q2-gefilzt	m²	15	19	**20**	22	27
			13	16	**17**	18	23
65	Gipsputz, Innenwand, einlagig, Q2-geglättet	m²	15	18	**19**	21	26
			13	15	**16**	18	22
66	Kalk-Gipsputz, Decken, einlagig, Q2-gefilzt	m²	16	21	**24**	25	29
			14	18	**20**	21	25
67	Außenputz, Unter-/Oberputz, Wand	m²	25	36	**41**	45	53
			21	30	**35**	38	45
68	Untergrundvorbereitung, WDVS	m²	2	2	**3**	3	4
			2	2	**2**	3	3
69	Druckwasserstrahlen, Reinigung	m²	15	17	**19**	22	24
			13	14	**16**	19	20
70	Ausgleichsputz auftragen	m²	12	14	**16**	18	25
			10	12	**13**	15	21
71	Untergrundverfestigung, Grundierung	m²	1	3	**3**	4	5
			1	2	**3**	3	5
72	WDVS bis 20m, WF 100, Klebeverfahren	m²	82	88	**94**	110	123
			69	74	**79**	92	103

► min
▷ von
ø Mittel
◁ bis
◄ max

Nr.	Positionen	Einheit	▶	▷	ø brutto € / ø netto €	◁	◀
73	WDVS bis 20m, WF 120, Klebeverfahren	m²	93	99	**108**	126	141
			78	83	**91**	106	118
74	WDVS bis 20m, WF 140, Klebeverfahren	m²	100	107	**115**	129	151
			84	90	**97**	109	127
75	WDVS bis 20m, WF 160, Klebeverfahren	m²	109	117	**126**	148	165
			92	98	**106**	125	138
76	WDVS bis 20m, WF 180, Klebeverfahren	m²	114	123	**133**	157	174
			96	104	**111**	132	146
77	WDVS bis 20m, WF 200, Klebeverfahren	m²	128	138	**148**	172	191
			107	116	**125**	145	161
78	WDVS bis 20m, WF 240, Klebeverfahren	m²	145	151	**165**	192	212
			122	127	**138**	162	178
79	WDVS bis 20m, MW 100, Klebeverfahren	m²	71	75	**82**	95	107
			59	63	**69**	80	90
80	WDVS bis 20m, MW 120, Klebeverfahren	m²	79	84	**92**	106	119
			66	70	**77**	89	100
81	WDVS bis 20m, MW 140, Klebeverfahren	m²	84	89	**97**	113	126
			70	74	**82**	95	106
82	WDVS bis 20m, MW 160, Klebeverfahren	m²	92	99	**105**	125	139
			78	83	**88**	105	116
83	WDVS bis 20m, MW 180, Klebeverfahren	m²	95	101	**109**	129	145
			80	85	**92**	108	122
84	WDVS bis 20m, MW 200, Klebeverfahren	m²	106	113	**124**	143	157
			89	95	**104**	121	132
85	WDVS bis 20m, MW 240, Klebeverfahren	m²	116	122	**134**	156	171
			97	103	**113**	131	143
86	WDVS bis 20m, PS 100, Klebeverfahren	m²	67	72	**78**	92	97
			56	61	**65**	77	82
87	WDVS bis 20m, PS 120, Klebeverfahren	m²	71	75	**83**	96	104
			60	63	**70**	81	88
88	WDVS bis 20m, PS 140, Klebeverfahren	m²	76	81	**88**	103	111
			64	68	**74**	86	94
89	WDVS bis 20m, PS 160, Klebeverfahren	m²	84	89	**98**	114	123
			71	75	**82**	95	104
90	WDVS bis 20m, PS 180, Klebeverfahren	m²	95	99	**106**	126	136
			79	83	**89**	106	114
91	WDVS bis 20m, PS 200, Klebeverfahren	m²	97	104	**111**	130	143
			82	87	**93**	109	120
92	WDVS bis 20m, PS 240, Klebeverfahren	m²	109	115	**127**	147	162
			92	97	**106**	124	136
93	Armierung, stoßgefährdete Bereiche	m²	17	19	**21**	25	28
			14	16	**18**	21	24
94	Organischer Oberputz, WDVS	m²	18	20	**21**	22	23
			15	17	**17**	18	19
95	Mineralischer Oberputz, WDVS	m²	17	19	**20**	21	23
			14	16	**17**	17	19
96	Sockeldämmung, XPS, 50mm	m²	30	34	**38**	45	51
			25	29	**32**	38	43

323
324
325
326
327
328
329
330
331
332
333
334
336
337
338
339

Kosten:
Stand 2.Quartal 2020
Bundesdurchschnitt

Nr.	Positionen	Einheit	▶	▷	ø brutto € / ø netto €	◁	◀
97	Sockeldämmung, XPS, 100mm	m^2	39	44	**50**	58	65
			33	37	**42**	49	55
98	Sockeldämmung, XPS, 160mm	m^2	53	60	**68**	79	89
			45	51	**57**	67	75
99	Laibungen dämmen, WDVS	m	16	18	**21**	24	28
			13	15	**17**	20	23
100	Eckausbildung, Gewebewinkel, WDVS	m	7	8	**9**	10	12
			6	7	**7**	9	10
101	Eckausbildung, Kunststoffschiene, WDVS	m	9	10	**11**	13	14
			7	8	**9**	11	12
102	Eckschutzschiene, Edelstahl, WDVS	m	12	14	**15**	18	20
			10	12	**13**	15	17
103	Sockelabschluss, Aluprofil, WDVS	m	11	12	**13**	16	18
			9	10	**11**	13	15
104	Gehrungen, Profile, WDVS	St	0,9	1,0	**1,2**	1,4	1,6
			0,8	0,9	**1,0**	1,1	1,4
105	Anschluss, Fugendichtband, WDVS	m	4	5	**6**	6	8
			4	4	**5**	5	7
106	Anschluss, Dichtlippe, WDVS	m	9	10	**12**	13	16
			8	9	**10**	11	14
107	Gebäudebewegungsfugen, WDVS	m	27	30	**33**	39	44
			22	25	**28**	33	37
108	Dämmung, Kellerdecke, EPS 040, bis 100mm	m^2	32	37	**39**	40	46
			27	31	**33**	34	38
109	Dämmung, Kellerdecke, EPS 040, 100mm	m^2	36	38	**42**	45	52
			30	32	**35**	38	44
110	Dämmung, Kellerdecke, EPS 040, 140mm	m^2	51	54	**59**	64	77
			43	46	**50**	54	64
111	Dämmung, Kellerdecke, MW 032, bis 140mm	m^2	63	67	**73**	79	98
			53	56	**61**	67	83
112	Wärmedämmung, Mehrschichtplatte, 50mm	m^2	23	36	**40**	47	59
			19	31	**34**	40	50
113	Wärmedämmung, Mehrschichtplatte, 75mm	m^2	30	41	**47**	51	65
			25	34	**39**	43	54
114	WDVS, Brandbarriere, bis 300mm	m	10	14	**15**	17	18
			9	12	**13**	14	15
115	Stundensatz Facharbeiter, Putzarbeiten	h	45	55	**60**	66	80
			38	46	**51**	55	67
116	Stundensatz Helfer, Putzarbeiten	h	44	52	**54**	56	62
			37	43	**45**	47	52

▶ min
▷ von
ø Mittel
◁ bis
◀ max

1 Außenputz abschlagen, Mauerwerk KG **394**

Außenputz, zweilagig, auf Ziegelmauerwerk abschlagen und Bauschutt entsorgen. Die Wandflächen sind abschließend durch Abkehren zu reinigen.
Putzdicke: bis 30 mm
Haftung: .....
Wandhöhen: .....

8€ 12€ **13**€ 16€ 23€ [m2] ⏱ 0,25 h/m2 323.000.165

2 Außenputz abschlagen, Teilflächen KG **394**

Außenputz, zweilagig, auf Ziegelmauerwerk in Teilflächen abschlagen und Bauschutt entsorgen. Die Wandflächen sind abschließend durch Abkehren zu reinigen.
Einzelgrößen: bis 1,0 m2
Putzdicke: bis 30 mm
Haftung: .....
Wandhöhen: .....

15€ 20€ **22**€ 22€ 29€ [m2] ⏱ 0,27 h/m2 323.000.166

3 Sockelputz abschlagen KG **394**

Sockelputz abschlagen und Bauschutt entsorgen. Die Wandflächen sind abschließend durch Abkehren zu reinigen.
Putzdicke: bis 30 mm
Haftung: .....

7€ 10€ **12**€ 14€ 20€ [m2] ⏱ 0,23 h/m2 323.000.167

4 Deckenputz abschlagen KG **394**

Deckenputz abbrechen und Bauschutt entsorgen. Die Wandflächen sind abschließend durch Abkehren zu reinigen.
Putzdicke: bis 20 mm
Untergrund: .....
Haftung: .....
Deckenhöhen: .....

11€ 19€ **22**€ 25€ 30€ [m2] ⏱ 0,25 h/m2 323.000.168

5 Deckenputz abschlagen, Teilflächen KG **394**

Deckenputz in Teilflächen abbrechen und Bauschutt entsorgen. Die Wandflächen sind abschließend durch Abkehren zu reinigen.
Putzdicke: bis 20 mm
Untergrund: .....
Haftung: .....
Einzelgröße: bis 1,0 m2
Deckenhöhen: .....

11€ 19€ **23**€ 27€ 38€ [m2] ⏱ 0,30 h/m2 323.000.169

6 Putzträger entfernen, Wand KG **394**

Putzträger an Wand ausbauen und Bauschutt entsorgen.
Material: Streckmetall

7€ 11€ **12**€ 14€ 21€ [m2] ⏱ 0,20 h/m2 323.000.170

Kosten:
Stand 2.Quartal 2020
Bundesdurchschnitt

Nr.	**Kurztext** / Langtext						Kostengruppe
▶	▷	**ø netto €**	◁	◀	[Einheit]	Ausf.-Dauer	Positionsnummer

7 Putzträger entfernen, Decke KG **394**

Putzträger von Decken ausbauen und Bauschutt entsorgen.
Material: Streckmetall

7€ | 14€ | **16**€ | 18€ | 23€ | [m²] | 0,25 h/m² | 323.000.171

8 Eckschutzschiene abbrechen KG **394**

Eckschutzschiene inkl. Befestigungsanker abbrechen und Bauschutt entsorgen.
Material: .....
Länge: bis 1,50 m

4€ | 5€ | **6**€ | 7€ | 12€ | [m] | 0,10 h/m | 323.000.172

9 Ziegelwand/Fugen reinigen KG **395**

Wandfläche reinigen, Fugen auskratzen und mit Stahlbesen abbürsten und Bauschutt entsorgen.
Mauerwerksart: Ziegelmauerwerk
Steinformat: .....

2€ | 3€ | **4**€ | 9€ | 13€ | [m²] | 0,10 h/m² | 323.000.173

10 Sandstrahlen, Altputz KG **395**

Sandstrahlen ohne Wasser von Wandflächen zum Entfernen von Altputzresten, groben Schmutz und weißlichen Ausblühungen. Verbliebenen Staub abkehren oder abblasen und Schutt entsorgen.
Untergrund: .....

5€ | 9€ | **11**€ | 12€ | 15€ | [m²] | 0,18 h/m² | 323.000.174

11 Feuchtestrahlen, Putzuntergrund KG **395**

Feuchtestrahlen mit festen Strahlmittel des Putzuntergrundes zum Entfernen von fest haftenden Substanzen. Flächen nachwaschen und Reststoffe entsorgen.
Untergrund: .....

7€ | 11€ | **12**€ | 15€ | 19€ | [m²] | 0,18 h/m² | 323.000.175

12 Druckreinigung, Rotordüse, Putzuntergrund KG **395**

Hochdruckwasserstrahlen mit Rotordüse des Putzuntergrunds zum Entfernen von fest haftenden Substanzen einschl. Entsorgung der Reststoffe.
Untergrund: .....

4€ | 7€ | **8**€ | 9€ | 12€ | [m²] | 0,14 h/m² | 323.000.176

13 Fassadenreinigung, Dampfstrahlen KG **395**

Putzuntergrund durch temperiertes Dampfstrahlen reinigen. Leistung einschl. Entsorgung der Reststoffe und Deponiegebühren.
Untergrund: ......

3€ | 5€ | **6**€ | 7€ | 11€ | [m²] | 0,12 h/m² | 323.000.177

14 Hohlstellen prüfen, Innenputz KG **394**

Innenputz auf Hohlstellen prüfen und markieren.
Putzart: .....

1€ | 1€ | **2**€ | 2€ | 4€ | [m²] | 0,03 h/m² | 323.000.178

▶ min
▷ von
ø Mittel
◁ bis
◀ max

15 Hohlstellen abschlagen, Innenputz KG **394**

Hohlstellen des Putzes an Innenwandflächen abschlagen und Entsorgung des Bauschutts.
Putz: .....
Größe der Fläche: bis m2

7€ 11€ **12**€ 14€ 17€ [St] ⏱ 0,24 h/St 323.000.179

16 Pilz-/Algenbefall entfernen, Außenputz KG **395**

Verputzte Fassadenflächen mit Algen- und Pilzbefall mit Sanierlösung und Bürste behandeln.
Befall: .....

5€ 5€ **6**€ 7€ 12€ [m2] ⏱ 0,06 h/m2 323.000.180

17 Mauerbewuchs entfernen, Putzflächen KG **395**

Mauerbewuchs auf Putzflächen entfernen und Abfall entsorgen.
Bewuchs: .....

3€ 5€ **6**€ 7€ 9€ [m2] ⏱ 0,13 h/m2 323.000.181

18 Ausblühungen entfernen, Putzuntergrund KG **395**

Sichtbare Ausblühungen an Putzuntergrund durch trockenes abbürsten entfernen.
Untergrund: .....

3€ 4€ **4**€ 5€ 8€ [m2] ⏱ 0,08 h/m2 323.000.182

19 Mauerwerksfugen verfüllen KG **395**

Mauerwerksfugen bis Vorderkante der Fugen verfüllen.
Mauerwerk: .....
Mörtelart: .....
Steinformat: .....

11€ 6€ **14**€ 16€ 24€ [m2] ⏱ 0,23 h/m2 323.000.183

20 Putzträger, verzinkt, Innenwand KG **395**

Putzträger aus verzinktem Metallgewebe auf Innenwände aus Mauerwerk einbauen.
Bauteil: Innenwand
Maschenweite: .....
Einbauort: .....

6€ 11€ **12**€ 14€ 18€ [m2] ⏱ 0,20 h/m2 323.000.184

21 Putzträger, Drahtziegelgewebe, innen KG **395**

Putzträger aus Drahtziegelgewebe auf Innenwände aus Mauerwerk einbauen
Bauteil: Innenwand
Maschenweite: bis 12,5 mm
Einbauort: .....

8€ 11€ **13**€ 15€ 19€ [m2] ⏱ 0,20 h/m2 323.000.185

22 Spritzbewurf, Innenmauerwerk KG **395**

Spritzbewurf auf Mauerwerk im Innenbereich halbdeckend auftragen mit grobkörnigem Zementvorspritzmörtel.
Art des Mauerwerks: .....
Mörtelgruppe: CS IV

7€ 8€ **9**€ 10€ 13€ [m2] ⏱ 0,08 h/m2 323.000.186

Kosten:
Stand 2.Quartal 2020
Bundesdurchschnitt

Nr.	Kurztext / Langtext						Kostengruppe
▶	▷	**ø netto €**	◁	◀	[Einheit]	Ausf.-Dauer	Positionsnummer

23 Untergrund verfestigen, Tiefengrund KG **395**
Tiefengrund auf tragfähigen Altputz mit sandender Oberfläche.
2€ | 2€ | **2**€ | 2€ | 4€ | [m²] | ⏱ 0,05 h/m² | 323.000.187

24 Haftputz, mineralisch, Beton KG **395**
Mineralische Putzhaftbrücke aus Werkmörtel, kunststoffmodifiziert, auf glatten, schwach saugenden Betonflächen aufziehen und mit der Zahntraufel aufkämmen.
Mörtelgruppe: CS III
Schichtdicke: ca. 5 mm
5€ | 5€ | **6**€ | 7€ | 10€ | [m²] | ⏱ 0,05 h/m² | 323.000.188

25 Außenputz ausbessern KG **395**
Außenputz mit Unter- und Oberputz ausbessern. Loser und hohlliegender Putz ist zu entfernen und Mauerwerksfugen bis 15mm tief auskratzen. Die Wandflächen sind abschießend zu reinigen und der Bauschutt zu entsorgen.
Neuverputz: .....
Oberfläche: .....
24€ | 34€ | **38**€ | 44€ | 62€ | [m²] | ⏱ 0,65 h/m² | 323.000.189

26 Außenputz ausbessern, Teilflächen KG **395**
Außenputz in Teilflächen entfernen und mit Unter- und Oberputz ausbessern. Loser und hohlliegender Putz ist zu entfernen und Mauerwerksfugen bis 15mm tief auskratzen. Die Wandflächen sind abschießend zu reinigen und der Bauschutt zu entsorgen.
Neuverputz: .....
Oberfläche: .....
Flächenanteil/Einzelgrößen: bis ..... m²
23€ | 36€ | **41**€ | 47€ | 70€ | [m²] | ⏱ 0,65 h/m² | 323.000.190

27 Öffnungen beiputzen, außen KG **395**
Nachträgliches Beiputzen des Außenputzes an Fenstern und Türen.
Laibungstiefe: bis 20 cm
Mörtelart: .....
8€ | 8€ | **9**€ | 11€ | 14€ | [m] | ⏱ 0,10 h/m | 323.000.191

28 Fensterbrett beiputzen, außen KG **395**
Nachträglich eingebautes Fensterbrett beiputzen.
Länge: bis 1,35 m
Breite: bis 15 cm
12€ | 13€ | **15**€ | 18€ | 21€ | [St] | ⏱ 0,30 h/St | 323.000.192

29 Putzträger, Streckmetall, außen KG **395**
Putzträger mit Streckmetall, vollflächig an Wandflächen im Außenbereich.
Material: Stahl, verzinkt
10€ | 13€ | **15**€ | 17€ | 19€ | [m²] | ⏱ 0,23 h/m² | 323.000.193

30 Putzarmierung, Glasfasergewebe, außen KG **395**
Putzarmierung mit Glasfasergewebe, vollflächig an Wandflächen im Außenbereich.
7€ | 8€ | **9**€ | 10€ | 13€ | [m²] | ⏱ 0,12 h/m² | 323.000.194

▶ min
▷ von
ø Mittel
◁ bis
◀ max

31 **Putzarmierung, Edelstahl, außen** KG **395**

Putzarmierung aus Edelstahlgitter in mineralischen Putzflächen, vollflächig im Außenbereich mit Dübeln befestigt.

29€ 32€ **36**€ 42€ 46€ [m²] ⏱ 0,20 h/m² 323.000.195

32 **Eckschutzprofil, verzinkt, Außenputz** KG **395**

Eckschutzprofil aus verzinktem Stahl für Putz im Außenbereich.
Bauteil: Wand

6€ 7€ **7**€ 9€ 10€ [m] ⏱ 0,10 h/m 323.000.196

33 **Kantenprofil, Edelstahl, Außenputz** KG **395**

Kantenprofil aus Edelstahl für Putz im Außenbereich.
Bauteil: Wand

8€ 9€ **10**€ 12€ 14€ [m] ⏱ 0,10 h/m 323.000.197

34 **Abschlussprofil, PVC/Stahl, Außenputz** KG **395**

Putzabschlussprofil aus verzinktem Stahlblech mit PVC-Überzug für Putz im Außenbereich.
Farbe PVC: weiß

5€ 5€ **6**€ 7€ 9€ [m] ⏱ 0,08 h/m 323.000.198

35 **Einzelriss starr, Verschlämmen** KG **395**

Einzelriss ohne Rissbreitenänderung, in Außenputz, durch Verschlämmen mit füllender Beschichtung schließen.
Putzart: .....
Oberfläche: .....
Risstiefe: .....
Füllstoff: .....

4€ 5€ **6**€ 7€ 7€ [m] ⏱ 0,12 h/m 323.000.199

36 **Einzelriss starr, Mörtelverschluss** KG **395**

Einzelriss ohne Rissbreitenänderung, in Außenputz, weiten und mit Spachtelmasse schließen. Die Rissränder und Putzuntergrund sind zu grundieren und an die Oberfläche des vorhandenen Putzes anzupassen.
Putzart: .....
Oberfläche: .....
Risstiefe: .....
Spachtelmasse: .....

3€ 5€ **7**€ 8€ 9€ [m] ⏱ 0,12 h/m 323.000.200

37 **Einzelriss flexibel, Dichtstoff** KG **395**

Einzelriss, mit Rissbreitenänderung in Außenputz, v-förmig weiten und mit überstreichbaren Dichtstoff schließen. Der Riss ist zu grundieren und der frische Dichtstoff mit Sand abzustreuen.
Putzart: .....
Oberfläche: .....
Risstiefe: .....
Dichtstoff: .....

5€ 7€ **8**€ 10€ 12€ [m] ⏱ 0,17 h/m 323.000.201

Kosten:
Stand 2.Quartal 2020
Bundesdurchschnitt

Nr.	**Kurztext** / Langtext					Kostengruppe
▶	▷	**ø netto €**	◁	◀	[Einheit]	Ausf.-Dauer Positionsnummer

38 Einzelriss 0,2mm, Trennlage/Putzträger KG **395**

Einzelriss in Außenwandputz mit max. 0,2mm Rissbreitenänderung mit Trennlage und Gewebe überdecken und mit Verputz oberflächengleich schließen. Der Putz ist beidseitig 20cm und der Oberputz zusätzlich 5cm zu entfernen. Die Trennlage ist mit mehrlagigem Glasvlies und Drahtgitter mit Befestigung im Abstand von 25cm auszuführen.
Putzart: .....
Oberfläche: .....
Putzdicke: bis 25 mm

11€ 14€ **17**€ 20€ 22€ [m] ⏱ 0,23 h/m 323.000.202

39 Einzelriss flexibel, Dehnfuge gerade KG **395**

Einzelriss, geradlinig mit Rissbreitenänderung in Außenputz, für die Ausbildung einer Dehnfuge weiten, hinterfüllen und mit Dichtstoff schließen. Die Rissflanken sind vor dem Verfüllen zu grundieren.
Putzart: .....
Oberfläche: .....
Putzdicke: bis 25 mm
Fugendimensionierung: .....
Dichtstoff: .....

7€ 12€ **13**€ 15€ 17€ [m] ⏱ 0,19 h/m 323.000.203

40 Einzelriss flexibel, Bewegungsprofil KG **395**

Einzelriss, geradlinig mit Rissbreitenänderung in Außenputz, durch Einbau einer Dehnfuge mit Fugenprofil instand setzen. Putz beidseitig des Risses für Einbau des Profils mind. 10cm beidseitig und Oberputz zusätzlich 5cm freilegen und anschließend oberflächengleich beiputzen.
Putzart: .....
Oberfläche: .....
Putzdicke: bis 25 mm
Bewegungsfugenprofil: .....

27€ 35€ **39**€ 46€ 50€ [m] ⏱ 0,27 h/m 323.000.204

41 Fugenschnitt, Wandputz KG **395**

Fugenschnitt zur Begrenzung und zum Schutz des bestehenden Putzes an Wänden für nachträglichen Putzanschluss.
Putz: .....
Putzdicke: bis 15 mm

6€ 7€ **7**€ 9€ 10€ [m] ⏱ 0,12 h/m 323.000.205

42 Putzschäden ausbessern, Teilflächen KG **395**

Putzschäden an geputzten Innenwänden in Teilflächen ausbessern. Geschädigten Putz bis auf das Mauerwerk entfernen und reinigen sowie Bauschutt entsorgen. Fehlflächen mit Mörtel entsprechend des Umgebungsputzes schließen und Oberfläche ansatzfrei angleichen.
Mörtelart: .....
Oberfläche: .....
Flächen bis 1,0 m^2
Tiefe: bis 2,0 cm

20€ 22€ **25**€ 29€ 33€ [m^2] ⏱ 0,30 h/m^2 323.000.206

▶ min
▷ von
ø Mittel
◁ bis
◀ max

A 1 Fehlstellen verputzen — Beschreibung für Pos. **43-45**

Fehlstellen im Innenwandputz verputzen und Oberfläche ansatzfrei mit Bestand angleichen.
Mörtel: ...
Tiefe: bis 2,0 cm

43 Fehlstellen verputzen, bis 0,1m² — KG **395**

Wie Ausführungsbeschreibung A 1
Fehlstelle: 0,01 bis 0,1 m²

▶	▷	ø netto €	◁	◀	[Einheit]	Ausf.-Dauer	Positionsnummer
2€	3€	**3**€	4€	4€	[St]	0,06 h/St	323.000.207

44 Fehlstellen verputzen, bis 0,2m² — KG **395**

Wie Ausführungsbeschreibung A 1
Größe: 0,1 bis 0,2 m²

▶	▷	ø netto €	◁	◀	[Einheit]	Ausf.-Dauer	Positionsnummer
4€	5€	**6**€	6€	8€	[St]	0,10 h/St	323.000.208

45 Fehlstellen verputzen, bis 0,3m² — KG **395**

Wie Ausführungsbeschreibung A 1
Größe: 0,2 bis 0,3 m²

▶	▷	ø netto €	◁	◀	[Einheit]	Ausf.-Dauer	Positionsnummer
5€	6€	**7**€	8€	9€	[St]	0,12 h/St	323.000.209

46 Putzflächen spachteln, Fehlstellen innen — KG **395**

Putz mit kleineren Schlagstellen und Löchern durch Spachtelung an bestehenden Putz angleichen.
Putz: .....
Spachtel: .....
Oberfläche: .....

▶	▷	ø netto €	◁	◀	[Einheit]	Ausf.-Dauer	Positionsnummer
7€	9€	**10**€	12€	14€	[m²]	0,20 h/m²	323.000.210

47 Ausgleichsputz, Innenwand — KG **395**

Ausgleichsputz auf Innenwandflächen mit Anpassung an bestehenden Putz.
Dicke: bis 2 cm
Mörtelgruppe: .....

▶	▷	ø netto €	◁	◀	[Einheit]	Ausf.-Dauer	Positionsnummer
10€	15€	**17**€	21€	29€	[m²]	0,22 h/m²	323.000.211

48 Öffnungen beiputzen, innen — KG **395**

Beiputzen von nachträglich eingebauten Fenstern und Türen.
Mörtel: .....
Oberfläche: .....
Breite: bis 40 cm

▶	▷	ø netto €	◁	◀	[Einheit]	Ausf.-Dauer	Positionsnummer
10€	11€	**13**€	15€	18€	[m]	0,16 h/m	323.000.212

49 Fensterbrett beiputzen, innen — KG **395**

Nachträglich eingebautes Fensterbrett im Innenbereich beiputzen.
Länge: bis 1,35 m
Breite: bis 25 cm

▶	▷	ø netto €	◁	◀	[Einheit]	Ausf.-Dauer	Positionsnummer
13€	17€	**19**€	22€	26€	[St]	0,30 h/St	323.000.213

Kosten:
Stand 2.Quartal 2020
Bundesdurchschnitt

Nr.	Kurztext / Langtext						Kostengruppe
▶	▷	ø netto €	◁	◀	[Einheit]	Ausf.-Dauer	Positionsnummer

50 Kellenschnitt, Innenputz KG **395**

Kellenschnitt als Putzanschluss der Innenwand an benachbarte Bauteile.
Bauteil: ....

3€	4€	**4**€	5€	6€	[m]	⏱ 0,10 h/m	323.000.214

51 Putzträger, Rippenstreckmetall, innen KG **395**

Putzträger aus verzinktem Rippenstreckmetall an Wänden im Innenbereich.

8€	10€	**12**€	14€	17€	[m²]	⏱ 0,15 h/m²	323.000.215

52 Putzträger, Rabitzgewebe, innen KG **395**

Putzträger mit Rabitzgewebe zur Überspannung rissegefährdeter Putzuntergrundflächen.
Putzuntergrund: .....
Einbauort: .....

8€	11€	**12**€	14€	17€	[m²]	⏱ 0,15 h/m²	323.000.216

53 Eckschutzwinkel, verzinkt, innen KG **395**

Eckschutzwinkel aus Metall in verschiedenen Längen an Kanten im Innenbereich.
Putzdicke: bis 15 mm
Material: Stahl, verzinkt

4€	5€	**6**€	7€	8€	[m]	⏱ 0,08 h/m	323.000.217

54 Putzanschlussleiste, verzinkt, Türen, innen KG **395**

Putzanschlussleiste für Schattenfugen zwischen Türzargen und Putzflächen im Innenbereich.
Material: Stahl, verzinkt

4€	5€	**5**€	6€	7€	[m]	⏱ 0,08 h/m	323.000.218

55 WD-Putz, Innendämmung, 50mm KG **336**

Wärmedämm-Putzsystem aus Spritzbewurf, Dämmputz und Kratzputz an Wänden als nachträgliche Dämmung auf Innenflächen der Außenwand.
Putzgrund: Ziegel
Putzgrund: Spritzbewurf, voll deckend
Unterputz: T (Wärmedämmputzmörtel)
Dämmputz 30 mm, glatt abgezogen
Nennwert der Wärmeleitfähigkeit: 0,070 W/mK
Bemessungswert der Wärmeleitfähigkeit: .....
Oberputz: .....
Struktur: Kratzputz, Körnung 3 mm
Gesamtdicke: 50 mm
Farbton: weiß

52€	59€	**67**€	77€	94€	[m²]	⏱ 0,60 h/m²	323.000.219

▶ min
▷ von
ø Mittel
◁ bis
◀ max

56 WD-Putz, Innendämmung, 75mm KG **336**

Wärmedämm-Putzsystem aus Spritzbewurf, Dämmputz und Kratzputz an Wänden als nachträgliche Dämmung auf Innenflächen der Außenwand.
Putzgrund: Ziegel
Putzgrundvorbereitung: Spritzbewurf
Unterputz: T (Wärmedämmputzmörtel)
Dämmputz 50 mm, glatt abgezogen
Nennwert der Wärmeleitfähigkeit: 0,070 W/mK
Bemessungswert der Wärmeleitfähigkeit: .....
Zwischenputz: ...., ca. 7 mm, mit Gewebe
Oberputz: .....
Struktur: glatt abgezogen, Körnung kleiner 4 mm
Gesamtdicke: 75 mm
Farbton: weiß

59€ 67€ **76**€ 88€ 106€ [m2] ⏱ 0,65 h/m2 323.000.220

57 WD-Putz, Unter- und Oberputz, 50mm, Laibungen KG **336**

Wärmedämm-Putzsystem an Laibungen im Innenbereich auf Außenwänden, zweilagig.
Gesamtdicke: 50 mm
Laibungstiefe: bis 250 mm
Farbton: weiß

18€ 21€ **24**€ 27€ 33€ [m] ⏱ 0,35 h/m 323.000.221

58 WD-Putz, Unter- und Oberputz, 75mm, Laibungen KG **336**

Wärmedämm-Putzsystem an Laibungen im Innenbereich auf Außenwänden, zweilagig.
Gesamtdicke: 75 mm
Laibungstiefe: bis 250 mm
Farbton: weiß

24€ 27€ **30**€ 35€ 42€ [m] ⏱ 0,40 h/m 323.000.222

59 Putzträger, Rippenstreckmetall, Decken KG **395**

Putzträger aus verzinktem Rippenstreckmetall an Decken im Innenbereich.

11€ 12€ **14**€ 16€ 20€ [m2] ⏱ 0,17 h/m2 323.000.223

60 Putzträger, Rabitzgewebe, Decken KG **395**

Putzträger mit Rabitzgewebe zur Überspannung rissegefährdeter Putzgrundflächen an Decken im Innenbereich.
Putzgrund: .....
Einbauort: .....

10€ 11€ **13**€ 15€ 19€ [m2] ⏱ 0,17 h/m2 323.000.224

61 Fugenschnitt, Deckenputz KG **395**

Fugenschnitt zur Begrenzung und zum Schutz des bestehenden Putzes an Decken für nachträglichen Putzanschluss.
Putz: ....
Putzdicke: bis 15 mm

6€ 7€ **8**€ 9€ 12€ [m2] ⏱ 0,15 h/m2 323.000.225

Nr.	Kurztext / Langtext						Kostengruppe
▶	▷	**ø netto €**	◁	◀	[Einheit]	Ausf.-Dauer	Positionsnummer

62 Kalk-Gipsputz, Innenwand, einlagig, Q2-geglättet KG **345**

Einlagiger Kalk-Gipsputz, Innenwand, für Oberputze mit Körnung >1,0mm, mittel- bis grobstrukturierte Wandbeläge und matte, gefüllte Beschichtungen.
Untergrund: .....
Putzdicke: 15 mm
Oberflächenqualität: Q2 - geglättet
Arbeitshöhe: bis 3,50 m

13€ | 17€ | **18**€ | 19€ | 22€ | [m²] | ⏱ 0,20 h/m² | 323.000.275

63 Kalk-Zementputz, Innenwand, einlagig, Q3-geglättet KG **345**

Einlagiger Kalkzementputz, Innenwand, wasserabweisend, als Untergrund für Wandbeläge aus Feinkeramik.
Untergrund: .....
Putzdicke: 15 mm
Druckfestigkeitsklasse: CS II
Oberflächenqualität: Q3 - geglättet
Arbeitshöhe: bis 3,50 m

16€ | 18€ | **20**€ | 21€ | 24€ | [m²] | ⏱ 0,22 h/m² | 323.000.276

64 Gipsputz, Innenwand, einlagig, Q2-gefilzt KG **345**

Einlagiger Gipsputz, gefilzt, Innenwand, für matte, gefüllte Beschichtungen und grobstrukturierte Wandbeläge.
Untergrund: KS-Mauerwerk, saugfähig
Putzdicke: 15 mm
Oberflächenqualität: Q2 - gefilzt
Putzart: Gipsputz B1
Arbeitshöhe: bis 3,50 m
Ausführung: in allen Geschossen

13€ | 16€ | **17**€ | 18€ | 23€ | [m²] | ⏱ 0,20 h/m² | 323.000.277

65 Gipsputz, Innenwand, einlagig, Q2-geglättet KG **345**

Einlagiger Gipsputz, geglättet, Innenwand, für Raufasertapete (Körnung RM / RG) oder matte, gefüllte Beschichtung.
Untergrund: .....
Putzdicke: 15 mm
Oberflächenqualität: Q2 - geglättet
Putzart: Gipsputz B1
Arbeitshöhe: bis 3,50 m
Ausführung: in allen Geschossen

13€ | 15€ | **16**€ | 18€ | 22€ | [m²] | ⏱ 0,20 h/m² | 323.000.278

66 Kalk-Gipsputz, Decken, einlagig, Q2-gefilzt KG **354**

Einlagiger Kalk-Gipsputz, Innenwand, für matte, gefüllte Beschichtungen und grobstrukturierte Wandbeläge.
Untergrund: .....
Putzdicke: 15 mm
Oberflächenqualität: Q2 - gefilzt
Arbeitshöhe: bis 3,50 m

14€ | 18€ | **20**€ | 21€ | 25€ | [m²] | ⏱ 0,25 h/m² | 323.000.279

Kosten:
Stand 2.Quartal 2020
Bundesdurchschnitt

▶ min
▷ von
ø Mittel
◁ bis
◀ max

67 Außenputz, Unter-/Oberputz, Wand KG **335**

Putzsystem aus Kalkzement-Putzmörtel auf Außenwänden, mineralisch, bestehend aus Unterputz und Oberputz.
Untergrund: .....
Unterputz: Kalkzement-Putzmörtel, CS II
Unterputzdicke: 15 mm
Oberputz: Kalkzement-Putzmörtel
Wasseraufnahme: W1, wasserhemmend
Körnung: 3,0 mm
Struktur: gerieben
Verputzhöhe: bis 3,50 m

21€ 30€ **35**€ 38€ 45€ [m2] ⏱ 0,48 h/m2 323.000.280

68 Untergrundvorbereitung, WDVS KG **395**

Untergrund von Schmutz und Staub reinigen, WDVS.
Reinigungsmittel: .....

2€ 2€ **2**€ 3€ 3€ [m2] ⏱ 0,04 h/m2 323.000.228

69 Druckwasserstrahlen, Reinigung KG **395**

Strahlen mit Druckwasser zum Abtragen und Entfernen loser Teile, sowie leicht ablösender Schichten.
Bauteil: Außenwand

13€ 14€ **16**€ 19€ 20€ [m2] ⏱ 0,13 h/m2 323.000.229

70 Ausgleichsputz auftragen KG **395**

Ausgleichsputz zur Herstellung eines ebenen Untergrundes für WDVS-Systems.
Unebenheiten: +/-10 mm
Mörtel: .....
Erhärtungszeit: .....

10€ 12€ **13**€ 15€ 21€ [m2] ⏱ 0,22 h/m2 323.000.230

71 Untergrundverfestigung, Grundierung KG **395**

Grundierung zur Untergrundverfestigung von oberflächig sandende Flächen.

1€ 2€ **3**€ 3€ 5€ [m2] ⏱ 0,05 h/m2 323.000.231

A 2 WDVS bis 20m, WF, Klebeverfahren Beschreibung für Pos. **72-78**

Wärmedämm-Verbundsystem mit Holzfaserplatten im Klebeverfahren, einschl. konstruktiver Dübelung und Armierungsputz mit vollflächiger Gewebeeinlage.
Gebäudehöhe: bis 20 m
Dämmmaterial: Holzfaserplatten WF
Anwendung: WAP-h

Kosten:
Stand 2.Quartal 2020
Bundesdurchschnitt

Nr.	Kurztext / Langtext						Kostengruppe
▶	▷	**ø netto €**	◁	◀	[Einheit]	Ausf.-Dauer	Positionsnummer

72 WDVS bis 20m, WF 100, Klebeverfahren KG **335**

Wie Ausführungsbeschreibung A 2
Untergrund: .....
Dämmplattendicke: 100 mm
Plattenkante: .....
Nennwert der Wärmeleitfähigkeit: .....
Bemessungswert der Wärmeleitfähigkeit: .....
Dübelung: ..... St/m²
Randbereich: ..... St/m²
Zulassung: .....

69€ 74€ **79**€ 92€ 103€ [m²] ⏱ 1,00 h/m² 323.000.260

73 WDVS bis 20m, WF 120, Klebeverfahren KG **335**

Wie Ausführungsbeschreibung A 2
Untergrund: .....
Dämmplattendicke: 120 mm
Plattenkante: .....
Nennwert der Wärmeleitfähigkeit: .....
Bemessungswert der Wärmeleitfähigkeit: .....
Dübelung: ..... St/m²
Randbereich: ..... St/m²
Zulassung: .....

78€ 83€ **91**€ 106€ 118€ [m²] ⏱ 1,00 h/m² 323.000.261

74 WDVS bis 20m, WF 140, Klebeverfahren KG **335**

Wie Ausführungsbeschreibung A 2
Untergrund: .....
Dämmplattendicke: 140 mm
Plattenkante: .....
Nennwert der Wärmeleitfähigkeit: .....
Bemessungswert der Wärmeleitfähigkeit: .....
Dübelung: ..... St/m²
Randbereich: ..... St/m²
Zulassung: .....

84€ 90€ **97**€ 109€ 127€ [m²] ⏱ 1,00 h/m² 323.000.262

75 WDVS bis 20m, WF 160, Klebeverfahren KG **335**

Wie Ausführungsbeschreibung A 2
Untergrund: .....
Dämmplattendicke: 160 mm
Plattenkante: .....
Nennwert der Wärmeleitfähigkeit: .....
Bemessungswert der Wärmeleitfähigkeit: .....
Dübelung: ..... St/m²
Randbereich: ..... St/m²
Zulassung: .....

92€ 98€ **106**€ 125€ 138€ [m²] ⏱ 1,05 h/m² 323.000.263

▶ min
▷ von
ø Mittel
◁ bis
◀ max

76 WDVS bis 20m, WF 180, Klebeverfahren KG **335**

Wie Ausführungsbeschreibung A 2
Untergrund: .....
Dämmplattendicke: 180 mm
Plattenkante: .....
Nennwert der Wärmeleitfähigkeit: .....
Bemessungswert der Wärmeleitfähigkeit: .....
Dübelung: St/m2
Randbereich: St/m2
Zulassung: .....

96€ 104€ **111**€ 132€ 146€ [m2] ⏱ 1,05 h/m2 323.000.264

77 WDVS bis 20m, WF 200, Klebeverfahren KG **335**

Wie Ausführungsbeschreibung A 2
Untergrund: .....
Dämmplattendicke: 200 mm
Plattenkante: .....
Nennwert der Wärmeleitfähigkeit: .....
Bemessungswert der Wärmeleitfähigkeit: .....
Dübelung: St/m2
Randbereich: St/m2
Zulassung: .....

107€ 116€ **125**€ 145€ 161€ [m2] ⏱ 1,05 h/m2 323.000.265

78 WDVS bis 20m, WF 240, Klebeverfahren KG **335**

Wie Ausführungsbeschreibung A 2
Untergrund: .....
Dämmplattendicke: 240 mm
Plattenkante: .....
Nennwert der Wärmeleitfähigkeit: .....
Bemessungswert der Wärmeleitfähigkeit: .....
Dübelung: St/m2
Randbereich: St/m2
Zulassung: .....

122€ 127€ **138**€ 162€ 178€ [m2] ⏱ 1,10 h/m2 323.000.266

A 3 WDVS bis 20m, Mineralwolle, Klebeverfahren Beschreibung für Pos. **79-85**

Wärmedämm-Verbundsystem mit Mineralwolleplatten im Klebeverfahren, einschl. konstruktiver Dübelung und Armierungsputz mit vollflächiger Gewebeeinlage.
Gebäudehöhe: bis 20 m
Dämmmaterial: Mineralwolleplatten MW
Anwendung: WAP - zh

323 324 325 326 327 328 329 330 331 332 333 334 336 337 338 339

Kosten:
Stand 2.Quartal 2020
Bundesdurchschnitt

Nr.	Kurztext / Langtext						Kostengruppe
▶	▷	ø netto €	◁	◀	[Einheit]	Ausf.-Dauer	Positionsnummer

79 WDVS bis 20m, MW 100, Klebeverfahren KG **335**

Wie Ausführungsbeschreibung A 3
Untergrund: .....
Dämmplattendicke: 100 mm
Plattenkante: .....
Nennwert der Wärmeleitfähigkeit: .....
Bemessungswert der Wärmeleitfähigkeit: .....
Dübelung: ..... St/m²
Randbereich: ..... St/m²
Zulassung: .....

59€ 63€ **69**€ 80€ 90€ [m²] ⏱ 1,00 h/m² 323.000.232

80 WDVS bis 20m, MW 120, Klebeverfahren KG **335**

Wie Ausführungsbeschreibung A 3
Untergrund: .....
Dämmplattendicke: 120 mm
Plattenkante: .....
Nennwert der Wärmeleitfähigkeit: .....
Bemessungswert der Wärmeleitfähigkeit: .....
Dübelung: ..... St/m²
Randbereich: ..... St/m²
Zulassung: .....

66€ 70€ **77**€ 89€ 100€ [m²] ⏱ 1,00 h/m² 323.000.233

81 WDVS bis 20m, MW 140, Klebeverfahren KG **335**

Wie Ausführungsbeschreibung A 3
Untergrund: .....
Dämmplattendicke: 140 mm
Plattenkante: .....
Nennwert der Wärmeleitfähigkeit: .....
Bemessungswert der Wärmeleitfähigkeit: .....
Dübelung: ..... St/m²
Randbereich: ..... St/m²
Zulassung: .....

70€ 74€ **82**€ 95€ 106€ [m²] ⏱ 1,00 h/m² 323.000.234

82 WDVS bis 20m, MW 160, Klebeverfahren KG **335**

Wie Ausführungsbeschreibung A 3
Untergrund: .....
Dämmplattendicke: 160 mm
Plattenkante: .....
Nennwert der Wärmeleitfähigkeit: .....
Bemessungswert der Wärmeleitfähigkeit: .....
Dübelung: ..... St/m²
Randbereich: ..... St/m²
Zulassung: .....

78€ 83€ **88**€ 105€ 116€ [m²] ⏱ 1,05 h/m² 323.000.235

▶ min
▷ von
ø Mittel
◁ bis
◀ max

83 **WDVS bis 20m, MW 180, Klebeverfahren** KG **335**

Wie Ausführungsbeschreibung A 3
Untergrund: .....
Dämmplattendicke: 180 mm
Plattenkante: .....
Nennwert der Wärmeleitfähigkeit: .....
Bemessungswert der Wärmeleitfähigkeit: .....
Dübelung: ..... St/m²
Randbereich: ..... St/m²
Zulassung: .....

80€ 85€ **92**€ 108€ 122€ [m²] ⏱ 1,05 h/m² 323.000.236

84 **WDVS bis 20m, MW 200, Klebeverfahren** KG **335**

Wie Ausführungsbeschreibung A 3
Untergrund: .....
Dämmplattendicke: 200 mm
Plattenkante: .....
Nennwert der Wärmeleitfähigkeit: .....
Bemessungswert der Wärmeleitfähigkeit: .....
Dübelung: ..... St/m²
Randbereich: ..... St/m²
Zulassung: .....

89€ 95€ **104**€ 121€ 132€ [m²] ⏱ 1,05 h/m² 323.000.237

85 **WDVS bis 20m, MW 240, Klebeverfahren** KG **335**

Wie Ausführungsbeschreibung A 3
Untergrund: .....
Dämmplattendicke: 240 mm
Plattenkante: .....
Nennwert der Wärmeleitfähigkeit: .....
Bemessungswert der Wärmeleitfähigkeit: .....
Dübelung: ..... St/m²
Randbereich: ..... St/m²
Zulassung: .....

97€ 103€ **113**€ 131€ 143€ [m²] ⏱ 1,10 h/m² 323.000.238

A 4 **WDVS bis 20m, Polystyrol, Klebeverfahren** Beschreibung für Pos. **86-92**

Wärmedämm-Verbundsystem mit Polystyrol-Hartschaumplatten, HBCD-frei, im Klebeverfahren, einschl. konstruktiver Dübelung und Armierungsputz mit vollflächiger Gewebeeinlage.
Gebäudehöhe: bis 20 m
Dämmmaterial: Polystyrol-Hartschaum PS
Anwendung: WAP - zh

323 324 325 326 327 328 329 330 331 332 333 334 336 337 338 339

Nr.	Kurztext / Langtext						Kostengruppe
▶	▷	ø netto €	◁	◀	[Einheit]	Ausf.-Dauer	Positionsnummer

Kosten:
Stand 2.Quartal 2020
Bundesdurchschnitt

86 WDVS bis 20m, PS 100, Klebeverfahren KG **335**

Wie Ausführungsbeschreibung A 4
Untergrund: .....
Dämmplattendicke: 100 mm
Nennwert der Wärmeleitfähigkeit: .....
Bemessungswert der Wärmeleitfähigkeit: .....
Dübelung: St/m2
Randbereich: St/m2
Zulassung: .....

56€ 61€ **65**€ 77€ 82€ [m2] ⏱ 0,95 h/m2 323.000.239

87 WDVS bis 20m, PS 120, Klebeverfahren KG **335**

Wie Ausführungsbeschreibung A 4
Untergrund: .....
Dämmplattendicke: 120 mm
Nennwert der Wärmeleitfähigkeit: .....
Bemessungswert der Wärmeleitfähigkeit: .....
Dübelung: St/m2
Randbereich: St/m2
Zulassung: .....

60€ 63€ **70**€ 81€ 88€ [m2] ⏱ 0,85 h/m2 323.000.240

88 WDVS bis 20m, PS 140, Klebeverfahren KG **335**

Wie Ausführungsbeschreibung A 4
Untergrund: .....
Dämmplattendicke: 140 mm
Nennwert der Wärmeleitfähigkeit: .....
Bemessungswert der Wärmeleitfähigkeit: .....
Dübelung: St/m2
Randbereich: St/m2
Zulassung: .....

64€ 68€ **74**€ 86€ 94€ [m2] ⏱ 0,95 h/m2 323.000.241

89 WDVS bis 20m, PS 160, Klebeverfahren KG **335**

Wie Ausführungsbeschreibung A 4
Untergrund: .....
Dämmplattendicke: 160 mm
Nennwert der Wärmeleitfähigkeit: .....
Bemessungswert der Wärmeleitfähigkeit: .....
Dübelung: St/m2
Randbereich: St/m2
Zulassung: .....

71€ 75€ **82**€ 95€ 104€ [m2] ⏱ 1,00 h/m2 323.000.242

▶ min
▷ von
ø Mittel
◁ bis
◀ max

90 WDVS bis 20m, PS 180, Klebeverfahren KG **335**

Wie Ausführungsbeschreibung A 4
Untergrund: .....
Dämmplattendicke: 180 mm
Nennwert der Wärmeleitfähigkeit: .....
Bemessungswert der Wärmeleitfähigkeit: .....
Dübelung: ..... St/m²
Randbereich: ..... St/m²
Zulassung: .....

79€ 83€ **89**€ 106€ 114€ [m²] ⏱ 1,00 h/m² 323.000.243

91 WDVS bis 20m, PS 200, Klebeverfahren KG **335**

Wie Ausführungsbeschreibung A 4
Untergrund: .....
Dämmplattendicke: 200 mm
Nennwert der Wärmeleitfähigkeit: .....
Bemessungswert der Wärmeleitfähigkeit: .....
Dübelung: ..... St/m²
Randbereich: ..... St/m²
Zulassung: .....

82€ 87€ **93**€ 109€ 120€ [m²] ⏱ 1,00 h/m² 323.000.244

92 WDVS bis 20m, PS 240, Klebeverfahren KG **335**

Wie Ausführungsbeschreibung A 4
Untergrund: .....
Dämmplattendicke: 240 mm
Nennwert der Wärmeleitfähigkeit: .....
Bemessungswert der Wärmeleitfähigkeit: .....
Dübelung: ..... St/m²
Randbereich: ..... St/m²
Zulassung: .....

92€ 97€ **106**€ 124€ 136€ [m²] ⏱ 1,05 h/m² 323.000.245

93 Armierung, stoßgefährdete Bereiche KG **335**

Armierung von stoßgefährdeten Bereichen mit Gewebe und Spachtelmasse.
Einbauort: .....

14€ 16€ **18**€ 21€ 24€ [m²] ⏱ 0,22 h/m² 323.000.246

94 Organischer Oberputz, WDVS KG **335**

Oberputz, organisch, für Wärmedämm-Verbundsystem, auf Armierungsputz.
Korngröße: 3 mm
Struktur: gerieben
Arbeitshöhe: bis 3,50 m

15€ 17€ **17**€ 18€ 19€ [m²] ⏱ 0,28 h/m² 323.000.282

Kosten:
Stand 2.Quartal 2020
Bundesdurchschnitt

Nr.	**Kurztext** / Langtext					Kostengruppe
▶	▷	**ø netto €**	◁	◀	[Einheit]	Ausf.-Dauer Positionsnummer

95 Mineralischer Oberputz, WDVS KG **335**

Oberputz, mineralisch, für Wärmedämm-Verbundsystem, auf Armierungsputz, einschl. Grundierung.
Putzart: .....
Korngröße: 3 mm
Struktur: gerieben
Arbeitshöhe: bis 3,50 m

14€ 16€ **17**€ 17€ 19€ [m²] 0,25 h/m² 323.000.283

A 5 Sockeldämmung, XPS Beschreibung für Pos. **96-98**

Perimeterdämmung an Sockel, aus Polystyrol-Hartschaumplatten mit Stufenfalz. Ausführung im Spritzwasserbereich und bis unter die Geländeoberkante.
Dämmstoff: XPS

96 Sockeldämmung, XPS, 50mm KG **335**

Wie Ausführungsbeschreibung A 5
Nennwert der Wärmeleitfähigkeit: .....
Bemessungswert der Wärmeleitfähigkeit: .....
Anwendung: PW - dh
Plattendicke: 50 mm

25€ 29€ **32**€ 38€ 43€ [m²] 0,30 h/m² 323.000.247

97 Sockeldämmung, XPS, 100mm KG **335**

Wie Ausführungsbeschreibung A 5
Nennwert der Wärmeleitfähigkeit: .....
Bemessungswert der Wärmeleitfähigkeit: .....
Anwendung: PW - dh
Plattendicke: 100 mm

33€ 37€ **42**€ 49€ 55€ [m²] 0,30 h/m² 323.000.248

98 Sockeldämmung, XPS, 160mm KG **335**

Wie Ausführungsbeschreibung A 5
Nennwert der Wärmeleitfähigkeit: .....
Bemessungswert der Wärmeleitfähigkeit: .....
Anwendung: PW - dh
Plattendicke: 160 mm

45€ 51€ **57**€ 67€ 75€ [m²] 0,30 h/m² 323.000.249

99 Laibungen dämmen, WDVS KG **335**

Laibungen von Türen und Fenstern entsprechend dem Wärmedämm-Verbundsystem dämmen, inkl. Armierungsschicht.
Dämmdicke: 6 cm
Laibungstiefe: bis 15 cm

13€ 15€ **17**€ 20€ 23€ [m] 0,12 h/m 323.000.250

▶ min
▷ von
ø Mittel
◁ bis
◀ max

Nr.	Kurztext / Langtext						Kostengruppe
▶	▷	**ø netto €**	◁	◀	[Einheit]	Ausf.-Dauer	Positionsnummer

100 Eckausbildung, Gewebewinkel, WDVS KG **335**

Eckverstärkung des Wärmedämm-Verbundsystems mit vorgeknickter Eckbewehrung aus Gewebe mit Spachtelung.
Gewebewinkel: .....

6€ | 7€ | **7**€ | 9€ | 10€ | [m] | 0,05 h/m | 323.000.251

101 Eckausbildung, Kunststoffschiene, WDVS KG **335**

Eckausbildung an Eckkanten mittels Gewebewinkel mit Kunststoff-Eckschutzschiene.
Gewebewinkel: .....

7€ | 8€ | **9**€ | 11€ | 12€ | [m] | 0,10 h/m | 323.000.252

102 Eckschutzschiene, Edelstahl, WDVS KG **335**

Eckschutzschiene für Wärmedämm-Verbundsystem für Wärmedämm-Verbundsystem aus Edelstahl.
Eckschutzschiene: .....

10€ | 12€ | **13**€ | 15€ | 17€ | [m] | 0,10 h/m | 323.000.253

103 Sockelabschluss, Aluprofil, WDVS KG **335**

Sockelabschluss mit Tropfkante für Wärmedämm-Verbundsystem mit Profilleisten aus eloxiertem Aluminium.
Breite: 80 mm
Befestigung: ..... St/m

9€ | 10€ | **11**€ | 13€ | 15€ | [m] | 0,12 h/m | 323.000.254

104 Gehrungen, Profile, WDVS KG **335**

Gehrung für Sockelabschlussprofile bzw. Eckschutzschienen, für Wärmedämm-Verbundsystem, im Bereich von Ecken und Kanten.

0,8€ | 0,9€ | **1,0**€ | 1,1€ | 1,4€ | [St] | 0,02 h/St | 323.000.255

105 Anschluss, Fugendichtband, WDVS KG **335**

Vorkomprimiertes Fugendichtband aus selbstklebendem Weichschaumkunststoff, für Anschlussfuge des WDVS.
Fugenbreite: bis 10 mm

4€ | 4€ | **5**€ | 5€ | 7€ | [m] | 0,08 h/m | 323.000.256

106 Anschluss, Dichtlippe, WDVS KG **335**

Anschluss von Wärmedämmverbundsystem an Fenster und Türen für Außenanwendung mit Anschlussprofil und Dichtlippe aus Kunststoff mit Gewebestreifen. Elastische Dichtlippe mit Schaumklebeband an Fensterrahmen befestigt.
Bauteil: .....

8€ | 9€ | **10**€ | 11€ | 14€ | [m] | 0,15 h/m | 323.000.257

107 Gebäudebewegungsfugen, WDVS KG **335**

Gebäudebewegungsfugen in WDVS mit Kantenschutz, Hinterfüllprofil und elastischer Dichtungsmasse.

22€ | 25€ | **28**€ | 33€ | 37€ | [m] | 0,20 h/m | 323.000.258

Nr. **Kurztext** / Langtext — Kostengruppe
▶ ▷ **ø netto €** ◁ ◀ [Einheit] Ausf.-Dauer Positionsnummer

Kosten:
Stand 2.Quartal 2020
Bundesdurchschnitt

108 Dämmung, Kellerdecke, EPS 040, bis 100mm KG **354**

Wärmedämmung aus Polystyrol-Hartschaumplatten, als Untersicht der Kellerdecke, dicht gestoßen verklebt und ggf. gedübelt.
Dämmstoff: EPS
Oberfläche: **glatt / geprägt**
Nennwert der Wärmeleitfähigkeit: 0,040 W/(mK)
Bemessungswert der Wärmeleitfähigkeit: .....
Dämmplattendicke: .....
Anwendung: DI
Brandverhalten: .....
Plattenrand: .....
Deckenhöhen: .....

27€ 31€ **33**€ 34€ 38€ [m2] ⏱ 0,35 h/m2 323.000.267

109 Dämmung, Kellerdecke, EPS 040, 100mm KG **354**

Wärmedämmung aus Polystyrol-Hartschaumplatten, als Untersicht der Kellerdecke, dicht gestoßen verklebt und ggf. gedübelt.
Dämmstoff: EPS
Oberfläche: **glatt / geprägt**
Nennwert der Wärmeleitfähigkeit: 0,040 W/(mK)
Bemessungswert der Wärmeleitfähigkeit: .....
Dämmplattendicke: 100 mm
Anwendung: DI
Brandverhalten: .....
Plattenrand: .....
Deckenhöhen: .....

30€ 32€ **35**€ 38€ 44€ [m2] ⏱ 0,30 h/m2 323.000.268

110 Dämmung, Kellerdecke, EPS 040, 140mm KG **354**

Wärmedämmung aus Polystyrol-Hartschaumplatten, als Untersicht der Kellerdecke, dicht gestoßen verklebt und ggf. gedübelt.
Dämmstoff: EPS
Oberfläche: **glatt / geprägt**
Nennwert der Wärmeleitfähigkeit: 0,040 W/(mK)
Bemessungswert der Wärmeleitfähigkeit: .....
Dämmplattendicke: **120 / 140** mm
Anwendung: DI
Brandverhalten: .....
Plattenrand: .....
Deckenhöhen: .....

43€ 46€ **50**€ 54€ 64€ [m2] ⏱ 0,32 h/m2 323.000.269

▶ min
▷ von
ø Mittel
◁ bis
◀ max

111 Dämmung, Kellerdecke, MW 032, bis 140mm KG **354**

Wärmedämmung aus Mineralwolleplatten, als Untersicht der Kellerdecke, dicht gestoßen verklebt und ggf. gedübelt.
Dämmstoff: MW
Oberfläche: **glatt / geprägt**
Nennwert der Wärmeleitfähigkeit: 0,032 W/(mK)
Bemessungswert der Wärmeleitfähigkeit: .....
Dämmplattendicke: **120 / 140** mm
Anwendung: DI
Brandverhalten: .....
Plattenrand: .....
Deckenhöhen: .....

53€ 56€ **61**€ 67€ 83€ [m2] ⏱ 0,32 h/m2 323.000.270

112 Wärmedämmung, Mehrschichtplatte, 50mm KG **335**

Wärmedämmung aus Holzwolle-Mehrschichtplatten mit Polystyrol-Dämmkern, auf Stb-Bauteilen, dicht gestoßen verklebt und ggf. gedübelt.
Bauteil: **Wand / Überzug / Unterzug**
Dämmstoff: EPS
Nennwert der Wärmeleitfähigkeit: 0,040 W/(mK)
Bemessungswert der Wärmeleitfähigkeit: .....
Dämmplattendicke: 50 mm
Anwendung: DI
Brandverhalten: E
Plattenrand: .....

19€ 31€ **34**€ 40€ 50€ [m2] ⏱ 0,30 h/m2 323.000.273

113 Wärmedämmung, Mehrschichtplatte, 75mm KG **335**

Wärmedämmung aus Holzwolle-Mehrschichtplatten mit Polystyrol-Dämmkern, auf Stb-Bauteilen, dicht gestoßen verklebt und ggf. gedübelt.
Bauteil: **Wand / Überzug / Unterzug**
Dämmstoff: EPS
Nennwert der Wärmeleitfähigkeit: 0,040 W/(mK)
Bemessungswert der Wärmeleitfähigkeit: .....
Dämmplattendicke: 75 mm
Anwendung: DI
Brandverhalten: E
Plattenrand: .....

25€ 34€ **39**€ 43€ 54€ [m2] ⏱ 0,33 h/m2 323.000.274

323
324
325
326
327
328
329
330
331
332
333
334
336
337
338
339

Nr.	Kurztext / Langtext						Kostengruppe
▶	▷	**ø netto €**	◁	◀	[Einheit]	Ausf.-Dauer	Positionsnummer

114 **WDVS, Brandbarriere, bis 300mm** KG **354**

Brandbarriere in Wärmedämm-Verbundsystem, aus Mineralwolle, linienartig in Flächendämmung eingebaut, auf tragfähigen Untergrund der Außenwand.
Dämmstoff: MW
Nennwert Wärmeleitfähigkeit: ..... W/(mK)
Anwendung: WAP - zh
Brandverhalten: A1
Plattendicke: ..... mm
Breite: ..... mm

9€	12€	**13**€	14€	15€	[m]	⏱ 0,20 h/m	323.000.286

115 **Stundensatz Facharbeiter, Putzarbeiten**

Stundenlohnarbeiten für Vorarbeiter, Facharbeiter und Gleichgestellte (z.B. Spezialbaufacharbeiter, Baufacharbeiter, Obermonteure, Monteure, Gesellen, Maschinenführer, Fahrer und ähnliche Fachkräfte). Der Verrechnungssatz für die jeweilige Arbeitskraft umfasst sämtliche Aufwendungen wie Lohn- und Gehaltskosten, Lohn- und Gehaltsnebenkosten, Zuschläge, lohngebundene und lohnabhängige Kosten, sonstige Sozialkosten, Gemeinkosten, Wagnis und Gewinn.Leistung nach besonderer Anordnung der Bauüberwachung. Anmeldung und Nachweis gem. VOB/B.

38€	46€	**51**€	55€	67€	[h]	⏱ 1,00 h/h	323.000.284

116 **Stundensatz Helfer, Putzarbeiten**

Stundenlohnarbeiten für Werker, Helfer und Gleichgestellte (z.B. Baufachwerker, Helfer, Hilfsmonteure, Ungelernte, Angelernte). Der Verrechnungssatz für die jeweilige Arbeitskraft umfasst sämtliche Aufwendungen wie Lohn- und Gehaltskosten, Lohn- und Gehaltsnebenkosten, Zuschläge, lohngebundene und lohnabhängige Kosten, sonstige Sozialkosten, Gemeinkosten, Wagnis und Gewinn. Leistung nach besonderer Anordnung der Bauüberwachung. Anmeldung und Nachweis gem. VOB/B.

37€	43€	**45**€	47€	52€	[h]	⏱ 1,00 h/h	323.000.285

Kosten:
Stand 2.Quartal 2020
Bundesdurchschnitt

▶ min
▷ von
ø Mittel
◁ bis
◀ max

324

Kosten:
Stand 2.Quartal 2020
Bundesdurchschnitt

▶ min
▷ von
ø Mittel
◁ bis
◀ max

Fliesen- und Plattenarbeiten — Preise €

Nr.	Positionen	Einheit	▶	▷	ø brutto € / ø netto €	◁	◀
1	Bodenfliesen entfernen, geklebt	m²	14	16	**19**	23	26
			12	13	**16**	19	22
2	Bodenfliesen entfernen, Mörtelbett	m²	13	20	**25**	30	35
			11	17	**21**	26	29
3	Bodenfliesen/Estrich entfernen	m²	31	36	**44**	52	57
			26	30	**37**	44	48
4	Sockelfliesen entfernen	m	3	5	**6**	7	10
			2	4	**5**	6	9
5	Treppenbelag, Fliesen entfernen	m²	19	26	**27**	33	36
			16	22	**23**	28	31
6	Wandfliesen entfernen. Dickbett	m²	10	21	**24**	30	42
			8	18	**20**	26	35
7	Untergrund reinigen, Boden	m²	1	2	**3**	4	5
			0,9	1,9	**2,3**	3,0	4,4
8	Ausgleichsspachtelung, bis 10mm	m²	2	5	**5**	7	12
			2	4	**5**	6	10
9	Verbundabdichtung, streichbar, Wand	m²	10	16	**18**	23	35
			8	13	**15**	19	29
10	Anschluss, Ecken, Dichtband	m	5	9	**10**	12	16
			4	7	**9**	10	14
11	Bodenbelag, Fliesen 20/20cm	m²	56	71	**76**	87	109
			47	60	**64**	73	92
12	Bodenbelag, Fliesen 30/30cm	m²	53	66	**72**	80	100
			44	55	**60**	67	84
13	Wandbelag, Fliesen 15/15cm	m²	59	68	**73**	79	93
			50	57	**61**	66	78
14	Wandbelag, Fliesen 30/30cm	m²	60	73	**77**	89	113
			51	61	**65**	75	95
15	Bodenbelag, Fliesen/Platten BIa, 20/20cm	m²	52	62	**66**	71	77
			43	52	**55**	59	65
16	Wandbelag, Fliesen/Platten BIIa, 20/20cm	m²	58	64	**66**	78	93
			49	54	**56**	65	78
17	Wandbelag, Fliesen/Platten BIII, 20/20cm	m²	57	66	**69**	75	93
			48	55	**58**	63	78
18	Bodenbelag, Fliesen/Platten AI/AII, 20/20cm	m²	67	82	**89**	92	99
			56	69	**75**	77	83
19	Verfugung, Fliesen, Silikon	m	4	6	**7**	9	14
			3	5	**6**	8	12
20	Sockelfliesen, Dünnbett	m	9	17	**20**	22	31
			8	15	**17**	19	26
21	Kehlsockel, Fliesenbelag	m	21	30	**33**	38	50
			18	25	**28**	32	42
22	Trennschiene, Aluminium	m	8,6	12	**13**	14	18
			7,2	9,9	**11**	12	15
23	Trennschiene, Edelstahl	m	14	17	**19**	21	29
			11	14	**16**	18	24
24	Eckschutzschiene, Aluminium	m	14	15	**16**	16	18
			11	13	**13**	14	15

Nr.	Positionen	Einheit	▶	▷	ø brutto € / ø netto €	◁	◀
25	Eckschutzschiene, Edelstahl	m	19	25	**27**	32	41
			16	21	**23**	27	34
26	Eckschutzschiene, Kunststoff	m	5,5	8,8	**9,6**	12	18
			4,7	7,4	**8,0**	10	15
27	Stundensatz Facharbeiter, Fliesenarbeiten	h	45	57	**63**	67	77
			38	48	**53**	56	64

Nr. **Kurztext** / Langtext — Kostengruppe

▶ ▷ **ø netto €** ◁ ◀ [Einheit] Ausf.-Dauer Positionsnummer

1 Bodenfliesen entfernen, geklebt — KG **394**

Bodenfliesen, geklebt, ausbauen und Bauschutt entsorgen.
Fliesengröße: .....
Dicke: bis 2 cm
Ausbauort: .....

12€ 13€ **16**€ 19€ 22€ [m2] ⏱ 0,22 h/m2 324.000.061

2 Bodenfliesen entfernen, Mörtelbett — KG **394**

Bodenfliesen in Mörtelbett ausbauen und Bauschutt entsorgen.
Fliesengröße: .....
Mörtelbett: .....
Dicke: bis 5 cm
Ausbauort: .....

11€ 17€ **21**€ 26€ 29€ [m2] ⏱ 0,20 h/m2 324.000.062

3 Bodenfliesen/Estrich entfernen — KG **394**

Bodenfliesen einschl. Zement-Estrich sowie Trenn- bzw. Dämmschichten bis zur Rohdecke entfernen und Bauschutt entsorgen.
Dicke: bis 7 cm
Ausbauort: .....

26€ 30€ **37**€ 44€ 48€ [m2] ⏱ 0,75 h/m2 324.000.075

4 Sockelfliesen entfernen — KG **394**

Sockelfliesen, keramisch, einschl. Mörtelbett entfernen und Bauschutt entsorgen.
Abmessung: .....
Ausbauort: .....

2€ 4€ **5**€ 6€ 9€ [m] ⏱ 0,10 h/m 324.000.063

Nr.	Kurztext / Langtext						Kostengruppe
▶	▷	ø netto €	◁	◀	[Einheit]	Ausf.-Dauer	Positionsnummer

5 Treppenbelag, Fliesen entfernen KG **394**

Bodenfliesen als Treppenbelag mit Tritt- und Setzstufen einschl. vorhandener Abschluss- und Anschlussprofile entfernen und entsorgen.
Fliesengröße: .....
Verlegeart: .....
Dicke: bis 5 cm
Ausbauort: .....
Treppenbreite: .....

16€ | 22€ | **23**€ | 28€ | 31€ | [m²] | ⏱ 0,40 h/m² | 324.000.064

6 Wandfliesen entfernen. Dickbett KG **394**

Wandfliesen im Dickbett entfernen und Bauschutt entsorgen.
Fliesengröße: .....
Dicke: bis 4 cm
Ausbauort: .....

8€ | 18€ | **20**€ | 26€ | 35€ | [m²] | ⏱ 0,22 h/m² | 324.000.066

7 Untergrund reinigen, Boden KG **353**

Reinigen des Untergrunds von Staub, Schmutz und losen Bestandteilen, inkl. Entsorgen des Abfalls sowie Deponiegebühren.

0,9€ | 1,9€ | **2,3**€ | 3,0€ | 4,4€ | [m²] | ⏱ 0,04 h/m² | 324.000.001

8 Ausgleichsspachtelung, bis 10mm KG **353**

Nivellierspachtel auf Bodenflächen für Fliesenbelag.
Untergrund: .....
Spachteldicke: **5 / 10** mm

2€ | 4€ | **5**€ | 6€ | 10€ | [m²] | ⏱ 0,10 h/m² | 324.000.074

9 Verbundabdichtung, streichbar, Wand KG **345**

Innenraum-Abdichtung gegen Feuchtigkeit, in Verbindung mit Fliesenbelag, im Dünnbettverfahren.
Untergrund: .....
Abdichtung: .....
Einwirkungsklasse: W1-I DIN EN 18534
Einbauort: Wohnung, Dusche

8€ | 13€ | **15**€ | 19€ | 29€ | [m²] | ⏱ 0,20 h/m² | 324.000.076

10 Anschluss, Ecken, Dichtband KG **353**

Anschluss der Innenabdichtung in Innenecken an Übergang von Wand und Boden mit elastischer Dichtbandeinlage.
Einwirkungsklasse: .....
Bandbreite: 12 cm

4€ | 7€ | **9**€ | 10€ | 14€ | [m] | ⏱ 0,10 h/m | 324.000.082

Kosten:
Stand 2.Quartal 2020
Bundesdurchschnitt

▶ min
▷ von
ø Mittel
◁ bis
◀ max

11 Bodenbelag, Fliesen 20/20cm KG **353**

Bodenfliesenbelag mit frostbeständigen Fliesen, in Dünnbettmörtel aus zementhaltigem Mörtel Typ C und zementhaltigem Fugenmörtel.
Einbauort: .....
Untergrund: .....
Material: .....
Gruppe: .....
Fliesenformat: 20/20 cm
Oberfläche: eben
Rutschhemmung: .....
Farbton: .....

47€ 60€ **64**€ 73€ 92€ [m2] ⏱ 0,70 h/m2 324.000.083

12 Bodenbelag, Fliesen 30/30cm KG **353**

Bodenfliesenbelag mit frostbeständigen Fliesen, in Dünnbettmörtel aus zementhaltigem Mörtel Typ C und zementhaltigem Fugenmörtel.
Einbauort: .....
Untergrund: .....
Material: .....
Gruppe: .....
Fliesenformat: 30/30 cm
Oberfläche: eben
Rutschhemmung: .....
Farbton: .....

44€ 55€ **60**€ 67€ 84€ [m2] ⏱ 0,75 h/m2 324.000.084

13 Wandbelag, Fliesen 15/15cm KG **345**

Wandfliesenbelag mit frostbeständigen Fliesen, in Dünnbettmörtel aus zementhaltigem Mörtel Typ C und zementhaltigem Fugenmörtel.
Einbauort: .....
Untergrund: .....
Material: .....
Gruppe: .....
Fliesenformat: 15/15 cm
Oberfläche: .....
Farbton: .....

50€ 57€ **61**€ 66€ 78€ [m2] ⏱ 0,80 h/m2 324.000.085

14 Wandbelag, Fliesen 30/30cm KG **345**

Wandfliesenbelag mit frostbeständigen Fliesen, in Dünnbettmörtel aus zementhaltigem Mörtel Typ C und zementhaltigem Fugenmörtel.
Einbauort: .....
Untergrund: .....
Material: .....
Gruppe: .....
Fliesenformat: 30/30 cm
Oberfläche: .....
Farbton: .....

51€ 61€ **65**€ 75€ 95€ [m2] ⏱ 0,90 h/m2 324.000.086

Kosten:
Stand 2.Quartal 2020
Bundesdurchschnitt

▶ min
▷ von
ø Mittel
◁ bis
◀ max

Nr.	**Kurztext** / Langtext						Kostengruppe
▶	▷	**ø netto €**	◁	◀	[Einheit]	Ausf.-Dauer	Positionsnummer

15 Bodenbelag, Fliesen/Platten BIa, 20/20cm KG **345**

Bekleidung aus trockengepressten Fliesen/Platten an Wänden, DIN EN 14411 Gruppe BIa, frostbeständig, unglasiert, im Dünnbett aus zementhaltigem Mörtel Typ C DIN EN 12004-1, verfugen durch Einschlämmen mit Fugenmörtel, zementhaltig (CG) DIN EN 13888.
Untergrund: .....
Nennmaß: 20/20 cm
Oberfläche: eben
Rutschhemmung: .....
Farbe: uni

43€ 52€ **55**€ 59€ 65€ [m2] 0,70 h/m2 324.000.087

16 Wandbelag, Fliesen/Platten BIIa, 20/20cm KG **345**

Bekleidung aus trockengepressten Fliesen/Platten an Wänden, DIN EN 14411 Gruppe BIIa, frostbeständig, glasiert, glänzend, im Dünnbett aus zementhaltigem Mörtel Typ C DIN EN 12004-1, verfugen durch Einschlämmen mit Fugenmörtel, zementhaltig (CG) DIN EN 13888. Arbeitshöhe der zu bearbeitenden oder zu bekleidenden Fläche bis 3,5m über der Standfläche des hierfür erforderlichen Gerüstes.
Untergrund: .....
Nennmaß: 20/20 cm
Oberfläche: eben
Farbe: uni

49€ 54€ **56**€ 65€ 78€ [m2] 0,70 h/m2 324.000.088

17 Wandbelag, Fliesen/Platten BIII, 20/20cm KG **345**

Bekleidung aus trockengepressten Fliesen/Platten an Wänden, DIN EN 14411 Gruppe BIII, frostbeständig, glasiert, glänzend, im Dünnbett aus zementhaltigem Mörtel Typ C DIN EN 12004-1, verfugen durch Einschlämmen mit Fugenmörtel, zementhaltig (CG) DIN EN 13888. Arbeitshöhe der zu bearbeitenden oder zu bekleidenden Fläche bis 3,5m über der Standfläche des hierfür erforderlichen Gerüstes.
Untergrund: .....
Nennmaß: 20/20 cm
Oberfläche: eben
Farbe: uni

48€ 55€ **58**€ 63€ 78€ [m2] 0,75 h/m2 324.000.089

18 Bodenbelag, Fliesen/Platten AI/AII, 20/20cm KG **353**

Bodenbelag aus stranggepressten Fliesen/Platten, DIN EN 14411 Gruppe AIa, unglasiert, frostbeständig, auf Boden, im Dünnbett aus zementhaltigem Mörtel Typ C DIN EN 12004-1, verlegen im Fugenschnitt, verfugen durch Einschlämmen mit Fugenmörtel, zementhaltig (CG) DIN EN 13888.
Untergrund: .....
Nennmaß: 20/20 cm
Dicke: 8 mm
Oberfläche: eben
Rutschhemmung: .....
Farbe: uni

56€ 69€ **75**€ 77€ 83€ [m2] 0,90 h/m2 324.000.090

19 Verfugung, Fliesen, Silikon KG **345**

Elastische Verfugung von Fliesen, mit Silikon-Dichtstoff, inkl. Flankenvorbehandlung an den Anschlussflächen und Hinterlegen der Fugenhohlräume mit geeignetem Hinterstopfmaterial, Fuge glatt gestrichen.
Fugenbreite: .....
Fugentiefe: .....
Farbe: nach Bemusterung

3€ 5€ **6**€ 8€ 12€ [m] ⏱ 0,06 h/m 324.000.092

20 Sockelfliesen, Dünnbett KG **353**

Sockel aus frostbeständigen Fliesen in zementhaltigem Dünnbettmörtel mit farblich abgestimmter Verfugung.
Untergrund: .....
Material: **Steingut / Steinzeug / Feinsteinzeug**
Gruppe: ......
Fliesendicke: .....
Fliesenformat: .....
Verlegung: .....
Oberfläche: **glasiert / unglasiert**
Farbton: .....

8€ 15€ **17**€ 19€ 26€ [m] ⏱ 0,14 h/m 324.000.093

21 Kehlsockel, Fliesenbelag KG **353**

Kehlsockel aus frostbeständigen Fliesen in zementhaltigem Dünnbettmörtel mit farblich abgestimmter Verfugung.
Untergrund: .....
Material: **Steingut / Steinzeug / Feinsteinzeug**
Gruppe: ......
Fliesenformat: .....
Oberfläche: **glasiert / unglasiert**
Farbton: .....

18€ 25€ **28**€ 32€ 42€ [m] ⏱ 0,18 h/m 324.000.094

A 1 Trennschiene Beschreibung für Pos. **22-23**

Untergrund: .....
Material: Messing
Einbauort: **Abschluss / Übergang**
Anker: **mit / ohne**

22 Trennschiene, Aluminium KG **353**

Wie Ausführungsbeschreibung A 1
Untergrund: .....
Material: Aluminium
Einbauort: **Abschluss / Übergang**
Anker: **mit / ohne**

7€ 10€ **11**€ 12€ 15€ [m] ⏱ 0,10 h/m 324.000.096

Nr.	Kurztext / Langtext						Kostengruppe
▶	▷	ø netto €	◁	◀	[Einheit]	Ausf.-Dauer	Positionsnummer

23 Trennschiene, Edelstahl KG **353**

Wie Ausführungsbeschreibung A 1
Untergrund: .....
Material: nicht rostender Stahl, Werkstoff .....
Einbauort: **Abschluss / Übergang**
Anker: **mit / ohne**

11€ 14€ **16**€ 18€ 24€ [m] ⏱ 0,10 h/m 324.000.097

A 2 Eckschutzschiene, Fliesen-Wandbelag Beschreibung für Pos. **24-26**

Eckschutzschiene, mit Anker, in Fliesen-Wandbelag, an Ecken und Abschlüssen.
Abmessung / Höhe: abgestimmt auf Fliesendicke
Schienenhöhe: bis 8 mm

Kosten:
Stand 2.Quartal 2020
Bundesdurchschnitt

24 Eckschutzschiene, Aluminium KG **345**

Wie Ausführungsbeschreibung A 2
Material: Aluminium

11€ 13€ **13**€ 14€ 15€ [m] ⏱ 0,12 h/m 324.000.098

25 Eckschutzschiene, Edelstahl KG **345**

Wie Ausführungsbeschreibung A 2
Material: Edelstahl

16€ 21€ **23**€ 27€ 34€ [m] ⏱ 0,12 h/m 324.000.099

26 Eckschutzschiene, Kunststoff KG **345**

Wie Ausführungsbeschreibung A 2
Material: Hartkunststoff

5€ 7€ **8**€ 10€ 15€ [m] ⏱ 0,12 h/m 324.000.100

27 Stundensatz Facharbeiter, Fliesenarbeiten

Stundenlohnarbeiten für Vorarbeiter, Geselle, Facharbeiter und Gleichgestellte, sowie ähnliche Fachkräfte. Der Verrechnungssatz für die jeweilige Arbeitskraft umfasst sämtliche Aufwendungen wie Lohn- und Gehaltskosten, lohn- und gehaltsgebundene Kosten, Lohn- und Gehaltsnebenkosten, Gemeinkosten, Wagnis und Gewinn.Leistung nach besonderer Anordnung der Bauüberwachung. Anmeldung und Nachweis gem. VOB/B.

38€ 48€ **53**€ 56€ 64€ [h] ⏱ 1,00 h/h 324.000.059

▶ min
▷ von
ø Mittel
◁ bis
◀ max

325

Kosten:
Stand 2.Quartal 2020
Bundesdurchschnitt

▶ min
▷ von
ø Mittel
◁ bis
◀ max

Nr.	Positionen	Einheit	▶	▷	ø brutto € / ø netto €	◁	◀
1	Verbundestrich abbrechen, bis 25mm	m²	14	17	**20**	24	25
			12	15	**17**	20	21
2	Verbundestrich abbrechen, bis 50mm	m²	15	20	**25**	32	33
			13	17	**21**	27	28
3	Verbundestrich abbrechen, bis 70mm	m²	19	26	**33**	41	45
			16	22	**28**	35	38
4	Kunstharzestrich abbrechen, bis 20mm	m²	10	12	**15**	18	20
			9	10	**12**	15	17
5	Estrich, schwimmend, abbrechen	m²	18	24	**30**	37	37
			15	20	**26**	31	31
6	Estrich bewehrt, schwimmend, abbrechen	m²	21	35	**44**	52	54
			17	29	**37**	44	45
7	Heizestrich abbrechen	m²	34	40	**47**	56	61
			29	33	**40**	47	52
8	Heizestrich, bewehrt, abbrechen	m²	40	52	**57**	68	74
			33	43	**48**	57	62
9	Schutzestrich abbrechen	m²	18	29	**34**	41	52
			16	24	**29**	34	44
10	Bauteile schützen, Folie	m²	2	3	**4**	4	7
			1	3	**3**	4	6
11	Öffnungen schützen, Hartfaserplatten	St	8	10	**12**	14	19
			7	9	**10**	12	16
12	Strahlen, Strahlmittel, Betonboden	m²	5	6	**7**	9	13
			4	5	**6**	7	11
13	Druckwasserstrahlen, Estrich	m²	5	6	**7**	9	9
			4	5	**6**	7	8
14	Fehlstellen schließen, Estrich	m²	14	19	**27**	35	48
			12	16	**23**	30	40
15	Netzrisse schließen, Epoxidharz	m	9	11	**13**	17	19
			8	9	**11**	14	16
16	Holzboden prüfen	m²	7	9	**10**	12	13
			6	7	**8**	10	11
17	Holzboden, reinigen/grundieren	m²	6	9	**10**	12	18
			5	7	**8**	10	15
18	Holzboden, Gewebearmierung	m²	4	6	**7**	8	13
			4	5	**6**	7	11
19	Holzbodenausgleich, Kunstharz	m²	19	23	**28**	33	36
			16	19	**23**	28	30
20	Haftbrücke, Estrich	m²	2	3	**4**	5	7
			2	3	**3**	4	6
21	Kratzspachtelung, Betonboden	m²	12	11	**14**	17	27
			10	9	**12**	14	23
22	Nivellierestrich, 10mm, Betonboden	m²	16	18	**24**	28	30
			14	15	**20**	24	25
23	Nivellierestrich, 20mm, Betonboden	m²	22	25	**31**	36	40
			18	21	**26**	30	33
24	Trockenschüttung, bis 15mm	m²	3	5	**6**	7	9
			3	4	**5**	6	8

Nr.	Positionen	Einheit	▶	▷	ø brutto € / ø netto €	◁	◀
25	Trockenschüttung, bis 30mm	m²	12	17	**20**	21	31
			10	15	**17**	18	26
26	Trittschalldämmung MW 20-5mm 043 DES sh	m²	4	7	**8**	11	17
			4	6	**7**	9	15
27	Trittschalldämmung MW 30-5mm 043 DES sh	m²	5	9	**10**	14	22
			4	8	**9**	11	19
28	Trittschalldämmung EPS 20-2mm 043 DES sm	m²	3	4	**5**	5	7
			3	4	**4**	5	6
29	Trittschalldämmung EPS 30-3mm 043 DES sm	m²	4	6	**6**	7	9
			3	5	**5**	6	7
30	Wärmedämmung, Estrich EPS 40mm 040 DEO dm	m²	6,3	7,5	**9,8**	12	15
			5,3	6,3	**8,2**	10	12
31	Wärmedämmung, Estrich EPS 80mm 040 DEO dm	m²	8,8	12	**15**	16	18
			7,4	10	**13**	13	15
32	Wärmedämmung, Estrich EPS 120mm 040 DEO dm	m²	11	14	**19**	19	21
			9,0	12	**16**	16	18
33	Wärmedämmung, Estrich PUR 40mm 024 DEO dh	m²	12	15	**17**	18	21
			10	13	**14**	15	17
34	Trennlage, Estrich, PE-Folie, einlagig	m²	0,7	1,0	**1,1**	1,5	2,3
			0,6	0,8	**0,9**	1,2	2,0
35	Trennlage, Gussasphalt	m²	0,9	1,4	**1,5**	2,0	2,7
			0,8	1,2	**1,3**	1,7	2,2
36	Estrich, CT C25 F4 S45	m²	17	21	**23**	25	31
			14	18	**19**	21	26
37	Heizestrich, CT C25 F4 S65 H45	m²	20	24	**26**	30	40
			17	20	**22**	25	33
38	Schnellestrich, CT C40 F7 S45	m²	32	47	**54**	62	83
			27	40	**45**	52	70
39	Estrich, AS IC10 25	m²	32	39	**41**	58	81
			27	33	**35**	49	68
40	Nutzestrich, CT C25 F4 S45	m²	18	21	**22**	25	28
			15	18	**19**	21	23
41	Verbundestrich, CT-C25-F4-V50	m²	18	21	**22**	23	26
			15	17	**19**	20	22
42	Beschichtung, Epoxidharz, Estrich	m²	47	71	**74**	91	113
			40	60	**62**	76	95
43	Stundensatz Facharbeiter, Estricharbeiten	h	45	55	**59**	62	72
			38	46	**50**	52	60
44	Stundensatz Helfer, Estricharbeiten	h	41	48	**50**	55	66
			35	40	**42**	46	56

Nr. **Kurztext** / Langtext — Kostengruppe
▶ ▷ **ø netto €** ◁ ◀ [Einheit] Ausf.-Dauer Positionsnummer

1 Verbundestrich abbrechen, bis 25mm KG **394**
Verbundestrich als Zementestrich abbrechen und Bauschutt entsorgen.
Estrichdicke: bis 25 mm
12€ 15€ **17**€ 20€ 21€ [m²] ⏱ 0,20 h/m² 325.000.064

2 Verbundestrich abbrechen, bis 50mm KG **394**
Verbundestrich als Zementestrich abbrechen und Bauschutt entsorgen.
Estrichdicke: bis 50 mm
13€ 17€ **21**€ 27€ 28€ [m²] ⏱ 0,25 h/m² 325.000.065

3 Verbundestrich abbrechen, bis 70mm KG **394**
Verbundestrich als Zementestrich abbrechen und Bauschutt entsorgen.
Estrichdicke: bis 70 mm
16€ 22€ **28**€ 35€ 38€ [m²] ⏱ 0,40 h/m² 325.000.066

4 Kunstharzestrich abbrechen, bis 20mm KG **394**
Verbundestrich als Kunstharzestrich abbrechen und Bauschutt entsorgen.
Estrichdicke: bis 20 mm
9€ 10€ **12**€ 15€ 17€ [m²] ⏱ 0,15 h/m² 325.000.067

5 Estrich, schwimmend, abbrechen KG **394**
Estrich, schwimmend, einschl. Dämmung und Trennschicht abbrechen und Bauschutt sortenrein entsorgen.
Estrichart: .....
Estrichdicke: ca. 40 mm
Dämmung: .....
Dämmdicke: ca. 30 mm
Trennschicht: ....
15€ 20€ **26**€ 31€ 31€ [m²] ⏱ 0,35 h/m² 325.000.068

6 Estrich bewehrt, schwimmend, abbrechen KG **394**
Bewehrter Estrich, schwimmend, mit Dämmung und Trennlage abbrechen und Bauschutt sortenrein entsorgen.
Estrichart: .....
Estrichdicke: ca. 50 mm
Dämmung: .....
Dämmdicke: bis 100 mm
Trennlage: .....
17€ 29€ **37**€ 44€ 45€ [m²] ⏱ 0,52 h/m² 325.000.069

7 Heizestrich abbrechen KG **394**
Heizestrich mit Dämmschicht und Heizrohren und Trägerplatte abbrechen und sortenrein entsorgen.
Estrichart: .....
Bauart: A
Estrichdicke: bis 70 mm
Dämmung: .....
Dämmdicke: bis 40 mm
Fußbodenheizung: .....
29€ 33€ **40**€ 47€ 52€ [m²] ⏱ 0,50 h/m² 325.000.070

Kosten:
Stand 2.Quartal 2020
Bundesdurchschnitt

▶ min
▷ von
ø Mittel
◁ bis
◀ max

8 Heizestrich, bewehrt, abbrechen KG **394**

Heizestrich, bewehrt, mit Dämmschicht und Heizrohren und Trägerplatte abbrechen und sortenrein entsorgen.
Estrichart: .....
Bauart: **A / B / C**
Estrichdicke: bis 70 mm
Dämmung: .....
Dämmdicke: bis 40 mm
Fußbodenheizung: .....

33€ 43€ **48**€ 57€ 62€ [m2] ⏱ 0,60 h/m2 325.000.071

9 Schutzestrich abbrechen KG **394**

Schutzestrich auf Abdichtung abbrechen und Bauschutt entsorgen. Es ist darauf zu achten, dass die Abdichtung nicht beschädigt wird.
Estrichart: .....
Estrichdicke: ca. 80 mm

16€ 24€ **29**€ 34€ 44€ [m2] ⏱ 0,40 h/m2 325.000.072

10 Bauteile schützen, Folie KG **395**

Schutz von Bauteilen mit Kunststoff-Folie und Hartfaserplatten im Randbereich.
Bauteil: .....
Foliendicke: mind. 0,5 mm

1€ 3€ **3**€ 4€ 6€ [m2] ⏱ 0,04 h/m2 325.000.073

11 Öffnungen schützen, Hartfaserplatten KG **395**

Schutz von Fenstern und Türen mit Hartfaserplatten.
Öffnungsgröße: .....

7€ 9€ **10**€ 12€ 16€ [St] ⏱ 0,15 h/St 325.000.074

12 Strahlen, Strahlmittel, Betonboden KG **395**

Strahlen von Betonboden mit festem Strahlmittel zum Entfernen von Haftverbund mindernden Schichten.
Betongüte: .....
Gef. Oberflächenzugfestigkeit: 1,5 N/mm2

4€ 5€ **6**€ 7€ 11€ [m2] ⏱ 0,08 h/m2 325.000.075

13 Druckwasserstrahlen, Estrich KG **395**

Druckwasserstrahlen von Estrichflächen zum Reinigen von Haftverbund mindernden Substanzen.
Estrichart: .....
Oberfläche: .....

4€ 5€ **6**€ 7€ 8€ [m2] ⏱ 0,10 h/m2 325.000.076

14 Fehlstellen schließen, Estrich KG **395**

Fehlstellen in Estrich freilegen und mit Kunstharzmörtel schließen. Das lockere Material ist zu lösen und der anfallende Bauschutt zu entsorgen, die Ausbruchstellen sind aufzurauen und der Untergrund zu reinigen.
Schadensgrad: bis 30%/m2
Angeb. Saniersystem: .....

12€ 16€ **23**€ 30€ 40€ [m2] ⏱ 0,20 h/m2 325.000.077

323 324 **325** 326 327 328 329 330 331 332 333 334 336 337 338 339

Nr.	Kurztext / Langtext						Kostengruppe
▶	▷	**ø netto €**	◁	◀	[Einheit]	Ausf.-Dauer	Positionsnummer

15 Netzrisse schließen, Epoxidharz KG **395**

Verschluss von oberflächennahen Rissen als Netzrisse im Estrich, durch Tränkung mit Epoxidharz. Die Risse sind zu säubern und bis zur Sättigung zu füllen.
Estrichart: Zementestrich C20/C30
Rissweite: .....

8€ 9€ **11**€ 14€ 16€ [m] ⏱ 0,12 h/m 325.000.078

16 Holzboden prüfen KG **395**

Holzboden für die Aufnahme eines Estrichbelags auf Stabilität überprüfen und nachnageln.

6€ 7€ **8**€ 10€ 11€ [m2] ⏱ 0,16 h/m2 325.000.079

17 Holzboden, reinigen/grundieren KG **395**

Holzboden von nicht fest haftende Beschichtungen und Klebstoffresten entfernen und für Spachtelung grundieren.

5€ 7€ **8**€ 10€ 15€ [m2] ⏱ 0,10 h/m2 325.000.080

18 Holzboden, Gewebearmierung KG **395**

Holzboden mit Glasgewebe armieren.
Holzboden: .....
Gewebe: .....

4€ 5€ **6**€ 7€ 11€ [m2] ⏱ 0,08 h/m2 325.000.081

19 Holzbodenausgleich, Kunstharz KG **395**

Kunstharzausgleichschicht auf Holzboden mit Glasgewebearmierung vorbereitet.
Schichtdicke: 3-5 mm

16€ 19€ **23**€ 28€ 30€ [m2] ⏱ 0,35 h/m2 325.000.082

20 Haftbrücke, Estrich KG **395**

Haftbrücke auf gereinigtem, vorbereitetem Untergrund.
Estrich: Zementestrich
Untergrund: Beton

2€ 3€ **3**€ 4€ 6€ [m2] ⏱ 0,04 h/m2 325.000.083

21 Kratzspachtelung, Betonboden KG **395**

Schließen von Poren und Lunker als Kratzspachtelung mit Spachtelmasse.
Bauteil: Betonboden

10€ 9€ **12**€ 14€ 23€ [m2] ⏱ 0,23 h/m2 325.000.084

22 Nivellierestrich, 10mm, Betonboden KG **353**

Selbstverlaufender Nivellier-Verbundestrich auf Betonflächen.
Estrichdicke: 5-10 mm

14€ 15€ **20**€ 24€ 25€ [m2] ⏱ 0,15 h/m2 325.000.085

23 Nivellierestrich, 20mm, Betonboden KG **353**

Selbstverlaufender Nivellier-Verbundestrich auf Betonflächen.
Estrichdicke: 10-20 mm

18€ 21€ **26**€ 30€ 33€ [m2] ⏱ 0,20 h/m2 325.000.086

Kosten:
Stand 2.Quartal 2020
Bundesdurchschnitt

▶ min
▷ von
ø Mittel
◁ bis
◀ max

24 Trockenschüttung, bis 15mm KG **353**

Ausgleichsschüttung auf Rohdecke, gebundene Form.
Funktion: Flächenausgleich
Nutzlast: ..... kN/m²
Dicke i.M.: 15 mm

3€ | 4€ | **5**€ | 6€ | 8€ | [m²] | ⏱ 0,04 h/m² | 325.000.089

25 Trockenschüttung, bis 30mm KG **353**

Ausgleichsschüttung auf Rohdecke, gebundene Form.
Funktion: Flächenausgleich
Nutzlast: ..... kN/m²
Dicke i.M.: 30 mm

10€ | 15€ | **17**€ | 18€ | 26€ | [m²] | ⏱ 0,06 h/m² | 325.000.090

26 Trittschalldämmung MW 20-5mm 043 DES sh KG **353**

Trittschalldämmschicht aus Mineralwolle unter schwimmendem Estrich.
Untergrund: Rohdecke
Dämmstoff: MW-TSD
Brandverhalten: **A1 / A2-s1-d0**, nicht brennbar
Anwendungstyp: DES - sh
Nennwert der Wärmeleitfähigkeit: 0,043 W/(mK)
Bemessungswert der Wärmeleitfähigkeit: ..... W/(mK)
Dämmstoffdicke: 20-5 mm
Nutzlast: ..... kN/m²
Steifigkeitsgruppe: ...

4€ | 6€ | **7**€ | 9€ | 15€ | [m²] | ⏱ 0,04 h/m² | 325.000.091

27 Trittschalldämmung MW 30-5mm 043 DES sh KG **353**

Trittschalldämmschicht aus Mineralwolle unter schwimmendem Estrich.
Untergrund: Rohdecke
Dämmstoff: MW-TSD
Brandverhalten: **A1 / A2-s1-d0**, nicht brennbar
Anwendungstyp: DES - sh
Nennwert der Wärmeleitfähigkeit: 0,043 W/(mK)
Bemessungswert der Wärmeleitfähigkeit: ..... W/(mK)
Dämmstoffdicke: 30-5 mm
Nutzlast: ..... kN/m²
Steifigkeitsgruppe: ...

4€ | 8€ | **9**€ | 11€ | 19€ | [m²] | ⏱ 0,05 h/m² | 325.000.092

323
324
325
326
327
328
329
330
331
332
333
334
336
337
338
339

Nr.	Kurztext / Langtext					Kostengruppe
▶	▷	ø netto €	◁	◀	[Einheit]	Ausf.-Dauer Positionsnummer

28 Trittschalldämmung EPS 20-2mm 043 DES sm KG **353**

Trittschalldämmschicht aus Polystyrol-Dämmplatten unter schwimmendem Estrich.
Untergrund: Rohdecke
Dämmstoff: EPS-TSD
Brandverhalten: Klasse E
Anwendungstyp: DES - sm
Nennwert der Wärmeleitfähigkeit: 0,043 W/(mK)
Bemessungswert der Wärmeleitfähigkeit: ..... W/(mK)
Dämmstoffdicke: 20-2 mm
Nutzlast: ..... kN/m²
Steifigkeitsgruppe: ...

3€ 4€ **4**€ 5€ 6€ [m²] ⏱ 0,04 h/m² 325.000.093

Kosten:
Stand 2.Quartal 2020
Bundesdurchschnitt

29 Trittschalldämmung EPS 30-3mm 043 DES sm KG **353**

Trittschalldämmschicht aus Polystyrol-Dämmplatten unter schwimmendem Estrich.
Untergrund: Rohdecke
Dämmstoff: EPS-TSD
Brandverhalten: E
Anwendungstyp: DES - sm
Nennwert Wärmeleitfähigkeit: 0,043 W/(mK)
Bemessungswert der Wärmeleitfähigkeit: ..... W/(mK)
Dämmstoffdicke: 30-3 mm
Nutzlast: ..... kN/m²
Steifigkeitsgruppe: ...

3€ 5€ **5**€ 6€ 7€ [m²] ⏱ 0,04 h/m² 325.000.094

A 1 Wärmedämmung, Estrich EPS 040 DEO dm Beschreibung für Pos. **30-32**

Wärmedämmschicht aus Polystyrol-Dämmplatten unter schwimmendem Estrich.
Untergrund: Rohdecke
Dämmstoff: EPS
Anwendungstyp: DEO
Druckbelastbarkeit: dm
Nennwert Wärmeleitfähigkeit: 0,038 W/(mK)
Bemessungswert der Wärmeleitfähigkeit: ..... W/(mK)
Brandverhalten: Klasse E

▶ min
▷ von
ø Mittel
◁ bis
◀ max

30 Wärmedämmung, Estrich EPS 40mm 040 DEO dm KG **353**

Wie Ausführungsbeschreibung A 1
Nutzlast: ..... kN/m²
Dämmstoffdicke: 40 mm

5€ 6€ **8**€ 10€ 12€ [m²] ⏱ 0,05 h/m² 325.000.095

31 Wärmedämmung, Estrich EPS 80mm 040 DEO dm KG **353**

Wie Ausführungsbeschreibung A 1
Nutzlast: ..... kN/m²
Dämmstoffdicke: 80 mm

7€ 10€ **13**€ 13€ 15€ [m²] ⏱ 0,07 h/m² 325.000.096

32 Wärmedämmung, Estrich EPS 120mm 040 DEO dm KG **353**

Wie Ausführungsbeschreibung A 1
Nutzlast: kN/m2
Dämmstoffdicke: 120 mm

9€	12€	**16**€	16€	18€	[m2]	⏱ 0,07 h/m2	325.000.097

33 Wärmedämmung, Estrich PUR 40mm 024 DEO dh KG **353**

Wärmedämmschicht aus kaschierten Polyurethan-Dämmplatten unter schwimmendem Estrich.
Untergrund: Rohdecke
Dämmstoff: PUR, Aluminiumkaschierung
Anwendungstyp: DEO - dh
Nennwert der Wärmeleitfähigkeit: 0,024 W/(mK)
Bemessungswert der Wärmeleitfähigkeit: ..... W/(mK)
Dämmstoffdicke:40 mm
Nutzlast: kN/m2
Brandverhalten: Klasse E
Plattenrand: .....

10€	13€	**14**€	15€	17€	[m2]	⏱ 0,07 h/m2	325.000.098

34 Trennlage, Estrich, PE-Folie, einlagig KG **353**

Abdeckung auf Dämmschichten, mit Stoßüberlappung, als Unterlage für Estrich.
Estrich: .....
Trennlage: PE-Folie, 0,2 mm

0,6€	0,8€	**0,9**€	1,2€	2,0€	[m2]	⏱ 0,03 h/m2	325.000.099

35 Trennlage, Gussasphalt KG **353**

Abdeckung auf Dämmschichten, mit Stoßüberlappung, als Unterlage für Gussasphalt.
Trennlage: .....

0,8€	1,2€	**1,3**€	1,7€	2,2€	[m2]	⏱ 0,03 h/m2	325.000.100

36 Estrich, CT C25 F4 S45 KG **353**

Zementestrich als schwimmender Estrich für Bodenbelag auf Dämmschicht.
Einbauort: .....
Untergrund: eben
Estrichart: CT
Druckfestigkeitsklasse: C25
Biegezugfestigkeitsklasse: F4
Estrichdicke: 45 mm
Oberfläche: .....
Nutzlast: kN/m2
Belag: .....
Dämmung: .....
Besondere Anforderungen: .....

14€	18€	**19**€	21€	26€	[m2]	⏱ 0,20 h/m2	325.000.101

323
324
325
326
327
328
329
330
331
332
333
334
336
337
338
339

Nr.	Kurztext / Langtext						Kostengruppe
▶	▷	ø netto €	◁	◀	[Einheit]	Ausf.-Dauer	Positionsnummer

37 Heizestrich, CT C25 F4 S65 H45 KG **353**

Zementestrich als Heizestrich mit eingebetteten Leitungen für Bodenbelag auf Dämmschicht in Bauart A. Leistung inkl. Aufheizen und Abheizen des Fußbodenaufbaus sowie Protokollieren des Vorgangs und CM-Messung als Nachweis.
Einbauort: .....
Untergrund: eben
Estrichart: CT
Druckfestigkeitsklasse: C25
Biegezugfestigkeitsklasse: F4
Bauart A - Heizrohre auf der Dämmschicht
Heizrohrdicke: ..... mm
Estrichdicke: 65 mm
Rohrdurchmesser: .....
Rohrüberdeckung: 45 mm
Nutzlast: ..... kN/m²
Belag: .....
Dämmung: .....
Besondere Anforderungen: .....

17€ 20€ **22**€ 25€ 33€ [m²] ⏱ 0,25 h/m² 325.000.102

38 Schnellestrich, CT C40 F7 S45 KG **353**

Zementestrich als schwimmender Schnellestrich für Bodenbelag auf Dämmschicht.
Einbauort: .....
Untergrund: eben
Estrichart: CT, Schnellestrich
Druckfestigkeitsklasse: C40
Biegezugfestigkeitsklasse: F7
Estrichdicke: 45 mm
Nutzlast: ..... kN/m²
Belag: .....
Dämmung: .....
Besondere Anforderungen: .....

27€ 40€ **45**€ 52€ 70€ [m²] ⏱ 0,30 h/m² 325.000.103

39 Estrich, AS IC10 25 KG **353**

Gussasphaltestrich als schwimmender Estrich für Bodenbelag auf Dämmschicht.
Estrichart: AS
Härteklasse: IC 10
Estrichdicke: 25 mm
Einbauort: .....
Untergrund: eben
Nutzlast: ..... kN/m²
Belag: .....
Dämmung: .....
Besondere Anforderungen: .....

27€ 33€ **35**€ 49€ 68€ [m²] ⏱ 0,35 h/m² 325.000.104

Kosten:
Stand 2.Quartal 2020
Bundesdurchschnitt

▶ min
▷ von
ø Mittel
◁ bis
◀ max

Nr.	**Kurztext** / Langtext					Kostengruppe
▶	▷	**ø netto €**	◁	◀	[Einheit]	Ausf.-Dauer Positionsnummer

40 Nutzestrich, CT C25 F4 S45 KG **353**

Zementestrich als schwimmender Estrich für direkte Nutzung mit Oberflächenschutz auf Dämmschicht.
Einbauort: .....
Untergrund: eben
Estrichart: CT
Druckfestigkeitsklasse: C25
Biegezugfestigkeitsklasse: F4
Verschleißwiderstand A15
Estrichdicke: 45 mm
Nutzlast: ..... kN/m²
Oberflächenschutz: .....
Dämmung: .....
Besondere Anforderungen: .....

15€ 18€ **19**€ 21€ 23€ [m²] ⏱ 0,20 h/m² 325.000.105

41 Verbundestrich, CT-C25-F4-V50 KG **353**

Zementestrich als Nutzestrich für direkte Nutzung mit Oberflächenschutz im Verbund mit Untergrund.
Einbauort: .....
Untergrund: eben
Estrichart: CT
Druckfestigkeitsklasse: C25
Biegezugfestigkeitsklasse: F4
Verschleißwiderstand A15
Estrichdicke: 45 mm
Nutzlast: ..... kN/m²
Oberflächenschutz: .....
Dämmung: .....
Besondere Anforderungen: .....

15€ 17€ **19**€ 20€ 22€ [m²] ⏱ 0,20 h/m² 325.000.106

42 Beschichtung, Epoxidharz, Estrich KG **353**

Beschichtung von Estrichflächen mit Mehrkomponenten-Epoxidharz mit Zwischen- und Deckbeschichtung einschl. Grundierung.
Untergrund: .....
Beanspruchung: .....
Rutschgefahr: .....
Mindest-Schichtdicke: ..... mm
Farbton: grau
Auftragsmenge: .....

40€ 60€ **62**€ 76€ 95€ [m²] ⏱ 0,12 h/m² 325.000.107

43 Stundensatz Facharbeiter, Estricharbeiten

Stundenlohnarbeiten für Vorarbeiter, Geselle, Facharbeiter und Gleichgestellte, sowie ähnliche Fachkräfte. Der Verrechnungssatz für die jeweilige Arbeitskraft umfasst sämtliche Aufwendungen wie Lohn- und Gehaltskosten, lohn- und gehaltsgebundene Kosten, Lohn- und Gehaltsnebenkosten, Gemeinkosten, Wagnis und Gewinn.Leistung nach besonderer Anordnung der Bauüberwachung. Anmeldung und Nachweis gem. VOB/B.

38€ 46€ **50**€ 52€ 60€ [h] ⏱ 1,00 h/h 325.000.108

Nr.	Kurztext / Langtext						Kostengruppe
▶	▷	ø netto €	◁	◀	[Einheit]	Ausf.-Dauer	Positionsnummer

44 Stundensatz Helfer, Estricharbeiten

Stundenlohnarbeiten für Vorarbeiter, Geselle, Facharbeiter und Gleichgestellte, sowie ähnliche Fachkräfte. Der Verrechnungssatz für die jeweilige Arbeitskraft umfasst sämtliche Aufwendungen wie Lohn- und Gehaltskosten, lohn- und gehaltsgebundene Kosten, Lohn- und Gehaltsnebenkosten, Gemeinkosten, Wagnis und Gewinn.Leistung nach besonderer Anordnung der Bauüberwachung. Anmeldung und Nachweis gem. VOB/B.

▶	▷	ø	◁	◀	[Einheit]	Ausf.-Dauer	Positionsnummer
35€	40€	**42**€	46€	56€	[h]	⏱ 1,00 h/h	325.000.109

Kosten:
Stand 2.Quartal 2020
Bundesdurchschnitt

▶ min
▷ von
ø Mittel
◁ bis
◀ max

Kosten:
Stand 2.Quartal 2020
Bundesdurchschnitt

Nr.	Positionen	Einheit	▶	▷	ø brutto € / ø netto €	◁	◀
1	Kellerfenster ausbauen, Holz, 0,5m²	St	17	21	**27**	32	64
			14	18	**22**	27	54
2	Fenster ausbauen, Holz, bis 1,5m²	St	36	49	**56**	61	74
			30	41	**47**	51	62
3	Fenster ausbauen, Holz, bis 2,5m²	St	45	57	**62**	68	76
			38	48	**53**	57	64
4	Fenstertür ausbauen, Holz, bis 3,5m²	St	68	69	**87**	104	163
			57	58	**73**	87	137
5	Fenster ausbauen, Kunststoff, bis 1,5m²	St	30	39	**49**	59	73
			25	33	**41**	50	62
6	Fenster ausbauen, Kunststoff, bis 2,5m²	St	36	51	**64**	76	92
			31	43	**53**	64	77
7	Fenstertür ausbauen, Kunststoff, bis 3,5m²	St	66	85	**106**	128	175
			55	71	**89**	107	147
8	Hauseingangstür ausbauen, bis 4m²	St	67	119	**146**	179	188
			56	100	**123**	150	158
9	Kelleraußentür ausbauen, bis 2,5m²	St	42	48	**60**	72	78
			35	40	**50**	60	66
10	Holzfenster, 1-flüglig, 1.000x1.000mm, U_g-Wert 1,1W/(m²K)	St	385	414	**476**	561	618
			324	348	**400**	472	519
11	Holzfenster, 1-flüglig, 1.000x1.000mm, U_g-Wert 0,7W/(m²K)	St	433	460	**541**	622	704
			364	387	**455**	523	591
12	Holzfenster, 2-flüglig, 1.250x1.000mm, U_g-Wert 1,1W/(m²K)	St	526	552	**649**	766	844
			442	464	**546**	644	709
13	Holzfenster, 2-flüglig, 1.250x1.000mm, U_g-Wert 0,7W/(m²K)	St	560	595	**700**	805	910
			471	500	**589**	677	765
14	Holzfenster, 2-flüglig, Setzholz, 1.625x1.250mm, U_g-Wert 1,1W/(m²K)	St	621	659	**757**	871	984
			522	554	**636**	732	827
15	Holzfenstertür, 1-flüglig, 1.000x2.125mm, U_g-Wert 1,1W/(m²K)	St	714	776	**892**	1.026	1.160
			600	652	**750**	862	975
16	Holz-Alufenster, 1-flüglig, 1.000x1.000mm, U_g-Wert 1,1W/(m²K)	St	614	659	**748**	876	980
			516	553	**629**	736	824
17	Holz-Alufenster, 1-flüglig, 1.000x1.000mm, U_g-Wert 0,7W/(m²K)	St	661	669	**807**	944	1.049
			556	563	**678**	793	881
18	Holz-Alufenster, 2-flüglig, 1.250x1.000mm, U_g-Wert 1,1W/(m²K)	St	816	877	**1.008**	1.179	1.320
			686	737	**847**	991	1.109

▶ min
▷ von
ø Mittel
◁ bis
◀ max

Nr.	Positionen	Einheit	▶	▷	ø brutto € / ø netto €	◁	◀
19	Holz-Alufenster, 2-flüglig, 1.250x1.000mm, U_g-Wert 0,7W/(m²K)	St	860	913	**1.075**	1.236	1.397
			722	768	**903**	1.038	1.174
20	Holz-Alufenster, 2-flüglig, Setzholz, 1.625x1.250mm, U_g-Wert 1,1W/(m²K)	St	907	963	**1.107**	1.273	1.439
			763	809	**930**	1.069	1.209
21	Holz-Alufenstertür, 1-flüglig, 1.000x2.125mm, U_g-Wert 1,1W/(m²K)	St	949	1.020	**1.172**	1.371	1.524
			798	857	**985**	1.152	1.280
22	Kunststofffenster, 1-flüglig, 1.000x1.000mm, U_g-Wert 1,1W/(m²K)	St	359	377	**438**	513	583
			302	317	**368**	431	490
23	Kunststofffenster, 1-flüglig, 1.000x1.000mm, U_g-Wert 0,7W/(m²K)	St	394	413	**480**	567	634
			331	347	**404**	476	533
24	Kunststofffenster, 2-flüglig, 1.250x1.000mm, U_g-Wert 1,1W/(m²K)	St	515	533	**628**	722	822
			432	448	**527**	606	691
25	Kunststofffenster, 2-flüglig, Setzholz, 1.625x1.250mm, U_g-Wert 1,1W/(m²K)	St	578	650	**722**	831	939
			485	546	**607**	698	789
26	Kunststoff-Fenstertür, 1-flüglig, 1.000x2.125mm, U_g-Wert 1,1W/(m²K)	St	600	675	**750**	862	975
			504	567	**630**	725	819
27	Haustür, Kunststoff, einfach, 1.010x2.013mm	St	2.005	2.399	**2.591**	3.265	4.034
			1.685	2.016	**2.177**	2.744	3.390
28	Haustür, Aluminium/Glasfüllung, einfach, 1.010x2.013	St	1.871	3.081	**3.591**	4.646	6.689
			1.572	2.589	**3.017**	3.904	5.621
29	Fensterbank, außen, Aluminium, beschichtet	m	19	36	**42**	51	73
			16	30	**36**	43	61
30	Stundensatz Facharbeiter, Fensterbauarbeiten	h	53	62	**65**	73	88
			45	52	**55**	61	74
31	Stundensatz Helfer, Fensterbauarbeiten	h	46	52	**56**	61	68
			38	44	**47**	51	57

Nr. **Kurztext** / Langtext Kostengruppe

▶ ▷ **ø netto €** ◁ ◀ [Einheit] Ausf.-Dauer Positionsnummer

1 Kellerfenster ausbauen, Holz, 0,5m² KG **394**

Kellerfenster aus Holz mit Flügel und Rahmen ausbauen und anfallenden Bauschutt entsorgen.
Größe: bis 0,5 m²

14€ 18€ **22**€ 27€ 54€ [St] ⏱ 0,37 h/St 326.000.048

Nr.	Kurztext / Langtext						Kostengruppe
▶	▷	**ø netto €**	◁	◀	[Einheit]	Ausf.-Dauer	Positionsnummer

Kosten:
Stand 2.Quartal 2020
Bundesdurchschnitt

2 Fenster ausbauen, Holz, bis 1,5m² KG **394**

Fenster aus Holz mit Flügel und Fensterrahmen ausbauen und anfallenden Bauschutt entsorgen.
Größe: bis 1,5 m²

30€	41€	**47**€	51€	62€	[St]	⏱ 0,70 h/St	326.000.049

3 Fenster ausbauen, Holz, bis 2,5m² KG **394**

Fenster aus Holz mit Flügel und Fensterrahmen ausbauen und anfallenden Bauschutt entsorgen.
Größe: bis 2,5 m²

38€	48€	**53**€	57€	64€	[St]	⏱ 0,80 h/St	326.000.050

4 Fenstertür ausbauen, Holz, bis 3,5m² KG **394**

Fenstertür aus Holz mit Flügel und Rahmen ausbauen und anfallenden Bauschutt entsorgen.
Größe: bis 3,5 m²

57€	58€	**73**€	87€	137€	[St]	⏱ 1,00 h/St	326.000.051

5 Fenster ausbauen, Kunststoff, bis 1,5m² KG **394**

Fenster aus Kunststoff mit Flügel, Rahmen, innerer und äußerer Fensterbank ausbauen und anfallenden Bauschutt entsorgen.
Größe: bis 1,5 m²

25€	33€	**41**€	50€	62€	[St]	⏱ 0,80 h/St	326.000.052

6 Fenster ausbauen, Kunststoff, bis 2,5m² KG **394**

Fenster aus Kunststoff mit Flügel, Rahmen, innerer und äußerer Fensterbank ausbauen und anfallenden Bauschutt entsorgen.
Größe: bis 2,5 m²

31€	43€	**53**€	64€	77€	[St]	⏱ 0,95 h/St	326.000.053

7 Fenstertür ausbauen, Kunststoff, bis 3,5m² KG **394**

Fenstertür aus Kunststoff mit Flügel und Rahmen ausbauen und anfallenden Bauschutt entsorgen.
Größe: bis 3,5 m²

55€	71€	**89**€	107€	147€	[St]	⏱ 1,05 h/St	326.000.054

8 Hauseingangstür ausbauen, bis 4m² KG **394**

Hauseingangstür mit Rahmen, Türblatt und Zarge ausbauen und anfallenden Bauschutt entsorgen.
Material: .....
Größe: bis 4 m²

56€	100€	**123**€	150€	158€	[St]	⏱ 1,30 h/St	326.000.055

9 Kelleraußentür ausbauen, bis 2,5m² KG **394**

Kelleraußentür mit Türblatt und Zarge ausbauen und anfallenden Bauschutt entsorgen.
Material: .....
Größe: bis 2,5 m²

35€	40€	**50**€	60€	66€	[St]	⏱ 0,45 h/St	326.000.056

▶ min
▷ von
ø Mittel
◁ bis
◀ max

A 1 **Holzfenster, 1-flüglig, 1.000x1.000mm** Beschreibung für Pos. **10-11**

Einflügliges Fenster aus Holz, ohne Sprossen, mit zum Rahmen versetztem Flügel, Beschlag mit Einhandbedienung, Drehkippfunktion, Aushebelschutz und konstanter Griffstellung in Kippstellung. Einbau in einschalige Wand mit stumpfem Anschlag, einschl. Vorrichten für Außenfensterbank aus Blech. Befestigung mit Rahmendübeln und Fensterbauschraube, einschl. Ausfüllen der Fugen zwischen Rahmen und anschließenden Bauteilen.
Baurichtmaß (B x H): 1.000 x 1.000 mm
Holzart: Fichte
Oberfläche: endbeschichtet
Farbe: .....
Rahmendurchbiegung: .....
Festigkeitsklasse: .....
Rahmenbreite: ..... mm
Rahmendicke: .... mm
Rahmenprofil: eckig, mit Falzdichtung
Verglasung: Isolierverglasung, dreischeibig
U_w-Wert: .....
Lichtdurchlässigkeit: ..... %
Glasrandverbund: .....
Windlast: .....
Schlagregendichtheit: .....
Luftdurchlässigkeit: .....
Schalldämm-Maß: .....
Einbruchhemmung: .....
Anschlussfugen: .....
Beschläge: LM-eloxiert, verdeckt liegend
Bedienungskräfte: .....
Einbauort: .....

10 **Holzfenster, 1-flüglig, 1.000x1.000mm, U_g-Wert 1,1W/(m²K)** KG **334**

Wie Ausführungsbeschreibung A 1
U_g-Wert: 1,1 W/(m²K)

324€ 348€ **400**€ 472€ 519€ [St] ⏱ 2,02 h/St 326.000.057

11 **Holzfenster, 1-flüglig, 1.000x1.000mm, U_g-Wert 0,7W/(m²K)** KG **334**

Wie Ausführungsbeschreibung A 1
U_g-Wert: 0,7 W/(m²K)

364€ 387€ **455**€ 523€ 591€ [St] ⏱ 2,02 h/St 326.000.058

323
324
325
326
327
328
329
330
331
332
333
334
336
337
338
339

Nr.	Kurztext / Langtext						Kostengruppe
▶	▷	ø netto €	◁	◀	[Einheit]	Ausf.-Dauer	Positionsnummer

A 2 Holzfenster, 2-flüglig, 1.250x1.000mm — Beschreibung für Pos. **12-13**

Zweiflügliges Fenster aus Holz, ohne Sprossen, mit zum Rahmen versetzten Flügeln, Beschlag mit Einhandbedienung, Drehkipp- und Drehfunktion, Aushebelschutz und konstanter Griffstellung in Kippstellung. Einbau in einschalige Wand mit stumpfem Anschlag, einschl. Vorrichten für äußere Fensterbank aus Blech. Befestigung mit Rahmendübeln und Fensterbauschrauben, einschl. Ausfüllen der Fugen zwischen Rahmen und anschließenden Bauteilen.
Baurichtmaß (B x H): 1.250 x 1.000 mm
Holzart: Fichte
Oberfläche: endbeschichtet
Farbe: .....
Rahmendurchbiegung: .....
Festigkeitsklasse: .....
Rahmenbreite: ..... mm
Rahmendicke: .... mm
Rahmenprofil: eckig, mit Falzdichtung
Verglasung: Isolierverglasung, 2-scheibig
U_W-Wert: .....
Lichtdurchlässigkeit: ..... %
Glasrandverbund: .....
Windlast: .....
Schlagregendichtheit: .....
Luftdurchlässigkeit: .....
Schalldämm-Maß: .....
Einbruchhemmung: .....
Anschlussfugen: .....
Beschläge: LM-eloxiert, verdeckt liegend
Bedienungskräfte: .....
Einbauort: .....

Kosten:
Stand 2.Quartal 2020
Bundesdurchschnitt

12 Holzfenster, 2-flüglig, 1.250x1.000mm, U_g-Wert 1,1W/(m²K) — KG **334**

Wie Ausführungsbeschreibung A 2
U_g-Wert: 1,1 W/(m²K)

▶	▷	ø	◁	◀	Einheit	Ausf.-Dauer	Positionsnummer
442€	464€	**546**€	644€	709€	[St]	⏱ 2,30 h/St	326.000.059

13 Holzfenster, 2-flüglig, 1.250x1.000mm, U_g-Wert 0,7W/(m²K) — KG **334**

Wie Ausführungsbeschreibung A 2
U_g-Wert: 0,7 W/(m²K)

▶	▷	ø	◁	◀	Einheit	Ausf.-Dauer	Positionsnummer
471€	500€	**589**€	677€	765€	[St]	⏱ 2,30 h/St	326.000.067

▶ min
▷ von
ø Mittel
◁ bis
◀ max

14 **Holzfenster, 2-flüglig, Setzholz, 1.625x1.250mm, U_g-Wert 1,1W/(m²K)** KG **334**

Zweiflügliges Fenster aus Holz mit Setzholz, ohne Sprossen, mit zum Rahmen versetzten Flügeln, Beschlag mit Einhandbedienung, Drehkipp- und Drehfunktion, Aushebelschutz und konstanter Griffstellung in Kippstellung. Einbau in einschalige Wand mit stumpfem Anschlag, einschl. Vorrichten für äußere Fensterbank aus Blech. Befestigung mit Rahmendübeln und Fensterbauschrauben, einschl. Ausfüllen der Fugen zwischen Rahmen und anschließenden Bauteilen.
Baurichtmaß (B x H): 1.625 x 1.250 mm
Holzart: Fichte
Oberfläche: endbeschichtet
Farbe: .....
Rahmendurchbiegung: .....
Festigkeitsklasse: .....
Rahmenbreite: ..... mm
Rahmendicke: .... mm
Rahmenprofil: eckig, mit Falzdichtung
Verglasung: Isolierverglasung, zweischeibig
U_g-Wert: 1,1 W/(m²K)
U_W-Wert: .....
Lichtdurchlässigkeit: ..... %
Glasrandverbund: .....
Windlast: .....
Schlagregendichtheit: .....
Luftdurchlässigkeit: .....
Schalldämm-Maß: .....
Einbruchhemmung: .....
Anschlussfugen: .....
Beschläge: LM-eloxiert, verdeckt liegend
Bedienungskräfte: .....
Einbauort: .....

522€ 554€ **636**€ 732€ 827€ [St] ⏱ 3,45 h/St 326.000.060

Kosten:
Stand 2.Quartal 2020
Bundesdurchschnitt

Nr.	Kurztext / Langtext					Kostengruppe
▶	▷	**ø netto €**	◁	◀	[Einheit]	Ausf.-Dauer Positionsnummer

15 Holzfenstertür, 1-flüglig, 1.000x2.125mm, U_g-Wert 1,1W/(m²K) KG **334**

Einflüglige Fenstertüre aus Holz, ohne Sprossen, mit versetzten Flügel zum Rahmen, Beschlag mit Einhandbedienung, Drehkippfunktion, Aushebelschutz und konstanter Griffstellung in Kippstellung. Einbau in einschalige Wand mit stumpfem Anschlag und Vorrichten für äußere Fensterbank aus Blech. Befestigung mit Rahmendübeln und Fensterbauschrauben sowie ausfüllen der Fugen zwischen Rahmen und anschließenden Bauteilen.
Baurichtmaß (B x H): 1.000 x 2.125 mm
Holzart: Fichte
Oberfläche: endbeschichtet
Farbe: .....
Rahmendurchbiegung: .....
Festigkeitsklasse: .....
Rahmenbreite: ..... mm
Rahmendicke: .... mm
Rahmenprofil: eckig, mit Falzdichtung
Verglasung: Isolierverglasung, zweischeibig
U_g-Wert: 1,1 W/(m²K)
U_w-Wert: .....
Lichtdurchlässigkeit: ..... %
Glasrandverbund: .....
Windlast: .....
Schlagregendichtheit: .....
Luftdurchlässigkeit: .....
Schalldämm-Maß: .....
Einbruchhemmung: .....
Anschlussfugen: .....
Beschläge: LM-eloxiert, verdeckt liegend
Bedienungskräfte: .....
Einbauort: .....

600€	652€	**750**€	862€	975€	[St]	⏱ 2,70 h/St	326.000.061

▶ min
▷ von
ø Mittel
◁ bis
◀ max

A 3 **Holz-Alufenster, 1-flüglig, 1.000x1.000mm** Beschreibung für Pos. **16-17**

Einflügliges Fenster aus Holz mit hinterlüftetem und thermisch getrenntem Aluminiumprofil, ohne Sprossen, mit zum Rahmen versetztem Flügel, Beschlag mit Einhandbedienung, Drehkippfunktion, Aushebelschutz und konstanter Griffstellung in Kippstellung. Einbau in einschalige Wand mit stumpfem Anschlag, einschl. Vorrichten für Außenfensterbank aus Blech. Befestigung mit Rahmendübeln und Fensterbauschrauben, einschl. Ausfüllen der Fugen zwischen Rahmen und anschließenden Bauteilen.
Baurichtmaß (B x H): 1.000 x 1.000 mm
Holzart: Fichte, mit Aluminiumbekleidung
Oberflächen: endbeschichtet
Farben: .....
Rahmendurchbiegung: .....
Festigkeitsklasse: .....
Rahmenbreite: ..... mm
Rahmendicke: .... mm
Rahmenprofil: eckig, mit Falzdichtung
Verglasung: Isolierverglasung, dreischeibig
U_W-Wert: .....
Lichtdurchlässigkeit: ..... %
Glasrandverbund: .....
Windlast: .....
Schlagregendichtheit: .....
Luftdurchlässigkeit: .....
Schalldämm-Maß: .....
Einbruchhemmung: .....
Anschlussfugen: .....
Beschläge: LM-eloxiert, verdeckt liegend
Bedienungskräfte: .....
Einbauort: .....

16 **Holz-Alufenster, 1-flüglig, 1.000x1.000mm, U_g-Wert 1,1W/(m²K)** KG **334**

Wie Ausführungsbeschreibung A 3
U_g-Wert: 1,1 W/(m²K)

516€ 553€ **629**€ 736€ 824€ [St] ⏱ 2,02 h/St 326.000.068

17 **Holz-Alufenster, 1-flüglig, 1.000x1.000mm, U_g-Wert 0,7W/(m²K)** KG **334**

Wie Ausführungsbeschreibung A 3
U_g-Wert: 0,7 W/(m²K)

556€ 563€ **678**€ 793€ 881€ [St] ⏱ 2,02 h/St 326.000.069

Nr.	Kurztext / Langtext						Kostengruppe
▶	▷	ø netto €	◁	◀	[Einheit]	Ausf.-Dauer	Positionsnummer

A 4 Holz-Alufenster, 2-flüglig, 1.250x1.000mm Beschreibung für Pos. **18-19**

Einflügliges Fenster aus Holz mit hinterlüftetem und thermisch getrenntem Aluminiumprofil, ohne Sprossen, mit zum Rahmen versetzten Flügeln, Beschlag mit Einhandbedienung, Drehkipp- und Drehfunktion, Aushebelschutz und konstanter Griffstellung in Kippstellung. Einbau in einschalige Wand mit stumpfen Anschlag, einschl. Vorrichten für äußere Fensterbank aus Blech. Befestigung mit Rahmendübeln und Fensterbauschrauben, einschl. Ausfüllen der Fugen zwischen Rahmen und anschließenden Bauteilen.
Baurichtmaß (B x H): 1.250 x 1.000 mm
Holzart: Fichte, mit Aluminiumbekleidung
Oberflächen: endbeschichtet
Farben: .....
Rahmendurchbiegung: .....
Festigkeitsklasse: .....
Rahmenbreite: ..... mm
Rahmendicke: ..... mm
Rahmenprofil: eckig, mit Falzdichtung
Verglasung: Isolierverglasung, 2-scheibig
U_W-Wert: .....
Lichtdurchlässigkeit: ..... %
Glasrandverbund: .....
Windlast: .....
Schlagregendichtheit: .....
Luftdurchlässigkeit: .....
Schalldämm-Maß: .....
Einbruchhemmung: .....
Anschlussfugen: .....
Beschläge: LM-eloxiert, verdeckt liegend
Bedienungskräfte: .....
Einbauort: .....

18 Holz-Alufenster, 2-flüglig, 1.250x1.000mm, U_g-Wert 1,1W/(m²K) KG **334**

Wie Ausführungsbeschreibung A 4
U_g-Wert: 1,1 W/(m²K)

686€	737€	**847**€	991€	1.109€	[St]	⏱ 2,30 h/St	326.000.070

19 Holz-Alufenster, 2-flüglig, 1.250x1.000mm, U_g-Wert 0,7W/(m²K) KG **334**

Wie Ausführungsbeschreibung A 4
U_g-Wert: 0,7 W/(m²K)

722€	768€	**903**€	1.038€	1.174€	[St]	⏱ 2,30 h/St	326.000.071

Kosten:
Stand 2.Quartal 2020
Bundesdurchschnitt

▶ min
▷ von
ø Mittel
◁ bis
◀ max

20 Holz-Alufenster, 2-flüglig, Setzholz, 1.625x1.250mm, U_g-Wert 1,1W/(m²K) KG **334**

Zweiflügliges Fenster aus Holz mit Setzholz und hinterlüftetem und thermisch getrenntem Aluminiumprofil, ohne Sprossen, mit zum Rahmen versetzten Flügeln, Beschlag mit Einhandbedienung, Drehkipp- und Drehfunktion, Aushebelschutz und konstanter Griffstellung in Kippstellung. Einbau in einschalige Wand mit stumpfem Anschlag, einschl. Vorrichten für äußere Fensterbank aus Blech. Befestigung mit Rahmendübeln und Fensterbauschrauben, einschl. Ausfüllen der Fugen zwischen Rahmen und anschließenden Bauteilen.
Baurichtmaß (B x H): 1.625 x 1.250 mm
Holzart: Fichte, mit Aluminiumbekleidung
Oberflächen: endbeschichtet
Farben: .....
Rahmendurchbiegung: .....
Festigkeitsklasse: .....
Rahmenbreite: ..... mm
Rahmendicke: ..... mm
Rahmenprofil: eckig, mit Falzdichtung
Verglasung: Isolierverglasung, zweischeibig
U_g-Wert: 1,1 W/(m²K)
U_w-Wert: .....
Lichtdurchlässigkeit: ..... %
Glasrandverbund: .....
Windlast: .....
Schlagregendichtheit: .....
Luftdurchlässigkeit: .....
Schalldämm-Maß: .....
Einbruchhemmung: .....
Anschlussfugen: .....
Beschläge: LM-eloxiert, verdeckt liegend
Bedienungskräfte: .....
Einbauort: .....

763€ 809€ **930**€ 1.069€ 1.209€ [St] ⏱ 3,45 h/St 326.000.072

Nr.	Kurztext / Langtext						Kostengruppe
▶	▷	ø netto €	◁	◀	[Einheit]	Ausf.-Dauer	Positionsnummer

21 Holz-Alufenstertür, 1-flüglig, 1.000x2.125mm, U_g-Wert 1,1W/(m²K) KG **334**

Einflüglige Fenstertür aus Holz mit hinterlüftetem und thermisch getrenntem Aluminiumprofil, ohne Sprossen, mit versetzten Flügel zum Rahmen, Beschlag mit Einhandbedienung, Drehkippfunktion, Aushebelschutz und konstanter Griffstellung in Kippstellung. Einbau in einschalige Wand mit stumpfem Anschlag und Vorrichten für äußere Fensterbank aus Blech. Befestigung mit Rahmendübeln und Fensterbauschrauben sowie Ausfüllen der Fugen zwischen Rahmen und anschließenden Bauteilen.
Baurichtmaß (B x H): 1.000 x 2.125 mm
Holzart: Fichte
Oberfläche: endbeschichtet
Farbe: .....
Rahmendurchbiegung: .....
Festigkeitsklasse: .....
Rahmenbreite: ..... mm
Rahmendicke: ..... mm
Rahmenprofil: eckig, mit Falzdichtung
Verglasung: Isolierverglasung, zweischeibig
U_g-Wert: 1,1 W/(m²K)
U_w-Wert: .....
Lichtdurchlässigkeit: ..... %
Glasrandverbund: .....
Windlast: .....
Schlagregendichtheit: .....
Luftdurchlässigkeit: .....
Schalldämm-Maß: .....
Einbruchhemmung: .....
Anschlussfugen: .....
Beschläge: LM-eloxiert, verdeckt liegend
Bedienungskräfte: .....
Einbauort: .....

▶	▷	ø	◁	◀	Einheit	Ausf.-Dauer	Positionsnummer
798€	857€	**985**€	1.152€	1.280€	[St]	⏱ 2,70 h/St	326.000.073

Kosten:
Stand 2.Quartal 2020
Bundesdurchschnitt

▶ min
▷ von
ø Mittel
◁ bis
◀ max

A 5 Kunststofffenster, 1-flüglig, 1.000x1.000mm Beschreibung für Pos. **22-23**

Einflügliges Kunststofffenster aus Mehrkammerprofilen, ohne Sprossen, mit zum Rahmen versetztem Flügel, Beschlag mit Einhandbedienung, Drehkippfunktion, Aushebelschutz und konstanter Griffstellung in Kippstellung. Einbau in einschalige Wand mit stumpfem Anschlag, einschl. Vorrichten für äußere Fensterbank aus Blech. Befestigung mit Rahmendübeln und Fensterbauschrauben sowie ausfüllen der Fugen zwischen Rahmen und anschließenden Bauteilen.
Baurichtmaß (B x H): 1.000 x 1.000 mm
Farbe: .....
Rahmendurchbiegung: .....
Festigkeitsklasse: .....
Rahmenbreite: ..... mm
Rahmendicke: ..... mm
Rahmenprofil: eckig, mit doppelter Lippendichtung
Verglasung: Isolierverglasung, dreischeibig
U_W-Wert: .....
Lichtdurchlässigkeit: ..... %
Glasrandverbund: .....
Windlast: .....
Schlagregendichtheit: .....
Luftdurchlässigkeit: .....
Schalldämm-Maß: .....
Einbruchhemmung: .....
Anschlussfugen: .....
Beschläge: LM-eloxiert, verdeckt liegend
Bedienungskräfte: .....
Einbauort: .....

22 Kunststofffenster, 1-flüglig, 1.000x1.000mm, U_g-Wert 1,1W/(m²K) KG **334**

Wie Ausführungsbeschreibung A 5
U_g-Wert: 1,1 W/(m²K)

302€ 317€ **368**€ 431€ 490€ [St] ⏱ 2,00 h/St 326.000.062

23 Kunststofffenster, 1-flüglig, 1.000x1.000mm, U_g-Wert 0,7W/(m²K) KG **334**

Wie Ausführungsbeschreibung A 5
U_g-Wert: 0,7 W/(m²K)

331€ 347€ **404**€ 476€ 533€ [St] ⏱ 2,00 h/St 326.000.063

Nr.	Kurztext / Langtext						Kostengruppe
▶	▷	**ø netto €**	◁	◀	[Einheit]	Ausf.-Dauer	Positionsnummer

24 Kunststofffenster, 2-flüglig, 1.250x1.000mm, U_g-Wert 1,1W/(m²K) KG **334**

Zweiflügliges Kunststofffenster aus Mehrkammerprofilen, ohne Sprossen, mit zum Rahmen versetzten Flügeln, Beschlag mit Einhandbedienung, Drehkipp- und Drehfunktion, Aushebelschutz und konstanter Griffstellung in Kippstellung. Einbau in einschalige Wand mit stumpfen Anschlag, einschl Vorrichten für äußere Fensterbank aus Blech. Befestigung mit Rahmendübeln und Fensterbauschrauben, einschl. Ausfüllen der Fugen zwischen Rahmen und anschließenden Bauteilen.
Baurichtmaß (B x H): 1.250 x 1.000 mm
Farbe: .....
Rahmendurchbiegung: .....
Festigkeitsklasse: .....
Rahmenbreite: ..... mm
Rahmendicke: ..... mm
Rahmenprofil: eckig, mit doppelter Lippendichtung
Verglasung: Isolierverglasung, zweischeibig
U_g-Wert: 1,1 W/(m²K)
U_W-Wert: .....
Lichtdurchlässigkeit: ..... %
Glasrandverbund: .....
Windlast: .....
Schlagregendichtheit: .....
Luftdurchlässigkeit: .....
Schalldämm-Maß: .....
Einbruchhemmung: .....
Anschlussfugen: .....
Beschläge: LM-eloxiert, verdeckt liegend
Bedienungskräfte: .....
Einbauort: .....

▶	▷	ø	◁	◀	Einheit	Ausf.-Dauer	Positionsnummer
432€	448€	**527**€	606€	691€	[St]	⏱ 3,00 h/St	326.000.064

Kosten:
Stand 2.Quartal 2020
Bundesdurchschnitt

▶ min
▷ von
ø Mittel
◁ bis
◀ max

25 Kunststofffenster, 2-flüglig, Setzholz, 1.625x1.250mm, U_g-Wert 1,1W/(m²K) KG **334**

Zweiflügliges Kunststofffenster aus Mehrkammerprofilen mit Setzholz, ohne Sprossen, mit zum Rahmen versetzten Flügeln, Beschlag mit Einhandbedienung, jeweils Drehkippfunktion, Aushebelschutz und konstanter Griffstellung in Kippstellung. Einbau in einschalige Wand mit stumpfem Anschlag, einschl. Vorrichten für äußere Fensterbank aus Blech. Befestigung mit Rahmendübel und Fensterbauschrauben, einschl. Ausfüllen der Fugen zwischen Rahmen und anschließenden Bauteilen.
Baurichtmaß (B x H): 1.625 x 1.250 mm
Farbe: .....
Rahmendurchbiegung: .....
Festigkeitsklasse: .....
Rahmenbreite: ..... mm
Rahmendicke: ..... mm
Rahmenprofil: eckig, mit doppelter Lippendichtung
Verglasung: Isolierverglasung, zweischeibig
U_g-Wert: 1,1 W/(m²K)
U_w-Wert: .....
Lichtdurchlässigkeit: ..... %
Glasrandverbund: .....
Windlast: .....
Schlagregendichtheit: .....
Luftdurchlässigkeit: .....
Schalldämm-Maß: .....
Einbruchhemmung: .....
Anschlussfugen: .....
Beschläge: LM-eloxiert, verdeckt liegend
Bedienungskräfte: .....
Einbauort: .....

485€ 546€ **607**€ 698€ 789€ [St] ⏱ 3,00 h/St 326.000.065

Nr.	Kurztext / Langtext					Kostengruppe
▶	▷	ø netto €	◁	◀	[Einheit]	Ausf.-Dauer Positionsnummer

26 Kunststoff-Fenstertür, 1-flüglig, 1.000x2.125mm, U_g-Wert 1,1W/(m²K) KG **334**

Einflüglige Kunststoff-Fenstertür aus Mehrkammerprofilen, ohne Sprossen, mit zum Rahmen versetztem Flügel, Beschlag mit Einhandbedienung, Drehkippfunktion, Aushebelschutz und konstanter Griffstellung in Kippstellung. Einbau in einschalige Wand mit stumpfen Anschlag, einschl. Vorrichten für äußere Fensterbank aus Blech. Befestigung mit Rahmendübeln und Fensterbauschrauben, einschl. Ausfüllen der Fugen zwischen Rahmen und anschließenden Bauteilen.
Baurichtmaß (B x H): 1.000 x 2.125 mm
Farbe: .....
Rahmendurchbiegung: .....
Festigkeitsklasse: .....
Rahmenbreite: ..... mm
Rahmendicke: ..... mm
Rahmenprofil: eckig, mit doppelter Lippendichtung
Verglasung: Isolierverglasung, zweischeibig
U_g-Wert: 1,1 W/(m²K)
U_w-Wert: .....
Lichtdurchlässigkeit: ..... %
Glasrandverbund: .....
Windlast: .....
Schlagregendichtheit: .....
Luftdurchlässigkeit: .....
Schalldämm-Maß: .....
Einbruchhemmung: .....
Anschlussfugen: .....
Beschläge: LM-eloxiert, verdeckt liegend
Bedienungskräfte: .....
Einbauort: .....

504€ 567€ **630**€ 725€ 819€ [St] ⏱ 2,00 h/St 326.000.066

27 Haustür, Kunststoff, einfach, 1.010x2.013mm KG **334**

Außentürelement als Haustür, einflüglig, aus Kunststoff mit Mehrkammerprofilen. Türe mit dreiseitig umlaufender Falzdichtung und absenkbarer Bodendichtung, Drücker-Knauf-Wechselgarnitur und Rosetten aus Aluminium, Mehrfachverriegelung mit automatischer Verriegelung und unsichtbar montiertem Aufhebelungsschutz auf der Bandseite, vorgerichtet für Profilzylinder mit Aufbohrsicherheit. Einbau in einschalige Massivwand einschl. Befestigung und Ausfüllen der Fugen zwischen Rahmen und anschließenden Bauteilen. Einbau aller Komponenten und Gangbarmachen der Türanlage.
Rohbaurichtmaß (B x H): 1.010 x 2.013mm
Anschlag: .....
Windlastklasse: .....
Rahmendurchbiegung: B (bis 1/200)
Schlagregendichtheitsklasse: .....
Bew. Schalldämm-Maß: R_w ..... dB
Wärmedurchgangskoeffizient: Türelement 1,4 W/(m²K)
Einbruchhemmung: RC 2
Bedienungskräfte: Klasse .....
Verriegelung: .....-fach
Farbe: .....

1.685€ 2.016€ **2.177**€ 2.744€ 3.390€ [St] ⏱ 8,00 h/St 326.000.074

Kosten:
Stand 2.Quartal 2020
Bundesdurchschnitt

▶ min
▷ von
ø Mittel
◁ bis
◀ max

28 Haustür, Aluminium/Glasfüllung, einfach, 1.010x2.013 KG **334**

Außentürelement als Haustür, einflüglig, aus Aluminium-Rohrrahmen mit thermisch getrennten Mehrkammerprofilen und Glasfüllung. Tür mit dreiseitig umlaufender Mitteldichtung und absenkbarer Bodendichtung, Drücker-Knauf-Wechselgarnitur und Rosetten aus Aluminium, Mehrfachverriegelung mit automatischer Verriegelung und unsichtbar montiertem Aufhebelungsschutz auf der Bandseite, vorgerichtet für Profilzylinder mit Aufbohrsicherheit. Einbau in einschalige Massivwand einschl. Befestigung und Ausfüllen der Fugen zwischen Rahmen und anschließenden Bauteilen. Einbau aller Komponenten und Gangbarmachen der Türanlage.
Rohbaurichtmaß (B x H): 1.010 x 2.013 mm
Anschlag: .....
Windlastklasse: .....
Rahmendurchbiegung: B (bis 1/200)
Schlagregendichtheitsklasse: .....
Bew. Schalldämm-Maß: R_w ..... dB
Wärmedurchgangskoeffizient: Türelement 1,4 W/(m²K)
Einbruchhemmung: RC 2
Bedienungskräfte: Klasse .....
Verriegelung: .....-fach
Türfarbe: .....
Verglasung: Isolierverglasung mit 2x ESG
Sichtschutz: satiniert
Lichtdurchlässigkeit: ..... %

1.572€ 2.589€ **3.017**€ 3.904€ 5.621€ [St] ⏱ 5,50 h/St 326.000.075

29 Fensterbank, außen, Aluminium, beschichtet KG **334**

Fensterbank aus Aluminium-Strangpressprofil, außen, mit Bordstücken für Bewegungsausgleich, eingebaut im Gefälle von mind. 8%, Profil, entdröhnt, mit Schutz gegen Abheben.
Profilsystem: .....
Ausladung: .....
Fensterbanklänge: .....
Abwicklung: .....
Kantungen: .....
Oberfläche: **farbig beschichtet / E6**
Farbton: .....
Einbauort: .....
Einbauhöhe: .....

16€ 30€ **36**€ 43€ 61€ [m] ⏱ 0,30 h/m 326.000.076

30 Stundensatz Facharbeiter, Fensterbauarbeiten

Stundenlohnarbeiten für Vorarbeiter, Geselle, Facharbeiter und Gleichgestellte, sowie ähnliche Fachkräfte. Der Verrechnungssatz für die jeweilige Arbeitskraft umfasst sämtliche Aufwendungen wie Lohn- und Gehaltskosten, lohn- und gehaltsgebundene Kosten, Lohn- und Gehaltsnebenkosten, Gemeinkosten, Wagnis und Gewinn.Leistung nach besonderer Anordnung der Bauüberwachung. Anmeldung und Nachweis gem. VOB/B.

45€ 52€ **55**€ 61€ 74€ [h] ⏱ 1,00 h/h 326.000.077

323
324
325
326
327
328
329
330
331
332
333
334
336
337
338
339

Nr.	Kurztext / Langtext						Kostengruppe
▶	▷	**ø netto €**	◁	◀	[Einheit]	Ausf.-Dauer	Positionsnummer

31 Stundensatz Helfer, Fensterbauarbeiten

Stundenlohnarbeiten für Werker, Helfer und Gleichgestellte (z.B. Baufachwerker, Helfer, Hilfsmonteure, Ungelernte, Angelernte). Der Verrechnungssatz für die jeweilige Arbeitskraft umfasst sämtliche Aufwendungen wie Lohn- und Gehaltskosten, lohn- und gehaltsgebundene Kosten, Lohn- und Gehaltsnebenkosten, Gemeinkosten, Wagnis und Gewinn.Leistung nach besonderer Anordnung der Bauüberwachung. Anmeldung und Nachweis gem. VOB/B.

38€	44€	**47€**	51€	57€	[h]	⏱ 1,00 h/h	326.000.078

Kosten:
Stand 2.Quartal 2020
Bundesdurchschnitt

▶ min
▷ von
ø Mittel
◁ bis
◀ max

327

Kosten:
Stand 2.Quartal 2020
Bundesdurchschnitt

Nr.	Positionen	Einheit	▶	▷	ø brutto € / ø netto €	◁	◀
1	Innentür, 1-flüglig, entfernen	St	33	43	**54**	65	70
			28	37	**46**	55	59
2	Wandbekleidung entfernen	m²	18	22	**27**	33	43
			15	18	**23**	27	36
3	Deckenbekleidung entfernen	m²	16	24	**29**	35	37
			14	20	**24**	29	31
4	Fensterbank ausbauen, Holz, bis 1,5m	St	12	15	**18**	22	32
			10	12	**16**	19	27
5	Fensterbank ausbauen, Holz, bis 2,5m	St	19	28	**34**	41	48
			16	23	**29**	35	40
6	Laibungsbekleidung entfernen	m	12	15	**18**	21	23
			10	13	**15**	18	19
7	Holz-Türelement, S200C5, einflüglig, 875x2.125	St	762	977	**1.140**	1.244	1.366
			641	821	**958**	1.045	1.148
8	Holz-Türelement, S200C5, einflüglig, 1.000x2.000/2.125	St	773	851	**968**	1.113	1.933
			649	715	**814**	935	1.624
9	Holz-Türelement, S200C5, zweiflüglig	St	3.000	5.438	**6.450**	7.159	10.452
			2.521	4.569	**5.420**	6.016	8.783
10	Innen-Türelement, einflüglig, 875x2.125	St	498	637	**722**	835	1.027
			418	535	**607**	702	863
11	Innen-Türelement, einflüglig, 1.000x2.125	St	531	725	**790**	852	1.078
			446	609	**664**	716	906
12	Innen-Türelement, einflüglig, 1.125x2.125	St	695	971	**1.023**	1.105	1.265
			584	816	**859**	929	1.063
13	Innen-Türelement, Röhrenspan, zweiflüglig	St	1.714	2.056	**2.170**	2.490	3.170
			1.441	1.727	**1.823**	2.092	2.664
14	Holz-Türelement, EI2 30-S200C5, einflüglig	St	1.173	1.724	**1.838**	2.332	3.157
			985	1.449	**1.544**	1.960	2.653
15	Holz-Türelement, EI2 30-S200C5, einflüglig	St	1.275	1.709	**1.886**	2.402	3.580
			1.071	1.436	**1.585**	2.018	3.008
16	Türblatt, einflüglig, kunststoffbeschichtet, 750x2.000	St	163	246	**282**	343	448
			137	207	**237**	288	377
17	Türblatt, einflüglig, kunststoffbeschichtet, 875x2.000	St	170	253	**290**	335	457
			143	213	**243**	281	384
18	Türblatt, einflüglig, kunststoffbeschichtet, 1.000x2.000/2.125	St	175	259	**373**	398	555
			147	218	**313**	335	466
19	Türblatt, einflüglig, kunststoffbeschichtet, 1.125x2.000/2.125	St	183	267	**397**	427	626
			154	224	**333**	359	526
20	Türblatt, einflüglige Tür, Vollspan	St	240	368	**462**	597	769
			202	310	**388**	502	647
21	Türblätter, zweiflüglig, Vollspan	St	788	997	**1.125**	1.190	1.513
			662	838	**945**	1.000	1.272

▶ min
▷ von
ø Mittel
◁ bis
◀ max

Nr.	Positionen	Einheit	▶	▷	ø brutto € / ø netto €	◁	◀
22	Massivholzzarge, innen	St	430	678	**695**	809	976
			361	570	**584**	680	820
23	Holz-Umfassungszarge, innen, 760x2.000	St	163	201	**217**	264	341
			137	169	**183**	222	287
24	Holz-Umfassungszarge, innen, 875x2.000	St	175	242	**258**	312	397
			147	203	**217**	262	333
25	Schiebetürelement, innen	St	697	1.086	**1.224**	1.557	2.356
			586	913	**1.029**	1.309	1.980
26	Fensterbank, Holz, innen	m	43	61	**68**	78	102
			37	51	**57**	66	86
27	Holz-/Abdeckleisten	m	8	17	**20**	27	40
			7	14	**17**	22	34
28	Verfugung, elastisch	m	5	6	**7**	8	10
			4	5	**6**	7	8
29	Sockel-/Fußleiste, Holz	m	13	19	**22**	24	28
			11	16	**19**	20	24
30	Treppenstufe, Holz	St	97	167	**191**	229	301
			82	140	**160**	192	253
31	Handlauf, Holz	m	43	75	**87**	102	136
			36	63	**73**	86	114
32	Geländer, gerade, Rundstabholz	m	272	363	**429**	448	482
			229	305	**360**	376	405
33	Stundensatz Tischler-Facharbeiter	h	50	60	**64**	66	71
			42	50	**53**	55	59
34	Stundensatz Tischler-Helfer	h	36	43	**48**	51	60
			30	36	**40**	43	50

Nr. **Kurztext** / Langtext — Kostengruppe

▶ ▷ **ø netto €** ◁ ◀ [Einheit] Ausf.-Dauer Positionsnummer

1 Innentür, 1-flüglig, entfernen — KG **394**

Innentür einschl. Türfutter ausbauen und anfallenden Bauschutt entsorgen.
Material: Holz
Wanddicke: .....
Größe: bis 2,00 m²

28€ 37€ **46**€ 55€ 59€ [St] ⏱ 0,60 h/St 327.000.081

2 Wandbekleidung entfernen — KG **394**

Wandbekleidung aus Holzwerkstoff entfernen und anfallenden Bauschutt entsorgen.
Bekleidung: .....

15€ 18€ **23**€ 27€ 36€ [m²] ⏱ 0,55 h/m² 327.000.082

3 Deckenbekleidung entfernen — KG **394**

Deckenbekleidung aus Holzbrettern einschl. Sparschalung entfernen und anfallenden Bauschutt entsorgen.

14€ 20€ **24**€ 29€ 31€ [m²] ⏱ 0,45 h/m² 327.000.083

Nr.	**Kurztext** / Langtext						Kostengruppe
▶	▷	**ø netto €**	◁	◀	[Einheit]	Ausf.-Dauer	Positionsnummer

4 Fensterbank ausbauen, Holz, bis 1,5m KG **394**

Fensterbank aus Holz ausbauen und anfallenden Bauschutt entsorgen.
Länge: bis 1,5 m
Breite: bis 25 cm
Dicke: bis 4 cm

10€ 12€ **16**€ 19€ 27€ [St] ⏱ 0,30 h/St 327.000.084

5 Fensterbank ausbauen, Holz, bis 2,5m KG **394**

Fensterbank aus Holz ausbauen und anfallenden Bauschutt entsorgen.
Länge: bis 2,5 m
Breite: bis 25 cm
Dicke: bis 4 cm

Kosten:
Stand 2.Quartal 2020
Bundesdurchschnitt

16€ 23€ **29**€ 35€ 40€ [St] ⏱ 0,35 h/St 327.000.085

6 Laibungsbekleidung entfernen KG **394**

Holzbekleidung an Fensterlaibung einschl. der Befestigungshölzer entfernen und anfallenden Bauschutt entsorgen.
Lage: innen

10€ 13€ **15**€ 18€ 19€ [m] ⏱ 0,12 h/m 327.000.086

A 1 Holz-Türelement, S200C5, einflüglig Beschreibung für Pos. **7-8**

Rauchschutztür bestehend aus furniertem Türblatt, Drückergarnitur auf Rosetten, Umfassungszarge aus Stahl mit seitlicher Schattennut, Obentürenschließer mit Gleitschiene und Fluchttürfunktion. Anschlüsse mit Hinterfüllung des Zargenhohlraums und Abdichtung mit vorkomprimiertem Dichtband mit überstreichbarem Dichtstoff.
Einbauort: .....
Einbau: Betonwand mit beidseitigem Putz
Wanddicke: .....
Drehtüre: **rechts / links**
Rauchschutzanforderung: .....
Rauchschutz: S200C5
Klimaklasse: II
Einbruchhemmung: RC 1 N
Schallschutz: Schalldämmmaß Rwp=..... dB
Türblattdicke: ..... mm, unten 30 mm kürzbar, gefälzt
Oberflächen: Furnier 0,8 mm, Schichtstoff; Kanten mit verdeckten Anleimern
Umfassungszarge: 1,5 mm, verzinkt und grundiert
Bänder: Dreirollenbänder, dreidimensional verstellbar
Drücker: Aluminium, Klasse ES ....., mit Zylinderziehschutz
Schloss: vorgerichtet für Profilzylinder P2BZ
Falzdichtung: dreiseitig umlaufende Brandschutzdichtung
Bodendichtung: automatisch absenkbar
Türstopper: Aluminium mit schwarzer Gummieinlage

▶ min
▷ von
ø Mittel
◁ bis
◀ max

7 Holz-Türelement, S200C5, einflüglig, 875x2.1 25 KG **344**

Wie Ausführungsbeschreibung A 1
Baurichtmaß (B x H): 875 x 2.125 mm

641€ 821€ **958**€ 1.045€ 1.148€ [St] ⏱ 2,80 h/St 327.000.095

8 Holz-Türelement, S200C5, einflüglig, 1.000x2.000/2.125 KG **344**

Wie Ausführungsbeschreibung A 1
Baurichtmaß (B x H): 1.000 x **2.000 / 2.125** mm

649€ 715€ **814**€ 935€ 1.624€ [St] ⏱ 2,80 h/St 327.000.088

9 Holz-Türelement, S200C5, zweiflüglig KG **344**

Rauchschutztür bestehend aus furniertem Türblatt, Drückergarnitur auf Rosetten, Umfassungszarge aus Stahl mit seitlicher Schattennut, Obentürenschließer mit Gleitschiene und Fluchttürfunktion. Anschlüsse mit Hinterfüllung des Zargenhohlraums und Abdichtung mit vorkomprimiertem Dichtband mit überstreichbarem Dichtstoff.
Baurichtmaß (B x H): ..... x ..... mm
Einbauort: .....
Einbau: Betonwand mit beidseitigem Putz
Wanddicke: .....
Feststelleinrichtung: **rechts / links**
Rauchschutz: S200C5
Klimaklasse: II
Einbruchhemmung: RC 1 N
Einbruchhemmung: Klasse .....
Schallschutz: Schalldämmmaß Rwp=..... dB
Türblattdicke: ..... mm, unten 30 mm kürzbar, gefälzt
Oberflächen: Furnier 0,8 mm, Schichtstoff; Kanten mit verdeckten Anleimern
Umfassungszarge: 1,5 mm, verzinkt und grundiert
Bänder: Dreirollenbänder, dreidimensional verstellbar
Drücker: Aluminium, Klasse ES ....., mit Zylinderziehschutz
Schloss: vorgerichtet für Profilzylinder P2BZ
Falzdichtung: dreiseitig umlaufende Brandschutzdichtung
Bodendichtung: automatisch absenkbar
Türstopper: Aluminium mit schwarzer Gummieinlage

2.521€ 4.569€ **5.420**€ 6.016€ 8.783€ [St] ⏱ 8,00 h/St 327.000.087

A 2 Innen-Türelement, Röhrenspan, einflüglig Beschreibung für Pos. **10-12**

Zimmertür für Innenräume, einflüglig, Türblatt aus Röhrenspan mit beschichteten Deckflächen, Drückergarnitur auf Langschild und Umfassungszarge.
Einbauort: Wohnung
Einbau: Mauerwerkswand, beidseitiger Putz
Mauerdicke: .....
Drehtüre: **rechts / links**
Klimaklasse: I
Einbruchhemmung: RC 1 N
Türblatt: stumpf einschlagend, mit Laibungsfalz
Bodeneinstand: .....
Zarge: Aluminium, 1,5 mm
Drücker: Aluminium.....
Bänder: .....
Schloss: Einsteckschloss .....
Falzdichtung: dreiseitig .....
Angeb. Fabrikat: .....

323
324
325
326
327
328
329
330
331
332
333
334
336
337
338
339

Nr.	Kurztext / Langtext						Kostengruppe
▶	▷	**ø netto €**	◁	◀	[Einheit]	Ausf.-Dauer	Positionsnummer

10 Innen-Türelement, einflüglig, 875x2.125 KG **344**

Wie Ausführungsbeschreibung A 2
Baurichtmaß (B x H): 875 x 2.125 mm

418€ 535€ **607**€ 702€ 863€ [St] ⏱ 1,50 h/St 327.000.096

11 Innen-Türelement, einflüglig, 1.000x2.125 KG **344**

Wie Ausführungsbeschreibung A 2
Baurichtmaß (B x H): 1.000 x 2.125 mm

446€ 609€ **664**€ 716€ 906€ [St] ⏱ 1,50 h/St 327.000.097

12 Innen-Türelement, einflüglig, 1.125x2.125 KG **344**

Wie Ausführungsbeschreibung A 2
Baurichtmaß (B x H): 1.125 x 2.125 mm

584€ 816€ **859**€ 929€ 1.063€ [St] ⏱ 1,50 h/St 327.000.098

13 Innen-Türelement, Röhrenspan, zweiflüglig KG **344**

Innentür, zweiflüglig, bestehend aus Türblättern als Drehtüren, Röhrenspan mit Grundierfolie für Beschichtung, Drückergarnitur auf Langschild und Umfassungszarge.
Baurichtmaß (B x H): ..... x ..... mm
Einbauort: .....
Mauerdicke: .....
Geltungsbereich: .....
Feststelleinrichtung: **rechts / links**
Klimaklasse: I
Einbruchhemmung: RC 1 N
Schallschutz: Schalldämmmaß Rwp= ..... dB
Türblatt: Dicke 40 mm, unten 30 mm kürzbar, stumpf einschlagend, mit Laibungsfalz
Zarge: .....
Ansichtsbreite: ..... mm
Montageart: .....
Drücker: Aluminium
Bänder: Dreirollenbänder, dreidimensional verstellbar
Schloss:Buntbart-Zimmertür-(BB) Einsteckschloss, Klasse 1
Falzdichtung: dreiseitig umlaufende Dichtung EPDM (APTK)

1.441€ 1.727€ **1.823**€ 2.092€ 2.664€ [St] ⏱ 4,00 h/St 327.000.090

Kosten:
Stand 2.Quartal 2020
Bundesdurchschnitt

▶ min
▷ von
ø Mittel
◁ bis
◀ max

A 3 Holz-Türelement, EI2 30-S200C5, Beschreibung für Pos. **14-15**

Feuerhemmende Brandschutztür bestehend aus furniertem Türblatt, Drückergarnitur auf Rosetten, Umfassungszarge aus Stahl mit seitlicher Schattennut, Obentürenschließer mit Gleitschiene und Fluchttürfunktion.
Anschlüsse mit Hinterfüllung des Zargenhohlraums und Abdichtung mit vorkomprimiertem Dichtband mit überstreichbarem Dichtstoff.
Einbauort: .....
Einbau: Betonwand mit beidseitigem Putz
Wanddicke: .....
Drehtüre: **rechts / links**
Feuerwiderstandsklasse EI2 30-S200C5
Klimaklasse: II
Einbruchhemmung: RC 1 N
Schallschutz: Schalldämmmaß Rwp=..... dB
Türblattdicke: ..... mm, unten 30 mm kürzbar, gefälzt
Oberflächen: Furnier 0,8 mm, Schichtstoff; Kanten mit verdeckten Anleimern
Umfassungszarge: 1,5 mm, verzinkt und grundiert
Bänder: Dreirollenbänder, dreidimensional verstellbar
Drücker: Aluminium, Klasse ES ....., mit Zylinderziehschutz
Schloss: vorgerichtet für Profilzylinder P2BZ
Falzdichtung: dreiseitig umlaufende Brandschutzdichtung
Bodendichtung: automatisch absenkbar
Türstopper: Aluminium mit schwarzer Gummieinlage

14 Holz-Türelement, EI2 30-S200C5, einflüglig KG **344**

Wie Ausführungsbeschreibung A 3
Baurichtmaß (B x H): 875 x 2.125 mm

985€ 1.449€ **1.544**€ 1.960€ 2.653€ [St] ⏱ 3,00 h/St 327.000.099

15 Holz-Türelement, EI2 30-S200C5, einflüglig KG **344**

Wie Ausführungsbeschreibung A 3
Baurichtmaß (B x H): 1.000 x 2.125 mm

1.071€ 1.436€ **1.585**€ 2.018€ 3.008€ [St] ⏱ 3,00 h/St 327.000.100

323 324 325 326 **327** 328 329 330 331 332 333 334 336 337 338 339

Nr.	Kurztext / Langtext					Kostengruppe
▶	▷	**ø netto €**	◁	◀	[Einheit]	Ausf.-Dauer Positionsnummer

A 4 Türblatt, einflüglig, kunststoffbeschichtet — Beschreibung für Pos. **16-19**

Türblatt für einflüglige Tür mit Röhrenspaneinlage, dreiseitig gefälzter Rahmen mit verdecktem Massivholz-Anleimer und beidseitiger Hochdruck-Schichtpressstoffplatte, Türdrückergarnitur auf Rosetten, in bauseitige Stahlzarge.
Baurichtmaß (B x H): 1.000 x 2.125 mm
Einbauort: .....
Einbau: .....
Wanddicke: .....
Drehtüre: **rechts / links**
Klimaklasse: II
Einbruchhemmung: RC 1 N
Schalldämmmaß R_w,R= ..... dB
Türblattdicke: 42 mm
Oberfläche: HPL-Schichtstoff: 0,8 mm
Farbe: .....
Bänder: ..... Stück dreiteilig, Unterkonstruktion 3-D-verstellbar
PZ-Schloss: Klasse ..... , für bauseitigen Profilzylinder
Drücker: Aluminium, mit 9 mm Stift

Kosten:
Stand 2.Quartal 2020
Bundesdurchschnitt

16 Türblatt, einflüglig, kunststoffbeschichtet, 750x2.000 — KG **344**

Wie Ausführungsbeschreibung A 4
Türblattgröße (B x H): 750 x 2.000 mm

137€ 207€ **237**€ 288€ 377€ [St] ⏱ 0,10 h/St 327.000.101

17 Türblatt, einflüglig, kunststoffbeschichtet, 875x2.000 — KG **344**

Wie Ausführungsbeschreibung A 4
Türblattgröße (B x H): 875 x 2.000 mm

143€ 213€ **243**€ 281€ 384€ [St] ⏱ 0,10 h/St 327.000.102

18 Türblatt, einflüglig, kunststoffbeschichtet, 1.000x2.000/2.125 — KG **344**

Wie Ausführungsbeschreibung A 4
Türblattgröße (B x H): 1.000 x **2.000 / 2.125** mm

147€ 218€ **313**€ 335€ 466€ [St] ⏱ 0,15 h/St 327.000.091

19 Türblatt, einflüglig, kunststoffbeschichtet, 1.125x2.000/2.125 — KG **344**

Wie Ausführungsbeschreibung A 4
Türblattgröße (B x H): 1.125 x **2.000 / 2.125** mm

154€ 224€ **333**€ 359€ 526€ [St] ⏱ 0,15 h/St 327.000.092

▶ min
▷ von
ø Mittel
◁ bis
◀ max

20 **Türblatt, einflüglige Tür, Vollspan** KG **344**

Zimmertür für Wohnungsabschluss, einflüglig, Türblatt aus Vollspan mit beschichteten Deckfurnier, Drückergarnitur auf Rosetten.
Baurichtmaß (B x H): 1.000 x 2.125 mm
Einbauort: **Wohnung / Treppenhaus**
Einbau: Zarge ....
Drehtüre: **rechts / links**
Klimaklasse: II
mechanische Festigkeit: 1
Einbruchhemmung: RC 2
Türblatt: dreiseitig gefalzt
Bodeneinstand: .....
Drücker: Aluminium.....
Bänder: .....
Schloss: Einsteckschloss .....

202€ 310€ **388**€ 502€ 647€ [St] ⏱ 0,20 h/St 327.000.093

21 **Türblätter, zweiflüglig, Vollspan** KG **344**

Zimmertür für Wohnungsabschluss, einflüglig, Türblatt aus Vollspan mit beschichteten Deckfurnier, Drückergarnitur auf Rosetten.
Baurichtmaß (B x H): ..... x ..... mm
Einbauort: **Wohnung / Treppenhaus**
Einbau: Zarge ....
Feststelleinrichtung: **rechts / links**
Klimaklasse: III
mechanische Festigkeit: 1
Einbruchhemmung: RC 2
Türblatt: dreiseitig gefalzt
Bodeneinstand: .....
Drücker: Aluminium.....
Bänder: .....
Schloss: Einsteckschloss .....

662€ 838€ **945**€ 1.000€ 1.272€ [St] ⏱ 0,30 h/St 327.000.094

Nr.	Kurztext / Langtext						Kostengruppe
▶	▷	**ø netto €**	◁	◀	[Einheit]	Ausf.-Dauer	Positionsnummer

22 Massivholzzarge, innen KG **344**

Holzstockzarge, massiv, mit dreiseitig umlaufenden Profil, für **rechts / links** angeschlagenes Türblatt, in Mauerwerkswand mit beidseitigem Putz.
Einbauort: .....
Baurichtmaß: .....
Mauerwerkswand: ..... mm
Türblattdicke: 50 mm
Holzart: .....
Oberfläche: .....
Zargenprofil: .....
Zargenspiegel: .....
Zargenprofil: stumpf einschlagendes Türblatt
Bänder: vorbereitet für dreiteilige Bänder, dreidimensional verstellbar
Falzdichtung: dreiseitig umlaufende Dichtung EPDM (APTK)
Montage: .....

361€ 570€ **584**€ 680€ 820€ [St] ⏱ 1,20 h/St 327.000.104

Kosten:
Stand 2.Quartal 2020
Bundesdurchschnitt

A 5 Holz-Umfassungszarge, innen Beschreibung für Pos. **23-24**

Holz-Umfassungszarge, mit dreiseitig umlaufendem Profil, für **rechts / links** angeschlagenes Türblatt, in Trockenbauwand.
Einbauort: .....
Wandstärke: ..... mm
Maulweite: .....
Türblattdicke: 42 mm
Holzart: .....
Oberfläche: .....
Zargenprofil: .....
Zargenspiegel: .....
Zargenprofil: stumpf einschlagendes Türblatt
Bänder: vorbereitet für dreiteilige Bänder, dreidimensional verstellbar
Falzdichtung: dreiseitig umlaufende Dichtung EPDM (APTK)
Montage: Laibungsmontage

23 Holz-Umfassungszarge, innen, 760x2.000 KG **344**

Wie Ausführungsbeschreibung A 5
Lichtes Rohbaumaß (B x H): 760 x 2.000 mm

137€ 169€ **183**€ 222€ 287€ [St] ⏱ 1,10 h/St 327.000.105

24 Holz-Umfassungszarge, innen, 875x2.000 KG **344**

Wie Ausführungsbeschreibung A 5
Lichtes Rohbaumaß (B x H): 875 x 2.000 mm

147€ 203€ **217**€ 262€ 333€ [St] ⏱ 1,10 h/St 327.000.106

▶ min
▷ von
ø Mittel
◁ bis
◀ max

25 Schiebetürelement, innen KG **344**

Schiebetür mit Röhrenspäneinlage, dreiseitig gefälzter Rahmen und verdecktem Massivholz-Anleimer sowie beidseitiger Hochdruck-Schichtpressstoffplatten in bauseitiges Einbauelement für Montagewand, mit Laufschiene und Laufwagen. Schiebetürblatt einschl. Riegel-Einsteckschloss mit Klappring, Griffmuscheln beidseitig, sowie mit Bodenführung montiert auf Fertigbelag.
Einbauort: .....
Fertigwanddicke: ..... mm
Ständertiefe: ..... mm
Geltungsbereich: .....
Klimaklasse: II
mechanische Beanspruchungsgruppe: .....
Schalldämmmaß R_w,R= ..... dB
Türblattgröße (B x H): ..... x ..... cm
Türblattdicke: 42 mm
Oberfläche: .....
Farbe: .....

586€ 913€ **1.029**€ 1.309€ 1.980€ [St] ⏱ 2,40 h/St 327.000.107

26 Fensterbank, Holz, innen KG **334**

Fensterbank, innen, auf Ausgleichhölzern und befestigt auf Mauerwerk und mit Anschluss an aufgehende Bauteile mit transparenter Silikonfuge.
Material: Multiplexplatten t=..... mm
Einzellänge bis ca. 3,00 m
Breite: ..... mm
Oberfläche: furniert, Buche hell, DD - lackiert transparent
Kanten: .....
Ausgleich: .....
Abmessung: je 5mm stark, ca. ..... mm breit

37€ 51€ **57**€ 66€ 86€ [m] ⏱ 0,50 h/m 327.000.108

27 Holz-/Abdeckleisten KG **334**

Deckleisten, sichtbar bleibend, im Innenbereich.
Material: .....
Abmessung: 20 x 50 mm
Einzellängen: 2.800 mm
Klassensortierung: Klasse J2
Flächenkategorie: Offene Flächen mit durchsichtiger Behandlung
Oberfläche: Sichtseiten gehobelt und feingeschliffen
Kanten: allseitig gefast
Eckstöße: .....
Befestigung: nicht sichtbar, Befestigungslöcher mit Holzstopfen verschlossen
Untergrund: .....

7€ 14€ **17**€ 22€ 34€ [m] ⏱ 0,10 h/m 327.000.109

Nr.	Kurztext / Langtext						Kostengruppe
▶	▷	ø netto €	◁	◀	[Einheit]	Ausf.-Dauer	Positionsnummer

28 Verfugung, elastisch KG **334**

Elastische Verfugung mit 1-Komponenten-Dichtstoff, Fuge glatt gestrichen, einschl. notwendiger Flankenvorbehandlung an den Anschlussflächen und Hinterlegen der Fugenhohlräume mit geeignetem Hinterstopfmaterial.
Material: .....
Fugenbreite: .....

4€ 5€ **6**€ 7€ 8€ [m] ⏱ 0,05 h/m 327.000.110

29 Sockel-/Fußleiste, Holz KG **353**

Sockelleiste an aufgehender Wandfläche, Stöße und Stirnseiten schräg abgeschnitten und Schnittkanten sauber geschliffen, Ecken mit Gehrungsschnitten.
Material: .....
Profil: .....
Profilgröße: .....
Oberfläche: farblos lackbeschichtet
Befestigung: mit nicht rostenden Nägeln

11€ 16€ **19**€ 20€ 24€ [m] ⏱ 0,10 h/m 327.000.111

30 Treppenstufe, Holz KG **353**

Treppenstufe aus Massivholz, feingehobelt und geschliffen, auf bauseitiger Stahlbetonunterkonstruktion, schallentkoppelt verlegt, unsichtbar befestigt, Vorderkante gerundet. Endstufen nach gesonderter Position.
Material: Eiche massiv, t= 42 mm
Setzstufen: .....
Stufenlänge: .....
Stufentiefe: .....
Stufenhöhe: .....
Oberfläche: transparent beschichtet
Steigungsmaß: .....

82€ 140€ **160**€ 192€ 253€ [St] ⏱ 0,14 h/St 327.000.113

31 Handlauf, Holz KG **359**

Handlauf aus Massivholz, steigend, in verschiedenen Längen, Stab unten gefräst, zum Anschluss an bauseitiges Stahl-Tragprofil, Befestigung von unten mit Senkkopfschrauben. Wandlaufhalter, Rundungen und Abkröpfung / Gehrung nach gesonderter Position.
Einbau: .....
Material: .....
Durchmesser Handlauf: ..... mm
Oberfläche: .....
Nutmaß: 20 x 5 mm

36€ 63€ **73**€ 86€ 114€ [m] ⏱ 0,25 h/m 327.000.114

Kosten:
Stand 2.Quartal 2020
Bundesdurchschnitt

▶ min
▷ von
ø Mittel
◁ bis
◀ max

32 Geländer, gerade, Rundstabholz KG **359**

Geländer als Holzkonstruktion mit Handlauf aus geformtem Vollholzprofil und Füllung aus senkrechten Vollstäben, auf bauseitige Treppenwangen, Befestigungen des Handlaufs an den Enden an die aufgehenden Wänden mittels Schrauben und Dübeln.
Gesamthöhe: ca. 1,00 m
Länge: .....
Geländerform: .....
Material Handlauf und Füllstäbe: .....
Handlauf: Rundstab 42,4 mm
Senkrechte Füllstäbe: Rundstab ..... mm
Oberflächen: .....

229€ 305€ **360**€ 376€ 405€ [m] ⏱ 0,70 h/m 327.000.115

33 Stundensatz Tischler-Facharbeiter

Stundenlohnarbeiten für Vorarbeiter, Geselle, Facharbeiter und Gleichgestellte, sowie ähnliche Fachkräfte. Der Verrechnungssatz für die jeweilige Arbeitskraft umfasst sämtliche Aufwendungen wie Lohn- und Gehaltskosten, lohn- und gehaltsgebundene Kosten, Lohn- und Gehaltsnebenkosten, Gemeinkosten, Wagnis und Gewinn.Leistung nach besonderer Anordnung der Bauüberwachung. Anmeldung und Nachweis gem. VOB/B.

42€ 50€ **53**€ 55€ 59€ [h] ⏱ 1,00 h/h 327.000.116

34 Stundensatz Tischler-Helfer

Stundenlohnarbeiten für Werker, Helfer und Gleichgestellte (z.B. Baufachwerker, Helfer, Hilfsmonteure, Ungelernte, Angelernte). Der Verrechnungssatz für die jeweilige Arbeitskraft umfasst sämtliche Aufwendungen wie Lohn- und Gehaltskosten, lohn- und gehaltsgebundene Kosten, Lohn- und Gehaltsnebenkosten, Gemeinkosten, Wagnis und Gewinn.Leistung nach besonderer Anordnung der Bauüberwachung. Anmeldung und Nachweis gem. VOB/B.

30€ 36€ **40**€ 43€ 50€ [h] ⏱ 1,00 h/h 327.000.117

Kosten:
Stand 2.Quartal 2020
Bundesdurchschnitt

▶ min
▷ von
ø Mittel
◁ bis
◀ max

Nr.	Positionen	Einheit	▶	▷	ø brutto € / ø netto €	◁	◀
1	Parkettboden entfernen	m²	6	10	**12**	14	18
			5	8	**10**	12	15
2	Holzsockelleiste ausbauen	m	0,7	1,6	**2,0**	2,4	2,8
			0,6	1,3	**1,7**	2,0	2,4
3	Parkett abdecken	m²	3	4	**5**	6	10
			3	3	**4**	5	8
4	Parkettboden abdecken, Wellpappe	m²	2	3	**3**	4	4
			2	2	**3**	3	4
5	Parkettboden abdecken, Filz und Folie	m²	2	3	**4**	4	5
			2	3	**3**	4	4
6	Parkettboden abdecken, Holzwerkstoffplatten	m²	6	7	**9**	10	11
			5	6	**7**	9	9
7	Estrich spachteln, ausgleichen	m²	5	6	**8**	9	15
			4	5	**7**	8	13
8	Trennlage, Baumwollfilz	m²	2	3	**3**	4	4
			2	2	**3**	3	4
9	Unterboden, Holzspanplatte	m²	23	31	**35**	40	54
			19	26	**29**	34	45
10	Blindboden, Nadelholz	m²	44	58	**66**	71	87
			37	49	**55**	60	73
11	Dielenbodenbelag, Fichte, geschliffen	m²	139	153	**174**	185	200
			117	129	**146**	155	168
12	Fertigparkettbelag, beschichtet	m²	62	78	**85**	94	111
			52	66	**72**	79	93
13	Parkettbelag, Massivholstäbe, geschliffen	m²	68	88	**94**	108	138
			58	74	**79**	91	116
14	Massivholzparkett, geschliffen	m²	99	107	**111**	120	134
			83	90	**93**	101	112
15	Sockelleiste, Hartholz	m	9	13	**14**	16	22
			7	11	**11**	14	19
16	Sockelleiste, Eiche	m	10	14	**16**	21	34
			8	12	**14**	18	29
17	Sockelleiste, Esche/Ahorn	m	9	11	**13**	15	19
			7	10	**11**	12	16
18	Parkettboden schleifen	m²	10	16	**18**	23	29
			9	13	**15**	19	25
19	Parkettboden wachsen	m²	7	10	**12**	14	22
			6	8	**10**	12	18
20	Parkettboden ölen	m²	13	18	**23**	26	28
			11	15	**19**	22	24
21	Übergangsprofil/Abdeckschiene, Edelstahl	m	13	18	**20**	25	33
			11	15	**17**	21	27
22	Übergangsprofil/Abdeckschiene, Aluminium	m	16	20	**21**	23	27
			14	17	**18**	19	23
23	Übergangsprofil/Abdeckschiene, Messing	m	18	27	**31**	33	44
			15	22	**26**	28	37
24	Stundensatz Parkettleger-Facharbeiter	h	47	58	**63**	66	78
			40	49	**53**	56	65

Nr.	**Kurztext** / Langtext						Kostengruppe
►	▷	**ø netto €**	◁	◄	[Einheit]	Ausf.-Dauer	Positionsnummer

1 Parkettboden entfernen — KG **394**

Parkettboden, auf Lagerholz vernagelt, einschl. Schüttung ausbauen und anfallenden Bauschutt entsorgen.
Belagdicke: .....
Schüttung: .....
Ausbauort: .....

►	▷	ø netto €	◁	◄	[Einheit]	Ausf.-Dauer	Positionsnummer
5€	8€	**10**€	12€	15€	[m2]	⏱ 0,35 h/m2	328.000.044

2 Holzsockelleiste ausbauen — KG **394**

Holzsockelleiste ausbauen und anfallenden Bauschutt entsorgen.
Abmessung: .....
Ausbauort: .....

►	▷	ø netto €	◁	◄	[Einheit]	Ausf.-Dauer	Positionsnummer
0,6€	1,3€	**1,7**€	2,0€	2,4€	[m]	⏱ 0,03 h/m	328.000.045

3 Parkett abdecken — KG **397**

Parkett gegen Beschädigung und Verschmutzung schützen.
Material: .....

►	▷	ø netto €	◁	◄	[Einheit]	Ausf.-Dauer	Positionsnummer
3€	3€	**4**€	5€	8€	[m2]	⏱ 0,05 h/m2	328.000.046

4 Parkettboden abdecken, Wellpappe — KG **397**

Holzbodenbelag mit Wellpappe abdecken.
Ausführungsort: .....

►	▷	ø netto €	◁	◄	[Einheit]	Ausf.-Dauer	Positionsnummer
2€	2€	**3**€	3€	4€	[m2]	⏱ 0,03 h/m2	328.000.047

5 Parkettboden abdecken, Filz und Folie — KG **397**

Holzbodenbelag mit Filz und Folie abdecken.
Ausführungsort: .....

►	▷	ø netto €	◁	◄	[Einheit]	Ausf.-Dauer	Positionsnummer
2€	3€	**3**€	4€	4€	[m2]	⏱ 0,03 h/m2	328.000.048

6 Parkettboden abdecken, Holzwerkstoffplatten — KG **397**

Holzbodenbelag mit Holzwerkstoffplatten abdecken.
Ausführungsort: .....

►	▷	ø netto €	◁	◄	[Einheit]	Ausf.-Dauer	Positionsnummer
5€	6€	**7**€	9€	9€	[m2]	⏱ 0,06 h/m2	328.000.049

7 Estrich spachteln, ausgleichen — KG **395**

Vollflächige Spachtelung und Höhenausgleich der Verlegeflächen mit kunstharzvergüteter Spachtelmasse zur Aufnahme von Parkettbelag.
Schichtdicke: 1-5 mm

►	▷	ø netto €	◁	◄	[Einheit]	Ausf.-Dauer	Positionsnummer
4€	5€	**7**€	8€	13€	[m2]	⏱ 0,07 h/m2	328.000.050

8 Trennlage, Baumwollfilz — KG **353**

Trennlage aus Baumwollfilz, einlagig, auf Estrich und unter nachfolgendem Parkett.
Estrich: .....
Dicke Trennlage: 5 mm

►	▷	ø netto €	◁	◄	[Einheit]	Ausf.-Dauer	Positionsnummer
2€	2€	**3**€	3€	4€	[m2]	⏱ 0,03 h/m2	328.000.055

Nr.	Kurztext / Langtext						Kostengruppe
▶	▷	ø netto €	◁	◀	[Einheit]	Ausf.-Dauer	Positionsnummer

9 Unterboden, Holzspanplatte KG **353**

Unterboden für Parkettbelag, aus kunstharzgebundenen Holzspanplatten, mit Nut-Feder-Verbindung, für schwimmende Verlegung, Platten verleimen und mechanisch befestigen.
Plattentyp: P2
Emissionsklasse: E1
Plattendicke: 22 mm

19€	26€	**29**€	34€	45€	[m²]	⏱ 0,24 h/m²	328.000.056

10 Blindboden, Nadelholz KG **353**

Blindboden aus gespundeter, einseitig gehobelter Schalung, auf Deckenbalken, als Untergrund für Parkettbelag; einschl. chemischem Holzschutz für tragende, sichtbar bleibende Bauteile.
Holzart: .....
Sortierklasse: S10
Brettdicke: 24 mm
Brettbreite: 150 mm
Holzschutz: Gebrauchsklasse **3.1 / 3.2**

37€	49€	**55**€	60€	73€	[m²]	⏱ 0,45 h/m²	328.000.057

11 Dielenbodenbelag, Fichte, geschliffen KG **353**

Fußbodenbelag aus massiven Nadelholzdielen DIN EN 13990, parallel zur Wand im Verband, mit regelmäßigem Stoß, mit Parkettklebstoff befestigen, unter Beachtung der TRGS 610, Untergrund Zementestrich, Oberfläche nach dem Verlegen schleifen.
Beanspruchung: mittel
Holzart: Fichte
Sortierung: A
Dicke: 24 mm
Verband: ...

117€	129€	**146**€	155€	168€	[m²]	⏱ 0,95 h/m²	328.000.058

12 Fertigparkettbelag, beschichtet KG **353**

Parkett aus Mehrschichtparkettelementen (Fertigparkett) DIN EN 13489, Oberfläche werkseitig matt versiegelt, Verlegung parallel zur Wand, schwimmend.
Untergrund: Zementestrich
Beanspruchung: mittel
Brettform: Dielen
Holzart: .....
Sortierungssymbol: Kreis
Dicke 11 mm
Nutzschichtdicke: 4 mm

52€	66€	**72**€	79€	93€	[m²]	⏱ 0,50 h/m²	328.000.059

Kosten:
Stand 2.Quartal 2020
Bundesdurchschnitt

▶ min
▷ von
ø Mittel
◁ bis
◀ max

13 Parkettbelag, Massivholzstäbe, geschliffen KG **353**

Parkett aus Massivholz-Elementen (Parkettstäben) mit Nut und Feder DIN EN 13226, parallel zur Wand im Verband, mit regelmäßigem Stoß, mit Parkettklebstoff befestigen unter Beachtung der TRGS 610, Untergrund Zementestrich, Oberfläche nach dem Verlegen schleifen.
Beanspruchung: mittel
Holzart: Eiche
Sortierungssymbol: Kreis
Dicke: 22 mm

58€	74€	**79**€	91€	116€	[m²]	⏱ 0,65 h/m²	328.000.060

14 Massivholzparkett, geschliffen KG **353**

Massivholzparkett (Hochkantlamelle, Breitlamelle und Modulklotz) DIN EN 14761, mit Parkettklebstoff befestigen unter Beachtung der TRGS 610, Oberfläche nach dem Verlegen schleifen.
Untergrund: Zementestrich
Beanspruchung: stark
Holzart: Eiche QCXE
Sortierung: .....
Dicke: 22 mm

83€	90€	**93**€	101€	112€	[m²]	⏱ 0,70 h/m²	328.000.061

15 Sockelleiste, Hartholz KG **353**

Sockelleisten mit gerundetem Viertelstab-Profil, Stöße und Stirnseiten schräg abgeschnitten und Schnittkanten geschliffen.
Material: .....
Querschnitt: ca. 16 x 16 mm
Oberfläche: farblos lackbeschichtet
Befestigung: nichtrostende Nägel

7€	11€	**11**€	14€	19€	[m]	⏱ 0,08 h/m	328.000.062

16 Sockelleiste, Eiche KG **353**

Sockelleisten mit gerundetem Rechteck-Profil, unten angeschrägt, Stöße und Stirnseiten schräg abgeschnitten und Schnittkanten sauber geschliffen.
Material: Eiche
Querschnitt: .....
Oberfläche: beschichtet, farblos
Befestigung: Senkkopfschrauben, gedübelt

8€	12€	**14**€	18€	29€	[m]	⏱ 0,08 h/m	328.000.063

17 Sockelleiste, Esche/Ahorn KG **353**

Sockelleisten mit gerundetem Schmetterlings-Profil, unten angeschrägt, Stöße und Stirnseiten schräg abgeschnitten und Schnittkanten sauber geschliffen.
Material: .....
Profil: ca. 25 x 25 mm
Oberfläche: beschichtet, farblos
Befestigung: Senkkopfschrauben, gedübelt

7€	10€	**11**€	12€	16€	[m]	⏱ 0,08 h/m	328.000.064

Kosten:
Stand 2.Quartal 2020
Bundesdurchschnitt

Nr.	**Kurztext** / Langtext						Kostengruppe
▶	▷	**ø netto €**	◁	◀	[Einheit]	Ausf.-Dauer	Positionsnummer

18 Parkettboden schleifen KG **353**

Parkettböden für Oberflächenbehandlung schleifen und reinigen, einschl. Schleifgut entsorgen.
Schleifkörnung: bis Körnung 180
Raum: .....

▶	▷	ø	◁	◀	Einheit	Ausf.-Dauer	Positionsnummer
9€	13€	**15**€	19€	25€	[m2]	0,15 h/m2	328.000.052

19 Parkettboden wachsen KG **353**

Parkettboden mit Hartwachs wachsen und polieren.
Wachsmittel: .....
Raum: .....

▶	▷	ø	◁	◀	Einheit	Ausf.-Dauer	Positionsnummer
6€	8€	**10**€	12€	18€	[m2]	0,20 h/m2	328.000.053

20 Parkettboden ölen KG **353**

Parkettboden ölen.
Material: .....
Raum: .....

▶	▷	ø	◁	◀	Einheit	Ausf.-Dauer	Positionsnummer
11€	15€	**19**€	22€	24€	[m2]	0,20 h/m2	328.000.054

21 Übergangsprofil/Abdeckschiene, Edelstahl KG **353**

Übergangsprofil in Holzbodenbelag, aus leicht gerundetem Metallprofil, im Bereich des Belagwechsels unter dem Türblatt befestigen.
Material: Edelstahl
Oberfläche: .....

▶	▷	ø	◁	◀	Einheit	Ausf.-Dauer	Positionsnummer
11€	15€	**17**€	21€	27€	[m]	0,12 h/m	328.000.065

22 Übergangsprofil/Abdeckschiene, Aluminium KG **353**

Übergangsprofil in Holzbodenbelag, aus leicht gerundetem Metallprofil, im Bereich des Belagwechsels unter dem Türblatt befestigen.
Material: Aluminium, eloxiert
Oberfläche: .....

▶	▷	ø	◁	◀	Einheit	Ausf.-Dauer	Positionsnummer
14€	17€	**18**€	19€	23€	[m]	0,12 h/m	328.000.066

23 Übergangsprofil/Abdeckschiene, Messing KG **353**

Übergangsprofil in Holzbodenbelag, aus leicht gerundetem Metallprofil, im Bereich des Belagwechsels unter dem Türblatt befestigen.
Material: Messing
Oberfläche: .....

▶	▷	ø	◁	◀	Einheit	Ausf.-Dauer	Positionsnummer
15€	22€	**26**€	28€	37€	[m]	0,12 h/m	328.000.067

24 Stundensatz Parkettleger-Facharbeiter

Stundenlohnarbeiten für Vorarbeiter, Geselle, Facharbeiter und Gleichgestellte, sowie ähnliche Fachkräfte. Der Verrechnungssatz für die jeweilige Arbeitskraft umfasst sämtliche Aufwendungen wie Lohn- und Gehaltskosten, lohn- und gehaltsgebundene Kosten, Lohn- und Gehaltsnebenkosten, Gemeinkosten, Wagnis und Gewinn. Leistung nach besonderer Anordnung der Bauüberwachung. Anmeldung und Nachweis gem. VOB/B.

▶	▷	ø	◁	◀	Einheit	Ausf.-Dauer	Positionsnummer
40€	49€	**53**€	56€	65€	[h]	1,00 h/h	328.000.068

▶ min
▷ von
ø Mittel
◁ bis
◀ max

Kosten:
Stand 2.Quartal 2020
Bundesdurchschnitt

Nr.	Positionen	Einheit	▶	▷	ø brutto € / ø netto €	◁	◀
1	Türdrücker ausbauen	St	–	9	**12**	16	–
			–	8	**10**	13	–
2	Fenstergriff, Aluminium	St	16	37	**44**	67	109
			14	31	**37**	56	92
3	Drückergarnitur, Stahl	St	32	51	**62**	75	103
			27	43	**52**	63	87
4	Drückergarnitur, Aluminium	St	36	82	**101**	117	160
			31	69	**85**	98	135
5	Drückergarnitur, Edelstahl	St	131	200	**222**	266	362
			110	168	**186**	223	304
6	Bad-/WC-Garnitur, Aluminium	St	62	90	**102**	125	160
			52	75	**86**	105	135
7	Stoßgriff, Tür, Edelstahl	St	146	217	**236**	292	431
			123	182	**198**	245	362
8	Obentürschließer, einflüglige Tür	St	112	249	**305**	498	980
			94	210	**257**	419	824
9	Obentürschließer, zweiflüglige Tür	St	401	597	**613**	695	980
			337	502	**515**	584	824
10	Türantrieb, kraftbetätigte Tür, einflüglig	St	3.150	4.250	**4.690**	5.480	6.775
			2.647	3.571	**3.941**	4.605	5.693
11	Türantrieb, kraftbetätigte Tür, zweiflüglig	St	2.875	4.180	**5.057**	5.487	7.083
			2.416	3.513	**4.249**	4.611	5.952
12	Fluchttürsicherung, elektrische Verriegelung	St	670	1.021	**1.098**	1.285	1.741
			563	858	**923**	1.080	1.463
13	Fingerschutz Türkante	St	89	135	**179**	194	226
			75	113	**150**	163	190
14	Türspion, Aluminium	St	11	19	**24**	28	35
			9	16	**20**	23	30
15	Türstopper, Wandmontage	St	18	29	**34**	41	54
			15	24	**28**	34	46
16	Türstopper, Bodenmontage	St	17	28	**32**	50	93
			14	23	**27**	42	78
17	Lüftungsgitter, Türblatt	St	32	39	**40**	43	53
			27	33	**33**	36	44
18	Doppel-Schließzylinder	St	41	78	**97**	147	247
			34	66	**81**	124	208
19	Halb-Schließzylinder	St	28	55	**66**	82	118
			24	46	**55**	69	99
20	Profil-Zylinderverlängerung, je 10mm	St	2	5	**5**	7	11
			2	4	**5**	6	9
21	Profil-Blindzylinder	St	8	13	**16**	23	35
			7	11	**13**	19	30
22	Generalhaupt-, Generalschlüssel	St	5	9	**11**	15	22
			5	8	**10**	12	19
23	Schlüssel, Buntbart	St	3	5	**6**	8	11
			2	4	**5**	6	9
24	Gruppen-, Hauptschlüssel	St	5	8	**9**	13	19
			4	7	**8**	11	16

▶ min
▷ von
ø Mittel
◁ bis
◀ max

Nr.	Positionen	Einheit	▶	▷ ø brutto € / ø netto €		◁	◀
25	Schlüsselschrank, wandhängend	St	95	226	**274**	455	689
			80	190	**230**	383	579
26	WC-Symbol	St	13	30	**36**	51	71
			11	25	**30**	43	60
27	Riegelschloss, Profil-Halbzylinder	St	55	101	**119**	129	214
			46	85	**100**	108	180
28	Absenkdichtung, Tür	St	63	101	**111**	127	168
			53	85	**94**	107	141

Nr. **Kurztext** / Langtext Kostengruppe
▶ ▷ **ø netto €** ◁ ◀ [Einheit] Ausf.-Dauer Positionsnummer

1 Türdrücker ausbauen KG **394**

Türdrückergarnitur, beidseitig, mit Drückern, auf Vierkant mit Stift, Langschildern, einschl. Schloss, ausbauen, inkl. Entsorgung.
Befestigung: verschraubt, sichtbar
Material: .....

–€ 8€ **10**€ 13€ –€ [St] ⏱ 0,10 h/St 329.000.043

2 Fenstergriff, Aluminium KG **334**

Fenstergriff, als RAL-geprüfte Konstruktion, einschl. Rosette. 4-Punkt-Kugelrastung, spürbarer Positionierung.
Ausführung: Dreh-Kipp-Griff
Form / Typ: .....
Benutzerkategorie DIN EN 1906: Klasse 2
Befestigung: unsichtbar
Dauerhaftigkeit DIN EN 1906: **6 / 7** (Stift abhängig von Benutzerkategorie und Dauerhaftigkeit)
Rosette: **oval / eckig**
Material: Aluminium
Oberfläche: naturfarbig
Angeb. Fabrikat: .....

14€ 31€ **37**€ 56€ 92€ [St] ⏱ 0,15 h/St 329.000.013

3 Drückergarnitur, Stahl KG **344**

Türdrückergarnitur aus Stahlkern mit Metallrosette:
- festdrehbare Lagerung in wartungsfreiem Stahlgleitlager durch Schenkelfeder zum schnellen und sicheren Einrasten der Türdrücker
- präzise Einhaltung der Montageposition und minimiertes Spiel durch flexibel gelagerten Ausgleichsring

Türart: .....
Türblattdicke: ..... mm
Türdrücker: .....
Material: Stahl
Farbe: .....
Angeb. Fabrikat: .....

27€ 43€ **52**€ 63€ 87€ [St] ⏱ 0,30 h/St 329.000.014

323 324 325 326 327 328 **329** 330 331 332 333 334 336 337 338 339

Nr.	Kurztext / Langtext					Kostengruppe
▶	▷	**ø netto €**	◁	◀	[Einheit]	Ausf.-Dauer Positionsnummer

Kosten:
Stand 2.Quartal 2020
Bundesdurchschnitt

4 Drückergarnitur, Aluminium KG **344**

Türdrückergarnitur aus Aluminium mit Metallrosetten:
- festdrehbare Lagerung in wartungsfreiem Stahlgleitlager durch Schenkelfeder zum schnellen und sicheren Einrasten der Türdrücker
- präzise Einhaltung der Montageposition und minimiertes Spiel durch flexibel gelagerten Ausgleichsring

Türart: .....
Türblattdicke: ..... mm
Türdrücker: .....
Material: Aluminium
Oberfläche: .....
Angeb. Fabrikat: .....

31€ 69€ **85**€ 98€ 135€ [St] ⏱ 0,30 h/St 329.000.007

5 Drückergarnitur, Edelstahl KG **344**

Türdrückergarnitur aus Edelstahl mit Metallrosetten:
- festdrehbare Lagerung in wartungsfreiem Stahlgleitlager durch Schenkelfeder zum schnellen und sicheren Einrasten der Türdrücker
- präzise Einhaltung der Montageposition und minimiertes Spiel durch flexibel gelagerten Ausgleichsring

Türart: .....
Türblattdicke: ..... mm
Türdrücker:
Material: Edelstahl
Oberfläche: .....
Angeb. Fabrikat: .....

110€ 168€ **186**€ 223€ 304€ [St] ⏱ 0,30 h/St 329.000.008

6 Bad-/WC-Garnitur, Aluminium KG **344**

Türdrückergarnitur aus Aluminium für Bad/WC-Tür mit Metallrosette:
- festdrehbare Lagerung in wartungsfreiem Stahlgleitlager durch Schenkelfeder zum schnellen und sicheren Einrasten der Türdrücker
- präzise Einhaltung der Montageposition und minimiertes Spiel durch flexibel gelagerten Ausgleichsring

Türart: .....
Türblattdicke: ..... mm
Türdrücker: Bad-WC-Garnitur beidseitig mit Drücker
Oberfläche: .....
Farbton: .....
Angeb. Fabrikat: .....

52€ 75€ **86**€ 105€ 135€ [St] ⏱ 0,35 h/St 329.000.015

7 Stoßgriff, Tür, Edelstahl KG **344**

Stoßgriff aus Edelstahl für Türen, verdeckt verschraubt.
Türart: .....
Türblattdicke: ..... mm
Grifflänge: ....
Achsmaß: 100 mm
Griffdurchmesser: 30 mm
Angeb. Fabrikat: .....

123€ 182€ **198**€ 245€ 362€ [St] ⏱ 0,60 h/St 329.000.035

▶ min
▷ von
ø Mittel
◁ bis
◀ max

8 Obentürschließer, einflüglige Tür KG **344**

Obentürschließer für einflüglige Tür, für Rauch- / Feuerschutztür zugelassen.
Art / Form: Basisschließer und Normalgestänge
Anforderungen:
- Schließergröße EN 2-4
- Schließgeschwindigkeit und Endanschlag von vorn einstellbar über Ventil
- Sicherheitsventil gegen Überlastung
- Normalgestänge, für DIN links und DIN rechts, Normalmontage (Türblatt) auf der Bandseite und Kopfmontage (Sturz) auf der Bandgegenseite

Für Türflügelbreite: max. 1.100 mm
Öffnungswinkel: max. 180°
Feststellbereich ca. 70-150°
Oberfläche: .....
Angeb. Fabrikat: .....

94€ 210€ **257**€ 419€ 824€ [St] ⏱ 1,50 h/St 329.000.036

9 Obentürschließer, zweiflüglige Tür KG **344**

Obentürschließer für zweiflüglige Tür, mit mechanischer Feststellung.
Art / Form: Basisschließer und Normalgestänge
Anforderungen:
- mit integrierter mechanischer Schließfolgeregelung
- von vorn einstellbare Schließkraft, Schließergröße EN 2-6
- Schließgeschwindigkeit und Endanschlag mit von vorne regulierbarer Öffnungsdämpfung mit optischer Größenanzeige
- Sicherheitsventil gegen Überlastung
- Normalmontage auf Türblatt oder auf Bandseite, mit Montageplatte

Oberfläche: .....
Angeb. Fabrikat: .....

337€ 502€ **515**€ 584€ 824€ [St] ⏱ 2,00 h/St 329.000.037

10 Türantrieb, kraftbetätigte Tür, einflüglig KG **344**

Drehtür-Automatik für kraftbetätigte, behindertengerechte Türanlage, einflüglig, für bauseitige Anschlagtüren, als geräuscharmer elektromechanischer Drehtürantrieb für Innen- und Außentüren, in 70mm Bauhöhe. Geprüft und zertifiziert nach DIN 18650 / EN 16005, mit Montageplattensatz. Digitale Steuerung (Kategorie 2 nach DIN EN 954-1 und Performance Level "d" nach DIN EN ISO 13849-1).
Ausführung: drückend oder ziehend, **Türblattmontage / Kopfmontage** auf der **Band-/ Bandgegenseite** mit Gleitschiene. Ausrüstung des Türflügels mit Sensorleiste, Notschalter, Flächentaster, Türöffner, integrierter Öffnungsbegrenzer und Programmschalter als gesonderte Positionen
Türblattabmessung (B x L): ..... x ..... mm
Angeb. Fabrikat: .....

2.647€ 3.571€ **3.941**€ 4.605€ 5.693€ [St] ⏱ 2,50 h/St 329.000.038

Nr.	**Kurztext** / Langtext							Kostengruppe
▶	▷	**ø netto €**	◁	◀		[Einheit]	Ausf.-Dauer	Positionsnummer

11 Türantrieb, kraftbetätigte Tür, zweiflüglig KG **344**

Drehtür-Automatik für kraftbetätigte, behindertengerechte Türanlage, zweiflüglig, für bauseitige Anschlagtüren, als geräuscharmer elektromechanischer Drehtürantrieb für Innen- und Außentüren, in 70mm Bauhöhe. Geprüft und zertifiziert nach DIN 18650 / EN 16005, mit Montageplattensatz. Digitale Steuerung (Kategorie 2 nach DIN EN 954-1 und Performance Level "d" nach DIN EN ISO 13849-1).
Ausführung: drückend oder ziehend, **Türblattmontage / Kopfmontage** auf der **Band-/ Bandgegenseite** mit Gleitschiene. Ausrüstung der Türflügels mit Sensorleiste, Notschalter, Flächentaster, Türöffner, integrierter Öffnungsbegrenzer und Programmschalter als gesonderte Positionen
Türblattabmessung (B x L): ..... x ..... mm
Angeb. Fabrikat: .....

2.416€ 3.513€ **4.249**€ 4.611€ 5.952€ [St] ⏱ 3,00 h/St 329.000.039

Kosten:
Stand 2.Quartal 2020
Bundesdurchschnitt

12 Fluchttürsicherung, elektrische Verriegelung KG **344**

Fluchttürsicherung zur Sicherung einer Tür im Verlauf von Flucht- und Rettungswegen mit elektrischer Verriegelung gem. EltVTR. Geeignet zum Anschluss an Drehtürantriebe, Motorschlösser, Brandmeldeanlagen, Einbruchmeldeanlagen sowie zur Weiterleitung von Meldungen an die Gebäudeleittechnik, u.v.m., System bestehend aus: Türzentrale in Bus-Technik mit integrierter Steuerung, Nottasten Hinweisschild und Netzteil. Geprüft nach EltVTR.
Ausstattung:
Steuerung mit beleuchteter Nottaste
LED-Anzeigen für die Betriebszustände:
- Tür **verriegelt / entriegelt / kurzzeitentriegelt**
- Tür **offen / geschlossen**
- Alarm, Voralarm, Störung

Farbige Klemmen zur Unterscheidung der Anschlüsse für die Peripherie. Flächig zu betätigende, barrierefreie Schlaghaube mit Sabotageschutz.
Integriertes Nottasten-Hinweisschild, unbeleuchtet
Netzteil:
- Netzspannung 230 V AC
- Betriebsspannung 24 V DC
- Ausgangsstrom max. 650 mA (bei AP-Zentralen)
- Ausgangsstrom max. 600 mA (bei UP-Zentralen)

Anschlüsse:
3 programmierbare Eingänge zum Anschluss von Zeitschaltuhr, Brandmeldeanlage, Einbruchmeldeanlage, Zutrittskontrolle, Schlösser mit Zylinderkontakt u.v.m.
Funktion: High aktiv, Low aktiv und Deaktiv je Zustand wählbar,
2 programmierbare Ausgänge zum Anschluss von Drehtürantrieb, Motorschloss, Drückersperrschloss, zusätzlichem Türöffner, optischer oder akustischer Alarmanzeige u.v.m.
Funktion: Öffner, Schließer und Deaktiv je Zustand wählbar
Eingang für indirekte Freischaltung durch externe Nottasten
- Eingang für Beleuchtung des Nottasten-Hinweisschildes
- Eingang für externen Schlüsseltaster zur Steuerung der Betriebsarten
- Eingang für Rückmeldung des Türzustands
- Eingang für Rückmeldung des Verriegelungszustands

Vorgerichtet zur Vernetzung über BUS mit Visualisierungssoftware.
Tableau TE 220/TTE 220 und OPC-Schnittstelle OPC 220

▶ min
▷ von
ø Mittel
◁ bis
◀ max

Funktionen:
- Abbruch und Nachtriggern in Verbindung mit Kurzzeitentriegelung
- Kombination mit Drehtürantrieben ohne zusätzliche Komponenten möglich
- EMA,- BMA Signale sowie der Zeitschaltuhr können über den BUS an alle Teilnehmer einer Buslinie weitergeleitet werden. Jeweils 5 Gruppen möglich
- Integrierte Schleusenfunktion (Aktiv, Passiv und kombiniert). 10 Gruppen möglich
- Weiterleitung von Systemzuständen an GLT über potentialfreie Ausgänge
- Weiterleitung von Sammelmeldungen wie Türzustand, Alarm und Verriegelt an GLT
- Integrierter Summer zu akustischen Signalisierung bei Alarmen und Voralarm
- Integrierte Wochenzeitschaltuhr
- Alarmspeicher mit Datum und Uhrzeit
- Automatische Speicherung des Betriebszustandes und der Nutzerdaten nach Netzausfällen bis zu 24h

System bestehend aus den Einzelkomponenten:
- TZ 320 UP Steuerungseinheit
- NET 320, Netzteil
- FWS 320, Fluchtwegschild
- 3-fach-Rahmen
- Aufputzmontage
- Verwendung für Türen: **einflüglig / zweiflüglig**
- kontaktloser Kartenleser (RFID)
- Leserreichweiten 3 cm (Key) bis 8 cm (Card)
- Zur Montage in verschiedene Schalterprogramme
- optische und akustische Anzeige, 3 LEDs (rot, grün, orange)
- Signalgeber
- Sabotageerkennung
- Schutzart in Abhängigkeit der Schalterprogramme unterschiedlichster Hersteller
- Spannungsversorgung 8-30 V DC
- Stromaufnahme max. 100 mA/ 24 V
- Umgebungstemperatur -25°C bis +60°C
- B x H x T: ca. 50 x 50 x 43 mm
- Zur Integration in 3-fach-Rahmen der Türzentrale
- Verkabelung durch AN Elektro

Angeb. Fabrikat: .....

563€ 858€ **923**€ 1.080€ 1.463€ [St] ⏱ 1,50 h/St 329.000.046

13 **Fingerschutz Türkante** KG **344**

Fingerschutz zur Sicherung der Türkante. Ausführung für **handbetätigte / kraftbetätigte** Türflügel. Sicherung unsichtbar befestigt.
Montage: **Bandseite / Gegenbandseite**
Material: **Aluminium, eloxiert / farbbeschichtet RAL-.....**
Ausführung: feuerhemmend
Länge: bis 2.500 mm
Angeb. Fabrikat: ......

75€ 113€ **150**€ 163€ 190€ [St] ⏱ 0,30 h/St 329.000.040

323 324 325 326 327 328 **329** 330 331 332 333 334 336 337 338 339

Nr.	**Kurztext** / Langtext					Kostengruppe
▶	▷	**ø netto €**	◁	◀	[Einheit]	Ausf.-Dauer Positionsnummer

14 Türspion, Aluminium KG **344**

Türspion mit Linsensystem, einschl. Deckklappe.
Türblattdicke: .....
Rohrdurchmesser: 15 mm
Material: Aluminium
Oberfläche: **anodisiert / eloxiert**
Farbton: .....
Angeb. Fabrikat: .....

9€	16€	**20**€	23€	30€	[St]	⏱ 0,15 h/St	329.000.041

15 Türstopper, Wandmontage KG **344**

Wand-Türstopper mit schwarzem Gummipuffer, befestigt mit korrosionsgeschützter Schraube.
Untergrund: .....
Einbaubereich .....
Gehäuse: .....
Oberfläche: .....
Form: .....
Angeb. Fabrikat: .....

15€	24€	**28**€	34€	46€	[St]	⏱ 0,10 h/St	329.000.010

16 Türstopper, Bodenmontage KG **344**

Boden-Türstopper mit schwarzem Gummipuffer, befestigt mit korrosionsgeschützter Schraube.
Untergrund: .....
Einbaubereich .....
Gehäuse: .....
Oberfläche: .....
Form: .....
Angeb. Fabrikat: .....

14€	23€	**27**€	42€	78€	[St]	⏱ 0,15 h/St	329.000.011

17 Lüftungsgitter, Türblatt KG **344**

Lüftungsgitter in Holz-Türblatt, als Überströmöffnung zwischen Wohnräumen, stufenlos regulierbar und verschließbar; Komplettsystem bestehend aus Rahmen und Gitter, inkl. beidseitiger elastischer Verfugung.
Freier Querschnitt: ..... cm^2
Rahmengröße: .....
Farbe: .....
Material: PVC
Angeb. Fabrikat: .....

27€	33€	**33**€	36€	44€	[St]	⏱ 0,15 h/St	329.000.026

Kosten:
Stand 2.Quartal 2020
Bundesdurchschnitt

▶ min
▷ von
ø Mittel
◁ bis
◀ max

Nr.	**Kurztext** / Langtext						Kostengruppe
▶	▷	**ø netto €**	◁	◀	[Einheit]	Ausf.-Dauer	Positionsnummer

18 Doppel-Schließzylinder KG **344**

Profil-Doppelzylinder, Sicherheitsstufe gem. beiliegendem Schließkonzept, mit je 6 Stiftzuhaltungen, inkl. vernickelter Stulpschraube und je 3 Schlüsseln.
Länge A: 30,5 mm
Länge B: 30,5 mm
Schließart: .....
Material: Messing, matt vernickelt, Farbe: .....
Angeb. Fabrikat: .....

34€ 66€ **81**€ 124€ 208€ [St] ⏱ 0,15 h/St 329.000.001

19 Halb-Schließzylinder KG **344**

Profil-Halbzylinder, Sicherheitsstufe gem. beiliegendem Schließkonzept, mit je 6 Stiftzuhaltungen, inkl. ver-nickelter Stulpschraube und je 3 Schlüsseln.
Länge A: 10 mm
Länge B: 30,5 mm
Schließart: .....
Material: Messing, matt vernickelt, Farbe: .....
Angeb. Fabrikat: .....

24€ 46€ **55**€ 69€ 99€ [St] ⏱ 0,13 h/St 329.000.002

20 Profil-Zylinderverlängerung, je 10mm KG **344**

Verlängerung des Profilzylinders je Seite und angefangene 10mm.

2€ 4€ **5**€ 6€ 9€ [St] – 329.000.012

21 Profil-Blindzylinder KG **344**

Profil-Blindzylinder, inkl. vernickelter Stulpschraube.
Länge A: 30,5 mm
Länge B: 30,5 mm
Material: Messing, matt vernickelt
Angeb. Fabrikat: .....

7€ 11€ **13**€ 19€ 30€ [St] ⏱ 0,10 h/St 329.000.003

22 Generalhaupt-, Generalschlüssel KG **344**

Generalhauptschlüssel für Profilzylinder der Schließanlage.

5€ 8€ **10**€ 12€ 19€ [St] – 329.000.027

23 Schlüssel, Buntbart KG **344**

Buntbart-BB-Schlüssel für Türschlösser Klasse 1, gleichschließend.
Material: Messing verchromt, poliert

2€ 4€ **5**€ 6€ 9€ [St] ⏱ h/St 329.000.006

24 Gruppen-, Hauptschlüssel KG **344**

Gruppen-, Hauptschlüssel für Profilzylinder der beschriebenen Schließanlage.

4€ 7€ **8**€ 11€ 16€ [St] – 329.000.028

Nr. **Kurztext** / Langtext — Kostengruppe

▶ ▷ **ø netto €** ◁ ◀ [Einheit] Ausf.-Dauer Positionsnummer

25 Schlüsselschrank, wandhängend KG **344**

Schlüsselkasten mit Zylinderschloss, Türöffnung: größer 90°, inkl. farbig sortiertem Musterbeutel mit Schlüsselanhängern und Indexblatt zur Selbstbeschriftung, an Wand befestigt.
Material: Stahl
Oberfläche: .....
Für Schlüsselanzahl: .....
Angeb. Fabrikat: .....

80€ 190€ **230**€ 383€ 579€ [St] ⏱ 0,80 h/St 329.000.024

26 WC-Symbol KG **344**

WC-Hinweiszeichen, eingefrästes Symbol und Beschriftung.
System ......
Schrift: .....
Abmessung (B x H): ..... x ..... mm
Material: .....
Befestigung: .....

11€ 25€ **30**€ 43€ 60€ [St] ⏱ 0,15 h/St 329.000.029

27 Riegelschloss, Profil-Halbzylinder KG **344**

Montage von Riegelschloss in Türblatt, einschl. aller Bohr- und Fräsarbeiten, vorgerichtet für Profil-Halbzylinder.

46€ 85€ **100**€ 108€ 180€ [St] ⏱ 0,15 h/St 329.000.030

28 Absenkdichtung, Tür KG **344**

Absenkdichtung an Innentür, zum Abdichten von Boden-Luftspalten, band- und schlossseitig auslösend, Anschlag mit stirnseitigen Befestigungswinkeln, inkl. Druckplatten für Normfalz und PVC-Dichtprofil.
Spaltweite: bis ..... mm
Türart: .....
Nutmaß: .....
Schalldämmwert: R_W .....
Angeb. Fabrikat: .....

53€ 85€ **94**€ 107€ 141€ [St] ⏱ 0,20 h/St 329.000.031

Kosten:
Stand 2.Quartal 2020
Bundesdurchschnitt

▶ min
▷ von
ø Mittel
◁ bis
◀ max

330

Kosten:
Stand 2.Quartal 2020
Bundesdurchschnitt

Rollladenarbeiten **Preise €**

Nr.	Positionen	Einheit	▶	▷	ø brutto € / ø netto €	◁	◀
1	Rollladen entfernen	m²	26	37	**44**	54	64
			22	31	**37**	45	54
2	Markise entfernen	m²	77	89	**106**	128	135
			64	75	**89**	107	113
3	Außenjalousie entfernen	m²	22	27	**31**	37	39
			18	23	**26**	31	33
4	Sonnenschutz, Stoff, innen, entfernen	m²	16	19	**23**	28	30
			14	16	**20**	23	25
5	Rollladen-Gurtwickler ausbauen	St	11	13	**15**	18	19
			9	11	**13**	15	16
6	Baufuge abdichten, Rollladenkasten	m	15	16	**21**	25	27
			13	13	**18**	21	22
7	Rollladenkasten dämmen	m²	39	62	**75**	93	125
			32	52	**63**	78	105
8	Klappendeckel abdichten, Rollladenkasten	St	30	35	**44**	52	56
			25	29	**37**	44	47
9	Rollladenkastendeckel auswechseln	m	24	28	**33**	40	42
			20	23	**28**	33	35
10	Rollladengurte auswechseln	St	38	48	**52**	62	70
			32	40	**44**	52	59
11	Rollladenführungsschiene erneuern	St	30	46	**50**	59	62
			25	39	**42**	49	52
12	Rollladenwelle erneuern, bis 1.500mm	St	73	93	**104**	123	130
			62	78	**87**	104	110
13	Rollladenwelle erneuern, bis 2.500mm	St	98	121	**143**	172	184
			83	102	**120**	145	154
14	Vorbaurollladen, Führungsschiene	St	234	338	**370**	447	604
			197	284	**311**	376	508
15	Rollladen, Führungsschiene, Gurt	St	174	284	**344**	382	505
			146	239	**289**	321	425
16	Jalousie/Raffstore, außen	St	671	900	**961**	1.008	1.201
			564	756	**808**	847	1.009
17	Fensterladen, Holz, zweiflügelig	St	521	642	**671**	738	857
			438	539	**564**	620	720
18	Stundensatz Facharbeiter, Rollladenarbeiten	h	59	67	**71**	75	83
			50	56	**60**	63	70

▶ min
▷ von
ø Mittel
◁ bis
◀ max

Nr. **Kurztext** / Langtext — Kostengruppe
▶ ▷ **ø netto €** ◁ ◀ [Einheit] Ausf.-Dauer Positionsnummer

1 Rollladen entfernen KG **394**

Rollladen einschl. Deckel, Welle, Gurtband und Wickler ausbauen und anfallenden Bauschutt entsorgen.
Breite: bis 1,50 m
Höhe: bis 2,50 m
Material: .....

22€ 31€ **37**€ 45€ 54€ [m²] ⏱ 0,30 h/m² 330.000.017

Nr.	Kurztext / Langtext						Kostengruppe
▶	▷	**ø netto €**	◁	◀	[Einheit]	Ausf.-Dauer	Positionsnummer

2 Markise entfernen KG **394**

Markise einschl. Gelenkarm, Welle und Bedienelemente ausbauen und anfallenden Bauschutt entsorgen.
Breite: bis 4,00 m
Ausstelltiefe: bis 3,00 m
Behangmaterial: .....
Befestigung: .....

64€	75€	**89**€	107€	113€	[m2]	⏱ 1,10 h/m2	330.000.018

3 Außenjalousie entfernen KG **394**

Außenjalousie einschl. Kurbel und Welle ausbauen und anfallenden Bauschutt entsorgen.
Breite: bis 4,00 m
Höhe: bis 3,00 m
Material: Aluminiumlamellen
Befestigung: .....

18€	23€	**26**€	31€	33€	[m2]	⏱ 0,35 h/m2	330.000.019

4 Sonnenschutz, Stoff, innen, entfernen KG **394**

Sonnenschutz aus Stoff in Innenräumen ausbauen und anfallenden Bauschutt entsorgen.
Breite: bis 4,0 m
Höhe: bis 3,0 m
Befestigung: .....

14€	16€	**20**€	23€	25€	[m2]	⏱ 0,30 h/m2	330.000.020

5 Rollladen-Gurtwickler ausbauen KG **394**

Rollladen-Gurtwickler aus Ziegelmauerwerk ausbauen und anfallenden Bauschutt entsorgen.
Abmessungen: 19,0 x 11,5 x 23,8 cm
Steinart: Hlz 1,0

9€	11€	**13**€	15€	16€	[St]	⏱ 0,05 h/St	330.000.021

6 Baufuge abdichten, Rollladenkasten KG **395**

Baufuge zwischen bestehendem Rollladenkasten und neuem Zargenrahmen mit Dichtband abdichten.
Anforderungen: wind-/dampfdicht
Klebebereich: 60 mm

13€	13€	**18**€	21€	22€	[m]	⏱ 0,25 h/m	330.000.022

7 Rollladenkasten dämmen KG **395**

Nachträgliche Dämmung des Rollladenkastens mit flexiblen Dämmmatten.
Dämmstoff: .....
Dämmdicke: 40 mm

32€	52€	**63**€	78€	105€	[m2]	⏱ 0,60 h/m2	330.000.023

8 Klappendeckel abdichten, Rollladenkasten KG **395**

Klappendeckel des Rollladenkastens im aufliegenden Klappenfalz abdichten.
Deckelgröße: 2.000 x 250 mm
Dichtung: .....

25€	29€	**37**€	44€	47€	[St]	⏱ 0,60 h/St	330.000.024

Nr. **Kurztext** / Langtext | Kostengruppe
▶ ▷ **ø netto €** ◁ ◀ [Einheit] Ausf.-Dauer Positionsnummer

9 Rollladenkastendeckel auswechseln KG **395**

Rollladenkastendeckel durch gedämmten Deckel ersetzen und anfallenden Bauschutt entsorgen.
Länge: bis 1,20 m
Höhe: bis 0,30 m
Dämmstoff: PUR, Alu kaschiert

20€ 23€ **28**€ 33€ 35€ [m] ⏱ 0,25 h/m 330.000.025

10 Rollladengurte auswechseln KG **395**

Rollladengurte auswechseln und ausgebaute Rollladengurte einschl. anfallendem Bauschutt entsorgen.
Länge: bis 4,00 m
Breite: .....

32€ 40€ **44**€ 52€ 59€ [St] ⏱ 0,40 h/St 330.000.026

Kosten:
Stand 2.Quartal 2020
Bundesdurchschnitt

11 Rollladenführungsschiene erneuern KG **395**

Rollladenführungsschiene durch neue, eloxierte, geräuscharme Führungsschiene aus Alu-Profilen mit PVC-Führungsleisten ersetzen und anfallenden Bauschutt entsorgen.
Untergrund: .....
Befestigung: .....
Länge: 1.000 mm
Befestigung: Fensterrahmen
Material: Aluminium
Farbe: weiß

25€ 39€ **42**€ 49€ 52€ [St] ⏱ 0,25 h/St 330.000.027

12 Rollladenwelle erneuern, bis 1.500mm KG **395**

Rollladenwelle ausbauen, neue Welle in vorhandenen Rollladen funktionsfähig einbauen und anfallenden Bauschutt entsorgen.
Wellenlänge: bis 1.500 mm
Material: .....

62€ 78€ **87**€ 104€ 110€ [St] ⏱ 1,00 h/St 330.000.028

13 Rollladenwelle erneuern, bis 2.500mm KG **395**

Rollladenwelle ausbauen, neue Welle in vorhandenen Rollladen funktionsfähig einbauen und anfallenden Bauschutt entsorgen.
Wellenlänge: bis 2.500 mm
Material: .....

83€ 102€ **120**€ 145€ 154€ [St] ⏱ 1,20 h/St 330.000.029

▶ min
▷ von
ø Mittel
◁ bis
◀ max

14 Vorbaurollladen, Führungsschiene KG **338**

Vorsatz-Rollladenfertigelement DIN EN 13659 und DIN V 18073, als Einzelanlage, Rollraum oberhalb der Öffnung vor der Wand, Rollladenkasten aus gekantetem Aluminium, Farbton nach Standardfächer des AN, Form halbrund, witterungsseitig beschichtet, Rollladenpanzer aus Aluminium, als Hohlkammerstäbe, Deckbreite über 45 bis 50mm, Farbton nach Standardfächer des AN, Anschlag aus Aluminium, Führungsschienen aus beschichtetem Aluminium, mit Bürstenkeder, Antrieb durch Gurtzug mit Aufschraubwickler, schwenkbar.
Befestigungsuntergrund: Mauerwerk
Breite 1.250 mm
Höhe 1.500 mm
Rollraum: 16,5 cm
Einbruchhemmung: RC 2
Windwiderstandsklasse: 2
Einbauhöhe: bis 3 m
Angeb. Fabrikat: .....

197€ 284€ **311**€ 376€ 508€ [St] ⏱ 0,80 h/St 330.000.030

15 Rollladen, Führungsschiene, Gurt KG **338**

Rollladen DIN EN 13659 und DIN V 18073, als Einzelanlage, Rollraum innerhalb der Öffnung, Rollkasten bauseits eingebaut, Farbton nach Standardfächer des AN, Schlussstab aus Kunststoff, mit Anschlag und elastischem Profil, punktuell, Anschlag aus Aluminium, Führungsschienen aus beschichtetem Aluminium, mit Bürstenkeder, Antrieb durch Gurtzug mit Aufschraubwickler, schwenkbar, Bedienkraftklasse 1.
Befestigungsuntergrund: Mauerwerk
Rohbaubreite: 1.010 mm
Rohbauhöhe: 1.510 mm
Einbruchhemmung: RC 2
Windwiderstandsklasse: 2
Einbauhöhe: bis 3 m
Angeb. Fabrikat: .....

146€ 239€ **289**€ 321€ 425€ [St] ⏱ 0,60 h/St 330.000.031

16 Jalousie/Raffstore, außen KG **338**

Außenjalousie/Raffstore DIN EN 13659 und DIN V 18073, als Einzelanlage, an Fenstern/Türen, Behang aus Aluminiumlamellen, bandbeschichtet, gewölbt, mit Führungsnippel, wechselseitig an jeder Lamelle, für Schienenführung, Farbton nach Standardfächer des AN, an Leiterkordel fixiert, Oberschiene als U-Profil, aus Aluminium, stranggepresst, beschichtet, Farbton nach Standardfächer des AN, Unterschiene als Hohlprofil, aus Aluminium, stranggepresst, beschichtet, Farbton nach Standardfächer des AN, Lamellenführung durch Führungsschiene mit Gleiteinlage, Führungsschiene als Systemschiene, ohne Abstandhalter, Standardmaße des Herstellers, aus Aluminium, stranggepresst, beschichtet, Farbton nach Standardfächer des AN, Abstand Führungsmitte bis Befestigungsuntergrund bis 50mm, Antrieb durch Elektromotor, Zuleitung und Kupplungsanschluss bauseits, einschl. Anschluss mit Stecker-/Kupplungssystem, Bemessungsbetriebsspannung 230 V AC.
Befestigungsuntergrund: Stahlbeton
Lamellenbreite: 80 mm
Behangbreite: bis 2.950 mm
Höhe: 2.950 mm
Einbauhöhe: bis 3 m
Angeb. Fabrikat: .....

564€ 756€ **808**€ 847€ 1.009€ [St] ⏱ 1,80 h/St 330.000.032

Nr.	Kurztext / Langtext						Kostengruppe
▶	▷	**ø netto €**	◁	◀	[Einheit]	Ausf.-Dauer	Positionsnummer

17 Fensterladen, Holz, zweiflügelig KG **338**

Klappladen mit Rahmen mit eingeschobener Füllung, zweiflügelig, aus Vollholzlamellen, verleimt und abgeplattet, aus Fichte, Holzgüte DIN EN 942 für deckende Beschichtung, Farbe nach RAL oder NCS-Farbkarte und nach Bemusterung, Laden vor Außenflucht, befestigen an Mauerwerk.
Rohbaumaße: bis 2,5 m²
Befestigungsuntergrund: Mauerwerk
Einbauhöhe: bis 3 m
Angeb. Fabrikat: .....

438€ 539€ **564**€ 620€ 720€ [St] ⏱ 2,50 h/St 330.000.033

18 Stundensatz Facharbeiter, Rollladenarbeiten

Stundenlohnarbeiten für Vorarbeiter, Facharbeiter und Gleichgestellte (z.B. Spezialbaufacharbeiter, Baufacharbeiter, Obermonteure, Monteure, Gesellen, Maschinenführer, Fahrer und ähnliche Fachkräfte). Der Verrechnungssatz für die jeweilige Arbeitskraft umfasst sämtliche Aufwendungen wie Lohn- und Gehaltskosten, Lohn- und Gehaltsnebenkosten, Zuschläge, lohngebundene und lohnabhängige Kosten, sonstige Sozialkosten, Gemeinkosten, Wagnis und Gewinn. Leistung nach besonderer Anordnung der Bauüberwachung. Anmeldung und Nachweis gem. VOB/B.

50€ 56€ **60**€ 63€ 70€ [h] ⏱ 1,00 h/h 330.000.034

Kosten:
Stand 2.Quartal 2020
Bundesdurchschnitt

▶ min
▷ von
ø Mittel
◁ bis
◀ max

Kosten:
Stand 2.Quartal 2020
Bundesdurchschnitt

▶ min
▷ von
ø Mittel
◁ bis
◀ max

Metallbauarbeiten **Preise €**

Nr.	Positionen	Einheit	▶	▷	ø brutto € / ø netto €	◁	◀
1	Profilstahl-Konstruktion, Profile IPE	kg	4	5	**6**	6	8
			3	4	**5**	5	7
2	Handlauf, Stahl	m	77	98	**106**	121	157
			65	82	**89**	102	132
3	Handlauf, Stahl, Wandhalterung	St	38	59	**72**	88	112
			32	49	**60**	74	95
4	Handlauf, Enden in diverse Ausführungen	St	36	50	**58**	60	77
			30	42	**49**	50	64
5	Handlauf, Ecken/Gehrungen	St	36	54	**62**	72	86
			31	45	**52**	60	72
6	Handlauf, Holz	m	37	79	**94**	105	146
			31	67	**79**	88	123
7	Brüstungs-/Treppengeländer, Lochblechfüllung	m	280	342	**368**	413	487
			235	288	**309**	347	409
8	Treppengeländer, Flachstahlfüllung	m	273	342	**379**	424	525
			229	288	**318**	356	441
9	Balkon-/Terrassengeländer, Außenbereich	m	215	318	**359**	420	568
			180	267	**302**	353	477
10	Stahl-Umfassungszarge, 875x2.000/2.125	St	210	291	**319**	355	422
			177	244	**268**	298	355
11	Stahl-Umfassungszarge, 1.000x2.000/2.125	St	224	332	**367**	415	530
			188	279	**308**	349	445
12	Stahltür, einflüglig, 1.010x2.130	St	572	777	**861**	971	1.214
			481	653	**724**	816	1.020
13	Stahltür, zweiflüglig	St	1.463	2.086	**2.340**	2.533	3.145
			1.229	1.753	**1.967**	2.129	2.643
14	Stahltür, Brandschutz, EI 30-C, zweiflüglig	St	2.348	3.264	**3.702**	4.105	4.900
			1.973	2.743	**3.111**	3.450	4.118
15	Stahltür, Brandschutz, EI 90-C, 875x2.000/2.125	St	1.568	1.994	**2.241**	2.495	2.974
			1.318	1.675	**1.884**	2.096	2.499
16	Stahltür, EI 90-C, zweiflüglig	St	3.930	4.908	**5.293**	5.817	7.025
			3.303	4.124	**4.448**	4.888	5.903
17	Stahltreppe, gerade, einläufig, Trittbleche	St	2.971	5.735	**6.567**	8.340	12.904
			2.497	4.819	**5.519**	7.009	10.843
18	Brandschutzbeschichtung, feuerhemmend, Stahlbauteile	m^2	52	73	**77**	97	147
			43	61	**65**	81	124
19	Brandschutzbeschichtung, Stahlbauteile, Decklack	m^2	15	19	**20**	23	28
			13	16	**17**	20	23
20	Brandschutzbeschichtung Rund-/Profilstahl	m	33	44	**48**	57	61
			28	37	**40**	48	52
21	Stundensatz Schlosser-Facharbeiter	h	61	68	**70**	73	79
			52	57	**59**	62	67
22	Stundensatz Schlosser-Helfer	h	49	56	**57**	60	66
			41	47	**48**	50	56

1 Profilstahl-Konstruktion, Profile IPE KG **351**

Stahlträger aus Walzprofil nach DIN EN 10279, als Träger der Deckenkonstruktion, einschl. aller Kopfplatten, Steifen, Bohrungen, Verbindungsmittel und Schweißnähte, sowie einschl. Bohrungen für die Verschraubung mit den bauseitigen Anschlüssen.
Profil: **HEB / IPE / HEA / HEM**
Konstruktion der Ausführungsklasse DIN EN 1090: EXC .....
Material: Stahl nach DIN EN 10025
Güte: S235JR (+AR .....)
Länge Stahlprofil: .....
Korrosionsbelastung DIN EN 12944: Klasse **C1 / C2 / .....**
Korrosionsschutz für Zeitraum Klasse: **L = 2-5 Jahre / M = 5-15 Jahre / H = über 15 Jahre**
Oberfläche: **grundiert / beschichtet mit .....**
Baustellenverbindungen: geschraubt und geschweißt
Einbauort: .....
Einbauhöhe: .....
Für die Ausführung werden vom AG folgende Unterlagen zur Verfügung gestellt:
- Entwurfszeichnungen, Plannr.: .....
- Übersichtszeichnungen, Plannr.: .....
- statische Berechnung mit Positionsplänen, Plannr.: .....

3€ 4€ **5**€ 5€ 7€ [kg] ⏱ 0,02 h/kg 331.000.070

2 Handlauf, Stahl KG **359**

Handlauf aus Stahlrundrohr, außen, Handlauf steigend, in verschiedenen Längen. Wandlaufhalter, Rohrkappen und Abkröpfung / Gehrung in gesonderten Positionen.
Material: Stahl nach DIN EN 10025
Güte: S 235 JR + AR
Durchmesser: ..... mm
Wandstärke: 2,0 mm
Korrosionsbelastung DIN EN ISO 12944: Klasse **C1 / C2 / .....**
Korrosionsschutz für Zeitraum Klasse: **L = 2-5 Jahre / M = 5-15 Jahre / H = über 15 Jahre**
Oberfläche: verzinkt (für nachfolgende Beschichtung)
Einbauort: in allen Geschossen

65€ 82€ **89**€ 102€ 132€ [m] ⏱ 0,30 h/m 331.000.071

3 Handlauf, Stahl, Wandhalterung KG **359**

Handlaufhalter, aus Flachstahl-Rosette und an Handlauf mittels abgekröpftem Rundstahl von unten angeschweißt, inkl. Befestigungselemente aus nichtrostendem Stahl.
Material: Stahl nach DIN EN 10025
Güte: S 235 JR + AR
Wandhalter: Rundstahl, D = 12 mm
Wandabstand: 50 mm
Rosette: Flachstahl 10 mm, rund D = 100 mm, zwei Bohrungen
Oberfläche: feuerverzinkt
Farbe: .....
Einbauort: alle Geschosse
Befestigungsuntergrund Wand: Sichtbeton
Einbauort: **Normalraum / Feuchtraum / Nassraum**

32€ 49€ **60**€ 74€ 95€ [St] ⏱ 0,30 h/St 331.000.072

Nr.	Kurztext / Langtext						Kostengruppe
▶	▷	**ø netto €**	◁	◀	[Einheit]	Ausf.-Dauer	Positionsnummer

4 Handlauf, Enden in diverse Ausführungen KG **359**

Rohrende Handlauf
Rohrprofil: .....
Wandstärke: 2,0 mm
Ausführung Rohrende: .....

30€ 42€ **49**€ 50€ 64€ [St] ⏱ 0,20 h/St 331.000.073

5 Handlauf, Ecken/Gehrungen KG **359**

Eck- / Übergangswinkel des Handlaufs, an Ecken bzw. am Übergang von ansteigendem zu ebenem Handlauf.
Gehrung Winkel: .....°

31€ 45€ **52**€ 60€ 72€ [St] ⏱ 0,20 h/St 331.000.074

Kosten:
Stand 2.Quartal 2020
Bundesdurchschnitt

6 Handlauf, Holz KG **359**

Handlauf aus Holz, steigend, in verschiedenen Längen. Wandlaufhalter, Rohrkappen und Abkröpfung / Gehrung in gesonderten Positionen.
Material: Eiche
Durchmesser: **25 / 30 / 40 / 60** mm
Oberfläche: geschliffen und poliert, natur
Einbauort: **außen / innen**

31€ 67€ **79**€ 88€ 123€ [m] ⏱ 0,32 h/m 331.000.067

7 Brüstungs-/Treppengeländer, Lochblechfüllung KG **359**

Treppengeländer als Stahlkonstruktion, mit Handlauf und Füllung aus Lochblech, montiert neben den Treppenläufen, in allen Geschossen.
Abmessungen:
Höhe **0,90 / 1,00** m über OKFF **/ Vorderkante Stufe**
Höhe nach **LBO / Arbeitsstättenrichtlinie / Vorgabe durch den Versicherer**
Gesamthöhe ca. 1,10 m, Abstand zu VK-Bodenbelag max. 40 bzw. 60 mm
gem. **LBO / DIN 18065**
Form:
- Geländer .....-fach im Winkel von .....° abgekantet
- ..... Stützen mit Befestigungen unten
- ..... Befestigungen des Handlaufs an den Enden

Material / Befestigung:
- Handlauf: Rohr D = 33,7 mm, Material nichtrostender Stahl
- Rohrenden mit Kappen geschlossen
- Geländerpfosten: T-Stahlprofil ..... mm
- Befestigungsteile: Stegblech B x L x T = ... x ..... x ..... mm, Ankerplatte B x L x T = ... x ..... x ..... mm, je Befestigung ..... Klebedübel M12
- im Außenbereich und in Feuchträumen alle Befestigungselemente aus nichtrostendem Stahl
- Geländerrahmen: Ober-, Untergurt aus Flachstahl ..... x ..... mm, Geländerstützen verschweißt
- Geländerfüllung: Lochblech t = ... mm, Quadratlockung, Lochung ..... x ..... mm, Lochanteil ca. ..... %, eingepasst in Flachstahlrahmen

Oberflächen:
- nichtrostender Stahl: fein geschliffen, Korn ca. 240
- Stahlteile: **verzinkt und deckend beschichtet / feuerverzinkt**, Farbe: .....

▶ min
▷ von
ø Mittel
◁ bis
◀ max

Einbauort / Montage:
- **öffentliches Gebäude / Privatwohnhaus** in allen Geschossen
- **Normalraum / Feuchtraum / Nassraum**
- Befestigungsuntergrund Handlaufenden: Hlz-Mauerwerk mit WDVS
- Befestigungsuntergrund Stahlbeton-Balkonplatte: Sichtbeton

Für die Ausführung werden vom AG folgende Unterlagen zur Verfügung gestellt:
- Entwurfszeichnungen, Plannr.: .....
- Übersichtszeichnungen, Plannr.: ....., statische Berechnung

235€ 288€ **309**€ 347€ 409€ [m] ⏱ 2,30 h/m 331.000.068

8 Treppengeländer, Flachstahlfüllung KG **359**

Treppengeländer als Stahlkonstruktion, mit Handlauf aus nichtrostendem Stahl und Füllung aus senkrechten Stäben aus Flachmaterial, montiert neben den Treppenläufen, in allen Geschossen.
Konstruktion der Ausführungsklasse DIN EN 1090: EXC .....
Abmessungen:
Höhe: **0,90 / 1,00 / 1,10** m über OKFF **/ Vorderkante Stufe**
Höhe nach **LBO / Arbeitsstättenrichtlinie / Vorgabe durch den Versicherer**
Gesamthöhe: ca. 1,10 m, Abstand zu VK-Bodenbelag max. **40 / 60** mm
gem. **LBO / DIN 18065**
Form:
- Geländer .....-fach im Winkel von .....° abgekantet
- ..... Stützen mit Befestigungen unten
- ..... Befestigungen des Handlaufs an den Enden

Material / Befestigung:
- Handlauf: Rohr D = 42,4 mm, Material nichtrostender Stahl
- Rohrenden mit Kappen geschlossen
- Geländerpfosten: T-Stahlprofil .....mm
- Befestigungsteile: Stegblech B x L x T = ... x ..... x ..... mm, Ankerplatte B x L x T = ... x ..... x ..... mm, je Befestigung ..... Dübel
- im Außenbereich und in Feuchträumen alle Befestigungselemente aus nichtrostendem Stahl
- Geländerrahmen: Ober-, Untergurt aus Flachstahl ..... x ..... mm, Geländerstützen verschweißt
- Geländerfüllung: senkrechte Stäbe aus Flachstahl ..... x ..... mm, alle 120 mm senkrecht eingeschweißt

Oberflächen:
- nichtrostender Stahl: fein geschliffen, Korn ca. 240
- Stahlteile: **verzinkt und deckend beschichtet / feuerverzinkt**, Farbe: .....

Einbauort / Montage:
- **öffentliches Gebäude / Privatwohnhaus in allen Geschossen**
- **Normalraum / Feuchtraum / Nassraum**
- Befestigungsuntergrund Handlaufenden: Hlz-Mauerwerk mit WDVS
- Befestigungsuntergrund Stahlbeton-Balkonplatte: Sichtbeton

Für die Ausführung werden vom AG folgende Unterlagen zur Verfügung gestellt:
- Entwurfszeichnungen, Plannr.: .....
- Übersichtszeichnungen, Plannr.: .....
- statische Berechnung

229€ 288€ **318**€ 356€ 441€ [m] ⏱ 2,50 h/m 331.000.075

Nr.	Kurztext / Langtext						Kostengruppe
▶	▷	ø netto €	◁	◀	[Einheit]	Ausf.-Dauer	Positionsnummer

9 Balkon-/Terrassengeländer, Außenbereich KG **359**

Balkongeländer als Stahlkonstruktion, im Außenbereich, mit Handlauf und Füllung aus senkrechten Vollstäben, montiert auf Vorderkante von Balkonen, in allen Geschossen.
Konstruktion und **Dimensionierung:** Geländer-Richtlinie, Bundesverband Metall, 2012-12
Konstruktion der Ausführungsklasse DIN EN 1090: EXC .....
Abmessungen:
- Höhe 0,90 / 1,00 m über OKFF
- Gesamthöhe ca. 1,20 m, Abstand zu VK-Bodenbelag max. 40 bzw. 60 mm

Form:
- Geländer .....-fach im Winkel von .....° abgekantet
- ..... Stützen mit Befestigungen unten
- ..... Befestigungen des Handlaufs an den Enden

Material / Befestigung:
- Handlauf: Rohr D = 42,4 mm, Material nichtrostender Stahl
- Rohrenden mit Kappen geschlossen
- Geländerpfosten: T-Stahlprofil ..... mm
- Befestigungsteile: Stegblech B x L x T = ... x ..... x ..... mm, Ankerplatte B x L x T = ... x ..... x ..... mm, je Befestigung ..... Dübel, aus nichtrostendem Stahl
- Geländerrahmen: Ober-, Untergurt aus Rundstahl D = ... mm und t= ....., Geländerstützen verschweißt
- Geländerfüllung: senkrechte Stäbe aus Rundstahl D = 12 mm, alle 120 mm senkrecht eingeschweißt

Oberflächen:
- nichtrostender Stahl: fein geschliffen, Korn ca. 240
- Stahlteile: verzinkt und deckend beschichtet, Nasslack / pulverbeschichtet, Farbe: .....

Einbauort / Montage:
- öffentliches Gebäude / Privatwohnhaus in allen Geschossen
- Befestigungsuntergrund Handlaufenden: Hlz-Mauerwerk mit WDVS
- Befestigungsuntergrund Stahlbeton-Balkonplatte: Sichtbeton

Für die Ausführung werden vom AG folgende Unterlagen zur Verfügung gestellt:
- Entwurfszeichnungen, Plannr.: .....
- Übersichtszeichnungen, Plannr.: ....., statische Berechnung

180€	267€	**302**€	353€	477€	[m]	⏱ 2,40 h/m	331.000.069

A 1 Stahl-Umfassungszarge Beschreibung für Pos. **10-11**

Stahl-Umfassungszarge nach DIN 18111-1, für **rechts / links** angeschlagenes Türblatt.
Einbau in: .....
Einbauort: .....
Aufteilung / Form:
- dreiseitig umlaufendes Profil
- Zarge für nachträglichen Einbau
- Zarge **ohne / mit** beidseitiger Schattennut

Zarge:
- Blechdicke: 1,5 mm
- Ecken verschweißt
- Zargenspiegel ..... mm
- Zargenprofil für .....
- Dicke Türblatt: ..... mm

Bänder / Beschläge:
- vorbereitet zur Aufnahme für dreiteilige Bänder: ..... Stück, 3-dimensional einstellbar
- eingebautes Schließblech, vernickelt

Kosten:
Stand 2.Quartal 2020
Bundesdurchschnitt

▶ min
▷ von
ø Mittel
◁ bis
◀ max

Zubehör:
- Falzdichtung: dreiseitig umlaufende Dichtung EPDM (APTK)
- Farbe: .....

Oberflächen:
- **bandverzinkt DIN EN 10327 / rostschützend grundiert für bauseitige Beschichtung / .....**

Einbau:
- Wandaufbau im Anschlussbereich: beidseitig Putz ca. 2x 15 mm
- verdeckte Befestigung, mit .....
- ggf. Hinterfüllung des Zargenhohlraums

10 **Stahl-Umfassungszarge, 875x2.000/2.125** KG **344**

Wie Ausführungsbeschreibung A 1
Lichtes Rohbaumaß (B x H): 875 x **2.000 / 2.125** mm
Wanddicke: 115 mm
Maulweite: 145 mm
Falztiefe: ....

177€ 244€ **268**€ 298€ 355€ [St] ⏱ 1,10 h/St 331.000.076

11 **Stahl-Umfassungszarge, 1.000x2.000/2.125** KG **344**

Wie Ausführungsbeschreibung A 1
Lichtes Rohbaumaß (B x H): 1.000 x **2.000 / 2.125** mm
Wanddicke: 115 mm
Maulweite: 145 mm
Falztiefe: ....

188€ 279€ **308**€ 349€ 445€ [St] ⏱ 1,10 h/St 331.000.077

12 **Stahltür, einflüglig, 1.010x2.130** KG **344**

Kellereingangstüranlage aus Metallkonstruktion, einflüglig, Türelement aus Türflügel und Zarge, eingebaut in Massivwand; Bohrungen und Verbindungsmittel für die Verschraubung mit den bauseitigen Anschlüssen, Einbau aller Komponenten und Gangbarmachen der Türanlage.
Lichtes Rohbaumaß (B x H): 1.010 x 2.130 mm
Klimaklasse: .....
Mechanische Festigkeit: .....
Einbruchhemmung: Klasse RC ..... nach DIN EN 1627 bis 1630
Wärmeschutz: U_d = ... W/(m²K) nach DIN EN ISO 10077
Schalldämmmaß R_w = ... dB nach DIN 4109 und VDI 2719
Bodeneinstand: .....
Profilsystem: .....
Richtung: **nach außen / innen aufschlagend**
Zarge:
- Z-Zarge aus Stahl t = ... mm, **mit / ohne** Gegenzarge
- verdeckte Befestigung, Maueranker
- eingeschweißte Bandtaschen
- Hinterfüllung des Zargenhohlraums
- Abdichtung außenseitig mit vorkomprimiertem Dichtband zwischen Zarge und Bauwerk / raumseitig umlaufend mit überstreichbarem Dichtstoff, Farbton passend zur Türblattfarbe

323 324 325 326 327 328 329 330 **331** 332 333 334 336 337 338 339

Türflügel:
- Volltürblatt, d = 50 mm, Stahlblech t = ... mm
- Füllung aus Mineralwolle U_t = ... W/(m²K)
- dreiseitig **gefälzt / flächenbündig, rechts / links** angeschlagen
- Flügelprofil: Tiefe = ... mm, Ansichtsbreite = ... mm
- Füllung: zweifach Isolierverglasung (B x H) = ... x ....., 2x ESG, U_g = ... W/(m²K), Psi = ... W/(mK), Lichtdurchlässigkeit 75 bis 80%, innenseitige Glasleisten, vierseitig

Bänder / Beschläge:
- Federbänder: 2 Stück, Material Edelstahl
- Drücker-Knauf-Wechselgarnitur für Hauseingangstüren auf Rosetten
- Material: Edelstahl, Klasse ES2, mit Zylinderziehschutz

Schloss / Zubehör:
- Schloss für Hausabschlusstüren, Klasse 3, vorgerichtet für Profilzylinder, mit 6 Stiftzuhaltungen, Zylindergehäuse und Zylinderkern aus Messing, matt vernickelt, mit Aufbohrschutz, Länge ..... mm, einschl. ..... Schlüssel, in vorgerichtete Schlösser einbauen, einschl. schließbar machen
- Falzdichtung: elastische Dämpfungs- / Dichtungsprofile aus **APTK / EPDM**, umlaufend
- Stulp aus nichtrostendem Stahl
- Türstopper, Aluminium mit schwarzer Gummieinlage, montiert auf .....

Oberflächen:
- Stahlblech: **verzinkt grundiert / verzinkt, grundiert und Farb-Beschichtung Nasslack / Pulverbeschichtung,** Farbe: .....
- Beschläge: Edelstahl, gebürstet

Montage:
- Wandaufbau im Anschlussbereich: Massivwand außen WDVS, innen Putz
- Montage Zarge: an Normalbeton, in Wandöffnungen mit stumpfem Anschlag

Angeb. Fabrikat: .....

Kosten:
Stand 2.Quartal 2020
Bundesdurchschnitt

481€ 653€ **724**€ 816€ 1.020€ [St] ⏱ 2,40 h/St 331.000.078

13 Stahltür, zweiflüglig KG **344**

Stahltüranlage aus Metallkonstruktion, zweiflüglig, Türelement bestehend aus Zarge, Stand-Türflügel und Geh-Türflügel, eingebaut in Massivwand; Bohrungen und Verbindungsmittel für die Verschraubung mit den bauseitigen Anschlüssen, Einbau aller Komponenten und Gangbarmachen der Türanlage.
Lichtes Rohbaumaß (B x H): .....
Klimaklasse: .....
Mechanische Festigkeit: .....
Einbruchhemmung: Klasse RC ..... nach DIN EN 1627 bis 1630
Wärmeschutz: U_d = ... W/(m²K) nach DIN EN ISO 10077
Schalldämmmaß R_w = ... dB nach DIN 4109 und VDI 2719
Bodeneinstand: .....
Profilsystem: .....
Richtung: nach **außen / innen aufschlagend**
Anforderungen:
- Außentür
- Klimaklasse: .....
- mechanische Festigkeit .....
- Einbruchhemmung: Klasse RC .....
- Wärmeschutz: U_d = ... W/(m²K)
- Schalldämmmaß R_w = ... dB

▶ min
▷ von
ø Mittel
◁ bis
◀ max

Zarge:
- Z-Zarge aus Stahl t = ... mm, **mit / ohne** Gegenzarge
- verdeckte Befestigung, Maueranker
- eingeschweißte Bandtaschen
- Hinterfüllung des Zargenhohlraums
- Abdichtung außenseitig mit vorkomprimiertem Dichtband zwischen Zarge und Bauwerk / raumseitig umlaufend mit überstreichbarem Dichtstoff, Farbton passend zur Türblattfarbe

Türflügel:
- Volltürblatt, d = 50 mm, Stahlblech t = ... mm
- Füllung aus Mineralwolle U_t = ... W/(m²K)
- dreiseitig **gefälzt / flächenbündig, rechts / links** angeschlagen
- Flügelprofil: Tiefe = ... mm, Ansichtsbreite = ... mm
- Füllung: zweifach Isolierverglasung (B x H) = ... x ....., 2x ESG, U_g = ... W/(m²K), Psi = ... W/(mK), Lichtdurchlässigkeit 75 bis 80%, innenseitige Glasleisten, vierseitig

Bänder / Beschläge:
- Federbänder: 2 Stück, Material Edelstahl
- Drücker-Knauf-Wechselgarnitur für Hauseingangstüren auf Rosetten
- Material: Edelstahl, Klasse ES2, mit Zylinderziehschutz

Schloss / Zubehör:
- Schloss für Hausabschlusstüren, Klasse 3, vorgerichtet für Profilzylinder, mit 6 Stiftzuhaltungen, Zylindergehäuse und Zylinderkern aus Messing, matt vernickelt, mit Aufbohrschutz, Länge ..... mm, einschl. ..... Schlüssel, in vorgerichtete Schlösser einbauen, einschl. schließbar machen
- Falzdichtung: elastische Dämpfungs- / Dichtungsprofile aus **APTK / EPDM**, umlaufend
- Stulp aus nichtrostendem Stahl
- Türstopper, Aluminium mit schwarzer Gummieinlage, montiert auf .....

Oberflächen:
- Stahlblech: **verzinkt grundiert / verzinkt, grundiert und Farb-Beschichtung Nasslack / Pulverbeschichtung**, Farbe: .....
- Beschläge: Edelstahl, gebürstet

Montage:
- Wandaufbau im Anschlussbereich: Massivwand außen WDVS, innen Putz
- Montage Zarge: an Normalbeton, in Wandöffnungen mit stumpfem Anschlag
- **Normalraum / Feuchtraum / Nassraum**

1.229€ 1.753€ **1.967**€ 2.129€ 2.643€ [St] ⏱ 3,40 h/St 331.000.079

14 Stahltür, Brandschutz, EI 30-C, zweiflüglig KG **344**

Feuerhemmende Feuerschutztür, zweiflüglig, Element bestehend aus Türblatt und Zarge, als selbstschließende Drehtür, einschl. Bohrungen und Verbindungsmittel für die Verschraubung mit den bauseitigen Anschlüssen, Einbau aller Komponenten und gangbar machen der Türanlage.
Einbauort: .....
Baurichtmaß (B x H): .....
Maulweite Zarge: 230 mm
Anforderung Brandschutz:
- **feuerhemmend + rauchdicht + selbstschließend EI2 30-C (D) / feuerhemmend + dicht- + selbstschließend EI2 30-C (D).**
- Selbstschließende Eigenschaften: **C1 / ..... / C5**
- Zulassung: **CE-Zeichen / ABZ / ABP mit der Nr. .....**

323 324 325 326 327 328 329 330 **331** 332 333 334 336 337 338 339

Anforderungen Innentür:
- Klimaklasse: I
- mechanische Beanspruchungsgruppe: M
- Bauteilwiderstandsklasse: RC1N nach DIN EN 1627
- Schallschutz: Schalldämmmaß Rwp =..... dB nach DIN 4109 und VDI 2719
- Geltungsbereich: .....

Türblatt:
- Blattdicke: 50 mm, Stahlblech t = ... mm
- Füllung aus Mineralwolle U_t = ... W/(m²K)
- **dreiseitig gefälzt / flächenbündig, rechts / links angeschlagen**
- Flügelprofil: Tiefe = ... mm, Ansichtsbreite = ... mm

Zarge:
- Umfassungszarge aus Stahl t = ... mm, **mit / ohne** seitlicher Schattennut (B x T): 20 x 20 mm
- verdeckte Befestigung, Maueranker
- eingeschweißte Bandtaschen
- Hinterfüllung des Zargenhohlraums
- Abdichtung mit vorkomprimiertem Dichtband zwischen Zarge und Bauwerk, umlaufend mit überstreichbarem, elastoplastischem Dichtstoff, Farbton passend zur Türblattfarbe

Bänder / Beschläge:
- ..... Stück Dreirollenbänder, dreidimensional verstellbar, Bandhöhe 160 mm, Stahl vernickelt
- FS-Drückergarnitur für Brandschutztüren auf Rosetten
- Material: Aluminium, Klasse ES 2, mit Zylinderziehschutz

Schloss / Zubehör:
- Schloss für Wohnungsabschluss, vorgerichtet für Profilzylinder P2BZ nach DIN 18252
- Riegelschloss
- Falzdichtung: dreiseitig umlaufende Brandschutzdichtung in Grau
- Bodendichtung: automatisch absenkbar
- Stulp aus nichtrostendem Stahl
- Obentürschließer nach DIN 18263, Teil 2, silberfarbig, bandseitige Normalmontage, mit Fluchttürfunktion-Trafo-Wechselfunktion, Schließer mit Gleitschiene und Schließfolgeregelung
- Türstopper aus Aluminium mit schwarzer Gummieinlage, montiert auf .....

Oberflächen:
- Stahlzarge: feuerverzinkt und grundiert, für bauseitigen Endanstrich
- Aluminiumteile: farblos natur, eloxiert E6EV1
- Edelstahlteile: gebürstet

Montage:
- Wandaufbau im Anschlussbereich: Massivwand 200 mm, beidseitig Putz
- Montage Zarge: an Normalbeton
- Montage Rahmen nach Zulassung an Normalbeton, mit geeigneten Dübeln
- Hohlräume / Fugen vollständig ausstopfen mit Mineralwolle

1.973€ 2.743€ **3.111€** 3.450€ 4.118€ [St] ⏱ 5,40 h/St 331.000.082

Kosten:
Stand 2.Quartal 2020
Bundesdurchschnitt

▶ min
▷ von
ø Mittel
◁ bis
◀ max

15 **Stahltür, Brandschutz, EI 90-C, 875x2.000/2.125** KG **344**

Feuerhemmende Brandschutztür, einflüglig, Element bestehend aus Türblatt und Zarge, als Drehtür. Leistung einschl. Bohrungen und Verbindungsmittel für die Verschraubung mit den bauseitigen Anschlüssen, Einbau aller Komponenten und gangbar machen der Türanlage.
Einbauort: .....
Baurichtmaß (B x H): 875 x **2.000 / 2.125** mm
Maulweite Zarge: 230 mm
Wanddicke: 200 mm
Anforderung Brandschutz:
- Klasse: EI 90-C
- Selbstschließende Eigenschaften:**C1 / ..... / C5**
- Zulassung: **CE-Zeichen / ABZ / ABP mit der Nr. .....**

Anforderungen Innentür:
Klimaklasse: I
Mechanische Beanspruchungsgruppe: M
Bauteilwiderstandsklasse: RC1N nach DIN EN 1627
Schallschutz: Schalldämmmaß Rwp =..... dB nach DIN 4109 und VDI 2719
Geltungsbereich: .....
Türblatt:
- Blattdicke: 50 mm, Stahlblech t = ... mm
- Füllung aus Mineralwolle U_t =..... W/(m²K)
- dreiseitig gefälzt / flächenbündig, rechts / links angeschlagen
- Flügelprofil: Tiefe = ... mm, Ansichtsbreite = ... mm

Zarge:
- Umfassungszarge aus Stahl t= 2,0 mm; seitlich Schattennut (B x T): 20 x 20 mm
- verdeckte Befestigung, Maueranker, eingeschweißte Bandtaschen
- Hinterfüllung des Zargenhohlraums
- Abdichtung mit vorkomprimiertem Dichtband zwischen Zarge und Bauwerk, umlaufend mit überstreichbarem, elastoplastischem Dichtstoff, Farbton passend zur Türblattfarbe

Bänder / Beschläge:
- ..... Stück Dreirollenbänder, dreidimensional verstellbar, Bandhöhe 160 mm, Stahl vernickelt
- FS-Drückergarnitur für Brandschutztüren auf Rosetten
- Material: Aluminium, Klasse ES 2, mit Zylinderziehschutz

Schloss / Zubehör:
- PZ-Schloss nach DIN18250 für Wohnungsabschluss, vorgerichtet für Profilzylinder P2BZ nach DIN 18252
- Falzdichtung: dreiseitig umlaufende Brandschutzdichtung in Grau
- Bodendichtung: automatisch absenkbar
- Stulp aus nichtrostendem Stahl
- Obentürschließer nach DIN 18263-2, silberfarbig, bandseitige Normalmontage, mit Fluchttürfunktion-Trafo-Wechselfunktion, Schließer mit Gleitschiene und Schließfolgeregelung
- Riegelschloss
- Türstopper aus Aluminium mit schwarzer Gummieinlage, montiert auf .....

Oberflächen:
- Stahlzarge: feuerverzinkt und grundiert, für bauseitigen Endanstrich
- Aluminiumteile: eloxiert E6EV1
- Edelstahlteile: gebürstet

Nr.	Kurztext / Langtext					Kostengruppe	
▶	▷	**ø netto €**	◁	◀	[Einheit]	Ausf.-Dauer	Positionsnummer

Montage:
- Wandaufbau im Anschlussbereich: Massivwand 200 mm, beidseitig Putz
- Montage Zarge: an Normalbeton
- Montage Rahmen nach Zulassung an Normalbeton, mit geeigneten Dübeln
- Hohlräume / Fugen vollständig ausstopfen mit Mineral

Angeb. Fabrikat: .....

1.318€ 1.675€ **1.884**€ 2.096€ 2.499€ [St] ⏱ 3,40 h/St 331.000.083

16 Stahltür, EI 90-C, zweiflüglig KG **344**

Feuerhemmende Feuerschutztür, zweiflüglig, Element bestehend aus Türblatt und Zarge, als selbstschließende Drehtür, einschl. Bohrungen und Verbindungsmittel für die Verschraubung mit den bauseitigen Anschlüssen, Einbau aller Komponenten und gangbar machen der Türanlage.

Einbauort: .....
Baurichtmaß (B x H): .....
Maulweite Zarge: 230 mm
Wanddicke: 200 mm

Anforderung Brandschutz:
- Klasse: EI 90-C
- Selbstschließende Eigenschaften: **C1 / ..... / C5**,
- Zulassung: **CE-Zeichen / ABZ / ABP mit der Nr. .....**

Anforderungen Innentür:
- Klimaklasse: I
- mechanische Beanspruchungsgruppe: M
- Bauteilwiderstandsklasse: RC1N nach DIN EN 1627
- Schallschutz: Schalldämmmaß Rwp = ... dB nach DIN 4109 und VDI 2719
- Geltungsbereich: .....

Türblatt:
- Blattdicke: 50 mm, Stahlblech t = ... mm
- Füllung aus Mineralwolle U_t = ... W/(m²K)
- **dreiseitig gefälzt / flächenbündig**, **rechts / links** angeschlagen
- Flügelprofil: Tiefe = ... mm, Ansichtsbreite = ... mm

Zarge:
- Umfassungszarge aus Stahl t = ... mm, **mit / ohne** seitlicher Schattennut (B x T): 20 x 20 mm
- verdeckte Befestigung, Maueranker
- eingeschweißte Bandtaschen
- Hinterfüllung des Zargenhohlraums
- Abdichtung mit vorkomprimiertem Dichtband zwischen Zarge und Bauwerk, umlaufend mit überstreichbarem, elastoplastischem Dichtstoff, Farbton passend zur Türblattfarbe

Bänder / Beschläge:
- ..... Stück Dreirollenbänder, dreidimensional verstellbar, Bandhöhe 160 mm, Stahl vernickelt
- FS-Drückergarnitur für Brandschutztüren auf Rosetten
- Material: Aluminium, Klasse ES 2, mit Zylinderziehschutz

Kosten:
Stand 2.Quartal 2020
Bundesdurchschnitt

▶ min
▷ von
ø Mittel
◁ bis
◀ max

Schloss / Zubehör:
- Schloss für Wohnungsabschluss, vorgerichtet für Profilzylinder P2BZ nach DIN 18252
- Falzdichtung: dreiseitig umlaufende Brandschutzdichtung in Grau
- Bodendichtung: automatisch absenkbar
- Stulp aus nichtrostendem Stahl
- Obentürschließer, nach DIN 18263, Teil 2 silberfarbig, bandseitige Normalmontage, mit Fluchttürfunktion-Trafo-Wechselfunktion, Schließer mit Gleitschiene und Schließfolgeregelung.
- Riegelschloss,
- Türstopper aus Aluminium mit schwarzer Gummieinlage, montiert auf .....

Oberflächen:
- Stahlzarge: feuerverzinkt und grundiert, für bauseitigen Endanstrich
- Aluminiumteile: farblos natur, eloxiert E6EV1
- Edelstahlteile: gebürstet

Montage:
- Wandaufbau im Anschlussbereich: Massivwand 200 mm, beidseitig Putz
- Montage Zarge: an Normalbeton
- Montage Rahmen nach Zulassung an Normalbeton, mit geeigneten Dübeln
- Hohlräume / Fugen vollständig ausstopfen mit Mineralwolle

Angeb. Fabrikat: .....

3.303€ 4.124€ **4.448**€ 4.888€ 5.903€ [St] ⏱ 4,60 h/St 331.000.084

17 Stahltreppe, gerade, einläufig, Trittbleche KG **351**

Freitragende Stahlwangentreppe nach DIN 18065, über ein Geschoss führend; einschl. Bohrungen und verzinkten Verbindungsmitteln für die Verschraubung mit den bauseitigen Anschlüssen. Geländer nach gesonderter Position.

Konstruktion der Ausführungsklasse DIN EN 1090: EXC ....

Abmessungen
- Geschosshöhe: **2.750 / ..... mm**
- Steigmaß: 17,2 x 28 cm
- Stufen: 16 Stück
- Wangenhöhe: 280 mm
- Treppenbreite: .....
- Fußbodenaufbau unten: H 100 mm, oben: H 75 mm

Art / Form:
- Material: Stahl S 235 JR
- Treppe freitragend
- Wange als Breitflachstahl (H x T): 280 x 18 mm, am oberen Ende abgewinkelt zum Anschluss an Geschossdecke
- Tritt- und Setzstufe als z-förmig abgewinkeltes Stahlblech

Profil:
- **Tränenblech / Riffelblech**, verzinkt, Abwicklung je Stufe ca. 370 mm, an Wangen angeschweißt
- letzte Stufe im Übergang zum Fußboden als Stahlblech, jedoch Abwicklung ca. 600 mm

Anschlüsse / Montage:
- oberer Anschluss an Deckenstirn aus Stahlbeton, Dicke inkl. FB: ..... mm, mittels Stahllasche als Wangenanschluss, geschraubten Verbindung
- unterer Anschluss aufgesetzt auf Stahlbeton, punktförmig gelagert mit Stahllaschen, geschraubte Verbindung, Dübelmontage

Oberflächen:
Korrosionsbelastung DIN EN ISO 12944: **Klasse C1 / C2 / .....**

Nr.	**Kurztext** / Langtext					Kostengruppe
▶	▷	**ø netto €**	◁	◀	[Einheit]	Ausf.-Dauer Positionsnummer

Korrosionsschutz für Zeitraum Klasse: **L = 2-5 Jahre / M = 5-15 Jahre / H = über 15 Jahre**
- Stahlbauteile, feuerverzinkt, Schweißstellen nachverzinkt

Einbauort:
- zwischen 1. und 2. Geschoss, eingebaut **innen / außen**

Für die Ausführung werden vom AG folgende Unterlagen zur Verfügung gestellt:
- Entwurfszeichnungen, Plannr.: .....
- Übersichtszeichnungen, Plannr.: .....
- statische Berechnung

2.497€ 4.819€ **5.519**€ 7.009€ 10.843€ [St] ⏱ 7,50 h/St 331.000.085

18 Brandschutzbeschichtung, feuerhemmend, Stahlbauteile KG **333**

Brandschutzbeschichtung von Stahlbauteilen, wasserbasierende Beschichtung, gem. Zulassung aufbringen, inkl. Vorbehandlung, Grundierung und Deckbeschichtung. Zulassung gem. DIN 4102/DIN EN 13381.
Vorbehandlung: Vorbereitungsgrad Sa 2 1/2
Stahlkonstruktion: **Stahlträger / Fachwerkbinder / Stützen**
Beschichtungsverfahren: **Pinsel / Rolle / Spritzverfahren**
Farbton: **RAL / NCS**
Herstellerfarbkarte: .....
Gef. Feuerwiderstand: EI 30 feuerhemmend
Arbeitshöhe: .....
Anwendung: Innenbereich
Arbeitshöhe: .....
Angeb. Fabrikat: .....

43€ 61€ **65**€ 81€ 124€ [m2] ⏱ 0,30 h/m2 331.000.088

19 Brandschutzbeschichtung, Stahlbauteile, Decklack KG **333**

Brandschutzbeschichtung auf Stahl, als Decklack.
Stahlkonstruktion: **Stahlträger / Fachwerkbinder / Stützen**
Profile und Abmessungen: .....
Bereich: **innen / außen**
Beschichtungsverfahren: **Pinsel / Rolle / Spritzverfahren**
Farbton: **RAL / NCS**
Herstellerfarbkarte: .....
Gef. Feuerwiderstand: EI .....
Beschichtungsstoff: .....
Arbeitshöhe: .....
Angeb. Fabrikat: .....

13€ 16€ **17**€ 20€ 23€ [m2] ⏱ 0,20 h/m2 331.000.089

Kosten:
Stand 2.Quartal 2020
Bundesdurchschnitt

▶ min
▷ von
ø Mittel
◁ bis
◀ max

20 Brandschutzbeschichtung Rund-/Profilstahl KG **345**

Brandschutzbeschichtung von Stahlbauteilen, wasserbasierende Beschichtung für Innenanwendung, gem. Zulassung aufbringen, inkl. Vorbehandlung, Grundierung und Deckbeschichtung.
Vorbehandlung: Vorbereitungsgrad Sa 2 1/2
Stahlkonstruktion: **Rundstahl / Stabstahl / Rohrstahl**
Profile und Abmessungen: .....
Beschichtungsverfahren: **Pinsel / Rolle / Spritzverfahren**
Farbton: **RAL / NCS**
Herstellerfarbkarte: .....
Gef. Feuerwiderstand: **EI 30 / EI 60 - feuerhemmend**
Arbeitshöhe: .....
Anwendung: Innenbereich
Einbauort: .....
Angeb. Fabrikat: .....

28€ 37€ **40**€ 48€ 52€ [m] ⏱ 0,30 h/m 331.000.091

21 Stundensatz Schlosser-Facharbeiter

Stundenlohnarbeiten für Vorarbeiter, Facharbeiter und Gleichgestellte (z.B. Spezialbaufacharbeiter, Baufacharbeiter, Obermonteure, Monteure, Gesellen, Maschinenführer, Fahrer und ähnliche Fachkräfte). Leistung nach besonderer Anordnung der Bauüberwachung. Der Verrechnungssatz für die jeweilige Arbeitskraft umfasst sämtliche Aufwendungen wie Lohn- und Gehaltskosten, Lohn- und Gehaltsnebenkosten, Zuschläge, lohngebundene und lohnabhängige Kosten, sonstige Sozialkosten, Gemeinkosten, Wagnis und Gewinn. Leistung nach besonderer Anordnung der Bauüberwachung. Anmeldung und Nachweis gem. VOB/B.

52€ 57€ **59**€ 62€ 67€ [h] ⏱ 1,00 h/h 331.000.086

22 Stundensatz Schlosser-Helfer

Stundenlohnarbeiten für Werker, Helfer und Gleichgestellte (z.B. Baufachwerker, Helfer, Hilfsmonteure, Ungelernte, Angelernte). Leistung nach besonderer Anordnung der Bauüberwachung. Der Verrechnungssatz für die jeweilige Arbeitskraft umfasst sämtliche Aufwendungen wie Lohn- und Gehaltskosten, Lohn- und Gehaltsnebenkosten, Zuschläge, lohngebundene und lohnabhängige Kosten, sonstige Sozialkosten, Gemeinkosten, Wagnis und Gewinn. Leistung nach besonderer Anordnung der Bauüberwachung. Anmeldung und Nachweis gem. VOB/B.

41€ 47€ **48**€ 50€ 56€ [h] ⏱ 1,00 h/h 331.000.087

323
324
325
326
327
328
329
330
331
332
333
334
336
337
338
339

Verglasungsarbeiten **Preise €**

332

Kosten:
Stand 2.Quartal 2020
Bundesdurchschnitt

Nr.	Positionen	Einheit	▶	▷	**ø brutto €** / ø netto €	◁	◀
1	Verglasung, Floatglas, 4mm	m²	–	51	**57**	67	–
			–	43	**48**	56	–
2	Verglasung, Floatglas, 6mm	m²	–	67	**75**	88	–
			–	56	**63**	74	–
3	Verglasung, Floatglas, 8mm	m²	–	89	**101**	119	–
			–	75	**85**	100	–
4	Verglasung, ESG-Glas, 6mm	m²	–	106	**123**	142	–
			–	89	**103**	119	–
5	Verglasung, ESG-Glas, 8mm	m²	–	138	**155**	183	–
			–	116	**130**	154	–
6	Verglasung, ESG-Glas, 10mm	m²	–	162	**182**	215	–
			–	136	**153**	180	–
7	Verglasung, VSG-Glas, 6mm	m²	–	126	**144**	170	–
			–	106	**121**	142	–
8	Verglasung, VSG-Glas, 8mm	m²	–	142	**165**	190	–
			–	119	**139**	160	–
9	Verglasung, VSG-Glas, 10mm	m²	–	176	**204**	235	–
			–	147	**171**	197	–
10	Isolierverglasungen, 2-fach, 1,1W/(m²K), 4x16x4	m²	–	88	**100**	117	–
			–	74	**84**	98	–
11	Isolierverglasungen, 2-fach, 1,0W/(m²K), 4/16/4	m²	–	91	**106**	121	–
			–	76	**89**	102	–
12	Isolierverglasungen, 2-fach, 1,1W/(m²K), 4/16/6	m²	–	99	**115**	132	–
			–	83	**97**	111	–
13	Isolierverglasungen, 2-fach, 1,0W/(m²K), 6VSG/16/4	m²	–	133	**154**	179	–
			–	111	**129**	150	–
14	Isolierverglasungen, 2-fach, 1,1W/(m²K), 6/16/6	m²	–	112	**130**	149	–
			–	94	**109**	125	–
15	Isolierverglasungen, 2-fach, 1,1W/(m²K), 4/16/4ESG	m²	–	131	**149**	172	–
			–	110	**125**	145	–
16	Isolierverglasungen, 3-fach, 0,7W/(m²K), 4/12/4/12/4	m²	–	145	**165**	193	–
			–	122	**139**	162	–
17	Isolierverglasungen, 3-fach, 0,6W/(m²K), 4/14/4/14/4	m²	–	176	**200**	234	–
			–	148	**168**	197	–
18	Brandschutzverglasung, Innenwände	m²	198	393	**432**	459	584
			166	330	**363**	386	491

▶ min
▷ von
ø Mittel
◁ bis
◀ max

A 1 Verglasung, Einfachglas — Beschreibung für Pos. **1-3**

Einscheiben-Verglasung mit Einbau und Glasdichtung.
Verglasungsfläche: Fenster
Rahmenmaterial: .....
Befestigung: .....
Verglasungssystem: .....
Farbwirkung: neutral
Versiegelung: beidseitig
Dichtstoffgruppe: .....
Scheibengröße: .....
Verglasung: Floatglas

1 Verglasung, Floatglas, 4mm — KG **344**

Wie Ausführungsbeschreibung A 1
Scheibendicke: 4 mm

–€	43€	**48**€	56€	–€	[m²]	⏱ 0,50 h/m²	332.000.034

2 Verglasung, Floatglas, 6mm — KG **344**

Wie Ausführungsbeschreibung A 1
Scheibendicke: 6 mm

–€	56€	**63**€	74€	–€	[m²]	⏱ 0,50 h/m²	332.000.019

3 Verglasung, Floatglas, 8mm — KG **344**

Wie Ausführungsbeschreibung A 1
Scheibendicke: 8 mm

–€	75€	**85**€	100€	–€	[m²]	⏱ 0,50 h/m²	332.000.018

A 2 Verglasung, Einscheibensicherheitsglas — Beschreibung für Pos. **4-6**

Einscheiben-Sicherheitsverglasung einschl. Befestigung mit Glashalteleisten und Dichtstoff.
Ausführung nach Zeichnung: .....
Verglasungsfläche: .....
Rahmen: .....
Material: .....
Befestigungsleisten: .....
Verglasungssystem: .....
Farbwirkung: neutral
Versiegelung: beidseitig
Dichtstoffgruppe: mind. C - elastisch bleibend
Scheibengröße: .....
Verglasung: ESG

4 Verglasung, ESG-Glas, 6mm — KG **334**

Wie Ausführungsbeschreibung A 2
Scheibendicke: 6 mm

–€	89€	**103**€	119€	–€	[m²]	⏱ 0,55 h/m²	332.000.020

Nr.	Kurztext / Langtext					Kostengruppe
▶	▷	**ø netto €**	◁	◀	[Einheit]	Ausf.-Dauer Positionsnummer

5 Verglasung, ESG-Glas, 8mm KG **334**

Wie Ausführungsbeschreibung A 2
Scheibendicke: 8 mm

–€ 116€ **130**€ 154€ –€ [m2] 0,55 h/m2 332.000.021

6 Verglasung, ESG-Glas, 10mm KG **334**

Wie Ausführungsbeschreibung A 2
Scheibendicke: 10 mm

–€ 136€ **153**€ 180€ –€ [m2] 0,55 h/m2 332.000.022

A 3 Verglasung, Verbundsicherheitsglas Beschreibung für Pos. **7-9**

Verbund-Sicherheitsverglasung einschl. Befestigung mit Glashalteleisten und Dichtstoff.
Ausführung nach Zeichnung: .....
Verglasungsfläche: .....
Scheibengröße: 1,0-2,0 m2
Tragkonstruktion: .....
Material: .....
Befestigungsart: .....
Kantenausbildung: .....
Verglasungssystem: .....
Dichtstoff: .....
Verglasung: VSG
Widerstandsklasse: A 1

7 Verglasung, VSG-Glas, 6mm KG **359**

Wie Ausführungsbeschreibung A 3
Scheibendicke: 6 mm

–€ 106€ **121**€ 142€ –€ [m2] 0,70 h/m2 332.000.035

8 Verglasung, VSG-Glas, 8mm KG **359**

Wie Ausführungsbeschreibung A 3
Scheibendicke: 8 mm

–€ 119€ **139**€ 160€ –€ [m2] 0,70 h/m2 332.000.023

9 Verglasung, VSG-Glas, 10mm KG **359**

Wie Ausführungsbeschreibung A 3
Scheibendicke: 10 mm

–€ 147€ **171**€ 197€ –€ [m2] 0,70 h/m2 332.000.024

A 4 Verglasung, Wärmeschutz Beschreibung für Pos. **10-17**

Isolierverglasung inkl. Befestigung und Verfugung.
Bauteil: .....
Fläche: bis 2,00 m2
- Befestigung: .....
- Abdichtung: .....

Kosten:
Stand 2.Quartal 2020
Bundesdurchschnitt

▶ min
▷ von
ø Mittel
◁ bis
◀ max

10 Isolierverglasungen, 2-fach, 1,1W/(m²K), 4x16x4 KG **334**

Wie Ausführungsbeschreibung A 4
Verglasung: 2-fach
- Innenscheibe: Floatglas, 4 mm
- Scheibenzwischenraum: 16 mm
- Außenscheibe: Floatglas, 4 mm

Technische Daten:
- U_g-Wert: 1,1 W/(m²K)
- g-Wert: ..... %
- Schallschutz: ..... dB
- Lichtdurchlässigkeit TL: ..... %
- Lichtreflexion außen TR: ..... %
- Dichtstoffgruppe: E

Scheibengröße: .....

–€ 74€ **84**€ 98€ –€ [m²] ⏱ 0,90 h/m² 332.000.026

11 Isolierverglasungen, 2-fach, 1,0W/(m²K), 4/16/4 KG **334**

Wie Ausführungsbeschreibung A 4
Verglasung: 2-fach
- Innenscheibe: Floatglas, 4 mm
- Scheibenzwischenraum: 16 mm
- Außenscheibe: Floatglas, 4 mm

Technische Daten:
- U_g-Wert: 1,0 W/(m²K)
- g-Wert: ..... %
- Schallschutz: ..... dB
- Lichtdurchlässigkeit TL: ..... %
- Lichtreflexion außen TR: ..... %
- Dichtstoffgruppe: E

Scheibengröße: .....

–€ 76€ **89**€ 102€ –€ [m²] ⏱ 0,90 h/m² 332.000.027

12 Isolierverglasungen, 2-fach, 1,1W/(m²K), 4/16/6 KG **334**

Wie Ausführungsbeschreibung A 4
Verglasung: 2-fach
- Innenscheibe: Floatglas, 4 mm
- Scheibenzwischenraum: 16 mm
- Außenscheibe: Floatglas, 6 mm

Technische Daten:
- U_g-Wert: 1,1 W/(m²K)
- g-Wert: ..... %
- Schallschutz: ..... dB
- Lichtdurchlässigkeit TL: ..... %
- Lichtreflexion außen TR: ..... %
- Dichtstoffgruppe: E

Scheibengröße: .....

–€ 83€ **97**€ 111€ –€ [m²] ⏱ 0,90 h/m² 332.000.028

323
324
325
326
327
328
329
330
331
332
333
334
336
337
338
339

Nr.	Kurztext / Langtext						Kostengruppe
▶	▷	ø netto €	◁	◀	[Einheit]	Ausf.-Dauer	Positionsnummer

13 Isolierverglasungen, 2-fach, 1,0W/(m²K), 6VSG/16/4 KG **334**

Wie Ausführungsbeschreibung A 4
Verglasung: 2-fach
- Innenscheibe: Verbundsicherheitsglas 6 mm
- Scheibenzwischenraum: 16 mm
- Außenscheibe: Floatglas, 4 mm

Technische Daten:
- U_g-Wert: 1,0 W/(m²K)
- g-Wert: ..... %
- Schallschutz: ..... dB
- Lichtdurchlässigkeit TL: ..... %
- Lichtreflexion außen TR: ..... %
- Dichtstoffgruppe: E

Scheibengröße: .....

▶	▷	ø	◁	◀	Einheit	Ausf.-Dauer	Positionsnummer
–€	111€	**129**€	150€	–€	[m²]	0,90 h/m²	332.000.029

14 Isolierverglasungen, 2-fach, 1,1W/(m²K), 6/16/6 KG **334**

Wie Ausführungsbeschreibung A 4
Verglasung: 2-fach
- Innenscheibe: Floatglas, 6 mm
- Scheibenzwischenraum: 16 mm
- Außenscheibe: Floatglas, 6 mm

Technische Daten:
- U_g-Wert: 1,1 W/(m²K)
- g-Wert: ..... %
- Schallschutz: ..... dB
- Lichtdurchlässigkeit TL: ..... %
- Lichtreflexion außen TR: ..... %
- Dichtstoffgruppe: E

Scheibengröße: .....

▶	▷	ø	◁	◀	Einheit	Ausf.-Dauer	Positionsnummer
–€	94€	**109**€	125€	–€	[m²]	0,90 h/m²	332.000.030

15 Isolierverglasungen, 2-fach, 1,1W/(m²K), 4/16/4ESG KG **334**

Wie Ausführungsbeschreibung A 4
Verglasung: 2-fach
- Innenscheibe: Floatglas, 4 mm
- Scheibenzwischenraum: 16 mm
- Außenscheibe: Einscheibensicherheitsglas 4 mm

Technische Daten:
- U_g-Wert: 1,1 W/(m²K)
- g-Wert: ..... %
- Schallschutz: ..... dB
- Lichtdurchlässigkeit TL: ..... %
- Lichtreflexion außen TR: ..... %
- Dichtstoffgruppe: E

Scheibengröße: .....

▶	▷	ø	◁	◀	Einheit	Ausf.-Dauer	Positionsnummer
–€	110€	**125**€	145€	–€	[m²]	0,90 h/m²	332.000.031

Kosten:
Stand 2.Quartal 2020
Bundesdurchschnitt

▶ min
▷ von
ø Mittel
◁ bis
◀ max

16 **Isolierverglasungen, 3-fach, 0,7W/(m²K), 4/12/4/12/4** KG **334**

Wie Ausführungsbeschreibung A 4
Verglasung: 3-fach
- Innenscheibe: Floatglas, 4 mm
- Scheibenzwischenraum: 12 mm
- Mittelscheibe: 4 mm
- Scheibenzwischenraum: 12 mm
- Außenscheibe: Floatglas, 4 mm

Technische Daten:
- U_g-Wert: 0,7 W/(m²K)
- g-Wert: ..... %
- Schallschutz: ..... dB
- Lichtdurchlässigkeit TL: ..... %
- Lichtreflexion außen TR: ..... %
- Dichtstoffgruppe: E

Scheibengröße: .....

-€ 122€ **139**€ 162€ -€ [m²] ⏱ 1,20 h/m² 332.000.032

17 **Isolierverglasungen, 3-fach, 0,6W/(m²K), 4/14/4/14/4** KG **334**

Wie Ausführungsbeschreibung A 4
Verglasung: 3-fach
- Innenscheibe: Floatglas, 4 mm
- Scheibenzwischenraum: 14 mm
- Mittelscheibe: 4 mm
- Scheibenzwischenraum: 14 mm
- Außenscheibe: Floatglas, 4 mm

Technische Daten:
- U_g-Wert: 0,6 W/(m²K)
- g-Wert: ..... %
- Schallschutz: ..... dB
- Lichtdurchlässigkeit TL: ..... %
- Lichtreflexion außen TR: ..... %
- Dichtstoffgruppe: E

Scheibengröße: .....

-€ 148€ **168**€ 197€ -€ [m²] ⏱ 1,20 h/m² 332.000.033

18 **Brandschutzverglasung, Innenwände** KG **344**

Einscheiben-Brandschutzverglasung, für festverglaste Profilsysteme, inkl. Einbau der Glashalteprofile, Deckschalen, Dichtprofile oder Verfugung.
Feuerwiderstandsklasse: **F30 / F60 / F90**
Zulassung Verglasung: .....
Prüfnummer / Prüfinstitut: .....

166€ 330€ **363**€ 386€ 491€ [m²] ⏱ 0,83 h/m² 332.000.036

333

Kosten:
Stand 2.Quartal 2020
Bundesdurchschnitt

Baureinigungsarbeiten

Preise €

Nr.	Positionen	Einheit	▶	▷	ø brutto € / ø netto €	◁	◀
1	Baureinigung, bei Baubetrieb	m²	1	2	**2**	3	3
			1	2	**2**	2	3
2	Treppen/Podeste reinigen	m²	1	2	**2**	2	3
			0,9	1,4	**1,7**	1,9	2,4
3	Bodenbelag reinigen, Hartbeläge Lino/Kautschuk	m²	1,0	1,5	**1,7**	2,1	2,8
			0,8	1,2	**1,4**	1,8	2,4
4	Bodenbelag reinigen, Teppich	m²	0,5	1,4	**2,0**	2,9	4,7
			0,4	1,2	**1,7**	2,4	4,0
5	Bodenbelag reinigen, Fliesen/Platten	m²	1,0	1,8	**2,1**	3,5	5,9
			0,8	1,5	**1,8**	2,9	5,0
6	Fassade reinigen, Hochdruckreiniger	m²	18	21	**22**	24	30
			15	18	**19**	20	25
7	Glasflächen reinigen, Fassadenelemente	m²	2	3	**4**	4	7
			2	3	**3**	4	5
8	Wandbelag reinigen, Fliesen	m²	0,7	1,0	**1,1**	1,3	2,1
			0,6	0,8	**0,9**	1,1	1,8
9	Türen reinigen	St	1	4	**4**	6	9
			1	3	**4**	5	7
10	Heizkörper reinigen	m²	2	3	**3**	4	6
			1	2	**2**	4	5
11	Waschtisch/Duschwanne reinigen	St	2	4	**5**	6	9
			2	4	**4**	5	8
12	WC-Schüssel/Urinal reinigen	St	1	4	**5**	6	8
			1	3	**4**	5	7
13	Geländer reinigen	m	1,0	1,5	**1,7**	2,1	2,9
			0,8	1,3	**1,4**	1,8	2,5
14	Einzelfenster reinigen	St	3	5	**6**	7	9
			3	4	**5**	6	8
15	Stundensatz Baureiniger-Facharbeiter	h	29	34	**36**	39	46
			24	28	**30**	32	39
16	Stundensatz Baureiniger-Helfer	h	22	28	**31**	34	41
			18	23	**26**	29	34

▶ min
▷ von
ø Mittel
◁ bis
◀ max

Nr.	Kurztext / Langtext						Kostengruppe
▶	▷	**ø netto €**	◁	◀	[Einheit]	Ausf.-Dauer	Positionsnummer

1 Baureinigung, bei Baubetrieb KG **397**

Zwischenreinigung während Bauzeit, zum Entfernen von grober Bauverschmutzung und Verpackungsmaterialien, einschl. Entsorgung.
oder
Reinigen von lose aufliegender Schmutz wie z.B. Kronkorken, Zigarettenkippen, Sand, Steinchen, Kabelresten, Schutzfolien und Aufkleber an WC-Becken, Urinale, Waschbecken, Türen/Türklinken, Spiegel, Glasscheiben usw.
oder
Reinigen von haftenden Verschmutzungen wie z.B. Zementschleier oder Spritzer von Mörtel und Gips, Bitumen, Asphalt, Lacke, Dispersionsfarben, Tapetenkleister, Kleber usw.
Reinigungsart: saugen

1€ 2€ **2**€ 2€ 3€ [m2] ⏱ 0,05 h/m2 333.000.018

2 Treppen/Podeste reinigen KG **397**

Treppen und Podeste reinigen, Rückstände von Beton- und Malerarbeiten vorsichtig mit Spatel entfernen, sowie gründliches Absaugen der Treppenläufe. Kratzspuren sind zu vermeiden. Gründliches Schrubben und Wischen sämtlicher Bodenflächen mit einem auf den Belag abgestimmten und vom Hersteller empfohlenen Reinigungs- und Pflegemittel. Entfernen des Zementschleiers auf allen Fliesenbelägen und aller Verunreinigungen sowie Aufkleber. Auf die dauerelastischen Verfugungen ist besondere Rücksicht zu nehmen. Nachreinigung durch nasses Aufwischen und trockenes Nachwischen der Treppengeländer, Brüstungen und Handläufe.

0,9€ 1,4€ **1,7**€ 1,9€ 2,4€ [m2] ⏱ 0,04 h/m2 333.000.019

3 Bodenbelag reinigen, Hartbeläge Lino/Kautschuk KG **397**

Feinreinigung des Bodenbelags, inkl. Sockelleisten, mit einem auf den Belag abgestimmten und vom Hersteller empfohlenen Reinigungs- und Pflegemittel, Reinigen bis zum Erlangen einer vollständig schmutzfreien Oberfläche. Leistung inkl. Entfernen aller Verunreinigungen und Aufkleber. Bodenbeläge verlegt in allen Geschossen.
Belag: .....

0,8€ 1,2€ **1,4**€ 1,8€ 2,4€ [m2] ⏱ 0,04 h/m2 333.000.001

4 Bodenbelag reinigen, Teppich KG **397**

Feinreinigung von textilem Bodenbelag, inkl. Sockel, Reinigen mittels Vakuum- bzw. Bürstsaugen bis zum Erlangen einer vollständig schmutzfreien Oberfläche. Leistung inkl. Entfernen aller Verunreinigungen. Bodenbeläge verlegt in allen Geschossen.
Faser: .....
Teppichart: .....
Struktur: .....
Sockel: .....

0,4€ 1,2€ **1,7**€ 2,4€ 4,0€ [m2] ⏱ 0,03 h/m2 333.000.005

5 Bodenbelag reinigen, Fliesen/Platten KG **397**

Feinreinigung von Fliesen- oder Plattenbelag, inkl. Sockelleisten, durch Wischen mit einem auf den Belag abgestimmten Reinigungsmittel, Reinigen bis zum Erlangen einer vollständig schmutzfreien Oberfläche. Leistung inkl. Entfernen des Zementschleiers und Entfernen aller Verunreinigungen und Aufkleber. Auf die dauerelastischen Verfugungen ist besondere Rücksicht zu nehmen. Bodenbeläge verlegt in allen Geschossen.
Oberfläche: .....

0,8€ 1,5€ **1,8**€ 2,9€ 5,0€ [m2] ⏱ 0,04 h/m2 333.000.004

Nr.	Kurztext / Langtext						Kostengruppe
▶	▷	ø netto €	◁	◀	[Einheit]	Ausf.-Dauer	Positionsnummer

6 Fassade reinigen, Hochdruckreiniger KG **397**

Reinigung der Fassadenflächen durch Druckstrahlen mit temperiertem Wasser, bis zum Erlangen einer vollständig schmutzfreien Oberfläche. Leistung inkl. aller Schutz- und Abdeckarbeiten von Fenstern, von angrenzenden Bauteilen.
Arbeitshöhe: bis ..... m
Fensteranteil: .....
Abgrenzung zu anderen Bauteilen: .....

15€ 18€ **19**€ 20€ 25€ [m²] ⏱ 0,10 h/m² 333.000.006

7 Glasflächen reinigen, Fassadenelemente KG **397**

Reinigung der verglasten Fassadenelemente durch nasses Wischen mit geeignetem Reinigungsmittel, danach trocken ledern und polieren bis zum Erlangen einer vollständig sauberen und trockenen Oberfläche. Abrechnung der einfachen Ansichtsfläche der zu reinigenden Bauteile.

- Reinigen der Glasflächen ESG, VSG nach Herstellerangaben
- Reinigen der beschichteten Rahmenprofile inkl. aller Falze und Beschläge, Verdunkelungs- und Sonnenschutz-Elemente
- Reinigen der Fensterbänke und inkl. aller Schutz- und Abdeckbleche

Reinigungsbereich: .....
Arbeitshöhe: bis ..... m
Abgrenzung zu anderen Bauteilen: .....
Reinigungsart: **Erstreinigung / Unterhaltsreinigung**

2€ 3€ **3**€ 4€ 5€ [m²] ⏱ 0,10 h/m² 333.000.007

8 Wandbelag reinigen, Fliesen KG **397**

Feinreinigung von Wandbelägen aus Fliesen oder Platten, in allen Geschossen, mit einem geeigneten Reinigungsmittel, Reinigen bis zum Erlangen einer vollständig schmutzfreien Oberfläche. Leistung inkl. Entfernen des Zementschleiers und Entfernen aller Verunreinigungen und Aufkleber. Auf die dauerelastischen Verfugungen ist besondere Rücksicht zu nehmen.
Wandhöhe: bis ..... m
Oberfläche: .....

0,6€ 0,8€ **0,9**€ 1,1€ 1,8€ [m²] ⏱ 0,03 h/m² 333.000.008

9 Türen reinigen KG **397**

Feinreinigung von Türelementen aus Zargen und Türblatt (allseitig), mit einem geeigneten und vom Hersteller empfohlenen Reinigungs- und Pflegemittel, bis zum Erlangen einer vollständig schmutzfreien Oberfläche. Leistung inkl. Reinigen der Beschläge und Entfernen aller Verunreinigungen und Aufkleber.
Türabmessung: .....
Maulweite Zarge: .....
Oberfläche: .....
Materialien: .....

1€ 3€ **4**€ 5€ 7€ [St] ⏱ 0,10 h/St 333.000.010

Kosten:
Stand 2.Quartal 2020
Bundesdurchschnitt

▶ min
▷ von
ø Mittel
◁ bis
◀ max

Nr.	Kurztext / Langtext						Kostengruppe
▶	▷	**ø netto €**	◁	◀	[Einheit]	Ausf.-Dauer	Positionsnummer

10 Heizkörper reinigen KG **397**

Feinreinigung von Heizkörpern, mit einem geeigneten Reinigungsmittel, bis zum Erlangen einer vollständig schmutzfreien Oberfläche. Leistung inkl. Reinigen der Armatur, Halterung und Zuleitung und Entfernen aller Verunreinigungen und Aufkleber, sowie ggf. Aufnehmen und Entsorgen der bauseitigen Schutzfolien.
Abmessung Heizkörper: .....
Oberfläche: lackbeschichtet
Bauform: .....

1€	2€	**2**€	4€	5€	[m2]	⏱ 0,04 h/m2	333.000.011

11 Waschtisch/Duschwanne reinigen KG **397**

Erstreinigung von Sanitäreinrichtungen, mit einem geeigneten und vom Hersteller empfohlenen Reinigungs- und Pflegemittel, bis zum Erlangen einer vollständig schmutzfreien Oberfläche. Leistung inkl. Reinigen der Armaturen, Zu- und Abläufe und Halterungen, sowie Entfernen aller Verunreinigungen und Aufkleber.
Einbauteil: .....
Material: .....
Oberfläche: .....

2€	4€	**4**€	5€	8€	[St]	⏱ 0,10 h/St	333.000.012

12 WC-Schüssel/Urinal reinigen KG **397**

Erstreinigung von wandhängenden Sanitäreinrichtungen, mit einem geeigneten Reinigungsmittel, bis zum Erlangen einer vollständig schmutzfreien Oberfläche. Leistung inkl. Reinigen der Armaturen, Zu- und Abläufe, Deckel und Halterungen, sowie Entfernen aller Verunreinigungen und Aufkleber.
Einbauteil: .....
Material: Keramik
Oberfläche: .....

1€	3€	**4**€	5€	7€	[St]	⏱ 0,08 h/St	333.000.013

13 Geländer reinigen KG **397**

Feinreinigung von Geländern, bestehend aus Handlauf, Ober- und Untergurt sowie Füllung, mit einem geeigneten Reinigungsmittel, bis zum Erlangen einer vollständig schmutzfreien Oberfläche. Leistung inkl. Reinigen der Halterungen, sowie Entfernen aller Verunreinigungen und Aufkleber.
Abmessung Geländer: .....
Bauart: .....
Material: .....
Oberflächen: .....

0,8€	1,3€	**1,4**€	1,8€	2,5€	[m]	⏱ 0,04 h/m	333.000.016

Nr.	Kurztext / Langtext						Kostengruppe
▶	▷	ø netto €	◁	◀	[Einheit]	Ausf.-Dauer	Positionsnummer

14 Einzelfenster reinigen KG **397**

Reinigung eines mehrteiligen Einzelfensters. Reinigen aller Fensterflügel und Festverglasungen, Innen- und Außenflächen, Paneel-, Glas- und Rahmenflächen, Falze, Beschläge, Fenstersimse, Fugen und Dichtungen durch nass wischen mit einem abgestimmten Reinigungsmittel, danach trocken ledern und polieren bis zum Erlangen einer vollständig schmutzfreien Oberfläche. Leistung inkl. zerstörungsfreier Entfernung aller Aufkleber, sowie inkl. erhöhtem Aufwand für verfestigte Verschmutzungen der Außenseiten.
Rahmenmaterial: .....
Fenstergröße: .....
Arbeitshöhe: bis ..... m
Arbeit von .....
Abgrenzung zu anderen Bauteilen: .....

3€ 4€ **5**€ 6€ 8€ [St] ⏱ 0,12 h/St 333.000.020

Kosten:
Stand 2.Quartal 2020
Bundesdurchschnitt

15 Stundensatz Baureiniger-Facharbeiter

Stundenlohnarbeiten für Vorarbeiter, Facharbeiter und Gleichgestellte (z.B. Spezialbaufacharbeiter, Baufacharbeiter, Obermonteure, Monteure, Gesellen, Maschinenführer, Fahrer und ähnliche Fachkräfte). Leistung nach besonderer Anordnung der Bauüberwachung. Der Verrechnungssatz für die jeweilige Arbeitskraft umfasst sämtliche Aufwendungen wie Lohn- und Gehaltskosten, Lohn- und Gehaltsnebenkosten, Zuschläge, lohngebundene und lohnabhängige Kosten, sonstige Sozialkosten, Gemeinkosten, Wagnis und Gewinn. Leistung nach besonderer Anordnung der Bauüberwachung. Anmeldung und Nachweis gem. VOB/B.

24€ 28€ **30**€ 32€ 39€ [h] ⏱ 1,00 h/h 333.000.028

16 Stundensatz Baureiniger-Helfer

Stundenlohnarbeiten für Werker, Helfer und Gleichgestellte (z.B. Baufachwerker, Helfer, Hilfsmonteure, Ungelernte, Angelernte). Leistung nach besonderer Anordnung der Bauüberwachung. Der Verrechnungssatz für die jeweilige Arbeitskraft umfasst sämtliche Aufwendungen wie Lohn- und Gehaltskosten, Lohn- und Gehaltsnebenkosten, Zuschläge, lohngebundene und lohnabhängige Kosten, sonstige Sozialkosten, Gemeinkosten, Wagnis und Gewinn. Leistung nach besonderer Anordnung der Bauüberwachung. Anmeldung und Nachweis gem. VOB/B.

18€ 23€ **26**€ 29€ 34€ [h] ⏱ 1,00 h/h 333.000.029

▶ min
▷ von
ø Mittel
◁ bis
◀ max

334

Kosten:
Stand 2.Quartal 2020
Bundesdurchschnitt

Maler- und Lackierarbeiten - Beschichtungen — Preise €

Nr.	Positionen	Einheit	▶	▷	ø brutto € / ø netto €	◁	◀
1	Öffnungen abdecken, Strahlarbeiten	m²	7	15	**19**	22	24
			6	13	**16**	18	20
2	Trockenstrahlen, Fassade	m²	14	15	**17**	20	21
			11	13	**14**	16	18
3	Strahlen mit Strahlmittel, Fassade	m²	14	16	**17**	20	22
			12	13	**15**	17	19
4	Druckwasserstrahlen, Fassade	m²	0,8	0,9	**1,0**	1,2	4,5
			0,7	0,7	**0,8**	1,0	3,8
5	Druckwasser temperiert, Fassade	m²	2	3	**3**	4	9
			1	2	**3**	3	7
6	Dampfstrahlen temperiert, Fassade	m²	3	4	**4**	5	10
			3	3	**4**	4	8
7	Beschichtung entfernen, Außenputz	m²	11	12	**14**	16	28
			9	10	**12**	14	23
8	Holz anschleifen/grundieren	m²	3	6	**6**	7	10
			2	5	**5**	6	8
9	Holzfenster vorbereiten, Beschichtung	St	14	16	**18**	21	26
			12	13	**15**	18	22
10	Fenster abbeizen	St	14	15	**17**	20	27
			11	13	**15**	17	23
11	Hauseingangstür abbeizen	m²	74	83	**93**	108	136
			62	70	**78**	91	115
12	Gartenzaun abbeizen, Holz	m²	26	29	**34**	39	50
			22	25	**28**	32	42
13	Balkonbrett abbeizen, Holz	m	4	5	**6**	7	12
			3	4	**5**	6	10
14	Metallflächen reinigen	m²	2	3	**3**	3	6
			2	2	**3**	3	5
15	Metallflächen entrosten, Strahlen	m²	6	6	**7**	8	12
			5	5	**6**	7	10
16	Metallflächen entrosten, Teilflächen	m²	4	5	**5**	6	9
			4	4	**5**	5	7
17	Metallflächen vorbereiten	m²	11	12	**14**	16	22
			9	10	**11**	13	18
18	Metallflächen schleifen/grundieren	m²	5	5	**6**	7	11
			4	4	**5**	6	9
19	Stahlgeländer abbeizen	m²	8	18	**20**	24	26
			7	15	**17**	20	22
20	Bodenflächen abdecken, Malervlies	m²	1,0	2,1	**2,4**	2,8	3,3
			0,8	1,8	**2,0**	2,4	2,8
21	Bodenflächen abdecken, Krepppapier	m²	2	3	**3**	3	4
			2	2	**3**	3	3
22	Bodenflächen abdecken, Folie	m²	1	2	**2**	3	3
			0,9	1,7	**2,0**	2,3	2,5
23	Gegenstände abdecken, Plane	m²	2	2	**2**	3	3
			1	2	**2**	2	3
24	Geländer abdecken, PE-Folie	m²	4	4	**5**	5	6
			3	3	**4**	4	5

▶ min
▷ von
ø Mittel
◁ bis
◀ max

Nr.	Positionen	Einheit	▶	▷	ø brutto € / ø netto €	◁	◀
25	Beschichtungsflächen reinigen	m²	1	1	**2**	2	3
			1	1	**1**	2	3
26	Altbeschichtung reinigen, innen	m²	2	2	**2**	2	3
			1	1	**2**	2	2
27	Altbeschichtung entfernen, innen	m²	1	2	**2**	2	4
			1	1	**1**	2	3
28	Altbeschichtung ausbessern, innen	m²	5	6	**7**	7	10
			4	5	**6**	6	8
29	Ölfarbe entfernen, Innenputz	m²	9	10	**11**	13	21
			7	8	**9**	11	17
30	Ölfarbbeschichtung anschleifen	m²	0,9	1,9	**2,2**	2,5	3,4
			0,8	1,6	**1,8**	2,1	2,9
31	Dübel entfernen, schließen	St	1	2	**2**	3	3
			1	2	**2**	2	3
32	Fehlstellen schließen, innen	St	2	3	**3**	3	5
			2	2	**2**	3	4
33	Schadstellen abklopfen, innen	m²	4	4	**5**	6	7
			3	4	**4**	5	6
34	Betonflächen ausbessern, innen	m²	14	16	**18**	21	23
			12	13	**15**	18	20
35	Spachtelung, Dispersion, innen	m²	6	7	**8**	9	14
			5	6	**7**	7	11
36	Spachtelung, Dispersion, 2x innen	m²	10	12	**13**	16	20
			9	10	**11**	13	17
37	Spachtelung quarzhaltig, innen	m²	9	10	**11**	13	16
			7	8	**9**	11	13
38	Spachtelung faserhaltig, innen	m²	10	11	**12**	14	17
			8	9	**10**	12	14
39	Putzfläche reinigen, innen	m²	1	3	**3**	4	6
			1	2	**3**	3	5
40	Putzschaden ausbessern, innen	m²	9	17	**20**	23	29
			7	14	**17**	19	25
41	Innentür abschleifen	m²	8	12	**13**	15	24
			6	10	**11**	13	20
42	Innentür abbeizen	m²	92	102	**118**	134	165
			77	86	**99**	113	139
43	Metallflächen anschleifen, innen	m²	3	4	**4**	5	8
			3	3	**4**	4	6
44	Metallflächen schleifen/grundieren	m²	7	9	**10**	12	16
			6	7	**8**	10	13
45	Heizkörper, abbeizen	m²	11	13	**15**	17	22
			9	11	**13**	15	18
46	Imprägnierung, hydrophob, Außenputz	m²	5	6	**7**	8	11
			4	5	**6**	6	9
47	Beschichtung, Dispersion, gefüllt, Putz außen	m²	13	15	**17**	19	21
			11	12	**14**	16	18
48	Beschichtung, Silikatfarbe, gefüllt, Putz außen	m²	12	14	**16**	18	20
			10	12	**13**	15	17

Kosten:
Stand 2.Quartal 2020
Bundesdurchschnitt

Nr.	Positionen	Einheit	▶	▷	ø brutto € / ø netto €	◁	◀
49	Beschichtung, Silikonfarbe, gefüllt, Putz außen	m²	13	15	**17**	20	22
			11	13	**14**	16	18
50	Beschichtung, Acrylfarbe, gefüllt, Putz außen	m²	15	17	**20**	22	25
			13	14	**16**	19	21
51	Beschichtung, Dispersion-Silikat, gefüllt, Putz außen	m²	16	17	**20**	23	25
			13	15	**17**	19	21
52	Zwischenbeschichtung, zusätzlich	m²	8	9	**10**	11	13
			6	7	**8**	9	11
53	Lasur, Dispersion, Holz außen	m²	14	16	**18**	20	23
			12	13	**15**	17	19
54	Beschichtung, Dispersion, Holz außen	m²	15	17	**19**	21	24
			13	14	**16**	18	20
55	Beschichtung, Kunstharz, Holz außen	m²	18	20	**23**	27	30
			15	17	**20**	23	25
56	Beschichtung, Kunstharz, Holzkonstruktion außen	m²	20	23	**26**	30	33
			17	19	**22**	25	28
57	Beschichtung, Kunstharz, Holzfenster außen	m²	13	14	**17**	19	21
			11	12	**14**	16	18
58	Dickschichtlasur, Holzfenster außen	m²	12	14	**16**	18	20
			10	11	**13**	15	17
59	Beschichtung, Kunstharz, Holz, n. maßhaltig, außen	m²	20	22	**25**	29	32
			17	19	**21**	24	27
60	Lasur, Holz, nicht maßhaltig, außen	m²	21	23	**27**	30	34
			18	20	**22**	26	29
61	Lasur, Holz, fungizid, außen	m²	15	17	**19**	22	25
			13	14	**16**	18	21
62	Beschichtung, Kunstharz, Metall außen	m²	19	22	**25**	28	31
			16	18	**21**	24	26
63	Beschichtung, Kunstharz, Stahlgitter außen	m²	35	39	**45**	51	63
			29	33	**38**	43	53
64	Beschichtung, Kunstharz, Stahlgeländer außen	m²	19	21	**24**	27	32
			16	17	**20**	23	27
65	Beschichtung, Kunstharz, Stahlkonstruktion außen	m²	51	57	**66**	75	84
			43	48	**55**	63	70
66	Beschichtung, Kunstharz, Kleineisenteile außen	St	4	4	**5**	5	7
			3	3	**4**	4	6
67	Beschichtung, Kunstharz, Dachrinne	m	12	14	**16**	18	22
			10	11	**13**	15	18
68	Beschichtung, Fallrohr	m	9	10	**12**	13	18
			8	9	**10**	11	15
69	Beschichtung, Dispersion gefüllt, Putz innen	m²	7	8	**10**	11	13
			6	7	**8**	9	11
70	Beschichtung, Dispersion, Raufasertapete	m²	7	9	**10**	11	13
			6	7	**8**	10	11
71	Beschichtung, Dispersion, Glasfasertapete	m²	8	9	**10**	12	14
			6	8	**9**	10	12
72	Beschichtung, Silikatfarbe gefüllt, Putz innen	m²	9	10	**12**	13	16
			7	9	**10**	11	13

▶ min
▷ von
ø Mittel
◁ bis
◀ max

Nr.	Positionen	Einheit	▶	▷ ø brutto € / ø netto €		◁	◀
73	Beschichtung, Dispersion gefüllt, Beton innen	m²	8	10	**11**	13	15
			7	8	**9**	11	12
74	Beschichtung, Kunstharz, Betonboden innen	m²	13	16	**18**	20	24
			11	13	**15**	17	20
75	Lasur, Dispersion, Holz innen	m²	8	10	**11**	13	15
			7	8	**10**	11	13
76	Beschichtung, Dispersion, Holz innen	m²	12	15	**17**	19	22
			10	12	**14**	16	19
77	Dickschichtlasur, Holz innen	m²	11	13	**15**	17	20
			9	11	**13**	14	17
78	Beschichtung, Kunstharz, Holz innen	m²	14	16	**19**	21	25
			12	14	**16**	18	21
79	Beschichtung, Kunstharz, Holzfenster innen	m²	11	14	**16**	18	21
			10	12	**13**	15	17
80	Dickschichtlasur, Holzfenster innen	m²	12	14	**16**	18	21
			10	12	**13**	15	18
81	Dickschichtlasur, Holzbekleidung innen	m²	13	15	**17**	20	23
			11	13	**15**	17	19
82	Beschichtung, Kunstharz, Holzbekleidung innen	m²	16	19	**22**	25	28
			14	16	**19**	21	24
83	Dickschichtlasur, Holzdecke innen	m²	14	17	**20**	22	26
			12	14	**17**	19	22
84	Beschichtung, Kunstharz, Holzdecke innen	m²	14	17	**19**	22	25
			12	14	**16**	18	21
85	Beschichtung, Kunstharz, Holz innen	m²	17	20	**23**	26	29
			14	17	**19**	22	24
86	Beschichtung, Kunstharz, Holztür/Zarge innen	m²	16	18	**21**	24	26
			14	15	**17**	20	22
87	Beschichtung, Kunstharz, Holztür innen	m²	14	17	**20**	22	25
			12	14	**17**	19	21
88	Beschichtung, Kunstharz, Holzfußboden innen	m²	16	18	**21**	24	27
			14	15	**18**	20	22
89	Beschichtung, Kunstharz, Holztreppen innen	m²	22	24	**28**	32	37
			18	20	**24**	27	31
90	Beschichtung, Kunstharz, Holzfußleisten innen	m	5	5	**6**	7	8
			4	4	**5**	6	6
91	Beschichtung, Kunstharz, Geländer, Holz, innen	m²	30	33	**38**	44	51
			25	27	**32**	37	43
92	Beschichtung, Kunstharz, Handlauf, Holz, innen	m	10	12	**14**	16	19
			9	10	**12**	13	16
93	Beschichtung, Kunstharz, Stahl, innen	m²	17	19	**22**	25	28
			15	16	**19**	21	24
94	Beschichtung, Kunstharz, Geländer innen	m²	37	42	**48**	55	62
			31	35	**40**	46	52
95	Beschichtung, Kunstharz, Stahlzarge innen	m	15	18	**21**	23	27
			13	15	**17**	20	23
96	Beschichtung, Kunstharz, Stahltürelement	St	69	77	**89**	101	113
			58	65	**74**	85	95

Nr.	Positionen	Einheit	▶	▷ ø brutto € / ø netto €		◁	◀
97	Beschichtung, Kunstharz, Metall beschichtet, innen	m²	18	20	**23**	27	30
			15	17	**20**	22	25
98	Beschichtung, rissüberbrückend	m²	19	22	**24**	28	32
			16	19	**20**	24	27
99	Grundierung, Riss	m	5	6	**7**	8	9
			4	5	**6**	6	8
100	Rissfüllung, Verschlämmen	m	7	9	**10**	12	14
			6	7	**9**	10	11
101	Beschichtung, rissüberbrückend, Gewebe	m²	19	23	**26**	30	35
			16	19	**22**	25	29
102	Beschichtung, rissfüllend, Putz	m²	14	17	**20**	23	26
			12	15	**17**	19	22
103	Oberputz, mineralisch, modifiziert	m²	22	26	**30**	34	39
			18	22	**25**	28	33
104	Oberputz, mineralisch, modifiziert, Gewebe	m²	27	32	**37**	42	49
			23	27	**31**	36	41
105	Stundensatz Helfer, Maler-/Lackierarbeiten	h	34	42	**48**	51	58
			28	36	**40**	43	49
106	Stundensatz Geselle / Facharbeiter, Maler-/Lackierarbeiten	h	53	58	**59**	62	67
			45	49	**50**	52	56

Kosten:
Stand 2.Quartal 2020
Bundesdurchschnitt

Nr. **Kurztext** / Langtext — Kostengruppe
▶ ▷ **ø netto €** ◁ ◀ [Einheit] Ausf.-Dauer Positionsnummer

1 Öffnungen abdecken, Strahlarbeiten KG **395**

Schutzabdeckungen für Öffnungen in Fassade mit Plattenware in Öffnungsgröße und Folie, Anschlüsse abgeklebt für Druckwasserreinigung.
Bauteil: .....

6€ 13€ **16**€ 18€ 20€ [m²] ⏱ 0,22 h/m² 334.000.080

2 Trockenstrahlen, Fassade KG **395**

Fassadenreinigung durch Trockenstrahlen mit festem Strahlmittel zur Entfernung alter Beschichtungen und haftungsmindernder Bestandteile. Die Entsorgung des Abrieb- und Strahlmaterials ist einzukalkulieren.
Untergrund: .....
Beschichtung: .....
Strahlmittel: .....

11€ 13€ **14**€ 16€ 18€ [m²] ⏱ 0,22 h/m² 334.000.081

3 Strahlen mit Strahlmittel, Fassade KG **395**

Fassadenreinigung durch Strahlen mit festem Strahlmittel unter Zugabe von Wasser zum Entfernen alter Beschichtungen und haftungsmindernder Bestandteile. Die Entsorgung des Abrieb- und Strahlmaterials ist einzukalkulieren.
Untergrund: .....

12€ 13€ **15**€ 17€ 19€ [m²] ⏱ 0,25 h/m² 334.000.082

▶ min
▷ von
ø Mittel
◁ bis
◀ max

Nr.	Kurztext / Langtext						Kostengruppe
▶	▷	**ø netto €**	◁	◀	[Einheit]	Ausf.-Dauer	Positionsnummer

4 Druckwasserstrahlen, Fassade KG **395**

Fassadenreinigung durch Druckwasserstrahlen zum Entfernen alter Beschichtungen und haftungsmindernder Bestandteile. Die Entsorgung des Abrieb- und Strahlmaterials ist einzukalkulieren.
Untergrund: .....
Arbeitsdruck: .....

0,7€	0,7€	**0,8**€	1,0€	3,8€	[m²]	⏱ 0,10 h/m²	334.000.083

5 Druckwasser temperiert, Fassade KG **395**

Fassadenreinigung durch temperiertes Druckwasserstrahlen zum Entfernen von Verschmutzungen und Verunreinigungen. Die Entsorgung des Abrieb- und Strahlmaterials ist einzukalkulieren.
Untergrund: .....
Arbeitsdruck: .....
Temperatur: .....

1€	2€	**3**€	3€	7€	[m²]	⏱ 0,07 h/m²	334.000.084

6 Dampfstrahlen temperiert, Fassade KG **395**

Fassade durch temperiertes Dampfstrahlen reinigen. Die Entsorgung des Abrieb- und Strahlmaterials ist einzukalkulieren.
Untergrund: .....

3€	3€	**4**€	4€	8€	[m²]	⏱ 0,08 h/m²	334.000.085

7 Beschichtung entfernen, Außenputz KG **395**

Altbeschichtung, abblätternd, vom Außenputz entfernen und entsorgen.
Untergrund: Putz
Beschichtung: .....

9€	10€	**12**€	14€	23€	[m²]	⏱ 0,25 h/m²	334.000.086

8 Holz anschleifen/grundieren KG **395**

Holzflächen für Beschichtung im Außenbereich mit zweimaliger Grundierung und Zwischenschleifen für Beschichtung vorbereiten.
Bauteil: .....

2€	5€	**5**€	6€	8€	[m²]	⏱ 0,10 h/m²	334.000.087

9 Holzfenster vorbereiten, Beschichtung KG **395**

Fenster für Beschichtung im Außenbereich vorbereiten. Lose Farbschichten entfernen und Holzteile anschleifen.
Fenstergröße: .....

12€	13€	**15**€	18€	22€	[St]	⏱ 0,46 h/St	334.000.088

10 Fenster abbeizen KG **395**

Fenster aus Holz abbeizen, nachwaschen und trocknen.
Fenster: bis 1,35 x 1,35 m
Beschichtung: .....

11€	13€	**15**€	17€	23€	[St]	⏱ 0,27 h/St	334.000.089

Nr.	Kurztext / Langtext						Kostengruppe
▶	▷	ø netto €	◁	◀	[Einheit]	Ausf.-Dauer	Positionsnummer

11 Hauseingangstür abbeizen KG **395**

Hauseingangstüren aus Holz abbeizen, nachwaschen und trocknen.
Größe: bis 1,20 x 2,50 m
Beschichtung: .....

62€ | 70€ | **78**€ | 91€ | 115€ | [m²] | 1,40 h/m² | 334.000.090

12 Gartenzaun abbeizen, Holz KG **395**

Gartenzäune Holz, einschl. Türen abbeizen, nachwaschen und trocknen.
Beschichtung: .....

22€ | 25€ | **28**€ | 32€ | 42€ | [m²] | 0,45 h/m² | 334.000.091

13 Balkonbrett abbeizen, Holz KG **395**

Balkonbretter aus Holz abbeizen, nachwaschen und trocknen.
Abwicklung: 30 cm
Beschichtung: .....

3€ | 4€ | **5**€ | 6€ | 10€ | [m] | 0,10 h/m | 334.000.092

14 Metallflächen reinigen KG **395**

Metallflächen im Außenbereich von leicht zu entfernendem Schmutz und Verunreinigungen reinigen.

2€ | 2€ | **3**€ | 3€ | 5€ | [m²] | 0,05 h/m² | 334.000.093

15 Metallflächen entrosten, Strahlen KG **395**

Metallflächen im Außenbereich durch Trockenstrahlen für Neubeschichtung entrosten.
Entrostungsgrad: .....

5€ | 5€ | **6**€ | 7€ | 10€ | [m²] | 0,10 h/m² | 334.000.094

16 Metallflächen entrosten, Teilflächen KG **395**

Metallflächen im Außenbereich in Teilflächen für Beschichtung entrosten.
Teilfläche: bis 30%
Entrostungsgrad: .....

4€ | 4€ | **5**€ | 5€ | 7€ | [m²] | 0,12 h/m² | 334.000.095

17 Metallflächen vorbereiten KG **395**

Metallflächen im Außenbereich für Überholungsbeschichtung vorbereiten, durch Entfernen von lose anhaftender Beschichtungen und Ausbessern der Fehlstellen.

9€ | 10€ | **11**€ | 13€ | 18€ | [m²] | 0,10 h/m² | 334.000.097

18 Metallflächen schleifen/grundieren KG **395**

Metallflächen im Außenbereich für Überholungsbeschichtung vorbereiten, durch Schleifen und Grundieren

4€ | 4€ | **5**€ | 6€ | 9€ | [m²] | 0,10 h/m² | 334.000.098

19 Stahlgeländer abbeizen KG **395**

Stahlgeländer abbeizen, nachwaschen und trocknen.
Geländer: .....
Beschichtung: .....

7€ | 15€ | **17**€ | 20€ | 22€ | [m²] | 0,25 h/m² | 334.000.099

Kosten:
Stand 2.Quartal 2020
Bundesdurchschnitt

▶ min
▷ von
ø Mittel
◁ bis
◀ max

Nr.	Kurztext / Langtext						Kostengruppe
▶	▷	**ø netto €**	◁	◀	[Einheit]	Ausf.-Dauer	Positionsnummer

20 Bodenflächen abdecken, Malervlies KG **397**

Abdecken und Abkleben von Bodenflächen mit rutschsicherem Malerabdeckvlies.
Ausführungsort: .....

0,8€	1,8€	**2,0**€	2,4€	2,8€	[m2]	⏱ 0,03 h/m2	334.000.100

21 Bodenflächen abdecken, Krepppapier KG **397**

Abdecken und Abkleben von Bodenflächen mit Malerkrepppapier.
Ausführungsort: .....

2€	2€	**3**€	3€	3€	[m2]	⏱ 0,03 h/m2	334.000.101

22 Bodenflächen abdecken, Folie KG **397**

Abdecken und Abkleben von Bodenflächen mit Malerfolie.
Ausführungsort: .....

0,9€	1,7€	**2,0**€	2,3€	2,5€	[m2]	⏱ 0,03 h/m2	334.000.102

23 Gegenstände abdecken, Plane KG **397**

Abdecken und Abkleben von Gegenständen mit Malerabdeckplane.
Gegenstand: .....
Ausführungsort: .....

1€	2€	**2**€	2€	3€	[m2]	⏱ 0,03 h/m2	334.000.103

24 Geländer abdecken, PE-Folie KG **397**

Abdecken und Abkleben von Geländer mit Kunststofffolie.
Folienmaterial: Polyethylen (PE)
Ausführungsort: .....

3€	3€	**4**€	4€	5€	[m2]	⏱ 0,06 h/m2	334.000.104

25 Beschichtungsflächen reinigen KG **395**

Reinigen von Beschichtungsflächen zur Aufnahme einer Überholungsbeschichtung.
Bauteil: .....
Beschichtung: .....
Reinigungsmittel: .....

1€	1€	**1**€	2€	3€	[m2]	⏱ 0,03 h/m2	334.000.105

26 Altbeschichtung reinigen, innen KG **395**

Vorhandene Beschichtung im Innenbereich für Überholungsbeschichtung reinigen.
Bauteil: .....
Beschichtung: .....
Reinigungsmittel: .....

1€	1€	**2**€	2€	2€	[m2]	⏱ 0,03 h/m2	334.000.106

27 Altbeschichtung entfernen, innen KG **394**

Entfernen von vorhandener Beschichtung im Innenbereich von losen Bestandteilen durch Abkratzen und Nachwaschen für erneute Beschichtung.
Bauteil: .....
Beschichtung: .....

1€	1€	**1**€	2€	3€	[m2]	⏱ 0,03 h/m2	334.000.107

Kosten:
Stand 2.Quartal 2020
Bundesdurchschnitt

▶ min
▷ von
ø Mittel
◁ bis
◀ max

Nr.	Kurztext / Langtext					Kostengruppe
▶	▷	**ø netto €**	◁	◀	[Einheit]	Ausf.-Dauer Positionsnummer

28 Altbeschichtung ausbessern, innen KG **395**

Vorhandene Beschichtung im Innenbereich ausbessern und zur Aufnahme einer Überholungsbeschichtung vorbereiten. Lose Beschichtungsflächen abkratzen, nachwaschen und kleinere Fehlstellen mit Spachtelmasse egalisieren.
Bauteil: .....
Beschichtung: .....

4€ 5€ **6**€ 6€ 8€ [m2] ⏱ 0,10 h/m2 334.000.108

29 Ölfarbe entfernen, Innenputz KG **394**

Ölfarbenbeschichtung auf Innenputz abbeizen und nachwaschen.

7€ 8€ **9**€ 11€ 17€ [m2] ⏱ 0,15 h/m2 334.000.109

30 Ölfarbbeschichtung anschleifen KG **395**

Ölfarbenbeschichtung auf Innenputz anschleifen und reinigen, für neue Beschichtung.

0,8€ 1,6€ **1,8**€ 2,1€ 2,9€ [m2] ⏱ 0,03 h/m2 334.000.110

31 Dübel entfernen, schließen KG **395**

Dübel entfernen und schließen der Löcher.
Bauteil: .....

1€ 2€ **2**€ 2€ 3€ [St] ⏱ 0,03 h/St 334.000.111

32 Fehlstellen schließen, innen KG **395**

Punktuelle Fehlstellen in Wand- und Deckenflächen mit Mörtel oder Gips schließen und Oberfläche angleichen.
Fehlstelle: .....

2€ 2€ **2**€ 3€ 4€ [St] ⏱ 0,03 h/St 334.000.112

33 Schadstellen abklopfen, innen KG **395**

Lose, hohle und schadhafte Teile von Betonflächen entfernen und entsorgen.
Bauteil: .....
Schadensgrad: .....

3€ 4€ **4**€ 5€ 6€ [m2] ⏱ 0,30 h/m2 334.000.113

34 Betonflächen ausbessern, innen KG **395**

Fehlstellen an Decken und Wänden aus Beton im Innenbereich ausbessern und Oberflächen egalisieren durch Spachteln.
Bauteil: .....
Schadensgrad: .....

12€ 13€ **15**€ 18€ 20€ [m2] ⏱ 0,27 h/m2 334.000.114

35 Spachtelung, Dispersion, innen KG **395**

Spachtelung von Flächen im Innenbereich mit Kunststoff-Dispersionsspachtelmasse.
Bauteil: .....
Untergrund: .....
Auftragsdicke: .....
Mindestschichtdicke: .....

5€ 6€ **7**€ 7€ 11€ [m2] ⏱ 0,15 h/m2 334.000.115

36 Spachtelung, Dispersion, 2x innen KG **395**

Spachtelung von Flächen im Innenbereich in zwei Arbeitsgängen mit Kunststoff-Dispersionsspachtelmasse.
Bauteil: .....
Untergrund: .....
Auftragsdicke: .....
Mindestschichtdicke: .....

9€ 10€ **11**€ 13€ 17€ [m2] ⏱ 0,20 h/m2 334.000.116

37 Spachtelung quarzhaltig, innen KG **395**

Spachtelung von Flächen im Innenbereich zur Aufnahme einer Beschichtung mit quarzhaltiger Spachtelmasse.
Bauteil: .....
Untergrund: .....
Auftragsdicke: .....
Mindestschichtdicke: .....

7€ 8€ **9**€ 11€ 13€ [m2] ⏱ 0,15 h/m2 334.000.117

38 Spachtelung faserhaltig, innen KG **395**

Spachtelung von Flächen im Innenbereich zur Aufnahme einer Beschichtung mit faserhaltiger Spachtelmasse.
Bauteil: .....
Untergrund: .....
Auftragsdicke: .....
Mindestschichtdicke: .....

8€ 9€ **10**€ 12€ 14€ [m2] ⏱ 0,15 h/m2 334.000.118

39 Putzfläche reinigen, innen KG **395**

Reinigung von Innenputzflächen an Wänden und Decken mit Wasser und Reinigungsmittel. Die Flächen sind nachzuwaschen.
Putz: .....
Reinigungsmittel: Salmiak

1€ 2€ **3**€ 3€ 5€ [m2] ⏱ 0,05 h/m2 334.000.119

40 Putzschaden ausbessern, innen KG **395**

Putzschäden an Flächen im Außenbereich ausbessern und an Oberflächen angleichen. Lose, hohle und schadhafte Teile entfernen und entsorgen.
Bauteil: .....
Putz: .....

7€ 14€ **17**€ 19€ 25€ [m2] ⏱ 0,30 h/m2 334.000.120

41 Innentür abschleifen KG **395**

Innentür aus Holz abschleifen und für Oberflächenbehandlung deckend, klar vorbereiten.

6€ 10€ **11**€ 13€ 20€ [m2] ⏱ 0,27 h/m2 334.000.121

42 Innentür abbeizen KG **395**

Innentüren aus Holz inkl. Zarge abbeizen, nachwaschen und trocknen.
Größe: 1,00 x 2,00 m

77€ 86€ **99**€ 113€ 139€ [m2] ⏱ 1,20 h/m2 334.000.122

Nr.	Kurztext / Langtext						Kostengruppe
▶	▷	**ø netto €**	◁	◀	[Einheit]	Ausf.-Dauer	Positionsnummer

43 Metallflächen anschleifen, innen KG **395**

Beschichtung auf Metallflächen, verzinkter Stahl im Innenbereich für Beschichtung durch Anschleifen für Beschichtung vorbereiten.
Bauteil: .....
vorhandene Beschichtung: .....

3€	3€	**4€**	4€	6€	[m2]	0,08 h/m2	334.000.123

44 Metallflächen schleifen/grundieren KG **395**

Metallflächen im Innenbereich durch Schleifen und Grundieren für Beschichtung vorbereiten.
Bauteil: .....
Grundbeschichtungsstoff: .....

6€	7€	**8€**	10€	13€	[m2]	0,18 h/m2	334.000.124

45 Heizkörper, abbeizen KG **495**

Heizkörper abbeizen, nachwaschen und trocknen.
Art der Heizkörper: .....
Vorhandene Beschichtung: .....

9€	11€	**13€**	15€	18€	[m2]	0,20 h/m2	334.000.125

46 Imprägnierung, hydrophob, Außenputz KG **335**

Hydrophobierende Imprägnierung von Außenputzflächen, einschl. Anlegen einer Probefläche nach Maßgabe der Bauleitung.
Bauteil: Fassade
Putzart: .....
Farbe: transparent

4€	5€	**6€**	6€	9€	[m2]	0,05 h/m2	334.000.126

47 Beschichtung, Dispersion, gefüllt, Putz außen KG **335**

Deckende Überholungsbeschichtung mit füllender Dispersionsbeschichtung und Grundierung auf Putz im Außenbereich.
Bauteil: .....
Putz: .....
Deckvermögen: Klasse 1
Farbe: weiß
Glanzgrad: matt

11€	12€	**14€**	16€	18€	[m2]	0,26 h/m2	334.000.127

48 Beschichtung, Silikatfarbe, gefüllt, Putz außen KG **335**

Deckende Überholungsbeschichtung mit hoch wasserdampfdiffusionsfähigen Silikatfarbe mit Grundbeschichtung, gefüllter Zwischenschicht auf Putz im Außenbereich.
Bauteil: .....
Putz: .....
Deckvermögen: Klasse 1
Farbe: weiß
Glanzgrad: matt

10€	12€	**13€**	15€	17€	[m2]	0,24 h/m2	334.000.128

Kosten:
Stand 2.Quartal 2020
Bundesdurchschnitt

▶ min
▷ von
ø Mittel
◁ bis
◀ max

49 Beschichtung, Silikonfarbe, gefüllt, Putz außen KG **335**

Deckende Überholungsbeschichtung mit diffusionsfähiger Silikonfarbe mit Grundfestiger und gefüllter Zwischenschicht auf Putz im Außenbereich.
Bauteil: .....
Putz: .....
Deckvermögen: Klasse 1
Farbe: weiß
Glanzgrad: matt

11€ 13€ **14**€ 16€ 18€ [m2] ⏱ 0,26 h/m2 334.000.129

50 Beschichtung, Acrylfarbe, gefüllt, Putz außen KG **335**

Deckende Überholungsbeschichtung mit Acrylfarbe mit Grundierung der Schadstellen, Haftgrund und gefüllter Zwischenschicht auf Putz im Außenbereich.
Bauteil: .....
Putz: .....
Deckvermögen: Klasse 1
Farbe: weiß
Glanzgrad: matt

13€ 14€ **16**€ 19€ 21€ [m2] ⏱ 0,28 h/m2 334.000.130

51 Beschichtung, Dispersion-Silikat, gefüllt, Putz außen KG **335**

Deckende Überholungsbeschichtung mit füllender Dispersionssilikatfarbe und Grundierung auf Putz im Außenbereich.
Bauteil: .....
Putz: .....
Deckvermögen: Klasse 1
Farbe: weiß
Glanzgrad: matt

13€ 15€ **17**€ 19€ 21€ [m2] ⏱ 0,28 h/m2 334.000.131

52 Zwischenbeschichtung, zusätzlich KG **335**

Zusätzliche Zwischenbeschichtung im Außenbereich für beschriebenes Beschichtungssystem.

6€ 7€ **8**€ 9€ 11€ [m2] ⏱ 0,15 h/m2 334.000.132

53 Lasur, Dispersion, Holz außen KG **335**

Überholungsbeschichtung als Lasur auf gehobelten Holzflächen im Außenbereich mit Dispersionsfarbe, einschl. Grundierung.
Bauteil: .....
Glanzgrad: .....
Farbeffekt: .....

12€ 13€ **15**€ 17€ 19€ [m2] ⏱ 0,30 h/m2 334.000.133

Nr.	Kurztext / Langtext						Kostengruppe
▶	▷	ø netto €	◁	◀	[Einheit]	Ausf.-Dauer	Positionsnummer

54 **Beschichtung, Dispersion, Holz außen** KG **335**

Deckende Überholungsbeschichtung auf Holzflächen im Außenbereich, mit Dispersionsfarbe und zusätzlicher Zwischenschicht einschl. Grundierung.
Glanzgrad: .....
Deckvermögen: Klasse 1
Farbe / Oberfläche: .....

13€ 14€ **16**€ 18€ 20€ [m²] ⏱ 0,30 h/m² 334.000.134

55 **Beschichtung, Kunstharz, Holz außen** KG **335**

Deckende Überholungsbeschichtung auf Holzflächen im Außenbereich, mit Kunstharz und Grundierung.
Bauteil: .....
Glanzgrad: .....
Beschichtungsstoff: .....
Deckvermögen: Klasse 1
Farbe / Oberfläche: .....

15€ 17€ **20**€ 23€ 25€ [m²] ⏱ 0,35 h/m² 334.000.135

56 **Beschichtung, Kunstharz, Holzkonstruktion außen** KG **335**

Deckende Überholungsbeschichtung auf Holzkonstruktionen im Außenbereich, mit Kunstharz und Grundierung.
Abrechnung nach abgewickelter Fläche.
Bauteil: Stützen, Sparren, Fachwerk
Holzart: .....
Glanzgrad: .....
Beschichtungsstoff: .....
Deckvermögen: Klasse 1
Farbe / Oberfläche: .....

17€ 19€ **22**€ 25€ 28€ [m²] ⏱ 0,40 h/m² 334.000.136

57 **Beschichtung, Kunstharz, Holzfenster außen** KG **334**

Deckende Überholungsbeschichtung von Holzfenstern im Außenbereich, mit Kunstharz und Grundierung.
Bauteil: .....
Glanzgrad: .....
Beschichtungsstoff: .....
Deckvermögen: Klasse 1
Farbe / Oberfläche: .....

11€ 12€ **14**€ 16€ 18€ [m²] ⏱ 0,25 h/m² 334.000.137

58 **Dickschichtlasur, Holzfenster außen** KG **334**

Überholungsbeschichtung als Dickschichtlasur auf Holzfensterflächen im Außenbereich, mit Kunstharz und Grundierung.
Bauteil: .....
Glanzgrad: .....
Beschichtungsstoff: .....
Farbe / Oberfläche: .....

10€ 11€ **13**€ 15€ 17€ [m²] ⏱ 0,25 h/m² 334.000.138

Kosten:
Stand 2.Quartal 2020
Bundesdurchschnitt

▶ min
▷ von
ø Mittel
◁ bis
◀ max

59 Beschichtung, Kunstharz, Holz, n. maßhaltig, außen KG **335**

Überholungsbeschichtung auf nichtmaßhaltigen Holzflächen im Außenbereich, gegen rückwärtige Feuchtigkeit, mit Kunstharzlack und Grundierung.
Bauteil: .....
Glanzgrad: .....
Farbeffekt: .....
Deckvermögen: Klasse 1
Beschichtungsstoff: .....

17€ 19€ **21**€ 24€ 27€ [m2] 0,45 h/m2 334.000.139

60 Lasur, Holz, nicht maßhaltig, außen KG **335**

Lasur, nicht schichtbildend, auf nicht maßhaltigen Holzflächen im Außenbereich, mit zweimaliger Dünnschichtlasur, einschl. Grundierung.
Bauteil: .....
Glanzgrad: .....
Farbeffekt: .....
Beschichtungsstoff: .....

18€ 20€ **22**€ 26€ 29€ [m2] 0,48 h/m2 334.000.140

61 Lasur, Holz, fungizid, außen KG **335**

Lasur, nicht schichtbildend, auf nicht maßhaltigen Holzflächen im Außenbereich, mit fungizid eingestellter Dünnschichtlasur, einschl. Grundierung.
Bauteil: .....
Glanzgrad: .....
Farbeffekt: .....
Beschichtungsstoff: .....

13€ 14€ **16**€ 18€ 21€ [m2] 0,35 h/m2 334.000.141

62 Beschichtung, Kunstharz, Metall außen KG **335**

Überholungsbeschichtung auf Metallflächen im Außenbereich mit Kunstharzlack, einschl. Grundierung.
Bauteil: .....
Werkstoff: .....
Glanzgrad: .....
Deckvermögen: Klasse 1
Farbe / Oberfläche: .....

16€ 18€ **21**€ 24€ 26€ [m2] 0,35 h/m2 334.000.142

63 Beschichtung, Kunstharz, Stahlgitter außen KG **339**

Überholungsbeschichtung auf Stahlgitter im Außenbereich mit Kunstharzlack, einschl. Zwischenbeschichtung und Grundierung.
Glanzgrad: .....
Deckvermögen: Klasse 1
Farbe / Oberfläche: .....

29€ 33€ **38**€ 43€ 53€ [m2] 0,70 h/m2 334.000.143

Nr.	Kurztext / Langtext						Kostengruppe
▶	▷	**ø netto €**	◁	◀	[Einheit]	Ausf.-Dauer	Positionsnummer

64 Beschichtung, Kunstharz, Stahlgeländer außen KG **339**

Überholungsbeschichtung auf Stahlgeländer als Rohrkonstruktion mit Ober- und Untergurt im Außenbereich, mit Kunstharzlack, einschl. Zwischenbeschichtung und Grundierung.
Glanzgrad: .....
Deckvermögen: Klasse 1
Farbe / Oberfläche: .....

16€ | 17€ | **20€** | 23€ | 27€ | [m2] | ⏱ 0,40 h/m2 | 334.000.144

65 Beschichtung, Kunstharz, Stahlkonstruktion außen KG **339**

Überholungsbeschichtung auf Stahlträgerkonstruktionen im Außenbereich, mit Kunstharzlack, einschl. Zwischenbeschichtung und Grundierung.
Glanzgrad: .....
Deckvermögen: Klasse 1
Farbe / Oberfläche: .....

43€ | 48€ | **55€** | 63€ | 70€ | [m2] | ⏱ 0,95 h/m2 | 334.000.145

66 Beschichtung, Kunstharz, Kleineisenteile außen KG **335**

Überholungsbeschichtung auf Kleineisenteilen mit entrosten, Grund-, Zwischen- und Schlussbeschichtung.
Farbe: .....

3€ | 3€ | **4€** | 4€ | 6€ | [St] | ⏱ 0,05 h/St | 334.000.146

67 Beschichtung, Kunstharz, Dachrinne KG **363**

Deckende Kunstharzbeschichtung auf Dachrinne aus verzinktem Stahlblech mit reinigen, entrosten, Grund- und Schlussbeschichtung.
Farbe: .....
Nennweite: bis DN150

10€ | 11€ | **13€** | 15€ | 18€ | [m] | ⏱ 0,25 h/m | 334.000.147

68 Beschichtung, Fallrohr KG **411**

Deckende Beschichtung auf Regenfallrohren aus verzinktem Stahl, entrosten, Grund- und Schlussbeschichtung.
Farbe: .....
Nenngröße: bis DN100

8€ | 9€ | **10€** | 11€ | 15€ | [m] | ⏱ 0,18 h/m | 334.000.148

69 Beschichtung, Dispersion gefüllt, Putz innen KG **345**

Deckende Überholungsbeschichtung auf Putzflächen im Innenbereich, mit füllender Dispersionsbeschichtung, einschl. Grundierung.
Bauteil: .....
Putz: .....
Glanzgrad: matt
Deckvermögen: Klasse 1
Farbe: weiß

6€ | 7€ | **8€** | 9€ | 11€ | [m2] | ⏱ 0,20 h/m2 | 334.000.149

Kosten:
Stand 2.Quartal 2020
Bundesdurchschnitt

▶ min
▷ von
ø Mittel
◁ bis
◀ max

70 Beschichtung, Dispersion, Raufasertapete KG **345**

Deckende Überholungsbeschichtung auf Raufasertapete im Innenbereich, mit Dispersionsbeschichtung, einschl. Grundierung.
Bauteil: .....
Glanzgrad: matt
Deckvermögen: Klasse 1
Farbe: weiß

6€ 7€ **8**€ 10€ 11€ [m2] ⏱ 0,20 h/m2 334.000.150

71 Beschichtung, Dispersion, Glasfasertapete KG **345**

Deckende Überholungsbeschichtung auf Glasfasertapete im Innenbereich, mit Dispersionsbeschichtung, einschl. Grundierung.
Bauteil: .....
Glanzgrad: matt
Deckvermögen: Klasse 1
Farbe: weiß

6€ 8€ **9**€ 10€ 12€ [m2] ⏱ 0,18 h/m2 334.000.151

72 Beschichtung, Silikatfarbe gefüllt, Putz innen KG **345**

Deckende Überholungsbeschichtung auf Putz im Innenbereich, mit Silikatfarben, einschl. Grundierung und gefüllter Zwischenschicht.
Bauteil: .....
Putz: .....
Glanzgrad: matt
Deckvermögen: Klasse 1
Farbe: weiß

7€ 9€ **10**€ 11€ 13€ [m2] ⏱ 0,18 h/m2 334.000.152

73 Beschichtung, Dispersion gefüllt, Beton innen KG **345**

Deckende Überholungsbeschichtung im Innenbereich, mit füllender Dispersionsbeschichtung, einschl. Grundierung.
Bauteil: .....
Untergrund: Beton
Glanzgrad: matt
Deckvermögen: Klasse 1
Farbe: weiß

7€ 8€ **9**€ 11€ 12€ [m2] ⏱ 0,18 h/m2 334.000.153

74 Beschichtung, Kunstharz, Betonboden innen KG **353**

Beschichtung von Bodenflächen aus Beton oder Estrich mit Grundbeschichtung, Zwischenbeschichtung und Schlussbeschichtung mit Kunstharz
Material: zweikomponentiges Kunstharz
Farbe: steingrau

11€ 13€ **15**€ 17€ 20€ [m2] ⏱ 0,18 h/m2 334.000.154

323 324 325 326 327 328 329 330 331 332 333 **334** 336 337 338 339

Kosten:
Stand 2.Quartal 2020
Bundesdurchschnitt

Nr.	Kurztext / Langtext							Kostengruppe
▶	▷	**ø netto €**	◁	◀	[Einheit]		Ausf.-Dauer	Positionsnummer

75 Lasur, Dispersion, Holz innen KG **345**

Überholungsbeschichtung als Lasur auf gehobelten Holzflächen im Innenbereich mit Kunststoffdispersion, einschl. Grundierung.
Bauteil: .....
Glanzgrad: .....
Farbeffekt: .....

7€ | 8€ | **10€** | 11€ | 13€ | [m²] | ⏱ 0,18 h/m² | 334.000.155

76 Beschichtung, Dispersion, Holz innen KG **345**

Deckende Überholungsbeschichtung auf Holzflächen im Innenbereich, mit Kunststoffdispersion und zusätzlicher Zwischenbeschichtung, einschl. Grundierung.
Glanzgrad: .....
Farbe: .....
Oberfläche: .....

10€ | 12€ | **14€** | 16€ | 19€ | [m²] | ⏱ 0,26 h/m² | 334.000.156

77 Dickschichtlasur, Holz innen KG **345**

Überholungsbeschichtung als Dickschichtlasur auf Holzflächen im Innenbereich, mit Kunstharz, einschl. Grundierung.
Bauteil: .....
Glanzgrad: .....
Farbeffekt: .....

9€ | 11€ | **13€** | 14€ | 17€ | [m²] | ⏱ 0,22 h/m² | 334.000.157

78 Beschichtung, Kunstharz, Holz innen KG **345**

Deckende Überholungsbeschichtung auf Holzflächen im Innenbereich, mit Kunstharz, einschl. Grundierung.
Bauteil: .....
Glanzgrad: .....
Deckvermögen: Klasse 1
Farbe/Oberfläche: .....

12€ | 14€ | **16€** | 18€ | 21€ | [m²] | ⏱ 0,25 h/m² | 334.000.158

79 Beschichtung, Kunstharz, Holzfenster innen KG **334**

Deckende Überholungsbeschichtung auf Holzfensterflächen im Innenbereich mit Kunstharz, einschl. Grundierung.
Bauteil: .....
Glanzgrad: .....
Deckvermögen: Klasse 1

10€ | 12€ | **13€** | 15€ | 17€ | [m²] | ⏱ 0,25 h/m² | 334.000.159

80 Dickschichtlasur, Holzfenster innen KG **334**

Überholungsbeschichtung als Dickschichtlasur auf Holzfensterflächen im Innenbereich mit Kunstharz, einschl. Grundierung.
Bauteil: .....
Glanzgrad: .....

10€ | 12€ | **13€** | 15€ | 18€ | [m²] | ⏱ 0,25 h/m² | 334.000.160

▶ min
▷ von
ø Mittel
◁ bis
◀ max

81 Dickschichtlasur, Holzbekleidung innen KG **345**

Überholungsbeschichtung als Dickschichtlasur auf Holzbekleidung aus Nut- und Federbrettern, im Innenbereich einschl. Grundierung. Aufmaß und Abrechnung nach abgewickelter Fläche.
Bauteil:.....
Glanzgrad:.....
Farbeffekt: .....

11€ 13€ **15**€ 17€ 19€ [m2] ⏱ 0,25 h/m2 334.000.161

82 Beschichtung, Kunstharz, Holzbekleidung innen KG **345**

Deckende Überholungsbeschichtung als Kunstharzbeschichtung auf Holzbekleidung aus Nut- und Federbrettern, im Innenbereich, einschl. Grundierung. Aufmaß und Abrechnung nach abgewickelter Fläche.
Bauteil: .....
Glanzgrad: .....
Farbeffekt: .....
Beschichtungsstoff: .....

14€ 16€ **19**€ 21€ 24€ [m2] ⏱ 0,25 h/m2 334.000.162

83 Dickschichtlasur, Holzdecke innen KG **354**

Überholungsbeschichtung als Dickschichtlasur auf Holz-Deckenbekleidung aus Nut- und Federbrettern, im Innenbereich, einschl. Grundierung. Aufmaß und Abrechnung nach abgewickelter Fläche.
Bauteil: .....
Glanzgrad: .....
Farbeffekt: .....

12€ 14€ **17**€ 19€ 22€ [m2] ⏱ 0,30 h/m2 334.000.163

84 Beschichtung, Kunstharz, Holzdecke innen KG **354**

Deckende Überholungsbeschichtung mit Kunstharz auf Holz-Deckenbekleidung aus Nut- und Federbrettern im Innenbereich, mit einschl. Grundierung. Aufmaß und Abrechnung nach abgewickelter Fläche.
Bauteil: .....
Glanzgrad: .....
Farbeffekt: .....
Beschichtungsstoff: .....

12€ 14€ **16**€ 18€ 21€ [m2] ⏱ 0,30 h/m2 334.000.164

85 Beschichtung, Kunstharz, Holz innen KG **345**

Deckende Überholungsbeschichtung mit Kunstharz auf Holzbauteilen im Innenbereich mit Grund-, Zwischen- und Schlussbeschichtung. Leistung inkl. Anschleifen, Reinigen und wiederholten Schleifen zur Untergrundvorbereitung.
Oberfläche: seidenglänzend
Farbe: weiß

14€ 17€ **19**€ 22€ 24€ [m2] ⏱ 0,35 h/m2 334.000.165

323 324 325 326 327 328 329 330 331 332 333 **334** 336 337 338 339

Nr.	Kurztext / Langtext						Kostengruppe
▶	▷	ø netto €	◁	◀	[Einheit]	Ausf.-Dauer	Positionsnummer

86 **Beschichtung, Kunstharz, Holztür/Zarge innen** KG **344**

Kunstharzbeschichtung auf Innentüren aus Holz, einschl. Futter, Bekleidung, bzw. Blendrahmen oder Zarge mit Grund-, Zwischen- und Schlussbeschichtung erneuern. Leistung inkl. alte Beschichtung anschleifen und blätternde Teile entfernen.
Oberfläche: seidenglänzend
Farbe: weiß

14€ 15€ **17**€ 20€ 22€ [m2] ⏱ 0,35 h/m2 334.000.166

87 **Beschichtung, Kunstharz, Holztür innen** KG **344**

Kunstharzbeschichtung auf Innentüren aus Holz mit Grund-, Zwischen- und Schlussbeschichtung erneuern. Leistung inkl. alte Beschichtung anschleifen und blätternde Teile entfernen.
Oberfläche: seidenglänzend
Farbe: weiß

12€ 14€ **17**€ 19€ 21€ [m2] ⏱ 0,35 h/m2 334.000.167

Kosten:
Stand 2.Quartal 2020
Bundesdurchschnitt

88 **Beschichtung, Kunstharz, Holzfußboden innen** KG **353**

Kunstharzbeschichtung auf Holzdielen-Fußboden mit Grund-, Zwischen- und Schlussbeschichtung erneuern. Leistung inkl. alte Beschichtung anschleifen und blätternde Teile entfernen.
Oberfläche: .....
Farbe: .....

14€ 15€ **18**€ 20€ 22€ [m2] ⏱ 0,35 h/m2 334.000.168

89 **Beschichtung, Kunstharz, Holztreppen innen** KG **353**

Kunstharzbeschichtung auf Holztreppenstufen mit Grund-, Zwischen- und Schlussbeschichtung erneuern. Leistung inkl. alte Beschichtung anschleifen und blätternde Teile entfernen.
Oberfläche: .....
Farbe: .....

18€ 20€ **24**€ 27€ 31€ [m2] ⏱ 0,40 h/m2 334.000.169

90 **Beschichtung, Kunstharz, Holzfußleisten innen** KG **353**

Kunstharzbeschichtung auf Fußleisten aus Holz mit Grund-, Zwischen- und Schlussbeschichtung erneuern. Leistung inkl. schließen der Nagellöcher, anschleifen und reinigen der Beschichtungsflächen.
Farbe: .....

4€ 4€ **5**€ 6€ 6€ [m] ⏱ 0,10 h/m 334.000.170

91 **Beschichtung, Kunstharz, Geländer, Holz, innen** KG **359**

Kunstharzbeschichtung auf Treppengeländern im Innenbereich, bestehend aus senkrechten Holzstäben mit Grund-, Zwischen- und Schlussbeschichtung erneuern. Leistung inkl. Entfernen loser Beschichtung, Fehlstellen spachteln, anschleifen und Reinigen der Beschichtungsflächen.
Stababstand: ca. 15 cm
Stabdurchmesser: ca. 30 mm
Farbe: .....

25€ 27€ **32**€ 37€ 43€ [m2] ⏱ 0,45 h/m2 334.000.171

▶ min
▷ von
ø Mittel
◁ bis
◀ max

92 Beschichtung, Kunstharz, Handlauf, Holz, innen KG **359**

Kunstharzbeschichtung auf Handlauf im Innenbereich mit Grund- und Schlussbeschichtung erneuern. Leistung inkl. entfernen loser Beschichtung, Fehlstellen spachteln, anschleifen und reinigen der Beschichtungsflächen.
Farbe: .....

9€ 10€ **12**€ 13€ 16€ [m] ⏱ 0,20 h/m 334.000.172

93 Beschichtung, Kunstharz, Stahl, innen KG **345**

Deckende Überholungsbeschichtung auf vollflächige Stahlkonstruktionen im Innenbereich, mit Kunstharz. Leistung einschl. anschleifen, reinigen, Grund- und Schlussbeschichtung.
Bauteil: .....
Beschichtungsstoff: .....
Glanzgrad: glänzend
Farbe: weiß

15€ 16€ **19**€ 21€ 24€ [m^2] ⏱ 0,34 h/m^2 334.000.173

94 Beschichtung, Kunstharz, Geländer innen KG **359**

Überholungsbeschichtung auf Stahlgeländern als einfache Rechteck- oder Rundrohrkonstruktion mit Ober- und Untergurt, im Innenbereich, mit Kunstharz. Leistung einschl. anschleifen, reinigen mit Grund-, Zwischen- und Schlussbeschichtung.
Farbe: .....
Material: Kunstharz mit Korrosionsschutzpigment

31€ 35€ **40**€ 46€ 52€ [m^2] ⏱ 0,70 h/m^2 334.000.174

95 Beschichtung, Kunstharz, Stahlzarge innen KG **344**

Überholungsbeschichtung auf Stahlzarge im Innenbereich mit Kunstharz. Leistung inkl. Beschichtung anschleifen, Grund-, Zwischen- und Schlussbeschichtung.
Oberfläche: .....
Breite: bis 30 cm
Farbe: .....

13€ 15€ **17**€ 20€ 23€ [m] ⏱ 0,32 h/m 334.000.175

96 Beschichtung, Kunstharz, Stahltürelement KG **344**

Überholungsbeschichtung auf Stahltürblatt und Zarge im Innenbereich mit Kunstharz. Leistung inkl. Beschichtung anschleifen, Grund-, Zwischen- und Schlussbeschichtung
Fläche: bis 5,00 m^2
Oberfläche: .....
Farbe: .....

58€ 65€ **74**€ 85€ 95€ [St] ⏱ 0,95 h/St 334.000.176

97 Beschichtung, Kunstharz, Metall beschichtet, innen KG **345**

Überholungsbeschichtung auf vollflächige, pulverbeschichtete Metallkonstruktionen im Innenbereich, mit Kunstharz, einschl. anschleifen.
Bauteil: .....
Beschichtungsstoff: .....
Glanzgrad: glänzend
Farbe: weiß

15€ 17€ **20**€ 22€ 25€ [m^2] ⏱ 0,34 h/m^2 334.000.177

323 324 325 326 327 328 329 330 331 332 333 **334** 336 337 338 339

Nr. **Kurztext** / Langtext — Kostengruppe
▶ ▷ **ø netto €** ◁ ◀ [Einheit] Ausf.-Dauer Positionsnummer

Kosten:
Stand 2.Quartal 2020
Bundesdurchschnitt

98 Beschichtung, rissüberbrückend KG **395**

Rissüberbrückende Beschichtung mit organischem Beschichtungssystem auf verputzten Außenwänden mit Grundierung, Zwischenbeschichtung und Schlussbeschichtung nach instandsetzen.
Putz: .....
Oberfläche: .....
Rissbreiten: +/-0,1 mm
Beschichtungsstoff: .....

16€ 19€ **20€** 24€ 27€ [m2] ⏱ 0,32 h/m2 334.000.178

99 Grundierung, Riss KG **395**

Riss mit wasserabweisendem Grundieranstrich für füllendes Beschichtungssystem auf Außenwänden mit Putz vorbereiten.
Putz: .....

4€ 5€ **6€** 6€ 8€ [m] ⏱ 0,12 h/m 334.000.179

100 Rissfüllung, Verschlämmen KG **395**

Riss in Außenputz mit Streichfüller für folgendes Beschichtungssystem vorbereiten.
Putz: .....

6€ 7€ **9€** 10€ 11€ [m] ⏱ 0,12 h/m 334.000.180

101 Beschichtung, rissüberbrückend, Gewebe KG **395**

Rissüberbrückende Beschichtung mit organischem Beschichtungssystem und eingebettetem Gewebe auf verputzten Außenwänden mit Grundierung, Zwischenbeschichtung und Schlussbeschichtung instandsetzen.
Putz: .....
Oberfläche: .....
Beschichtungsstoff: .....

16€ 19€ **22€** 25€ 29€ [m2] ⏱ 0,45 h/m2 334.000.181

102 Beschichtung, rissfüllend, Putz KG **395**

Rissfüllendes Beschichtungssystem auf verputzten Außenwänden mit Grundierung, Zwischenbeschichtung und Schlussbeschichtung instandsetzen.
Putz: .....
Oberfläche: .....
Beschichtungsstoff: .....

12€ 15€ **17€** 19€ 22€ [m2] ⏱ 0,35 h/m2 334.000.182

103 Oberputz, mineralisch, modifiziert KG **395**

Mineralischer Oberputz mit Kunststoffzusätzen auf verputzen Außenwänden mit Grundierung und mineralischen Oberputz instandsetzen.
Putz: .....
Oberfläche: .....
Oberputz: .....

18€ 22€ **25€** 28€ 33€ [m2] ⏱ 0,35 h/m2 334.000.183

▶ min
▷ von
ø Mittel
◁ bis
◀ max

104 Oberputz, mineralisch, modifiziert, Gewebe KG **395**

Mineralischer Oberputz mit mineralisch gewebearmierter Spachtelung auf verputzten Außenwänden mit Grundierung und mineralischen Oberputz instandsetzen.
Putz: .....
Oberfläche: .....
Beschichtungsstoff: .....
Gewebe: .....

23€	27€	**31**€	36€	41€	[m²]	⏱ 0,40 h/m²	334.000.184

105 Stundensatz Helfer, Maler-/Lackierarbeiten

Stundenlohnarbeiten für Arbeitnehmer ohne Facharbeiterqualifikation (Helfer, Hilfsarbeiter, Ungelernte, Angelernte). Der Verrechnungssatz für die jeweilige Arbeitskraft umfasst sämtliche Aufwendungen wie Lohn- und Gehaltskosten, lohn- und gehaltsgebundene Kosten, Lohn- und Gehaltsnebenkosten, Gemeinkosten, Wagnis und Gewinn. Leistung nach besonderer Anordnung der Bauüberwachung. Anmeldung und Nachweis gem. VOB/B.

28€	36€	**40**€	43€	49€	[h]	⏱ 1,00 h/h	334.000.186

106 Stundensatz Geselle / Facharbeiter, Maler-/Lackierarbeiten

Stundenlohnarbeiten für Arbeitnehmer ohne Facharbeiterqualifikation (Helfer, Hilfsarbeiter, Ungelernte, Angelernte). Der Verrechnungssatz für die jeweilige Arbeitskraft umfasst sämtliche Aufwendungen wie Lohn- und Gehaltskosten, lohn- und gehaltsgebundene Kosten, Lohn- und Gehaltsnebenkosten, Gemeinkosten, Wagnis und Gewinn. Leistung nach besonderer Anordnung der Bauüberwachung. Anmeldung und Nachweis gem. VOB/B.

45€	49€	**50**€	52€	56€	[h]	⏱ 1,00 h/h	334.000.185

336

Kosten:
Stand 2.Quartal 2020
Bundesdurchschnitt

Nr.	Positionen	Einheit	▶	▷	ø brutto € / ø netto €	◁	◀
1	Sockelleiste entfernen	m	1	2	**3**	4	4
			0,9	2,0	**2,4**	3,0	3,5
2	Bodenbelag entfernen, verklebt	m²	5	9	**10**	12	16
			4	7	**8**	10	14
3	PVC-Fliesen entfernen, verklebt	m²	18	22	**26**	30	33
			15	18	**21**	26	27
4	Laminatboden entfernen	m²	11	12	**14**	18	19
			9	10	**12**	15	16
5	Treppenbelag entfernen, verklebt	St	8	9	**11**	13	14
			7	8	**9**	11	12
6	Bodenbelag entfernen	m²	5	7	**9**	10	14
			4	6	**7**	9	12
7	Untergrund reinigen	m²	1	3	**3**	4	4
			1	2	**3**	3	3
8	Klebereste entfernen	m²	2	3	**3**	4	4
			2	2	**3**	3	3
9	Untergrund schleifen	m²	1	4	**4**	5	7
			1	3	**4**	4	6
10	Untergrund grundieren	m²	2	3	**4**	5	6
			1	3	**3**	4	5
11	Untergrund spachteln	m²	5	6	**7**	9	9
			4	5	**6**	7	8
12	Spachtelung, Gewebe	m²	7	8	**10**	12	13
			6	7	**9**	10	11
13	Ausgleichsspachtelung, bis 10mm	m²	2	4	**5**	7	12
			2	4	**4**	6	10
14	Haftgrund, Bodenbelag	m²	0,8	1,9	**2,2**	3,1	4,8
			0,7	1,6	**1,9**	2,6	4,1
15	Boden kugelstrahlen	m²	4	5	**6**	6	9
			3	4	**5**	5	7
16	Randstreifen abschneiden	m	0,4	0,8	**0,9**	1,7	3,2
			0,4	0,7	**0,7**	1,4	2,7
17	Textiler Oberbelag, Kunstfaser/Nadelvlies	m²	29	35	**37**	42	51
			24	29	**31**	35	43
18	Textilbelag, Kunstfaser/Velour/Bouclé	m²	32	46	**52**	57	67
			27	39	**44**	48	56
19	Korkunterlage, Linoleum	m²	15	21	**23**	24	28
			13	17	**20**	20	24
20	Linoleumbelag, bis 2,5mm	m²	27	35	**39**	43	55
			23	30	**33**	36	46
21	Linoleumbelag, über 2,5mm	m²	32	39	**43**	49	64
			27	33	**36**	41	53
22	Linoleumbelag verschweißen	m²	3	3	**3**	4	4
			2	3	**3**	3	4
23	Bodenbelag, PVC	m²	30	41	**47**	54	77
			25	35	**39**	46	65
24	Bodenbelag, Laminat	m²	33	49	**55**	64	83
			28	41	**46**	54	70

▶ min
▷ von
ø Mittel
◁ bis
◀ max

Nr.	Positionen	Einheit	▶	▷	ø brutto € / ø netto €	◁	◀
25	Treppenstufe, Elastischer Bodenbelag	St	25	48	**53**	56	86
			21	41	**44**	47	72
26	Treppenstufe, Textiler Belag	St	36	46	**55**	60	66
			31	39	**47**	50	56
27	Treppenkantenprofil, Kunststoff	m	10	16	**19**	20	26
			8	13	**16**	17	22
28	Trennprofil, Metall	m	9	14	**16**	19	27
			7	12	**13**	16	22
29	Übergangsprofil, Metall	m	9	12	**13**	15	18
			8	10	**11**	12	15
30	Verfugung, elastisch, Silikon	m	3	4	**5**	6	9
			2	4	**4**	5	8
31	Sockelausbildung, Holzleisten	m	9	14	**15**	20	31
			8	11	**13**	17	26
32	Sockelausbildung, PVC-Leisten, Belag	m	3	5	**6**	7	11
			2	4	**5**	6	9
33	Sockelausbildung, PVC-Leisten, weich	m	3	5	**6**	8	15
			2	4	**5**	7	12
34	Sockelausbildung, Linoleum	m	5	10	**12**	17	27
			4	8	**10**	14	23
35	Erstpflege PVC/Lino/Kautschuk	m²	1	3	**3**	5	8
			1	2	**3**	4	7
36	Stundensatz Bodenleger-Facharbeiter	h	52	60	**63**	67	77
			44	50	**53**	57	65
37	Stundensatz Bodenleger-Helfer	h	39	47	**50**	55	64
			32	39	**42**	46	54

Nr. **Kurztext** / Langtext Kostengruppe

▶ ▷ **ø netto €** ◁ ◀ [Einheit] Ausf.-Dauer Positionsnummer

1 Sockelleiste entfernen KG **394**

Sockelleiste / Sockelprofil entfernen und anfallenden Bauschutt entsorgen.
Sockelleiste: .....
Befestigung: .....

0,9€ 2,0€ **2,4**€ 3,0€ 3,5€ [m] ⏱ 0,04 h/m 336.000.052

2 Bodenbelag entfernen, verklebt KG **394**

Bodenbelag, verklebt, einschl. Sockelleiste entfernen und anfallenden Bauschutt entsorgen. Der Untergrund ist von Kleberresten zu reinigen und zur Aufnahme von neuem Bodenbelag vorzubereiten.
Belag: .....
Untergrund: .....
Art der Untergrundvorbereitung: .....

4€ 7€ **8**€ 10€ 14€ [m²] ⏱ 0,13 h/m² 336.000.053

Nr.	Kurztext / Langtext						Kostengruppe
▶	▷	**ø netto €**	◁	◀	[Einheit]	Ausf.-Dauer	Positionsnummer

3 PVC-Fliesen entfernen, verklebt KG **394**

PVC-Fliesenbelag, verklebt, einschl. Sockelleisten entfernen und anfallenden Bauschutt entsorgen. Der Untergrund ist von Kleberresten zu reinigen und zur Aufnahme von neuem Bodenbelag vorzubereiten.
Untergrund: .....

15€ 18€ **21**€ 26€ 27€ [m2] ⏱ 0,17 h/m2 336.000.054

4 Laminatboden entfernen KG **394**

Bodenbelag aus Laminat einschl. Sockelleiste entfernen und anfallenden Bauschutt entsorgen.

9€ 10€ **12**€ 15€ 16€ [m2] ⏱ 0,15 h/m2 336.000.055

5 Treppenbelag entfernen, verklebt KG **394**

Bodenbelag auf Treppenstufen einschl. Kantenprofil und Sockelleiste entfernen und anfallenden Bauschutt entsorgen. Der Boden ist von Kleberresten zu reinigen und zur Aufnahme von neuem Bodenbelag vorzubereiten.
Belag: .....
Untergrund: .....
Befestigung: .....
Art der Untergrundvorbereitung: .....

7€ 8€ **9**€ 11€ 12€ [St] ⏱ 0,11 h/St 336.000.056

6 Bodenbelag entfernen KG **394**

Bodenbelag aus lose verlegtem Teppichboden entfernen und anfallenden Bauschutt entsorgen.

4€ 6€ **7**€ 9€ 12€ [m2] ⏱ 0,08 h/m2 336.000.057

7 Untergrund reinigen KG **395**

Reinigen des Untergrunds von Verschmutzungen und anfallenden Bauschutt entsorgen.
Verschmutzung: .....

1€ 2€ **3**€ 3€ 3€ [m2] ⏱ 0,04 h/m2 336.000.058

8 Klebereste entfernen KG **395**

Klebereste auf Boden, mineralisch, entfernen und anfallenden Bauschutt entsorgen.
Ausführungsort: .....
Untergrund: .....

2€ 2€ **3**€ 3€ 3€ [m2] ⏱ 0,04 h/m2 336.000.059

9 Untergrund schleifen KG **395**

Untergrund zur Haftungsverbesserung anschleifen und absaugen, anfallende Stoffe sammeln und entsorgen.
Untergrund: .....

1€ 3€ **4**€ 4€ 6€ [m2] ⏱ 0,06 h/m2 336.000.060

10 Untergrund grundieren KG **395**

Untergrund zur Aufnahme von Bodenbelag grundieren.
Ausführungsort: .....

1€ 3€ **3**€ 4€ 5€ [m2] ⏱ 0,03 h/m2 336.000.061

Kosten:
Stand 2.Quartal 2020
Bundesdurchschnitt

▶ min
▷ von
ø Mittel
◁ bis
◀ max

Nr.	Kurztext / Langtext					Kostengruppe
▶	▷	**ø netto €**	◁	◀	[Einheit] Ausf.-Dauer	Positionsnummer

11 Untergrund spachteln KG **395**

Spachteln des Untergrunds zur Vorbereitung für Bodenbelagsarbeiten.
Untergrund: .....
Spachteldicke: bis 2 mm

▶	▷	ø netto €	◁	◀	[Einheit]	Ausf.-Dauer	Positionsnummer
4€	5€	**6**€	7€	8€	[m2]	⏱ 0,04 h/m2	336.000.063

12 Spachtelung, Gewebe KG **395**

Spachtelung mit Armierungsgewebe zur Vorbereitung für Bodenbelagsarbeiten.
Untergrund: .....

▶	▷	ø netto €	◁	◀	[Einheit]	Ausf.-Dauer	Positionsnummer
6€	7€	**9**€	10€	11€	[m2]	⏱ 0,04 h/m2	336.000.064

13 Ausgleichsspachtelung, bis 10mm KG **395**

Nivellierspachtel auf Estrich, einschl. Reinigen der Estrichfläche. Leistung ist nur nach schriftlicher Anweisung durch die Bauleitung auszuführen.
Nachfolgender Belag: .....
Estrich: .....
Spachteldicke: ..... mm

▶	▷	ø netto €	◁	◀	[Einheit]	Ausf.-Dauer	Positionsnummer
2€	4€	**4**€	6€	10€	[m2]	⏱ 0,10 h/m2	336.000.065

14 Haftgrund, Bodenbelag KG **353**

Voranstrich / Haftgrund für nachfolgende Bodenbeläge, vollflächig auf oberflächentrockene Flächen, einschl. Reinigung der Bodenflächen.

▶	▷	ø netto €	◁	◀	[Einheit]	Ausf.-Dauer	Positionsnummer
0,7€	1,6€	**1,9**€	2,6€	4,1€	[m2]	⏱ 0,03 h/m2	336.000.066

15 Boden kugelstrahlen KG **353**

Verschmutzten Untergrund zur Aufnahme eines neuen Bodenbelags bis auf einen tragfähigen Grund strahlen, anschließend Fläche staubfrei absaugen.
Strahlverfahren: .....
Untergrund: .....
Abtragsdicke: 5 mm

▶	▷	ø netto €	◁	◀	[Einheit]	Ausf.-Dauer	Positionsnummer
3€	4€	**5**€	5€	7€	[m2]	⏱ 0,03 h/m2	336.000.067

16 Randstreifen abschneiden KG **353**

Randdämmstreifen oberhalb des verlegten Bodenbelags abschneiden und anfallenden Bauschutt entsorgen.
Randdämmstreifen: .....

▶	▷	ø netto €	◁	◀	[Einheit]	Ausf.-Dauer	Positionsnummer
0,4€	0,7€	**0,7**€	1,4€	2,7€	[m]	⏱ 0,01 h/m	336.000.068

323
324
325
326
327
328
329
330
331
332
333
334
336
337
338
339

Nr.	Kurztext / Langtext						Kostengruppe
▶	▷	ø netto €	◁	◀	[Einheit]	Ausf.-Dauer	Positionsnummer

17 Textiler Oberbelag, Kunstfaser/Nadelvlies KG **353**

Textiler Oberbelag, vollflächig verklebt auf gespachteltem Untergrund.
Material: Nadelvlies, vollsynthetisch, ableitfähig, antistatisch
Belagdicke: ca. 6 mm
Oberseite: .....
Farbe: .....
Polmaterial: 100% PA
Rücken: PAC-Vlies
Beanspruchungsklasse: .....
Komfortklasse: .....
Brandverhalten: Bfl-s1
Stuhlrolleneignung: .....
Fußbodenheizung: .....
Dispersionskleber: D1
Emissionen: EC1
Einbauort: .....
Untergrund: .....

24€ 29€ **31€** 35€ 43€ [m²] ⏱ 0,18 h/m² 336.000.015

18 Textilbelag, Kunstfaser/Velour/Bouclé KG **353**

Textiler Oberbelag aus Kunstfaser, vollflächig verklebt auf gespachteltem Untergrund.
Material: Tuftingteppich, vollsynthetisch, ableitfähig, antistatisch
Belagdicke: ca. 4 mm
Oberseite: .....
Farbe: .....
Polmaterial: .....
Rücken: .....
Beanspruchungsklasse: .....
Komfortklasse: .....
Brandverhalten: Bfl-s1
Stuhlrolleneignung: .....
Fußbodenheizung: .....
Dispersionskleber: D1
Emissionen: EC1
Einbauort: .....
Untergrund: .....

27€ 39€ **44€** 48€ 56€ [m²] ⏱ 0,18 h/m² 336.000.017

19 Korkunterlage, Linoleum KG **353**

Unterlage für Linoleumbelag aus glattem Kork, vollflächig verklebt auf gespachteltem Untergrund.
Brandverhalten: .....
Korkplattendicke: 2 mm
Dispersionskleber: D1
Emissionen: EC1
Einbauort: .....
Untergrund: .....

13€ 17€ **20€** 20€ 24€ [m²] ⏱ 0,12 h/m² 336.000.019

Kosten:
Stand 2.Quartal 2020
Bundesdurchschnitt

▶ min
▷ von
ø Mittel
◁ bis
◀ max

20 **Linoleumbelag, bis 2,5mm** KG **353**

Bodenbelag aus Linoleumbahnen, vollflächig verklebt auf gespachteltem Untergrund. Belag stuhlrollengeeignet, permanent antistatisch, zigarettenglutbeständig.
Material: Linoleum, geeignet für gewerbliche Anwendung
Oberfläche: marmoriert
Rutschhemmung: .....
Materialstärke: 2,5 mm
Beanspruchungsklasse: .....
Brandverhalten: Cfl-s1
Dispersionskleber: D1
Emissionen: EC1
Einbauort: .....
Untergrund: .....
Angeb. Fabrikat: .....

23€ 30€ **33**€ 36€ 46€ [m2] ⏱ 0,17 h/m2 336.000.020

21 **Linoleumbelag, über 2,5mm** KG **353**

Bodenbelag aus Linoleumbahnen, vollflächig verklebt auf gespachteltem Untergrund. Belag stuhlrollengeeignet, permanent antistatisch, zigarettenglutbeständig.
Material: Linoleum, geeignet für gewerbliche Anwendung
Oberfläche: marmoriert
Rutschhemmung: .....
Materialstärke: bis 4 mm
Beanspruchungsklasse: .....
Brandverhalten: Cfl-s1
Dispersionskleber: D1
Emissionen: EC1
Einbauort: .....
Untergrund: .....
Angeb. Fabrikat: .....

27€ 33€ **36**€ 41€ 53€ [m2] ⏱ 0,17 h/m2 336.000.021

22 **Linoleumbelag verschweißen** KG **353**

Belagsnähte der Linoleumbahnen fräsen und mittels Schweißschnur thermisch verschweißen.
Nahtbreite: 4 mm
Farbe: .....
Angeb. Fabrikat: .....

2€ 3€ **3**€ 3€ 4€ [m2] ⏱ 0,02 h/m2 336.000.022

323
324
325
326
327
328
329
330
331
332
333
334
336
337
338
339

Nr.	Kurztext / Langtext						Kostengruppe
▶	▷	ø netto €	◁	◀	[Einheit]	Ausf.-Dauer	Positionsnummer

23 Bodenbelag, PVC KG **353**

Bodenbelag aus Polyvinylchlorid (PVC)-Bahnen, vollflächig verklebt auf gespachteltem Untergrund. Belag stuhlrollengeeignet, permanent antistatisch, zigarettenglutbeständig.
Material: PVC, geeignet für gewerblichen Bereich
Oberfläche: .....
Rutschhemmung: .....
Materialstärke: ..... mm
Beanspruchungsklasse: .....
Brandverhalten: Bfl-s1
Dispersionskleber: D1
Emissionen: EC1
Einbauort: .....
Untergrund: .....

25€ 35€ **39**€ 46€ 65€ [m²] ⏱ 0,17 h/m² 336.000.023

Kosten:
Stand 2.Quartal 2020
Bundesdurchschnitt

24 Bodenbelag, Laminat KG **353**

Bodenbelag aus Laminat, schwimmend verlegt. Belag stuhlrollengeeignet, permanent antistatisch, zigarettenglutbeständig, geeignet für Fußbodenheizung.
Material: HDF
Dekor: .....
Rutschhemmung: .....
Materialstärke: .....
Beanspruchungsklasse: .....
Brandverhalten: Cfl-s1
Formaldehyd-Emission: E1
Dispersionskleber: D1
Emissionen: EC1
Einbauort: .....
Untergrund: .....
Angeb. Fabrikat: .....

28€ 41€ **46**€ 54€ 70€ [m²] ⏱ 0,30 h/m² 336.000.047

25 Treppenstufe, Elastischer Bodenbelag KG **353**

Elastischer Bodenbelag für Trittstufen einschl. Kantenschutzprofil verkleben.
Untergrund: .....
Belag: .....
Profil: .....
Steigungsverhältnis: 17,5 x 28,0 cm
Stufenbreite: .....
Farbe: .....
Dispersionskleber: D1
Emissionen: EC1
Angeb. Fabrikat: .....

21€ 41€ **44**€ 47€ 72€ [St] ⏱ 0,35 h/St 336.000.027

▶ min
▷ von
ø Mittel
◁ bis
◀ max

26 Treppenstufe, Textiler Belag KG **353**

Textiler Bodenbelag für Trittstufen einschl. Kantenschutzprofil verkleben.
Untergrund: .....
Belagsmaterial: .....
Profil: .....
Steigungsverhältnis: 17,5 x 28,0 cm
Stufenbreite: .....
Farbe: .....
Dispersionskleber: D1
Emissionen: EC1

31€ 39€ **47**€ 50€ 56€ [St] ⏱ 0,35 h/St 336.000.028

27 Treppenkantenprofil, Kunststoff KG **353**

Treppenprofil aus Kunststoff für Trittstufenkante verkleben.
Untergrund: .....
Profil: .....
Ausführung: Längsrillen, Schenkellänge bis 45 mm
Material: .....
Belagsdicke: .....
Stufenbreite: .....
Farbe: .....
Dispersionskleber: D1
Emissionen: EC1

8€ 13€ **16**€ 17€ 22€ [m] ⏱ 0,15 h/m 336.000.029

28 Trennprofil, Metall KG **353**

Profilschiene aus Metall, in Belagshöhe auf bauseitigen Estrich montieren, Bodenbelag oberflächenbündig anarbeiten.
Profil: .....
Profilhöhe: ..... mm
Material: .....
Oberfläche: .....

7€ 12€ **13**€ 16€ 22€ [m] ⏱ 0,15 h/m 336.000.032

29 Übergangsprofil, Metall KG **353**

Übergangsprofil aus leicht gerundetem Profil liefern, im Bereich des Belagwechsels unter dem Türblatt.
Material: .....
Oberfläche: .....
Angeb. Fabrikat: .....

8€ 10€ **11**€ 12€ 15€ [m] ⏱ 0,15 h/m 336.000.048

30 Verfugung, elastisch, Silikon KG **353**

Elastische Verfugung mit 1-Komponenten-Dichtstoff auf Silikonbasis, Fuge glatt gestrichen, einschl. notwendiger Flankenvorbehandlung an den Anschlussflächen und Hinterlegen der Fugenhohlräume mit geeignetem Hinterstopfmaterial.

2€ 4€ **4**€ 5€ 8€ [m] ⏱ 0,04 h/m 336.000.034

323
324
325
326
327
328
329
330
331
332
333
334
336
337
338
339

Nr. **Kurztext** / Langtext — Kostengruppe

▶ ▷ **ø netto €** ◁ ◀ [Einheit] Ausf.-Dauer Positionsnummer

31 Sockelausbildung, Holzleisten KG **353**

Sockelleisten an aufgehenden Wandflächen, mit Holz-Profil, Stöße und Stirnseiten schräg abgeschnitten und Schnittkanten sauber geschliffen, Ecken mit Gehrungsschnitten.
Material: .....
Profil: ca. 60 x 16 mm
Oberfläche: stoßfest farblos lackiert
Befestigung: verdübelt, mit nichtrostenden Senkkopf-Schrauben

8€ 11€ **13€** 17€ 26€ [m] ⏱ 0,08 h/m 336.000.035

32 Sockelausbildung, PVC-Leisten, Belag KG **353**

Kernsockelleisten an aufgehenden Wandflächen, zum Einkleben von textilem Teppichstreifen. Ecken mit Gehrungsschnitten.
Material: HDF - Kern, ummantelt mit Kunststoff, PP/TPE
Leistenhöhe: ca. 60 mm
Belag: .....
Farbe: .....
Befestigung: .....

2€ 4€ **5€** 6€ 9€ [m] ⏱ 0,04 h/m 336.000.036

33 Sockelausbildung, PVC-Leisten, weich KG **353**

PVC-Sockelleisten, vorgeformt, Anschluss an aufgehende Wandflächen, inkl. Verschweißen der Übergänge und Stöße, Ecken mit Gehrungsschnitten. Außenecke als Formteil in gesonderter Position.
Material: PVC, weich
Leistenhöhe: ca. 60 mm
Belag: .....
Farbe: .....
Befestigung: **geklebt / selbstklebend / .....**

2€ 4€ **5€** 7€ 12€ [m] ⏱ 0,04 h/m 336.000.038

34 Sockelausbildung, Linoleum KG **353**

Sockelleisten, vorgeformt, Anschluss an aufgehende Wandflächen, inkl. Verschweißen der Übergänge und Stöße, Ecken mit Gehrungsschnitten. Außenecke als Formteil in gesonderter Position..
Material: Linoleum
Leistenhöhe: ca. 60 mm
Belag: .....
Farbe: .....
Befestigung: **geklebt / .....**

4€ 8€ **10€** 14€ 23€ [m] ⏱ 0,08 h/m 336.000.039

35 Erstpflege PVC/Lino/Kautschuk KG **353**

Erstpflege des Sport-Oberbelags, mit Pflegemitteln abgestimmt auf benötigte Oberflächeneigenschaften. Arbeiten innerhalb einer Woche nach Aufforderung durch die Bauleitung auszuführen.

1€ 2€ **3€** 4€ 7€ [m²] ⏱ 0,02 h/m² 336.000.040

Kosten:
Stand 2.Quartal 2020
Bundesdurchschnitt

▶ min
▷ von
ø Mittel
◁ bis
◀ max

36 Stundensatz Bodenleger-Facharbeiter

Stundenlohnarbeiten für Vorarbeiter, Geselle, Facharbeiter und Gleichgestellte, sowie ähnliche Fachkräfte. Der Verrechnungssatz für die jeweilige Arbeitskraft umfasst sämtliche Aufwendungen wie Lohn- und Gehaltskosten, lohn- und gehaltsgebundene Kosten, Lohn- und Gehaltsnebenkosten, Gemeinkosten, Wagnis und Gewinn. Leistung nach besonderer Anordnung der Bauüberwachung. Anmeldung und Nachweis gem. VOB/B.

44€ 50€ **53**€ 57€ 65€ [h] ⏱ 1,00 h/h 336.000.050

37 Stundensatz Bodenleger-Helfer

Stundenlohnarbeiten für Arbeitnehmer ohne Facharbeiterqualifikation (Helfer, Hilfsarbeiter, Ungelernte, Angelernte). Der Verrechnungssatz für die jeweilige Arbeitskraft umfasst sämtliche Aufwendungen wie Lohn- und Gehaltskosten, lohn- und gehaltsgebundene Kosten, Lohn- und Gehaltsnebenkosten, Gemeinkosten, Wagnis und Gewinn. Leistung nach besonderer Anordnung der Bauüberwachung. Anmeldung und Nachweis gem. VOB/B

32€ 39€ **42**€ 46€ 54€ [h] ⏱ 1,00 h/h 336.000.051

337

Kosten:
Stand 2.Quartal 2020
Bundesdurchschnitt

▶ min
▷ von
ø Mittel
◁ bis
◀ max

Tapezierarbeiten **Preise €**

Nr.	Positionen	Einheit	▶	▷	ø brutto € / ø netto €	◁	◀
1	Tapete, 1-lagig, entfernen	m²	2	2	**3**	4	6
			1	2	**3**	3	5
2	Tapete beschichtet, 1-lagig, entfernen	m²	2	3	**3**	4	6
			2	3	**3**	4	5
3	Tapete, mehrlagig, entfernen	m²	2	3	**4**	5	7
			2	2	**3**	4	6
4	Schutzabdeckung, Inneneinrichtung	m²	1	2	**2**	2	2
			1	1	**2**	2	2
5	Schutzabdeckung, Boden, Folie/Schutzvlies	m²	1	2	**2**	3	4
			1,0	1,7	**1,8**	2,5	3,5
6	Schutzabdeckung, Boden, Pappe	m²	2	3	**3**	3	4
			2	2	**2**	2	3
7	Spachtelung/Armiervlies, Putz	m²	6	8	**8**	9	10
			5	6	**7**	7	8
8	Vorbehandlung Putz, spachteln/schleifen/grundieren	m²	0,7	1,9	**2,3**	3,4	5,1
			0,6	1,6	**2,0**	2,8	4,3
9	Vorbehandeln Gipsplatten, spachtel/schleifen/grundieren	m²	0,9	1,2	**1,5**	1,7	1,9
			0,7	1,0	**1,3**	1,4	1,6
10	Untergrund vorbehandeln, teilspachteln/schleifen	m²	2	3	**4**	4	5
			2	3	**3**	4	4
11	Raufasertapete, Wand	m²	4	6	**7**	9	11
			4	5	**6**	7	10
12	Raufasertapete, Decke	m²	5	7	**7**	9	12
			4	6	**6**	8	10
13	Raufasertapete, lineare Bauteile	m	1	2	**3**	5	9
			1	2	**2**	5	7
14	Raufaser, Dispersionsbeschichtung	m²	7	9	**10**	12	18
			6	8	**8**	10	15
15	Glasfasergewebe, Wand/Decke	m²	10	11	**12**	15	19
			8	9	**10**	12	16
16	Glasfasergewebe, lineare Bauteile	m	4	5	**5**	5	6
			3	4	**4**	4	5
17	Glasfasergewebe, Dispersionsbeschichtung	m²	12	16	**17**	20	24
			10	14	**14**	17	20
18	Stundensatz Geselle / Facharbeiter, Tapezierarbeiten	h	31	39	**43**	45	54
			26	32	**36**	38	45

Nr. **Kurztext** / Langtext — Kostengruppe
▶ ▷ **ø netto €** ◁ ◀ [Einheit] Ausf.-Dauer Positionsnummer

1 Tapete, 1-lagig, entfernen KG **394**

Tapete, einlagig, einschl. anhaftender Kleberrückstände entfernen und entsorgen.
Bauteil: .....
Raumhöhe: .....
Tapete: .....

1€ 2€ **3€** 3€ 5€ [m²] ⏱ 0,06 h/m² 337.000.035

2 Tapete beschichtet, 1-lagig, entfernen KG **394**

Beschichtete Tapete, einlagig, einschl. anhaftender Kleberrückstände entfernen und entsorgen.
Bauteil: .....
Raumhöhe: .....
Tapete: .....
Beschichtung: .....

2€ 3€ **3**€ 4€ 5€ [m2] ⏱ 0,07 h/m2 337.000.036

3 Tapete, mehrlagig, entfernen KG **394**

Tapete, mehrlagig, einschl. anhaftender Kleberrückstände entfernen und entsorgen.
Bauteil: .....
Raumhöhe: .....
Tapete: .....

2€ 2€ **3**€ 4€ 6€ [m2] ⏱ 0,10 h/m2 337.000.037

4 Schutzabdeckung, Inneneinrichtung KG **397**

Schutzabdeckung von Einrichtungsgegenständen, für Tapezierarbeiten, inkl. vorhalten, wieder entfernen und entsorgen, Ränder überlappt und staubdicht verschlossen durch Abkleben.
Abdeckung: Textil oder Folie
Vorhaltedauer: 4 Wochen

1€ 1€ **2**€ 2€ 2€ [m2] ⏱ 0,05 h/m2 337.000.038

5 Schutzabdeckung, Boden, Folie/Schutzvlies KG **397**

Schutzabdeckung von Böden, für Tapezierarbeiten, inkl. vorhalten, wieder entfernen und entsorgen, Ränder überlappt und staubdicht verschlossen durch Abkleben.
Abdeckung: reißfeste Folie
Vorhaltedauer: 4 Wochen

1,0€ 1,7€ **1,8**€ 2,5€ 3,5€ [m2] ⏱ 0,04 h/m2 337.000.039

6 Schutzabdeckung, Boden, Pappe KG **397**

Schutzabdeckung von Böden, für Tapezierarbeiten, inkl. vorhalten, wieder entfernen und entsorgen, Ränder überlappt und staubdicht verschlossen durch Abkleben.
Abdeckung: Pappe
Vorhaltedauer: 4 Wochen

2€ 2€ **2**€ 2€ 3€ [m2] ⏱ 0,04 h/m2 337.000.040

7 Spachtelung/Armiervlies, Putz KG **345**

Untergrund aus Putzflächen mit Grundierung und Armiervlies und Feinspachtel für Tapezierarbeiten vorbereiten.
Einbauort: .....
Raumhöhe: .....
Putz: .....
Oberflächenqualität: .....

5€ 6€ **7**€ 7€ 8€ [m2] ⏱ 0,12 h/m2 337.000.041

Nr. **Kurztext** / Langtext Kostengruppe
▶ ▷ **ø netto €** ◁ ◀ [Einheit] Ausf.-Dauer Positionsnummer

8 Vorbehandlung Putz, spachteln/schleifen/grundieren KG **345**

Verputzte Wand- und Deckenflächen teilspachteln und schleifen, als Untergrundvorbehandlung für Tapezierung, einschl. Grundierung der Putzflächen, Flächenanteil: bis 30%.
Gef. Oberflächenqualität: **Q2 / Q3 / Q4** nach BFS Merkblatt
Raumhöhe: .....
Grundierung: .....
Raumhöhe: .....
Putzart: .....

0,6€ 1,6€ **2,0€** 2,8€ 4,3€ [m2] ⏱ 0,06 h/m2 337.000.042

9 Vorbehandeln Gipsplatten, spachtel/schleifen/grundieren KG **345**

Wand- und Deckenflächen aus Gipsplatten spachteln, schleifen und grundieren, als Untergrundvorbehandlung für die Tapezierung.
Gef. Oberflächenqualität: **Q2 / Q3 / Q4** nach BFS Merkblatt
Grundierung: .....
Untergrund: Gipsplattenflächen
Raumhöhe: .....

0,7€ 1,0€ **1,3€** 1,4€ 1,6€ [m2] ⏱ 0,02 h/m2 337.000.043

10 Untergrund vorbehandeln, teilspachteln/schleifen KG **345**

Teilspachteln und Schleifen von Wand- und Deckenflächen, als Untergrundvorbereitung für Beschichtung.
Untergrund: .....
Raumhöhe: .....
Flächenanteil: bis ..... %

2€ 3€ **3€** 4€ 4€ [m2] ⏱ 0,06 h/m2 337.000.044

11 Raufasertapete, Wand KG **345**

Raufasertapete, aus Papierlagen mit strukturbildenden Holzspänen, auf vorbehandelte Flächen auf Stoß kleben, zur nachfolgenden Beschichtung mit Dispersionsfarbe.
Einbauort: Wände
Raumhöhe: .....
Untergrund: .....
Körnung: **RG / RM / RF** nach BFS-Information 05-01

4€ 5€ **6€** 7€ 10€ [m2] ⏱ 0,12 h/m2 337.000.045

12 Raufasertapete, Decke KG **354**

Raufasertapete, aus Papierlagen mit strukturbildenden Holzspänen, auf vorbehandelte Flächen auf Stoß kleben, zur nachfolgenden Beschichtung mit Dispersionsfarbe.
Einbauort: Decken
Raumhöhe: .....
Untergrund: .....
Körnung: **RG / RM / RF** nach BFS-Information 05-01

4€ 6€ **6€** 8€ 10€ [m2] ⏱ 0,15 h/m2 337.000.046

Kosten:
Stand 2.Quartal 2020
Bundesdurchschnitt

▶ min
▷ von
ø Mittel
◁ bis
◀ max

13 **Raufasertapete, lineare Bauteile** KG **345**

Raufasertapete, aus Papierlagen mit strukturbildenden Holzspänen, auf vorbehandelte Flächen auf Stoß kleben, zur nachfolgenden Beschichtung mit Dispersionsfarbe.
Bauteile: Stützen, Pfeiler, Lisenen, Laibungen u.dgl.
Höhe: .....
Bauteilbreite: ..... cm
Untergrund: .....
Körnung: **RG / RM / RF** nach BFS-Information 05-01

1€ 2€ **2**€ 5€ 7€ [m] ⏱ 0,06 h/m 337.000.047

14 **Raufaser, Dispersionsbeschichtung** KG **345**

Raufasertapete und nachfolgende Dispersions-Erstbeschichtung, auf Wand- oder Deckenflächen, einschl. Grundierung, Raufasertapete auf Stoß kleben.
Untergrund: .....
Tapete: Raufasertapete
Körnung: **RG / RM / RF** nach BFS-Information 05-01
Dispersionsfarbe: lösemittel- und weichmacherfrei
Nassabrieb: .....
Farbe: .....
Farbcode .....
Glanzgrad: .....
Raumhöhe: 2,75 m

6€ 8€ **8**€ 10€ 15€ [m²] ⏱ 0,24 h/m² 337.000.048

15 **Glasfasergewebe, Wand/Decke** KG **345**

Glasfasertapete auf vorbehandelte Flächen auf Stoß kleben, zur nachfolgenden Beschichtung mit Dispersionsfarbe.
Einbauort: .....
Raumhöhe: .....
Tapete: Glasfasergewebe
Untergrund: .....
Oberfläche: .....

8€ 9€ **10**€ 12€ 16€ [m²] ⏱ 0,14 h/m² 337.000.049

16 **Glasfasergewebe, lineare Bauteile** KG **345**

Glasfasertapete auf vorbehandelte Flächen auf Stoß kleben, zur nachfolgenden Beschichtung mit Dispersionsfarbe.
Bauteile: Pfeiler, Stützen, Lisenen, Laibungen u. dgl.
Raumhöhe: .....
Bauteilbreite: ..... cm
Untergrund: .....
Tapete: Glasfasergewebe
Oberfläche: .....

3€ 4€ **4**€ 4€ 5€ [m] ⏱ 0,07 h/m 337.000.050

323 324 325 326 327 328 329 330 331 332 333 334 336 **337** 338 339

Nr.	Kurztext / Langtext							Kostengruppe
▶	▷	**ø netto €**	◁	◀	[Einheit]		Ausf.-Dauer	Positionsnummer

17 Glasfasergewebe, Dispersionsbeschichtung KG **345**

Glasfasertapete und nachfolgende Dispersions-Erstbeschichtung, auf Wand- oder Deckenflächen, einschl. Grundierung, Glasfasertapete auf Stoß kleben.
Untergrund: .....
Bauteil: .....
Tapete: Glasfasergewebe
Oberfläche: .....
Dispersionsfarbe: lösemittel- und weichmacherfrei
Nassabrieb: .....
Beschichtungsgänge: zweimal
Farbcode .....
Glanzgrad: .....
Raumhöhe: .....

10€ 14€ **14€** 17€ 20€ [m²] ⏱ 0,20 h/m² 337.000.051

18 Stundensatz Geselle / Facharbeiter, Tapezierarbeiten

Stundenlohnarbeiten für Vorarbeiter, Geselle, Facharbeiter und Gleichgestellte, sowie ähnliche Fachkräfte. Der Verrechnungssatz für die jeweilige Arbeitskraft umfasst sämtliche Aufwendungen wie Lohn- und Gehaltskosten, lohn- und gehaltsgebundene Kosten, Lohn- und Gehaltsnebenkosten, Gemeinkosten, Wagnis und Gewinn. Leistung nach besonderer Anordnung der Bauüberwachung. Anmeldung und Nachweis gem. VOB/B.

26€ 32€ **36€** 38€ 45€ [h] ⏱ 1,00 h/h 337.000.053

Kosten:
Stand 2.Quartal 2020
Bundesdurchschnitt

▶ min
▷ von
ø Mittel
◁ bis
◀ max

338

Kosten:
Stand 2.Quartal 2020
Bundesdurchschnitt

▶ min
▷ von
ø Mittel
◁ bis
◀ max

Vorgehängte hinterlüftete Fassaden

Preise €

Nr.	Positionen	Einheit	▶	▷	ø brutto € / ø netto €	◁	◀
1	Wanddämmung entfernen, MW	m²	6	9	**10**	12	15
			5	7	**8**	10	12
2	Außenwandbekleidung entfernen, Holz	m²	14	16	**20**	24	26
			12	14	**17**	21	22
3	Außenwandbekleidung entfernen, Faserzement-platten	m²	12	14	**17**	21	22
			10	12	**14**	18	19
4	Unterkonstruktion, Traglattung	m²	9	11	**13**	15	19
			8	10	**11**	12	16
5	Unterkonstruktion, Holz-UK zweilagig	m²	23	29	**33**	38	48
			19	24	**27**	32	40
6	Fassadendämmung, Mineralwolle, VHF	m²	22	29	**33**	36	43
			18	25	**28**	30	36
7	Fassadendämmung, Brandbarriere	m²	30	36	**39**	41	47
			25	30	**32**	34	40
8	Unterkonstruktion, Leichtmetall	m²	40	57	**62**	85	127
			34	48	**52**	72	107
9	Winddichtung, Polyestervlies	m²	10	12	**14**	14	16
			8	10	**11**	12	14
10	Fassadenbekleidung, Holz, Stülpschalung	m²	84	109	**118**	143	168
			70	91	**99**	120	141
11	Fassadenbekleidung, Faserzement-Tafeln	m²	101	138	**155**	171	218
			85	116	**130**	143	183
12	Fassadenbekleidung, Faserzement-Stülpdeckung	m²	–	119	**140**	175	–
			–	100	**118**	147	–
13	Fassadenbekleidung, Metall, Wellblech	m²	61	67	**69**	72	78
			51	57	**58**	61	65
14	Stundensatz Facharbeiter, vorgehängte Fassaden	h	58	64	**68**	73	85
			49	54	**57**	62	71

Nr. **Kurztext** / Langtext — Kostengruppe
▶ ▷ **ø netto €** ◁ ◀ [Einheit] Ausf.-Dauer Positionsnummer

1 Wanddämmung entfernen, MW — KG **394**

Wärmedämmung mit Mineralwolle an Außenwand entfernen und anfallenden Bauschutt entsorgen. Der Abfall ist nicht gefährlich, nicht schadstoffbelastet.
Einbauart: .....
Dämmdicke: .....

5€ 7€ **8**€ 10€ 12€ [m²] ⏱ 0,05 h/m² 316.001.098

2 Außenwandbekleidung entfernen, Holz — KG **394**

Bekleidung auf Außenwand aus Holz einschl. Unterkonstruktion entfernen und anfallenden Bauschutt entsorgen. der Abfall ist nicht gefährlich, nicht schadstoffbelastet.
Bekleidung: .....
Unterkonstruktion: .....

12€ 14€ **17**€ 21€ 22€ [m²] ⏱ 0,15 h/m² 316.001.097

Nr.	Kurztext / Langtext						Kostengruppe
▶	▷	**ø netto €**	◁	◀	[Einheit]	Ausf.-Dauer	Positionsnummer

3 Außenwandbekleidung entfernen, Faserzementplatten KG **394**

Bekleidung auf Außenwand aus kleinformatigen Faserzementplatten, nicht asbesthaltig, einschl. Unterkonstruktion entfernen und anfallenden Bauschutt entsorgen.
Bekleidung: .....
Unterkonstruktion: .....

10€ 12€ **14**€ 18€ 19€ [m²] ⏱ 0,40 h/m² 338.000.021

4 Unterkonstruktion, Traglattung KG **335**

Traglattung für Fassadenbekleidung, inkl. Befestigungsmittel.
Art der Bekleidung: .....
Untergrund: .....
Holzart: Nadelholz
Sortierklasse: S10
Lattenquerschnitt: ..... mm
Lattenabstand: .....

8€ 10€ **11**€ 12€ 16€ [m²] ⏱ 0,12 h/m² 338.000.022

5 Unterkonstruktion, Holz-UK zweilagig KG **335**

Lattung für Fassadenbekleidung, bestehend aus senkrechter sowie waagrechter Lattung, inkl. Befestigungsmittel.
Art der Bekleidung: .....
Untergrund: .....
Holzart: Nadelholz, Sortierklasse: S10
Lattenquerschnitte: ..... mm
Lattenabstände: .....

19€ 24€ **27**€ 32€ 40€ [m²] ⏱ 0,16 h/m² 338.000.023

6 Fassadendämmung, Mineralwolle, VHF KG **335**

Wärmedämmung der vorgehängten, hinterlüfteten Fassade, aus Mineralwolle, einlagig, durchgehend wasserabweisend, dicht gestoßen zwischen Unterkonstruktion.
Dämmstoff: MW
Anwendung: WAB
Nennwert der Wärmeleitfähigkeit: 0,035 W/(mK)
Bemessungswert der Wärmeleitfähigkeit: .....
Brandverhalten: Klasse **A1 / A2**
Dämmschichtdicke: bis 220 mm

18€ 25€ **28**€ 30€ 36€ [m²] ⏱ 0,24 h/m² 338.000.024

Nr.	Kurztext / Langtext					Kostengruppe
▶	▷	ø netto €	◁	◀	[Einheit]	Ausf.-Dauer Positionsnummer

7 Fassadendämmung, Brandbarriere KG **335**

Brandbarriere/Brandsperre DIN 18516-1, für vorgehängte hinterlüftete Außenwandbekleidung, vertikal oder horizontal.
Material: Mineralwolle, MW DIN EN 13162, Anwendungsgebiet DIN 4108-10 WAB
Nennwert der Wärmeleitfähigkeit: 0,038 W/m²K
Bemessungswert der Wärmeleitfähigkeit: .....
Brandverhalten: Klasse A - nichtbrennbar
Schmelzpunkt: größer gleich 1.000°C
Dämmschichtdicke: ..... mm
Breite: 200 mm

25€ 30€ **32**€ 34€ 40€ [m²] ⏱ 0,15 h/m² 338.000.032

Kosten:
Stand 2.Quartal 2020
Bundesdurchschnitt

8 Unterkonstruktion, Leichtmetall KG **335**

Aluminium-Unterkonstruktion für hinterlüftete Außenwandbekleidung, justierbar und geeignet für großformatige Wandtafeln, bestehend aus Wandwinkeln und Tragprofilen. Befestigung in bauseitigem Grund mit Dübeln und Schrauben. Profilarten und -abstände, Abmessungen von Fest- und Gleitpunkten sowie alle Verbindungs- und Verankerungsmittel gem. statischer Berechnung.
Abstand UK bis VK Bekleidung: .....
Untergrund: .....
Fassadenhöhe: .....

34€ 48€ **52**€ 72€ 107€ [m²] ⏱ 0,24 h/m² 338.000.025

9 Winddichtung, Polyestervlies KG **335**

Winddichtung der vorgehängten Fassadenbekleidung, mit Unterspannbahn aus armiertem Polyestervlies, UV-beständig und diffusionsoffen, inkl. Anschlüsse an durchdringende Bauteile.
Unterspannbahn: .....
Sd-Wert: bis 0,10 m
Rissfestigkeit: größer 250 N / 50 mm
Wassersäule: größer 200 mm
Brandverhalten: Klasse .....
Farbe: schwarz

8€ 10€ **11**€ 12€ 14€ [m²] ⏱ 0,12 h/m² 338.000.026

10 Fassadenbekleidung, Holz, Stülpschalung KG **335**

Fassadenbekleidung mit Stülpschalung aus Holz, als vorgehängte, hinterlüftete Fassade, auf vorhandene Unterkonstruktion, Befestigung sichtbar mit nichtrostenden Schrauben.
Unterkonstruktion: .....
Fassadenbekleidung: .....
Ausführung: Bretter dreiseitig gehobelt, an Unterseite einfach gefalzt
Brettdicke: .....
Brettbreite: .....
Oberfläche: .....
Holzschutz: .....

70€ 91€ **99**€ 120€ 141€ [m²] ⏱ 0,76 h/m² 338.000.027

▶ min
▷ von
ø Mittel
◁ bis
◀ max

11 Fassadenbekleidung, Faserzement-Tafeln KG **335**

Fassadenbekleidung mit großformatigen Faserzement-Tafeln, als vorgehängte, hinterlüftete Fassade, auf vorhandene Unterkonstruktion. Tafeln mit vorgebohrten Befestigungspunkten inkl. aller Befestigungsmittel, Schneide- und Bohrarbeiten.
Unterkonstruktion: .....
Plattentyp: .....
Mindestrohdichte: 1,65 g/cm³
Brandverhalten: A
Tafeldicke: .....
Tafelgröße: .....
Fugenbreite: .....
Oberfläche: .....
Oberflächenschutz: .....
Kantenausbildung: .....
Farbe: .....
Befestigung: .....
Befestigungsart: .....

85€ 116€ **130**€ 143€ 183€ [m²] ⏱ 0,30 h/m² 338.000.028

12 Fassadenbekleidung, Faserzement-Stülpdeckung KG **335**

Fassadenbekleidung mit großformatiigen Faserzement-Tafeln, als vorgehängte, hinterlüftete Fassade, als Stülpdeckung mit senkrechte Fugen und hinterlegen Fugenband, in der Überdeckung befestigt, auf vorhandene Unterkonstruktion; inkl. aller Befestigungsmittel, Schneide- und Bohrarbeiten.
Unterkonstruktion: Holz-UK
Befestigungsuntergrund: .....
Platten: .....
Brandverhalten: A
Tafeldicke: 10 mm
Tafelgröße: .....
Zuschnitt aus Tafelgröße: .....
Fugenbreite: .....
Oberfläche: strukturiert
Oberflächenschutz: deckend beschichtet
Kantenausbildung: .....
Farbe: .....
Befestigung: in der Überdeckung

–€ 100€ **118**€ 147€ –€ [m²] ⏱ 0,46 h/m² 338.000.031

323 324 325 326 327 328 329 330 331 332 333 334 336 337 **338** 339

Nr.	Kurztext / Langtext						Kostengruppe
▶	▷	ø netto €	◁	◀	[Einheit]	Ausf.-Dauer	Positionsnummer

13 **Fassadenbekleidung, Metall, Wellblech** KG **335**

Fassadenbekleidung mit Wellblech-Fassadenplatten, als vorgehängte, hinterlüftete Fassade, vertikal auf vorhandene Metall-Unterkonstruktion, Längs- und Querstöße überlappend, mit sichtbarer Befestigung. Konstruktion mit unterem Einhängeblech und inkl. aller Befestigungsmittel, Schneide- und Bohrarbeiten.
Unterkonstruktion: .....
Plattentyp: Stahl-Wellblech
Profil: 18/76 mm
Blechdicke: .....
Tafelbreite: .....
Oberfläche: .....
Farbton: .....
Hafte: .....
Einhängeblech: .....

51€ 57€ **58**€ 61€ 65€ [m²] ⏱ 0,30 h/m² 338.000.029

14 **Stundensatz Facharbeiter, vorgehängte Fassaden**

Stundenlohnarbeiten für Vorarbeiter, Geselle, Facharbeiter und Gleichgestellte, sowie ähnliche Fachkräfte. Der Verrechnungssatz für die jeweilige Arbeitskraft umfasst sämtliche Aufwendungen wie Lohn- und Gehaltskosten, lohn- und gehaltsgebundene Kosten, Lohn- und Gehaltsnebenkosten, Gemeinkosten, Wagnis und Gewinn.Leistung nach besonderer Anordnung der Bauüberwachung. Anmeldung und Nachweis gem. VOB/B.

49€ 54€ **57**€ 62€ 71€ [h] ⏱ 1,00 h/h 338.000.030

Kosten:
Stand 2.Quartal 2020
Bundesdurchschnitt

▶ min
▷ von
ø Mittel
◁ bis
◀ max

339

Kosten:
Stand 2.Quartal 2020
Bundesdurchschnitt

▶ min
▷ von
ø Mittel
◁ bis
◀ max

Trockenbauarbeiten — Preise €

Nr.	Positionen	Einheit	▶	▷	ø brutto € / ø netto €	◁	◀
1	Montagewand abbrechen, GK	m²	16	19	**24**	29	40
			13	16	**20**	25	33
2	Deckenkleidung abbrechen, GK	m²	11	19	**23**	28	30
			9	16	**19**	23	25
3	Unterdecke abbrechen, GK	m²	11	16	**19**	24	29
			9	13	**16**	20	25
4	Verkofferung abbrechen, GK	m²	13	21	**27**	34	36
			11	18	**23**	28	30
5	Zwischensparrendämmung, MW 032, 100mm	m²	20	23	**28**	35	38
			17	20	**23**	29	32
6	Zwischensparrendämmung, MW 032, 120mm	m²	22	25	**30**	37	40
			18	21	**25**	31	34
7	Zwischensparrendämmung, MW 032, 140mm	m²	25	29	**34**	42	47
			21	24	**29**	35	40
8	Zwischensparrendämmung, MW 035, 100mm	m²	17	19	**24**	29	33
			14	16	**20**	24	27
9	Zwischensparrendämmung, MW 035, 120mm	m²	19	21	**26**	32	35
			16	18	**22**	27	29
10	Zwischensparrendämmung, MW 035, 140mm	m²	21	25	**30**	36	40
			17	21	**25**	31	34
11	Decke, abgehängt, GK, einlagig	m²	37	48	**53**	61	85
			31	41	**45**	51	72
12	Decke, abgehängt, GK, doppellagig	m²	47	56	**60**	66	80
			39	47	**51**	55	67
13	Montagewand, Holz, 100mm, GK einlagig, MW	m²	55	73	**83**	92	105
			47	61	**70**	78	89
14	Montagewand, Metall, 100mm, GK einlagig, MW	m²	55	66	**74**	80	95
			46	55	**62**	67	80
15	Montagewand, Metall, 125mm, GK zweilagig, MW, EI 30	m²	58	72	**77**	88	112
			49	60	**65**	74	94
16	Montagewand, Metall, 150mm, GK zweilagig, MW, EI 30	m²	61	76	**80**	92	118
			51	64	**68**	77	99
17	Montagewand, Metall, 100mm, GKF zweilagig, MW, EI 90	m²	69	82	**87**	95	117
			58	69	**73**	80	98
18	Montagewand, Metall, 200mm, GKF zweilagig, Ständerwerk doppelt, EI 90	m²	75	94	**101**	110	127
			63	79	**85**	92	107
19	Montagewand, Gipsplatten, Brandwand, nicht-tragend	m²	–	130	**145**	157	–
			–	109	**122**	132	–
20	Montagewand, Gipsplatten, Brandwand	m²	–	145	**166**	194	–
			–	122	**139**	163	–
21	Innenwand, Gipsbauplatte	m²	61	67	**70**	73	81
			51	56	**59**	62	68

Nr.	Positionen	Einheit	▶	▷	ø brutto € / ø netto €	◁	◀
22	Anschluss, Montagewand, Dach-/Wandschräge	m	6	9	**11**	13	16
			5	8	**9**	11	14
23	Anschluss, Montagewand, gleitend	m	8	16	**21**	27	38
			7	14	**17**	23	32
24	Ecken, Kantenprofil, Montagewand	m	5	9	**10**	12	17
			4	8	**9**	10	14
25	Türöffnung, Montagewand	St	35	59	**67**	81	129
			29	50	**56**	68	109
26	Fensteröffnung, Montagewand	St	52	66	**76**	79	96
			44	55	**64**	66	80
27	Vorsatzschale, Nassraum	m²	48	58	**62**	77	110
			40	49	**52**	65	92
28	Vorsatzschale, GK/GF, MW	m²	48	58	**62**	73	110
			40	49	**52**	61	92
29	Vorsatzschale, GK/GF	m²	33	53	**61**	73	107
			27	45	**51**	62	90
30	Verkofferung/Bekleidung, Rohrleitungen	m	47	65	**71**	85	108
			40	55	**60**	71	91
31	Installationskanal, GKF-Platte, EI 30	m	75	84	**87**	96	109
			63	70	**73**	81	92
32	Installationskanal EI30, einlagig, Feuerschutzplatte GM-F	m²	–	96	**106**	133	–
			–	80	**89**	112	–
33	Installationskanal EI60, Feuerschutzplatte GM-F	m²	–	117	**130**	165	–
			–	98	**109**	138	–
34	Installationskanal EI90, Feuerschutzplatte GM-F	m²	–	131	**149**	190	–
			–	110	**125**	159	–
35	Trockenputz, GK-Verbundplatte, Dämmung	m²	33	42	**46**	62	82
			28	35	**39**	52	69
36	Trockenputz, GK-Platte 12,5mm	m²	25	38	**42**	50	70
			21	32	**35**	42	59
37	Bekleidung, einlagig, auf Unterkonstruktion	m²	28	35	**37**	44	57
			24	29	**31**	37	48
38	Bekleidung, doppelt, EI 90, vorh. Unterkonstruktion	m²	72	89	**97**	111	143
			61	75	**82**	93	120
39	Bekleidung, CaSi-Platten	m²	73	98	**110**	130	169
			62	82	**92**	109	142
40	Fensterlaibung, GK	m	16	24	**27**	34	45
			13	20	**23**	28	38
41	GK-Platte imprägniert	m²	2	3	**4**	5	7
			2	3	**3**	4	6
42	Trockenestrich, GF-Platten	m²	36	44	**48**	54	67
			30	37	**40**	46	57
43	Spachtelung, GK-Platten, Qualitätserhöhung	m²	5	8	**10**	11	14
			4	7	**9**	10	12
44	Schachtwand, Gipsplatten, EI 90	m²	48	58	**63**	66	76
			41	49	**53**	55	64

323 324 325 326 327 328 329 330 331 332 333 334 336 337 338 **339**

Kosten:
Stand 2.Quartal 2020
Bundesdurchschnitt

Nr.	Positionen	Einheit	►	▷	ø brutto € / ø netto €	◁	◄
45	Stundensatz Facharbeiter, Trockenbau	h	51	59	**63**	66	73
			43	50	**53**	56	61
46	Stundensatz Helfer, Trockenbau	h	40	49	**52**	56	63
			34	41	**44**	47	53

Nr. Kurztext / Langtext — Kostengruppe
► ▷ **ø netto €** ◁ ◄ [Einheit] Ausf.-Dauer Positionsnummer

1 Montagewand abbrechen, GK — KG **394**

Montagewand aus Metallständerprofilen, beidseitig mit Gipskartonplatten beplankt, abbrechen und anfallenden Bauschutt entsorgen.
Wandaufbau: .....
Beplankung: .....
Wandhöhen: .....

13€ 16€ **20**€ 25€ 33€ [m2] 0,25 h/m2 339.000.088

2 Deckenkleidung abbrechen, GK — KG **394**

Plattenbekleidung aus Gipskarton an Decken einschl. Unterkonstruktion abbrechen und anfallenden Bauschutt entsorgen.
Bekleidung: 12,5 mm, einlagig
Einbauhöhe: .....
Unterkonstruktion: .....

9€ 16€ **19**€ 23€ 25€ [m2] 0,28 h/m2 339.000.089

3 Unterdecke abbrechen, GK — KG **394**

Abgehängte Unterdecke aus Gipskartonplatten auf Metallprofilen abbrechen und anfallenden Bauschutt entsorgen.
Deckenaufbau: .....

9€ 13€ **16**€ 20€ 25€ [m2] 0,28 h/m2 339.000.090

4 Verkofferung abbrechen, GK — KG **394**

Verkofferung von Rohrleitungen einschl. Unterkonstruktion abbrechen und anfallenden Bauschutt entsorgen.
Beplankung: ..... aus Gipsplatte Typ A..... mm
Untergrund: .....
Abmessungen: .....

11€ 18€ **23**€ 28€ 30€ [m2] 0,30 h/m2 339.000.091

A 1 Zwischensparrendämmung, Mineralwolle 032 — Beschreibung für Pos. **5-7**

Wärmedämmung aus Mineralwolle zwischen den Sparren als nachträgliche Dämmmaßnahme von innen einbauen. Der Abfall ist nicht gefährlich, nicht schadstoffbelastet.
Material: Mineralwolle, MW
Brandverhalten: Klasse A1
Anwendungsgebiet: DZ
Wärmeleitfähigkeit: 0,032

► min
▷ von
ø Mittel
◁ bis
◄ max

5 Zwischensparrendämmung, MW 032, 100mm KG **363**

Wie Ausführungsbeschreibung A 1
Sparrenabstand: ..... mm
Anzahl der Lagen: einlagig
Dämmdicke: 100 mm

17€ | 20€ | **23**€ | 29€ | 32€ | [m2] | 0,20 h/m2 | 339.000.095

6 Zwischensparrendämmung, MW 032, 120mm KG **363**

Wie Ausführungsbeschreibung A 1
Sparrenabstand: ..... mm
Anzahl der Lagen: einlagig
Dämmdicke: 120 mm

18€ | 21€ | **25**€ | 31€ | 34€ | [m2] | 0,20 h/m2 | 339.000.096

7 Zwischensparrendämmung, MW 032, 140mm KG **363**

Wie Ausführungsbeschreibung A 1
Sparrenabstand: ..... mm
Anzahl der Lagen: einlagig
Dämmdicke: 140 mm

21€ | 24€ | **29**€ | 35€ | 40€ | [m2] | 0,22 h/m2 | 339.000.097

A 2 Zwischensparrendämmung, Mineralwolle, 035 Beschreibung für Pos. **8-10**

Wärmedämmung aus Mineralwolle zwischen den Sparren als nachträgliche Dämmmaßnahme von innen einbauen. Der Abfall ist nicht gefährlich, nicht schadstoffbelastet.
Material: Mineralwolle, MW
Brandverhalten: Klasse A1
Anwendungsgebiet: DZ
Wärmeleitfähigkeit: 0,035

8 Zwischensparrendämmung, MW 035, 100mm KG **363**

Wie Ausführungsbeschreibung A 2
Sparrenabstand: ..... mm
Anzahl der Lagen: einlagig
Dämmdicke: 100 mm

14€ | 16€ | **20**€ | 24€ | 27€ | [m2] | 0,20 h/m2 | 339.000.092

9 Zwischensparrendämmung, MW 035, 120mm KG **363**

Wie Ausführungsbeschreibung A 2
Sparrenabstand: ..... mm
Anzahl der Lagen: einlagig
Dämmdicke: 120 mm

16€ | 18€ | **22**€ | 27€ | 29€ | [m2] | 0,22 h/m2 | 339.000.093

Kosten:
Stand 2.Quartal 2020
Bundesdurchschnitt

Nr.	**Kurztext** / Langtext					Kostengruppe
▶	▷	**ø netto €**	◁	◀	[Einheit]	Ausf.-Dauer Positionsnummer

10 Zwischensparrendämmung, MW 035, 140mm KG **363**

Wie Ausführungsbeschreibung A 2
Sparrenabstand: ..... mm
Anzahl der Lagen: einlagig
Dämmdicke: 140 mm

17€	21€	**25**€	31€	34€	[m2]	⏱ 0,22 h/m2	339.000.094

11 Decke, abgehängt, GK, einlagig KG **354**

Unterdecke aus Gipsplatten, als abgehängte Decke, einschl. Unterkonstruktion. Wandanschlussausbildung in gesonderter Position.
Unterkonstruktion: Metallprofile CD 60/27/06, UD 28/27/06
Abhängung: Schnellabhänger
Bekleidung: Gipskartonplatte, Typ A
Plattendicke: 12,5 mm
Oberfläche: Qualitätsstufe Q2
Einbauhöhe: ..... m
Abhängehöhe: bis ..... m

31€	41€	**45**€	51€	72€	[m2]	⏱ 0,52 h/m2	339.000.099

12 Decke, abgehängt, GK, doppellagig KG **354**

Unterdecke aus Gipskartonplatten, als abgehängte Decke, einschl. Unterkonstruktion. Wandanschlussausbildung in gesonderter Position.
Unterkonstruktion: Metallprofile CD 60/27/06, UD 28/27/06
Abhängung: Schnellabhänger
Bekleidung: Gipskartonplatten GK, Typ A
Plattendicke: 2x 12,5 mm
Oberfläche: Qualitätsstufe Q2
Einbauhöhe: ca. 2,80 m
Abhängehöhe: bis 0,50 m

39€	47€	**51**€	55€	67€	[m2]	⏱ 0,60 h/m2	339.000.100

▶ min
▷ von
ø Mittel
◁ bis
◀ max

13 Montagewand, Holz, 100mm, GK einlagig, MW KG **342**

Nichttragende Trennwand, als beidseitig beplankte Holzständerwand, mit Dämmschicht aus Mineralwolleplatten, abrutschsicher und dicht gestoßen, einschl. Verspachteln und Schleifen von Fugen und Befestigungsmitteln.
Boden: Estrich
Unterkonstruktion: Einfach-Ständerwerk aus Holzprofilen
Profilquerschnitt: 75 x 75 mm
Ständerabstand: 62,5 cm
Beplankung: Gipskartonplatte Typ .....
Plattendicken je Seite: 1x 12,5 mm
Oberfläche: Qualitätsstufe Q2
Dämmung: Mineralwolle MW
Nennwert der Wärmeleitfähigkeit: 0,040 W/(mK)
Bemessungswert der Wärmeleitfähigkeit: .....
Strömungswiderstand: mind. 5 kPa s/m²
Dämmschichtdicke: 40 mm
Anschlüsse: .....
Wanddicke: 85 mm
Wandhöhe: .....
Einbaubereich: .....

47€ 61€ **70**€ 78€ 89€ [m²] ⏱ 0,50 h/m² 339.000.101

14 Montagewand, Metall, 100mm, GK einlagig, MW KG **342**

Nichttragende innere Trennwand, als beidseitig beplankte Montagewand, mit Dämmschicht aus Mineralwolleplatten, abrutschsicher und dicht gestoßen, einschl. Verspachteln und Schleifen von Fugen und Befestigungsmitteln.
Boden: Estrich
Unterkonstruktion: Einfach-Ständerwerk aus verzinkten Stahlblech-Profilen
Profilgröße: 75 mm
Beplankung: Gipskartonplatte Typ ....
Plattendicken je Seite: 1x 12,5 mm
Oberfläche: Qualitätsstufe Q2
Dämmung: Mineralwolle MW
Nennwert der Wärmeleitfähigkeit: 0,040 W/(mK)
Bemessungswert der Wärmeleitfähigkeit: .....
Strömungswiderstand: mind. 5 kPa s/m²
Dämmdicke: 40 mm
Anschlüsse:
Wandhöhe: bis 3,00 m
Einbaubereich: .....

46€ 55€ **62**€ 67€ 80€ [m²] ⏱ 0,50 h/m² 339.000.102

Nr.	**Kurztext** / Langtext					Kostengruppe
▶	▷	**ø netto €**	◁	◀	[Einheit]	Ausf.-Dauer Positionsnummer

Kosten:
Stand 2.Quartal 2020
Bundesdurchschnitt

15 Montagewand, Metall, 125mm, GK zweilagig, MW, EI 30 — KG **342**

Nichttragende innere Trennwand, als beidseitig beplankte Metallständerwand, mit Dämmschicht aus Mineralwolleplatten, abrutschsicher und dicht gestoßen, einschl. Verspachteln und Schleifen von Fugen und Befestigungsmitteln.
Boden: .....
Unterkonstruktion: Einfach-Ständerwerk aus verzinkten Stahlblech-Profilen
Profilgröße: 75 mm
Beplankung: Gipskartonplatte Typ .....
Plattendicken je Seite: 2x 12,5 mm
Oberfläche: gef. Qualitätsstufe Q2
Dämmung: Mineralwolle MW-WI
Brandverhalten: Klasse A
Nennwert der Wärmeleitfähigkeit: 0,040 W/(mK)
Bemessungswert der Wärmeleitfähigkeit: .....
Strömungswiderstand: mind. 5 kPa s/m²
Dämmschichtdicke: 60 mm
Anschlüsse: .....
Brandschutz: EI 30
Brandbelastung: beidseitig
Wanddicke: 125 mm
Wandhöhe: bis 4,00 m
Einbaubereich: .....

49€ 60€ **65**€ 74€ 94€ [m²] ⏱ 0,65 h/m² 339.000.103

16 Montagewand, Metall, 150mm, GK zweilagig, MW, EI 30 — KG **342**

Nichttragende innere Trennwand, als beidseitig beplankte Montagewand mit Dämmschicht aus Mineralwolleplatten, abrutschsicher und dicht gestoßen, einschl. Verspachteln und Schleifen von Fugen und Befestigungsmitteln.
Boden: .....
Unterkonstruktion: Einfach-Ständerwerk aus verzinkten Stahlblech-Profilen
Profilgröße: 100 mm
Beplankung: Gipskartonplatte Typ .....
Plattendicken je Seite: 2x 12,5 mm
Oberfläche: Qualitätsstufe Q2
Dämmung: Mineralwolle MW-WI
Brandverhalten: Klasse A
Nennwert der Wärmeleitfähigkeit: 0,040 W/(mK)
Bemessungswert der Wärmeleitfähigkeit: .....
Strömungswiderstand: mind. 5 kPa s/m²
Dämmdicke: mind. 80 mm
Anschlüsse: .....
Brandschutz: EI 30
Brandbelastung: beidseitig
Wanddicke: 150 mm
Wandhöhe: bis 4,00 m
Einbaubereich: .....

51€ 64€ **68**€ 77€ 99€ [m²] ⏱ 0,65 h/m² 339.000.104

▶ min
▷ von
ø Mittel
◁ bis
◀ max

17 **Montagewand, Metall, 100mm, GKF zweilagig, MW, EI 90** KG **342**

Nichttragende innere Trennwand, als beidseitig beplankte Montagewand, mit Dämmschicht aus Mineralwolleplatten, abrutschsicher und dicht gestoßen, einschl. Verspachteln und Schleifen von Fugen und Befestigungsmitteln.
Boden: **Estrich / Rohboden**
Unterkonstruktion: Einfach-Ständerwerk aus verzinkten Stahlblech-Profilen
Profilgröße: 50 mm
Beplankung: Gipskartonplatte Typ DF -Feuerschutzplatte
Plattendicke je Seite: 2x 12,5 mm
Oberfläche: gef. Qualitätsstufe Q2
Dämmung: Mineralwolle MW-WI
Brandverhalten: Klasse A
Nennwert der Wärmeleitfähigkeit: 0,040 W/(mK)
Bemessungswert der Wärmeleitfähigkeit: .....
Strömungswiderstand: mind. 5 kPa s/m²
Dämmschichtdicke: mind. 40 mm
Rohdichte Dämmung: .....
Anschlüsse: .....
Brandschutz: EI 90
Brandbelastung: beidseitig
Schalldämmung: R_w, R=50dB
Wärmedurchgangskoeffizient: 0,61 W/(m²K)
Wanddicke: 100 mm
Wandhöhe: bis 4,00 m
Einbaubereich: .....

58€ 69€ **73**€ 80€ 98€ [m²] ⏱ 0,65 h/m² 339.000.105

323
324
325
326
327
328
329
330
331
332
333
334
336
337
338
339

Nr.	Kurztext / Langtext					Kostengruppe
▶	▷	**ø netto €**	◁	◀	[Einheit]	Ausf.-Dauer Positionsnummer

Kosten:
Stand 2.Quartal 2020
Bundesdurchschnitt

18 Montagewand, Metall, 200mm, GKF zweilagig, Ständerwerk doppelt, EI 90 KG **342**

Nichttragende innere Trennwand, als beidseitig beplankte Installationswand mit doppeltem Ständerwerk, mit Dämmschicht aus Mineralwolleplatten, abrutschsicher und dicht gestoßen, einschl. Verspachteln und Schleifen von Fugen und Befestigungsmitteln.
Boden: **Estrich / Rohboden**
Unterkonstruktion: Doppelständerwerk aus verzinkten Stahlblech-Profilen
Profilgröße: 75 mm
Beplankung: Gipskartonplatte -Typ DF Feuerschutzplatte
Plattendicke je Seite: 2x 12,5 mm
Oberfläche: gef. Qualitätsstufe Q2
Dämmung: Mineralwolle MW-WI
Brandverhalten: Klasse A
Nennwert der Wärmeleitfähigkeit: 0,040 W/(mK)
Bemessungswert der Wärmeleitfähigkeit: .....
Strömungswiderstand: mind. 5 kPa s/m^2
Dämmschichtdicke: 2x 60 mm
Anschlüsse: starrer Anschluss
Brandschutz: EI 90
Brandbelastung: beidseitig
Schalldämmung: R_w, R=52dB
Wärmedurchgangskoeffizient: 0,60 W/(m^{2}K)
Wanddicke: über 200 mm
Wandhöhe: bis 3,00 m
Einbaubereich: .....

▶	▷	ø	◁	◀	Einheit	Ausf.-Dauer	Positionsnummer
63€	79€	**85**€	92€	107€	[m^2]	⏱ 1,00 h/m^2	339.000.106

19 Montagewand, Gipsplatten, Brandwand, nichttragend KG **342**

Nichttragende innere Trennwand, als beidseitig beplankte Montagewand, mit Stahlblecheinlage und Dämmschicht aus Mineralwolleplatten, abrutschsicher und dicht gestoßen, einschl. Verspachtelung von Fugen und Befestigungsmittel.
Boden: **Estrich / Rohboden**
Unterkonstruktion: Einfach-Ständerwerk aus verzinkten Stahlblechprofilen
Profilgröße: 50 mm
Profilabstand: 312,5 mm
Bekleidung: Gips-Feuerschutzplatte GM-F, vliesarmiert, A1
Beplankung: 2x 12,5 mm, je Seite
Stahlblecheinlage je Seite: 0,5 mm
Oberfläche: Qualitätsstufe Q2
Dämmung: MW
Strömungswiderstand: mind. 5 kPa s/m^2
Dämmdicke: 80 mm
Rohdichte Dämmung: 40 kg/m^2
Anschlüsse: starrer Anschluss
Feuerwiderstand: EI 90-M Brandwand, nichttragend
Brandbelastung: beidseitig
Wanddicke: 111 mm
Wandhöhe: .....
Einbaubereich: **1 / 2**

▶	▷	ø	◁	◀	Einheit	Ausf.-Dauer	Positionsnummer
–€	109€	**122**€	132€	–€	[m^2]	⏱ 1,60 h/m^2	339.000.134

▶ min
▷ von
ø Mittel
◁ bis
◀ max

20 **Montagewand, Gipsplatten, Brandwand** KG **342**

Nichttragende innere Trennwand, als beidseitig beplankte Montagewand, mit Stahlblecheinlage und Dämmschicht aus Mineralwolleplatten, abrutschsicher und dicht gestoßen, einschl. Verspachtelung von Fugen und Befestigungsmittel.
Boden: **Estrich / Rohboden**
Unterkonstruktion: Einfach-Ständerwerk aus verzinkten Stahlblechprofilen
Profilgröße: 100 mm
Profilabstand: 312,5 mm
Bekleidung: Gipsplatte, Typ DF
Beplankung: 1x 20 und 1x 12,5 mm, je Seite
Stahlblecheinlage je Seite: 0,5 mm
Oberfläche: Qualitätsstufe Q2
Dämmung: MW
Strömungswiderstand: mind. 5 kPa s/m^2
Dämmdicke: 80 mm
Rohdichte Dämmung: 40 kg/m^2
Anschlüsse: starrer Anschluss
Feuerwiderstand: EI 90-M Brandwand, nichttragend
Brandbelastung: beidseitig
Wanddicke: 166 mm
Wandhöhe: .....
Einbaubereich: **1 / 2**

–€ 122€ **139**€ 163€ –€ [m^2] ⏱ 1,70 h/m^2 339.000.135

21 **Innenwand, Gipsbauplatte** KG **342**

Nichttragende Trennwand aus Gipsbauplatten, eingebaut auf Rohdecke.
Wanddicke: ..... mm
Brandschutz: .....
Brandbelastung: .....
Brandverhalten: Klasse A1
Rohdichte: ..... kg/m^3
Geforderte Oberfläche: Q2, für späteren Putzauftrag
Wandanschluss: .....
Einbaubereich: .....
Wandhöhe: .....

51€ 56€ **59**€ 62€ 68€ [m^2] ⏱ 0,60 h/m^2 339.000.108

22 **Anschluss, Montagewand, Dach-/Wandschräge** KG **342**

Anschluss der nichttragenden Montagewand an Dachschräge. Abrechnung nach Länge des Anschlusses, in der Schräge gemessen.
Wanddicke: .....
Wandhöhe: von .... bis ....
Wand beidseitig: ..... beplankt
Gipsplatte: 12,5 mm
Dachschrägenneigung: .....°

5€ 8€ **9**€ 11€ 14€ [m] ⏱ 0,20 h/m 339.000.109

323 324 325 326 327 328 329 330 331 332 333 334 336 337 338 **339**

Nr.	Kurztext / Langtext					Kostengruppe
▶	▷	ø netto €	◁	◀	[Einheit]	Ausf.-Dauer Positionsnummer

23 Anschluss, Montagewand, gleitend KG **342**

Gleitender Anschluss für Montagewand, bis 20 mm, einschl. aller notwendiger Profilschienen.
Anschluss: .....
Breite, Höhe: .....
Brandschutz: .....

7€ 14€ **17**€ 23€ 32€ [m] ⏱ 0,30 h/m 339.000.110

24 Ecken, Kantenprofil, Montagewand KG **342**

Eckausbildung der Montagewand, im Grundriss rechtwinklig, Ausführung mit Eck- / Kantenprofil.

4€ 8€ **9**€ 10€ 14€ [m] ⏱ 0,18 h/m 339.000.111

25 Türöffnung, Montagewand KG **342**

Türöffnung in Gipsplatten-Montagewand herstellen, mit Türpfosten aus UA-Profilen, einschl. aller erforderlicher Türpfostenwinkelprofile bzw. verstärkten Profile bei Wandhöhen über 2.600mm und schweren Türblättern.
Tür-Baurichtmaß (B x H): 750 x 2.000 bis 1.000 x 2.125 mm
Wandhöhe: .....
Wanddicke: ..... mm

29€ 50€ **56**€ 68€ 109€ [St] ⏱ 0,50 h/St 339.000.112

26 Fensteröffnung, Montagewand KG **342**

Fensteröffnung in Gipsplatten-Montagewänden mit Rand aus UA-Profilen, einschl. aller erforderlicher Spezial-Profile bzw. verstärkten Profilen bei Wandhöhen über 2.600mm.
Baurichtmaß (B x H): 750 x 2.000 bis 1.000 x 2.125 mm
Wandhöhe: .....
Wanddicke: ..... mm

44€ 55€ **64**€ 66€ 80€ [St] ⏱ 0,50 h/St 339.000.113

27 Vorsatzschale, Nassraum KG **345**

Nichttragende innere, freistehende Vorsatzschale, als Installationswand/Schachtwand im Nassbereich, mit Dämmschicht aus Mineralwolle, abrutschsicher und dicht gestoßen, einschl. Verspachteln und Schleifen von Fugen und Befestigungsmitteln.
Befestigung: frei stehend zwischen Stb-Boden und Stb-Decke
Unterkonstruktion: Einfach-Ständerwerk aus verzinkten Stahlblech-Profilen
Profilgröße: ..... mm
Beplankung: .....
Plattendicken einseitig: 12,5 mm
Oberfläche: gef. Qualitätsstufe Q2
Dämmung: Mineralwolle MW-WI
Brandverhalten: nicht brennbar
Nennwert der Wärmeleitfähigkeit: 0,040 W/(mK)
Bemessungswert der Wärmeleitfähigkeit: .....
Strömungswiderstand: mind. 5 kPa s/m^2
Dämmschichtdicke: ..... mm
Anschluss: starrer Anschluss
Wanddicke: ..... mm
Wandhöhe: bis 2,75 m

40€ 49€ **52**€ 65€ 92€ [m^2] ⏱ 0,40 h/m^2 339.000.114

Kosten:
Stand 2.Quartal 2020
Bundesdurchschnitt

▶ min
▷ von
ø Mittel
◁ bis
◀ max

28 Vorsatzschale, GK/GF, MW KG **345**

Nichttragende innere, freistehende Vorsatzschale oder Schachtwand, schalldämmend, mit Dämmschicht aus Mineralwolle, abrutschsicher und dicht gestoßen, einschl. Verspachtelung von Fugen und Befestigungsmitteln.
Befestigung: .....
Unterkonstruktion: Einfach-Ständerwerk aus verzinkten Stahlblechprofilen
Profilgröße: .....
Beplankung: .....
Plattendicken einseitig: ....., je 12,5 mm
Oberfläche: gef. Qualitätsstufe Q2
Dämmung: .....
Brandverhalten: nicht brennbar
Nennwert der Wärmeleitfähigkeit: 0,040 W/(mK)
Bemessungswert der Wärmeleitfähigkeit: .....
Strömungswiderstand: mind. 5 kPa s/m²
Dämmschichtdicke: .....
Anschlüsse: starrer Anschluss
Schalldämmung: R_w, R= ..... dB
Flächenbezogene Masse: ..... kg/m²
Wanddicke: .....
Wandhöhe: .....
Einbaubereich: .....

40€ 49€ **52**€ 61€ 92€ [m²] ⏱ 0,45 h/m² 339.000.115

29 Vorsatzschale, GK/GF KG **345**

Nichttragende innere, freistehende Vorsatzschale oder Schachtwand, einschl. Verspachteln und Schleifen von Fugen und Befestigungsmitteln.
Befestigung: .....
Unterkonstruktion: Einfach-Ständerwerk aus verzinkten Stahlblechprofilen
Profilgröße: ..... mm
Beplankung: .....
Plattendicken einseitig: ....., je 12,5 mm
Oberfläche: gef. Qualitätsstufe Q2
Anschluss: starrer Anschluss ..... m
Brandschutz: EI 30
Brandbelastung: einseitig
Wanddicke: .....
Wandhöhe: .....
Einbaubereich: .....

27€ 45€ **51**€ 62€ 90€ [m²] ⏱ 0,40 h/m² 339.000.116

Nr.	Kurztext / Langtext						Kostengruppe
▶	▷	**ø netto €**	◁	◀	[Einheit]	Ausf.-Dauer	Positionsnummer

30 Verkofferung/Bekleidung, Rohrleitungen KG **345**

Verkofferung/Bekleidung von Installationsleitungen, mit Hohlraumdämmung aus Mineralwolle, einschl. Verspachteln und Schleifen. Abrechnung der notwendigen Eck- / Kantenprofile und V-Fräsungen nach getrennter Position.
Unterkonstruktion: .....
Höhe Verkofferung: .....
Abwicklung: .....
Plattenbekleidung: .....
Plattendicke: 12,5 mm
Oberfläche: gef. Qualitätsstufe Q2
Dämmung: Mineralwolle MW
Brandverhalten: Klasse A1, 30 kg/m³, 5 kPa x s/m²

40€ 55€ **60**€ 71€ 91€ [m] ⏱ 0,40 h/m 339.000.117

Kosten:
Stand 2.Quartal 2020
Bundesdurchschnitt

31 Installationskanal, GKF-Platte, EI 30 KG **354**

Kabelkanal aus Gips-Feuerschutzplatten, mit Glasfaservlies ummantelt, eingebaut auf Gipsplattenstreifen unter Rohdecke, einschl. Verspachteln und Schleifen von Fugen und Befestigungen
Brandbelastung: .....
Unterkonstruktion: innenliegende Stahlprofile
Beplankung: doppelt
Platten: Gips- Feuerschutzplatte Typ .....
Plattendicke: ..... mm
Brandschutz: EI 30
Kabelquerschnitt innen (B x H): ..... x ..... (mm)
Geforderte Oberfläche: Q2

63€ 70€ **73**€ 81€ 92€ [m] ⏱ 0,50 h/m 339.000.118

32 Installationskanal EI30, einlagig, Feuerschutzplatte GM-F KG **345**

Installationskanal EI30, horizontal, in den Ecken stirnseitig verklammert, Stöße mit Streifen hinterlegen, Auflagerung der Kabelrinne direkt auf Brandschutz-Beplankung.
Bekleidung: **zwei- / dreiseitig / vierseitig**
Einbauhöhe der Unterkante: ..... m
Kanalmaße innen (B x H): ..... x ..... mm
Befestigungsgrund: Stahlbeton
Beplankung: Feuerschutz-Gipsplatten GM-F DIN EN 15283-1
Feuerwiderstand: feuerhemmend EI 30 DIN EN 13501
Brandbelastung: .....
Einbauort: ......
Untergrund: .....
Angeb. Fabrikat: .....

–€ 80€ **89**€ 112€ –€ [m²] ⏱ 1,10 h/m² 339.000.131

▶ min
▷ von
ø Mittel
◁ bis
◀ max

33 **Installationskanal EI60, Feuerschutzplatte GM-F** KG **345**

Installationskanal EI60, horizontal, in den Ecken stirnseitig verklammert, Stöße mit Streifen hinterlegen, Auflagerung der Kabelrinne direkt auf Brandschutz-Beplankung.
Bekleidung: **zwei- / dreiseitig / vierseitig**
Einbauhöhe der Unterkante: ..... m
Kanalmaße innen (B x H): ..... x ..... mm
Befestigungsgrund: Stahlbeton
Bekleidung: Feuerschutz-Gipsplatten GM-F DIN EN 15283-1
Feuerwiderstand: feuerhemmend EI 60 DIN EN 13501
Brandbelastung: .....
Einbauort: ......
Untergrund: .....
Angeb. Fabrikat: .....

–€ 98€ **109**€ 138€ –€ [m2] ⏱ 1,40 h/m2 339.000.132

34 **Installationskanal EI90, Feuerschutzplatte GM-F** KG **345**

Installationskanal EI90, horizontal, in den Ecken stirnseitig verklammert, Stöße mit Streifen hinterlegen, Auflagerung der Kabelrinne direkt auf Brandschutz-Beplankung.
Bekleidung: **zwei- / dreiseitig / vierseitig**
Einbauhöhe der Unterkante: ..... m
Kanalmaße innen (B x H): ..... x ..... mm
Befestigungsgrund: Stahlbeton
Bekleidung: Feuerschutz-Gipsplatten GM-F DIN EN 15283-1
Feuerwiderstand: feuerbeständig EI 90 DIN EN 13501
Brandbelastung: .....
Einbauort: ......
Untergrund: .....
Angeb. Fabrikat: .....

–€ 110€ **125**€ 159€ –€ [m2] ⏱ 1,40 h/m2 339.000.133

35 **Trockenputz, GK-Verbundplatte, Dämmung** KG **345**

Wandbekleidung aus Gips-Verbundplatten mit aufkaschierter Dämmschicht, auf vorbereitete Wandflächen, einschl. Verspachteln und Schleifen.
Wand: .....
Untergrund: .....
Befestigung: .....
Verbundplatte: .....
Gipsplattendicke: 12,5 mm
Dämmschicht: .....
Dämmdicke: ..... mm
Nennwert der Wärmeleitfähigkeit: ..... W/(mk)
Bemessungswert der Wärmeleitfähigkeit: .....
Geforderte Oberfläche: Qualitätsstufe Q2
Baustoffklasse: E
Einbauhöhe: bis 3,20 m

28€ 35€ **39**€ 52€ 69€ [m2] ⏱ 0,40 h/m2 339.000.119

Nr.	Kurztext / Langtext						Kostengruppe
▶	▷	**ø netto €**	◁	◀	[Einheit]	Ausf.-Dauer	Positionsnummer

36 Trockenputz, GK-Platte 12,5mm KG **345**

Wandbekleidung als Trockenputz aus Gipsplatten, auf vorbereitete Wandflächen, Anschlüsse ringsum, an Boden und Wände starr, einschl. Verspachteln und Schleifen
Wand: .....
Untergrund: .....
Befestigung: .....
Trockenputz- Gipsplatten: Typ A, einlagig, 12,5 mm
Brandverhalten: Klasse A2-s1
Geforderte Oberfläche: Qualitätsstufe Q2
Einbauhöhe: bis 3,50 m

21€ 32€ **35**€ 42€ 59€ [m²] ⏱ 0,35 h/m² 339.000.120

Kosten:
Stand 2.Quartal 2020
Bundesdurchschnitt

37 Bekleidung, einlagig, auf Unterkonstruktion KG **364**

Einlagige Bekleidung von Wand oder Decke mit imprägnierten Gipskartonplatten, auf vorhandener Unterkonstruktion, einschl. Verspachteln und Schleifen.
Bauteil: .....
Befestigungsuntergrund: .....
Achsmaß: .....
Beplankung: .....
Plattendicke: 1x 12,5 mm
Einbauhöhe: bis 3,00 m
Oberfläche: Qualitätsstufe Q2

24€ 29€ **31**€ 37€ 48€ [m²] ⏱ 0,32 h/m² 339.000.121

38 Bekleidung, doppelt, EI 90, vorh. Unterkonstruktion KG **345**

Zweilagige Bekleidung von Wand oder Decke mit Gipsplatten, auf vorhandener Unterkonstruktion, einschl. Verspachteln und Schleifen.
Bauteil: .....
Befestigungsuntergrund: .....
Achsmaß: .....
Beplankung: Gipskarton-Feuerschutzplatten
Plattendicke: 2x 12,5 mm
Brandschutz: EI 90
Brandbelastung: von unten, in Verbindung mit der Dachkonstruktion aus Holzsparren und harter Bedachung
Einbauhöhe: bis 3,00 m
Oberfläche: Qualitätsstufe Q2
Angeb. Fabrikat: .....

61€ 75€ **82**€ 93€ 120€ [m²] ⏱ 0,50 h/m² 339.000.122

▶ min
▷ von
ø Mittel
◁ bis
◀ max

39 Bekleidung, CaSi-Platten KG **364**

Wandbekleidung zur Innenwandsanierung aufgrund von Kondensationsfeuchtigkeit. Befestigung mit Klebemörtel vollflächig mit Zahnspachtelauftrag, Anschlüsse in starrer Ausführung.
Wand: .....
Untergrund: .....
Befestigung: Klebemörtel.....
Trockenputz: CaSi-Platten
Geforderte Oberfläche: Qualitätsstufe Q2
Einbauhöhe: bis 3,50 m

62€ 82€ **92**€ 109€ 142€ [m²] ⏱ 0,80 h/m² 339.000.098

40 Fensterlaibung, GK KG **336**

Fensterlaibung mit Gipskartonplatten bekleiden, einschl. Ausbildung der Ecken und Übergänge an Wandbekleidung mit Kantenschutzprofil.
Platte: Gipskartonplatte
Plattendicke: 12,5 mm
Untergrund: .....
Laibungstiefe: .....
Abwicklung: .....
Oberfläche: Q2

13€ 20€ **23**€ 28€ 38€ [m] ⏱ 0,20 h/m 339.000.123

41 GK-Platte imprägniert KG **342**

Mehrpreis für die Verwendung von imprägnierten Gipskartonplatten, anstelle normaler Gipskartonplatten.
Plattendicke: 12,5 mm
Einbauort: .....

2€ 3€ **3**€ 4€ 6€ [m²] ⏱ 0,08 h/m² 339.000.124

42 Trockenestrich, GF-Platten KG **353**

Trockenestrich aus Gipsfaserplatten mit Stufenfalz, Stöße versetzt, Brandbelastung von der Deckenoberseite, Boden geeignet zur Aufnahme von Weich- oder Parkettbelag.
Untergrund: .....
Dämmschicht / Trennlage: .....
Platten: Gipsfaserplatte GF..... lagig
Plattendicke: 18 mm
Baustoffklasse: A2
Randabwicklung: .....
Türdurchgänge: 1 Durchgang, Größe .....

30€ 37€ **40**€ 46€ 57€ [m²] ⏱ 0,30 h/m² 339.000.125

43 Spachtelung, GK-Platten, Qualitätserhöhung KG **345**

Spachtelung der Oberfläche mit Qualitätsstufe Q2, zum Erreichen einer höheren Qualitätsstufe, bei Wandbekleidung aus Gipskartonplatten, geeignet für direkten Farbanstrich der Oberfläche.
Geforderte Qualität: .....

4€ 7€ **9**€ 10€ 12€ [m²] ⏱ 0,10 h/m² 339.000.126

Nr.	Kurztext / Langtext						Kostengruppe
▶	▷	**ø netto €**	◁	◀	[Einheit]	Ausf.-Dauer	Positionsnummer

44 Schachtwand, Gipsplatten, EI 90 KG **342**

Nichttragende innere, freistehende Schachtwand, einschl. Verspachtelung von Fugen und Befestigungsmitteln.
Befestigung: .....
Unterkonstruktion: Einfach-Ständerwerk aus verzinkten Stahlblechprofilen
Profilgröße: **50 / 75 mm**
Bekleidung: Gipsplatte Typ DF .....
Plattendicke: 2x ..... mm
Oberfläche: Qualitätsstufe Q2
Anschluss: starrer Anschluss
Feuerwiderstand: EI 90
Brandbelastung: einseitig
Wanddicke: .....
Wandhöhe: .....
Einbaubereich: **1 / 2** DIN 4103-1

41€	49€	**53**€	55€	64€	[m²]	⏱ 0,55 h/m²	339.000.130

45 Stundensatz Facharbeiter, Trockenbau

Stundenlohnarbeiten für Vorarbeiter, Geselle, Facharbeiter und Gleichgestellte, sowie ähnliche Fachkräfte. Der Verrechnungssatz für die jeweilige Arbeitskraft umfasst sämtliche Aufwendungen wie Lohn- und Gehaltskosten, lohn- und gehaltsgebundene Kosten, Lohn- und Gehaltsnebenkosten, Gemeinkosten, Wagnis und Gewinn. Leistung nach besonderer Anordnung der Bauüberwachung. Anmeldung und Nachweis gem. VOB/B.

43€	50€	**53**€	56€	61€	[h]	⏱ 1,00 h/h	339.000.127

46 Stundensatz Helfer, Trockenbau

Stundenlohnarbeiten für Vorarbeiter, Geselle, Facharbeiter und Gleichgestellte, sowie ähnliche Fachkräfte. Der Verrechnungssatz für die jeweilige Arbeitskraft umfasst sämtliche Aufwendungen wie Lohn- und Gehaltskosten, lohn- und gehaltsgebundene Kosten, Lohn- und Gehaltsnebenkosten, Gemeinkosten, Wagnis und Gewinn. Leistung nach besonderer Anordnung der Bauüberwachung. Anmeldung und Nachweis gem. VOB/B.

34€	41€	**44**€	47€	53€	[h]	⏱ 1,00 h/h	339.000.128

Kosten:
Stand 2.Quartal 2020
Bundesdurchschnitt

▶ min
▷ von
ø Mittel
◁ bis
◀ max

C Gebäudetechnik

340

Kosten:
Stand 2.Quartal 2020
Bundesdurchschnitt

Wärmeversorgungsanlagen - Betriebseinrichtungen

Preise €

Nr.	Positionen	Einheit	▶	▷	ø brutto € / ø netto €	◁	◀
1	Heizkessel ausbauen, Stahl, bis 50kW	St	356	472	**524**	603	634
			300	396	**440**	507	533
2	Gas-Brennwerttherme, Wand, bis 15kW	St	3.410	3.944	**5.134**	6.047	6.974
			2.865	3.314	**4.314**	5.082	5.860
3	Gas-Brennwerttherme, Wand, bis 25kW	St	3.626	4.295	**5.447**	6.186	7.132
			3.047	3.609	**4.577**	5.199	5.993
4	Gas-Brennwerttherme, Wand, bis 50kW	St	3.982	4.672	**5.681**	6.983	7.907
			3.346	3.926	**4.774**	5.868	6.645
5	Gas-Niedertemperaturkessel, bis 25kW	St	4.648	5.396	**5.684**	6.058	7.483
			3.906	4.535	**4.777**	5.091	6.288
6	Gas-Niedertemperaturkessel, bis 50kW	St	4.996	5.841	**6.042**	6.774	9.451
			4.199	4.908	**5.078**	5.693	7.942
7	Gas-Niedertemperaturkessel, bis 70kW	St	6.211	8.024	**8.721**	9.323	13.090
			5.219	6.743	**7.329**	7.834	11.000
8	Gas-Brennwertkessel, bis 150kW	St	9.302	11.324	**12.484**	15.365	18.923
			7.817	9.516	**10.491**	12.912	15.901
9	Gas-Brennwertkessel, bis 225kW	St	12.152	14.270	**15.381**	16.397	19.059
			10.212	11.991	**12.925**	13.779	16.016
10	Gas-Brennwertkessel, bis 400kW	St	19.534	21.969	**23.209**	23.399	28.964
			16.415	18.461	**19.503**	19.663	24.339
11	Öl-Niedertemperaturkessel, bis 50kW	St	4.572	5.569	**5.828**	6.202	7.886
			3.842	4.680	**4.898**	5.212	6.627
12	Öl-Niedertemperaturkessel, bis 150kW	St	6.115	7.198	**7.462**	8.532	10.017
			5.139	6.048	**6.270**	7.170	8.417
13	Heizöltank, stehend	St	1.674	7.620	**9.516**	15.886	27.127
			1.406	6.403	**7.997**	13.350	22.796
14	Heizöltank, stehend, 3.000l	St	4.533	6.476	**8.994**	10.073	13.559
			3.809	5.442	**7.558**	8.465	11.394
15	Holz/Pellet-Heizkessel, bis 25kW	St	6.596	10.160	**12.344**	13.348	15.545
			5.543	8.538	**10.373**	11.217	13.063
16	Holz/Pellet-Heizkessel, bis 50kW	St	11.109	14.987	**16.483**	17.377	20.140
			9.335	12.594	**13.851**	14.602	16.924
17	Holz/Pellet-Heizkessel, bis 120kW	St	18.704	27.068	**30.018**	32.733	39.920
			15.718	22.746	**25.225**	27.507	33.546
18	Pellet-Fördersystem, Förderschnecke	St	1.012	1.101	**1.111**	1.141	1.201
			851	926	**934**	959	1.009
19	Flach-Solarkollektoranlage, thermisch, bis 10m²	St	6.293	8.481	**9.120**	11.673	12.585
			5.288	7.127	**7.664**	9.809	10.576
20	Flach-Solarkollektoranlage, thermisch, 10-20m²	St	8.969	11.710	**12.457**	15.696	16.568
			7.537	9.840	**10.468**	13.190	13.923
21	Flach-Solarkollektoranlage, thermisch, 20-30m²	St	12.929	17.754	**19.298**	23.543	25.087
			10.865	14.919	**16.216**	19.784	21.081

▶ min
▷ von
ø Mittel
◁ bis
◀ max

1 Heizkessel ausbauen, Stahl, bis 50kW KG **494**

Heizkessel ausbauen und entsorgen, sowie eingebundene Leitungen verschließen.
Wärmeleistung: bis 50 kW
Betriebsmittel: .....
Gewicht: .....
Abmessung: ....
Aufstellort: .....
Leitungen: .....

300€ 396€ **440**€ 507€ 533€ [St] ⏱ 3,00 h/St 340.000.053

A 1 Gas-Brennwerttherme, Wand Beschreibung für Pos. **2-4**

Brennwertkessel, für geschlossene Heizungsanlage, wandhängende Montage, einschl. sicherheitstechnischer Einrichtungen, mit MSR in digitaler Ausführung; einschl. interner Verdrahtung.
Kesselkörper: Metall
Betriebsmittel: Erdgas

2 Gas-Brennwerttherme, Wand, bis 15kW KG **421**

Wie Ausführungsbeschreibung A 1
Wärmeleistung: 9-15 kW, modulierend 30-100%
Auslegungsvorlauftemperatur: **bis 75 / 85**°C
Max. zulässiger Betriebsdruck: **4 / 6 / 10** bar
Heizmedium: Wasser
Norm-Nutzungsgrad bei 40 / 30°C: **102 / über 108**% (bezogen auf den unteren Heizwert)

2.865€ 3.314€ **4.314**€ 5.082€ 5.860€ [St] ⏱ 3,80 h/St 340.000.054

3 Gas-Brennwerttherme, Wand, bis 25kW KG **421**

Wie Ausführungsbeschreibung A 1
Wärmeleistung: 16-25 kW, modulierend 30-100%
Auslegungsvorlauftemperatur: **bis 75 / 85**°C
Max. zulässiger Betriebsdruck: **4 / 6 / 10** bar
Heizmedium: Wasser
Norm-Nutzungsgrad bei 40 / 30°C: **102 / über 108**% (bezogen auf den unteren Heizwert)

3.047€ 3.609€ **4.577**€ 5.199€ 5.993€ [St] ⏱ 3,80 h/St 340.000.055

4 Gas-Brennwerttherme, Wand, bis 50kW KG **421**

Wie Ausführungsbeschreibung A 1
Wärmeleistung: 26-50 kW, modulierend 30-100%
Auslegungsvorlauftemperatur: **bis 75 / 85**°C
Max. zulässiger Betriebsdruck: **4 / 6 / 10** bar
Heizmedium: Wasser
Norm-Nutzungsgrad bei 40 / 30°C: **102 / über 108**% (bezogen auf den unteren Heizwert)

3.346€ 3.926€ **4.774**€ 5.868€ 6.645€ [St] ⏱ 4,10 h/St 340.000.063

Nr.	Kurztext / Langtext							Kostengruppe
▶	▷	ø netto €	◁	◀		[Einheit]	Ausf.-Dauer	Positionsnummer

Kosten:
Stand 2.Quartal 2020
Bundesdurchschnitt

▶ min
▷ von
ø Mittel
◁ bis
◀ max

A 2 Gas-Niedertemperaturkessel — Beschreibung für Pos. **5-7**

Niedertemperatur-Heizkessel, für geschlossene Heizungsanlage, für stehende Montage, einschl. sicherheitstechnischer Einrichtungen, mit MSR in digitaler Ausführung; einschl. interner Verdrahtung.
Kesselkörperabmessung: .....
Gesamtabmessungen: ..... (mit Kesselregulierung)
Gesamtgewicht: ..... kg
Kesselkörper: Metall
Betriebsmittel: Erdgas

5 Gas-Niedertemperaturkessel, bis 25kW — KG **421**

Wie Ausführungsbeschreibung A 2
Wärmeleistung: 15-25 kW, zweistufig 50% / 100%
Auslegungsvorlauftemperatur: bis 95°C
Auslegungsrücklauftemperatur: **bis 45 / 60**°C
Max. zulässiger Betriebsdruck: **4 / 6 / 10** bar
Heizmedium: Wasser
Norm-Nutzungsgrad bei 75 / 60°C: **96 / 98**% (bezogen auf den unteren Heizwert)

3.906€ 4.535€ **4.777**€ 5.091€ 6.288€ [St] ⏱ 4,20 h/St 340.000.056

6 Gas-Niedertemperaturkessel, bis 50kW — KG **421**

Wie Ausführungsbeschreibung A 2
Wärmeleistung: 26-50 kW, zweistufig 50% / 100%
Auslegungsvorlauftemperatur: bis 95°C
Auslegungsrücklauftemperatur: **bis 45 / 60**°C
Max. zulässiger Betriebsdruck: **4 / 6 / 10** bar
Heizmedium: Wasser
Norm-Nutzungsgrad bei 75 / 60°C: **96 / 98**% (bezogen auf den unteren Heizwert)

4.199€ 4.908€ **5.078**€ 5.693€ 7.942€ [St] ⏱ 6,40 h/St 340.000.064

7 Gas-Niedertemperaturkessel, bis 70kW — KG **421**

Wie Ausführungsbeschreibung A 2
Wärmeleistung: 51-70 kW, zweistufig 50% / 100%
Auslegungsvorlauftemperatur: bis 95°C
Auslegungsrücklauftemperatur: **bis 45 / 60**°C
Max. zulässiger Betriebsdruck: **4 / 6 / 10** bar
Heizmedium: Wasser
Norm-Nutzungsgrad bei 75 / 60°C: **96 / 98**% (bezogen auf den unteren Heizwert)

5.219€ 6.743€ **7.329**€ 7.834€ 11.000€ [St] ⏱ 8,40 h/St 340.000.065

A 3 Gas-Brennwertkessel — Beschreibung für Pos. **8-10**

Gas-Brennwertkessel für geschlossene Heizungsanlagen; für den Betrieb mit gleitend abgesenkter Kesselwasser-Temperatur ohne untere Begrenzung, modulierender Brenner, mit Edelstahl-Heizflächen. Alle abgasberührten Teile, wie Brennkammer, Nachschaltheizflächen und Abgassammelkasten, aus Edelstahl. Kesselkörper allseitig wärmegedämmt, Ummantelung aus Stahlblech, epoxidharzbeschichtet. Kessel mit schwenkbarer Kesseltür, einschl. Erdgas-Unit-Brenner, Reinigungsdeckel am Abgassammelkasten, Gegenflanschen mit Schrauben und Dichtungen an allen Stutzen, Wärmedämmung, Brennkammerschauglas. inkl. elektronischer Kesselkreisregelung, komplett mit allen Fühlern, Thermostaten und dem Sicherheitstemperaturbegrenzer.

8 Gas-Brennwertkessel, bis 150kW KG **421**

Wie Ausführungsbeschreibung A 3
Kesselkörperabmessung: .....
Gesamtabmessungen: ..... (mit Kesselregulierung)
Gesamtgewicht: ..... kg
Kesselkörper: .....
Betriebsmittel: Erdgas
Max. Nennwärmeleistung: ..... kW
Feuerungst. Wirkungsgrad: bis 108%
Abgasseitiger Widerstand: ..... mbar
Zul. Vorlauftemperatur: bis **90 / 100**°C
Max. zulässiger Betriebsdruck: **4 / 6 / 10** bar
Wasserinhalt: ..... Liter
Abgasrohr, lichte Weite: ..... mm
7.817€ 9.516€ **10.491**€ 12.912€ 15.901€ [St] ⏱ 5,80 h/St 340.000.066

9 Gas-Brennwertkessel, bis 225kW KG **421**

Wie Ausführungsbeschreibung A 3
Kesselkörperabmessung: .....
Gesamtabmessungen: ..... (mit Kesselregulierung)
Gesamtgewicht: ..... kg
Kesselkörper: .....
Betriebsmittel: Erdgas
Max. Nennwärmeleistung ..... kW
Feuerungst. Wirkungsgrad: bis 108%
Abgasseitiger Widerstand: ..... mbar
Zul. Vorlauftemperatur: bis **90 / 100**°C
Max. zulässiger Betriebsdruck: **4 / 6 / 10** bar
Wasserinhalt: ..... Liter
Abgasrohr, lichte Weite: ..... mm
10.212€ 11.991€ **12.925**€ 13.779€ 16.016€ [St] ⏱ 6,70 h/St 340.000.067

10 Gas-Brennwertkessel, bis 400kW KG **421**

Wie Ausführungsbeschreibung A 3
Kesselkörperabmessung: .....
Gesamtabmessungen: ..... (mit Kesselregulierung)
Gesamtgewicht: ..... kg
Kesselkörper: .....
Betriebsmittel: Erdgas
Max. Nennwärmeleistung ..... kW
Feuerungst. Wirkungsgrad: bis 108%
Abgasseitiger Widerstand: ..... mbar
Zul. Vorlauftemperatur: bis **90 / 100**°C
Max. zulässiger Betriebsdruck: **4 / 6 / 10** bar
Wasserinhalt: ..... Liter
Abgasrohr, lichte Weite: ..... mm
16.415€ 18.461€ **19.503**€ 19.663€ 24.339€ [St] ⏱ 8,00 h/St 340.000.068

Nr.	Kurztext / Langtext					Kostengruppe
▶	▷	**ø netto €**	◁	◀	[Einheit]	Ausf.-Dauer Positionsnummer

A 4 Öl-Niedertemperaturkessel Beschreibung für Pos. **11-12**

Niedertemperatur-Öl-Heizkessel, für Heizöl, mit Gebläsebrenner, CE-zertifiziert und bauartgeprüft, für geschlossene Heizungsanlagen; für den Betrieb mit gleitend abgesenkter Kesselwassertemperatur, untere Begrenzung 40°C. Kesselkörper allseitig wärmegedämmt durch 100 mm starke Verbundwärmedämmung; Ummantelung aus Stahlblech, epoxidharzbeschichtet. Zweistufiger Brenner mit schalldämmender Brennerhaube. Der Brenner ist auf die Nenn-Wärmeleistung des Heizkessels einreguliert und warm geprüft; Kesselkreisregelung. Eventuell Zusatz: Witterungsgeführte, digitale Kessel- und Heizkreisregelung für ein-, zweistufigen oder modulierenden Betrieb (je nach Kesseltyp), für den Betrieb mit gleitend abgesenkter Kesselwassertemperatur. Die Regelung enthält: Anlagenschalter, Schornsteinfeger-Prüfschalter, Brennerstörlampe, TÜV-Taste, elektronischen Maximaltemperaturbegrenzer, Temperaturregler und Sicherheitstemperaturbegrenzer.

Kosten:
Stand 2.Quartal 2020
Bundesdurchschnitt

11 Öl-Niedertemperaturkessel, bis 50kW KG **421**

Wie Ausführungsbeschreibung A 4
Kesselkörperabmessung: .....
Gesamtabmessungen: ..... (mit Kesselregulierung)
Gesamtgewicht: ..... kg
Kesselkörper: Stahl
Heizöl: EL
Max. Nennwärmeleistung: ..... kW
Zul. Vorlauftemperatur: bis **95 / 110 / 120**°C
Max. zulässiger Betriebsdruck: **4 / 6** bar
Abgasstutzen-Durchmesser (außen): ..... mm
Norm-Nutzungsgrad: 75 / 60°C: 95% (Heizwassertemperatur)

3.842€ 4.680€ **4.898**€ 5.212€ 6.627€ [St] ⏱ 6,20 h/St 340.000.057

12 Öl-Niedertemperaturkessel, bis 150kW KG **421**

Wie Ausführungsbeschreibung A 4
Kesselkörperabmessung: .....
Gesamtabmessungen: ..... (mit Kesselregulierung)
Gesamtgewicht: ..... kg
Kesselkörper: Stahl
Heizöl: EL
Max. Nennwärmeleistung: ..... kW
Zul. Vorlauftemperatur: bis **95 / 110 / 120**°C
Max. zulässiger Betriebsdruck: **4 / 6** bar
Abgasstutzen-Durchmesser (außen): ..... mm
Norm-Nutzungsgrad: 75 / 60°C: 95% (Heizwassertemperatur)

5.139€ 6.048€ **6.270**€ 7.170€ 8.417€ [St] ⏱ 8,80 h/St 340.000.069

▶ min
▷ von
ø Mittel
◁ bis
◀ max

A 5 Heizöltank, stehend Beschreibung für Pos. **13-14**

Heizöllagerbehälter in stehender Ausführung, für oberirdische Lagerung im Gebäude. Leckschutzauskleidung mit Bauartzulassung. Überwachung mit Vakuum. Eventueller Zusatz: Heizölauffangbehälter, Entlüftungsleitung, Füllleitung, Entlüftungshaube, Grenzwertgeber, Tankinhaltsanzeiger, Tankeinbaugarnitur, Sicherheitsrohr, Doppelpumpenaggregat, Absperrkombination, Filterkombination, Schnellschlussventile, Kugelhähne, Motor- und Schutzschalter, Elektroleitungen, Bezeichnungsschilder, Doppelkugel-Fußventil.

13 **Heizöltank, stehend** KG **421**

Wie Ausführungsbeschreibung A 5
Behälter: **Stahl / GFK**
Brutto-Lagervolumen: ..... Liter
Abmessung: .....
Einbringung: **am Stück / geteilt**, mit Unterstützungskonstruktion

1.406€ 6.403€ **7.997**€ 13.350€ 22.796€ [St] ⏱ 2,00 h/St 340.000.070

14 **Heizöltank, stehend, 3.000l** KG **421**

Wie Ausführungsbeschreibung A 5
Behälter: **Stahl / GFK**
Brutto-Lagervolumen: 3.000 Liter
Abmessung: .....
Einbringung: **am Stück / geteilt**, mit Unterstützungskonstruktion

3.809€ 5.442€ **7.558**€ 8.465€ 11.394€ [St] ⏱ 2,20 h/St 340.000.058

A 6 **Holz/Pellet-Heizkessel** Beschreibung für Pos. **15-17**

Heizkessel für geschlossene Warmwasserheizungsanlagen für Festbrennstoff zur Erzeugung von Warmwasser. Kesselkörper aus Metall, für stehende Montage, einschl. sicherheitstechnischer Einrichtungen. Anschlussstutzen für Vor-, Rücklauf, Entlüftung, Füllung, Entleerung. Mit CE-Registrierung und Bauartzulassung.

15 **Holz/Pellet-Heizkessel, bis 25kW** KG **421**

Wie Ausführungsbeschreibung A 6
Kesselkörperabmessung: .....
Gesamtabmessungen: ..... (mit Kesselregulierung)
Gesamtgewicht: ..... kg
Kesselkörper: .....
Brennstoff: .....
Wärmeleistung: ..... kW
Auslegungsvorlauftemperatur: bis 110°C
Max. zulässiger Betriebsdruck: **6 / 10 / 16 / 25** bar
Heizmedium: Wasser
Norm-Nutzungsgrad bei 75 / 60°C: **92 / 94**% (bezogen auf den unteren Heizwert)
Wasserinhalt: ..... Liter

5.543€ 8.538€ **10.373**€ 11.217€ 13.063€ [St] ⏱ 5,00 h/St 340.000.059

340
341
342
344
345
347
353
358
369

Nr.	**Kurztext** / Langtext							Kostengruppe
▶	▷	**ø netto €**	◁	◀	[Einheit]		Ausf.-Dauer	Positionsnummer

16 Holz/Pellet-Heizkessel, bis 50kW KG **421**

Wie Ausführungsbeschreibung A 6
Kesselkörperabmessung: .....
Gesamtabmessungen: ..... (mit Kesselregulierung)
Gesamtgewicht: ..... kg
Kesselkörper: .....
Brennstoff: .....
Wärmeleistung: ..... kW
Auslegungsvorlauftemperatur: bis 110°C
Max. zulässiger Betriebsdruck: **6 / 10 / 16 / 25** bar
Heizmedium: Wasser
Norm-Nutzungsgrad bei 75 / 60°C: **92 / 94**% (bezogen auf den unteren Heizwert)
Wasserinhalt: ..... Liter

9.335€ 12.594€ **13.851**€ 14.602€ 16.924€ [St] ⏱ 5,20 h/St 340.000.071

17 Holz/Pellet-Heizkessel, bis 120kW KG **421**

Wie Ausführungsbeschreibung A 6
Kesselkörperabmessung: .....
Gesamtabmessungen: ..... (mit Kesselregulierung)
Gesamtgewicht: ..... kg
Kesselkörper: .....
Brennstoff: .....
Wärmeleistung: ..... kW
Auslegungsvorlauftemperatur: bis 110°C
Max. zulässiger Betriebsdruck: **6 / 10 / 16 / 25** bar
Heizmedium: Wasser
Norm-Nutzungsgrad bei 75 / 60°C: **92 / 94**% (bezogen auf den unteren Heizwert)
Wasserinhalt: ..... Liter

15.718€ 22.746€ **25.225**€ 27.507€ 33.546€ [St] ⏱ 6,00 h/St 340.000.072

18 Pellet-Fördersystem, Förderschnecke KG **421**

Beschickungssystem für Pelletfeuerungen als Förderschnecke mit Antrieb und Steuerung. Lagerbodenschnecke mit ziehendem Antrieb und Übergabetrichter für Beschickung des Kessels mit Brennstoff. Antriebseinheit mit Stirnradgetriebemotor. Auswurf mit Revisionsdeckel, Sicherheitsendschalter und Fallrohr/Adapter zur nachfolgenden Fördereinrichtung. Schnecke und Kanal Stahl, geschweißt. Rohrförderschnecke für Pellets, Steigungswinkel bis 65°. Ziehender Antrieb mit Auswurf über einer Fallstrecke. Der Antrieb erfolgt über Stirnradgetriebemotor. Steuerung im Schaltkasten vorverkabelt.
Lagerbodenschnecke: ..... m
Schneckendurchmesser: ..... mm
waagrechte Länge: ..... m
Durchmesser Förderschnecke: max. 120 mm
Länge der Rohrförderschnecke: ..... m
Max. Förderkapazität: ..... kg/h
Anschluss 230 V 50 Hz: 0,5 kW

851€ 926€ **934**€ 959€ 1.009€ [St] ⏱ 0,60 h/St 340.000.073

Kosten:
Stand 2.Quartal 2020
Bundesdurchschnitt

▶ min
▷ von
ø Mittel
◁ bis
◀ max

A 7 Flach-Solarkollektoranlage, thermisch Beschreibung für Pos. **19-21**

Flachkollektor für Heizung in Aufdachmontage mit konstruktiver Verankerung sowie systembedingten Befestigungsmitteln und gedämmter Solarpumpenregelgruppe. Module mit korrosions- und witterungsbeständigem Rahmen und mit hochselektiver Vakuumbeschichtung, rückseitig hochtemperaturbeständige Wärmeschutzdämmung, mit durchgehender Wanne, hochtransparentes, gehärtetes Solarsicherheitsglas, mit Bauartzulassung, 2 Fühlerhülsen für Fühler .Leistung einschl. Anschlussfittinge für Kupferrohr sowie sämtlicher Verbindungs- und Dichtungsmaterialien und ca. 40m fertigisolierter Solaranschlussleitungen mit Dachdurchführungen und Frostschutz-Befüllung.

19 Flach-Solarkollektoranlage, thermisch, bis 10m² KG **421**

Wie Ausführungsbeschreibung A 7
Frostschutz-Befüllung (Menge, Art und Mischungsverhältnis): .....
Kollektor-Neigungswinkel: min/max 15-75°
Mindest-Ertrag: 500 kWh/(m²a) gem. Prüfverfahren nach EN12975-2
Maximaler Betriebsdruck: 10 bar
Aperturfläche: bis 10 m²
Ausführung gem. nachfolgender Einzelbeschreibung: .....

5.288€ 7.127€ **7.664**€ 9.809€ 10.576€ [St] ⏱ 4,90 h/St 340.000.060

20 Flach-Solarkollektoranlage, thermisch, 10-20m² KG **421**

Wie Ausführungsbeschreibung A 7
Frostschutz-Befüllung (Menge, Art und Mischungsverhältnis): .....
Kollektor-Neigungswinkel: min/max 15-75°
Mindest-Ertrag: 500 kWh/(m²a) gem. Prüfverfahren nach EN12975-2
Maximaler Betriebsdruck: 10 bar
Aperturfläche: 10 bis 20 m²
Ausführung gem. nachfolgender Einzelbeschreibung: .....

7.537€ 9.840€ **10.468**€ 13.190€ 13.923€ [St] ⏱ 5,80 h/St 340.000.061

21 Flach-Solarkollektoranlage, thermisch, 20-30m² KG **421**

Wie Ausführungsbeschreibung A 7
Frostschutz-Befüllung (Menge, Art und Mischungsverhältnis): .....
Kollektor-Neigungswinkel: min/max 15-75°
Mindest-Ertrag: 500 kWh/(m²a) gem. Prüfverfahren nach EN12975-2
Maximaler Betriebsdruck: 10 bar
Aperturfläche: 20 bis 30 m²
Ausführung gem. nachfolgender Einzelbeschreibung: .....

10.865€ 14.919€ **16.216**€ 19.784€ 21.081€ [St] ⏱ 7,00 h/St 340.000.062

Kosten:
Stand 2.Quartal 2020
Bundesdurchschnitt

Nr.	Positionen	Einheit	▶	▷	ø brutto € / ø netto €	◁	◀
1	Röhrenradiator ausbauen, bis 50kg	St	37	49	**58**	67	81
			31	42	**49**	56	68
2	Röhrenradiator ausbauen, 50-100kg	St	27	36	**43**	49	53
			23	31	**36**	41	44
3	Flachheizkörper ausbauen, bis 50kg	St	11	22	**26**	30	55
			9	19	**22**	25	46
4	Gewinderohrleitung, ausbauen, DN15-25	m	3	7	**8**	9	17
			3	6	**7**	8	14
5	Gewinderohrleitung, ausbauen, DN65-100	m	3	15	**17**	20	26
			3	12	**14**	17	22
6	Kupferrohrleitung, ausbauen, 18-22mm	m	5	6	**7**	8	9
			4	5	**6**	6	7
7	Heizkörper ausbauen/wiedermontieren	St	34	43	**53**	70	137
			28	36	**44**	59	115
8	Kompaktheizkörper, Stahl, H=500, L=bis 700	St	159	198	**204**	239	290
			134	167	**172**	201	244
9	Kompaktheizkörper, Stahl, H=600, L=bis 700	St	179	240	**260**	266	309
			150	202	**219**	224	260
10	Kompaktheizkörper, Stahl, H=900, L=bis 700	St	216	307	**332**	373	518
			181	258	**279**	313	435
11	Kompaktheizkörper, Stahl, H=900, L=bis 2.100	St	511	651	**662**	854	1.058
			430	547	**557**	718	889
12	Rohrleitung, C-Stahlrohr, DN15	m	13	16	**17**	18	22
			11	13	**14**	16	19
13	Rohrleitung, C-Stahlrohr, DN20	m	17	20	**21**	23	26
			14	17	**18**	19	22
14	Rohrleitung, C-Stahlrohr, DN25	m	23	27	**28**	29	32
			20	22	**24**	24	27
15	Rohrleitung, C-Stahlrohr, DN32	m	27	34	**34**	36	40
			23	29	**29**	30	34
16	Rohrleitung, C-Stahlrohr, DN40	m	30	42	**46**	50	68
			25	35	**39**	42	57
17	Rohrleitung, C-Stahlrohr, DN50	m	34	51	**60**	64	81
			28	43	**50**	54	68

▶ min
▷ von
ø Mittel
◁ bis
◀ max

Nr. **Kurztext** / Langtext — Kostengruppe
▶ ▷ **ø netto €** ◁ ◀ [Einheit] Ausf.-Dauer Positionsnummer

1 Röhrenradiator ausbauen, bis 50kg KG **494**

Röhrenradiator entleeren, ausbauen und anfallenden Bauschutt entsorgen, einschl. Verschließen der Anschlussleitung.
Größe: bis 50 kg

31€ 42€ **49**€ 56€ 68€ [St] ⏱ 0,55 h/St 341.000.060

2 Röhrenradiator ausbauen, 50-100kg KG **494**

Röhrenradiator entleeren, ausbauen und anfallenden Bauschutt entsorgen, einschl. Verschließen der Anschlussleitung
Größe: 50-100 kg

23€ 31€ **36**€ 41€ 44€ [St] ⏱ 0,80 h/St 341.000.061

3 Flachheizkörper ausbauen, bis 50kg KG **494**

Flachheizkörper entleeren, ausbauen und anfallenden Bauschutt entsorgen, einschl. Verschließen der Anschlussleitung.
Größe: bis 50 kg

9€ 19€ **22**€ 25€ 46€ [St] ⏱ 0,50 h/St 341.000.062

4 Gewinderohrleitung, ausbauen, DN15-25 KG **494**

Entleerte Gewinderohrleitung einschl. Befestigung ausbauen und anfallenden Bauschutt entsorgen, einschl. Verschließen der Anschlussleitung.
Durchmesser: DN15-25
Material: ......

3€ 6€ **7**€ 8€ 14€ [m] ⏱ 0,15 h/m 341.000.063

5 Gewinderohrleitung, ausbauen, DN65-100 KG **494**

Entleerte Gewinderohrleitung, einschl. Befestigung ausbauen und anfallenden Bauschutt entsorgen, einschl. Verschließen der Anschlussleitung.
Durchmesser: DN65-100
Material: .....

3€ 12€ **14**€ 17€ 22€ [m] ⏱ 0,33 h/m 341.000.064

6 Kupferrohrleitung, ausbauen, 18-22mm KG **494**

Entleerte Kupferrohrleitung, einschl. Befestigung ausbauen und anfallenden Bauschutt entsorgen, einschl. Verschließen der Anschlussleitung.
Durchmesser: DN18-22 mm

4€ 5€ **6**€ 6€ 7€ [m] ⏱ 0,18 h/m 341.000.065

7 Heizkörper ausbauen/wiedermontieren KG **423**

Heizkörper nach Aufforderung der Bauleitung einmal geschlossen ausbauen und wieder geschlossen montieren.
Heizkörper: **Röhren- / Plattenheizkörper / Konvektor**
Einheit: Stück
Förderweg: .....
Lagerstelle: .....

28€ 36€ **44**€ 59€ 115€ [St] ⏱ 1,05 h/St 341.000.078

A 1 Kompaktheizkörper, Stahl Beschreibung für Pos. **8-11**

Kompaktheizkörper als Plattenheizkörper, Sickenteilung 33 1/3mm. Übergreifende obere Abdeckung und geschlossene seitliche Blenden. Zweischichtlackierung, lösungsmittelfrei im Heizbetrieb, entfettet, eisenphosphoriert, grundiert mit kathodischem Elektrotauchlack und elektrostatisch pulverbeschichtet, Rückseite mit vier Befestigungslaschen (ab Baulänge 1800mm = 6St). Einschl. Montageset, bestehend aus Bohrkonsolen, Abstandshalter und Sicherungsbügel zur Befestigung sowie Blind- und Entlüftungsstopfen. Mit Lieferung, Montage sowie Montagezubehör, einschl. Einschraubventil mit Voreinstellung.

Kosten:
Stand 2.Quartal 2020
Bundesdurchschnitt

Nr.	Kurztext / Langtext						Kostengruppe
▶	▷	ø netto €	◁	◀	[Einheit]	Ausf.-Dauer	Positionsnummer

8 Kompaktheizkörper, Stahl, H=500, L=bis 700 KG **423**

Wie Ausführungsbeschreibung A 1
Material: Stahlblech St. 12.03
Blechstärke: 1,25 mm
Farbe: weiß
Anschlüsse: G 1/2 **vertikal links / rechts**
Betriebsdruck: max. **4 / 6 / 10** bar
Medium: Heißwasser bis **110 / 120**°C
Bautiefe: ..... mm
Bauhöhe: 500 mm
Baulänge: bis 700 mm
Fabrikat: .....
Typ: .....
Normwärmeabgabe: ..... W

134€ 167€ **172**€ 201€ 244€ [St] ⏱ 1,00 h/St 341.000.066

9 Kompaktheizkörper, Stahl, H=600, L=bis 700 KG **423**

Wie Ausführungsbeschreibung A 1
Material: Stahlblech St. 12.03
Blechstärke: 1,25 mm
Farbe: weiß
Anschlüsse: G 1/2 **vertikal links / rechts**
Betriebsdruck: max. **4 / 6 / 10** bar
Medium: Heißwasser bis **110 / 120**°C
Bautiefe: .....m
Bauhöhe: 600 mm
Baulänge: bis 700 mm
Fabrikat: .....
Typ: .....
Normwärmeabgabe: ..... W

150€ 202€ **219**€ 224€ 260€ [St] ⏱ 1,00 h/St 341.000.067

10 Kompaktheizkörper, Stahl, H=900, L=bis 700 KG **423**

Wie Ausführungsbeschreibung A 1
Material: Stahlblech St. 12.03
Blechstärke: 1,25 mm
Farbe: weiß
Anschlüsse: G 1/2 **vertikal links / rechts**
Betriebsdruck: max. **4 / 6 / 10** bar
Medium: Heißwasser bis **110 / 120**°C
Bautiefe: ..... mm
Bauhöhe: 900 mm
Baulänge: bis 700 mm
Fabrikat: .....
Typ: .....
Normwärmeabgabe: ..... W

181€ 258€ **279**€ 313€ 435€ [St] ⏱ 1,00 h/St 341.000.068

▶ min
▷ von
ø Mittel
◁ bis
◀ max

11 **Kompaktheizkörper, Stahl, H=900, L=bis 2.100** KG **423**

Wie Ausführungsbeschreibung A 1
Material: Stahlblech St. 12.03
Blechstärke: 1,25 mm
Farbe: weiß
Anschlüsse: G 1/2 **vertikal links / rechts**
Betriebsdruck: max. **4 / 6 / 10** bar
Medium: Heißwasser bis **110 / 120**°C
Bautiefe: ..... mm
Bauhöhe: 900 mm
Baulänge: 1.401 bis 2.100 mm
Fabrikat: .....
Typ: .....
Normwärmeabgabe je Glied: ..... W

430€ 547€ **557**€ 718€ 889€ [St] ⏱ 1,30 h/St 341.000.069

A 2 **Rohrleitung, C-Stahlrohr** Beschreibung für Pos. **12-17**

Rohrleitung in Stangen, geschweißte Ausführung, Rohre außen grundiert mit Kunststoffmantel aus Polypropylen, einschl. Fittings, Materialwechsel bei Armaturen etc. bis DN50, falls nicht separat aufgeführt.

12 **Rohrleitung, C-Stahlrohr, DN15** KG **422**

Wie Ausführungsbeschreibung A 2
C-Stahlrohr: .....
Werkstoff: RSt. 34-2
Farbe: **..... / cremeweiß RAL 9001**
Nennweite: 18 x 1,2 mm

11€ 13€ **14**€ 16€ 19€ [m] ⏱ 0,18 h/m 341.000.075

13 **Rohrleitung, C-Stahlrohr, DN20** KG **422**

Wie Ausführungsbeschreibung A 2
C-Stahlrohr: .....
Werkstoff: RSt. 34-2
Farbe: **..... / cremeweiß RAL 9001**
Nennweite: 22 x 1,5 mm

14€ 17€ **18**€ 19€ 22€ [m] ⏱ 0,22 h/m 341.000.074

14 **Rohrleitung, C-Stahlrohr, DN25** KG **422**

Wie Ausführungsbeschreibung A 2
C-Stahlrohr: .....
Werkstoff: RSt. 34-2
Farbe: **..... / cremeweiß RAL 9001**
Nennweite: 28 x 1,5 mm

20€ 22€ **24**€ 24€ 27€ [m] ⏱ 0,25 h/m 341.000.073

Kosten:
Stand 2.Quartal 2020
Bundesdurchschnitt

Nr.	**Kurztext** / Langtext						Kostengruppe
▶	▷	**ø netto €**	◁	◀	[Einheit]	Ausf.-Dauer	Positionsnummer

15 Rohrleitung, C-Stahlrohr, DN32 — KG **422**

Wie Ausführungsbeschreibung A 2
C-Stahlrohr: .....
Werkstoff: RSt. 34-2
Farbe: **..... / cremeweiß RAL 9001**
Nennweite: 35 x 1,5 .mm

23€ | 29€ | **29**€ | 30€ | 34€ | [m] | ⏱ 0,28 h/m | 341.000.072

16 Rohrleitung, C-Stahlrohr, DN40 — KG **422**

Wie Ausführungsbeschreibung A 2
C-Stahlrohr: .....
Werkstoff: RSt. 34-2
Farbe: **..... / cremeweiß RAL 9001**
Nennweite: 42 x 1,5 mm

25€ | 35€ | **39**€ | 42€ | 57€ | [m] | ⏱ 0,33 h/m | 341.000.071

17 Rohrleitung, C-Stahlrohr, DN50 — KG **422**

Wie Ausführungsbeschreibung A 2
C-Stahlrohr: .....
Werkstoff: RSt. 34-2
Farbe: **..... / cremeweiß RAL 9001**
Nennweite: 54 x 1,5 mm

28€ | 43€ | **50**€ | 54€ | 68€ | [m] | ⏱ 0,36 h/m | 341.000.070

▶ min
▷ von
ø Mittel
◁ bis
◀ max

Kosten:
Stand 2.Quartal 2020
Bundesdurchschnitt

Nr.	Positionen	Einheit	▶	▷	ø brutto € / ø netto €	◁	◀
1	Stahlrohrleitung ausbauen, 12-25mm	m	2	6	**7**	8	18
			2	5	**6**	7	15
2	Stahlrohrleitung ausbauen, 32-50mm	m	3	8	**10**	11	19
			3	7	**8**	10	16
3	Stahlrohrleitung ausbauen, 65-100mm	m	4	11	**13**	15	24
			4	9	**11**	12	20
4	Leitung, Metallverbundrohr, DN10	m	7,0	11	**14**	16	19
			5,9	9,6	**12**	13	16
5	Leitung, Metallverbundrohr, DN15	m	9,6	15	**18**	20	24
			8,0	13	**15**	17	21
6	Leitung, Metallverbundrohr, DN20	m	13	18	**22**	26	32
			11	15	**19**	22	27
7	Leitung, Metallverbundrohr, DN25	m	14	23	**28**	31	37
			12	19	**24**	26	31
8	Leitung, Metallverbundrohr, DN32	m	20	29	**34**	39	47
			16	24	**29**	33	39
9	Leitung, Metallverbundrohr, DN40	m	42	48	**51**	52	60
			35	40	**43**	44	50
10	Leitung, Kupferrohr, 15mm	m	16	21	**23**	25	29
			13	18	**19**	21	24
11	Leitung, Kupferrohr, 18mm	m	18	23	**25**	27	32
			15	19	**21**	23	27
12	Leitung, Kupferrohr, 22mm	m	20	25	**27**	31	40
			17	21	**22**	26	34
13	Leitung, Kupferrohr, 28mm	m	23	29	**33**	37	46
			19	24	**28**	31	39
14	Leitung, Kupferrohr, 35mm	m	31	39	**42**	44	58
			26	33	**35**	37	48
15	Leitung, Kupferrohr, 54mm	m	45	58	**66**	69	81
			38	48	**56**	58	68

Nr. **Kurztext** / Langtext Kostengruppe
▶ ▷ **ø netto €** ◁ ◀ [Einheit] Ausf.-Dauer Positionsnummer

1 Stahlrohrleitung ausbauen, 12-25mm KG **494**

Entleerte Stahlrohrleitung einschl. Befestigung ausbauen und anfallenden Bauschutt entsorgen. Anschlussleitung verschließen.
Durchmesser: 12-25 mm

2€ 5€ **6**€ 7€ 15€ [m] ⏱ 0,15 h/m 342.000.069

2 Stahlrohrleitung ausbauen, 32-50mm KG **494**

Entleerte Stahlrohrleitung einschl. Befestigung ausbauen und anfallenden Bauschutt entsorgen. Anschlussleitung verschließen.
Durchmesser: 32-50 mm

3€ 7€ **8**€ 10€ 16€ [m] ⏱ 0,20 h/m 342.000.070

▶ min
▷ von
ø Mittel
◁ bis
◀ max

3 Stahlrohrleitung ausbauen, 65-100mm KG **494**

Entleerte Stahlrohrleitung einschl. Befestigung ausbauen und anfallenden Bauschutt entsorgen. Anschlussleitung verschließen.
Durchmesser: 32-50 mm

4€ 9€ **11**€ 12€ 20€ [m] ⏱ 0,20 h/m 342.000.071

A 1 Leitung, Metallverbundrohr Beschreibung für Pos. **4-9**

Metallverbundrohr aus Mehrschichtverbundwerkstoff (PE, Aluminium, PE), für Trinkwasser warm und kalt, einschl. Dichtungs- und Befestigungsmittel. Form- und Verbindungsstücke (Fittings) werden gesondert vergütet. Längskraftschlüssige Verbindung durch Verpressen des Rohrs auf den Fitting.

4 Leitung, Metallverbundrohr, DN10 KG **412**

Wie Ausführungsbeschreibung A 1
Nennweite: DN10
Außendurchmesser: 16 mm
Wandstärke: 2 mm
Lieferung: **Stangen / Ringen**
Verlegehöhe: **3,50 / 5,00 / 7,00** m über Fußboden

6€ 10€ **12**€ 13€ 16€ [m] ⏱ 0,28 h/m 342.000.077

5 Leitung, Metallverbundrohr, DN15 KG **412**

Wie Ausführungsbeschreibung A 1
Nennweite: DN15
Außendurchmesser: 20 mm
Wandstärke: 2 mm
Lieferung: **Stangen / Ringen**
Verlegehöhe: **3,50 / 5,00 / 7,00** m über Fußboden

8€ 13€ **15**€ 17€ 21€ [m] ⏱ 0,28 h/m 342.000.076

6 Leitung, Metallverbundrohr, DN20 KG **412**

Wie Ausführungsbeschreibung A 1
Nennweite: DN20
Außendurchmesser: 26 mm
Wandstärke: 3 mm
Lieferung: **Stangen / Ringen**
Verlegehöhe: **3,50 / 5,00 / 7,00** m über Fußboden

11€ 15€ **19**€ 22€ 27€ [m] ⏱ 0,28 h/m 342.000.075

7 Leitung, Metallverbundrohr, DN25 KG **412**

Wie Ausführungsbeschreibung A 1
Nennweite: DN25
Außendurchmesser: 32 mm
Wandstärke: 3 mm
Lieferung: **Stangen / Ringen**
Verlegehöhe: **3,50 / 5,00 / 7,00** m über Fußboden

12€ 19€ **24**€ 26€ 31€ [m] ⏱ 0,28 h/m 342.000.074

Kosten:
Stand 2.Quartal 2020
Bundesdurchschnitt

Nr.	**Kurztext** / Langtext						Kostengruppe
▶	▷	**ø netto €**	◁	◀	[Einheit]	Ausf.-Dauer	Positionsnummer

8 Leitung, Metallverbundrohr, DN32 KG **412**

Wie Ausführungsbeschreibung A 1
Nennweite: DN32
Außendurchmesser: 40 mm
Wandstärke: 3,5 mm
Lieferung: **Stangen / Ringen**
Verlegehöhe: **3,50 / 5,00 / 7,00** m über Fußboden

16€ | 24€ | **29**€ | 33€ | 39€ | [m] | ⏱ 0,28 h/m | 342.000.073

9 Leitung, Metallverbundrohr, DN40 KG **412**

Wie Ausführungsbeschreibung A 1
Nennweite: DN40
Außendurchmesser: 50 mm
Wandstärke: 4 mm
Lieferung: **Stangen / Ringen**
Verlegehöhe: **3,50 / 5,00 / 7,00** m über Fußboden

35€ | 40€ | **43**€ | 44€ | 50€ | [m] | ⏱ 0,28 h/m | 342.000.072

10 Leitung, Kupferrohr, 15mm KG **412**

Kupferrohr, blank, in Stangen, einschl. Rohrverbindung löten / pressen, mit Aufhängung.
Aufhängung Oberkante Rohr: bis **3,50 / 5,00 / 7,00 / .....** m
Nennweite: 15 mm
Wandstärke: 1 mm

13€ | 18€ | **19**€ | 21€ | 24€ | [m] | ⏱ 0,25 h/m | 342.000.083

11 Leitung, Kupferrohr, 18mm KG **412**

Kupferrohr, blank, in Stangen, einschl. Rohrverbindung löten / pressen, mit Aufhängung.
Aufhängung Oberkante Rohr: bis **3,50 / 5,00 / 7,00 / .....** m
Nennweite: 18 mm
Wandstärke 1 mm

15€ | 19€ | **21**€ | 23€ | 27€ | [m] | ⏱ 0,25 h/m | 342.000.082

12 Leitung, Kupferrohr, 22mm KG **412**

Kupferrohr, blank, in Stangen, einschl. Rohrverbindung löten / pressen, mit Aufhängung.
Aufhängung Oberkante Rohr: bis **3,50 / 5,00 / 7,00 / .....** m
Nennweite: 22 mm
Wandstärke: 1 mm

17€ | 21€ | **22**€ | 26€ | 34€ | [m] | ⏱ 0,25 h/m | 342.000.081

13 Leitung, Kupferrohr, 28mm KG **412**

Kupferrohr, blank, in Stangen, einschl. Rohrverbindung löten / pressen, mit Aufhängung.
Aufhängung Oberkante Rohr: bis **3,50 / 5,00 / 7,00 / .....** m
Nennweite: 28 mm
Wandstärke: 1,5 mm

19€ | 24€ | **28**€ | 31€ | 39€ | [m] | ⏱ 0,25 h/m | 342.000.080

▶ min
▷ von
ø Mittel
◁ bis
◀ max

14 **Leitung, Kupferrohr, 35mm** KG **412**

Kupferrohr, blank, in Stangen, einschl. Rohrverbindung löten / pressen, mit Aufhängung.
Aufhängung Oberkante Rohr: bis **3,50 / 5,00 / 7,00 / .....** m
Nennweite: 35 mm
Wandstärke: 1,5 mm

26€ 33€ **35**€ 37€ 48€ [m] ⏱ 0,25 h/m 342.000.078

15 **Leitung, Kupferrohr, 54mm** KG **412**

Kupferrohr, blank, in Stangen, einschl. Rohrverbindung löten / pressen, mit Aufhängung.
Aufhängung Oberkante Rohr: bis **3,50 / 5,00 / 7,00 / .....** m
Nennweite: 54 mm
Wandstärke: 2 mm

38€ 48€ **56**€ 58€ 68€ [m] ⏱ 0,25 h/m 342.000.079

Nr.	Positionen	Einheit	▶	▷	ø brutto € / ø netto €	◁	◀
1	Gussrohrleitung ausbauen, DN40-100	m	12	15	**18**	20	26
			10	13	**15**	17	22
2	Gussrohrleitung ausbauen, DN125-200	m	16	20	**24**	27	32
			13	17	**20**	23	27
3	Stahlrohrleitung ausbauen, DN40-100	m	8	13	**16**	18	23
			6	11	**13**	15	19
4	Kunststoff-Rohrleitung, ausbauen, DN40-100	m	4	9	**10**	12	20
			4	7	**8**	10	17
5	Abwasserleitung, Guss, DN70	m	35	40	**43**	43	48
			29	33	**36**	36	40
6	Abwasserleitung, Guss, DN100	m	46	54	**59**	62	72
			38	45	**49**	52	61
7	Abwasserleitung, Guss, DN125	m	56	69	**77**	87	101
			47	58	**65**	73	84
8	Abwasserleitung, Guss, DN150	m	63	88	**105**	107	111
			53	74	**88**	90	93
9	Abwasserleitung, HT-Rohr, DN50	m	14	15	**17**	18	21
			12	13	**14**	15	18
10	Abwasserleitung, HT-Rohr, DN70	m	20	23	**24**	27	31
			17	19	**20**	22	26
11	Abwasserleitung, HT-Rohr, DN100	m	24	28	**30**	32	39
			20	24	**25**	27	33
12	Abwasserleitung, PE-Rohr, DN70	m	19	23	**25**	27	37
			16	19	**21**	22	31
13	Abwasserleitung, PE-Rohr, DN100	m	21	26	**27**	30	40
			18	22	**23**	25	34
14	Abflussleitung, PP-Rohr, DN50, schallgedämmt	m	21	26	**31**	34	41
			18	22	**26**	29	35
15	Abflussleitung, PP-Rohr, DN75, schallgedämmt	m	22	29	**34**	41	46
			19	25	**28**	35	38
16	Abflussleitung, PP-Rohr, DN90, schallgedämmt	m	27	34	**39**	46	54
			23	28	**33**	38	46
17	Abflussleitung, PP-Rohr, DN110, schallgedämmt	m	28	35	**40**	50	58
			24	29	**33**	42	49
18	Abwasserkanal, PVC-U, DN100	m	19	32	**35**	43	58
			16	27	**30**	37	49
19	Abwasserkanal, PVC-U, DN150	m	32	43	**46**	55	73
			27	36	**39**	46	61

344

Kosten:
Stand 2.Quartal 2020
Bundesdurchschnitt

▶ min
▷ von
ø Mittel
◁ bis
◀ max

Nr. **Kurztext** / Langtext Kostengruppe
▶ ▷ **ø netto €** ◁ ◀ [Einheit] Ausf.-Dauer Positionsnummer

1 **Gussrohrleitung ausbauen, DN40-100** KG **494**

Gussrohrleitung einschl. Befestigung ausbauen und anfallenden Bauschutt entsorgen.
Durchmesser: DN40-100

10€ 13€ **15**€ 17€ 22€ [m] ⏱ 0,33 h/m 344.000.065

Nr.	**Kurztext** / Langtext						Kostengruppe
▶	▷	**ø netto €**	◁	◀	[Einheit]	Ausf.-Dauer	Positionsnummer

2 Gussrohrleitung ausbauen, DN125-200 KG **494**

Gussrohrleitung einschl. Befestigung ausbauen und anfallenden Bauschutt entsorgen.
Durchmesser: DN125-200

13€ 17€ **20**€ 23€ 27€ [m] ⏱ 0,42 h/m 344.000.066

3 Stahlrohrleitung ausbauen, DN40-100 KG **494**

Stahlrohrleitung einschl. Befestigung ausbauen und anfallenden Bauschutt entsorgen.
Durchmesser: DN40-100

6€ 11€ **13**€ 15€ 19€ [m] ⏱ 0,26 h/m 344.000.067

4 Kunststoff-Rohrleitung, ausbauen, DN40-100 KG **494**

Rohrleitung aus Kunststoffrohren einschl. Befestigung ausbauen und anfallenden Bauschutt entsorgen.
Material: .....
Durchmesser: DN40-100

4€ 7€ **8**€ 10€ 17€ [m] ⏱ 0,27 h/m 344.000.068

5 Abwasserleitung, Guss, DN70 KG **411**

Abwasserleitungen aus Gussrohren zur Entwässerung innerhalb von Gebäuden, einschl. Verbindungen und Befestigungen.
Nennweite: DN70
Schutzschicht: Zweikomponenten-Epoxid-Beschichtung
Schutzfarbe: Grundbeschichtung, rotbraun
Rohrverbindung: .....
Befestigung: .....
Verlegehöhe: bis ..... m

29€ 33€ **36**€ 36€ 40€ [m] ⏱ 0,40 h/m 344.000.069

6 Abwasserleitung, Guss, DN100 KG **411**

Abwasserleitungen aus Gussrohren zur Entwässerung innerhalb von Gebäuden, einschl. Verbindungen und Befestigungen.
Nennweite: DN100
Schutzschicht: Zweikomponenten-Epoxid-Beschichtung
Schutzfarbe: Grundbeschichtung, rotbraun
Rohrverbindung: .....
Befestigung: .....
Verlegehöhe: bis ..... m

38€ 45€ **49**€ 52€ 61€ [m] ⏱ 0,50 h/m 344.000.070

7 Abwasserleitung, Guss, DN125 KG **411**

Abwasserleitungen aus Gussrohren zur Entwässerung innerhalb von Gebäuden, einschl. Verbindungen und Befestigungen.
Nennweite: DN125
Schutzschicht: Zweikomponenten-Epoxid-Beschichtung
Schutzfarbe: Grundbeschichtung, rotbraun
Rohrverbindung: .....
Befestigung: .....
Verlegehöhe: bis ..... m

47€ 58€ **65**€ 73€ 84€ [m] ⏱ 0,50 h/m 344.000.071

Kosten:
Stand 2.Quartal 2020
Bundesdurchschnitt

Nr.	**Kurztext** / Langtext						Kostengruppe
▶	▷	**ø netto €**	◁	◀	[Einheit]	Ausf.-Dauer	Positionsnummer

8 Abwasserleitung, Guss, DN150 — KG **411**

Abwasserleitungen aus Gussrohren zur Entwässerung innerhalb von Gebäuden, einschl. Verbindungen und Befestigungen.
Nennweite: DN150
Schutzschicht: Zweikomponenten-Epoxid-Beschichtung
Schutzfarbe: Grundbeschichtung, rotbraun
Rohrverbindung: .....
Befestigung: .....
Verlegehöhe: bis ..... m

53€ | 74€ | **88**€ | 90€ | 93€ | [m] | ⏱ 0,50 h/m | 344.000.072

A 1 Abwasserleitung, HT-Rohr — Beschreibung für Pos. **9-11**

HT-Abwasserrohre mit Steckmuffensystem zur Entwässerung innerhalb von Gebäuden und zur Ableitung von aggressiven Medien.
Chemische Beständigkeit: Resistent gegenüber anorganischen Salzen, Laugen und Milchsäuren in Konzentrationen, wie sie zum Beispiel in Laborwässern vorhanden sind. Material heißwasserbeständig, lichtstabilisiert, dauerhaft schwer entflammbar

9 Abwasserleitung, HT-Rohr, DN50 — KG **411**

Wie Ausführungsbeschreibung A 1
Material: Polypropylen (PP)
Nennweite: DN50
Wandstärke: 1,8 mm
Rohrverbindung: mit werkseitig eingebautem Lippendichtring
Befestigung: .....

12€ | 13€ | **14**€ | 15€ | 18€ | [m] | ⏱ 0,30 h/m | 344.000.073

10 Abwasserleitung, HT-Rohr, DN70 — KG **411**

Wie Ausführungsbeschreibung A 1
Material: Polypropylen (PP)
Nennweite: DN70
Wandstärke: 1,9 mm
Rohrverbindung: mit werkseitig eingebautem Lippendichtring
Befestigung: .....

17€ | 19€ | **20**€ | 22€ | 26€ | [m] | ⏱ 0,30 h/m | 344.000.074

11 Abwasserleitung, HT-Rohr, DN100 — KG **411**

Wie Ausführungsbeschreibung A 1
Material: Polypropylen (PP)
Nennweite: DN100
Wandstärke: 2,7 mm
Rohrverbindung: mit werkseitig eingebautem Lippendichtring
Befestigung: .....

20€ | 24€ | **25**€ | 27€ | 33€ | [m] | ⏱ 0,35 h/m | 344.000.075

▶ min
▷ von
ø Mittel
◁ bis
◀ max

Nr.	Kurztext / Langtext						Kostengruppe
▶	▷	**ø netto €**	◁	◀	[Einheit]	Ausf.-Dauer	Positionsnummer

12 Abwasserleitung, PE-Rohr, DN70 KG **411**

Abwasserleitung aus PE-Rohr, heißwasserbeständig und körperschallgedämmt, zur Verlegung in Gebäuden, einschl. Verbindungen und Rohrbefestigungen.
Nennweite: DN70
Rohrverbindung: .....
Befestigung: .....

16€	19€	**21**€	22€	31€	[m]	⏱ 0,30 h/m	344.000.076

13 Abwasserleitung, PE-Rohr, DN100 KG **411**

Abwasserleitung aus PE-Rohr, heißwasserbeständig und körperschallgedämmt, zur Verlegung in Gebäuden, einschl. Verbindungen und Rohrbefestigungen.
Nennweite: DN70
Rohrverbindung: .....
Befestigung: .....

18€	22€	**23**€	25€	34€	[m]	⏱ 0,34 h/m	344.000.077

A 2 Abflussleitung, PP-Rohre, schallgedämmt Beschreibung für Pos. **14-17**

Schallgedämmte Abflussleitung PP-Rohr für Entwässerungsanlagen innerhalb von Gebäuden. Einsetzbar bis 95°C (kurzzeitig); geeignet zur Ableitung chemisch aggressiver Abwässer mit einem pH-Wert von 2 bis 12. Rohrverbindungen sind bis zu einem Wasserüberdruck von 0,5 bar dicht.

14 Abflussleitung, PP-Rohr, DN50, schallgedämmt KG **411**

Wie Ausführungsbeschreibung A 2
Nennweite: DN 50

18€	22€	**26**€	29€	35€	[m]	⏱ 0,28 h/m	344.000.078

15 Abflussleitung, PP-Rohr, DN75, schallgedämmt KG **411**

Wie Ausführungsbeschreibung A 2
Nennweite: DN 75

19€	25€	**28**€	35€	38€	[m]	⏱ 0,28 h/m	344.000.079

16 Abflussleitung, PP-Rohr, DN90, schallgedämmt KG **411**

Wie Ausführungsbeschreibung A 2
Nennweite: DN 90

23€	28€	**33**€	38€	46€	[m]	⏱ 0,28 h/m	344.000.080

17 Abflussleitung, PP-Rohr, DN110, schallgedämmt KG **411**

Wie Ausführungsbeschreibung A 2
Nennweite: DN 110

24€	29€	**33**€	42€	49€	[m]	⏱ 0,32 h/m	344.000.081

18 Abwasserkanal, PVC-U, DN100 KG **411**

Abwasserkanal aus PVC-U-Rohren mit homogenen Vollwandrohren, für Schmutzwasserleitung. Verlegung in vorh. verbauten Graben. Die Bettung wird gesondert vergütet.
Nennweite: DN100
Baulänge: ..... m
Grabentiefe: bis 1,00 m

16€	27€	**30**€	37€	49€	[m]	⏱ 0,40 h/m	344.000.082

Nr.	Kurztext / Langtext					Kostengruppe
▶	▷	ø netto €	◁	◀	[Einheit]	Ausf.-Dauer Positionsnummer

19 Abwasserkanal, PVC-U, DN150 KG **411**

Abwasserkanal aus PVC-U-Rohren mit homogenen Vollwandrohren, für Schmutzwasserleitung. Verlegung in vorh. verbauten Graben. Die Bettung wird gesondert vergütet.
Nennweite: DN100
Baulänge: ..... m
Grabentiefe: bis 1,00 m

27€	36€	**39**€	46€	61€	[m]	⏱ 0,50 h/m	344.000.083

Kosten:
Stand 2.Quartal 2020
Bundesdurchschnitt

▶ min
▷ von
ø Mittel
◁ bis
◀ max

LB 345
Gas-, Wasser- und Entwässerungsanlagen
- Ausstattung, Elemente, Fertigbäder

345

Kosten:
Stand 2.Quartal 2020
Bundesdurchschnitt

▶ min
▷ von
ø Mittel
◁ bis
◀ max

Nr.	Positionen	Einheit	▶	▷	ø brutto € / ø netto €	◁	◀
1	Montageelement ausbauen	St	32	41	**48**	56	60
			27	35	**41**	47	51
2	Badewanne ausbauen	St	50	58	**68**	79	128
			42	49	**57**	66	108
3	Duschwanne ausbauen	St	32	39	**46**	52	55
			27	33	**38**	44	46
4	Waschtisch ausbauen	St	18	27	**32**	37	44
			16	23	**27**	31	37
5	WC-Anlage ausbauen	St	19	31	**36**	41	50
			16	26	**30**	35	42
6	Waschtischbatterie ausbauen	St	8	11	**13**	14	15
			7	9	**11**	12	13
7	Spülkasten Stahl demontieren	St	16	17	**18**	19	21
			13	14	**15**	16	18
8	Urinal ausbauen	St	19	25	**25**	29	35
			16	21	**21**	24	29
9	Handwaschbecken, Keramik	St	68	124	**145**	229	401
			57	104	**122**	193	337
10	Waschtisch, Keramik 500x400mm	St	126	294	**352**	438	657
			106	247	**296**	368	552
11	Waschtisch, Keramik, 600x500mm	St	131	259	**284**	473	763
			110	218	**238**	397	642
12	Einhebel-Mischbatterie	St	150	235	**267**	360	469
			126	198	**224**	302	395
13	Handtuchspender, Stahlblech	St	58	88	**100**	181	274
			49	74	**84**	152	230
14	Badewanne, Stahl, 170	St	239	358	**408**	519	707
			201	301	**343**	436	594
15	Badewanne, Stahl 180	St	341	533	**576**	782	997
			287	448	**484**	657	838
16	Badewanne, Stahl 200	St	1.014	1.093	**1.158**	1.229	1.309
			852	918	**973**	1.033	1.100
17	Einhebelbatterie, Badewanne	St	63	199	**279**	425	580
			53	167	**235**	357	488
18	WC, wandhängend	St	213	283	**325**	396	518
			179	238	**273**	333	435
19	WC-Sitz	St	54	113	**123**	151	195
			46	95	**104**	127	164
20	Duschwanne, Stahl 80x80	St	177	239	**266**	296	387
			149	201	**224**	249	325
21	Duschwanne, Stahl 90x80	St	202	317	**357**	422	590
			170	266	**300**	355	496
22	Duschwanne, Stahl 90x90	St	256	407	**448**	587	759
			215	342	**376**	493	638
23	Duschwanne, Stahl 100x80	St	418	605	**657**	740	837
			351	508	**552**	622	703
24	Duschwanne, Stahl 100x100	St	374	524	**624**	684	943
			314	440	**524**	575	793

Nr.	Positionen	Einheit	▶	▷	ø brutto € / ø netto €	◁	◀
25	Einhandmischarmatur, Dusche	St	178	496	**508**	630	806
			149	417	**427**	529	677
26	Duschabtrennung, Kunststoff	St	768	998	**1.088**	1.121	1.611
			645	839	**914**	942	1.354
27	Montageelement, WC	St	202	259	**290**	325	386
			169	218	**243**	273	324
28	Montageelement, Waschtisch	St	122	175	**190**	241	327
			102	147	**160**	203	275
29	Haltegriff, Edelstahl, 600mm	St	79	115	**118**	164	203
			67	97	**99**	138	170
30	Duschhandlauf, Messing	St	–	403	**534**	680	–
			–	338	**449**	572	–
31	Stützklappgriff, Edelstahl, 775mm	St	386	448	**494**	540	602
			325	377	**415**	454	506
32	Waschtisch, behindertengerecht	St	247	280	**329**	444	609
			207	235	**277**	373	512
33	WC, behindertengerecht	St	681	814	**946**	1.135	1.419
			573	684	**795**	954	1.193
34	Hygiene-Spül-WC	St	3.456	4.128	**4.800**	5.760	6.960
			2.904	3.469	**4.033**	4.840	5.848
35	WC-Spülkasten, mit Betätigungsplatte	St	185	206	**235**	274	336
			155	173	**197**	231	282
36	WC-Betätigung, berührungslos	St	420	518	**617**	741	957
			353	436	**519**	622	804
37	Nachrüstaufsatz, Hygiene-Spül-WC	St	1.152	1.262	**1.371**	1.755	2.194
			968	1.060	**1.152**	1.475	1.844
38	Nachrüstung Türeinstieg Badewanne (Bestand)	St	–	1.179	**1.371**	1.591	–
			–	991	**1.152**	1.337	–
39	Stützgriff, fest, WC	St	353	398	**498**	597	672
			297	335	**418**	502	565
40	Stützgriff, fest, WC mit Spülauslösung	St	520	583	**627**	689	783
			437	490	**527**	579	658
41	Stützgriff, klappbar, WC	St	395	484	**598**	723	819
			332	407	**502**	608	688
42	Stützgriff, fest, Waschtisch	St	276	343	**418**	514	573
			232	288	**351**	432	482
43	Stützgriff, klappbar, Waschtisch	St	398	456	**480**	542	595
			335	383	**403**	456	500

340
341
342
344
345
347
353
358
369

Nr. **Kurztext** / Langtext Kostengruppe
▶ ▷ **ø netto €** ◁ ◀ [Einheit] Ausf.-Dauer Positionsnummer

1 **Montageelement ausbauen** KG **494**

Montageelement für Sanitärausstattung ausbauen und anfallenden Bauschutt entsorgen.
Ausstattung: .....

27€ 35€ **41**€ 47€ 51€ [St] ⏱ 0,78 h/St 345.000.034

Kosten:
Stand 2.Quartal 2020
Bundesdurchschnitt

Nr.	**Kurztext** / Langtext						Kostengruppe
▶	▷	**ø netto €**	◁	◀	[Einheit]	Ausf.-Dauer	Positionsnummer

2 Badewanne ausbauen KG **494**

Badewanne einschl. Ablaufgarnitur ausbauen und anfallenden Bauschutt entsorgen.
Abmessung: .....

▶	▷	ø	◁	◀	Einheit	Ausf.-Dauer	Positionsnummer
42€	49€	**57**€	66€	108€	[St]	⏱ 2,00 h/St	345.000.035

3 Duschwanne ausbauen KG **494**

Duschwanne einschl. Ablaufgarnitur ausbauen und anfallenden Bauschutt entsorgen.
Abmessung: .....

▶	▷	ø	◁	◀	Einheit	Ausf.-Dauer	Positionsnummer
27€	33€	**38**€	44€	46€	[St]	⏱ 1,25 h/St	345.000.036

4 Waschtisch ausbauen KG **494**

Waschtisch einschl. Zu- und Ablaufgarnitur ausbauen und anfallenden Bauschutt entsorgen. Anschlussleitungen verschließen.
Abmessung: .....

▶	▷	ø	◁	◀	Einheit	Ausf.-Dauer	Positionsnummer
16€	23€	**27**€	31€	37€	[St]	⏱ 0,66 h/St	345.000.037

5 WC-Anlage ausbauen KG **494**

WC-Anlage nach dem Entleeren ausbauen und anfallenden Bauschutt entsorgen. Anschlussleitungen verschließen.

▶	▷	ø	◁	◀	Einheit	Ausf.-Dauer	Positionsnummer
16€	26€	**30**€	35€	42€	[St]	⏱ 0,70 h/St	345.000.038

6 Waschtischbatterie ausbauen KG **494**

Waschtischbatterie ausbauen und anfallenden Bauschutt entsorgen. Anschlussleitungen verschließen.

▶	▷	ø	◁	◀	Einheit	Ausf.-Dauer	Positionsnummer
7€	9€	**11**€	12€	13€	[St]	⏱ 0,23 h/St	345.000.039

7 Spülkasten Stahl demontieren KG **494**

Spülkasten demontieren, in Gebäuden, inkl, Demontage der Konsolen, Halter, Armaturen, Verschraubungen und Anschlussleitungen.
Material: Stahl

▶	▷	ø	◁	◀	Einheit	Ausf.-Dauer	Positionsnummer
13€	14€	**15**€	16€	18€	[St]	⏱ 0,35 h/St	345.000.077

8 Urinal ausbauen KG **494**

Urinal, demontieren, in Gebäuden, inkl. Demontieren der Konsolen, Halter, Armaturen, Verschraubungen und Anschlussleitungen.
Material: Sanitärporzellan

▶	▷	ø	◁	◀	Einheit	Ausf.-Dauer	Positionsnummer
16€	21€	**21**€	24€	29€	[St]	⏱ 0,49 h/St	345.000.078

9 Handwaschbecken, Keramik KG **412**

Handwaschbecken mit Überlauf aus Sanitärporzellan installieren, einschl. Befestigung und Schallschutzset.
Größe: ..... x ..... cm
Farbe: .....

▶	▷	ø	◁	◀	Einheit	Ausf.-Dauer	Positionsnummer
57€	104€	**122**€	193€	337€	[St]	⏱ 0,90 h/St	345.000.064

10 Waschtisch, Keramik 500x400mm KG **412**

Waschtisch mit Überlauf aus Sanitärporzellan installieren, einschl. Befestigung und Schallschutzset.
Größe: ca. 500 x 400 mm
Farbe: .....

▶	▷	ø	◁	◀	Einheit	Ausf.-Dauer	Positionsnummer
106€	247€	**296**€	368€	552€	[St]	⏱ 0,90 h/St	345.000.065

▶ min
▷ von
ø Mittel
◁ bis
◀ max

11 Waschtisch, Keramik, 600x500mm KG **412**

Waschtisch mit Überlauf aus Sanitärporzellan installieren, einschl. Befestigung und Schallschutzset.
Größe: ca. 600 x 500 mm
Farbe: .....

110€ | 218€ | **238**€ | 397€ | 642€ | [St] | ⏱ 1,20 h/St | 345.000.066

12 Einhebel-Mischbatterie KG **412**

Einhand-Waschtischarmatur mit Keramikkartusche und Zugstangen-Ablaufgarnitur einbauen, einschl. Temperaturbegrenzer und Schnellmontagesystem.
Farbe: .....
Fabrikat: .....
Typ: .....

126€ | 198€ | **224**€ | 302€ | 395€ | [St] | ⏱ 0,80 h/St | 345.000.067

13 Handtuchspender, Stahlblech KG **610**

Handtuchspender für Papierhandtücher, für Wandaufbau, inkl. Befestigungsmaterial.
Größe Papierhandtücher: **250 / 500**
Handtücher in: Lagen-Falzung
Gehäuse: Stahlblech
Lackiert: **weiß / Standardfarbe**
Vorratsbehälter: **offen / verschließbar**
Gehäuseabmessungen: 285 x 160 x 150 mm

49€ | 74€ | **84**€ | 152€ | 230€ | [St] | ⏱ 0,45 h/St | 345.000.041

14 Badewanne, Stahl 170 KG **412**

Badewannenanlage bestehend aus: 1x Badewanne Stahl emailliert, 1x Badewannenfüße oder Träger für oben beschriebene Badewanne; 1x Rolle Wannenprofil-Dämmstreifen für Bade- und Duschwannen, aus Polyethylen-Schaumstoff, oberseitig mit Silikonfolie kaschiert, Ab- und Überlaufgarnitur, Grund- und Fertigset für Normalwannen.
Farbe: .....
Größe: 170 x 80 cm

201€ | 301€ | **343**€ | 436€ | 594€ | [St] | ⏱ 1,80 h/St | 345.000.068

15 Badewanne, Stahl 180 KG **412**

Badewannenanlage bestehend aus: 1x Badewanne Stahl emailliert, 1x Badewannenfüße oder Träger für oben beschriebene Badewanne; 1x Rolle Wannenprofil-Dämmstreifen für Bade- und Duschwannen, aus Polyethylen-Schaumstoff, oberseitig mit Silikonfolie kaschiert, Ab- und Überlaufgarnitur Grund- und Fertigset für Normalwannen.
Farbe: .....
Größe: 180 x 80 cm

287€ | 448€ | **484**€ | 657€ | 838€ | [St] | ⏱ 2,00 h/St | 345.000.048

Kosten:
Stand 2.Quartal 2020
Bundesdurchschnitt

Nr.	**Kurztext** / Langtext						Kostengruppe
▶	▷	**ø netto €**	◁	◀	[Einheit]	Ausf.-Dauer	Positionsnummer

16 Badewanne, Stahl 200 KG **412**

Badewannenanlage bestehend aus: 1x Badewanne Stahl emailliert, 1x Badewannenfüße oder Träger für oben beschriebene Badewanne; 1x Rolle Wannenprofil-Dämmstreifen für Bade- und Duschwannen, aus Polyethylen-Schaumstoff, oberseitig mit Silikonfolie kaschiert, Ab- und Überlaufgarnitur Grund- und Fertigset für Normalwannen.
Farbe: .....
Größe: 200 x 80 cm

852€ 918€ **973**€ 1.033€ 1.100€ [St] ⏱ 2,40 h/St 345.000.049

17 Einhebelbatterie, Badewanne KG **412**

Einhandmischer für Wandmontage, eigensicher gegen Rückfließen, aus Metall verchromt, Kugelmischsystem mit Griff, Luftsprudler und Rosetten, einschl. Temperaturbegrenzer.

53€ 167€ **235**€ 357€ 488€ [St] ⏱ 0,80 h/St 345.000.069

18 WC, wandhängend KG **412**

WC-Anlage, bestehend aus: 1x Tiefspülklosett aus Sanitärporzellan, wandhängend, einschl. Befestigung und Schallschutzset.
Länge: ..... m
Breite: ..... m
Farbe: .....

179€ 238€ **273**€ 333€ 435€ [St] ⏱ 1,80 h/St 345.000.070

19 WC-Sitz KG **412**

WC-Sitz einschl. Deckel und Scharniere.
Scharniere: **Edelstahl- / Kunststoff**
Farbe: .....
Material: ....

46€ 95€ **104**€ 127€ 164€ [St] ⏱ 0,20 h/St 345.000.071

20 Duschwanne, Stahl, 80x80 KG **412**

Duschwannenanlage bestehend aus: 1x Duschwanne Stahlemaille, Füße für Duschwanne, 1x Rolle Wannenprofil-Dämmstreifen für Bade- und Duschwannen, aus Polyethylen-Schaumstoff, oberseitig mit Silikonfolie kaschiert, 1x Ablaufgarnitur für Duschwannen mit Haube.
Größe: 80 x 80 x 6 cm
Farbe: .....
Ablaufbreite: 40 x 50 mm

149€ 201€ **224**€ 249€ 325€ [St] ⏱ 1,40 h/St 345.000.072

21 Duschwanne, Stahl 90x80 KG **412**

Duschwannenanlage bestehend aus: 1x Duschwanne Stahlemaille inkl. Füße für Duschwanne, 1x Rolle Wannenprofil-Dämmstreifen für Bade- und Duschwannen, aus Polyethylen-Schaumstoff, oberseitig mit Silikonfolie kaschiert, 1x Ablaufgarnitur für Duschwannen mit Haube.
Größe: 90 x 80 x 6 cm
Farbe: .....
Ablaufbreite: 40 x 50 mm

170€ 266€ **300**€ 355€ 496€ [St] ⏱ 1,40 h/St 345.000.042

▶ min
▷ von
ø Mittel
◁ bis
◀ max

22 Duschwanne, Stahl 90x90 KG **412**

Duschwannenanlage bestehend aus: 1x Duschwanne Stahlemaille inkl. Füße für Duschwanne, 1x Rolle Wannenprofil-Dämmstreifen für Bade- und Duschwannen, aus Polyethylen-Schaumstoff, oberseitig mit Silikonfolie kaschiert, 1x Ablaufgarnitur für Duschwannen mit Haube.
Größe: 90 x 90 x 6 cm
Farbe: .....
Ablaufbreite: 40 x 50 mm

215€ 342€ **376**€ 493€ 638€ [St] ⏱ 1,40 h/St 345.000.043

23 Duschwanne, Stahl 100x80 KG **412**

Duschwannenanlage bestehend aus: 1x Duschwanne Stahlemaille inkl. Füße für Duschwanne, 1x Rolle Wannenprofil-Dämmstreifen für Bade- und Duschwannen, aus Polyethylen-Schaumstoff, oberseitig mit Silikonfolie kaschiert, 1x Ablaufgarnitur für Duschwannen mit Haube.
Größe: 100 x 80 x 6 cm
Farbe: .....
Ablaufbreite: 40 x 50 mm

351€ 508€ **552**€ 622€ 703€ [St] ⏱ 1,40 h/St 345.000.044

24 Duschwanne, Stahl 100x100 KG **412**

Duschwannenanlage bestehend aus: 1x Duschwanne Stahlemaille inkl. Füße für Duschwanne, 1x Rolle Wannenprofil-Dämmstreifen für Bade- und Duschwannen, aus Polyethylen-Schaumstoff, oberseitig mit Silikonfolie kaschiert, 1x Ablaufgarnitur für Duschwannen mit Haube.
Größe: 100 x 100 x 6 cm
Farbe: .....
Ablaufbreite: 40 x 50 mm

314€ 440€ **524**€ 575€ 793€ [St] ⏱ 1,40 h/St 345.000.073

25 Einhandmischarmatur, Dusche KG **412**

Unterputz-Brausearmatur, Einhandmischer für Wandmontage, eigensicher gegen Rückfließen, aus Metall verchromt, Kugelmischsystem mit Griff, Luftsprudler und Rosetten, einschl. Temperaturbegrenzer.
Anschluss: DN15

149€ 417€ **427**€ 529€ 677€ [St] ⏱ 0,80 h/St 345.000.074

26 Duschabtrennung, Kunststoff KG **610**

Duschabtrennung für Duschwanne, als Einzelanlage. Tür mit schmutzabweisender Beschichtung. Rahmen aus Kunststoff, mit Seitenwänden. Befestigung mit Wandanschlussprofil, wassergeschützt angesetzt. Mit Befestigungs- und Dichtmaterial.
Tür: **Drehtür / Schiebefalztür**
Kunststoff: **klar / mit Dekor mit schmutzabweisender Beschichtung**
Rahmen Farbe: **weiß / Standardfarbe**
Seitenwände: **1 / 2**
Breite Eingang: 800 mm
Breite Seitenteil: 800 mm
Höhe: 2.000 mm

645€ 839€ **914**€ 942€ 1.354€ [St] ⏱ 2,00 h/St 345.000.050

Kosten:
Stand 2.Quartal 2020
Bundesdurchschnitt

▶ min
▷ von
ø Mittel
◁ bis
◀ max

Nr.	**Kurztext** / Langtext					Kostengruppe
▶	▷	**ø netto €**	◁	◀	[Einheit]	Ausf.-Dauer Positionsnummer

27 Montageelement, WC KG **419**

WC-Element für wandhängendes WC, Rahmen aus Stahl, pulverbeschichtet mit verstellbaren Fußstützen, verzinkt für einen Fußbodenaufbau von 0-20cm mit UP-Spülkasten, Betätigungsplatte mit Befestigungsrahmen, umstellbar auf Spül-Stopp-Funktion, für Betätigung von vorn. Vormontierter Wasseranschluss, Eckventil, schallgeschützter Klemm-/ Pressanschluss aus Rotguss. C-Anschlussbogen, WC-Anschlussgarnitur, einschl. Klein- und Befestigungsmaterial.
Wasseranschluss: Rp 1/2
Anschlussbogen: DN90 / 100

169€ 218€ **243**€ 273€ 324€ [St] ⏱ 1,00 h/St 345.000.075

28 Montageelement, Waschtisch KG **419**

Waschtisch-Element, für Waschtisch mit Einlocharmatur, Rahmen aus Stahl, pulverbeschichtet, mit schallgeschützter Befestigung für Wandscheiben, Ablaufbogen, Gumminippel, Befestigungsmaterial für Element (Bodenbefestigung) und Waschtisch, selbstbohrende Schrauben für Befestigung an Ständerwand, einschl. Klein- und Befestigungsmaterial.
Ablaufbogen: DN40 / 50
Gumminippel: 40 / 30

102€ 147€ **160**€ 203€ 275€ [St] ⏱ 0,90 h/St 345.000.076

29 Haltegriff, Edelstahl, 600 mm KG **412**

Haltegriff aus Edelstahl, gebürstet, mit Befestigung.
Grifflänge: 600 mm
Griffdurchmesser: 32 mm
Wandabstand: 50 mm
Belastung max.: 200 kg
Angeb. Fabrikat: .....

67€ 97€ **99**€ 138€ 170€ [St] ⏱ 0,28 h/St 345.000.045

30 Duschhandlauf, Messing KG **412**

Duschhandlauf mit 90° Winkel aus verchromten Messingrohr mit Befestigung.
Höhenverstellbarkeit: ..... mm
Seitenverstellbarkeit: ..... mm
Rohrdurchmesser: 32 mm
Angeb. Fabrikat: .....

–€ 338€ **449**€ 572€ –€ [St] ⏱ 0,40 h/St 345.000.046

31 Stützklappgriff, Edelstahl, 775 mm KG **412**

Stützklappgriff in u-Form aus Edelstahl, gebürstet, mit Befestigung.
Grifflänge: 775 mm
Griffdurchmesser: 32 mm
Tiefe hochgeklappt: 205 mm
Belastung max.: 150 kg
Angeb. Fabrikat: .....

325€ 377€ **415**€ 454€ 506€ [St] ⏱ 0,35 h/St 345.000.047

32 **Waschtisch, behindertengerecht** KG **412**

Waschbecken, als barrierefreie Ausführung unterfahrbar DIN 18040, aus Sanitärporzellan, glasiert, weiß, mit wasserabweisender Beschichtung, mit Loch für Einlocharmatur, mit Überlauf, für Ablaufventil, inkl. Befestigung und Schallschutzset.
Breite: über 500 bis 550 mm
Ausladung: über 450 bis 500 mm
Fabrikat: .....
Typ: .....

207€ 235€ **277**€ 373€ 512€ [St] ⏱ 1,25 h/St 345.000.051

33 **WC, behindertengerecht** KG **412**

Tiefspül-WC, wandhängend an Installationselement, als barrierefreie Ausführung DIN 18040, aus Sanitärporzellan, spülrandlos, glasiert, weiß, mit wasserabweisender Beschichtung, inkl. WC-Sitz und Rückenstütze und Schallschutzset.
Spülwasserbedarf: 6 l
Abgang: waagrecht
Fabrikat: .....
Typ: .....

573€ 684€ **795**€ 954€ 1.193€ [St] ⏱ 2,00 h/St 345.000.052

34 **Hygiene-Spül-WC** KG **412**

Tiefspül-WC mit ausfahrbarer Unterdusche und Benutzerkennung, als barrierefreie Ausführung DIN 18040, aus Sanitärporzellan, glasiert, in weiß, spülrandlos, wandhängend. Abgang waagrecht, mit Klosettsitz und Deckel mit Schließdämpfung und Geruchsabsaugung, mit Ventilator und Aktivkohlefilter, mit integriertem Wassererwärmer und Warmluftfön, Temperaturen einstellbar. Befestigung wandhängend, an Installationselement, mit Schallschutz DIN 4109. inkl. Eckventil und Metallanschlussschlauch, sowie mit Elektroanschluss.
Spülwasserbedarf: 6 l
Wasseranschluss: DN 15
Abgang: waagrecht
zusätzliche Ausführungsoptionen: .....
Fabrikat: .....
Typ: .....

2.904€ 3.469€ **4.033**€ 4.840€ 5.848€ [St] ⏱ 2,60 h/St 345.000.053

35 **WC-Spülkasten, mit Betätigungsplatte** KG **412**

Unterputz-Spülkasten aus Kunststoff mit wassersparender Zweimengenspültechnik, schwitzwasserisoliert, für Wasseranschluss links, rechts oder hinten mittig, inkl. Betätigungsplatte für Betätigung von vorne, mit 2-Mengenauslösung, Befestigungsrahmen und Befestigung.
Inhalt: **3 / 6 Liter**
Geräuschklasse: I
Größe: ..... x ..... x ..... m
Farbe: .....

155€ 173€ **197**€ 231€ 282€ [St] ⏱ 0,85 h/St 345.000.054

340
341
342
344
345
347
353
358
369

Kosten:
Stand 2.Quartal 2020
Bundesdurchschnitt

▶ min
▷ von
ø Mittel
◁ bis
◀ max

Nr.	**Kurztext** / Langtext						Kostengruppe
▶	▷	**ø netto €**	◁	◀	[Einheit]	Ausf.-Dauer	Positionsnummer

36 WC-Betätigung, berührungslos KG **412**

Spülarmatur für Klosetts zur berührungslosen Betätigung, elektronisch gesteuert, mit Spülstromautomatik, mit Vorabsperrung und Eingangsverschraubung, Bemessungsbetriebsspannung 230 V AC, Geräuschverhalten DIN 4109 Gruppe I, mit Prüfzeichen, für Spülkasten mit elektrischer Auslösung, Spüldauer einstellbar.
Ausführungsoptionen: .....
Fabrikat: .....
Typ: .....

353€	436€	**519**€	622€	804€	[St]	⏱ 0,30 h/St	345.000.055

37 Nachrüstaufsatz, Hygiene-Spül-WC KG **412**

Nachrüst-Aufsatz für Tiefspül-WC mit ausfahrbarer Unterdusche und Benutzerkennung, mit Klosettsitz und Deckel mit Schließdämpfung und Geruchsabsaugung, mit Ventilator und Aktivkohlefilter, mit integriertem Wassererwärmer und Warmluftfön, Temperaturen einstellbar. Befestigung: auf bestehender WC-Keramik, mit Elektroanschluss.
Wasseranschluss: DN15
zusätzliche Ausführungsoptionen: .....
Fabrikat: .....
Typ: .....

968€	1.060€	**1.152**€	1.475€	1.844€	[St]	⏱ 3,00 h/St	345.000.056

38 Nachrüstung Türeinstieg Badewanne (Bestand) KG **412**

Einbau einer Wannentür in eine bestehende Badewanne, Türöffnung nach innen, mit mechanischer Verriegelung, bestehende Badewanne aus **Acryl / Stahl**.
Lichte Türbreite: 500 bis 600 mm
Lichte Türhöhe: 400 bis 500 mm
Türmaterial: **Kunststoff / Sicherheitsglas**
Ausführungsoptionen: .....
Fabrikat: .....
Typ: .....

–€	991€	**1.152**€	1.337€	–€	[St]	⏱ 8,00 h/St	345.000.057

39 Stützgriff, fest, WC KG **412**

Stützgriff, fest, für WC, aus Kunststoff mit Stahlkern, inkl. Befestigung mit Flansch, Schrauben verdeckt.
Farbton: weiß
Ausladung: 850 mm
Belastbar: bis 100 kg am Griffvorderteil
Zusätzliche Ausführungsoptionen: .....
Fabrikat: .....
Typ: .....

297€	335€	**418**€	502€	565€	[St]	⏱ 0,30 h/St	345.000.058

40 Stützgriff, fest, WC mit Spülauslösung KG **412**

Stützgriff, fest, für WC, aus Kunststoff mit Stahlkern, mit Spülauslösung, manuell, inkl. Befestigung mit Flansch, Schrauben verdeckt.
Farbton: weiß
Ausladung: 850 mm
Belastbar: bis 100 kg am Griffvorderteil
Zusätzliche Ausführungsoptionen: ....
Fabrikat: .....
Typ: .....

437€ 490€ **527**€ 579€ 658€ [St] ⏱ 0,50 h/St 345.000.059

41 Stützgriff, klappbar, WC KG **412**

Stützklappgriff, klappbar, für WC, aus Kunststoff mit Stahlkern, mit Arretierung und Fallbremse, inkl. Befestigung mit Flansch, Schrauben verdeckt.
Farbton: weiß
Ausladung: 850 mm
Belastbar: bis 100 kg am Griffvorderteil
Zusätzliche Ausführungsoptionen: .....
Fabrikat: .....
Typ: .....

332€ 407€ **502**€ 608€ 688€ [St] ⏱ 0,35 h/St 345.000.060

42 Stützgriff, fest, Waschtisch KG **412**

Stützgriff, fest, für Waschtisch, aus Kunststoff mit Stahlkern, inkl. Befestigung mit Flansch, Schrauben verdeckt.
Farbton: weiß
Ausladung: 600 mm, belastbar bis 100 kg am Griffvorderteil
Fabrikat: .....
Typ: .....

232€ 288€ **351**€ 432€ 482€ [St] ⏱ 0,35 h/St 345.000.062

43 Stützgriff, klappbar, Waschtisch KG **412**

Stützklappgriff, klappbar, für Waschtisch, aus Kunststoff mit Stahlkern, mit Arretierung und Fallbremse, inkl. Befestigung mit Flansch, Schrauben verdeckt.
Farbton: weiß
Ausladung: 600 mm
Belastbar: bis 100 kg am Griffvorderteil
Fabrikat: .....
Typ: .....

335€ 383€ **403**€ 456€ 500€ [St] ⏱ 0,42 h/St 345.000.063

347

Kosten:
Stand 2.Quartal 2020
Bundesdurchschnitt

Nr.	Positionen	Einheit	▶	▷	ø brutto € / ø netto €	◁	◀
1	Kompaktdämmhülse, Rohrleitung DN15	m	7,8	10,0	**11**	13	16
			6,6	8,4	**9,2**	11	13
2	Kompaktdämmhülse, Rohrleitung DN20	m	9,3	12	**15**	16	19
			7,8	10	**13**	14	16
3	Kompaktdämmhülse, Rohrleitung DN25	m	14	19	**20**	25	30
			12	16	**16**	21	25
4	Rohrdämmung, MW-alukaschiert, DN15	m	6,0	14	**16**	20	28
			5,0	11	**14**	17	23
5	Rohrdämmung, MW-alukaschiert, DN20	m	7,3	19	**21**	27	38
			6,2	16	**18**	23	32
6	Rohrdämmung, MW-alukaschiert, DN25	m	11	20	**24**	32	43
			9,6	17	**21**	27	36
7	Rohrdämmung, MW-alukaschiert, DN32	m	16	27	**32**	35	46
			14	23	**27**	30	39
8	Rohrdämmung, MW-alukaschiert, DN50	m	20	29	**35**	39	51
			17	24	**29**	33	43
9	Rohrdämmung, MW-alukaschiert, DN65	m	26	37	**45**	50	71
			22	31	**37**	42	59
10	Brandschutzabschottung, R90, DN15	St	16	23	**27**	28	37
			13	20	**23**	23	31
11	Brandschutzabschottung, R90, DN20	St	27	36	**36**	39	45
			22	30	**30**	33	38
12	Brandschutzabschottung, R90, DN25	St	29	40	**47**	49	59
			24	33	**39**	41	50
13	Brandschutzabschottung, R90, DN32	St	34	47	**54**	61	73
			28	39	**46**	52	61
14	Brandschutzabschottung, R90, DN40	St	62	68	**72**	80	95
			52	57	**61**	67	80
15	Brandschutzabschottung, R90, DN50	St	105	112	**103**	122	137
			88	94	**87**	103	115
16	Brandschutzabschottung, R90, DN65	St	114	122	**131**	137	151
			96	103	**110**	115	127
17	Wärmedämmung, Schrägsitzventil, DN15	St	14	17	**21**	25	27
			12	14	**17**	21	23
18	Wärmedämmung, Schrägsitzventil, DN20	St	20	23	**28**	33	36
			16	19	**24**	27	30
19	Wärmedämmung, Schrägsitzventil, DN25	St	24	28	**34**	43	44
			20	23	**28**	36	37
20	Wärmedämmung, Schrägsitzventil, DN32	St	25	32	**37**	47	50
			21	27	**31**	39	42
21	Wärmedämmung, Schrägsitzventil, DN40	St	33	41	**48**	55	63
			28	34	**41**	47	53

▶ min
▷ von
ø Mittel
◁ bis
◀ max

Nr.	Kurztext / Langtext						Kostengruppe
▶	▷	**ø netto €**	◁	◀	[Einheit]	Ausf.-Dauer	Positionsnummer

A 1 Kompaktdämmhülse, Rohrleitung Beschreibung für Pos. **1-3**

Wärmedämmung für Rohrleitungen haustechnischer Anlagen auf Rohfußboden (gegen beheizte Räume oder auf Zusatzdämmung). Kompaktdämmhülsen in Anti-Körperschall-Ausführung. Zur Verlegung im Dämmbereich des Fußbodenaufbaus. Polsterlage aus miteinander vernadelten Kunststoff-Fasern und geschlossenzelligem Polyethylen mit reißfestem Gittergewebe.

1 Kompaktdämmhülse, Rohrleitung DN15 KG **422**

Wie Ausführungsbeschreibung A 1
Wärmeleitfähigkeit: 0,040 W/(mK)
Normalentflammbar: B2
Nennweite: DN15
Dämmschichtdicke 1/2 gem. EnEV: 13 mm
Bauhöhe: 36 mm

7€	8€	**9**€	11€	13€	[m]	⏱ 0,05 h/m	347.000.005

2 Kompaktdämmhülse, Rohrleitung DN20 KG **422**

Wie Ausführungsbeschreibung A 1
Wärmeleitfähigkeit: 0,040 W/(mK)
Normalentflammbar: B2
Nennweite: DN20
Dämmschichtdicke 1/2 gem. EnEV: 13 mm
Bauhöhe: 40 mm

8€	10€	**13**€	14€	16€	[m]	⏱ 0,05 h/m	347.000.016

3 Kompaktdämmhülse, Rohrleitung DN25 KG **422**

Wie Ausführungsbeschreibung A 1
Nennwert der Wärmeleitfähigkeit: 0,040W/(mK)
Bemessungswert der Wärmeleitfähigkeit: .....
Normalentflammbar: B2
Nennweite: DN25
Dämmschichtdicke 1/2 gem. EnEV: 20 mm
Bauhöhe: 51 mm

12€	16€	**16**€	21€	25€	[m]	⏱ 0,05 h/m	347.000.017

A 2 Rohrdämmung, Mineralwolle, alukaschiert Beschreibung für Pos. **4-9**

Wärmedämmung einschl. Ummantelung an Rohrleitungen für Heizung, Warmwasser und Zirkulation nach EnEV in Gebäuden. Dämmung aus Mineralwolle, Baustoffklasse 1 A (nichtbrennbar), als Matte, auf verzinktem Drahtgeflecht mit verzinktem Draht versteppt, Befestigen mit Stahlhaken aus dem Werkstoff des Drahtgeflechts. Längs- und Rundstöße mit selbstklebender Aluminiumfolie überklebt.

Nr. **Kurztext** / Langtext — Kostengruppe
▶ ▷ **ø netto €** ◁ ◀ [Einheit] Ausf.-Dauer Positionsnummer

4 Rohrdämmung, MW-alukaschiert, DN15 KG **422**

Wie Ausführungsbeschreibung A 2
Oberkante Dämmung über Gelände / Fußboden: **bis 3,50 / bis 5,00** m
Rohrleitung: Stahl, schwarz
Nennweite: DN15
Dämmstärke Wärmedämmung: 100% nach EnEV
Dämmschichtdicke: 20 mm
Nennwert der Wärmeleitfähigkeit: 0,035 W/(mK) bei 40°C
Bemessungswert der Wärmeleitfähigkeit: .....

5€ 11€ **14**€ 17€ 23€ [m] ⏱ 0,30 h/m 347.000.002

5 Rohrdämmung, MW-alukaschiert, DN20 KG **422**

Wie Ausführungsbeschreibung A 2
Oberkante Dämmung über Gelände / Fußboden: **bis 3,50 / bis 5,00** m
Rohrleitung: Stahl, schwarz
Nennweite: DN20
Baustoffklasse: 1 A
Dämmstärke Wärmedämmung: 100% nach EnEV
Dämmschichtdicke: 20 mm
Nennwert der Wärmeleitfähigkeit: 0,035 W/(mK) bei 40°C
Bemessungswert der Wärmeleitfähigkeit: .....

6€ 16€ **18**€ 23€ 32€ [m] ⏱ 0,30 h/m 347.000.015

6 Rohrdämmung, MW-alukaschiert, DN25 KG **422**

Wie Ausführungsbeschreibung A 2
Oberkante Dämmung über Gelände / Fußboden: bis 3,50m / bis 5,00 m
Rohrleitung: Stahl, schwarz
Nennweite: DN25
Baustoffklasse: 1 A
Dämmstärke Wärmedämmung: 100% nach EnEV
Dämmschichtdicke: 30 mm
Nennwert der Wärmeleitfähigkeit: 0,035 W/(mK) bei 40°C
Bemessungswert der Wärmeleitfähigkeit: .....

10€ 17€ **21**€ 27€ 36€ [m] ⏱ 0,30 h/m 347.000.008

7 Rohrdämmung, MW-alukaschiert, DN32 KG **422**

Wie Ausführungsbeschreibung A 2
Oberkante Dämmung über Gelände / Fußboden: **bis 3,50 / bis 5,00** m
Rohrleitung: Stahl, schwarz
Nennweite: DN32
Dämmstärke Wärmedämmung: 100% nach EnEV
Dämmschichtdicke: 40mm
Nennwert der Wärmeleitfähigkeit: 0,035 W/(mK) bei 40°C
Bemessungswert der Wärmeleitfähigkeit: .....

14€ 23€ **27**€ 30€ 39€ [m] ⏱ 0,30 h/m 347.000.009

Kosten:
Stand 2.Quartal 2020
Bundesdurchschnitt

▶ min
▷ von
ø Mittel
◁ bis
◀ max

8 Rohrdämmung, MW-alukaschiert, DN50 KG **422**

Wie Ausführungsbeschreibung A 2
Oberkante Dämmung über Gelände / Fußboden: **bis 3,50m / bis 5,00** m
Rohrleitung: Stahl, schwarz
Nennweite: DN50
Dämmstärke Wärmedämmung: 100% nach EnEV
Dämmschichtdicke: 50 mm
Nennwert der Wärmeleitfähigkeit: 0,035 W/(mK) bei 40°C
Bemessungswert der Wärmeleitfähigkeit: .....

17€ 24€ **29**€ 33€ 43€ [m] ⏱ 0,30 h/m 347.000.011

9 Rohrdämmung, MW-alukaschiert, DN65 KG **422**

Wie Ausführungsbeschreibung A 2
Oberkante Dämmung über Gelände / Fußboden: **bis 3,50 / bis 5,00** m
Rohrleitung: Stahl, schwarz
Nennweite: DN65
Dämmstärke Wärmedämmung: 100% nach EnEV
Dämmschichtdicke: 70 mm
Nennwert der Wärmeleitfähigkeit: 0,035 W/(mK) bei 40°C
Bemessungswert der Wärmeleitfähigkeit: .....

22€ 31€ **37**€ 42€ 59€ [m] ⏱ 0,30 h/m 347.000.012

A 3 Brandschutzabschottung, R90 Beschreibung für Pos. **10-16**

Brandschutzabschottung von Rohrleitungen haustechnischer Anlagen aus **Stahl / Kupfer** nach MLAR / LAR, zur Montage in Wand / Decke / leichter Trennwand. Dämmstoff Mineralwolle, nicht brennbar. Zur Verlegung in rundem Wanddurchbruch, ohne Hüllrohr, Verfüllung des Ringspalts mit Mörtel MG III, beidseitige Weiterführung der Dämmung.

10 Brandschutzabschottung, R90, DN15 KG **422**

Wie Ausführungsbeschreibung A 3
Feuerwiderstandsklasse: R90
Montagehöhe: bis **3,50 / 5,00 / 7,00** m über Fußboden
Ringspalt: bis 15 mm
Außendurchmesser der Rohrleitung: 18 mm
Außendurchmesser Schott: 60 mm
Dämmlänge: 1.000 mm

13€ 20€ **23**€ 23€ 31€ [St] ⏱ 0,40 h/St 347.000.031

11 Brandschutzabschottung, R90, DN20 KG **422**

Wie Ausführungsbeschreibung A 3
Feuerwiderstandsklasse: R90
Montagehöhe: bis **3,50 / 5,00 / 7,00** m über Fußboden
Ringspalt: bis 15 mm
Außendurchmesser der Rohrleitung: 22 mm
Außendurchmesser Schott: 60 mm
Dämmlänge: 1.000 mm

22€ 30€ **30**€ 33€ 38€ [St] ⏱ 0,40 h/St 347.000.032

Kosten:
Stand 2.Quartal 2020
Bundesdurchschnitt

Nr.	**Kurztext** / Langtext						Kostengruppe
▶	▷	**ø netto €**	◁	◀	[Einheit]	Ausf.-Dauer	Positionsnummer

12 Brandschutzabschottung, R90, DN25 KG **422**

Wie Ausführungsbeschreibung A 3
Feuerwiderstandsklasse: R90
Montagehöhe: bis **3,50 / 5,00 / 7,00** m über Fußboden
Ringspalt: bis 15 mm
Außendurchmesser der Rohrleitung: 28 mm
Außendurchmesser Schott: 80 mm
Dämmlänge: 1.000 mm

24€ 33€ **39**€ 41€ 50€ [St] ⏱ 0,40 h/St 347.000.033

13 Brandschutzabschottung, R90, DN32 KG **422**

Wie Ausführungsbeschreibung A 3
Feuerwiderstandsklasse: R90
Montagehöhe: bis **3,50 / 5,00 / 7,00** m über Fußboden
Ringspalt: bis 15 mm
Außendurchmesser der Rohrleitung: 35 mm
Außendurchmesser Schott: 80 mm
Dämmlänge: 1.000 mm

28€ 39€ **46**€ 52€ 61€ [St] ⏱ 0,40 h/St 347.000.034

14 Brandschutzabschottung, R90, DN40 KG **422**

Wie Ausführungsbeschreibung A 3
Feuerwiderstandsklasse: R90
Montagehöhe: bis **3,50 / 5,00 / 7,00** m über Fußboden
Ringspalt: bis 15 mm
Außendurchmesser der Rohrleitung: 48 mm
Außendurchmesser Schott: 100 mm
Dämmlänge: 1.000 mm

52€ 57€ **61**€ 67€ 80€ [St] ⏱ 0,40 h/St 347.000.035

15 Brandschutzabschottung, R90, DN50 KG **422**

Wie Ausführungsbeschreibung A 3
Feuerwiderstandsklasse: R90
Montagehöhe: bis **3,50 / 5,00 / 7,00** m über Fußboden
Ringspalt: bis 15 mm
Außendurchmesser der Rohrleitung: 63 mm
Außendurchmesser Schott: 130 mm
Dämmlänge: 1.000 mm

88€ 94€ **87**€ 103€ 115€ [St] ⏱ 0,40 h/St 347.000.036

▶ min
▷ von
ø Mittel
◁ bis
◀ max

16 Brandschutzabschottung, R90, DN65 KG **422**

Wie Ausführungsbeschreibung A 3
Feuerwiderstandsklasse: R90
Montagehöhe: bis **3,50 / 5,00 / 7,00** m über Fußboden
Ringspalt: bis 15 mm
Außendurchmesser der Rohrleitung: 76 mm
Außendurchmesser Schott: 180 mm
Dämmlänge: 1.000 mm

96€ 103€ **110**€ 115€ 127€ [St] ⏱ 0,40 h/St 347.000.037

A 4 Wärmedämmung, Schrägsitzventil Beschreibung für Pos. **17-21**

Wärmedämmschalen, universell einsetzbar für alle gängigen Schrägsitz- und KFR-Typen. Bestehend aus einem zusammenklappbaren Formteil aus Polyethylen mit kratzfester Oberfläche aus PE-Gittergewebe. Entleerungsöffnungen vorgeprägt, Lieferung inkl. Verschlussclipsen, mit handelsüblichen Klebern diffusionsdicht verschließbar.

17 Wärmedämmung, Schrägsitzventil, DN15 KG **422**

Wie Ausführungsbeschreibung A 4
Baustoffklasse: B1
Wärmeleitwert 0,034 W/(mK): bei 10°C und 0,040 W/(mK) bei 40°C
Wasserdampfdiffusionsfaktor μ: 5.000
Temperaturbereich: -80°C bis +100°C
Abmessungen: Länge: 130 mm, Breite: 70 mm, Höhe: 112 mm
Nennweite: DN15

12€ 14€ **17**€ 21€ 23€ [St] ⏱ 0,10 h/St 347.000.024

18 Wärmedämmung, Schrägsitzventil, DN20 KG **422**

Wie Ausführungsbeschreibung A 4
Baustoffklasse: B1
Baustoffklasse: B1 Wärmeleitwert 0,034 W/(mK): bei 10°C und 0,040 W/(mK) bei 40°C
Wasserdampfdiffusionsfaktor μ: 5.000
Temperaturbereich: -80°C bis +100°C
Abmessungen: Länge: 130 mm, Breite: 70mm, Höhe: 112mm
Nennweite: DN20

16€ 19€ **24**€ 27€ 30€ [St] ⏱ 0,10 h/St 347.000.025

19 Wärmedämmung, Schrägsitzventil, DN25 KG **422**

Wie Ausführungsbeschreibung A 4
Baustoffklasse: B1
Wärmeleitwert 0,034 W/(mK): bei 10°C und 0,040 W/(mK) bei 40°C
Wasserdampfdiffusionsfaktor μ: 5.000
Temperaturbereich: -80°C bis +100°C
Abmessungen: Länge: 145 mm, Breite: 80 mm, Höhe: 130 mm
Nennweite: DN25

20€ 23€ **28**€ 36€ 37€ [St] ⏱ 0,10 h/St 347.000.026

340
341
342
344
345
347
353
358
369

Nr.	**Kurztext** / Langtext					Kostengruppe
▶	▷	**ø netto €**	◁	◀	[Einheit]	Ausf.-Dauer Positionsnummer

20 Wärmedämmung, Schrägsitzventil, DN32 KG **422**

Wie Ausführungsbeschreibung A 4
Baustoffklasse: B1
Wärmeleitwert 0,034 W/(mK): bei 10°C und 0,040 W/(mK) bei 40°C
Wasserdampfdiffusionsfaktor μ: 5.000
Temperaturbereich: -80°C bis +100°C
Abmessungen: Länge: 195 mm, Breite: 137 mm, Höhe: 203 mm
Nennweite: DN32

▶	▷	ø	◁	◀	Einheit	Ausf.-Dauer	Positionsnummer
21€	27€	**31**€	39€	42€	[St]	⏱ 0,10 h/St	347.000.027

21 Wärmedämmung, Schrägsitzventil, DN40 KG **422**

Wie Ausführungsbeschreibung A 4
Baustoffklasse: B1
Wärmeleitwert 0,034 W/(mK): bei 10°C und 0,040 W/(mK) bei 40°C
Wasserdampfdiffusionsfaktor μ: 5.000
Temperaturbereich: -80°C bis +100°C
Abmessungen: Länge: 196 mm, Breite: 163 mm, Höhe: 230 mm
Nennweite: DN40

▶	▷	ø	◁	◀	Einheit	Ausf.-Dauer	Positionsnummer
28€	34€	**41**€	47€	53€	[St]	⏱ 0,10 h/St	347.000.028

Kosten:
Stand 2.Quartal 2020
Bundesdurchschnitt

▶ min
▷ von
ø Mittel
◁ bis
◀ max

Nr.	Positionen	Einheit	▶	▷	ø brutto € / ø netto €	◁	◀
1	Schlitz herstellen, Mauerwerk, 5x3cm	m	3,9	4,7	**5,2**	6,1	7,1
			3,3	3,9	**4,4**	5,1	6,0
2	Schlitz herstellen, Mauerwerk, 10x5cm	m	5,7	7,6	**8,3**	9,5	11
			4,8	6,4	**7,0**	8,0	9,6
3	Kabelrinne, Stahl, WA ,100m	m	23	27	**28**	30	37
			19	22	**24**	26	31
4	Kabelrinne, Stahl, WA, 200m	m	29	32	**32**	37	41
			24	27	**27**	31	35
5	Kabelrinne, Stahl, WA, 300m	m	30	39	**41**	44	49
			25	32	**35**	37	41
6	Kabelrinne, Stahl, WA, 400m	m	54	56	**56**	57	58
			46	47	**47**	48	49
7	Installationsleitung, NYM-J 1x6mm², UP	m	–	6	**7**	8	–
			–	5	**6**	6	–
8	Installationsleitung, NYM-J 1x16mm², UP	m	–	10	**11**	11	–
			–	8	**9**	10	–
9	Installationsleitung, NYM-J 3x2,5mm², UP	m	5	8	**8**	8	9
			4	6	**7**	7	8
10	Installationsleitung, NYM-J 5x2,5mm², UP	m	4	5	**5**	6	7
			4	4	**4**	5	6
11	Installationsleitung, NYM-J 5x6mm², UP	m	6	8	**9**	9	12
			5	7	**7**	7	10
12	Installationsleitung, NYM-J 5x16mm², UP	m	–	21	**22**	24	–
			–	17	**19**	20	–
13	Elektroinstallationsrohr, 16mm	m	4,7	5,1	**5,3**	5,4	5,9
			4,0	4,3	**4,4**	4,5	5,0
14	Elektroinstallationsrohr, 25mm	m	3,9	5,3	**5,5**	5,7	6,4
			3,3	4,4	**4,6**	4,8	5,4
15	Elektroinstallationsrohr, 40mm	m	9,7	12	**14**	14	15
			8,2	9,9	**11**	12	13
16	Leitungsführungskanal PVC 15x15mm	m	6	8	**8**	8	10
			5	6	**7**	7	8
17	Leitungsführungskanal PVC 30x30mm	m	6	9	**10**	10	13
			5	8	**8**	9	11
18	Leitungsführungskanal PVC 90x40mm	m	8	9	**10**	11	13
			6	8	**9**	9	11
19	Leitungsführungskanal PVC 110x60mm	m	26	32	**36**	39	44
			22	27	**30**	33	37
20	Leitungsführungskanal PVC 230x60mm	m	46	60	**66**	67	76
			39	50	**55**	56	63
21	Sockelleistenkanal, 50x20mm	m	19	21	**22**	22	24
			16	18	**18**	18	20
22	Geräteeinbaukanal, 130x60mm	m	33	39	**42**	43	47
			28	33	**35**	36	40
23	Geräteeinbaukanal, 170x60mm	m	–	51	**54**	57	–
			–	43	**45**	48	–
24	Geräteeinbaukanal, 210x60mm	m	–	81	**84**	89	–
			–	68	**71**	75	–

▶ min
▷ von
ø Mittel
◁ bis
◀ max

Nr.	**Kurztext** / Langtext						Kostengruppe
▶	▷	**ø netto €**	◁	◀	[Einheit]	Ausf.-Dauer	Positionsnummer

A 1 Schlitz herstellen, Mauerwerk — Beschreibung für Pos. **1-2**

Schlitz in verputztem Mauerwerk nachträglich herstellen und Bauschutt entsorgen.
Druckfestigkeitsklasse: bis Mz 12 N/mm^2
Wanddicke: .....
Lage: .....

1 Schlitz herstellen, Mauerwerk, 5x3cm — KG **394**

Wie Ausführungsbeschreibung A 1
Breite: bis 5 cm
Tiefe: bis 3 cm

3€ 4€ **4€** 5€ 6€ [m] ⏱ 0,15 h/m 353.000.023

2 Schlitz herstellen, Mauerwerk, 10x5cm — KG **394**

Wie Ausführungsbeschreibung A 1
Breite: bis 10 cm
Tiefe: bis 5 cm

5€ 6€ **7€** 8€ 10€ [m] ⏱ 0,15 h/m 353.000.024

A 2 Kabelrinne, Stahl, WA — Beschreibung für Pos. **3-6**

Kabelrinne mit Trennsteg und Wandausleger, einschl. systembedingten Verbindungsstücken, Formstücken, Befestigungsmaterial.
Norm: DIN EN 61537 (VDE 0639)
Werkstoff: Stahl, feuerverzinkt, DIN EN ISO 1461
Dicke Metallwerkstoff: 1,5 mm
Ausführung: gelocht
Höhe: 60mm

3 Kabelrinne, Stahl, WA ,100m — KG **444**

Wie Ausführungsbeschreibung A 2
Breite: 100 mm

19€ 22€ **24€** 26€ 31€ [m] ⏱ 0,20 h/m 353.000.025

4 Kabelrinne, Stahl, WA, 200m — KG **444**

Wie Ausführungsbeschreibung A 2
Breite: 200 mm

24€ 27€ **27€** 31€ 35€ [m] ⏱ 0,25 h/m 353.000.026

5 Kabelrinne, Stahl, WA, 300m — KG **444**

Wie Ausführungsbeschreibung A 2
Breite: 300 mm

25€ 32€ **35€** 37€ 41€ [m] ⏱ 0,30 h/m 353.000.027

6 Kabelrinne, Stahl, WA, 400m — KG **444**

Wie Ausführungsbeschreibung A 2
Breite: 400 mm

46€ 47€ **47€** 48€ 49€ [m] ⏱ 0,40 h/m 353.000.028

Kosten:
Stand 2.Quartal 2020
Bundesdurchschnitt

Nr.	**Kurztext** / Langtext						Kostengruppe
▶	▷	**ø netto €**	◁	◀	[Einheit]	Ausf.-Dauer	Positionsnummer

A 3 Installationsleitung, NYM-J, UP — Beschreibung für Pos. **7-12**

Installationsleitung für Verlegung unter Putz, mit Befestigung.
Norm: DIN VDE 0250-204 (VDE 0250-204)
Leitungstyp: NYM-J

7 Installationsleitung, NYM-J 1x6mm², UP — KG **444**

Wie Ausführungsbeschreibung A 3
Ader-/Leiterzahl: 1 x 6 mm²
Metallzahl: Cu-Zahl 58

▶	▷	ø	◁	◀	Einheit	Ausf.-Dauer	Positionsnummer
–€	5€	**6**€	6€	–€	[m]	–	353.000.029

8 Installationsleitung, NYM-J 1x16mm², UP — KG **444**

Wie Ausführungsbeschreibung A 3
Ader-/Leiterzahl: 1 x 16 mm²
Metallzahl: Cu-Zahl 154

▶	▷	ø	◁	◀	Einheit	Ausf.-Dauer	Positionsnummer
–€	8€	**9**€	10€	–€	[m]	–	353.000.030

9 Installationsleitung, NYM-J 3x2,5mm², UP — KG **444**

Wie Ausführungsbeschreibung A 3
Ader-/Leiterzahl: 3 x 2,5 mm²
Metallzahl: Cu-Zahl 72

▶	▷	ø	◁	◀	Einheit	Ausf.-Dauer	Positionsnummer
4€	6€	**7**€	7€	8€	[m]	–	353.000.032

10 Installationsleitung, NYM-J 5x2,5mm², UP — KG **444**

Wie Ausführungsbeschreibung A 3
Ader-/Leiterzahl: 5 x 2,5 mm²
Metallzahl: Cu-Zahl 120

▶	▷	ø	◁	◀	Einheit	Ausf.-Dauer	Positionsnummer
4€	4€	**4**€	5€	6€	[m]	–	353.000.033

11 Installationsleitung, NYM-J 5x6mm², UP — KG **444**

Wie Ausführungsbeschreibung A 3
Ader-/Leiterzahl: 5 x 6 mm²
Metallzahl: Cu-Zahl 288

▶	▷	ø	◁	◀	Einheit	Ausf.-Dauer	Positionsnummer
5€	7€	**7**€	7€	10€	[m]	–	353.000.034

12 Installationsleitung, NYM-J 5x16mm², UP — KG **444**

Wie Ausführungsbeschreibung A 3
Ader-/Leiterzahl: 5 x 16 mm²
Metallzahl: Cu-Zahl 768

▶	▷	ø	◁	◀	Einheit	Ausf.-Dauer	Positionsnummer
–€	17€	**19**€	20€	–€	[m]	–	353.000.035

A 4 Elektroinstallationsrohr — Beschreibung für Pos. **13-15**

Elektroinstallationsrohr, geschlossen, für Verlegung unter Putz, mit Befestigung.
Norm: DIN EN 61386 (VDE 0605)
Werkstoff: Kunststoff, halogenfrei
Ausführung: einwandig, gewellt, flexibel
Druckfestigkeitsklasse: 3 - mittel (750 N)
Klasse Schlagbeanspruchung: 3 - mittel (2 kg/100mm)

▶ min
▷ von
ø Mittel
◁ bis
◀ max

Nr.	Kurztext / Langtext					Kostengruppe
▶	▷	**ø netto €**	◁	◀	[Einheit]	Ausf.-Dauer Positionsnummer

13 Elektroinstallationsrohr, 16mm KG **444**

Wie Ausführungsbeschreibung A 4
Außendurchmesser: 16mm

▶	▷	ø netto €	◁	◀	[Einheit]	Ausf.-Dauer	Positionsnummer
4€	4€	**4**€	5€	5€	[m]	⏱ 0,12 h/m	353.000.036

14 Elektroinstallationsrohr, 25mm KG **444**

Wie Ausführungsbeschreibung A 4
Außendurchmesser: 25 mm

▶	▷	ø netto €	◁	◀	[Einheit]	Ausf.-Dauer	Positionsnummer
3€	4€	**5**€	5€	5€	[m]	⏱ 0,12 h/m	353.000.037

15 Elektroinstallationsrohr, 40mm KG **444**

Wie Ausführungsbeschreibung A 4
Außendurchmesser: 40 mm

▶	▷	ø netto €	◁	◀	[Einheit]	Ausf.-Dauer	Positionsnummer
8€	10€	**11**€	12€	13€	[m]	⏱ 0,12 h/m	353.000.038

16 Leitungsführungskanal PVC 15x15mm KG **444**

Leitungsführungskanal, einschl. systembedingter Verbindungsstücke, Formstücke, Befestigungsmaterial.
Norm: DIN EN 50085-2-1 (VDE 0604-2-1)
Werkstoff: PVC-U
Breite: 15 mm
Höhe: 15 mm
Farbe: weiß
Befestigung: auf **Beton / Mauerwerk / Installationswand**

▶	▷	ø netto €	◁	◀	[Einheit]	Ausf.-Dauer	Positionsnummer
5€	6€	**7**€	7€	8€	[m]	–	353.000.039

17 Leitungsführungskanal PVC 30x30mm KG **444**

Leitungsführungskanal, einschl. systembedingter Verbindungsstücke, Formstücke, Befestigungsmaterial.
Norm: DIN EN 50085-2-1 (VDE 0604-2-1)
Werkstoff: PVC-U
Breite: 30 mm
Höhe: 30 mm
Farbe: grau
Befestigung: auf **Beton / Mauerwerk / Installationswand**

▶	▷	ø netto €	◁	◀	[Einheit]	Ausf.-Dauer	Positionsnummer
5€	8€	**8**€	9€	11€	[m]	–	353.000.040

18 Leitungsführungskanal PVC 90x40mm KG **444**

Leitungsführungskanal, einschl. systembedingter Verbindungsstücke, Formstücke, Befestigungsmaterial.
Norm: DIN EN 50085-2-1 (VDE 0604-2-1)
Werkstoff: PVC-U
Breite: 90 mm
Höhe: 40 mm
Farbe: grau
Befestigung: auf **Beton / Mauerwerk / Installationswand**

▶	▷	ø netto €	◁	◀	[Einheit]	Ausf.-Dauer	Positionsnummer
6€	8€	**9**€	9€	11€	[m]	–	353.000.041

Nr.	Kurztext / Langtext					Kostengruppe
▶	▷	**ø netto €**	◁	◀	[Einheit]	Ausf.-Dauer Positionsnummer

19 Leitungsführungskanal PVC 110x60mm KG **444**

Leitungsführungskanal mit Trennsteg und Wandausleger, einschl. systembedingter Verbindungsstücke, Formstücke und Befestigungsmaterial.
Norm: DIN EN 50085-2-1 (VDE 0604-2-1)
Werkstoff: PVC-U
Breite: 110 mm
Höhe: 60 mm
Farbe: grau
Befestigung: auf **Beton / Mauerwerk / Installationswand**

22€ 27€ **30**€ 33€ 37€ [m] – 353.000.042

20 Leitungsführungskanal PVC 230x60mm KG **444**

Leitungsführungskanal mit Trennsteg und Wandausleger, einschl. systembedingter Verbindungsstücke, Formstücke und Befestigungsmaterial.
Norm: DIN EN 50085-2-1 (VDE 0604-2-1)
Werkstoff: PVC-U
Breite: 230 mm
Höhe: 60 mm
Farbe: grau
Befestigung: auf **Beton / Mauerwerk / Installationswand**

39€ 50€ **55**€ 56€ 63€ [m] – 353.000.043

21 Sockelleistenkanal, 50x20mm KG **444**

Sockelleistenkanal, einschl. systembedingter Verbindungsstücke, Formstücke, Befestigungsmaterial.
Norm: DIN EN 50085-2-1 (VDE 0604-2-1)
Werkstoff: PVC-U
Breite: 50 mm
Höhe: 20 mm
Farbe: weiß
Befestigung: auf **Beton / Mauerwerk / Installationswand**

16€ 18€ **18**€ 18€ 20€ [m] – 353.000.044

22 Geräteeinbaukanal, 130x60mm KG **444**

Geräteeinbaukanal mit Trennsteg und mit Wandausleger, einschl. systembedingter Verbindungsstücke, Kabelhalteklammern, Formstücke, Befestigungsmaterial.
Norm: DIN EN 50085-2-1 (VDE 0604-2-1)
Werkstoff: PVC-U
Breite: 130 mm
Höhe: 60 mm
Farbe: weiß
Befestigung: auf **Beton / Mauerwerk / Installationswand**

28€ 33€ **35**€ 36€ 40€ [m] – 353.000.045

Kosten:
Stand 2.Quartal 2020
Bundesdurchschnitt

▶ min
▷ von
ø Mittel
◁ bis
◀ max

23 Geräteeinbaukanal, 170x60mm KG **444**

Geräteeinbaukanal mit Trennsteg und mit Wandausleger, einschl. systembedingter Verbindungsstücke, Kabelhalteklammern, Formstücke, Befestigungsmaterial.
Norm: DIN EN 50085-2-1 (VDE 0604-2-1)
Werkstoff: PVC-U
Breite: 170 mm
Höhe:60 mm
Farbe: weiß
Befestigung: auf **Beton / Mauerwerk / Installationswand**

–€ 43€ **45**€ 48€ –€ [m] – 353.000.046

24 Geräteeinbaukanal, 210x60mm KG **444**

Geräteeinbaukanal mit Trennsteg und mit Wandausleger, einschl. systembedingter Verbindungsstücke, Kabelhalteklammern, Formstücke, Befestigungsmaterial.
Norm: DIN EN 50085-2-1 (VDE 0604-2-1)
Werkstoff: PVC-U
Breite: 210 mm
Höhe: 60 mm
Farbe: weiß
Zubehör: C
Befestigung: auf **Beton / Mauerwerk / Installationswand**

–€ 68€ **71**€ 75€ –€ [m] – 353.000.047

358

Kosten:
Stand 2.Quartal 2020
Bundesdurchschnitt

Nr.	Positionen	Einheit	▶	▷	ø brutto € / ø netto €	◁	◀
1	Abbruch Einbauleuchte	St	7	9	**12**	12	15
			6	8	**10**	10	13
2	Decken-/Wandleuchte, LED, Feuchtraum	St	95	117	**125**	131	156
			80	98	**105**	110	131
3	Einbauleuchte, LED, 39W	St	145	172	**198**	239	257
			122	144	**166**	201	216
4	Hängeleuchte, LED 47W, bis 598mm	St	202	248	**280**	307	363
			169	209	**235**	258	305
5	Hängeleuchte, LED 47W, bis 1.198mm	St	250	309	**344**	405	469
			210	260	**289**	341	394
6	Einbaudownlight, LED, 9W	St	43	51	**61**	68	76
			36	43	**51**	57	64
7	Einbaudownlight, LED, 17,8W	St	50	61	**67**	83	89
			42	51	**56**	69	75

Nr. **Kurztext** / Langtext — Kostengruppe
▶ ▷ **ø netto €** ◁ ◀ [Einheit] Ausf.-Dauer Positionsnummer

1 Abbruch Einbauleuchte — KG **494**

Abbruch Einbauleuchte mit Befestigungsmaterial, inkl. Leuchtmittel, im Rahmen einer Teilabbruchmaßnahme, Ausführung innerhalb des Bauwerks. Abbruch von Hand/mit handgeführten Kleingeräten, aufgenommene Stoffe sammeln, in vom AG gestellten Behälter lagern. Abfall ist nicht gefährlich, nicht schadstoffbelastet, Entsorgung wird gesondert vergütet.
Ausführungsort: .....
Einbautiefe 50 mm
Arbeitshöhe: bis 3,50 m

6€ 8€ **10**€ 10€ 13€ [St] ⏱ 0,30 h/St 358.000.049

2 Decken-/Wandleuchte, LED, Feuchtraum — KG **445**

Decken-/Wandleuchte für Feuchtraum, Gehäuse aus Kunststoff (Polycarbonat), innenliegende Halterung, Stahlblech, weiß lackiert, Refraktor Kunststoff (PMMA oder PC), innenprismatisch.
Abmessung: ..... (bis 1.278 mm)
Leuchtmittel: LED 28 W
Lichtfarbe: 840, neutralweiß
Leuchtenlichtstrom: 3.350 lm
Elektrische Ausstattung: Betriebsgerät
Schutzart: IP 66
Schutzklasse: I
Spannung: 220-240 V /: 50-60 Hz
Farbe: Lichtgrau
Zubehör: Befestigungsmaterial
Arbeitshöhe: bis ..... m

80€ 98€ **105**€ 110€ 131€ [St] ⏱ 0,35 h/St 358.000.043

▶ min
▷ von
ø Mittel
◁ bis
◀ max

3 **Einbauleuchte, LED, 39W** KG **445**

Einbauleuchte in abgehängter Decke, Gehäuse aus Aluminium, Diffusor und Lightguide aus vergilbungsfreiem PMMA (opal), seitliche Lichteinkopplung mit LED-Betriebsgerät extern.
Abmessung: ..... (bis 1.233 mm)
Abstrahlwinkel: 60°
Leuchtmittel: LED 39 W
Lichtfarbe: 830, warmweiß
Leuchtenlichtstrom: 3.600 lm
Lebensdauer: 50.000 h (L70/B10)
Schutzart: IP 20
Schutzklasse: II
Spannung: 220-240 V / 50-60 Hz
Für Deckenstärke: 10-25 mm
Gehäusefarbe: weiß
Zubehör: Befestigungsmaterial
Arbeitshöhe: bis ..... m

122€ 144€ **166**€ 201€ 216€ [St] ⏱ 0,60 h/St 358.000.044

A 1 **Hängeleuchte, LED** Beschreibung für Pos. **4-5**

Hängeleuchte, Abdeckung aus Stahlblech, pulverbeschichtet, Rahmen aus Aluminium, eloxiert, Diffusor aus Kunststoff (PMMA) opal, seitliche Lichteinkopplung mit LED, mit 2-Punkt-Stahlseilabhängung, stufenlos höhenverstellbar.
Abstrahlwinkel: 120°
Leuchtmittel: LED 47 W
Lichtfarbe: 830, warmweiß
Leuchtenlichtstrom: 4.300 lm
Schutzart: IP 40
Schutzklasse: I
Spannung: 100-240 V / 50-60 Hz
Gehäusefarbe: aluminium, eloxiert
Zubehör: Befestigungsmaterial

4 **Hängeleuchte, LED 47W, bis 598mm** KG **445**

Wie Ausführungsbeschreibung A 1
Abmessung: ..... (bis 598 mm)
Arbeitshöhe: bis ..... m

169€ 209€ **235**€ 258€ 305€ [St] ⏱ 0,50 h/St 358.000.045

5 **Hängeleuchte, LED 47W, bis 1.198mm** KG **445**

Wie Ausführungsbeschreibung A 1
Abmessung: ..... (bis 1.198 mm)
Arbeitshöhe: bis ..... m

210€ 260€ **289**€ 341€ 394€ [St] ⏱ 0,50 h/St 358.000.046

Nr.	Kurztext / Langtext						Kostengruppe
▶	▷	ø netto €	◁	◀	[Einheit]	Ausf.-Dauer	Positionsnummer

A 2 Einbaudownlight, LED — Beschreibung für Pos. **6-7**

Einbaudownlight mit LED, Gehäuse aus Aluminium-Druckguss, pulverbeschichtet, Lightguide und Kunststoffabdeckung aus vergilbungsfreiem Kunststoff (PMMA), Abdeckung Kunststoff opal matt, Deckenbefestigung mit Federsystem.
Betriebsgerät: extern über Steckverbindung, mit Verbindungsleitung zwischen Leuchte und LED-Konverter 250 mm
Abstrahlwinkel: 110°
Lichtfarbe: 830, warmweiß
Lebensdauer: L70> 50.000 h
Spannung: 220-240 V / 50-60 Hz
Für Deckenstärke: 1-20 mm
Schutzart: IP40
Schutzklasse: II
Zubehör: Befestigungsmaterial

Kosten:
Stand 2.Quartal 2020
Bundesdurchschnitt

6 Einbaudownlight, LED, 9W — KG **445**

Wie Ausführungsbeschreibung A 2
Durchmesser: 170 mm
Einbautiefe: 27-53 mm
Lichtleistung: LED 9 W
Leuchtenlichtstrom: 940 lm
Arbeitshöhe: bis ..... m

▶	▷	ø	◁	◀	[Einheit]	Ausf.-Dauer	Positionsnummer
36€	43€	**51**€	57€	64€	[St]	⏱ 0,30 h/St	358.000.047

7 Einbaudownlight, LED, 17,8W — KG **445**

Wie Ausführungsbeschreibung A 2
Durchmesser: 234 mm
Einbautiefe: 31-56 mm
Lichtleistung: LED 17,8 W
Leuchtenlichtstrom: 1.650 lm
Arbeitshöhe: bis ..... m

▶	▷	ø	◁	◀	[Einheit]	Ausf.-Dauer	Positionsnummer
42€	51€	**56**€	69€	75€	[St]	⏱ 0,40 h/St	358.000.048

▶ min
▷ von
ø Mittel
◁ bis
◀ max

369

Kosten:
Stand 2.Quartal 2020
Bundesdurchschnitt

Aufzüge — Preise €

Nr.	Positionen	Einheit	▶	▷	ø brutto € / ø netto €	◁	◀
1	Personenaufzug bis 630kg, behindertengerecht, Typ 2	St	–	40.592	**56.911**	73.161	–
			–	34.111	**47.824**	61.480	–
2	Personenaufzug bis 1.275kg, behindertengerecht, Typ 3	St	–	71.310	**82.006**	94.348	–
			–	59.924	**68.913**	79.284	–
3	Bettenaufzug, 2.500kg	St	81.304	103.349	**111.767**	112.976	128.174
			68.322	86.848	**93.922**	94.938	107.709
4	Sitzlift, Treppe innen, gerade	St	–	4.731	**8.365**	11.396	–
			–	3.976	**7.030**	9.576	–
5	Sitzlift, Treppe innen, gewendelt	St	–	9.586	**13.967**	20.707	–
			–	8.055	**11.737**	17.401	–
6	Plattformlift, Treppe innen, gerade	St	–	11.314	**14.001**	20.296	–
			–	9.507	**11.766**	17.055	–
7	Plattformlift, Treppe innen, gewendelt	St	–	17.581	**23.587**	27.564	–
			–	14.774	**19.821**	23.163	–
8	Plattformlift, Treppe außen, gerade	St	–	16.319	**19.500**	21.996	–
			–	13.713	**16.387**	18.484	–
9	Hublift, Förderplattform, 1,5m	St	–	6.740	**13.165**	15.524	–
			–	5.664	**11.063**	13.045	–
10	Hublift, Förderplattform, 3,0m	St	–	17.553	**21.599**	23.176	–
			–	14.751	**18.150**	19.475	–
11	Plattformaufzug, bis 2 Etagen, barrierefrei, verglast, außen	St	–	30.190	**41.264**	50.945	–
			–	25.370	**34.675**	42.811	–
12	Stundensatz Facharbeiter, Förderanlagen	h	54	80	**89**	108	134
			45	67	**74**	91	113
13	Stundensatz Helfer, Förderanlagen	h	37	55	**67**	93	123
			31	46	**56**	78	103

▶ min
▷ von
ø Mittel
◁ bis
◀ max

Nr.	**Kurztext** / Langtext					Kostengruppe
▶	▷	**ø netto €**	◁	◀	[Einheit]	Ausf.-Dauer Positionsnummer

1 Personenaufzug bis 630kg, behindertengerecht, Typ 2 KG **461**

Seilaufzug, behindertengerecht EN 81-70, 630kg Nutzlast, als Personenaufzug elektrisch betrieben EN 81-1, liefern und betriebsfertig montieren. Ausführung gem. anliegender Einzelbeschreibungen.
Türbreite: mind. 90 cm
Fahrkorbbreite: mind. 110 cm
Fahrkorbtiefe: mind. 210 cm
Typ: Personenaufzug EN81-70 barrierefrei / behindertengerecht, Nutzung durch 1 Rollstuhlbenutzer mit Begleitperson nach EN 12183 oder durch elektrisch angetriebenen Rollstuhl der Klassen A oder B DIN EN 12184
Gruppengröße: 8 Personen
Gruppensteuerung: Auf-/Abwärts-Sammelsteuerung
Geschwindigkeit: **1,6 / 1,0 / 0,5 m/s**
Nennlast: 630 kg
Anzahl der Fahrten / Fahrzeit je Tag: ca. **1,5 / 3,0 / 6,0** (Stunden je Tag) nach VDI 4707 Bl.1
Schallwert 1 Meter vom Antrieb entfernt: max. ..... dB(A)
Schallwert in der Kabine während der Fahrt: max. 51 dB(A)
Schallwert1 Meter vor geschlossener Schachttür: max. ..... dB(A)
Brandschutz: Türen **ohne Brandanforderung / E120 nach EN81-58**. Türausbildung gem. DIN 18091
Anzahl Haltestellen: ..... Geschosse
Summe Zugänge: ..... Zugänge
Schachtausführung: Betonschacht nach EN81
Schachtbreite: ..... mm
Schachttiefe: ..... mm
Schachtgrubentiefe: ..... mm
Schachtkopfhöhe: ..... mm
Förderhöhe: ..... mm
Aufzugsantrieb: im Schacht / im gesonderten Maschinenraum
Antrieb / Kabinenausstattung / Ausführung Schachtkorb und Türen, gem. Einzelbeschreibung
Bieterangaben:
Motor: Energieeffizienzklasse ....., mit ..... kW
Nennstrom: .....
Anlaufstrom: .....
Hersteller / Typ des Antriebes: .....
Hersteller / Typ des Motors: .....
Hersteller / Typ der Steuerung: .....
Hersteller / Typ des Fahrkorbes: .....
Hersteller / Typ der elektronischen Steuerung: .....

€	34.111€	**47.824**€	61.480€	–€	[St]	⏱ 220,00 h/St 369.000.001

Nr.	Kurztext / Langtext					Kostengruppe
▶	▷	ø netto €	◁	◀	[Einheit]	Ausf.-Dauer Positionsnummer

2 Personenaufzug bis 1.275kg, behindertengerecht, Typ 3 KG **461**

Seilaufzug, krankentrage- und behindertengerecht EN 81-70, 1.000kg Nutzlast, als Personenaufzug für 13 Personen, elektrisch betrieben EN 81-1, liefern und betriebsfertig montieren. Ausführung gem. anliegender Einzelbeschreibungen, Anlagen-Nr.: .....
Typ: Personenaufzug EN81-70 Tabelle 1 Typ 3, barrierefrei / behindertengerecht und krankentragegerecht, Nutzung durch 1 Rollstuhlbenutzer und weitere Personen, mit der Möglichkeit des Wenden des Rollstuhls der Klasse A oder B oder der Gehhilfe bzw. des Rollators
Gruppengröße: 13 Personen
Gruppensteuerung: Auf-/Abwärts-Sammelsteuerung
Geschwindigkeit: **1,6 / 1,0 / 0,5** m/s
Nennlast: 1.275 kg
Anzahl der Fahrten / Fahrzeit je Tag: ca. **1,5 / 3,0 / 6,0** (Stunden je Tag) nach VDI 4707 Bl.1
Schallwert 1 Meter vom Antrieb entfernt: max. ..... dB(A)
Schallwert in der Kabine während der Fahrt: max. 51 dB(A)
Schallwert: Meter vor geschlossener Schachttür max. ..... dB(A)
Brandschutz: Türen **ohne Brandanforderung / E120 nach EN81-58**
Anzahl Haltestellen: .... Geschosse
Summe Zugänge: ..... Zugänge
Schachtausführung: Betonschacht nach EN81
Schachtbreite: ..... mm
Schachttiefe: ..... mm
Schachtgrubentiefe: ..... mm
Schachtkopfhöhe: ..... mm
Förderhöhe: ..... mm
Aufzugsantrieb: im Schacht / im gesonderten Maschinenraum
Bieterangaben:
Motor: Energieeffizienzklasse ....., mit ..... kW
Nennstrom: .....
Anlaufstrom: .....
Türbreite: mind. 90 cm
Fahrkorbbreite: mind. 200 cm
Fahrkorbtiefe: mind. 140 cm
Hersteller / Typ des Antriebes: .....
Hersteller / Typ des Motors: .....
Hersteller / Typ der Steuerung: .....
Hersteller / Typ des Fahrkorbes: .....
Hersteller / Typ der elektronischen Steuerung: .....

–€	59.924€	**68.913**€	79.284€	–€	[St]	⏱ 240,00 h/St	369.000.002

Kosten:
Stand 2.Quartal 2020
Bundesdurchschnitt

▶ min
▷ von
ø Mittel
◁ bis
◀ max

3 **Bettenaufzug, 2.500kg** KG **461**

Seilaufzug, Bettenaufzug, elektrisch betrieben EN 81-1, liefern und betriebsfertig montieren. Ausführung gem. anliegender Einzelbeschreibungen, Anlagen-Nr.: .....
Einsatzempfehlung: Bettenaufzug gem. DIN 15309, in Krankenhäuser und Kliniken, Bettengröße 1,00 x 2,30 m, mit Geräten für die medizinische Versorgung und Notbehandlung der Patienten, mit Begleitperson am Kopfende und/oder seitlich stehend. Ausführung barrierefrei EN81-70
Gruppengröße: 33 Personen
Gruppensteuerung: Auf-/Abwärts-Sammelsteuerung
Geschwindigkeit: **1,0 / 0,5** m/s
Nennlast: 2.500 kg
Anzahl der Fahrten / Fahrzeit je Tag: ca. ..... (Stunden je Tag) nach VDI 4707 Bl.1
Schallwert 1 Meter vom Antrieb entfernt: max. ..... dB(A)
Schallwert in der Kabine während der Fahrt: max. 51 dB(A)
Schallwert 1 Meter vor geschlossener Schachttür: max. ..... dB(A)
Brandschutz: E120 nach EN81-58
Anzahl Haltestellen: ..... Geschosse
Zugänge: ..... Zugänge / Türen gegenüber: ..... Geschosse
Schachtausführung: Betonschacht nach EN81
Schachtbreite: 2.775 mm
Schachttiefe: 3.250 mm
Schachtgrubentiefe: ..... mm
Schachtkopfhöhe: ..... mm
Förderhöhe: ..... mm
Aufzugsantrieb: **im Schacht / im gesonderten Maschinenraum**
Bieterangaben:
Motor: Energieeffizienzklasse ....., mit ..... kW
Nennstrom: .....
Anlaufstrom: .....
Hersteller / Typ des Antriebes: .....
Hersteller / Typ des Motors: .....
Hersteller / Typ der Steuerung: .....
Hersteller / Typ des Fahrkorbes: .....
Hersteller / Typ der elektronischen Steuerung: .....

68.322€ 86.848€ **93.922**€ 94.938€ 107.709€ [St] ⏱ 260,00 h/St 369.000.003

A 1 **Sitzlift, Treppe innen** Beschreibung für Pos. **4-5**

Sitzlift mit Stangenantrieb für Treppen im Innenbereich, mit außenseitiger Stützenmontage auf Treppenstufen, gepolsterten Sitz, klappbar, mit Rücken- und beidseitiger Armlehne, mit Gurt und Fußbrett.
Förderlänge: ..... m (1 Wohngeschoss)
Neigungswinkel: 0-.....°
Betrieb: Zahnstangenantrieb, Akkumotor 0,36 kW
Tragfähigkeit: 125 kg
Fahrgeschwindigkeit: max. 0,11 m/s
Stromversorgung: 230 V / 50 Hz
Steuerung: Totmannsteuerung
Bedienung: Fernbedienung und Taster, Joystick auf Lehne
Fahrschiene: Stahlrohr, pulverbeschichtet

340
341
342
344
345
347
353
358
369

Kosten:
Stand 2.Quartal 2020
Bundesdurchschnitt

Nr.	**Kurztext** / Langtext						Kostengruppe
▶	▷	**ø netto €**	◁	◀	[Einheit]	Ausf.-Dauer	Positionsnummer

4 Sitzlift, Treppe innen, gerade KG **461**

Wie Ausführungsbeschreibung A 1
Treppenlauf: gerade

–€	3.976€	**7.030**€	9.576€	–€	[St]	–	369.000.004

5 Sitzlift, Treppe innen, gewendelt KG **461**

Wie Ausführungsbeschreibung A 1
Treppenlauf: gewendelt

–€	8.055€	**11.737**€	17.401€	–€	[St]	–	369.000.005

A 2 Plattformlift, Treppe Beschreibung für Pos. **6-8**

Plattformlift mit Fahrschiene und Antriebsseil, für Treppen mit Plattformrückwand und äußerer Wandbefestigung, Plattform mit Auffahrrampen, automatischen Sicherheitsbügel und Bedieneinheit.
Nutzgröße: mind. 860 mm x 650 mm
Förderlänge: ..... m (1 Wohngeschoss)
Neigungswinkel: 0-.....°
Betrieb: Seilantrieb, bis 2,2 kW
Tragfähigkeit: 250 kg
Fahrgeschwindigkeit: max. 0,52 m/s
Stromversorgung: 230 V / 50 Hz
Steuerung: Totmannsteuerung
Bedienung: Außenbefehlsgeber, Bedienpaneel
Schlüsselaktivierung: **ja/nein**
Fahrschiene: Stahlrohrpaar, pulverbeschichtet

6 Plattformlift, Treppe innen, gerade KG **461**

Wie Ausführungsbeschreibung A 2
Einbauort: innen
Treppenlauf: gerade

–€	9.507€	**11.766**€	17.055€	–€	[St]	–	369.000.006

7 Plattformlift, Treppe innen, gewendelt KG **461**

Wie Ausführungsbeschreibung A 2
Einbauort: innen
Treppenlauf: gewendelt

–€	14.774€	**19.821**€	23.163€	–€	[St]	–	369.000.007

8 Plattformlift, Treppe außen, gerade KG **461**

Wie Ausführungsbeschreibung A 2
Einbauort: außen
Treppenlauf: gerade

–€	13.713€	**16.387**€	18.484€	–€	[St]	–	369.000.008

▶ min
▷ von
ø Mittel
◁ bis
◀ max

A 3 Hublift, Förderplattform Beschreibung für Pos. **9-10**

Hublift mit Förderplattform und Fördermast, Konstruktion selbsttragend, mit Wandbefestigung, Geländer mit Ausfachung, Bekleidungen aus Metall, sowie oberer Sicherheitstüre mit Blechbekleidung zur Sturzabsicherung und mitfahrender Sicherheitstüre.
Zugänge: gegenüber, 90° versetzt
Nutzgröße: 1.100 x 1.400 mm
Schachtgrube: .....
Betrieb: Spindelantrieb, 1,5 kW
Tragfähigkeit: 340 kg
Fahrgeschwindigkeit: max. 0,005 m/s
Stromversorgung: 230 V / 50 Hz
Steuerung: Totmannsteuerung
Bedienung: Wippschalter
Schlüsselaktivierung: **ja/nein**
Rahmen der Antriebseinheit und Türen: Aluminium, eloxiert
Geländer: Edelstahl
Ausfachung: Stahlblech, pulverbeschichtet
Farbe: .....
Bekleidung: .....

9 Hublift, Förderplattform, 1,5m KG **461**

Wie Ausführungsbeschreibung A 3
Einbauort: **Hochparterre / versetzte Geschossebene, innen/außen**
Förderhöhe: bis 1,5 m

►	▷	ø netto €	◁	◄	[Einheit]	Ausf.-Dauer	Positionsnummer
–€	5.664€	**11.063**€	13.045€	–€	[St]	–	369.000.009

10 Hublift, Förderplattform, 3,0m KG **461**

Wie Ausführungsbeschreibung A 3
Einbauort: ....., **innen / außen**
Förderhöhe: bis 3,0 m

►	▷	ø netto €	◁	◄	[Einheit]	Ausf.-Dauer	Positionsnummer
–€	14.751€	**18.150**€	19.475€	–€	[St]	–	369.000.010

A 4 Personenaufzug, Plattform, verglast, barrierefrei Beschreibung für Pos. **11-11**

Aufzugsanlage mit Senkrechtplattform und Seitenschutz, Aufzugstraggerüst aus Stahlprofilen mit Verglasung, Automatiktüren, Bedienelementen, Ausstattungen und Klappsitz. Die Inbetriebnahme mit Schlüsselschalter am Bedientableau an Zugang, Sicherheitseinrichtung mit Not-Stopptaster, Notruf, Notruftonsignal, Notlicht und Notablass bei Stromausfall.
Einbauort: außen
Tragfähigkeit: 400 kg
Geschwindigkeit: 0,15 m/s
Bedienung: Tableaus
Stromversorgung: 230 V / 50 Hz
Steuerung: Totmann-Steuerung, Selbsterhaltungsteuerung
Schachtkonstruktion: Stahlprofile, lackiert
Verglasung: Wärmeschutzglas, Sicherheitsverglasung
U-Werte, Hüllflächen: .....
Schachtgrubentiefe: .....
Türen: .....

Nr.	Kurztext / Langtext						Kostengruppe
▶	▷	**ø netto €**	◁	◀	[Einheit]	Ausf.-Dauer	Positionsnummer

11 Plattformaufzug, bis 2Etagen, barrierefrei, verglast, außen KG **461**

Wie Ausführungsbeschreibung A 4
Haltestellen: 2
Förderhöhe: bis 15 m

▶	▷	ø	◁	◀	Einheit	Ausf.-Dauer	Positionsnummer
–€	25.370€	**34.675**€	42.811€	–€	[St]	–	369.000.011

12 Stundensatz Facharbeiter, Förderanlagen

Stundenlohnarbeiten für Facharbeiter, Spezialfacharbeiter, Vorarbeiter und jeweils Gleichgestellte. Leistung nach besonderer Anordnung der Bauüberwachung. Nachweis und Anmeldung gem. VOB/B.

▶	▷	ø	◁	◀	Einheit	Ausf.-Dauer	Positionsnummer
45€	67€	**74**€	91€	113€	[h]	⏱ 1,00 h/h	369.000.012

13 Stundensatz Helfer, Förderanlagen

Stundenlohnarbeiten für Werker, Fachwerker und jeweils Gleichgestellte. Leistung nach besonderer Anordnung der Bauüberwachung. Nachweis und Anmeldung gem. VOB/B.

▶	▷	ø	◁	◀	Einheit	Ausf.-Dauer	Positionsnummer
31€	46€	**56**€	78€	103€	[h]	⏱ 1,00 h/h	369.000.013

Kosten:
Stand 2.Quartal 2020
Bundesdurchschnitt

▶ min
▷ von
ø Mittel
◁ bis
◀ max

D Freianlagen

303

Kosten:
Stand 2.Quartal 2020
Bundesdurchschnitt

Nr.	Positionen	Einheit	▶	▷	ø brutto € / ø netto €	◁	◀
1	Baugelände abräumen	m²	5	6	**6**	6	7
			4	5	**5**	5	6
2	Baugelände abräumen, entsorgen	t	154	181	**192**	198	263
			129	152	**161**	166	221
3	Betonfundamente aufnehmen, entsorgen	m³	133	170	**179**	208	224
			111	143	**151**	175	188
4	Dränleitung DN100, ausbauen entsorgen	m	–	9	**11**	13	–
			–	7	**9**	11	–
5	Dränleitung DN100, ausbauen, seitlich lagern	m	–	8	**10**	12	–
			–	7	**8**	10	–
6	Baum herausnehmen, einschlagen	St	98	121	**133**	138	170
			82	102	**112**	116	143
7	Strauch herausnehmen, einschlagen, 50-100cm	St	13	16	**17**	19	23
			11	14	**14**	16	19
8	Strauch herausnehmen, einschlagen, 100-150cm	St	23	27	**30**	31	36
			19	23	**26**	26	30
9	Maschendrahtzaun demontieren bis 1,5m, entsorgen	m	6	7	**8**	9	11
			5	6	**7**	7	9
10	Metallzaun abbrechen, entsorgen	m	8	12	**15**	17	19
			7	10	**12**	14	16
11	Rutsche abbauen	St	124	165	**178**	211	220
			104	139	**149**	178	185
12	Klettergerüst abbauen	St	66	92	**96**	115	121
			55	77	**81**	97	101
13	Schaukel abbauen	St	105	134	**145**	154	172
			88	113	**122**	129	144
14	Sandkasten abbauen	m²	7	82	**98**	94	98
			6	69	**82**	79	82
15	Baumschutz, Brettermantel, bis 50cm	St	51	55	**58**	62	65
			43	46	**49**	52	55
16	Baumschutz, Brettermantel, über 50 bis 100cm	St	59	79	**85**	109	147
			49	66	**71**	92	124
17	Wurzelbereichschutz, Baum	m²	–	45	**48**	58	–
			–	38	**41**	48	–
18	Bauzaun aufstellen	m	8	10	**11**	13	18
			6	9	**10**	11	15
19	Baum fällen, bis StD 15cm, entsorgen	St	55	69	**77**	84	99
			46	58	**64**	71	83
20	Baum fällen, bis StD 30cm, entsorgen	St	116	147	**158**	178	212
			98	124	**133**	150	178
21	Baum fällen, bis StD 50cm, entsorgen	St	118	156	**174**	206	267
			99	131	**146**	173	224
22	Baum fällen, über StD 50 bis 100cm entsorgen	St	170	221	**246**	271	331
			142	186	**207**	228	278
23	Baugelände roden	m²	11	13	**13**	14	16
			9	11	**11**	11	14
24	Baum roden, Durchmesser StD 30cm, entsorgen	St	109	146	**154**	183	195
			92	123	**129**	154	164

▶ min
▷ von
ø Mittel
◁ bis
◀ max

Nr.	Positionen	Einheit	▶	▷	ø brutto € / ø netto €	◁	◀
25	Gerodete Fläche planieren	m²	2	2	**3**	3	3
			2	2	**2**	3	3
26	Aufwuchs entfernen	m²	2	2	**2**	3	4
			1	2	**2**	2	4
27	Oberboden abtragen, entsorgen	m³	20	23	**23**	24	26
			17	19	**19**	20	22
28	Oberboden lösen, lagern	m³	8	10	**11**	12	17
			7	8	**9**	10	14
29	Oberboden liefern, einbauen, bis 30cm	m³	32	35	**37**	39	45
			27	30	**31**	33	38
30	Oberboden auftragen, lagernd	m³	8	11	**13**	13	16
			7	9	**11**	11	14
31	Füllboden liefern, einbauen	m³	17	21	**23**	23	28
			14	18	**19**	20	24
32	Fundamentaushub, bis 1,25m, lagern, GK1	m³	23	30	**31**	34	41
			20	25	**26**	29	34
33	Fundamentaushub, bis 1,25m, entsorgen, GK1	m³	29	37	**37**	45	54
			24	31	**31**	38	46
34	Feinplanum, Rasenfläche	m²	2	2	**2**	3	4
			1	2	**2**	2	3
35	Rasenansaat	m²	0,7	0,9	**1,0**	1,1	1,4
			0,6	0,7	**0,8**	0,9	1,2
36	Fertigrasen liefern, einbauen	m²	10	11	**11**	12	14
			8	9	**10**	10	11
37	Rasenfläche ausbessern	m²	23	32	**34**	40	43
			19	27	**28**	34	36
38	Rasenfläche düngen	m²	0,5	0,6	**0,6**	0,7	0,8
			0,4	0,5	**0,5**	0,6	0,7
39	Fertigstellungspflege, Rasenflächen	m²	2	3	**3**	3	3
			2	2	**2**	2	3
40	Feinplanum, Pflanzfläche	m²	0,9	1,6	**1,9**	2,2	3,0
			0,7	1,3	**1,6**	1,9	2,5
41	Pflanzgrube für Kleingehölz 20x20x20	St	4	4	**4**	5	5
			3	3	**4**	4	4
42	Pflanzgrube ausheben, bis 80x80x80	St	22	30	**31**	34	42
			18	25	**26**	29	36
43	Pflanzgrube ausheben, bis 100x100x80	St	24	30	**33**	39	48
			20	26	**28**	33	40
44	Pflanzgrube ausheben, bis 150x150x80	St	30	46	**53**	59	75
			25	38	**44**	50	63
45	Pflanzgrube ausheben, bis 200x200x100	St	56	71	**72**	81	99
			47	60	**61**	68	83
46	Pflanzgrube verfüllen, Pflanzsubstrat	St	39	45	**51**	52	59
			33	38	**43**	44	49
47	Pflanzgrube verfüllen, Baumsubstrat	St	46	53	**57**	65	77
			38	45	**48**	55	65
48	Vegetationsflächen lockern, fräsen	m²	0,8	1,1	**1,3**	1,7	2,4
			0,7	1,0	**1,1**	1,4	2,0

Nr.	Positionen	Einheit	▶	▷	ø brutto € / ø netto €	◁	◀
49	Bodenverbesserung, Rindenhumus	m²	2	2	**2**	3	3
			1	2	**2**	2	3
50	Hochstamm/Solitär, liefern/pflanzen, 100-125cm	St	68	79	**83**	97	114
			57	66	**70**	81	95
51	Hochstamm/Solitär, liefern/pflanzen, 150-200cm	St	93	114	**130**	171	229
			78	96	**109**	144	193
52	Fertigstellungspflege, Baum	St	43	50	**54**	57	73
			36	42	**45**	48	62
53	Strauch einschlagen	St	2	3	**4**	4	5
			2	3	**3**	3	5
54	Hochstamm einschlagen	St	10	12	**12**	15	16
			9	10	**10**	12	13
55	Heckenpflanzen nach Einschlag pflanzen	St	4	5	**5**	6	7
			3	4	**4**	5	6
56	Strauchpflanzen nach Einschlag pflanzen	St	3	5	**5**	7	9
			2	4	**5**	6	8
57	Solitär/Hochstamm nach Einschlag pflanzen	St	19	23	**17**	27	31
			16	19	**14**	23	26
58	Bodendecker und Stauden nach Einschlag pflanzen	m²	4	4	**4**	5	5
			3	3	**4**	4	4
59	Fertigstellungspflege, Sträucher	St	52	62	**69**	72	79
			43	52	**58**	60	66
60	Pflanzflächen wässern, bauseits vorhanden	m²	0,9	1,4	**1,7**	2,0	2,6
			0,7	1,2	**1,4**	1,7	2,2
61	Pflanzflächen wässern, Wasser liefern	m²	1,0	2,1	**2,7**	3,5	4,8
			0,8	1,8	**2,3**	3,0	4,0
62	Pflanzenverankerung, zwei Baumpfähle	St	34	44	**48**	55	73
			29	37	**41**	46	61
63	Pflanzenverankerung, Pfahl-Dreibock	St	51	67	**75**	89	118
			43	57	**63**	75	99
64	Zaun,Viereck-Drahtgeflecht, 0,80m	m	17	24	**27**	27	34
			15	20	**22**	23	28
65	Zaun, Viereck-Drahtgeflecht, 1,25m	m	36	39	**40**	42	45
			30	32	**34**	36	38
66	Zaun, Viereck-Drahtgeflecht, 2,00m	m	47	71	**77**	86	109
			39	59	**64**	73	92
67	Stabgitterzaun, 0,80m	m	46	53	**64**	77	88
			38	44	**54**	65	74
68	Stabgitterzaun, 1,40m	m	60	71	**79**	91	106
			51	60	**67**	77	89
69	Stabgitterzaun, 1,80m	m	69	80	**92**	103	113
			58	67	**77**	86	95
70	Drehflügeltor, einflüglig, lichte Weite 1,1m, H 1,2m	St	893	1.080	**1.112**	1.176	1.309
			750	907	**934**	988	1.100
71	Drehflügeltor, zweiflüglig, lichte Weite 2,5m, H 1,2m	St	1.933	2.337	**2.367**	2.498	2.775
			1.624	1.964	**1.989**	2.099	2.332
72	Stahltor, einflüglig, beschichtet	St	921	1.120	**1.265**	1.327	1.661
			774	941	**1.063**	1.115	1.396

Kosten:
Stand 2.Quartal 2020
Bundesdurchschnitt

▶ min
▷ von
ø Mittel
◁ bis
◀ max

Nr.	Positionen	Einheit	▶	▷ ø brutto € / ø netto €		◁	◀
73	Stahltor, zweiflüglig, beschichtet	St	1.277	1.557	**1.616**	1.802	2.186
			1.073	1.308	**1.358**	1.514	1.837
74	Zaunpfosten, Stahlrohr	St	37	57	**62**	72	91
			31	48	**52**	61	76
75	Poller, Beton	St	398	435	**465**	478	506
			335	365	**391**	402	426
76	Spielgerät, Einfachschaukel	St	1.842	2.406	**2.655**	2.905	3.550
			1.548	2.021	**2.231**	2.441	2.983
77	Spielgerät, Federwipptier	St	1.101	1.354	**1.386**	1.471	1.683
			925	1.138	**1.165**	1.236	1.414
78	Fassaden-Flachrinne, DN100	m	140	158	**167**	179	206
			118	133	**141**	150	173
79	Entwässerungsrinne, Polymerbeton	St	256	312	**335**	389	483
			215	262	**282**	327	406
80	Entwässerungsrinne, Kl. A, Beton/Gussabdeckung	m	74	109	**125**	152	202
			62	91	**105**	128	170
81	Entwässerungsrinne, Kl. B, Beton/Gussabdeckung	m	103	110	**115**	119	131
			86	93	**96**	100	110
82	Entwässerungsrinne, Klasse A, DN100	m	104	136	**144**	167	177
			87	114	**121**	141	149
83	Abdeckung, Entwässerungsrinne, Guss, Bodenindikator	St	101	116	**119**	123	131
			85	97	**100**	103	110
84	Ablaufkasten, Klasse A, DN100	St	203	248	**261**	310	328
			171	208	**219**	261	276
85	Stundensatz Facharbeiter, Landschaftsbauarbeiten	h	55	62	**66**	70	77
			47	52	**56**	59	64
86	Stundensatz Helfer, Landschaftsbauarbeiten	h	44	50	**54**	59	68
			37	42	**45**	50	57

Nr. **Kurztext** / Langtext Kostengruppe

▶ ▷ **ø netto €** ◁ ◀ [Einheit] Ausf.-Dauer Positionsnummer

1 Baugelände abräumen KG **214**

Baugelände abräumen, von Steinen, Mauerresten, Zäunen, Schutt und Unrat, von Aufwuchs, einschl. Wurzelwerk, mit Stämmen Stammdurchmesser bis 10cm, Bewuchshöhe über 50 bis 100cm, anfallende Stoffe trennen und laden, fördern und lagern.

4€ 5€ **5**€ 5€ 6€ [m2] ⏱ 0,05 h/m2 303.000.217

2 Baugelände abräumen, entsorgen KG **594**

Baugelände von unbelasteten Steinen, Schutt und Unrat abräumen. Räumgut entsorgen.
Maschineneinsatz: **ja / nein**

129€ 152€ **161**€ 166€ 221€ [t] ⏱ 2,90 h/t 303.000.225

Nr.	**Kurztext** / Langtext						Kostengruppe
▶	▷	**ø netto €**	◁	◀	[Einheit]	Ausf.-Dauer	Positionsnummer

3 Betonfundamente aufnehmen, entsorgen KG **594**

Betonfundament jeder Art einschl. Unterbeton und Rückenstütze aufnehmen, abfahren und entsorgen.
Abmessung (L x B x H): ..... x ..... x ...... cm

111€ 143€ **151**€ 175€ 188€ [m³] ⏱ 1,85 h/m³ 303.000.266

4 Dränleitung DN100, ausbauen entsorgen KG **594**

Dränleitung aus Kunststoff, außer Betrieb, aufnehmen, laden abfahren und entsorgen, ohne Aushubarbeiten.
Zuordnung Abfall: Z 0 nicht belastet
Kunststoff: PVC-U
Nennweite: DN100
Tiefe: bis 1,50 m

–€ 7€ **9**€ 11€ –€ [m] ⏱ 0,15 h/m 303.000.275

Kosten:
Stand 2.Quartal 2020
Bundesdurchschnitt

5 Dränleitung DN100, ausbauen, seitlich lagern KG **594**

Dränleitung aus Kunststoff, außer Betrieb, ausbauen, säubern und seitlich lagern, ohne Aushubarbeiten
Kunststoff: PVC-U
Nennweite: DN100
Tiefe: bis 1,50 m
Förderweg: bis .....

–€ 7€ **8**€ 10€ –€ [m] ⏱ 0,20 h/m 303.000.276

6 Baum herausnehmen, einschlagen KG **573**

Baum herausnehmen, mit Ballen, transportieren und bis zur Wiedereinpflanzung einschlagen.
Stammumfang: über 18 bis 20 cm
Kronenbreite: bis 200 cm
Förderweg: ..... m

82€ 102€ **112**€ 116€ 143€ [St] ⏱ 2,55 h/St 303.000.206

7 Strauch herausnehmen, einschlagen, 50-100cm KG **573**

Strauch herausnehmen, mit Ballen, transportieren und bis zur Wiedereinpflanzung einschlagen.
Bewuchshöhe: über 50 bis 100 cm
Förderweg: ..... m

11€ 14€ **14**€ 16€ 19€ [St] ⏱ 0,30 h/St 303.000.267

8 Strauch herausnehmen, einschlagen, 100-150cm KG **573**

Strauch herausnehmen, mit Ballen, transportieren und bis zur Wiedereinpflanzung einschlagen.
Bewuchshöhe: über 100 bis 150 cm
Förderweg: ..... m

19€ 23€ **26**€ 26€ 30€ [St] ⏱ 0,60 h/St 303.000.208

▶ min
▷ von
ø Mittel
◁ bis
◀ max

9 Maschendrahtzaun demontieren bis 1,5m, entsorgen KG **594**

Zaun einschl. Stahlpfosten demontieren, aufnehmen, laden, abfahren, entsorgen.
Zuordnung Abfall: Z0, nicht belastet
Leistung inkl. Führen des Entsorgungsnachweises
Material: Maschendrahtzaun, kunststoffummantelt, inkl. Stahlpfosten
Zaunhöhe: bis 1,50 m
Zaunlänge: ..... m

5€ 6€ **7**€ 7€ 9€ [m] ⏱ 0,25 h/m 303.000.192

Nr.	**Kurztext** / Langtext						Kostengruppe
▶	▷	**ø netto €**	◁	◀	[Einheit]	Ausf.-Dauer	Positionsnummer

10 Metallzaun abbrechen, entsorgen — KG **594**

Zaun einschl. Stahlpfosten aufnehmen, laden, abfahren, entsorgen.
Zuordnung Abfall: Z0, nicht belastet
Leistung inkl. Führen des Entsorgungsnachweises
Material: Stahl
Zaunhöhe: ..... m
Zaunlänge: ..... m
Maschineneinsatz: **ja / nein**

7€	10€	**12**€	14€	16€	[m]	⏱ 0,15 h/m	303.000.218

11 Rutsche abbauen — KG **594**

Kinderrutsche mit Leiter, Stützen, Verankerungen inkl. Fundamente abbauen Stoffe aufnehmen, laden, abfahren und entsorgen.
Zuordnung Abfall: Z0 nicht belastet
Material: **Blech / Kunststoff**
Höhe: bis 2,00 m

104€	139€	**149**€	178€	185€	[St]	⏱ 2,30 h/St	303.000.264

12 Klettergerüst abbauen — KG **594**

Klettergerüst, gerade, aus Stahlrohr mit Leiter, Stützen, Verankerungen sowie Fundamenten abbauen und entsorgen. Stoffe aufnehmen, laden, abfahren und entsorgen.
Zuordnung Abfall: Z0 nicht belastet
Höhe: bis 2,00 m

55€	77€	**81**€	97€	101€	[St]	⏱ 1,20 h/St	303.000.268

13 Schaukel abbauen — KG **594**

Schaukel mit Verankerungen sowie Fundamenten abbauen, aufnehmen, laden, abfahren und entsorgen.
Zuordnung Abfall: Z0, nicht belastet
Material: **Stahl / Holz**
Höhe: bis 2,50 m

88€	113€	**122**€	129€	144€	[St]	⏱ 1,20 h/St	303.000.265

14 Sandkasten abbauen — KG **594**

Sandkasten inkl. Einfassung, Sand und evtl. Abdeckung abbrechen, aufnehmen, laden, abfahren und entsorgen.
Zuordnung Abfall: Z0, nicht belastet
Die Deponiegebühr wird auf Nachweis vergütet.

6€	69€	**82**€	79€	82€	[m²]	⏱ 1,40 h/m²	303.000.273

15 Baumschutz, Brettermantel, bis 50cm — KG **211**

Stammschutz durch Ummantelung gegen den Baum, herstellen.
Stammdurchmesser: bis 50 cm
Material: Brettermantel inkl. Polsterung
Höhe: mind. 2,00 m

43€	46€	**49**€	52€	55€	[St]	⏱ 1,00 h/St	303.000.256

Kosten:
Stand 2.Quartal 2020
Bundesdurchschnitt

Nr.	**Kurztext** / Langtext					Kostengruppe
▶	▷	**ø netto €**	◁	◀	[Einheit]	Ausf.-Dauer Positionsnummer

16 Baumschutz, Brettermantel, über 50 bis 100cm KG **211**

Stammschutz durch Ummantelung gegen den Baum, herstellen.
Stammdurchmesser: über 50 bis 100 cm
Material: Brettermantel inkl. Polsterung
Höhe: mind. 2,00 m

49€ 66€ **71**€ 92€ 124€ [St] ⏱ 0,92 h/St 303.000.193

17 Wurzelbereichschutz, Baum KG **397**

Schutz des Wurzelbereiches von Bäumen vor Druckschäden, bei befristeter Belastung durch Baumschinen, Baustelleneinrichtungen und Materiallager.Vollflächig mit Vlies und Natursand abdecken, Auflage von untereinander fest verbunden Bohlen.
Abdeckung: Dicke 25 cm
Natursand: 0/2
Bohlen: Dicke 40 mm

–€ 38€ **41**€ 48€ –€ [m²] ⏱ 0,60 h/m² 303.000.215

18 Bauzaun aufstellen KG **591**

Bauzaun als Schutzzaun aufstellen, vorhalten und beseitigen.
Zaunhöhe: 2,00 m
Material: Baustahlgewebe
Vorhaltedauer: ..... Wochen

6€ 9€ **10**€ 11€ 15€ [m] ⏱ 0,18 h/m 303.000.219

19 Baum fällen, bis StD 15cm, entsorgen KG **214**

Baum fällen inkl. Wurzelwerk roden und entsorgen. Stammdurchmesser gemessen 1,00m über Gelände.
Standortbedingung: .....
Baumart: .....
StD: bis 15 cm
Baumhöhe: ..... m
Baum: **frei fallend / stückweise abnehmen**
Maschineneinsatz: **ja / nein**

46€ 58€ **64**€ 71€ 83€ [St] ⏱ 1,60 h/St 303.000.220

20 Baum fällen, bis StD 30cm, entsorgen KG **214**

Baum fällen inkl. Wurzelwerk roden und entsorgen. Stammdurchmesser gemessen 1,00m über Gelände.
Standortbedingung: .....
Baumart: .....
StD: bis 30 cm
Baumhöhe: ..... m
Baum: **frei fallend / stückweise abnehmen**
Maschineneinsatz: **ja / nein**

98€ 124€ **133**€ 150€ 178€ [St] ⏱ 2,50 h/St 303.000.221

▶ min
▷ von
ø Mittel
◁ bis
◀ max

21 Baum fällen, bis StD 50cm, entsorgen KG **214**

Baum fällen inkl. Wurzelwerk roden und entsorgen. Stammdurchmesser gemessen 1,00m über Gelände.
Standortbedingung: .....
Baumart: .....
StD: bis 50 cm
Baumhöhe: ..... m
Baum: **frei fallend / stückweise abnehmen**
Maschineneinsatz: **ja / nein**

99€ 131€ **146**€ 173€ 224€ [St] ⏱ 3,20 h/St 303.000.222

22 Baum fällen, über StD 50 bis 100cm entsorgen KG **214**

Baum fällen inkl. Wurzelwerk roden und entsorgen. Stammdurchmesser gemessen 1,00m über Gelände.
Standortbedingung: .....
Baumart: .....
StD: über 50 bis 100 cm
Baumhöhe: ..... m
Baum: **frei fallend / stückweise abnehmen**
Maschineneinsatz: **ja / nein**

142€ 186€ **207**€ 228€ 278€ [St] ⏱ 3,80 h/St 303.000.223

23 Baugelände roden KG **214**

Baugelände roden von Büschen, Hecken und Bäumen. Stammdurchmesser gemessen 1,00m über Gelände.
StD: bis 10 cm

9€ 11€ **11**€ 11€ 14€ [m²] ⏱ 0,30 h/m² 303.000.224

24 Baum roden, Durchmesser StD 30cm, entsorgen KG **214**

Baum fällen inkl. Wurzelstock fräsen und entsorgen. Stammdurchmesser gemessen 1,00m über Gelände.
Standortbedingung: .....
Baumart: .....
Stammdurchmesser: 25-35 cm
Baumhöhe: ..... m
Baum: **frei fallend / stückweise abnehmen**
Maschineneinsatz: **ja / nein**

92€ 123€ **129**€ 154€ 164€ [St] ⏱ 2,55 h/St 303.000.269

25 Gerodete Fläche planieren KG **397**

Gerodete Fläche planieren, inkl. verfüllen der Stubbenlöcher mit vorhandenem Boden mit einer Bodengruppe.
Bodengruppe: .....
Stubbenlöcher: Tiefe bis 0,50 m

2€ 2€ **2**€ 3€ 3€ [m²] ⏱ 0,04 h/m² 303.000.216

26 Aufwuchs entfernen KG **214**

Aufwuchs, Gräser und Kräuter mähen und Schnittgut entsorgen.
Wuchshöhe: bis 70 cm

1€ 2€ **2**€ 2€ 4€ [m²] ⏱ 0,02 h/m² 303.000.227

Kosten:
Stand 2.Quartal 2020
Bundesdurchschnitt

Nr.	**Kurztext** / Langtext						Kostengruppe
▶	▷	**ø netto €**	◁	◀	[Einheit]	Ausf.-Dauer	Positionsnummer

27 Oberboden abtragen, entsorgen KG **511**

Oberboden inkl. Vegetationsdecke, abtragen, laden und entsorgen.
Dicke: bis 30 cm

17€ 19€ **19€** 20€ 22€ [m³] 0,15 h/m³ 303.000.228

28 Oberboden lösen, lagern KG **511**

Oberboden, profilgerecht abtragen, laden, fördern und auf Miete setze, eine Bodengruppe.
Bodengruppe: .....
Abtragsdicke: bis 10 cm
Mengenermittlung nach Aufmaß an der Entnahmestelle.

7€ 8€ **9€** 10€ 14€ [m³] 0,10 h/m³ 303.000.229

29 Oberboden liefern, einbauen, bis 30cm KG **571**

Oberboden, liefern, profilgerecht auftragen, eine Bodengruppe.
Bodengruppe DIN 18915: .....
Bodengruppe DIN 18196: .....
Auftragsdicke: über 20 bis 30 cm

27€ 30€ **31€** 33€ 38€ [m³] 0,18 h/m³ 303.000.230

30 Oberboden auftragen, lagernd KG **571**

Oberboden, zwischengelagert, laden, fördern, profilgerecht auftragen Bodengruppe.
Auftragsdicke: .....
Förderweg: bis 0,5 km

7€ 9€ **11€** 11€ 14€ [m³] 0,10 h/m³ 303.000.231

31 Füllboden liefern, einbauen KG **311**

Erdwälle mit zu lieferndem Füllboden herstellen. Material verdichtungsfähig, unbelastet und für Bepflanzung geeignet. Grobplanie und Gefällemodellierung.
Böschungen: bis 60 °
Böschungshöhe: bis 3,00 m

14€ 18€ **19€** 20€ 24€ [m³] 0,12 h/m³ 303.000.257

▶ min
▷ von
ø Mittel
◁ bis
◀ max

32 Fundamentaushub, bis 1,25m, lagern, GK1 KG **322**

Aushub Einzel- und Streifenfundament, Boden maschinell lösen, laden, fördern und auf Baustelle lagern, für Wiedereinbau; Fundamentsohle durch Handschachtung planieren.
Gesamtbreite: ..... m
Gesamtlänge: ..... m
Gesamtabtragstiefe: bis 1,25 m
Förderweg: ..... m
Baumaßnahmen der Geotechnischen Kategorie 1 DIN 4020
Homogenbereich: 1
Homogenbereich 1 oben: ..... m
Homogenbereich 1 unten: ..... m
Anzahl der Bodengruppen: ..... St
Bodengruppen DIN 18196: .....
Massenanteile der Steine DIN EN ISO 14688-1: über ..... % bis ..... %
Massenanteile der Blöcke DIN EN ISO 14688-1: über ..... % bis ..... %
Konsistenz DIN EN ISO 14688-1: .....
Lagerungsdichte: .....
Homogenbereiche lt.: .....
Mengenermittlung nach Aufmaß an der Entnahmestelle.

20€ 25€ **26**€ 29€ 34€ [m³] ⏱ 0,42 h/m³ 303.000.258

33 Fundamentaushub, bis 1,25m, entsorgen, GK1 KG **322**

Aushub Einzelfundament / Streifenfundament, lösen, fördern, laden, Aushub mit LKW des AN zur Verwertungsanlage abfahren.
Gesamtbreite: ..... m
Gesamtlänge: ..... m
Gesamtabtragstiefe: bis 1,25 m
Förderweg: ..... m
Baumaßnahmen der Geotechnischen Kategorie 1 DIN 4020
Homogenbereich: 1
Homogenbereich 1 oben: ..... m
Homogenbereich 1 unten: ..... m
Anzahl der Bodengruppen: ..... St
Bodengruppen DIN 18196: .....
Massenanteile der Steine DIN EN ISO 14688-1: über ..... % bis ..... %
Massenanteile der Blöcke DIN EN ISO 14688-1: über ..... % bis ..... %
Konsistenz DIN EN ISO 14688-1: .....
Lagerungsdichte: .....
Homogenbereiche lt.: .....
Abrechnung: **nach Verdrängung / auf Nachweisrapport / Wiegescheine der Deponie**

24€ 31€ **31**€ 38€ 46€ [m³] ⏱ 0,40 h/m³ 303.000.259

34 Feinplanum, Rasenfläche KG **574**

Feinplanum für Rasenfläche. Steine, Unrat ab 3cm und schwerverrottbare Pflanzenteile ablesen, Unkraut ausgraben. Anfallende Stoffe sind zu entsorgen.
Abweichung der Ebenheit: +/-3 cm

1€ 2€ **2**€ 2€ 3€ [m²] ⏱ 0,03 h/m² 303.000.232

Kosten:
Stand 2.Quartal 2020
Bundesdurchschnitt

Nr.	**Kurztext** / Langtext						Kostengruppe
▶	▷	**ø netto €**	◁	◀	[Einheit]	Ausf.-Dauer	Positionsnummer

35 Rasenansaat KG **574**

Rasenansaat mit Regel-Saatgutmischung in zwei Arbeitsgängen.
RSM-Mischung: RSM Rasen 2.3 Gebrauchsrasen - Spielrasen
Saatgutmenge: 25 g/m²

0,6€	0,7€	**0,8**€	0,9€	1,2€	[m²]	⏱ 0,01 h/m²	303.000.234

36 Fertigrasen liefern, einbauen KG **574**

Fertigrasen als Rollrasen mit Regel-Saatgutmischung.
RSM-Mischung: .....
Dicke: ..... cm
Bodengruppe: .....

8€	9€	**10**€	10€	11€	[m²]	⏱ 0,28 h/m²	303.000.271

37 Rasenfläche ausbessern KG **595**

Rasenfläche ausbessern. Untergrund an Fehlstellen lockern, mit Rasensaat neu ansäen.
Saatgutmenge: ..... g/m²

19€	27€	**28**€	34€	36€	[m²]	⏱ 0,07 h/m²	303.000.205

38 Rasenfläche düngen KG **574**

Düngung der Rasenfläche mit langsam wirkendem Rasendünger nach dem ersten Schnitt.
Menge: 5 g/m²

0,4€	0,5€	**0,5**€	0,6€	0,7€	[m²]	⏱ 0,02 h/m²	303.000.272

39 Fertigstellungspflege, Rasenflächen KG **574**

Fertigstellungspflege für Rasenflächen in mind. 5 Mähgängen, inkl. Entsorgung des Schnittguts. Die Schnitte müssen bei einer Wuchshöhe von 6-10cm durchgeführt werden. Der Schnittzeitpunkt ist mit der Bauleitung abzustimmen.

2€	2€	**2**€	2€	3€	[m²]	⏱ 0,01 h/m²	303.000.274

40 Feinplanum, Pflanzfläche KG **573**

Feinplanum für Pflanzfläche herstellen. Steine, Unrat ab Durchmesser 3cm und schwerverrottbare Pflanzenteile ablesen, Unkraut ausgraben. Anfallende Stoffe sind zu entsorgen.
Abweichung der Ebenheit: +/-3 cm

0,7€	1,3€	**1,6**€	1,9€	2,5€	[m²]	⏱ 0,03 h/m²	303.000.235

41 Pflanzgrube für Kleingehölz 20x20x20 KG **571**

Pflanzgrube für Kleingehölz ausheben und verdrängten Boden zu Gießrändern aufhäufeln oder seitlich einplanieren. Grubensohle bis zur Pflanzung sauber halten.
Grubensohle lockern: Tiefe bis 10 cm
Größe: 20 x 20 x 20 cm
Bodengruppe: .....

3€	3€	**4**€	4€	4€	[St]	⏱ 0,20 h/St	303.000.194

▶ min
▷ von
ø Mittel
◁ bis
◀ max

A 1 **Pflanzgrube ausheben** Beschreibung für Pos. **42-45**

Pflanzgrube für Solitärgehölz ausheben, Aushub seitlich planieren.

42 **Pflanzgrube ausheben, bis 80x80x80** KG **571**

Wie Ausführungsbeschreibung A 1
Größe: 80 x 80 x 80 cm
Sohle: 20 cm tief lockern
Bodengruppe DIN 18915: ......

18€ 25€ **26**€ 29€ 36€ [St] ⏱ 0,28 h/St 303.000.236

43 **Pflanzgrube ausheben, bis 100x100x80** KG **571**

Wie Ausführungsbeschreibung A 1
Größe: 100 x 100 x 80 cm
Sohle: 20 cm tief lockern
Bodengruppe DIN 18915: .....

20€ 26€ **28**€ 33€ 40€ [St] ⏱ 0,32 h/St 303.000.237

44 **Pflanzgrube ausheben, bis 150x150x80** KG **571**

Wie Ausführungsbeschreibung A 1
Größe: 150 x 150 x 80 cm
Sohle: 20 cm tief lockern
Bodengruppe DIN 18915: .....

25€ 38€ **44**€ 50€ 63€ [St] ⏱ 0,50 h/St 303.000.238

45 **Pflanzgrube ausheben, bis 200x200x100** KG **571**

Wie Ausführungsbeschreibung A 1
Größe: 200 x 200 x 100 cm
Sohle: 20 cm tief lockern
Bodengruppe DIN 18915: .....

47€ 60€ **61**€ 68€ 83€ [St] ⏱ 0,80 h/St 303.000.239

46 **Pflanzgrube verfüllen, Pflanzsubstrat** KG **573**

Pflanzgrube verfüllen.
Material: 60% Oberboden, 30% Sand, 10% Kompost, gütegesichert
Pflanzgrube: 100 x 100 cm
Schichtdicke: 80 cm

33€ 38€ **43**€ 44€ 49€ [St] ⏱ 0,07 h/St 303.000.240

47 **Pflanzgrube verfüllen, Baumsubstrat** KG **573**

Pflanzgrube der Bäume mit Baumsubstrat verfüllen.
Substrat: Humus-Basis Mischung
Körnung: 0/16
Schichtdicke: 30 cm

38€ 45€ **48**€ 55€ 65€ [St] ⏱ 0,07 h/St 303.000.241

Nr.	**Kurztext** / Langtext						Kostengruppe
▶	▷	**ø netto €**	◁	◀	[Einheit]	Ausf.-Dauer	Positionsnummer

48 Vegetationsflächen lockern, fräsen KG **571**

Vegetationsflächen kreuzweise lockern durch Fräsen. Steine, Unrat ab Durchmesser 5cm, schwerverrottbare Pflanzenteile ablesen und Unkraut ausgraben. Anfallende Stoffe sind zu entsorgen.
Tiefe: bis 15 cm
Bodengruppe: .....

0,7€ | 1,0€ | **1,1**€ | 1,4€ | 2,0€ | [m²] | ⏱ 0,01 h/m² | 303.000.195

49 Bodenverbesserung, Rindenhumus KG **571**

Bodenverbesserung der Vegetationsfläche mit Rindenhumus. Material gleichmäßig aufbringen und einarbeiten.
Material: .....
Dicke: 5 cm

1€ | 2€ | **2**€ | 2€ | 3€ | [m²] | ⏱ 0,05 h/m² | 303.000.196

Kosten:
Stand 2.Quartal 2020
Bundesdurchschnitt

50 Hochstamm/Solitär, liefern/pflanzen, 100-125cm KG **573**

Hochstamm in Solitärqualität mit Drahtballen liefern und pflanzen, einschl. Ausheben und Wiederverfüllen der Pflanzgrube sowie Herstellen der Baumscheibe mit Gießrand. Der überschüssige Boden ist im Baustellenbereich einzubauen.
Gehölzeart: .....
Stammhöhe: 100-125 cm
Pflanzgrube: doppelte Ballengröße
Bodengruppe: .....

57€ | 66€ | **70**€ | 81€ | 95€ | [St] | ⏱ 1,60 h/St | 303.000.242

51 Hochstamm/Solitär, liefern/pflanzen, 150-200cm KG **573**

Hochstamm in Solitärqualität mit Drahtballen liefern und pflanzen, einschl. Ausheben und Wiederverfüllen der Pflanzgrube sowie Herstellen der Baumscheibe mit Gießrand. Der überschüssige Boden ist im Baustellenbereich einzubauen.
Gehölzeart: .....
Stammhöhe: 125-150 cm
Pflanzgrube: doppelte Ballengröße
Bodengruppe: .....

78€ | 96€ | **109**€ | 144€ | 193€ | [St] | ⏱ 1,90 h/St | 303.000.243

52 Fertigstellungspflege, Baum KG **573**

Fertigstellungspflege gem. DIN 18916 der Hochstamm, Solitär:
- Wässern mit ausreichend Wasser mindestens 100l/Baum
- Pflanzfläche, Pflanzscheiben lockern hierbei sind die Besonderheiten des Bewuchs zu beachten
- unerwünschter Aufwuchs ist abzutrennen und zu entfernen
- Steine Durchmesser größer 5cm und Unrat aus gelockerten Flächen sind abzulesen
- Verankerungen sind zu überprüfen und gegebenenfalls nachzubessern
- Trockene oder beschädigte Pflanzenteile abschneiden und entfernen
- Pflanzenschnitt entsprechend den Besonderheiten der betreffenden Pflanzenart durchführen
- Wunden an Gehölze behandeln

Die Leistung umfasst 5 Arbeitsgänge im Jahr, Fertigstellungspflege für 1 Jahr nach erfolgter Pflanzung. Zusätzlich erforderlich werdende Pflegegänge werden auf Nachweis vergütet.

36€ | 42€ | **45**€ | 48€ | 62€ | [St] | ⏱ 0,95 h/St | 303.000.244

▶ min
▷ von
ø Mittel
◁ bis
◀ max

53 Strauch einschlagen KG **573**

Strauchpflanze liefern und auf der Baustelle gem. Angaben des AG bis zur Verwendung einschlagen. Lieferung wird gesondert vergütet.
Bodengruppe: .....

2€ 3€ **3**€ 3€ 5€ [St] ⏱ 0,30 h/St 303.000.209

54 Hochstamm einschlagen KG **573**

Hochstamm liefern und auf der Baustelle gem. Angaben des AG bis zur Verwendung einschlagen. Lieferung wird gesondert vergütet.
Bodengruppe: .....

9€ 10€ **10**€ 12€ 13€ [St] ⏱ 1,15 h/St 303.000.210

55 Heckenpflanzen nach Einschlag pflanzen KG **573**

Heckenpflanzen bauseits lagernd, aus Einschlagort entnehmen und gem. Pflanzplan in vorbereiteten Pflanzgraben pflanzen. Die Pflanzgrube ist mit seitlich lagerndem Boden zu verfüllen. Ein Gießrand ist herzustellen. Anwässern nach Bedarf.
Gehölzart: .....

3€ 4€ **4**€ 5€ 6€ [St] ⏱ 0,10 h/St 303.000.211

56 Strauchpflanzen nach Einschlag pflanzen KG **573**

Strauchpflanzen bauseits lagernd, aus Einschlagort entnehmen und gem. Pflanzplan in vorbereitete Pflanzgrube pflanzen. Die Pflanzgrube ist mit seitlich lagerndem Boden zu verfüllen. Ein Gießrand ist herzustellen. Anwässern nach Bedarf.
Gehölzart:

2€ 4€ **5**€ 6€ 8€ [St] ⏱ 1,00 h/St 303.000.212

57 Solitär/Hochstamm nach Einschlag pflanzen KG **573**

Solitär/Hochstamm bauseits lagernd, aus Einschlagort entnehmen und gem. Pflanzplan in vorbereitete Pflanzgrube pflanzen. Die Pflanzgrube ist mit seitlich lagerndem Boden zu verfüllen. Ein Gießrand ist herzustellen. Anwässern nach Bedarf.
Gehölzart:

16€ 19€ **14**€ 23€ 26€ [St] ⏱ 1,10 h/St 303.000.213

58 Bodendecker und Stauden nach Einschlag pflanzen KG **573**

Bodendecker und Stauden bauseits lagernd, aus Einschlagort entnehmen und gem. Pflanzplan in vorbereitete Pflanzgrube pflanzen. Die Pflanzgrube ist mit seitlich lagerndem Boden zu verfüllen. ein Gießrand ist herzustellen. Anwässern nach Bedarf.
Gehölzart:

3€ 3€ **4**€ 4€ 4€ [m²] ⏱ 0,30 h/m² 303.000.214

59 Fertigstellungspflege, Sträucher KG **573**

Entwicklungspflege gem. DIN 18916 Sträucher:

- Wässern mit ausreichend Wasser mindestens 100l/Strauch
- Die Leistung beginnt nach der Abnahmen und geht über die Dauer von zwei Vegetationsperioden
- Die erforderlichen Teilleistungen sind ohne Anordnung nach den Erfordernissen rechtzeitig auszuführen
- Die Teilleistung ist mit der Bauleitung abzustimmen und dem AG vor Beginn anzuzeigen

Die Leistung umfasst mind. 5 Pflegegängen pro Vegetationsperiode. Abrechnung nach Stundenzettel.

43€ 52€ **58**€ 60€ 66€ [St] ⏱ 1,20 h/St 303.000.245

Kosten:
Stand 2.Quartal 2020
Bundesdurchschnitt

Nr.	**Kurztext** / Langtext						Kostengruppe
▶	▷	**ø netto €**	◁	◀	[Einheit]	Ausf.-Dauer	Positionsnummer

60 Pflanzflächen wässern, bauseits vorhanden KG **573**

Zusätzliche Wassergänge der Pflanzfläche aus bauseits vorhandenen Zapfstellen. Die Anzahl der Arbeitsgänge ist abhängig von den natürlichen Niederschlägen und mit AG abzustimmen.
Menge je Arbeitsgang: 25 l/m²
Entfernung der Zapfstellen: ..... m

0,7€	1,2€	**1,4**€	1,7€	2,2€	[m²]	⏱ 0,02 h/m²	303.000.246

61 Pflanzflächen wässern, Wasser liefern KG **573**

Pflanzfläche wässern mit zu lieferndem Wasser. Die Anzahl der Arbeitsgänge ist abhängig von den natürlichen Niederschlägen und mit AG abzustimmen.
Menge je Arbeitsgang: 25 l/m²

0,8€	1,8€	**2,3**€	3,0€	4,0€	[m²]	⏱ 0,05 h/m²	303.000.190

62 Pflanzenverankerung, zwei Baumpfähle KG **573**

Pflanzenverankerung von Straßenbäumen im Straßenraum mit zwei senkrechten Baumpfählen, Zopf und Bindegurt.
Pfähle: unbehandelt, weißgeschält
Pfahllänge: 300 cm
Zopfdicke: 4-5 cm
Bindegut: Kokosstrick, mitteldick (12 g/m)

29€	37€	**41**€	46€	61€	[St]	⏱ 0,80 h/St	303.000.247

63 Pflanzenverankerung, Pfahl-Dreibock KG **573**

Pflanzenverankerung von Straßenbäumen mit Pfahl-Dreibock mit Rahmen aus Halbrundhölzern, Zopf und Bindegurt. Die drei Baumpfähle sind oben im Dreieck zu versteifen.
Pfähle: unbehandelt, weißgeschält
Pfahllänge: 300 cm
Zopfdicke: 4-5 cm
Bindegut: Kokosstrick, mitteldick (12 g/m)

43€	57€	**63**€	75€	99€	[St]	⏱ 1,00 h/St	303.000.248

A 2 Zaun, Viereck-Drahtgeflecht Beschreibung für Pos. **64-66**

Drahtgeflechtbespannung aus kunststoffummanteltem Viereckdrahtgeflecht mit Rundrohrpfosten, Abdeckkappen, End- und Eckstreben. Leistung einschl. Fundament- und Verspannarbeiten, einschl. Erdarbeiten. (Beschreibung der Homogenbereiche nach Unterlagen des AG.)
Korrosionsbelastung DIN EN 12944: Klasse **C1 / C2**
Korrosionsschutz für Zeitraum Klasse: **L = 2-5 Jahre / M = 5-15 Jahre / H = über 15 Jahre**

▶ min
▷ von
ø Mittel
◁ bis
◀ max

64 **Zaun,Viereck-Drahtgeflecht, 0,80m** KG **541**

Wie Ausführungsbeschreibung A 2
Anzahl Eckstreben: ..... St
Anzahl Endstreben: 4 St
Betonfundamente: C12/15
Fundamentmaße: a ..... cm, b ..... cm, c ..... cm
Zaunhöhe: 0,80 m
Pfostendurchmesser: 60 mm
Farbe: grün
Maschenweite: ..... mm
Pfostenabstand: 2,50 m

15€ 20€ **22**€ 23€ 28€ [m] ⏱ 0,20 h/m 303.000.249

65 **Zaun, Viereck-Drahtgeflecht, 1,25m** KG **541**

Wie Ausführungsbeschreibung A 2
Anzahl Eckstreben: ..... St
Anzahl Endstreben: 4 St
Betonfundamente: C12/15
Fundamentmaße: a ..... cm, b ..... cm, c ..... cm
Zaunhöhe: 1,25 m
Pfostendurchmesser: 60 mm
Farbe: grün
Maschenweite: ..... mm
Pfostenabstand: 2,50 m

30€ 32€ **34**€ 36€ 38€ [m] ⏱ 0,20 h/m 303.000.250

66 **Zaun, Viereck-Drahtgeflecht, 2,00m** KG **541**

Wie Ausführungsbeschreibung A 2
Anzahl Eckstreben: ..... St
Anzahl Endstreben: 4 St
Betonfundamente: C12/15
Fundamentmaße: a ..... cm, b ..... cm, c ..... cm
Zaunhöhe: 2,00 m
Pfostendurchmesser: 60 mm
Farbe: grün
Maschenweite: ..... mm
Pfostenabstand: 2,50 m

39€ 59€ **64**€ 73€ 92€ [m] ⏱ 0,30 h/m 303.000.251

A 3 **Stabgitterzaun** Beschreibung für Pos. **67-69**

Stabgitterzaun aus Doppelstabmatte und waagrechten Doppelstäben, an den Kreuzpunkten im Rechteckverbund doppelt verschweißt. Pfosten aus feuerverzinktem, profiliertem Stahlblech mit PVC-U Abdeckkappen. Leistung inkl. Erd- und Fundamentarbeiten. (Beschreibung der Homogenbereiche nach Unterlagen des AG.)
Korrosionsbelastung DIN EN 12944: Klasse **C1 / C2**
Korrosionsschutz für Zeitraum Klasse: **L = 2-5 Jahre / M = 5-15 Jahre / H = über 15 Jahre**

Kosten:
Stand 2.Quartal 2020
Bundesdurchschnitt

Nr.	**Kurztext** / Langtext						Kostengruppe
▶	▷	**ø netto €**	◁	◀	[Einheit]	Ausf.-Dauer	Positionsnummer

67 Stabgitterzaun, 0,80m KG **541**

Wie Ausführungsbeschreibung A 3
Fundamentmaße: a ..... cm, b ..... cm, c ..... cm
Zaunhöhe: 1,20 m
Feldlänge: 0,80 m
Pfostenquerschnitt: 60 x 40 x 2 mm
Füllung: senkrecht 6 mm, waagrecht 8 mm
Maschenweite: 50 x 200 mm
Oberfläche: verzinkt

38€	44€	**54**€	65€	74€	[m]	⏱ 0,30 h/m	303.000.186

68 Stabgitterzaun, 1,40m KG **541**

Wie Ausführungsbeschreibung A 3
Fundamentmaße: a ..... cm, b ..... cm, c ..... cm
Zaunhöhe: 1,40 m
Feldlänge: 2,50 m
Pfostenquerschnitt: 60 x 40 x 2 mm
Füllung: senkrecht 6 mm, waagrecht 8 mm
Maschenweite: 50 x 200 mm
Oberfläche: verzinkt

51€	60€	**67**€	77€	89€	[m]	⏱ 0,34 h/m	303.000.187

69 Stabgitterzaun, 1,80m KG **541**

Wie Ausführungsbeschreibung A 3
Fundamentmaße: a ..... cm, b ..... cm, c ..... cm
Zaunhöhe: 1,80 m
Feldlänge: 2,50 m
Pfostenquerschnitt: 60 x 40 x 2 mm
Füllung: senkrecht 6 mm, waagrecht 8 mm
Maschenweite: 50 x 200 mm
Oberfläche: verzinkt

58€	67€	**77**€	86€	95€	[m]	⏱ 0,37 h/m	303.000.188

70 Drehflügeltor, einflüglig, lichte Weite 1,1m, H 1,2m KG **541**

Drehflügeltor für Stabgitterzaun, 1-flüglig, feuerverzinkt, mit Drückergarnitur, beidseitig fest, aus nichtrostendem Stahl, gebürstet.
Korrosionsbelastung DIN EN 12944: Klasse **C1 / C2**
Korrosionsschutz für Zeitraum Klasse: **L = 2-5 Jahre / M = 5-15 Jahre / H = über 15 Jahre**
Lichte Weite: 1,10 m
Höhe 1,20 m
Gesamtpfostenlänge: 1,70 m
Pulverbeschichtung: Farbe RAL nach Wahl des AG
Betonfundamente: C20/25

750€	907€	**934**€	988€	1.100€	[St]	⏱ 1,50 h/St	303.000.260

▶ min
▷ von
ø Mittel
◁ bis
◀ max

71 Drehflügeltor, zweiflüglig, lichte Weite 2,5m, H 1,2m KG **541**

Drehflügeltor für Stabgitterzaun, 2-flüglig, feuerverzinkt, mit Drückergarnitur, beidseitig fest, aus nichtrostendem Stahl, gebürstet.
Korrosionsbelastung DIN EN 12944: Klasse **C1 / C2**
Korrosionsschutz für Zeitraum Klasse: **L = 2-5 Jahre / M = 5-15 Jahre / H = über 15 Jahre**
Lichte Weite: 2,50 m
Höhe: 1,20 m
Gesamtpfostenlänge: 1,70 m
Pulverbeschichtung: Farbe RAL nach Wahl des AG
Betonfundamente: C20/25

1.624€ 1.964€ **1.989**€ 2.099€ 2.332€ [St] ⏱ 1,50 h/St 303.000.261

72 Stahltor, einflüglig, beschichtet KG **541**

Einflügliges Stahltor mit Torsäulen und waagrechten Querstreben aus Rohrprofilen, verzinkt und beschichtet, mit Torfeststellung. Leistung einschl. Abdeckung sowie Grund- und Ankerplatte zum Einbetonieren. Lieferung und Montage als komplette Leistung.
Korrosionsbelastung DIN EN 12944: Klasse **C1 / C2**
Korrosionsschutz für Zeitraum Klasse: **L = 2-5 Jahre / M = 5-15 Jahre / H = über 15 Jahre**
Torbreite: 1,50 m
Torhöhe: 1,20 m
Torsäulen: Quadratprofile
Abmessung: 180 x 180 x 5 mm
Torrahmen: Rechteckprofile
Abmessung: 80 x 40 x 3mm
Torbeschlag: Knauf, Rundrosetten
Material: .....
Scharniere: angeschraubt
Beschichtung: Pulverlack
Farbe: .....

774€ 941€ **1.063**€ 1.115€ 1.396€ [St] ⏱ 5,20 h/St 303.000.252

Kosten:
Stand 2.Quartal 2020
Bundesdurchschnitt

Nr.	**Kurztext** / Langtext					Kostengruppe
▶	▷	**ø netto €**	◁	◀	[Einheit]	Ausf.-Dauer Positionsnummer

73 Stahltor, zweiflüglig, beschichtet KG **541**

Zweiflügliges Stahltor mit Gang- und Standflügel, Torsäulen und waagrechten Querstreben aus Rohrprofilen, verzinkt und beschichtet, mit Torfeststellung. Kantriegel mit Bodenverankerung nur bei geöffnetem Gangflügel zu betätigen. Leistung einschl. Abdeckung sowie Grund- und Ankerplatte zum Einbetonieren. Lieferung und Montage als komplette Leistung.
Korrosionsbelastung DIN EN 12944: Klasse **C1 / C2**
Korrosionsschutz für Zeitraum Klasse: **L = 2-5 Jahre / M = 5-15 Jahre / H = über 15 Jahre**
Torbreite: 5,00 m
Torhöhe: 1,60 m
Teilung: mittig
Gangflügel: links
Torsäulen: Quadratprofile
Abmessung: 200 x 200 x 5 mm
Torrahmen: Rechteckprofile
Abmessung: 80 x 40 x 3 mm
Torbeschlag: Knauf, Rundrosetten
Material: .....
Türbänder: verstellbar, M 20
Beschichtung: Pulverlack
Farbe: .....

1.073€ 1.308€ **1.358**€ 1.514€ 1.837€ [St] ⏱ 7,40 h/St 303.000.189

74 Zaunpfosten, Stahlrohr KG **541**

Zaunpfosten aus Stahlrohr, mit schwarzer Kunststoffkappe.
Korrosionsbelastung DIN EN 12944: Klasse **C1 / C2**
Korrosionsschutz für Zeitraum Klasse: **L = 2-5 Jahre / M = 5-15 Jahre / H = über 15 Jahre**
Durchmesser: 40 mm
Länge: 200 cm
Fundamenttiefe: 50 cm

31€ 48€ **52**€ 61€ 76€ [St] ⏱ 0,30 h/St 303.000.253

75 Poller, Beton KG **541**

Absperrpfosten aus Beton, Einbau in befestigter Fläche, einschl. Erd- und Fundamentarbeiten. (Beschreibung der Homogenbereiche nach Unterlagen des AG.)
Fundament: .....
Höhe über OK-Gelände: 0,90-1,00 m
Pfosten: 40 x 40 cm

335€ 365€ **391**€ 402€ 426€ [St] ⏱ 1,05 h/St 303.000.197

76 Spielgerät, Einfachschaukel KG **562**

Spielgerät als Gerüstschaukel liefern und aufbauen, inkl. Nebenarbeiten.
Sicherheitssitz: Gummi mit Aluminiumeinlage
Aufhängung: Einpunktaufhängung, lückenlos
Kettenaufnahme: Klemmadapter, Edelstahl
Einschließlich Fundament, Ausführung, Maße und Betongüte nach Angaben des Herstellers.
Liefernachweis: .....

1.548€ 2.021€ **2.231**€ 2.441€ 2.983€ [St] ⏱ 3,20 h/St 303.000.255

▶ min
▷ von
ø Mittel
◁ bis
◀ max

77 **Spielgerät, Federwipptier** KG **562**

Spielgerät als Federwipptier liefern und aufbauen, inkl. Nebenarbeiten. Liefern und fachgerecht nach Angaben des Herstellers aufbauen, inkl. aller Fundament- und Nebenarbeiten.
Liefernachweis: .....

925€ 1.138€ **1.165**€ 1.236€ 1.414€ [St] ⏱ 2,85 h/St 303.000.254

78 **Fassaden-Flachrinne, DN100** KG **551**

Flachrinne zur Entwässerung vor Fassaden mit Maschenrostabdeckung verzinkt, inkl. Formstücke und Anschlussarbeiten. Rinne mit bituminösen Abdichtung auf der Bodenplatte.
Nennweite: DN100
Belastungsklasse: A 15
Bauhöhe: 150 mm
Baulänge: 1,00 m
Bettungsdicke: ..... cm
Schlitzweite: ..... mm

118€ 133€ **141**€ 150€ 173€ [m] ⏱ 0,42 h/m 303.000.198

79 **Entwässerungsrinne, Polymerbeton** KG **551**

Entwässerungsrinne im Außenbereich aus Polymerbeton mit Kantenschutz aus verzinktem Stahl, schraubloser Arretierung, Rinnensohle mit 0,5% Eigengefälle und Gitterrostabdeckung.
Belastungsklasse: **B 125 / .....**
Nennweite: .....
Baulänge: ..... cm
Bauhöhe: ..... cm
Bettungsdicke: ..... cm
Abgang: .....

215€ 262€ **282**€ 327€ 406€ [St] ⏱ 0,46 h/St 303.000.199

80 **Entwässerungsrinne, Kl. A, Beton/Gussabdeckung** KG **551**

Entwässerungsrinne im Außenbereich als Kastenrinne aus Betonfertigteilen, Brückenklasse 60, mit Abdeckung aus Gusseisen, Rinnensohle mit 0,3 bis 0,5% Eigengefälle. Rinnenversetzung in Beton C8/10 mit beidseitiger Rückenstütze.
Belastungsklasse: mind. D 400
Nennweite: .....
Baulänge: ..... cm
Bauhöhe: ..... cm
Bettungsdicke: 10 cm
Rückenstütze: 15 cm

62€ 91€ **105**€ 128€ 170€ [m] ⏱ 0,46 h/m 303.000.200

Nr.	Kurztext / Langtext					Kostengruppe
▶	▷	**ø netto €**	◁	◀	[Einheit]	Ausf.-Dauer Positionsnummer

81 Entwässerungsrinne, Kl. B, Beton/Gussabdeckung KG **551**

Entwässerungsrinne im Außenbereich als Kastenrinne aus Betonfertigteil, Brückenklasse 60, mit Abdeckung aus Gusseisen, Rinnensohle mit 0,3 bis 0,5% Eigengefälle inkl. Formstücke. Rinnenversetzung in Beton C8/10 mit beidseitiger Rückenstütze.
Belastungsklasse: B 125
Nennweite: .....
Baulänge: ..... cm
Bauhöhe: ..... cm
Bettungsdicke: 10 cm
Rückenstütze: 15 cm

86€ 93€ **96**€ 100€ 110€ [m] ⏱ 0,46 h/m 303.000.201

Kosten:
Stand 2.Quartal 2020
Bundesdurchschnitt

82 Entwässerungsrinne, Klasse A, DN100 KG **551**

Entwässerungsrinne für Niederschlagswasser vor rollstuhlbefahrbaren Hauszugängen.
Belastungsklasse: A 15
Nennweite: 100
Mindesttiefe: 150 mm
Bettung: C12/15
OK Rinnenabdeckung 2 cm unter OKFF

87€ 114€ **121**€ 141€ 149€ [m] ⏱ 0,45 h/m 303.000.202

83 Abdeckung, Entwässerungsrinne, Guss, Bodenindikator KG **551**

Abdeckung für Entwässerungsrinne aus Gusseisen, nach DIN 32984 für Bodenindikatoren im öffentlichen Raum, schraublos arretiert. Passend zu System.
Nennweite: DN200
Klasse: A15 bis D400
Profilstruktur: **Leitstreifen / Aufmerksamkeitsfeld**

85€ 97€ **100**€ 103€ 110€ [St] ⏱ 0,18 h/St 303.000.203

84 Ablaufkasten, Klasse A, DN100 KG **551**

Ablaufkasten zu Entwässerungsrinne für Fußgänger- und Radfahrerverkehr, inkl. Anschluss an Abwasserleitung an KG-Rohr DN100
Belastungsklasse: A 15
Nennweite: 100
Mindesttiefe: 150 mm
Bettung: C12/15

171€ 208€ **219**€ 261€ 276€ [St] ⏱ 0,40 h/St 303.000.204

▶ min
▷ von
ø Mittel
◁ bis
◀ max

85 Stundensatz Facharbeiter, Landschaftsbauarbeiten

Stundenlohnarbeiten für Vorarbeiter, Geselle, Facharbeiter und Gleichgestellte, sowie ähnliche Fachkräfte. Der Verrechnungssatz für die jeweilige Arbeitskraft umfasst sämtliche Aufwendungen wie Lohn- und Gehaltskosten, lohn- und gehaltsgebundene Kosten, Lohn- und Gehaltsnebenkosten, Gemeinkosten, Wagnis und Gewinn. Leistung nach besonderer Anordnung der Bauüberwachung. Anmeldung und Nachweis gem. VOB/B.

47€ 52€ **56**€ 59€ 64€ [h] ⏱ 1,00 h/h 303.000.262

86 **Stundensatz Helfer, Landschaftsbauarbeiten**

Stundenlohnarbeiten für Arbeitnehmer ohne Facharbeiterqualifikation (Helfer, Hilfsarbeiter, Ungelernte, Angelernte). Der Verrechnungssatz für die jeweilige Arbeitskraft umfasst sämtliche Aufwendungen wie Lohn- und Gehaltskosten, lohn- und gehaltsgebundene Kosten, Lohn- und Gehaltsnebenkosten, Gemeinkosten, Wagnis und Gewinn. Leistung nach besonderer Anordnung der Bauüberwachung. Anmeldung und Nachweis gem. VOB/B.

37€ 42€ **45**€ 50€ 57€ [h] ⏱ 1,00 h/h 303.000.263

Kosten:
Stand 2.Quartal 2020
Bundesdurchschnitt

Nr.	Positionen	Einheit	▶	▷	ø brutto € / ø netto €	◁	◀
1	Heckenpflanze, Hainbuche	St	11	14	**14**	16	19
			10	11	**12**	13	16
2	Heckenpflanze, Buchsbaum	St	6	7	**8**	9	12
			5	6	**6**	8	10
3	Heckenpflanze, Liguster	St	4	6	**6**	8	10
			4	5	**5**	7	9
4	Heckenpflanze, Kirschlorbeer	St	35	42	**45**	54	65
			29	35	**38**	45	54
5	Solitär, Säulen-Hainbuche	St	117	155	**166**	168	219
			99	130	**139**	141	184
6	Solitär Rotblühende Rosskastanie	St	320	441	**458**	490	560
			269	371	**385**	412	470
7	Solitär, Spitz-Ahorn	St	278	376	**407**	449	547
			233	316	**342**	377	460
8	Solitär, Feld-Ahorn	St	247	334	**370**	392	495
			207	280	**311**	329	416
9	Solitär, Vogelkirsche	St	252	299	**328**	350	401
			212	251	**275**	295	337
10	Solitär, Winterlinde	St	331	400	**430**	468	523
			278	336	**361**	393	440
11	Solitär, Wald-Kiefer	St	328	471	**560**	586	694
			276	396	**470**	493	583
12	Solitär, Hänge-Birke	St	273	313	**336**	356	402
			229	263	**282**	299	338
13	Solitär, Hainbuche	St	281	315	**325**	368	420
			236	264	**273**	310	353
14	Solitär, gemeine Esche	St	229	273	**298**	314	362
			192	230	**250**	264	305
15	Solitär, gemeine Eberesche	St	177	249	**284**	335	439
			149	209	**239**	281	369
16	Solitär, Baum-Hasel	St	238	292	**324**	347	412
			200	245	**272**	292	346
17	Solitär, Scharlach-Blühende Rosskastanie	St	345	442	**451**	455	553
			290	372	**379**	383	465
18	Obstgehölz, Apfel in Sorten	St	168	249	**274**	325	446
			141	209	**230**	273	375
19	Obstgehölz, Zier-Apfel `Evereste`	St	224	297	**304**	332	390
			189	249	**256**	279	328
20	Obstgehölz, Zier-Apfel `Eleyi`	St	50	67	**69**	76	93
			42	57	**58**	63	78
21	Obstgehölz, Straßenbaum Stadt-Birne, StU 16-18cm	St	321	420	**456**	476	590
			270	353	**383**	400	496
22	Obstgehölz, japanische Blütenkirsche, StU 12-14cm	St	263	314	**342**	351	375
			221	264	**288**	295	315
23	Weidentunnel, Silber-Weide	St	3	6	**6**	7	8
			3	5	**5**	6	7
24	Strauch, Purpur-Weide	St	2	3	**3**	5	7
			2	3	**3**	4	6

▶ min
▷ von
ø Mittel
◁ bis
◀ max

Nr.	Positionen	Einheit	▶	▷ ø brutto € / ø netto €		◁	◀
25	Strauch, Kupfer-Felsenbirne	St	33	44	**48**	50	60
			28	37	**40**	42	50
26	Strauch, Hängende Felsenbirne	St	89	103	**108**	114	124
			75	87	**91**	96	104
27	Strauch, Gewöhnliche Haselnuss	St	22	25	**28**	31	38
			19	21	**23**	26	32
28	Strauch, Rhododendron in Sorten	St	35	44	**50**	52	62
			30	37	**42**	44	52
29	Strauch, Hortensie in Sorten	St	14	18	**19**	21	27
			12	15	**16**	17	23
30	Strauch, Flieder in Sorten	St	35	54	**61**	70	96
			30	45	**51**	58	81
31	Strauch, Kornelkirsche	St	35	42	**44**	52	64
			29	36	**37**	43	54
32	Strauch, Europäische Eibe	St	59	91	**108**	123	173
			50	76	**91**	104	145
33	Strauch, Heckeneibe	St	59	74	**80**	88	104
			49	62	**67**	74	87
34	Strauch, Berberitze in Sorten	St	15	18	**20**	20	23
			13	15	**17**	17	20
35	Strauch, Zwergmispel	St	2	3	**3**	4	6
			1	2	**3**	3	5
36	Strauchpflanze, Rotdorn	St	29	38	**44**	52	71
			24	32	**37**	44	59
37	Strauch, Immergrüne Heckenkirsche	St	1	2	**3**	4	6
			1	2	**2**	3	5
38	Strauchpflanze, Rote Heckenkirsche	St	2	5	**5**	7	10
			2	4	**4**	6	9
39	Staude, Ziergräser in Sorten	St	2	2	**3**	3	4
			1	2	**2**	3	3
40	Staude, Feinhalm-Chinaschilf	St	4	4	**5**	5	6
			3	4	**4**	4	5
41	Strauchpflanze, Heckenrose	St	1	3	**4**	7	9
			1	3	**4**	5	7
42	Strauch, wilde Rosen in Sorten	St	3	4	**4**	5	6
			3	3	**4**	4	5
43	Staude, Kleines Immergrün	St	2	2	**2**	2	3
			1	2	**2**	2	2
44	Staude, Frauenmantel	St	2	2	**2**	3	3
			2	2	**2**	2	2
45	Staude, Balkan-Storchenschnabel	St	2	2	**2**	2	3
			1	2	**2**	2	2
46	Staude, Weißer Blut-Storchenschnabel	St	1	2	**2**	2	3
			1	2	**2**	2	2
47	Staude, Pracht-Storchenschnabel	St	2	3	**3**	3	4
			2	2	**3**	3	3
48	Heckenpflanze, Eibe bis 100cm	St	36	47	**53**	62	70
			31	40	**44**	52	59

Nr. **Kurztext** / Langtext — Kostengruppe
▶ ▷ **ø netto €** ◁ ◀ [Einheit] Ausf.-Dauer Positionsnummer

1 Heckenpflanze, Hainbuche KG **573**
Hainbuche - Carpinus betulus liefern und pflanzen.
Pflanzqualität: Strauch 2x verpflanzt mit Ballen
Höhe: 100-150 cm
Bodengruppe: .....
10€ 11€ **12**€ 13€ 16€ [St] ⏱ 0,17 h/St 304.000.112

2 Heckenpflanze, Buchsbaum KG **573**
Buchsbaum - Buxus sempervierens liefern und pflanzen.
Pflanzqualität: Strauch 2x verpflanzt **mit Ballen / im Container**
Höhe: 20-25 cm
Bodengruppe: .....
5€ 6€ **6**€ 8€ 10€ [St] ⏱ 0,17 h/St 304.000.113

3 Heckenpflanze, Liguster KG **573**
Liguster - Ligustrum vulgare liefern und pflanzen.
Pflanzqualität: Strauch 2x verpflanzt **mit Ballen / im Container**
Höhe: 20-25 cm
Bodengruppe: .....
4€ 5€ **5**€ 7€ 9€ [St] ⏱ 0,17 h/St 304.000.114

4 Heckenpflanze, Kirschlorbeer KG **573**
Kirschlorbeer - Prunus laurocerrasus liefern und pflanzen.
Pflanzqualität: Strauch 2x verpflanzt ohne Ballen mit 5-7 Trieben
Höhe: 80-100 cm
Bodengruppe: .....
29€ 35€ **38**€ 45€ 54€ [St] ⏱ 0,17 h/St 304.000.115

5 Solitär, Säulen-Hainbuche KG **573**
Säulen Hainbuche - Carpinus betulus Fastigiata, liefern, in herzustellende Pflanzgrube pflanzen, einschl. Pflanzenverankerung.
Pflanzqualität: Hochstamm 3x verpflanzt mit Drahtballen
Stammumfang: 10-12 cm
Bodengruppe: .....
Pflanzenverankerung: Pfahl-Zweibock
Pfähle: unbehandelt
Bindegut: Kokosstrick
99€ 130€ **139**€ 141€ 184€ [St] ⏱ 2,60 h/St 304.000.111

6 Solitär Rotblühende Rosskastanie KG **573**
Rotblühende Rosskastanie - Aecsulus carnea, liefern, in herzustellende und wieder zu verfüllende Pflanzgrube pflanzen.
Pflanzqualität: Hochstamm 4x verpflanzt mit Drahtballen
Stammumfang: 18-20 cm
Bodengruppe: .....
269€ 371€ **385**€ 412€ 470€ [St] ⏱ 2,60 h/St 304.000.116

Kosten:
Stand 2.Quartal 2020
Bundesdurchschnitt

▶ min
▷ von
ø Mittel
◁ bis
◀ max

7 Solitär, Spitz-Ahorn KG **573**

Spitzahorn - Acer platanoides, liefern, in herzustellende und wieder zu verfüllende Pflanzgrube pflanzen.
Pflanzqualität: Hochstamm 4x verpflanzt mit Drahtballen
Stammumfang: 18-20 cm
Bodengruppe: .....

233€ 316€ **342**€ 377€ 460€ [St] ⏱ 2,60 h/St 304.000.117

8 Solitär, Feld-Ahorn KG **573**

Feld-Ahorn - Acer campestre, liefern, in herzustellende und wieder zu verfüllende Pflanzgrube pflanzen.
Pflanzqualität: Hochstamm 3x verpflanzt mit Drahtballen
Stammumfang: 18-20 cm
Bodengruppe: .....

207€ 280€ **311**€ 329€ 416€ [St] ⏱ 2,60 h/St 304.000.118

9 Solitär, Vogelkirsche KG **573**

Vogelkirsche - Prunus avium, liefern, in herzustellende und wieder zu verfüllende Pflanzgrube pflanzen.
Pflanzqualität: Hochstamm 4x verpflanzt mit Drahtballen
Stammumfang: 20-22 cm
Bodengruppe: .....

212€ 251€ **275**€ 295€ 337€ [St] ⏱ 3,40 h/St 304.000.119

10 Solitär, Winterlinde KG **573**

Winterlinde - Tilia cordata, liefern, in herzustellende und wieder zu verfüllende Pflanzgrube pflanzen.
Pflanzqualität: Hochstamm 4x verpflanzt mit Drahtballen
Stammumfang: 25-30 cm
Höhe: 400-500 cm
Breite: 200-300 cm
Bodengruppe: .....

278€ 336€ **361**€ 393€ 440€ [St] ⏱ 3,40 h/St 304.000.120

11 Solitär, Wald-Kiefer KG **573**

Wald-Kiefer - Pinus sylvetris, liefern, in herzustellende und wieder zu verfüllende Pflanzgrube pflanzen.
Pflanzqualität: Hochstamm 4x verpflanzt mit Drahtballen
Stammumfang: 18-20 cm
Höhe: 100-150 cm
Bodengruppe: .....

276€ 396€ **470**€ 493€ 583€ [St] ⏱ 2,60 h/St 304.000.121

12 Solitär, Hänge-Birke KG **573**

Sand Birke - Betula pendula, liefern, in herzustellende und wieder zu verfüllende Pflanzgrube pflanzen, einschl. Pflanzenverankerung.
Pflanzqualität: Hochstamm 3x verpflanzt
Stammumfang: 16-18 cm
Bodengruppe: .....

229€ 263€ **282**€ 299€ 338€ [St] ⏱ 3,00 h/St 304.000.122

Kosten:
Stand 2.Quartal 2020
Bundesdurchschnitt

Nr.	**Kurztext** / Langtext							Kostengruppe
▶	▷	**ø netto €**	◁	◀	[Einheit]	Ausf.-Dauer		Positionsnummer

13 Solitär, Hainbuche KG **573**

Hainbuche - Carpinus betulus, liefern, in herzustellende und wieder zu verfüllende Pflanzgrube pflanzen, einschl. Pflanzenverankerung.
Pflanzqualität: Hochstamm 3x verpflanzt
Stammumfang: 16-18 cm
Bodengruppe: .....

236€ 264€ **273**€ 310€ 353€ [St] ⏱ 3,00 h/St 304.000.123

14 Solitär, gemeine Esche KG **573**

Gemeine Esche - Fraxinus excelsior, liefern, in herzustellende und wieder zu verfüllende Pflanzgrube pflanzen.
Pflanzqualität: Hochstamm 3x verpflanzt mit Drahtballen
Stammumfang: 16-18 cm
Bodengruppe: .....

192€ 230€ **250**€ 264€ 305€ [St] ⏱ 2,00 h/St 304.000.124

15 Solitär, gemeine Eberesche KG **573**

Gemeine Eberesche - Sorbus aucuparie, liefern, in herzustellende und wieder zu verfüllende Pflanzgrube pflanzen.
Pflanzqualität: Hochstamm 3x verpflanzt mit Drahtballen
Stammumfang: 16-18 cm
Bodengruppe: .....

149€ 209€ **239**€ 281€ 369€ [St] ⏱ 2,00 h/St 304.000.125

16 Solitär, Baum-Hasel KG **573**

Baum-Hasel - Corylus colurna, liefern, in herzustellende und wieder zu verfüllende Pflanzgrube pflanzen.
Pflanzqualität: Hochstamm 3x verpflanzt mit Drahtballen
Stammumfang: 16-18 cm
Bodengruppe: .....

200€ 245€ **272**€ 292€ 346€ [St] ⏱ 2,00 h/St 304.000.126

17 Solitär, Scharlach-Blühende Rosskastanie KG **573**

Blühende Rosskastanie - Aesculus carnea, liefern, in herzustellende und wieder zu verfüllende Pflanzgrube pflanzen.
Pflanzqualität: Hochstamm 3x verpflanzt mit Drahtballen
Stammumfang: 16-18 cm
Bodengruppe: .....

290€ 372€ **379**€ 383€ 465€ [St] ⏱ 2,00 h/St 304.000.127

18 Obstgehölz, Apfel in Sorten KG **573**

Obstgehölze in Sorten, liefern, in herzustellende und wieder zu verfüllende Pflanzgrube pflanzen.
Pflanzqualität: Hochstamm 3x verpflanzt mit Drahtballen
Stammumfang: 16-18 cm
Bodengruppe: .....

141€ 209€ **230**€ 273€ 375€ [St] ⏱ 2,30 h/St 304.000.128

▶ min
▷ von
ø Mittel
◁ bis
◀ max

19 Obstgehölz, Zier-Apfel `Evereste` KG **573**

Zier-Apfel - Malus Evereste, liefern, in herzustellende und wieder zu verfüllende Pflanzgrube pflanzen.
Pflanzqualität: Hochstamm 3x verpflanzt mit Drahtballen
Stammumfang: 16-18 cm
Bodengruppe: .....

189€ 249€ **256**€ 279€ 328€ [St] ⏱ 2,30 h/St 304.000.129

20 Obstgehölz, Zier-Apfel `Eleyi` KG **573**

Zier-Apfel - Malus Eleyi, liefern, in herzustellende und wieder zu verfüllende Pflanzgrube pflanzen.
Pflanzqualität: Hochstamm 3x verpflanzt mit Drahtballen
Stammumfang: 16-18 cm
Bodengruppe: .....

42€ 57€ **58**€ 63€ 78€ [St] ⏱ 2,30 h/St 304.000.130

21 Obstgehölz, Straßenbaum Stadt-Birne, StU 16-18cm KG **573**

Kleiner / mittel großer Stadt- / Straßenbaum
Stadt-Birne - Pyrus calleryana 'Chanticleer' liefern, in herzustellende und wieder zu verfüllende Pflanzgrube pflanzen.
Pflanzqualität: Hochstamm 3x verpflanzt mit Drahtballen
Stammumfang: 16-18 cm
Bodengruppe: .....

270€ 353€ **383**€ 400€ 496€ [St] ⏱ 2,30 h/St 304.000.131

22 Obstgehölz, japanische Blütenkirsche, StU 12-14cm KG **573**

Japanische Blütenkirsche - Prunus serrulata, liefern, in herzustellende und wieder zu verfüllende Pflanzgrube pflanzen.
Pflanzqualität: Hochstamm 3x verpflanzt mit Drahtballen
Stammumfang: 12-14 cm
Bodengruppe: .....

221€ 264€ **288**€ 295€ 315€ [St] ⏱ 1,80 h/St 304.000.132

23 Weidentunnel, Silber-Weide KG **573**

Silber-Weide - Salix alba, liefern und pflanzen. Pflanzruten als Weidentunnel mit einander verflechten.
Material: geeignet für Einbau als Weidentunnel
Qualität: zweijährig, schlank und gleichmäßig biegsam
Äste: Länge ca. 3,00 m

3€ 5€ **5**€ 6€ 7€ [St] ⏱ 0,08 h/St 304.000.133

24 Strauch, Purpur-Weide KG **573**

Purpur-Weide - Salix purpurea, liefern, in herzustellende und wieder zu verfüllende Pflanzgrube pflanzen.
Pflanzqualität: Strauch 4 Triebe ohne Ballen
Höhe: 100-150 cm
Bodengruppe: .....

2€ 3€ **3**€ 4€ 6€ [St] ⏱ 0,65 h/St 304.000.134

Kosten:
Stand 2.Quartal 2020
Bundesdurchschnitt

▶ min
▷ von
ø Mittel
◁ bis
◀ max

Nr. **Kurztext** / Langtext | Kostengruppe
▶ ▷ **ø netto €** ◁ ◀ [Einheit] Ausf.-Dauer Positionsnummer

25 Strauch, Kupfer-Felsenbirne KG **573**

Kupfer-Felsenbirne - Amelanchier lamarckii, liefern, in herzustellende und wieder zu verfüllende Pflanzgrube pflanzen.
Pflanzqualität: Strauch 3x verpflanzt 3-5 Triebe mit Ballen
Höhe: 100-150 cm
Bodengruppe: .....

28€ 37€ **40**€ 42€ 50€ [St] ⏱ 0,95 h/St 304.000.135

26 Strauch, Hängende Felsenbirne KG **573**

Hängende Felsenbirne - Amelanchier laevis, liefern, in herzustellende und wieder zu verfüllende Pflanzgrube pflanzen.
Pflanzqualität: Strauch 3x verpflanzt mit Drahtballen
Höhe: 125-150 cm
Bodengruppe: .....

75€ 87€ **91**€ 96€ 104€ [St] ⏱ 0,95 h/St 304.000.136

27 Strauch, Gewöhnliche Haselnuss KG **573**

Gewöhnliche Haselnuss - Corylus avellana, liefern, in herzustellende und wieder zu verfüllende Pflanzgrube pflanzen.
Pflanzqualität: Strauch 3x verpflanzt mit Ballen
Höhe: 125-150 cm
Bodengruppe: .....

19€ 21€ **23**€ 26€ 32€ [St] ⏱ 0,95 h/St 304.000.137

28 Strauch, Rhododendron in Sorten KG **573**

Rhododendron in Sorten, liefern, in herzustellende und wieder zu verfüllende Pflanzgrube pflanzen.
Pflanzqualität: Strauch im Container ..... Liter
Höhe: 40-50 cm
Bodengruppe: .....

30€ 37€ **42**€ 44€ 52€ [St] ⏱ 0,25 h/St 304.000.138

29 Strauch, Hortensie in Sorten KG **573**

Hortensien - Hydrangea in Sorten, liefern, in herzustellende und wieder zu verfüllende Pflanzgrube pflanzen.
Pflanzqualität: Strauch 2x verpflanzt im Container 3 Liter
Höhe: 40-60 cm
Bodengruppe: .....

12€ 15€ **16**€ 17€ 23€ [St] ⏱ 0,20 h/St 304.000.139

30 Strauch, Flieder in Sorten KG **573**

Gemeiner Flieder - Syringa vulgaris, liefern, in herzustellende und wieder zu verfüllende Pflanzgrube pflanzen.
Pflanzqualität: Strauch 3x verpflanzt mit Ballen
Höhe: 125-150 cm
Bodengruppe: .....

30€ 45€ **51**€ 58€ 81€ [St] ⏱ 0,25 h/St 304.000.140

31 Strauch, Kornelkirsche KG **573**

Kornellkirsche - Cornus mas, liefern, in herzustellende und wieder zu verfüllende Pflanzgrube pflanzen.
Pflanzqualität: Strauch 3x verpflanzt mit Ballen
Höhe: 150-175 cm
Bodengruppe: .....

29€ | 36€ | **37**€ | 43€ | 54€ | [St] | ⏱ 0,25 h/St | 304.000.141

32 Strauch, Europäische Eibe KG **573**

Gewöhnliche Eibe - Taxus baccata, liefern, in herzustellende und wieder zu verfüllende Pflanzgrube pflanzen.
Pflanzqualität: Strauch 5x verpflanzt mit Drahtballen
Höhe: 80-100 cm
Bodengruppe: .....

50€ | 76€ | **91**€ | 104€ | 145€ | [St] | ⏱ 0,30 h/St | 304.000.142

33 Strauch, Heckeneibe KG **573**

Heckeneibe - Taxus media, liefern, in herzustellende und wieder zu verfüllende Pflanzgrube pflanzen.
Pflanzqualität: Strauch 5x verpflanzt mit Drahtballen
Höhe: 80-100 cm
Bodengruppe: .....

49€ | 62€ | **67**€ | 74€ | 87€ | [St] | ⏱ 0,25 h/St | 304.000.143

34 Strauch, Berberitze in Sorten KG **573**

Berberitze - Berberis in Sorten liefern, in herzustellende und wieder zu verfüllende Pflanzgrube pflanzen.
Pflanzqualität: Strauch 2x verpflanzt mit Ballen
Höhe: 40-50 cm
Bodengruppe: .....

13€ | 15€ | **17**€ | 17€ | 20€ | [St] | ⏱ 0,25 h/St | 304.000.144

35 Strauch, Zwergmispel KG **573**

Zwergmispel - Cotoneaster dammeri, liefern, in herzustellende und wieder zu verfüllende Pflanzgrube pflanzen.
Pflanzqualität: Strauch 2x verpflanzt im Container 2 Liter
Höhe: 40-60 cm
Bodengruppe: .....

1€ | 2€ | **3**€ | 3€ | 5€ | [St] | ⏱ 0,25 h/St | 304.000.145

36 Strauchpflanze, Rotdorn KG **573**

Rotdorn - Crataegus monogyna, liefern, in herzustellende und wieder zu verfüllende Pflanzgrube pflanzen.
Pflanzqualität: Strauchpflanze 2x verpflanzt mit Drahtballen
Höhe: ..... cm
Bodengruppe: .....

24€ | 32€ | **37**€ | 44€ | 59€ | [St] | ⏱ 0,25 h/St | 304.000.159

Kosten:
Stand 2.Quartal 2020
Bundesdurchschnitt

Nr.	**Kurztext** / Langtext						Kostengruppe
▶	▷	**ø netto €**	◁	◀	[Einheit]	Ausf.-Dauer	Positionsnummer

37 Strauch, Immergrüne Heckenkirsche KG **573**

Immergrüne Heckenkirsche - Lonicera nitida, liefern, in herzustellende und wieder zu verfüllende Pflanzgrube pflanzen.
Pflanzqualität: Strauch 2x verpflanzt mit Topfballen
Topfgröße: .....
Höhe: 40-60 cm
Bodengruppe: .....

1€ 2€ **2€** 3€ 5€ [St] ⏱ 0,25 h/St 304.000.147

38 Strauchpflanze, Rote Heckenkirsche KG **573**

Heckenkirsche - Lonicera xylosteum, liefern, in herzustellende und wieder zu verfüllende Pflanzgrube pflanzen.
Pflanzqualität: Strauchpflanze 2x verpflanzt, ohne Ballen, 5 Triebe
Höhe: 100-150 cm
Bodengruppe: .....

2€ 4€ **4€** 6€ 9€ [St] ⏱ 0,65 h/St 304.000.148

39 Staude, Ziergräser in Sorten KG **573**

Ziergräser in verschiedenen Sorten liefern und pflanzen.
Pflanzqualität: Staude im Topfballen
Topfgröße: .....
Bodengruppe: .....

1€ 2€ **2€** 3€ 3€ [St] ⏱ 0,04 h/St 304.000.149

40 Staude, Feinhalm-Chinaschilf KG **573**

Feinhalm-Chinaschilf - Miscanthus sinensis liefern und pflanzen.
Pflanzqualität: Staude im Topfballen
Topfgröße: .....
Bodengruppe: .....

3€ 4€ **4€** 4€ 5€ [St] ⏱ 0,04 h/St 304.000.150

41 Strauchpflanze, Heckenrose KG **573**

Heckenrose - Rosa canina liefern und pflanzen.
Pflanzqualität: Strauchpflanze 1x verpflanzt ohne Ballen 3-4 Triebe
Höhe: 60-100 cm
Bodengruppe: .....

1€ 3€ **4€** 5€ 7€ [St] ⏱ 0,08 h/St 304.000.151

42 Strauch, wilde Rosen in Sorten KG **573**

Wilde Rosen in Sorten liefern und pflanzen.
Pflanzqualität: Strauch 1x verpflanzt 3-4 Trieb ohne Ballen
Bodengruppe: .....

3€ 3€ **4€** 4€ 5€ [St] ⏱ 0,08 h/St 304.000.152

▶ min
▷ von
ø Mittel
◁ bis
◀ max

Nr.	Kurztext / Langtext						Kostengruppe
►	▷	**ø netto €**	◁	◄	[Einheit]	Ausf.-Dauer	Positionsnummer

43 Staude, Kleines Immergrün KG **573**

Kleinblättriges Immergrün - Vinca minor, liefern und pflanzen.
Pflanzqualität: Staude 2x verpflanzt 6-10 Triebe mit Ballen
Topfgröße: .....
Bodengruppe: .....

1€	2€	**2**€	2€	2€	[St]	⏱ 0,04 h/St	304.000.153

44 Staude, Frauenmantel KG **573**

Frauenmantel - Alchemilla mollis, liefern und pflanzen.
Pflanzqualität: Staude, mit Topfballen
Topfgröße: .....
Bodengruppe: .....

2€	2€	**2**€	2€	2€	[St]	⏱ 0,04 h/St	304.000.154

45 Staude, Balkan-Storchenschnabel KG **573**

Balkan-Storchenschnabel - Geranium macororrhizum, liefern und pflanzen.
Pflanzqualität: Staude mit Topfballen
Topfgröße: .....
Bodengruppe: .....

1€	2€	**2**€	2€	2€	[St]	⏱ 0,04 h/St	304.000.155

46 Staude, Weißer Blut-Storchenschnabel KG **573**

Weißer Blut-Storchenschnabel - Geranium sanguineum, liefern und pflanzen.
Pflanzqualität: Staude mit Topfballen
Topfgröße: .....
Bodengruppe: .....

1€	2€	**2**€	2€	2€	[St]	⏱ 0,04 h/St	304.000.156

47 Staude, Pracht-Storchenschnabel KG **573**

Pracht-Storchenschnabel - Geranium x magnificum, liefern und pflanzen.
Pflanzqualität: Staude mit Topfballen
Topfgröße: .....
Bodengruppe: .....

2€	2€	**3**€	3€	3€	[St]	⏱ 0,04 h/St	304.000.157

48 Heckenpflanze, Eibe bis 100cm KG **573**

Gewöhnliche Eibe - Taxus baccata liefern und einpflanzen.
Pflanzqualität: Heckenpflanze 5x verpflanzt mit Drahtballen
Höhe: bis 100 cm
Bodengruppe: .....

31€	40€	**44**€	52€	59€	[St]	⏱ 0,19 h/St	304.000.158

Nr.	Positionen	Einheit	▶	▷	ø brutto € ø netto €	◁	◀
1	Betonplatten, abbrechen, entsorgen	m²	4	7	**7**	9	11
			4	6	**6**	7	10
2	Betonpflaster aufnehmen, lagern	m²	7	8	**9**	10	12
			6	7	**8**	8	10
3	Natursteinpflaster, aufnehmen, lagern	m²	10	11	**12**	12	14
			9	9	**10**	10	11
4	Betonwerksteinplattenbelag abbrechen	m²	14	18	**20**	24	26
			12	15	**17**	20	22
5	Betonbordstein aufnehmen, entsorgen	m	10	12	**13**	15	19
			9	10	**11**	12	16
6	Bordstein, Naturstein, ausbauen, entsorgen	m	–	15	**17**	19	–
			–	13	**14**	16	–
7	Bordstein, Naturstein, ausbauen, lagern	m	7	7	**8**	9	9
			5	6	**7**	7	8
8	Asphaltbelag aufbrechen, entsorgen	m²	18	22	**24**	26	32
			15	19	**20**	22	27
9	Abbruch Mauerwerk, Ziegel	m³	56	89	**99**	107	126
			47	75	**83**	90	106
10	Befestigte Flächen aufnehmen, lagern	m²	7	10	**11**	12	14
			6	8	**9**	10	12
11	Abbruch, unbewehrte Betonteile	m³	62	83	**93**	100	114
			52	70	**78**	84	96
12	Treppen/Bordsteine/Kantensteine aufnehmen, entsorgen	m	8	10	**12**	14	16
			6	8	**10**	12	14
13	Entwässerungsrinne, ausbauen, entsorgen	m	8	11	**11**	14	18
			6	9	**10**	12	15
14	Tragschicht, Schotter entsorgen	m³	23	26	**29**	32	35
			19	22	**24**	27	29
15	Mastleuchte abbrechen, entsorgen	St	–	132	**227**	309	–
			–	111	**191**	259	–
16	Schotter aufnehmen, lagern	m²	4	5	**6**	6	7
			3	4	**5**	5	6
17	Untergrund verdichten, Wegeflächen	m²	1,0	1,4	**1,6**	2,0	2,8
			0,8	1,2	**1,3**	1,7	2,4
18	Untergrund verdichten, Fundamente	m²	1	1	**2**	2	2
			1	1	**1**	1	1
19	Planum herstellen	m²	1,0	1,3	**1,6**	2,1	3,2
			0,8	1,1	**1,3**	1,8	2,7
20	Frostschutzschicht, Schotter 0/16, bis 30cm	m²	12	14	**15**	16	20
			10	12	**13**	14	17
21	Frostschutzschicht, Schotter 0/32, bis 30cm	m²	12	16	**17**	20	26
			10	13	**14**	17	22
22	Frostschutzschicht, Schotter 0/45, bis 30cm	m²	13	17	**19**	22	29
			11	14	**16**	19	24
23	Frostschutzschicht, RCL 0/56, bis 30cm	m²	13	15	**15**	17	20
			11	12	**13**	14	16

380

Kosten:
Stand 2.Quartal 2020
Bundesdurchschnitt

▶ min
▷ von
ø Mittel
◁ bis
◀ max

Nr.	Positionen	Einheit	▶	▷	ø brutto € / ø netto €	◁	◀
24	Frostschutzschicht, Kies 0/16, bis 30cm	m²	10	12	**13**	14	16
			9	10	**11**	12	13
25	Frostschutzschicht, Kies 0/32, bis 30cm	m²	13	16	**17**	18	20
			11	13	**14**	15	17
26	Frostschutzschicht, Kies 0/45, bis 30cm	m²	16	18	**18**	18	20
			14	15	**15**	16	17
27	Tragschicht, Schotter 0/16, bis 30cm	m²	9	11	**11**	13	15
			8	9	**10**	11	12
28	Tragschicht, Schotter 0/32, bis 30cm	m²	10	13	**14**	15	18
			9	11	**12**	13	15
29	Tragschicht, Schotter 0/45, bis 30cm	m²	13	15	**16**	19	24
			11	13	**13**	16	20
30	Tragschicht, Kies 0/16, bis 30cm	m²	10	11	**11**	12	14
			8	9	**10**	10	11
31	Tragschicht, Kies 0/32, bis 30cm	m²	11	13	**14**	16	21
			9	11	**12**	14	17
32	Tragschicht, Kies 0/45, bis 30cm	m²	14	17	**19**	19	23
			12	14	**16**	16	20
33	Asphalttragschicht, 10cm	m²	18	21	**22**	24	28
			15	17	**19**	20	24
34	Rasentragschicht 0/32	m²	10	12	**13**	14	16
			8	10	**11**	12	14
35	Rasentragschicht 0/45	m²	12	17	**21**	23	28
			10	15	**17**	19	23
36	Betonplattenbelag, 40x40cm	m²	48	58	**62**	65	73
			40	49	**52**	55	61
37	Betonplattenbelag, großformatig	m²	58	66	**71**	90	114
			49	56	**60**	75	96
38	Balkonbelag, Betonwerkstein	m²	78	98	**109**	124	148
			66	83	**92**	104	124
39	Pflasterdecke, Betonpflaster	m²	36	41	**42**	44	47
			31	35	**36**	37	39
40	Rasenpflaster aus Beton	m²	44	49	**52**	55	62
			37	41	**43**	46	52
41	Pflasterdecke, Granit, 8x8	m²	87	99	**104**	107	116
			73	83	**87**	90	98
42	Pflasterdecke, Granit 9x9	m²	106	117	**122**	131	148
			89	98	**103**	110	124
43	Pflasterdecke, Granit 10x10	m²	114	120	**127**	140	153
			96	101	**107**	118	128
44	Pflasterdecke, Granit, 11x11	m²	131	144	**145**	153	164
			110	121	**122**	129	138
45	Plattenbelag, Granit, 60x60cm	m²	70	83	**89**	98	114
			59	70	**75**	82	96
46	Plattenbelag, Basalt, 60x60cm	m²	–	171	**192**	219	–
			–	143	**161**	184	–
47	Plattenbelag, Travertin, 60x60cm	m²	109	133	**138**	142	176
			92	112	**116**	120	148

Kosten:
Stand 2.Quartal 2020
Bundesdurchschnitt

Nr.	Positionen	Einheit	▶	▷	ø brutto € / ø netto €	◁	◀
48	Plattenbelag, Sandstein, 60x60cm	m²	120	135	**143**	150	163
			100	113	**120**	126	137
49	Pflasterzeile, Granit, einzeilig, 15x17x17	m	35	42	**45**	52	69
			30	35	**38**	44	58
50	Pflasterzeile, Großformat, einzeilig	m	28	33	**33**	34	37
			24	27	**28**	28	31
51	Pflasterzeile, Granit, dreizeilig	m	46	57	**63**	79	101
			38	48	**53**	66	85
52	Bordstein, Beton, 12x15x25cm, L=100cm	m	32	35	**36**	38	41
			27	29	**30**	32	35
53	Bordstein, Beton, 12x15x30cm, L=100cm	m	36	42	**44**	46	53
			31	35	**37**	39	44
54	Bordstein, Beton, 8x25cm, L=100cm	m	24	28	**30**	33	36
			20	23	**25**	28	31
55	Bordstein, Beton, 10x25cm, L=100cm	m	26	28	**28**	29	32
			22	23	**24**	24	27
56	Bordstein, Granit	m	46	59	**66**	76	95
			38	50	**56**	64	80
57	Blockstufe, Beton, 100x35x15cm	St	151	182	**202**	209	229
			127	153	**170**	176	193
58	Pflastersteine schneiden, Beton	m	15	18	**19**	23	30
			13	15	**16**	20	25
59	Plattenbelag schneiden, Beton	m	16	18	**19**	21	26
			13	15	**16**	18	22
60	Lastplattendruckversuch	St	185	241	**246**	271	315
			155	203	**207**	228	265
61	Wassergebundene Decke	m²	13	16	**17**	17	20
			11	13	**14**	14	17
62	Schotterrasen herstellen	m²	12	16	**17**	21	29
			10	13	**14**	18	24
63	Rippenplatten, 30x30x8, Rippenabstand 50x6, o. Fase, weiß	m²	–	125	**130**	163	–
			–	105	**109**	137	–
64	Winkelstützmauerelement, Beton, Höhe 55cm	m	108	134	**146**	170	214
			91	113	**122**	143	180
65	Winkelstützmauerelement, Beton, Höhe 105cm	m	209	241	**249**	252	289
			175	202	**209**	212	243
66	Winkelstützmauerelement, Beton, Höhe 155cm	m	282	327	**350**	395	471
			237	275	**294**	332	396
67	Rippenplatten, 30x30x8, Rippenabstand 40x7, mit Fase, weiß	m²	109	132	**137**	153	176
			91	111	**115**	129	148
68	Rippenplatten, 30x30x8, Rippenabstand 50x6, o. Fase, anthrazit	m²	–	138	**147**	182	–
			–	116	**123**	153	–
69	Rippenplatten, 30x30x8, Rippenabstand 50x7, mit Fase, anthrazit	m²	–	135	**150**	180	–
			–	114	**126**	152	–

▶ min
▷ von
ø Mittel
◁ bis
◀ max

Nr.	Positionen	Einheit	▶	▷	ø brutto € / ø netto €	◁	◀
70	Rippenplatte, 20x10x8, Rippenabstand 40x2, mit Fase, weiß	m	–	111	**117**	135	–
			–	93	**98**	114	–
71	Noppenplatten, 30x30x8, 32 Noppen, mit Fase, Kegel, anthrazit	m²	–	128	**135**	166	–
			–	108	**113**	139	–
72	Noppenplatten, 30x30x8, 32 Noppen, mit Fasen, Kegel, weiß	m²	–	126	**134**	154	–
			–	106	**113**	130	–
73	Noppenplatten, 30x30x8, 32 Noppen, mit Fase, Kugel, weiß	m²	–	131	**138**	174	–
			–	110	**116**	146	–
74	Noppenplatten, 30x30x8, 32 Noppen, mit Fase, Kugel, anthrazit	m²	–	125	**135**	163	–
			–	105	**113**	137	–
75	Leitstreifen Rippenplatte, einreihig	m	319	371	**375**	407	451
			268	312	**316**	342	379
76	Aufmerksamkeitsfeld, 90x90cm, Noppenplatte	m²	133	152	**158**	175	189
			112	128	**133**	147	159
77	Einstiegsfeld, 90x90cm, Noppenplatte	m²	–	146	**164**	197	–
			–	123	**138**	165	–
78	Rollstuhl-Überfahrtstein, 18x22, L=100cm	m	–	109	**121**	130	–
			–	91	**101**	110	–
79	Tastbordstein, Beton, 25x20, L=50cm	m	–	89	**95**	109	–
			–	75	**80**	91	–
80	Rollbordstein, Beton, 25x20, L=100cm	m	–	93	**98**	117	–
			–	78	**82**	99	–
81	Übergangsbordstein, Beton, dreiteilig, 12x18x30, L=100cm	m	–	125	**134**	153	–
			–	105	**113**	129	–
82	Übergangsbordstein, Beton, dreiteilig, 18x22, L=100cm	m	–	117	**120**	147	–
			–	98	**101**	124	–
83	L-Stufe, Kontraststreifen Beton,15x38cm, L=120cm	m	–	158	**168**	201	–
			–	133	**141**	169	–
84	L-Stufe, Kontraststreifen PVC,15x38cm, L=120cm	m	–	128	**142**	168	–
			–	107	**119**	141	–
85	Legestufe, Kontraststreifen PVC, 8x40x120cm	m	111	145	**152**	174	190
			93	122	**128**	146	160
86	Legestufe, Kontraststreifen Beton, 8x40x120cm	m	122	163	**172**	199	213
			102	137	**144**	167	179
87	Winkelstufe, Kontraststreifen PVC, 20x36x120cm	m	26	31	**33**	38	41
			21	26	**27**	32	34
88	Winkelstufe, Kontraststreifen Beton, 20x36x120cm	m	119	153	**163**	189	202
			100	129	**137**	159	170
89	Blockstufe, Kontraststreifen PVC, 20x40x120cm	m	–	160	**167**	195	–
			–	135	**140**	164	–

Kosten:
Stand 2.Quartal 2020
Bundesdurchschnitt

Nr.	Positionen	Einheit	▶	▷	ø brutto € / ø netto €	◁	◀
90	Blockstufe, Kontraststreifen Beton, 20x40x120cm	m	179	186	**189**	197	214
			150	156	**159**	166	180
91	Taktiles Bodenleitsystem Fräsen, 7 Rillen	m	–	108	**120**	142	–
			–	91	**101**	119	–
92	Rampenstufen, Betonfertigteil	St	–	68	**73**	84	–
			–	57	**61**	70	–
93	Taktiles Bodenleitsystem Fräsen, 1 Rille	m	–	39	**42**	48	–
			–	33	**35**	41	–
94	Fräsen eines Aufmerksamkeitsfeldes	St	–	110	**120**	137	–
			–	92	**101**	115	–
95	Richtungsänderung fräsen	St	–	157	**167**	195	–
			–	132	**140**	164	–
96	Maschinenumstellung	St	–	33	**39**	45	–
			–	28	**33**	38	–
97	Überfahrrampe Balkon-/Terrassentüren H bis 125mm	St	–	809	**852**	980	–
			–	680	**716**	823	–
98	Weg-/Beetbegrenzung, Aluminium, gerade	m	31	42	**48**	50	63
			26	35	**40**	42	53
99	Weg-/Beetbegrenzung, Aluminium, Bogen	m	72	92	**98**	110	121
			60	78	**82**	92	101
100	Weg-/Beetbegrenzung, Aluminium, Stoßverbinder	St	59	77	**81**	92	99
			50	65	**68**	77	83
101	Weg-/Beetbegrenzung, Aluminium, Eckverbinder, Außenecke 90°	St	40	44	**45**	49	54
			34	37	**38**	41	46
102	Weg-/Beetbegrenzung, Aluminium, Erdnagel	St	19	24	**25**	30	32
			16	21	**21**	25	27
103	Gabionen, 50x50x50cm	St	–	116	**123**	142	–
			–	97	**104**	119	–
104	Gabionen, 100x50x50cm	St	–	162	**175**	203	–
			–	137	**147**	170	–
105	Gabionen, 100x100x100cm	St	–	358	**381**	438	–
			–	301	**320**	368	–
106	Gabionen, 150x100x50cm	St	–	213	**219**	263	–
			–	179	**184**	221	–
107	Trockenmauer als freistehende Mauer-Granitblöcke-Findlinge	m	221	253	**269**	320	336
			185	213	**226**	269	283
108	Trockenmauer als Stützwand - Bruchsteinmauerwerk	m	273	308	**325**	373	390
			229	259	**273**	314	327
109	Natursteinmauerwerk als Außenwand	m	152	184	**195**	214	247
			128	155	**164**	180	208

▶ min
▷ von
ø Mittel
◁ bis
◀ max

Nr.	Kurztext / Langtext						Kostengruppe
▶	▷	**ø netto €**	◁	◀	[Einheit]	Ausf.-Dauer	Positionsnummer

1 Betonplatten, abbrechen, entsorgen KG **594**

Abbruch Plattenbelag als Randeinfassung einschl. Bettung. Stoffe sammeln, auf LKW des AN laden, zur Verwertungsanlage transportieren und entsorgen. Die Entsorgungsgebühren werden vom AN übernommen.
Plattenbelag: Betonplatten
Maße: 50 x 50 x 5 cm
Bettung: Kiessand
Dicke: 10 cm
Geräteeinsatz möglich: .....
Abfall: nicht gefährlich, nicht schadstoffbelastet, Z0

4€	6€	**6**€	7€	10€	[m²]	⏱ 0,10 h/m²	380.000.214

2 Betonpflaster aufnehmen, lagern KG **594**

Pflasterbelag einschl. Bettung aufnehmen, reinigen und zur Wiederverwendung seitlich lagern.
Pflasterbelag: Betonpflastersteine
Plattendicke: 8 cm
Bettung: Kiessand
Bettungsdicke: 4 cm
Förderweg: bis 50 m Entfernung auf der Baustelle

6€	7€	**8**€	8€	10€	[m²]	⏱ 0,12 h/m²	380.000.215

3 Natursteinpflaster, aufnehmen, lagern KG **594**

Natursteinpflaster aufnehmen, seitlich bis zum Wiedereinbau lagern.
Pflastermaterial: .....
Abmessungen: .....

9€	9€	**10**€	10€	11€	[m²]	⏱ 0,15 h/m²	380.000.266

4 Betonwerksteinplattenbelag abbrechen KG **394**

Betonwerksteinplattenbelag in Sand oder Splitt, ohne Schadstoffbelastung, ausbauen und entsorgen. Die aufgenommenen Stoffe sammeln, auf LKW des AN laden, zur Verwertungsanlage transportieren und entsorgen. Die Entsorgungsgebühren werden vom AN übernommen.
Plattengröße: bis 50 x 50 x 5 cm
Abfallschlüssel nach AVV: 170101 Beton
Ausführung: mit Geräteeinsatz im Freien
Transportweg: bis ..... km
Anlage (Bezeichnung/Ort): .....

12€	15€	**17**€	20€	22€	[m²]	⏱ 0,25 h/m²	380.000.269

5 Betonbordstein aufnehmen, entsorgen KG **594**

Abbruch Bordsteine mit beidseitiger Rückenstütze einschl. Fundament aufnehmen, aufgenommen Stoffe laden und entsorgen
Bordstein: Betonbordstein
Form: HB 15 x 30
Fundamentbeton: C12/15
Bettungsdicke: 30 cm
Geräteeinsatz möglich: .....
Abfall: nicht gefährlich, nicht schadstoffbelastet, Z0

9€	10€	**11**€	12€	16€	[m]	⏱ 0,18 h/m	380.000.216

Kosten:
Stand 2.Quartal 2020
Bundesdurchschnitt

▶ min
▷ von
ø Mittel
◁ bis
◀ max

Nr. **Kurztext** / Langtext Kostengruppe
▶ ▷ **ø netto €** ◁ ◀ [Einheit] Ausf.-Dauer Positionsnummer

6 Bordstein, Naturstein, ausbauen, entsorgen KG **594**

Bordsteine Naturstein, mit beidseitiger Rückenstütze einschl. Bettung aufnehmen und anfallende Stoffe laden und entsorgen.
Bordstein: .....
Maße: 15 x 30 cm
Maschineneinsatz: **ja / nein**

–€ 13€ **14**€ 16€ –€ [m] 0,15 h/m 380.000.267

7 Bordstein, Naturstein, ausbauen, lagern KG **594**

Bordsteine Naturstein, mit beidseitiger Rückenstütze einschl. Bettung aufnehmen und anfallende Stoffe seitlich lagern.
Bordstein: .....
Maße: 15 x 30 cm
Maschineneinsatz: **ja / nein**

5€ 6€ **7**€ 7€ 8€ [m] 0,15 h/m 380.000.268

8 Asphaltbelag aufbrechen, entsorgen KG **594**

Asphaltbelag streifenförmig aufbrechen, einschl. Unterbau aus Kies-Schotter-Gemisch. Anfallende Stoffe laden, abfahren und entsorgen, einschl. Deponiegebühr.
Material: unbelastetes Bitumen
Asphalt Dicke: bis 15 cm
Breite: 70-100 cm
Unterbau Dicke: ..... cm
Maschineneinsatz: **ja / nein**

15€ 19€ **20**€ 22€ 27€ [m²] 0,16 h/m² 380.000.217

9 Abbruch Mauerwerk, Ziegel KG **594**

Maschineller Abbruch von Mauerwerk aus Mauersteinen aller Fertigungsklassen als unbelastetes Mauerwerk aller Art. Aufgenommene Stoffe sortenrein getrennt sammeln, ohne Zerkleinerung auf LKW laden. Die Entsorgung wird gesondert vergütet.
Arbeitshöhe bis ..... m
Abbruchtiefe bis ..... m
Abfallschlüssel nach AVV: 170102 Ziegel
Abfallschlüssel nach AVV: 170107 Gemischter Bauschutt

47€ 75€ **83**€ 90€ 106€ [m³] 0,92 h/m³ 380.000.212

10 Befestigte Flächen aufnehmen, lagern KG **594**

Pflasterbelag aufnehmen, reinigen, laden und bis zur Wiederverwendung auf Europaletten lagenwiese im Verband stapeln und bauseitig lagern. Fördern bis 50m Entfernung auf der Baustelle.
Belag: **Naturstein / Betonwerkstein**
Belagsstärke: bis 8 cm
Bettung: Sand
Dicke: ..... cm
Maschineneinsatz: **ja / nein**

6€ 8€ **9**€ 10€ 12€ [m²] 0,12 h/m² 380.000.218

11 Abbruch, unbewehrte Betonteile KG **594**

Maschineller Abbruch von Betonteilen. Stoffe sortenrein getrennt sammeln und ohne Zerkleinerung auf LKW des AN laden, zur Verwertungsanlage transportieren und entsorgen.
Material: unbelastetes Mauerwerk
Abbruchtiefe: ..... cm
Stoffe sammeln, auf LKW des AN laden, zur Verwertungsanlage transportieren und entsorgen.

52€ 70€ **78**€ 84€ 96€ [m³] ⏱ 0,90 h/m³ 380.000.213

12 Treppen/Bordsteine/Kantensteine aufnehmen, entsorgen KG **594**

Betonfertigteile einschl. Fundamente aufnehmen und Stoffe sortenrein laden und entsorgen.
Fertigteile: **Treppen / Bordsteine / Einfassungen / Kantensteine**
Fundamenttiefe: bis 30 cm
Maschineneinsatz: **ja / nein**

6€ 8€ **10**€ 12€ 14€ [m] ⏱ 0,10 h/m 380.000.219

13 Entwässerungsrinne, ausbauen, entsorgen KG **594**

Entwässerungsrinne inkl. Bettung ausbauen und entsorgen.
Rinne: DN100
Bettung: Beton
Rückenstütze: Beton
Bettungsdicke: 10 cm

6€ 9€ **10**€ 12€ 15€ [m] ⏱ 0,18 h/m 380.000.210

14 Tragschicht, Schotter entsorgen KG **594**

Schottertragschicht und Frostschutzschicht, zwischengelagert laden und entsorgen.
Dicke: bis 40 cm

19€ 22€ **24**€ 27€ 29€ [m³] ⏱ 0,20 h/m³ 380.000.220

15 Mastleuchte abbrechen, entsorgen KG **594**

Mastleuchte, inkl. Fundament und alle Bestandteilen, abbrechen und entsorgen.
Material: Stahl
Höhe über Gelände: bis 5,00 m

–€ 111€ **191**€ 259€ –€ [St] ⏱ 3,00 h/St 380.000.282

16 Schotter aufnehmen, lagern KG **594**

Schottertragschicht aufnehmen und lagern Die Oberfläche ist durch abkratzen zu säubern. Position ohne Abfuhr und Entsorgung.
Stärker: bis 30 cm
Körnung: 0/56

3€ 4€ **5**€ 5€ 6€ [m²] ⏱ 0,08 h/m² 380.000.221

17 Untergrund verdichten, Wegeflächen KG **530**

Untergrund für Wegeflächen verdichten, einschl. Ausgleich von Unebenheiten. Beschreibung der Homogenbereiche nach Unterlagen des AG
Verdichtungsgrad: DPr 100%
Abweichung von der Sollhöhe: +/-3 cm

0,8€ 1,2€ **1,3**€ 1,7€ 2,4€ [m²] ⏱ 0,02 h/m² 380.000.222

Kosten:
Stand 2.Quartal 2020
Bundesdurchschnitt

Nr.	**Kurztext** / Langtext						Kostengruppe
▶	▷	**ø netto €**	◁	◀	[Einheit]	Ausf.-Dauer	Positionsnummer

18 Untergrund verdichten, Fundamente KG **530**

Untergrund für Fundamente verdichten, einschl. Planum. Beschreibung der Homogenbereiche nach Unterlagen des AG
Verdichtungsgrad: DPr 97%
Abweichung von der Sollhöhe: +/-2 cm

▶	▷	ø	◁	◀	Einheit	Ausf.-Dauer	Positionsnummer
1€	1€	**1**€	1€	1€	[m²]	⏱ 0,04 h/m²	380.000.223

19 Planum herstellen KG **530**

Planum für befestigte Fläche herstellen und überschüssigen Boden entsorgen. Beschreibung der Homogenbereiche nach Unterlagen des AG
Auf- und Abtrag: bis 5 cm
Zulässige Abweichung der Sollhöhe: +/-2cm

▶	▷	ø	◁	◀	Einheit	Ausf.-Dauer	Positionsnummer
0,8€	1,1€	**1,3**€	1,8€	2,7€	[m²]	⏱ 0,02 h/m²	380.000.224

20 Frostschutzschicht, Schotter 0/16, bis 30cm KG **530**

Frostschutzschicht aus Schotter einbauen und profilgerecht verdichten.
Einbauort: .....
Belastungsklasse RStO 12: .....
Schichtdicke: bis 30 cm
Körnung: 0/16
Sieblinie: .....
Verdichtungsgrad DPr: ..... %

▶	▷	ø	◁	◀	Einheit	Ausf.-Dauer	Positionsnummer
10€	12€	**13**€	14€	17€	[m²]	⏱ 0,14 h/m²	380.000.225

21 Frostschutzschicht, Schotter 0/32, bis 30cm KG **530**

Frostschutzschicht aus Schotter einbauen und profilgerecht verdichten.
Einbauort: .....
Belastungsklasse RStO 12: .....
Schichtdicke: bis 30 cm
Körnung: 0/32
Sieblinie: .....
Verdichtungsgrad DPr: ..... %

▶	▷	ø	◁	◀	Einheit	Ausf.-Dauer	Positionsnummer
10€	13€	**14**€	17€	22€	[m²]	⏱ 0,14 h/m²	380.000.226

22 Frostschutzschicht, Schotter 0/45, bis 30cm KG **530**

Frostschutzschicht aus Schotter, einschl. profilgerecht verdichten.
Einbauort: .....
Belastungsklasse RStO 12: .....
Schichtdicke: bis 30 cm
Körnung: 0/45
Sieblinie: .....
Verdichtungsgrad: DPr 1

▶	▷	ø	◁	◀	Einheit	Ausf.-Dauer	Positionsnummer
11€	14€	**16**€	19€	24€	[m²]	⏱ 0,14 h/m²	380.000.227

▶ min
▷ von
ø Mittel
◁ bis
◀ max

23 Frostschutzschicht, RCL 0/56, bis 30cm KG **530**

Frostschutzschicht aus Recycling-Baustoff einbauen und profilgerecht verdichten.
Einbauort: Fahr- und Parkbereich
Belastungsklasse RStO 12: .....
Schichtdicke: bis 30 cm
Körnung: 0/56
Sieblinie: .....
Verdichtungsgrad: DPr 1

11€ 12€ **13**€ 14€ 16€ [m2] ⏱ 0,14 h/m2 380.000.228

24 Frostschutzschicht, Kies 0/16, bis 30cm KG **530**

Frostschutzschicht aus Kies einbauen und profilgerecht verdichten.
Einbauort: .....
Belastungsklasse RStO 12: .....
Schichtdicke: bis 30 cm
Körnung: 0/16
Sieblinie: .....
Verdichtungsgrad DPr: ..... %

9€ 10€ **11**€ 12€ 13€ [m2] ⏱ 0,14 h/m2 380.000.229

25 Frostschutzschicht, Kies 0/32, bis 30cm KG **530**

Frostschutzschicht aus Kies einbauen und profilgerecht verdichten.
Einbauort: .....
Belastungsklasse RStO 12: .....
Schichtdicke: bis 30 cm
Körnung: 0/32
Verdichtungsgrad DPr: ..... %

11€ 13€ **14**€ 15€ 17€ [m2] ⏱ 0,14 h/m2 380.000.230

26 Frostschutzschicht, Kies 0/45, bis 30cm KG **530**

Frostschutzschicht aus Kies einbauen und profilgerecht verdichten.
Einbauort: .....
Belastungsklasse RStO 12: .....
Schichtdicke: bis 30 cm
Körnung: 0/45
Verdichtungsgrad DPr: ..... %

14€ 15€ **15**€ 16€ 17€ [m2] ⏱ 0,14 h/m2 380.000.231

27 Tragschicht, Schotter 0/16, bis 30cm KG **530**

Tragschicht aus Schotter gem. ZTV-SoB-STB mit Verdichtungsgrad mind. DPr 95% herstellen. Nachweis der Frostbeständigkeit ist vorzulegen. Verwendung von Recyclingmaterial ist nicht zulässig.
Einbauort: .....
Belastungsklasse RStO 12: .....
Schichtdicke: bis 30 cm
Körnung: 0/16
Sieblinie: .....
Sollhöhe: Zulässige Abweichung +/-2,0 cm

8€ 9€ **10**€ 11€ 12€ [m2] ⏱ 0,12 h/m2 380.000.232

Kosten:
Stand 2.Quartal 2020
Bundesdurchschnitt

Nr.	Kurztext / Langtext						Kostengruppe
▶	▷	ø netto €	◁	◀	[Einheit]	Ausf.-Dauer	Positionsnummer

28 **Tragschicht, Schotter 0/32, bis 30cm** KG **530**

Tragschicht aus Schotter gem. ZTV-SoB-STB mit Verdichtungsgrad mind. DPr 95% herstellen. Nachweis der Frostbeständigkeit ist vorzulegen. Verwendung von Recyclingmaterial ist nicht zulässig.
Einbauort: .....
Belastungsklasse RStO 12: .....
Schichtdicke: bis 30 cm
Körnung: 0/32
Sieblinie: .....
Sollhöhe: Zulässige Abweichung +/-2,0 cm

9€ 11€ **12**€ 13€ 15€ [m2] ⏱ 0,12 h/m2 380.000.233

29 **Tragschicht, Schotter 0/45, bis 30cm** KG **530**

Tragschicht aus Schotter gem. ZTV-SoB-STB mit Verdichtungsgrad mind. DPr 95% herstellen. Nachweis der Frostbeständigkeit ist vorzulegen. Verwendung von Recyclingmaterial ist nicht zulässig.
Einbauort: .....
Belastungsklasse RStO 12: .....
Schichtdicke: bis 30 cm
Körnung: 0/45
Sieblinie: .....
Sollhöhe: Zulässige Abweichung +/-2,0 cm

11€ 13€ **13**€ 16€ 20€ [m2] ⏱ 0,12 h/m2 380.000.234

30 **Tragschicht, Kies 0/16, bis 30cm** KG **530**

Tragschicht aus Kies mit Verdichtungsgrad mind. 1DPr herstellen. Nachweis der Frostbeständigkeit ist vorzulegen.
Einbauort: .....
Belastungsklasse RStO 12: .....
Schichtdicke: bis 30 cm
Körnung: 0/16
Sieblinie: .....
Sollhöhe: Zulässige Abweichung +/-2,0 cm

8€ 9€ **10**€ 10€ 11€ [m2] ⏱ 0,12 h/m2 380.000.235

31 **Tragschicht, Kies 0/32, bis 30cm** KG **530**

Tragschicht aus Kies mit Verdichtungsgrad mind. 1DPr herstellen. Nachweis der Frostbeständigkeit ist vorzulegen.
Einbauort: .....
Belastungsklasse RStO 12: .....
Schichtdicke: bis 30 cm
Körnung: 0/32
Sieblinie: .....
Sollhöhe: Zulässige Abweichung +/-2,0 cm

9€ 11€ **12**€ 14€ 17€ [m2] ⏱ 0,12 h/m2 380.000.236

▶ min
▷ von
ø Mittel
◁ bis
◀ max

32 **Tragschicht, Kies 0/45, bis 30cm** KG **530**

Tragschicht aus Kies mit Verdichtungsgrad mind. 1DPr herstellen. Nachweis der Frostbeständigkeit ist vorzulegen.
Einbauort: .....
Belastungsklasse RStO 12: .....
Schichtdicke: bis 30 cm
Körnung: 0/45
Sieblinie: .....
Sollhöhe: Zulässige Abweichung +/-2,0 cm

12€ 14€ **16**€ 16€ 20€ [m2] ⏱ 0,12 h/m2 380.000.237

33 **Asphalttragschicht, 10cm** KG **530**

Asphalttragschicht herstellen, einschl. verdichten.
Mischgutart: AC 32 T S
Bindemittel: 50/70 TL Bitumen-StB
Mineralstoff: Basalt-Edelsplitte
Einbauort: .....
Einbaudicke: 10 cm verdichtet
Verdichtungsgrad: ..... DPr

15€ 17€ **19**€ 20€ 24€ [m2] ⏱ 0,10 h/m2 380.000.238

34 **Rasentragschicht 0/32** KG **530**

Vegetationstragschicht für Schotterrasenfläche.
Material: nach Richtlinie für Schotterrasen FLL
Körnung: 0/32
Schichtdicke: ..... cm
Verdichtung: statisch gewalzt
Tragfähigkeit EV2: 45 MPa
Ebenflächigkeit unter der 4-m Latte: +/-2 cm

8€ 10€ **11**€ 12€ 14€ [m2] ⏱ 0,12 h/m2 380.000.270

35 **Rasentragschicht 0/45** KG **530**

Vegetationstragschicht für Schotterrasenfläche.
Material: nach Richtlinie für Schotterrasen FLL
Bodengruppe: .....
Körnung: 0/45
Einbaustärke: ..... cm
Verdichtung: statisch gewalzt
Tragfähigkeit EV2: 45 MPa
Ebenflächigkeit unter der 4-m Latte: +/-2 cm

10€ 15€ **17**€ 19€ 23€ [m2] ⏱ 0,12 h/m2 380.000.271

Nr.	Kurztext / Langtext					Kostengruppe
▶	▷	**ø netto €**	◁	◀	[Einheit]	Ausf.-Dauer Positionsnummer

36 Betonplattenbelag, 40x40cm KG **530**

Plattenbelag aus Betonplatten ungebunden im Sandbett verlegen, einschl. Abrütteln. Tragschicht wird gesondert vergütet.
Einbauort: .....
Plattenformat (L x B): 40 x 40 cm
Plattendicke: ..... cm
Kantenausbildung: .....
Oberfläche: .....
Farbe: .....
Verlegeart: .....
Bettungsdicke: ..... cm
Körnung: 0/2
Rasenfuge: 20 mm
Angeb. Werkstein / Lieferant: .....

40€ 49€ **52**€ 55€ 61€ [m²] ⏱ 0,40 h/m² 380.000.239

37 Betonplattenbelag, großformatig KG **530**

Plattenbelag aus Betonplatten ungebunden im Sandbett verlegen, einschl. Abrütteln. Tragschicht wird gesondert vergütet.
Einbauort: .....
Plattenformat (L x B): ..... x ..... cm
Plattendicke: 8 cm
Kantenausbildung: .....
Oberfläche: .....
Farbe: .....
Verlegeart: .....
Bettungsdicke: ..... cm
Körnung: 0/2

49€ 56€ **60**€ 75€ 96€ [m²] ⏱ 0,50 h/m² 380.000.240

38 Balkonbelag, Betonwerkstein KG **353**

Plattenbelag aus Betonwerkstein, im Außenbereich auf Betondecke, in ungebundener Bauweise auf Splitt, mit Kreuzfuge und eingekehrtem Sand.
Einbauort: Balkon
Gefälle: .....
Plattenmaterial: Betonwerkstein
Plattenabmessung: ..... mm
Plattendicke: .....
Fugenbreite: ..... mm
Oberfläche: .....
Farbe: .....

66€ 83€ **92**€ 104€ 124€ [m²] ⏱ 1,00 h/m² 380.000.272

Kosten:
Stand 2.Quartal 2020
Bundesdurchschnitt

▶ min
▷ von
ø Mittel
◁ bis
◀ max

39 Pflasterdecke, Betonpflaster KG **530**

Pflasterbelag aus Beton, ungebunden im Sandbett verlegen, einschl. Abrütteln. Tragschicht wird gesondert vergütet.
Einbauort: Balkon
Plattenmaterial: Betonwerkstein
Plattenformat (L x B): ..... x ..... cm
Plattendicke: .....
Verlegeart: Kreuzfuge
Fugenbreite: ..... mm
Oberfläche: .....
Farbe: .....
Angeb. Pflaster / Lieferant: .....

31€ 35€ **36**€ 37€ 39€ [m²] ⏱ 0,45 h/m² 380.000.241

40 Rasenpflaster aus Beton KG **534**

Plattenbelag aus Betonpflastersteinen mit Rasenfugen im Splittbett, einschl. Rasenschnittarbeiten. Die Verfüllung ist mit Splitt bis 5cm unter OK-Belag und die obere Schicht 5cm mit schwarzen Lavasplitt auszuführen.
Rasensteine: Beton
Splitt: 0/3
Lavasplitt: 3/5
Farbe: grau
Steinmaße: ..... cm
Angeb. Pflaster / Lieferant: .....

37€ 41€ **43**€ 46€ 52€ [m²] ⏱ 0,60 h/m² 380.000.242

41 Pflasterdecke, Granit, 8x8 KG **531**

Pflasterdecke für Fußgängerflächen mit Natursteinenpflaster, im Mörtelbett verlegen, Fugen mit Pflasterfugenmörtel.
Pflastermaterial: Granit
Plattenformat (L x B x H): 8 x 8 x 8 cm
Abweichung Nenndicke: .....
Frostbeständigkeitsklasse: .....
Farbe: .....
Verlegeart: im Verband
Bettungsdicke: ..... cm
Angeb. Pflaster / Lieferant: .....

73€ 83€ **87**€ 90€ 98€ [m²] ⏱ 1,20 h/m² 380.000.243

42 Pflasterdecke, Granit 9x9 KG **531**

Pflasterdecke für Fußgängerflächen mit Natursteinpflaster im Mörtelbett verlegen, Fugen mit Pflasterfugenmörtel.
Pflastermaterial: Granit
Abmessung (L x B x H): 9 x 9 x 9 cm
Güteklasse: .....
Farbe: .....
Verlegeart: im Verband
Bettungsdicke: ..... cm
Angeb. Pflaster / Lieferant: .....

89€ 98€ **103**€ 110€ 124€ [m²] ⏱ 1,15 h/m² 380.000.244

Kosten:
Stand 2.Quartal 2020
Bundesdurchschnitt

Nr.	**Kurztext** / Langtext						Kostengruppe
▶	▷	**ø netto €**	◁	◀	[Einheit]	Ausf.-Dauer	Positionsnummer

43 Pflasterdecke, Granit 10x10 KG **531**

Pflasterdecke für Fußgängerflächen mit Natursteinenpflaster, im Mörtelbett verlegen, Fugen mit Pflasterfugenmörtel.
Pflastermaterial: Granit
Plattenformat (L x B x H): 10 x 10 x 10 cm
Abweichung Nenndicke: .....
Frostbeständigkeitsklasse: .....
Farbe: .....
Verlegeart: im Verband
Bettungsdicke: ..... cm
Angeb. Pflaster / Lieferant: .....

▶	▷	ø	◁	◀	Einheit	Ausf.-Dauer	Positionsnummer
96€	101€	**107**€	118€	128€	[m²]	⏱ 1,10 h/m²	380.000.245

44 Pflasterdecke, Granit, 11x11 KG **531**

Pflasterdecke für Fußgängerflächen mit Natursteinenpflaster, im Mörtelbett verlegen, Fugen mit Pflasterfugenmörtel.
Pflastermaterial: Granit
Plattenformat (L x B x H): 11 x 11 x 11 cm
Abweichung Nenndicke: .....
Frostbeständigkeitsklasse: .....
Farbe: .....
Verlegeart: im Verband
Bettungsdicke: ..... cm
Angeb. Pflaster / Lieferant: .....

▶	▷	ø	◁	◀	Einheit	Ausf.-Dauer	Positionsnummer
110€	121€	**122**€	129€	138€	[m²]	⏱ 0,95 h/m²	380.000.246

45 Plattenbelag, Granit, 60x60cm KG **533**

Plattenbelag aus Naturstein barrierefrei DIN 18040/3 in ungebundener Bauweise in Brechsand-Splitt-Gemisch verlegen, Fugen mit Bettungsstoff einschlämmen.
Plattenmaterial: Granit
Plattenformat (L x B): bis 60 x 60 cm
Plattendicke: 5 cm
Bruchlastklasse: .....
Oberfläche: .....
Farbe: .....
Kanten: abgeschrägt
Bettung: Körnung 0/2
Bettungsdicke: 3 bis 5 cm
Verlegeart: parallele Reihen
Angeb. Stein / Lieferant: .....

▶	▷	ø	◁	◀	Einheit	Ausf.-Dauer	Positionsnummer
59€	70€	**75**€	82€	96€	[m²]	⏱ 0,80 h/m²	380.000.273

▶ min
▷ von
ø Mittel
◁ bis
◀ max

46 Plattenbelag, Basalt, 60x60cm KG **533**

Plattenbelag aus Naturstein barrierefrei DIN 18040/3 in ungebundener Bauweise in Brechsand-Splitt-Gemisch verlegen, Fugen mit Bettungsstoff einschlämmen.
Plattenmaterial: Basalt
Plattenformat (L x B): bis 60 x 60 cm
Plattendicke: 5 cm
Bruchlastklasse: .....
Oberfläche: .....
Farbe: .....
Kanten: abgeschrägt
Bettung: Körnung 0/2
Bettungsdicke: 3 bis 5 cm
Verlegeart: parallele Reihen
Angeb. Stein / Lieferant: .....

▶	▷	ø netto €	◁	◀	[Einheit]	Ausf.-Dauer	Positionsnummer
–€	143€	**161**€	184€	–€	[m²]	⏱ 0,80 h/m²	380.000.274

47 Plattenbelag, Travertin, 60x60cm KG **533**

Plattenbelag aus Naturstein barrierefrei DIN 18040/3 in ungebundener Bauweise in Brechsand-Splitt-Gemisch verlegen, Fugen mit Bettungsstoff einschlämmen.
Plattenmaterial: Travertin
Plattenformat (L x B): bis 60 x 60 cm
Plattendicke: 5 cm
Bruchlastklasse: .....
Oberfläche: .....
Farbe: .....
Kanten: abgeschrägt
Bettung: Körnung 0/2
Bettungsdicke: 3 bis 5 cm
Verlegeart: parallele Reihen
Angeb. Stein / Lieferant: .....

▶	▷	ø netto €	◁	◀	[Einheit]	Ausf.-Dauer	Positionsnummer
92€	112€	**116**€	120€	148€	[m²]	⏱ 0,80 h/m²	380.000.275

48 Plattenbelag, Sandstein, 60x60cm KG **533**

Plattenbelag aus Naturstein barrierefrei DIN 18040/3 in ungebundener Bauweise in Brechsand-Splitt-Gemisch verlegen, Fugen mit Bettungsstoff einschlämmen.
Plattenmaterial: Sandstein
Plattenformat (L x B): bis 60 x 60 cm
Plattendicke: 5 cm
Bruchlastklasse: .....
Oberfläche: .....
Farbe: .....
Kanten: abgeschrägt
Bettung: Körnung 0/2
Bettungsdicke: 3 bis 5 cm
Verlegeart: parallele Reihen
Angeb. Stein / Lieferant: .....

▶	▷	ø netto €	◁	◀	[Einheit]	Ausf.-Dauer	Positionsnummer
100€	113€	**120**€	126€	137€	[m²]	⏱ 0,80 h/m²	380.000.276

Nr.	Kurztext / Langtext						Kostengruppe
▶	▷	**ø netto €**	◁	◀	[Einheit]	Ausf.-Dauer	Positionsnummer

49 Pflasterzeile, Granit, einzeilig, 15x17x17 KG **530**

Randeinfassung einzeilig mit Natursteinpflaster im Mörtelbett und Fugen mit Pflasterfugenmörtel.
Pflastermaterial: Granit
Plattenformat (L x B x H): 15 x 17 x 17 cm
Abweichung Nenndicke: .....
Frostbeständigkeitsklasse: .....
Farbe: .....
Bettungsdicke: ..... cm
Fugenbreite: .....
Angeb. Pflaster / Lieferant: .....

30€ 35€ **38€** 44€ 58€ [m] ⏱ 0,35 h/m 380.000.247

Kosten:
Stand 2.Quartal 2020
Bundesdurchschnitt

50 Pflasterzeile, Großformat, einzeilig KG **530**

Randeinfassung einzeilig mit Natursteinpflaster im Mörtelbett und Fugen mit Pflasterfugenmörtel.
Pflastermaterial: Granit
Plattenformat (L x B x H): ..... x ..... x ..... cm
Abweichung Nenndicke: .....
Frostbeständigkeitsklasse: .....
Farbe: .....
Bettungsdicke: ..... cm
Fugenbreite: .....
Angeb. Pflaster / Lieferant: .....

24€ 27€ **28€** 28€ 31€ [m] ⏱ 0,30 h/m 380.000.249

51 Pflasterzeile, Granit, dreizeilig KG **531**

Randeinfassung dreizeilig mit Natursteinpflaster im Mörtelbett verlegen und Fugen mit Pflasterfugenmörtel.
Pflastermaterial: Granit
Pflasterformat (L x B x H): ..... x ..... x ..... cm
Abweichung Nenndicke: .....
Frostbeständigkeitsklasse: .....
Farbe: .....
Bettungsdicke: ..... cm
Angeb. Pflaster / Lieferant: .....

38€ 48€ **53€** 66€ 85€ [m] ⏱ 0,40 h/m 380.000.248

52 Bordstein, Beton, 12x15x25cm, L=100cm KG **530**

Bordstein aus Beton in Betonbettung mit einseitiger Rückenstütze setzen. Die Stoßfugen und Bewegungsfugen mit Fugeneinlage aus dauerelastischem Fugenband.
Form: HB 15/25
Bordsteinlänge: 100 cm
Witterungs-Widerstandsfähigkeit: .....
Oberflächenstruktur: .....
Kantenausbildung
Farbe: naturgrau
Fundamentbeton: .....
Bettungsdicke: 15 cm
Rückenstütze Breite: 15 cm

27€ 29€ **30€** 32€ 35€ [m] ⏱ 0,30 h/m 380.000.250

▶ min
▷ von
ø Mittel
◁ bis
◀ max

53 Bordstein, Beton, 12x15x30cm, L=100cm KG **530**

Bordstein aus Beton in Betonbettung mit einseitiger Rückenstütze setzen. Die Stoßfugen und Bewegungsfugen mit Fugeneinlage aus dauerelastischem Fugenband.
Form: HB 15/30
Bordsteinlänge: 100 cm
Witterungs-Widerstandsfähigkeit: .....
Oberflächenstruktur: .....
Kantenausbildung
Farbe: naturgrau
Fundamentbeton: .....
Bettungsdicke: 15 cm
Rückenstütze Breite: 15 cm

31€ 35€ **37**€ 39€ 44€ [m] ⏱ 0,30 h/m 380.000.251

54 Bordstein, Beton, 8x25cm, L=100cm KG **530**

Bordstein aus Beton als Randeinfassung für Wege-, Pflanzflächen- und Rasenflächen in Betonbettung mit beidseitiger Rückenstütze setzen. Die Stoß-, und Bewegungsfugen mit Fugeneinlage aus dauerelastischem Fugenband.
Form: TB 8/25
Bordsteinlänge: 100 cm
Witterungs-Widerstandsfähigkeit: .....
Oberflächenstruktur: .....
Kantenausbildung: beidseitig gefast
Farbe: grau
Fundamentbeton: ..... cm
Bettungsdicke: ..... cm
Rückenstütze Dicke: ..... cm
Fugenbreite: ..... mm

20€ 23€ **25**€ 28€ 31€ [m] ⏱ 0,32 h/m 380.000.252

55 Bordstein, Beton, 10x25cm, L=100cm KG **530**

Bordstein aus Beton als Randeinfassung für Wege-, Pflanzflächen- und Rasenflächen in Betonbettung mit beidseitiger Rückenstütze setzen. Die Stoß-, und Bewegungsfugen mit Fugeneinlage aus dauerelastischem Fugenband.
Form: TB 10/25
Bordsteinlänge: 100 cm
Witterungs-Widerstandsfähigkeit: .....
Oberflächenstruktur: .....
Kantenausbildung: beidseitig gefast
Farbe: grau
Fundamentbeton: ..... cm
Bettungsdicke: ..... cm
Rückenstütze Dicke: ..... cm
Fugenbreite: ..... mm

22€ 23€ **24**€ 24€ 27€ [m] ⏱ 0,32 h/m 380.000.253

Nr.	Kurztext / Langtext						Kostengruppe
▶	▷	**ø netto €**	◁	◀	[Einheit]	Ausf.-Dauer	Positionsnummer

56 Bordstein, Granit KG **530**

Randeinfassung mit Bordsteinen aus Granit mit beidseitiger Rückenstütze aus Beton und Betonbettung. Leistung einschl. Passstücke herstellen und Fugen schließen mit Kompriband.
Steinmaterial: Granit
Farbe: .....
Form: B7
Bordsteinbreite: 140-150 mm
Oberfläche: spaltrau
Zulässige Abweichung der Breite und Höhe: Klasse H1
Frostbeständigkeit: F1
Fundamentdicke: ..... cm
Rückenstütze: beidseitig
Rückenstütze Dicke: ..... cm
Fugenbreite: ..... mm

38€ 50€ **56**€ 64€ 80€ [m] ⏱ 0,32 h/m 380.000.254

57 Blockstufe, Beton, 100x35x15cm KG **544**

Blockstufe als Betonfertigteil, auf vorhandenes Betonfundament verlegen.
Festigkeitsklasse: C20/25
Stufenlänge: 100 cm
Stufenhöhe: 15 cm
Stufenbreite: 35 cm
Farbe: .....
Sichtflächen: sandgestrahlt
Kantenausbildung: gefast
Fundamentbeton: .....
Fundamentdicke: mind: 20 cm

127€ 153€ **170**€ 176€ 193€ [St] ⏱ 0,75 h/St 380.000.255

58 Pflastersteine schneiden, Beton KG **530**

Schneiden von Pflastersteinbelag aus Beton, einschl. Schnittgut entsorgen. Arbeiten mit diamantbesetzten Trennscheiben. Abrechnung nach Aufmaß.
Steindicke: ..... cm

13€ 15€ **16**€ 20€ 25€ [m] ⏱ 0,17 h/m 380.000.256

59 Plattenbelag schneiden, Beton KG **530**

Schneiden von Plattenbelägen aus Betonplatten, einschl. Schnittgut entsorgen. Arbeiten mit Nassschneidegerät. Abrechnung nach Aufmaß
Steindicke: ..... cm

13€ 15€ **16**€ 18€ 22€ [m] ⏱ 0,17 h/m 380.000.257

60 Lastplattendruckversuch KG **533**

Lastplattendruckversuch zum Nachweis der geforderten Verdichtung des Bodens. Durchführung und Auswertung sowie Gerätestellung erfolgt durch ein neutrales Prüflabor nach Wahl des Auftragnehmers. Abrechnung je Versuch, inkl. aller Geräte, Honorare und Nebenkosten.

155€ 203€ **207**€ 228€ 265€ [St] ⏱ 2,90 h/St 380.000.260

Kosten:
Stand 2.Quartal 2020
Bundesdurchschnitt

▶ min
▷ von
ø Mittel
◁ bis
◀ max

61 Wassergebundene Decke KG **530**

Wassergebundene Deckschicht auf bauseitiger Tragschicht mit Zugabe von Wasser bis zur vollständigen Bindung.
Oberschicht: Sanddeckschicht
Körnung: 0/3
Dicke: 2 cm
Gefälle: max. 3%

11€ 13€ **14**€ 14€ 17€ [m²] ⏱ 0,13 h/m² 380.000.258

62 Schotterrasen herstellen KG **574**

Schotterrasen aus Schotter-Humus-Gemisch, einschl. Abwalzen und Einsanden nach Einsaat.
Schotter: .....
Bodengruppe: .....
Dicke: 20 cm

10€ 13€ **14**€ 18€ 24€ [m²] ⏱ 0,13 h/m² 380.000.259

63 Rippenplatten, 30x30x8, Rippenabstand 50x6, o. Fase, weiß KG **531**

Blindenleitsystem taktile Rippenplatten aus Beton als Bodenindikator zur behindertengerechten Führung im Bereich der Überquerungsstellen im Außenbereich.
Format: 30 x 30 cm
Steinstärke: 8 cm
Farbe: Weißbeton
Oberfläche: trapezförmige Rippen, Höhe 4-5 mm
Rippenabstand: 50 x 6, 6 Rippen im Abstand 50 mm, ohne Fase
Verband: Halbsteinverband ohne Kreuzfugen

–€ 105€ **109**€ 137€ –€ [m²] ⏱ 0,10 h/m² 380.000.173

64 Winkelstützmauerelement, Beton, Höhe 55cm KG **543**

Einfassung aus Winkelstützmauerelementen als Stahlbetonfertigteil, Sichtflächen in Sichtbeton, in Betonbettung.
Winkelhöhe: 55 cm
Fußlänge: 30 cm
Winkelbreite: 50 cm
Festigkeitsklasse: C30/37
Sichtbeton: glatt
Sichtkanten: gefast
Expositionsklasse: .....
Beton: C12/15
Fundamentdicke: 20 cm
Angeb. Element / Lieferant: .....

91€ 113€ **122**€ 143€ 180€ [m] ⏱ 0,55 h/m 380.000.174

Kosten:
Stand 2.Quartal 2020
Bundesdurchschnitt

Nr.	**Kurztext** / Langtext						Kostengruppe
▶	▷	**ø netto €**	◁	◀	[Einheit]	Ausf.-Dauer	Positionsnummer

65 Winkelstützmauerelement, Beton, Höhe 105cm KG **543**

Einfassung aus Winkelstützmauerelementen als Stahlbetonfertigteil, Sichtflächen in Sichtbeton, in Betonbettung.
Winkelhöhe: 105 cm
Fußlänge: 40 cm
Festigkeitsklasse: C30/37
Sichtbeton: glatt
Sichtkanten: gefast
Expositionsklasse: .....
Beton: C12/15
Fundamentdicke: 20 cm
Angeb. Element / Lieferant: .....

175€ 202€ **209**€ 212€ 243€ [m] ⏱ 0,82 h/m 380.000.175

66 Winkelstützmauerelement, Beton, Höhe 155cm KG **543**

Einfassung aus Winkelstützmauerelementen als Stahlbetonfertigteil, Sichtflächen in Sichtbeton, in Betonbettung.
Winkelhöhe: 155 cm
Fußlänge: 80 cm
Festigkeitsklasse: C30/37
Sichtbeton: glatt
Sichtkanten: gefast
Expositionsklasse: .....
Beton: C12/15
Fundamentdicke: 20 cm
Angeb. Element / Lieferant: .....

237€ 275€ **294**€ 332€ 396€ [m] ⏱ 1,17 h/m 380.000.176

67 Rippenplatten, 30x30x8, Rippenabstand 40x7, mit Fase, weiß KG **531**

Blindenleitsystem taktile Rippenplatten aus Beton als Bodenindikator zur behindertengerechten Führung im Bereich der Überquerungsstellen im Außenbereich.
Format: 30 x 30 cm
Steinstärke: 8 cm
Farbe: Weißbeton
Oberfläche: trapezförmige Rippen, Höhe 4-5 mm
Rippenabstand: 40 x 7, 7 Rippen im Abstand 40 mm, mit Fase
Verband: Halbsteinverband ohne Kreuzfugen

91€ 111€ **115**€ 129€ 148€ [m²] ⏱ 0,10 h/m² 380.000.181

68 Rippenplatten, 30x30x8, Rippenabstand 50x6, o. Fase, anthrazit KG **531**

Blindenleitsystem taktile Rippenplatten aus Beton als Bodenindikator zur behindertengerechten Führung im Bereich der Überquerungsstellen im Außenbereich.
Format: 30 x 30 cm
Steinstärke: 8 cm
Farbe: anthrazit
Oberfläche: trapezförmige Rippen, Höhe 4-5 mm
Rippenabstand: 50 x 6, 6 Rippen im Abstand 50 mm, ohne Fase
Verband: Halbsteinverband ohne Kreuzfugen

–€ 116€ **123**€ 153€ –€ [m²] ⏱ 0,10 h/m² 380.000.177

▶ min
▷ von
ø Mittel
◁ bis
◀ max

69 Rippenplatten, 30x30x8, Rippenabstand 50x7, mit Fase, anthrazit KG **531**

Blindenleitsystem taktile Rippenplatten aus Beton als Bodenindikator zur behindertengerechten Führung im Bereich der Überquerungsstellen im Außenbereich.
Format: 30 x 30 cm
Steinstärke: 8 cm
Farbe: anthrazit
Oberfläche: trapezförmige Rippen, Höhe 4-5 mm
Rippenabstand: 50 x 7, 7 Rippen im Abstand 40 mm, mit Fase
Verband: Halbsteinverband ohne Kreuzfugen

–€ 114€ **126**€ 152€ –€ [m²] ⏱ 0,10 h/m² 380.000.211

70 Rippenplatte, 20x10x8, Rippenabstand 40x2, mit Fase, weiß KG **531**

Blindenleitsystem taktile Rippenplatte aus Beton als Bodenindikator zur behindertengerechten Führung im Bereich der Überquerungsstellen im Außenbereich
Format: 20 x 10 cm
Steinstärke: 8 cm
Farbe: Weißbeton
Oberfläche: trapezförmige Rippen, Höhe 4-5 mm
Rippenabstand: 40 x 2, 2 Rippen im Abstand 50 mm, mit Fase
Verlegeart: einreihig

–€ 93€ **98**€ 114€ –€ [m] ⏱ 0,10 h/m 380.000.182

71 Noppenplatten, 30x30x8, 32 Noppen, mit Fase, Kegel, anthrazit KG **531**

Blindenleitsystem taktile Noppenplatten aus Beton als Bodenindikator zur behindertengerechten Führung im Bereich der Überquerungsstellen im Außenbereich.
Format: 30 x 30 cm
Steinstärke: 8 cm
Farbe: anthrazit
Oberfläche: 32 Noppen diagonal, mit Fasen, Kegelstumpf
Verband: Halbsteinverband ohne Kreuzfugen

–€ 108€ **113**€ 139€ –€ [m²] ⏱ 0,10 h/m² 380.000.183

72 Noppenplatten, 30x30x8, 32 Noppen, mit Fasen, Kegel, weiß KG **531**

Blindenleitsystem taktile Noppenplatten aus Beton als Bodenindikator zur behindertengerechten Führung im Bereich der Überquerungsstellen im Außenbereich.
Format: 30 x 30 cm
Steinstärke: 8 cm
Farbe: Weißbeton
Oberfläche: 32 Noppen diagonal, mit Fasen, Kegelstumpf
Verband: Halbsteinverband ohne Kreuzfugen

–€ 106€ **113**€ 130€ –€ [m²] ⏱ 0,10 h/m² 380.000.184

Nr.	Kurztext / Langtext						Kostengruppe
▶	▷	**ø netto €**	◁	◀	[Einheit]	Ausf.-Dauer	Positionsnummer

73 Noppenplatten, 30x30x8, 32 Noppen, mit Fase, Kugel, weiß KG **531**

Blindenleitsystem taktile Noppenplatten aus Beton als Bodenindikator zur behindertengerechten Führung im Bereich der Überquerungsstellen im Außenbereich.
Format: 30 x 30 cm
Steinstärke: 8 cm
Farbe: Weißbeton
Oberfläche: 32 Noppen diagonal, mit Fasen, Kugelkalotte
Verband: Halbsteinverband ohne Kreuzfugen

–€ 110€ **116**€ 146€ –€ [m²] ⏱ 0,10 h/m² 380.000.185

74 Noppenplatten, 30x30x8, 32 Noppen, mit Fase, Kugel, anthrazit KG **531**

Blindenleitsystem taktile Noppenplatten aus Beton als Bodenindikator zur behindertengerechten Führung im Bereich der Überquerungsstellen im Außenbereich.
Format: 30 x 30 cm
Steinstärke: 8 cm
Farbe: anthrazit
Oberfläche: 32 Noppen diagonal, mit Fasen, Kugelkalotte
Verband: Halbsteinverband ohne Kreuzfugen

–€ 105€ **113**€ 137€ –€ [m²] ⏱ 0,10 h/m² 380.000.186

75 Leitstreifen Rippenplatte, einreihig KG **531**

Orientierungspflasterreihe mit taktil erfassbarer Oberfläche, als Blindenleitsystem für Fußgängerbereiche im Straßenraum
Steinart: Rippenstein
Maße: ..... x ..... x ..... cm, **mit / ohne** Fase
Farbe ...
Verlegeart: einreihig

268€ 312€ **316**€ 342€ 379€ [m] ⏱ 0,55 h/m 380.000.187

76 Aufmerksamkeitsfeld, 90x90cm, Noppenplatte KG **531**

Aufmerksamkeitsfeld/Abzweigfeld an Querungsstellen zur Anzeige von Richtungsänderungen und Abzweigungen aus taktilen Noppeplatte aus Beton herstellen.
Maße des Aufmerksamkeitsfeld/Abzweigfeldes: 90 x 90 cm
Steinart: Noppenplatte
Plattenmaß: ..... x ..... x ..... cm, **mit / ohne** Fase
Farbe: .....
Einbauort: .....

112€ 128€ **133**€ 147€ 159€ [m²] ⏱ 0,70 h/m² 380.000.188

77 Einstiegsfeld, 90x90cm, Noppenplatte KG **531**

Einstiegsfeld zur Anzeige von Bus-/Bahneinstiegen aus taktilen Noppensteinen aus Beton herstellen.
Maße des Einstiegsfeldes: 90 x 90 cm
Steinart: Noppenstein
Plattenmaß: ..... x ..... x ....., **mit / ohne** Fase
Farbe: .....
Einbauort: .....

–€ 123€ **138**€ 165€ –€ [m²] ⏱ 0,65 h/m² 380.000.189

Kosten:
Stand 2.Quartal 2020
Bundesdurchschnitt

▶ min
▷ von
ø Mittel
◁ bis
◀ max

78 Rollstuhl-Überfahrtstein, 18x22, L=100cm KG **530**

Bordsteinen aus Beton als Rollstuhl-Überfahrstein.
Witterungswiderstand Klasse: D
Festigkeit Klasse: U
Abriebwiderstand Klasse: I
Gleit / Rutschwiderstand: SRT = 55
Betonfundament: C20/25
Format: 18 x 22 x 100 cm, mit 1 cm Fase
Radius: .....
Farbe: Weißbeton

–€ 91€ **101**€ 110€ –€ [m] ⏱ 0,30 h/m 380.000.190

79 Tastbordstein, Beton, 25x20, L=50cm KG **530**

Sehbehindertengerechter Bordstein mit Aussparung bzw. der Anpassung an Straßenabläufe
Fundament aus Beton C20/25
Format: 25 x 30 x 50 cm
Farbe: Weißbeton

–€ 75€ **80**€ 91€ –€ [m] ⏱ 0,30 h/m 380.000.191

80 Rollbordstein, Beton, 25x20, L=100cm KG **530**

Gehbehindertengerechter Bordstein mit Absenkung von 3cm auf 0cm einschl. der Aussparung bzw. der Anpassung an Straßenabläufe.
Fundament aus Beton C20/25
Format (H x B x L): 25 x 20 x 100 cm
Farbe: Weißbeton

–€ 78€ **82**€ 99€ –€ [m] ⏱ 0,32 h/m 380.000.192

81 Übergangsbordstein, Beton, dreiteilig, 12x18x30, L=100cm KG **530**

Bordstein als dreiteiliger Übergang zwischen Nullabsenkung und Hochbord, einschl. der Aussparung bzw. der Anpassung an Straßenabläufe.
Betonfundament: C20/25
Übergang: 1. Übergangsstein Einbauhöhe 6 cm auf 2. Übergangsstein Einbauhöhe 3 cm auf Schrägstein mit Nullabsenkung
Format: 12 x 18 x 30 cm
Länge je Stein: 100 cm
Farbe: Weißbeton

–€ 105€ **113**€ 129€ –€ [m] ⏱ 0,38 h/m 380.000.193

82 Übergangsbordstein, Beton, dreiteilig, 18x22, L=100cm KG **530**

Bordstein als dreiteiliger Übergang zwischen Nullabsenkung und Rundbord, einschl. der Aussparung bzw. der Anpassung an Straßenabläufe.
Betonfundament: C20/25
Übergang: 1. Übergangsstein Einbauhöhe 6 cm auf 2. Übergangsstein Einbauhöhe 3 cm auf Schrägstein mit Nullabsenkung
Format: 18 x 22 cm
Länge je Stein: 100 cm
Farbe: Weißbeton

–€ 98€ **101**€ 124€ –€ [m] ⏱ 0,38 h/m 380.000.194

Kosten:
Stand 2.Quartal 2020
Bundesdurchschnitt

Nr. **Kurztext** / Langtext — Kostengruppe
▶ ▷ **ø netto €** ◁ ◀ [Einheit] Ausf.-Dauer Positionsnummer

83 **L-Stufe, Kontraststreifen Beton,15x38cm, L=120cm** — KG **544**

L-Stufe mit Kontraststreifen als Betonfertigteil Kontraststreifen aus Beton in der Länge der Stufe.
Einbauort: auf bauseitigem Fundament
Festigkeitsklasse: C20/25
Stufengröße (H x B x L): 15 x 38 x 120 cm
Kontraststreifengröße (H x B): **8 x 5 / 5 x 5**
Farbe: grau
Oberfläche: ....
Kantenausbildung: gefast
Fundament: Dicke mind. 20 cm

–€ 133€ **141**€ 169€ –€ [m] ⏱ 0,60 h/m 380.000.195

84 **L-Stufe, Kontraststreifen PVC,15x38cm, L=120cm** — KG **544**

L-Stufe mit Kontraststreifen aus PVC als Betonfertigteil Kontraststreifen aus Beton in der Länge der Stufe.
Einbauort: auf bauseitigem Fundament
Festigkeitsklasse: C20/25
Stufengröße (H x B x L): 15 x 38 x 120 cm
Kontraststreifengröße (H x B): 4,3 x 2,2
Farbe: grau
Oberfläche: ....
Kantenausbildung: gefast
Fundament: Dicke mind. 20 cm

–€ 107€ **119**€ 141€ –€ [m] ⏱ 0,60 h/m 380.000.196

85 **Legestufe, Kontraststreifen PVC, 8x40x120cm** — KG **544**

Legestufe mit Kontraststreifen aus PVC als Betonfertigteil, Kontraststreifen aus Beton in der Länge der Stufe.
Einbauort: auf bauseitigem Fundament
Festigkeitsklasse: C20/25
Stufengröße (H x B x L): 8 x 40 x 120 cm
Kontraststreifengröße (H x B): 4,3 x 2,2 cm
Farbe: grau
Oberfläche: ....
Kantenausbildung: gefast
Fundament: Dicke mind. 20 cm

93€ 122€ **128**€ 146€ 160€ [m] ⏱ 0,60 h/m 380.000.197

86 **Legestufe, Kontraststreifen Beton, 8x40x120cm** — KG **544**

Legestufe mit Kontraststreifen als Betonfertigteil, Kontraststreifen aus Beton in der Länge der Stufe.
Einbauort: auf bauseitigem Fundament
Festigkeitsklasse: C20/25
Stufengröße (H x B x L): 8 x 40 x 120 cm
Kontraststreifengröße (H x B): **8 x 5 / 5 x 5** cm
Farbe: grau
Oberfläche: ....
Kantenausbildung: gefast
Fundament: Dicke mind. 20 cm

102€ 137€ **144**€ 167€ 179€ [m] ⏱ 0,60 h/m 380.000.198

▶ min
▷ von
ø Mittel
◁ bis
◀ max

87 **Winkelstufe, Kontraststreifen PVC, 20x36x120cm** KG **544**

Winkelstufe mit Kontraststreifen aus PVC als Betonfertigteil, Kontraststreifen aus Beton in der Länge der Stufe.
Einbauort: auf bauseitigem Fundament
Festigkeitsklasse: C20/25
Stufengröße (H x B x L): 20 x 36 x 120 cm
Kontraststreifengröße (H x B): 4,3 x 2,2 cm
Farbe: grau
Oberfläche: .....
Kantenausbildung: gefast
Fundament: Dicke mind. 20 cm

21€ 26€ **27**€ 32€ 34€ [m] ⏱ 0,60 h/m 380.000.199

88 **Winkelstufe, Kontraststreifen Beton, 20x36x120cm** KG **544**

Winkelstufe mit Kontraststreifen als Betonfertigteil Kontraststreifen aus Beton in der Länge der Stufe.
Einbauort: auf bauseitigem Fundament
Festigkeitsklasse: C20/25
Stufengröße (H x B x L): 20 x 36 x 120 cm
Kontraststreifengröße (H x B): **8 x 5 / 5 x 5** cm
Farbe: grau
Oberfläche: .....
Kantenausbildung: gefast
Fundament: Dicke mind. 20 cm

100€ 129€ **137**€ 159€ 170€ [m] ⏱ 0,60 h/m 380.000.200

89 **Blockstufe, Kontraststreifen PVC, 20x40x120cm** KG **544**

Blockstufe mit Kontraststreifen aus PVC als Betonfertigteil, Kontraststreifen aus PVC in der Länge der Stufe.
Einbauort: auf bauseitigem Fundament
Festigkeitsklasse: C20/25
Stufengröße (H x B x): 20 x 40 x 100 cm
Kontraststreifengröße (H x B): 4,3 x 2,2 cm
Farbe: grau
Oberfläche: .....
Kantenausbildung: gefast
Fundament: Dicke mind. 20 cm

–€ 135€ **140**€ 164€ –€ [m] ⏱ 0,60 h/m 380.000.201

90 **Blockstufe, Kontraststreifen Beton, 20x40x120cm** KG **544**

Blockstufe mit Kontraststreifen als Betonfertigteil. Kontraststreifen aus Beton in der Länge der Stufe.
Einbauort: auf bauseitigem Fundament
Festigkeitsklasse: C20/25
Stufengröße (H x B x L): 20 x 40 x 100 cm
Kontraststreifengröße (H x B): **8 x 5 / 5 x 5** cm
Farbe: grau
Oberfläche: .....
Kantenausbildung: gefast
Fundament: Dicke mind. 20 cm

150€ 156€ **159**€ 166€ 180€ [m] ⏱ 0,60 h/m 380.000.202

303
304
380

Kosten:
Stand 2.Quartal 2020
Bundesdurchschnitt

Nr.	**Kurztext** / Langtext						Kostengruppe
▶	▷	**ø netto €**	◁	◀	[Einheit]	Ausf.-Dauer	Positionsnummer

91 Taktiles Bodenleitsystem Fräsen, 7 Rillen KG **531**

Fräsen eines taktilen Bodenleitsystems als Bodenindikator zur behinderten gerechten Führung, Rillen abgeschrägt mit 33°.
Rillenanzahl: 7 St
Gesamtbreite: 37 cm
Rillentiefe: 5 mm
Rillenabstand: 2,5 cm
Rillenbreite: 3,2 cm
Fräsart**: geradlinig / Bögen Radius bis 15 m**
Bodenbelag: **Asphalt / Beton**

–€ 91€ **101**€ 119€ –€ [m] ⏱ 0,22 h/m 380.000.203

92 Rampenstufen, Betonfertigteil KG **544**

Rampenstufen/Fahrstufen als Betonfertigteil nach der Bund Güteschutz Richtlinie für nicht genormte Betonprodukte BGB-RiNGB in frostbeständigen Fliesenkleber versetzen.
Rampen passend auf vor beschriebenen Stufen versetzen.
Abmessung (L x B x H): ..... x ..... x ..... cm

–€ 57€ **61**€ 70€ –€ [St] ⏱ 0,45 h/St 380.000.204

93 Taktiles Bodenleitsystem Fräsen, 1 Rille KG **531**

Fräsen eines taktilen Bodenindikator vor Treppen und Podeste, Rille abgeschrägt mit 33°.
Rillenanzahl: 1 St
Rillenbreite: 3,2 cm
Bodenbelag: **Asphalt / Beton**

–€ 33€ **35**€ 41€ –€ [m] ⏱ 0,20 h/m 380.000.205

94 Fräsen eines Aufmerksamkeitsfeldes KG **531**

Fräsen eines Aufmerksamkeitsfeldes als taktilen Bodenindikator an Querungen und Abzweigungen.
Noppen/Quader abgeschrägt mit 33°.
Rasterfeld: 7 x 7 Rillen
Größe: 37 x 37 cm
Bodenbelag**: Asphalt / Beton**

–€ 92€ **101**€ 115€ –€ [St] ⏱ 0,45 h/St 380.000.206

95 Richtungsänderung fräsen KG **531**

Fräsen einer Richtungsänderung wie Gehrung, Abzweig.
Grad: **größer 90° / kleiner 90°**
Bodenbelag: **Asphalt / Beton**

–€ 132€ **140**€ 164€ –€ [St] ⏱ 0,20 h/St 380.000.207

96 Maschinenumstellung KG **531**

Maschinenumstellung in Gebäuden, auf Podeste oder schwer zugänglichen Stellen.

–€ 28€ **33**€ 38€ –€ [St] ⏱ 1,00 h/St 380.000.208

▶ min
▷ von
ø Mittel
◁ bis
◀ max

97 Überfahrrampe Balkon-/Terrassentüren Höhe bis 125mm KG **339**

Überfahrrampe für Balkon oder Terrassentür, zweiteilig aus Innen- und Außenrampe mit rutschsicherer Fahrfläche, Außenrampe höhenverstellbar.
Material: Aluminium
Außenrampe: höhenverstellbar von 70 bis 125 mm
Außenrampe: Länge 800 mm
Innenrampe: Höhe 20 bis 50 mm
Innenrampe: Länge 400 mm
Tragkraft: mind. 300 kg

–€ 680€ **716**€ 823€ –€ [St] ⏱ 0,30 h/St 380.000.209

98 Weg-/Beetbegrenzung, Aluminium, gerade KG **530**

Wege- und Beeteinfassung aus Aluminium als gerades Profil liefern und unter Beachtung der Einbauhinweise des Herstellers verlegen. Abgestumpfte Oberkante und keilförmige Unterkante.
Profilhöhe: 100 mm
Profillänge: 2.500 mm

26€ 35€ **40**€ 42€ 53€ [m] ⏱ 0,10 h/m 380.000.261

99 Weg-/Beetbegrenzung, Aluminium, Bogen KG **530**

Wege- und Beeteinfassung aus Aluminium als Bogenprofil liefern und unter Beachtung der Einbauhinweise des Herstellers verlegen. Abgestumpfte Oberkante und keilförmige Unterkante.
Profilhöhe: 100 mm
Profillänge: im Durchmesser ca. 500 mm

60€ 78€ **82**€ 92€ 101€ [m] ⏱ 0,07 h/m 380.000.262

100 Weg-/Beetbegrenzung, Aluminium, Stoßverbinder KG **530**

Alu-Stoßverbinder als Verbinder der Wege- und Beeteinfassung liefern und unter Beachtung der Einbauhinweise des Herstellers verwenden.
Profilhöhe: 90 mm
Profillänge: 100 mm

50€ 65€ **68**€ 77€ 83€ [St] ⏱ 0,05 h/St 380.000.263

101 Weg-/Beetbegrenzung, Aluminium, Eckverbinder, Außenecke 90° KG **530**

Eckverbinder für Außenecke 90° aus Aluminium als Verbinder der Wege- und Beeteinfassung liefern und unter Beachtung der Einbauhinweise des Herstellers verwenden.
Profilhöhe: 90 mm
Profillänge: je Schenkel 75 mm

34€ 37€ **38**€ 41€ 46€ [St] ⏱ 0,05 h/St 380.000.264

102 Weg-/Beetbegrenzung, Aluminium, Erdnagel KG **530**

Alu-Erdnagel aus Aluminium als Verbinder der Wege- und Beeteinfassung mit Lochstanzung liefern und unter Beachtung der Einbauhinweise des Herstellers verwenden. Gerundet, Oberkante mit Arretiernase, Unterkante spitz zulaufend.
Länge: 300 mm

16€ 21€ **21**€ 25€ 27€ [St] ⏱ 0,01 h/St 380.000.265

Nr. **Kurztext** / Langtext — Kostengruppe
▶ ▷ **ø netto €** ◁ ◀ [Einheit] Ausf.-Dauer Positionsnummer

A 1 Gabionen — Beschreibung für Pos. **103-104**

Gabionen aus witterungs- und mechanisch beständigem Füllmaterial liefern und einbauen. Gabionen sind aus elektrisch punktgeschweißten Gittermatten hergestellt. Die Einzelteile werden vor Ort ausgelegt und mit Spiralschließen zu einem kompletten Behälter zusammengefügt. Alle Komponenten sind verzinkt.

103 Gabionen, 50x50x50cm — KG **543**

Wie Ausführungsbeschreibung A 1
Gabionenbehälter:50 x 50 x 50 cm
Stahldrahtstärke: 3,5 mm
Maschenweite: 10 x 10 cm
Befüllung: mit frostbeständigem Gestein mit einer Größe größer der Maschenweite. Gabionen, händisch füllen, dichte lagenweise Packungen
Füllmaterial: .....
Einbauort: .....

▶	▷	ø	◁	◀	Einheit	Ausf.-Dauer	Positionsnummer
–€	97€	**104**€	119€	–€	[St]	⏱ 2,00 h/St	380.000.277

104 Gabionen, 100x50x50cm — KG **543**

Wie Ausführungsbeschreibung A 1
Gabionenbehälter: 100 x 50 x 50 cm
Stahldrahtstärke: 3,5 mm
Maschenweite: 10 x 10 cm
Befüllung: mit frostbeständigem Gestein mit einer Größe größer der Maschenweite. Gabionen, händisch füllen, dichte lagenweise Packungen
Füllmaterial: .....
Einbauort: .....

▶	▷	ø	◁	◀	Einheit	Ausf.-Dauer	Positionsnummer
–€	137€	**147**€	170€	–€	[St]	⏱ 2,00 h/St	380.000.278

105 Gabionen, 100x100x100cm — KG **543**

Gabionenbehälter: 100 x 100 x 100 cm
Stahldrahtstärke: 3,5 mm
Maschenweite: 10 x 10 cm
Befüllung: mit frostbeständigem Gestein mit einer Größe größer der Maschenweite. Gabionen, händisch füllen, dichte lagenweise Packungen
Füllmaterial: .....
Einbauort: .....

▶	▷	ø	◁	◀	Einheit	Ausf.-Dauer	Positionsnummer
–€	301€	**320**€	368€	–€	[St]	⏱ 2,00 h/St	380.000.279

106 Gabionen, 150x100x50cm — KG **543**

Gabionenbehälter: 150 x 100 x 50 cm
Stahldrahtstärke: 3,5 mm
Maschenweite: 10 x 10 cm
Befüllung: mit frostbeständigem Gestein mit einer Größe größer der Maschenweite. Gabionen, händisch füllen, dichte lagenweise Packungen
Füllmaterial: .....
Einbauort: .....

▶	▷	ø	◁	◀	Einheit	Ausf.-Dauer	Positionsnummer
–€	179€	**184**€	221€	–€	[St]	⏱ 2,00 h/St	380.000.280

Kosten:
Stand 2.Quartal 2020
Bundesdurchschnitt

▶ min
▷ von
ø Mittel
◁ bis
◀ max

107 Trockenmauer als freistehende Mauer-Granitblöcke-Findlinge KG **543**

Trockenmauer als freistehende Wand, 2-häuptig mit Findlingen. Die Sichtflächen sollen unbearbeitet sein.
Steindurchmesser bis 60 cm
Steinlänge mindestens 1,5 bis 2-fache der Höhe
Mauerwerksdicke an der Krone über 50 cm
Mauerwerkshöhe: 1,00 m
Gründung, Dimensionierung und Dossierung nach statischem Erfordernis.
Gesteinsart...

185€ 213€ **226**€ 269€ 283€ [m] ⏱ 5,00 h/m 380.000.179

108 Trockenmauer als Stützwand - Bruchsteinmauerwerk KG **543**

Trockenmauer als Stützwand in unregelmäßig und lagerhaften Bruchsteinmauerwerk herstellen. Die Sichtflächen sollen unbearbeitet sein. Aufbau der Mauer, so dass keine Stoßfuge über 2 Schichten geht.
Steinhöhe: 2 bis 20 cm
Steinlänge: mind 1,5 bis 2-fache der Höhe
Mauerwerksdicke an der Krone: über 50 cm
Mauerwerkshöhe: 2,50 m
Gründung, Dimensionierung und Dossierung nach statischem Erfordernis.
Gesteinsart: .....

229€ 259€ **273**€ 314€ 327€ [m] ⏱ 5,00 h/m 380.000.178

109 Natursteinmauerwerk als Außenwand KG **543**

Natursteinmauerwerk als Natursteinmauerwerk Außenwand herstellen. Einseitig sichtbar. Sichtflächen spaltgrau. Mauermörtel MG III, Fugen sind zu glätten.
Mauerwerksdicke mind. 50 cm
Mauerwerkshöhe: bis 2,00 m
Gründung, Dimensionierung und Dossierung nach statischem Erfordernis.
Gesteinsart:...

128€ 155€ **164**€ 180€ 208€ [m] ⏱ 4,00 h/m 380.000.180

E Abbruch und Instandsetzung

381

Kosten:
Stand 2.Quartal 2020
Bundesdurchschnitt

▶ min
▷ von
ø Mittel
◁ bis
◀ max

Betonerhaltungsarbeiten — Preise €

Nr.	Positionen	Einheit	▶	▷	ø brutto € / ø netto €	◁	◀
1	Trockenstrahlen, Betonfläche, unbeschichtet	m2	13	13	**14**	15	16
			11	11	**12**	13	14
2	Feuchtestrahlen, Betonfläche, unbeschichtet	m2	17	18	**19**	20	22
			14	15	**16**	17	18
3	Feuchtestrahlen, Beton beschichtet	m2	23	24	**25**	27	29
			19	20	**21**	23	24
4	HDWS, Betonflächen, bis Bewehrung	m2	30	33	**34**	37	40
			25	27	**29**	31	33
5	HDWS, Betonflächen, hinter Bewehrung	m2	50	52	**55**	59	63
			42	44	**46**	50	53
6	Kugelstrahlen, Betonflächen, Boden	m2	30	32	**33**	36	38
			25	27	**28**	30	32
7	Betonausbruch, 10x3cm	m	17	19	**20**	21	23
			14	16	**16**	18	19
8	Betonausbruch, 20x5cm	m	29	32	**33**	36	38
			24	27	**28**	30	32
9	Betonausbruch, Mehrtiefe 1cm	m	3,2	3,4	**3,7**	4,0	4,2
			2,7	2,9	**3,1**	3,3	3,6
10	Stemmarbeiten, Kanten, 15x15cm	m	22	24	**25**	27	29
			18	20	**21**	23	24
11	Stemmarbeiten, Kanten, 5cm Mehrlänge	m	5	5	**6**	6	7
			4	5	**5**	5	6
12	Betonausbruch, bis 0,10m2x3cm	St	44	47	**49**	53	57
			37	39	**42**	44	48
13	Betonausbruch, bis 0,25m2x3cm	St	44	47	**49**	53	57
			37	39	**42**	44	48
14	Betonausbruch, bis 0,50m2x5cm	St	100	110	**115**	124	133
			84	92	**97**	104	112
15	Betonausbruch, bis 5cm	m2	167	182	**192**	205	221
			140	153	**161**	173	186
16	Betonausbruch, bis 3cm	m2	113	123	**129**	138	149
			95	103	**109**	116	125
17	Betonausbruch, Mehrtiefe	m2	22	27	**28**	30	34
			19	22	**24**	25	28
18	Bewehrung abtrennen, bis 16mm	St	5	6	**6**	7	8
			5	5	**5**	6	6
19	Bewehrung abtrennen, über 16mm	St	7	8	**8**	9	10
			6	6	**7**	7	8
20	Bewehrung befestigen, Dübel	St	5	5	**6**	6	7
			4	4	**5**	5	6
21	Bewehrung strahlen	m	6	6	**7**	7	8
			5	5	**6**	6	7
22	Bewehrung strahlen	m	5	5	**6**	6	7
			4	4	**5**	5	6
23	Korrosionsschutz, mineralisch	m	9	9	**10**	10	12
			7	8	**8**	9	10
24	Korrosionsschutz, Epoxidharz	m	12	12	**13**	14	16
			10	10	**11**	12	13

Nr.	Positionen	Einheit	▶	▷ ø brutto € / ø netto €		◁	◀
25	Schutzbeschichtung, SPCC	m	14	14	**16**	17	19
			11	12	**13**	14	16
26	Reprofilierung, PCC, bis 0,25m2x3cm	St	33	35	**37**	40	42
			28	29	**31**	33	36
27	Reprofilierung, PCC, bis 0,50m2x5cm	St	77	81	**85**	91	98
			64	68	**71**	76	82
28	Reprofilierung, PCC, bis 3cm, linear	m	15	16	**17**	18	21
			13	13	**14**	15	17
29	Reprofilierung, PCC, bis 5cm, linear	m	30	32	**34**	36	39
			26	27	**28**	30	33
30	Reprofilierung, PCC, Mehrtiefe, linear	m	10	11	**11**	12	15
			8,6	9,1	**9,6**	10	12
31	Reprofilierung, PCC, flächig bis 3cm	m²	87	92	**97**	104	112
			73	78	**82**	87	94
32	Reprofilierung, PCC, flächig bis 5cm	m²	180	190	**201**	215	231
			152	160	**169**	180	194
33	Reprofilierung, PCC, Mehrtiefe, flächig	m²	37	39	**41**	44	49
			31	33	**35**	37	42
34	Reprofilierung, Kante, 15x15cm, PCC	m	43	46	**48**	51	55
			36	38	**40**	43	46
35	Schalung, Kanten	m	12	13	**14**	15	16
			10	11	**11**	12	14
36	Spritzmörtel, SPCC, 5cm	m²	106	112	**118**	126	136
			89	94	**99**	106	114
37	Spritzmörtel, SPCC, 7cm	m²	166	175	**184**	197	212
			139	147	**155**	166	178
38	Spritzmörtel, SPCC, Mehrtiefe	m²	40	42	**44**	47	53
			33	35	**37**	40	44
39	Tropfkante, Dreikantleisten	m	16	18	**19**	20	22
			13	15	**16**	17	19
40	Füllbeschichtung, Schlämme	m²	22	23	**24**	26	27
			18	19	**20**	21	23
41	Feinspachtelung, 2mm, vollflächig	m²	22	23	**24**	26	29
			18	19	**20**	22	24
42	Feinspachtelung, 3mm, vollflächig	m²	25	27	**28**	30	34
			21	22	**24**	25	28
43	Feinspachtelung, Mehrstärke, vollflächig	m²	4,9	5,0	**5,4**	5,8	6,8
			4,1	4,2	**4,5**	4,9	5,7
44	Grundierung, Betonfläche	m²	5	6	**7**	7	8
			5	5	**6**	6	7
45	Hydrophobierung OS 1	m²	12	13	**13**	14	16
			10	11	**11**	12	13
46	Beschichtung OS 2	m²	21	22	**23**	25	27
			18	19	**19**	21	22
47	Beschichtung OS 4	m²	18	19	**20**	21	23
			15	16	**17**	18	19
48	Beschichtung OS 5a	m²	24	25	**27**	28	31
			20	21	**22**	24	26

Kosten:
Stand 2.Quartal 2020
Bundesdurchschnitt

▶ min
▷ von
ø Mittel
◁ bis
◀ max

Betonerhaltungsarbeiten **Preise €**

Nr.	Positionen	Einheit	▶	▷	ø brutto € / ø netto €	◁	◀
49	Beschichtung OS 5b	m²	32	34	**35**	38	41
			27	28	**30**	32	34
50	Beschichtung OS 8	m²	69	73	**76**	82	88
			58	61	**64**	69	74
51	Beschichtung OS 11a	m²	149	158	**166**	178	191
			126	133	**140**	149	161
52	Beschichtung OS 11b	m²	120	127	**133**	143	153
			101	106	**112**	120	129
53	Beschichtung OS 13	m²	88	93	**97**	104	112
			74	78	**82**	88	94
54	Spachtelung, Rautiefe über 1mm	m²	17	17	**18**	20	21
			14	15	**15**	17	18
55	Kratzspachtelung, Rautiefe über 5mm	m²	23	24	**25**	27	30
			19	20	**21**	23	26
56	Beschichtung abstreuen, Quarzsand	m²	4	4	**4**	4	5
			3	3	**3**	4	4
57	Deckversiegelung, OS	m²	9	9	**10**	11	12
			7	8	**8**	9	10
58	Deckversiegelung, mit Abstreuung, OS	m²	11	12	**12**	13	15
			9	10	**10**	11	12

Nr. **Kurztext** / Langtext — Kostengruppe
▶ ▷ **ø netto €** ◁ ◀ [Einheit] Ausf.-Dauer Positionsnummer

1 Trockenstrahlen, Betonfläche, unbeschichtet KG **395**

Strahlen mit festen Strahlmittel zum Abtragen und Entfernen loser und mürber Teile. Die Betonoberfläche ist durch Absaugung nachzureinigen und vor erneuter Verschmutzung zu schützen. Das Strahlgut ist von den umgebenden Flächen zu sammeln und einschl. des anfallenden Bauschutts entsprechend der behördlichen Auflagen zu entsorgen.
Bauteil: .....
Lage: .....
Oberfläche: .....

11€ 11€ **12**€ 13€ 14€ [m²] ⏱ 0,20 h/m² 381.000.001

2 Feuchtestrahlen, Betonfläche, unbeschichtet KG **395**

Strahlen mit festen Strahlmittel und Wasser zum Abtragen und Entfernen loser und mürber Teile. Nach dem Strahlvorgang ist die Betonoberfläche nachzureinigen und vor erneuter Verschmutzung zu schützen. Das Strahlgut ist von den umgebenden Flächen zu sammeln und einschl. des anfallenden Bauschutts entsprechend der behördlichen Auflagen zu entsorgen.
Bauteil: .....
Lage: .....
Oberfläche: .....

14€ 15€ **16**€ 17€ 18€ [m²] ⏱ 0,20 h/m² 381.000.002

3 Feuchtestrahlen, Beton beschichtet KG **395**

Strahlen mit festen Strahlmittel und Wasser zum Abtragen und Entfernen von Beschichtungen, einschl. loser und mürber Teile und leicht ablösender Schichten. Die Betonoberfläche ist durch Absaugung nachzureinigen und vor erneuter Verschmutzung zu schützen. Das Strahlgut ist von den umgebenden Flächen zu sammeln und einschl. des anfallenden Bauschutts entsprechend der behördlichen Auflagen zu entsorgen.
Bauteil: .....
Lage: .....
Oberfläche: .....
Vorh. Beschichtung: .....

19€ 20€ **21**€ 23€ 24€ [m²] ⏱ 0,25 h/m² 381.000.003

4 HDWS, Betonflächen, bis Bewehrung KG **395**

Betonflächen mit Bewehrung durch abtragendes Hochdruckwasserstrahlen bis zur oberen Bewehrungslage für Instandsetzungsarbeiten vorbereiten. Nach dem Strahlvorgang ist die Betonoberfläche durch Absaugen nachzureinigen und vor erneuter Verschmutzung zu schützen. Das Strahlgut ist von den umgebenden Flächen zu sammeln und einschl. des anfallenden Bauschutts entsprechend der behördlichen Auflagen zu entsorgen.
Bauteil: .....
Lage: .....
Abtragstiefe: ca. 2 cm
Druckfestigkeitsbereich: bis 30 N/mm²
Hochdruckwasserstrahlen: bis 80 MPa

25€ 27€ **29**€ 31€ 33€ [m²] ⏱ 0,39 h/m² 381.000.004

5 HDWS, Betonflächen, hinter Bewehrung KG **395**

Betonflächen mit Bewehrung durch abtragendes Hochdruckwasserstrahlen bis hinter die Bewehrungslage, ohne Beschädigung der Bewehrung, für Instandsetzungsarbeiten vorbereiten. Nach dem Strahlvorgang ist die Betonoberfläche durch absaugen nachzureinigen und vor erneuter Verschmutzung zu schützen. Das Strahlgut ist von den umgebenden Flächen zu sammeln und einschl. des anfallenden Bauschutts entsprechend der behördlichen Auflagen zu entsorgen.
Bauteil: .....
Lage: .....
Abtragstiefe: ca. 5 cm
Druckfestigkeitsbereich: bis 30 N/mm²
Hochdruckwasserstrahlen: bis 80 MPa

42€ 44€ **46**€ 50€ 53€ [m²] ⏱ 0,45 h/m² 381.000.005

6 Kugelstrahlen, Betonflächen, Boden KG **395**

Untergrundvorbehandlung von Betonflächen durch Kugelstrahlen mit gleichzeitigem Absaugen zum Reinigen von allen artfremden, den Haftverbund mindernden Teilen. Die Betonoberfläche ist durch Absaugen nachzureinigen und vor erneuter Verschmutzung zu schützen. Das Strahlgut und der anfallende Bauschutt sind entsprechend der behördlichen Auflagen zu entsorgen
Lage: .....
Oberfläche: .....

25€ 27€ **28**€ 30€ 32€ [m²] ⏱ 0,33 h/m² 381.000.006

Nr.	Kurztext / Langtext						Kostengruppe
▶	▷	**ø netto €**	◁	◀	[Einheit]	Ausf.-Dauer	Positionsnummer

A 1 Betonausbruch — Beschreibung für Pos. **7-9**

Beton ausstemmen, Ränder mit 45° anschrägen, und anfallenden Bauschutt entsorgen.
Bauteil: .....
Lage: .....

7 Betonausbruch, 10x3cm — KG **395**

Wie Ausführungsbeschreibung A 1
Ausbruchbreite: bis 10 cm
Ausbruchtiefe: bis 3 cm

14€ | 16€ | **16**€ | 18€ | 19€ | [m] | ⏱ 0,26 h/m | 381.000.007

8 Betonausbruch, 20x5cm — KG **395**

Wie Ausführungsbeschreibung A 1
Ausbruchbreite: bis 20 cm
Ausbruchtiefe: bis 5 cm

24€ | 27€ | **28**€ | 30€ | 32€ | [m] | ⏱ 0,40 h/m | 381.000.008

9 Betonausbruch, Mehrtiefe 1cm — KG **395**

Wie Ausführungsbeschreibung A 1
je 1 cm Mehrtiefe

3€ | 3€ | **3**€ | 3€ | 4€ | [m] | ⏱ 0,04 h/m | 381.000.009

10 Stemmarbeiten, Kanten, 15x15cm — KG **395**

Stemmarbeiten im Bereich von Kanten, einschl. anfallenden Bauschutt entsorgen.
Bauteil: .....
Schenkellänge: bis 15 x 15 cm

18€ | 20€ | **21**€ | 23€ | 24€ | [m] | ⏱ 0,37 h/m | 381.000.010

11 Stemmarbeiten, Kanten, 5cm Mehrlänge — KG **395**

Stemmarbeiten an Kanten je angefangene 5cm Schenkel-Mehrlänge, einschl. anfallenden Bauschutt entsorgen.

4€ | 5€ | **5**€ | 5€ | 6€ | [m] | ⏱ 0,05 h/m | 381.000.011

12 Betonausbruch, bis 0,10m2x3cm — KG **395**

Beton im Bereich der markierten Schadensstellen ausbrechen und freistemmen, Ränder 45° anschrägen, einschl. anfallenden Bauschutt entsorgen.
Bauteil: .....
Lage: .....
Ausbruchtiefe: bis 3 cm
Schadstellen: bis 0,10 m²
Hinweis: Bei der Ausschreibung sind Differenzierung der Abmessungen in 0,01, 0,1,0,25,0,5,0,75 und 1,0 m² vorzunehmen.

37€ | 39€ | **42**€ | 44€ | 48€ | [St] | ⏱ 0,25 h/St | 381.000.063

Kosten:
Stand 2.Quartal 2020
Bundesdurchschnitt

▶ min
▷ von
ø Mittel
◁ bis
◀ max

Nr.	Kurztext / Langtext						Kostengruppe
▶	▷	**ø netto €**	◁	◀	[Einheit]	Ausf.-Dauer	Positionsnummer

13 Betonausbruch, bis 0,25m2x3cm KG **395**

Beton im Bereich der markierten Schadensstellen ausbrechen und freistemmen, Ränder 45° anschrägen, einschl. anfallenden Bauschutt entsorgen.
Bauteil: .....
Lage: .....
Ausbruchtiefe: bis 3 cm
Schadstellen: bis 0,25 m^2
Hinweis: Bei der Ausschreibung sind Differenzierung der Abmessungen in 0,01, 0,1,0,25,0,5,0,75 und 1,0 m^2 vorzunehmen.

37€ 39€ **42**€ 44€ 48€ [St] ⏱ 0,25 h/St 381.000.012

14 Betonausbruch, bis 0,50m2x5cm KG **395**

Beton im Bereich der markierten Schadensstellen ausbrechen und freistemmen, Ränder 45° anschrägen, einschl. anfallenden Bauschutt entsorgen.
Bauteil: .....
Lage: .....
Ausbruchtiefe: bis 3 cm
Schadstellen: bis 0,5 m^2
Hinweis: Bei der Ausschreibung sind Differenzierung der Abmessungen in 0,01, 0,1,0,25,0,5,0,75 und 1,0 m^2 vorzunehmen.

84€ 92€ **97**€ 104€ 112€ [St] ⏱ 0,35 h/St 381.000.013

A 2 Betonausbruch Beschreibung für Pos. **15-17**

Beton flächig ausstemmen und anfallenden Bauschutt entsorgen.
Bauteil: .....
Lage: .....

15 Betonausbruch, bis 5cm KG **395**

Wie Ausführungsbeschreibung A 2
Ausbruchtiefe: bis 5 cm

140€ 153€ **161**€ 173€ 186€ [m^2] ⏱ 0,85 h/m^2 381.000.015

16 Betonausbruch, bis 3cm KG **395**

Wie Ausführungsbeschreibung A 2
Ausbruchtiefe: bis 3 cm

95€ 103€ **109**€ 116€ 125€ [m^2] ⏱ 0,85 h/m^2 381.000.014

17 Betonausbruch, Mehrtiefe KG **395**

Wie Ausführungsbeschreibung A 2
je 1cm Mehrtiefe

19€ 22€ **24**€ 25€ 28€ [m^2] ⏱ 0,15 h/m^2 381.000.016

18 Bewehrung abtrennen, bis 16mm KG **395**

Freiliegende Bewehrung nach Rücksprache mit Statiker abtrennen und anfallenden Bauschutt entsorgen.
Bauteil: .....
Lage: .....
Bewehrung: bis 16 mm

5€ 5€ **5**€ 6€ 6€ [St] ⏱ 0,08 h/St 381.000.017

Kosten:
Stand 2.Quartal 2020
Bundesdurchschnitt

Nr.	**Kurztext** / Langtext						Kostengruppe
▶	▷	**ø netto €**	◁	◀	[Einheit]	Ausf.-Dauer	Positionsnummer

19 Bewehrung abtrennen, über 16mm KG **395**

Freiliegende Bewehrung, nach Rücksprache mit Statiker, abtrennen und anfallenden Bauschutt entsorgen.
Bauteil: .....
Lage: .....
Bewehrung: über 16 mm

6€	6€	**7**€	7€	8€	[St]	⏱ 0,08 h/St	381.000.018

20 Bewehrung befestigen, Dübel KG **395**

Lose Bewehrung schwingungsfrei mit Dübeln bzw. Haken befestigen.
Bauteil: .....
Lage: .....

4€	4€	**5**€	5€	6€	[St]	⏱ 0,07 h/St	381.000.019

21 Bewehrung strahlen KG **395**

Freiliegende Bewehrung durch linienförmiges Strahlen mit festen Strahlmitteln vorbehandeln. Das Strahlgut sammeln und einschl. des anfallenden Bauschutts entsprechend der behördlichen Auflagen entsorgen.
Bauteil: .....
Lage: .....
Bewehrung: ..... mm
Einzellängen: bis 1,00 m

5€	5€	**6**€	6€	7€	[m]	⏱ 0,15 h/m	381.000.020

22 Bewehrung strahlen KG **395**

Freiliegende Bewehrung durch linienförmiges Strahlen mit festen Strahlmitteln vorbehandeln. Das Strahlgut sammeln und einschl. des anfallenden Bauschutts entsprechend der behördlichen Auflagen entsorgen.
Bauteil: .....
Lage: .....
Bewehrung: ..... mm
Einzellängen: über 1,00 m

4€	4€	**5**€	5€	6€	[m]	⏱ 0,15 h/m	381.000.064

23 Korrosionsschutz, mineralisch KG **395**

Korrosionsschutz auf entrostetem Bewehrungsstahl mit kunststoffmodifizierter Zementschlämme.
Bauteil: .....
Lage: .....
Geforderter Reinheitsgrad: Sa 2 1/2
Bewehrung: ..... mm
Angeb. Fabrikat: .....

7€	8€	**8**€	9€	10€	[m]	⏱ 0,10 h/m	381.000.023

▶ min
▷ von
ø Mittel
◁ bis
◀ max

24 Korrosionsschutz, Epoxidharz KG **395**

Korrosionsschutz auf entrostetem, trockenem Bewehrungsstahl aus reaktionshärtendem System, mit Absanden der Zweitschicht. Nach Trocknung ist nicht eingebundener Sand abzublasen.
Bauteil: .....
Lage: .....
Geforderter Reinheitsgrad: Sa 2 1/2
Bewehrung: ..... mm
Angeb. Fabrikat: .....

10€ 10€ **11**€ 12€ 13€ [m] ⏱ 0,15 h/m 381.000.024

25 Schutzbeschichtung, SPCC KG **395**

Schutzbeschichtung des Korrosionsschutzes der Bewehrung zu Vorbereitung von kunststoffmodifiziertem Spritzmörtelauftrag.
Bauteil: .....
Lage: .....
Angeb. Fabrikat: .....

11€ 12€ **13**€ 14€ 16€ [m] ⏱ 0,08 h/m 381.000.025

A 3 Reprofilierung, PCC, örtliche Fehlstellen Beschreibung für Pos. **26-27**

Reprofilieren örtlicher Fehlstellen mit PCC-Instandsetzungsmörtel, einschl. Auftrag einer zementgebundenen, kunststoffmodifizierten Haftbrücke, sowie Schutz gegen Witterungseinflüsse und vorzeitiges Austrocknen.
Bauteil: .....
Lage: .....
Beanspruchungsklasse: .....
Angeb. Fabrikat: .....
Hinweis: Bei der Ausschreibung sind Differenzierung der Abmessungen in 0,01, 0,1,0,25,0,5,0,75 und 1,0 m² und unterschiedlichen Tiefen vorzunehmen.

26 Reprofilierung, PCC, bis 0,25m2x3cm KG **395**

Wie Ausführungsbeschreibung A 3
Ausbruchtiefe: bis 3 cm
Schadstellen: bis 0,25 m²

28€ 29€ **31**€ 33€ 36€ [St] ⏱ 0,30 h/St 381.000.026

27 Reprofilierung, PCC, bis 0,50m2x5cm KG **395**

Wie Ausführungsbeschreibung A 3
Ausbruchtiefe: bis 5 cm
Schadstellen: bis 0,50 m²

64€ 68€ **71**€ 76€ 82€ [St] ⏱ 0,35 h/St 381.000.027

A 4 Reprofilierung, PCC Beschreibung für Pos. **28-30**

Reprofilieren linearer Fehlstellen in Teilflächen mit PCC-Instandsetzungsmörtel, einschl. Auftrag einer zementgebundenen, kunststoffmodifizierten Haftbrücke, sowie Schutz gegen Witterungseinflüsse und vorzeitiges Austrocknen.
Bauteil: .....
Lage: .....
Beanspruchungsklasse: .....
Angeb. Fabrikat: .....

Kosten:
Stand 2.Quartal 2020
Bundesdurchschnitt

▶ min
▷ von
ø Mittel
◁ bis
◀ max

Nr. **Kurztext** / Langtext — Kostengruppe
▶ ▷ **ø netto €** ◁ ◀ [Einheit] Ausf.-Dauer Positionsnummer

28 Reprofilierung, PCC, bis 3cm, linear KG **395**
Wie Ausführungsbeschreibung A 4
Ausbruchtiefe: bis 3 cm
Schadstellen: bis 10 cm
13€ 13€ **14**€ 15€ 17€ [m] ⏱ 0,25 h/m 381.000.030

29 Reprofilierung, PCC, bis 5cm, linear KG **395**
Wie Ausführungsbeschreibung A 4
Ausbruchtiefe: bis 5 cm
Schadstellen: bis 20 cm
26€ 27€ **28**€ 30€ 33€ [m] ⏱ 0,30 h/m 381.000.028

30 Reprofilierung, PCC, Mehrtiefe, linear KG **395**
Wie Ausführungsbeschreibung A 4
je 1 cm Mehrtiefe
9€ 9€ **10**€ 10€ 12€ [m] ⏱ 0,16 h/m 381.000.029

A 5 Reprofilierung, PCC, flächig Beschreibung für Pos. **31-33**
Reprofilieren flächiger Fehlstellen mit PCC-Instandsetzungsmörtel, einschl. Auftrag einer zementgebundenen, kunststoffmodifizierten Haftbrücke, sowie Schutz gegen Witterungseinflüsse und vorzeitiges Austrocknen.
Bauteil: .....
Lage: .....
Ausbruch: flächig
Beanspruchungsklasse: .....
Angeb. Fabrikat: .....

31 Reprofilierung, PCC, flächig bis 3cm KG **395**
Wie Ausführungsbeschreibung A 5
Ausbruchtiefe: bis 3 cm
73€ 78€ **82**€ 87€ 94€ [m²] ⏱ 0,75 h/m² 381.000.032

32 Reprofilierung, PCC, flächig bis 5cm KG **395**
Wie Ausführungsbeschreibung A 5
Ausbruchtiefe: bis 5 cm
152€ 160€ **169**€ 180€ 194€ [m²] ⏱ 0,75 h/m² 381.000.033

33 Reprofilierung, PCC, Mehrtiefe, flächig KG **395**
Wie Ausführungsbeschreibung A 5
Ausbruchtiefe: pro cm Mehrtiefe
31€ 33€ **35**€ 37€ 42€ [m²] ⏱ 0,16 h/m² 381.000.034

34 Reprofilierung, Kante, 15x15cm, PCC KG **395**
Reprofilierung von Kanten mit PCC-Mörtel.
Bauteil: .....
Lage: .....
Schenkellänge: bis 15 x 15 cm
36€ 38€ **40**€ 43€ 46€ [m] ⏱ 0,60 h/m 381.000.035

35 **Schalung, Kanten** KG **395**

Schalung im Bereich von Kanten, für Spritzmörtelauftrag. Abrechnung einseitiger Schalung.
Bauteil: .....
Lage: .....

10€ 11€ **11**€ 12€ 14€ [m] ⏱ 0,25 h/m 381.000.036

A 6 **Spritzmörtel, SPCC** Beschreibung für Pos. **36-38**

Flächige Reprofilierung von Stahlbetonflächen mit kunststoffmodifiziertem Zementmörtel (SPCC) im Spritzverfahren, einschl. Schutz gegen Witterungseinflüsse und dem vorzeitigem Austrocknen, sowie Entsorgung des Rückprallgutes.
Betongüte: mind. C20/25
Korngröße: .....
Bauteil: .....
Lage: .....
Gef. Oberfläche: .....
Angeb. Fabrikat: .....

36 **Spritzmörtel, SPCC, 5cm** KG **395**

Wie Ausführungsbeschreibung A 6
Ausbruchtiefe: bis 5 cm

89€ 94€ **99**€ 106€ 114€ [m2] ⏱ 1,20 h/m2 381.000.037

37 **Spritzmörtel, SPCC, 7cm** KG **395**

Wie Ausführungsbeschreibung A 6
Ausbruchtiefe: bis 7 cm

139€ 147€ **155**€ 166€ 178€ [m2] ⏱ 1,20 h/m2 381.000.038

38 **Spritzmörtel, SPCC, Mehrtiefe** KG **395**

Wie Ausführungsbeschreibung A 6
pro cm Mehrtiefe

33€ 35€ **37**€ 40€ 44€ [m2] ⏱ 0,23 h/m2 381.000.039

39 **Tropfkante, Dreikantleisten** KG **395**

Tropfkante herstellen mit Dreikantleiste.
Bauteil: .....
Lage: .....

13€ 15€ **16**€ 17€ 19€ [m] ⏱ 0,32 h/m 381.000.040

40 **Füllbeschichtung, Schlämme** KG **395**

Füllbeschichtung auf Basis einer kunststoffmodifizierten Zementschlämme zum Füllen von Poren und Lunkern in zwei Arbeitsgängen mit Abkratzen auf der Oberfläche, einschl. vornässen des Untergrundes.
Untergrund: .....
Bauteil: .....
Lage: .....
Angeb. Fabrikat: .....

18€ 19€ **20**€ 21€ 23€ [m2] ⏱ 0,20 h/m2 381.000.041

Nr.	Kurztext / Langtext					Kostengruppe
▶	▷	ø netto €	◁	◀	[Einheit]	Ausf.-Dauer Positionsnummer

A 7 Feinspachtelung, vollflächig — Beschreibung für Pos. **41-43**

Vollflächiges Feinspachteln der Betonflächen mit kunststoffmodifiziertem Zementmörtel zum Füllen von Fehlstellen, Poren und Lunkern, sowie zum Erreichen einer ebenen, gratfreien Oberfläche. Leistung in zwei Arbeitsgängen, mit Kratzspachtelung und Spachtelung, zum Erreichen der geforderten Schichtdicke, einschl. vornässen des Untergrundes.
Untergrund: .....
Bauteil: .....
Lage: .....
Rautiefe: .....
Angeb. Fabrikat: .....

Kosten:
Stand 2.Quartal 2020
Bundesdurchschnitt

41 Feinspachtelung, 2mm, vollflächig — KG **395**

Wie Ausführungsbeschreibung A 7
Schichtdicke: 2 mm über den Spitzen

18€ 19€ **20**€ 22€ 24€ [m²] ⏱ 0,30 h/m² 381.000.042

42 Feinspachtelung, 3mm, vollflächig — KG **395**

Wie Ausführungsbeschreibung A 7
Schichtdicke: 3 mm über den Spitzen

21€ 22€ **24**€ 25€ 28€ [m²] ⏱ 0,35 h/m² 381.000.043

43 Feinspachtelung, Mehrstärke, vollflächig — KG **395**

Wie Ausführungsbeschreibung A 7
je mm Mehrstärke

4€ 4€ **5**€ 5€ 6€ [m²] ⏱ 0,07 h/m² 381.000.044

44 Grundierung, Betonfläche — KG **395**

Grundierung von Betonflächen zur Reduzierung der Saugfähigkeit und zur Verfestigung des Untergrunds.
Bauteil: .....
Lage: .....
Farbe: unpigmentiert
Rautiefe: .....
Auftragsart: **streichen/spritzen**

5€ 5€ **6**€ 6€ 7€ [m²] ⏱ 0,10 h/m² 381.000.045

45 Hydrophobierung OS 1 — KG **395**

Hydrophobierung von frei bewitterten Betonflächen als vorbeugender Oberflächenschutz auf Silan-/Siloxanbasis in zwei Arbeitsgängen bis zur Sättigung.
Bauteil: .....
Lage: .....
Oberflächenschutz: OS 1
Farbe: unpigmentiert
Auftragsart: .....
Angeb. Fabrikat: .....
Auftragsmenge: .....
Prüfzeugnisnummer: .....

10€ 11€ **11**€ 12€ 13€ [m²] ⏱ 0,13 h/m² 381.000.046

▶ min
▷ von
ø Mittel
◁ bis
◀ max

46 **Beschichtung OS 2** KG **395**

Beschichtung für nicht begeh-/befahrbare und freibewitterte Betonflächen als vorbeugenden Oberflächenschutz in mind. zwei Schichten.
Bauteil: .....
Lage: .....
Rautiefe: 0,2 mm
Versiegelung: OS 2
Hydrophobierungsmittel: Silan-/Siloxanbasis
Mindestschichtdicke: 130 µm
Farbe: unpigmentiert
Auftragsart: .....
Farbe: unpigmentiert
Farbe: .....
Angeb. Fabrikat: .....
Auftragsmengen: .....
Prüfzeugnisnummer: .....

18€ 19€ **19**€ 21€ 22€ [m²] ⏱ 0,28 h/m² 381.000.047

47 **Beschichtung OS 4** KG **395**

Beschichtung mit erhöhter Dichtheit für nicht begeh-/befahrbare und freibewitterte Betonflächen mit Kratzspachtel und Oberflächenschutzschicht.
Bauteil: .....
Lage: .....
Rautiefe: 0,2 mm
Beschichtung: OS 4
Mindestschichtdicke: 130 µm
Farbe: unpigmentiert
Auftragsart: .....
Farbe: .....
Angeb. Fabrikat: .....
Auftragsmengen: .....
Prüfzeugnisnummer: .....

15€ 16€ **17**€ 18€ 19€ [m²] ⏱ 0,21 h/m² 381.000.048

Nr. **Kurztext** / Langtext Kostengruppe
▶ ▷ **ø netto €** ◁ ◀ [Einheit] Ausf.-Dauer Positionsnummer

48 **Beschichtung OS 5a** KG **395**

Beschichtung für nicht begeh-/befahrbare und freibewitterte Betonflächen mit mindestens geringer Rissüberbrückungsfähigkeit mit Kratzspachtelung und zwei Oberflächenschutzschichten mit Polymerdispersion.
Bauteil: .....
Lage: .....
Rautiefe: 0,2 mm
Beschichtung: OS 5a
Mindestschichtdicke: 370 µm
Rissüberbrückungskl.: gering, I T
Farbe: unpigmentiert
Auftragsart: .....
Farbe: .....
Angeb. Fabrikat: .....
Auftragsmengen: .....
Prüfzeugnisnummer: .....

20€ 21€ **22**€ 24€ 26€ [m2] ⏱ 0,22 h/m2 381.000.049

49 **Beschichtung OS 5b** KG **395**

Beschichtung für nicht begeh-/befahrbare und freibewitterte Betonflächen mit mindestens geringer Rissüberbrückungsfähigkeit mit Kratzspachtelung und 2 elastischen Oberflächenschutzschichten aus Polymer/Zementgemisch.
Bauteil: .....
Lage: .....
Rautiefe: 0,2 mm
Beschichtung: OS 5b
Mindestschichtdicke: 2.250 µm
Rissüberbrückungskl.: gering, I T
Farbe: unpigmentiert
Auftragsart: .....
Farbe: .....
Angeb. Fabrikat: .....
Auftragsmengen: .....
Prüfzeugnisnummer: .....

27€ 28€ **30**€ 32€ 34€ [m2] ⏱ 0,32 h/m2 381.000.050

Kosten:
Stand 2.Quartal 2020
Bundesdurchschnitt

▶ min
▷ von
ø Mittel
◁ bis
◀ max

50 **Beschichtung OS 8** KG **395**

Beschichtung für begeh-/befahrbare, chemisch widerstandsfähige und mechanisch stark belastete Flächen mit Grundierung, Kratzspachtelung und Deckschicht auf Reaktionsharzbasis.
Bauteil: Fahrbahn
Lage: .....
Rautiefe: 0,5 mm
Beschichtung: OS 8
Mindestschichtdicke: 1.750 µm
Rutsch-Bewertungsgruppe: .....
Farbe: unpigmentiert
Auftragsart: .....
Farbe: .....
Angeb. Fabrikat: .....
Auftragsmengen: .....
Prüfzeugnisnummer: .....

58€ 61€ **64**€ 69€ 74€ [m²] ⏱ 0,46 h/m² 381.000.051

51 **Beschichtung OS 11a** KG **395**

Beschichtung für begeh-/befahrbare und freibewitterte Flächen mit erhöhter dynamischer Rissüberbrückung mit Grundierung, Kratzspachtelung und Oberflächenschutzschicht auf Reaktionsharzbasis mit Quarzsand.
Bauteil: Fahrbahn
Lage: .....
Rautiefe: 0,5 mm
Beschichtung: OS 11a
Mindestschichtdicke: 3.300 µm
Rissüberbrückungskl.: erhöht, II T+V
Rutsch-Bewertungsgruppe: .....
Farbe: unpigmentiert
Auftragsart: .....
Farbe: unpigmentiert
Farbe: .....
Angeb. Fabrikat: .....
Auftragsmengen: .....
Prüfzeugnisnummer: .....

126€ 133€ **140**€ 149€ 161€ [m²] ⏱ 0,58 h/m² 381.000.052

Nr.	**Kurztext** / Langtext					Kostengruppe
▶	▷	**ø netto €**	◁	◀	[Einheit]	Ausf.-Dauer Positionsnummer

Kosten:
Stand 2.Quartal 2020
Bundesdurchschnitt

52 Beschichtung OS 11b — KG **395**

Beschichtung für begeh-/befahrbare und freibewitterte Flächen mit erhöhter dynamischer Rissüberbrückung mit Grundierung, Kratzspachtelung und Deckversiegelung auf Reaktionsharzbasis mit Quarzsand.
Bauteil: Fahrbahn
Lage: .....
Rautiefe: 0,5 mm
Beschichtung: OS 11b
Mindestschichtdicke: 4.750 µm
Rissüberbrückungskl.: erhöht, II T+V
Rutsch-Bewertungsgruppe: .....
Farbe: unpigmentiert
Auftragsart: .....
Farbe: .....
Angeb. Fabrikat: .....
Auftragsmengen: .....
Prüfzeugnisnummer: .....

101€ 106€ **112**€ 120€ 129€ [m²] ⏱ 0,58 h/m² 381.000.053

53 Beschichtung OS 13 — KG **395**

Beschichtung für begeh-/befahrbare, mechanisch belastete und überdachte Flächen mit nicht dynamischer Rissüberbrückung mit Grundierung, Kratzspachtelung und Deckversiegelung auf Reaktionsharzbasis mit Quarzsand.
Bauteil: Fahrbahn
Lage: .....
Rautiefe: 0,5
Beschichtung: OS 13
Mindestschichtdicke: 3.250 µm
Rissüberbrückungskl.: A1 (-10°C)
Farbe: unpigmentiert
Auftragsart: .....
Farbe: .....
Angeb. Fabrikat: .....
Auftragsmengen: .....
Prüfzeugnisnummer: .....

74€ 78€ **82**€ 88€ 94€ [m²] ⏱ 0,54 h/m² 381.000.054

54 Spachtelung, Rautiefe über 1mm — KG **395**

Spachtelung auf Betonflächen mit Reaktionsharzmörtel zum Füllen von Fehlstellen, Poren und Lunkern, sowie zum Ausfüllen von Rautiefen über 1mm.
Bauteil: .....
Lage: .....
Farbe: unpigmentiert
Angeb. Fabrikat: .....

14€ 15€ **15**€ 17€ 18€ [m²] ⏱ 0,20 h/m² 381.000.055

- ▶ min
- ▷ von
- ø Mittel
- ◁ bis
- ◀ max

Nr.	**Kurztext** / Langtext						Kostengruppe
▶	▷	**ø netto €**	◁	◀	[Einheit]	Ausf.-Dauer	Positionsnummer

55 Kratzspachtelung, Rautiefe über 5mm KG **395**

Kratzspachtel auf Betonflächen mit Reaktionsharzmörtel bei Vertiefungen über 5mm.
Bauteil: .....
Lage: .....
Angeb. Fabrikat: .....

19€	20€	**21**€	23€	26€	[m²]	⏱ 0,30 h/m²	381.000.056

56 Beschichtung abstreuen, Quarzsand KG **395**

Beschichtung mit Quarzsand abstreuen.
System: .....

3€	3€	**3**€	4€	4€	[m²]	⏱ 0,08 h/m²	381.000.057

57 Deckversiegelung, OS KG **395**

Deckversiegelung für Oberflächenschutzsystem.
Beschichtungssystem: .....

7€	8€	**8**€	9€	10€	[m²]	⏱ 0,15 h/m²	381.000.058

58 Deckversiegelung, mit Abstreuung, OS KG **395**

Deckversiegelung mit Abstreuung aus Quarzsand für Oberflächenschutzsystem.
Beschichtungssystem: .....

9€	10€	**10**€	11€	12€	[m²]	⏱ 0,13 h/m²	381.000.059

382

Kosten:
Stand 2.Quartal 2020
Bundesdurchschnitt

▶ min
▷ von
ø Mittel
◁ bis
◀ max

Bekämpfender Holzschutz — Preise €

Nr.	Positionen	Einheit	▶	▷	ø brutto € / ø netto €	◁	◀
1	Bekämpfung Hausschwamm/Nassfäulepilze (Titel)						
2	Schadenserfassung, Hausschwamm/Nassfäulepilze	n. A.	–	–	**–**	–	–
			–	–	**–**	–	–
3	Untersuchung, Hausschwammbefall, Bauteilfreilegung	n. A.	–	–	**–**	–	–
			–	–	**–**	–	–
4	Pilzartbestimmung, Vitalitätsbestimmung	n. A.	–	–	**–**	–	–
			–	–	**–**	–	–
5	Bekleidung entfernen/entsorgen	m²	–	18	**22**	30	–
			–	15	**18**	25	–
6	Dielenbelag aufnehmen/entsorgen	m²	–	16	**20**	27	–
			–	14	**17**	23	–
7	Schüttung, Stakung/Einschub, entfernen/entsorgen	m²	–	33	**41**	54	–
			–	28	**35**	45	–
8	Leichte Trennwände entfernen/entsorgen	m²	–	24	**30**	40	–
			–	20	**26**	33	–
9	Einbauten entfernen/entsorgen	n. A.	–	–	**–**	–	–
			–	–	**–**	–	–
10	Wandputz entfernen/entsorgen	m²	–	14	**17**	22	–
			–	11	**14**	19	–
11	Deckenputz entfernen/entsorgen	m²	–	20	**24**	32	–
			–	16	**20**	27	–
12	Holzbauteile ausbauen/entsorgen	St	–	39	**49**	65	–
			–	33	**41**	55	–
13	Abdeckung, staubdicht	m²	–	10	**12**	17	–
			–	8	**10**	14	–
14	Schutzwand, staubdicht	m²	–	17	**21**	29	–
			–	14	**18**	24	–
15	Folientür, staubdicht	St	–	29	**37**	49	–
			–	25	**31**	41	–
16	Sicherung Installation, Hausschwamm	n. A.	–	–	**–**	–	–
			–	–	**–**	–	–
17	Bauteiloberfläche absaugen	m²	–	4	**5**	8	–
			–	4	**5**	6	–
18	Myzelentfernung, entsorgen	m²	–	10	**12**	16	–
			–	8	**10**	14	–
19	Mauerwerksflächen abflammen	m²	–	13	**16**	22	–
			–	11	**14**	19	–
20	Bohrlochtränkung, Mauerwerk	m³	–	185	**232**	306	–
			–	156	**195**	257	–
21	Druckinjektion, Mauerwerk	m³	–	137	**171**	225	–
			–	115	**143**	189	–
22	Oberflächenbehandlung, Fluten	m²	–	13	**22**	22	–
			–	11	**19**	18	–
23	Wirkstoffsperre, Balkenkopflager	St	–	20	**24**	33	–
			–	16	**20**	28	–
24	Bohrlöcher verschließen, Zulage	St	–	4	**5**	7	–
			–	3	**4**	6	–

Nr.	Positionen	Einheit	▶	▷	ø brutto € / ø netto €	◁	◀
25	Holzbauteile instandsetzen	m³	–	1.917	**2.255**	2.932	–
			–	1.611	**1.895**	2.464	–
26	Mauerwerksabbruch, Hausschwamm	m²	–	185	**232**	301	–
			–	156	**195**	253	–
27	Mauersteine liefern	m³	–	383	**451**	586	–
			–	322	**379**	493	–
28	Balkenkopflager herstellen	St	–	39	**49**	66	–
			–	33	**41**	55	–
29	Schnittflächen behandeln, Hölzer	St	–	7	**9**	13	–
			–	6	**8**	11	–
30	Injektion, Balkenkopf	St	–	18	**23**	31	–
			–	15	**19**	26	–
31	Hölzer injizieren	m	–	20	**26**	35	–
			–	17	**22**	29	–
32	Holzschädlingsbekämpfung (Titel)						
33	Untersuchung, Holztragkonstruktion	n. A.	–	–	**–**	–	–
			–	–	**–**	–	–
34	Untersuchung, einzelne Holzbauteil	n. A.	–	–	**–**	–	–
			–	–	**–**	–	–
35	Beläge/Bekleidungen entfernen/entsorgen	m²	–	20	**24**	33	–
			–	16	**20**	28	–
36	Schüttungen entfernen/entsorgen	m²	–	18	**22**	30	–
			–	15	**18**	25	–
37	Beschichtungen entfernen	m²	–	17	**21**	28	–
			–	14	**17**	24	–
38	Beschichtungen entfernen, lose	m²	–	9	**11**	15	–
			–	8	**9**	13	–
39	Dach öffnen, schließen	m²	–	59	**73**	95	–
			–	49	**61**	80	–
40	Abdeckungen, Boden, Insektenbekämpfung	m²	–	6	**10**	9	–
			–	5	**8**	8	–
41	Elektrische Anlagen, schützen/sichern	n. A.	–	–	**–**	–	–
			–	–	**–**	–	–
42	Raumtrennung, gedämmt	m²	–	23	**29**	39	–
			–	20	**25**	33	–
43	Splintholz entfernen	m	–	19	**23**	31	–
			–	16	**19**	26	–
44	Holzoberfläche reinigen	m²	–	6	**7**	9	–
			–	5	**6**	8	–
45	Schutzabdeckung, staubdicht/saugend	m²	–	6	**7**	10	–
			–	5	**6**	8	–
46	Holzschutzbehandlung, Insekten	m²	–	9	**12**	16	–
			–	8	**10**	13	–
47	Holzschutz, bekämpfend, Mehrmenge 25%	m²	–	5	**6**	8	–
			–	4	**5**	7	–
48	Holzschutzbehandlung, Insekten/Pilze	m²	–	9	**12**	16	–
			–	8	**10**	13	–

381
382
384
386
387

Kosten:
Stand 2.Quartal 2020
Bundesdurchschnitt

Nr.	Positionen	Einheit	►	▷	ø brutto € / ø netto €	◁	◄
49	Holzschutz-Bohrlochtränkung, Insekten	m	–	19	**23**	31	–
			–	16	**19**	26	–
50	Holzschutz-Bohrlochtränkung, Insekten/Pilze	m	–	19	**23**	31	–
			–	16	**19**	26	–
51	Holzschutz-Bohrlochdrucktränkung, Insekten	m	–	18	**22**	30	–
			–	15	**18**	25	–
52	Holzschutz-Bohrlochdrucktränkung, Insekten/Pilze	m	–	22	**27**	36	–
			–	18	**23**	30	–
53	Emissionsschutz, Bauteiloberflächen	m²	–	12	**15**	20	–
			–	10	**12**	17	–
54	Instandsetzung, Holzbauteile	m³	–	1.939	**2.255**	2.932	–
			–	1.630	**1.895**	2.464	–
55	Schnittflächen behandeln, Hölzer	St	–	7	**9**	12	–
			–	6	**8**	10	–
56	Niederdruckinjektage, Holzteile, bis 16cm	St	–	16	**20**	25	–
			–	13	**16**	21	–
57	Niederdruckinjektage, Holzteile, 16-25cm	St	–	18	**22**	29	–
			–	15	**18**	24	–
58	Niederdruckinjektage, Holzteile, über 25cm	St	–	20	**24**	32	–
			–	17	**20**	27	–
59	Vorbereitende Maßnahmen, Heißluft	n. A.	–	–	**–**	–	–
			–	–	**–**	–	–
60	Bauteilfreilegung, Heißluft	n. A.	–	–	**–**	–	–
			–	–	**–**	–	–
61	Raumöffnung schließen, Heißluftverfahren	m²	–	20	**24**	32	–
			–	17	**20**	27	–
62	Abströmöffnung, Heißluftverfahren	St	–	30	**37**	48	–
			–	25	**31**	40	–
63	Hitzeschutz, Insektenbekämpfung	m²	–	17	**21**	27	–
			–	14	**17**	23	–
64	Einhausung, Heißluftverfahren	m²	–	29	**35**	45	–
			–	24	**29**	38	–
65	Insektenbekämpfung, Heißluft	m³	–	25	**30**	40	–
			–	21	**26**	33	–
66	Verlängerung, Heizphase, Mehraufwand	m³	–	8	**10**	14	–
			–	7	**9**	12	–
67	Temperaturkontrolle, Beheizung	St	–	15	**18**	24	–
			–	13	**15**	20	–
68	Dokumentation, Heißluftverfahren	St	–	500	**609**	792	–
			–	420	**512**	666	–
69	Vorbeugung chemischer Holzschutz	m	–	20	**24**	33	–
			–	17	**20**	28	–
70	Instandsetzung, Holzbauteile (Titel)						
71	Instandsetzung, Holzbauteile	m³	–	1.849	**2.255**	2.932	–
			–	1.554	**1.895**	2.464	–
72	Hinweis zur Bekämpfung mit Begasung	n. A.	–	–	**–**	–	–
			–	–	**–**	–	–

► min
▷ von
ø Mittel
◁ bis
◄ max

Nr.	Positionen	Einheit	▶	▷	ø brutto € / ø netto €	◁	◀
73	Begasung, erstickende wirkende Gase	m³	–	28	**34**	46	–
			–	24	**29**	39	–
74	Bauteilfreilegung und -sicherung	n. A.	–	–	**–**	–	–
			–	–	**–**	–	–
75	RH-Beton-Ersatz, einseitige Anbindung	St	–	20	**24**	33	–
			–	17	**20**	28	–
76	RH-Beton-Ersatz, auflagernaher Bereich	St	–	700	**853**	1.109	–
			–	588	**717**	932	–
77	RH-Beton-Wiederherstellung, Querschnitt	dm³	–	45	**55**	74	–
			–	38	**46**	62	–
78	RH-Beton-Ersatz, beidseitige Anbindung	dm³	–	50	**61**	82	–
			–	42	**51**	69	–
79	Ersatzholz, einseitig	St	–	1.088	**1.280**	1.600	–
			–	914	**1.076**	1.344	–
80	Ersatzholz, beidseitige Anbindung	St	–	1.295	**1.524**	1.828	–
			–	1.088	**1.280**	1.537	–
81	Ersatzholz, Bauteile, vertikal, Fachwerk	St	–	744	**875**	1.094	–
			–	625	**735**	919	–
82	Holzverbindungen herstellen	St	–	25	**31**	42	–
			–	21	**26**	35	–
83	RH-Beton-Querschnittserhöhung	dm³	–	29	**35**	47	–
			–	24	**30**	39	–
84	Instandsetzung, Holzbauteile, BETA-Verfahren	m³	–	1.492	**1.755**	2.194	–
			–	1.254	**1.475**	1.844	–
85	Ersatzhölzer, unbehandelt	m³	–	12	**15**	20	–
			–	10	**12**	17	–
86	Stundensatz Facharbeiter, Holzschutz	h	–	47	**55**	69	–
			–	40	**47**	58	–
87	Stundensatz Bauwerker, Holzschutz	h	–	43	**50**	63	–
			–	36	**42**	53	–

Nr. **Kurztext** / Langtext — Kostengruppe

▶ ▷ **ø netto €** ◁ ◀ [Einheit] Ausf.-Dauer Positionsnummer

1 **Bekämpfung Hausschwamm/Nassfäulepilze (Titel)** für Pos 2-31

2 **Schadenserfassung, Hausschwamm/Nassfäulepilze** KG **749**

Mauerwerk und Holzbauteile auf Befall von Hausschwamm oder Nassfäulepilzen und nach Fruchtkörper, Oberflächen-, Strangmyzel bzw. charakteristische Holzschädigungen (Braunfäule/Weißfäule), Würfelbruch, Hohllagen/Innenfäulen, Fehlstellen/Defekte) untersuchen. Untersuchungsbericht gem. DIN 68800/4:2012-02, 4.1/4.4, mit Kartierung und Kennzeichnung der Schadensart und des Schadensumfanges erstellen.

–€ –€ **–€** –€ –€ [n. A.] – 382.000.002

3 **Untersuchung, Hausschwammbefall, Bauteilfreilegung** KG **749**

Untersuchung des befallenen Gebäudebereiches auf Hausschwammbefall durch Freilegung des gesamten Schadensbereiches einschl. der notwendigen Sicherheitszone. Anfallenden Bauschutt entsorgen.

–€ –€ **–€** –€ –€ [n. A.] – 382.000.003

381 **382** 384 386 387

Nr.	Kurztext / Langtext						Kostengruppe
▶	▷	ø netto €	◁	◀	[Einheit]	Ausf.-Dauer	Positionsnummer

4 Pilzartbestimmung, Vitalitätsbestimmung KG **749**

Entnahme von Proben (Holzspan, Teilen von Holzkonstruktionen, Mauerwerksproben, Myzelstränge, Fruchtkörper, Sporen) zur Bestimmung der Pilzart und / oder der Vitalität durch einen Sachkundigen bzw. Sachverständigen für Holzschutz. Untersuchung erfolgt ggf. durch ein anerkanntes Analyselabor mit Prüfbericht.
Probematerial: .....

▶	▷	ø	◁	◀	Einheit	Ausf.-Dauer	Positionsnummer
–€	–€	**–**€	–€	–€	[n. A.]	–	382.000.004

5 Bekleidung entfernen/entsorgen KG **394**

Wand- und Deckenbekleidungen bei Feststellung oder Verdacht auf Befall und Schäden von Echtem Hausschwamm bzw. Nässefäulepilze entfernen. Anfallenden Bauschutt unter Beachtung der Verschleppungsgefahr einpacken sofort entsorgen.
Bauteil: .....
Einbauort: .....

▶	▷	ø	◁	◀	Einheit	Ausf.-Dauer	Positionsnummer
–€	15€	**18**€	25€	–€	[m2]	⏱ 0,35 h/m2	382.000.005

6 Dielenbelag aufnehmen/entsorgen KG **394**

Dielenbelag einschl. Unterkonstruktion auf Decken bei Befall/Schäden von Echtem Hausschwamm bzw. Nässefäulepilze im vom Holzschutzgutachter festgelegten Bereich aufnehmen. Anfallenden Bauschutt unter Beachtung der Verschleppungsgefahr sortengerecht einpacken und sofort entsorgen.
Einbauort: .....

▶	▷	ø	◁	◀	Einheit	Ausf.-Dauer	Positionsnummer
–€	14€	**17**€	23€	–€	[m2]	⏱ 0,28 h/m2	382.000.006

7 Schüttung, Stakung/Einschub, entfernen/entsorgen KG **394**

Schüttung und Stakung/Einschub im Befalls- und Schadbereich des Echten Hausschwamm oder Nassfäule mit Trennung nach Material entfernen. Anfallenden Bauschutt unter Beachtung der Verschleppungsgefahr einpacken und sofort entsorgen.
Einbauort: .....

▶	▷	ø	◁	◀	Einheit	Ausf.-Dauer	Positionsnummer
–€	28€	**35**€	45€	–€	[m2]	⏱ 0,40 h/m2	382.000.007

8 Leichte Trennwände entfernen/entsorgen KG **394**

Leichte Trennwände einschl. Unterkonstruktion im Befallsbereich des Echten Hausschwamm oder anderen Pilzen nach Angaben des Holzschutzgutachters oder den Angaben des Untersuchungsberichtes ausbauen. Anfallenden Bauschutt unter Beachtung der Verschleppungsgefahr sortengerecht einpacken und sofort entsorgen.
Einbauort: .....
Konstruktion: .....

▶	▷	ø	◁	◀	Einheit	Ausf.-Dauer	Positionsnummer
–€	20€	**26**€	33€	–€	[m2]	⏱ 0,35 h/m2	382.000.008

9 Einbauten entfernen/entsorgen KG **394**

Feste Einbauten mit Hausschwammbefall nach Angaben des Holzschutzgutachters oder den Angaben des Untersuchungsberichtes entfernen. Anfallenden Bauschutt unter Beachtung der Verschleppungsgefahr einpacken und sofort entsorgen.
Einbauteil: .....
Einbauort: .....
Besondere Hinweise: .....

▶	▷	ø	◁	◀	Einheit	Ausf.-Dauer	Positionsnummer
–€	–€	**–**€	–€	–€	[n. A.]	–	382.000.009

Kosten:
Stand 2.Quartal 2020
Bundesdurchschnitt

▶ min
▷ von
ø Mittel
◁ bis
◀ max

10 Wandputz entfernen/entsorgen KG **394**

Wandputz bei Befall durch den Echten Hausschwamm und anderen Pilzen einschl. lockeren Fugenmaterials nach Angaben des Holzschutzgutachters oder den Angaben des Untersuchungsberichtes entfernen. Reinigung der Wandflächen und Fugen durch Absaugen mit Industriestaubsauger (Mikrofilter). Anfallenden Bauschutt unter Beachtung der Verschleppungsgefahr sofort entsorgen.
Putzart: .....

–€ 11€ **14**€ 19€ –€ [m2] ⏱ 0,35 h/m2 382.000.010

11 Deckenputz entfernen/entsorgen KG **394**

Deckenputz an Holzbalkendecken einschl. Putzträger nach Angaben des Holzschutzgutachters oder den Angaben des Untersuchungsberichtes entfernen. Bei Gewölben (Naturstein, Mauerwerk, u.ä.) Putz abschlagen bzw. die Fugen mit lockerem Fugenmaterial nach Überprüfung der Standsicherheit auskratzen und reinigen. Deckenflächen mit Industriestaubsauger (Mikrofilter) absaugen. Anfallenden Bauschutt unter Beachtung der Verschleppungsgefahr einpacken und sofort entsorgen.
Putzart: .....
Putzträger: .....
Putzstärke: .....

–€ 16€ **20**€ 27€ –€ [m2] ⏱ 0,45 h/m2 382.000.011

12 Holzbauteile ausbauen/entsorgen KG **394**

Befallene und geschädigte Holzbauteile gem. DIN 68800-4:2012-02 und WTA-Merkblatt 1-2-05/D, 6.3.1 ausbauen, einpacken und entsorgen. Anfallenden Bauschutt unter Beachtung der Verschleppungsgefahr einpacken und sofort entsorgen.
Bauteil: .....

–€ 33€ **41**€ 55€ –€ [St] ⏱ 0,50 h/St 382.000.090

13 Abdeckung, staubdicht KG **393**

Staubdichte Abdeckungen mit Folie von Bauteilen und Gegenständen zu Schutz vor Verschleppung und Ausbreitung, herstellen, vorhalten und beseitigen.
Bauteil: .....
Gegenstände: .....
Besondere Hinweise: .....

–€ 8€ **10**€ 14€ –€ [m2] ⏱ 0,20 h/m2 382.000.012

14 Schutzwand, staubdicht KG **393**

Staubdichte Staubschutzwände mit Folie und Unterkonstruktion zum Schutz vor Verschmutzung, Verschleppung und Ausbreitung, aufbauen, vorhalten und beseitigen.
Bauteil: .....
Gebäudebereich: .....

–€ 14€ **18**€ 24€ –€ [m2] ⏱ 0,35 h/m2 382.000.013

15 Folientür, staubdicht KG **393**

Staubdichte Folientür in Staubschutzwand, einbauen, vorhalten und beseitigen.

–€ 25€ **31**€ 41€ –€ [St] ⏱ 0,60 h/St 382.000.014

Nr.	Kurztext / Langtext					Kostengruppe
▶	▷	ø netto €	◁	◀	[Einheit]	Ausf.-Dauer Positionsnummer

16 Sicherung Installation, Hausschwamm KG **393**

Sicherung/Demontage aller im Schadensbereich befindlichen oder verlaufenden technischen Installationsleitungen und Installationsobjekte unter Beachtung der hierfür gültigen Vorschriften (VDE usw.).
Leitungsart: .....
Objekt: .....

▶	▷	ø	◁	◀	Einheit	Ausf.-Dauer	Positionsnummer
–€	–€	–€	–€	–€	[n. A.]	–	382.000.015

17 Bauteiloberfläche absaugen KG **395**

Bauteiloberflächen von Böden und Decken vor Beginn der chemischen Mauerwerksbehandlung mit Industriestaubsauger (Mikrofilter) von allen haftungsmindernden Bestandteilen absaugen. Anfallenden Bauschutt unter Beachtung der Verschleppungsgefahr einpacken und sofort entsorgen.
Bauteilflächen: .....

▶	▷	ø	◁	◀	Einheit	Ausf.-Dauer	Positionsnummer
–€	4€	**5**€	6€	–€	[m²]	0,10 h/m²	382.000.016

Kosten:
Stand 2.Quartal 2020
Bundesdurchschnitt

18 Myzelentfernung, entsorgen KG **395**

Anhaftendes Myzel und/oder Fruchtkörper von Mauerwerksflächen entfernen und unter Beachtung der Verschleppungsgefahr einpacken und sofort entsorgen.
Bauteile: .....

▶	▷	ø	◁	◀	Einheit	Ausf.-Dauer	Positionsnummer
–€	8€	**10**€	14€	–€	[m²]	0,17 h/m²	382.000.017

19 Mauerwerksflächen abflammen KG **395**

Mauerwerksflächen gem. Gutachten oder Untersuchungsbericht abflammen. Flächen kräftig absaugen sowie anfallenden Bauschutt aufnehmen, einpacken und entsorgen. Die allgemeinen Brandschutzbestimmungen, insbesondere der Umgang mit offenem Feuer sind unbedingt zu beachten und Brandwache durchzuführen. Notwendige Brandschutzmaßnahmen sind in den Einheitspreis einzurechnen.
Bauteile: .....

▶	▷	ø	◁	◀	Einheit	Ausf.-Dauer	Positionsnummer
–€	11€	**14**€	19€	–€	[m²]	0,20 h/m²	382.000.018

20 Bohrlochtränkung, Mauerwerk KG **395**

Chemische Behandlung des Mauerwerks bei Befall durch den Echten Hausschwamm durch Tränkung. Herstellen von Bohrlöchern im Winkel von ca. 30°-45° und Raster von waagrecht 30cm / senkrecht 25cm, untereinander versetzt, im Einzelfall den speziellen Bedingungen angepasst. Bohrlochdurchmesser entsprechend der Größe der Vorratsbehälter. Tiefe ca. 2/3 der Wandstärke. Chemisches Schutzmittel (Schwammsperrmittel) mit geprüfter Wirksamkeit zur Verhinderung des Durchwachsens von Hausschwamm durch das Mauerwerk. Bei Verarbeitungskonzentration und -menge ist die Ausführungsanweisung des Herstellers zu beachten.
Bauteil: .....
Mauerwerksart: .....
Mauerstärke: ..... cm
Material: .....
Zulassungsnummer: .....
Wirkstoffe: .....
Gefahrstoffangaben: .....
Verarbeitungskonzentration: .....
Verbrauch: .....

▶	▷	ø	◁	◀	Einheit	Ausf.-Dauer	Positionsnummer
–€	156€	**195**€	257€	–€	[m³]	3,00 h/m³	382.000.019

▶ min
▷ von
ø Mittel
◁ bis
◀ max

21 Druckinjektion, Mauerwerk KG **395**

Chemische Behandlung des Mauerwerks bei Befall durch den Echten Hausschwamm durch Bohrlochdrucktränkung. Herstellen von Bohrlöchern im Raster von waagrecht 30cm / senkrecht 25cm untereinander versetzt, im Einzelfall den speziellen Bedingungen angepasst. Bohrlochdurchmesser entsprechend der Injektoren oder Packer. Einbau der Injektoren/Packer entsprechend Typ. Chemisches Schutzmittel (Schwammsperrmittel) mit Zulassung zur Verhinderung des Durchwachsens von Hausschwamm durch das Mauerwerk. Bei Verarbeitungskonzentration und -menge die Ausführungsanweisung des Herstellers beachten.
Bauteil: .....
Mauerwerksart: .....
Mauerstärke: ..... cm
Material: .....
Zulassungsnummer: .....
Wirkstoffe: .....
Gefahrstoffangaben: .....
Verarbeitungskonzentration: .....
Verbrauch: .....
Packerart/-größe: .....

–€	115€	**143**€	189€	–€	[m³]	⏱ 2,20 h/m³	382.000.020

22 Oberflächenbehandlung, Fluten KG **395**

Oberflächenbehandlung der freigelegten und gereinigten Boden- oder Wandflächen im Flutverfahren. Chemisches Schutzmittel (Schwammsperrmittel) mit geprüfter Wirksamkeit zur Verhinderung des Wachsens von Hausschwamm auf dem Mauerwerk. Bei Verarbeitungskonzentration und -menge die Ausführungsanweisung des Herstellers beachten.
Bauteil: .....
Mauerwerksart: .....
Material: .....
Zulassungsnummer: .....
Wirkstoffe: .....
Gefahrstoffangaben: .....
Verbrauch: .....
Arbeitsgänge: .....

–€	11€	**19**€	18€	–€	[m²]	⏱ 0,30 h/m²	382.000.021

Nr. **Kurztext** / Langtext Kostengruppe
▶ ▷ **ø netto €** ◁ ◀ [Einheit] Ausf.-Dauer Positionsnummer

23 Wirkstoffsperre, Balkenkopflager KG **395**

Chemische Behandlung des Mauerwerks bei Feststellung von Befall und Mauerwerksdurchwachsungen des Echten Hausschwamm durch Druckinjektionsverfahren im Bereich gefährdeter Balkenkopflager. Herstellen von Bohrlöchern im Raster von 12-15cm senkrecht und waagrecht bzw. den örtlichen Gegebenheiten. Bohrlochdurchmesser entsprechend der Injektoren oder Packer und Einbau entsprechend Typ. Chemisches Schutzmittel (Schwammsperrmittel) zur Verhinderung des Durchwachsens von Hausschwamm durch das Mauerwerk. Bei Verarbeitungskonzentration und -menge die Ausführungsanweisung des Herstellers beachten.
Bauteil: .....
Mauerwerksart: .....
Mauerstärke: ..... cm
Material: .....
Zulassungsnummer: .....
Wirkstoffe: .....
Gefahrstoffangaben: .....
Verarbeitungskonzentration: .....
Verbrauch: .....
Packerart/-anzahl/-größe: .....

–€ 16€ **20**€ 28€ –€ [St] ⏱ 0,20 h/St 382.000.022

24 Bohrlöcher verschließen, Zulage KG **395**

Bohrlöcher nach Abschluss der Mauerwerksinjektion und Ausbau oder Abschlagen der Packer/Injektoren mit geeigneter Mörtelsuspension verschließen.
Bauteil: .....

–€ 3€ **4**€ 6€ –€ [St] ⏱ 0,08 h/St 382.000.023

25 Holzbauteile instandsetzen KG **395**

Konstruktive Instandsetzung zerstörter und geschädigter Holzbauteile durch zimmermannsmäßige Teil- bzw. Totalauswechslung von Hölzern. Gesundschnitt der Hölzer, Einbau von trog- oder kesseldruckimprägnierten Hölzern bzw. resistenten Holzarten gem. DIN 68800-4:2012-02 unter Beachtung von DIN 68800-1:2011-10, DIN 68800-2:2012-02 und DIN 68800-3:2012-02 sowie Kommentar zu DIN 68800-4:012-02 als Komplettleistung, einschl. der erforderlichen Abstützungsarbeiten und Materiallieferungen. Sämtlichen anfallenden Bauschutt unmittelbar sichern und sortenrein entsorgen. Die erforderlichen Sicherheitsbereiche gem. DIN 68800-4:2012-02 einschl. Kommentar oder den Angaben des Holzschutzsachverständigen einhalten. Die maximale Holzfeuchte der neuen Hölzer darf 20% nicht übersteigen.
Bauteil: .....
Querschnitt: ..... / ..... cm
Schadensart: .....
Gefährdungsklasse: .....
Holzart: .....
Resistenzklasse: .....
Holzschutzmittel: .....
Zulassungsnummer: .....
Wirkstoffe: .....
Gefahrstoffangaben: .....

–€ 1.611€ **1.895**€ 2.464€ –€ [m³] ⏱ 24,00 h/m³ 382.000.024

Kosten:
Stand 2.Quartal 2020
Bundesdurchschnitt

▶ min
▷ von
ø Mittel
◁ bis
◀ max

26 Mauerwerksabbruch, Hausschwamm KG **395**

Deckenbalkenlager und Dachfußbereiche nach Angaben des Holzschutzgutachters zur Feststellung des Schadensumfanges freilegen. Bei Befall und Mauerwerksdurchwachsungen des Echten Hausschwamm im Bereich von Holzbauteilen durch Abtragen des Mauerwerks, ggf. Sortieren des Steinmaterials zur Wiederverwendung bei historischen Bauwerken. Anfallenden Bauschutt unter Beachtung der Verschleppungsgefahr einpacken, sichern und umgehend entsorgen.
Bauteil: .....
Mauerwerksart: .....
Mauerstärke: ..... cm
Material: .....
Sonstige Angaben: .....

–€	156€	**195**€	253€	–€	[m²]	⏱ 2,00 h/m²	382.000.025

27 Mauersteine liefern KG **395**

Mauersteine liefern.
Steinformat: .....
Steinart: .....
Angeb. Fabrikat: .....

–€	322€	**379**€	493€	–€	[m³]	–	382.000.026

28 Balkenkopflager herstellen KG **395**

Balkenkopflager durch trockene Vermauerung von getrennten Hoch- oder Langlochziegeln luftumspült um das Holz. Bei Außenwänden ist das Mauerwerk der Balkenköpfe durch geeignete Wärmedämmmaßnahmen luftumspült auszubilden (z.B. Dämmplatten/Materialstärke gem. Angaben des Bauphysikers). Der Einbau von Sperrbahnen unter den Balken ist konstruktiv und bauphysikalisch zu überprüfen, ggf. ist der Balken auf ein grobporiges Mörtelbett (Dränagemörtel) aufzulegen.
Bauteil: .....
Dämmmaterial: .....
Dicke Dämmung: .....
Sonstige Hinweise: .....

–€	33€	**41**€	55€	–€	[St]	⏱ 0,60 h/St	382.000.027

29 Schnittflächen behandeln, Hölzer KG **395**

Schnittflächen der imprägnierten neuen Hölzer und die Rückschnittflächen der Bestandshölzer mit einem geprüften und amtlich zugelassenen Holzschutzmittel gem. DIN 68800-4:2012-02 sowie DIN 68800-3:2012-02 vorbeugend und bekämpfend nachträglich behandeln. Bei der Einbringmenge die Ausführungsanweisung des Herstellers beachten.
Gefährdungsklasse: .....
Bauteil: .....
Material: .....
Zulassungsnummer: .....
Wirkstoffe: .....
Gefahrstoffangaben: .....
Einbringmenge: .....
Verarbeitungskonzentration: .....
Verfahren: .....
Sonstige Hinweise: .....

–€	6€	**8**€	11€	–€	[St]	⏱ 0,15 h/St	382.000.028

Nr. **Kurztext** / Langtext Kostengruppe
▶ ▷ **ø netto €** ◁ ◀ [Einheit] Ausf.-Dauer Positionsnummer

Kosten:
Stand 2.Quartal 2020
Bundesdurchschnitt

30 Injektion, Balkenkopf KG **395**

Balkenkopf im Druckinjektionsverfahren nach Angaben des Holzschutzgutachters behandeln. Je Balkenkopf, 50cm lang, 4-6 Bohrungen, ca. 10mm Durchmesser, bis ca. 2/3 der Balkenstärke einbringen. Einbau der Injektionspacker, Verpressen im Niederdruck-Injektionsverfahren (2 bis 4 bar) mit einem geprüften und amtlich zugelassenen Holzschutzmittel mit Prüfzeichen (geforderte Prüfzeichen angeben). Bei der Verarbeitungskonzentration und Einbringmenge sind die Herstellerangaben zu berücksichtigen. Verpressen erfolgt unter ständiger Kontrolle des Bauteils. Größere Risse sind vorher mit geeigneten Materialien zu verschließen und abschließend rückstandsfrei zu entfernen. Im Bedarfsfall sind die Injektionspacker mit geeignetem Werkzeug versenken und abschließend Bohrung mit imprägniertem Hartholzdübel verschließen.
Bauteil: .....
Querschnitt: ..... cm/cm
Anzahl der Packer: .....
Material: .....
Zulassungsnummer: .....
Wirkstoffe: .....
Verarbeitungskonzentration: .....
Einbringmenge: .....
Sonstige Hinweise: .....

–€ 15€ **19**€ 26€ –€ [St] ⏱ 0,35 h/St 382.000.030

31 Hölzer injizieren KG **395**

Verbleibende Althölzer, die später verbaut und nicht kontrollierbar sind (z.B. Mauerschwellen), im Druckinjektionsverfahren vorbeugend und bekämpfenden nach Angaben des Holzschutzgutachters verpressen. Je m ca. 12-16 Bohrungen bei Balkenbreite bis 16cm mit einem Randabstand von ca. 2,5cm und einem Längsabstand von ca. 10cm wechselseitig versetzt einbringen. Der Lochdurchmesser ist entsprechend Injektor/Packer-Typ zu wählen. Einbauen der Injektoren/Packer. Verpressen im Niederdruckinjektionsverfahren (2 bis 4 bar) mit einem geprüften und amtlich zugelassenen Holzschutzmittel mit Prüfzeichen (geforderte Prüfzeichen angeben). Bei der Verarbeitungskonzentration und Einbringmenge die Herstellerangaben berücksichtigen. Verpressen erfolgt unter ständiger Kontrolle des Bauteils, größere Risse vorher mit geeigneten Materialien verdämmen und abschließend rückstandsfrei entfernen. Im Bedarfsfall Injektionspacker mit geeignetem Werkzeug versenken und anschließend Bohrung mit imprägnierten Hartholzdübeln verschließen.
Bauteil: .....
Querschnitt: ..... / ..... cm
Anzahl der Packer: .....
Material: .....
Zulassungsnummer: .....
Wirkstoffe: .....
Gefahrstoffangaben: .....
Verarbeitungskonzentration: .....
Einbringmenge: .....
Sonstige Hinweise: .....
Hinweis: Breite Balken sind ggf. auch 18 bis 24 Bohrungen notwendig.

–€ 17€ **22**€ 29€ –€ [m] ⏱ 0,33 h/m 382.000.031

▶ min
▷ von
ø Mittel
◁ bis
◀ max

32 **Holzschädlingsbekämpfung (Titel)** für Pos 33-69

33 **Untersuchung, Holztragkonstruktion** KG **395**

Untersuchung der Holztragkonstruktion auf Insektenbefall gem. DIN 68800-4:2012-02 mit zwei Beilkontrollschlägen je m, seitlich versetzt an den Splintholzkanten; Kartierung und Untersuchungsbericht gem. DIN 68800/4, 2.3.
Bauteil: .....

–€	–€	**–€**	–€	–€	[n. A.]	–	382.000.033

34 **Untersuchung, einzelne Holzbauteil** KG **395**

Untersuchung von Einzelbauteilen sowie sonstiger Holzeinbauten auf Insektenbefall. Beurteilung aufgrund von Hinweisen nach Schaden (keine Aktivitäten) und Lebendbefall (aktives Stadium), Kennzeichnung und Untersuchungsbericht gem. DIN 68800-4:2012-02.
Bauteil: .....

–€	–€	**–€**	–€	–€	[n. A.]	–	382.000.034

35 **Beläge/Bekleidungen entfernen/entsorgen** KG **394**

Beläge und Bekleidungen aufnehmen und auf Schäden und Befall untersuchen. Befallenes Material aussortieren, einpacken, abtransportieren und entsorgen.
Bereich: .....
Sonstige Hinweise: .....

–€	16€	**20**€	28€	–€	[m²]	⏱ 0,35 h/m²	382.000.035

36 **Schüttungen entfernen/entsorgen** KG **394**

Schüttungen zur Freilegung von Deckenbalken aufnehmen und entfernen. Anfallenden Schutt einpacken, abtransportieren und entsorgen.
Bereich: .....
Sonstige Hinweise: .....

–€	15€	**18**€	25€	–€	[m²]	⏱ 0,40 h/m²	382.000.036

37 **Beschichtungen entfernen** KG **394**

Beschichtungen durch mechanisches Abstoßen reinigen, entfernen, einschl. Entsorgung.
Bereich: .....
Beschichtung: .....
Verfahren: .....
Sonstige Hinweise: .....

€	14€	**17**€	24€	–€	[m²]	⏱ 0,65 h/m²	382.000.037

38 **Beschichtungen entfernen, lose** KG **394**

Lose anhaftende Bereiche aller Beschichtungen entfernen, einschl. Entsorgung.
Bereich: .....
Beschichtung: .....
Verfahren: .....
Sonstige Hinweise: .....

–€	8€	**9**€	13€	–€	[m²]	⏱ 0,25 h/m²	382.000.038

Nr.	Kurztext / Langtext					Kostengruppe
▶	▷	**ø netto €**	◁	◀	[Einheit]	Ausf.-Dauer Positionsnummer

39 Dach öffnen, schließen KG **395**

Dach öffnen, Zwischenlagerung der Dachziegel für Wiedereinbau und Eindeckung nach Abschluss der Holzschutz- und Holzinstandsetzungsarbeiten. Den Anteil neuer Materialien in der Kalkulation berücksichtigen 10% Abbruch/ Neumaterialanteil.
Bereich: .....
Material: .....
Sonstige Hinweise: .....

–€ 49€ **61**€ 80€ –€ [m²] ⏱ 1,20 h/m² 382.000.039

40 Abdeckungen, Boden, Insektenbekämpfung KG **393**

Abdeckung der Bodenflächen mit Folie, ggf. aus saugendem Material. Nach Abschluss der Arbeiten im Zuge der Schlussreinigung wieder abbauen und entsorgen.
Bereich: .....
Material: .....
Sonstige Hinweise: .....

–€ 5€ **8**€ 8€ –€ [m²] ⏱ 0,15 h/m² 382.000.040

41 Elektrische Anlagen, schützen/sichern KG **393**

Sicherungs-, Dämm- und Schutzmaßnahmen für installierte elektrische Anlagen wie Schalter, Steckdosen, Beleuchtungskörper, Antennenanlagen, Leitungen, Stromzähler, u.a.. Die gefährdeten elektrischen Anlagen einschl. der notwendigen Sicherungs- und Schutzmaßnahmen in einer Liste gesondert erfassen und die differenzierten Maßnahmen mit dem AG abstimmen. Die Rücksprache mit einem Elektro-Fachmann nach den gültigen VDE-Richtlinien ist sicher zu stellen. Während der Hitzebehandlung die elektrischen Anlagen außer Betrieb setzen.
Elektrische Anlagen: .....
Material: .....
Sonstige Hinweise: .....

–€ –€ **–**€ –€ –€ [n. A.] – 382.000.041

42 Raumtrennung, gedämmt KG **395**

Raumabtrennung in großen Behandlungsräumen zur abschnittsweisen Behandlung oder bei lokalen Bekämpfungsmaßnahmen. Leichte Unterkonstruktion mit hitzebeständigen Planen oder Folien bespannen und mit geeigneten Dämmstoffen gegen Wärmeverluste auskleiden.
Bereich: .....
Material: .....
Sonstige Hinweise: .....

–€ 20€ **25**€ 33€ –€ [m²] ⏱ 0,60 h/m² 382.000.042

43 Splintholz entfernen KG **395**

Vermulmtes Splintholz durch Fräsen, Schälen, Beilen und/oder Stemmen entfernen. Überprüfung und Kontrolle stark im Querschnitt geschwächter Konstruktionsteile, inkl. Sicherungsmaßnahmen bis zur endgültigen konstruktiven Instandsetzung. Ausbürsten und Absaugen der freigelegten Fraßgänge. Anfallenden Schutt aufnehmen, einpacken und entsorgen.
Bereich: .....
Bauteile: .....
Verfahren: .....
Sonstige Hinweise: .....

–€ 16€ **19**€ 26€ –€ [m] ⏱ 0,35 h/m 382.000.043

Kosten:
Stand 2.Quartal 2020
Bundesdurchschnitt

▶ min
▷ von
ø Mittel
◁ bis
◀ max

44 Holzoberfläche reinigen KG **395**

Intensives reinigen der Holzoberflächen durch Absaugen von Staub und Schmutz mittels Industriestaubsauger mit Mikrofilter. Bei schadstoffbelastetem Staub und Schmutz die Staubsaugerrückstände als Sondermüll entsorgen.
Bereich: .....
Bauteil: .....
Querschnitt: ..... / ..... cm
Schadstoffe: .....
Sonstige Hinweise: .....

–€	5€	**6**€	8€	–€	[m2]	⏱ 0,11 h/m2	382.000.044

45 Schutzabdeckung, staubdicht/saugend KG **393**

Schutzabdeckung, staubdicht und saugend, an bzw. auf nicht zu behandelnden Bauteilen und Gegenständen einbauen. Nach Beendigung der Holzschutzarbeiten wieder entfernen und entsorgen. Sicherheitsangaben des Holzschutzmittelherstellers bei der Entsorgung beachten.
Bereich: .....
Bauteil/Gegenstände: .....
Angaben zum Holzschutzmittel: .....
Sonstige Hinweise: .....

–€	5€	**6**€	8€	–€	[m2]	⏱ 0,10 h/m2	382.000.045

46 Holzschutzbehandlung, Insekten KG **395**

Gereinigte und vorbereitet Holzoberflächen bei durch den Holzschutzgutachter festgestellten aktiven Befall mit einem geprüften und bauaufsichtlich zugelassenen insektenbekämpfenden (Ib) Holzschutzmittel mit gleichzeitiger vorbeugender Wirkung gegen Neubefall. Bei Verarbeitungskonzentration, Einbringmenge und Verfahren sind die Herstellerangaben zu berücksichtigen. Aufmaß/Abrechnung nach abgewickelte Holzoberfläche.
Bereich: .....
Bauteil: .....
Querschnitt: ..... / ..... cm
Material: .....
Zulassungsnummer: .....
Wirkstoffe/Wirkungsweise: .....
Gefahrstoffangaben: .....
Verfahren: .....
Sonstige Hinweise: .....
Hinweis: Anwendungseinschränkungen für großflächige Anwendung in Räumen, die dem Aufenthalt von Menschen und Tieren oder der Lagerung von Lebens- oder Futtermitteln dienen, wenn Richtwert Fläche/ Rauminhalt >0,2/m.

–€	8€	**10**€	13€	–€	[m2]	⏱ 0,15 h/m2	382.000.046

47 Holzschutz, bekämpfend, Mehrmenge 25% KG **395**

Bekämpfender und vorbeugender chemischer Holzschutz, als Mehrmenge bei festhaftendem bzw. entferntem Kalkanstrich (je nach HSM) bzw. Holz mit größerem Querschnitt, als Mehrpreis.
Mehrmenge: 25%
Mehrmenge in ml oder g/m2: .....
Holzteile: .....

–€	4€	**5**€	7€	–€	[m2]	⏱ 0,08 h/m2	382.000.047

Nr.	Kurztext / Langtext						Kostengruppe
▶	▷	**ø netto €**	◁	◀	[Einheit]	Ausf.-Dauer	Positionsnummer

48 Holzschutzbehandlung, Insekten/Pilze KG **395**

Gereinigte und vorbereitete Holzoberflächen bei durch den Holzschutzgutachter festgestellten aktiven Befall mit einem geprüften und bauaufsichtlich zugelassenen Holzschutzmittel mit vorbeugender Wirkung gegen Neubefall von Insekten und Pilzen (Iv, P) behandeln. Bei Verarbeitungskonzentration, Einbringmenge und Verfahren sind die Herstellerangaben zu berücksichtigen. Aufmaß/Abrechnung nach abgewickelte Holzoberfläche.
Holzoberfläche
Bereich: .....
Bauteil: .....
Querschnitt: ..... / ..... cm
Material: .....
Zulassungsnummer: .....
Wirkstoffe/Wirkungsweise: .....
Gefahrstoffangaben: .....
Verfahren: .....
Sonstige Hinweise: .....
Hinweis: Anwendungseinschränkungen für großflächige Anwendung in Räumen, die dem Aufenthalt von Menschen und Tieren oder der Lagerung von Lebens- oder Futtermitteln dienen, wenn Richtwert Fläche/ Rauminhalt >0,2/m.

–€ 8€ **10**€ 13€ –€ [m²] ⏱ 0,15 h/m² 382.000.048

49 Holzschutz-Bohrlochtränkung, Insekten KG **395**

Bohrlochtränkung von nicht allseitig zugänglichen Konstruktionshölzern mit durch den Holzschutzgutachter festgestellten aktiven Befall nach Angaben des Holzschutzgutachters mit einem geprüften und bauaufsichtlich zugelassenen, insektenbekämpfenden (Ib) Holzschutzmittel bei gleichzeitiger vorbeugender Wirkung gegen Neubefall. Je m ca. 8 Bohrungen bei einer Breite 16cm, wechselseitig versetzt im Durchmesser von ca. 10mm bis zu 2/3 der Balkenstärke, ggf. Vorratsbehälter anbringen. Ansonsten mehr Bohrungen. Bohrlöcher in 2 bis 3 Arbeitsgängen befüllen. Bei Verarbeitungskonzentration und Einbringmenge die Herstellerangaben beachten. Bohrungen abschließend mit imprägnierten Hartholzdübeln verschließen.
Bereich: .....
Bauteil: .....
Querschnitt: ..... / ..... cm
Anzahl Bohrlöcher: .....
Material: .....
Zulassungsnummer: .....
Wirkstoffe/Wirkungsweise: .....
Gefahrstoffangaben: .....
Verarbeitungskonzentration: .....
Einbringmenge: .....
Sonstige Hinweise: .....

–€ 16€ **19**€ 26€ –€ [m] ⏱ 0,20 h/m 382.000.049

Kosten:
Stand 2.Quartal 2020
Bundesdurchschnitt

▶ min
▷ von
ø Mittel
◁ bis
◀ max

50 **Holzschutz-Bohrlochtränkung, Insekten/Pilze** KG **395**

Bohrlochtränkung von nicht allseitig zugänglichen Konstruktionshölzern bei durch den Holzschutzgutachter festgestellten aktiven Befall nach Angaben des Holzschutzgutachters mit einem geprüften und bauaufsichtlich zugelassenen, bekämpfenden Holzschutzmittel bei gleichzeitiger vorbeugender Wirkung gegen Neubefall von Insekten und Pilzen. Die Hinweise des jeweils gültigen Holzschutzmittelverzeichnisses des BAuA/ DIBt beachten. Je m ca. 8 Bohrungen bei einer Breite 16cm, wechselseitig versetzt im Durchmesser von ca. 10mm bis zu 2/3 der Balkenstärke, ggf. Vorratsbehälter anbringen. Ansonsten mehr Bohrungen. Bohrlöcher in 2 bis 3 Arbeitsgängen befüllen. Bei Verarbeitungskonzentration und Einbringmenge die Herstellerangaben beachten. Bohrungen abschließend mit imprägnierten Hartholzdübeln verschließen.

Bereich: .....
Bauteil: .....
Querschnitt: ..... / ..... cm
Anzahl Bohrlöcher: .....
Material: .....
Zulassungsnummer: .....
Wirkstoffe/Wirkungsweise: .....
Gefahrstoffangaben: .....
Verarbeitungskonzentration: .....
Einbringmenge: .....

Hinweis: Das Mittel darf nur am augenscheinlich nicht befallenen Holz vorbeugend gegen Insekten - mittelabhängig auch vorbeugend gegen Pilze und Insekten (Ib, Iv, P) - eingesetzt werden.

–€ 16€ **19**€ 26€ –€ [m] ⏱ 0,20 h/m 382.000.050

51 **Holzschutz-Bohrlochdrucktränkung, Insekten** KG **395**

Bohrloch-Drucktränkung von nicht allseitig zugängliche Konstruktionshölzern mit durch den Holzschutzgutachter festgestellten aktiven Befall nach Angaben des Holzschutzgutachters mit einem geprüften und bauaufsichtlich zugelassenen, insektenbekämpfenden (Ib) Holzschutzmittel bei gleichzeitiger vorbeugender Wirkung gegen Neubefall von Insekten (Iv) und Zulassung zur Bohrlochdrucktränkung. Je m ca. 8 Bohrungen bis 16cm Breite wechselseitig versetzt im Durchmesser von ca. 10mm bis zu 2/3 der Balkenstärke einbringen. Breitere Hölzer auch mehr Bohrungen Einbau der Injektionspacker, Verpressen im Niederdruckinjektionsverfahren 2 bis 4 bar. Bei Verarbeitungskonzentration und Einbringmenge die Herstellerangaben berücksichtigen. Verpressen erfolgt unter ständiger Kontrolle des Bauteils, größere Risse vorher mit geeigneten Materialien verdämmen und abschließend rückstandsfrei entfernen. Im Bedarfsfall Injektionspacker mit geeignetem Werkzeug versenken und abschließend Bohrung mit imprägnierten Hartholzdübeln verschließen.

Bauteil: .....
Querschnitt: ..... / ..... cm
Anzahl Packer: .....
Material: .....
Zulassungsnummer: .....
Wirkstoffe/Wirkungsweise: .....
Gefahrstoffangaben: .....
Verarbeitungskonzentration: .....
Einbringmenge: .....
Sonstige Hinweise: .....

Hinweis: Das Mittel kann am augenscheinlich nicht befallenen Holz zugleich auch vorbeugend gegen Insekten eingesetzt werden.

–€ 15€ **18**€ 25€ –€ [m] ⏱ 0,26 h/m 382.000.051

Nr.	Kurztext / Langtext					Kostengruppe
▶	▷	ø netto €	◁	◀	[Einheit]	Ausf.-Dauer Positionsnummer

52 Holzschutz-Bohrlochdrucktränkung, Insekten/Pilze KG **395**

Bohrloch-Drucktränkung von nicht allseitig zugänglichen Konstruktionshölzern bei durch den Holzschutzgutachter festgestellten aktiven Befall nach Angaben des Holzschutzgutachters mit einem geprüften und bauaufsichtlich zugelassenen, bekämpfenden Holzschutzmittel mit vorbeugender Wirkung gegen Neubefall von Insekten und Pilzen (Ib, Iv, P) und Zulassung zur Bohrlochdrucktränkung. Die Hinweise des jeweils gültigen Holzschutzmittelverzeichnisses des DIBt beachten. Je m ca. 8 Bohrungen 16cm breite Hölzer wechselseitig versetzt im Durchmesser von ca. 10mm bis zu 2/3 der Balkenstärke einbringen. Breiteres Holz auch mehr Bohrungen Einbau der Injektionspacker, Verpressen im Niederdruckinjektionsverfahren 2 bis 4 bar.
Bei Verarbeitungskonzentration und Einbringmenge die Herstellerangaben berücksichtigen. Verpressen erfolgt unter ständiger Kontrolle des Bauteils, größere Risse vorher mit geeigneten Materialien verdämmen und abschließend rückstandsfrei entfernen. Im Bedarfsfall Injektionspacker mit geeignetem Werkzeug versenken und abschließend Bohrung mit imprägnierten Hartholzdübeln verschließen.
Bauteil: .....
Querschnitt: ..... / ..... cm
Anzahl Packer: .....
Material: .....
Zulassungsnummer: .....
Wirkstoffe/Wirkungsweise: .....
Gefahrstoffangaben: .....
Verarbeitungskonzentration: .....
Einbringmenge: .....
Sonstige Hinweise: .....
Hinweis: Das Mittel darf nur am augenscheinlich nicht befallenen Holz zugleich auch vorbeugend gegen Insekten - mittelabhängig auch vorbeugend gegen Pilze und Insekten - eingesetzt werden.

▶	▷	ø	◁	◀	Einheit	Ausf.-Dauer	Positionsnummer
–€	18€	**23€**	30€	–€	[m]	⏱ 0,24 h/m	382.000.052

53 Emissionsschutz, Bauteiloberflächen KG **395**

Oberflächenschutz von mit Holzschutzmitteln behandelten Holzbauteilen mit einem systemkonformen Beschichtungssystem. Bei Arbeitsgängen und Aufbringmenge die Herstellerangaben berücksichtigen. Im Bedarfsfall sind weitere Eigenschaften wie Schweiß- und Speichelechtheit nach DIN 53160 zu erfüllen.
Bauteil: .....
Querschnitt: ..... / ..... cm
Material: .....
Prüfzeichen: .....
Umweltzeichen: .....
Gefahrstoffangaben: .....
Arbeitsgänge/Aufbringmenge: .....
Sonstige Hinweise: .....

▶	▷	ø	◁	◀	Einheit	Ausf.-Dauer	Positionsnummer
–€	10€	**12€**	17€	–€	[m²]	⏱ 0,15 h/m²	382.000.053

Kosten:
Stand 2.Quartal 2020
Bundesdurchschnitt

▶ min
▷ von
ø Mittel
◁ bis
◀ max

54 Instandsetzung, Holzbauteile KG **395**

Konstruktive Instandsetzung statisch gefährdeter Holzbauteile bei Querschnittsunterschreitung und fehlender Tragfähigkeit durch zimmermannsmäßige Teil- bzw. Totalauswechslung von Hölzern. Gesundschnitt der Hölzer, Einbau imprägnierter Hölzer als Komplettleistung, einschl. aller erforderlichen Abstützungs- und -Extra Position Sicherungsarbeiten sowie Materiallieferungen. Sämtlichen anfallenden Bauschutt unmittelbar einpacken, sichern und entsorgen. Im Einzelfall sind besondere Angaben und Hinweise des Holzschutzgutachters zu beachten. Die maximale Holzfeuchte der neuen Hölzer unter 20% ist unbedingt einzuhalten.
Bauteil: .....
Gefährdungsklasse: .....
Querschnitt: ..... / ..... cm
Holzart: .....
Holzschutzmittel: .....
Zulassungsnummer: .....
Wirkstoffe: .....
Gefahrstoffangaben: .....
Sonstige Hinweise: .....

–€ 1.630€ **1.895**€ 2.464€ –€ [m³] ⏱ 2,80 h/m³ 382.000.054

55 Schnittflächen behandeln, Hölzer KG **395**

Nachträgliche Behandlung der Schnittflächen der imprägnierten neuen Hölzer und vorbereitenden Bestandshölzer (Gesundschnitt) mit einem geprüften und bauaufsichtlich zugelassenen Holzschutzmittel. Bei Verarbeitungskonzentration und Einbringmenge sind die Herstellerangaben zu berücksichtigen.
Gefährdungsklasse: .....
Bauteil: .....
Material: .....
Zulassungsnummer: .....
Wirkstoffe: .....
Gefahrstoffangaben: .....
Verarbeitungskonzentration: .....
Einbringmenge: .....
Verfahren: .....
Sonstige Hinweise: .....

–€ 6€ **8**€ 10€ –€ [St] ⏱ 0,15 h/St 382.000.055

56 Niederdruckinjektage, Holzteile, bis 16cm KG **395**

Niederdruckinjektageverfahren für befallene und besonders gefährdete sowie nicht allseitig zugängliche Konstruktionshölzer sowie an Schnittstellen zu auszuwechselnden Holzteilen (auch senkrecht nach oben möglich) als zusätzliches Sonderverfahren zum bekämpfenden und vorbeugenden Holzschutz in folgender Ausführung:
- Einbringen der versetzt angeordneten Bohrlöcher und Einbau der Plasteinjektoren (Packer)
- Niederdruckinjektion des Holzschutzmittels
- Ausbohren der Plasteinjektoren und Verschließen der Bohrlöcher mit imprägnierten Hartholzdübeln (bei sichtbaren Bauteilen / bei nicht sichtbaren Bauteilen können die Plasteinjektoren verbleiben)
- die Maßnahmen sorgfältig zu überwachen und gegen einen unkontrollierten Austritt des Holzschutzmittels sichern

381
382
384
386
387

Nr. **Kurztext** / Langtext — Kostengruppe
▶ ▷ **ø netto €** ◁ ◀ [Einheit] Ausf.-Dauer Positionsnummer

Bohrlochtiefe: bis 16 cm
Prüfprädikat: Ib + Iv + p
Wirkstoffe: .....
Gefahrstoffangaben: .....
Chemische Basis: .....
Holzteile: siehe Holzschutzgutachten
Prüfzeichen: .....
Prüfzeichen-Nr.: .....

▶	▷	ø	◁	◀	Einheit	Ausf.-Dauer	Positionsnummer
–€	13€	**16**€	21€	–€	[St]	0,20 h/St	382.000.056

Kosten:
Stand 2.Quartal 2020
Bundesdurchschnitt

57 Niederdruckinjektage, Holzteile, 16-25cm — KG **395**

Niederdruckinjektageverfahren für befallene und besonders gefährdete sowie nicht allseitig zugängliche Konstruktionshölzer sowie an Schnittstellen zu auszuwechselnden Holzteilen (auch senkrecht nach oben möglich) als zusätzliches Sonderverfahren zum bekämpfenden und vorbeugenden Holzschutz in folgender Ausführung:
- Einbringen der versetzt angeordneten Bohrlöcher und Einbau der Plasteinjektoren (Packer)
- Niederdruckinjektion des Holzschutzmittels
- Ausbohren der Plasteinjektoren und Verschließen der Bohrlöcher mit imprägnierten Hartholzdübeln (bei sichtbaren Bauteilen/bei nicht sichtbaren Bauteilen können die Plasteinjektoren verbleiben)
- die Maßnahmen sorgfältig zu überwachen und gegen einen unkontrollierten Austritt des Holzschutzmittels sichern

Bohrlochtiefe: 16-25 cm
Prüfprädikat: Ib + Iv + p
Wirkstoffe: .....
Gefahrstoffangaben: .....
Chemische Basis: .....
Holzteile: siehe Holzschutzgutachten
Prüfzeichen: .....
Prüfzeichen-Nr.: .....

▶	▷	ø	◁	◀	Einheit	Ausf.-Dauer	Positionsnummer
–€	15€	**18**€	24€	–€	[St]	0,20 h/St	382.000.057

58 Niederdruckinjektage, Holzteile, über 25cm — KG **395**

Niederdruckinjektageverfahren für befallene und besonders gefährdete sowie nicht allseitig zugängliche Konstruktionshölzer sowie an Schnittstellen zu auszuwechselnden Holzteilen (auch senkrecht nach oben möglich) als zusätzliches Sonderverfahren zum bekämpfenden und vorbeugenden Holzschutz in folgender Ausführung:
- Einbringen der versetzt angeordneten Bohrlöcher und Einbau der Plasteinjektoren (Packer)
- Niederdruckinjektion des Holzschutzmittels
- Ausbohren der Plasteinjektoren und Verschließen der Bohrlöcher mit imprägnierten Hartholzdübeln (bei sichtbaren Bauteilen/bei nicht sichtbaren Bauteilen können die Plasteinjektoren verbleiben)
- die Maßnahmen sorgfältig zu überwachen und gegen einen unkontrollierten Austritt des Holzschutzmittels sichern

▶ min
▷ von
ø Mittel
◁ bis
◀ max

Bohrlochtiefe: >25 cm
Prüfprädikat: Ib + Iv + p
Wirkstoffe: .....
Gefahrstoffangaben: .....
chemische Basis: .....
Holzteile: siehe Holzschutzgutachten
Prüfzeichen: .....
Prüfzeichen-Nr.: .....

–€	17€	**20**€	27€	–€	[St]	⏱ 0,24 h/St	382.000.058

381
382
384
386
387

59 Vorbereitende Maßnahmen, Heißluft KG **395**

Vorbereitende Maßnahmen der Insektenbekämpfung mit Heißluft nach DIN 68800-4:2012-02, 9.3. Schließen und Dämmen von Bauwerks- oder Bauteilen, ggf. im Bedarfsfall mit zusätzlichen Abdichten der Dachflächen. Herstellen von Schutzabdeckung mit Dämmstoffen für hitzeempfindliche Gegenstände, Materialien und Bauteile (z.B. Bauteile aus Gips), die nicht aus dem Behandlungsraum entfernt werden können. Entfernen von Staub und Schmutz auf zu behandelnden Holzoberflächen. Alle Leistungen verstehen sich einschl. Materiallieferung und Beseitigung nach Abschluss der Arbeiten.
Bereich: .....
Bauteil: .....
Öffnungen/Größe: ..... / ..... cm
Material: .....
Sonstige Hinweise: .....

–€	–€	**–**€	–€	–€	[n. A.]	–	382.000.059

60 Bauteilfreilegung, Heißluft KG **395**

Verdeckte bzw. bekleidete Holzbauteile, zweiseitig freilegen und nach der Heißluftbehandlung wieder einbauen.
Bauteil: .....
Einbausituation: .....
Sonstige Hinweise: .....

–€	–€	**–**€	–€	–€	[n. A.]	–	382.000.060

61 Raumöffnung schließen, Heißluftverfahren KG **395**

Vorhandene Öffnungen wie Schächte, Auslässe, Kanäle u. dgl. sowie Dach- und sonstige Undichtigkeiten für Heißluftverfahren gegen Insektenbefall im behandelnden Raum schließen und ggf. gegen Wärmeverluste abdämmen. Leistung inkl. Beseitigung aller Maßnahmen nach Beendigung der Arbeiten.
Raumöffnung: .....

–€	17€	**20**€	27€	–€	[m^2]	⏱ 0,20 h/m^2	382.000.061

62 Abströmöffnung, Heißluftverfahren KG **395**

Schaffen notwendiger Abströmöffnungen in einem durch den AN zu ermittelnden Querschnitt (durch Überprüfung des zur Beheizung notwendigen Luftüberdruckes im Probelauf und während der Beheizung) an geeigneter Stelle.
Sonstige Hinweise: ....

–€	25€	**31**€	40€	–€	[St]	⏱ 0,25 h/St	382.000.062

Nr.	Kurztext / Langtext						Kostengruppe
▶	▷	ø netto €	◁	◀	[Einheit]	Ausf.-Dauer	Positionsnummer

63 Hitzeschutz, Insektenbekämpfung KG **395**

Hitzeschutz für empfindliche Bauteile und Gegenstände, die nicht aus dem Raum entfernt werden können, durch Abdecken mit Dämmmatten oder künstlicher Kühlung, bei Insektenbekämpfungsmaßnahmen mit Heißluft.
Bauteil/Gegenstand: .....

–€	14€	**17**€	23€	–€	[m²]	⏱ 0,15 h/m²	382.000.063

64 Einhausung, Heißluftverfahren KG **395**

Einhausung ganz oder teilweise außerhalb der Innenräume liegender, zu behandelnder Holzbauteile (z.B. Balkone, Außenfachwerk, Dachvorsprünge etc.) zur Einbeziehung in den Beheizungsprozess.
Einhausungsbereich: .....
Einhausungsfläche: ..... m²
Sonstige Hinweise: .....

–€	24€	**29**€	38€	–€	[m²]	⏱ 0,25 h/m²	382.000.064

Kosten:
Stand 2.Quartal 2020
Bundesdurchschnitt

65 Insektenbekämpfung, Heißluft KG **395**

Insektenbekämpfung mit Heißluft als bekämpfender Holzschutz nach DIN 68800-4:2012-02, 9.3 und WTA-Merkblatt 1-1-08/D "Heißluftverfahren zur Bekämpfung tierischer Holzzerstörer in Bauwerken" mit An- und Abbau der Heißluftgeräte inkl. Warmluftzufuhr und Probelauf wie folgt:

- Durchführung des Durchheizungsprozess im definierten Behandlungsbereiches, für eine ausreichende Zirkulation durch einen Luftüberdruck ist zu sorgen
- Messstellen gem. DIN 68800-4:2012-02, 9.3.5
- Behandlungsraum bzw. Behandlungsabschnitt mit zugelassenen Heißluftgeräten beheizen
- Laufende Temperaturmessung:
- Temperatur an der Einmündung des Rohres in den Behandlungsraum
- Durchschnittliche Raumlufttemperatur
- Temperatur an den Messstellen

Die Temperatur wird während der Heizphase kontinuierlich, letztmalig eine Stunde nach Abstellen der Heißluftzufuhr gemessen. Ein Messprotokoll und Raumskizze mit den Eintrittspunkten der Heißluft, den Messstellen sowie den Angaben zu Einbauten, Schutz- und Sicherungsmaßnahmen ist zu erbringen.
Bereich: .....
Behandlungsvolumen: .....m³
Anzahl Messstellen: .....
Messverfahren: .....
Sonstige Hinweise: .....
Hinweis: Beim Durchheizungsprozess müssen die Beheizungsaggregate entsprechend Heizleistung, Luftfördermenge und Luftpressung ausgestattet sein. Die maximale Einblastemperatur ist 120°.

–€	21€	**26**€	33€	–€	[m³]	⏱ 0,40 h/m³	382.000.065

▶ min
▷ von
ø Mittel
◁ bis
◀ max

66 Verlängerung, Heizphase, Mehraufwand KG **395**

Verlängerung der Heizphase infolge von nicht ausbaubaren bzw. ausreichend zu schützenden Einbauten, Geräten und Bauteilen (z.B. Bauteile aus Gips) durch Reduzierung der Behandlungstemperaturen (Raumluft/Bauteil) bei der Heißluftbehandlung.
Gegenstand: .....
Sonstige Hinweise: .....
Behandlungsvolumen: ..... m³

–€	7€	**9**€	12€	–€	[m³]	⏱ 0,10 h/m³	382.000.066

381
382
384
386
387

67 Temperaturkontrolle, Beheizung KG **395**

Permanente, protokollierteTemperaturkontrolle des Beheizungsvorgangs durch Aufbau und Betrieb einer (vorzugsweisen digitalen) Temperaturmesstechnik. Ergänzend können auch Alkoholthermometer mit handschriftlicher Aufzeichnung eingesetzt werden.

- Messintervall elektronisch min. aller 10 Minuten
- Messintervall ergänzend mit Alkohol thermometer min aller 60 Minuten

Anzahl und Lage der Messstellen nach den Vorgaben der DIN 68800-4:2012-02 Abschnitt 9.3.5 festzulegen.
Messstellen Lufttemperatur: ..... St
Messstellen Holzkerntemperatur: ..... St
Messverfahren: ....
Hinweis: Die Messtellen sind an den thermisch ungünstigen Stellen zu platzieren (großer Holzquerschnitt, tiefe oder strömungstechnisch ungünstige Lage).

–€ 13€ **15**€ 20€ –€ [St] – 382.000.067

68 Dokumentation, Heißluftverfahren KG **749**

Erfassung und Dokumentation des Heißluftverfahrens in Schrift und Bild, inkl. Erfassung der Temperaturentwicklung und der nach DIN 68 800-4:2012-02 zu erreichenden Abtötungstemperatur.
Bekämpfung Insekten: 55°C über min. 60 Minuten
Bekämpfung Echter Hausschwamm (nach Anhang E der Norm): 16 h bei 50°C, 8h bei 55°C und 2h bei 60°C
Übergabe folgender Dokumente:

- Temperaturmessprotokoll
- Raumprotokoll (Lage der Messpunkte, Rohrsysteme etc.)
- Behandlungsnachweis bzw. Kennzeichnung nach Anhang C

Hinweis: Bei Bekämpfung des Echten Hauschwamms gesonderte Nachprüfung und Kennzeichnung nach E.7 und E.8 des Anhangs.

–€ 420€ **512**€ 666€ –€ [St] – 382.000.068

69 Vorbeugung chemischer Holzschutz KG **395**

Befallene Holzbauteile, die nicht ausreichend im Heißluftverfahren erreicht werden können, mit einem geprüften und bauaufsichtlich zugelassenen bekämpfenden Holzschutzmittel mit gleichzeitiger vorbeugender Wirkung gegen Neubefall von Insekten durch Bohrlochtränkung oder Bohrlochdrucktränkung, nach Angaben des Holzschutzgutachters behandeln. Bei Verarbeitungskonzentration und Einbringmenge die Herstellerangaben berücksichtigen. Verpressen erfolgt unter ständiger Kontrolle des Bauteils, größere Risse vorher mit geeigneten Materialien verschließen und abschließend rückstandsfrei entfernen.
Bauteil: .....
Holz: .....
Querschnitt: ..... / ..... cm
Verfahren: .....
Anzahl Packer/m: .....
Material: .....
Zulassungsnummer: .....
Wirkstoffe/Wirkungsweise: .....
Gefahrstoffangaben: .....
Sonstige Hinweise: .....

–€ 17€ **20**€ 28€ –€ [m] ⏱ 0,40 h/m 382.000.069

Nr.	Kurztext / Langtext					Kostengruppe
▶	▷	ø netto €	◁	◀	[Einheit]	Ausf.-Dauer Positionsnummer

70 Instandsetzung, Holzbauteile (Titel) für Pos 71-85

71 Instandsetzung, Holzbauteile KG **395**

Konstruktive Instandsetzung statisch gefährdeter Holzbauteile bei Querschnittsunterschreitung mit fehlender Tragfähigkeit durch zimmermannsmäßige Teil- bzw. Totalauswechslung von Hölzern. Die maximale Holzfeuchte der neuen Hölzer darf 20% nicht übersteigen. Gesundschnitt der Hölzer, Einbau imprägnierter Hölzer, Einbau imprägnierter Hölzer. Die Schnittflächen mit einem geprüften und bauaufsichtlich zugelassenen, vorbeugend gegen Neubefall von Insekten wirkenden Holzschutzmittel behandeln. Sämtlich anfallenden Schutt unmittelbar sichern, einpacken und entsorgen.
Bauteil: .....
Gefährdungsklasse: .....
Querschnitt: ..... / ..... cm
Holzart: .....
Holzschutzmittel: .....
Zulassungsnummer: .....
Wirkstoffe: .....
Gefahrstoffangaben: .....
Verfahren: .....
Sonstige Hinweise: .....

–€ 1.554€ **1.895€** 2.464€ –€ [m³] ⏱ 28,00 h/m³ 382.000.070

Kosten:
Stand 2.Quartal 2020
Bundesdurchschnitt

72 Hinweis zur Bekämpfung mit Begasung

Die Bekämpfung zerstörender Insekten in Holz kann auch durch die Begasung mit toxischen Gasen oder durch modifizierte Atmosphären erstickend wirkenden gem. der DIN 68800-4:2012-02, 9.4 erfolgen. Die Anwendung setzt generell in sich geschlossene Räume voraus. Diese beiden Verfahren dürfen mit nach der Gefahrstoffverordnung als "sehr giftig" und "giftig" eingestuften Stoffen und Zubereitungen nur von Firmen mit einer entsprechenden betriebsbezogenen Erlaubnis durchgeführt werden. Die Anwendung zur Bekämpfung holzzerstörender Insekten setzt in sich geschlossene gasdichte Räume voraus. Maßgeblich für die Anwendung sind die Bestimmungen der Gefahrstoffverordnung (Anhang I, Nr.4 Begasungen sowie die TRGS 512). Die Verfahren werden fast ausschließlich zur Bekämpfung von Insekten in Kunst- und Kulturgut von Kirchen, Schlössern, Museen und dgl. sowie im Bereich der Denkmalpflege eingesetzt. Die Ausschreibung von Bekämpfungsmaßnahmen gegen holzzerstörende Insekten mit diesen beiden Verfahren ist deshalb nur in enger Abstimmung und Zusammenarbeit mit Holzschutzgutachter/Sachverständigen und Betrieben mit der betriebsbezogenen Erlaubnis für Begasungen möglich. Die Dichtheit des Objektes (Behandlungsraum) muss mit dem so genannten Drucktest gem. Merkblatt Nr. 71 der Biologischen Bundesanstalt für Land- und Forstwirtschaft (BBA) überprüft werden. Während des Vorganges sind die Temperatur sowie Luftfeuchte im Begasungsraum kontinuierlich zu überwachen. Vor dem Beginn der Maßnahme ist sicherzustellen, dass die Belange des Artenschutzes (Fledermäuse, Vogelarten) berücksichtigt werden, ggf. sind die zuständigen Fachbehörden (Untere Naturschutzbehörde) zu konsultieren. Die Maßnahme ist durch einen unabhängigen Holzschutzgutachter/Sachverständigen zu begleiten und in Abstimmung mit dem Begasungsleiter und dem Auftraggeber die Abtötungswirkung (Wirksamkeitsnachweis) zu überprüfen.
Für die Bekämpfung Holz zerstörender Insekten zu Verfügung stehende Begasungsmittel:

- Toxische Gase: Sulfuryldifluorid (SO_2F_2), Hydrogencyanid (Cyanwasserstoff, Blausäure)
- modifizierte Atmosphären: Kohlendioxid (CO_2), Stickstoff (N)

Alle Handlungen sind aktenkundlich nachzuweisen und dem Protokoll beizulegen. Das Protokoll einschl. aller zur Maßnahme gehörenden bzw. angefertigten Dokumente sind mindestens 10 Jahre aufzubewahren.

–€ –€ –€ –€ –€ [n. A.] – 382.000.071

▶ min
▷ von
ø Mittel
◁ bis
◀ max

73 Begasung, erstickend wirkende Gase KG **395**

Insektenbekämpfung mit modifizierten Atmosphären, erstickend wirkendend, gem. DIN 68800-4:2012-02, 9.4,3 unter Einhaltung der in der TRGS 512 und der Gefahrstoffverordnung sowie den daraus resultierenden objektspezifischen Handlungsabläufen und Sicherheitsbestimmungen. Das Verfahren ist nur für Teilbegasungen bzw. in stationären Anlagen geeignet.

- Baustelleneinrichtung und -räumung
- Anmeldung der Maßnahme beim zuständigen Gewerbeamt einschl. der anfallenden Gebühren
- Betriebsanweisung einschl. der anfallenden Gebühren
- Einhausungen mit gasdichter Spezialfolie nach DIN 53536 A einschl. aller Nebenleistungen
- Dichtheitsprüfung der Einhausung
- Eingehaustes Volumen fachgerecht mit Mittel bearbeiten
- Konzentrationsmessungen - Sicherstellung der Konzentration im zu behandelnden Volumen, Überwachung des Objektes bis zur endgültigen Freigabe (Freigabebescheinigung)
- messtechnische Überwachung des Klimas im Behandlungsraum
- Entfernen und fachgerechte Entsorgung des Abdichtmaterials
- Wirksamkeitsnachweis, Prüfkörper zum Nachweis der biologischen Wirksamkeit der Bekämpfung (Anzahl und Einbauort nach Vorgabe des Holzschutzsachverständigen, Prüfung in einem zugelassenen Prüflabor
- Dokumentation der Begasungsmaßnahme

Behandlungsraum: .....
Behandlungsvolumen: ..... m³
Begasungsmittel: .....
Begasungsdauer: ..... Wochen
Lüftungsphase: ..... h
Gesamtdauer: ..... h
Luftdruck: .....
Befähigungsscheininhaber: .....
Sonstige Hinweise: .....
Besondere Sicherheitsmaßnahmen: .....

–€ 24€ **29**€ 39€ –€ [m³] ⏱ 30,00 h/m³ 382.000.072

74 Bauteilfreilegung und -sicherung KG **395**

Freilegung der Bereiche mit geschädigten Holzkonstruktionen/-bauteilen nach bauseitiger Unterfangung oder Absprießung. Im Falle eines Befalles durch den "Echten" Hausschwamm und andere holzzerstörende Pilze sind die Arbeiten unter Beachtung der DIN 68800-4:2012-02 bzw. dem WTA-Merkblatt 1-2-05/D durchzuführen. Anfallenden Bauschutt einpacken, sichern und sofort entsorgen.

Bauteil: .....
Schadensart: .....
Sicherungsmaßnahme: .....
Sonstiger Hinweis: .....

–€ –€ **–**€ –€ –€ [n. A.] – 382.000.073

Nr.	Kurztext / Langtext					Kostengruppe
▶	▷	ø netto €	◁	◀	[Einheit]	Ausf.-Dauer Positionsnummer

75 RH-Beton-Ersatz, einseitige Anbindung KG **395**

Querschnittsgleicher Ersatz des zerstörten bzw. geschädigten Balkenkopfes durch RH-Beton als einseitige Anbindung mit innen liegenden GF-UP-Stäben entsprechend dem Standsicherheitsnachweis zur Wiederherstellung der ursprünglichen Tragfähigkeit. Entfernen der zerstörten bzw. geschädigten Holzteile unter Beachtung der DIN 68800-4:2012-02. Komplettleistung einschl. Materiallieferungen, Bohr- und Schalungsarbeiten entsprechend der(n) Konstruktionszeichnung(en).
Bauteil: .....
Querschnitt: ..... / ..... cm
Sanierungslänge: 40-100 cm
Volumen: .....dm^3
Sonstige Hinweise: .....

–€ 17€ **20**€ 28€ –€ [St] ⏱ 20,00 h/St 382.000.074

Kosten:
Stand 2.Quartal 2020
Bundesdurchschnitt

76 RH-Beton-Ersatz, auflagernaher Bereich KG **395**

Querschnittsgleicher Ersatz des partiell zerstörten bzw. geschädigten Balkenkopfes durch RH-Beton im auflagernahen Bereich mit innen liegenden GF-UP-Stäben entsprechend dem Standsicherheitsnachweis zur Wiederherstellung der ursprünglichen Tragfähigkeit. Vorsichtiges Ausräumen der nicht mehr tragfähigen Holzteile, ggf. Freistemmen des angrenzenden Mauerwerks (Vergütung in gesonderter Position). Aussaugen des Bereiches, anfallenden Bauschutt unter Beachtung einer möglichen Verschleppungsgefahr bei Befall des "Echten" Hausschwammes und Nassfäulepilzen einpacken, sichern und umgehend entsorgen. Komplettleistung einschl. Materiallieferungen; Bohr- und Schalungsarbeiten entsprechend der(n) Konstruktionszeichnung(en).
Bauteil: .....
Querschnitt: ..... / ..... cm
Sanierungslänge: bis 40 cm
Volumen: ..... dm^3
Sonstige Hinweise: .....

–€ 588€ **717**€ 932€ –€ [St] ⏱ 15,00 h/St 382.000.075

77 RH-Beton-Wiederherstellung, Querschnitt KG **395**

RH-Beton-Querschnittserhöhung für partiell geschädigte Holzbauteile/-querschnitte. Entfernen der geschädigten Holzteile, Reinigung der Kontaktflächen. RH-Beton-Ersatz oder-Querschnittserhöhung mit entsprechend dem Standsicherheitsnachweis. Komplettleistung einschl. Materiallieferungen Bohr- und Schalungsarbeiten entsprechend der(n) Konstruktionszeichnung(en).
Bauteil: .....
Querschnitt: ..... / ..... cm
Volumen: ..... dm^3
(Reparaturquerschnitt)
Sonstige Hinweise: .....

–€ 38€ **46**€ 62€ –€ [dm^3] ⏱ 35,00 h/dm^3 382.000.076

▶ min
▷ von
ø Mittel
◁ bis
◀ max

78 RH-Beton-Ersatz, beidseitige Anbindung KG **395**

Querschnittsgleicher RH-Beton-Ersatzzerstörter bzw. geschädigter Holzbauteile innerhalb einer statisch wirksamen Holzkonstruktion mit beidseitiger Anbindung an tragfähige Holzquerschnitte. Ausführung entsprechend dem Standsicherheitsnachweis zur Wiederherstellung der ursprünglichen Tragfähigkeit. Komplettleistung einschl. Entfernen nicht mehr tragfähiger Holzteile, Materiallieferungen; Bohr- und Schalungsarbeiten entsprechend der(n) Konstruktionszeichnung(en).
Bauteil: .....
Querschnitt: ..... / ..... cm
Sanierungslänge: ..... cm
Volumen: ..... dm^3
Sonstige Hinweise: .....

–€ 42€ **51**€ 69€ –€ [dm^3] ⏱ 0,35 h/dm^3 382.000.077

79 Ersatzholz, einseitig KG **395**

Querschnittsgleicher, einseitiger Ersatz des zerstörten bzw. geschädigten Holzes durch Ersatzholz mit innen liegenden GF-UP-Stäben entsprechend dem Standsicherheitsnachweis zur Wiederherstellung der ursprünglichen Tragfähigkeit, einschl. Materiallieferungen, Bohr-, Verschluss- und Vergussarbeiten und Entfernen der zerstörten bzw. geschädigten Holzbauteile. Sicherungs- oder Absprießungsarbeiten in gesonderter Position. Die maximale Einbau-Holzfeuchte der Ersatzhölzer unter 20% ist unbedingt einzuhalten. Im Einzelfall notwendige Arbeiten zur Herrichtung des Balkenkopflagers und zur Mauerwerksbehandlung bei Hausschwammbefall in gesonderter Position.
Bauteil: .....
Holzart: .....
Querschnitt: ..... / ..... cm
Sanierungslänge: ..... cm
Sicherungsmaßnahme: .....
Sonstige Hinweise: .....

–€ 914€ **1.076**€ 1.344€ –€ [St] ⏱ 30,00 h/St 382.000.078

80 Ersatzholz, beidseitige Anbindung KG **395**

Querschnittsgleicher, beidseitiger Ersatz des zerstörten bzw. geschädigten Holzes durch Ersatzholz mit beidseitig innen liegenden GF-UP-Stäben entsprechend dem Standsicherheitsnachweis zur Wiederherstellung der ursprünglichen Tragfähigkeit, einschl. Materiallieferungen, Bohr-, Verschluss- und Vergussarbeiten und Entfernen der zerstörten bzw. geschädigten Holzbauteile. Sicherungs- oder Absprießungsarbeiten in gesonderter Position. Die maximale Einbau-Holzfeuchte der Ersatzhölzer unter 20% ist unbedingt einzuhalten. Im Einzelfall notwendige Arbeiten zur Herrichtung des Balkenkopflagers und zur Mauerwerksbehandlung bei Hausschwammbefall in gesonderter Position.
Bauteil: .....
Holzart: .....
Querschnitt: ..... / ..... cm
Sanierungslänge: ..... cm
Sicherungsmaßnahme: .....
Sonstige Hinweise: .....

–€ 1.088€ **1.280**€ 1.537€ –€ [St] ⏱ 45,00 h/St 382.000.079

Nr. **Kurztext** / Langtext — Kostengruppe
▶ ▷ **ø netto €** ◁ ◀ [Einheit] Ausf.-Dauer Positionsnummer

81 Ersatzholz, Bauteile, vertikal, Fachwerk KG **395**

Querschnittsgleicher Ersatz des zerstörten bzw. geschädigten Holzes durch Ersatzholz für vertikale Holzbauteile, wie Fachwerkstiele, -streben, Säulen, Stützen u. ä. mit innen liegenden GF-UP-Stäben und besonderer Querverdübelung entsprechend dem Standsicherheitsnachweis zur Wiederherstellung der ursprünglichen Tragfähigkeit, einschl. Materiallieferungen, Bohr-, Verschluss-und Vergussarbeiten und Entfernen der zerstörten bzw. geschädigten Holzbauteile. Sicherungs- oder Absprießungsarbeiten, auch angrenzender Bauteile (z.B. Gefache) in gesonderter Position. Die maximale Einbau-Holzfeuchte der Ersatzhölzer unter 18% ist unbedingt einzuhalten.
Bauteil: .....
Holzart: .....
Querschnitt: ..... / ..... cm
Sanierungslänge: ..... cm
Sicherungsmaßnahme: .....
Sonstige Hinweise: .....

Kosten:
Stand 2.Quartal 2020
Bundesdurchschnitt

–€ 625€ **735**€ 919€ –€ [St] ⏱ 15,00 h/St 382.000.080

82 Holzverbindungen herstellen KG **395**

Ursprüngliche Holzverbindungen, wie Verblattungen, Verkämmungen, Versätze, Zapfen u.ä. an einseitigen Ersatzhölzern herstellen, insbesondere bei denkmalpflegerischen Instandsetzungs- oder Restaurierungsarbeiten.
Bauteil: .....
Holzart: .....
Holzverbindung: .....
Sonstige Hinweise: .....

–€ 21€ **26**€ 35€ –€ [St] ⏱ 0,40 h/St 382.000.081

83 RH-Beton-Querschnittserhöhung KG **395**

RH-Beton-Querschnittserhöhung (Tragfähigkeitserhöhung) für partiell geschwächte und/oder unterdimensionierte Holzbauteile/-querschnitte als statisch wirksame Maßnahme. Entfernung vermulmter Holzteile, Reinigung der Kontaktflächen, Abfräsen der Balkenoberseite (Druckzone) und Einbau des Reaktionsharzbetons gem. dem Standsicherheitsnachweis. Für die Ausführung der Querschnitterhöhung durch RH-Beton sind die Allgemeine bauaufsichtliche Zulassung Z-10.7-282 "Bauart zur Verstärkung von Holzbauteilen durch Reaktionsharzbeton" oder eine Zulassung im Einzelfall gem. MBO/LBO erforderlich/notwendig. Komplettleistung einschl. Materiallieferungen, Reinigungs- und Schalungsarbeiten entsprechend der(n) Konstruktionszeichnung(en).
Bauteil: .....
Querschnittserhöhung: .....
Volumen: .....
RH-Beton: .....
Sonstige Hinweise: .....

–€ 24€ **30**€ 39€ –€ [dm^3] ⏱ 0,35 h/dm^3 382.000.082

▶ min
▷ von
ø Mittel
◁ bis
◀ max

84 **Instandsetzung, Holzbauteile, BETA-Verfahren** KG **395**

Konstruktive Instandsetzung statisch gefährdeter Holzbauteile im Anschlussbereich an die Ausführung der Sonderverfahren / BETA-Verfahren durch zimmermannsmäßige Teil- bzw. Totalauswechslung von Hölzern. Gesundschnitt der Hölzer, Einbau imprägnierter Hölzer (Iv, P) als Komplettleistung (soweit nicht anders beschrieben), einschl. aller erforderlichen Abstützungs- oder Sicherungsarbeiten und Materiallieferungen. Die maximale Holzfeuchte der neuen Hölzer darf 20% nicht übersteigen. Evtl. erforderliche vorbeugende chemische Holzschutzmaßnahmen gem. DIN 68800-3:2012-02 in gesonderter Position.
Bauteil: .....
Gefährdungsklasse: .....
Holzart: .....
Querschnitt: ..... / ..... cm
Sicherungsmaßnahme: .....
Sonstige Hinweise: .....

–€ 1.254€ **1.475**€ 1.844€ –€ [m³] ⏱ 25,00 h/m³ 382.000.083

85 **Ersatzhölzer, unbehandelt** KG **395**

Ersatzhölzer, unbehandelt, herrichten und mit wieder hergestellter Tragfähigkeit einbauen. Nach ausreichender Aushärtung der RH-Verbindung (Klebefuge) kann der vorbeugende chemische Holzschutz nach DIN 68800-3:2012-02 im Bedarfsfall ausgeführt werden. Verarbeitungskonzentration, Einbringmenge und Verfahren nach Angaben der Hersteller. Im Einzelfall sind die Hinweise und Festlegungen des Holzschutzgutachters zu beachten. Berechnungsfläche ist die abgewickelte Holzoberfläche.
Bauteil: .....
Gefährdungsklasse: .....
Querschnitt: ..... / ..... cm
Material: .....
Zulassungsnummer: .....
Wirkstoffe: .....
Gefahrstoffangaben: .....
Verfahren: .....
Sonstige Hinweise: .....

–€ 10€ **12**€ 17€ –€ [m³] ⏱ 0,18 h/m³ 382.000.084

86 **Stundensatz Facharbeiter, Holzschutz**

Stundenlohnarbeiten für Vorarbeiter, Geselle, Facharbeiter und Gleichgestellte, sowie ähnliche Fachkräfte. Der Verrechnungssatz für die jeweilige Arbeitskraft umfasst sämtliche Aufwendungen wie Lohn- und Gehaltskosten, lohn- und gehaltsgebundene Kosten, Lohn- und Gehaltsnebenkosten, Gemeinkosten, Wagnis und Gewinn. Leistung nach besonderer Anordnung der Bauüberwachung. Anmeldung und Nachweis gem. VOB/B.

–€ 40€ **47**€ 58€ –€ [h] – 382.000.087

87 **Stundensatz Bauwerker, Holzschutz**

Stundenlohnarbeiten für Arbeitnehmer ohne Facharbeiterqualifikation (Helfer, Hilfsarbeiter, Ungelernte, Angelernte). Der Verrechnungssatz für die jeweilige Arbeitskraft umfasst sämtliche Aufwendungen wie Lohn- und Gehaltskosten, lohn- und gehaltsgebundene Kosten, Lohn- und Gehaltsnebenkosten, Gemeinkosten, Wagnis und Gewinn. Leistung nach besonderer Anordnung der Bauüberwachung. Anmeldung und Nachweis gem. VOB/B.

–€ 36€ **42**€ 53€ –€ [h] – 382.000.088

384

Kosten:
Stand 2.Quartal 2020
Bundesdurchschnitt

▶ min
▷ von
ø Mittel
◁ bis
◀ max

Abbruch- und Rückbauarbeiten — Preise €

Nr.	Positionen	Einheit	▶	▷	ø brutto € / ø netto €	◁	◀
1	Baugelände abräumen, Bewuchs	m²	1	3	**4**	7	10
			0,9	2,9	**3,7**	5,5	8,5
2	Abbruch, Asphaltdeckschicht	m²	7	11	**12**	12	15
			6	9	**10**	10	13
3	Fundament abbrechen, Stahlbeton	m³	82	124	**165**	198	231
			69	104	**139**	166	194
4	Bodenplatte abbrechen, Beton	m³	93	129	**172**	207	255
			78	109	**145**	174	214
5	Bodenplatte abbrechen, Stahlbeton	m³	122	187	**234**	281	313
			103	158	**197**	236	263
6	Kelleraußenwände abbrechen, Beton	m³	190	230	**264**	296	325
			160	193	**222**	249	273
7	Kelleraußenwände abbrechen, Stahlbeton	m³	207	251	**288**	323	354
			174	211	**242**	271	298
8	Außenwände abbrechen, Stahlbeton	m³	202	245	**281**	315	346
			170	205	**236**	265	291
9	Außenmauerwerk abbrechen, Ziegel 36,5cm	m³	132	149	**175**	203	275
			111	125	**147**	170	231
10	Verblendmauerwerk, abbrechen	m²	38	43	**54**	65	71
			32	36	**46**	55	60
11	Ziegelpflaster abbrechen, Außenbereich	m²	14	16	**21**	25	27
			12	14	**17**	21	23
12	Außentreppenstufen abbrechen, Beton	St	147	177	**204**	228	251
			123	149	**171**	192	211
13	Innenwand abbrechen, Gipsdielen, 10cm	m²	27	31	**39**	47	52
			23	26	**33**	39	43
14	Innenwand abbrechen, Porenbeton, 17,5cm	m²	17	35	**43**	52	64
			14	29	**36**	44	54
15	Innenwand abbrechen, Mauerwerk 11,5cm	m²	19	27	**34**	41	52
			16	23	**29**	34	44
16	Innenwand abbrechen, Mauerwerk 24cm	m²	20	37	**46**	55	64
			17	31	**39**	46	54
17	Innenwand abbrechen, Stahlbeton bis 15cm	m³	185	224	**257**	288	316
			156	188	**216**	242	266
18	Innenwand abbrechen, Stahlbeton bis 25cm	m³	205	248	**285**	320	351
			173	209	**240**	269	295
19	Decke abbrechen, Ziegelhohlkörper	m²	34	41	**51**	61	68
			29	34	**43**	51	57
20	Decke abbrechen, Stb-Hohldielen	m²	–	44	**55**	66	–
			–	37	**46**	55	–
21	Stahlbetonstützen abbrechen	m³	271	328	**377**	422	464
			228	276	**317**	355	390
22	Geschossdecke abbrechen, Stahlbeton 25cm	m³	214	266	**306**	352	397
			180	224	**257**	295	334
23	Geschossdecke abbrechen, Hohldielen 25cm	m²	38	47	**54**	61	73
			32	40	**46**	51	61
24	Stahlbetontreppe abbrechen	St	549	664	**763**	854	923
			462	558	**641**	718	776

Nr.	Positionen	Einheit	▶	▷	ø brutto € / ø netto €	◁	◀
25	Natursteinbelag abbrechen, Mörtelbett	m²	11	15	**19**	23	38
			9	13	**16**	19	32
26	Natursteinbekleidung abbrechen, außen	m²	33	38	**47**	57	63
			27	32	**40**	48	53
27	Fensterbank abbrechen, Naturstein, außen	m	11	13	**15**	17	20
			10	11	**13**	15	17
28	Fensterbank abbrechen, Naturstein, innen	St	12	17	**22**	25	34
			10	14	**18**	21	29
29	Betonwerksteinplattenbelag abbrechen	m²	11	13	**16**	19	21
			9	11	**13**	16	18
30	Betonwerksteinbelag abbrechen	m²	18	21	**26**	31	34
			15	18	**22**	26	29
31	Fensterbank abbrechen, Betonwerkstein, innen	m	–	13	**15**	18	–
			–	11	**13**	15	–
32	Gehwegplatten abbrechen, Betonwerkstein	m²	–	9	**12**	14	–
			–	8	**10**	12	–
33	Innenwandbekleidung entfernen, Holz	m²	7	9	**11**	14	22
			6	7	**9**	11	19
34	Deckenbekleidung entfernen, Holz	m²	12	17	**21**	25	34
			10	14	**18**	21	29
35	Außenwandbekleidung entfernen, Holz	m²	13	16	**19**	23	25
			11	13	**16**	19	21
36	Wanddämmung entfernen, MW	m²	5	8	**10**	11	14
			4	6	**8**	10	12
37	Wanddämmung entfernen, MW alt	m²	5	10	**12**	15	14
			4	8	**10**	13	12
38	Dachdämmung entfernen, MW	m²	5	8	**10**	12	16
			4	7	**8**	10	14
39	Dachdämmung entfernen, MW alt	m²	5	10	**13**	15	16
			4	9	**11**	13	14
40	Lattentrennwand abbrechen	m²	7	12	**15**	18	27
			6	10	**13**	15	23
41	Holzständerwand abbrechen	m²	16	18	**23**	27	31
			13	15	**19**	23	26
42	Holztreppe abbrechen	St	121	159	**199**	238	390
			102	134	**167**	200	328
43	Holzleiter abbrechen	St	8	10	**12**	15	17
			7	8	**10**	12	14
44	Holzhandlauf entfernen	m	7	8	**11**	13	15
			6	7	**9**	11	12
45	Holzfußboden entfernen, Bodenbretter	m²	7	9	**11**	14	24
			6	8	**9**	11	20
46	Holzfußboden entfernen, Bretter/Lagerhölzer	m²	8	11	**13**	16	27
			7	9	**11**	14	23
47	Spanplattenboden abbrechen	m²	11	17	**21**	25	35
			9	14	**18**	21	29
48	Schüttung entfernen, Lagerhölzer	m²	8	10	**12**	14	23
			7	8	**10**	12	20

381
382
384
386
387

Nr.	Positionen	Einheit	▶	▷	ø brutto € / ø netto €	◁	◀
49	Schüttung entfernen, Holzbalkendecke	m²	9	17	**22**	26	32
			8	14	**18**	22	27
50	Fehlboden entfernen	m²	8	11	**14**	17	25
			7	10	**12**	14	21
51	Deckenbalken abbrechen	m	7	10	**12**	15	22
			6	8	**10**	12	18
52	Holzbalkendecke abbrechen	m²	35	64	**80**	96	105
			29	54	**67**	80	88
53	Dachstuhlhölzer abbrechen	m	8	14	**17**	20	27
			7	11	**14**	17	23
54	Bodenabdichtung entfernen, Bitumen, 1-lagig	m²	–	15	**19**	23	–
			–	13	**16**	19	–
55	Bodenabdichtung entfernen, Bitumen, 2-lagig	m²	–	19	**24**	29	–
			–	16	**20**	24	–
56	Bitumenbeschichtung entfernen, Wand	m²	11	15	**19**	23	27
			9	13	**16**	19	23
57	Bitumenbahnen entfernen, Wand	m²	–	22	**27**	32	–
			–	19	**22**	27	–
58	Schutzbahn entfernen, Wand	m²	–	13	**15**	19	–
			–	11	**13**	16	–
59	Dachdeckung entfernen	m²	6	10	**13**	15	17
			5	9	**11**	12	14
60	Faserzement-Wellplattendeckung entfernen	m²	7	10	**11**	13	20
			6	8	**9**	11	17
61	Formziegel entfernen, gemörtelt	m	3	6	**7**	9	15
			3	5	**6**	7	13
62	Dachlattung entfernen	m²	2	3	**3**	4	4
			1	2	**3**	3	4
63	Bitumendachbahn entfernen, 1-lagig	m²	4	8	**10**	12	20
			4	7	**9**	10	17
64	Bitumendachbahn entfernen, 2-lagig	m²	5	11	**14**	17	22
			4	9	**12**	14	19
65	Dachschalung entfernen	m²	9	14	**17**	21	29
			8	12	**15**	17	24
66	Ortgangbrett entfernen	m²	5	8	**10**	12	14
			4	7	**8**	10	12
67	Blechteile entfernen, bis Z 600	m	1	3	**4**	5	8
			1	3	**3**	4	7
68	Blitzableiter entfernen	m	–	1	**2**	2	–
			–	1	**1**	2	–
69	Entlüftungsrohr entfernen	St	2	8	**10**	12	23
			1	7	**8**	10	20
70	Laufrost entfernen	m	2	5	**6**	7	11
			2	4	**5**	6	9
71	Dachfenster ausbauen	St	31	59	**74**	89	100
			26	50	**62**	75	84
72	Dachluke entfernen	St	16	21	**27**	32	45
			13	18	**22**	27	38

Kosten:
Stand 2.Quartal 2020
Bundesdurchschnitt

▶ min
▷ von
ø Mittel
◁ bis
◀ max

Nr.	Positionen	Einheit	▶	▷	**ø brutto €** ø netto €	◁	◀
73	Unterspannbahn entfernen	m²	2	5	**6**	6	7
			2	4	**5**	5	6
74	Dachrinne vorgehängt, entfernen	m	2	4	**4**	5	7
			2	3	**4**	5	6
75	Kastenrinne entfernen	m	3	5	**6**	8	10
			3	4	**5**	6	8
76	Schneefanggitter entfernen	m	3	4	**5**	6	11
			2	4	**4**	5	9
77	Fallrohr entfernen	m	2	3	**4**	5	7
			1	3	**3**	4	6
78	Standrohr entfernen	St	4	9	**12**	15	27
			3	8	**10**	12	22
79	Traufblech entfernen	m	2	2	**3**	4	7
			2	2	**3**	3	6
80	Winkelkehle entfernen	m	2	4	**5**	6	8
			2	3	**4**	5	7
81	Verwahrung entfernen	m	3	5	**6**	7	12
			3	4	**5**	6	10
82	Ortgangverblechung entfernen	m	3	4	**6**	7	11
			2	4	**5**	6	10
83	Wandanschlussprofile entfernen	m	5	9	**11**	13	17
			4	7	**9**	11	14
84	Fensterblech entfernen	m	2	4	**5**	6	10
			2	3	**4**	5	8
85	Blechabdeckung entfernen	m	3	6	**7**	9	13
			2	5	**6**	8	11
86	Schornsteinverblechung entfernen	m²	11	18	**23**	28	40
			10	15	**19**	23	34
87	Gaubenverblechung entfernen	m²	6	11	**14**	17	27
			5	9	**12**	14	23
88	Blech-Dachdeckung entfernen	m²	6	15	**19**	23	33
			5	12	**16**	19	28
89	Blechbekleidung entfernen	m²	–	16	**21**	26	–
			–	14	**18**	22	–
90	Außenputz abschlagen, Mauerwerk	m²	8	13	**15**	18	25
			7	11	**13**	15	21
91	Sockelputz abschlagen	m²	8	12	**13**	15	22
			7	10	**11**	13	18
92	Deckenputz abschlagen	m²	10	17	**19**	22	27
			9	14	**16**	19	23
93	Bodenfliesen entfernen, Mörtelbett	m²	10	16	**19**	23	32
			9	13	**16**	20	27
94	Wandfliesen entfernen, Dickbett	m²	8	14	**18**	21	28
			7	12	**15**	18	23
95	Verbundestrich abbrechen, bis 50mm	m²	11	16	**20**	25	31
			9,6	13	**17**	21	26
96	Verbundestrich abbrechen, bis 70mm	m²	16	22	**27**	34	42
			14	18	**23**	28	35

Kosten:
Stand 2.Quartal 2020
Bundesdurchschnitt

Nr.	Positionen	Einheit	▶	▷	ø brutto € / ø netto €	◁	◀
97	Estrich, schwimmend, abbrechen	m²	13	20	**25**	30	37
			11	17	**21**	25	31
98	Kellerfenster ausbauen, Holz, 0,5m²	St	14	20	**25**	31	61
			12	17	**21**	26	51
99	Fenster ausbauen, Holz, bis 1,5m²	St	25	45	**57**	68	106
			21	38	**48**	57	89
100	Fenster ausbauen, Holz, bis 2,5m²	St	28	57	**72**	86	143
			23	48	**60**	72	120
101	Fenstertür ausbauen, Holz, bis 3,5m²	St	33	73	**91**	109	172
			28	61	**76**	92	144
102	Fenster ausbauen, Kunststoff, bis 1,5m²	St	22	36	**45**	54	70
			19	30	**38**	45	59
103	Fenster ausbauen, Kunststoff, bis 2,5m²	St	28	50	**62**	74	87
			23	42	**52**	62	73
104	Fenstertür ausbauen, Kunststoff, bis 3,5m²	St	50	81	**101**	121	172
			42	68	**85**	102	144
105	Hauseingangstür ausbauen, bis 4,0m²	St	61	112	**139**	167	183
			51	94	**117**	141	154
106	Kelleraußentür ausbauen, bis 2,5m²	St	–	46	**57**	68	–
			–	38	**48**	57	–
107	Innentür, Holz, 1-flüglig, entfernen	St	26	39	**49**	58	68
			22	33	**41**	49	58
108	Wandbekleidung, Holz, entfernen	m²	7	17	**21**	25	35
			6	14	**18**	21	29
109	Deckenbekleidung, Holz, entfernen	m²	–	21	**26**	31	–
			–	18	**22**	26	–
110	Fensterbank ausbauen, Holz, bis 1,5m	St	9	15	**18**	22	32
			7	12	**16**	19	27
111	Fensterbank ausbauen, Holz, bis 2,5m	St	16	24	**30**	35	48
			14	20	**25**	30	40
112	Laibungsbekleidung, Holz, entfernen	m	–	12	**15**	18	–
			–	10	**13**	15	–
113	Montagewand abbrechen, GK	m²	12	17	**23**	27	35
			10	14	**19**	23	30
114	Deckenkleidung abbrechen; GK	m²	10	17	**22**	26	30
			9	14	**18**	22	25
115	Unterdecke abbrechen, GK	m²	9	14	**17**	21	27
			8	12	**15**	17	22
116	Verkofferung abbrechen, GK	m²	13	18	**24**	29	33
			11	16	**20**	24	28
117	Stundensatz Facharbeiter, Abbrucharbeiten	h	43	54	**59**	63	76
			36	46	**50**	53	64
118	Stundensatz Helfer, Abbrucharbeiten	h	36	47	**52**	56	69
			31	39	**44**	47	58

▶ min
▷ von
ø Mittel
◁ bis
◀ max

Nr.	**Kurztext** / Langtext						Kostengruppe
▶	▷	**ø netto €**	◁	◀	[Einheit]	Ausf.-Dauer	Positionsnummer

1 Baugelände abräumen, Bewuchs KG **214**

Baugelände von Gestrüpp, Sträuchern und Bäumen abräumen. Die aufgenommenen Stoffe sammeln, auf LKW des AN laden, zur Verwertungsanlage transportieren und entsorgen. Die Entsorgungsgebühren werden vom AN übernommen.
Sträucher: bis 50 cm Bewuchshöhe
Bäume: bis 15 cm Durchmesser
Abfallschlüssel nach AVV: 200201 biologisch abbaubare Abfälle
Transportweg: bis ..... km
Anlage (Bezeichnung/Ort): .....

1€	2,9€	**3,7**€	5,5€	8,5€	[m²]	⏱ 0,10 h/m²	384.001.080

2 Abbruch, Asphaltdeckschicht KG **212**

Asphaltdeckschicht, nicht schadstoffbelastet, einschneiden und aufbrechen, die aufgenommenen Stoffe sammeln, auf LKW des AN laden, zur Verwertungsanlage transportieren und entsorgen. Die Entsorgungsgebühren werden vom AN übernommen.
Belag: **Asphaltbeton / Splittmastixasphalt**
Flächenlast nach DIN EN 1991-1-1: 0,23 kN/m²/cm
Belagstärke: bis 15 cm
Verwertungsklasse nach RuVA-StB: A
Abfallschlüssel nach AVV: 170302 Bitumengemische
Transportweg: bis ..... km
Anlage (Bezeichnung/Ort): .....

6€	9€	**10**€	10€	13€	[m²]	⏱ 0,20 h/m²	384.001.084

3 Fundament abbrechen, Stahlbeton KG **394**

Fundamente aus Stahlbeton, ohne Schadstoffbelastung, Zuordnung Z 0 (uneingeschränkter Einbau), nach LAGA 1997 Bauschutt, abbrechen und entsorgen. Die aufgenommenen Stoffe sammeln, auf LKW des AN laden, zur Verwertungsanlage transportieren und entsorgen. Die Entsorgungsgebühren werden vom AN übernommen.
Abmessungen: .....
Abfallschlüssel nach AVV: 170101 Beton
Ausführung: mit Geräteeinsatz im Freien
Transportweg: bis ..... km
Anlage (Bezeichnung/Ort): .....

69€	104€	**139**€	166€	194€	[m³]	⏱ 2,80 h/m³	384.001.088

4 Bodenplatte abbrechen, Beton KG **394**

Bodenplatte aus Beton, ohne Schadstoffbelastung, Zuordnung Z 0 (uneingeschränkter Einbau), nach LAGA 1997 Bauschutt, abbrechen und entsorgen. Die aufgenommenen Stoffe sammeln, auf LKW des AN laden, zur Verwertungsanlage transportieren und entsorgen. Die Entsorgungsgebühren werden vom AN übernommen.
Bauteildicke: .....
Betonfestigkeitsklasse: nach Bestandsunterlagen
Abfallschlüssel nach AVV: 170101 Beton
Ausführung: mit Geräteeinsatz im Freien
Transportweg: bis ..... km
Anlage (Bezeichnung/Ort): .....

78€	109€	**145**€	174€	214€	[m³]	⏱ 2,60 h/m³	384.001.089

Nr.	**Kurztext** / Langtext					Kostengruppe
▶	▷	**ø netto €**	◁	◀	[Einheit]	Ausf.-Dauer Positionsnummer

5 Bodenplatte abbrechen, Stahlbeton KG **394**

Bodenplatte aus Stahlbeton, ohne Schadstoffbelastung, Zuordnung Z 0 (uneingeschränkter Einbau), nach LAGA 1997 Bauschutt, abbrechen und entsorgen. Die aufgenommenen Stoffe sammeln, auf LKW des AN laden, zur Verwertungsanlage transportieren und entsorgen. Die Entsorgungsgebühren werden vom AN übernommen.
Bauteildicke: .....
Betonfestigkeitsklasse: nach Bestandsunterlagen
Abfallschlüssel nach AVV: 170101 Beton
Ausführung: mit Geräteeinsatz im Freien
Transportweg: bis ..... km
Anlage (Bezeichnung/Ort): .....

103€ 158€ **197**€ 236€ 263€ [m³] ⏱ 3,00 h/m³ 384.001.090

Kosten:
Stand 2.Quartal 2020
Bundesdurchschnitt

6 Kelleraußenwände abbrechen, Beton KG **394**

Kelleraußenwände aus unbewehrtem Beton, ohne Schadstoffbelastung, Zuordnung Z 0 (uneingeschränkter Einbau), nach LAGA 1997 Bauschutt, in verschiedenen Dicken abbrechen und entsorgen. Die aufgenommenen Stoffe sammeln, auf LKW des AN laden, zur Verwertungsanlage transportieren und entsorgen. Die Entsorgungsgebühren werden vom AN übernommen.
Wanddicke: ..... cm
Abfallschlüssel nach AVV: 170101 Beton
Ausführung: mit Geräteeinsatz im Freien
Transportweg: bis ..... km
Anlage (Bezeichnung/Ort): .....

160€ 193€ **222**€ 249€ 273€ [m³] ⏱ 4,00 h/m³ 384.001.092

7 Kelleraußenwände abbrechen, Stahlbeton KG **394**

Kelleraußenwände aus Stahlbeton, ohne Schadstoffbelastung, Zuordnung Z 0 (uneingeschränkter Einbau), nach LAGA 1997 Bauschutt, in verschiedenen Dicken abbrechen und entsorgen. Die aufgenommenen Stoffe sammeln, auf LKW des AN laden, zur Verwertungsanlage transportieren und entsorgen. Die Entsorgungsgebühren werden vom AN übernommen.
Wanddicke: ..... cm
Abfallschlüssel nach AVV: 170101 Beton
Ausführung: mit Geräteeinsatz im Freien
Transportweg: bis ..... km
Anlage (Bezeichnung/Ort): .....

174€ 211€ **242**€ 271€ 298€ [m³] ⏱ 4,50 h/m³ 384.001.093

8 Außenwände abbrechen, Stahlbeton KG **394**

Außenwände aus Stahlbeton, ohne Schadstoffbelastung, Zuordnung Z 0 (uneingeschränkter Einbau), nach LAGA 1997 Bauschutt, in verschiedenen Dicken abbrechen und entsorgen. Die aufgenommenen Stoffe sammeln, auf LKW des AN laden, zur Verwertungsanlage transportieren und entsorgen. Die Entsorgungsgebühren werden vom AN übernommen.
Wanddicke: ..... cm
Abfallschlüssel nach AVV: 170101 Beton
Ausführung: mit Geräteeinsatz im Freien
Transportweg: bis ..... km
Anlage (Bezeichnung/Ort): .....

170€ 205€ **236**€ 265€ 291€ [m³] ⏱ 4,20 h/m³ 384.001.094

▶ min
▷ von
ø Mittel
◁ bis
◀ max

9 **Außenmauerwerk abbrechen, Ziegel 36,5cm** KG **394**

Außenwand aus verputztem Ziegelmauerwerk, ohne Schadstoffbelastung, Zuordnung Z 0 (uneingeschränkter Einbau), nach LAGA 1997 Bauschutt, abbrechen und entsorgen. Die aufgenommenen Stoffe sammeln, auf LKW des AN laden, zur Verwertungsanlage transportieren und entsorgen. Die Entsorgungsgebühren werden vom AN übernommen.
Wanddicke: 36,5 cm, mit beidseitigem Putz
Format: .....
Verfugung: .....
Abfallschlüssel nach AVV: 170107 Gemische aus Beton, Ziegel, Fliesen und Keramik
Ausführung: mit Geräteeinsatz im Freien
Transportweg: bis ..... km
Anlage (Bezeichnung/Ort): .....

111€ 125€ **147**€ 170€ 231€ [m³] ⏱ 2,15 h/m³ 384.001.095

10 **Verblendmauerwerk, abbrechen** KG **394**

Verblendmauerwerk aus Mauerwerkssteinen, ohne Schadstoffbelastung, Zuordnung Z 0 (uneingeschränkter Einbau), nach LAGA 1997 Bauschutt, abbrechen und entsorgen. Die aufgenommenen Stoffe sammeln, auf LKW des AN laden, zur Verwertungsanlage transportieren und entsorgen. Die Entsorgungsgebühren werden vom AN übernommen.
Mauerwerk: .....
Dicke: .....
Abfallschlüssel nach AVV: 170107 Gemische aus Beton, Ziegel, Fliesen und Keramik
Ausführung: mit Geräteeinsatz im Freien
Transportweg: bis ..... km
Anlage (Bezeichnung/Ort): .....

32€ 36€ **46**€ 55€ 60€ [m²] ⏱ 0,85 h/m² 384.001.097

11 **Ziegelpflaster abbrechen, Außenbereich** KG **394**

Ziegelpflaster im Außenbereich, ohne Schadstoffbelastung, Zuordnung Z 0 (uneingeschränkter Einbau), nach LAGA 1997 Bauschutt, abbrechen und entsorgen. Die aufgenommenen Stoffe sammeln, auf LKW des AN laden, zur Verwertungsanlage transportieren und entsorgen. Die Entsorgungsgebühren werden vom AN übernommen.
Einbauort: .....
Abfallschlüssel nach AVV: **170102 Ziegel / 170107 Gemische aus Beton, Ziegel, Fliesen und Keramik**
Ausführung: mit Geräteeinsatz im Freien
Transportweg: bis ..... km
Anlage (Bezeichnung/Ort): .....

12€ 14€ **17**€ 21€ 23€ [m²] ⏱ 0,30 h/m² 384.001.098

Nr.	**Kurztext** / Langtext					Kostengruppe
▶	▷	**ø netto €**	◁	◀	[Einheit]	Ausf.-Dauer Positionsnummer

12 Außentreppenstufen abbrechen, Beton KG **594**

Außentreppenstufen aus Beton einschl. Unterbau, ohne Schadstoffbelastung, Zuordnung Z 0 (uneingeschränkter Einbau), nach LAGA 1997 Bauschutt, abbrechen und entsorgen. Die aufgenommenen Stoffe sammeln, auf LKW des AN laden, zur Verwertungsanlage transportieren und entsorgen. Die Entsorgungsgebühren werden vom AN übernommen.
Treppenbreite: bis 2,0 m
Stufenabmessung: .....
Abfallschlüssel nach AVV: 170101 Beton
Ausführung: mit Geräteeinsatz im Freien
Transportweg: bis ..... km
Anlage (Bezeichnung/Ort): .....

123€ 149€ **171**€ 192€ 211€ [St] ⏱ 4,00 h/St 384.001.099

Kosten:
Stand 2.Quartal 2020
Bundesdurchschnitt

13 Innenwand abbrechen, Gipsdielen, 10cm KG **394**

Innenwand aus Gipsdiele, ohne Schadstoffbelastung, abbrechen und entsorgen.Die aufgenommenen Stoffe sammeln, auf LKW des AN laden, zur Verwertungsanlage transportieren und entsorgen. Die Entsorgungsgebühren werden vom AN übernommen.
Wanddicke: 10 cm
Abfallschlüssel nach AVV: 170802 Baustoffe auf Gipsbasis mit Ausnahme derjenigen, die unter 170801* fallen
Ausführung: in allen Geschossen
Transportweg: bis ..... km
Anlage (Bezeichnung/Ort): .....

23€ 26€ **33**€ 39€ 43€ [m²] ⏱ 0,55 h/m² 384.001.100

14 Innenwand abbrechen, Porenbeton, 17,5cm KG **394**

Innenwand aus Porenbeton, ohne Schadstoffbelastung, Zuordnung Z 0 (uneingeschränkter Einbau), nach LAGA 1997 Bauschutt, abbrechen und entsorgen. Die aufgenommenen Stoffe sind getrennt zu sammeln, auf LKW des AN laden, zur Verwertungsanlage transportieren und entsorgen. Die Entsorgungsgebühren werden vom AN übernommen.
Wanddicke: bis 17,5 cm
Abfallschlüssel nach AVV: 170101 Beton
Ausführung: in allen Geschossen
Transportweg: bis ..... km
Anlage (Bezeichnung/Ort): .....

14€ 29€ **36**€ 44€ 54€ [m²] ⏱ 0,60 h/m² 384.001.101

▶ min
▷ von
ø Mittel
◁ bis
◀ max

15 Innenwand abbrechen, Mauerwerk 11,5cm KG **394**

Innenwand aus verputztem Mauerwerk, ohne Schadstoffbelastung, Zuordnung Z 0 (uneingeschränkter Einbau), nach LAGA 1997 Bauschutt, abbrechen und entsorgen. Die aufgenommenen Stoffe sammeln, auf LKW des AN laden, zur Verwertungsanlage transportieren und entsorgen. Die Entsorgungsgebühren werden vom AN übernommen.
Mauerwerk: 11,5 cm, mit beidseitigem Putz
Abfallschlüssel nach AVV: 170107 Gemische aus Beton, Ziegel, Fliesen und Keramik
Ausführung: in allen Geschossen
Transportweg: bis ..... km
Anlage (Bezeichnung/Ort): .....

16€ 23€ **29**€ 34€ 44€ [m²] ⏱ 0,50 h/m² 384.001.102

16 Innenwand abbrechen, Mauerwerk 24cm KG **394**

Innenwand aus verputztem Mauerwerk, ohne Schadstoffbelastung, Zuordnung Z 0 (uneingeschränkter Einbau), nach LAGA 1997 Bauschutt, abbrechen und entsorgen. Die aufgenommenen Stoffe sammeln, auf LKW des AN laden, zur Verwertungsanlage transportieren und entsorgen. Die Entsorgungsgebühren werden vom AN übernommen. Leistung einschl. der Abstütz- und Sicherungsmaßnahmen im Bauwerk.
Wanddicke: bis 24 cm, mit beidseitigem Putz
Abfallschlüssel nach AVV: 170107 Gemische aus Beton, Ziegel, Fliesen und Keramik
Ausführung: in allen Geschossen
Transportweg: bis ..... km
Anlage (Bezeichnung/Ort): .....

17€ 31€ **39**€ 46€ 54€ [m²] ⏱ 0,50 h/m² 384.001.103

17 Innenwand abbrechen, Stahlbeton bis 15cm KG **394**

Innenwände aus Stahlbeton, nicht tragend, ohne Schadstoffbelastung, Zuordnung Z 0 (uneingeschränkter Einbau), nach LAGA 1997 Bauschutt, abbrechen und entsorgen. Die aufgenommenen Stoffe sammeln, auf LKW des AN laden, zur Verwertungsanlage transportieren und entsorgen. Die Entsorgungsgebühren werden vom AN übernommen.
Wanddicke: bis 15 cm
Abfallschlüssel nach AVV: 170101 Beton
Ausführung: in allen Geschossen
Transportweg: bis ..... km
Anlage (Bezeichnung/Ort): .....

156€ 188€ **216**€ 242€ 266€ [m³] ⏱ 4,80 h/m³ 384.001.104

18 Innenwand abbrechen, Stahlbeton bis 25cm KG **394**

Innenwände aus Stahlbeton, tragend, ohne Schadstoffbelastung, Zuordnung Z 0 (uneingeschränkter Einbau), nach LAGA 1997 Bauschutt, abbrechen und entsorgen. Die aufgenommenen Stoffe sammeln, auf LKW des AN laden, zur Verwertungsanlage transportieren und entsorgen. Die Entsorgungsgebühren werden vom AN übernommen.
Wanddicke: bis 25 cm
Abfallschlüssel nach AVV: 170101 Beton
Ausführung: in allen Geschossen
Transportweg: bis ..... km
Anlage (Bezeichnung/Ort): .....

173€ 209€ **240**€ 269€ 295€ [m³] ⏱ 4,60 h/m³ 384.001.105

19 Decke abbrechen, Ziegelhohlkörper KG **394**

Ziegelhohlkörperdecke einschl. Aufbeton, ohne Schadstoffbelastung, Zuordnung Z 0 (uneingeschränkter Einbau), nach LAGA 1997 Bauschutt, abbrechen und entsorgen. Die aufgenommenen Stoffe sammeln, auf LKW des AN laden, zur Verwertungsanlage transportieren und entsorgen. Die Entsorgungsgebühren werden vom AN übernommen.
Deckendicke: 21 cm
Abfallschlüssel nach AVV: 170107 Gemische aus Beton, Ziegel, Fliesen und Keramik
Ausführung: mit Geräteeinsatz im Freien
Transportweg: bis ..... km
Anlage (Bezeichnung/Ort): .....

29€ 34€ **43**€ 51€ 57€ [m²] ⏱ 0,70 h/m² 384.001.108

Nr. **Kurztext** / Langtext — Kostengruppe
▶ ▷ **ø netto €** ◁ ◀ [Einheit] Ausf.-Dauer Positionsnummer

20 Decke abbrechen, Stb-Hohldielen KG **394**

Stahlbeton-Hohldielen-Decke einschl. Aufbeton, ohne Schadstoffbelastung, Zuordnung Z 0 (uneingeschränkter Einbau), nach LAGA 1997 Bauschutt, abbrechen und entsorgen. Die aufgenommenen Stoffe sammeln, auf LKW des AN laden, zur Verwertungsanlage transportieren und entsorgen. Die Entsorgungsgebühren werden vom AN übernommen.
Deckendicke: 15 cm
Abfallschlüssel nach AVV: 170101 Beton
Ausführung: mit Geräteeinsatz im Freien
Transportweg: bis ..... km
Anlage (Bezeichnung/Ort): .....

–€ 37€ **46**€ 55€ –€ [m²] ⏱ 0,70 h/m² 384.001.109

21 Stahlbetonstützen abbrechen KG **394**

Stahlbetonstützen verschiedener Querschnitte, ohne Schadstoffbelastung, Zuordnung Z 0 (uneingeschränkter Einbau), nach LAGA 1997 Bauschutt, abbrechen und entsorgen. Die aufgenommenen Stoffe sammeln, auf LKW des AN laden, zur Verwertungsanlage transportieren und entsorgen. Die Entsorgungsgebühren werden vom AN übernommen.
Abbruchort: .....
Querschnitte: ....
Abfallschlüssel nach AVV: 170101 Beton
Ausführung: mit Geräteeinsatz im Freien
Transportweg: bis ..... km
Anlage (Bezeichnung/Ort): .....

228€ 276€ **317**€ 355€ 390€ [m³] ⏱ 5,80 h/m³ 384.001.110

22 Geschossdecke abbrechen, Stahlbeton 25cm KG **394**

Geschossdecken aus Stahlbeton, ohne Schadstoffbelastung, Zuordnung Z 0 (uneingeschränkter Einbau), nach LAGA 1997 Bauschutt, abbrechen und entsorgen. Die aufgenommenen Stoffe sammeln, auf LKW des AN laden, zur Verwertungsanlage transportieren und entsorgen. Die Entsorgungsgebühren werden vom AN übernommen.
Deckendicke: bis 25 cm
Abbruchort: .....
Abfallschlüssel nach AVV: 170101 Beton
Ausführung: mit Geräteeinsatz im Freien
Transportweg: bis ..... km
Anlage (Bezeichnung/Ort): .....

180€ 224€ **257**€ 295€ 334€ [m³] ⏱ 3,80 h/m³ 384.001.111

Kosten:
Stand 2.Quartal 2020
Bundesdurchschnitt

▶ min
▷ von
ø Mittel
◁ bis
◀ max

23 **Geschossdecke abbrechen, Hohldielen 25cm** KG **394**

Geschossdecken aus Stahlbeton-Hohldielen, ohne Schadstoffbelastung, Zuordnung Z 0 (uneingeschränkter Einbau), nach LAGA 1997 Bauschutt, abbrechen und entsorgen. Die aufgenommenen Stoffe sammeln, auf LKW des AN laden, zur Verwertungsanlage transportieren und entsorgen. Die Entsorgungsgebühren werden vom AN übernommen.
Deckendicke: bis 25 cm
Abbruchort: .....
Abfallschlüssel nach AVV: 170101 Beton
Ausführung: mit Geräteeinsatz im Freien
Transportweg: bis ..... km
Anlage (Bezeichnung/Ort): .....

32€ 40€ **46**€ 51€ 61€ [m²] ⏱ 3,80 h/m² 384.001.112

24 **Stahlbetontreppe abbrechen** KG **394**

Stahlbetontreppen, eingeschossig, ohne Schadstoffbelastung, Zuordnung Z 0 (uneingeschränkter Einbau), nach LAGA 1997 Bauschutt, abbrechen und entsorgen. Die aufgenommenen Stoffe sammeln, auf LKW des AN laden, zur Verwertungsanlage transportieren und entsorgen. Die Entsorgungsgebühren werden vom AN übernommen.
Stufenanzahl: 14 Stück
Steigungsverhältnis: 27/18 cm
Laufbreite: bis 1,50 m
Abbruchort: .....
Abfallschlüssel nach AVV: 170101 Beton
Ausführung: mit Geräteeinsatz im Freien
Transportweg: bis ..... km
Anlage (Bezeichnung/Ort): .....

462€ 558€ **641**€ 718€ 776€ [St] ⏱ 12,00 h/St 384.001.114

25 **Natursteinbelag abbrechen, Mörtelbett** KG **394**

Plattenbelag aus Naturwerkstein in Mörtelbett, ohne Schadstoffbelastung, Zuordnung Z 0 (uneingeschränkter Einbau), nach LAGA 1997 Bauschutt, entfernen und entsorgen. Die aufgenommenen Stoffe sammeln, auf LKW des AN laden, zur Verwertungsanlage transportieren und entsorgen. Die Entsorgungsgebühren werden vom AN übernommen.
Konstruktionsdicke: ca. 6 cm
Abfallschlüssel: nach AVV: 170103 Fliesen / Keramik
Abfallschlüssel: nach AVV: 170102 Ziegel
Ausführung: mit Geräteeinsatz **im Freien / im Gebäude**
Transportweg: bis ..... km
Anlage (Bezeichnung/Ort): .....

9€ 13€ **16**€ 19€ 32€ [m²] ⏱ 0,20 h/m² 384.001.115

Nr.	Kurztext / Langtext						Kostengruppe
▶	▷	**ø netto €**	◁	◀	[Einheit]	Ausf.-Dauer	Positionsnummer

26 Natursteinbekleidung abbrechen, außen KG **394**

Fassadenbekleidung aus Natursteinplatten, ohne Schadstoffbelastung, Zuordnung Z 0 (uneingeschränkter Einbau), nach LAGA 1997 Bauschutt, abbrechen und entsorgen. Die aufgenommenen Stoffe sammeln, auf LKW des AN laden, zur Verwertungsanlage transportieren und entsorgen. Die Entsorgungsgebühren werden vom AN übernommen.
Bekleidung: .....
Plattendicke: bis 50 mm
Befestigung: .....
Abfallschlüssel nach AVV: 170107 Gemische aus Beton, Ziegel, Fliesen und Keramik
Ausführung: mit Geräteeinsatz im Freien
Transportweg: bis ..... km
Anlage (Bezeichnung/Ort): .....

Kosten:
Stand 2.Quartal 2020
Bundesdurchschnitt

27€ 32€ **40**€ 48€ 53€ [m²] ⏱ 0,70 h/m² 384.001.119

27 Fensterbank abbrechen, Naturstein, außen KG **394**

Fensterbank aus Naturwerkstein im Außenbereich, ohne Schadstoffbelastung, Zuordnung Z 0 (uneingeschränkter Einbau), nach LAGA 1997 Bauschutt, abbrechen und entsorgen. Die aufgenommenen Stoffe sammeln, auf LKW des AN laden, zur Verwertungsanlage transportieren und entsorgen. Die Entsorgungsgebühren werden vom AN übernommen.
Material: .....
Dicke: 3 cm
Breite: bis 30 cm
Länge: ..... m
Abfallschlüssel nach AVV: 170107 Gemische aus Beton, Ziegel, Fliesen und Keramik
Ausführung: mit Geräteeinsatz im Freien
Transportweg: bis ..... km
Anlage (Bezeichnung/Ort): .....

10€ 11€ **13**€ 15€ 17€ [m] ⏱ 0,25 h/m 384.001.120

28 Fensterbank abbrechen, Naturstein, innen KG **394**

Fensterbank aus Naturwerkstein im Innenbereich, ohne Schadstoffbelastung, Zuordnung Z 0 (uneingeschränkter Einbau), nach LAGA 1997 Bauschutt, ausbauen und entsorgen. Die aufgenommenen Stoffe sammeln, auf LKW des AN laden, zur Verwertungsanlage transportieren und entsorgen. Die Entsorgungsgebühren werden vom AN übernommen.
Material: .....
Dicke: ..... cm
Breite: ..... cm
Länge: ..... m
Abfallschlüssel nach AVV: 170107 Gemische aus Beton, Ziegel, Fliesen und Keramik
Ausführung: mit Geräteeinsatz in allen Geschossen
Transportweg: bis ..... km
Anlage (Bezeichnung/Ort): .....

10€ 14€ **18**€ 21€ 29€ [St] ⏱ 0,30 h/St 384.001.121

▶ min
▷ von
ø Mittel
◁ bis
◀ max

29 Betonwerksteinplattenbelag abbrechen KG **394**

Betonwerksteinplattenbelag in Sand oder Splitt, ohne Schadstoffbelastung, Zuordnung Z 0 (uneingeschränkter Einbau), nach LAGA 1997 Bauschutt, ausbauen und entsorgen. Die aufgenommenen Stoffe sammeln, auf LKW des AN laden, zur Verwertungsanlage transportieren und entsorgen. Die Entsorgungsgebühren werden vom AN übernommen.
Plattengröße: bis 50 x 50 x 5 cm
Abfallschlüssel nach AVV: 170107 Gemische aus Beton, Ziegel, Fliesen und Keramik
Ausführung: mit Geräteeinsatz im Freien
Transportweg: bis ..... km
Anlage (Bezeichnung/Ort): .....

9€ 11€ **13**€ 16€ 18€ [m²] ⏱ 0,25 h/m² 384.001.122

30 Betonwerksteinbelag abbrechen KG **394**

Bodenbelag aus Betonwerksteinplatten mit Mörtelbett, einschl. Estrich bis auf Rohdecke, ohne Schadstoffbelastung, Zuordnung Z 0 (uneingeschränkter Einbau), nach LAGA 1997 Bauschutt, abbrechen und entsorgen. Die aufgenommenen Stoffe sammeln, auf LKW des AN laden, zur Verwertungsanlage transportieren und entsorgen. Die Entsorgungsgebühren werden vom AN übernommen.
Konstruktionsdicke: bis 12 cm
Ausbauort: ......
Abfallschlüssel nach AVV: 170107 Gemische aus Beton, Ziegel, Fliesen und Keramik
Ausführung: mit Geräteeinsatz **im Freien / im Gebäude**
Transportweg: bis ..... km
Anlage (Bezeichnung/Ort): .....

15€ 18€ **22**€ 26€ 29€ [m²] ⏱ 0,30 h/m² 384.001.125

31 Fensterbank abbrechen, Betonwerkstein, innen KG **394**

Fensterbank aus Betonwerkstein im Innenbereich, ohne Schadstoffbelastung, Zuordnung Z 0 (uneingeschränkter Einbau), nach LAGA 1997 Bauschutt, ausbauen und entsorgen. Die aufgenommenen Stoffe sammeln, auf LKW des AN laden, zur Verwertungsanlage transportieren und entsorgen. Die Entsorgungsgebühren werden vom AN übernommen.
Abfallschlüssel nach AVV: 170107 Gemische aus Beton, Ziegel, Fliesen und Keramik
Ausführung: mit Geräteeinsatz in allen Geschossen
Transportweg: bis ..... km
Anlage (Bezeichnung/Ort): .....

–€ 11€ **13**€ 15€ –€ [m] ⏱ 0,20 h/m 384.001.126

32 Gehwegplatten abbrechen, Betonwerkstein KG **394**

Gehwegbelag aus Betonwerksteinen in unterschiedlicher Größe mit Unterbau und Einfassungen, ohne Schadstoffbelastung, Zuordnung Z 0 (uneingeschränkter Einbau), nach LAGA 1997 Bauschutt, aufnehmen und entsorgen. Die aufgenommenen Stoffe sammeln, auf LKW des AN laden, zur Verwertungsanlage transportieren und entsorgen. Die Entsorgungsgebühren werden vom AN übernommen.
Plattengröße: .....
Abfallschlüssel nach AVV: **170101 Beton / 170504 Boden/Stein**
Ausführung: mit Geräteeinsatz im Freien
Transportweg: bis ..... km
Anlage (Bezeichnung/Ort): .....

–€ 8€ **10**€ 12€ –€ [m²] ⏱ 0,12 h/m² 384.001.127

Nr.	Kurztext / Langtext					Kostengruppe
▶	▷	**ø netto €**	◁	◀	[Einheit]	Ausf.-Dauer Positionsnummer

33 Innenwandbekleidung entfernen, Holz KG **394**

Wandbekleidung aus Holz einschl. der Befestigungshölzer, im Innenbereich, ohne Schadstoffbelastung, entfernen und entsorgen. Die aufgenommenen Stoffe sammeln, auf LKW des AN laden, zur Verwertungsanlage transportieren und entsorgen. Die Entsorgungsgebühren werden vom AN übernommen.
Bekleidung: .....
Ausbauort: .....
Altholzkategorie A II
Abfallschlüssel nach AVV: 170201 Holz
Ausführung: in allen Geschossen
Transportweg: bis ..... km
Anlage (Bezeichnung/Ort): .....

6€ 7€ **9**€ 11€ 19€ [m2] ⏱ 0,18 h/m2 384.001.128

Kosten:
Stand 2.Quartal 2020
Bundesdurchschnitt

34 Deckenbekleidung entfernen, Holz KG **394**

Deckenbekleidung aus Holz und Holzwerkstoff einschl. Unterkonstruktion, ohne Schadstoffbelastung, entfernen und entsorgen. Die aufgenommenen Stoffe sammeln, auf LKW des AN laden, zur Verwertungsanlage transportieren und entsorgen. Die Entsorgungsgebühren werden vom AN übernommen.
Ausbauort: .....
Altholzkategorie A II
Abfallschlüssel nach AVV: 170201 Holz
Ausführung: in allen Geschossen
Transportweg: bis ..... km
Anlage (Bezeichnung/Ort): .....

10€ 14€ **18**€ 21€ 29€ [m2] ⏱ 0,30 h/m2 384.001.129

35 Außenwandbekleidung entfernen, Holz KG **394**

Wandbekleidung auf Außenwand aus Holz einschl. Unterkonstruktion, ohne Schadstoffbelastung, entfernen und entsorgen. Die aufgenommenen Stoffe sammeln, auf LKW des AN laden, zur Verwertungsanlage transportieren und entsorgen. Die Entsorgungsgebühren werden vom AN übernommen.
Bekleidung: .....
Altholzkategorie A II
Abfallschlüssel nach AVV: 170201 Holz
Ausführung: im Freien
Transportweg: bis ..... km
Anlage (Bezeichnung/Ort): .....

11€ 13€ **16**€ 19€ 21€ [m2] ⏱ 0,25 h/m2 384.001.130

▶ min
▷ von
ø Mittel
◁ bis
◀ max

36 Wanddämmung entfernen, MW KG **394**

Wärmedämmung aus Mineralwolleplatten mit künstlichen Mineralfasern (KMF), ohne gefährlichen Faseranteil, an Außenwand entfernen und entsorgen. Die aufgenommenen Stoffe sammeln, auf LKW des AN laden, zur Verwertungsanlage transportieren und entsorgen. Die Entsorgungsgebühren werden vom AN übernommen.
Einbauart: .....
Dämmung: Mineralwolle
Abfallschlüssel nach AVV: 170604 Dämmstoff
Dämmdicke: .....
Ausführung: im Freien
Transportweg: bis ..... km
Anlage (Bezeichnung/Ort): .....

4€ 6€ **8**€ 10€ 12€ [m2] ⏱ 0,10 h/m2 384.001.131

37 Wanddämmung entfernen, MW alt KG **394**

Wärmedämmung aus Mineralwolleplatten mit künstlichen Mineralfasern (KMF), mit gefährlichem Faseranteil, unter Berücksichtigung TRGS 521, DGUV-Regel 101-004, an Außenwand entfernen und sammeln. Die Mineralwolle in reißfesten Plastiksäcken luftdicht verschließen und lagern. Die Entsorgungsgebühren werden gesondert auf Nachweis abgerechnet.
Einbauart: .....
Dämmung: Mineralwolle
Abfallschlüssel nach AVV: 170603* alter Dämmstoff
Dämmdicke: .....
Ausführung: im Freien
Transportweg: bis ..... km
Anlage (Bezeichnung/Ort): .....

4€ 8€ **10**€ 13€ 12€ [m²] ⏱ 0,13 h/m² 384.001.238

38 Dachdämmung entfernen, MW KG **394**

Dämmung aus Mineralwolleplatten mit künstlichen Mineralfasern (KMF), ohne gefährlichen Faseranteil, zwischen Sparren entfernen und entsorgen. Die aufgenommenen Stoffe sammeln, auf LKW des AN laden, zur Verwertungsanlage transportieren und entsorgen. Die Entsorgungsgebühren werden vom AN übernommen.
Dämmmaterial: Mineralwolle
Abfallschlüssel nach AVV: 170604 Dämmstoff
Dämmdicke: bis 100 mm
Ausführung: im Freien
Transportweg: bis ..... km
Anlage (Bezeichnung/Ort): .....

4€ 7€ **8**€ 10€ 14€ [m²] ⏱ 0,15 h/m² 384.001.132

39 Dachdämmung entfernen, MW alt KG **394**

Dämmung aus Mineralwolleplatten mit künstlichen Mineralfasern (KMF), mit gefährlichem Faseranteil, unter Berücksichtigung TRGS 521, DGUV-Regel 101-004, zwischen Sparren entfernen und sammeln. Die Mineralwolle in reißfesten Plastiksäcken luftdicht verschließen und lagern. Die Entsorgungsgebühren werden gesondert auf Nachweis abgerechnet.
Dämmung: Mineralwolle
Abfallschlüssel nach AVV: 170603* alter Dämmstoff
Dämmdicke: bis 100 mm
Ausführung: im Freien
Transportweg: bis ..... km
Anlage (Bezeichnung/Ort): .....

4€ 9€ **11**€ 13€ 14€ [m²] ⏱ 0,18 h/m² 384.001.239

Kosten:
Stand 2.Quartal 2020
Bundesdurchschnitt

Nr.	**Kurztext** / Langtext					Kostengruppe
▶	▷	**ø netto €**	◁	◀	[Einheit]	Ausf.-Dauer Positionsnummer

40 Lattentrennwand abbrechen KG **394**

Lattentrennwand aus Holz in Keller und Speicher, ohne Schadstoffbelastung, demontieren und entsorgen. Die aufgenommenen Stoffe sammeln, auf LKW des AN laden, zur Verwertungsanlage transportieren und entsorgen. Die Entsorgungsgebühren werden vom AN übernommen.
Ausbauort: .....
Altholzkategorie A I
Abfallschlüssel nach AVV: 170201 Holz
Ausführung: in allen Geschossen
Transportweg: bis ..... km
Anlage (Bezeichnung/Ort): .....

6€ 10€ **13**€ 15€ 23€ [m²] ⏱ 0,20 h/m² 384.001.134

41 Holzständerwand abbrechen KG **394**

Holzständerwand ohne Beplankung, ohne Schadstoffbelastung, abbrechen und entsorgen. Die aufgenommenen Stoffe sammeln, auf LKW des AN laden, zur Verwertungsanlage transportieren und entsorgen. Die Entsorgungsgebühren werden vom AN übernommen.
Ausbauort: .....
Wanddicke: ....
Altholzkategorie A I
Abfallschlüssel nach AVV: 170201 Holz
Ausführung: in allen Geschossen
Transportweg: bis ..... km
Anlage (Bezeichnung/Ort): .....

13€ 15€ **19**€ 23€ 26€ [m²] ⏱ 0,38 h/m² 384.001.135

42 Holztreppe abbrechen KG **394**

Holztreppe inkl. der Geländer und Handläufe, ohne Schadstoffbelastung, abbrechen und entsorgen. Die aufgenommenen Stoffe sammeln, auf LKW des AN laden, zur Verwertungsanlage transportieren und entsorgen. Die Entsorgungsgebühren werden vom AN übernommen.
Geschosshöhe: bis 3,00 m
Laufbreite: bis 1,20 m
Steigung: .....
Treppenlänge: .....
Altholzkategorie A II
Abfallschlüssel nach AVV: 170201 Holz
Ausführung: in allen Geschossen
Transportweg: bis ..... km
Anlage (Bezeichnung/Ort): .....

102€ 134€ **167**€ 200€ 328€ [St] ⏱ 3,30 h/St 384.001.136

▶ min
▷ von
ø Mittel
◁ bis
◀ max

43 Holzleiter abbrechen KG **394**

Holzleiter im Dachraum, ohne Schadstoffbelastung, abbrechen und entsorgen. Die aufgenommenen Stoffe sammeln, auf LKW des AN laden, zur Verwertungsanlage transportieren und entsorgen. Die Entsorgungsgebühren werden vom AN übernommen.
Bauart: .....
Befestigung: .....
Länge: .....
Altholzkategorie A II
Abfallschlüssel nach AVV: 170201 Holz
Ausführung: in allen Geschossen
Transportweg: bis ..... km
Anlage (Bezeichnung/Ort): .....

7€ 8€ **10**€ 12€ 14€ [St] ⏱ 0,15 h/St 384.001.139

44 Holzhandlauf entfernen KG **394**

Handlauf aus Holz, inkl. Halterung und Befestigung, ohne Schadstoffbelastung, entfernen und entsorgen. Die aufgenommenen Stoffe sammeln, auf LKW des AN laden, zur Verwertungsanlage transportieren und entsorgen. Die Entsorgungsgebühren werden vom AN übernommen.
Befestigung: .....
Altholzkategorie A II
Abfallschlüssel nach AVV: 170201 Holz
Ausführung: in allen Geschossen
Transportweg: bis ..... km
Anlage (Bezeichnung/Ort): .....

6€ 7€ **9**€ 11€ 12€ [m] ⏱ 0,18 h/m 384.001.140

45 Holzfußboden entfernen, Bodenbretter KG **394**

Fußbodenbretter als Dielen mit Sockelleisten, ohne Schadstoffbelastung, entfernen und entsorgen. Die aufgenommenen Stoffe sammeln, auf LKW des AN laden, zur Verwertungsanlage transportieren und entsorgen. Die Entsorgungsgebühren werden vom AN übernommen.
Ausbauort: .....
Belagsdicke: .....
Altholzkategorie A II
Abfallschlüssel nach AVV: 170201 Holz
Ausführung: in allen Geschossen
Transportweg: bis ..... km
Anlage (Bezeichnung/Ort): .....

6€ 8€ **9**€ 11€ 20€ [m²] ⏱ 0,18 h/m² 384.001.141

Nr.	**Kurztext** / Langtext					Kostengruppe
▶	▷	**ø netto €**	◁	◀	[Einheit]	Ausf.-Dauer Positionsnummer

46 Holzfußboden entfernen, Bretter/Lagerhölzer KG **394**

Fußbodenbretter auf Lagerhölzer inkl. Sockelleisten, ohne Schadstoffbelastung, ausbauen und entsorgen. Die aufgenommenen Stoffe sammeln, auf LKW des AN laden, zur Verwertungsanlage transportieren und entsorgen. Die Entsorgungsgebühren werden vom AN übernommen.
Ausbauort: .....
Belagsdicke: .....
Befestigungsart: .....
Altholzkategorie A II
Abfallschlüssel nach AVV: 170201 Holz
Ausführung: in allen Geschossen
Transportweg: bis ..... km
Anlage (Bezeichnung/Ort): .....

7€ 9€ **11**€ 14€ 23€ [m²] ⏱ 0,22 h/m² 384.001.142

Kosten:
Stand 2.Quartal 2020
Bundesdurchschnitt

47 Spanplattenboden abbrechen KG **394**

Spanplattenboden einschl. Unterkonstruktion, ohne Schadstoffbelastung, abbrechen und entsorgen. Die aufgenommenen Stoffe sammeln, auf LKW des AN laden, zur Verwertungsanlage transportieren und entsorgen. Die Entsorgungsgebühren werden vom AN übernommen.
Ausbauort: .....
Plattenboden: bis 25 mm
Unterkonstruktion: .....
Altholzkategorie A II
Abfallschlüssel nach AVV: 170201 Holz
Ausführung: in allen Geschossen
Transportweg: bis ..... km
Anlage (Bezeichnung/Ort): .....

9€ 14€ **18**€ 21€ 29€ [m²] ⏱ 0,30 h/m² 384.001.143

48 Schüttung entfernen, Lagerhölzer KG **394**

Schüttung aus gebrochenem Mineralstoff zwischen Lagerhölzern, ohne Schadstoffbelastung, entfernen und entsorgen. Die aufgenommenen Stoffe sammeln, auf LKW des AN laden, zur Verwertungsanlage transportieren und entsorgen. Die Entsorgungsgebühren werden vom AN übernommen.
Ausbauort: .....
Schütthöhe: bis 7 cm
Abfallschlüssel nach AVV: 170101 Beton
Ausführung: in allen Geschossen
Transportweg: bis ..... km
Anlage (Bezeichnung/Ort): .....

7€ 8€ **10**€ 12€ 20€ [m²] ⏱ 0,10 h/m² 384.001.144

▶ min
▷ von
ø Mittel
◁ bis
◀ max

49 Schüttung entfernen, Holzbalkendecke KG **394**

Schüttung aus gebrochenem Mineralstoff in Holzbalkendecke, ohne Schadstoffbelastung, entfernen und entsorgen. Die aufgenommenen Stoffe sammeln, auf LKW des AN laden, zur Verwertungsanlage transportieren und entsorgen. Die Entsorgungsgebühren werden vom AN übernommen.
Ausbauort: .....
Schütthöhe: bis 15 cm
Abfallschlüssel nach AVV: 170101 Beton
Ausführung: in allen Geschossen
Transportweg: bis ..... km
Anlage (Bezeichnung/Ort): .....

8€	14€	**18**€	22€	27€	[m2]	⏱ 0,35 h/m2	384.001.145

50 Fehlboden entfernen KG **394**

Fehlboden aus Holz, ohne Schadstoffbelastung, entfernen und entsorgen. Die aufgenommenen Stoffe sammeln, auf LKW des AN laden, zur Verwertungsanlage transportieren und entsorgen. Die Entsorgungsgebühren werden vom AN übernommen.
Ausbauort: .....
Belagsdicke: .....
Balkenabstand: .....
Altholzkategorie A II
Abfallschlüssel nach AVV: 170201 Holz
Ausführung: in allen Geschossen
Transportweg: bis ..... km
Anlage (Bezeichnung/Ort): .....

7€	10€	**12**€	14€	21€	[m2]	⏱ 0,22 h/m2	384.001.146

51 Deckenbalken abbrechen KG **394**

Deckenbalken, ohne Schadstoffbelastung, mit notwendigen Abstützmaßnahmen ausbauen und entsorgen. Die aufgenommenen Stoffe sammeln, auf LKW des AN laden, zur Verwertungsanlage transportieren und entsorgen. Die Entsorgungsgebühren werden vom AN übernommen.
Ausbauort: .....
Abmessungen: ....
Altholzkategorie A II
Abfallschlüssel nach AVV: 170201 Holz
Ausführung: in allen Geschossen
Transportweg: bis ..... km
Anlage (Bezeichnung/Ort): .....

6€	8€	**10**€	12€	18€	[m]	⏱ 0,15 h/m	384.001.147

381
382
384
386
387

Nr. **Kurztext** / Langtext Kostengruppe
▶ ▷ **ø netto €** ◁ ◀ [Einheit] Ausf.-Dauer Positionsnummer

52 **Holzbalkendecke abbrechen** KG **394**

Holzbalkendecke, ohne Schadstoffbelastung, in allen Teilen unter Berücksichtigung der Sicherungsmaßnahmen ausbauen und entsorgen. Die aufgenommenen Stoffe sammeln, auf LKW des AN laden, zur Verwertungsanlage transportieren und entsorgen. Die Entsorgungsgebühren werden vom AN übernommen.
Ausbauort: .....
Balkenquerschnitt: .....
Balkenabstand: .....
Deckenaufbau: .....
Deckendicke: .....
Altholzkategorie A II
Abfallschlüssel nach AVV: 170201 Holz
Ausführung: in allen Geschossen
Transportweg: bis ..... km
Anlage (Bezeichnung/Ort): .....

29€ 54€ **67**€ 80€ 88€ [m²] ⏱ 0,90 h/m² 384.001.149

53 **Dachstuhlhölzer abbrechen** KG **394**

Dachstuhlhölzer, mit Holzschutzmittel, unter Berücksichtigung der Sicherungsmaßnahmen ausbauen. Die aufgenommenen Stoffe sammeln, auf LKW des AN laden, zur Verwertungsanlage transportieren. Die Entsorgung wird gesondert vergütet.
Bauteil: .....
Firsthöhe: .....
Dachform: .....
Dachneigung: .....
Altholzkategorie A IV
Transportweg: bis ..... km
Anlage (Bezeichnung/Ort): .....

7€ 11€ **14**€ 17€ 23€ [m] ⏱ 0,50 h/m 384.001.150

54 **Bodenabdichtung entfernen, Bitumen, 1-lagig** KG **394**

Bodenabdichtung mit Bitumenbahnen, einlagig, ohne Schadstoffbelastung, entfernen und entsorgen. Die aufgenommenen Stoffe sammeln, auf LKW des AN laden, zur Verwertungsanlage transportieren und entsorgen. Die Entsorgungsgebühren werden vom AN übernommen.
Untergrund: .....
Abfallschlüssel nach AVV: 170302 Bitumengemische
Ausführung: in allen Geschossen
Transportweg: bis ..... km
Anlage (Bezeichnung/Ort): .....

–€ 13€ **16**€ 19€ –€ [m²] ⏱ 0,10 h/m² 384.001.151

Kosten:
Stand 2.Quartal 2020
Bundesdurchschnitt

▶ min
▷ von
ø Mittel
◁ bis
◀ max

381
382
384
386
387

55 Bodenabdichtung entfernen, Bitumen, 2-lagig KG **394**

Bodenabdichtung mit Bitumenbahnen, zweilagig, ohne Schadstoffbelastung, entfernen und entsorgen. Die aufgenommenen Stoffe sammeln, auf LKW des AN laden, zur Verwertungsanlage transportieren und entsorgen. Die Entsorgungsgebühren werden vom AN übernommen.
Untergrund: .....
Abfallschlüssel nach AVV: 170302 Bitumengemische
Ausführung: in allen Geschossen
Transportweg: bis ..... km
Anlage (Bezeichnung/Ort): .....

–€ 16€ **20**€ 24€ –€ [m2] ⏱ 0,15 h/m2 384.001.152

56 Bitumenbeschichtung entfernen, Wand KG **394**

Bitumenbeschichtung auf Kelleraußenmauerwerk, ohne Schadstoffbelastung, entfernen und entsorgen. Die aufgenommenen Stoffe sammeln, auf LKW des AN laden, zur Verwertungsanlage transportieren und entsorgen. Die Entsorgungsgebühren werden vom AN übernommen.
Beschichtungsart: .....
Abfallschlüssel nach AVV: 170302 Bitumengemische
Ausführung: in allen Geschossen
Transportweg: bis ..... km
Anlage (Bezeichnung/Ort): .....

9€ 13€ **16**€ 19€ 23€ [m2] ⏱ 0,20 h/m2 384.001.153

57 Bitumenbahnen entfernen, Wand KG **394**

Bitumenbahnenabdichtung auf Kelleraußenmauerwerk, ohne Schadstoffbelastung, entfernen und entsorgen. Die aufgenommenen Stoffe sammeln, auf LKW des AN laden, zur Verwertungsanlage transportieren und entsorgen. Die Entsorgungsgebühren werden vom AN übernommen.
Bitumenbahn: .....
Abfallschlüssel nach AVV: 170302 Bitumengemische
Ausführung: in allen Geschossen
Transportweg: bis ..... km
Anlage (Bezeichnung/Ort): .....

–€ 19€ **22**€ 27€ –€ [m2] ⏱ 0,20 h/m2 384.001.154

58 Schutzbahn entfernen, Wand KG **394**

Schutzbahn aus Kunststoff auf den erdberührenden Wandflächen, ohne Schadstoffbelastung, entfernen und entsorgen. Die aufgenommenen Stoffe sammeln, auf LKW des AN laden, zur Verwertungsanlage transportieren und entsorgen. Die Entsorgungsgebühren werden vom AN übernommen.
Schutzbahn: .....
Abfallschlüssel nach AVV: **170904 gemischte Bau- und Abbruchabfälle / 170203 Kunststoff**
Transportweg: bis ..... km
Anlage (Bezeichnung/Ort): .....

–€ 11€ **13**€ 16€ –€ [m2] ⏱ 0,18 h/m2 384.001.155

Nr.	Kurztext / Langtext						Kostengruppe
▶	▷	ø netto €	◁	◀	[Einheit]	Ausf.-Dauer	Positionsnummer

59 Dachdeckung entfernen KG **394**

Dachbelag mit Ziegel- oder Betonsteindeckung, ohne Schadstoffbelastung, entfernen und entsorgen. Die aufgenommenen Stoffe sammeln, auf LKW des AN laden, zur Verwertungsanlage transportieren und entsorgen. Die Entsorgungsgebühren werden vom AN übernommen.
Dachdeckung: .....
Dachneigung: .....
Material: .....
Deckungsart: .....
Abfallschlüssel nach AVV: **170101 Beton / 170102 Ziegel / 170904 gemischte Bau- und Abbruchabfälle**
Transportweg: bis ..... km
Anlage (Bezeichnung/Ort): .....

5€	9€	**11**€	12€	14€	[m²]	⏱ 0,12 h/m²	384.001.156

Kosten:
Stand 2.Quartal 2020
Bundesdurchschnitt

60 Faserzement-Wellplattendeckung entfernen KG **394**

Dachdeckung aus Faserzementwellplatten, nicht asbesthaltig, abbrechen und entsorgen. Die aufgenommenen Stoffe sammeln, auf LKW des AN laden, zur Verwertungsanlage transportieren und entsorgen. Die Entsorgungsgebühren werden vom AN übernommen.
Plattenart: ....
Unterkonstruktion: .....
Dachneigung: .....
Abfallschlüssel nach AVV: 170101 Beton
Transportweg: bis ..... km
Anlage (Bezeichnung/Ort): .....

6€	8€	**9**€	11€	17€	[m²]	⏱ 0,20 h/m²	384.001.159

61 Formziegel entfernen, gemörtelt KG **394**

First- und Grateindeckung mit eingemörtelten Formziegeln, ohne Schadstoffbelastung, entfernen und entsorgen. Die aufgenommenen Stoffe sammeln, auf LKW des AN laden, zur Verwertungsanlage transportieren und entsorgen. Die Entsorgungsgebühren werden vom AN übernommen.
Ziegelformat: .....
Material: .....
Abfallschlüssel nach AVV: 170102 Ziegel
Transportweg: bis ..... km
Anlage (Bezeichnung/Ort): .....

3€	5€	**6**€	7€	13€	[m]	⏱ 0,12 h/m	384.001.160

▶ min
▷ von
ø Mittel
◁ bis
◀ max

62 Dachlattung entfernen KG **394**

Dachlattung, mit Holzschutzmitteln, entfernen. Die aufgenommenen Stoffe sammeln, auf LKW des AN laden, zur Verwertungsanlage transportieren. Die Entsorgung wird gesondert vergütet.
Lattenweite: 320-340 mm
Lattenquerschnitt: .....
Altholzkategorie A IV
Transportweg: bis ..... km
Anlage (Bezeichnung/Ort): .....

1€	2€	**3**€	3€	4€	[m²]	⏱ 0,06 h/m²	384.001.161

63 Bitumendachbahn entfernen, 1-lagig KG **394**

Einlagige Bitumendachbahn auf Holzschalung, ohne Schadstoffbelastung, entfernen und entsorgen. Die aufgenommenen Stoffe sammeln, auf LKW des AN laden, zur Verwertungsanlage transportieren und entsorgen. Die Entsorgungsgebühren werden vom AN übernommen.
Bitumenbahn: .....
Abfallschlüssel nach AVV: 170302 Bitumengemische
Transportweg: bis ..... km
Anlage (Bezeichnung/Ort): .....

▶	▷	ø netto €	◁	◀	[Einheit]	Ausf.-Dauer	Positionsnummer
4€	7€	**9**€	10€	17€	[m2]	⏱ 0,20 h/m2	384.001.162

64 Bitumendachbahn entfernen, 2-lagig KG **394**

Zweilagige Bitumendachbahn auf Holzschalung, ohne Schadstoffbelastung, entfernen und entsorgen. Die aufgenommenen Stoffe sammeln, auf LKW des AN laden, zur Verwertungsanlage transportieren und entsorgen. Die Entsorgungsgebühren werden vom AN übernommen.
Bitumenbahn: .....
Abfallschlüssel nach AVV: 170302 Bitumengemische
Transportweg: bis ..... km
Anlage (Bezeichnung/Ort): .....

▶	▷	ø netto €	◁	◀	[Einheit]	Ausf.-Dauer	Positionsnummer
4€	9€	**12**€	14€	19€	[m2]	⏱ 0,24 h/m2	384.001.163

65 Dachschalung entfernen KG **394**

Dachschalung, mit Holzschutzmittel, entfernen. Die aufgenommenen Stoffe sammeln, auf LKW des AN laden, zur Verwertungsanlage transportieren. Die Entsorgung wird gesondert vergütet.
Schalung: .....
Altholzkategorie A IV
Transportweg: bis ..... km
Anlage (Bezeichnung/Ort): .....

▶	▷	ø netto €	◁	◀	[Einheit]	Ausf.-Dauer	Positionsnummer
8€	12€	**15**€	17€	24€	[m2]	⏱ 0,35 h/m2	384.001.164

66 Ortgangbrett entfernen KG **394**

Ortgangbrett, mit Holzschutzmittel, entfernen. Die aufgenommenen Stoffe sammeln, auf LKW des AN laden, zur Verwertungsanlage transportieren. Die Entsorgung wird gesondert vergütet.
Abmessung: .....
Befestigung: .....
Altholzkategorie A IV
Transportweg: bis ..... km
Anlage (Bezeichnung/Ort): .....

▶	▷	ø netto €	◁	◀	[Einheit]	Ausf.-Dauer	Positionsnummer
4€	7€	**8**€	10€	12€	[m2]	⏱ 0,20 h/m2	384.001.165

Kosten:
Stand 2.Quartal 2020
Bundesdurchschnitt

Nr.	**Kurztext** / Langtext					Kostengruppe
▶	▷	**ø netto €**	◁	◀	[Einheit]	Ausf.-Dauer Positionsnummer

67 Blechteile entfernen, bis Z 600 KG **394**

Blechteile an Dachdeckung, ohne Schadstoffbelastung, entfernen und entsorgen. Die aufgenommenen Stoffe sammeln, auf LKW des AN laden, zur Verwertungsanlage transportieren und entsorgen. Die Entsorgungsgebühren werden vom AN übernommen.
Blechteil: .....
Material: .....
Zuschnitt: .....
Abfallschlüssel nach AVV: 1704.....
Transportweg: bis ..... km
Anlage (Bezeichnung/Ort): .....

1€ 3€ **3**€ 4€ 7€ [m] ⏱ 0,05 h/m 384.001.166

68 Blitzableiter entfernen KG **394**

Blitzableiter inkl. Befestigungen, ohne Schadstoffbelastung, demontieren und entsorgen. Die aufgenommenen Stoffe sammeln, auf LKW des AN laden, zur Verwertungsanlage transportieren und entsorgen. Die Entsorgungsgebühren werden vom AN übernommen.
Abfallschlüssel nach AVV: .....
Transportweg: bis ..... km
Anlage (Bezeichnung/Ort): .....

–€ 1€ **1**€ 2€ –€ [m] ⏱ 0,01 h/m 384.001.168

69 Entlüftungsrohr entfernen KG **394**

Ent- oder Belüftungsrohr in Dachdeckung, ohne Schadstoffbelastung, entfernen und entsorgen. Die aufgenommenen Stoffe sammeln, auf LKW des AN laden, zur Verwertungsanlage transportieren und entsorgen. Die Entsorgungsgebühren werden vom AN übernommen.
Art der Deckung: .....
Material: .....
Abfallschlüssel nach AVV: .....
Transportweg: bis ..... km
Anlage (Bezeichnung/Ort): .....

1€ 7€ **8**€ 10€ 20€ [St] ⏱ 0,25 h/St 384.001.169

70 Laufrost entfernen KG **394**

Laufrost auf Dach einschl. Stützen, ohne Schadstoffbelastung, entfernen und entsorgen. Die aufgenommenen Stoffe sammeln, auf LKW des AN laden, zur Verwertungsanlage transportieren und entsorgen. Die Entsorgungsgebühren werden vom AN übernommen.
Ausführung: .....
Größe: .....
Abfallschlüssel nach AVV: .....
Transportweg: bis ..... km
Anlage (Bezeichnung/Ort): .....

2€ 4€ **5**€ 6€ 9€ [m] ⏱ 0,15 h/m 384.001.170

▶ min
▷ von
ø Mittel
◁ bis
◀ max

71 Dachfenster ausbauen KG **394**

Dachfenster einschl. Blechrahmen und Flügel, ohne Schadstoffbelastung, ausbauen und entsorgen. Die aufgenommenen Stoffe sammeln, auf LKW des AN laden, zur Verwertungsanlage transportieren und entsorgen. Die Entsorgungsgebühren werden vom AN übernommen.
Größe: ..... mm
Material: .....
Abfallschlüssel nach AVV: .....
Transportweg: bis ..... km
Anlage (Bezeichnung/Ort): .....

26€ 50€ **62**€ 75€ 84€ [St] ⏱ 0,95 h/St 384.001.171

72 Dachluke entfernen KG **394**

Dachluke als Dachausstiegsfenster, ohne Schadstoffbelastung, entfernen und entsorgen. Die aufgenommenen Stoffe sammeln, auf LKW des AN laden, zur Verwertungsanlage transportieren und entsorgen. Die Entsorgungsgebühren werden vom AN übernommen.
Größe: ..... mm
Material: .....
Abfallschlüssel nach AVV: .....
Transportweg: bis ..... km
Anlage (Bezeichnung/Ort): .....

13€ 18€ **22**€ 27€ 38€ [St] ⏱ 0,50 h/St 384.001.172

73 Unterspannbahn entfernen KG **394**

Unterspannbahn, ohne Schadstoffbelastung, entfernen und entsorgen. Die aufgenommenen Stoffe sammeln, auf LKW des AN laden, zur Verwertungsanlage transportieren und entsorgen. Die Entsorgungsgebühren werden vom AN übernommen.
Dachneigung: ....
Abfallschlüssel nach AVV: 170203 Bau- und Abbruchabfall, Kunststoff
Transportweg: bis ..... km
Anlage (Bezeichnung/Ort): .....

2€ 4€ **5**€ 5€ 6€ [m²] ⏱ 0,07 h/m² 384.001.173

74 Dachrinne vorgehängt, entfernen KG **394**

Vorgehängte Dachrinne einschl. Rinnenhaken, ohne Schadstoffbelastung, demontieren und entsorgen. Die aufgenommenen Stoffe sammeln, auf LKW des AN laden, zur Verwertungsanlage transportieren und entsorgen. Die Entsorgungsgebühren werden vom AN übernommen.
Material: .....
Abfallschlüssel nach AVV: .....
Transportweg: bis ..... km
Anlage (Bezeichnung/Ort): .....

2€ 3€ **4**€ 5€ 6€ [m] ⏱ 0,07 h/m 384.001.174

Kosten:
Stand 2.Quartal 2020
Bundesdurchschnitt

Nr.	**Kurztext** / Langtext						Kostengruppe
▶	▷	**ø netto €**	◁	◀	[Einheit]	Ausf.-Dauer	Positionsnummer

75 Kastenrinne entfernen KG **394**

Innenliegende Kastenrinne einschl. Rinnenhaken, ohne Schadstoffbelastung, demontieren und entsorgen. Die aufgenommenen Stoffe sammeln, auf LKW des AN laden, zur Verwertungsanlage transportieren und entsorgen. Die Entsorgungsgebühren werden vom AN übernommen.
Material: .....
Abfallschlüssel nach AVV: .....
Transportweg: bis ..... km
Anlage (Bezeichnung/Ort): .....

3€ 4€ **5**€ 6€ 8€ [m] ⏱ 0,07 h/m 384.001.175

76 Schneefanggitter entfernen KG **394**

Schneefanggitter mit Befestigung, ohne Schadstoffbelastung, entfernen und entsorgen. Die aufgenommenen Stoffe sammeln, auf LKW des AN laden, zur Verwertungsanlage transportieren und entsorgen. Die Entsorgungsgebühren werden vom AN übernommen.
Material: .....
Abfallschlüssel nach AVV: .....
Transportweg: bis ..... km
Anlage (Bezeichnung/Ort): .....

2€ 4€ **4**€ 5€ 9€ [m] ⏱ 0,05 h/m 384.001.177

77 Fallrohr entfernen KG **394**

Fallrohr der Dachentwässerung mit Befestigung und Verbindungen, ohne Schadstoffbelastung, zu den Dachrinnen entfernen und entsorgen. Die aufgenommenen Stoffe sammeln, auf LKW des AN laden, zur Verwertungsanlage transportieren und entsorgen. Die Entsorgungsgebühren werden vom AN übernommen.
Material: .....
Nennweite: bis DN100
Abfallschlüssel nach AVV: .....
Transportweg: bis ..... km
Anlage (Bezeichnung/Ort): .....

1€ 3€ **3**€ 4€ 6€ [m] ⏱ 0,06 h/m 384.001.178

78 Standrohr entfernen KG **394**

Standrohr der Dachentwässerung, ohne Schadstoffbelastung, abschneiden und entsorgen. Die aufgenommenen Stoffe sammeln, auf LKW des AN laden, zur Verwertungsanlage transportieren und entsorgen. Die Entsorgungsgebühren werden vom AN übernommen.
Nennweite: bis DN100
Rohrlänge: .....
Material: .....
Abfallschlüssel nach AVV: .....
Transportweg: bis ..... km
Anlage (Bezeichnung/Ort): .....

3€ 8€ **10**€ 12€ 22€ [St] ⏱ 0,12 h/St 384.001.179

▶ min
▷ von
ø Mittel
◁ bis
◀ max

79 Traufblech entfernen KG **394**

Traufblech, ohne Schadstoffbelastung, entfernen und entsorgen. Die aufgenommenen Stoffe sammeln, auf LKW des AN laden, zur Verwertungsanlage transportieren und entsorgen. Die Entsorgungsgebühren werden vom AN übernommen.
Zuschnitt: bis 500 mm
Material: .....
Abfallschlüssel nach AVV: 1704....
Transportweg: bis ..... km
Anlage (Bezeichnung/Ort): .....

2€ 2€ **3**€ 3€ 6€ [m] ⏱ 0,05 h/m 384.001.180

80 Winkelkehle entfernen KG **394**

Winkelkehle aus Blech, ohne Schadstoffbelastung, entfernen und entsorgen. Die aufgenommenen Stoffe sammeln, auf LKW des AN laden, zur Verwertungsanlage transportieren und entsorgen. Die Entsorgungsgebühren werden vom AN übernommen.
Zuschnitt: .....
Material: .....
Abfallschlüssel nach AVV: 1704....
Transportweg: bis ..... km
Anlage (Bezeichnung/Ort): .....

2€ 3€ **4**€ 5€ 7€ [m] ⏱ 0,06 h/m 384.001.181

81 Verwahrung entfernen KG **394**

Verwahrung aus Blech, ohne Schadstoffbelastung, entfernen und entsorgen. Die aufgenommenen Stoffe sammeln, auf LKW des AN laden, zur Verwertungsanlage transportieren und entsorgen. Die Entsorgungsgebühren werden vom AN übernommen.
Abwicklung: .....
Material: .....
Abfallschlüssel nach AVV: 1704....
Transportweg: bis ..... km
Anlage (Bezeichnung/Ort): .....

3€ 4€ **5**€ 6€ 10€ [m] ⏱ 0,08 h/m 384.001.182

82 Ortgangverblechung entfernen KG **394**

Ortgangverblechung, einschl. Windleiste und Blechabdeckung, ohne Schadstoffbelastung, entfernen und entsorgen. Die aufgenommenen Stoffe sammeln, auf LKW des AN laden, zur Verwertungsanlage transportieren und entsorgen. Die Entsorgungsgebühren werden vom AN übernommen.
Abwicklung: .....
Material: .....
Abfallschlüssel nach AVV: 1704....
Transportweg: bis ..... km
Anlage (Bezeichnung/Ort): .....

2€ 4€ **5**€ 6€ 10€ [m] ⏱ 0,07 h/m 384.001.183

Nr.	**Kurztext** / Langtext						Kostengruppe
▶	▷	**ø netto €**	◁	◀	[Einheit]	Ausf.-Dauer	Positionsnummer

83 Wandanschlussprofile entfernen — KG **394**

Wandanschlussprofile einschl. Befestigungsmaterial, ohne Schadstoffbelastung, entfernen und entsorgen. Die aufgenommenen Stoffe sammeln, auf LKW des AN laden, zur Verwertungsanlage transportieren und entsorgen. Die Entsorgungsgebühren werden vom AN übernommen.
Befestigung: .....
Material: .....
Abfallschlüssel nach AVV: .....
Transportweg: bis ..... km
Anlage (Bezeichnung/Ort): .....

▶	▷	ø	◁	◀	Einheit	Ausf.-Dauer	Positionsnummer
4€	7€	**9**€	11€	14€	[m]	⏱ 0,20 h/m	384.001.184

84 Fensterblech entfernen — KG **394**

Fensterblech inkl. Befestigungsmittel, ohne Schadstoffbelastung, entfernen und entsorgen. Die aufgenommenen Stoffe sammeln, auf LKW des AN laden, zur Verwertungsanlage transportieren und entsorgen. Die Entsorgungsgebühren werden vom AN übernommen.
Breite: .....
Material: .....
Abfallschlüssel nach AVV: 1704....
Transportweg: bis ..... km
Anlage (Bezeichnung/Ort): .....

▶	▷	ø	◁	◀	Einheit	Ausf.-Dauer	Positionsnummer
2€	3€	**4**€	5€	8€	[m]	⏱ 0,07 h/m	384.001.185

85 Blechabdeckung entfernen — KG **394**

Blechabdeckung, ohne Schadstoffbelastung, entfernen und entsorgen. Die aufgenommenen Stoffe sammeln, auf LKW des AN laden, zur Verwertungsanlage transportieren und entsorgen. Die Entsorgungsgebühren werden vom AN übernommen.
Zuschnitt: ca. 600 mm
Material: .....
Abfallschlüssel nach AVV: 1704....
Transportweg: bis ..... km
Anlage (Bezeichnung/Ort): .....

▶	▷	ø	◁	◀	Einheit	Ausf.-Dauer	Positionsnummer
2€	5€	**6**€	8€	11€	[m]	⏱ 0,12 h/m	384.001.186

86 Schornsteinverblechung entfernen — KG **394**

Schornsteinverblechung, ohne Schadstoffbelastung, entfernen und entsorgen. Die aufgenommenen Stoffe sammeln, auf LKW des AN laden, zur Verwertungsanlage transportieren und entsorgen. Die Entsorgungsgebühren werden vom AN übernommen.
Schornsteingröße: .....
Abwicklung: .....
Material: .....
Abfallschlüssel nach AVV: 1704....
Transportweg: bis ..... km
Anlage (Bezeichnung/Ort): .....

▶	▷	ø	◁	◀	Einheit	Ausf.-Dauer	Positionsnummer
10€	15€	**19**€	23€	34€	[m²]	⏱ 0,35 h/m²	384.001.187

Kosten:
Stand 2.Quartal 2020
Bundesdurchschnitt

▶ min
▷ von
ø Mittel
◁ bis
◀ max

87 Gaubenverblechung entfernen KG **394**

Gaubenverblechung einschl. Anschlüsse, ohne Schadstoffbelastung, entfernen und entsorgen. Die aufgenommenen Stoffe sammeln, auf LKW des AN laden, zur Verwertungsanlage transportieren und entsorgen. Die Entsorgungsgebühren werden vom AN übernommen.
Material: .....
Abfallschlüssel nach AVV: 1704....
Transportweg: bis ..... km
Anlage (Bezeichnung/Ort): .....

5€ 9€ **12**€ 14€ 23€ [m2] ⏱ 0,23 h/m2 384.001.188

88 Blech-Dachdeckung entfernen KG **394**

Dacheindeckung aus Metallblech auf Holzschalung, ohne Schadstoffbelastung, entfernen und entsorgen. Die aufgenommenen Stoffe sammeln, auf LKW des AN laden, zur Verwertungsanlage transportieren und entsorgen. Die Entsorgungsgebühren werden vom AN übernommen.
Deckungsart: .....
Material: .....
Abfallschlüssel nach AVV: 1704....
Transportweg: bis ..... km
Anlage (Bezeichnung/Ort): .....

5€ 12€ **16**€ 19€ 28€ [m2] ⏱ 0,25 h/m2 384.001.189

89 Blechbekleidung entfernen KG **394**

Blechbekleidung an Außenwänden, ohne Schadstoffbelastung, entfernen und entsorgen. Die aufgenommenen Stoffe sammeln, auf LKW des AN laden, zur Verwertungsanlage transportieren und entsorgen. Die Entsorgungsgebühren werden vom AN übernommen.
Bekleidungsart: .....
Material: .....
Abfallschlüssel nach AVV: 1704....
Transportweg: bis ..... km
Anlage (Bezeichnung/Ort): .....

–€ 14€ **18**€ 22€ –€ [m2] ⏱ 0,30 h/m2 384.001.190

90 Außenputz abschlagen, Mauerwerk KG **394**

Außenputz, zweilagig, auf Ziegelmauerwerk, ohne Schadstoffbelastung, abschlagen und entsorgen. Die aufgenommenen Stoffe sammeln, auf LKW des AN laden, zur Verwertungsanlage transportieren und entsorgen. Die Entsorgungsgebühren werden vom AN übernommen.
Putzdicke: bis 30 mm
Haftung: .....
Abfallschlüssel nach AVV: 170904 gemischte Bau- und Abbruchabfälle
Transportweg: bis ..... km
Anlage (Bezeichnung/Ort): .....

7€ 11€ **13**€ 15€ 21€ [m2] ⏱ 0,25 h/m2 384.001.191

Nr. **Kurztext** / Langtext Kostengruppe
▶ ▷ **ø netto €** ◁ ◀ [Einheit] Ausf.-Dauer Positionsnummer

Kosten:
Stand 2.Quartal 2020
Bundesdurchschnitt

91 Sockelputz abschlagen KG **394**

Sockelputz, ohne Schadstoffbelastung, abschlagen und entsorgen. Die aufgenommenen Stoffe sammeln, auf LKW des AN laden, zur Verwertungsanlage transportieren und entsorgen. Die Entsorgungsgebühren werden vom AN übernommen.
Putzdicke: bis 30 mm
Haftung: .....
Abfallschlüssel nach AVV: 170904 gemischte Bau- und Abbruchabfälle
Transportweg: bis ..... km
Anlage (Bezeichnung/Ort): .....

7€ 10€ **11**€ 13€ 18€ [m2] ⏱ 0,23 h/m2 384.001.193

92 Deckenputz abschlagen KG **394**

Deckenputz, ohne Schadstoffbelastung, abbrechen und entsorgen. Die aufgenommenen Stoffe sammeln, auf LKW des AN laden, zur Verwertungsanlage transportieren und entsorgen. Die Entsorgungsgebühren werden vom AN übernommen.
Putzdicke: bis 30 mm
Untergrund: .....
Haftung: .....
Ausführung: in allen Geschossen
Abfallschlüssel nach AVV: 170904 gemischte Bau- und Abbruchabfälle
Transportweg: bis ..... km
Anlage (Bezeichnung/Ort): .....

9€ 14€ **16**€ 19€ 23€ [m2] ⏱ 0,25 h/m2 384.001.194

93 Bodenfliesen entfernen, Mörtelbett KG **394**

Bodenfliesen in Mörtelbett, ohne Schadstoffbelastung, ausbauen und entsorgen. Die aufgenommenen Stoffe sammeln, auf LKW des AN laden, zur Verwertungsanlage transportieren und entsorgen. Die Entsorgungsgebühren werden vom AN übernommen.
Fliesengröße: .....
Mörtelbett: .....
Dicke: bis 5 cm
Ausführung: in allen Geschossen
Abfallschlüssel nach AVV: 170107 Gemische aus Beton, Ziegel, Fliesen und Keramik
Transportweg: bis ..... km
Anlage (Bezeichnung/Ort): ......

9€ 13€ **16**€ 20€ 27€ [m2] ⏱ 0,20 h/m2 384.001.200

94 Wandfliesen entfernen, Dickbett KG **394**

Wandfliesen im Dickbett, ohne Schadstoffbelastung, entfernen und entsorgen. Die aufgenommenen Stoffe sammeln, auf LKW des AN laden, zur Verwertungsanlage transportieren und entsorgen. Die Entsorgungsgebühren werden vom AN übernommen.
Fliesengröße: .....
Dicke: bis 4 cm
Ausführung: in allen Geschossen
Abfallschlüssel nach AVV: 170107 Gemische aus Beton, Ziegel, Fliesen und Keramik
Transportweg: bis ..... km
Anlage (Bezeichnung/Ort): .....

7€ 12€ **15**€ 18€ 23€ [m2] ⏱ 0,22 h/m2 384.001.204

▶ min
▷ von
ø Mittel
◁ bis
◀ max

A 1 Verbundestrich abbrechen Beschreibung für Pos. **95-96**

Verbundestrich als Zementestrich, ohne Schadstoffbelastung, abbrechen und entsorgen. Die aufgenommenen Stoffe sammeln, auf LKW des AN laden, zur Verwertungsanlage transportieren und entsorgen. Die Entsorgungsgebühren werden vom AN übernommen.
Ausführung: in allen Geschossen
Abfallschlüssel nach AVV: 170101 Beton
Transportweg: bis ..... km
Anlage (Bezeichnung/Ort): .....

95 Verbundestrich abbrechen, bis 50mm KG **394**

Wie Ausführungsbeschreibung A 1
Estrichdicke: bis 50 mm

10€ 13€ **17**€ 21€ 26€ [m2] ⏱ 0,25 h/m2 384.001.206

96 Verbundestrich abbrechen, bis 70mm KG **394**

Wie Ausführungsbeschreibung A 1
Estrichdicke: bis 70 mm

14€ 18€ **23**€ 28€ 35€ [m2] ⏱ 0,40 h/m2 384.001.207

97 Estrich, schwimmend, abbrechen KG **394**

Zementestrich, schwimmend, ohne Schadstoffbelastung, abbrechen und entsorgen. Die aufgenommenen Stoffe getrennt sammeln, auf LKW des AN laden, zur Verwertungsanlage transportieren und entsorgen. Die Entsorgungsgebühren werden vom AN übernommen.
Ausführung: in allen Geschossen
Abfallschlüssel nach AVV: 170101 Beton
Transportweg: bis ..... km
Anlage (Bezeichnung/Ort): .....

11€ 17€ **21**€ 25€ 31€ [m2] ⏱ 0,35 h/m2 384.001.209

98 Kellerfenster ausbauen, Holz, 0,5m2 KG **394**

Kellerfenster mit Flügel und Rahmen aus Holz, ohne Schadstoffbelastung, ausbauen und entsorgen. Die aufgenommenen Stoffe sammeln, auf LKW des AN laden, zur Verwertungsanlage transportieren und entsorgen. Die Entsorgungsgebühren werden vom AN übernommen.
Größe: bis 0,5 m2
Material: Holz, deckend beschichtet ....., Isolierverglasung
Altholzkategorie: A II
Abfallschlüssel nach AVV: 170904 Mischabfall
Transportweg: bis ..... km
Anlage (Bezeichnung/Ort): .....

12€ 17€ **21**€ 26€ 51€ [St] ⏱ 0,37 h/St 384.001.214

Kosten:
Stand 2.Quartal 2020
Bundesdurchschnitt

▶ min
▷ von
ø Mittel
◁ bis
◀ max

Nr. **Kurztext** / Langtext Kostengruppe
▶ ▷ **ø netto €** ◁ ◀ [Einheit] Ausf.-Dauer Positionsnummer

99 Fenster ausbauen, Holz, bis 1,5m² KG **394**

Fenster mit Flügel und Fensterrahmen aus Holz, ohne Schadstoffbelastung, ausbauen und entsorgen. Die aufgenommenen Stoffe sammeln, auf LKW des AN laden, zur Verwertungsanlage transportieren und entsorgen. Die Entsorgungsgebühren werden vom AN übernommen.
Größe: bis 1,5 m²
Material: Holz, deckend beschichtet ....., Isolierverglasung
Altholzkategorie: A II
Abfallschlüssel nach AVV: 170904 Mischabfall
Transportweg: bis ..... km
Anlage (Bezeichnung/Ort): .....

21€ 38€ **48**€ 57€ 89€ [St] ⏱ 0,70 h/St 384.001.215

100 Fenster ausbauen, Holz, bis 2,5m² KG **394**

Fenster mit Flügel und Fensterrahmen aus Holz, ohne Schadstoffbelastung, ausbauen und entsorgen. Die aufgenommenen Stoffe sammeln, auf LKW des AN laden, zur Verwertungsanlage transportieren und entsorgen. Die Entsorgungsgebühren werden vom AN übernommen.
Größe: bis 2,5 m²
Material: Holz, deckend beschichtet ....., Isolierverglasung
Altholzkategorie: A II
Abfallschlüssel nach AVV: 170904 Mischabfall
Transportweg: bis ..... km
Anlage (Bezeichnung/Ort): .....

23€ 48€ **60**€ 72€ 120€ [St] ⏱ 0,80 h/St 384.001.216

101 Fenstertür ausbauen, Holz, bis 3,5m² KG **394**

Fenstertür mit Flügel und Rahmen aus Holz, ohne Schadstoffbelastung, ausbauen und entsorgen. Die aufgenommenen Stoffe sammeln, auf LKW des AN laden, zur Verwertungsanlage transportieren und entsorgen. Die Entsorgungsgebühren werden vom AN übernommen.
Größe: bis 3,5 m²
Material: Holz, deckend beschichtet ....., Isolierverglasung
Altholzkategorie: A II
Abfallschlüssel nach AVV: 170904 Mischabfall
Transportweg: bis ..... km
Anlage (Bezeichnung/Ort): .....

28€ 61€ **76**€ 92€ 144€ [St] ⏱ 1,00 h/St 384.001.217

102 Fenster ausbauen, Kunststoff, bis 1,5m² KG **394**

Fenster aus Kunststoff, mit Flügel und Fensterstock, mit innerer sowie äußerer Fensterbank, ohne Schadstoffbelastung, ausbauen und entsorgen. Die aufgenommenen Stoffe sammeln, auf LKW des AN laden, zur Verwertungsanlage transportieren und entsorgen. Die Entsorgungsgebühren werden vom AN übernommen.
Größe: bis 1,5 m²
Material: Kunststoff ....., Isolierverglasung
Abfallschlüssel nach AVV: 170904 Mischabfall
Transportweg: bis ..... km
Anlage (Bezeichnung/Ort): .....

19€ 30€ **38**€ 45€ 59€ [St] ⏱ 0,80 h/St 384.001.218

103 Fenster ausbauen, Kunststoff, bis 2,5m² KG **394**

Fenster aus Kunststoff, mit Flügel und Fensterstock, mit innerer sowie äußerer Fensterbank, ohne Schadstoffbelastung, ausbauen und entsorgen. Die aufgenommenen Stoffe sammeln, auf LKW des AN laden, zur Verwertungsanlage transportieren und entsorgen. Die Entsorgungsgebühren werden vom AN übernommen.
Größe: bis 2,5 m²
Material: Kunststoff ....., Isolierverglasung
Abfallschlüssel nach AVV: 170904 Mischabfall
Transportweg: bis ..... km
Anlage (Bezeichnung/Ort): .....

23€ 42€ **52**€ 62€ 73€ [St] ⏱ 0,95 h/St 384.001.219

104 Fenstertür ausbauen, Kunststoff, bis 3,5m² KG **394**

Fenstertür aus Kunststoff, mit Flügel einschl. Fensterstock, ohne Schadstoffbelastung, ausbauen und entsorgen. Die aufgenommenen Stoffe sammeln, auf LKW des AN laden, zur Verwertungsanlage transportieren und entsorgen. Die Entsorgungsgebühren werden vom AN übernommen.
Größe: bis 3,5 m²
Material: Kunststoff ....., Isolierverglasung
Abfallschlüssel nach AVV: 170904 Mischabfall
Transportweg: bis ..... km
Anlage (Bezeichnung/Ort): .....

42€ 68€ **85**€ 102€ 144€ [St] ⏱ 1,05 h/St 384.001.220

105 Hauseingangstür ausbauen, bis 4,0m² KG **394**

Hauseingangstür mit Rahmen, Türblatt einschl. Türstock, ohne Schadstoffbelastung, ausbauen und entsorgen. Die aufgenommenen Stoffe sammeln, auf LKW des AN laden, zur Verwertungsanlage transportieren und entsorgen. Die Entsorgungsgebühren werden vom AN übernommen.
Größe: bis 4 m²
Material: .....
Transportweg: bis ..... km
Anlage (Bezeichnung/Ort): .....

51€ 94€ **117**€ 141€ 154€ [St] ⏱ 1,30 h/St 384.001.221

106 Kelleraußentür ausbauen, bis 2,5m² KG **394**

Kelleraußentür mit Türblatt einschl. Blendrahmen, ohne Schadstoffbelastung, ausbauen und entsorgen. Die aufgenommenen Stoffe sammeln, auf LKW des AN laden, zur Verwertungsanlage transportieren und entsorgen. Die Entsorgungsgebühren werden vom AN übernommen.
Größe: bis 2,5 m²
Material: .....
Transportweg: bis ..... km
Anlage (Bezeichnung/Ort): .....

–€ 38€ **48**€ 57€ –€ [St] ⏱ 0,45 h/St 384.001.222

Nr. **Kurztext** / Langtext — Kostengruppe
▶ ▷ **ø netto €** ◁ ◀ [Einheit] Ausf.-Dauer Positionsnummer

107 Innentür, Holz, 1-flüglig, entfernen — KG **394**

Innentür mit Türfutter, ohne Schadstoffbelastung, ausbauen und entsorgen. Die aufgenommenen Stoffe sammeln, auf LKW des AN laden, zur Verwertungsanlage transportieren und entsorgen. Die Entsorgungsgebühren werden vom AN übernommen.
Material: Holz, Vollholz / Röhrenspann
Altholzkategorie: A II
Wanddicke: .....
Größe: bis 2,00 m²

22€ 33€ **41**€ 49€ 58€ [St] ⏱ 0,60 h/St 384.001.223

108 Wandbekleidung, Holz, entfernen — KG **394**

Wandbekleidung aus Holzwerkstoff, ohne Schadstoffbelastung, entfernen und entsorgen. Die aufgenommenen Stoffe sammeln, auf LKW des AN laden, zur Verwertungsanlage transportieren und entsorgen. Die Entsorgungsgebühren werden vom AN übernommen.
Material: .....
Altholzkategorie: A II
Transportweg: bis ..... km
Anlage (Bezeichnung/Ort): .....

6€ 14€ **18**€ 21€ 29€ [m²] ⏱ 0,55 h/m² 384.001.224

109 Deckenbekleidung, Holz, entfernen — KG **394**

Deckenbekleidung aus unbehandelten Holzbrettern, einschl. Sparschalung, ohne Schadstoffbelastung, entfernen und entsorgen. Die aufgenommenen Stoffe sammeln, auf LKW des AN laden, zur Verwertungsanlage transportieren und entsorgen. Die Entsorgungsgebühren werden vom AN übernommen.
Altholzkategorie: A I
Transportweg: bis ..... km
Anlage (Bezeichnung/Ort): .....

–€ 18€ **22**€ 26€ –€ [m²] ⏱ 0,45 h/m² 384.001.225

110 Fensterbank ausbauen, Holz, bis 1,5m — KG **394**

Fensterbank aus Holz im Innenbereich, ohne Schadstoffbelastung, ausbauen und entsorgen. Die aufgenommenen Stoffe sammeln, auf LKW des AN laden, zur Verwertungsanlage transportieren und entsorgen. Die Entsorgungsgebühren werden vom AN übernommen.
Länge: bis 1,5 m
Breite: bis 25 cm
Dicke: bis 4 cm
Altholzkategorie: A II
Transportweg: bis ..... km
Anlage (Bezeichnung/Ort): .....

7€ 12€ **16**€ 19€ 27€ [St] ⏱ 0,30 h/St 384.001.226

Kosten:
Stand 2.Quartal 2020
Bundesdurchschnitt

▶ min
▷ von
ø Mittel
◁ bis
◀ max

Nr.	Kurztext / Langtext					Kostengruppe
▶	▷	ø netto €	◁	◀	[Einheit]	Ausf.-Dauer Positionsnummer

111 Fensterbank ausbauen, Holz, bis 2,5m KG **394**

Fensterbank aus Holz im Innenbereich, ohne Schadstoffbelastung, ausbauen und entsorgen. Die aufgenommenen Stoffe sammeln, auf LKW des AN laden, zur Verwertungsanlage transportieren und entsorgen. Die Entsorgungsgebühren werden vom AN übernommen.
Länge: bis 2,5 m
Breite: bis 25 cm
Dicke: bis 4 cm
Altholzkategorie: A II
Transportweg: bis ..... km
Anlage (Bezeichnung/Ort): .....

14€	20€	**25**€	30€	40€	[St]	⏱ 0,35 h/St	384.001.227

112 Laibungsbekleidung, Holz, entfernen KG **394**

Holzbekleidung an Fensterlaibung, einschl. der Befestigungshölzer, ohne Schadstoffbelastung, entfernen und entsorgen. Die aufgenommenen Stoffe sammeln, auf LKW des AN laden, zur Verwertungsanlage transportieren und entsorgen. Die Entsorgungsgebühren werden vom AN übernommen.
Lage: innen
Altholzkategorie: A I
Transportweg: bis ..... km
Anlage (Bezeichnung/Ort): .....

–€	10€	**13**€	15€	–€	[m]	⏱ 0,12 h/m	384.001.228

113 Montagewand abbrechen, GK KG **394**

Montagewand aus Metallständerprofilen, beidseitig mit Gipskartonplatten beplankt, ohne Schadstoffbelastung, abbrechen und getrennt entsorgen. Die aufgenommenen Stoffe sind getrennt zu sammeln, auf LKW des AN laden, zur Verwertungsanlage transportieren und entsorgen. Die Entsorgungsgebühren werden vom AN übernommen.
Wandaufbau: .....
Beplankung: .....
Abfallschlüssel nach AVV: 170802 Baustoffe auf Gipsbasis und 1704....
Transportweg: bis ..... km
Anlage (Bezeichnung/Ort): .....

10€	14€	**19**€	23€	30€	[m²]	⏱ 0,28 h/m²	384.001.229

114 Deckenkleidung abbrechen; GK KG **394**

Plattenbekleidung aus Gipskarton an Decken mit Unterkonstruktion aus Holz, ohne Schadstoffbelastung, abbrechen und getrennt entsorgen. Die aufgenommenen Stoffe sind getrennt zu sammeln, auf LKW des AN laden, zur Verwertungsanlage transportieren und entsorgen. Die Entsorgungsgebühren werden vom AN übernommen.
Bekleidung: 12,5 mm, einlagig
Abfallschlüssel nach AVV: 170802 Baustoffe auf Gipsbasis und 170201 Holz
Transportweg: bis ..... km
Anlage (Bezeichnung/Ort): .....

9€	14€	**18**€	22€	25€	[m²]	⏱ 0,27 h/m²	384.001.230

Kosten:
Stand 2.Quartal 2020
Bundesdurchschnitt

Nr.	**Kurztext** / Langtext						Kostengruppe
▶	▷	**ø netto €**	◁	◀	[Einheit]	Ausf.-Dauer	Positionsnummer

115 Unterdecke abbrechen, GK KG **394**

Abgehängte Unterdecke aus Gipskartonplatten, auf Metallprofilen, ohne Schadstoffbelastung, abbrechen und getrennt entsorgen. Die aufgenommenen Stoffe sind getrennt zu sammeln, auf LKW des AN laden, zur Verwertungsanlage transportieren und entsorgen. Die Entsorgungsgebühren werden vom AN übernommen.
Deckenaufbau: .....
Abfallschlüssel nach AVV: 170802 Baustoffe auf Gipsbasis und 1704....
Transportweg: bis ..... km
Anlage (Bezeichnung/Ort): .....

8€ 12€ **15**€ 17€ 22€ [m²] 0,25 h/m² 384.001.231

116 Verkofferung abbrechen, GK KG **394**

Verkofferung von Rohrleitungen mit Unterkonstruktion aus Metall, ohne Schadstoffbelastung, abbrechen und getrennt entsorgen. Die aufgenommenen Stoffe sind getrennt zu sammeln, auf LKW des AN laden, zur Verwertungsanlage transportieren und entsorgen. Die Entsorgungsgebühren werden vom AN übernommen.
Beplankung: .....
Untergrund: .....
Abmessungen: .....
Abfallschlüssel nach AVV: 170802 Baustoffe auf Gipsbasis und 170201 Holz
Transportweg: bis ..... km
Anlage (Bezeichnung/Ort): .....

11€ 16€ **20**€ 24€ 28€ [m²] 0,32 h/m² 384.001.232

117 Stundensatz Facharbeiter, Abbrucharbeiten

Stundenlohnarbeiten für Vorarbeiter, Geselle, Facharbeiter und Gleichgestellte, sowie ähnliche Fachkräfte. Der Verrechnungssatz für die jeweilige Arbeitskraft umfasst sämtliche Aufwendungen wie Lohn- und Gehaltskosten, lohn- und gehaltsgebundene Kosten, Lohn- und Gehaltsnebenkosten, Gemeinkosten, Wagnis und Gewinn. Leistung nach besonderer Anordnung der Bauüberwachung. Anmeldung und Nachweis gem. VOB/B.

36€ 46€ **50**€ 53€ 64€ [h] 1,00 h/h 384.001.236

118 Stundensatz Helfer, Abbrucharbeiten

Stundenlohnarbeiten für Arbeitnehmer ohne Facharbeiterqualifikation (Helfer, Hilfsarbeiter, Ungelernte, Angelernte). Der Verrechnungssatz für die jeweilige Arbeitskraft umfasst sämtliche Aufwendungen wie Lohn- und Gehaltskosten, lohn- und gehaltsgebundene Kosten, Lohn- und Gehaltsnebenkosten, Gemeinkosten, Wagnis und Gewinn. Leistung nach besonderer Anordnung der Bauüberwachung. Anmeldung und Nachweis gem. VOB/B.

31€ 39€ **44**€ 47€ 58€ [h] 1,00 h/h 384.001.237

▶ min
▷ von
ø Mittel
◁ bis
◀ max

Kosten:
Stand 2.Quartal 2020
Bundesdurchschnitt

▶ min
▷ von
ø Mittel
◁ bis
◀ max

Nachträgliche Querschnittsabdichtung, Mauerwerk — Preise €

Nr.	Positionen	Einheit	▶	▷	ø brutto € / ø netto €	◁	◀
1	Außenputz abschlagen, lose haftend	m²	13	14	**17**	20	22
			11	11	**14**	17	18
2	Außenputz abschlagen, fest haftend	m²	17	19	**24**	29	31
			14	16	**20**	24	26
3	Beschichtungen entfernen, lose haftend	m²	10	11	**11**	14	15
			9	9	**10**	11	12
4	Beschichtungen entfernen, fest haftend	m²	13	14	**15**	18	19
			11	12	**12**	15	16
5	Wandflächen reinigen, absaugen	m²	1,0	1,0	**1,3**	1,5	1,7
			0,8	0,9	**1,1**	1,3	1,4
6	Trockenstrahlen, Flächenreinigung	m²	13	14	**14**	17	18
			11	11	**12**	14	16
7	Trockenstrahlen, Flächen beschichtet	m²	21	23	**25**	30	32
			18	19	**21**	25	27
8	Feuchtnebel-Strahlen, Flächenreinigung	m²	14	16	**18**	22	24
			12	14	**16**	19	20
9	Flächenreinigung, Schlagbohrhammer	m²	16	17	**18**	22	24
			13	14	**16**	19	20
10	Untergrund aufrauen, Druckluftnadelhammer	m²	8	9	**10**	12	13
			7	8	**8**	10	11
11	Horizontalsperre, Stahlbleche, bis 13cm	m	76	81	**85**	91	98
			64	68	**72**	77	82
12	Horizontalsperre, Stahlbleche, bis 25cm	m	101	108	**114**	122	131
			85	91	**96**	102	110
13	Horizontalsperre, Stahlbleche, bis 38cm	m	138	147	**155**	166	178
			116	124	**130**	139	150
14	Horizontalsperre, Stahlbleche, bis 50cm	m	180	192	**202**	216	232
			151	161	**170**	182	195
15	Horizontalsperre, Stahlbleche, bis 70cm	m	227	242	**255**	272	293
			190	203	**214**	229	246
16	Horizontalsperre, Stahlbleche, bis 100cm	m	323	345	**363**	388	417
			271	290	**305**	326	350
17	Horizontalsperre, Sägen, weich, bis 13cm	m	73	78	**82**	88	95
			62	66	**69**	74	80
18	Horizontalsperre, Sägen, weich, bis 25cm	m	80	85	**90**	96	103
			67	72	**75**	81	87
19	Horizontalsperre, Sägen, weich, bis 38cm	m	92	99	**104**	111	119
			78	83	**87**	93	100
20	Horizontalsperre, Sägen, weich, bis 50cm	m	111	119	**125**	134	144
			94	100	**105**	113	121
21	Horizontalsperre, Sägen, weich, bis 70cm	m	148	158	**166**	178	191
			124	133	**140**	150	161
22	Horizontalsperre, Sägen, weich, bis 100cm	m	228	243	**256**	274	294
			191	204	**215**	230	247
23	Horizontalsperre, Sägen, mittel, bis 13cm	m	106	113	**119**	128	137
			89	95	**100**	107	115
24	Horizontalsperre, Sägen, mittel, bis 25cm	m	125	134	**141**	151	162
			105	112	**118**	127	136

Nr.	Positionen	Einheit	▶	▷	ø brutto € / ø netto €	◁	◀
25	Horizontalsperre, Sägen, mittel, bis 38cm	m	135	145	**152**	163	175
			114	121	**128**	137	147
26	Horizontalsperre, Sägen, mittel, bis 50cm	m	192	205	**216**	231	249
			162	173	**182**	194	209
27	Horizontalsperre, Sägen, mittel, bis 70cm	m	253	270	**284**	304	327
			213	227	**239**	256	275
28	Horizontalsperre, Sägen, mittel, bis 100cm	m	354	378	**398**	426	458
			298	318	**335**	358	385
29	Horizontalsperre, Sägen, hart, bis 13cm	m	115	123	**129**	138	149
			97	103	**109**	116	125
30	Horizontalsperre, Sägen, hart, bis 25cm	m	135	145	**152**	163	175
			114	121	**128**	137	147
31	Horizontalsperre, Sägen, hart, bis 38cm	m	186	199	**209**	224	240
			156	167	**176**	188	202
32	Horizontalsperre, Sägen, hart, bis 50cm	m	285	304	**320**	342	368
			239	255	**269**	288	309
33	Horizontalsperre, Sägen, hart, bis 70cm	m	370	394	**415**	444	478
			311	332	**349**	373	401
34	Horizontalsperre, Sägen, hart, bis 100cm	m	480	512	**539**	577	620
			403	430	**453**	485	521
35	Horizontalsperre, Injektion, bis 25cm	m	88	99	**110**	117	126
			74	83	**92**	98	106
36	Horizontalsperre, Injektion, bis 38cm	m	110	124	**138**	148	159
			93	104	**116**	124	133
37	Horizontalsperre, Injektion, bis 50cm	m	133	150	**166**	178	191
			112	126	**140**	150	161
38	Horizontalsperre, Injektion, bis 70cm	m	162	182	**202**	216	232
			136	153	**170**	182	195
39	Horizontalsperre, Injektion, bis 100cm	m	226	255	**283**	303	325
			190	214	**238**	254	273
40	Horizontalsperre, Tränkung, bis 13cm	m	88	92	**102**	110	118
			74	77	**86**	92	99
41	Horizontalsperre, Tränkung, bis 25cm	m	108	115	**128**	137	147
			90	97	**108**	115	124
42	Horizontalsperre, Tränkung, bis 38cm	m	117	132	**146**	157	168
			98	111	**123**	132	142
43	Horizontalsperre, Tränkung, bis 50cm	m	155	163	**181**	193	208
			131	137	**152**	162	175
44	Horizontalsperre, Tränkung, bis 70cm	m	188	201	**223**	239	257
			158	169	**188**	201	216
45	Horizontalsperre, Tränkung, bis 100cm	m	258	276	**307**	329	353
			217	232	**258**	276	297
46	Vertikalsperre, Querwand, Injektion	m	78	91	**104**	119	130
			65	77	**87**	100	109
47	Vertikalsperre, Querwand, Tränkung	m	76	89	**101**	116	126
			64	75	**85**	98	106
48	Mauerwerksaustausch, Querwand	m	105	112	**121**	129	139
			88	94	**102**	109	117

381
382
384
386
387

Kosten:
Stand 2.Quartal 2020
Bundesdurchschnitt

Nachträgliche Querschnittsabdichtung, Mauerwerk **Preise €**

Nr.	Positionen	Einheit	▶	▷	ø brutto € / ø netto €	◁	◀
49	Innenputz abschlagen, Mauerwerk	m²	12	14	**14**	17	18
			10	11	**12**	14	16
50	Bodenflächen abdecken, Folie	m²	3	3	**3**	4	4
			2	2	**3**	3	3
51	Bodenflächen abdecken, Vlies/OSB	m²	14	15	**16**	19	23
			12	12	**13**	16	20
52	Mauerwerk vorbereiten	m²	3	3	**3**	4	4
			2	3	**3**	3	4
53	Mauerwerksfugen auskratzen	m²	16	17	**18**	22	23
			14	14	**15**	18	20
54	Spritzbewurf, Sanierputz, netzförmig	m²	11	12	**14**	16	18
			10	10	**11**	14	15
55	Spritzbewurf, Sanierputz volldeckend	m²	22	24	**27**	32	35
			18	20	**23**	27	30
56	Spritzbewurf, Laibungen	m	6	7	**7**	9	9
			5	5	**6**	7	8
57	Ausgleichsputz, Porengrundputz	m²	32	35	**38**	46	50
			27	29	**32**	39	42
58	Porengrundputz, Laibungen	m	13	14	**15**	18	20
			11	12	**13**	15	17
59	Sanierputz, geringe Salzbelastung	m²	44	47	**53**	63	68
			37	40	**44**	53	57
60	Sanierputz, hohe Salzbelastung	m²	64	68	**71**	85	92
			54	57	**60**	72	78
61	Sanierputz, Laibungen	m	30	32	**35**	42	46
			25	27	**30**	36	39

Nr. **Kurztext** / Langtext — Kostengruppe
▶ ▷ **ø netto €** ◁ ◀ [Einheit] Ausf.-Dauer Positionsnummer

1 Außenputz abschlagen, lose haftend — KG **395**

Außenputz, lose haftend, abschlagen, einschl. Flächen nachreinigen und anfallenden Bauschutt entsorgen.
Ausführung: im Freien, Kellerwand
Putzart: .....
Putzdicke: bis 3 cm

11€ 11€ **14**€ 17€ 18€ [m²] ⏱ 0,27 h/m² 386.000.010

2 Außenputz abschlagen, fest haftend — KG **395**

Außenputz, fest haftend, abschlagen, einschl. Flächen nachreinigen und anfallenden Bauschutt entsorgen.
Ausführung: im Freien, Kellerwand
Putzart: .....
Putzdicke: bis 3 cm

14€ 16€ **20**€ 24€ 26€ [m²] ⏱ 0,35 h/m² 386.600.011

▶ min
▷ von
ø Mittel
◁ bis
◀ max

Nr.	Kurztext / Langtext						Kostengruppe
▶	▷	**ø netto €**	◁	◀	[Einheit]	Ausf.-Dauer	Positionsnummer

3 Beschichtungen entfernen, lose haftend KG **395**

Beschichtungen, lose haftend, auf Kelleraußenwand entfernen, einschl. anfallenden Bauschutt entsorgen.
Beschichtung: .....
Abtragsart: ....

9€ 9€ **10**€ 11€ 12€ [m2] ⏱ 0,60 h/m2 386.600.012

4 Beschichtungen entfernen, fest haftend KG **395**

Beschichtungen, festhaftend, auf Kelleraußenwand entfernen, einschl. anfallenden Bauschutt entsorgen.
Beschichtung: .....
Abtragsart: ....

11€ 12€ **12**€ 15€ 16€ [m2] ⏱ 0,80 h/m2 386.600.071

5 Wandflächen reinigen, absaugen KG **395**

Wandflächen aus Mauerwerk durch absaugen reinigen.
Ausführung: Kelleraußenwand
Mauerverband: .....

0,8€ 0,9€ **1,1**€ 1,3€ 1,4€ [m2] ⏱ 0,22 h/m2 386.600.072

6 Trockenstrahlen, Flächenreinigung KG **395**

Strahlen von Mauerwerkswänden mit festen Strahlmitteln ohne Wasser als Flächenreinigung zum Entfernen aller losen und haftungsmindernden Bestandteile, einschl. Absaugen sowie Strahlgut und anfallenden Bauschutt entsorgen.
Ausführung: Kelleraußenwand
Strahlmittel: .....

11€ 11€ **12**€ 14€ 16€ [m2] ⏱ 0,20 h/m2 386.600.014

7 Trockenstrahlen, Flächen beschichtet KG **395**

Strahlen von beschichteten Mauerwerk mit festen Strahlmitteln ohne Wasser, zum Entfernen von Beschichtungen, inkl. Absaugen sowie Entsorgung des Strahlguts und anfallenden Bauschutts.
Ausführung: Kelleraußenwand
Beschichtung: .....
Strahlmittel: .....

18€ 19€ **21**€ 25€ 27€ [m2] ⏱ 0,22 h/m2 386.600.015

8 Feuchtnebel-Strahlen, Flächenreinigung KG **395**

Feuchtnebelstrahlen von Mauerwerk als Flächenreinigung zur Entfernung aller losen und haftungsmindernder Bestandteile, einschl. Nachwaschen und Entsorgung des anfallenden Bauschutts.
Ausführung: Kelleraußenwand

12€ 14€ **16**€ 19€ 20€ [m2] ⏱ 0,20 h/m2 386.600.016

9 Flächenreinigung, Schlagbohrhammer KG **395**

Mauerwerksflächen mit Schlagbohrhammer von losen und unreinen Oberflächenbestandteilen mit Absaugung reinigen und Entsorgung des anfallenden Bauschutts.
Leistung inkl. absaugen.
Ausführung: Kelleraußenwand
Mauerverband: .....

13€ 14€ **16**€ 19€ 20€ [m2] ⏱ 0,20 h/m2 386.600.017

Kosten:
Stand 2.Quartal 2020
Bundesdurchschnitt

Nr.	**Kurztext** / Langtext					Kostengruppe
▶	▷	**ø netto €**	◁	◀	[Einheit]	Ausf.-Dauer Positionsnummer

10 Untergrund aufrauen, Druckluftnadelhammer KG **395**

Untergrundflächen aus Mauerwerk mittels Druckluftnadelhammer vorbehandeln, inkl. absaugen.
Ausführung: Kelleraußenwand
Mauerverband: .....

7€ | 8€ | **8**€ | 10€ | 11€ | [m²] | 0,25 h/m² | 386.600.018

A 1 Horizontalsperre, Stahlbleche Beschreibung für Pos. **11-16**

Horizontalsperre in Wand gegen aufsteigende Feuchtigkeit durch Eintreiben von nichtrostenden Edelstahlplatten in die Mörtelfuge des Mauerwerks. Die Platten sind an den Stößen eine Welle überlappend einzubringen und im endgültigen Zustand bündig abzuschließen. Die Fugen sind mit Quellmörtel kraftschlüssig zu schließen.
Bauteil: Wand, **innen / außen**
min. Eintreibhöhe: .....
Plattendicke: größer 1,5 mm
Arbeitsraum/Arbeitsbereich: .....
Hinweis: Für das Einrammen von Stahlblechen muss der Fugenverlauf sichtbar und durchgehend sein. Bei vorhandenen Putz ist dieser vorher zu entfernen und die Leistung gesondert auszuschreiben.

11 Horizontalsperre, Stahlbleche, bis 13cm KG **395**

Wie Ausführungsbeschreibung A 1
Mauerdicke: bis 13 cm

64€ | 68€ | **72**€ | 77€ | 82€ | [m] | 0,60 h/m | 386.600.064

12 Horizontalsperre, Stahlbleche, bis 25cm KG **395**

Wie Ausführungsbeschreibung A 1
Mauerdicke: bis 25 cm

85€ | 91€ | **96**€ | 102€ | 110€ | [m] | 0,70 h/m | 386.600.019

13 Horizontalsperre, Stahlbleche, bis 38cm KG **395**

Wie Ausführungsbeschreibung A 1
Mauerdicke: bis 38 cm

116€ | 124€ | **130**€ | 139€ | 150€ | [m] | 0,85 h/m | 386.600.020

14 Horizontalsperre, Stahlbleche, bis 50cm KG **395**

Wie Ausführungsbeschreibung A 1
Mauerdicke: bis 50 cm

151€ | 161€ | **170**€ | 182€ | 195€ | [m] | 1,15 h/m | 386.600.021

15 Horizontalsperre, Stahlbleche, bis 70cm KG **395**

Wie Ausführungsbeschreibung A 1
Mauerdicke: bis 70 cm

190€ | 203€ | **214**€ | 229€ | 246€ | [m] | 1,30 h/m | 386.600.022

16 Horizontalsperre, Stahlbleche, bis 100cm KG **395**

Wie Ausführungsbeschreibung A 1
Mauerdicke: bis 100 cm

271€ | 290€ | **305**€ | 326€ | 350€ | [m] | 1,90 h/m | 386.600.023

▶ min
▷ von
ø Mittel
◁ bis
◀ max

A 2 **Horizontalsperre, Sägen, weich** Beschreibung für Pos. **17-22**

Horizontalsperre in Wand gegen aufsteigende Feuchtigkeit im Mauersägeverfahren mit waagrechtem Schnitt und Einbau einer Querschnittsabdichtung. Einbau von statischen Keilen. Fläche abgleichen und Sperre aus Platten- oder Bahnenmaterial einbauen. Restfugen mit hydraulischem, quellfähigem Mörtel auspressen.
Bauteil: Wand, **innen / außen**
min. Schnitthöhe: .....
Arbeitsraum/Arbeitsbereich: .....
Angeb. Verfahren: Kettensäge
Sperrschicht: .....
Mauerwerksart: weiches Ziegelmauerwerk

17 **Horizontalsperre, Sägen, weich, bis 13cm** KG **395**
Wie Ausführungsbeschreibung A 2
Mauerdicke: bis 13 cm
62€ 66€ **69**€ 74€ 80€ [m] ⏱ 0,65 h/m 386.600.065

18 **Horizontalsperre, Sägen, weich, bis 25cm** KG **395**
Wie Ausführungsbeschreibung A 2
Mauerdicke: bis 25 cm
67€ 72€ **75**€ 81€ 87€ [m] ⏱ 0,85 h/m 386.600.024

19 **Horizontalsperre, Sägen, weich, bis 38cm** KG **395**
Wie Ausführungsbeschreibung A 2
Mauerdicke: bis 38 cm
78€ 83€ **87**€ 93€ 100€ [m] ⏱ 0,90 h/m 386.600.025

20 **Horizontalsperre, Sägen, weich, bis 50cm** KG **395**
Wie Ausführungsbeschreibung A 2
Mauerdicke: bis 50 cm
94€ 100€ **105**€ 113€ 121€ [m] ⏱ 1,50 h/m 386.600.026

21 **Horizontalsperre, Sägen, weich, bis 70cm** KG **395**
Wie Ausführungsbeschreibung A 2
Mauerdicke: bis 70 cm
124€ 133€ **140**€ 150€ 161€ [m] ⏱ 2,10 h/m 386.600.027

22 **Horizontalsperre, Sägen, weich, bis 100cm** KG **395**
Wie Ausführungsbeschreibung A 2
Mauerdicke: bis 100 cm
191€ 204€ **215**€ 230€ 247€ [m] ⏱ 2,95 h/m 386.600.028

LB 386 Nachträgliche Querschnitts-abdichtung, Mauerwerk

Kosten:
Stand 2.Quartal 2020
Bundesdurchschnitt

Nr.	**Kurztext** / Langtext						Kostengruppe
▶	▷	**ø netto €**	◁	◀	[Einheit]	Ausf.-Dauer	Positionsnummer

A 3 Horizontalsperre, Sägen, mittel — Beschreibung für Pos. **23-28**

Horizontalsperre in Wand gegen aufsteigende Feuchtigkeit im Mauersägeverfahren mit waagrechtem Schnitt und Einbau einer Querschnittsabdichtung. Einbau von statischen Keilen. Fläche mit wasserdichtem Mörtel abgleichen und Sperre aus Platten- oder Bahnenmaterial einbauen. Restfugen mit hydraulischem, quellfähigem Mörtel auspressen.
Bauteil: Wand, **innen / außen**
min. Schnitthöhe: .....
Arbeitsraum: .....
Arbeitsraum/Arbeitsbereich: .....
Angeb. Verfahren: **Kreissäge / Diamantseilsäge**
Sperrschicht: .....
Mauerwerksart: mittelhart, z.B. Sandstein

23 Horizontalsperre, Sägen, mittel, bis 13cm — KG **395**
Wie Ausführungsbeschreibung A 3
Mauerdicke: bis 13 cm

▶	▷	ø	◁	◀	Einheit	Ausf.-Dauer	Positionsnummer
89€	95€	**100**€	107€	115€	[m]	0,80 h/m	386.600.066

24 Horizontalsperre, Sägen, mittel, bis 25cm — KG **395**
Wie Ausführungsbeschreibung A 3
Mauerdicke: bis 25 cm

▶	▷	ø	◁	◀	Einheit	Ausf.-Dauer	Positionsnummer
105€	112€	**118**€	127€	136€	[m]	1,00 h/m	386.600.029

25 Horizontalsperre, Sägen, mittel, bis 38cm — KG **395**
Wie Ausführungsbeschreibung A 3
Mauerdicke: bis 38 cm

▶	▷	ø	◁	◀	Einheit	Ausf.-Dauer	Positionsnummer
114€	121€	**128**€	137€	147€	[m]	1,30 h/m	386.600.030

26 Horizontalsperre, Sägen, mittel, bis 50cm — KG **395**
Wie Ausführungsbeschreibung A 3
Mauerdicke: bis 50 cm

▶	▷	ø	◁	◀	Einheit	Ausf.-Dauer	Positionsnummer
162€	173€	**182**€	194€	209€	[m]	1,80 h/m	386.600.031

27 Horizontalsperre, Sägen, mittel, bis 70cm — KG **395**
Wie Ausführungsbeschreibung A 3
Mauerdicke: bis 70 cm

▶	▷	ø	◁	◀	Einheit	Ausf.-Dauer	Positionsnummer
213€	227€	**239**€	256€	275€	[m]	2,40 h/m	386.600.032

28 Horizontalsperre, Sägen, mittel, bis 100cm — KG **395**
Wie Ausführungsbeschreibung A 3
Mauerdicke: bis 100 cm

▶	▷	ø	◁	◀	Einheit	Ausf.-Dauer	Positionsnummer
298€	318€	**335**€	358€	385€	[m]	3,50 h/m	386.600.033

▶ min
▷ von
ø Mittel
◁ bis
◀ max

A 4 Horizontalsperre, Sägen, hart Beschreibung für Pos. **29-34**

Horizontalsperre in Wand gegen aufsteigende Feuchtigkeit im Mauersägeverfahren mit waagrechtem Schnitt und Einbau einer Querschnittsabdichtung. Einbau von statischen Keilen. Fläche mit wasserdichtem Mörtel abgleichen und Sperre aus Platten- oder Bahnenmaterial einbauen. Restfugen mit hydraulischem, quellfähigem Mörtel auspressen.
Bauteil: Wand, **innen / außen**
min. Schnitthöhe: .....
Arbeitsraum/Arbeitsbereich: .....
Angeb. Verfahren: Diamantseilsäge
Sperrschicht: .....
Mauerwerksart: hart, z.B. Basalt-Kalk

29 Horizontalsperre, Sägen, hart, bis 13cm KG **395**

Wie Ausführungsbeschreibung A 4
Mauerdicke: bis 13 cm

97€ 103€ **109**€ 116€ 125€ [m] ⏱ 1,10 h/m 386.600.067

30 Horizontalsperre, Sägen, hart, bis 25cm KG **395**

Wie Ausführungsbeschreibung A 4
Mauerdicke: bis 25 cm

114€ 121€ **128**€ 137€ 147€ [m] ⏱ 1,60 h/m 386.600.034

31 Horizontalsperre, Sägen, hart, bis 38cm KG **395**

Wie Ausführungsbeschreibung A 4
Mauerdicke: bis 38 cm

156€ 167€ **176**€ 188€ 202€ [m] ⏱ 2,10 h/m 386.600.035

32 Horizontalsperre, Sägen, hart, bis 50cm KG **395**

Wie Ausführungsbeschreibung A 4
Mauerdicke: bis 50 cm

239€ 255€ **269**€ 288€ 309€ [m] ⏱ 2,80 h/m 386.600.036

33 Horizontalsperre, Sägen, hart, bis 70cm KG **395**

Wie Ausführungsbeschreibung A 4
Mauerdicke: bis 70 cm

311€ 332€ **349**€ 373€ 401€ [m] ⏱ 3,70 h/m 386.600.037

34 Horizontalsperre, Sägen, hart, bis 100cm KG **395**

Wie Ausführungsbeschreibung A 4
Mauerdicke: bis 100 cm

403€ 430€ **453**€ 485€ 521€ [m] ⏱ 4,70 h/m 386.600.038

Nr.	Kurztext / Langtext							Kostengruppe
▶	▷	**ø netto €**	◁	◀	[Einheit]	Ausf.-Dauer		Positionsnummer

A 5 Horizontalsperre, Injektion Beschreibung für Pos. **35-39**

Horizontalabdichtung in Wand gegen aufsteigende Feuchtigkeit durch Injektion im Niederdruckverfahren über Bohrlöcher und Packer. Die Neigung und Winkel der Bohrlöcher und das Injektionsmittel ist auf Mauerwerksgefüge und -art, sowie die Feuchtebelastung abzustimmen. Der Bohrstaub ist mit Druckluft auszublasen und die Flüssigkeit mittels Druckgerät bis zur Sättigung des Mauerwerks einzupressen. Abschließend sind die Bohrlöcher mit Mörtel zu schließen und die Oberflächen anzugleichen.
Bauteil: Wand, **innen / außen**
Angeb. Verfahren: .....
Arbeitsdruck: ca. 5-10 bar
Bohrlochdurchmesser: 12-18 mm
Bohrtiefe: MW-Dicke bis 5 cm vor Wandende
Bohrlochabstand: 10 bis 12 cm, einseitig
Anzahl Bohrlochreihen: .....
Injektionsmittel: .....
Wirkungsprinzip: .....
Materialverbrauch: .....

Kosten:
Stand 2.Quartal 2020
Bundesdurchschnitt

35 Horizontalsperre, Injektion, bis 25cm KG **395**

Wie Ausführungsbeschreibung A 5
Mauerdicke: bis 25 cm

74€ 83€ **92**€ 98€ 106€ [m] ⏱ 1,00 h/m 386.600.039

36 Horizontalsperre, Injektion, bis 38cm KG **395**

Wie Ausführungsbeschreibung A 5
Mauerdicke: bis 38 cm

93€ 104€ **116**€ 124€ 133€ [m] ⏱ 1,20 h/m 386.600.040

37 Horizontalsperre, Injektion, bis 50cm KG **395**

Wie Ausführungsbeschreibung A 5
Mauerdicke: bis 50 cm

112€ 126€ **140**€ 150€ 161€ [m] ⏱ 1,60 h/m 386.600.041

38 Horizontalsperre, Injektion, bis 70cm KG **395**

Wie Ausführungsbeschreibung A 5
Mauerdicke: bis 70 cm

136€ 153€ **170**€ 182€ 195€ [m] ⏱ 2,10 h/m 386.600.042

39 Horizontalsperre, Injektion, bis 100cm KG **395**

Wie Ausführungsbeschreibung A 5
Mauerdicke: bis 100 cm

190€ 214€ **238**€ 254€ 273€ [m] ⏱ 3,00 h/m 386.600.043

▶ min
▷ von
ø Mittel
◁ bis
◀ max

A 6 Horizontalsperre, Tränkung Beschreibung für Pos. **40-45**

Horizontalabdichtung in Wand gegen aufsteigende Feuchtigkeit als Bohrlochtränkung mit Abdichtungsmittel befüllen. Die Neigung und Winkel der Bohrlöcher und das Abdichtungsmittel ist auf Mauerwerksgefüge und -art, sowie die Feuchtebelastung abzustimmen. Der Bohrstaub ist mit Druckluft ausblasen und die Flüssigkeit bis zur Sättigung des Mauerwerks zu verfüllen. Abschließend sind die Bohrlöcher mit Mörtel zu schließen und die Oberflächen anzugleichen.
Bauteil: Wand, **innen / außen**
Bohrlochdurchmesser: 30 mm
Bohrtiefe: MW-Dicke bis 5 cm vor Wandende
Bohrlochabstand: 10 bis 12 cm, einseitig
Anzahl Bohrlochreihen: .....
Injektionsmittel: .....
Wirkungsprinzip: .....
Angeb. Verfahren: .....
Materialverbrauch: .....

381
382
384
386
387

40 Horizontalsperre, Tränkung, bis 13cm KG **395**
Wie Ausführungsbeschreibung A 6
Mauerdicke: bis 13 cm
74€ 77€ **86**€ 92€ 99€ [m] ⏱ 0,80 h/m 386.600.068

41 Horizontalsperre, Tränkung, bis 25cm KG **395**
Wie Ausführungsbeschreibung A 6
Mauerdicke: bis 25 cm
90€ 97€ **108**€ 115€ 124€ [m] ⏱ 1,20 h/m 386.600.044

42 Horizontalsperre, Tränkung, bis 38cm KG **395**
Wie Ausführungsbeschreibung A 6
Mauerdicke: bis 38 cm
98€ 111€ **123**€ 132€ 142€ [m] ⏱ 1,70 h/m 386.600.045

43 Horizontalsperre, Tränkung, bis 50cm KG **395**
Wie Ausführungsbeschreibung A 6
Mauerdicke: bis 50 cm
131€ 137€ **152**€ 162€ 175€ [m] ⏱ 2,10 h/m 386.600.046

44 Horizontalsperre, Tränkung, bis 70cm KG **395**
Wie Ausführungsbeschreibung A 6
Mauerdicke: bis 70 cm
158€ 169€ **188**€ 201€ 216€ [m] ⏱ 2,50 h/m 386.600.047

45 Horizontalsperre, Tränkung, bis 100cm KG **395**
Wie Ausführungsbeschreibung A 6
Mauerdicke: bis 100 cm
217€ 232€ **258**€ 276€ 297€ [m] ⏱ 2,80 h/m 386.600.048

Kosten:
Stand 2.Quartal 2020
Bundesdurchschnitt

Nr.	**Kurztext** / Langtext						Kostengruppe
▶	▷	**ø netto €**	◁	◀	[Einheit]	Ausf.-Dauer	Positionsnummer

46 Vertikalsperre, Querwand, Injektion KG **395**

Vertikalsperre von Querwand gegen eindringende Feuchtigkeit über Außenwand durch Injektion über senkrechte Bohrlochreihe. Die Neigung und Winkel der Bohrlöcher und das Der Bohrstaub ist mit Druckluft ausblasen und die Flüssigkeit bis zur Sättigung des Mauerwerks zu verfüllen. Abschließend sind die Bohrlöcher mit Mörtel zu schließen und die Oberflächen anzugleichen.
Bauteil: Innenwand
Mauerwerksdicke: ..... cm
Abdichtung: .....
Bohrtiefe: MW-Dicke bis 5 cm vor Wandende
Bohrlochabstand: 10 bis 12 cm, einseitig
Anzahl Bohrlochreihen: ....., einreihig
Injektionsmittel: .....
Wirkungsprinzip: .....
Angeb. Verfahren: .....
Materialverbrauch: .....

65€ 77€ **87**€ 100€ 109€ [m] ⏱ 0,90 h/m 386.600.049

47 Vertikalsperre, Querwand, Tränkung KG **395**

Vertikalsperre von Querwand gegen eindringende Feuchtigkeit über Außenwand mit Tränkung über senkrechte Bohrlochreihe. Die Neigung und Winkel der Bohrlöcher und das Der Bohrstaub ist mit Druckluft ausblasen und die Flüssigkeit bis zur Sättigung des Mauerwerks zu verfüllen. Abschließend sind die Bohrlöcher mit Mörtel zu schließen und die Oberflächen anzugleichen.
Bauteil: Innenwand
Mauerwerksdicke: ..... cm
Abdichtung: .....
Bohrtiefe: MW-Dicke bis 5 cm vor Wandende
Bohrlochabstand: 10 bis 12 cm, einseitig
Anzahl Bohrlochreihen: ....., einreihig
Injektionsmittel: .....
Wirkungsprinzip: .....
Angeb. Verfahren: .....
Materialverbrauch: .....

64€ 75€ **85**€ 98€ 106€ [m] ⏱ 0,90 h/m 386.600.050

48 Mauerwerksaustausch, Querwand KG **395**

Mauertrennung von nicht aussteifender Querwand, durch Austausch von Mauerwerk einschl. Einbau einer senkrechten Dichtungsbahn zwischen Außen- und Innenwand. Fuge mit einem Quellmörtel verfüllen.
Mauerwerksdicke: ..... cm
Dichtungsbahn: .....

88€ 94€ **102**€ 109€ 117€ [m] ⏱ 1,70 h/m 386.600.051

49 Innenputz abschlagen, Mauerwerk KG **395**

Innenputz bis mind. 80 cm über Schadenszone abschlagen. Anfallender Bauschutt regelmäßig zu entsorgen.
Ausführungsort: .....
Mauerwerksart: .....

10€ 11€ **12**€ 14€ 16€ [m²] ⏱ 0,55 h/m² 386.600.052

▶ min
▷ von
ø Mittel
◁ bis
◀ max

50 Bodenflächen abdecken, Folie KG **395**

Abdecken von Bodenflächen mit Baufolie. Folie an den Rändern verkleben.
Ausführungsort: .....

2€ | 2€ | **3**€ | 3€ | 3€ | [m2] | ⏱ 0,03 h/m2 | 386.600.053

51 Bodenflächen abdecken, Vlies/OSB KG **395**

Abdecken von Bodenflächen mit OSB-Platten und folienkaschierten Vlies. Platten an Stößenverkleben.
Ausführungsort: .....

12€ | 12€ | **13**€ | 16€ | 20€ | [m2] | ⏱ 0,03 h/m2 | 386.600.054

52 Mauerwerk vorbereiten KG **395**

Feuchte- und salzgeschädigtes Mauerwerk für Sanierputzauftrag vorbereiten und anfallenden Bauschutt entfernen.
Bauteil: .....
Mauerwerk: .....

2€ | 3€ | **3**€ | 3€ | 4€ | [m2] | ⏱ 0,05 h/m2 | 386.600.055

53 Mauerwerksfugen auskratzen KG **395**

Auskratzen von mürben und losen Mauerwerksfugen, sowie Entsorgen des anfallenden Bauschutts.
Fugentiefe: bis 2 cm
Mauerwerk: .....

14€ | 14€ | **15**€ | 18€ | 20€ | [m2] | ⏱ 0,20 h/m2 | 386.600.056

54 Spritzbewurf, Sanierputz, netzförmig KG **395**

Spritzbewurf, halbdeckend netzförmig auf gereinigte Wandflächen als Haftbrücke für Sanierputz.
Mörtelgruppe: CS IV
Angeb. Putzsystem: .....

10€ | 10€ | **11**€ | 14€ | 15€ | [m2] | ⏱ 0,10 h/m2 | 386.600.070

55 Spritzbewurf, Sanierputz volldeckend KG **395**

Spritzbewurf, volldeckend auf Dichtungsschlämme als Haftbrücke für Sanierputz.
Mörtelgruppe: CS IV
Angeb. Putzsystem: .....

18€ | 20€ | **23**€ | 27€ | 30€ | [m2] | ⏱ 0,10 h/m2 | 386.600.057

56 Spritzbewurf, Laibungen KG **395**

Vorbeschriebener Spritzbewurf auf Laibungsflächen.
Laibungstiefe: bis 25 cm

5€ | 5€ | **6**€ | 7€ | 8€ | [m] | ⏱ 0,03 h/m | 386.600.058

57 Ausgleichsputz, Porengrundputz KG **395**

WTA-Porengrundputz als Ausgleichsputz für Sanierputz. Die Unebenheiten sind flächendeckend auszugleichen, sowie die Oberfläche für die Aufnahme von Sanierputz aufzurauen.
Mörtelgruppe: CS II
Mindestschichtdicke: 10 mm
Angeb. Putzsystem: .....

27€ | 29€ | **32**€ | 39€ | 42€ | [m2] | ⏱ 0,50 h/m2 | 386.600.059

Nr.	**Kurztext** / Langtext						Kostengruppe
▶	▷	**ø netto €**	◁	◀	[Einheit]	Ausf.-Dauer	Positionsnummer

58 Porengrundputz, Laibungen KG **395**

Vorbeschriebenen Porengrundputz auf Laibungsflächen.
Laibungstiefe: bis 25 cm

▶	▷	ø	◁	◀	Einheit	Ausf.-Dauer	Positionsnummer
11€	12€	**13**€	15€	17€	[m]	0,03 h/m	386.600.060

59 Sanierputz, geringe Salzbelastung KG **395**

WTA-Sanierputz für Mauerwerk mit geringer Salzbelastung auf Spritzwurf.
Mindestschichtdicke: 20 mm, einlagig
Mörtelgruppe: CS II
Putzoberfläche: .....
Angeb. Putzsystem: .....

▶	▷	ø	◁	◀	Einheit	Ausf.-Dauer	Positionsnummer
37€	40€	**44**€	53€	57€	[m^2]	0,50 h/m^2	386.600.061

60 Sanierputz, hohe Salzbelastung KG **395**

WTA-Sanierputz für Mauerwerk mit hoher Salzbelastung auf Porengrundputz.
Mindestschichtdicke: 30 mm, zweilagig 15 mm
Mörtelgruppe: CS II
Putzoberfläche: .....
Angeb. Putzsystem: .....

▶	▷	ø	◁	◀	Einheit	Ausf.-Dauer	Positionsnummer
54€	57€	**60**€	72€	78€	[m^2]	0,50 h/m^2	386.600.062

61 Sanierputz, Laibungen KG **395**

Vorbeschriebener Sanierputz auf Laibungsflächen.
Laibungstiefe: bis 25 cm
Putzoberfläche: .....

▶	▷	ø	◁	◀	Einheit	Ausf.-Dauer	Positionsnummer
25€	27€	**30**€	36€	39€	[m]	0,03 h/m	386.600.063

Kosten:
Stand 2.Quartal 2020
Bundesdurchschnitt

▶ min
▷ von
ø Mittel
◁ bis
◀ max

387

Kosten:
Stand 2.Quartal 2020
Bundesdurchschnitt

Nr.	Positionen	Einheit	▶	▷	ø brutto € / ø netto €	◁	◀
1	Entsorgung, 170504 Boden/Steine	t	10	18	**23**	26	33
			8	15	**19**	22	28
2	Entsorgung, 170302 Bitumengemisch	t	12	22	**26**	44	70
			10	19	**22**	37	59
3	Entsorgung, 170101 Beton	t	16	23	**26**	35	46
			13	19	**22**	29	39
4	Entsorgung, 170102 Ziegel	t	9,6	13	**16**	20	27
			8,1	11	**13**	17	22
5	Entsorgung, 170107 Gemische	t	18	27	**30**	45	66
			15	23	**25**	38	55
6	Entsorgung, Altholz A II	t	27	52	**57**	68	87
			22	43	**48**	57	73
7	Entsorgung, 170407 Metall, gemischt	t	30	50	**54**	68	94
			25	42	**45**	57	79
8	Entsorgung, 170904 Bau-/Abbruchabfälle, gemischt	t	126	227	**271**	334	483
			106	191	**228**	280	406
9	Entsorgung, 170603*, KMF	t	–	98	**114**	132	–
			–	82	**95**	111	–
10	Entsorgung, 170802 Gipsbaustoffe	t	–	125	**182**	277	–
			–	105	**153**	233	–
11	Entsorgung, 170605*, Asbestzement	t	211	223	**248**	298	322
			177	188	**208**	250	271
12	Deponierung, 170101 Beton	t	16	20	**22**	24	28
			13	17	**18**	20	23
13	Deponierung, 170102 Ziegel	t	8,2	11	**13**	15	23
			6,9	9,4	**11**	13	19
14	Deponierung, 170107 Gemische	t	25	29	**33**	37	45
			21	24	**28**	31	38
15	Deponierung, Altholz AII	t	29	36	**46**	55	77
			24	31	**38**	47	64

Nr. **Kurztext** / Langtext — Kostengruppe
▶ ▷ **ø netto €** ◁ ◀ [Einheit] Ausf.-Dauer Positionsnummer

1 Entsorgung, 170504 Boden/Steine — KG **394**

Boden, Steine und Baggergut, nicht gefährlich, nicht schadstoffbelastet, Zuordnung Z 0 (uneingeschränkter Einbau), nach LAGA TR 2004 Boden, auf Baustelle lagernd, laden, mit LKW des AN zur Verwertungsanlage transportieren und entsorgen. Die Entsorgungsgebühren werden vom AN übernommen.
Transportweg: ..... km
Anlage (Bezeichnung/Ort): .....
Bodengruppen: ..... DIN 18196
Abfallschlüssel (AVA): 170504 Boden/Steine

8€ 15€ **19**€ 22€ 28€ [t] – 387.000.001

▶ min
▷ von
ø Mittel
◁ bis
◀ max

2 Entsorgung, 170302 Bitumengemisch KG **394**

Bau- und Abbruchabfälle, Bitumengemische, nicht gefährlich, nicht schadstoffbelastet, auf Baustelle lagernd, laden, mit LKW des AN zur Verwertungsanlage transportieren und entsorgen. Die Entsorgungsgebühren werden vom AN übernommen.
Transportweg: ..... km
Anlage (Bezeichnung/Ort): .....
Abfallschlüssel (AVA): 170302 Bitumengemische

10€	19€	**22**€	37€	59€	[t]	–	387.000.002

A 1 Bau-/Abbruchabfälle, Entsorgung Beschreibung für Pos. **3-8**

Entsorgung von Bau- und Abbruchabfällen, nicht gefährlich, nicht schadstoffbelastet, Zuordnung Z 0 (uneingeschränkter Einbau), nach LAGA 1997 Bauschutt, auf Baustelle lagernd, laden, mit LKW des AN zur Verwertungsanlage transportieren und entsorgen. Die Entsorgungsgebühren werden vom AN übernommen.
Transportweg: bis ... km
Anlage (Bezeichnung/Ort): .....

3 Entsorgung, 170101 Beton KG **394**

Wie Ausführungsbeschreibung A 1
Abfallschlüssel (AVV): 170101 Beton

13€	19€	**22**€	29€	39€	[t]	–	387.000.003

4 Entsorgung, 170102 Ziegel KG **394**

Wie Ausführungsbeschreibung A 1
Abfallschlüssel (AVV): 170102 Ziegel

8€	11€	**13**€	17€	22€	[t]	–	387.000.004

5 Entsorgung, 170107 Gemische KG **394**

Wie Ausführungsbeschreibung A 1
Abfallschlüssel (AVV): 170107 Gemische aus Beton, Ziegeln, Fliesen und Keramik

15€	23€	**25**€	38€	55€	[t]	–	387.000.005

6 Entsorgung, Altholz A II KG **394**

Wie Ausführungsbeschreibung A 1
Altholzkategorie: A II
Abfallschlüssel (AVV): 170201 Bau-/Abbruchabfall Holz

22€	43€	**48**€	57€	73€	[t]	–	387.000.007

7 Entsorgung, 170407 Metall, gemischt KG **394**

Wie Ausführungsbeschreibung A 1
Abfallschlüssel (AVV): 170407 Metall, gemischt

25€	42€	**45**€	57€	79€	[t]	–	387.000.008

8 Entsorgung, 170904 Bau-/Abbruchabfälle, gemischt KG **394**

Wie Ausführungsbeschreibung A 1
Abfallschlüssel (AVV): 170904 gemischte Bau- und Abbruchabfälle

106€	191€	**228**€	280€	406€	[t]	–	387.000.009

Kosten:
Stand 2.Quartal 2020
Bundesdurchschnitt

Nr.	**Kurztext** / Langtext						Kostengruppe
▶	▷	**ø netto €**	◁	◀	[Einheit]	Ausf.-Dauer	Positionsnummer

9 Entsorgung, 170603*, KMF KG **394**

Entsorgung von Bau- und Abbruchabfällen, gefährlich, schadstoffbelastet, alte Mineralfaserdämmung mit künstlichen Mineralfasern (KMF), auf Baustelle verpackt lagernd, laden, mit LKW des AN zur Verwertungsanlage transportieren und entsorgen. Die Entsorgungsgebühren werden vom AN übernommen.
Transportweg: bis ... km
Anlage (Bezeichnung/Ort): .....

▶	▷	ø	◁	◀	Einheit	Ausf.-Dauer	Positionsnummer
–€	82€	**95**€	111€	–€	[t]	–	387.000.010

10 Entsorgung, 170802 Gipsbaustoffe KG **394**

Entsorgung von Bau- und Abbruchabfällen, nicht gefährlich, schadstoffbelastet durch Sulfat, auf Baustelle lagernd, laden, mit LKW des AN zur Verwertungsanlage transportieren und entsorgen. Die Entsorgungsgebühren werden vom AN übernommen.
Transportweg: bis ... km
Anlage (Bezeichnung/Ort): .....
Abfallschlüssel (AVV): 170802 Baustoffe auf Gipsbasis

▶	▷	ø	◁	◀	Einheit	Ausf.-Dauer	Positionsnummer
–€	105€	**153**€	233€	–€	[t]	–	387.000.011

11 Entsorgung, 170605*, Asbestzement KG **394**

Entsorgung von Bau- und Abbruchabfällen, gefährlich, schadstoffbelastet, asbesthaltige Faserzementplatten, auf Baustelle staubdicht verpackt lagernd, laden, mit LKW des AN zur Verwertungsanlage transportieren und entsorgen. Die Entsorgungsgebühren werden vom AN übernommen. Transportweg: bis ... km Anlage (Bezeichnung/Ort): .....
Abfallschlüssel (AVV): 170605* Baustoff, asbesthaltig

▶	▷	ø	◁	◀	Einheit	Ausf.-Dauer	Positionsnummer
177€	188€	**208**€	250€	271€	[t]	–	387.000.012

A 2 Bau-/Abbruchabfälle, Deponierung Beschreibung für Pos. **12-15**

Deponiegebühren für das geordnete Ablagern von nicht gefährlichem und nicht schadstoffbelastetem Bauschutt. Die Entsorgungsgebühren werden gegen Nachweis vergütet.
Anlage (Bezeichnung/Ort): .....

12 Deponierung, 170101 Beton KG **394**

Wie Ausführungsbeschreibung A 2
Abfallschlüssel (AVV): 170101 Beton

▶	▷	ø	◁	◀	Einheit	Ausf.-Dauer	Positionsnummer
13€	17€	**18**€	20€	23€	[t]	–	387.000.013

13 Deponierung, 170102 Ziegel KG **394**

Wie Ausführungsbeschreibung A 2
Abfallschlüssel (AVV): 170102 Ziegel

▶	▷	ø	◁	◀	Einheit	Ausf.-Dauer	Positionsnummer
7€	9€	**11**€	13€	19€	[t]	–	387.000.014

14 Deponierung, 170107 Gemische KG **394**

Wie Ausführungsbeschreibung A 2
Abfallschlüssel (AVV): 170107 Gemische aus Beton, Ziegeln, Fliesen und Keramik

▶	▷	ø	◁	◀	Einheit	Ausf.-Dauer	Positionsnummer
21€	24€	**28**€	31€	38€	[t]	–	387.000.015

▶ min
▷ von
ø Mittel
◁ bis
◀ max

15 Deponierung, Altholz AII KG **394**

Wie Ausführungsbeschreibung A 2
Altholzkategorie: A II
Abfallschlüssel (AVV): 170201 Bau-/Abbruchabfall Holz

24€	31€	**38**€	47€	64€	[t]	–	387.000.016

F

Barrierefreies Bauen

Positions-verweise Barrierefreies Bauen

Kosten:
Stand 2.Quartal 2020
Bundesdurchschnitt

▶ min
▷ von
ø Mittel
◁ bis
◀ max

Nr.	Positionen	Einheit	▶	▷	ø brutto € / ø netto €	◁	◀
1	Öffnung überdecken, Ziegelsturz	m	25	37	**43**	44	59
	LB 312, Pos. 100, Seite 116		21	31	**36**	37	49
2	Öffnung überdecken; KS-Sturz, 17,5cm	m	31	44	**45**	59	76
	LB 312, Pos. 101, Seite 116		26	37	**38**	49	64
3	Öffnung überdecken, Betonsturz, 24cm	m	–	47	**68**	78	108
	LB 312, Pos. 102, Seite 116		–	39	**57**	65	91
4	Außenbelag, Betonwerksteinplatten	m²	72	91	**100**	104	117
	LB 314, Pos. 27, Seite 154		61	76	**84**	87	99
5	Außenbelag, Naturstein, Pflaster	m²	98	129	**148**	157	178
	LB 314, Pos. 28, Seite 155		83	109	**124**	132	150
6	Außenbelag, Pflasterstreifen	m	30	41	**43**	50	61
	LB 314, Pos. 29, Seite 155		26	34	**36**	42	51
7	Treppe, Blockstufe, Naturstein	m	152	191	**211**	251	336
	LB 314, Pos. 32, Seite 156		128	160	**177**	211	282
8	Treppe, Blockstufe, Betonwerkstein	m	125	163	**183**	190	210
	LB 314, Pos. 33, Seite 156		105	137	**154**	160	177
9	Treppe, Winkelstufe, 1,00m	St	167	193	**202**	215	241
	LB 314, Pos. 34, Seite 157		140	162	**170**	181	202
10	Treppenbelag, Tritt-/Setzstufe	m	125	154	**156**	176	198
	LB 314, Pos. 35, Seite 157		105	130	**131**	148	167
11	Aufmerksamkeitsstreifen, Stufenkante	m	–	53	**59**	75	–
	LB 314, Pos. 36, Seite 157		–	44	**50**	63	–
12	Oberfläche, laserstrukturiert, Mehrpreis	m²	–	37	**43**	60	–
	LB 314, Pos. 40, Seite 158		–	31	**36**	51	–
13	Leitsystem, Rippenfliese/Begleitstreifen, Edelstahl, 200mm	m	–	160	**184**	232	–
	LB 314, Pos. 48, Seite 160		–	135	**155**	195	–
14	Leitsystem, Rippenfliese/Begleitstreifen, Edelstahl, 400mm	m	–	205	**228**	294	–
	LB 314, Pos. 49, Seite 160		–	172	**192**	247	–
15	Aufmerksamkeitsfeld, 600/600, Noppenfliesen, Edelstahl	St	–	256	**291**	366	–
	LB 314, Pos. 50, Seite 161		–	215	**244**	308	–
16	Aufmerksamkeitsfeld, 1.200/1.200, Noppenfliesen, Edelstahl	St	–	699	**794**	1.008	–
	LB 314, Pos. 51, Seite 161		–	587	**667**	847	–
17	Verbundabdichtung, streichbar, Wand	m²	10	16	**18**	23	35
	LB 324, Pos. 9, Seite 304		8	13	**15**	19	29
18	Bodenbelag, Fliesen 20x20cm	m²	56	71	**76**	87	109
	LB 324, Pos. 11, Seite 305		47	60	**64**	73	92
19	Bodenbelag, Fliesen 30x30cm	m²	53	66	**72**	80	100
	LB 324, Pos. 12, Seite 305		44	55	**60**	67	84
20	Wandbelag, Fliesen 15x15cm	m²	59	68	**73**	79	93
	LB 324, Pos. 13, Seite 305		50	57	**61**	66	78
21	Wandbelag, Fliesen 30x30cm	m²	60	73	**77**	89	113
	LB 324, Pos. 14, Seite 305		51	61	**65**	75	95
22	Holz-Türelement, S200C5, zweiflüglig	St	3.000	5.438	**6.450**	7.159	10.452
	LB 327, Pos. 9, Seite 343		2.521	4.569	**5.420**	6.016	8.783

Nr.	Positionen	Einheit	▶	▷ ø brutto € / ø netto €		◁	◀
23	Innen-Türelement, Röhrenspan, zweiflüglig	St	1.714	2.056	**2.170**	2.490	3.170
	LB 327, Pos. 13, Seite 344		1.441	1.727	**1.823**	2.092	2.664
24	Türblatt, einflüglige Tür, Vollspan	St	240	368	**462**	597	769
	LB 327, Pos. 20, Seite 347		202	310	**388**	502	647
25	Türblätter, zweiflüglig, Vollspan	St	788	997	**1.125**	1.190	1.513
	LB 327, Pos. 21, Seite 347		662	838	**945**	1.000	1.272
26	Drückergarnitur, Stahl	St	32	51	**62**	75	103
	LB 329, Pos. 3, Seite 359		27	43	**52**	63	87
27	Drückergarnitur, Aluminium	St	36	82	**101**	117	160
	LB 329, Pos. 4, Seite 360		31	69	**85**	98	135
28	Drückergarnitur, Edelstahl	St	131	200	**222**	266	362
	LB 329, Pos. 5, Seite 360		110	168	**186**	223	304
29	Bad-/WC-Garnitur, Aluminium	St	62	90	**102**	125	160
	LB 329, Pos. 6, Seite 360		52	75	**86**	105	135
30	Stoßgriff, Tür, Edelstahl	St	146	217	**236**	292	431
	LB 329, Pos. 7, Seite 360		123	182	**198**	245	362
31	Obentürschließer, einflüglige Tür	St	112	249	**305**	498	980
	LB 329, Pos. 8, Seite 361		94	210	**257**	419	824
32	Obentürschließer, zweiflüglige Tür	St	401	597	**613**	695	980
	LB 329, Pos. 9, Seite 361		337	502	**515**	584	824
33	Türantrieb, kraftbetätigte Tür, einflüglig	St	3.150	4.250	**4.690**	5.480	6.775
	LB 329, Pos. 10, Seite 361		2.647	3.571	**3.941**	4.605	5.693
34	Türantrieb, kraftbetätigte Tür, zweiflüglig	St	2.875	4.180	**5.057**	5.487	7.083
	LB 329, Pos. 11, Seite 362		2.416	3.513	**4.249**	4.611	5.952
35	Fluchttürsicherung, elektrische Verriegelung	St	670	1.021	**1.098**	1.285	1.741
	LB 329, Pos. 12, Seite 362		563	858	**923**	1.080	1.463
36	Fingerschutz Türkante	St	89	135	**179**	194	226
	LB 329, Pos. 13, Seite 363		75	113	**150**	163	190
37	Türspion, Aluminium	St	11	19	**24**	28	35
	LB 329, Pos. 14, Seite 364		9	16	**20**	23	30
38	Handlauf, Stahl	m	77	98	**106**	121	157
	LB 331, Pos. 2, Seite 375		65	82	**89**	102	132
39	Handlauf, Stahl, Wandhalterung	St	38	59	**72**	88	112
	LB 331, Pos. 3, Seite 375		32	49	**60**	74	95
40	Handlauf, Enden in diverse Ausführungen	St	36	50	**58**	60	77
	LB 331, Pos. 4, Seite 376		30	42	**49**	50	64
41	Handlauf, Ecken/Gehrungen	St	36	54	**62**	72	86
	LB 331, Pos. 5, Seite 376		31	45	**52**	60	72
42	Handlauf, Holz	m	37	79	**94**	105	146
	LB 331, Pos. 6, Seite 376		31	67	**79**	88	123
43	Brüstungs-/Treppengeländer, Lochblechfüllung	m	280	342	**368**	413	487
	LB 331, Pos. 7, Seite 376		235	288	**309**	347	409
44	Treppengeländer, Flachstahlfüllung	m	273	342	**379**	424	525
	LB 331, Pos. 8, Seite 377		229	288	**318**	356	441
45	Balkon-/Terrassengeländer, Außenbereich	m	215	318	**359**	420	568
	LB 331, Pos. 9, Seite 378		180	267	**302**	353	477
46	Haltegriff, Edelstahl, 600 mm	St	79	115	**118**	164	203
	LB 345, Pos. 29, Seite 492		67	97	**99**	138	170

Kosten:
Stand 2.Quartal 2020
Bundesdurchschnitt

▶ min
▷ von
ø Mittel
◁ bis
◀ max

Nr.	Positionen	Einheit	▶	▷	ø brutto € / ø netto €	◁	◀
47	Duschhandlauf, Messing	St	–	403	**534**	680	–
	LB 345, Pos. 30, Seite 492		–	338	**449**	572	–
48	Stützklappgriff, Edelstahl, 775 mm	St	386	448	**494**	540	602
	LB 345, Pos. 31, Seite 492		325	377	**415**	454	506
49	Waschtisch, behindertengerecht	St	247	280	**329**	444	609
	LB 345, Pos. 32, Seite 493		207	235	**277**	373	512
50	WC, behindertengerecht	St	681	814	**946**	1.135	1.419
	LB 345, Pos. 33, Seite 493		573	684	**795**	954	1.193
51	Hygiene-Spül-WC	St	3.456	4.128	**4.800**	5.760	6.960
	LB 345, Pos. 34, Seite 493		2.904	3.469	**4.033**	4.840	5.848
52	WC-Spülkasten, mit Betätigungsplatte	St	185	206	**235**	274	336
	LB 345, Pos. 35, Seite 493		155	173	**197**	231	282
53	WC-Betätigung, berührungslos	St	420	518	**617**	741	957
	LB 345, Pos. 36, Seite 494		353	436	**519**	622	804
54	Nachrüstaufsatz, Hygiene-Spül-WC	St	1.152	1.262	**1.371**	1.755	2.194
	LB 345, Pos. 37, Seite 494		968	1.060	**1.152**	1.475	1.844
55	Nachrüstung Türeinstieg Badewanne (Bestand)	St	–	1.179	**1.371**	1.591	–
	LB 345, Pos. 38, Seite 494		–	991	**1.152**	1.337	–
56	Stützgriff, fest, WC	St	353	398	**498**	597	672
	LB 345, Pos. 39, Seite 494		297	335	**418**	502	565
57	Stützgriff, fest, WC mit Spülauslösung	St	520	583	**627**	689	783
	LB 345, Pos. 40, Seite 495		437	490	**527**	579	658
58	Stützgriff, klappbar, WC	St	395	484	**598**	723	819
	LB 345, Pos. 41, Seite 495		332	407	**502**	608	688
59	Stützgriff, fest, Waschtisch	St	276	343	**418**	514	573
	LB 345, Pos. 42, Seite 495		232	288	**351**	432	482
60	Stützgriff, klappbar, Waschtisch	St	398	456	**480**	542	595
	LB 345, Pos. 43, Seite 495		335	383	**403**	456	500
61	Personenaufzug bis 630kg, behindertengerecht, Typ 2	St	–	40.592	**56.911**	73.161	–
	LB 369, Pos. 1, Seite 515		–	34.111	**47.824**	61.480	–
62	Personenaufzug bis 1.275kg, behindertengerecht, Typ 3	St	–	71.310	**82.006**	94.348	–
	LB 369, Pos. 2, Seite 516		–	59.924	**68.913**	79.284	–
63	Sitzlift, Treppe innen, gerade	St	–	4.731	**8.365**	11.396	–
	LB 369, Pos. 4, Seite 518		–	3.976	**7.030**	9.576	–
64	Sitzlift, Treppe innen, gewendelt	St	–	9.586	**13.967**	20.707	–
	LB 369, Pos. 5, Seite 518		–	8.055	**11.737**	17.401	–
65	Plattformlift, Treppe innen, gerade	St	–	11.314	**14.001**	20.296	–
	LB 369, Pos. 6, Seite 518		–	9.507	**11.766**	17.055	–
66	Plattformlift, Treppe innen, gewendelt	St	–	17.581	**23.587**	27.564	–
	LB 369, Pos. 7, Seite 518		–	14.774	**19.821**	23.163	–
67	Plattformlift, Treppe außen, gerade	St	–	16.319	**19.500**	21.996	–
	LB 369, Pos. 8, Seite 518		–	13.713	**16.387**	18.484	–
68	Hublift, Förderplattform, 1,5m	St	–	6.740	**13.165**	15.524	–
	LB 369, Pos. 9, Seite 519		–	5.664	**11.063**	13.045	–
69	Hublift, Förderplattform, 3,0m	St	–	17.553	**21.599**	23.176	–
	LB 369, Pos. 10, Seite 519		–	14.751	**18.150**	19.475	–

Nr.	Positionen	Einheit	▶	▷ ø brutto € / ø netto €		◁	◀
70	Plattformaufzug, bis 2 Etagen, barrierefrei, verglast, außen	St	–	30.190	**41.264**	50.945	–
	LB 369, Pos. 11, Seite 520		–	25.370	**34.675**	42.811	–
71	Fassaden-Flachrinne, DN100	m	140	158	**167**	179	206
	LB 303, Pos. 78, Seite 541		118	133	**141**	150	173
72	Entwässerungsrinne, Polymerbeton	St	256	312	**335**	389	483
	LB 303, Pos. 79, Seite 541		215	262	**282**	327	406
73	Entwässerungsrinne, Kl. A, Beton/Gussabdeckung	m	74	109	**125**	152	202
	LB 303, Pos. 80, Seite 541		62	91	**105**	128	170
74	Entwässerungsrinne, Kl. B, Beton/Gussabdeckung	m	103	110	**115**	119	131
	LB 303, Pos. 81, Seite 542		86	93	**96**	100	110
75	Entwässerungsrinne, Klasse A, DN100	m	104	136	**144**	167	177
	LB 303, Pos. 82, Seite 542		87	114	**121**	141	149
76	Abdeckung, Entwässerungsrinne, Guss, Bodenindikator	St	101	116	**119**	123	131
	LB 303, Pos. 83, Seite 542		85	97	**100**	103	110
77	Ablaufkasten, Klasse A, DN100	St	203	248	**261**	310	328
	LB 303, Pos. 84, Seite 542		171	208	**219**	261	276
78	Betonplattenbelag, 40x40cm	m²	48	58	**62**	65	73
	LB 380, Pos. 36, Seite 566		40	49	**52**	55	61
79	Betonplattenbelag, großformatig	m²	58	66	**71**	90	114
	LB 380, Pos. 37, Seite 566		49	56	**60**	75	96
80	Balkonbelag, Betonwerkstein	m²	78	98	**109**	124	148
	LB 380, Pos. 38, Seite 567		66	83	**92**	104	124
81	Pflasterdecke, Betonpflaster	m²	36	41	**42**	44	47
	LB 380, Pos. 39, Seite 567		31	35	**36**	37	39
82	Plattenbelag, Granit, 60x60cm	m²	70	83	**89**	98	114
	LB 380, Pos. 45, Seite 569		59	70	**75**	82	96
83	Plattenbelag, Basalt, 60x60cm	m²	–	171	**192**	219	–
	LB 380, Pos. 46, Seite 569		–	143	**161**	184	–
84	Plattenbelag, Travertin, 60x60cm	m²	–	103	**–**	143	142
	LB 380, Pos. 47, Seite 570		–	86	**–**	120	120
85	Plattenbelag, Sandstein, 60x60cm	m²	120	135	**143**	150	163
	LB 380, Pos. 48, Seite 570		100	113	**120**	126	137
86	Rippenplatten, 30x30x8, Rippenabstand 50x6, o. Fase, weiß	m²	–	125	**130**	163	–
	LB 380, Pos. 63, Seite 574		–	105	**109**	137	–
87	Rippenplatten, 30x30x8, Rippenabstand 40x7, mit Fase, weiß	m²	109	132	**137**	153	176
	LB 380, Pos. 67, Seite 575		91	111	**115**	129	148
88	Rippenplatten, 30x30x8, Rippenabstand 50x6, o. Fase, anthrazit	m²	–	138	**147**	182	–
	LB 380, Pos. 68, Seite 575		–	116	**123**	153	–
89	Rippenplatten, 30x30x8, Rippenabstand 50x7, mit Fase, anthrazit	m²	–	135	**150**	180	–
	LB 380, Pos. 69, Seite 576		–	114	**126**	152	–

Positions-verweise Barrierefreies Bauen

Nr.	Positionen	Einheit	▶	▷	ø brutto € / ø netto €	◁	◀
90	Rippenplatte, 20x10x8, Rippenabstand 40x2, mit Fase, weiß	m	–	111	**117**	135	–
	LB 380, Pos. 70, Seite 576		–	93	**98**	114	–
91	Noppenplatten, 30x30x8, 32 Noppen, mit Fase, Kegel, anthrazit	m²	–	128	**135**	166	–
	LB 380, Pos. 71, Seite 576		–	108	**113**	139	–
92	Noppenplatten, 30x30x8, 32 Noppen, mit Fasen, Kegel, weiß	m²	–	126	**134**	154	–
	LB 380, Pos. 72, Seite 576		–	106	**113**	130	–
93	Noppenplatten, 30x30x8, 32 Noppen, mit Fase, Kugel, weiß	m²	–	131	**138**	174	–
	LB 380, Pos. 73, Seite 577		–	110	**116**	146	–
94	Noppenplatten, 30x30x8, 32 Noppen, mit Fase, Kugel, anthrazit	m²	–	125	**135**	163	–
	LB 380, Pos. 74, Seite 577		–	105	**113**	137	–
95	Leitstreifen Rippenplatte, einreihig	m	319	371	**375**	407	451
	LB 380, Pos. 75, Seite 577		268	312	**316**	342	379
96	Aufmerksamkeitsfeld, 90x90cm, Noppenplatte	m²	133	152	**158**	175	189
	LB 380, Pos. 76, Seite 577		112	128	**133**	147	159
97	Einstiegsfeld, 90x90cm, Noppenplatte	m²	–	146	**164**	197	–
	LB 380, Pos. 77, Seite 577		–	123	**138**	165	–
98	Rollstuhl-Überfahrtstein, 18x22, L=100cm	m	–	109	**121**	130	–
	LB 380, Pos. 78, Seite 578		–	91	**101**	110	–
99	Tastbordstein, Beton, 25x20, L=50cm	m	–	89	**95**	109	–
	LB 380, Pos. 79, Seite 578		–	75	**80**	91	–
100	Rollbordstein, Beton, 25x20, L=100cm	m	–	93	**98**	117	–
	LB 380, Pos. 80, Seite 578		–	78	**82**	99	–
101	Übergangsbordstein, Beton, dreiteilig, 12x18x30, L=100cm	m	–	125	**134**	153	–
	LB 380, Pos. 81, Seite 578		–	105	**113**	129	–
102	Übergangsbordstein, Beton, dreiteilig, 18x22, L=100cm	m	–	117	**120**	147	–
	LB 380, Pos. 82, Seite 578		–	98	**101**	124	–
103	L-Stufe, Kontraststreifen Beton,15x38cm, L=120cm	m	–	158	**168**	201	–
	LB 380, Pos. 83, Seite 579		–	133	**141**	169	–
104	L-Stufe, Kontraststreifen PVC,15x38cm, L=120cm	m	–	128	**142**	168	–
	LB 380, Pos. 84, Seite 579		–	107	**119**	141	–
105	Legestufe, Kontraststreifen PVC, 8x40x120cm	m	111	145	**152**	174	190
	LB 380, Pos. 85, Seite 579		93	122	**128**	146	160
106	Legestufe, Kontraststreifen Beton, 8x40x120cm	m	122	163	**172**	199	213
	LB 380, Pos. 86, Seite 579		102	137	**144**	167	179
107	Winkelstufe, Kontraststreifen PVC, 20x36x120cm	m	26	31	**33**	38	41
	LB 380, Pos. 87, Seite 580		21	26	**27**	32	34
108	Winkelstufe, Kontraststreifen Beton, 20x36x120cm	m	119	153	**163**	189	202
	LB 380, Pos. 88, Seite 580		100	129	**137**	159	170
109	Blockstufe, Kontraststreifen PVC, 20x40x120cm	m	–	160	**167**	195	–
	LB 380, Pos. 89, Seite 580		–	135	**140**	164	–

Kosten:
Stand 2.Quartal 2020
Bundesdurchschnitt

▶ min
▷ von
ø Mittel
◁ bis
◀ max

Nr.	Positionen	Einheit	▶	▷	ø brutto € / ø netto €	◁	◀
110	Blockstufe, Kontraststreifen Beton, 20x40x120cm	m	179	186	**189**	197	214
	LB 380, Pos. 90, Seite 580		150	156	**159**	166	180
111	Taktiles Bodenleitsystem Fräsen, 7 Rillen	m	–	108	**120**	142	–
	LB 380, Pos. 91, Seite 581		–	91	**101**	119	–
112	Rampenstufen, Betonfertigteil	St	–	68	**73**	84	–
	LB 380, Pos. 92, Seite 581		–	57	**61**	70	–
113	Taktiles Bodenleitsystem Fräsen, 1 Rille	m	–	39	**42**	48	–
	LB 380, Pos. 93, Seite 581		–	33	**35**	41	–
114	Fräsen eines Aufmerksamkeitsfeldes	St	–	110	**120**	137	–
	LB 380, Pos. 94, Seite 581		–	92	**101**	115	–
115	Richtungsänderung fräsen	St	–	157	**167**	195	–
	LB 380, Pos. 95, Seite 581		–	132	**140**	164	–
116	Maschinenumstellung	St	–	33	**39**	45	–
	LB 380, Pos. 96, Seite 581		–	28	**33**	38	–
117	Überfahrrampe Balkon-/Terrassentüren H bis 125mm	St	–	809	**852**	980	–
	LB 380, Pos. 97, Seite 582		–	680	**716**	823	–

G

Brandschutz

Nr.	Positionen	Einheit	▶	▷	ø brutto € / ø netto €	◁	◀
1	Brandschutzbeschichtung, R 30, Stahlbauteile	m²	48	67	**73**	94	147
	LB 317, Pos. 19, Seite 187		40	57	**61**	79	124
2	Brandschutzbeschichtung, Stahlbauteile, Decklack	m²	12	24	**26**	37	50
	LB 317, Pos. 20, Seite 187		10	21	**22**	31	42
3	Sicherheitsdachhaken, verzinkt	St	16	21	**23**	27	29
	LB 322, Pos. 67, Seite 270		14	18	**19**	22	25
4	Sicherheitsdachhaken, Kupfer	St	18	23	**27**	33	35
	LB 322, Pos. 68, Seite 270		15	19	**23**	28	29
5	Sicherheitstritt, Standziegel	St	70	91	**101**	113	125
	LB 322, Pos. 69, Seite 270		59	77	**85**	95	105
6	WDVS, Brandbarriere, bis 300mm	m	10	14	**15**	17	18
	LB 323, Pos. 114, Seite 300		9	12	**13**	14	15
7	Holz-Türelement, S200C5, einflüglig, 875x21	St	762	977	**1.140**	1.244	1.366
	LB 327, Pos. 7, Seite 342		641	821	**958**	1.045	1.148
8	Holz-Türelement, S200C5, einflüglig, 1.000x2.000/2.125	St	773	851	**968**	1.113	1.933
	LB 327, Pos. 8, Seite 343		649	715	**814**	935	1.624
9	Holz-Türelement, S200C5, zweiflüglig	St	3.000	5.438	**6.450**	7.159	10.452
	LB 327, Pos. 9, Seite 343		2.521	4.569	**5.420**	6.016	8.783
10	Holz-Türelement, EI2 30-S200C5, einflüglig	St	1.173	1.724	**1.838**	2.332	3.157
	LB 327, Pos. 14, Seite 345		985	1.449	**1.544**	1.960	2.653
11	Holz-Türelement, EI2 30-S200C5, einflüglig	St	1.275	1.709	**1.886**	2.402	3.580
	LB 327, Pos. 15, Seite 345		1.071	1.436	**1.585**	2.018	3.008
12	Fluchttürsicherung, elektrische Verriegelung	St	670	1.021	**1.098**	1.285	1.741
	LB 329, Pos. 12, Seite 362		563	858	**923**	1.080	1.463
13	Stahltür, Brandschutz, EI 30-C, zweiflüglig	St	2.348	3.264	**3.702**	4.105	4.900
	LB 331, Pos. 14, Seite 381		1.973	2.743	**3.111**	3.450	4.118
14	Stahltür, Brandschutz, EI 90-C, 875x2.000/2.125	St	1.568	1.994	**2.241**	2.495	2.974
	LB 331, Pos. 15, Seite 383		1.318	1.675	**1.884**	2.096	2.499
15	Stahltür, EI 90-C, zweiflüglig	St	3.930	4.908	**5.293**	5.817	7.025
	LB 331, Pos. 16, Seite 384		3.303	4.124	**4.448**	4.888	5.903
16	Brandschutzbeschichtung, feuerhemmend, Stahlbauteile	m²	52	73	**77**	97	147
	LB 331, Pos. 18, Seite 386		43	61	**65**	81	124
17	Brandschutzbeschichtung, Stahlbauteile, Decklack	m²	15	19	**20**	23	28
	LB 331, Pos. 19, Seite 386		13	16	**17**	20	23
18	Brandschutzbeschichtung Rund-/Profilstahl	m	33	44	**48**	57	61
	LB 331, Pos. 20, Seite 387		28	37	**40**	48	52
19	Brandschutzverglasung, Innenwände	m²	198	393	**432**	459	584
	LB 332, Pos. 18, Seite 393		166	330	**363**	386	491
20	Fassadendämmung, Brandbarriere	m²	30	36	**39**	41	47
	LB 338, Pos. 7, Seite 440		25	30	**32**	34	40
21	Montagewand, Holz, 100mm, GK einlagig, MW	m²	55	73	**83**	92	105
	LB 339, Pos. 13, Seite 449		47	61	**70**	78	89
22	Montagewand, Metall, 125mm, GK zweilagig, MW, EI 30	m²	58	72	**77**	88	112
	LB 339, Pos. 15, Seite 450		49	60	**65**	74	94

Kosten:
Stand 2.Quartal 2020
Bundesdurchschnitt

▶ min
▷ von
ø Mittel
◁ bis
◀ max

Nr.	Positionen	Einheit	▶	▷ ø brutto € / ø netto €		◁	◀
23	Montagewand, Metall, 150mm, GK zweilagig, MW, EI 30	m²	61	76	**80**	92	118
	LB 339, Pos. 16, Seite 450		51	64	**68**	77	99
24	Montagewand, Metall, 100mm, GKF zweilagig, MW, EI 90	m²	69	82	**87**	95	117
	LB 339, Pos. 17, Seite 451		58	69	**73**	80	98
25	Montagewand, Metall, 200mm, GKF zweilagig, Ständerwerk doppelt, EI 90	m²	75	94	**101**	110	127
	LB 339, Pos. 18, Seite 452		63	79	**85**	92	107
26	Montagewand, Gipsplatten, Brandwand, nichttragend	m²	–	130	**145**	157	–
	LB 339, Pos. 19, Seite 452		–	109	**122**	132	–
27	Montagewand, Gipsplatten, Brandwand	m²	–	145	**166**	194	–
	LB 339, Pos. 20, Seite 453		–	122	**139**	163	–
28	Installationskanal, GKF-Platte, EI 30	m	75	84	**87**	96	109
	LB 339, Pos. 31, Seite 456		63	70	**73**	81	92
29	Installationskanal EI30, einlagig, Feuerschutzplatte GM-F	m²	–	96	**106**	133	–
	LB 339, Pos. 32, Seite 457		–	80	**89**	112	–
30	Installationskanal EI60, Feuerschutzplatte GM-F	m²	–	117	**130**	165	–
	LB 339, Pos. 33, Seite 457		–	98	**109**	138	–
31	Installationskanal EI90, Feuerschutzplatte GM-F	m²	–	131	**149**	190	–
	LB 339, Pos. 34, Seite 457		–	110	**125**	159	–
32	Bekleidung, doppelt, EI 90, vorh. Unterkonstruktion	m²	72	89	**97**	111	143
	LB 339, Pos. 38, Seite 459		61	75	**82**	93	120
33	Schachtwand, Gipsplatten, EI 90	m²	48	58	**63**	66	76
	LB 339, Pos. 44, Seite 460		41	49	**53**	55	64
34	Brandschutzabschottung, R90, DN15	St	16	23	**27**	28	37
	LB 347, Pos. 10, Seite 499		13	20	**23**	23	31
35	Brandschutzabschottung, R90, DN20	St	27	36	**36**	39	45
	LB 347, Pos. 11, Seite 499		22	30	**30**	33	38
36	Brandschutzabschottung, R90, DN25	St	29	40	**47**	49	59
	LB 347, Pos. 12, Seite 500		24	33	**39**	41	50
37	Brandschutzabschottung, R90, DN32	St	34	47	**54**	61	73
	LB 347, Pos. 13, Seite 500		28	39	**46**	52	61
38	Brandschutzabschottung, R90, DN40	St	62	68	**72**	80	95
	LB 347, Pos. 14, Seite 500		52	57	**61**	67	80
39	Brandschutzabschottung, R90, DN50	St	105	112	**103**	122	137
	LB 347, Pos. 15, Seite 500		88	94	**87**	103	115
40	Brandschutzabschottung, R90, DN65	St	114	122	**131**	137	151
	LB 347, Pos. 16, Seite 501		96	103	**110**	115	127

Anhang

Regionalfaktoren

Regionalfaktoren Deutschland

Diese Faktoren geben Aufschluss darüber, inwieweit die Baukosten in einer bestimmten Region Deutschlands teurer oder günstiger liegen als im Bundesdurchschnitt. Sie können dazu verwendet werden, die BKI Baukosten an das besondere Baupreisniveau einer Region anzupassen.
Hinweis: Alle Angaben wurden durch Untersuchungen des BKI weitgehend verifiziert. Dennoch können Abweichungen zu den angegebenen Werten entstehen. In Grenznähe zu einem Land-/Stadtkreis mit anderen Baupreisfaktoren sollte dessen Baupreisniveau mit berücksichtigt werden, da die Übergänge zwischen den Land-/Stadtkreisen fließend sind. Die Besonderheiten des Einzelfalls können ebenfalls zu Abweichungen führen.
Für die größeren Inseln Deutschlands wurden separate Regionalfaktoren ermittelt. Dazu wurde der zugehörige Landkreis in Festland und Inseln unterteilt. Alle Inseln eines Landkreises erhalten durch dieses Verfahren den gleichen Regionalfaktor. Der Regionalfaktor des Festlandes erhält keine Inseln mehr und ist daher gegenüber früheren Ausgaben verringert.

Land- / Stadtkreis / Insel	**Bundeskorrekturfaktor**
Aachen, Städteregion, Stadt	0,951
Ahrweiler	1,012
Aichach-Friedberg	1,061
Alb-Donau-Kreis	1,016
Altenburger Land	0,881
Altenkirchen	0,968
Altmarkkreis Salzwedel	0,823
Altötting	1,004
Alzey-Worms	1,003
Amberg, Stadt	1,064
Amberg-Sulzbach	1,044
Ammerland	0,870
Amrum, Insel	1,424
Anhalt-Bitterfeld	0,700
Ansbach	1,007
Ansbach, Stadt	1,148
Aschaffenburg	1,081
Aschaffenburg, Stadt	1,070
Augsburg	1,041
Augsburg, Stadt	1,112
Aurich, Festlandanteil	0,802
Aurich, Inselanteil	1,328
Bad Dürkheim	1,037
Bad Kissingen	1,060
Bad Kreuznach	1,028
Bad Tölz-Wolfratshausen	1,133
Baden-Baden, Stadt	1,033
Baltrum, Insel	1,328
Bamberg	1,017
Bamberg, Stadt	1,082
Barnim	0,873
Bautzen	0,850
Bayreuth	1,006
Bayreuth, Stadt	1,066
Berchtesgadener Land	1,071
Bergstraße	1,021
Berlin, Stadt	1,056
Bernkastel-Wittlich	1,064
Biberach	1,002
Bielefeld, Stadt	0,927
Birkenfeld	0,982
Bochum, Stadt	0,915
Bodenseekreis	0,990
Bonn, Stadt	0,971
Borken	0,930
Borkum, Insel	1,058
Bottrop, Stadt	0,860
Brandenburg an der Havel, Stadt	0,872
Braunschweig, Stadt	0,863
Breisgau-Hochschwarzwald	1,084
Bremen, Stadt	0,989
Bremerhaven, Stadt	0,928
Burgenlandkreis	0,819
Böblingen	1,085
Börde	0,826
Calw	0,998
Celle	0,873
Cham	0,890
Chemnitz, Stadt	0,871
Cloppenburg	0,734
Coburg	1,037
Coburg, Stadt	1,075
Cochem-Zell	1,001
Coesfeld	0,936
Cottbus, Stadt	0,848
Cuxhaven	0,854
Dachau	1,205
Dahme-Spreewald	0,931

Darmstadt, Stadt 1,045
Darmstadt-Dieburg 0,965
Deggendorf 0,975
Delmenhorst, Stadt 0,748
Dessau-Roßlau, Stadt 0,864
Diepholz 0,810
Dillingen a.d.Donau 1,060
Dingolfing-Landau 0,960
Dithmarschen 1,003
Donau-Ries 1,023
Donnersbergkreis 0,968
Dortmund, Stadt 0,787
Dresden, Stadt 0,892
Duisburg, Stadt 0,907
Düren 0,950
Düsseldorf, Stadt 0,981

Ebersberg 1,255
Eichsfeld 0,879
Eichstätt 1,053
Eifelkreis Bitburg-Prüm 1,042
Eisenach, Stadt 0,950
Elbe-Elster 0,874
Emden, Stadt 0,743
Emmendingen 1,052
Emsland 0,827
Ennepe-Ruhr-Kreis 0,889
Enzkreis 1,028
Erding 1,073
Erfurt, Stadt 0,849
Erlangen, Stadt 1,184
Erlangen-Höchstadt 0,962
Erzgebirgskreis 0,904
Essen, Stadt 0,910
Esslingen 1,034
Euskirchen 0,907

Fehmarn, Insel 1,201
Flensburg, Stadt 0,873
Forchheim 1,036
Frankenthal (Pfalz), Stadt 0,964
Frankfurt (Oder), Stadt 0,793
Frankfurt am Main, Stadt 1,071
Freiburg im Breisgau, Stadt 1,175
Freising 1,090
Freudenstadt 0,999
Freyung-Grafenau 0,981
Friesland, Festlandanteil 0,861
Friesland, Inselanteil 1,661
Fulda 0,990
Föhr, Insel 1,424
Fürstenfeldbruck 1,182
Fürth 1,078
Fürth, Stadt 0,974

Garmisch-Partenkirchen 1,245
Gelsenkirchen, Stadt 0,853
Gera, Stadt 0,900
Germersheim 0,971
Gießen 1,005
Gifhorn 0,891
Goslar 0,846
Gotha 0,886
Grafschaft Bentheim 0,829
Greiz 0,937
Groß-Gerau 1,032
Göppingen 1,004
Görlitz 0,857
Göttingen 0,882
Günzburg 1,065
Gütersloh 0,930

Hagen, Stadt 0,908
Halle (Saale), Stadt 0,871
Hamburg, Stadt 1,111
Hameln-Pyrmont 0,803
Hamm, Stadt 0,883
Hannover, Region 0,931
Harburg 1,032
Harz 0,770
Havelland 0,948
Haßberge 1,073
Heidekreis 0,864
Heidelberg, Stadt 1,054
Heidenheim 0,989
Heilbronn 1,015
Heilbronn, Stadt 0,986
Heinsberg 0,926
Helgoland, Insel 1,985
Helmstedt 0,852
Herford 0,868
Herne, Stadt 0,922
Hersfeld-Rotenburg 1,004
Herzogtum Lauenburg 0,958
HIddensee, Insel 1,125
Hildburghausen 0,914
Hildesheim 0,867
Hochsauerlandkreis 0,896
Hochtaunuskreis 1,027
Hof 1,132
Hof, Stadt 1,095
Hohenlohekreis 1,024
Holzminden 0,852
Höxter 0,915

Ilm-Kreis 0,809

Ingolstadt, Stadt	1,049
Jena, Stadt	0,949
Jerichower Land	0,805
Juist, Insel	1,328
Kaiserslautern	0,974
Kaiserslautern, Stadt	0,966
Karlsruhe	1,019
Karlsruhe, Stadt	1,131
Kassel	0,963
Kassel, Stadt	1,024
Kaufbeuren, Stadt	1,015
Kelheim	1,005
Kempten (Allgäu), Stadt	1,022
Kiel, Stadt	1,025
Kitzingen	1,083
Kleve	0,932
Koblenz, Stadt	1,038
Konstanz	1,080
Krefeld, Stadt	0,889
Kronach	1,092
Kulmbach	1,123
Kusel	0,965
Kyffhäuserkreis	0,875
Köln, Stadt	0,915
Lahn-Dill-Kreis	0,967
Landau in der Pfalz, Stadt	1,011
Landsberg am Lech	1,101
Landshut	0,993
Landshut, Stadt	1,107
Langeoog, Insel	1,426
Leer, Festlandanteil	0,758
Leer, Inselanteil	1,058
Leipzig	0,951
Leipzig, Stadt	0,784
Leverkusen, Stadt	0,928
Lichtenfels	1,019
Limburg-Weilburg	1,004
Lindau (Bodensee)	1,063
Lippe	0,913
Ludwigsburg	1,001
Ludwigshafen am Rhein, Stadt	0,984
Ludwigslust-Parchim	0,950
Lörrach	1,077
Lübeck, Stadt	1,025
Lüchow-Dannenberg	0,848
Lüneburg	0,904
Magdeburg, Stadt	0,824
Main-Kinzig-Kreis	1,002
Main-Spessart	1,058
Main-Tauber-Kreis	1,023
Main-Taunus-Kreis	1,006
Mainz, Stadt	1,015
Mainz-Bingen	1,019
Mannheim, Stadt	0,942
Mansfeld-Südharz	0,822
Marburg-Biedenkopf	0,988
Mayen-Koblenz	0,965
Mecklenburgische Seenplatte	0,939
Meißen	0,893
Memmingen, Stadt	1,026
Merzig-Wadern	1,023
Mettmann	0,875
Miesbach	1,252
Miltenberg	1,100
Minden-Lübbecke	0,872
Mittelsachsen	0,879
Märkisch-Oderland	0,888
Märkischer Kreis	0,919
Mönchengladbach, Stadt	0,931
Mühldorf a.Inn	1,066
Mülheim an der Ruhr, Stadt	0,915
München	1,240
München, Stadt	1,510
Münster, Stadt	0,909
Neckar-Odenwald-Kreis	1,056
Neu-Ulm	1,093
Neuburg-Schrobenhausen	1,064
Neumarkt i.d.OPf.	1,006
Neumünster, Stadt	0,837
Neunkirchen	0,996
Neustadt a.d.Aisch-Bad Windsheim	1,114
Neustadt a.d.Waldnaab	1,016
Neustadt an der Weinstraße, Stadt	0,972
Neuwied	0,976
Nienburg (Weser)	0,624
Norderney, Insel	1,328
Nordfriesland, Festlandanteil	1,074
Nordfriesland, Inselanteil	1,424
Nordhausen	0,829
Nordsachsen	0,936
Nordwest-Mecklenburg, Festlandanteil	0,934
Nordwest-Mecklenburg, Inselanteil	1,184
Northeim	0,888
Nürnberg, Stadt	1,043
Nürnberger Land	1,028
Oberallgäu	1,061
Oberbergischer Kreis	0,921
Oberhausen, Stadt	0,859
Oberhavel	0,952
Oberspreewald-Lausitz	0,855

Odenwaldkreis	0,998
Oder-Spree	0,882
Offenbach	1,003
Offenbach am Main, Stadt	1,004
Oldenburg	0,873
Oldenburg, Stadt	0,903
Olpe	1,015
Ortenaukreis	1,082
Osnabrück	0,819
Osnabrück, Stadt	0,839
Ostalbkreis	1,038
Ostallgäu	1,083
Osterholz	0,826
Ostholstein, Festlandanteil	0,951
Ostholstein, Inselanteil	1,201
Ostprignitz-Ruppin	0,861
Paderborn	0,908
Passau	0,966
Passau, Stadt	1,027
Peine	0,837
Pellworm, Insel	1,424
Pfaffenhofen a.d.Ilm	1,066
Pforzheim, Stadt	0,984
Pinneberg, Festlandanteil	0,985
Pinneberg, Inselanteil	1,985
Pirmasens, Stadt	0,969
Plön	0,970
Poel, Insel	1,184
Potsdam, Stadt	0,938
Potsdam-Mittelmark	0,958
Prignitz	0,701
Rastatt	1,016
Ravensburg	1,015
Recklinghausen	0,908
Regen	1,011
Regensburg	1,033
Regensburg, Stadt	1,112
Rems-Murr-Kreis	1,032
Remscheid, Stadt	0,943
Rendsburg-Eckernförde	0,890
Reutlingen	1,047
Rhein-Erft-Kreis	0,944
Rhein-Hunsrück-Kreis	1,000
Rhein-Kreis Neuss	0,937
Rhein-Lahn-Kreis	0,991
Rhein-Neckar-Kreis	1,039
Rhein-Pfalz-Kreis	0,977
Rhein-Sieg-Kreis	0,953
Rheingau-Taunus-Kreis	1,032
Rheinisch-Bergischer Kreis	0,935
Rhön-Grabfeld	1,039
Rosenheim	1,192
Rosenheim, Stadt	1,138
Rostock	0,955
Rostock, Stadt	0,957
Rotenburg (Wümme)	0,780
Roth	1,081
Rottal-Inn	0,966
Rottweil	0,977
Rügen, Insel	1,125
Saale-Holzland-Kreis	0,872
Saale-Orla-Kreis	0,859
Saalekreis	0,857
Saalfeld-Rudolstadt	0,928
Saarbrücken, Regionalverband	0,959
Saarlouis	1,007
Saarpfalz-Kreis	0,947
Salzgitter, Stadt	0,848
Salzlandkreis	0,807
Schaumburg	0,864
Schleswig-Flensburg	0,851
Schmalkalden-Meiningen	0,909
Schwabach, Stadt	1,051
Schwalm-Eder-Kreis	0,968
Schwandorf	0,963
Schwarzwald-Baar-Kreis	0,958
Schweinfurt	1,075
Schweinfurt, Stadt	1,007
Schwerin, Stadt	1,011
Schwäbisch Hall	0,984
Segeberg	0,973
Siegen-Wittgenstein	0,987
Sigmaringen	1,017
Soest	0,902
Solingen, Stadt	0,930
Sonneberg	1,005
Speyer, Stadt	1,068
Spiekeroog, Insel	1,426
Spree-Neiße	0,797
St. Wendel	1,018
Stade	0,877
Starnberg	1,248
Steinburg	0,948
Steinfurt	0,888
Stendal	0,707
Stormarn	0,992
Straubing, Stadt	1,180
Straubing-Bogen	1,002
Stuttgart, Stadt	1,077
Suhl, Stadt	0,993
Sylt, Insel	1,424
Sächsische Schweiz-Osterzgebirge	0,949
Sömmerda	0,867

Südliche Weinstraße 1,037
Südwestpfalz 0,965

Teltow-Fläming 0,915
Tirschenreuth 1,009
Traunstein 1,071
Trier, Stadt 1,076
Trier-Saarburg 1,093
Tuttlingen 1,051
Tübingen 1,015

Uckermark 0,836
Uelzen 0,886
Ulm, Stadt 1,093
Unna 0,923
Unstrut-Hainich-Kreis 0,863
Unterallgäu 0,994
Usedom, Insel 1,124

Vechta 0,879
Verden 0,830
Viersen 0,953
Vogelsbergkreis 0,961
Vogtlandkreis 0,898
Vorpommern-Greifswald, Festlandanteil 0,874
Vorpommern-Greifswald, Inselanteil 1,124
Vorpommern-Rügen, Festlandanteil 0,875
Vorpommern-Rügen, Inselanteil 1,125
Vulkaneifel 0,985

Waldeck-Frankenberg 0,981
Waldshut 1,048
Wangerooge, Insel 1,661
Warendorf 0,887
Wartburgkreis 0,932
Weiden i.d.OPf., Stadt 0,997
Weilheim-Schongau 1,125
Weimar, Stadt 0,979
Weimarer Land 0,934
Weißenburg-Gunzenhausen 1,064
Werra-Meißner-Kreis 0,923
Wesel 0,920
Wesermarsch 0,811
Westerwaldkreis 0,995
Wetteraukreis 0,988
Wiesbaden, Stadt 1,045
Wilhelmshaven, Stadt 0,860
Wittenberg 0,775
Wittmund, Festlandanteil 0,795
Wittmund, Inselanteil 1,426
Wolfenbüttel 0,875
Wolfsburg, Stadt 0,942
Worms, Stadt 0,925
Wunsiedel i.Fichtelgebirge 1,067
Wuppertal, Stadt 0,927
Würzburg 1,084
Würzburg, Stadt 1,326

Zingst, Insel 1,125
Zollernalbkreis 1,049
Zweibrücken, Stadt 1,010
Zwickau 0,911

Anhang

Stichwortverzeichnis Positionen

A

B

D

E

F

G

H

I

J

K

L

R

S

T

U

V

W

Z